LES MERVEILLES DE LA NATURE

LES VERS, LES MOLLUSQUES

LES MERVEILLES DE LA NATURE

L'HOMME ET LES ANIMAUX
Par A. E. BREHM

comprennent :

LES RACES HUMAINES ET LES MAMMIFÈRES

ÉDITION FRANÇAISE REVUE PAR Z. GERBE

2 vol. grand in-8 à deux colonnes, formant ensemble 1,500 pages avec 770 figures et 39 planches hors texte sur papier teinté.

LES OISEAUX

ÉDITION FRANÇAISE REVUE PAR Z. GERBE

2 vol. grand in-8 à deux colonnes, formant ensemble 1,500 pages avec 418 figures et 40 planches hors texte sur papier teinté.

LES REPTILES ET LES BATRACIENS

ÉDITION FRANÇAISE PAR LE DOCTEUR E. SAUVAGE

1 vol. in-8 de 700 pages avec 600 figures et 20 planches hors texte sur papier teinté.

LES POISSONS ET LES CRUSTACÉS

ÉDITION FRANÇAISE PAR LE DOCTEUR E. SAUVAGE ET J. KÜNCKEL D'HERCULAIS

1 vol. in-8 de 700 pages avec 500 figures et 20 planches hors texte sur papier teinté.

LES INSECTES
LES MYRIOPODES, LES ARACHNIDES

ÉDITION FRANÇAISE PAR J. KÜNCKEL D'HERCULAIS

2 vol. grand in-8 à deux colonnes, formant ensemble 1,500 pages avec 2,060 figures et 36 planches hors texte sur papier teinté.

LES VERS, LES MOLLUSQUES
LES ÉCHINODERMES, LES ZOOPHYTES, LES PROTOZOAIRES

ET LES ANIMAUX DES GRANDES PROFONDEURS

ÉDITION FRANÇAISE PAR LE DOCTEUR A. T. DE ROCHEBRUNE

1 vol. grand in-8 de 780 pages à deux colonnes avec 1,302 figures et 20 planches hors texte sur papier teinté.

Prix de chaque volume : Broché, 11 fr. ; Relié, 16 fr.

CORBEIL. — Typ. et Stér. CRÉTÉ.

A. E. BREHM

MERVEILLES DE LA NATURE

LES VERS, LES MOLLUSQUES

LES ÉCHINODERMES, LES ZOOPHYTES, LES PROTOZOAIRES

ET LES ANIMAUX DES GRANDES PROFONDEURS

ÉDITION FRANÇAISE

PAR

LE Dʳ A. T. DE ROCHEBRUNE

AIDE-NATURALISTE AU MUSÉUM D'HISTOIRE NATURELLE

PARIS

LIBRAIRIE J.-B. BAILLIÈRE ET FILS

Rue Hautefeuille, 19, près du boulevard Saint-Germain

Tous droits réservés
★ ★ ★ ★ ★ ★ ★ ★

PRÉFACE

Après avoir publié les *Races Humaines*, les *Mammifères*, les *Oiseaux* et les *Insectes*, les éditeurs des *Merveilles de la Nature*, de Brehm, ont voulu présenter aux lecteurs Français le volume consacré aux *Vers, Mollusques, Echinodermes, Zoophytes et Protozoaires*.

L'auteur de l'édition Allemande, O. Schmidt, compte parmi les Naturalistes les plus versés dans l'étude des animaux inférieurs, et ses travaux présentent un degré d'autorité d'une valeur indiscutable ; il ne suffisait pas, néanmoins, d'en donner une traduction littérale (1) ; depuis l'époque de l'apparition du livre Allemand, des faits nouveaux se sont produits, des types nombreux sont venus étayer des théories jusque-là simplement entrevues ; ces faits, ces découvertes, ces théories, nous les avons réunis et condensés.

Si nous avons souvent reproduit bien des passages d'O. Schmidt, nous avons dû cependant nous écarter de la marche qu'il avait suivie, en modifiant d'une manière complète sa classification, et en envisageant, à un point de vue parfois contraire au sien, certains faits dont l'interprétation n'a plus aujourd'hui sa raison d'être.

(1) C'est à M. le Docteur Georges Schlemmer qu'est due la traduction de ce volume : il avait déjà traduit pour la très grande partie les deux volumes des *Insectes*.

Un grand nombre de parties, seulement effleurées par l'auteur, ont été complétées et étendues ; les migrations, les métamorphoses des Helminthes, l'ostréiculture, la mytiliculture, la pêche et l'industrie du Corail, etc., notamment, occupent une place importante dans l'Édition française.

Les découvertes récentes relatives aux Animaux des grandes profondeurs, dues aux recherches des explorateurs du *Porcupine*, du *Challenger*, du *Black*, du *Lightning*, du *Travailleur* et du *Talisman*, ont été l'objet d'une étude spéciale, qui mettra le lecteur au courant des dernières acquisitions de la science.

En publiant ce travail, nous avons poursuivi un double but :

Intéresser tout d'abord les personnes étrangères à l'étude des animaux inférieurs, en insistant tout particulièrement sur ce qui a trait à leurs conditions biologiques ;

En second lieu, être utile aux Naturalistes en leur présentant un résumé concis des connaissances acquises sur ces mêmes animaux.

Aux premiers, nous indiquons les mœurs, les habitudes, l'emploi, etc., des types les plus répandus, choisis dans les divers ordres ;

Aux seconds, nous réservons les données anatomiques les plus saillantes, et la description purement scientifique de ces types.

De nombreuses figures intercalées dans le texte, et des planches tirées hors texte sur papier teinté, sont destinées à montrer les formes multiples des animaux, leurs détails anatomiques, souvent quelques actes de leur vie, quelques traits de leurs mœurs ; elles compléteront, dans une mesure profitable, les descriptions qui seules pourraient laisser des doutes dans l'esprit du lecteur. Tout en reproduisant les belles gravures de l'édition Allemande, nous avons fait de nombreuses additions dans l'illustration, comme nous en avions fait dans le texte. Un certain nombre de nos figures sont originales, et plusieurs ont été dessinées d'après nature ; d'autres ont été puisées aux meilleures sources, et nous citerons en particulier MM. Coste, Davaine, Sicard, G. Colin, comme nous ayant fourni de précieux éléments.

Afin d'obtenir ces résultats, nous avons largement puisé aux sources les plus accréditées. Citer les noms des fondateurs de la science : Cuvier, Blainville, Lamarck, Darwin, etc. ; indiquer les ouvrages de MM. Milne-Edwards, de Quatrefages, de Lacaze-Duthiers, Edm. Perrier, Claus,

Gegenbaur, Schmarda, Sicard, etc., suffisent pour montrer sur quelles bases solides nous avons édifié notre ouvrage.

Si nous avons dû parfois mettre en cause notre expérience personnelle, nous espérons que notre nom ne viendra pas faire ombre au milieu de ceux des Maîtres que nous nous efforçons d'imiter.

Le livre d'O. Schmidt est franchement transformiste ; nous l'avons suivi dans cette voie, parce qu'elle nous a semblé la seule vraie et la seule admissible.

Attaché à la chaire du Muséum d'Histoire naturelle où, le premier, Lamarck développa ses théories sur la filiation naturelle des espèces animales, où M. le professeur Edm. Perrier défend éloquemment les idées de l'immortel Naturaliste Français, où sont accumulés les innombrables animaux dont nous avions à faire l'histoire, nous devions insister sur cette grande théorie de la descendance, sur laquelle repose le problème de nos origines.

Nous avons consciencieusement élaboré une œuvre longue et difficile, et nous attendons avec confiance le jugement des Naturalistes : eux seuls nous diront si nous avons fait un livre utile.

Dr A. T. DE ROCHEBRUNE,
Aide-naturaliste au Muséum.

Paris. au Muséum d'Histoire naturelle, le 15 juin 1884.

Phosphorescence de la mer, d'après M. de Quatrefages.

TABLE DES PLANCHES HORS TEXTE

Pleurotome conoïde.

Fig. 1. — La vie au sein des mers.

INTRODUCTION

Linné, en 1766, répartissait les animaux dans les six classes suivantes : *Mammifères, Oiseaux, Amphibies, Poissons, Insectes* et VERS, comprenant sous cette dernière appellation vague tous les organismes qui ne pouvaient trouver place dans les autres classes, « *ce reste* », suivant l'expression même de l'époque, à peine entrevu par ses prédécesseurs

Le nom de *Vers*, faussement appliqué à des êtres différents entre eux, par leur forme et leur organisation, eut cours dans la science, jusqu'au jour où l'immortel Cuvier, réformant la classification vicieuse de Linné, sut réunir les premiers éléments d'une méthode naturelle ;

les fondements sur lesquels elle était établie péchaient encore dans quelques-unes de leurs parties : là, en effet, les Mollusques étaient également confondus avec les Vers, les Cirrhipèdes étaient réunis aux Mollusques ; mais malgré ces imperfections inévitables à l'époque où Cuvier établissait sa méthode, il n'en est pas moins vrai que l'éclair fécond de son génie, supérieur à celui du naturaliste suédois, montrait la voie nouvelle où tant de découvertes devaient jaillir, sous les pas de ses émules et de ses admirateurs.

Les Vers de Linné comprenant : *les Vers proprement dits, les Mollusques, les Échinodermes, les Polypiers, les Infusoires*, etc., devinrent dès lors les types d'autant d'ordres différents, ordres présentant un ensemble qui surpasse en nombre, en importance même, la presque totalité des grandes divisions du règne animal étudiées dans les volumes précédents.

Pour l'indifférent, la majeure partie de ces êtres passent la plupart du temps inaperçus, mais l'observateur attentif, ne tarde pas à reconnaître qu'ils ne le cèdent en rien à ceux dont l'étude l'avait occupé jusqu'ici. Leurs formes multiples, les couleurs dont ils sont parés, leurs mœurs, leur mode de développement et d'existence, tout l'intéresse et l'attache. Le vaste champ des mers lui fournit d'innombrables matériaux (fig. 1) : là, sur les rivages où vient mourir la vague, les *Néréides* aux reflets chatoyants, d'opale, se mêlent aux *Aphrodites* à l'armure d'or ; les *Doris* rampent lentement autour de la corbeille rose où ils ont déposé les germes de leur progéniture ; les *Actinies*, ces fleurs vivantes, épanouissent leurs corolles diaprées, tandis qu'au loin des forêts de *Madrépores*, de *Polypiers* et de *Gorgones*, s'accroissent lentement en récifs et en attolls, sous les ombrelles des *Méduses* flottantes, où les lueurs phosphorescentes des *Pyrosomes* et des *Noctiluques* ; d'innombrables troupeaux de Mollusques s'attachent aux rochers, fouillent le sable et la vase, se cachent sous les Fucus et les galets de la plage ; l'*Huître* s'accumule en bancs immenses ; les *Arches*, les *Modioles*, filent leur byssus résistant ; dans les flaques d'eau voltigent les *Peignes* aux valves oranges ; les *Nasses* poursuivent leur proie qu'elles perforent de leur trompe rétractile, sans s'inquiéter des *Seiches* agiles, laissant en fuyant, derrière elles, le nuage noir de leur encre, pour aveugler leurs ennemis.

Les eaux douces lui révèlent d'autres existences ; ce sont les *Naïs* élégantes, les *Tubifex* se balançant en cadence comme des tiges de Corail flexible ; les *Hydres* renaissant sous le fer même qui les mutile.

S'il vient à creuser le sol, il découvre toute la légion des *Lombrics*, aux galeries sinueuses ; les bois, les prairies, les coteaux, lui montrent les coquilles terrestres dont plusieurs lui servent d'aliment, et sous l'ombre des forêts tropicales, il est réveillé par la morsure des *Hirudinées dendrophiles*.

Dans son sein, comme dans celui des animaux qui l'entourent, il découvre ces hôtes parasites, causes souvent d'affections graves, enkystés dans ses muscles, ou vivant au milieu des liquides de son organisme.

Enfin, lorsque ses recherches s'étendent jusqu'aux profondeurs de l'Atlantique, il trouve, sur des surfaces parfois considérables, des masses gluantes, informes, méconnaissables à la simple vue, composées de ces primitives *Monères, Protomœbies, Batybius* ou *Myxodictes*, formes les plus humbles de véritables êtres animés, d'où sortira peut-être, un jour, la solution tant cherchée du problème même de la vie.

L'observateur s'arrêtera longtemps ébloui par l'aspect des merveilles de ces mondes, mais lorsqu'il cherchera à se rendre compte de la constitution intime des animaux qui les composent, il se trouvera en face d'une mine féconde, lui révélant des secrets jusqu'alors ignorés, preuves indéniables de théories longtemps méconnues, venant s'affirmer de plus en plus, sous l'influence des écrits et des découvertes des maîtres, vaillants défenseurs d'une cause maintenant gagnée.

L'étude des organismes dont cette rapide esquisse tend à faire entrevoir l'utilité va nous occuper dans les pages suivantes.

En passant successivement, dans un ordre méthodique, chacune des divisions adoptées, nous aurons soin de nous appesantir particulièrement sur les types les plus intéressants à connaître, quel que soit le point de vue sous lequel on les envisage.

Nous examinerons, en premier lieu, les Vers proprement dits.

LES VERS

CARACTÈRES GÉNÉRAUX

Le type Ver, tel que le comprennent les Naturalistes modernes, rappelle assez exactement à la pensée ces êtres rampants dont la vue entraîne généralement une idée d'abjection, de pauvreté ou de mépris ; il n'en est rien cependant, car, examinés de près, leur laideur proverbiale disparaît et s'efface pour faire place à l'étonnement, souvent même à l'admiration. C'est chez eux, en effet, que nous allons trouver la plupart de ces formes et de ces couleurs déjà entrevues, chez eux aussi que nous rencontrerons des phénomènes dont pas un des groupes précédemment étudiés n'a pu nous fournir d'exemples.

Un Ver en général peut être défini : animal à symétrie bilatérale, à corps le plus souvent mou, cylindrique ou aplati, présentant une face dorsale et une face ventrale, paraissant homogène et uniforme dans les types inférieurs, mais formé par contre, dans les types supérieurs, d'un nombre plus ou moins considérable d'anneaux ou zoonites placés bout à bout, essentiellement construits de la même façon, tantôt semblables entre eux sur le même animal, tantôt différant les uns des autres, et se groupant en régions distinctes ; toujours dépourvus de membres, généralement armés de soies isolées ou réunies en touffes (Gegenbaur).

Ainsi défini, un Ver est l'expression la plus complète et la plus manifeste de ce que M. le professeur Perrier nomme colonie linéaire.

Cette caractéristique, appliquée à l'ordre tout entier des Vers, peut être cependant modifiée suivant les groupes que l'on examine ; aussi, pour nous servir du langage ordinaire, plus vague, comme il importe de le faire tout d'abord, nous dirons, encore avec M. le professeur Perrier : « Les Vers sont des animaux plus ou moins allongés, rampants et symétriques. »

Les Vers, tout en paraissant devoir former un embranchement des mieux définis, se rattachent cependant à d'autres groupes dissemblables à première vue, et cette sorte de liaison ressort d'autant plus évidente que les groupes constitutifs semblent plus disparates.

Pour en citer quelques exemples, c'est ainsi que les Annélides, formes les plus élevées des Vers, soit par leur constitution, soit par leur mode de développement, ont une tendance à s'unir étroitement aux Arthropodes ; certains types de Rotifères, d'Echinodermes, par la réunion des caractères spéciaux soit aux Vers, soit aux Arthropodes, peuvent être considérés comme établissant une transition entre ces deux divisions, tout en se rapprochant davantage des Vers ; les Géphyriens présentent certaines relations avec les Holoturies, enfin les larves des Vers, des Echinodermes, des Mollusques même, offrent une ressemblance démontrant entre eux une proche parenté ; ces faits prouvent jusqu'à l'évidence quelles difficultés les Naturalistes ont dû vaincre, pour établir d'une manière précise la position zoologique des Vers.

Ces liens de parenté pouvant, aux yeux de certains, justifier la classe des Vers, telle que Linné l'avait comprise, ne sauraient être un argument acceptable ; ils démontrent seulement que, comme le dit Gegenbaur, « les Vers doivent être considérés comme constituant un groupe de départ, duquel des différenciations conduisent à d'autres embranchements. »

Un des points essentiels de leur manière d'être, la symétrie bilatérale, se remarque non seulement dans la forme extérieure, mais aussi dans l'agencement réciproque des parties internes. Leur organisation varie souvent d'une façon considérable, suivant les milieux où ils sont appelés à vivre, et les variations correspondent souvent aussi aux phénomènes particuliers, inhérents aux groupes de départ précédemment cités ;

Tels sont les Bryozoaires, longtemps rattachés aux Mollusques et devant former une classe spéciale ;

Tels sont aussi les Rotifères, tantôt réunis aux Infusoires, tantôt aussi aux Arthropodes, notamment par Leydig.

ORGANISATION DES VERS

TÉGUMENTS.

L'enveloppe externe des Vers est en connexion directe avec les organes internes, lorsqu'il n'existe pas de cavité générale, comme chez les Vers plats par exemple ; elle entoure au contraire cette cavité chez les Vers ronds, les Némertiens, les Annélides, etc.

La couche tégumentaire propre est relativement et généralement peu développée ; recouverte entièrement de cils vibratiles chez les Turbellariées, elle se montre sous forme de cuticule chez les types dépourvus de cils vibratiles, tels que les Trématodes et les Cestodes parmi les Vers plats. Dans le groupe des Annélides, elle acquiert quelquefois une épaisseur considérable, et là comme aussi chez les Vers ronds, elle est traversée par des *canaux poreux*, dont nous aurons à démontrer toute l'importance, dans le cours de cet ouvrage.

La substance de la couche cuticulaire est formée de chitine, fait rappelant le squelette dermique des Arthropodes, squelette largement développé chez certains Annélides, sans acquérir cependant la dureté de celui des Arthropodes, auquel il correspond morphologiquement.

Dans les grandes espèces, la couche tégumentaire mince se laisse facilement enlever, surtout quand l'animal a subi un commencement de décomposition, et elle se montre, sous un fort grossissement, formée de fibres très fines, croisées à angle droit.

D'après M. de Quatrefages, c'est à cette disposition que sont dues les irisations si remarquables chez un grand nombre d'Annélides, irisations qui ne seraient autre chose qu'un phénomène de polarisation, dû à ce que le savant naturaliste nomme : *une action de réseaux.*

Un caractère important dans l'étude des téguments des Vers est la présence de glandes, organes affectés à des sécrétions spéciales, communes à presque tous, mais plus particulièrement aux Annélides.

Des appendices particuliers, affectant les formes variées de soies, de piquants, de lances, de pei-

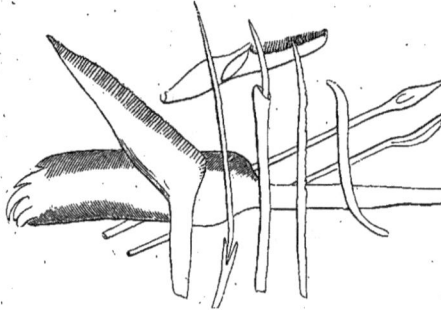

Fig. 2. — Groupes de soies.

gnes, etc., ornent l'enveloppe tégumentaire des Vers, et sont appelés à jouer un rôle important dans leur économie (fig. 2).

Sécrétés par la couche cuticulaire, ces appendices, d'après leurs rapports avec la surface du corps, se divisent en papilles rigides ou en épines que l'on observe sur les Trématodes et autour de la couronne des Echinorhinques, et en soies ne naissant plus à la surface, mais dans des enfoncements particuliers. Généralement répandues parmi les Annélides, les Hirudinées exceptées, elles se groupent en touffes, ou restent isolées en nombre égal dans chaque zoonite, tantôt servant à la locomotion ou à la natation chez les Annélides errantes, tantôt à fixer l'animal comme chez les Tubicoles.

Ces soies semblent avoir encore pour mission de protéger les animaux contre leurs ennemis. M. de Quatrefages (1) consacre toute une page à les décrire, examinons-les avec lui : « Il n'est peut-être pas d'armes blanches inventées par le génie meurtrier de l'homme, dit-il, dont on n'ait pu trouver ici le modèle. Voilà des lames recourbées dont la pointe présente un double tranchant prolongé,

(1) De Quatrefages, *Souvenirs d'un naturaliste*, Paris, 1854, tome I, p. 53.

tantôt sur le bord concave, comme dans le yatagan des Arabes, tantôt sur le côté convexe comme dans le cimeterre oriental; en voici rappelant la latte de nos Cuirassiers, le sabre des Chasseurs; et puis ce sont des harpons, des hameçons, des lames tranchantes de toutes formes, légèrement soudées à l'extrémité d'une tige aiguë; ces pièces mobiles sont destinées à rester dans le corps de l'ennemi, tandis que le manche qui les supportait deviendra une longue pique tout aussi acérée qu'auparavant; voici encore des poignards, des flèches barbelées à rebours, pour mieux déchirer la plaie, et qu'une gaîne protectrice entoure soigneusement, de peur que leurs fines dentelures ne viennent à s'émousser. Enfin si l'ennemi méprise ces premières blessures et ces armes qui l'atteignent de loin, voilà que de chaque pied va sortir un épieu plus court, mais plus solide et que des muscles mettent en jeu quand il s'agit de combattre corps à corps. Ce n'est pas sans raison que nos Amazones sont dotées de ces armes brillantes, destinées à vivre de rapine, elles en avaient besoin pour attaquer et pour se défendre. »

CAVITÉ GÉNÉRALE

Chez les Vers où les téguments et les couches musculaires circonscrivent une cavité intérieure, sur laquelle M. de Quatrefages a le premier attiré l'attention en démontrant son rôle important, cette cavité représente une forte part du volume de l'animal; l'intérieur est tapissé par une membrane se réfléchissant autour de l'intestin, des muscles, des cloisons, et faisant fonction d'un véritable péritoine. Un liquide, le plus ordinairement incolore, remplit cette cavité et charrie des granulations dont le nombre répond à la vigueur de l'animal.

Le liquide de la cavité générale est souvent chargé à lui seul de nourrir le corps tout entier, et il joue un rôle considérable dans le développement des appareils destinés à perpétuer les espèces; en outre, il reçoit les exsudations de la membrane péritonéale et tous les produits de la sécrétion interstitielle, suppléant ainsi aux vaisseaux lymphatiques n'existant jamais chez les Vers; dans les espèces dépourvues de système vasculaire, il reçoit tous les produits de la digestion et doit être considéré comme essentiellement nourricier.

SQUELETTE.

Les téguments, dans beaucoup de Vers, jouent un rôle important comme organes de soutien, par leur contexture ferme et rigide; mais indépendamment de l'épaississement des couches cuticulaires, plusieurs possèdent des corps cartilagineux, situés notamment dans le segment céphalique, envoyant des prolongements dans les branchies épanouies en panaches et se continuant en filaments déliés, jusque dans leurs dernières ramifications.

Cette disposition semble spéciale aux Annélides tubicoles.

Un groupe remarquable, celui des *Enteropneustes*, représenté par le genre *Balanoglosse*, offre un treillis de baguettes, soutenant des branchies, ayant une frappante ressemblance avec le squelette branchial des Vertébrés les plus inférieurs, tels que les *Leptocardes* (Gegenbaur).

SYSTÈME MUSCULAIRE.

Immédiatement placés sous les téguments, les muscles des Vers consistent en une couche interne et externe de fibres annulaires, entre lesquelles est

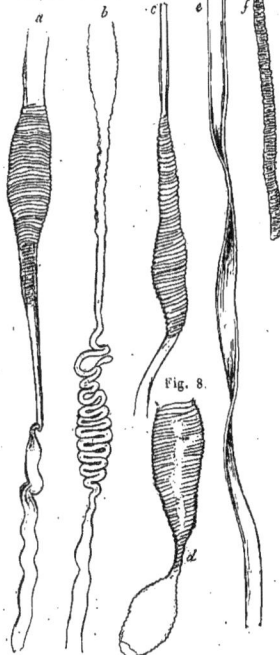

Fig. 3 à 8. — Fibres musculaires de la *Nereis nuncia*, isolées, montrant les formes qu'elles présentent pendant leur contraction (d'après M. Robin) (*).

comprise une couche de fibres longitudinales; des fibres rayonnantes se dirigent de l'intérieur du corps vers sa surface; dans les régions latérales, elles s'étendent directement de la surface ventrale

(*) e, forme régulièrement rubanée. — a, b, élargissement et étroitesse avec inflexion. — c, d, parties renflées avec plissement — f, plis transversaux sans changement de forme de la fibre.

à la dorsale. Cette disposition est celle des Vers plats et des flirudinées parmi les Annélides ; chez les Nématodes, les Chœtognates, la couche de fibres longitudinales constitue la partie exclusive du système musculaire. Dans la plupart des Annélides, les muscles longitudinaux se répartissent en deux séries dorsales et deux ventrales ; les couches annulaires et longitudinales sont inégalement développées, la longitudinale étant ordinairement la plus forte.

L'étude des contractions des fibres musculaires des Annélides, faite par M. le professeur Ch. Robin, présente des particularités intéressantes. Régulièrement rubannées, à bords parallèles dans l'inaction, ces fibres, pendant la contraction, deviennent plus étroites sur certains points de leur longueur et plus larges sur d'autres, avec ou sans inflexions ; en même temps les parties renflées offrent des plissements transversaux assez réguliers. Dans certains cas, les plis transversaux se produisent sans que la forme des fibres soit notablement changée (fig. 3 à 8) (Ch. Robin).

Dans les Annélides, chaque anneau est séparé par une cloison verticale fibro-musculaire, formant autant de chambres distinctes qu'il existe d'anneaux ; ces cloisons sont toujours percées d'une ouverture ovalaire, destinée à être traversée par le tube digestif.

Des muscles spéciaux, ceux entre autres destinés à mouvoir les soies, complètent l'ensemble de ce système.

Organes de mouvement. — Des cils vibratiles, situés sur l'enveloppe du corps, des couches musculaires amenant des contractions alternatives, des

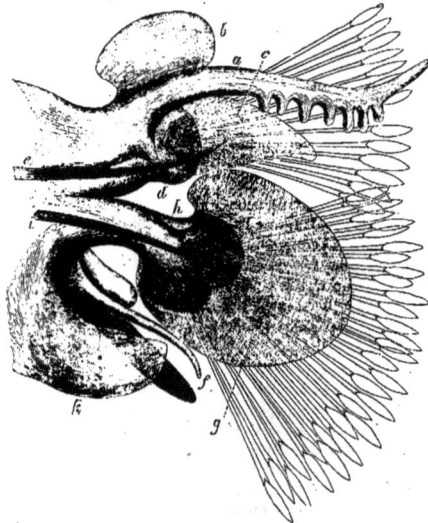

Fig. 9. — Pieds antérieurs de Nereis (*).

appendices divers, résultant de modifications du dermosquelette, tels sont les organes de mouvement des Vers.

Parmi le grand nombre des appendices dermiques, différenciés au point de vue fonctionnel ou morphologique, certains méritent d'attirer l'attention. De ce nombre sont les *appendices sensibles*, atteignant un développement complet chez les Annélides et les Chœtopodes, où le lobe céphalique porte, tantôt par paires sur le côté, tantôt à l'extrémité antérieure, des prolongements contractiles, variables en nombre, des tentacules se transformant par leur adaptation à des conditions d'existence diverses et à des usages spéciaux, au nombre desquels un

(*) A, rame supérieure ou dorsale. — B, rame inférieure ou ventrale. — a, cirrhe supérieur. — b,c, les deux languettes branchiales de la rame supérieure élargies en forme de lames. — d, mamelon sétigère de la même rame vu par transparence. — e, acicule. — f, cirrhe inférieur à base développée en une lame foliacée, h. — g, languette branchiale de la lame inférieure. — h, mamelon sétigère. — i, acicule.

des plus importants est celui de la respiration.

Dans une autre catégorie, il faut placer les appendices locomoteurs (fig. 9), les tronçons de pattes ou *Parapodes* d'Huxley, toujours disposés par paires sur chaque segment, l'une des paires étant dirigée du côté ventral, l'autre du côté dorsal et souvent accompagnées de soies ou de cirrhes, dont le volume et les dimensions peuvent dépasser de beaucoup celui des Parapodes.

Ces organes locomoteurs, dont les mouvements s'exécutent, non pas à l'aide de muscles agissant directement, mais par les contractions des zoonites, marquent la première phase de ces membres articulés qui, chez les Arthropodes, acquièrent un développement complet.

Il faut encore noter comme se rattachant aux précédents organes, et comme subordonnés à l'enveloppe dermo-musculaire, les ventouses des Cestodes, des Trématodes et des Hirudinées, dont la fonction se rattache autant au genre de vie qu'au transport dans l'espace des individus qui en sont munis.

Les lames natatoires des *Phillodocées*, les élytres lamelleuses des *Aphrodites*, ne sont qu'une modification des cirrhes disposés sur les Parapodes.

SYSTÈME NERVEUX.

Un caractère fondamental du système nerveux chez tous les Vers, mais en aucune façon exclusif au point de vue anatomique, est la place occupée dans la partie antérieure du corps par l'organe central le plus important. De cet organe, entourant l'œsophage sous la forme d'un anneau, partent des troncs nerveux qui s'irradient vers la périphérie ; dans la partie antérieure du corps des *Plathelminthes*, on observe deux masses ganglionnaires, unies par une commissure transverse, donnant naissance à deux troncs nerveux, allongés, suivant les deux côtés du corps et plus ou moins rapprochés l'un de l'autre, en raison des dimensions de ce dernier. Ces troncs latéraux sont peu développés chez les *Turbellariées* et les *Trématodes* ; le rapprochement, sur la ligne médiane, de deux troncs nerveux principaux, observés chez quelques Vers plats, se retrouve à un degré très élevé de développement chez les *Annélides*, et là, tout l'appareil acquiert la signification d'un organe central, fournissant sur des points déterminés des segments, une série de ganglions réunis entre eux par des commissures, et formant ainsi la chaîne ganglionnaire abdominale, dont le sommet correspond au ganglion céphalique. Les *Hirudinées*, les *Malacobdelles*, etc., font exception à cette règle, les commissures transverses manquant dans toute l'étendue du corps ; une seule commissure existe à la partie inférieure.

Parmi les *Chœtopodes*, chez les *Néréides*, les *Amphinomides*, les *Eunices*, les deux cordons, très rapprochés, ne se fusionnent pas néanmoins ; il y a juxtaposition, enveloppement des cordons par un

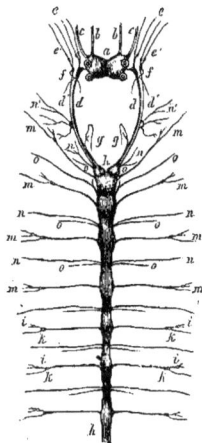

Fig. 10. — Système nerveux de la *Nereis regia*
(d'après M. de Quatrefages) (*).

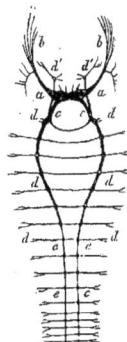

Fig. 11. — Système nerveux de la *Serpula fascicularis*
(d'après M. de Quatrefages) (**).

névrilème commun, mais la séparation quand même est manifeste (fig. 10).

(*) *a*, cerveau portant les quatre yeux. — *bb*, nerfs des petites antennes. — *cc*, nerfs des grosses antennes. — *ad*, connectif proprement dit. — *d'd'*, connectif accessoire. — *ee*, nerfs des cirrhes tentaculaires internes. — *e'e'*, nerfs des cirrhes tentaculaires externes. — *ff*, origines des nerfs labiaux inférieurs. — *gg*, origines du système nerveux viscéral. — *hh*, chaîne ganglionnaire abdominale. — *mmm*, troncs nerveux pédieux. — *nnn*, troncs nerveux des cloisons et des muscles. — *ooo*, troncs nerveux qui passent d'un anneau dans l'autre à travers la cloison. — *kk*, ganglion d'où part la branche cutanée de tronc pédieux. — *ii*, ganglion pédieux (De Quatrefages).

(**) *a*, cerveau. — *bb*, nerfs branchiaux. — *cc*, connectifs. — *d'd'*, nerfs du voile palléal. — *dd*, ganglions thoraciques de la chaîne abdominale. — *ee*, ganglions abdominaux de la même chaîne (De Quatrefages).

La séparation primitive des troncs principaux, réapparaît chez les *Tubicoles*, où les parties supérieures de la chaîne ganglionnaire sont très écartées principalement chez les *Serpules* (fig 11).

Le développement des ganglions cérébraux ou pharyngiens est de beaucoup plus grand dans les Vers supérieurs : les *Néréides* et les *Aphrodites* en présentent de considérables ; moins volumineux dans les *Hirudinées* et même les *Lombrics*, ils se montrent sous une apparence pédicellée.

Le système nerveux des *Bryozoaires* comme celui des *Rotifères* se compose d'une masse centrale, composée d'un ganglion situé au milieu, et envoyant des rameaux à l'œsophage, sous forme d'anneau. Ce fait admis par Van Beneden est contesté par Auman ; Dumortier a cru trouver un second ganglion, dont l'existence n'est pas suffisamment démontrée.

Organes des sens. — Des organes destinés à la vue, d'autres à l'audition, existent chez les Vers. Beaucoup de types inférieurs, *Turbellariées*, *Trématodes*, *Némertes*, portent à la place occupée par les yeux, distinctement développés dans d'autres groupes, de simples taches de pigment, situées symétriquement sur le cerveau et recevant de lui des ramifications nerveuses, dont on ne connaît ni le mode de terminaison, ni le rôle dans le mécanisme de la vision.

A un degré supérieur, les taches de pigment enveloppent des corps constituant un appareil terminal des nerfs, et semblant formés de cellules isolées par groupes, analogues à celles des yeux des

Fig. 12. — Œil de *Psigmobranchus protensus* (*).

Arthropodes, auxquels Gegenbaur a donné le nom de *baguettes* ou *cônes cristallins* (fig. 12).

Parmi les Annélides, les yeux des *Hirudinées*, comme chez les Vers plats, occupent la surface de la

(*) a, cône. — b, bâtonnet recouvert de sa gaine pigmentaire.

partie céphalique et sont répartis symétriquement en grand nombre (fig. 13) ; les yeux des *Chœtopodes*, sou-

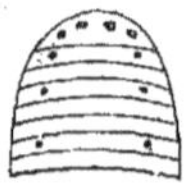

Fig. 13. — Points oculaires de Sangsue médicinale.

vent cachés par les téguments et situés sur le ganglion cervical, sont au nombre de deux ou de quatre ; au fur et à mesure de leur développement ils se rapprochent et atteignent alors un degré très grand de complication. Manquant chez la plupart des *Oligochœtes* vivant dans l'obscurité, les yeux se modifient surtout parmi les *Tubicoles*. Souvent on voit apparaître un nombre considérable d'organes visuels, sur les branchies céphaliques de ces espèces ; dans d'autres Annélides, outre les yeux céphaliques, on en observe à la partie postérieure du corps, et le genre *Périophthalmus* en porte une paire, sur chacun de ses segments.

L'adaptation joue ici un rôle considérable, modifiant, multipliant ou faisant disparaître des organes importants, en raison des conditions d'existence que l'animal est appelé à subir.

Les organes que l'on est d'accord pour considérer

Fig. 14. — Organe auditif d'*Amphicorina cursoria* (d'après M. de Quatrefages) (*).

comme auditifs, chez les Vers (fig. 14), consistent en une capsule renfermant une concrétion solide ou plusieurs petits cristaux ; souvent la paroi interne de la capsule est tapissée de cils destinés à imprimer un mouvement vibratoire aux concrétions ou *Autolites*.

Impaires chez les *Turbellariées*, ces organes placés près des ganglions cérébraux existent généralement chez les genres manquant d'yeux ou de taches oculaires ; rares chez les *Némertiens*, fréquents chez les *Vers plats*, ils manquent aux *Nématodes*, pour reparaître par paires chez les *Annélides*.

Le segment céphalique n'est pas le seul où existent ces autolites, et on les rencontre indifféremment, suivant les groupes que l'on étudie : dans le second, le troisième, quelquefois même le quatrième segment.

La dissémination des organes de l'audition et de

(*) a, tissu au milieu duquel est placée la capsule b. — c, autolite.

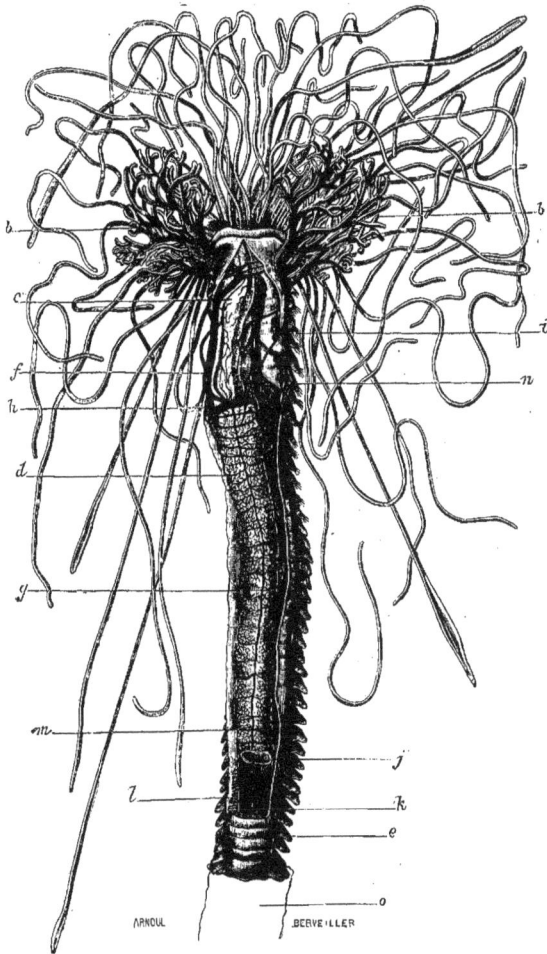

Fig. 15. — Appareil circulatoire de la *Terebella nebulosa* (p. 12), grossie et ouverte par le dos (*).

la vision, comme aussi la rareté des yeux latéraux ou leur absence, démontrent d'une part, que l'appareil auditif « est un appareil en voie de disparition chez les Annélides », d'autre part aussi que

« chacun des segments était primitivement pourvu de tous les organes des sens et devait vivre d'une vie indépendante, ou être tout au moins équivalent à des animaux ayant cette faculté » (Perrier).

APPAREIL DIGESTIF.

L'appareil digestif des Vers est situé soit dans le parenchyme même du corps, soit dans la cavité générale ; le canal intestinal traverse le corps dans sa longueur, l'entrée se trouve en règle ordinaire à la partie antérieure ; lorsque l'orifice anal existe, il est le plus souvent à l'extrémité postérieure, du côté de la face ventrale, ou du côté opposé.

La forme la plus simple consiste en une cavité ayant la figure d'un cœcum, ne s'ouvrant extérieurement que par un seul point, servant à la fois de bouche et d'anus ; c'est le cas le plus fréquent, en particulier chez les Vers plats.

Dans certaines *Planaires*, l'intestin se ramifie en produisant une sorte de réseau d'une grande élégance, distribué au milieu du corps et se dirigeant vers les parois latérales aplaties, en quelque sorte suspendu dans la cavité générale. Chez les *Distomes*, à la suite d'un orifice buccal entouré d'une ventouse placée sous la partie antérieure de l'animal, et d'un œsophage musculeux, s'étend un double cœcum constituant l'intestin proprement dit.

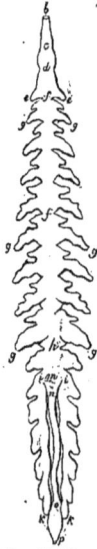

Fig. 16. — Canal digestif d'Hæmopis sangüisuga (*).

L'intestin des Annélides communique toujours avec l'extérieur par deux orifices ; la partie moyenne de l'organe, chez quelques *Hirudinées* (fig. 16), est pourvue de dilatations en forme de poches, dont les

(*) *b,c*, œsophage. — *c,d*, premier compartiment stomacal. — *d,c,e*, 2°. — *f,g,g*, 3°, 4°. — *ik*, les deux grandes poches en forme de cœcums. — *m*, entonnoir. — *op*, rectum.

deux dernières plus longues descendent parallèlement au rectum et l'accompagnent partout jusqu'à l'extrémité du corps. Un pharynx, un œsophage et l'intestin proprement dit, constituent le tube digestif complet. Ces trois divisions manquent rarement chez les Annélides ; l'œsophage très développé chez les *Lombrics* porte le nom de *gésier* (Perrier) ; en général cette partie est formée de fibres musculaires volumineuses. Dans la plupart des *Chœtopodes*, on divise le canal alimentaire en bouche, trompe, région pharyngienne, région dentaire et œsophage. Le groupe des *Néréides* réalise le type fondamental de cette organisation.

La bouche présente le plus souvent des lèvres bien accusées, ayant dans leur épaisseur des muscles propres, destinés à les mouvoir. La trompe comprend l'espace limité par la cavité buccale et l'intestin proprement dit ; les régions pharyngienne et dentaire font partie intégrante de la trompe ; à la région pharyngienne appartiennent de petits corps cornés, arrondis, implantés dans une membrane fibreuse, et que M. de Quatrefages nommé *denticules*.

La région dentaire montre des masses musculaires puissantes, formant deux systèmes antagonistes ; dans l'épaisseur même de ces muscles sont implantées les dents dont l'extrémité est libre à l'intérieur de la trompe. Elles sont cornées, aiguës, recourbées en crochet, crénelées, et comme elles garnissent chacune des masses musculaires, celles-ci, opposées l'une à l'autre, écartent et rapprochent alternativement les dents, et leur impriment ainsi une sorte de mouvement masticatoire.

Dans beaucoup d'Annélides, la trompe est toujours cachée à l'intérieur du corps, mais chez le plus grand nombre elle est exsertile et rétractile à un haut degré.

« Ici, dit M. de Quatrefages, apparaît un rôle inattendu dévolu au liquide de la cavité générale. C'est ce liquide qui, poussé par les contractions des parois du corps, refoule la trompe en avant et la force ensuite à se dérouler en dehors par un mouvement analogue à celui d'un doigt de gant que l'on retourne ; des muscles rétracteurs ramènent la trompe à l'intérieur, en refoulant en arrière le liquide qui rentre dans la cavité générale. »

Si l'on compare les dents de la trompe des Annélides, à l'armature linguale des Mollusques, à la *Radula*, la ressemblance est incontestable ; comme pour ceux-ci, des denticules en voie de formation, ce que l'on pourrait appeler des dents de remplacement, s'observent à la base des premières et sont destinées à fonctionner à leur tour après l'usure ou l'arrachement de celles implantées au sommet de la trompe (fig. 17).

Les appendices céphaliques suppléaient chez les *Tubicoles* au manque d'appareils de préhension, en provoquant par leurs mouvements propres, ou celui des cils vibratils dont ils sont revêtus, des tourbillons servant à entraîner les animaux destinés à leur nourriture.

L'armature buccale diffère considérablement suivant les types. Nous venons de voir cet appareil si remarquable chez les Chœtopodes, une sorte d'analogie se montre dans les trois crêtes longitu-

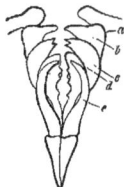

Fig. 17. — Appareil maxillaire d'une Eunice (d'après Milne-Edwards) (*).

dinales arquées et finement dentelées de certaines Hirudinées, crêtes mues par des muscles destinés à leur imprimer un mouvement de scie ; des saillies mamelonnées présentant des formes caractéristiques existent aussi chez les Nématodes, où la bouche et l'œsophage constituent un canal étroit et musculeux destiné à la succion.

Une grande simplicité règne dans la disposition des organes de la nutrition chez les *Bryozoaires ;* l'ouverture buccale est ornée de tentacules, et communique à une portion d'intestin qui, chez quelques espèces, s'élargit en un estomac armé de saillies dentiformes ; dans certains genres, l'intestin est en forme de cœcum.

Le canal intestinal des *Rotifères* offre des dispositions analogues à celui des Vers plats ; il est remarquable de trouver, chez ce type, la portion antérieure de ce canal garni d'appareils propres à la mastication.

SYSTÈME VASCULAIRE.

Le liquide nourricier chez les Vers inférieurs ne suit aucun trajet déterminé ; aucun système de canaux n'existe, l'absorption se fait par voie d'endosmose, c'est le cas le plus ordinaire pour les Vers plats.

Les *Némertiens*, au contraire, présentent un système vasculaire relativement compliqué ; on distingue trois troncs longitudinaux, dont deux suivent les côtés du corps, tandis que le troisième occupe le milieu de la ligne dorsale ; les vaisseaux latéraux envoient des circonvolutions enveloppant les ganglions cérébraux, pour se relier en arrière de la commissure, puis ils se continuent chacun en avant par une branche les réunissant vers l'extrémité céphalique.

Dans les Annélides, on retrouve la même disposition de canaux longitudinaux fréquemment reliés entre eux par des anastomoses transverses et se

(*) *a, b, c, d, e,* paires de mâchoires.

confondant également aux extrémités antérieure et postérieure. Toujours le vaisseau dorsal est contractile, et le courant sanguin suit une direction

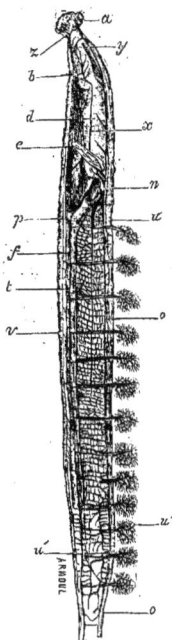

Fig. 18. — Appareil circulatoire de l'*Arénicole* vue de profil (*).

d'arrière en avant. La masse sanguine considérée dans son ensemble « constitue donc une véritable circulation à circuit fermé » (de Quatrefages).

Le développement des organes respiratoires exerce, d'après Gegenbaur, une influence modificatrice sur la répartition et la différenciation du système des vaisseaux sanguins.

L'appareil circulatoire se continue dans les branchies, chez les *Chétopodes*, par une arcade vasculaire pénétrant dans l'organe branchial. Une répétition de cet état se fait dans chaque branchie disposée sur les zoonites, comme on le voit dans les *Eunices* et les *Arénicoles* (fig. 18).

Quand les appendices respiratoires se concentrent en un point, comme chez certaines *Tubicoles* par exemple, des modifications importantes en ré-

(*) *a,* trompe. — *b,* pharynx. — *d,* seconde portion du pharynx ou premier estomac. — *e,* appendices cœcaux. — *f,* estomac. — *k,* le cœur. — *o,* vaisseau dorsal. — *p,* vaisseaux intestinaux latéraux. — *t,* vaisseau ventral. — *u,* vaisseaux cutanés ventraux. — *u,* branches latérales des vaisseaux afférents des branchies. — *u',* les mêmes moins développés. — *x,* vaisseau pharyngien latéral. — *y* et *z* anneaux vasculaires labiaux.

sultent; dans les *Térébelles*, le vaisseau dorsal, après s'être élargi considérablement, envoie des ramifications nombreuses aux branchies et fonctionne comme un cœur branchial (fig. 15, p. 9).

Le liquide sanguin des Vers varie de coloration, plus ou moins rouge chez beaucoup d'*Hirudinées* et d'*Annélides*, il est jaunâtre ou incolore chez d'autres, quelquefois aussi d'un beau vert.

ORGANES RESPIRATOIRES.

Les organes spéciaux affectés à la respiration manquent chez un grand nombre de Vers; parmi les *Turbellariées*, les *Némertiens*, plusieurs *Annélides*, les téguments couverts de cils vibratils suffisent à remplir les conditions nécessaires pour l'accomplissement de cette fonction; mais en dehors de la respiration cutanée, il ne faut pas négliger l'importance de la cavité générale et de l'influence qu'elle exerce.

Chez les Vers supérieurs, le résultat d'adaptations diverses fait que des organes fort différents dans le principe sont devenus propres à la respiration. La forme sous laquelle ils se montrent porte généralement le nom de branchies. Tantôt ces branchies sont des modifications des cirrhes que nous avons vus accompagner les parapodes, tantôt elles constituent des appendices particuliers. En général les cirrhes dorsaux se transforment de préférence en branchies, et l'apparition de vaisseaux correspondants se manifeste; dans ce dernier cas, d'après M. de Quatrefages, ces vaisseaux conduisent dans la cavité générale; dans d'autres, les deux systèmes de vaisseaux sont séparés dans les branchies.

Les branchies affectent la forme d'appendices simples, foliacés, ou ramifiés à des degrés divers

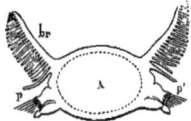

Fig. 19. — Coupe transversale d'Eunice, montrant les branchies, les cirrhes et les parapodes (*).

(fig. 19). La première de ces formes atteint son plus haut point de développement chez les *Aphrodites*, où elle constitue ce que l'on désigne sous le nom d'*Élytres*. Les *Eunices* portent des branchies en forme de peignes; elles sont branchues et ramifiées chez les *Amphinomes*.

L'appareil branchial développé sur la tête de certaines Annélides diffère des branchies segmentaires, en ce qu'il résulte de la modification d'organes n'existant pas sur les autres divisions du corps. Il acquiert un développement considérable

(*) *b*, parapode abdominal. — *b'*, parapode dorsal. — *br*, branchies.

chez certaines *Térébelles*; chez les *Sabelles*, il est en rapport avec l'organe de soutien cartilagineux précédemment décrit.

APPAREILS EXCRÉTEURS.

Dans sa forme la plus développée, dit Gegenbaur, l'appareil excréteur des Vers se présente sous l'aspect d'un système de canaux simples ou ramifiés qui s'ouvrent au dehors à la surface du corps et se trouvent en rapport, par des orifices internes, avec une cavité générale, quand elle est distincte, tandis que dans le cas contraire les extrémités des tubes ou les fines ramifications des canaux, sont fermées. Suivant que le corps est segmenté ou non, l'appareil excréteur peut paraître simple ou multiple.

Les canaux excréteurs chez les *Vers plats* se ramifient et présentent des différences dans leur calibre. Chez les *Turbellariées*, il consiste en deux troncs principaux, disposés suivant la longueur du corps et se distribuant ensuite dans le parenchyme, sous forme de fines ramifications.

L'appareil excréteur des *Rotifères* est formé par un système de canaux débouchant dans la cavité générale par des ramifications latérales. Ces canaux, suivant Leydig, sont ordinairement élargis et pourvus de cils, déterminant un courant dirigé vers l'intérieur.

Constitués dans les Annélides comme dans les Vers plats, à part de faibles modifications, les canaux

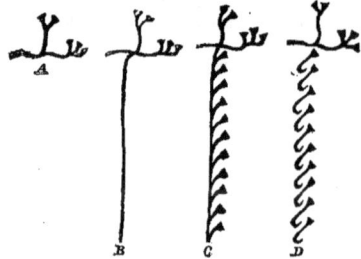

Fig. 20. — Diagramme du développement du système excrétoire des Annélides (d'après Hatschek).

excréteurs (fig. 20) se répètent dans chaque segment et sont régulièrement disposés de chaque côté, ils constituent les organes segmentaires, tubes pelotonnés, possédant dans la plupart des cas un orifice interne variable de forme, toujours cilié et s'ouvrant à la surface du corps par son autre extrémité; la portion la plus intérieure, où se trouve l'ouverture conduisant dans la cavité du corps, est ordinairement la plus considérable et caractérisée par une sorte d'entonnoir.

Chez les Lombriciens, les organes segmentaires

existent à partir du cinquième anneau (Perrier) et se retrouvent, sans interruption, dans toute l'étendue du corps. Chaque canal est formé de replis montant et descendant alternativement, reliés entre eux et enveloppés par un lacis de vaisseaux ; de même que chez plusieurs *Naïdiens*, la position des orifices des organes segmentaires est liée à celle des follicules sétigères ; certains auteurs, Claparède entre autres, ont cherché à démontrer les transformations que les organes segmentaires des *Lombriciens* et des *Naïdiens*, notamment, subissent par suite de leur participation aux fonctions des organes destinés à perpétuer l'espèce ; M. le professeur Perrier, à la suite de ses belles recherches sur l'organisation des *Lombriciens terrestres*, a été conduit à nier l'homologie des uns et des autres.

DÉVELOPPEMENT, MÉTAMORPHOSES.

La forme agame et la forme sexuée sont les deux modes de genèse, que l'on observe avec des caractères éminemment remarquables dans les différents groupes de Vers.

Forme agame. — Les phénomènes de genèse sont multiples chez les Vers plats ; en raison même de leur condition de parasitisme, il se fait que des individus jeunes naissent par voie agame ; le développement des *Trématodes*, des *Distomes*, par exemple, le démontre. Dans un œuf fécondé, un embryon apparaît, mais l'être produit diffère de l'animal producteur, il devient un organisme en forme de sac fermé, à l'intérieur duquel se développent de nouveaux êtres tout autrement organisés, ne passant à la forme sexuée normale, qu'après un enkystement préalable.

Dans certains cas, des individus naissent dans un organisme agame, mais ne s'en séparent qu'après avoir peu à peu acquis une organisation déterminée.

Un autre mode s'observe, dans le rapport de l'organisme producteur émettant des bourgeons : c'est le cas des *Cestoïdes*, dont nous aurons à étudier plus tard le développement.

L'aptitude à la reproduction agame se montre également chez les *Annélides*, où la genèse par bourgeonnement est depuis longtemps connue. Les *Dero*, décrits par M. le professeur Perrier, se partagent en deux moitiés, dont l'une, l'antérieure, conserve sa vie propre, et l'autre, la postérieure, devient un animal nouveau. Les *Lombrics*, suivant le point du corps où on les divise, se reconstituent ; les *Naïs* présentent les mêmes phénomènes ; les *Sabelles*, certaines *Néréides*, sont encore dans le même cas. Les résultats du phénomène produit sont semblables : d'un zoonite, naît une série de nouveaux zoonites, constituant ensemble un nouvel individu indépendant.

Forme sexuée. — Les Vers sont hermaphrodites ou à sexes séparés.

Parmi les Vers plats, les *Turbellariées*, les *Trématodes*, etc., sont hermaphrodites, les deux organes, séparés et logés dans l'intérieur du corps, se rendent dans une ouverture commune. L'appareil mâle consiste en un nombre variable de tubes pelotonnés mal définis, se continuant par des canaux déférents, étroits, aboutissant à un conduit excréteur commun, présentant une partie élargie ou vésicule séminale et terminée par un organe spécial.

L'appareil femelle est représenté par l'ovaire ; les canaux déférents et les oviductes se réunissent en un canal de longueur variable, parfois renflé sur son trajet, et faisant fonction d'utérus, où l'œuf subit souvent les premières phases de son développement embryonnaire.

La séparation sexuelle est presque toujours la règle générale chez les *Nématodes*. L'appareil mâle se réduit à un canal simple, formant chez les grandes espèces de nombreuses circonvolutions, deux spicules minces et longues, enveloppées dans la portion cloacale du rectum, servent comme moyen d'union. L'appareil femelle diffère peu de la disposition précédente, les tubes dont il est composé sont plus ou moins tortueux, l'ouverture est toujours ventrale en avant de l'anus et située vers la région médiane du corps.

Les *Hirudinées* se rapprochent des Vers plats par les dispositions de leur appareil génésique. Les sexes sont réunis sur le même individu, des glandes germinatives distribuées symétriquement de chaque côté du corps constituent l'organe mâle, elles sont arrondies et présentent chacune un canal excréteur se rendant dans un conduit déférent, commun et latéral, formant en avant de la première paire de glandes de nombreux diverticulum, et venant se réunir en avant à une masse aciniforme, au voisinage de l'ouverture commune.

L'appareil femelle est formé de deux masses arrondies, tubulaires ou lobées, occupant vers la partie médiane une place voisine des canaux déférents.

Dans les *Lombriciens*, l'appareil mâle se compose de deux paires de glandes en connexion avec des sacs dans lesquels se développent les éléments reproducteurs ; chaque paire de glandes possède une vésicule séminale semblable, s'étendant en travers sur la ligne médiane et pourvue d'expansions latérales. Chaque vésicule contient des tubes infundibuliformes, se continuant latéralement pour former les canaux déférents, ceux-ci se réunissent de chaque côté en un conduit commun, dirigé en arrière, vers une ouverture située à la face ventrale. Sur le même segment existent des organes protractiles, résultat d'une modification des follicules à soies.

Les ovaires constituent la partie la moins volumineuse de l'appareil, ils sont placés derrière la

seconde paire de glandes mâles ; en dessous prennent naissance deux oviductes à larges orifices,
fixés dans la paroi même du corps et conduisant
au dehors, par un canal court, jusqu'au segment
qui précède celui où se trouve l'appareil mâle.

Des poches séminales disposées par paires, en
forme de sacs arrondis, sans connexion intime avec
l'appareil mâle, débouchent par un conduit de peu
d'étendue dans le voisinage des glandes.

Les dispositions de cet appareil semblent spéciales aux *Lombrics* ; il faut tenir compte aussi de la
ceinture, organe semblant se développer au moment de la genèse, d'une façon toute exceptionnelle,
et sur la formation de laquelle les données ne
sont pas assez complètes pour que nous nous y
arrétions plus longtemps.

Le mode de développement des *Chætopodes* est
très voisin de celui des *Lombriciens* ; un petit nombre seulement sont hermaphrodites, et chez les

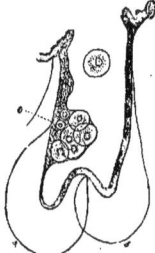

Fig. 21. — Parapode de *Tomoptéris* (d'après
Gegenbaur) (*).

types libres, la séparation des sexes est constante
(fig. 24).

Une forme de genèse chez les Vers, forme que
nous retrouverons dans d'autres classes, est la reproduction alternante sur laquelle nous aurons à
revenir, on l'observe chez les *Bryozoaires* notamment ; chez eux aussi, on constate également dans
la cavité générale des corps particuliers en forme
de disques bi-concaves, composés de cellules et
naissant comme des œufs des parois du corps.
D'après Allman, ils représenteraient des bourgeons
qui, après s'être détachés, deviennent libres et se
développent indépendamment de l'individu mère.
Suivant Van Beneden, plusieurs individus peuvent
sortir de ces corps. Ils sont recouverts d'un enduit
solide, garni d'épines, et rappellent la capsule ovi-
gère de l'*Hydre*.

Le bourgeonnement ayant lieu sur les parois latérales externes des Bryozoaires, conduit à la formation des colonies, dont ce groupe est un des
exemples les mieux définis.

(*) *ss*, formation écailleuse des téguments. — *o*, ovaire, amas de
cellules dans lesquelles se forment les œufs.

Métamorphoses. — Les métamorphoses que les
Vers subissent avant d'avoir atteint leur complet développement présentent de grandes analogies chez les

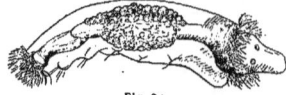

Fig. 24.

Fig. 22.   Fig. 23.

Fig. 22 à 24. — Développement des Térébelles (d'après
M. Milne-Edwards).

divers types (fig. 22 à 24). Dans la majeure partie, l'embryon, à sa sortie de l'œuf, porte des cils vibratiles,
organes essentiels de locomotion ; ces cils sont
groupés de façons diverses, tantôt ils revêtent la
jeune larve d'une façon complète, tantôt ils sont
disposés en bandes ou en ceintures plus ou moins
régulières, étendues sur toute la circonférence du
corps, ou limitées soit à la région dorsale, soit à la
région ventrale. Une classification des larves d'Annélides a été proposée, elle est basée sur la disposition des cils vibratils. Nous en citerons quelques-
unes empruntées à M. le professeur Perrier. Ce
sont les larves *Céphalotroques*, à couronne de cils
laissant d'un même côté la bouche et l'anus ; les
Mésotroques, à ceinture médiane entre la bouche
et l'anus ; les *Télotroques*, portant une ceinture à

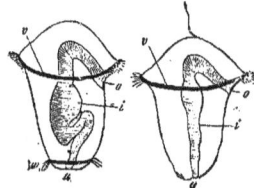

Fig. 25.   Fig. 26.

Fig. 25 et 26. — Larves de Chætopodes (*).

chaque extrémité (fig. 25) ; et les *Polytroques*, ayant
plus de deux ceintures.

(*) Fig. 25, Télotroque. — Fig. 26, Trochosphère. — *á*, bouche
— *i*, intestin. — *a*, anus. — *u*, ceinture ciliée antérieure. — *w*, ceinture ciliée postérieure.

Les Larves *Atroques*, ou entièrement couvertes de cils, paraissent devoir être considérées comme représentant la forme primitive; les *Céphalotroques* constituent l'une des formes les plus simples, commune aux Annélides errantes, commune aussi à des types éloignés, forme d'une importance considérable

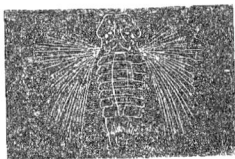

Fig. 27. — Larve de Nérine (d'après Agassiz).

sidérable que nous retrouverons par la suite et désignée sous le nom de *Trochosphère* (Perrier)

(fig. 26). Un nombre considérable de larves de Chœtopodes, dit Balfour, portent des paquets de soies excessivement longues, ces soies sont habituellement placées à la partie antérieure du corps, immédiatement derrière la tête. Agassiz considère ces larves ornées de longues soies, comme caractéristiques de certaines formes fossiles (fig. 27 et 28).

Au moment de leur éclosion, les Annélides sont réduites à leur tête. Constituée par la *Trochosphère*, cette tête, qui plus tard sera l'un des segments de l'animal, vit alors d'une vie libre et indépendante; peu à peu, elle produit de nouveaux segments, en se reproduisant elle-même par voie agame, édifiant ainsi un organisme composé d'individus réunis en colonies linéaires, et devenant de plus en plus solidaires.

Des différences considérables s'observent chez certains Vers en raison des milieux où ils sont desti

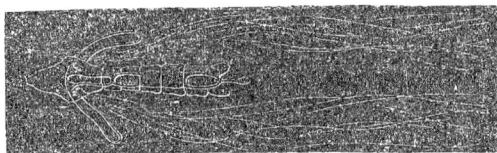

Fig. 28. — Embryon de Chœtopode (d'après Agassiz).

nés à parcourir leur existence, tels sont les Lombrics par exemple, où les premières phases du développement s'accomplissent dans l'intérieur de l'enve-

loppe résistante, où la mère au moment de la ponte accumule une réserve de matières propres à nourrir l'embryon.

DISTRIBUTION GÉOGRAPHIQUE DES VERS — LEUR HABITAT

Les difficultés inhérentes aux recherches relatives à la distribution géographique des vers ne permettent pas d'insister longuement sur cette partie intéressante de leur histoire; ce que M. de Quatrefages disait particulièrement des Annélides devient plus évident encore lorsque l'on envisage le groupe tout entier, et aujourd'hui comme en 1865, époque où le savant maître publiait son *Histoire des Annelés*, « tout essai même serait prématuré. »

Le cosmopolitisme des espèces inférieures contribue à accroître ces difficultés, et l'ignorance où l'on est d'un nombre très grand de types, le peu d'intérêt que les voyageurs prennent à leur récolte, sont autant d'obstacles qu'il n'est guère possible de surmonter.

Toutefois, quelques faits généraux, et les déductions que l'on peut en tirer, donnent une certaine valeur à un coup d'œil sommaire.

Il ne peut être question de distribution géogra-

phique quand il s'agit des Vers parasites, des Helminthes entre autres; leur habitat seul doit occuper.

Tous localisés dans l'intérieur des tissus des êtres vivants, ils sont évidemment liés à l'existence des animaux des diverses classes où on les rencontre.

Dans chaque groupe, certaines espèces paraissent affecter non seulement des classes ou des ordres entiers, mais encore être particulières à tel ou tel genre. Ainsi les types qui vivent dans les Mammifères ne se trouvent pas sous la même forme chez les Oiseaux et les Poissons; des exceptions cependant se présentent, et une espèce notamment, prenant naissance dans l'intestin des Épinoches, achève de se développer dans celui de certains Oiseaux, quelquefois aussi elle se montre chez d'autres poissons, et même dans le Chat; un *Distome* apparaît indifféremment chez les Musaraignes, les Rats, les Corbeaux et les Grenouilles, et ce passage d'un ordre à un autre paraît être surtout particulier aux Distomes.

Diverses espèces de Nématodes se trouvent dans les Libellules, les Diptères, les Coléoptères, les Lombrics, etc.

Parmi les Annélides, les Errantes et les Tubicoles sont marines, les Terricoles telles que les *Lombrics, Perichœta*, etc., habitent les terrains humides, et les champs cultivés. Les *Siponcles* sont des eaux salées, les *Hirudinées* vivent presque toutes dans les eaux douces.

Les genres les plus répandus sont les Sangsues qui existent partout; les Siponcles se trouvent dans la Méditerranée, les mers de Chine, l'Inde et la Malaisie. Les Lombrics, que l'on rencontre jusqu'au Groënland, ont leurs genres en quelque sorte cantonnés par régions, c'est ainsi que le genre *Lombricus* est presque propre à l'Europe, tandis que les *Perichœta* sont Brésiliens ou Asiatiques.

L'Europe possède dans sa faune presque tous les genres. L'Océanie et l'Australie en comptent un nombre restreint.

L'Afrique présente plusieurs genres communs aussi à l'Europe.

Enfin, la faune de l'Amérique du nord semble plus riche que celle de l'Amérique méridionale.

Nous avons parlé du cosmopolitisme : « il est tel, dit M. de Quatrefages, qu'il n'est peut-être pas un seul genre important qui ne compte quelques représentants venus des contrées les plus éloignées du globe. Tel est le genre *Chœtoptère*, considéré d'abord comme exclusif aux parties les plus chaudes de l'océan Américain, et dont on connaît aujourd'hui des espèces vivant dans les mers de Norwège et sur les côtes de France et d'Angleterre. »

L'ossature du sol paraît influer sur le nombre et la variété des espèces; c'est ainsi que pour les marines M. de Quatrefages observe que les côtes granitiques sont les plus riches, tandis que les côtes calcaires sont d'une grande pauvreté; l'abondance de végétation sur les premières, l'absence presque complète des mêmes productions sur les secondes, réagit sans doute sur les animaux, car les Herbivores ne sauraient se multiplier où les aliments leur manquent et les Carnivores, vivant aux dépens des premiers, sont réduits dans la même proportion (de Quatrefages).

A l'exception des espèces pélagiennes, les Annélides, en général, habitent le bord des rivages et ne remontent jamais au-dessus du niveau des marées ; la plupart s'enfoncent dans le sable et la vase recouverts par la mer ; les vastes prairies sous-marines, rarement découvertes, formées d'Algues et de Zostères, abondent en Vers de toutes sortes ; un grand nombre fréquentent les crevasses des rochers, se logent sous les pierres et les galets, quelquefois les coquilles roulées, ou bien se construisent des habitations en forme de tubes diversement disposés.

Il est à remarquer que les espèces pélagiennes se rapprochent régulièrement des rivages à l'époque de la reproduction. Pendant la saison des pluies les Littorales cherchent à pénétrer plus profondément dans le sol, dans le but d'éviter le contact de l'eau douce, toujours fatale pour ce groupe d'animaux.

Les recherches batymétriques auxquelles les explorateurs se livrent avec tant de succès depuis plusieurs années ont jeté un jour nouveau sur l'habitat et la distribution des Vers ; de sondages réitérés dans les grandes profondeurs, il résulte qu'à 4,318 mètres et plus on a pu recueillir des Annélides dont, jusque-là, l'existence était inconnue ; Ehlers, en poursuivant ses recherches depuis la Méditerranée jusqu'au cercle arctique, a montré que les types, dont le domaine s'étend très loin dans le sens horizontal, et qui, par conséquent, supportent des températures très variées, sont en même temps aussi ceux dont l'aire d'habitat s'étend le plus dans le sens vertical.

L'exemple le plus concluant à citer, dit Ehlers, est le *Trebellides stremii*; cet animal dont l'existence a été constatée dans l'Adriatique et le voisinage des mers polaires, habite à une profondeur de 69 mètres sous une température de 8° et également aussi à 197 mètres, à la température de 2°.

La taille des espèces des mers profondes serait en raison de ces profondeurs, c'est-à-dire décroissante ; c'est là aussi qu'apparaissent les espèces aveugles, fait depuis longtemps connu, et qu'elles partagent avec plusieurs animaux d'ordres différents. Elles appartiennent néanmoins à des types d'une organisation relativement élevée. Telles sont les *Chœtopodes* découvertes dans les mers du sud, pendant l'expédition du *Challenger*, à 6400 mètres de profondeur, et le genre Myaiochele, recueilli avec ses tubes vaseux où il se ménage un refuge.

MŒURS ET RÉGIME DES VERS

Le genre de vie des Vers correspond à leur séjour dans les milieux humides ; pas un n'est, à proprement parler, terrestre, c'est-à-dire ne peut exister « libre dans l'air ».

Beaucoup habitent en parasites dans les organes de l'homme et des animaux; pour plusieurs ce parasitisme est temporaire, et l'histoire des migrations d'un certain nombre trouvera sa place dans les chapitres qui les concernent ; c'est parmi les types inférieurs que l'on a pu étudier les phénomè-

Fig. 23. — Pêche au troubleau (p. 21).

nes si remarquables de la généagenèse, les transformations et les métamorphoses que certains subissent avant d'avoir revêtu le faciès caractéristique de l'état adulte.

Dans les groupes supérieurs, bien des raisons tendent à démontrer que l'accroissement se prolonge pendant toute la vie des individus; quant à la durée de leur existence, il n'est guère possible de préciser à quelle limite elle s'arrête, bien que certaines espèces parcourent un cycle de plusieurs années. Comme dans les types plus dégradés, les phénomènes de généagenèse apparaissent ici avec une intensité et des modes de variabilité des plus accusés ; à ces phénomènes se joint la propriété particulière à certains groupes, de reproduire les parties enlevées, que l'ablation ait été faite à la région antérieure ou postérieure de l'animal.

Abstraction faite des espèces parasites, les vers en général sont carnivores ou phytophages.

Le nom de Limivores s'applique à quelques groupes dont les habitudes particulières consistent à avaler en nature le sable, la vase ou la terre, et à rejeter ces substances, après y avoir puisé les particules nutritives qu'elles pouvaient contenir.

Pour la plupart des Annélides, pour certains Géphyriens, etc., la trompe semble être le seul organe de préhension ; d'autres saisissent leur proie à l'aide de cirrhes tentaculaires. Les cils vibratiles de la bouche des Rotifères, de quelques Annélides, etc., amènent vers l'orifice buccal un courant d'eau destiné à entraîner les animalcules dans son

voisinage et à les y maintenir par un effet de remou, jusqu'au moment de l'absorption.

A l'exception des espèces pélagiques, les Annélides paraissent essentiellement nocturnes, les Tubicoles s'écartent de cette règle à peu près générale, tout en cherchant à se soustraire à l'action d'une lumière trop vive.

Les procédés employés par les Vers, dans la construction de leurs retraites, varient suivant les genres et sont souvent caractéristiques des espèces. Beaucoup se creusent des galeries dans le sol, et s'aident de leur trompe pour s'ouvrir un passage. tantôt ces galeries sont sinueuses, tantôt elles sont en forme de V, souvent perpendiculaires et terminées quelquefois par une chambre circulaire.

Il en est d'autres qui se fabriquent des tubes, en agglutinant des grains de sable et des fragments de coquilles; plus rarement ils perforent les rochers, et rarement aussi les espèces quittent la demeure qu'elles ont péniblement édifiée.

Ces abris protecteurs paraissent être, dans un grand nombre de cas, l'œuvre de la vie entière de l'animal. Telles sont les *Serpules*, les *Sabelles* et bien d'autres, tandis qu'on voit, tout au contraire, les *Térébelles*, les *Leucodores* sécréter des fourreaux temporaires, qu'elles quittent pour choisir une place meilleure et recommencer, du reste avec une rapidité surprenante, la construction d'une nouvelle demeure.

Étudiés en captivité, les Vers révèlent souvent des détails de mœurs impossibles à connaître quand

BREHM.

on les observe à l'état libre. Il en est un d'une importance très grande découvert par M. de Quatrefages auquel nous l'empruntons, il a trait à la *Marphyse sanguine*, espèce que nous décrirons à sa place, et chez laquelle nous constaterons d'autres phénomènes des plus intéressants.

Privées de nourriture, les Annélides élevées en captivité se comportent différemment suivant les espèces, au bout d'un temps plus ou moins long ; chez les *Sabelles*, les *Serpules*, quelques *Néréides*, la mort frappe en même temps l'animal entier ; mais il en est tout autrement pour les *Nephtys*, les *Eunices*, les *Marphyses* ; ici l'animal meurt, mais il meurt portion par portion.

« Au bout de 24 heures, écrit M. de Quatrefages, la Marphyse la plus vigoureuse a manifestement perdu de sa force et de la vivacité de ses mouvements, toutefois l'abattement général ne marche plus ensuite avec la même rapidité. Au bout de deux ou trois jours, on commence à voir se manifester des ruptures spontanées complètes. L'animal se segmente et toujours d'arrière en avant, les premiers tronçons détachés sont vivement colorés ; mais ce qui est le plus remarquable, c'est que le tronçon entier se meut et se conduit comme un individu intact, il rampe, fuit la lumière et cherche à se cacher sous la vase. »

Phosphorescence. — Les Vers partagent, avec d'autres types de la série animale, une propriété particulière, celle d'être phosphorescents. Jusqu'ici, comme pour les Insectes en particulier, les re-

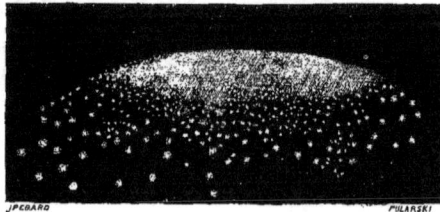

Fig. 30. — Effet de la phosphorescence à la surface de la mer (d'après M. de Quatrefages).

cherches des Physiciens et des Naturalistes n'ont pu fournir une explication bien concluante de ce phénomène (fig. 30).

Pour Ehrenberg, cette production de lumière serait un acte vital très semblable au développement de l'électricité. Meyer admet deux espèces de phosphorescence, la première serait due à une mucosité dissoute dans l'eau ; la seconde aurait pour cause des organes spéciaux destinés à la produire. Un Nérédien, le *Photocharis cirrhigera*, décrit par Ehrenberg, présenterait un cas spécial. Chez cette Annélide la lumière part de deux cirrhes épais et charnus, situés sur la rame dorsale des pieds ; en outre le *Polynoë fulgurans* présente deux grands corps grenus comparables à des ovaires et chargés de produire la lumière.

M. de Quatrefages, reprenant les observations de ses prédécesseurs, concluait dans un important mémoire, publié en 1850, à deux modes de phosphorescence : 1° par la sécrétion d'une substance particulière, suintant soit du corps entier soit d'un organe particulier ; « 2° par acte vital, d'où résulte une production de lumière pure et indépendante de toute sécrétion matérielle. »

Des recherches nouvelles viendront sans aucun doute élucider cette importante question de la phosphorescence, dont nous retrouverons des exemples dans les groupes d'animaux éloignés des Vers, que nous avons à examiner ; chez ceux-là comme ici, les causes problématiques sont-elles les mêmes ou bien, dans chaque ordre, un procédé spécial préside-t-il au phénomène ?

Quoi qu'il en soit, un fait dont il faut tenir compte, c'est que l'intensité de la phosphorescence chez certains Vers dépend de l'époque et de l'état des animaux qui la produisent.

C'est au moment de l'union des espèces que les *Lombrics* brillent dans l'obscurité ; dans certaines Annélides observées par M. de Quatrefages, la lumière produite était d'autant plus vive que l'époque de la gestation était plus avancée ; et le savant zoologiste trouve, dans cette coïncidence, la preuve d'un surcroît d'énergie vitale, se manifestant ainsi d'une manière évidente dans tous ces animaux ; par contre il doute de l'existence d'organes spéciaux d'où puisse émaner la lumière. Les muscles seuls et plus particulièrement les muscles des pieds lui ont paru présenter le phénomène.

Les *Néréis*, les *Syllis*, les *Polynoë*, les *Chætoptères*, les *Lombrics*, certaines *Planaires*, présentent le phénomène de la phosphorescence, parmi les Vers.

DISTRIBUTION DES VERS DANS LE TEMPS

Les Vers paraissent avoir existé à toutes les époques géologiques, et un assez grand nombre d'espèces sont actuellement connues; c'est parmi les Tubicoles, et surtout dans le groupe des Bryozoaires que l'on en rencontre le plus fréquemment. Les espèces à téguments mous ou peu résistants ont nécessairement dû laisser rarement des traces de leur existence, leur constitution même étant un obstacle à la fossilisation. Quoi qu'il en soit, nos Musées en possèdent des exemplaires d'une conservation parfaite et les auteurs en ont décrit des types intéressants.

Parmi les Chœtopodes, le *Nereites Cambrensis*, l'un des types les plus anciens, appartient à la formation Silurienne. L'étage Carbonifère a fourni des *Eunices*; toute une série d'espèces décrites par Ehlers ont été recueillies dans le Kimmeridgien, telles sont les *Eunicites atavus, avitus, proavus* et *dentatus* des schistes lithographiques de la Bavière; il en est de même des *Lombriconereis deperditus* et du *Meringosoma curtum, du Ctenoscolex procerus* (fig. 31).

Fig. 31. — Ctenoscolex procerus (d'après Ehlers).

Le genre *Scolicia* repose sur de magnifiques échantillons d'une Néréide de 2 mètres 20 de long sur 4 millimètres de large, découverte par M. de Quatrefages dans les Couches crétacées de Saint-Sébastien.

Indépendamment des Chœtopodes, des Annélides abranches sont connues à l'état fossile. Le genre *Hirudella* représenté par l'*Hirudella angusta*

habitait les mers Kimmeridgiennes ; le *Tubifex antiquus* est propre au Keuper.

Si l'on passe aux Géphyriens, les *Epitrachis rugosus* et *granulatus* démontrent que des représentants de cet ordre vivaient également à l'époque Kimmeridgienne, en compagnie de Némertiens représentés par le genre *Nemertina*. Dans le même ordre ou dans son voisinage il faut compter les *Talpina* du Crétacé comme aussi les *Vermiculites* du Silurien inférieur.

En raison de leurs tubes calcaires la tribu des tubicoles se montre avec plus d'abondance.

Les *Serpules* paraissent dès le Silurien inférieur. Au Silurien supérieur appartient le *Serpula ombilicata*, le Dévonien fournit le *Serpula lituus* ; le *S. serpentina* est cité comme propre au Muschelkalk et les schistes de Saint-Cassian en renferment quelques espèces dont l'une décrite par Klipstein est le *Serpula lineata*.

A partir du Lias en remontant les étages Jurassiques, leur nombre va en augmentant, pour s'accroître encore à l'époque Crétacée et atteindre son plus grand développement pendant la période Tertiaire. Les *Térébelles*, les *Spiroglyphes*, les *Galeolaires, Vermilies, Filogranes, Spirorbes* peuvent être cités parmi les plus intéressants.

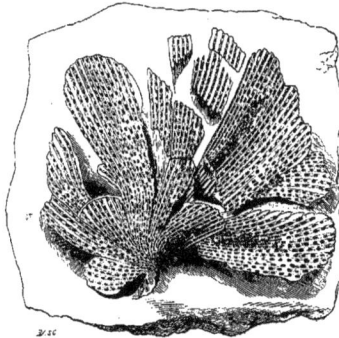

Fig. 32. — Fenestrella tenuiceps (Contejean).

Les Bryozoaires sont excessivement répandus, dans toutes les périodes géologiques (fig. 32), les étages Jurassique, Crétacé, ceux de la formation Tertiaire abondent surtout en animaux de ce groupe. La plupart constituent des genres éteints, en grande partie créés par d'Orbigny ; nous aurons l'occasion d'en faire connaître quelques-uns en traitant de ces animaux.

DE LA RECHERCHE DES VERS ET DES MOYENS A EMPLOYER POUR LEUR RÉCOLTE ET LEUR CONSERVATION

L'Observateur, le Naturaliste, ne se bornent pas à examiner les animaux qu'ils étudient, dans les lieux mêmes où ils habitent; si là ils doivent apprendre à connaître leurs mœurs, leurs habitudes, il faut en outre qu'ils puissent se rendre un compte rigoureux de leur constitution, qu'ils pénètrent dans les parties les plus délicates de leur organisme, et pour obtenir des résultats utiles il est nécessaire que ces animaux soient constamment à leur disposition; la récolte puis la conservation de ceux qu'ils auront recueillis sont donc les conditions indispensables pour parvenir à ce but.

Quelles que soient les localités que l'on explore, on peut être certain d'avance de trouver de précieux matériaux.

Nous avons déjà vu dans quelles stations habitaient principalement les animaux qui nous occupent, nous n'y reviendrons pas, nous indiquerons simplement les moyens à employer pour les chasser fructueusement; ces moyens du reste s'appliquent non seulement aux Vers proprement dits, mais à la presque totalité des types dont nous devons traiter dans cet ouvrage.

Les bords de la mer, si abondants en productions

Fig. 33. — Recherches au bord de la mer et au pied des falaises.

de toute sorte, devront être surtout minutieusement explorés (fig. 33).

Quelques instruments sont nécessaires : une

Fig. 34. — Pioche pour creuser le sol dans la recherche des Annélides, etc.

forte pioche (fig. 34), semblable à celle adoptée par les botanistes, un levier en fer ; un marteau ; plusieurs troubleaux à mailles de diamètres variables, établis sur des montures pouvant se visser facile-

ment à un long manche ; des flacons de différentes dimensions ; une boîte à herboriser ou tout autre vase facile à transporter, où devront être déposés les animaux, suffisent amplement à tous les besoins.

Les rochers présentent des interstices, des trous, des cavités où se cachent un grand nombre d'espèces. Il sera utile dans la plupart des cas de briser des fragments de ces rochers, soit à l'aide du marteau, soit avec la pioche. Pour recueillir l'animal caché dans les anfractuosités, il importe d'agir lentement, à petits coups, afin de ne pas l'écraser par une rupture trop brusque.

Les galets, les pierres, seront soulevés, car ils recèlent toujours des types variés; les dépôts d'Algues, d'herbes, seront minutieusement examinés, surtout pour les colonies de Bryozoaires vivant sur leurs frondes; les coquilles roulées donneront soit des Bryozoaires, soit des Annélides occupant la place du mollusque disparu ; sur les petits galets, s'étalent des organismes divers souvent vivement colorés ; ils devront être soigneusement recueillis. Les Serpules, certains Tubicoles construisent leurs habitations sur ces coquilles et ces galets, il faudra

Fig. 35. — Dragage en mer.

les recueillir également avec leur support que l'on diminuera à légers coups de marteau dans le cas où leur volume serait trop gênant ou trop considérable.

Le sable, la vase, sont généralement percés de trous que l'on aperçoit à marée basse, ils indiquent la présence d'un Mollusque ou d'une Annélide ; ces trous, très souvent doubles, ont un orifice d'entrée et un orifice de sortie ; à l'aide de la pioche enfoncée profondément on enlève une masse que l'on dissocie aussitôt et dans laquelle apparaît l'animal, mais il faut avoir soin de ne jamais implanter la pioche entre les deux trous, le coup doit être donné en avant du trou d'entrée ou de sortie, autrement on courrait risque de briser ou d'écraser l'animal.

Dans les points du rivage où la mer ne découvre pas, les troubleaux seront promenés de façon à racler le sol ou les Algues afin d'y faire tomber tout le petit monde qui habite à ce niveau.

Lorsque l'explorateur visitera des ruisseaux, des cours d'eau, des marécages, il emploiera le troubleau (fig. 29) de la même façon ; à certaines places

il le remplira de vase en l'agitant dans l'eau, afin de faire disparaître à travers les mailles du filet tous les corps étrangers et de mettre à nu les organismes ; les branches mortes, les tiges de plantes, les pierres, lui fourniront là, comme sur les plages, de précieux documents.

En fouillant le sol à peu de profondeur il rencontrera les Lombriciens, il devra étudier leurs galeries, noter les plantes à l'aide desquelles ils en bouchent l'entrée, recueillir aussi des échantillons de leurs castings, présentant un certain intérêt surtout depuis les dernières publications de Darwin sur les Lombrics.

Quand le Naturaliste voudra se livrer à des recherches plus étendues, et que les circonstances lui seront favorables, il devra s'adonner aux dragages en mer (fig. 35). Tout d'abord les filets des pêcheurs seront examinés, car ils contiennent souvent un grand nombre d'espèces des profondeurs moyennes où descendent les filets. Mais le dragage à l'aide d'instruments appropriés est indispensable pour les

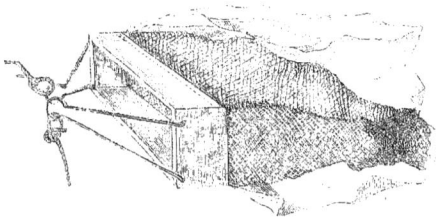

Fig. 36. — Drague.

grandes profondeurs ; la drague et la salabre seront employées dans ce cas.

La drague (fig. 36) consiste en un cadre de fer parallélogrammique auquel est attaché un long filet, soit en toile métallique, soit en forte toile de chanvre ; l'instrument est retenu par une chaîne et un long câble attaché à l'arrière du bateau de pêche ; plongé par son propre poids au fond de l'eau, il racle le sol pendant la marche du bateau ; il faut avoir soin de relever de temps en temps la drague et de recueillir tout ce qu'elle contient.

La salabre (fig. 37) est faite de deux fortes traverses de bois disposées en croix de saint André, au centre desquelles est un lourd poids de plomb et un anneau où s'attache une chaîne ou un câble. Chaque extrémité des traverses porte solidement fixées de longues traînées de toile grossière ou de portions de câbles décordés et formant comme

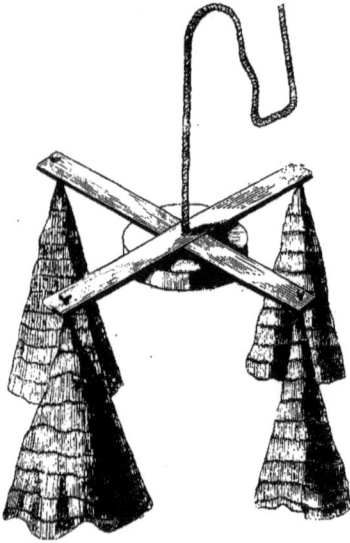

Fig. 37. — Salabre.

autant de volumineux fauberts, dans lesquels s'attacheront les animaux pendant le traînage de l'instrument, qui s'effectue du reste de la même façon que la drague.

Un seul mode de conservation est adopté pour les animaux dont nous nous occupons et il consiste à les plonger dans l'alcool.

Afin d'éviter le racornissement et les contractions de certaines espèces, plusieurs méthodes ont été préconisées : les espèces marines sont plongées dans l'eau douce ; M. de Quatrefages additionnait cette eau de quelques gouttes d'acide sulfurique ; pour les espèces terrestres, les Lombrics notamment, M. Perrier conseille avec raison de les tuer avec le chloroforme. On sait que les Lombrics plongés dans

l'eau peuvent vivre un temps considérable dans ce liquide, à la condition qu'il soit parfaitement aéré et renouvelé souvent ; lorsque l'on veut tuer l'animal sans provoquer de contractions, on dépose dans un verre de montre une petite quantité de chloroforme, le verre de montre flotte sur l'eau du vase contenant les Lombrics, vase hermétiquement recouvert par un disque ; par ce moyen les Lombrics sont graduellement anesthésiés et meurent en conservant leur forme, ils sont ensuite placés dans l'alcool.

L'observateur ne doit pas se borner uniquement à la recherche des espèces de grande taille, tout un groupe d'êtres microscopiques lui réservent des sujets d'étude variés et il est bon d'indiquer sommairement les lieux où ils habitent et la façon de se les procurer. La majeure partie des infusoires vivent dans les eaux stagnantes ; il faudra donc, pour les obtenir, recueillir dans des vases de verre l'eau et les herbes aquatiques des localités les plus diverses et à toutes les saisons de l'année. La couche de débris et de petites algues qui recouvre les tiges et les feuilles submergées, les pierres, les branches mortes tombées au fond des marais sont riches en organismes microscopiques. On doit racler ces objets et réunir les résidus obtenus dans des tubes. Les infusions artificielles procureront également un grand nombre de ces animaux. On a varié de mille manières la nature de ces infusions ; pour donner un résultat convenable, elles doivent être préservées de la fermentation putride et pour cela il faut éviter que la proportion de la substance mise en infusion ne soit trop considérable surtout en été, quand la température activerait la putréfaction. On devra aussi faciliter l'accès de l'air et de la lumière sur cette infusion, mais éviter la chaleur des rayons solaires (Dujardin).

Une infusion végétale que l'on a souvent l'occasion d'observer, c'est l'eau des vases où sont placées des fleurs coupées, quand la putréfaction n'est pas encore commencée ; l'eau des bassins et des tonneaux d'arrosage de jardin devient souvent une véritable infusion s'il y est tombé une certaine quantité de feuilles et de fleurs (Robin).

Afin d'étudier tous ces petits animaux, une goutte d'eau sera placée sur le porte-objet du microscope. Quelquefois une coloration artificielle en facilitera l'étude. A cet effet on n'a qu'à délayer avec un peu d'eau une faible quantité de carmin en tablette et à réunir cette goutte de liquide rouge avec la goutte d'eau contenant les infusoires, le carmin se répand dans tout le liquide, pénètre peu à peu dans le corps des animaux et en facilite l'examen (Dujardin).

Notons encore que non seulement les eaux douces mais les terres humides, les bords de la mer contiennent des quantités considérables d'infusoires.

Parmi les infusions que tout le monde peut faire, on a beaucoup préconisé autrefois celle de poivre, elle est en effet fort riche en organismes, mais toute autre graine broyée de même, le chènevis par exemple, peut donner des résultats semblables. Celle de foin sera aussi très avantageuse, toujours à la condition de ne pas présenter un commencement de putréfaction (Robin).

Afin d'étudier minutieusement les mœurs et les habitudes de certains animaux, il n'est pas sans intérêt d'employer l'aquarium.

L'aquarium est un instrument ou vase trop connu pour qu'il soit utile d'en donner ici la description (fig. 38).

L'aquarium est d'eau douce ou marin. Lorsqu'il est d'eau douce, la seule précaution à prendre pour maintenir les habitants dans de bonnes conditions se borne à leur donner un sol approprié à leur genre de vie, et à entretenir quelques plantes aquatiques afin d'éviter la corruption de l'eau qu'il est bon néanmoins de renouveler à des époques assez éloignées.

Si l'on a affaire à un aquarium marin, il suffit, lorsque l'eau de mer est à la libre disposition de l'observateur, de suivre les indications préconisées

Fig. 38. — Aquarium parallélogrammique d'eau douce.

pour l'aquarium d'eau douce; mais quand l'eau de mer fait défaut on peut y suppléer par l'eau artificielle, en employant :

Chlorure de sodium (sel de cuisine). 81 parties
Sel d'Epsom (sulfate de magnésie).. 7 —
Chlorure de magnésie.... .... 10 --
Chlorure de potassium.. .... 7 —

pour quatre litres d'eau filtrée avec soin.

Il sera nécessaire, avant d'employer cette eau artificielle, d'y faire séjourner quelque temps des Algues que l'on peut se procurer facilement et en tout temps.

Les seuls moyens de réussite pour conserver les animaux dans l'aquarium d'eau douce ou de mer se bornent à maintenir ces animaux dans des conditions d'existence sinon identiques, du moins le plus analogues possible à celles qu'ils subissent à l'état libre.

Il est donc utile, comme nous l'avons déjà dit, de leur donner un sol conforme à leurs besoins, sable, vase, rocailles, etc., d'élever avec eux les animalcules ou les plantes servant à leur nourriture, de veiller à ce que la température de l'eau soit constante, d'éviter la lumière trop vive ou l'influence trop énergique des rayons solaires; ces conditions seront facilement remplies, si l'on met en pratique les observations qui devront toujours être scrupuleusement notées sur les lieux mêmes d'habitat des espèces.

CLASSIFICATION DES VERS

Diverses classifications ont été proposées pour le groupement méthodique des types composant l'embranchement des Vers; il serait inutile d'entrer ici dans des considérations sur les changements que ces classifications ont tour à tour subies, et de résumer même les principes suivant lesquels les nomenclateurs les avaient établis; dans les pages qui vont suivre, nous conformant aux progrès de la science, nous exposerons l'ensemble des animaux qu'il nous faut étudier, en suivant l'ordre accepté, d'après les découvertes récentes, par les naturalistes les plus autorisés.

Nous résumons, dans le tableau suivant la classification la plus généralement adoptée pour les vers.

Embranchement des Vers (Wurmen).

CLASSE I. — CHÉTOPODES. Chætopoda. Van Bened. (Borstenwürmer).
1. Dorsibranches. Notobranchiata. Sav. (Rückenkiemer).
2. Céphalobranches. Cephalobranchiata. Sav. (Kopfkiemer).
3. Abranches. Abranchiata. Sav. (Kiemenlose).

— II. — HIRUDINÉES. Discophora. Grub. (Blutegel).

— III. — GÉPHYRIENS. Gephyrea. De Quatr. (Heberwürmer)....
1. Armés. Armata. De Quatr.
2. Inermes. Inermia. De Quatr.
3. Tubicoles. Tubicola. Claus.

— IV. — ROTIFÈRES. Rotatoria. Ehrh. (Räderthiere)....
1. Zygotroques. Zygotrocha. Ehrh. (Doppelraderthiere).
2. Schizotroques. Schizotrocha. Ehrh. (Kebräderthiere).
3. Holotroques. Holotrocha. Ehrh.
4. Gastérotriches. Ichthydina. Ehrh.

— V. — BRYOZOAIRES. Polyzoa. Thomp. (Moosthiere)....
1. Entoproctes. Entoprocta. Nitsch.
2. Ectoproctes. Ectoprocta. Nitsch.

— VI. — VERS RONDS. Nemathelminthes. Auct. (Fadenwürmer).
1. Nématodes. Nematodea. Rud. (Nematoden).
2. Gordiacés. Gordiacei. Sieb. (Saitenwürmer).
3. Acanthocéphales. Acanthocephali. Rud. (Hakenwürmer).

— VII. — ENTÉROPNEUSTES. Enteropneusta. Gegen....
1. Balanoglosses. Balanoglossida. Gegen.

— VIII. — TURBELLARIÉS. Turbellaria. Ehrh. (Strudelwürmer)....
1. Nemertides. Nemertidea. OErst. (Schnurwürmer).
2. Rhabdocœles. Rhabdocœla. Ehrh. (Rabdocœlen).
3. Dendrocœles. Dendrocœla. Ehrh. (Dendrocœlen).

— IX. — VERS PLATS. Cotylidea. Van Bened. (Napfwürmer)....
1. Trématodes. Trematoda. Rud. (Saugwürmer).
2. Cestoïdes. Cestoïdea. Rud. (Bandwürmer).

Types aberrants.

ÉCHINODÈRES. Echinodera. Greef.

DESMOSCOLÉCIDES. Desmoscolecida. Metsch.

CHÉTOGNATES. Chetognata. Leuck.

BRACHIOPODES. Spirobranchiata. Bl. (Spiralkiemer.)....
1. Sarcobranches. Sarcobranchiata. Bl. (Fleischkiemer).
2. Sclérobranches. Sclerobranchiata. Bl. (Gerüstkiemer).

CHOETODERME. Choetodermata. Jarb.

OLYPLAXIPHORES. Polyplaxiphora. Bl.

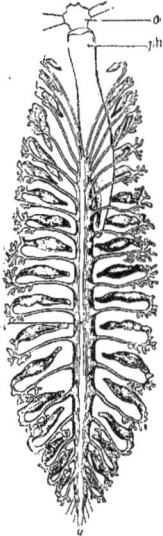

Fig. 39. — Système digestif de l'Aphrodite hérissée
(d'après M. Milne-Edwards) (*).

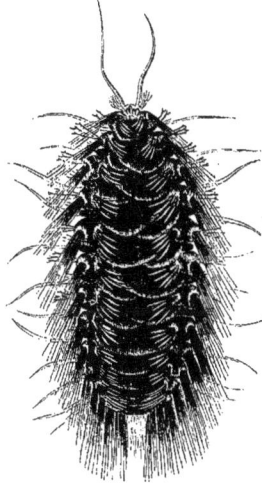

Fig. 40. -- Hermione hispide (p. 27).

LES CHÉTOPODES — *CHÆTOPODA* V. Bened.

Die Borstenwürmer.

Caractères. — Les Chétopodes, composés de segments extérieurs, correspondant aux segments des organes internes, ont le corps plus ou moins allongé, tous ont des soies et souvent des branchies tentaculaires ; les soies présentent des formes excessivement variées, fournissant de très bons caractères pour la distinction des familles et des genres. Elles sont filiformes, recourbées, aplaties, simulant des flèches, des couteaux, des peignes, des rames lisses ou empennées ; ces soies d'aspects si multiples sont généralement placées sur les tubercules faisant fonction de pieds ; lorsque ceux-ci manquent, elles sont alors directement implantées dans les cryptes de la peau, soit le long du corps, soit à la face dorsale et ventrale. Très peu nombreuses dans ce dernier cas, elles caractérisent les Oligochètes ; mais souvent il arrive, comme dans les Aphrodites, que la peau est recouverte,

sur les côtés, de longs poils feutrés, doués d'un éclat métallique particulier.

Le canal digestif (fig. 39), divisé en œsophage et intestin, présente souvent un pharynx musculeux armé de papilles et de mâchoires, pouvant faire saillie au dehors, en forme de trompe.

Le système nerveux des Chétopodes est relativement élevé ; les ganglions cérébraux sont le plus souvent divisés en deux lobes ; les cordons de la chaîne ventrale, parfois très rapprochés, s'éloignent généralement l'un de l'autre et sont reliés par des commissures transversales d'autant plus larges, qu'elles sont plus dans le voisinage de la région antérieure.

Le système circulatoire offre également un degré élevé de développement ; il paraît être entièrement clos, et se compose d'un vaisseau dorsal et d'un vaisseau ventral, communiquant l'un et l'autre par des anastomoses latérales, anastomoses limitant autant de régions correspondant aux segments du corps ; le sang se meut

(*) o, bouche. — pħ, pharynx. — i, intestin avec ses appendices cæcaux. — a, anus.

BREHM.

VERS. — 4

d'arrière en avant dans le vaisseau dorsal, coule dans les vaisseaux latéraux, d'où il se répand dans le tube digestif et les organes respiratoires, par les branches que contiennent ces organes, puis par d'autres branches anastomotiques il pénètre dans le vaisseau ventral, et retourne au dorsal par la partie postérieure de celui-ci.

Les branchies varient beaucoup suivant les genres et les espèces; les Oligochètes ne possèdent pas d'organes spéciaux pour la respiration, cette fonction s'accomplit généralement par toute la surface de la peau. Dans les espèces marines, les branchies sont : ou bien des appendices des pieds, ou de longs filaments issus des antennes. Ces appendices jouent souvent le rôle d'organes du tact, et servent en même temps à saisir les aliments et à construire des tubes et des retraites.

Distribution géographique. — Les Chétopodes se rencontrent dans toutes les régions du globe ; la plupart sont marins et rampent au fond de la mer ou nagent à sa surface ; plusieurs habitent les eaux douces, très peu de genres sont terricoles : c'est à cette classe qu'il faut plus particulièrement rapporter le cosmopolitisme précédemment signalé, cosmopolitisme dont la cause est évidemment due à la force relative dont plusieurs espèces sont douées ; M. de Quatrefages cite plusieurs exemples remarquables de leur puissance de dissémination : des Sabelles de Ténériffe ont été recueillies par le savant professeur sur les côtes de Bretagne ; une Eunice du golfe du Mexique a été trouvée également par lui, dans la rade de Saint-Jean-de-Luz. Un fait digne d'attention consiste également en ce que, sur les points habités, plus les genres et les espèces sont variés plus le nombre des individus qui les représentent est restreint : c'est le cas pour les types des régions équatoriales où l'organisation devient plus complexe. Les faunes boréales au contraire, d'après M. Milne Edwards, « sont caractérisées par le petit nombre de genres, compensé par l'abondance des espèces et surtout des individus ».

LES DORSIBRANCHES — *NOTOBRANCHIATA* Sav.

Die Ruckenkiemer.

LES APHRODITES — *APHRODITIDÆ* Sav.

Die Seeraupen.

Caractères. — Le groupe des Aphrodites constitue une des familles les plus naturelles ; c'est là que l'on rencontre des espèces remarquables soit par leur forme, soit par les vives couleurs dont elles sont parées. La plupart d'entre elles ne montrent pas encore ce facies général si caractéristique des Annélides, en effet leur corps est court, composé d'un petit nombre d'anneaux ; la tête est toujours bien distincte, ornée d'antennes dont le nombre est au plus de trois. Tous les Aphroditiens ont des yeux variant en nombre, de deux à quatre, très petits, portés dans quelques espèces sur des sortes de pédoncules très courts, doués de mouvement, d'après M. de Quatrefages.

Le nombre et la disposition des mamelons sétigères et des faisceaux de soies, la forme compliquée de ces dernières, sont d'une extrême variabilité ; outre les soies simples et composées, de véritables poils se rencontrent chez un certain nombre d'Aphroditiens, ce sont eux qui ornent les flancs de la plupart, de franges irisées à éclat métallique, le disputant par sa vivacité aux plus beaux oiseaux des tropiques. Un organe des plus remarquables des Aphroditiens consiste dans ce qu'on appelle vulgairement les élytres. Ces élytres, superposées comme les tuiles d'un toit, résultent de l'accolement de deux membranes entre lesquelles existe un réseau lacunaire, communiquant avec la cavité générale du corps. M. de Quatrefages suppose qu'elles jouent un rôle important dans l'acte de la respiration.

Distribution géographique. — L'océan Atlantique, la Méditerranée, les côtes occidentales de la Scandinavie, Panama, la Polynésie, le détroit de Malacca, la Nouvelle-Zélande, etc., nourrissent un grand nombre d'Aphroditiens.

Nos côtes en possèdent d'intéressantes parmi lesquelles nous citerons les suivantes :

L'APHRODITE HÉRISSÉE. — *APHRODITES ACULEATA* Lin.

Caractères. — Cette espèce est une des plus grandes et des plus belles connues, elle peut atteindre jusqu'à 16-17 centimètres de long sur 6 de large ; le corps plat et blanchâtre en dessous est très nettement divisé en anneaux aux deux extrémités. Les côtés garnis de franges soyeuses et flottantes brillent de mille couleurs ; la tête de cette espèce est très petite ; sur la ligne médiane et en avant on remarque un repli cutané peu élevé, plissé de façon à présenter une sorte de tresse qui, se repliant en dessous, arrive jusqu'à la bouche ; les antennes latérales sont épaisses, médiocrement longues, la médiane est fort petite et subulée. Les soies, dont les rames sont armées, sont simples, grosses, à pointe un peu mousse, de couleur jaunâtre, chaque rame est également ornée d'un fort acicule (de Quatrefages).

Distribution géographique. — L'Aphrodite hérissée habite toutes les côtes de l'océan Européen.

Mœurs, habitudes, régime. — Comme toutes ses congénères, elle est éminemment pélagique, et se rend sur le rivage au moment de la ponte. M. de Quatrefages a recueilli à Saint-Vaast l'espèce qui nous occupe, échouée sur le rivage à la suite d'un gros temps.

Schmarda a observé des types magnifiques de cette famille sur toutes les côtes des mers tropicales, il les a représentés avec tout le brillant de leurs couleurs, mais aucun pinceau ne peut rendre néanmoins l'éclat des reflets métalliques changeant au moindre mouvement.

L'HERMIONE HISPIDE. — *HERMIONE HYSTRIX* Sav.

Caractères. — C'est dans le genre Hermione que l'on rencontre les élytres à leur plus haut degré de développement ; chez l'Hermione hispide, ces élytres se croisent d'un côté à l'autre et ne laissent à découvert aucune partie du corps, dont les dimensions ne dépassent guère 5 à 6 centimètres de long. La tête est petite, les antennes, externes, grosses à leur base, s'effilent au sommet, et l'antenne médiane très petite a son extrémité tronquée ; la rame supérieure des pieds à élytres, composée de deux mamelons, porte en haut des soies en éventail et en bas un large faisceau de soies en flèches ; la hampe de ces soies est légèrement fusiforme et armée de chaque côté de trois dentelures courbes, couchées en arrière (fig. 40).

Distribution géographique. — L'Hermione hispide habite nos côtes, le petit nombre des autres espèces connues est de toutes les mers ; l'une d'elles, l'Hermione de Kinberg, se trouve sur les côtes de Syrie, l'Ile-de-France nourrit l'Hermione de Mathieu.

Mœurs, habitudes, régime. — Les Hermiones se tiennent dans le sable ou sur les rochers des côtes ; bien que brillant d'un vif éclat, leurs couleurs sont peu appréciables à première vue, à cause des nombreux corps étrangers enchevêtrés dans les dentelures de leurs flèches, et les enveloppant quelquefois comme d'une cuirasse de vase. Quoique particulièrement spéciaux aux côtes, ces animaux se rencontrent quelquefois à d'assez grandes profondeurs : telle est l'Hermione blanche, pêchée à 12 brasses dans les parages de l'île Saint-Thomas (de Quatrefages).

Parmi les autres genres de la famille des Aphrodites, intéressants à connaître, sont les Polynoés, à corps recouvert d'élytres comme les Hermiones ; les espèces de ce genre, dont la Polynoé écailleuse habite nos côtes, sont plus spécialement distribuées dans le Pacifique, la Nouvelle-Hollande, etc.

LES PALMYRIENS — *PALMYRIDÆ*
De Quatr.
Die Palmiren.

Caractères. — La famille des Palmyriens a été créée par M. de Quatrefages ; les caractères extérieurs des animaux qui la composent rappellent sous certains rapports ceux de la famille précédente.

Les appendices céphaliques notamment ressemblent par leur disposition à ce que nous avons déjà vu, les pieds diffèrent les uns des autres par la présence ou l'absence du cirrhe supérieur, ceux qui en sont pourvus alternent avec ceux qui n'en ont pas. Les élytres font défaut dans cette famille (De Quatrefages).

Distribution géographique. — Ceylan, le Cap, Sainte-Croix-de-Ténériffe, l'Ile-de-France, sont les localités où l'on a recueilli le petit nombre d'espèces de Palmyriens aujourd'hui connues.

LA PALMYRE AURIFÈRE — *PALMYRA AURIFERA* Savig.

Caractères. — Le corps de la Palmyre aurifère est composé de 30 anneaux, et obtus aux deux bouts. Les pieds sont franchement biramés ; à la rame supérieure on remarque des faisceaux de soies sortant d'un mamelon large et aplati ; le faisceau supérieur est formé par des soies plates, épanouies en éventail, et d'une splendide couleur d'or.

Distribution géographique. — Cette espèce provient de l'Ile-de-France, le type conservé dans les galeries du Muséum de Paris a été successivement étudié par Savigny, Audouin, et MM. Milne Edwards et de Quatrefages.

LES AMPHINOMIENS — *AMPHINO-MIDÆ* Brug.

Die Amphinomiden.

Caractères. — Les Amphinomiens, tout en présentant une certaine analogie de forme et d'aspect avec les deux premières familles, s'en distinguent nettement, en ce que leurs branchies sont toujours très développées. Leur corps est court et ovalaire dans certains cas, long, vermiforme avec un nombre souvent considérable de zoonites ; dans d'autres, la tête est toujours relativement petite, plus ou moins cachée au milieu des premiers segments. Les pieds tantôt biramés, tantôt uniramés, portent

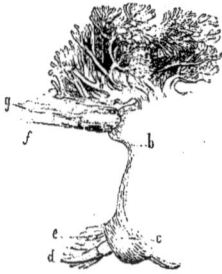

Fig. 41. — Segment d'Amphinome caronculé (*).

des soies simples, les branchies sont pinnatifides ou en forme d'arbuscules (fig. 41).

Distribution géographique. — Les espèces de cette famille, assez nombreuses, proviennent en partie des mers de Chine, Maurice, la Nouvelle-Zélande, le Bengale, les Antilles ; d'autres, mais en plus petit nombre, habitent les mers d'Europe, et principalement les côtes de Sicile.

Les genres *Chloe, Euphrosyne, Hipponoe, Amphinome,* comptent parmi les plus intéressants.

(*) *a*, branchies. — *bc*, pieds. — *defg*, soies.

AMPHINOME CARONCULÉE — *AMPHINOME CARONCULATA* Pall.

Caractères. — Cette espèce atteint une longueur de 22 centimètres sur 1 à 1/2 centimètre de large et compte environ 117 anneaux, le corps est arrondi en avant, un peu aplati et atténué en arrière ; les soies des rames, très grandes et longues, se courbent quelquefois à leur sommet.

Distribution géographique. — Cette espèce provient des Antilles et du golfe du Mexique.

LES EUNICIENS — *EUNICIDÆ* Savig.

Die Eunicéen.

Caractères. — Les Euniciens ont longtemps été confondus dans le genre *Nereis* des auteurs ; Cuvier, le premier, détacha de ce grand genre une espèce dont Savigny forma plus tard le type de la famille. Les espèces les plus élevées la composant présentent une complication organique des plus remarquables, la trompe surtout est intéressante à connaître ; elle se compose d'une masse musculaire creusée à l'intérieur en forme de poche ; autour de l'ouverture buccale on constate une puissante armature ; les mâchoires supérieures sont simples et en forme de crochets, les inférieures plus courtes et plus massives sont armées en avant de une ou deux paires de denticules, à bords crénelés. Parmi les Euniciens on rencontre les plus grandes Annélides connues, et pouvant dépasser 2 mètres de long, sur une largeur proportionnée ; leurs pieds sont uniramés, pourvus de soies simples ou composées ; les soies composées ont la tête de la hampe renflée, avec un appendice triangulaire tranchant d'un seul côté. Les branchies sont supportées, en général, par une grosse tige, autour de laquelle les filets branchiaux sont disposés en spirale ou en verticille.

Les systèmes nerveux et vasculaires offrent une grande complication.

Distribution géographique. — On trouve, dans toutes les mers, des représentants de la famille des Euniciens. L'Eunice géante provient des Indes. Les côtes de l'Océan et de la Méditerranée en possèdent plusieurs, également d'une taille parfois considérable.

Parmi les espèces de ce groupe que M. de Quatrefages a fait connaître, nous en citerons une :

L'EUNICE DE HARASSE — *EUNICE HARASSI*
Aud. et M. Edw.

Caractères. — Elle est d'une taille relativement petite et se différencie de ses congénères par sa tête échancrée en avant, ses antennes grandes, subulées, et ses soies simples robustes, coudées en baïonnette. Après cette caractéristique, le savant professeur dépeint ses couleurs, ses allures, et voulant faire partager au lecteur l'enthousiasme qu'il apporte à ses études privilégiées, il s'exprime ainsi (1) : « Sur la platine du microscope nous venons de placer une petite cuve de verre remplie d'eau de mer, où se débat notre Eunice. Voyez comme elle s'indigne de cette captivité ; comme ses nombreux anneaux se contractent, s'allongent, se tordent en spirale et à chaque mouvement nous renvoient des jets de lumière où toutes les nuances du prisme se mêlent aux reflets d'or et d'acier bruni ! Impossible de distinguer le moindre détail au milieu de cette agitation désordonnée. Mais elle se calme ; hâtez-vous. La voilà qui rampe sur le fond du vase, en agitant ses mille pattes formées de larges palettes d'où sortent des faisceaux de dards ; voyez ces admirables panaches qui se développent sur ses deux flancs ! Ce sont ses branchies que gonfle en les colorant un sang vermeil ; regardez cette tête qu'émaillent de si vives couleurs, ces cinq antennes, organes délicats du toucher. Au milieu d'elles voici la bouche, qui ne semble d'abord être qu'une ouverture irrégulièrement plissée ; mais épiez-la quelques instants ; tenez, la voilà qui s'ouvre et projette en avant une longue trompe rosée, trompe dont le diamètre égale celui du corps qui la renferme et qui rentre presque aussitôt dans son étui vivant. Eh bien, n'est-ce pas merveilleux? est-il un animal qui puisse lui disputer le prix de la parure, et le corselet du plus riche coléoptère, les ailes diaprées du papillon, la gorge chatoyante du colibri, ne pâlissent-ils pas à côté de ces jeux de lumière, courant par larges plaques sur ces anneaux, sur ces soies dorées, sur ces franges d'ambre et de corail ? »

LA MARPHYSE SANGUINE — *MARPHYSA SANGUINEA* Mont.

Caractères. — La Marphyse sanguine peut atteindre 65 à 70 centimètres sur 15 à 17 milli-

(1) De Quatrefages, *Souvenirs d'un naturaliste.*

mètres de large ; ses couleurs sont très variables, tantôt d'un vert clair lavé de rouge, à reflets cuivrés ou nacrés métalliques, on en voit quelquefois d'un beau noir velouté ; ses antennes sont lisses et subulées, les branchies portent six digitations, et sont à peine pectinées. Elles commencent vers le vingtième anneau et se continuent jusqu'à l'extrémité postérieure.

Distribution géographique. — Cette espèce est assez abondante sur les côtes de France et d'Angleterre.

Mœurs, habitudes, régime. — Les Marphyses sanguines se creusent de longues galeries dans les fentes de rochers ; souvent aussi elles se cachent dans la terre vaseuse, sous les prairies de Zostères. Leur armature buccale est une arme dangereuse pour les ennemis qu'elles poursuivent, leur morsure fait éprouver à l'homme même une certaine douleur (de Quatrefages).

Cette espèce fournit un exemple remarquable de la propriété que possèdent les anneaux des Annélides, de reproduire de nouveaux individus, indépendamment les uns des autres. M. le professeur Perrier, auquel nous empruntons ces données, dit que M. de Quatrefages a vu de petites Marphyses sanguines, n'ayant encore que le cinquième de leur taille, produire déjà des œufs, mais seulement dans la région moyenne du corps, les anneaux postérieurs étant encore trop jeunes et les anneaux antérieurs demeurant toujours stériles (Perrier).

La taille de la Marphyse sanguine dépend souvent de son habitat ; celles de la haute mer se distinguent par des dimensions plus petites, mais, quelle que soit leur taille, toutes sont soumises à ces ruptures spontanées, dont nous avons déjà indiqué le mécanisme.

LES LOMBRINIÈNS — *LOMBRINERÆ* DE QUATR.

Die Lombrinereiden.

Caractères. — Chez les Lombriniens, la tête, malgré sa petitesse, est toujours distincte, tantôt dépourvue d'appendices, tantôt avec un ou cinq, considérés soit comme antennes, soit comme tentacules (de Quatrefages).

Le corps est généralement fort long relativement à son diamètre, renflé au milieu et plus ou moins atténué aux deux extrémités ; les pieds sont uniramés, les soies ordinairement simples. On ne connaît pas de branchies chez les espèces de cette famille.

Distribution géographique. — Le genre *Lombrinera* paraît se localiser dans l'Océan Européen et les côtes Méditerranéennes. Les *Notocirrhus* proviennent d'Amérique et de l'archipel Polynésien. Les Lysidices sont Européennes et Africaines. Nous en avons récemment décrit une provenant de l'archipel du Cap-Vert, sous le nom de *Lysidice Perrieri* Rochbr.; quelques Aglaures habitent la mer Rouge.

Mœurs, habitudes, régime. — Les Lombriniens vivent dans des galeries souterraines, à la manière des Lombrics, d'après M. de Quatrefages, ils semblent en être les représentants les plus directs parmi les Annélides errantes.

Les animaux de cette famille sont d'une vivacité extrême, ils nouent et dénouent avec rapidité les replis tortueux de leur corps ; la résistance à la rupture est bien plus grande chez eux que parmi les autres Annélides, et rarement elles se brisent spontanément. La plupart, lorsqu'on les saisit, sécrètent une quantité abondante de mucosité transparente, devonant promptement très tenace et dont le volume dépasse parfois celui du corps de l'animal.

La plupart des espèces paraissent aveugles, et chez celles où les yeux existent, ces organes sont toujours très difficiles à apercevoir.

LOMBRINÈRE GÉANTE — *LOMBRINERA GIGANTEA* De Quatr.

Caractères. — Cette espèce, la plus grande de la famille, découverte par M. de Quatrefages, est d'un gris foncé faiblement irisé ; le corps est très long, arrondi, dépassant 60 centimètres ; les soies forment deux faisceaux de longueurs inégales, toutes sont coudées vers leur extrémité, élargies en forme de sabre à dos épais et allongé.

Distribution géographique. — Jusqu'ici la Lombrinère géante a été trouvée seulement à Bréat, sur les côtes de Normandie.

LYSIDICE DE PERRIER — *LYSIDICE PERRIERI* Rochbr.

Caractères. — L'espèce que nous avons dédiée à M. le professeur Perrier est d'un vert olive foncé, à reflets métalliques. Son caractère principal consiste dans la forme des antennes, dont les deux latérales sont très courtes, tandis que la médiane les dépasse et affecte une forme elliptique.

Distribution géographique. — Notre espèce provient de Saint-Vincent, l'une des îles de l'archipel du Cap-Vert, d'où elle avait été rapportée par M. Bouvier. Cette Lysidice a été recueillie dans les rochers.

LES NÉRÉIDIENS — *NEREIDÆ* Aud. et M. Edw.

Die Nerciden.

Caractères. — On peut considérer les Néréides comme réalisant extérieurement le type idéal des Annélides, auxquelles les anciens naturalistes appliquaient indistinctement ce nom (Perrier). — Leur corps très allongé, composé d'un grand nombre d'anneaux, s'amincit graduellement en arrière; deux paires d'antennes charnues ornent la tête ; l'une de ces antennes, tout à fait caractéristique, consiste ordinairement en deux masses ovoïdes, assez allongées, occupant la largeur même de la tête et surmontées chacune d'un petit tubercule plus ou moins apparent (Perrier).

Leur trompe est armée de denticules, ou petites plaques cornées, arrondies en forme de pavés, toujours disposés en groupes et d'une couleur foncée. Les pieds des Néréides, en général, sont biramés, la rame supérieure se

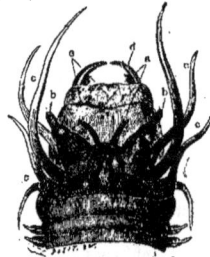

Fig. 42. — Tête de la Nereis incerta (*).

compose d'un cirrhe et de deux languettes branchiales, entre lesquelles est situé un mamelon sétigère, d'où sortent un seul faisceau de soies et un acicule. La rame inférieure, formée d'un gros mamelon sétigère, est armée de deux faisceaux, d'un acicule, d'une languette placée au-dessous et enfin d'un cirrhe inférieur,

(*) *a*, antennes médianes ou petites antennes. — *b*, *b*, antennes externes ou grandes antennes. — *c*, *c*, *c*, tentacules. — *d*, *d*, grandes dents. — *e*, *e*, denticules.

plus ou moins éloigné de la languette (de Quatrefages).

L'extrémité céphalique de la *Nereis incerta* que nous figurons (fig. 42) permet de distinguer l'antenne médiane (*a*) et l'antenne externe (*b*), ainsi que les filaments tactiles céphaliques, situés latéralement (*c*). La trompe porte les deux grandes pinces-mâchoires (*d*) qui se meuvent horizontalement l'une vers l'autre comme les pièces buccales des Articulés ; on distingue en outre plusieurs groupes de denticules (*e*).

Distribution géographique. — Les Néréides abondent sur toutes les plages, le genre *Nereis* proprement dit habite de préférence les côtes européennes ; un assez grand nombre cependant sont Américaines, quelques-unes proviennent des mers d'Afrique.

Mœurs, habitudes, régime. — Les Néréidiens, plus que les autres Annélides peut-être, se plaisent dans les prairies de Zostères ; d'autres habitent les fentes de rochers. Un certain nombre sont essentiellement pélagiques ; ces dernières cependant ne passent pas leur vie tout entière en pleine mer ; à l'époque de la ponte, elles attérissent au rivage et vivent à la manière des autres Annélides ; mais une fois qu'elles ont assuré la multiplication de l'espèce, après avoir déposé leurs œufs à l'abri, elles regagnent la haute mer : et continuent leurs courses vagabondes (de Quatrefages).

Plusieurs espèces de Néréides subissent de véritables métamorphoses ; à un moment donné, les individus que l'on considérait jusqu'ici comme des espèces bien tranchées prennent la forme d'autres, également distinguées spécifiquement, et ce phénomène se produit au moment de la reproduction. Nous emprunterons à M. le professeur Perrier (1) les faits relatifs à cette propriété, la plus importante à connaître ; mais avant, il est nécessaire d'examiner deux des principaux types, chez lesquels le phénomène a été découvert.

LA NÉRÉIDE DE DUMÉRIL — *NEREIS DUMERILII* Aud. et M. Edw.

Caractères. — La tête de cette espèce est petite, presque carrée à la base, arrondie en avant ; les antennes moyennes sont assez longues, les latérales très grosses et terminées par un article en forme de massue ; le corps compte

(1) Perrier, *Colonies animales.*

environ 90 anneaux ; les pieds présentent, en arrière de la rame supérieure, un assez fort renflement, portant un cirrhe beaucoup plus long que la branchie ; les soies sont profondément bifurquées.

Distribution géographique. — La Néréide de Duméril habite les côtes de France, d'Angleterre et de Norvège, où elle rampe sur les fonds vaseux.

L'HÉTÉRONÉRÉIDE FUCICOLE — *HETERONEREIS FUCICOLA* Œrst.

Caractères. — La tête de cette Hétéronéréide est large, carrée, renflée en avant et arrondie aux angles ; les yeux très grands sont réunis par paires ; les antennes ont une forme conique, les moyennes dépassent de beaucoup les externes ; le corps est divisé en deux régions bien tranchées ; à la région antérieure, les pieds sont remarquables par le développement de toutes leurs parties, la rame supérieure est lobée, le cirrhe long et gros, les soies ont tous les caractères des soies des Néréis ; les pieds de la région postérieure portent à la rame supérieure quatre lobes foliacés ; à la rame inférieure le mamelon sétigère prend un développement exagéré, il est franchement pédicellé et partagé en deux lobes, toutes les soies sont rémiformes et déployées en deux larges éventails.

L'Hétéronéréis de Schmarda (fig. 43) est un type qui se rapproche beaucoup de l'Hétéronéréide fucicole.

Distribution géographique. — Les côtes du Danemark, l'Océan, la Méditerranée, nourrissent l'Hétéronéréide fucicole, qui fréquente surtout la haute mer.

Mœurs, habitudes, régime des deux types précédents. — Les Néréis de Duméril se plaisent sur les fonds vaseux, les Hétéronéréis fucicoles vivent au large, aimant, comme le dit M. Perrier dans son langage poétique, les eaux pures où elles se meuvent, entourées des chatoyants reflets que produit la lumière dans leurs mille avirons de cristal.

Chez l'Hétéronéréis, le corps est brusquement divisé en deux moitiés, l'antérieure reproduisant exactement les caractères d'une Néréide ; la moitié postérieure prend un aspect différent et se frange de tout un appareil d'appendices locomoteurs.

Que penser de ces êtres hybrides, dit encore M. Perrier, chenilles par devant, papillons par derrière, et qui semblent réaliser sous une forme nouvelle les sirènes et les tritons des mythes mythologiques ? L'étude de leurs mœurs a révélé le secret de leur existence.

Un naturaliste finlandais, Malmgren d'abord, Ehlers ensuite, puis Claparède, par une étude

Fig. 43. — Heteronereis de Schmarda.

attentive des Néréis et des Hétéronéréis, purent démontrer d'une façon incontestable que les deux types considérés jusque-là comme spécifiquement distincts n'étaient que la forme sexuée et asexuée d'une seule et même espèce.

A l'époque de la maturité sexuelle, l'animal passe d'une forme dans l'autre par une véritable métamorphose. Cette métamorphose ne se borne pas seulement à provoquer le développement des organes locomoteurs, elle envahit l'organisme tout entier, fait disparaître le pigment d'un violet éclatant disséminé à la surface, multiplie les ramifications vasculaires, transforme même les fibres musculaires, les rend plus transparentes, et change la couleur des téguments (Perrier).

Dans certaines espèces, après la métamorphose, les mâles se distinguent des femelles surtout par un développement plus considérable de l'appareil locomoteur. Une fois transformée, l'Hétéronéréide quitte le sol et s'envole pour ainsi dire vers la haute mer.

M. de Quatrefages, longtemps avant Claparède, avait constaté un fait intéressant dans les mœurs de ces animaux. Les Hétéronéréides que l'on pêche à la surface de la mer ne dépassent guère 40 millimètres de longueur, tandis qu'on trouve souvent, rampant au fond de la mer, des Hétéronéréides de 60 à 80 millimètres de long habitant des tubes comme les vraies Néréides, et jamais ces grands individus ne s'élèvent à la surface. A côté d'eux vivent de petits individus vifs et remuants comme les individus pélagiques.

On pourrait ainsi distinguer deux formes : l'une petite, agile, portant au loin les germes de l'espèce ; l'autre plus grande, lente et servant à la multiplier sur place.

La Néréide de Duméril, ajoute M. le professeur Perrier, en se reproduisant à la fois sous la forme Néréidienne et sous la forme Hétéronéréidienne, nous prépare à l'existence d'animaux du même genre, qui ne quittent jamais leur forme première.

La forme Néréide est primitive, l'autre est le résultat d'une adaptation. Le fait capital qu'il était utile de faire ressortir consiste dans la division du corps d'un animal en deux régions distinctes, devenant chacune un individu nouveau (Perrier).

LES GLYCÉRIENS — GLYCERIDÆ Gr.
Die Glyceren.

Caractères. — En général, les genres et les espèces appartiennent à la famille des Glycériens (fig. 44) se font remarquer par leur faciès extérieur et leur corps atténué presque également en pointe aiguë aux deux extrémités.

Seuls peut-être parmi les Annélides errantes,

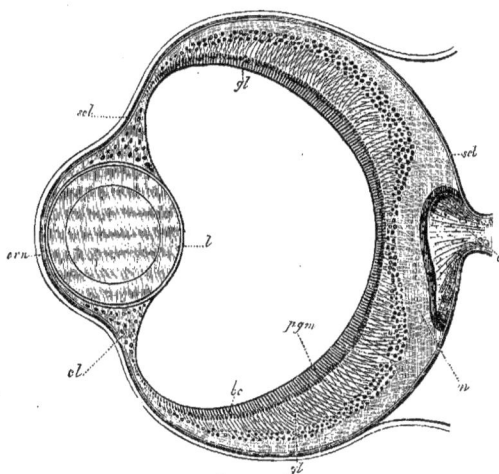

Fig. 44. — OEil d'Alciope (Nauphanta celox) (*).

les Glycériens ont la tête annelée, on peut dire avec M. de Quatrefages, que cet organe répète en raccourci la segmentation du corps tout entier. Toujours très petite, elle porte deux paires d'antennes. Ces animaux possèdent une trompe dont la longueur égale parfois la moitié du corps ; elle est divisée en deux régions dont l'antérieure, la plus longue, est couverte de papilles grosses et tuberculeuses, lui donnant un aspect chagriné.

Le corps composé d'anneaux nombreux et courts, est plissé longitudinalement d'une façon plus ou moins régulière. Les pieds sont formés de deux parties distinctes, un pédicule souvent fort long et une rame proprement dite. Les branchies sont remarquables par leur extrême contractilité ; l'intestin, grêle, presque cylindrique, est très lâchement uni aux parois du corps ; il devait en être ainsi afin de permettre les mouvements proportionnellement énormes de la trompe. Le système nerveux est des plus simples (de Quatrefages).

Distribution géographique. — Les Glycériens sont assez répandus, on les rencontre sur les côtes de France, en Amérique, la Nouvelle-Hollande, les côtes de Danemark, au Groënt land et dans la Méditerranée.

Mœurs, habitudes, régime. — Cette famille se compose d'espèces en général de taille médiocre, de couleurs assez ternes ; elles vivent dans les fonds vaseux, parfois dans le sable presque pur, sans se creuser des galeries permanentes ; la forme de leur corps et la grandeur de leur trompe leur permettent de se mouvoir avec facilité dans ce milieu (de Quatrefages).

GLYCÈRE DÉCORÉE — GLYCERA DECORATA
de Quatr.

Caractères. — Cette espèce (fig. 45) a le corps composé de 85 anneaux, la tête est très aiguë et finement annelée, elle compte 20 anneaux environ. La trompe est armée de quatre forts denticules, les pieds sont très courts, à cause du peu de développement de leur pédicule. Chaque rame est pourvue de deux faisceaux de soies simples à la rame supérieure et composées à l'inférieure ; le cirrhe supérieur, placé sur la base même du

(*) scl, sclérotique. — ern, cornée. — pgm, gaînes choroïdiennes des bâtonnets rétiniens. — bc, coupe bacillaire de la rétine. — gl, couche ganglionnaire de la rétine. — o, nerf optique dont les fibres

(n) s'épanouissent à la surface de la rétine. — cl, corps ciliaire. — l, cristallin. (D'après Greef et Nuhn.)

pédicule, consiste en un tubercule arrondi.

Pendant la vie, la Glycère décorée présente, plus particulièrement à la partie antérieure, une teinte cuivrée des plus vives.

Distribution géographique. — Jusqu'ici elle est seulement connue sur les côtes de Bretagne.

Mœurs, habitudes, régime. — Comme toutes ses congénères, la Glycère décorée, se

Fig. 45. — Glycère décorée.

plaît de préférence dans le sable, où elle pénètre avec une grande rapidité. M. de Quatrefages, qui a pu étudier le procédé à l'aide duquel les Annélides, en général, creusent leurs galeries, décrit ainsi la méthode employée par les Glycères : « La trompe violemment refoulée au dehors par l'afflux du liquide de la cavité générale, se déroule en présentant une certaine rigidité ; l'animal écarte donc le sable ou la vase placés devant lui et contre lesquels il la dirige, il ouvre ainsi un boyau égal à sa propre longueur, et comme il est d'ordinaire plus gros que l'animal lui-même, celui-ci, après avoir fait rentrer sa trompe, avance aisément dans la voie qu'il s'est frayée. Il recommence le même manège et à chaque exsertion de la trompe, il avance d'autant. Les galeries ainsi formées ne sont le plus souvent que temporaires. »

LES NEPHTYIDIENS — *NEPHTYIDÆ* Gr.

Die Nephtyiden.

Caractères. — Chez tous les Nephthyidiens, le corps plus ou moins aplati, surtout en dessous

avec les côtés presque verticaux, présente une apparence prismatique.

Les différentes espèces possèdent des reflets nacrés qui ont appelé l'attention de tous les observateurs ; ces reflets sont plus intenses sur la face médiane, les côtés du corps plus ou moins rougeâtres et les branchies colorées en rouge vif.

La tête peu développée, porte deux à quatre antennes ordinairement très petites ; les anneaux du corps, courts, sont séparés par des plis très prononcés sur les côtés et sur les faces latérales du dos et du ventre ; les téguments forment dans toute la longueur de l'animal une bande presque lisse, siège de la teinte nacrée, précédemment indiquée.

Les pieds sont biramés, les deux rames toujours très séparées l'une de l'autre, se détachent parfois isolément, souvent aussi elles sont réunies par un repli tégumentaire plus ou moins accusé.

A la rame supérieure est fixée la branchie ; assez compliqués dans la plus grande étendue du corps, les pieds se simplifient dans les derniers anneaux, et là ils perdent leur lame caractéristique, souvent aussi leurs soies.

Une trompe très développée et fortement rétractile fait suite à la bouche (de Quatrefages).

Distribution géographique. — La plupart des espèces connues, appartenant à cette famille, habitent nos côtes, celles d'Angleterre, de la Norvège et du Groënland.

Mœurs, habitudes, régime. — Les Nephthyidiens vivent dans les sables les plus mobiles et s'y fraient un passage avec une étonnante rapidité en se servant de leur trompe. Comme exemple de la force que ces Annélides déploient pendant cet acte, M. de Quatrefages cite l'exemple de *Nephtys* qu'il tenait à la main et dont il sentait la trompe pénétrer entre ses doigts.

Les mouvements de ces animaux sont très vifs et même brusques ; ils se rompent souvent spontanément, quand ils se livrent à de violentes contractions.

NEPHTYS NACRÉE — *NEPHTIS MARGARITACEA* De Quatr.

Caractères. — Cette espèce est l'une des plus belles du genre. Son dos et son ventre brillent d'un éclat nacré très vif, particulièrement sur la ligne médiane ; les côtés du corps sont d'un blanc rougeâtre, coloration due, selon M. de Quatrefages, à l'afflux sanguin et surtout à la présence de branchies dont la teinte perce à travers le voile imparfait que forment les soies et les lames des pieds.

Le corps est long de 14 à 15 centimètres et composé d'environ 150 anneaux. Son aspect général est prismatique. Les soies des lames sont longues et filiformes ; à la hauteur à peu près du bord de la lame, elles se coudent, s'épaississent et sont dentées en râpe sur le côté convexe. Les soies qui sortent des mamelons pédieux, présentent une particularité remarquable : leur extrémité renflée est cloisonnée à l'intérieur, de manière à former de petites chambres (de Quatrefages).

Distribution géographique. — Cette espèce habite les environs de Saint-Sébastien.

Mœurs, habitudes, régime. — Les plages sablonneuses couvertes de Zostères recèlent la Nephtys nacrée ; elle affectionne surtout les anfractuosités herbeuses des roches couvertes et découvertes alternativement par la mer. C'est là qu'elle creuse ses galeries avec la vitesse dont il a été précédemment parlé.

LES PHYLLODOCIENS — *PHYLLODO-CIDÆ* Grub.

Die Phyllodocen.

Caractères. — M. de Quatrefages divise la famille des Phyllodociens en deux groupes distincts : les *Phyllodociens* proprement dits, et les *Alciopiens*.

Tous les Phyllodociens ont la tête petite et très distincte ; chez les Alciopiens le volume de cette partie est quelquefois triplé par une paire d'yeux latéraux très développés.

La région buccale ne présente rien de spécial chez les Alciopiens, mais chez les Phyllodociens, au lieu de se composer d'un seul anneau, elle en compte parfois deux ou trois. Le corps de ces derniers est généralement très allongé, formé d'un nombre d'anneaux considérable ; celui des Alciopiens, au contraire, est relativement court. Les pieds sont biramés dans un seul genre, partout ailleurs ils sont uniramés et d'une structure très simple. Un mamelon sétigère, armé d'un faisceau de soies, porte deux cirrhes ; le premier est lamelleux et foliacé, assez grand pour couvrir le corps. Le pied tout entier repose souvent sur un pédicule assez allongé (de Quatrefages).

Distribution géographique. — Les Phyllodociens sont de toutes les mers.

Le genre Phyllodoce appartient au premier groupe.

PHYLLODOCE LAMELLEUSE — *PHYLLODOCE LAMINOSA* Cuv.

Caractères. — Le corps de cette Annélide est très long et d'un diamètre égal dans toute son étendue ; la tête est plutôt arrondie que triangulaire, elle porte en arrière une échancrure assez marquée ; les yeux, de couleur noire,

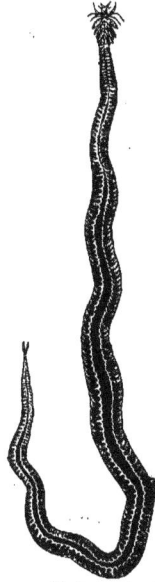

Fig. 46. — Phyllodoce lamelleuse.

au nombre de deux, sont situés un peu en arrière sur les côtés. Le mamelon sétigère porte deux petites oreillettes foliacées et un faisceau de soies en éventail ; la tige des soies se termine par une tête allongée, sur laquelle s'implante un appendice ayant la forme d'une demi-flèche.

La Phyllodoce lamelleuse (fig. 46) est d'un vert foncé uniforme ; d'après Johnston, elle teint de la même nuance l'alcool où on la plonge, fait vérifié par M. de Quatrefages.

Distribution géographique. — Cette espèce habite les côtes de France et d'Angleterre, elle présente quelques différences peu importantes suivant les localités où elle se rencontre. Ces formes locales se caractérisent simplement par une taille plus ou moins forte.

Sur les côtes de la Manche et de la Bretagne, MM. Milne Edwards, Audouin, Savigny et de Quatrefages en ont recueilli des échantillons de 60 centimètres de long. Ceux des côtes anglaises mesurent seulement, d'après Johnston, 30 à 35 centimètres.

Mœurs, habitudes, régime. — La Phyllodoce lamelleuse nage avec une grande élégance ; pendant le jour elle reste cachée dans les fentes des rochers ou les prairies de Zostères, mais la nuit venue, elle se met en chasse, à la poursuite de sa nourriture.

Dans le groupe des Alciopiens, nous citerons l'espèce suivante.

TORRÉE VITRÉE — *TORREA VITREA* DE QUATR.

Caractères. — Tous les tissus de cette espèce sont tellement transparents, que lorsqu'elle se meut dans la mer, on distingue simplement deux points rouges indiquant la place des yeux, et des points violets, formés par un bourrelet d'organes glandulaires, situés à la base des pieds.

La tête est environ deux fois plus large que les premiers anneaux du corps, les yeux sont très volumineux, le corps compte 150 à 160 anneaux presque aussi longs que larges : les pieds sont proportionnellement très petits.

L'organe destiné à contenir les œufs consiste en une sorte de poche aplatie, ovalaire, spongieuse, portée sur un pédoncule court, attaché sur le corps immédiatement en dessous du pied (de Quatrefages). Ces poches sont les corps glandulaires violets cités plus haut.

Distribution géographique. — La Torrée vitrée fréquente les côtes de Sicile et notamment la Torre dell' Isola, près Palerme.

Mœurs, habitudes, régime. — Essentiellement pélagique, la Torrée vitrée est peu connue relativement à ses mœurs. Ce qui présente un grand intérêt chez cette espèce, c'est l'organe particulier sur les fonctions duquel les auteurs ne sont pas tous d'accord, mais que l'on peut, selon toute probabilité, considérer avec M. de Quatrefages comme destiné à fixer les œufs que la femelle porte avec elle.

Un autre caractère important réside dans le développement des organes de la vision. Ces deux points fondamentaux de l'organisation de la Torrée sont communs à toutes les espèces du groupe des Alciopiens.

Il semble que le développement de l'organe de la vision soit en rapport direct avec le genre de vie des animaux qui nous occupent.

Sous le rapport de la complication de l'appareil fonctionnel, les yeux des Alciopiens ne le cèdent en rien à ceux d'animaux beaucoup plus élevés. Dans la Torrée notamment, M. de Quatrefages a décrit cet appareil de la façon suivante :

« L'œil de cet Annélide pélagique, dit-il, est remarquablement complet. La peau, très amincie et parfaitement diaphane, représente ici la cornée transparente ; une forte couche fibreuse forme une véritable sclérotique et se continue avec l'enveloppe du nerf optique. Cette sclérotique présente une large ouverture formée en partie par une choroïde d'un rouge brun. Celle-ci présente dans le centre une ouverture pupillaire qu'entoure un cercle de pigment bleu et miroitant ; à travers la pupille, on voit l'intérieur du globe de l'œil tapissé par la choroïde dont la structure est treillissée ; ce globe est rempli par un corps vitré d'une transparence parfaite au milieu duquel est suspendu un cristallin sphérique. Celui-ci peut être énucléé ; enfin un gros nerf optique arrive jusqu'au globe de l'œil et forme une rétine dont on peut reconnaître la structure. »

L'œil d'Alciope (fig. 44, p. 33) ne diffère en rien des autres Alciopiens.

LES SYLLIDIENS — *SYLLIDÆ* GRUB.

Die Sylliden.

Caractères. — Presque tous les Syllidiens connus sont de petites Annélides à corps linéaire ; la tête est en général du même diamètre que celui du corps ; elle porte des antennes et des yeux en nombre variable. Indépendamment de ces organes, M. de Quatrefages signale des prolongements particuliers qu'il nomme lobes frontaux ou labiaux. Ces lobes, dit le savant zoologiste, peuvent être complètement séparés de manière à simuler des antennes inférieures, ils résultent du développement des tissus placés en avant de la bouche.

Les pieds sont presque constamment uniramés, le plus souvent ils soutiennent deux cirrhes, d'ordinaire aussi un seul faisceau de soies, simples ou composés.

Tous les Syllidiens possèdent une trompe ; souvent inerme, elle se prolonge parfois vers son extrémité antérieure en un petit stylet ovoïde surmonté d'une pointe conique ; mais un caractère important consiste dans une sorte de gésier musculeux faisant suite à la trompe ; ce gésier à parois épaisses est élégamment strié en travers. Dans un petit nombre de genres, il est armé de denticules (de Quatrefages), tantôt spiniformes (Claparède), tantôt falciformes (Schmarda).

Distribution géographique. — Le genre *Syllis* proprement dit habite les côtes de France, du Danemark, de Norvège ; quelques espèces sont spéciales à la mer Rouge ; d'autres se rencontrent au Cap et sur les côtes d'Afrique. Les Autolites sont presque tous Européens.

Mœurs, habitudes, régime. — Nous avons vu que les Syllidiens étaient toujours de très petite taille, ils se tiennent de préférence parmi les masses de Fucus et de Corallines ; leurs habitudes sont celles de toutes les Annélides en général et ne présentent rien de particulier, mais certains phénomènes dont elles sont le siège rendent leur étude des plus instructives.

Plus encore peut-être que chez les Néréis et les Hétéronéréis précédemment examinées, le phénomène de la généagenèse se montre parmi les espèces de cette famille, à un degré élevé.

C'est chez un Syllidien qu'Œrsted a, le premier, montré les caractères différentiels existant entre le mâle et la femelle ; Agassiz a pu réunir en un seul, cinq genres considérés avant lui comme distincts ; c'est enfin à MM. Milne-Edwards et de Quatrefages que l'on doit de connaître les phases du développement généagenésique dans lequel les embryons, provenant d'un œuf, ne sont pas semblables à ceux qui naissent par gemmation de ce même embryon ovulaire.

Agassiz, depuis, s'est minutieusement adonné à l'observation de ces phénomènes, auxquels M. Perrier (1) vient de donner la dernière consécration.

L'étude de quelques Syllidiens nous permettra de résumer les principaux faits relatifs à ce phénomène.

SYLLIS AMIE — *SYLLIS AMICA* DE QUATR.

Caractères. — De 5 à 6 centimètres de long sur 1 millimètre de large, cette espèce est d'une teinte brunâtre métallique ; la tête est presque pyriforme, les antennes sont implantées en avant ; les yeux, très petits, forment à leur base un demi-cercle presque régulier ; les tentacules de longueur égale aux antennes, comme celles-

(1) Perrier, *Colonies animales.*

ci, sont moniliformes ; les pieds sont peu proéminents, la rame est large, à soies nombreuses, fortes, renflées et tronquées obliquement à leur extrémité ; l'appendice simule une lame de serpe recourbée et très large à sa base (de Quatrefages.)

Distribution géographique. — La Syllis amie habite les côtes de France et d'Angleterre.

Mœurs, habitudes, régime. — Le corps de cette espèce est formé de deux parties distinctes, constituant deux individus nettement tranchés : « Le nouvel être, dit M. de Quatrefages, diffère considérablement de celui qui l'a produit ; chaque pied chez la fille, est composé d'un faisceau de longues soies qui manque chez la mère ; l'individu adventif une fois caractérisé, tend de plus en plus à se séparer de son parent ; la séparation accomplie, il ne doit pas vivre longtemps, car il ne peut survivre à l'émission des œufs. »

Ainsi, chez la Syllis, deux individus, l'un sexué, l'autre agame, longtemps unis, se séparent pour vivre d'une vie indépendante, l'individu sexué acquiert en même temps de nouveaux organes de locomotion, et une vivacité qui manque à l'individu primitif. Il existe donc, dans cette famille, un terme exactement correspondant à celui que nous ont offert les Hétéronereidiens. Aux Syllis correspondent les Hétérosyllis, comme les Hétéronereis aux Néréides ; comme pour ces derniers encore, l'animal est coupé nettement en deux, et sa partie antérieure demeure « chenille, tandis que sa partie postérieure devient papillon, le monstre hybride de la fable est réalisé ! » (Perrier.)

SYLLIS GEMMIFÈRE — *EXOGONE GEMMIFERA* PAGENST.

Caractères. — Cette espèce est d'un rouge brun. Longue de 25 millimètres à peine, elle compte environ 25 anneaux ; la tête est peu distincte de l'anneau buccal, pourvue de trois antennes et de 4 yeux ; les pieds portent seulement des cirrhes supérieurs, armés de soies composées.

Distribution géographique. — La Syllis gemmifère habite les côtes, près de Cette, et l'Isthme de Suez.

Mœurs, habitudes, régime. — Pagenstecher a découvert chez la Syllis gemmifère, un véritable phénomène de bourgeonnement, s'accomplissant en dehors d'une manière régulière. Sur un individu, les quatorze anneaux médians

Fig. 47.

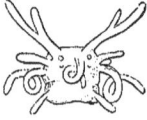

Fig. 48.

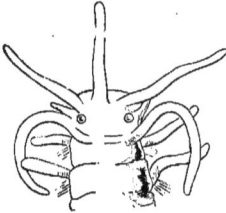

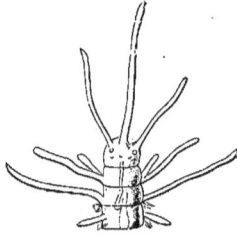

Fig. 49.

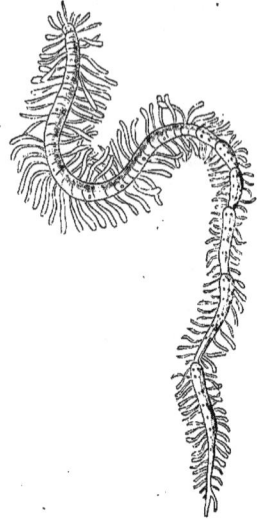

Fig. 47, 48, 49. — Autolyte cornu (*).

Fig. 50. — Myrianide fasciée en voie de reproduction par bourgeonnement.

portaient à la partie supérieure du pied de chaque côté, un jeune animal en voie de développement, déjà bien caractérisé.

AUTOLYTE CORNU — *AUTOLYTUS CORNUTUS* AGASS.

Caractères. — Les Autolytes sont de petites Annélides ressemblant extérieurement à de jeunes Nereis. Ils doivent leur nom à la faculté qu'ils possèdent de se diviser spontanément en travers, chaque moitié formant un nouvel individu (Perrier) ; le corps est linéaire, la tête, dépourvue de lobes frontaux, porte trois antennes et quatre yeux ; l'anneau buccal est pourvu de quatre tentacules, le premier anneau du corps possède deux cirrhes tentaculaires.

Distribution géographique. — L'Autolite cornu habite la côte orientale des États-Unis.

Mœurs, habitudes, régime. — M. Alex. Agassiz a étudié cette espèce dans toutes les phases de son existence, et les phénomènes qu'elle pré-

sente ne le cèdent en rien comme intérêt à ceux fournis par les espèces plus haut décrites.

L'Autolyte se montre sous trois formes tellement distinctes, qu'elles ont d'abord été classées dans trois genres différents (fig. 47, 48, 49). Celle pour laquelle, Grube avait créé le genre *Autolytus*, est asexuée, et elle produit les deux autres en se partageant par le milieu du corps, celles-ci sont mâle et femelle. Arsted considérait la forme mâle, comme le type du genre *Polybostrichus*, tandis que Müller rangeait la femelle dans le genre *Sacconereis*.

Quand l'Autolyte asexué a acquis 40 à 50 anneaux, au niveau du 13° apparaît une tête d'individu sexué, puis un certain nombre d'anneaux la suivent immédiatement. Cette tête diffère complètement de celle de l'individu producteur, elle diffère aussi suivant le sexe, mais le mâle et la femelle se distinguent surtout par leur appareil locomoteur. Les femelles sont souvent remplies d'œufs avant d'être séparées de leur parent. Une fois libres, mâles et femelles manifestent une grande vivacité, ils nagent rapidement, tandis que le parent immo-

(*) 47, Tête de l'animal asexué. — 48, Tête d'individu mâle produite par bourgeonnement. — 49, Tête de l'individu femelle produite par bourgeonnement.

bile et nonchalant habite ordinairement des tubes.

Il semble que toutes les espèces de la famille des Syllidiens se singularisent à dessein, par quelque caractère particulier.

M. de Quatrefages a fait connaître une Dujardinie, la *Dujardinia rotifera*, qu'il a étudiée à l'archipel de Chausey, dont la constitution et les mœurs sont spéciales. Elle n'a point de trompe, mais elle fait jaillir au dehors une grosse masse charnue ressemblant entièrement à une langue large et épaisse. Tout son corps porte des cils vibratiles, en outre, chaque anneau présente de chaque côté en arrière, un mamelon ombiliqué, dont le bord porte une rangée de très longs cils vibratiles. Quand cet organe est en action, il rappelle tantôt l'aspect des roues d'un Rotifère, tantôt celui de l'appareil rotateur des larves de Mollusques.

Les habitudes de la Dujardinie sont singulières, ses pieds ne lui servent jamais pour se mouvoir, ils sont aussi immobiles que les antennes et les grandes cirrhes de l'anneau buccal et des premiers pieds; les mamelons ciliés lui servent à se transporter par un mouvement régulier et lent à travers le liquide. Quand elle veut se mouvoir plus rapidement, elle courbe son corps alternativement en dessus et en dessous, avec vivacité et s'élance pour ainsi dire par bonds, un peu à la manière des larves de Cousins (de Quatrefages).

Voisines des Syllis, d'autres espèces, les Myrianides s'en distinguent surtout par la transformation du tentacule qui surmonte le pied de ces dernières, en un large appendice pliacé.

Le plus souvent on rencontre ces animaux par chaînes de quatre, cinq et six individus placés bout à bout et à divers degrés de développement. Telle est la Myrianidée fasciée (fig. 50).

LES LEUCODORIENS — *LEUCODORIDÆ*
De Quatr.

Die Leucodoriden.

Caractères. — Les espèces composant cette famille sont ordinairement très petites, leur tête, plus ou moins distincte, porte une ou deux antennes; l'anneau buccal est armé de deux tentacules des plus caractéristiques; ils sont très longs, très gros et dépassent même, dans certaines espèces, la longueur de l'animal luimême. Leur structure est aussi exceptionnelle, ils sont creusés d'un large canal dans lequel

pénètre le liquide de la cavité générale, et renferment un vaisseau flottant à l'intérieur, retenu seulement par des brides très fines. Leur corps se compose de deux parties distinctes, il se termine en arrière par un appareil lui permettant d'adhérer aux corps solides.

Distribution géographique. — Peu nombreuses, les espèces de cette famille se rencontrent surtout sur nos côtes; un certain nombre sont Américaines.

Mœurs, habitudes, régime. — La plupart des Leucodoriens vivent dans des tubes soyeux, soit isolés, soit pressés les uns contre les autres, disséminés au milieu de touffes de Corallines. Ces tubes sont tapissés par une légère couche de limon ou de sable; malgré leur apparence fragile, ces abris sont très résistants, même aux vagues les plus fortes. D'autres espèces se réfugient dans des galeries pratiquées dans le limon qui remplit les interstices des rochers, d'autres enfin creusent incontestablement les rochers calcaires durs. M. de Quatrefages a rapporté de La Rochelle des fragments de pierre *entièrement vermoulus* par ces animaux. Ils se tiennent à l'orifice de leurs tubes sans cesse à l'affut d'une proie, et en agitant lentement leurs tentacules, ils saisissent soit des Planaires, soit des Annélides d'une taille inférieure à la leur. Les Leucodoriens sont éminemment carnassiers.

Nous en citerons une seule espèce.

LEUCODORE AUDACIEUX — *LEUCODORE AUDAX*
De Quatr.

Caractères. — La tête de cette espèce est très distincte, les yeux sont au nombre de quatre; les tentacules, d'abord étranglés à leur base, se renflent en massue; la région antérieure du corps porte cinq anneaux, la région postérieure en compte trente-cinq. Le dernier anneau est terminé par une sorte de cupule à parois conctractiles, agissant comme ventouse et permettant à l'animal de se fixer sur les corps étrangers.

Distribution géographique. — C'est à Boulogne, que cette espèce a été recueillie par M. de Quatrefages.

Mœurs, habitudes, régime. — Le Leucodore audacieux de 10 à 12 millimètres de long, habite des tubes doubles de sa grosseur; ils se composent d'un fourreau d'apparence soyeuse enduit de limon fin. Placés les uns près des autres, ces tubes agglutinés sans doute par un liquide que sécrète l'animal, revêtent d'une couche souvent très étendue, les murs des fortifications, du côté le plus exposé à la vague. C'est à cette particularité des mœurs de la Leucodore que M. de Quatrefages a voulu faire allusion en lui donnant le nom d'*audax*.

LES CIRRHATULIENS — *CIRRHATULIDÆ* Car.

Cirratuliden.

Caractères. — Les anneaux du corps des Cirrhatuliens sont relativement courts, les pied biramés; la rame supérieure est formée par un petit mamelon armé de soies simples; les soies de la rame inférieure sont diversement conformées à leurs extrémités. Les cirrhes branchiaux, ou les branchies, présentent trois sortes de distribution; généralement on en trouve à tous les anneaux du corps, excepté aux trois premiers et aux trois derniers; souvent des organes semblables se montrent à la face dorsale des anneaux antérieurs; enfin chez quelques espèces, ces cirrhes sont disposés par paires à chacun des 4 ou 6 premiers anneaux. Ces organes sont longs, filiformes, cylindriques, contractiles et peuvent se mouvoir en tous sens; la coloration des Cirrhatuliens varie suivant les espèces, quelques-unes présentent une teinte noire veloutée sur laquelle tranchent les cirrhes tentaculaires d'un rouge vif pur.

Distribution géographique. — Les côtes de France et d'Angleterre, le Cap, la Nouvelle-Zélande, les rivages du Chili, nourrissent les espèces, en petit nombre, de cette famille.

Mœurs, habitudes, régime. — Tous les Cirrhatuliens vivent à la manière des Lombrics dans les sables vaseux, ils paraissent rechercher de préférence certaines localités abritées. M. de Quatrefages en soulevant de grosses pierres sous lesquelles des Cirrhatules se tenaient d'habitude, a constaté que la vase exhalait, là seulement, une forte odeur de sulfhydrate d'ammoniaque, annonçant que l'eau était chargée de cette substance. Les longs cirrhes branchiaux servent à la fois d'organes de préhension et de locomotion; l'animal en les enroulant autour d'un point fixe et en les contractant ensuite, rapproche son corps du point en contact, c'est par ce moyen qu'ils cheminent dans la vase où on les a déposés.

Par un phénomène des plus remarquables, les cirrhes détachés de l'animal, soit artificiellement, soit spontanément, peuvent vivre pendant plusieurs jours d'une vie indépendante. Ils semblent se partager en anneaux réguliers; ils se contractent et se tordent en tous sens volontairement ou lorsqu'on les excite.

M. de Quatrefages, auteur de cette découverte, a vu très nettement un bourgeon charnu se développer à l'extrémité du cirrhe adhérent au corps. Ces cirrhes se transforment-ils en animal complet? le savant auteur n'a pu continuer ses expériences, mais tout porterait à croire qu'il en est ainsi; là en effet, comme chez les Néréides, comme chez les Autolytes et les Syllis, comme encore dans un type recueilli dans la mer Rouge par M. le professeur Vaillant, se présente un phénomène de bourgeonnement, de métagenèse, que des observations ultérieures viendront sans nul doute pleinement confirmer.

L'une des espèces les plus communes de la famille des Cirrhatuliens, est l'*Audouina Lamarkii* de Quatref., observée sur les côtes de Bretagne. Cette espèce, d'une couleur variant du rouge sombre au vert cuivré, est longue de 8 à 11 centimètres et composée de 200 à 250 anneaux; la tête est bilobée, le premier anneau du corps ne porte aucun appendice, les autres anneaux sont ornés de longs cirrhes branchiaux. Les soies de la rame supérieure sont fines et capillaires, tandis que celles de la rame inférieure sont courtes, grosses, un peu tordues et de couleur jaune.

Ses mœurs sont identiques à celles de la famille telles que nous les avons précédemment exposées.

LES ARÉNICOLIENS — *ARENICOLIDÆ* De Quatr.

Sandwurmer.

Caractères. — La famille des Arénicoliens est l'une des plus naturelles. L'espèce type confondue d'abord avec les Lombrics, fut élevée au rang de genre par Lamarck.

Chez tous les Arénicoliens, le corps est fortement atténué en avant et la tête est peu distincte du corps, divisé en trois régions. La région antérieure est dépourvue de branchies, elles sont accumulées dans la région moyenne et toujours arborescentes; les pieds sont biramés, ils portent partout des soies simples à la rame supérieure et d'autres simples ou à crochet à la rame inférieure.

Toutes ont une trompe volumineuse dont la portion buccale est exsertile, cette partie est courte et inerme; la région dentaire, située en arrière, est grosse et très musculeuse.

L'appareil vasculaire présente un cœur composé d'une oreillette et de deux ventricules.

Enfin ils possèdent un organe de l'audition, consistant en une capsule contenant plusieurs autolithes irréguliers, à laquelle aboutit un nerf émanant directement du cerveau.

Distribution géographique. — Les Arénicoliens habitent les côtes de France, d'Angleterre, du Danemarck. Une petite espèce a été rapportée de Coquimbo par Gaudichaud.

Mœurs, habitudes, régime. — Les mœurs des Arénicoliens sont toutes identiques ; nous allons les exposer à la suite de la description de l'espèce type.

ARÉNICOLE DES PÈCHEURS — *ARE-NICOLA PISCATORUM* Lamck.

Caractère. — Cette magnifique espèce (fig. 51 et 52) atteint parfois 20 à 25 centimètres de long, irrégulièrement fusiforme, elle est segmentée dans la région antérieure par des étranglements plus ou moins marqués.

Sa couleur est variable, souvent elle est verte en avant, jaunâtre en arrière, avec au milieu du corps rougeâtre ; parfois on en rencontre d'un noir velouté intense, avec de splendides reflets métalliques et irisés.

La tête presque triangulaire est très petite ; la région antérieure formée de 7 anneaux, est munie de rames composées de petits poils simples. La région moyenne, comprend 13 anneaux tous garnis de pieds et de branchies ; la région caudale, représentant le tiers environ de la longueur du corps, est parfaitement cylin-BREUM.

Fig. 51. — Arénicole des pêcheurs.

drique, finement annelée, ou plutôt plissée transversalement, sans traces de pieds ou de soies et se termine par un anus pouvant s'ouvrir très largement.

Distribution géographique. — L'Arénicole des pêcheurs a été rencontrée sur toutes les côtes occidentales d'Europe et sur celle du Groënland.

Mœurs, habitudes, régime. — Extrêmement commune, cette espèce habite la zone moyenne que la marée laisse chaque jour à sec. Comme les Lombrics, avec lesquels on l'a longtemps confondue, l'Arénicole avale le sable ou la vase pour en extraire les principes organiques pouvant servir à sa nourriture ; comme les Lombrics aussi, elle rejette à la surface, des castings, formés du sable ou de la vase qu'elle avait absorbés. Ces déjections recèlent la présence de l'animal et indiquent une des extrémités de sa galerie. Cette galerie se recourbe en siphon et pénètre assez profondément dans le sol ; au moindre ébranlement, l'Arénicole s'y retire avec promptitude, il est donc nécessaire lorsque l'on veut s'emparer de l'animal, de donner un vigoureux coup de pioche entre les deux orifices du siphon, sans cette précaution il est toujours impossible de l'obtenir.

Retirée du sable, l'Arénicole est lente et se traîne avec peine, par une véritable reptation plutôt qu'à l'aide de ses pieds. Alors, quand on la touche, elle sécrète avec abondance un liquide tachant les mains en jaune plus ou moins verdâtre.

Si l'on a eu soin de la placer sur du sable, elle ne tarde pas à s'y enfoncer, et pour ouvrir une nouvelle galerie, elle fait agir sa trompe par le procédé que nous avons indiqué pour d'autres Annélides (de Quatrefages).

Tout en se traçant un chemin dans le sable,

Fig. 52. — Arénicole des pêcheurs rampant sur le sol.

elle sécrète une matière gluante, destinée à donner de la consistance à la couche interne de son conduit sablonneux, et à empêcher les éboulements. Ce conduit est plus large que le diamètre du corps auquel il donne asile.

Usages, emploi. — L'Arénicole est recherchée par les pêcheurs, comme appât ; dans certaines localités, elle est devenue l'objet d'un petit commerce, peu important du reste.

LES CÉPHALOBRANCHES — *CEPHALOBRANCHIATA* Sav.

Kopfkiemer.

LES SERPULIENS — *SERPULIDÆ*
V. Ben.

Die Wurmröhren.

Caractères. — Les animaux composant la grande famille des Serpuliens, appartiennent tous au type des Annélides sédendaires, dont la vie entière est presque toujours confinée dans un tube construit par l'animal et variable de formes et de dispositions. De ces conditions d'existence, il résulte que les organes respiratoires disposés le long du corps, où nous les avons vu placés dans les groupes précédents, se sont transportés à la tête, où ils se montrent alors sous l'aspect de panaches diversement modifiés (fig. 53), supportés par un véritable squelette intérieur, fait dont nous avons noté l'importance dans nos généralités.

Un organe nouveau se rencontre également dans plusieurs types de la famille, cet organe consiste en un opercule, pièce plus ou moins conique, à contours toujours arrondis, de manière à pouvoir clore exactement le tube calcaire où se tient l'animal. A part ces caractères généraux, l'opercule se diversifie considérablement dans sa forme et dans sa structure ; tantôt simple et corné, il peut être dans d'autres cas garni de plaques et d'appendices calcaires ; le pédicule lui servant de support est simple, ou bien également accompagné d'appendices plus ou moins compliqués ; on le trouve enfin allongé, cylindrique, court ou très large.

Chez les Serpuliens, le corps est partagé en deux régions parfois très distinctes ; dans son

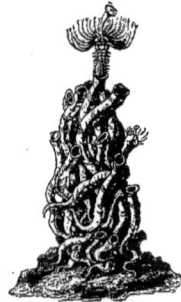

Fig. 53. — Serpule comprimée.

ensemble il est arrondi en dessus, plus ou moins aplati à la région inférieure.

Les pieds sont biramés ; à la partie antérieure la rame supérieure est armée de soies simples, la rame inférieure, de soies à crochets ; les soies, plus ou moins élargies à leur extrémité, deviennent parfois foliacées et lancéolées.

La bouche, chez tous les Serpuliens, s'ouvre en avant et est entourée par une sorte d'anneau cartilagineux servant de base aux branchies ;

plus loin est située la trompe qui n'est jamais exsertile et aboutit à un renflement court et charnu, rappelant un peu le gésier de certaines Annélides errantes.

C'est surtout parmi les Serpuliens, que s'observent les curieuses variations dans la couleur du sang. M. Milne Edwards a, le premier, reconnu qu'il était vert dans quelques espèces; dans un certain nombre, M. de Quatrefages l'a vu rouge très foncé, et dans les *Vermilles*, il a pu constater que ce liquide passe du rouge brillant au vert-pré ou au vert jaunâtre; les animaux de cette famille possèdent, en outre, des organes de l'ouïe et de la vision parfaitement bien développés.

Distribution géographique. — Les Serpuliens abondent généralement dans toutes les mers, où l'on observe leurs tubes sur les rochers ou les galets des plages, etc.

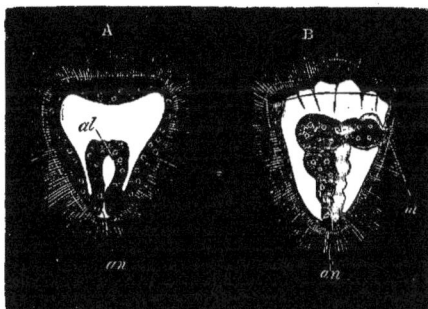

Fig. 54 et 55. — Larves de Serpule à divers états de développement (*).

Mœurs, habitudes, régime. — Tous les Serpuliens débutent par une vie libre (fig. 54 et 55), d'abord sous forme de larves ciliées, et se meuvent dans le liquide où les germes ont été déposés. M. Milne Edwards, dans un remarquable travail sur l'embryogénie des Annélides, a montré, qu'au moment de la naissance, rien ne distingue une Annélide tubicole, d'une Annélide errante.

La Larve avant d'avoir revêtu ses formes définitives, perd peu à peu ses cils et s'enferme dans un tube calcaire, dont la matière exsude de son corps et qui, d'abord, cylindrique est ouvert par les deux bouts (Milne Edwards). A mesure que l'animal grandit, le tube s'allonge et s'accroît en diamètre; toujours fixé à un corps solide, il adhère, ou par l'extrémité inférieure, ou par l'une de ses parois.

Ces tubes, du reste, sont assez généralement irréguliers, cependant leur forme est toujours caractéristique des espèces qui les ont produits.

Jamais l'animal n'adhère à cette fausse coquille où il cherche un abri; l'accroissement des tubes se fait exactement comme au début. Leur disposition intérieure, toujours à peu près régulièrement arrondie, se modifie à l'extérieur où se montrent des stries, des crêtes, des carènes, etc. L'animal, dont le corps est rond et tournant en tous sens dans l'abri qu'il se façonne, devait nécessairement faire un tube cylindrique; mais ses branchies, son collier, son opercule, s'épanouissent et se rabattent plus ou moins, ces organes ajoutent de nouvelles couches au tube primitif, et le façonnent par suite de la disposition même qu'ils affectent habituellement (de Quatrefages).

SERPULE INTESTIN — *SERPULA INTESTANUM*
Lamck.

Caractère. — Dans cette espèce, les soies

(* m, bouche. — an, anus (d'après Stossich).

sont caractéristiques. Très nombreuses à chaque pied, puis filiformes, leur extrémité est courbée et creusée d'une longue gouttière ; les soies abdominales sont très courtes, plus grosses que celles du thorax et leur pointe courbée en baïonnette, est large et aiguë.

Les tubes ondulés ont une tendance à s'accoler plutôt qu'à s'enchevêtrer les uns dans les autres et en ce cas ils sont presque droits, d'ailleurs à peu près lisses, striés en travers d'une manière régulière, ils n'ont aucune trace de crête ni de carènes (fig. 56, p. 45).

Distribution géographique. — La Serpule intestin habite la Méditerranée ; nous l'avons recueillie nous-mêmes sur les rochers de Dakar, sur la côte occidentale d'Afrique.

Nous figurons (fig. 53, p. 42) une autre espèce des côtes de Naples, dont le tube porte de 4 à 6 crêtes minces et irrégulièrement dentelées, c'est la Serpule comprimée, de Quatr.

Mœurs, habitudes, régime. — Les mœurs que nous avons décrites, en donnant les caractères de la famille, s'appliquent à toutes les espèces.

Sur les rochers, les galets, les coquilles mêmes, s'étalent et s'enchevêtrent les tubes où vivent ces animaux. D'un aspect blanchâtre et quelquefois jaune ou rosé, ils attireraient peu l'attention, mais, lorsque au sommet s'épanouissent les appendices céphaliques et les branchies, il n'en est plus de même, et l'on voit s'agiter, se fermer et s'ouvrir de véritables coroles laciniées, teintées des plus belles couleurs, où le vert-émeraude, le rouge doré, le rouge brillant, dominent, souvent mélangé de rose pâle ou de bleu d'outre-mer.

SPIRORBE COMMUN — *SPIRORBIS COMMUNIS* FLEM.

Caractères. — Le genre Spirorbe, composé de très petites espèces, se caractérise par des branchies composées d'un très faible nombre de cirrhes, un opercule variable, une région antérieure composée de trois anneaux seulement, des plaques remplaçant les crochets et un tube fixé et enroulé.

Le tube du Spirorbe commun est très régulièrement enroulé ; dans les plus grands individus il ne dépasse pas 2 millimètres de diamètre, il est fermé de trois tours de spire, sur les côtés un empâtement de matière calcaire l'attache fortement au corps

qui le porte, la face libre est largement ombiliquée.

Distribution géographique. — Cette espèce, la plus commune du genre, se rencontre sur les côtes de France et d'Angleterre.

Lorsque l'animal est fixé sur les rochers ou quelque coquille, souvent même sur la carapace des Crabes et des Langoustes, généralement il passe inaperçu ; pour le recueillir en abondance, il faut examiner les grands Fucus flottants ; sur leurs frondes on remarque en quantité parfois considérable, des points d'un blanc laiteux, déposés symétriquement côte à côte et couvrant quelquefois la plante tout entière, ce sont les Spirorbes, restant attachés aux frondes, même quand celles-ci viennent à se dessécher

FILIGRANE ENTORTILLÉ — *FILIGRANA IMPLEXA* BERCK.

Caractères. — Un autre genre de Serpuliens, présentant du reste les caractères généraux de la famille, se caractérise par la forme de ses tubes ; ils consistent en plaques placées généralement à la surface de quelque roche aplatie, enlacés les uns dans les autres ; d'un très faible diamètre, ils semblent parfois rayonner autour d'un centre, point de départ de la colonie.

Distribution géographique. — L'espèce provient des côtes d'Angleterre, de France et de Norvège.

Mœurs, habitudes, régime. — Il est remarquable de trouver parmi les espèces de la famille des Serpuliens, des faits en tout semblables à ceux qui nous sont connus, sur les Néréides, les Syllis, les Autolytes, etc. Sars, en effet, a découvert chez le Filigrane entortillé, la faculté de se reproduire par gemmation, par voie de division transversale. Seul le nouvel individu est sexué, tout en ressemblant complètement à son parent ; c'est là un nouvel exemple de la division du travail physiologique, par suite de laquelle, comme l'expose avec tant de clarté, M. le professeur Perrier, les anneaux postérieurs, les plus jeunes, s'emparent du pouvoir de renouveler l'espèce ; des œufs se développent en eux, tandis que les anneaux supérieurs se chargent plus spécialement des fonctions de nutrition (Perrier).

Ce phénomène important nous est fourni, non seulement par les Filigranes, mais encore

Fig. 56. — Serpule intestin.

par les Protules, les Salmacines et d'autres genres de Serpuliens, ainsi que le constatent les recherches de Schmit, Huxley et Clapa-rède.

LES SABELLIENS — *SABELLIDÆ*
De Quatr.
Die Fächerwürmer.

Caractères. — M. de Quatrefages carac-térise ainsi cette famille : Serpuliens dé-pourvus d'opercules, à régions du corps dis-tinctes.

Chez les Sabelliens, la tête est séparée du corps par une sorte de repli musculo-cutané formant une collerette plus ou moins dévelop-pée, et recevant directement du cerveau, des filets nerveux, comme l'a constaté M. de Qua-trefages. Ce repli, dans certains cas, porte des yeux. Ordinairement les mamelons sétigères forment, de chaque côté du dos, une série con-tinue. Dans un petit nombre d'espèces, il est

impossible de découvrir la trace de poils, de soies et de crochets.

Distribution géographique. — La distribu-tion géographique des Sabelliens est identi-que à celle des Serpuliens, seulement les stations qu'ils affectionnent sont un peu diffé-rentes.

Mœurs, habitudes, régime. — Les tubes des Sabelliens se caractérisent par leur peu de résistance ; au lieu de sécréter, comme les ani-maux de la famille précédente, des retraites calcaires, ces retraites sont ici généralement molles, et comparables à des fourreaux cornés ou ayant l'apparence de parchemin ; souvent des corps inorganiques divers s'y agglutinent plus ou moins solidement. Les fourreaux sont établis, soit dans les interstices des pierres, soit dans le sable et dans la vase, souvent aussi à la surface du sol. Plusieurs espèces habitent les Fucus ou les Coralliaires ; d'autres aussi sont errantes par intermittence, et abandonnent leurs retraites pour aller à la poursuite de leur nourriture.

SABELLE PAVONINE — *SABELLA PAVONINA* Savio.

Caractères. — Cette espèce a le corps très grêle et très allongé, composé d'environ 170 anneaux; les branchies sont courtes, relativement à la longueur du corps et portées sur un axe recourbé en dessous, de manière à simuler un commencement de spire; les antennes sont aplaties et effilées à leur extrémité; les pieds très petits et peu saillants. Les branchies d'un jaune doré, annelées de rouge et de bleuâtre, brillent d'un éclat qui lui a valu son nom.

Distribution géographique. — La Sabelle pavonine habite les côtes occidentales de France, celles du Danemark et d'Angleterre.

Mœurs, habitudes, régime. — Le tube de cette espèce est excessivement long; la partie cachée dans les pierres ou les fentes de rochers se prolonge en serpentant; il est presque uniquement formé d'un mucus jaunâtre et translucide, d'une couleur grisâtre, due à un limon très fin, dont les parois sont garnies; relativement épais, on peut néanmoins le déchirer facilement.

SABELLE SAXICAVE — *SABELLA SAXICAVA* De Quatr.

Caractères. — Les caractères de la Sabelle saxicave consistent, en ce que ses cirrhes branchiaux séparés à la base et dont les pinnules sont assez longues, se replient de façon à former à peu près un tour de spire; les pieds sont très petits, avec des soies très fines et des crochets en forme d'S à base élargie. La couleur de l'animal est brun-marron, avec des branchies d'un beau violet.

Distribution géographique. — M. de Quatrefages a découvert cette espèce à Guettary et a donné des renseignements intéressants sur ses mœurs.

Mœurs, habitudes, régime. — Ce qui distingue surtout la Sabelle saxicave de ses congénères, c'est son aptitude à perforer les calcaires très durs. M. de Quatrefages suppose qu'elle le fait mécaniquement. « La netteté du canal creusé, dit-il, la manière dont parfois deux canaux se coupent en présentant des arêtes vives, l'absence de toute anfractuosité irrégulière, à la rencontre de fentes bien marquées, excluent toute idée d'action exercée par un liquide dis-

solvant. D'autre part, les téguments de cette espèce paraissent aussi délicats que ceux des espèces voisines, et peut-être une étude microscopique y ferait-elle découvrir des corpuscules calcaires ou siliceux capables d'expliquer ce fait. » (de Quatrefages.)

AMPHICORINE COUREUSE — *AMPHICORINA CURSORIA* De Quatr.

Caractères. — L'Amphicorine coureuse (fig. 57), type du genre *Amphicorina*, n'a guère que 7 à 8 millimètres de long; la tête bien distincte est presque triangulaire; le premier anneau de la tête présente, de chaque côté, une capsule auditive à autolithe simple, sphérique, agité d'un mouvement continuel. Le corps à peu près fusiforme atténué surtout en arrière, compte 14 à 15 anneaux; l'anus s'ouvre à l'extrémité de l'avant-dernier; le dernier anneau aplati presque foliacé, présente deux corps fusiformes, aboutissant presque auprès du bord, à deux points d'un rouge foncé, entièrement semblables aux yeux céphaliques, mais un peu plus grands; ces derniers sont situés en arrière des branchies et sur la face dorsale de la tête.

Distribution géographique. — L'espèce habite les côtes de France; M. de Quatrefages, auquel nous empruntons la majeure partie des renseignements qui la concernent, l'a recueillie à Bréhat.

Mœurs, habitudes, régime. — Les habitudes de cette Amphicorine sont identiques à celles de toutes les autres espèces du genre. Elle se plaît dans les Fucus croissant au milieu des petites mares laissées par le reflux de la mer.

Placés dans un vase avec diverses algues, ces petits animaux viennent à la surface de l'eau, où ils se meuvent en avançant d'une manière uniforme, sans que le corps éprouve aucun mouvement perceptible. Les branchies restent toujours en arrière et en apparence immobiles. La queue marche en avant, explorant évidemment la route avec une grande vivacité; arrivés sur les bords du vase, ils s'y arrêtent, et sécrètent rapidement un fourreau de mucus solidifié très mince et transparent; mais le moindre mouvement suffit pour les chasser de cet abri temporaire et ils se remettent aussitôt en marche, la queue traînant toujours les branchies.

Ce mode de progression peut être attribué à l'action des cils vibratiles, dont est revêtu le double pinceau branchial ; en déterminant dans le liquide un courant énergique, ces organes

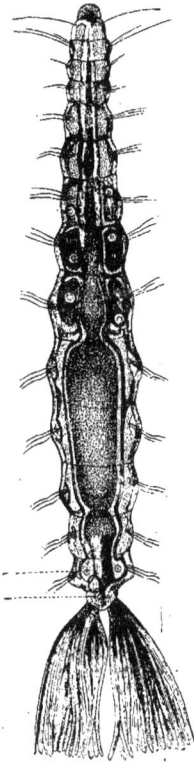

Fig. 57. — Amphicorine coureuse (fortement grossie

forcent ainsi le corps à reculer (de Quatrefages).

LES TÉRÉBELLIENS — *TEREBELLIDÆ*
Burn.

Die Terebellacen.

Caractères. — Le type normal des Térébelliens présente la tête et l'anneau buccal presque entièrement confondus. La tête porte des cirrhes extensibles et rétractiles, pouvant jouer le rôle d'organes de préhension. Ces cirrhes consistent en un tube à parois musculaires,

communiquant librement avec la cavité générale ; ils sont enchevêtrés entre eux, semblables à un peloton d'où sortiraient de toute part des fils rompus, c'est un des traits les plus caractéristiques de ce groupe d'Annélides, permettant de les distinguer pour ainsi dire au premier coup d'œil (de Quatrefages).

Leur corps est contractile, arrondi, généralement plus épais en avant, et divisé en deux régions.

Distribution géographique. — Les Térébelliens se rencontrent dans toutes les mers, aussi bien sur les côtes de France, de Norvège et du Danemark que sur celles d'Afrique et d'Amérique, et partout leurs mœurs sont identiques.

Mœurs, habitudes, régime. — Indépendamment de leurs cirrhes agglomérés et constamment en mouvement, par leur corps très mou orné de teintes assez vives, mais mates, par la manière même dont cette mollesse leur permet de se rétracter en tous sens, les Térébelliens se distinguent de tous les autres groupes ; ils vivent dans des tubes formés par l'agglutination de grains de sable, en général assez gros et de fragments de coquilles. Ces tubes, très irréguliers à leur surface extérieure, ont, au contraire, l'intérieur parfaitement lisse, tapissé par une mucosité semblable à du parchemin mouillé, ordinairement ouvert par les deux bouts ; chez quelques espèces, l'extrémité antérieure est frangée, chacune des franges, canaliculée, donnant passage aux cyrrhes de l'animal.

Les Térébelliens dont le tube est enfoncé profondément dans le sable ou la vase ne le quittent jamais ; il en est d'autres qui construisent leurs demeures sous les pierres, avec des matériaux faiblement cimentés. Ils quittent souvent ces demeures provisoires, prêts à en construire d'autres semblables dans les lieux qu'ils auront choisis.

Lorsqu'on les retire de leurs tubes, et qu'ils sont placés dans un vase, ils se meuvent avec vivacité, et avancent assez rapidement, en étendant au loin leurs cirrhes qu'ils fixent sur les corps polis, les contractant ensuite, se halant pour ainsi dire sur ces espèces de cordages vivants (de Quatrefages).

TEREBELLE EMMALINE — *TEREBELLA EMMALINA*
De Quatr.

Caractères. — La Terebelle Emmaline (fig 58) porte de 15 à 17 anneaux à la partie anté

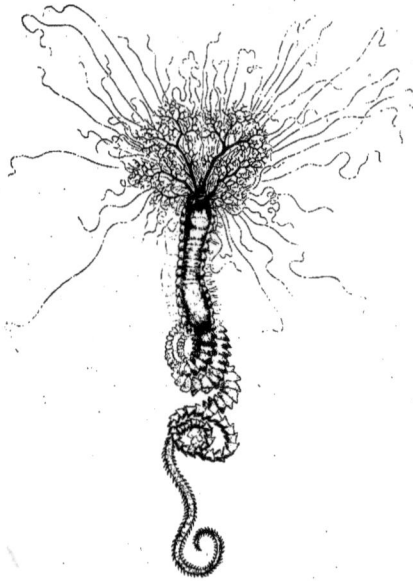

Fig. 58. — Térébelle emmaline.

rieure du corps, la région postérieure est plus vermiforme et plus molle que dans aucune des autres espèces, elle s'en distingue encore par ses belles couleurs; le thorax est bleu en avant, vert-pré en arrière, cette teinte passe sur la portion postérieure à un gris rosé, se changeant plus loin en brun rougeâtre; les pieds antérieurs sont d'un rouge sombre, les postérieurs d'un brun-marron assez clair.

Distribution géographique. — M. de Quatrefages a trouvé cette espèce dans la baie de Biscaye, à Guettary et à Saint-Sébastien.

Mœurs, habitudes, régime. — Elle habite les fentes de rochers et se construit avec des grains de sable et des débris de coquilles des tubes grossiers très faiblement cimentés.

TÉRÉBELLE COQUILLÈRE — TEREBELLA CONCHILEGA GMEL.

Caractères. — Cette espèce a le corps translucide en avant, légèrement lavé de brun rose,

la face ventrale est blanchâtre, avec les écussons rosés; les anneaux thoraciques, au nombre de 17 ou 18, sont très nettement séparés en dessous et sur les côtés; à la région postérieure ils sont également distincts, aussi bien en dessus qu'en dessous.

Distribution géographique. — La Térébelle coquillère habite toutes les côtes de France.

Mœurs, habitudes, régime. — Le tube dans lequel se réfugie cette espèce, est composé de coquilles brisées; son extrémité supérieure se subdivise en petits tubes capillaires (fig. 59, p. 49), chacun d'eux reçoit un ou deux cirrhes préhensibles, pouvant s'étendre bien au delà. A la base de tous ces petits tubes, se voit une ouverture irrégulière, par où passent les branchies et qui permet à l'Annélide de prendre sa nourriture (Cuvier).

Ehlers a décrit la méthode employée par la Térébelle pour construire ses tubes :

« Dans un petit aquarium bien aéré, dit-il, j'ai pu conserver vivants ces animaux inclus dans leurs

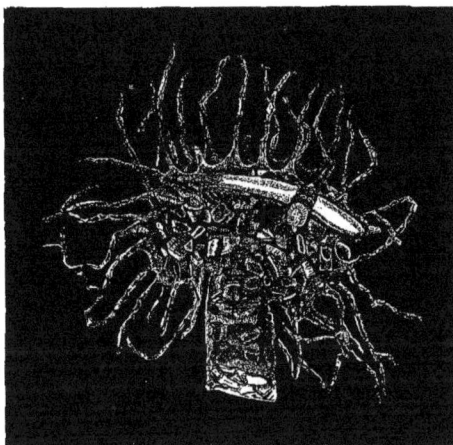

Fig. 59. — Térébelle coquillère, partie supérieure du tube, grossi.

tubes, et j'ai eu l'occasion d'observer de quelle manière ces Vers procèdent à leurs constructions. Elles diffèrent suivant que l'animal est en captivité ou en liberté. Dans l'aquarium où les tubes sont couchés, les Vers construisent des appendices filiformes aux deux orifices, tandis qu'en liberté ils n'en placent qu'à l'extrémité qui émerge du sol. A l'occasion, l'animal établit un nouveau tube cylindrique au delà de l'ancien orifice muni de ses appendices ; le fait eut lieu en liberté aussi bien que dans l'aquarium. Dans ce dernier cas, les Vers n'avaient pas le choix des matériaux ; mais tous les tubes que j'ai extraits, étaient composés de grains de sable, exclusivement, dans la partie plongée dans le sol ; leur partie libre seulement était revêtue de matériaux les plus divers. »

« Les Vers étendent hors de l'un des orifices du tube, leurs longues antennes, pour aller à la recherche de leurs matériaux. Lorsque je leur présentais un fragment plus gros, une petite pierre, un débris de coquillage, l'objet était saisi par un nombre variable de bras qui l'entraînaient dans le tube, jusqu'à l'animal qui y était attaché ; les bras, généralement, disparaissaient en même temps. Les morceaux de verre n'étaient point saisis, la plupart du temps. Bientôt toute la masse des bras reparaissait hors du tube, suivie de l'extrémité antérieure

du Ver qui portait le morceau, précédemment introduit, en partie à l'aide de son lobe céphalique, mais principalement à l'aide de l'écusson ventral des segments antérieurs ; les bords de l'écusson semblaient encadrer l'objet partiellement. Le Ver s'élevait, en tâtonnant, jusqu'à l'orifice du tube et déposait l'objet à l'endroit choisi ; l'objet était alors lâché, l'animal se retirait rapidement dans son tube, et l'objet agglutiné se trouvait fixé à sa place. Je vis s'agglomérer ainsi, avec des aspects très variés, des grains de sable et de petits fragments qui se fixaient autour de l'orifice du tube. Rarement, lorsque sans doute les fragments agglutinés n'étaient pas suffisamment consolidés), le Ver soulevait son lobe céphalique et ses écussons ventraux antérieurs, au-dessus des constructions nouvelles, pour leur donner plus de solidité en les revêtant d'une seconde couche de matière visqueuse. »

« Lorsqu'on présentait au Ver un morceau trop gros pour pénétrer dans le tube, l'extrémité antérieure de l'animal s'élevait à l'aide de ses antennes jusqu'à l'objet appliqué sur l'orifice, et le Ver frottait la face ventrale de la région antérieure de son corps, sur l'objet qui se trouvait alors accolé au tube. »

« De mes observations résulte que, pendant la construction du tube, les antennes, qui sont

BREHM.   VERS. — 7 traversées dans toute leur longueur par une cannelure ciliée, ne servent qu'au choix des matériaux; on s'en convainct surtout, quand on voit l'animal chercher, à l'aide de ces organes, des grains de sable fins dans la vase, et les porter ensuite jusqu'à son extrémité céphalique. Mais, pour la construction même, ce ne sont pas les antennes qu'il emploie. Les particules isolées sont fixées par une matière visqueuse, qui durcit rapidement et que l'animal apporte du fond de son tube jusqu'au fragment à consolider. Cette matière est sécrétée par des glandes tégumentaires nombreuses, surtout sur la surface ciliée du lobe céphalique et des lobes latéraux des autres segments, ainsi que sur les écussons ventraux et sur les antennes. Elle est apportée sans doute par les lèvres, qui entourent l'orifice buccal, jusqu'au fragment saisi par le lobe céphalique. J'ai pu m'en assurer en retirant de son tube un Ver qui se vit forcé de se reconstruire au plus vite un nouvel abri. Un fragment de verre que je lui présentai fut saisi par le lobe céphalique, puis appliqué contre la bouche; lorsque je le retirai, je le trouvai recouvert d'une couche membraneuse, identique à la matière visqueuse que le Ver emploie dans ses constructions et qui constitue la paroi interne de son tube. Le fragment ainsi enduit de matière visqueuse est appliqué à l'endroit que le Ver a choisi, au moyen des écussons ventraux et du lobe céphalique, soit qu'il s'agisse d'agrandir le bord entier du tube, ou de le munir d'appendices filiformes, soit qu'il s'agisse de réparer des dégâts, tels que ceux que j'ai produits en découpant de petites portions du tube. »

TERÉBELLE POTIER — *TEREBELLA FIGULUS* Rim.

Caractères. — Tout le corps de cette Annélide est d'un rouge sanguin; ses cirrhes, au nombre de 25 à 35, assez forts, mesurent dans leur extension environ le double de la longueur du corps, et peuvent ainsi rayonner sur un espace assez grand; quand ils sont contractés, leur teinte est rouge carminé; dans l'extension, ils ressemblent à des fils blanchâtres.

Distribution géographique. — La Térébelle potier vit sur les côtes d'Angleterre.

Mœurs, habitudes, régime. — Rymer-Jones a étudié ses mœurs; il les décrit de la façon suivante :

«Le matériel servant à la construction des tubes de la Térébelle potier, dit-il, se compose essen-tiellement de vase. Lorsqu'on a extrait l'animal de son tube, il se rétracte et s'enchevêtre étroitement. Mais bientôt les filaments tactiles se mettent à chercher autour d'eux tous les objets qu'ils peuvent attirer. Quand ces Térébelles, comme la plupart des autres espèces, ont reposé dans la matinée, elles travaillent pendant le jour, mais c'est le soir qu'elles déploient le plus d'assiduité. Un certain nombre de filaments tactiles saisissent la vase, d'autres prennent des grains de sable, d'autres guettent des fragments de coquilles, et tout ce qui est recueilli ainsi, est amené jusqu'au corps du Ver, par la contraction des antennes isolément. Pendant ce travail, accompli par les filaments tactiles, la partie antérieure du corps se soulève environ 15 à 20 fois par minute et produit un mouvement d'ondulation, exactement aussi rapide d'arrière en avant; alors apparaissent 10 à 12 particules de matériaux de construction, qui ont probablement été dirigés dans la bouche, et qui sont ensuite fixés au bord du tube. La lèvre inférieure semble polir cette partie nouvelle et l'agglutiner avec le reste de la construction. Il paraît hors de doute, à présent, que les matériaux sont avalés d'abord. »

« Il est surprenant de voir l'attention d'un artisan aussi infime que ce Ver, se porter à la fois sur tant d'occupations diverses. Une partie des antennes recherche les matériaux, une autre les rassemble et les saisit, une troisième les porte dans l'habitation, quelques-unes déposent leur fardeau, d'autres reprennent la charge qu'elles ont dû lâcher et pendant tout ce temps, l'artisan lui-même est très activement occupé à pétrir dans sa bouche les matériaux, à les rejeter, à les mettre en place, enfin à polir la paroi encore rugueuse qui vient à peine d'être construite. »

Chacune des espèces de la famille des Térébelles, présente en quelque sorte des mœurs particulières, les précédents exemples montrent les diverses méthodes employées par ces animaux dans leur construction; nous pourrions les multiplier, nous nous contenterons de citer encore :

La Térébelle nébuleuse, qui tire son nom de l'enchevêtrement des cirrhes rougeâtres dont elle s'enveloppe comme d'un nuage épais, construit avec des pierres des rivages, des tubes très fragiles et comme treillagés, dont elle fait sa résidence temporaire. Changeant souvent de demeure, elle est douée de mouvements rapides, et sait à l'aide des câbles vivants, qui partent de tout le pourtour de la bouche, se soustraire à la captivité.

Comme elle aussi, la Térébelle gigantesque de 40 centimètres de long, se construit des tubes temporaires, et erre le plus souvent sous les pierres de la côte de Devon.

LES HERMELLIENS — *HERMELIDÆ*
De Quatr.
Die Hermellacen.

Caractères. — Comme chez les Térébelles, nous trouvons dans cette famille, des cirrhes préhensiles céphaliques, des branchies dorsales, et ces branchies tout en conservant un caractère propre aux Annélides tubicoles, rappellent cependant par leur distribution, ce que nous avons vu exister chez les Annélides errantes.

La région céphalique est ici des plus remarquables et des plus étranges. La tête proprement dite disparaît, elle est comprise dans une masse de dimensions considérables, comme fendue en dessous, portant en avant une couronne de soies désignée sous le nom d'opercule, en bas et sur les côtés de nombreux cirrhes préhensiles, étagés par séries, puis, entre les deux moitiés de cette masse, s'ouvre la bouche située ainsi, presque dans l'axe du corps.

La région thoracique compte cinq anneaux dans presque toutes les espèces connues ; le nombre de ceux de la région abdominale, varie avec la taille et probablement aussi avec l'âge du sujet, des pieds existent à ces deux régions, seule la partie caudale en est entièrement privée, et les anneaux qui la composent complètement indistincts.

Partout les pieds sont biramés, excepté au premier et au second anneau antérieurs, la rame supérieure, plus développée que l'inférieure, porte en avant de fortes soies simples et en arrière de petites étrilles situées sur un pédicule.

Distribution géographique. — Les Hermelliens, communes sur toutes les côtes européennes, où elles ont été le sujet de travaux et de recherches nombreuses, sont moins connues dans les différentes mers du globe. Quelques espèces proviennent de la mer des Indes, certaines autres, du Cap, des côtes du Chili, etc., nous en avons décrit une espèce de l'archipel du Cap Vert, sous le nom de *Pallasia Luciæ* Rochbr.

Mœurs, habitudes, régime. — Toutes les espèces de cette famille se construisent des habitations dans le sable, elles vivent généralement en colonies, beaucoup plus rarement solitaires.

HERMELLE ALVÉOLAIRE — *HERMELLA ALVEOLATA* Savig.

Caractères. — Cette espèce (fig. 60) a le corps assez épais, trapu et renflé vers le milieu,

Fig. 60. — Hermelle alvéolaire sortie de son tube et très grossie (*).

sa couleur est d'un rouge vineux, à l'époque de la reproduction, elle passe au violet chez les femelles et au blanc chez les mâles, la masse céphalique est parfois maculée de noir ; elle peut atteindre trois centimètres de long, non compris la queue.

Distribution géographique. — Toutes les côtes de l'Océan européen nourrissent l'Hermelle alvéolaire.

Mœurs, habitudes, régime. — L'espèce est

(*)a, opercule; b, cirrhes buccaux ; c, région thoracique; d, région abdominale ; e, région caudale.

Fig. 61. — Hermelle alvéolaire dans ses tubes.

parfois solitaire, et c'est sur ces individus isolés que Cuvier a créé une espèce particulière sous le nom d'*Amphitrite ostréaria*.

Généralement, les tubes (fig. 61) sont placés dans le voisinage les uns des autres et groupés d'une manière assez irrégulière, les interlices se remplissent de sable qui, insensiblement se solidifie et forme des gâteaux souvent d'une grande épaisseur. MM. Audouin et Milne Edwards ont observé que ces gâteaux en se formant sur des bancs d'huîtres, finissaient souvent par les détruire.

Les Hermelles font sortir par l'orifice des tubes, leurs cirrhes tentaculaires, et émaillent ainsi d'un tapis vert-pourpre, la surface des gâteaux de sable qu'elles habitent : à la moindre secousse, on les voit rentrer dans leurs cachettes et l'on n'aperçoit plus à l'entrée de chaque tube qu'une sorte de couvercle à reflets métalliques. Dans un récipient plein d'eau de mer, elles éprouvent le besoin de rentrer en communication avec le monde extérieur ; le couvercle se soulève et livre un passage à deux touffes de filaments. La tête devient visible, mais elle se retire au moindre choc. Pour satisfaire sa curiosité, il faut briser le tube et placer l'animal dans un récipient plus petit où il finit par accepter son sort avec plus de calme.

Une autre espèce des mêmes rivages : l'Hermelle à grands tubes, *H. crassissima*, habite une zone plus profonde que l'Alvéolaire. Ses tubes généralement droits, peu flexueux et pressés les uns contre les autres, donnent au gâteau qu'ils forment par leur ensemble, une structure grossièrement fibreuse. Les orifices sont en outre plus rapprochés, plus régulièrement disposés, et l'encroûtement des gâteaux de l'Hermelle alvéolaire ne se manifeste jamais dans ceux-ci.

Le genre *Pallasia*, très voisin des Hermelles, s'en distingue par l'éclat et la largeur de sa couronne operculaire.

LES ABRANCHES — *ABRANCHIATA* Sav.

Kiemenlose.]

LES CHÉTOPTÉRIENS — *CHETOPTE-RIDÆ* Aud et M. Edw.

Chetopteren.

Caractères. — Aucun Chétoptère connu n'a de véritables branchies ; la respiration s'effectue à l'aide du liquide de la cavité générale, par l'intermédiaire des grandes poches membraneuses, qui forment les rames supérieures d'un certain nombre de pieds de la région moyenne.

Chez les Chétoptères, la région céphalique est très distincte ; elle est constituée presque en totalité par un rebord en entonnoir, paraissant être une expansion de l'anneau buccal ; la bouche située au fond de cet entonnoir, est complètement inerme.

Le corps présente trois régions distinctes, la première assez régulière, la moyenne très anormale, formée d'anneaux peu nombreux et dissemblables, la postérieure normale. La première région est comparable à celle des Sabelles. La tête est suivie de 9 segments pourvus de rudiments de pattes, aplatis et allongés, qui portent sur leur bord postérieur une bandelette de soies brunes. La conformation des cinq anneaux de la région médiane est des plus curieuses.

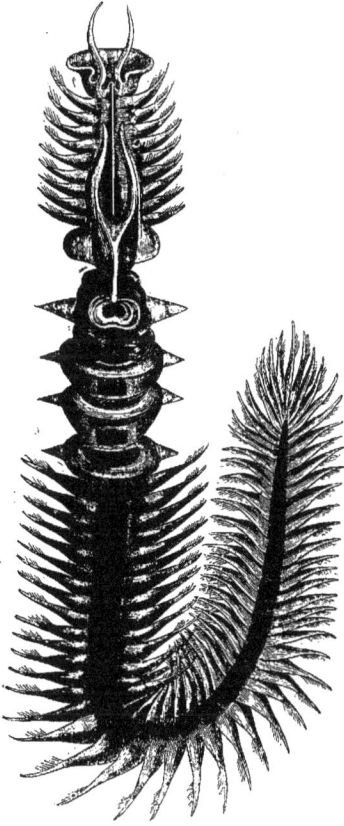

Fig. 62. — Arénie fragile.   Fig. 63. — Chétoptère de Valenciennes.   Fig. 64. — Polyophthalme
d'Ehrenberg.

Le premier émet des rudiments de pattes aplaties et semblables à une paire d'antennes qui s'étendent au delà de la région antérieure du corps, tandis que les branches inférieures de ces moignons se prolongent en bas, en s'unissant sous forme de masse pelotonnée, à la face ventrale. Les moignons supérieurs du second anneau figurent un peigne dorsal, relié au moignon précédent ; entre eux et les branches inférieures, qui ont la forme de lobes triangulaires, le tégument est renflé et d'une couleur noire violacée. La région postérieure du corps est formée d'environ 50 segments, qui paraissent très élargis, en raison de leurs moignons allongés.

Distribution géographique. — On ne connaît qu'un très petit nombre de Chétoptères ; les côtes de Normandie, de Norwège et la baie de Biscaye en possèdent quelques-uns ; les autres proviennent du Cap, des Antilles et de la mer Adriatique.

Mœurs, habitudes, régime. — Les espèces

composant cette famille, paraissent être tubicoles, le mode de fabrication des habitations est le même pour toutes. Nous allons l'étudier dans l'espèce suivante.

CHÉTOPTÈRE DE VALENCIENNES — *CHÉTOPTERUS VALANCINII* De Quatr.

Caractères. — Le Chétoptère de Valenciennes (fig. 63, p. 53) peut atteindre jusqu'à 23 centimètres de long, sur 35 millimètres de large. La tête est d'un rose sale, couleur s'étendant sur le thorax, où elle se mélange de jaune ; les pieds thoraciques présentent sur leur bord supérieur un trait jaune, dû aux soies que l'on voit par transparence ; toute la partie postérieure est jaune brunâtre, la moyenne porte les mêmes couleurs mais plus intenses.

Distribution géographique. — Cette espèce habite les côtes de Normandie.

Mœurs, habitudes, régime. — Elle vit à une assez grande profondeur dans la mer. Les tubes ont parfois 40 centimètres de long sur 4 centimètres de diamètre à la base ; ils sont composés de plusieurs couches toutes semblables à du parchemin jaunâtre. Ordinairement tortueux, ils reposent par leur base sur quelque objet solide, et leur ouverture est comme masquée par des fragments de plantes marines.

Lorsqu'on retire le Chétoptère de son tube, il reste immobile au fond du vase où il est déposé, faisant seulement mouvoir ses antennes, et onduler les grandes poches des trois anneaux postérieurs de la région moyenne. « Il semble, dit M. de Quatrefages, que le liquide qui y est enfermé s'écoule alternativement de l'une à l'autre, et que de là même dépend le mouvement qui ne s'accompagne que de contractions insensibles. En même temps, il sécrète très abondamment un mucus épais, résistant, et qui s'attache aux doigts. »

M. de Lacaze-Duthiers donne quelques renseignements sur cette espèce et sur la manière de s'en emparer.

« Lorsque la mer est tout à fait basse, parmi les tubes de la *Sabella pavonina*, qui hérissent le sol et qui se reconnaissent à leur longueur et à leur couleur brune, on aperçoit les extrémités des tubes du Chétoptère qu'on distingue plus difficilement, en raison de leur couleur grise et de leur brièveté. L'animal construit un tube beaucoup plus long que son corps, ouvert aux deux bouts, et implanté dans le sol en forme d'U. Ce tube reste plein d'eau pendant le retrait de la mer, en sorte que le Ver n'interrompt pas ses mouvements respiratoires, dans l'espace assez large qui lui est réservé. Pour avoir l'animal et son tube intacts, il ne faut employer ni le filet ni la fouche, mais il faut déblayer le tube et l'extraire pendant qu'un aide maintient les deux extrémités. »

Les Chétoptères qu'on trouve dans le golfe de Naples se distinguent par la faculté qu'ils ont de devenir lumineux. D'après Panceri, il faut irriter ces animaux pour voir ce phénomène se produire. La matière lumineuse se répand alors dans l'eau comme par flocons. L'animal luit d'une lumière bleuâtre si vive, surtout dans les espaces obscurs, qu'elle permet de reconnaître les personnes présentes et de distinguer l'heure. Notre collègue de Naples, qui a depuis longtemps étudié les phénomènes lumineux chez les animaux inférieurs, a montré que la matière qui produit cette lumière se trouve dans certaines cellules et dans certaines glandes ; c'est notamment chez le *Chætopterus variopedatus* qu'il a pu le constater. (O. Schmidt.)

LES CLYMÉNIENS — *CLYMENIDÆ* De Quatr.

Die Clymenien.

Caractères. — La tête des Clyméniens est comparable à un petit mamelon, ayant une certaine analogie avec la même partie, telle qu'on l'a vue dans l'Arénicole ; parfois aussi elle est plus développée, mais elle se confond alors avec l'anneau buccal. Dans ce cas elle est tronquée en avant, et recouverte à ce point par une lame d'un tissu pour ainsi dire cartilagineux, lame crénelée à sa partie supérieure.

Le corps se partage en trois régions chez le plus grand nombre des espèces, mais il peut aussi ne pas être divisé aussi régulièrement ; la forme seule des pieds caractérise en ce cas les régions.

Le dernier anneau du corps subit des modifications remarquables ; il se prolonge en une sorte d'entonnoir à demi cartilagineux, plus ou moins évasé et dont le bord est crénelé de différentes manières.

Tous les Clyméniens ont une trompe exsertile courte, charnue et papilleuse ; enfin, la respiration est cutanée.

Distribution géographique. — Les côtes de France, les mers d'Europe, les Hébrides, la Norvège, le Groënland, nourrissent les espèces, peu nombreuses du reste, appartenant à cette famille.

Mœurs, habitudes, régime. — Les Clyméniens vivent dans le sable et la vase. Quelques-uns se construisent des tubes, la majeure partie se frayent des galeries. Ils paraissent se nourrir en avalant le sable ou la vase dont ils absorbent les particules animales.

ARÉNIE FRAGILE — *ARENIA FRAGILIS* DE QUATR.

Caractères. — L'Arénie fragile est d'un rouge terne uniforme dans la région antérieure; la région postérieure, d'abord d'un rouge jaunâtre, passe insensiblement à une teinte vineuse, les mamelons des rames tranchant par leur éclat d'un beau rouge-carmin (fig. 62, p. 53).

Distribution géographique. — Cette espèce fréquente les côtes de Bretagne.

Mœurs, habitudes, régime. — Cette Arénie vit dans le sable; son tube alimentaire est rempli de petits graviers; le corps est d'une fragilité extrême et se brise au moindre contact.

Parmi les espèces tubicoles, la Clymène lombricoïde, découverte en Bretagne par Audouin et H. Milne Edwards, habite des tubes assez épais, formés de grains de sable et de débris de coquilles agglutinés.

LES POLYOPHTHALMIENS — *POLYO-PHTHALMIDÆ* DE QUATR.

Die Polyophthalmen.

Caractères. — Les Polyophthalmiens présentent des particularités exceptionnelles. Leur système circulatoire rappelle celui des Arénicoles, mais des caractères spéciaux les en éloignent; la dégradation des pieds leur donne un air de parenté avec les Lombrics; la division de la cavité générale en deux chambres superposées, que l'on retrouve chez quelques Sabelliens, l'existence d'yeux latéraux, font que ces animaux constituent un groupe véritablement aberrant.

Toutes les espèces connues sont d'une extrême petitesse, le corps est cylindrique, atténué aux deux extrémités; la tête porte de chaque côté un organe exsertile formé par une pelotte de cils vibratiles, mais un des faits les plus curieux consiste dans la multiplicité des yeux; la tête en possède un nombre variable, ils peuvent être eux-mêmes composés. On trouve en outre à chaque anneau des taches colorées, que l'on reconnaît pour être des yeux véritables.

Ces taches sont formées par un pigment, enveloppant un cristallin, le tout logé dans une capsule à laquelle aboutit un gros nerf.

L'appareil digestif est logé dans la chambre supérieure de la cavité générale, séparée en deux, comme on l'a vu, par une cloison musculaire; dans la cavité inférieure se développent les œufs; en temps ordinaire, les deux cavités communiquent l'une avec l'autre, mais au moment du développement des œufs, cette communication est interrompue.

La respiration paraît être cutanée (de Quatrefages).

Distribution géographique. — Les espèces très peu nombreuses de cette famille semblent être localisées sur les côtes de la Méditerranée.

POLYOPHTHALME D'EHRENBERG — *POLYOPHTHALMUS EHRENBERGI* DE QUATR.

Caractères. — Cette espèce, type du genre créé par M. de Quatrefages, a le corps d'un jaune-paille en-dessus, interrompu à chaque anneau par une ligne blanche encadrée d'une ou deux taches violettes (fig. 64, p. 53).

En-dessous et en côté, les téguments sont blanchâtres et très transparents. La tête très distincte porte à son extrémité un petit mamelon conique, cilié, mobile en tous sens, servant évidemment d'organe de toucher; les yeux céphaliques sont peu visibles, au nombre de trois; le médian a trois cristallins au milieu d'une masse de pigment violet foncé; les deux latéraux n'ont que deux cristallins et sont d'une couleur rouge vif.

Distribution géographique. — Le Polyophthalme d'Ehrenberg habite les côtes de Sicile.

Mœurs, habitudes, régime. — Cette espèce fréquente les touffes de Coralliaires, on la voit se mouvoir avec une extrême agilité. Quand elle veut accélérer ses mouvements, elle contracte le corps, son appareil rotateur lui sert tantôt à cheminer lentement, tantôt seulement à produire des courants, afin d'amener à sa bouche les petits animaux dont elle se nourrit.

LES LOMBRICIENS — *LUMBRICIDÆ* SAV.

Die Regenwürmer.

Caractères. — Jusqu'à ces dernières années, la grande famille des Lombriciens (nous enten-

Fig. 07 (*).   Fig. 65 (**).

Fig. 66 (***).

 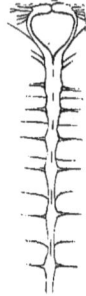

Fig. 65 à 67. — Soies de Lombriciens vues sous différents grossissements
(d'après Morren).

Fig. 68. — Partie antérieure
de la chaîne nerveuse (d'a-
près le professeur Perrier).

dons surtout par ce mot les nombreuses espèces terrestres) était peu connue, c'est à peine si les types de nos contrées avaient été étudiés au point de vue anatomique, et même zoologique, les espèces exotiques étaient entièrement méconnues, seul le vulgaire Ver de terre avait de temps en temps attiré l'attention.

Il était réservé à M. le professeur Perrier, de reprendre une à une les espèces seulement indiquées, toujours faussement déterminées, et de donner au monde savant une série de monographies constituant l'histoire anatomique et morphologique complète de ce groupe important.

Le Lombric ordinaire, Ver de terre, étant le plus commun, c'est lui que nous prendrons comme type de la famille.

Le corps des Lombriciens est arrondi, aminci aux deux extrémités, surtout en arrière; le lobe céphalique court et obtus échancre l'anneau buccal; les soies sont disposées symétriquement, par rangées, dont le nombre varie suivant les genres (fig. 65, 66, 67). Une cavité générale s'étend entre la paroi interne des téguments et la paroi externe du tube digestif, elle est divisée en un grand nombre de chambres, par des cloisons transversales, et mise en rapport avec le monde extérieur au moyen des nombreux orifices des organes segmentaires, des canaux déférents et des oviductes. Le tube digestif s'étend en droite ligne du premier au dernier anneau du corps où s'ouvre l'anus, et se divise en six régions distinctes : la région buccale, le pharynx ou trompe (Perrier), l'œsophage et les glandes du calcaire, l'estomac, le gésier (Perrier), et enfin l'intestin proprement dit (fig. 72, p. 58).

La partie la plus intéressante de l'œsophage sur laquelle il est utile d'insister, consiste dans des bourrelets glandulaires désignés par Williams et Ray Lankester, sous le nom de *glandes calcifères*, et plus justement par M. Perrier, *glandes de Morren*. D'après Claparède, les Lombrics avalent de la terre végétale et des détritus organiques de toutes sortes; or les glandes du calcaire, sécrétant, d'après lui, de petits cristaux de carbonate de chaux, auraient pour mission en mélangeant ces cristaux avec les substances alimentaires contenues dans le gésier, d'aider ce dernier dans son action triturante, broyant ou usant les substances absorbées, lorsqu'ils sont comprimés avec elles par le gésier.

Cette théorie tombe devant une étude atten-

(*) Soie isolée grossie, 48 diamètres. — *a*, base de la soie. — *b*, apex de la soie. — *c c*, muscles. — *d d'*, insertion de leurs fibres sur la surface de la soie. — *e*, incurvations maximum de la soie.

(**) Anneau de la partie médiane du corps avec les stries et les soies; on voit les soies disposées par paires et en 4 séries. Grossissement, 6 diamètres.

(***) Anneau de la paire antérieure du corps. Il n'y a que deux séries de soies, et chacune est composée de deux soies. Grossissement, 6 diamètres.

Fig. 69 (*).

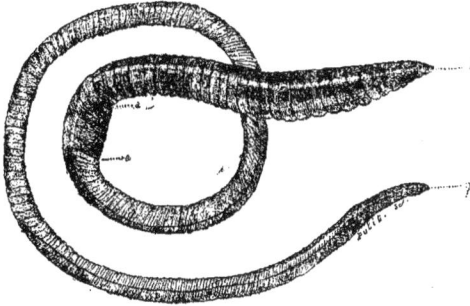

Fig. 70 (**).

Fig. 71 (***).

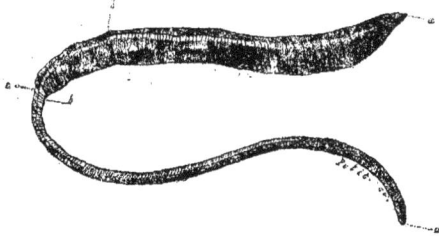

Fig. 69 à 71. — Le Lombric terrestre sous différents états de développement, d'après Morren (p. 63)

tive, et M. Perrier a démontré que les glandes de Morren agissent, non pas mécaniquement mais chimiquement, sur les matières ingérées pour servir à l'alimentation.

Quant au pharynx, dont le rôle principal est de servir à la préhension des aliments, et qui, au point de vue physiologique, doit être considéré comme analogue à ce que nous avons vu

chez les Annélides, le nom de trompe lui convient beaucoup mieux. Comme pour les Annélides, la trompe contribue aussi puissamment à la locomotion de l'animal, et c'est avec son aide que les Lombrics creusent les galeries où ils habitent.

L'intestin proprement dit, affectant la forme d'un tube droit, s'étrangle à son passage à tra-

(*) Grandeur naturelle. — aa, clitellum composé de 7 anneaux. — q, queue. — t, tête et bouche. On distingue sur cette figure, outre les anneaux, la ligne brune médiane du dos et les stries transversales des anneaux.
(**) Petite variété, grandeur naturelle. — a, anneau portant les lèvres. — b, clitellum calleux qui se compose de 4 anneaux adipeux

BREHM

distincts. — c, partie rougeâtre du corps qui vient après le clitellum. — d, anneau anal. — e, œuf et corps sétifères.
(***) La partie postérieure c à d est plus étroite que celle qui s'étend de b à a, ce qui indique que la partie supérieure a été coupée et s'est régénérée. — a, tête et bouche. — b, clitellum. — c, partie étroite. — d, anneau anal (Morren).

VERS. — 8

vers chacune des cloisons inter-annulaires, il

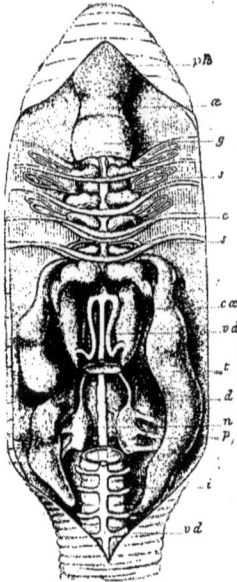

Debray sc.

Fig. 72. — Anatomie de la région antérieure d'un Lombricien (Titanus Brasiliensis) (d'après le professeur Perrier) (*).

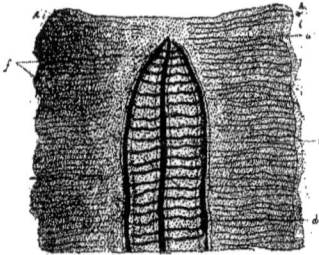

Fig. 73. — Typhlosolis de l'intestin (d'après Morren) (**).

paraît ainsi constitué par une série d'ampoules

placées bout à bout et dont chcune correspond à un anneau. A la ligne dorsale médiane de cet intestin, existe une sorte de repli longitudinal cylindrique, désigné par Morren sous le nom de *Typhlosolis* (fig. 73). M. de Quatrefages a, le premier, montré que cet organe était un simple repli de l'intestin lui-même.

Le système nerveux (fig. 68, p. 56) se compose d'une paire de ganglions cérébroïdes peu distincts l'un de l'autre, occupant la partie postérieure du troisième anneau (Perrier) et d'une chaîne œsophagienne, composée d'autant de ganglions que le corps compte d'anneaux; le ganglion sous-œsophagien, envoie un certain nombre de nerfs aux premiers anneaux; quant aux ganglions suivants, ils émettent chacun trois paires de nerfs. Indépendamment de ce système, il existe aussi chez les Lombrics un système nerveux splanchnique que M. de Quatrefages a le premier fait connaître.

Les Lombriciens possèdent un seul appareil d'excrétion (fig. 74) formé de tubes entortillés nommés par Williams *organes segmentaires*, qui,

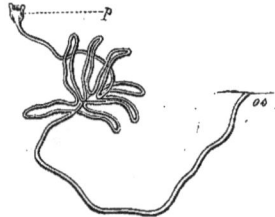

Fig. 74. — Appareil segmentaire des Lombrics (*).

en dehors de leur fonction excrétrice, ont pris dans la science une importance particulière.

La plupart des Vers présentent des organes dont l'homologie avec les organes segmentaires des Lombrics ne saurait être douteuse (Perrier); nous en retrouverons d'analogues dans plusieurs des classes dont nous avons à traiter; chez les Lombriciens, la position des orifices segmentaires est intimement liée à celle des follicules sétigères; cette liaison paraît être une des lois les mieux établies de la morphologie de ces animaux (Perrier). — L'appareil circulatoire se compose ordinairement de trois vaisseaux longitudinaux, un dorsal et deux ventraux, reliés entre eux par des anses latérales dont quelques-unes se renflent et prennent un aspect moniliforme, ces anses deviennent contractiles et forment autant de cœurs latéraux (fig. 75).

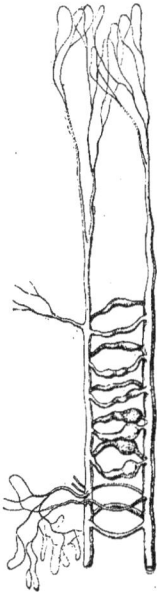

Fig. 75. — Ensemble de l'appareil circulatoire (figure demi-schématique, d'après le professeur Perrier).

Les Lombriciens sont hermaphrodites, ce qui les distingue des Annélides proprement dites dioïques comme on l'a déjà vu. Il existe chez eux un organe particulier que l'on ne peut

Fig. 76. Fig. 77. Fig. 78.

Fig. 76 à 78. — Ceinture ou clitellum, d'après Morren.

passer sous silence, c'est la ceinture ou clitellum (fig. 76, 77, 78) ; cette ceinture consiste en une sorte de bourrelet temporaire, occupant la partie médiane du corps, d'une opacité complète et éminemment glandulaire. Son développe-ment acquiert son plus haut degré à l'époque de la ponte ; le rôle physiologique de cet organe a été longtemps méconnu, Hering, le premier, en a fait connaître l'usage, et bien qu'on lui attri-bue aujourd'hui un rôle important au point de vue génésique, il y a lieu cependant de modi-fier les idées acceptées, et de ne le considérer que comme subsidiaire dans les phénomènes inhérents à l'acte lui-même.

Les Lombrics pondent des capsules dans les-quelles sont déposés de petits œufs. Kowalewsky en a étudié le développement. Le vitellus se partage d'abord en deux, ainsi que la vésicule germinative, puis la segmentation devient irrégulière. Cependant les sphères de segmen-tation se séparent en feuillets supérieur et inférieur limitant entre eux une cavité. La cou-che cellulaire inférieure se recourbe en dessous du feuillet cutané, de telle sorte qu'il se produit une cavité centrale ; autour de l'ouverture de cette cavité, se forme dans le feuillet externe un bourrelet de cellules ; l'ébauche symétrique et bilatérale du feuillet moyen développe la ban-delette primitive qui se divise en anneaux au fur et à mesure que l'embryon s'allonge ; bien-tôt après, la membrane vitelline se déchire, et l'embryon pénètre dans la masse d'albumine qu'il introduit en si grande quantité dans sa cavité digestive, que la partie inférieure de cette dernière s'élargit comme un sac vitellin sur lequel reposerait la bandelette primitive. Au fur et à mesure du développement, les cellules des bords postérieurs des cloisons se transfor-ment en organes segmentaires ; puis, pendant que l'embryon s'allonge, le feuillet moyen finit par envelopper complètement le côté dorsal.

Distribution géographique. — New-York, la Nouvelle-Calédonie, Cayenne, le Brésil, le Venezuela, Calcutta, les Antilles, la Cochin-chine, l'Inde, Madagascar, sont la patrie des Lombriciens. Un grand nombre également vi-vent en Europe.

Mœurs, habitudes, régime. — Malgré de nombreux travaux, les mœurs des Lombriciens sont loin d'être complètement connues, et plu-sieurs actes de leur existence sont différemment interprétés.

Darwin (1) s'est longuement étendu sur les mœurs de quelques espèces Anglaises, et sur le rôle qu'elles jouent dans l'aménagement des terres. Pour lui, l'intelligence de ces animaux

(1) Darwin, *Rôle des Vers de terre dans la formation de la terre végétale*. Paris, 1882.

atteint un degré de supériorité remarquable, et lorsqu'il décrit la manière dont ils creusent leurs galeries, les fragments de plantes à l'aide desquels ils en ferment l'ouverture, il semblerait, en lisant le savant zoologiste, que les Lombrics, du moins ceux d'Angleterre, possèdent une connaissance des végétaux que plus d'un botaniste pourrait leur envier. Tout en faisant la part de l'exagération et en accordant aux Lombrics une *intelligence relative*, tout en reconnaissant l'exactitude de certains détails de mœurs relatés par Darwin, on ne peut laisser ignorer que bien longtemps avant lui, Hoffmeister avait publié des faits identiquement semblables.

« L'une des espèces les plus grandes et les plus fortes de l'Allemagne, dit-il, le *Lombricus agricola*, pouvant atteindre une longueur de 40 centimètres, et habitant les sols luxuriants, ne se contente pas pour sa nourriture de la terre végétale seule, il recherche les débris végétaux, et à leur défaut, il prépare son repas en entraînant dans son trou tout ce qu'il trouve. Chacun sait que les brins de chaume, les plumes, les feuilles, les bouts de papier qu'on trouve épars le matin dans les cours et dans les jardins, comme si un enfant les y avait plantés, sont entraînés pendant la nuit par ces Vers. Peu de personnes ont observé avec quels pauvres appareils ces vers arrivent à s'emparer d'objets aussi grands. Mais, lorsqu'on essaye d'extraire un Ver de son trou, on se rend compte de la force de résistance qu'il oppose, car il peut tirer avec force sur un brin de chaume, le plier au milieu pour le faire pénétrer dans ses galeries; il entraîne également de larges plumes de poules avec leurs barbes et les enfouit sans peine dans un trou fort étroit. »

Nous ne pouvons insister ici sur le plus ou ou moins de fondement de ces allégations, nous avons exposé ailleurs, du reste, la part que l'on doit attribuer aux Lombrics dans le mode de fermeture de leurs terriers.

« Il existe, dans la peau des Lombrics, quelques parties qui semblent en rapport, dit M. Perrier, avec le sens du toucher; mais le sens de l'ouïe et celui de la vue paraissent complètement absents. Cependant, suivant Hoffmeister, ils se montrent sensibles à la lumière.

« Ce n'est pas sans difficultés qu'on peut observer les mœurs de ces animaux, en raison de leur susceptibilité à la lumière. Une flamme approchée d'eux avec les plus grandes précautions les met en fuite rapidement et les fait rentrer dans

leurs trous. Il semble pourtant que la perception exige pour eux un certain temps, car dans le premier moment, ils continuent à se mouvoir malgré la flamme; puis ils cessent soudain de se tourner de côté et d'autre, et rentrent ensuite dans leurs cachettes en un clin d'œil. Une fois l'impression perçue, on ne peut arrêter leur fuite en retirant rapidement la lumière; le contraste semble au contraire les effaroucher davantage. Ce n'est pas le corps entier, mais l'ensemble des deux premiers anneaux, sur lesquels reposent les faisceaux nerveux émanant du collet œsophagien, qui est le siège de cette impression. Un Ver, dont la tête avait pénétré dans le trou d'un de ses voisins où elle se trouvait cachée sous un morceau de bois, toléra fort bien l'approche d'une flamme jusqu'au moment où il releva la tête : alors il disparut sur-le-champ. Lorsqu'on cherche à examiner la bouche d'un de ces Vers à la lumière solaire et qu'on place son extrémité dans une écuelle pleine d'eau, on le voit toujours se diriger du côté opposé à la lumière. »

Des expériences personnelles nous ont démontré d'une manière positive le peu de fondement des données émises par Hoffmeister. Pour nous, les Lombrics sont complètement insensibles à l'action de la lumière, tandis que le plus léger bruit les met en fuite.

La plupart des Lombriciens remplissent leur tube digestif de la même manière que les Vers des sables; mais ils choisissent les portions de terre les plus riches en humus, parce qu'ils y trouvent les matières animales et végétales en décomposition qu'ils utilisent pour leur nourriture.

Certains auteurs prétendent que la terre absorbée par les Lombrics ne sert en nulle façon à les nourrir, et qu'ils l'avalent uniquement pour creuser leurs galeries. Il suffit de regarder un Ver de terre pénétrer dans le sol, pour reconnaître le peu de valeur de cette allégation et voir que le mécanisme employé est semblable à celui de certaines Annélides citées dans les pages précédentes.

Jamais les Lombrics n'avalent la terre en creusant leurs galeries, et les portions absorbées le sont uniquement dans le but de servir à leur alimentation (de Rochebranc).

« Les galeries des Lombrics, dit Darwin, se terminent en chambres circulaires où plusieurs individus sont souvent réunis. Malgré les recherches les plus minutieuses, il nous a été personnellement impossible de constater le fait;

én revanche, ils se construisent ce que l'on pourrait appeler des chambres d'hivernage, consistant en une cavité complètement fermée de toutes parts, lisse et polie à l'intérieur, simulant extérieurement une petite motte de terre, où ils demeurent enfermés pendant l'hiver. La découverte de ce fait intéressant était faite par mon père en 1848 et publiée par lui la même année. Les chambres de Darwin ne seraient-elles pas identiques à celles de A. de Rochebrune ? Tout tend à le faire supposer. Quoi qu'il en soit, cette année même nous constatons à nouveau l'existence des chambres d'hivernage, et nous établissions que les Lombrics les construisent non seulement pour éviter le froid, mais aussi pour se soustraire à l'influence de la chaleur et dans un sol sec et aride. Un seul individu les occupe, enroulé sur lui-même et comme pelotonné, fait également établi par mon père. »

La dernière œuvre de Darwin, à laquelle nous faisions allusion tout à l'heure, a été spécialement analysée dans le but de faire ressortir le rôle que les Lombrics, *en contribuant à la formation de la terre*, seraient appelés à jouer incidemment dans les épizooties particulièrement fréquentes en Russie. Nous empruntons à Mᵐᵉ Marie Raffalovich les passages suivants :

« L'incessante activité des Vers, ces laboureurs invisibles qui vivent au sein de la terre, fouillent en tous sens le sol et ramènent à la surface les particules enfouies à une certaine profondeur, propagent dans des circonstances données des maladies infectieuses. »

« Les belles expériences de M. Pasteur ont prouvé que l'herbe qui poussait sur une fosse où avaient été enfouis, douze ans auparavant, des animaux charbonneux, avait suffi à donner cette maladie à des moutons. Ce savant a également cité le cas d'un troupeau de 900 moutons, dont 400 moururent pour avoir été couchés sur de la terre apportée d'un endroit où des bêtes malades avaient été enterrées longtemps auparavant. »

« Si l'on réfléchit que chaque hectare de terre donne abri, suivant les évaluations de Darwin, à 133,000 Vers vivants, et que la quantité de terre rejetée par ces animaux, monte à quatre onces par jour pour chacun d'eux, soit à dix tonnes par an, on ne s'étonnera plus du rôle important qu'ils jouent dans l'économie du globe. Leur travail ne se borne pas à triturer la terre et à la séparer des matières inorganiques impropres à la végétation (on sait que leur corps leur sert de tamis pour diviser la terre et

la réduire en une sorte de pâte), ils sont encore les agents les plus actifs du recouvrement des anciennes constructions par des couches régulières de terre. »

« On pourrait les nommer à juste titre les premiers conservateurs des monuments historiques. Les médailles, les pavés en mosaïque, les ornements d'or, les instruments de pierre, tout ce qui s'est trouvé par les hasards des dispersions abandonné sur le sol, a été soigneusement enfoui dans la terre par ces ouvriers consciencieux. L'archéologie leur doit beaucoup. La géologie ne leur est pas moins redevable. On peut les placer au même rang que les influences atmosphériques, les variations de température, le vent, la pluie, l'action des vagues de la mer et celle des cours d'eau dans les changements successifs qu'à subis la surface du monde. Les Lombriciens, pour leur donner leur nom de famille, aident indirectement à la décomposition chimique des roches par les différents acides qui se produisent chez eux pendant le travail de la digestion, et directement, par la dénudation des roches cristallines et le transport de la matière désintégrée sur les pentes et dans le fond des vallées. Ils étendent ainsi peu à peu une mince couche d'alluvion dans les niveaux inférieurs. Non contents d'avoir contribué à revêtir le sol d'un manteau de terre végétale, ils l'améliorent sans cesse, l'aèrent et augmentent sa richesse organique par la quantité prodigieuse de feuilles à moitié décomposées qu'ils emmagasinent dans leurs trous : »

« Le peintre de paysage, l'habitant des villes arides, qui repaissent leurs yeux de la vue d'un large espace recouvert de gazon, se doutent-ils que des myriades d'êtres obscurs et assidus travaillent sans relâche à aplanir le terrain, à lui donner cet aspect uni aux grandes lignes calmes où les traînées blanches des Marguerites se mêlent au flot uniforme de verdure ? Et quand on songe que ces laboureurs, ces jardiniers, sont privés de bras et jambes, qu'ils n'ont pas d'yeux ni de dents, l'étonnement devient presque de l'admiration. On s'explique alors que des naturalistes tels que Charles Darwin et Edmond Perrier aient consacré des mois et des années à observer l'organisation de ces êtres infimes, chez lesquels le nombre et l'énergie suppléent à la petitesse ; on conçoit que ces investigateurs de la matière animée aient apporté leurs soins à compter les segments dont se compose le corps de ces Annélides, — 100 à 200 par individu, suivant sa grosseur, — qu'ils aient décrit les soies tantôt courbes, tantôt droites qui les revêtent, qu'ils aient voulu connaître leurs instincts, et recherché la limite qui sépare l'impulsion aveugle avec l'intelligence qui met à profit l'expérience individuelle. »

« Darwin s'intéressa d'une façon toute particulière aux Lombrics, surtout lorsqu'il remarqua qu'ils apportaient autant de discernement dans leur besogne qu'en aurait mis un homme chargé de boucher un tube cylindrique avec différentes espèces de feuilles, de triangles de papier, etc. Les Vers saisissent ordinairement les objets par leurs extrémités pointues ; les aiguilles de sapin sont au contraire attirées par la base, et les objets très minces par le côté le plus large. »

« Ce n'est pas uniquement pour se nourrir que ces animaux entassent des feuilles, des flocons de laine, des plumes, etc., à l'orifice de leurs habitations, c'est aussi pour en masquer soigneusement l'entrée. Ils disposent les feuilles en forme de panier autour de l'orifice, et quand ils mettent la tête dehors, ce qui leur arrive souvent, ils sont protégés contre l'humidité du sol et la malveillante curiosité de leurs ennemis. A défaut de feuilles, etc., ils bouchent l'orifice de leurs trous à l'aide de petits cailloux. »

« Indifférents au bruit et à l'ondulation de l'air qui transmet pour nous les ondes sonores, les Vers sont très sensibles aux vibrations d'un corps solide. L'odorat est presque nul chez eux, mais, la gourmandise aidant, ils découvrent les feuilles de chou dont ils se montrent très friands, même quand on a pris soin de les enterrer profondément. De tous les sens, le tact est le plus développé chez eux. Leur corps entier est sensible au contact. Quand il leur arrivait de toucher les pointes des aiguilles de sapin ils se retiraient brusquement comme s'ils ressentaient une piqûre, et cependant ils avalent des épines de roses et de petits fragments de verre. »

« Ils respirent par la peau, n'ayant pas d'appareil respiratoire spécial. Quand il fait chaud le Ver travaille paresseusement à boucher l'entrée du trou, comme s'il ne tenait pas beaucoup à s'enfermer hermétiquement chez lui. L'hiver, il le passe roulé en boule au fond de son réduit. Quoique son système nerveux ne soit pas trop défectueux, le Lombricien ne souffre pas autant que pourraient le faire croire les contorsions auxquelles il se livre parfois. On ne peut refuser aux Vers une certaine dose d'intelligence dans la façon dont ils entendent l'arrangement de leur intérieur. Ils ne vivent pas en caserne comme les abeilles, ils ont chacun leur *home*. Ce n'est pas une simple excavation, mais bien plutôt un tunnel cimenté et tapissé d'un enduit très adhérent. Le fond est souvent pavé d'une mosaïque de petites pierres. Parfois aussi cette sorte de couloir qui leur sert d'habitation s'élargit vers le bas et aboutit à une sorte de chambre ou d'ouverture agrandie. »

« Les Vers se nourrissent avant tout de terre, sans doute pour s'assimiler les œufs, les larves, les spores de plantes cryptogamiques qu'ils y rencontrent; la viande crue, la graisse, etc., ne leur déplaisent pas : ils sont omnivores. C'est un point de ressemblance qu'ils ont avec l'homme, mais combien ne lui sont-ils pas supérieurs par l'énergie du travail et l'entente de la mise en œuvre de l'outillage si imparfait que la nature a mis à leur disposition ! »

Le style élégant dont ces pages sont empreintes séduirait tout d'abord, si la vérité scientifique n'imposait le devoir de dire que le roman et la fiction l'emportent de beaucoup sur la réalité.

L'admiratrice de Darwin, avant de reproduire les idées du maître, eût pu chercher à les contrôler, et un examen facile lui eût démontré que la plupart étaient erronées.

Pour nous, nous les avons discutées ailleurs, et nous croyons avoir fourni des preuves suffisantes à l'appui de ces discussions, nous n'y reviendrons pas; disons seulement que plus Darwin a été grand dans ses théories (dont, il ne faut pas l'oublier, notre illustre Lamarck avait le premier jeté les bases), plus il est nécessaire de signaler les erreurs émises dans les chapitres de son dernier ouvrage.

Lorsque les Lombrics sont mutilés, ils auraient la propriété de reproduire non seulement la partie postérieure de leur corps, mais aussi la tête y compris le cerveau (fig. 68, p. 57).

D'après le Dr Williams, les Lombrics seraient des animaux essentiellement aquatiques par leur organisation, mais dont l'existence quasi-terrestre serait le résultat d'une adaptation.

La vie pour eux n'est possible, en effet, que dans une atmosphère saturée d'humidité, ils meurent rapidement dans un terrain sec; en revanche, M. Perrier a pu en conserver vivants dans l'eau pendant des mois entiers.

Nous croyons cependant qu'il serait prématuré de conclure à la possibilité, pour ces animaux, d'une existence purement aquatique, et que des expériences nombreuses et variées doivent être faites avant de se prononcer.

Paris, J.-B. Baillière et Fils, édit.　　　　　　　　　　　　Gérien, Graie, imp.

LOMBRIC COMMUN

LOMBRIC COMMUN — *LUMBRICUS COMMUNIS* Sav.

Caractères. — Cette espèce doit son nom à sa grande abondance dans certains terrains cultivés. Son corps est cylindrique, atténué aux deux extrémités. Les soies sont disposées en quatre rangées de paires, d'une couleur rougeâtre (fig. 65 à 67, p. 56); il peut atteindre 20 centimètres au plus de longueur.

Distribution géographique. — Le Lombric commun se trouve par toute l'Europe (fig. 69, 70, 71, p. 57).

Mœurs, habitudes, régime. — Les jardins, les terres cultivées, sont les lieux où il se plaît de préférence : il se construit les chambres d'hivernage dont nous avons déjà parlé.

Dans notre planche I, à droite, un Lombric est sorti en partie de son tube, et cherche un individu de son espèce. Sur la coupe du sol, à la partie qui correspond à l'orifice du tube qui lui sert d'habitation, on voit la direction et le diamètre de ce tube. A la surface de la terre, au milieu et à gauche, on voit deux Lombrics accolés ; entre eux on distingue des masses de liqueur mucilagineuse ; l'un d'eux a encore la partie postérieure du corps dans son tube, ouvert selon la longueur, pour montrer la dilatation de la partie postérieure du corps, destinée à empêcher que le corps entier ne sorte du tube. Dans la partie moyenne de la planche et dans l'intersection du terrain, on voit un tube fermé par un maçonnage particulier que les Lombrics fabriquent en hiver, et renfermant un Lombric. A gauche, l'ouverture d'un tube fermé de la même façon, vu de face, pour montrer la forme ovalaire du tube (Morren).

« La chaleur du printemps réveille le Lombric et l'attire au dehors, dit Hoffmeister. Il ne recherche pas la lumière du jour, mais pendant le crépuscule du matin ou du soir et pendant la nuit, notamment après les pluies tièdes du printemps, il quitte son repaire en partie pour se mettre en quête d'aliments, en partie pour s'unir aux individus de son espèce. »

[Nous observerons en passant que l'union des individus s'effectue généralement non pas hors de terre, mais dans l'intérieur des Galeries (de Rochebrune).]

« Pendant ces occupations paisibles, continue Hoffmeister, la mort guette sous mille formes variées les inoffensifs Vers de terre. Le Ver de terre, en effet, compte parmi les animaux qui sont sous le coup des poursuites les plus acharnées. L'Homme le massacre parce qu'il l'accuse d'enfouir sous terre les jeunes plantes. Parmi les Quadrupèdes, il a pour principaux ennemis les Taupes, les Musaraignes et les Hérissons. La foule des oiseaux qui en veulent à sa vie est innombrable ; outre les Oiseaux de proie, les Oiseaux d'étangs et les Oiseaux nageurs, ceux qui se nourrissent de grains le recherchent encore comme un mets rare et friand. Les Crapauds, les Salamandres, les Tritons, le guettent pendant la nuit. Plus grand encore est le nombre des animaux inférieurs qui le pourchassent. On trouve constamment les plus grands Coléoptères coureurs en train de massacrer, la nuit, ces animaux inermes, qui constituent pour eux et surtout pour leurs larves une proie aisée. Mais leurs adversaires les plus acharnés paraissent être les grands Myriapodes, qu'on voit souvent occupés à poursuivre les Vers s'enfuyant de leurs trous, en plein jour, pour échapper à leurs ennemis. »

Un Mollusque dont nous aurons à retracer l'histoire, la Testacelle haliotide, leur fait aussi une guerre acharnée, et en dévore dont la longueur est souvent décuple de la sienne.

Parmi les autres espèces Européennes, nous citerons :

Le Lombric fœtide, *Lumbricus fœtidus*, d'un beau rouge violacé annelé de blanc argenté, commun dans le fumier et les terrains en décomposition.

Le *Lombricus olidus*, d'un jaune verdâtre, laissant exsuder quand on le touche une matière fœtide et jaune.

Emploi, usages. — Les Lombrics sont employés, dans nos régions, à la pêche et à la nourriture des oiseaux de basse-cour. Afin d'en avoir d'assez grandes quantités pour l'un ou l'autre de ces usages, à part les heures où une chaleur humide les fait sortir spontanément de terre, on n'a d'autre moyen de se les procurer qu'en fouillant dans les jardins et les cours humides, ou à provoquer leur sortie en arrosant les endroits où l'on sait qu'ils se tiennent de préférence ; en comprimant ou en frappant le sol, on les excite également à sortir. Qui ne se souvient d'avoir, dans son enfance, piétiné le long des berges d'un ruisseau pour se procurer les Vers de terre si consciencieusement accrochés à une épingle recourbée, piège trop souvent inoffensif, autour duquel les poissons tant convoités nageaient dédaigneusement ?

Les Lombrics tenaient autrefois une place notable dans la matière médicale. Macérés dans

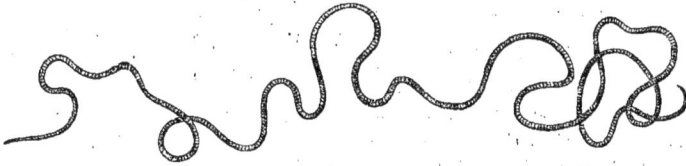

Fig. 79. — Phreorycte de Menke

l'huile, ils étaient préconisés contre les affections rhumatismales, la goutte, etc., leur infusion dans le vin blanc était réputée diurétique, apéritive et sudorifique ; réduits en poudre, ils guérissaient de la fièvre intermittente ; appliqués vivants sur les tumeurs ils amenaient la suppuration. Tous ces remèdes sont aujourd'hui justement tombés en désuétude, et relégués dans le monde des fictions.

Indépendamment du genre *Lombricus*, la famille des Lombriciens renferme des types remarquables.

ANTEUS GÉANT — *ANTEUS GIGAS* Perrier.

Caractères. — Cette espèce dont la taille est la plus considérable de toutes les espèces connues, mesure 1ᵐ,16 de longueur, sur 3 centimètres environ de largeur dans la région de la ceinture, et 2 cent. à la région postérieure. Ses soies sont disposées en quatre rangées et par paires, deux rangées ventrales et deux latérales.

Distribution géographique. — L'Anteus géant provient de Cayenne.

Ses mœurs ne sont pas connues.

PERICHÆTA DE HOULLET — *PERICHÆTA HOULLETI* Perrier.

Caractères. — L'espèce à laquelle M. Perrier a donné le nom de *Houlleti*, mesure 1 décimètre environ de longueur ; les soies sont au nombre de 40 à 45 par anneau, simples et contournées en S ; sa forme a beaucoup de rapport avec celle de nos Lombrics, la couleur est également la même, on remarque seulement des reflets violacés métalliques distribués sur la région antérieure et paraissant constants dans ce genre.

Distribution géographique. — Le Perichæta de Houllet provient de Calcutta.

Mœurs, habitudes, régime. — Le genre Perichæta, comme certains autres genres de la même famille, possède une disposition toute particulière à l'acclimatation, même dans un étroit espace, et sa résistance est supérieure même à celle de nos espèces indigènes. Partout où des plantes exotiques ont été expédiées vivantes, avec la terre où elles croissaient dans leur pays natal, on est certain de rencontrer ces Lombriciens, qui se propagent, se multiplient et l'emportent en nombre sur les espèces autochthones. Les Perichæta, aujourd'hui, abondent à Nice. Nos serres du Muséum en fourmillent ; c'est là, où grâce au zèle de M. Houillet, le savant et sympathique Chef des Serres du Jardin des Plantes, M. le professeur Perrier, a pu trouver de précieux sujets d'étude, point de départ de ses belles découvertes sur les Lombriciens.

Les Perichæla se distinguent encore de nos Lombrics, par une agilité plus grande. Sortis de terre on les voit s'agiter en tous sens, s'élever pour ainsi dire par bonds, tandis que les Lombrics plus humbles, rampent ou se roulent indolents sous la main qui cherche à les toucher, contraste frappant avec la vivacité de leurs commensaux, sur lesquels semble influer encore, le souffle de leurs forêts tropicales.

LES TUBIFICIDES — *TUBIFICIDÆ* Ehrh.

Caractères. — La famille des Tubificides est composée de petits Vers ayant l'aspect des Lombrics d'une taille très faible ; ils portent quatre rangées de soies simples ou bifurquées en forme de crochets et à extrémité libre.

Distribution géographique. — Les espèces, peu nombreuses, sont européennes.

Mœurs, habitudes, régime. — Les Tubificides habitent les eaux douces, enfoncés dans des tubes vaseux sur le fond des ruisseaux, et enveloppent dans des cocons leurs œufs relativement gros.

Fig. 80.—Nais à trompe.

TUBIFEX DES RUISSEAUX — *TUBIFEX RIVU-LORUM* Lam.

Caractères. — Cette espèce, longue de 2 à 5 centimètres seulement, est transparente et de couleur rouge. Cette coloration est due au liquide sanguin que l'on aperçoit à travers les tissus.

Distribution géographique. — Elle habite le fond des ruisseaux tranquilles; est très commune dans nos environs; elle paraît se répandre dans toute l'Europe.

Mœurs, habitudes, régime. — Le Tubifex des ruisseaux vit en sociétés nombreuses. Sur les petits bancs de vase de certains cours d'eau, on aperçoit souvent des plaques d'un beau rouge, ce sont des réunions de Tubifex. La partie antérieure du corps est plongée dans le sol et la partie postérieure, qui émerge, est animée de mouvements continuels, d'une sorte de balancement s'effectuant par ondulations de droite à gauche, à la moindre agitation de l'eau ils disparaissent instantanément, pour reprendre

Brehm.

quelques instants après leur balancement monotone.

Les Tubifex, comme les Lombrics, sont doués de la faculté de se régénérer après avoir subi des mutilations. On doit à Bonnet d'avoir fait connaître le premier cette propriété remarquable, à l'aide d'expériences concluantes.

PHRÉORYCTE DE MENKE — *PHRÉORYCTES MENKEANUS* Hoff.

Caractères. — Le type du genre Phréorycte est un animal très long, filiforme, à peau épaisse de couleur terne; il porte de chaque côté deux rangées symétriques de soies légèrement recourbées; en général les soies sont isolées, rarement géminées, dans ce cas la seconde est la plus petite.

Distribution géographique. — La seule espèce jusqu'ici connue (fig. 79, p. 64) vit dans l'eau douce. D'après Claus, on la rencontre dans les puits profonds et les sources, de l'Allemagne.

Mœurs, habitudes, régime. — Leydig a fait connaître les mœurs du Phréorycte de Menke, qu'il a du reste rarement rencontré.

VERS. — 9

« Il se tient volontiers, dit-il, dans les fontaines, et notamment dans celles de l'Allemagne du Sud, et paraît se réfugier dans la terre pendant l'hiver. C'est en mai et juin qu'on le rencontre le plus fréquemment dans les aquariums dont le fond vaseux est recouvert de pierres; ces Vers se maintiennent longtemps en bon état. Ils demeurent généralement cachés sous les pierres et s'enchevêtrent volontiers en groupes compacts. Par les temps froids ou pluvieux, ils restent cachés sous les pierres; mais par les jours de grande chaleur ou d'orage, ils rampent çà et là avec agitation. Pendant tout l'automne et l'hiver ils demeurent invisibles, et ne reparaissent qu'aux approches des premières journées chaudes du mois de mars. Comme les plantes des aquariums se trouvaient peu à peu dépouillées de leurs racines, on en a conclu que ces *Phreoryctes* avaient une nourriture végétale. En raison de l'épaisseur de leur tégument et de la minceur de leur couche musculaire, leurs mouvements de reptation manquent de souplesse et d'agilité. Leydig a remarqué que ces Vers ne vivent pas uniquement dans les fontaines, cette assertion est confirmée par la découverte de plusieurs individus dans le bassin du jardin botanique de Krakau au milieu de Conferves et de Lemna. »

A l'exemple de M. Perrier, nous placerons, à la suite de ces espèces, un genre intéressant de Vers connus sous le nom d'*Enchytræus*. Ce genre se compose de très petites espèces semblables à des embryons de Lombrics. Généralement blancs et transparents, ils abondent dans la terre humide des pots de fleurs où on les rencontre souvent pelotonnés en masses; les *Enchytræus blanc et vermiculaire* sont dans ce cas, l'*Enchytræus galba* vit sous les feuilles décomposées, d'autres se plaisent dans l'herbe ou sous l'écorce à demi pourrie des plantes aquatiques.

LES NAÏDES — *NAÏDÆ* Ehrn.

Die Naïden.

Caractères. — Les Vers composant la famille des Naïdes ont le corps plus ou moins filiforme, allongé et aplati, chaque zoonite est pourvu d'une paire d'appendices sétacés simples ou fasciculés; ces animaux ont beaucoup de rapport avec certaines Néréides, mais surtout avec les Lombrics. Leur peau est mince, le lobe frontal souvent très long simule une trompe soudée à l'anneau buccal.

Distribution géographique. — Les Naïdes sont Européennes, on en connaît à peine quelques-unes d'exotiques. Ehrenberg en a décrit une provenant de Nubie.

Mœurs, habitudes, régime. — Toutes les espèces connues vivent dans les eaux douces, courantes ou stagnantes, dans la vase ou sous les feuilles des plantes (fig. 80, p. 65); elles se nourrissent d'animalcules et se reproduisent par des œufs assez gros, déposés chacun dans une seule capsule, le plus souvent par bourgeonnement, comme nous le verrons tout à l'heure.

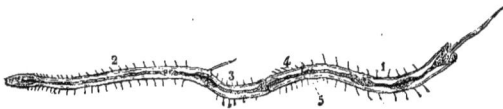

Fig. 81. — Naïs à trompe (bourgeonnement) (*).

NAÏS A TROMPE — *STYLARIA PROBOSCIDEA* Mull.

Caractères. — La Naïs à trompe, le Millepied à dard, de Tremblay (fig. 80), mesure de 10 à 12 millimètres; elle est transparente, et porte un lobe frontal filiforme d'où lui est venu son nom, les soies sont disposées sur deux rangées, les supérieures capillaires, les inférieures terminées en crochets.

Distribution géographique. — Cette espèce se trouve dans toutes les eaux marécageuses de l'Europe.

Mœurs, habitudes, régime. — La Naïs à trompe se plaît à ramper sur la vase ou à s'accrocher à l'aide de ses soies aux plantes aquatiques, en agitant en tous sens son appendice cé-

(*) 1, individu mère. — 2, 3, 4, jeunes individus à divers degrés de développement. — 5, point où se sont formés de nouveaux segments.

phalique, comme pour sonder le chemin qu'elle veut parcourir.

Indépendamment des œufs que pondent les Naïs, nous avons dit qu'elles se propageaient par bourgeonnement. Nous empruntons à M. Perrier l'exposé de ce phénomène (fig. 81).

« La *Nais proboscidea* se partage d'abord en deux, à peu près vers le milieu du corps, au moment où l'anneau placé en avant de la cloison qui a été le point de départ de cette division se met à bourgeonner à ses deux extrémités ; les deux bourgeons nouvellement formés grandissent, s'avancent à la rencontre l'un de l'autre et absorbent peu à peu toute l'étendue de l'anneau primitif ; en même temps qu'ils se multiplient, les segments constituant ces bourgeons s'accroissent, le premier d'entre eux se transforme en tête, le dernier en segment anal, l'anneau devient ainsi un nouvel individu ; bien avant que cette métamorphose ait atteint son terme, les mêmes phénomènes s'accomplissent dans l'anneau qui précède immédiatement, et ainsi de suite en remontant, de sorte que l'individu primitif se trouve porter quelquefois à son extrémité postérieure une chaîne de trois ou quatre animaux. »

DERO OBTUS — *DERO OBTUSA* MULL.

Caractères. — Le corps du Dero obtus et des autres espèces du même genre est mince et transparent. Dans le type que nous étudions, de 12 millimètres environ de longueur, la partie antérieure s'effile en une sorte de pointe obtuse très mobile, constituant une véritable tête au-dessous de laquelle la bouche s'ouvre par une fente transversale, occupant la portion inférieure du corps ; la région postérieure est terminée par un large pavillon qui peut à volonté se rétracter ou s'épanouir, laissant apparaître quatre digitations couvertes de cils vibratiles. Ce pavillon et les organes qu'il porte sont considérés comme formant un appareil respiratoire (Perrier). Les soies sont disposées en quatre paquets pour chaque anneau, elles ont toutes la même forme, allongées, droites et légèrement courbées à leur extrémité, terminée par deux crochets. Les anneaux de la partie antérieure du corps sont bien définis. Ceux au contraire réunis dans le voisinage du pavillon respiratoire ne présentent aucune apparence de segmentation. Il est impossible, dit M. Perrier, d'y découvrir autre chose que des amas de substance granuleuse.

Distribution géographique. — Le *Dero obtura* est une espèce éminemment européenne.

Mœurs, habitudes, régime. — Ces petits animaux ont à peu près les mêmes habitudes que les Naïs. Ils vivent dans les eaux dormantes, se tiennent abrités sous les pierres et les feuilles des plantes. Quelques-uns se fabriquent des tubes, ou s'emparent de ceux de certains Bryozoaires d'eau douce, notamment les Plumatelles ; leurs mouvements sont lents, et M. Perrier voit dans leur paresse et leurs habitudes sédentaires l'explication de l'origine de l'appareil branchial du pavillon postérieur. destiné à renouveler le courant d'eau et à fournir à l'animal un liquide suffisamment aéré.

Les *Dero* comme les *Naïs* ont deux modes de genèse, par ponte et par scissiparité ; mais ces deux modes ne sont pas simultanés, ils apparaissent successivement et caractérisent deux époques tranchées dans leur existence.

La constitution même des segments postérieurs du corps démontre que cette partie est constamment en voie d'accroissement ; des animaux nouveaux s'y forment sans cesse, mais dès qu'un certain nombre sont définitivement

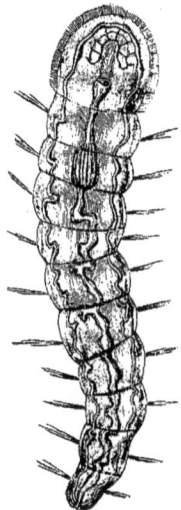

Fig. 82. — Ælosoma ternarium.

acquis, les téguments de la partie médiane du corps deviennent opaques, et à ce point, grandissant de plus en plus, aussitôt s'opère une troncature, partageant ainsi le corps en deux animaux, qui maintenant vont vivre d'une vie indépendante et reprendre à leur tour le cycle évolutif auquel ils doivent d'exister. (Perrier.)

CHÆTOGASTER DIAPHANE — *CHÆTOGASTER DIAPHANUS* GRUITH.

Caractères. — Le Chætogaster diaphane rentre dans la catégorie de ces petites espèces d'Annélides, si remarquables à tant de titres, que nous venons d'énumérer. Sa transparence est encore plus grande que celle de ses congénères, les soies sont en crochet; la tête, tronquée transversalement, sans ocelles ni appendices, est terminée par l'orifice buccal.

Distribution géographique. — L'Europe est la patrie de cette espèce.

Mœurs, habitudes, régime. — Comme les *Naïs* et les *Dero*, elle vit dans les eaux douces et se fait remarquer par une agilité excessive; sans cesse en mouvement, elle s'enlace aux tiges des plantes aquatiques.

A l'état jeune, on l'observe souvent vivant en parasite sur les Lymnées et les Planorbes, et à l'exemple des espèces précédentes elle possède la propriété de se reproduire par œufs et par bourgeonnement. Un autre genre remarquable de Naïdes comprend les *Ælosoma*, dont nous figurons une espèce, l'*Ælosoma ternarium* (fig. 82, p. 67).

Les Naïdes, par tout ce qu'on vient de voir, méritent, plus que bien d'autres peut-être d'attirer l'attention de l'observateur. Leurs mœurs, leur développement fourniront sans aucun doute des faits nouveaux, à la suite de nouvelles études; leur habitat facile à découvrir, la commodité de se les procurer en abondance, la transparence dont elles sont douées, permettent de les examiner à l'aide de forts grossissements et de reconnaître leurs organes internes sans le secours de dissections longues, difficiles, répugnantes souvent pour quelques-uns. Tout, comme on le voit, concourt à augmenter l'intérêt que présentent ces petits animaux, et à procurer à ceux qui voudront se livrer à leur recherche, tout au moins une saine et utile distraction.

LES HIRUDINÉES — *DISCOPHORA* GRUBE

Die Blutegel.

Caractères. — A part certains types dont nous aurons à nous occuper spécialement (*Branchellions*), les Hirudinées en général présentent un corps nu, allongé, cylindrique ou aplati, à anneaux courts parfois peu appréciables, sans tête distincte, sans pieds et sans soies, à quelques exceptions près, et à extrémités postérieure et antérieure terminées chacune par une expansion dilatable et préhensile, ordinairement désignée sous le nom de ventouse.

La peau des Hirudinées est molle, toujours élastique et extensible, au point que dans certaines espèces l'animal peut passer de la forme semi-globuleuse à la forme sub-linéaire (Blainville); le système tégumentaire comprend un épiderme mince, transparent, un pigment diversement coloré et un derme épais, mamelonné, s'amincissant par places circulaires, formant ainsi des interruptions qui délimitent les anneaux du corps (fig. 86).

Le derme recèle une quantité considérable de cryptes, de mamelons grenus, disposés avec plus ou moins de régularité, sécrétant une humeur visqueuse, transparente, destinée à lubréfier la surface du corps. Dans les couches profondes du tissu conjonctif, d'autres glandes, localisées vers la région du corps connue sous le nom de ceinture, sécrètent un liquide rapidement solidifiable aussitôt sa sortie et ayant pour fonction, pendant la ponte, de former l'enveloppe ou cocon destinée à contenir les œufs.

Les ventouses spéciales aux Hirudinées sont au nombre de deux (fig. 83 à 85), la ventouse orale ou

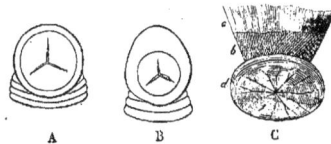

Fig. 83 à 85. — Ventouses orale et anale de Sangsue.

antérieure (A, B), la ventouse anale ou postérieure (C); composées de fibres musculaires circulaires, elles concourent aux divers mouvements de l'animal. La bouche très rapprochée de l'extrémité supérieure est toujours ventrale ; tantôt elle est placée au fond de la ventouse antérieure, tantôt on la voit surmontée d'un appendice en forme de cuiller.

Un pharynx musculeux pourvu de glandes est

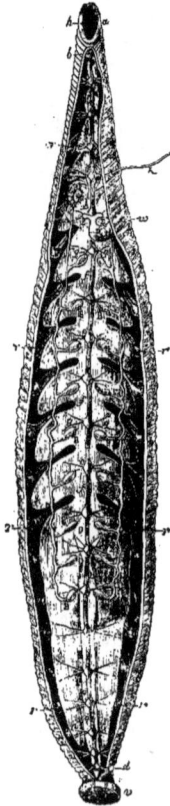

Fig. 86. — Anatomie de la Sangsue médicinale (*).

armé, dans la portion s'ouvrant dans la cavité buccale, de trois lames ovalaires (fig. 87, A) munies d'une crête dentelée, parfaitement égales entre elles, disposées en triangle (fig. 88, B) ; l'une

d'elles est supérieure et médiane, les deux autres inférieure et latérale. Certains genres (*Rhynchobdelles*) possèdent une trompe extensible, cylindrique, tubuleuse, un peu renflée à sa base, finement dentée ou crénelée sur les bords de son ouverture.

L'intestin situé dans l'axe longitudinal du corps

Fig. 87-88. — Pharynx A. Coupe longitudinale d'une mâchoire isolée B, d'après Moquin-Tandon.

est tantôt divisé par des étranglements en nombre égal à celui des anneaux (fig. 89), tantôt il présente une quantité plus ou moins considérable

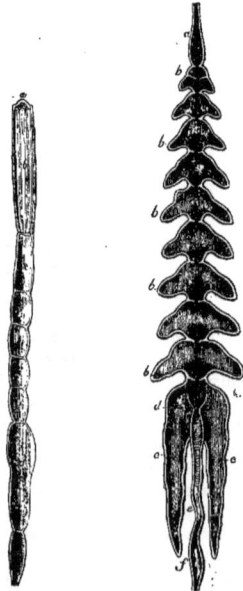

Fig. 89. — Tube digestif ouvert de la Trochète verdâtre.

Fig. 90. — Système digestif ouvert d'une sangsue médicinale.

de cœcums, réunis par paires, et aboutit à un rectum court, souvent pourvu de dilatations (fig. 90).

Les organes excréteurs consistent en un système de tubes pelotonnés, ou de canaux en lacets, distribués par paires dans chacun des anneaux de la région moyenne du corps.

Dans la majeure partie des espèces, le système vasculaire est formé de trois troncs longitudinaux, allant d'une ventouse à l'autre : ces trois troncs envoient de nombreuses anastomoses ; d'après Leuckart, chez un certain nombre de types, des organes appartenant à la cavité viscérale peuvent se trouver renfermés dans des espaces sanguins ; la cavité viscérale, dans ce cas, se serait transformée en troncs vasculaires ; chez la plupart des Hirudinées munies de mâchoires, on trouve un large sinus médian et deux troncs latéraux. Chez les *Hirudo*, ce sinus médian entoure l'anneau œsophagien dans la région céphalique et la chaîne ganglionnaire sur le côté ventral (fig. 91). Le sang des Hirudinées

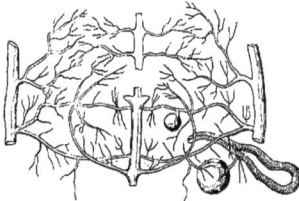

Fig. 91. — Appareil circulatoire de la Sangsue officinale, d'après Van Beneden.

est rouge, et sa coloration est due au liquide sanguin et non aux globules.

Le système nerveux présente, chez ces animaux un degré élevé de développement ; il se compose d'un cerveau, d'une commissure œsophagienne, et d'une chaîne ganglionnaire ventrale.

Les deux troncs longitudinaux de cette chaîne sont rarement écartés l'un de l'autre sur la ligne médiane, et les ganglions se réunissent entre eux. De chacun de ces doubles ganglions partent deux troncs nerveux (fig. 86, p. 69).

Un système nerveux viscéral, formé d'un nerf longeant l'intestin à côté de la chaîne ganglionnaire, envoie des branches aux cœcums intestinaux.

Presque toutes les Sangsues ont des yeux disposés en demi-cercle sur la face dorsale de l'anneau antérieur (fig. 92). Ces yeux consistent en taches pigmentaires auxquelles correspondent des filets nerveux. Leydig y a découvert des corps réfractant la lumière, il a en outre cherché à

déterminer les éléments destinés au sens de l'odorat, et il a trouvé dans le tégument céphalique des sortes de cupules tapissées de cellules épithéliales et de bâtonnets où il a localisé les impressions olfactives (fig. 104, page 73).

Ces cupules, du reste, offrent une grande analogie avec les organes cyatiformes des Poissons, et pourraient peut-être, suivant l'opinion de M. J. Chatin, contenir tout à la fois le sens du toucher, du goût et de l'odorat ; quoi qu'il en soit, les Hirudinées paraissent incontestable-

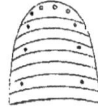

Fig. 92. — Organes visuels de l'aularstome vorace.

ment éprouver des sensations gustatives ou odoriférantes, leur répugnance ou leur empressement à se fixer sur une partie du corps préalablement humectée avec des liquides sucrés est bien connue de tous les praticiens.

Les Hirudinées sont hermaphrodites ; à l'exception des Malacobdelles et des Histriobdelles, toutes se reproduisent par des œufs.

A l'époque de la genèse, il se développe dans les différentes espèces un organe particulier, la

Fig. 93. — Ceinture.

ceinture (fig. 93), que l'on a déjà pu constater chez les Lombrics ; son rôle, cependant, est différent dans les deux classes : chez les Sangsues, nous lui verrons jouer un rôle important au moment de la ponte.

Les ovaires sont localisés deux par deux dans chaque anneau, et se composent de deux organes arrondis, pourvus d'un oviducte communiquant à un canal commun allongé, sinueux, étendu de chaque côté du corps et venant s'ouvrir dans un large cloaque.

La ponte présente chez les Hirudinées des phénomènes particuliers, et deux modes distincts d'oviparité. Chez les unes, les œufs sont pondus isolément; chez les autres, les germes sont

Fig. 94. — Cocon de sangsue médicinale.

réunis sous une enveloppe commune (fig. 94). Nous examinerons le mécanisme employé dans ce dernier cas, en traitant des espèces appartenant aux Sangsues proprement dites.

« Le développement de l'embryon dans l'œuf est particulier (fig. 95-96); la segmentation du vitellus, irrégulière, donne naissance à un être sphérique, muni d'une bouche, d'un pharynx et d'un intestin; l'albumine qui sert de nourriture est avalée par des mouvements énergiques du

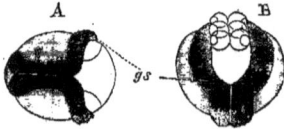

Fig. 95-96. — Embryon de Clepsine, d'après Balfour.

pharynx et l'embryon croît rapidement en même temps que sa forme se modifie et que son organisation, en passant par des phases diverses, se rapproche de plus en plus de celle de l'animal adulte. » (Claus.)

L'aptitude à la reproduction agame, que l'on a vue diminuer chez les Lombrics, est moindre encore chez les Sangsues considérées comme leur étant étroitement unies. En raison de leur degré élevé d'organisation, les phénomènes de développement ont pris chez eux un caractère particulier: c'est dans l'œuf même que l'embryon se segmente, avec une telle rapidité qu'un grand nombre d'anneaux semblent se former simultanément. (Perrier.)

Distribution géographique. — Les Hirudinées paraissent habiter dans toutes les contrées; indépendamment des espèces nombreuses européennes, on en a observé en Amérique, dans l'Asie orientale et occidentale, dans l'archipel Indien et dans plusieurs contrées de l'Afrique. Les unes vivent dans la mer, les autres dans les eaux douces, les marais et les ruisseaux; elles

préfèrent généralement les eaux courantes et agitées. Quelques-unes supportent une température élevée et se plaisent dans les sources thermales; d'autres habitent les forêts humides, grimpent aux arbres et aux buissons, s'attachent aux voyageurs; le D Harmand en a observé ainsi dans les forêts de Cochinchine et du Cambodge. Gray en a recueilli au Chili, dans des bois relativement arides; certaines autres se fixent en parasites sur les poissons, les grenouilles, les salamandres; une petite espèce s'introduit dans l'arrière-bouche de l'homme et des animaux, et pénètre jusque dans la trachée-artère.

Pendant l'hiver, les Hirudinées se tiennent dans les eaux profondes et s'enfoncent dans le sol des marais et des cours d'eau, où elles demeurent engourdies jusqu'aux premières chaleurs du printemps.

LES HIRUDINIDÉES — *HIRUDI-NIDÆ* Sav.

Die Egel.

Caractères. — Les espèces composant cette famille, et dont la Sangsue officinale est le type, se caractérisent par la forme du corps généralement aplati ou ovalaire. Il est ordinairement opaque, composé d'anneaux plus ou moins distincts; la ventouse buccale n'est pas séparée par un étranglement, elle porte en avant un appendice annelé en forme de cuiller, le pharynx est armé de trois mâchoires pleines, dentées, plissées en long, le sang est rouge et les cocons, à coque spongieuse, contiennent un grand nombre d'œufs.

Distribution géographique. — L'Europe, l'Asie, l'Afrique, possèdent plusieurs Hirudinidées dans leurs cours d'eau et leurs marais.

SANGSUE MÉDICINALE — *HIRUDO OFFICINALIS* Lin.

Caractères. — Le corps de la Sangsue médicinale (fig. 97-98) est un peu déprimé, rétréci en avant, obtus en arrière, mou, composé d'environ 95 anneaux distincts; la ventouse antérieure, un peu concave, a la lèvre supérieure très avancée, formée de quatre anneaux; l'anale est obliquement terminale; les trois premiers anneaux, le cinquième et le huitième, portent chacun une paire d'yeux, le bord libre des mâchoires possède de 80 à 90 dents.

La couleur de cette espèce est excessivement variable (fig. 99 à 102). Moquin-Tandon décrit sept variétés, uniquement fondées sur des variations de teintes; le plus ordinairement, elle est d'un brun verdâtre, tirant sur le roux, le dos est orné de six bandes longitudinales, plus claires que le fond, quelquefois au contraire plus foncées et noirâtres; la région ventrale est jaunâtre, très souvent couverte de taches noires.

Distribution géographique. — La Sangsue médicinale habite les eaux douces d'Europe,

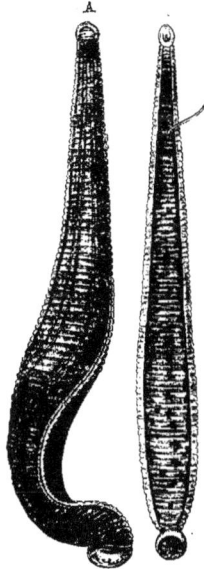

Fig. 97-98. — Sangsue médicinale.

particulièrement les fossés, les marais, les étangs et les petites rivières à cours tranquille.

Mœurs, habitudes, régime. — Les mouvements de la Sangsue médicinale sont relativement rapides; d'après Moquin-Tandon, un individu se dirigeant en droite ligne peut parcourir un espace de 80 centimètres en une minute. Pour opérer leur progression, ces animaux commencent par fixer leur ventouse postérieure, ils allongent ensuite le corps pour fixer la ventouse antérieure; détachant ensuite le disque de derrière et se contractant sur leur nouveau point d'appui, ils rapprochent de la ventouse antérieure fixée toute la région postérieure du corps, réappliquent la ventouse anale, et continuent ainsi d'une manière régulière. La marche à reculons s'effectue de la même manière, mais en intervertissant l'ordre des ventouses. Les Sangsues nagent avec agilité en imprimant à leur corps un mouvement d'ondulation suivant un plan perpendiculaire.

Il semble, dit Claus, que les Sangsues, suivant leur âge, choisissent des animaux différents pour en faire leur nourriture, c'est toujours le sang qu'elles absorbent; dans son jeune âge, la Sangsue médicinale suce le sang des insectes, des grenouilles, le sang chaud lui devient nécessaire quand elle est parvenue à l'état adulte.

Quand une Sangsue veut opérer une morsure, elle allonge la ventouse antérieure, et contracte les plis labiaux, les mâchoires sont alors portées en avant, puis elle fait entrer par succion, dans la cupule ainsi formée, une partie de la peau de l'animal, elle la presse entre les trois mâchoires, puis, contractant alternativement l'anneau musculaire, elle parvient à déchirer la peau. Sous l'influence de la morsure, on éprouve d'abord une sensation d'aspiration, puis une douleur vive analogue à une piqûre.

Fig. 103. — Blessure produite par la Sangsue.

La blessure produite se présente sous l'aspect de trois solutions de continuité linéaires (fig. 103),

Fig. 99 à 102. — Tronçons de variétés de Sangsue médicinale vus en dessus et en dessous.

unies à un centre commun et formant trois angles convergents à peu près égaux entre eux. (Moquin-Tandon).

La ponte et la formation du cocon devant contenir les œufs présentent, avons-nous dit, des particularités intéressantes. Nous empruntons à

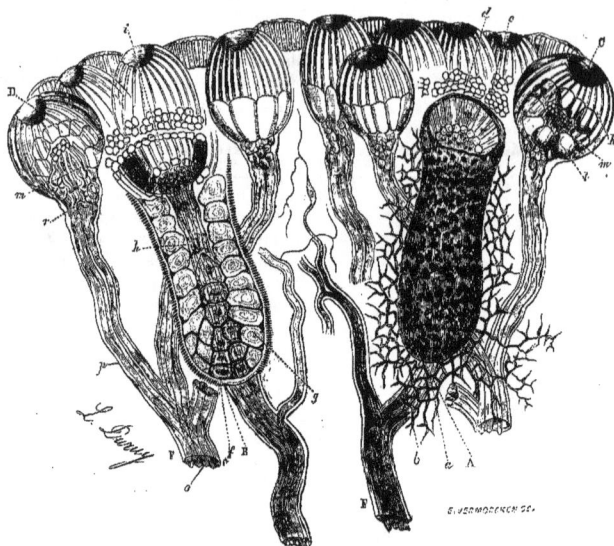

Fig. 104. — Sangsue médicinale ; organes des sens (*).

Moquin-Tandon et à Charpentier le récit de cet acte physiologique.

« Au moment où la Sangsue médicinale veut former son cocon, elle sort de l'eau, cherche, dans la terre humide, une cavité ou une galerie commode, puis elle laisse écouler de la bouche (Wedecke) un liquide écumeux semblable à du blanc d'œuf battu et qui doit se convertir en un tissu spongieux et entourer la capsule. Tant que dure cette opération, l'animal tient la partie antérieure du corps courbée en dessous. Puis un mucus sécrété par la ceinture sert à former la capsule, celle-ci est alors remplie par une matière glutineuse contenant les germes. A ce moment, la Sangsue étend et contracte successivement ses anneaux et se débarrasse du cocon en sortant à reculons, au même instant les deux extrémités de la coque se ferment à la manière d'une bourse ; il reste toujours à chaque bout une petite ouverture d'environ un millimètre de diamètre. »

Emploi, usages. — L'usage des Sangsues en médecine est connu de tous ; la fréquence de leur emploi a nécessairement varié avec les théories médicales qui ont régné tour à tour, l'influence de la doctrine antiphlogistique a marqué l'ère où leur application était parvenue à son summum ; mais les idées de Broussais, après avoir été seules acceptées, durent céder peu à peu devant les progrès médicaux incessants, et le rôle des Sangsues, sans être complètement tombé en désuétude, a perdu considérablement de son importance. Quoi qu'il en soit, malgré la marche décroissante des transactions commerciales dont ces animaux ont été l'objet, nous ne pouvons passer sous silence les moyens employés pour leur conservation, leur élevage, ou Hirudiniculture (mot consacré), et nous al-

(*) A, œil vu par sa face supérieure. — a, choroïde vue par transparence. — b, cellules segmentaires. — c, cellules épidermiques. — d, nerf optique. — B, œil, coupe longitudinale. — f, sclérotique. — g, choroïde. — h, fibrilles nerveuses. — c, organe cupuliforme. — k, cellules épidermiques. — l, cellules basilaires. — m, bâtonnets. — D, structure d'un organe cupuliforme. — F, tronc nerveux. — p, névrilème. — o, faisceaux primitifs. — r, fibrilles nerveuses (D'après Leydig).

BREHM.

lons les examiner rapidement, sans oublier leur mode d'application en thérapeutique, et sans en laisser entrevoir les avantages comme aussi les inconvénients.

Moyens employés pour la pêche des Sangsues. — Les personnes chargées de la pêche des Sangsues se rendent à cet effet dans les lieux où elles habitent, elles entrent dans l'eau, les jambes nues, et s'emparent avec la main ou avec un troubleau, des animaux fixés aux corps solides; souvent aussi elles attendent, pour les saisir, qu'elles s'attachent à leurs jambes. On a soin ordinairement d'agiter l'eau avec les pieds ou un bâton que l'on traîne au fond du liquide, les Sangsues se montrent à la surface où on les saisit aussitôt; dans certains pays, on dépose, dans les marais, la veille de la pêche, des cadavres d'animaux récemment tués; le lendemain, il est facile de recueillir les Sangsues attachées à ces appâts. C'est principalement pendant les mois de mai, juin et juillet, que la pêche des Sangsues présente les plus grands avantages; pendant le mois d'août, ces animaux se retirent dans leurs galeries pour y déposer leurs cocons; durant l'hiver, ils s'enfoncent profondément dans la vase.

Conservation des Sangsues. — On conserve les Sangsues dans des vases de terre, des pots en grès, des bocaux en verre, remplis d'eau et recouverts d'une toile ou d'un grillage; ces vases sont tenus dans un lieu frais et à l'abri de la gelée, des rayons du soleil ou des odeurs trop fortes; il faut avoir soin de changer souvent le liquide, de ne pas réunir un trop grand nombre d'animaux et d'enlever ceux qui viennent à périr. Le fond des vases doit contenir une couche de limon ou de terre glaise, quelques plantes aquatiques peuvent être entretenues dans l'eau.

Elevage des Sangsues en grand; Hirudiniculture. — Des étangs naturels ou factices sont employés à l'élevage des Sangsues; le fond de ces étangs doit être formé d'une terre argileuse pour que les animaux puissent s'y enfoncer. Les sols tourbeux sont également très favorables; l'eau doit être assez peu profonde pour être réchauffée par le soleil, cependant il est nécessaire d'avoir, sur quelques points, des endroits profonds de deux à trois mètres, pour servir de refuge pendant les grands froids et les fortes chaleurs. Une eau à cours rapide serait contraire aux Sangsues, les eaux stagnantes ou à écoulement lent sont préférables, mais il est utile de maintenir un niveau constant, sans lequel les cocons déposés sur les bords seraient détruits par la sécheresse ou les inondations.

Dans les marais où sont cultivées les Sangsues, on les nourrit aux dépens d'animaux vivants, chevaux, mulets, ânes, etc., impropres au service; conduits dans ces marais à certaines époques, les Sangsues se hâtent de venir les piquer.

Application des Sangsues. — Les Sangsues peuvent être appliquées sur toutes les parties du corps, excepté la plante des pieds et le dedans des mains, à la condition que ces parties soient débarrassées de tout corps étranger ou odorant; le moyen le plus sûr de les faire prendre consiste à les poser sur le lieu d'élection et à les recouvrir d'un linge sec; dès que l'une d'elles a pris, les autres ne tardent pas à l'imiter, et on enlève le linge (Planchon).

Lorsque les Sangsues ont mordu, il ne faut les toucher en aucune façon, elles doivent tomber naturellement, ce qui arrive quand elles sont gorgées. Après leur chute, l'écoulement du sang est maintenu ou arrêté suivant les indications; l'amadou est généralement employé dans ce dernier cas. Mais il peut arriver qu'une hémorrhagie soit à craindre, on a recours alors au perchlorure de fer en solution, environ au vingtième.

On peut faire reservir les Sangsues au bout de quelques jours et même de quelques heures, lorsqu'on a eu soin de leur faire subir l'opération du dégorgement. La meilleure méthode, celle d'Ebrard, consiste à mettre chaque sangsue gorgée dans un mélange d'eau et de vin, jusqu'à ce qu'elles laissent échapper une goutte de sang; alors on presse la Sangsue d'arrière en avant de manière à faire sortir le sang par l'orifice buccal, puis on la lave et on la met dans un vase rempli d'eau.

Indépendamment de la Sangsue médicinale et de ses variétés, plusieurs autres espèces sont employées en thérapeutique. En Algérie notamment l'*Hirudo troctina* (fig. 105) est d'un usage fréquent; elle est de couleur verdâtre avec six rangées de taches plus ou moins séparées, les bords sont rougeâtres ou orangés, les bandes marginales du ventre disposées en zigzag. Cette espèce est récoltée surtout dans le nord-ouest du Maroc, d'où on l'expédie, par le détroit de Gibraltar, en Angleterre, et de là dans l'Amérique méridionale.

L'*Hirudo granulosa* est employée dans l'Inde; celle-ci est d'une taille colossale, et ses morsures sont souvent dangereuses. Les *H. Sinica* et *Japonica* servent en Chine. Au Sénégal, une petite espèce, l'*H. mysomelas*, est en usage dans les hôpitaux et surtout parmi les nègres.

Fig. 105. — Hirudo troctina.

Malgré l'emploi encore fréquent des Sangsues en médecine, ces animaux ont singulièrement perdu de leur vogue primitive. Elles sont avantageusement remplacées dans la pratique par un instrument servant à obtenir des saignées locales identiques à celle de leur morsure, et dont les suites sont toujours exemptes de certains dangers résultant de la piqûre des Sangsues. Cet instrument porte le nom de scarificateur ; il présente le double avantage d'agir promptement, sans douleur appréciable, et de ne jamais entraîner d'hémorrhagie.

La famille des Hirudinidées comprend plusieurs autres espèces dont les mœurs sont intéressantes à connaître.

HÆMOPIS CHEVALINE — *HÆMOPIS SANGUISUGA* Sav.

Caractères. — Cette espèce (fig. 106-107) a le corps allongé, et rétréci antérieurement, elle est d'un brun verdâtre, les bords à peine saillants sont ornés d'une bande jaune ou rougeâtre, le ventre d'un noir d'ardoise est plus foncé que le dos. On compte dix points oculaires disposés sur une ligne elliptique.

Distribution géographique. — Elle habite les eaux vives d'Europe ; très commune en Espagne et en Portugal, elle abonde sur tout le littoral nord de l'Afrique.

Mœurs, habitudes, régime. — L'Hæmopis chevaline, à l'aide de 30 grosses denticulations sur le bord des mâchoires, ne peut entamer que

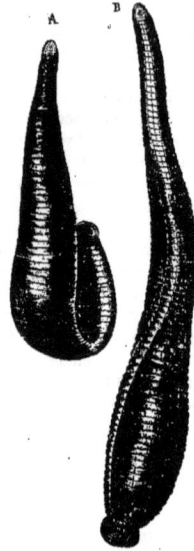

Fig. 106-107. — Hæmopis chevaline.

les membranes muqueuses des animaux et de l'homme ; elle s'introduit dans le pharynx, le larynx et les fosses nasales des chevaux, des bœufs, des chameaux ; pendant les guerres d'Égypte, d'Espagne et de Portugal, ses morsures ont causé des accidents graves à nos soldats. Dans le nord de l'Afrique, elle torture les bestiaux d'une manière effrayante, ainsi que l'apprennent les observations du Dr Guyon. Il a trouvé 27 Sangsues dans le mufle, le pharynx, le larynx et la trachée d'un bœuf. Deux heures après sa mort, elles lui adhéraient encore et puisaient son sang avec ardeur en fixant leurs têtes tour à tour dans les diverses blessures produites. S'il ne faut pas prendre à la lettre l'assertion populaire d'après laquelle six Hœmopis seraient en état de tuer un cheval, on peut admettre du moins qu'elles peuvent déterminer chez lui des lésions graves.

Plusieurs chevaux ayant fait la dernière campagne de Tunisie portaient dans leurs naseaux un grand nombre d'Hæmopis ; nous avons pu étudier ces animaux gracieusement donnés au laboratoire de zoologie du Muséum par M. Mégnin.

Les cocons des Hæmopis sont ovoïdes, plus

Fig. 108. — OEuf d'Hæmopis.

petits et plus courts que ceux de la Sangsue médicinale (fig. 108).

AULASTOME VORACE — *AULASTOMA GULO* Moq.-Tand.

Caractères. — L'Aulastome vorace (fig. 109-110), souvent confondu avec l'espèce précédente,

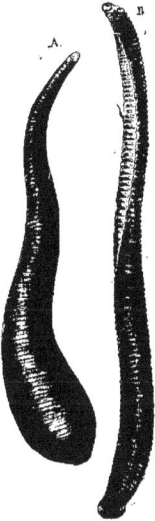

Fig. 109-110. — Aulastome vorace.

a le corps subcylindrique, un peu déprimé, grêle et très allongé ; le dos, d'un brun noir très foncé, est marqué quelquefois de points peu apparents et plus clairs, le ventre est verdâtre, la ventouse anale gris d'ardoise. Les points oculaires au nombre de dix sont distribués régulièrement en ellipse, les quatre postérieurs sont isolés et plus petits.

Distribution géographique. — Cette espèce habite toute l'Europe. Très commune dans les environs de Paris, on la retrouve dans le Midi et les Pyrénées.

Mœurs, habitudes, régime. — Les Aulastomes sont à demi terrestres, ils sortent fréquemment de l'eau et se cachent sous les pierres autour des mares et des étangs. Ils chassent les Lombrics qu'ils avalent avec voracité, et peuvent les saisir par le milieu du corps et les engloutir en une seule fois, les deux moitiés rapprochées ; ils mangent également les Larves d'Insectes, les petits poissons, et s'entre-dévorent souvent entre eux.

Ils déposent dans la terre humide des cocons à tissu spongieux très lâche (Moq.-Tandon).

TROCHÈTE VERDATRE — *TROCHETA SUBVIRIDIS* Dutr.

Caractères. — Un corps très allongé, déprimé, quelquefois aplati en forme de ruban, extensible

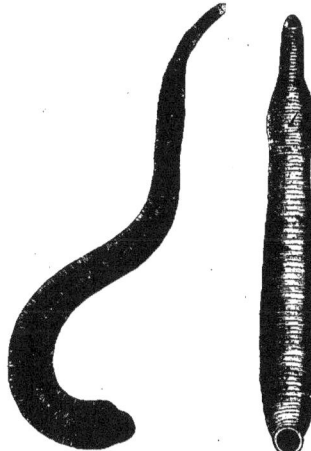

Fig. 111-112. — Trochète verdâtre.

et à bords tranchants, caractérise cette espèce (fig. 111-112). Le dos est d'un gris olivâtre avec deux bandes longitudinales parallèles noirâtres ; le ventre, un peu plus pâle, ne porte ni taches ni bandes, les quatre points oculaires antérieurs sont disposés en croissant sur le premier segment, les quatre autres en lignes transverses, sur les côtés du troisième. L'estomac est tubulaire, divisé par quatre replis intérieurs en cinq compartiments placés bout à bout.

Distribution géographique. — L'espèce est Européenne, elle se rencontre aussi en Algérie.

Mœurs, habitudes, régime. — Comme l'Aulastome, la Trochète verdâtre sort de l'eau à la recherche des Lombrics, elle fréquente les canaux souterrains, les rigoles des prairies et les petites sources. A l'époque de la ponte, la ceinture paraît très gonflée, plus pâle que le reste du corps et légèrement rosée. Les capsules d'un brun foncé, épaisses, sont petites et pointues aux deux extrémités.

NÉPHÉLIS OCTOCULÉE — *NEPHELIS OCTOCULATA* SAV.

Caractères. — Cette Hirudinidée (fig. 113-114) varie considérablement dans sa coloration,

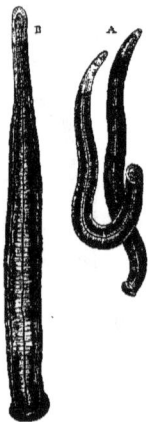

Fig. 113-114. — Néphélis octoculée.

tantôt d'un brun clair, plus souvent cendrée, verdâtre ou couleur de chair ; les points oculaires au nombre de huit sont disposés en demi-

Fig. 115-116. — Points oculaires de Néphélis dans la contraction et l'extension.

cercle, les deux paires postérieures obliques ; dans l'extension, cette disposition change et devient telle que nous la figurons (fig. 114-116) ;

la transparence habituelle de la Néphélis octoculée permet d'étudier sa circulation à un faible grossissement.

Distribution géographique. — Les Néphélis sont Européennes.

Mœurs, habitudes, régime. — L'espèce que nous décrivons habite les fontaines et les ruisseaux, elle ne peut quitter l'eau sans mourir au bout de quelques minutes, ni se contracter en olive comme les autres sangsues. Elle se roule sur elle-même comme les Lombrics, et se nourrit de Planaires, d'Infusoires, ou d'autres petits animaux, car elle est impropre à sucer le sang.

A l'époque de la ponte, la ceinture se gonfle au milieu, se rétrécit aux deux extrémités, et exsude par toute sa surface une matière visqueuse qui se condense en une capsule ovoïde ; lorsque cette capsule est formée, l'animal cherche à s'en séparer, en rétrécissant fortement la partie du corps comprise dans la capsule et en avant de celle-ci, puis se glisse à reculons. Ces capsules sont longues de 4 à 6 millimètres,

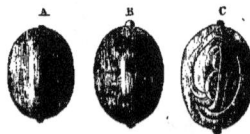

Fig. 117.   Fig. 118.   Fig. 119.

Fig. 117 à 119. — Cocons de Néphélis octoculée.

ovoïdes et un peu aplaties, de nature cornée, jaunâtres ou brunes (fig. 117 à 119).

Linné a décrit ces capsules comme un Insecte hémiptère aquatique auquel il avait donné le nom de *Coccus aquaticus.*

Nous plaçons à la suite des Hirudinidées un type des plus remarquables, représenté par plusieurs espèces généralement connues sous le nom de Sangsues terrestres. L'une des plus intéressantes est la suivante.

SANGSUE DE CEYLAN — *HÆMADIPSA CEYLANICA* SCHM.

Caractères. — La Sangsue de Ceylan est longue de 5 à 8 centimètres, son corps, de la grosseur d'un crin de cheval, disent les uns, plus volumineux tout en étant très mince, d'après certains autres, est noirâtre ou d'un jaune brun avec des séries de taches plus pâles dans la région du dos. Elle porte cinq paires d'yeux disposés en arc, et dont la dernière paire est située sur le septième segment; la bouche très rétractile est disposée comme dans les Sangsues ordinaires, les denticules des mâ-

Fig. 120-121. — Sangsue de Ceylan (*).

choires triangulaires offrent une pointe acérée et tranchante (fig. 120-121).

Distribution géographique. — Cette espèce habite Ceylan.

Mœurs, habitudes, régime. — Les Sangsues de Ceylan sont devenues célèbres par les ravages qu'elles exercent dans les régions où elles habitent. Les voyageurs ont raconté souvent les souffrances que ces animaux leur ont fait éprouver. Schmarda, notamment, dans son voyage de circumnavigation, s'exprime à leur sujet de la façon suivante :

« Les tourments que provoquent les blattes et les moustiques, dit-il, ne sont rien en comparaison des douleurs qui torturent ici les voyageurs; car, dans les forêts et dans les prairies, grouillent les petites Sangsues terrestres, que les anciens ont désignées sous le nom d'*Hirudo ceylanica*. Elles vivent dans l'herbe, sous les feuilles mortes et sous les pierres, sur les arbres et sur les buissons. Elles sont extrêmement ra-

Fig. 122. — Sangsues de Ceylan en embuscade.

pides dans leurs mouvements, et doivent flairer leur proie à une certaine distance. Dès qu'elles perçoivent la présence d'un homme ou d'un animal, elles arrivent de tout le voisinage et se jettent sur leur victime. Souvent on s'aperçoit à peine de leur succion ; au bout de quelques heures, elles sont gorgées et tombent spontanément. Les indigènes qui nous accompagnaient étendaient sur leurs blessures de la chaux vive, qu'ils portent dans leurs boîtes de bétel, ou de la salive rendue caustique par la chaux et par le bétel ; il m'a paru tout naturel qu'une inflammation violente s'ensuive, et je m'expliquai aisément ainsi les abcès profonds que beaucoup d'indigènes portent aux pieds. Beaucoup d'entre eux regardent le suc d'un certain citron (*Citrus tuberoides*) comme un médicament spécifique. Tous ces remèdes conviennent parfaitement pour détacher les Sangsues ; mais ils irritent nécessairement la plaie. Ce qu'il y a de particulièrement désagréable, c'est que ces Sangsues recherchent de préférence les endroits déjà visités par d'autres, attendu que la peau enflammée et chaude les attire en raison de sa vascularisation. Pour se préserver des attaques de cet ennemi redoutable malgré son exiguité, il est indispensable de protéger spécialement les pieds. On y parvient en fixant, par-dessus les vêtements qui couvrent les jambes, des bas de cuir ou de laine très épaisse qu'on attache au-dessus du genou. Ces bas de laine nous ont paru commodes et suffisants, mais nous en portions toujours une paire de rechange parce qu'ils se déchirent facilement dans les broussailles, ou s'usent pendant la marche. J'ai trouvé souvent, au niveau du lien, des douzaines de Sangsues terrestres qui s'efforçaient d'y pénétrer. Pendant la marche, nous en souffrions moins ; celui qui marchait en tête était toujours le moins torturé : quand ces Sangsues ont flairé une proie, elles attaquent avec d'autant plus d'avidité celles qui suivent. Bientôt, en dépit de toutes les précautions, nous en eûmes sur la nuque, dans les cheveux, sur les bras, car elles vivent non seulement dans l'herbe et dans les feuilles tombées, mais encore sur les arbres d'où elles se laissent choir sur les hommes ou les animaux qui passent »

(*) A, partie antérieure. — B, mâchoire très grossie.

E. Tennent rapporte que les Sangsues de Ceylan ont la précaution d'enfoncer dans le sol humide une partie de leur corps, l'autre portion est maintenue dressée, elles sont ainsi placées en embuscade, attendant le passage de l'homme et des animaux sur lesquels elles grimpent alors avec avidité (fig. 121).

Indépendamment de l'île de Ceylan, on rencontre des Sangsues terrestres dans toute la chaîne de l'Himalaya, les forêts de Batavia, à Sumatra ; Gray en a étudié de semblables au Chili.

Elles se meuvent, dit un autre auteur, avec une rapidité incroyable ; allongées, on les prendrait pour un fil ; contractées, elles forment une boule de la grosseur d'un pois.

Plusieurs espèces sont très certainement confondues sous une même appellation. De ce nombre fait partie tout un groupe des plus intéressants, appartenant à un autre ordre que nous examinerons plus loin.

LES CLEPSINES — *CLEPSINIDÆ* Gr.

Die Rüsselegel.

Caractères. — Les espèces composant cette famille ont le corps ovale, déprimé, un peu crustacé, convexe en dessus, exactement plat en dessous, susceptible en se contractant de se rouler en boule ou en cylindre ; les segments sont formés de trois anneaux, les yeux disposés sur deux lignes longitudinales au nombre de une ou de quatre paires ; la bouche est grande, munie d'une trompe exsertile, tubuleuse, cylindrique, très simple ; les mâchoires sont réduites à trois plis.

Distribution géographique. — Les Clepsines sont Européennes, quelques espèces proviennent d'Amérique. Le Danemark, mais surtout l'Italie et la France méridionale, en fournissent un grand nombre.

Mœurs, habitudes, régime. — « Les espèces de ce groupe habitent les eaux limpides des sources et des ruisseaux, elles se tiennent appliquées contre les pierres et les plantes aquatiques. La plupart de ces animaux sont lents et paresseux, ils marchent en se détachant du sol à la façon des chenilles arpenteuses, quelques espèces à l'aide de leurs ventouses se promènent à la surface de l'eau. La face inférieure du corps est disposée en une sorte de poche incubatrice, où sont déposés leurs œufs ; les embryons éclosent de bonne heure et restent fixés un certain

temps à la mère, à l'aide de leur ventouse postérieure. C'est un spectacle intéressant que de voir une dizaine ou une quinzaine de ces petits dont la tête émerge au-dessous de la mère ; ils rappellent les poussins entassés au-dessous de la poule ; lorsqu'on les éloigne de leur mère, ils viennent s'y rassembler immédiatement. » (Muller.)

CLEPSINE A DEUX YEUX — *CLEPSINE BIOCULATA* Sav.

Caractères. — La Clepsine à deux yeux a le corps oblong, plat, presque gélatineux, transparent, à crénelures marginales très petites ; le dos est d'un gris verdâtre très clair, parsemé de petits points bruns et rouges. Les yeux au nombre de deux sont noirs, brillants, situés sur le second segment et peu écartés ; la trompe est d'un

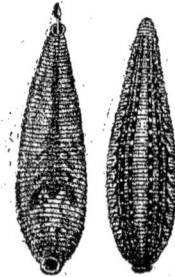

Fig. 123.   Fig. 124.

Fig. 123-124. — Clepsine à deux yeux.

Fig. 123. — Vue en dessous.   Fig. 124. — Vue en dessus.

blanc de lait, cylindrique, lisse et transparente (fig. 123-124).

Distribution géographique. — Cette espèce se trouve dans les eaux douces d'Europe.

Mœurs, habitudes, régime. — Fortement appliquée contre les pierres au fond de l'eau, elle suce les Mollusques fluviatiles, tels que les Lymnées, les Physes et les Planorbes. Il est intéressant, dit Muller, de voir une Clepsine attaquant un Planorbe. Celui-ci se retire brusquement dans sa coquille, laissant échapper avec bruit quelques globules d'air ; la Clepsine continue son attaque et commence à pénétrer dans l'intérieur de la coquille ; alors le malheureux Mollusque, ne se croyant pas en sûreté dans son habitation, fait des efforts pour sortir du liquide et cherche son salut, par un instinct particulier, dans un milieu où la Clepsine ne peut vivre ; mais au bout de peu d'instants, forcé de redescendre à l'eau, il s'expose à un nouveau péril et finit par succomber.

La Clepsine, à deux yeux ne peut vivre hors de l'eau même quelques minutes ; elle porte ses œufs sous la partie concave du corps ; ces œufs, de un demi-millimètre de diamètre, sont d'un gris rosé ; les petits, blanchâtres et transparents, demeurent, comme on l'a vu, longtemps attachés à leur mère.

LES ICHTHYOBDELLES — *ICHTHYOB-DELLIDÆ* Gr.

Caractères. — Les espèces de cette famille, plus généralement connues sous le nom de *Sangsues des Poissons*, ont le corps cylindrique, à peau généralement verruqueuse, les ventouses antérieure et postérieure sont larges, la bouche porte une forte trompe exsertile, les segments sont formés de quatre anneaux. La cavité viscérale est divisée en chambres correspondant aux segments.

Distribution géographique. — Un certain nombre habitent les eaux douces, d'autres sont marines et répandues sur tout le globe.

Mœurs, habitudes, régime. — Elles vivent en parasites sur les Poissons.

PONTOBDELLE MURIQUÉE — *PONTOBDELLA MURICATA* Lin.

Caractères. — Le corps de cette Pontobdelle est cylindro-conique, très atténué en avant, hérissé de verrues plus ou moins épineuses ; sa couleur est cendrée, roussâtre, quelquefois tachetée de brun ; les verrues sont d'un gris plus clair, ses ventouses excessivement développées ; l'orale, grande, très concave, est en forme de godet, les mâchoires sont réduites à trois points saillants, les yeux au nombre de six sont disposés sur une ligne transverse.

Distribution géographique. — Commune dans toutes les mers, on la rencontre fréquemment sur nos côtes.

Mœurs, habitudes, régime. — La Pontobdelle muriquée se tient dans la mer, attachée aux poissons et surtout aux raies, elle ne sort jamais de l'eau, et se fixe souvent aux rochers (fig. 127, page 81).

« Si on en juge d'après ses habitudes en captivité, elle est d'une nature indolente et bornée.

Sa forte musculature lui permet de se maintenir étendue perpendiculairement pendant un temps fort long sans autre point d'appui que sa ventouse postérieure. Mais elle aime surtout demeurer suspendue, la partie supérieure infléchie. Peut-être faisons-nous tort à la Sangsue-des-raies en l'accusant d'indolence. Les raies demeurent presque immobiles aussi pendant le jour, tandis qu'elles s'agitent joyeusement pen-

Fig. 125. — Piscicole géomètre.

dant le crépuscule. Leurs hôtes ne partageraient-ils pas leur manière de vivre ? » (O. Schmidt.)

Les œufs de la Pontobdelle, portés sur un pédicule étroit, émanant d'une base large et membraneuse, sont adhérents aux pierres et aux coquilles à une certaine profondeur au fond de l'eau (Darwin).

PISCICOLE GÉOMÈTRE — *PISCICOLA PISCIUM* Lin.

Caractères. — Dans cette espèce, le corps allongé, grêle, atténué en avant, est d'un blanc

Fig. 125. — Pontobdelle muriquée.

jaunâtre finement pointillé de brun, à dos marqué de trois chaînes de taches elliptiques, blanchâtres au nombre de 18 ou 20 ; les ventouses très dilatées sont inégales, l'anale double de l'antérieure est comme crénelée et blanchâtre (fig. 125).

Distribution géographique. — Elle habite les eaux douces d'Europe.

Mœurs, habitudes, régime. — Les Piscicoles se fixent sur le corps des poissons, elles attaquent de préférence les Carpes, les Goujons, généralement toutes les espèces de Cyprins, elles ne peuvent nager et marchent elles aussi à la manière des chenilles arpenteuses. Si on les abandonne à elles-mêmes, elles se laissent tomber au fond du liquide ; leurs œufs très petits, oblongs, sillonnés longitudinalement, sont

jaunâtres ou d'un rouge brun et fixés sur les poissons.

BRANCHELLION DE LA TORPILLE — *BRANCHELLIO TORPEDINIS* Sav.

Caractères. — Les Branchellions sont caractérisés par des appendices latéraux, comprimés, minces à leur bord et se présentant comme autant de feuillets demi-circulaires, onduleux, disposés symétriquement.

Le Branchellion de la torpille (fig. 126) a le corps allongé, déprimé, un peu bombé en dessus, plat en dessous, faiblement coriace, les appendices sont très rapprochés les uns des autres et comme imbriqués ; la couleur générale de l'animal est brun noirâtre, à dos

BREHM.

Vers. — 11

faiblement cendré et couvert de petits points blancs jaunâtres, les treize premiers anneaux fort étroits forment une sorte de col séparé du corps par un étranglement; la ventouse anale

Fig. 126. — Branchellion de la torpille.

grande, concave, est tout à fait terminale, l'antérieure est très petite et en forme de godet.

Distribution géographique. — Cette espèce habite la Méditerranée et les côtes ouest de l'Océan européen.

Mœurs, habitudes, régime. — Les Branchellions se tiennent dans la mer attachés aux Poissons, l'espèce que nous décrivons vit sur les Torpilles. Les appendices foliacés ont été longtemps considérés comme des branchies, il n'en est rien, ils servent très probablement, d'après Moquin-Tandon, à la reptation sur le corps des Poissons, ou à faciliter les mouvements dans l'eau.

LES BRANCHIOBDELLES — *BRAN-CHIOBDELLIDÆ* Gr.

Caractères. — Les Branchiobdelles ont le corps allongé, déprimé, presque cylindrique quand il est étendu, composé de segments inégalement annelés, la ventouse anale obliquement terminale; le pharynx est sans trompe, avec deux mâchoires aplaties, situées l'une au-dessus de l'autre ; le lobe céphalique est divisé en deux et dépourvu de points oculaires.

Distribution géographique. — Elles habitent les eaux douces d'Europe, d'Afrique et d'Amérique.

Caractères. — Le corps de cette espèce est transparent, d'un jaune doré ; dans la plus grande extension il est à peu près aussi large en avant qu'en arrière, dans les fortes contractions il devient lancéolé ou pyriforme, la transparence des téguments laisse apercevoir les chambres du tube digestif.

Distribution géographique. — La Branchiobdelle de l'Écrevisse vit dans les eaux courantes des petits ruisseaux de toute la France.

Mœurs, habitudes, régime. — On la trouve attachée aux branchies de l'Écrevisse, surtout pendant les mois de décembre et janvier ; sa longueur ne dépasse pas de 5 à 12 millimètres, elle marche en serpentant et forme des anneaux presque complets; ses œufs pédiculés sont également attachés aux branchies des Écrevisses; les jeunes, de la grosseur d'un fil, se tiennent souvent sur le bord externe du test, qu'elles abandonnent aussitôt la mort de l'animal pour chercher une nouvelle proie.

LES MALACOBDELLES — *MALACOB-DELLIDÆ* Gr.

Caractères. — Les Malacobdelles sont des Sangsues pourvues d'une trompe, leur peau est mince, transparente, le pharynx est protractile, le corps est ovale, très déprimé, à surface ciliée ; la ventouse antérieure est représentée par une sorte de bifurcation, la postérieure est discoïde.

Distribution géographique. — Toutes habitent les mers du globe.

Mœurs, habitudes, régime. — Essentiellement parasites, les Malacobdelles vivent sur les Lamellibranches, et se trouvent ordinairement attachées à leurs feuillets branchiaux.

Caractères. — Le corps de cette espèce est lancéolé, un peu allongé, transparent, d'un blanc jaunâtre, quelquefois orné de lignes transverses très fines, un peu onduleuses et blanchâtres. Chez les Malacobdelles, les sexes sont séparés.

Distribution géographique. — L'espèce habite les mers d'Europe.

Mœurs, habitudes, régime. — Elle vit sur les feuillets branchiaux de la *Venus exoleta* et de la *Mya troncata*.

Les mœurs des Malacobdelles ont été peu étudiées, elles méritent un examen sérieux.

M. É. Blanchard a donné de curieux détails anatomiques sur cette espèce. D'après lui, le système nerveux ne ressemblerait en rien à celui des Hirudinées en général; les centres nerveux seraient à droite et à gauche du tube digestif, le long des flancs; en outre, il n'y aurait pas de collier œsophagien, et les cordons ne seraient pas réunis par des commissures. Le travail de M. Blanchard date de 1845.

Rang signale une espèce vivant dans les branchies de l'*Anodonta Chaisiana* du Sénégal, elle serait par conséquent fluviatile, il la nomme *Malacobdella viridis;* sa couleur générale est verte avec quelques taches rousses, les anneaux sont pointillés sur les côtés et munis chacun de quatre taches jaunes sur la ligne transverse, formant ainsi quatre bandes longitudinales.

LES GÉPHYRIENS — *GEPHYREA* De Quat.

Die Heberwürmer.

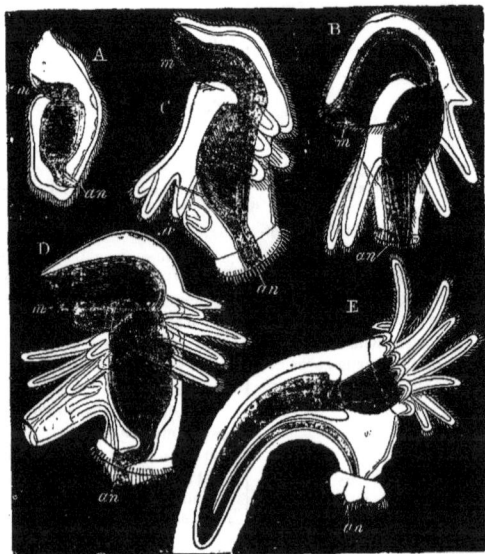

Fig. 127. — Larves de Phoronis hippocrépine à divers états de développement (*).

Caractères. — Longtemps confondus avec les Holoturies, les Géphyriens s'en distinguent nettement par l'absence de formations calcaires dans les téguments, et d'appareil ambulacraire; de plus ils possèdent un anneau œsophagien, et une chaîne ventrale; ils se différencient aussi des Annelides, par la simplicité de cette chaîne ventrale, ne présentant point de dis-

(*) A, jeune larve. — B, larve après l'apparition de la couronne de tentacules. — C, larve avec commencement d'invagination, délimitant la forme du corps. — D, invagination en voie de formation. — E, invagination complète. — m, bouche. — an, anus. — iv, point d'invagination dépassant le corps (d'après Metschnikoff).

tance en distance de renflements ganglionnaires,
et renfermée dans un vaisseau sanguin ; on doit
à M. de Quatrefages, d'avoir élevé les Géphyriens
au rang de classe et d'en avoir précisé les caractères. Son importante monographie va nous
servir de guide dans l'étude des groupes qui
composent la famille.

L'enveloppe tégumentaire est formée d'un
épiderme épais et d'un derme fibreux ; la couche cuticulaire repose sur une matrice cellulaire, elle paraît marquée de plis transversaux
sans qu'il y ait de véritable segmentation ; cette
couche renferme de nombreux follicules glandulaires, destinés à sécréter les mucosités dont
s'enveloppent ces animaux. La surface est souvent hérissée de granulations, arrondies ou coniques, accumulées par places ou éparses sur tout
le corps, donnant des caractères spécifiques importants. L'enveloppe musculaire se compose
d'une couche supérieure de fibres annulaires et
d'une couche inférieure de fibres longitudinales
larges, réunies aux premières par des anastomoses ; au-dessous de cette couche, existe encore
une troisième couche de fibres annulaires.

Ces couches jouent un rôle considérable dans
la locomotion des animaux.

Chez tous les Géphyriens armés, les dispositions du tube digestif sont les mêmes, on voit
en arrière de l'orifice buccal un pharynx étroit
à parois minces et extensibles, suivi d'une
trompe charnue, épaisse, parfois armée de papilles et de crochets cornés, puis vient l'intestin formé de nombreuses circonvolutions, maintenues par une membrane fixe, en continuité
avec celle qui tapisse la cavité abdominale.

Dans les Géphyriens inermes, le tube digestif
est plus simple, ce tube beaucoup plus long que
le corps se replie vers le milieu de sa longueur
et s'enroule sur lui-même, l'intestin est libre
dans toute son étendue chez les Siponcles,
et flotte dans le liquide de la cavité générale.

L'appareil vasculaire se compose de trois systèmes distincts de vaisseaux, représentés chacun
par un tronc principal, dont l'un est dorsal, le
second abdominal et le troisième placé entre les deux précédents ; chez les Échiures, le
vaisseau dorsal est sinueux ; le sang rougeâtre suit une direction semblable à celle des
Annélides ; le liquide de la cavité générale peut
se mélanger avec l'eau qui, dans certaines espèces, pénètre dans la cavité viscérale , par
une ouverture située à l'extrémité postérieure
du corps pouvant se fermer à volonté ; d'après
Greeff, dans l'Échiure, l'eau de mer pénètre

dans la cavité générale par deux vésicules ciliées, placées sur le rectum, baigne directement
tous les organes internes, et permet à la respi-

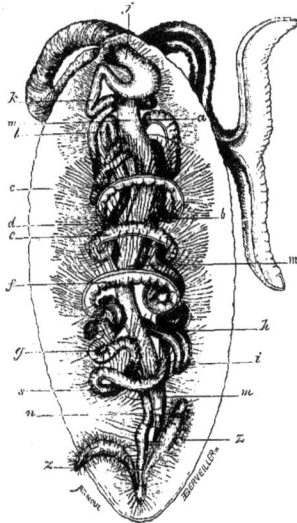

Fig. 128. — *Bonellia viridis*. Bonellie ouverte par le
dos (*).

ration de s'effectuer dans cette cavité. Les vésicules papilleuses de l'extrémité caudale des
Priapules, les tentacules des Siponcles, sont
considérés comme des organes respiratoires ;
Williams admet aussi la respiration par la surface du corps ; M. de Quatrefages partage cette
opinion et croit que la peau, chez les Siponcles,
joue un rôle considérable dans l'hématose du
liquide de la cavité générale.

Divers appendices, formés tantôt par des
tubes ramifiés, munis d'entonnoirs ciliés, s'ouvrant dans la cavité viscérale, tantôt par des
tubes simples sans ramifications, ou par des
cœcums courts, constituent les organes excréteurs, et semblent comme les organes segmentaires des Annélides, jouer un rôle important à
l'époque de la genèse (fig. 128).

Les sexes sont séparés chez tous les Géphyriens ; ils subissent des métamorphoses, leurs

(*) *a*, portion moyenne de l'intestin. — *b c d e*...., ses circonvolutions successives. — *i*, sa portion anale. — *g*, trabécules qui fixent
l'intestin aux parois du corps. — *m*, matrice. — *x*, organes excréteurs (Lacaze-Duthiers, *Annales des sciences naturelles*).

larves ovales, allongées, possèdent une bouche, un intestin, un anus, un centre nerveux et des taches oculaires ; les larves, du reste, varient suivant les types auxquels elles appartiennent.

En général, elles sont munies d'une couronne de cils entourant l'aire buccale et dont les mouvements leur permettent de nager à la surface de la mer (fig. 127, p. 83).

Distribution géographique. — Les Géphyriens se rencontrent dans toutes les mers ; les recherches récentes en ont fait connaître un grand nombre, plusieurs espèces habitent nos côtes, mais les rivages de l'Afrique, de l'Océanie, de la Nouvelle-Zélande, etc., etc., en révèlent chaque jour de nouvelles espèces.

Mœurs, habitudes, régime. — Toutes les espèces composant cette famille sont éminem-

ment sédentaires, elles rampent lentement à l'aide de contractions musculaires, et en enflant et effilant tour à tour les diverses portions de leur corps (de Quatrefages).

La plupart vivent enfouies dans le sable et la vase, d'autres se creusent une retraite au milieu des polypiers et même dans les pierres, certaines s'abritent dans des coquilles vides, un seul genre (Bonellie) serait errant et changerait continuellement de place (Lacaze-Duthiers).

Usage, emploi. — Les Géphyriens, dit M. de Quatrefages, ne sont d'aucune utilité réelle pour l'homme ; on assure que certains Siponcles sont employés comme aliments par les Chinois ; sur nos côtes, ils ne servent même pas d'appât aux pêcheurs.

LES GÉPHYRIENS ARMÉS — *GEPHYREA ARMATA* De Quat.

Dans cette division, le corps porte antérieurement et postérieurement, ou seulement en avant, des soies simples, l'extrémité postérieure de l'intestin est habituellement munie d'appendices glandulaires ; elle comprend :

LES STERNASPIDIENS — *STERNASPIDÆ* Sav.

Caractères. — Les différentes régions sont bien marquées dans ce groupe ; le corps est court, épais, sa partie antérieure est remarquable par de nombreux faisceaux de soies latéraux, disposés de chaque côté sur trois rangées, la région postérieure porte également des soies rayonnantes, ainsi qu'un bouclier corné ; l'anus est placé sur une papille rétractile, située au-dessous du bouclier, à droite et à gauche existe un bouquet de filaments branchiaux.

Une seule espèce est connue, c'est le :

STERNASPE THALASSÉMOÏDE — *STERNASPIS TALASSEMOIDES* Otto.

Caractères. — Sa tête est rétractile, les branchies filiformes sont d'une grande ténuité, la partie antérieure du corps porte six faisceaux de soies, la postérieure dix, le bouclier est quadrangulaire et entouré de chaque côté par trois paquets de soies.

Distribution géographique. — Ce Sternaspe

habite la Méditerranée, l'Adriatique et se retrouve sur les côtes de la Rochelle.

Mœurs, habitudes, régime. — Les mouvements sont d'une lenteur excessive chez l'animal qui nous occupe ; vivant enfoui dans le sable vaseux, ou caché dans les trous des rochers, il mène une existence dont l'indolence est telle, qu'elle contraste même avec la lenteur bien connue des groupes suivants dont il est voisin.

LES ÉCHIURIDES — *ECHIURIDÆ* Blainv.

Caractères. — Le corps des Échiurides ne présente pas d'anneaux distincts, l'extrémité antérieure se prolonge au-dessus de la bouche en une trompe bifurquée, sur laquelle repose un large anneau œsophagien, sans renflement ganglionnaire (Claus.) ; la région antérieure est indiquée seulement par des soies abdominales, la postérieure porte des soies rayonnantes, disposées en cercle autour du corps (de Quatrefages).

Distribution géographique. — Les côtes européennes (Angleterre, Danemark, France, Italie), et la mer des Indes, ont jusqu'ici fourni les principaux types de cette famille.

ÉCHIURE DE PALLAS — *ECHIURUS PALLASI* Guer.

Caractères. — La tête de cette espèce est contractile, pourvue d'un appendice proboscidiforme cou t et large, dont la paroi interne est revêtue de cils, le corps est distinctement marqué d'anneaux granuleux, il porte en avant deux soies ou crochets et en arrière des soies rayonnantes.

Distribution géographique. — L'Échiure de Pallas habite les côtes de Belgique, d'Angleterre et de Normandie.

Mœurs, habitudes, régime. — Ses mœurs sont peu connues, il vit dans la vase des rivages à une certaine profondeur ; lorsqu'on le saisit, il se contracte rapidement en devenant rigide ; abandonné à lui-même, il s'effile plus ou moins en avant, et présente sur tout le corps des renflements et des étranglements onduleux disposés symétriquement (de Quatrefages).

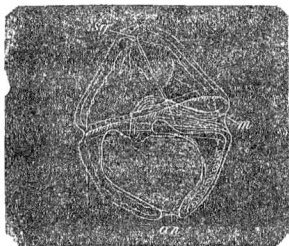

Fig. 129. — Larve d'Échiure de Pallas (*).

La larve de l'Échiure de Pallas (fig. 129) peut être prise comme type de celle des Géphyriens.

BONELLIE VERTE — *BONELLIA VIRIDIS* ROLANDO.

Caractères. — La Bonellie verte tire son nom de la couleur dont elle est tout entière ornée, et dont l'éclat le dispute à celui de l'Émeraude. Son appendice proboscidiforme très long est bifurqué à son extrémité ; elle n'a point d'anneaux de soies postérieurs (fig. 128, p. 84).

Distribution géographique. — Cette espèce habite la Méditerranée, elle est commune surtout sur les côtes de Corse.

Mœurs, habitudes, régime. — La Bonellie verte exsude par toute sa surface une liqueur verte qui tache les mains, mais cède aisément à quelques lavages. Schmarda et Gottlieb ont regardé cette matière verte comme analogue à la Chlorophylle, opinion que ne partage pas

(*) *m*, bouche. — *an*, anus. — *sp*, ganglion sus-œsophagien (d'après Salensky).

M. Lacaze-Duthiers, et qui cependant présente tout au moins de grandes probabilités, à en juger par ce qui existe chez d'autres animaux, proches parents de ceux-ci. Quoi qu'il en soit, la Bonellie vit sous les pierres assez grosses pour résister au choc des vagues, dans des cavités où elle cherche un refuge ; lorsqu'elle veut pénétrer dans ses retraites, elle accumule dans la partie antérieure du corps le liquide de la cavité générale, la partie postérieure ainsi vidée se glisse par une étroite ouverture pour gagner l'intérieur, puis, en faisant couler le liquide dans la portion déjà abritée, la Bonellie parvient à introduire le corps tout entier. Cette manœu-

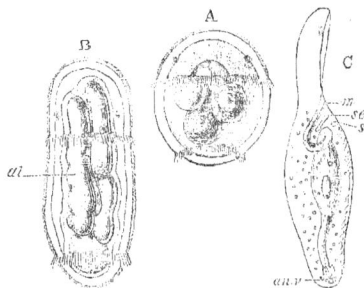

Fig. 130. — Développement de la Bonellie verte (*).

vre s'exécute à l'aide de contractions péristaltiques (Lacaze-Duthiers).

L'appendice céphalique de la Bonellie, fort long, très mobile, très contractile, est constamment en mouvement, le corps change aussi fréquemment de figure, par suite des contractions incessantes des couches musculaires souscutanées, et ce n'est qu'après la mort de l'animal, que l'on reconnaît qu'il est ordinairement ovoïde (Lacaze-Duthiers).

La Bonellie quitte souvent la demeure qu'elle s'est choisie ; elle se déplace à l'aide des mouvements généraux du corps et en s'aidant de son apendice céphalique, dont les branches peuvent adhérer aux corps extérieurs ; c'est un animal sinon nocturne, du moins crépusculaire ; tant que la lumière est trop vive, il reste caché dans ses demeures souterraines. Kowalewsky signale un fait des plus intéressants : les individus mâles de la Bonellie verte ressemblent

(*) A, larve avec deux bandes de cils. — B, larve bien développée vue par la face dorsale. — C, jeune Bonellie vue de côté. — *al*, canal alimentaire. — *m*, bouche. — *se*, tube excréteur temporaire. — *s*, crochet ventral. — *an.v*, vésicule anale (d'après Spengel).

à des Planaires et se tiennent dans les conduits excréteurs de la femelle. Nous représentons (fig. 130) les principales phases de son développement.

LES GÉPHYRIENS INERMES — *GEPHYREA INERMIA* De Quat.

Le corps des Géphyriens inermes est dépourvu de soies, la bouche est à l'extrémité antérieure du corps, proboscidiforme et le plus souvent rétractile. Les types suivants font partie de cette division.

LES PRIAPULIDES — *PRIAPULIDÆ* Sav.

Caractères. — Les Priapulides ont le corps plus ou moins cylindrique, la trompe est dépourvue de couronne de tentacules, le pharynx armé de papilles et de rangées de dents précède un tube digestif droit, l'anus situé à l'extrémité postérieure et un peu dorsal est le plus souvent terminé par un appendice caudal, composé des tubes en forme de papilles, que l'on suppose être des branchies ; M. de Quatrefages nomme ces organes Hydrobranchies. Ehlers les appelait simplement et faussement la queue.

Distribution géographique. — Les Priapulides paraissent plus spécialement localisés dans les mers du Nord de l'Europe.

PRIAPULE A QUEUE. — *PRIAPULUS CAUDATUS* Mull.

Caractères. — Dans le Priapule à queue, la portion antérieure du corps, légèrement renflée en massue, constitue la trompe, dont l'extrémité antérieure tronquée présente un orifice buccal assez grand. Les saillies longitudinales de la trompe sont armées de petites pointes aiguës. Le corps lui-même, séparé de la trompe par un étranglement, présente des annelures distinctes isolées par des sillons (fig. 131). Les Hydrobranchies se trouvent disposées en houppe ; dans la zone qui la sépare du corps, se voit l'orifice du tube digestif.

Distribution géographique. — Ehlers a rassemblé les connaissances acquises au sujet de la répartition et du mode d'existence des Priapules. Leur domaine paraît se limiter aux rivages septentrionaux, et plus on avance vers le Nord, plus leur nombre grandit. Dans toute l'aire

d'habitat qu'ils occupent, Groënland, Islande et Norwège jusqu'aux côtes d'Angleterre, ces Vers

Fig. 131. — Priapule à queue en état de rétraction.

vivent dans les sols argileux ou sablonneux, à des profondeurs diverses.

Mœurs, habitudes, régime. — Le Priapule à queue se creuse, à l'aide de mouvements de protraction et de rétraction de sa trompe, des conduits de la longueur de son corps, dont la présence est décelée par les débris qu'il rejette au-dessus d'eux. Dans ces cavités il demeure immobile ; sa queue seule émerge dans l'eau ambiante. Tous les observateurs qui ont étudié cet animal vivant signalent la rétraction de sa trompe lorsqu'on le dérange, et la protraction soudaine de cet organe lorsqu'on le laisse tranquille ; ce sont absolument les mêmes phénomènes qu'on observe chez les Siponcles. Chez un Priapule, conservé pendant trois mois dans un aquarium, on n'a pu observer de quelle manière il se procurait sa nourriture. Au soleil il se montrait vivace, étirant et retirant sa trompe rapidement, avec brusquerie ; il développait et rétractait successivement son appendice caudal volumineux (fig. 132, p. 88) ; il ployait son corps, l'allongeait et le raccourcissait, sans suivre aucun ordre déterminé dans ces modifications. Quant à son alimentation elle est très probable-

Fig. 132. — Priapule à queue en état d'extension.

ment végétale, si l'on en juge par les débris contenus dans le tube digestif.

LACAZIE LONGIROSTRE — *LACAZIA LONGIROSTRIS* De Quat.

Caractères. — M. de Quatrefages a créé le genre *Lacazia* pour un type voisin des Priapules. Il le caractérise par un corps allongé d'environ 9 centimètres, épais en avant, hérissé de granulations et présentant des côtes longitudinales qui disparaissent brusquement sur la partie exsertile ; celle-ci égale la longueur du corps. La partie postérieure de l'animal se termine par un anneau peu marqué, au delà duquel fait saillie un mamelon allongé, portant dix rangées de cirrhes aplatis, formant autant de franges que l'on peut assimiler aux hydrobranches des Priapules.

L'habitat de cette espèce remarquable n'est pas connu.

LES SIPONCULIENS — *SIPUNCULIDÆ* De Quat.

Caractères. — Les Siponculiens présentent un corps cylindrique, la partie antérieure est

exsertile et rétractile de manière à simuler une trompe, la vraie trompe courte est entourée par la bouche, plus ou moins garnie de cirrhes marginaux et respiratoires, l'intestin est contourné en spirale, le corps enfin est dépourvu de soies, de bouclier et de branchies.

« L'organisme de plus en plus dégradé arrive dans cette famille, d'après M. de Quatrefages, à un état de simplification extrême. »

Distribution géographique. — Les Siponculiens habitent les côtes d'Europe, l'Océan, la Méditerranée, l'Océan Indien, les mers d'Afrique et d'Amérique.

Mœurs, habitudes, régime. — Presque tous vivent enfouis dans le sable ou les crevasses de rochers ; plusieurs choisissent pour demeure la coquille vide de certains mollusques, ils ont ordinairement la portion exsertile du corps remarquable par sa longueur.

Les genres *Siponcle*, *Phascolosome*, *Cryptosome* et *Dendrostome*, sont les représentants de cette famille ; nous en étudierons quelques-uns.

SIPONCLE GÉANT — *SIPUNCULUS GIGAS* De Quat.

Caractères. — Cette espèce atteint 34 centimètres de long sur 2 centimètres de diamètre ; le corps est subcylindrique, en forme de gland en arrière, orné de plis ; la partie rétractile est moitié lisse et moitié granuleuse, les cirrhes buccaux paraissent disposés en choux-fleurs (De Quatrefages)..

Distribution géographique. — Le Siponcle géant vit sur les côtes de Bretagne.

PHASCOLOSOME VULGAIRE — *PHASCOLOSOMUM VULGARE* Kef.

Caractères. — Un corps cylindrique granuleux antérieurement et postérieurement, la partie exsertile cylindrique, subglobuleuse au sommet, des cirrhes frangés, caractérisent cette espèce (fig. 133, p.89).

Distribution géographique. — Le Phascolosome vulgaire se trouve sur toutes les côtes de l'Océan.

Mœurs, habitudes, régime. — On le rencontre souvent en grandes quantités dans les baies abritées, sous les pierres et dans les crevasses, mais il est malaisé de s'en emparer. « Lors même qu'on a saisi sa trompe avant sa rétraction complète, cet animal se renfle à sa partie postérieure et laisse plutôt arracher la

Fig. 135.
Phascolome vulgaire.

Fig. 133.

Fig. 134.

Bonellie verte, montrant sous deux aspects différents la forme du corps et de l'appendice céphalique.

Fig. 133. — Vue dans la demi-extension.

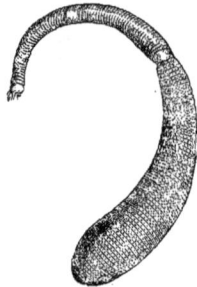

Fig. 134. — Vue dans la demi-contraction.

partie saisie, que de céder. On est donc obligé de briser à l'aide du marteau la pierre sous laquelle les Phascolosomes se cachent, et l'on risque naturellement de les tuer souvent, en opérant ainsi. Lorsqu'on en possède enfin un certain nombre dans un vase, toutes les contrariétés ne sont pas finies, car ils gisent d'abord immobiles et comme morts, semblables à de petites saucisses; leur trompe reste alors complètement invaginée. Au bout de quelque temps ils commencent à s'étirer en forme de doigt de gant, mais rarement ils arrivent, après de nombreuses tentatives, à produire au jour l'extrémité externe de leur trompe, munie de deux petits prolongements. D'ailleurs, dès qu'on peut l'apercevoir, ils se hâtent de la retirer immédiatement. On ne doit pas oublier de faire observer que leur séjour dans un récipient ouvert et éclairé, diffère essentiellement de leur résidence habituelle, BREHM.

dans une pierre creuse au devant de laquelle les algues rougeâtres et verdâtres laissent filtrer une lumière douce et propice. Bien qu'ils soient dépourvus d'yeux, ils sont, comme tant d'autres animaux privés de ces organes, très sensibles à l'excitation lumineuse. » (O. Schmidt.)

CRYPTOSOME MAÇON — *CRYPTOSOMUM COEMEN-TARIUM* De Quat.

Caractères. — Le Siponcle maçon a le corps allongé, lisse, réticulé, la partie postérieure est couverte de petites épines coniques brunes ; la portion exsertile est granuleuse, sa couleur est rosée.

Distribution géographique. — Il provient de l'Amérique du Nord.

Mœurs, habitudes, régime. — Vivant dans les tubes vides des Dentales, cette espèce pourrait être facilement entraînée hors de sa demeure par une cause quelconque ; aussi, pour obvier à cet inconvénient, elle a soin d'en murer l'entrée avec de petits grains de sable agglutinés, de manière à former un mastic adhérent et assez dur ; elle laisse au milieu de cette espèce de fortification, dit M. de Quatrefages, une ouverture arrondie du diamètre de sa trompe, mais par laquelle le corps ne pourrait passer.

Une autre espèce voisine, le Siponcle du Dentale, *Cryptosomum Dentalii*, des mers d'Angleterre et du Danemark, habite les mêmes coquilles que la précédente, et cependant il ne construit pas de barrière, mais il porte, à la partie antérieure du tiers postérieur du corps, de grandes papilles faisant l'office de ventouses, destinées à le fixer dans la coquille qu'il a choisie et d'où il glisserait facilement s'il n'était pourvu de ce moyen d'attache.

Le *Cryptosomum Strombi*, également de mêmes mers, choisit la coquille des Turritelles et n'a qu'à mouler son corps dans les circonvolutions de ces coquilles pour être solidement fixé.

DENTROSTOME RAMEUX — *DENTROSTOMUM RAMOSUM* De Quat.

Caractères. — Cette espèce, l'une des plus belles du genre, longue de 7 centimètres et épaisse d'un centimètre, a le corps parfaitement lisse, d'un gris clair très brillant ; la surface paraît finement guillochée ; les cirrhes sont représentés par six gros troncs, partagés en quatre ou cinq branches, subdivisées à leur tour deux ou trois fois et formant comme un gros pinceau à l'intérieur de la bouche (De Quatrefages).

Distribution géographique. — Le Dendrostome rameux provient des côtes du Brésil.

LES GÉPHYRIENS TUBICOLES — *TUBICOLA* Kowal.

Le genre *Phoronis*, longtemps confondu parmi les Annélides sédentaires du groupe des Serpuliens, est devenu, d'après les recherches de Kowalewsky, le type d'un ordre particulier de la classe des Géphyriens.

Caractères. — Les Phoronis portent une couronne de tentacules formée par de nombreux filaments branchiaux ; la bouche est située au centre de la masse tentaculaire, et suivie d'un œsophage et d'un intestin fixé par un mésentère et débouchant sur le côté dorsal ; le système nerveux est peu connu, un ganglion s'observe cependant entre la bouche et l'anus. La couche musculaire située en dessous des téguments est composée de fibres annulaires et de fibres longitudinales.

L'appareil circulatoire est composé d'un vaisseau dorsal et d'un vaisseau ventral, offrant de nombreux appendices, siège de contractions énergiques, maintenant le sang en mouvement ; ce sang renferme de gros globules rouges, ovoïdes et très distincts.

L'embryogénie des Phoronis, étudiée par Kowalewsky, Claus et Balfour (fig. 127), offre des particularités remarquables. D'après ces auteurs, les œufs après s'être formés dans le tissu conjonctif adipeux, entre les villosités vasculaires, tombent dans la cavité, s'échappent par les pores des oviductes et se fixent aux filaments branchiaux où ils subissent une segmentation totale. Les sphères de segmentation se déposent autour d'une cavité et constituent une boule creuse, dont la paroi s'invagine sur un des points, pour former la première ébauche du

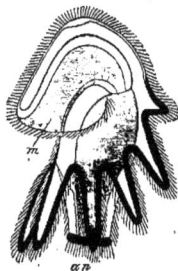

Fig. 136. — Actinotrocha.

canal digestif. La paroi du corps et sa partie invaginée se composent d'abord d'une seule couche de cellules, mais la première se divise bientôt en deux autres couches, l'une constituant l'épithélium de la peau, l'autre la couche musculaire avec le corps adipeux ; alors l'embryon s'allongeant de plus en plus, l'ouverture du tube digestif, d'abord terminale, devient ventrale, puis la partie faisant saillie au-dessus d'elle s'aplatit et devient un appendice en forme de casque; plus tard cinq petits mamelons entre lesquels débouche le tube digestif, primitivement terminé en cul-de-sac, naissent sur l'embryon; sous cette forme il abandonne les enveloppes de l'œuf, et dès lors il peut nager librement dans l'eau. Telle est alors la larve du *Phoronis* avec son appendice galéiforme, au-dessous duquel règne une collerette de tentacules ciliés. Cette larve désignée sous le nom d'*Actinotrocha* (fig. 136) a été longtemps considérée comme un animal que l'on désignait spécifiquement.

PHORONIS HIPPOCRÉPINE. — *PHORONIS HIPPO-CREPIA* Kowal.

Caractères. — Cette singulière espèce, la seule, croyons-nous, jusqu'ici connue, présente un corps cylindrique sans traces d'annulations et sans régions distinctes, elle n'a ni pieds ni soies et compte de 24 à 40 cirrhes à ses branchies (de Quatrefages).

Distribution géographique. — Essentiellement marin, le Phoronis habite les côtes d'Europe, et vit sur les œufs de Homards.

Mœurs, habitudes, régime. — « On ne peut se faire une idée, dit Van Beneden, de la rapidité avec laquelle ces Vers disparaissent au plus léger mouvement de l'eau, cette rapidité est telle qu'on ne peut les saisir, car ils deviennent subitement invisibles, et si par hasard on parvient à en prendre quelqu'un, il se brise en plusieurs tronçons. »

Il est nécessaire de citer ici, *simplement pour mémoire*, le genre *Chætoderma*, créé par Lowen pour un animal couvert d'épines cornées et portant à son extrémité postérieure deux appendices pinnatifides et rétractiles.

Classé par M. de Quatrefages parmi les Géphyriens du groupe des Priapules, imité en cela par Claus et d'autres naturalistes, il est relégué par Schmarda au nombre des Incertæ, tandis qu'Iring en forme le type d'une classe importante.

Il semble en effet constituer une de ces formes de passage, si fréquentes parmi les animaux dont l'étude nous occupe, formes aberrantes, parmi lesquelles sont masqués les types ancestraux d'êtres que l'on ne saurait définir sans y avoir recours, et sur lesquels nous aurons soin d'insister dans le cours de cet ouvrage. C'est donc à la fin des Vers proprement dits que nous examinerons le groupe des *Chætodermes*.

LES ROTIFÈRES — *ROTATORIA* Ehrh.

Die Räderthiere.

Caractères. — Claus, caractérise ainsi la classe des Rotifères :

« Vers à segmentation le plus souvent hétéronome, à appareil ciliaire protractile, situé à l'extrémité antérieure du corps; munis d'un ganglion cérébroïde; dépourvus de cœur et de système vasculaire, et à sexes séparés. »

Les Rotifères, dont les plus grandes espèces mesurent en longueur un demi-millimètre ou un peu plus, ont presque tous un corps translucide au travers duquel on peut, durant la vie, distinguer les parties les plus internes; et cependant leur tégument est si ferme et si élastique, qu'avec tant soit peu d'habileté, on n'éprouve aucune difficulté à exécuter les préparations microscopiques les plus délicates.

Le corps est d'ordinaire extérieurement annelé et se divise en segments plus ou moins distincts, sans que cependant les organes internes correspondent à cette segmentation; il se divise en deux portions, l'une antérieure, renfermant les organes, l'autre inférieure, jouant le rôle de pied terminé par deux soies ou deux stylets opposés l'un à l'autre et qui servent à fixer l'animal, ou à le faire progresser.

Le caractère le plus important des Rotifères consiste dans la présence, à l'extrémité céphalique, d'un appareil ciliaire le plus souvent rétractile, auquel on a donné le nom d'*organe rotateur*.

C'est pendant la natation et pendant les repas, que ces animaux font saillir cet organe. Sa forme, ses dispositions, varient considérablement dans les différentes espèces; en général, il consiste en deux lobes charnus, patellaires et rétractiles sous l'influence de muscles spéciaux;

ces lobes portent sur leur bord libre une rangée de cils frêles, qui peuvent entrer en mouvement sous l'influence de la volonté, et dont l'ensemble produit, chez certaines espèces, l'impression de deux roues, tournant rapidement autour de leur axe.

Cette apparence, qui a valu le nom imposé à toute la classe, est tellement frappante, pour ceux qui l'observent pour la première fois, qu'on ne saurait s'étonner de l'impression merveilleuse qu'elle a suscitée jusqu'à ces derniers temps; en 1812, on admettait encore qu'il s'agissait d'un véritable mouvement rotatoire, et on a cherché une série d'explications de ce phénomène : on l'a comparé, entre autres, à un effet d'optique, d'après lequel une série de figures dans des attitudes diverses, en se succédant en regard d'une ouverture étroite, produisent l'impression d'un seul objet en mouvement. Ehrenberg dit à ce sujet : « Chaque cil tourne simplement autour de sa base, comme le bras d'un homme dans sa cavité articulaire, en décrivant un cercle à son extrémité et en traçant un cône dans son ensemble. L'œil, en se rapprochant et en s'éloignant alternativement, ne distingue plus chaque mouvement original, et la totalité des cils qui pivotent dans un même sens produit l'impression d'une roue tournant sur elle-même. » Il s'agit là, dans tous les cas, de figures isolées qui se succèdent rapidement, en se détachant et en alternant de telle sorte qu'elles produisent l'impression d'un mouvement d'ensemble unique.

Le tourbillonnement de l'appareil rotatoire permet à l'animal de nager très élégamment, en lui imprimant un mouvement lent et spiralé. En même temps, les cils dans leur tourbillonnement figurent un entonnoir qui conduit les aliments vers la bouche ; c'est ce qui a lieu notamment quand l'animal se fixe, par l'intermédiaire de la pince que porte son extrémité postérieure, comme à l'aide d'une ancre, et qu'il met en mouvement son appareil. Si l'on dépose dans une gouttelette d'eau contenant l'animal placé sous le champ du microscope, de fines particules de matières colorantes, telles que l'indigo ou le carmin, on voit les particules se succéder au-devant de la bouche, sous l'influence d'un tourbillonnement puissant.

Les organes digestifs se composent d'un pharynx large, d'un œsophage étroit, d'un estomac cilié à parois formées de grosses cellules, et d'un intestin également cilié, débouchant sur la face ventrale.

Le pharynx est armé d'une paire de mâchoires ayant chez certaines espèces la forme de pinces, et chez beaucoup d'autres l'aspect de tenailles pointues (fig. 137). Dans chaque genre, elles ont une forme tellement déterminée, qu'elles fournissent des caractères distinctifs et que l'on peut conclure de cette forme, au mode d'existence de l'espèce. A l'époque où Ehrenberg faisait ses recherches sur les Rotateurs, il reçut un petit vase qui devait contenir un échantillon, dont il s'agissait de déterminer l'espèce. Des recherches

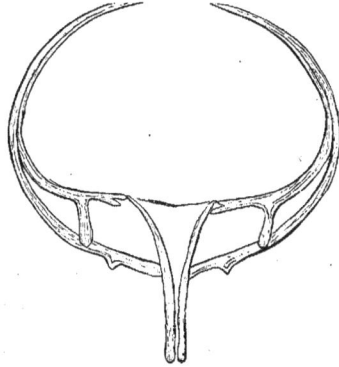

Fig. 137. — Mâchoire de rotifère.

minutieuses faites avec la loupe ne permirent de découvrir aucun Rotifère vivant ; il était sans doute mort pendant le voyage. « Mais les mâchoires doivent s'y trouver, dit Ehrenberg, alors même que le reste du corps se serait détruit ! » En effet, lorsqu'on eut retiré l'eau avec soin, on trouva dans la dernière gouttelette ces organes qui lui permirent de déterminer l'espèce.

On peut voir l'intérieur de l'estomac, chez tous les Rotifères, et constater que les aliments avalés sont animés d'un mouvement circulaire continu, grâce aux cils qui revêtent les parois du tube digestif. Ce mouvement remplace, à peu près, le mouvement péristaltique de certains autres animaux. Les deux appendices en forme d'ailes qui siègent à la partie supérieure du tube digestif ne pourraient-ils être assimilés aux *glandes salivaires?*

Aucun Rotifère ne possède de système vasculaire propre ; il n'y a même pas d'organe isolé qui puisse représenter un cœur, comme en ont tous es Articulés. Le *liquide sanguin* la répand librement dans la cavité qui entoure les intestins, et se trouve dans un état de dilution variable, suivant la volonté de l'animal, avec la quantité d'eau absorbée. On voit souvent les Rotifères se contracter violemment, et diminuer ainsi notamment de volume, ce qui a lieu uniquement grâce à l'expression d'une grande partie du liquide contenu dans leur corps ; lorsque celui-ci se renfle, ce liquide est remplacé par l'eau ambiante qui pénètre à travers un orifice situé à la partie antérieure ; cette sorte de circulation, fort surprenante, constitue un phénomène d'une importance majeure.

La partie centrale du système nerveux des Rotifères est représentée par un ganglion cérébral souvent bilobé, placé au-dessus de l'œsophage, d'où partent des filets pour les organes des sens.

Sur le cerveau repose souvent un amas de pigment en forme d'X, ou deux taches pigmentaires, unies à des corps destinés à réfracter la lumière.

Les organes des sens sont situés dans la peau ; des éminences tubiformes, munies de soies et de poils, portant à leur base des renflements ganglionnaires, constituent probablement le siège du toucher.

On a considéré longtemps les Rotifères comme hermaphrodites, parce qu'on ne pouvait découvrir chez eux aucun organe mâle ; mais il est établi que parmi presque toutes les espèces décrites, on n'avait observé que des femelles. Les mâles, plus rares encore que parmi beaucoup de crustacés inférieurs, diffèrent étrangement, par leur structure, des individus femelles.

Ils se distinguent non seulement par une taille plus petite, mais aussi par une absence complète du tube œsophagien et d'un estomac propre à la digestion ; ils quittent l'œuf tout formés, ne prennent aucune nourriture et vivent un temps relativement court ; ils paraissent n'être tolérés par les femelles que pendant une période très limitée de l'année, après quoi ils disparaissent.

Presque tous les Rotifères sont ovipares et produisent deux sortes d'œufs : les œufs d'été, à coque mince, et les œufs d'hiver, à coque dure. Ces deux sortes d'œufs sont souvent fixés extérieurement à leur corps ; parfois aussi les œufs d'hiver subissent un développement embryonnaire dans l'oviducte.

Tout porte à supposer que les œufs d'été se développent par parthénogenèse ; pour les œufs d'hiver, la segmentation du vitellus est irrégulière, « les petites sphères de segmentation, dit Claus, s'accumulent à l'un des pôles et finissent par entourer complètement les grosses sphères, les cellules de la couche extérieure forment le feuillet supérieur qui s'invagine sur l'une de ses faces ; ce sont les faces latérales de l'invagination qui donnent naissance aux organes rotatoires ; le ganglion nerveux est produit dans la partie céphalique par le feuillet supérieur. »

Distribution géographique. — Presque tous les Rotifères habitent les eaux douces et se rencontrent dans les diverses régions du globe ; très peu vivent dans la mer, quelques-uns sont parasites.

Mœurs, habitudes, régime. — Les Rotifères nagent à l'aide de leurs organes rotatoires, ou s'attachent aux corps étrangers par l'intermédiaire des appendices de leur extrémité postérieure ; ainsi fixés, ils agitent ces organes et attirent ainsi les animalcules, *Infusoires, Diatomées*, propres à leur servir de nourriture ; souvent aussi ils rampent à l'aide de leurs pieds, étendant et raccourcissant alternativement leur corps. Certaines espèces se construisent des gaines gélatineuses et se réunissent en colonies ; certaines vivant en parasites se rencontrent dans les intestins des Lombrics, de Néreis ; d'autres enfin se développent entre les mousses humides, sur les murs, sur les toits même, et possèdent la singulière propriété, après avoir été *desséchées complètement pendant les chaleurs*, de *revivre* quand elles sont de *nouveau humectées*.

Des Vers d'un autre ordre nous fourniront bientôt des exemples de ce phénomène remarquable, que nous avons pu également constater chez les Cypris, ainsi que nous l'avons établi dans un travail publié en 1862.

On divise les Rotifères en plusieurs sections, caractérisées par la disposition de l'appareil vibratile. Ce sont les *Zygotroques*, portant deux couronnes de cils ; les *Schyzotroques*, à bord de l'appareil cilié avec une échancrure, mais cet appareil n'étant pas toujours vibratile, et les *Holotroques*, avec le bord de l'organe rotatoire entier. A l'exemple de la plupart des zoologistes, nous classerons à la fin des Rotifères le groupe remarquable des *Gastérotriches*.

LES ROTIFÈRES ZYGOTROQUES — *ZYGOTROCHA* Ehrḣ.

Die Doppelräderthiere.

LES PÉROSOTROQUES — *PEROSOTRO-CHÆ* Duj.

Caractères. — La famille des Pérosotroques ou *Albertiens* de Dujardin comprend un petit nombre d'animaux, vermiformes, contractiles, pourvus d'un appareil mandibulaire articulé, et portant en avant une pièce frontale, tantôt saillante, en forme de capuchon, tantôt rétractée et laissant voir la bouche ciliée. Le corps est aminci en arrière et terminé par une queue courte, conique.

Distribution géographique. — Les genres connus composant cette famille sont Européens, quelques-uns habitent les environs de Paris.

Mœurs, habitudes, régime. — Les Albertiens vivent tous en parasites dans la cavité viscérale des Lombrics et des Limaces, d'autres dans l'intestin des Naïs, et quelques-uns sur la peau même des Lombriciens.

ALBERTIE VERMICULAIRE — *ALBERTIA VERMICULUS* Duj.

Caractères. — Cette espèce mesure environ un demi-millimètre de long, l'organe rotatoire est réduit à une étroite bande ciliée sur le bord frontal et surmonté d'un appendice en forme de chaperon, le corps est allongé, terminé en pointe obtuse.

Mœurs, habitudes, régime. — L'Albertie vermiculaire a été trouvée vivant en parasite, dans l'intestin des Lombrics et des Limaces, elle est vivipare; on aperçoit à l'intérieur du corps des œufs et des fœtus à divers degrés de développement; ceux-ci, avant de sortir du corps de la mère, parviennent à environ deux tiers de sa longueur. Les œufs et les fœtus sont ordinairement au nombre de deux ou trois. Une autre espèce, l'*Albertie cristalline*, est parasite des Naïs.

LES BRACHIONIDES — *BRACHIONIDÆ* Ehrh.

Die Wappenthierchen.

Caractères. — Les Brachionides sont de formes variables, les uns presque orbiculaires et déprimés, les autres ovoïdes, parfois cylindriques, mais d'une longueur ne dépassant jamais le double de la largeur. Revêtus d'une cuirasse membraneuse, composée d'une ou deux pièces, souvent munies de pointes saillantes ou d'appendices tantôt fixes, tantôt mobiles, les uns sont sans queue, les autres en possèdent une simple ou bifurquée; leur bouche est armée de mâchoires et précédée par un vestibule dont les parois se prolongent en lobes garnis de cils vibratils.

Distribution géographique. — Ils habitent les eaux stagnantes, quelques-uns sont marins.

BRACHION ÉPINEUX — *BRACHIONUS POLYACANTHUS* Ehrh.

Caractères. — Cette espèce porte une carapace lisse, ornée en avant de quatre épines allongées; deux autres épines se trouvent sur les côtés, en outre deux médianes et cinq dont deux très longues s'insèrent à la partie postérieure, un œil impair s'aperçoit près du tube tactile, les pieds sont formés d'anneaux allongés.

Distribution géographique. — Le Brachion épineux habite les eaux stagnantes des environs de Paris et de toute la France.

Mœurs, habitudes, régime. — Sa longueur est de 2 à 4 dixièmes de millimètre, il nage constamment au milieu des herbes aquatiques et porte attaché à la naissance de la queue un œuf proportionnellement très volumineux.

Le Brachion de Baker (fig. 138) est remarquable par la longueur des anneaux du pied.

NOTEUS A QUATRE CORNES — *NOTEUS QUADRICORNIS* Ehrh.

Caractères. — Long de 22 à 24 centièmes de millimètre, le Noteus à quatre cornes est revêtu d'une carapace, élégamment échancrée en avant, rude, granuleuse, réticulée au milieu avec quatre pointes antérieures, dont deux au milieu sensiblement plus longues.

Distribution géographique. — L'espèce habite les eaux douces de l'Europe tempérée et septentrionale.

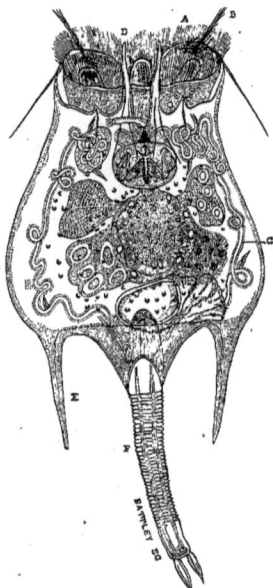

Fig. 138. — Brachion de Baker (*).

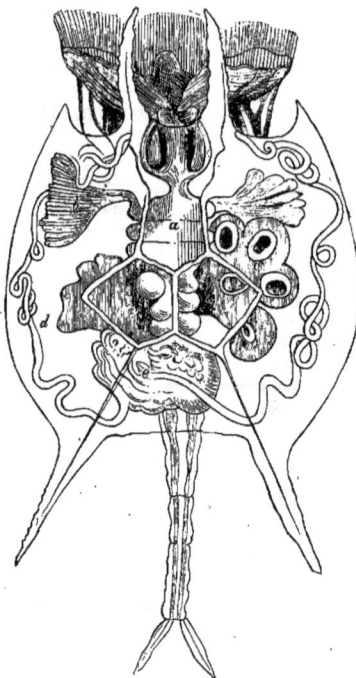

Fig.139. — Noteus à quatre cornes. (*).

Mœurs, habitudes, régime. — Toujours en mouvement, le Noteus fait saillir son organe rotatoire composé de deux lobes rétractiles, garnis sur leur bord libre de cils vibratiles extrêmement ténus, il manque de point oculaire rouge ; souvent fixé, immobile sur une plante, il rentre et sort alternativement son appareil, et fuit au moindre mouvement. Ses œufs, d'une taille relativement forte, mais moindre que ceux de l'espèce précédente, sont également portés à la naissance de la queue (fig. 139).

Parmi les Brachionides marins, nous citerons le Brachion de Muller découvert dans les eaux de la mer Baltique par Ehrenberg, à carapace lisse,

(*) A, couronne de cils. — B, petits faisceaux de cirres. — D, prolongement antérieur avec trompe à la base de ces deux organes. — E, prolongement des cornes postérieures de la carapace. — F, queue. — C, canal respiratoire à cils vibratiles (d'après Leydig).

festonnée, garnie de six dentelures obtuses en avant.

LES PHILODINIDES — *PHILODINIDÆ*
EHRB.
Die Weichräderthiere.

Caractères. — Dujardin caractérise de la façon suivante les Philodinides, dont une espèce que nous étudierons bientôt est le type le mieux défini : « animaux à corps fusiforme, contractile en boule, et pouvant dans l'état d'extension retirer la pointe antérieure, et faire saillir à la place un double lobe cilié qui présente l'apparence de deux roues en mouve-

(*) a, canal digestif, — b, organes segmentaires, — c, ovaire, — d, e, canaux excréteurs.

ment ; terminés en arrière par une queue de plusieurs articles, portant une ou plusieurs paires de stylets charnus sur les derniers ; nageant au moyen d'un mouvement vibratile des cils, ou rampant à la manière des Sangsues, en fixant alternativement les extrémités de leur corps allongé ; mâchoire en étrier, deux ou plusieurs points rouges oculiformes. »

Distribution géographique. — Les Philodinides sont des animaux aquatiques, quelques-uns, cependant, peuvent vivre et se développer entre les mousses humides, sur les murs et les toits. On les rencontre partout.

Mœurs, habitudes, régime. — Le caractère dominant de ces Rotateurs est fourni par leur appendice cilié, plus ou moins dilaté ou étalé autour de la bouche, et dont le mouvement produit l'apparence de deux roues d'engrenage tournant en sens inverse avec une extrême vitesse. Ce phénomène a été remarqué par tous les observateurs et a excité leur admiration. On a cherché à l'expliquer de différentes manières en supposant : ou bien que les disques tournent réellement, ou bien, suivant Dutrochet, qu'une bordure membraneuse, plissée régulièrement comme une collerette ou fraise, est agitée d'un mouvement ondulatoire continu. Dujardin a essayé de démontrer que c'est tout simplement un effet de lumière dû à l'intersection des cils, qui se superposent en s'inclinant successivement les uns après les autres dans le même sens.

Une particularité des plus remarquables, présentée par certaines espèces, est la *reviviscence*, c'est-à-dire la propriété de revenir à la vie, après être restées desséchées pendant un laps de temps plus ou moins long ; l'espèce suivante va nous en fournir un exemple.

ROTIFÈRE COMMUN — *ROTIFER VULGARIS* Oken.

Caractères. — Le Rotifère commun se distingue par une sorte de trompe frontale, portant deux yeux rouges à sa base, et par des pieds bifurqués à l'extrémité, et pouvant s'étirer ou se rentrer à volonté, comme le tube d'une lunette d'approche (fig. 140).

Distribution géographique. — Très commun partout, son habitat semble localisé dans les eaux stagnantes où il peut s'assembler en masses considérables, parmi les conferves et les algues.

Mœurs, habitudes, régime. — Quand les flaques d'eau et les mares où ils vivent se dessèchent, les Rotifères se contractent en boule et finissent par sécher (fig. 141), accolés à un grain de sable ou à quelque partie de végétal, sous forme de poussière opaque. Ils deviennent alors le jouet des vents et sont dispersés sur de vastes surfaces ; on peut les rencontrer partout, parmi les lichens et les mousses, sur les écorces des arbres, mais principalement parmi

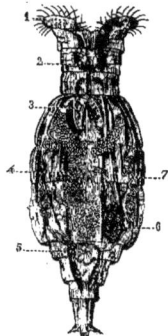

Fig. 140. — Rotifère commun (*).

la mousse des toits, pourvu que les toits soient assez vieux pour entretenir la végétation. Par un temps sec, sans pluie, la vie s'arrête chez les Rotifères ; avec un temps humide ou pluvieux commence la reviviscence. Au microscope on

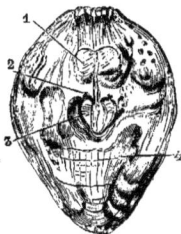

Fig. 141. — Rotifère à l'état de dessiccation (*).

voit ces grains anguleux et grossiers se gonfler un peu et s'arrondir. La transparence s'accentue par places, et l'humidité pénètre ces corps dont les organes deviennent de plus en plus distincts à mesure qu'ils sont plus saturés

(*) 1, organes ciliés. — 2, tube dit respiratoire (organe tactile) — 3, appareil masticateur. — 4, intestin. — 5, vésicule contractile. — 6 ovaire. — 7, canal d'excrétion (d'après Claude Bernard, *Phénomènes de la vie*, t. 1).

(**) 1, organe rotateur. — 2, yeux. — 3, appareil masticateur. — 4, intestin.

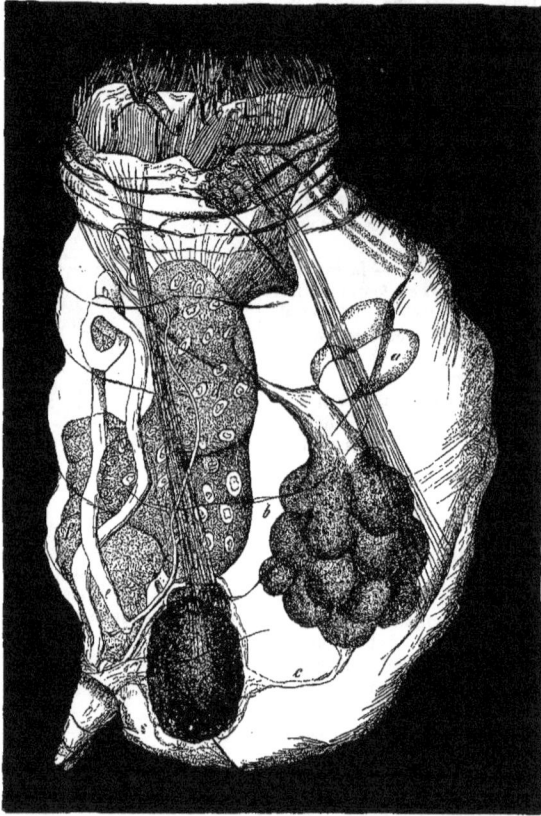

Fig. 142. — Notomate à oreilles (p. 99).

d'eau. Le pied protractile s'étire de quelques articles comme pour s'orienter avec prudence ; après un tourbillonnement intérieur, on voit la tête émerger avec l'appareil rotateur, et l'animal se réveille complètement de sa léthargie. La vie, en effet, sous l'influence de la chaleur, n'avait subi qu'une interruption prolongée, car il ne saurait être question d'aucun des phénomènes, conséquence de la mort réelle, et il n'est pas plus difficile d'admettre que, malgré un desséchement peut-être absolu, les tissus élémentaires du corps soient aptes à reprendre

BREHM.

leur vitalité, que d'admettre que des grenouilles et des poissons puissent être entièrement pris par la glace sans périr. Ils tombent seulement dans un engourdissement, interrompant momentanément le cours ordinaire du processus vital, doué de la faculté, chez ces êtres, de reprendre son mouvement normal, sous l'influence de l'humidité.

M. de Quatrefages a résumé l'histoire du Rotifère ; nous lui empruntons les passages suivants :

« Leuwenhoeck, Baker, Spallanzani, ne cherchaient guère leurs Rotifères que dans la poussière qui s'accumule dans les gouttières. On y en trouve en effet, mais en bien moindre quantité que dans les petites touffes de mousse qui croissent sur les tuiles et les ardoises, tandis qu'on n'en rencontre que peu ou point, dans les mousses croissant sur les murs crépis à la chaux. Pour recueillir et étudier ces petits êtres, il suffit de mouiller les mousses et de les exprimer comme une éponge ; l'eau en découlant entraîne à la fois le sable et les animaux qui l'habitent.

« Bien que les Rotifères puissent mourir et ressusciter à diverses reprises, cette faculté a pourtant des bornes ; aussi en mouillant et desséchant alternativement le même sable, on voit chaque fois diminuer le nombre de ceux qui reviennent à la vie. Spallanzani n'en vit aucun revenir après la sixième alternative d'humidité et de sécheresse. »

« Dans le siècle dernier, ce phénomène était expliqué par l'extrême simplicité d'organisation que l'on croyait être le partage des Rotifères ; mais lorsque Erhenberg eut démontré le degré relativement élevé de leur organisation, on se demanda si les expériences de Spallanzani et autres, avaient été sérieusement faites, si la dessiccation des animaux avait été complète. Doyère reprit ces expériences avec toute la rigueur des procédés modernes, et les résultats furent les mêmes (1). »

« Enfin, ajoute M. de Quatrefages, des mousses peuplées de Rotifères furent desséchées sous la cloche de la machine pneumatique ; elles y restèrent huit jours à côté de vases pleins d'acide sulfurique, qui devait absorber les dernières traces d'humidité ; au sortir de ce récipient, les mousses furent portées dans une étuve dont on éleva la température jusqu'à 125 degrés, et pourtant quand elles furent remises dans l'eau, je pus constater avec MM. Dumas, Milne Edwards et de Jussieu, qu'un certain nombre d'individus avaient résisté à toutes ces épreuves et revenaient à la vie comme si rien ne s'était passé. Pour nous tous il ne resta plus aucun doute sur l'exactitude des faits annoncés par Spallanzani. »

LES ROTIFÈRES SCHIZOTROQUES — *SCHIZOTROCHA* Ehrbg.

Die Kerbräderthiere.

LES HYDATINIDES — *HYDATINIDÆ* Ehrbg.

Caractères. — La famille des Hydatinides comprend des animaux à corps ovoïde, cylindrique, ou en massue, très contractiles, revêtus d'un tégument membraneux, flexible, susceptible de se plisser en long ou en travers, suivant des lignes assez régulièrement espacées, ayant une queue plus ou moins longue terminée par deux stylets. Les organes rotatoires sont multifides ou simplement sinueux ; les mâchoires sont aiguës, acérées, protractiles jusqu'au delà du bord ciliaire et en forme de tenailles ; ils ont des points oculiformes rouges ; quelques-uns en sont dépourvus.

Distribution géographique. — Les Hydatinides habitent toute l'Europe, et il est probable que des études ultérieures en feront découvrir dans diverses autres parties du monde.

Mœurs, habitudes, régime. — Elles sont extrêmement nombreuses, on les trouve dans les eaux douces ou marines, elles se conservent et se propagent dans les vases où on les conserve avec les plantes aquatiques.

HYDATINE SENTA. — *HYDATINA SENTA.* Mull.

Caractères. — Cette espèce est de forme vésiculaire, avec un pied fourchu et des mâchoires portant plusieurs dents ; d'une grosseur relativement forte, on peut l'observer facilement à l'œil nu. Le mâle de l'*Hydatina senta* a été longtemps pris pour une autre espèce et même été décrit comme le type d'un genre, sous le nom de *Enteroplea hydatinæ* ; il est remarquable par quatre touffes de granules pedicellés qui se voient au tiers postérieur de la longueur et par la présence d'un globule incolore fixé sous le tégument au tiers antérieur, d'où partent deux cordons charnus, dirigés en avant, il possède en outre un organe cilié, entre les muscles de la queue (Desjardin).

Distribution géographique. — Cette Hydatine abonde dans les fossés et les ornières des

(1) De Quatrefages, *Souvenirs d'un naturaliste.*

environs de Paris, elle se rencontre également en Allemagne et dans le midi de la France.

Mœurs, habitudes, régime. — C'est sur cette espèce qu'Ehrenberg a fait les belles observations qui ont si vivement excité l'attention des naturalistes.

« On peut les observer fort bien, dit-il, dans de petits verres cylindriques du diamètre d'un tuyau de plume, et il est facile de les reconnaître à l'œil nu. Lorsqu'elles sont alimentées, elles ne tardent pas à déposer leurs œufs suivant une ligne horizontale, le long des bords du tube. Au bout de deux ou trois jours, les animaux se sont multipliés déjà abondamment, et l'on trouve, à côté d'œufs encore pleins, des coques vides. Lorsqu'on les étudie à loisir, on ne peut douter que ces animalcules aient la faculté de reconnaître les objets, de les choisir, de se diriger et de s'associer. Qu'on donne à ces phénomènes le nom d'instinct ou tout autre, ce n'en sont pas moins des propriétés intellectuelles qu'on a une tendance à estimer au-dessous de leur valeur réelle, par pure présomption. »

Ehrenberg (1) dit encore à propos de la multiplication presque fabuleuse des *Hydatina senta* : « Chez l'animal jeune, les premiers ovules se forment déjà deux ou trois heures après son éclosion ; dans l'espace de vingt-quatre heures, j'ai vu deux individus donner naissance à huit autres, un individu plus grand à quatre, un individu plus petit à deux. Une production journalière de quatre œufs venant à éclore, peut fournir au bout de dix jours consécutifs 100,048,576 individus émanant d'un être *unique*, et au bout de onze jours *quatre cent millions* de créatures. Ces calculs sont sans doute fort incertains lorsqu'il s'agit d'un temps plus long, parce qu'un seul et même organisme ne garde pas très longtemps une telle capacité de production ; mais, lorsqu'il s'agit d'expliquer l'apparition presque subite de quantités énormes d'êtres organisés, les observations précédentes permettent aux esprits impartiaux de faire rentrer ces prétendus miracles dans le cadre ordinaire des lois naturelles, dont la réalité est bien plus saisissante que toute l'imagination des mystiques. »

NOTOMATE A OREILLES — *NOTÓMATA COPEUS* Ehrbg.

Caractères. — L'espèce est assez volumi-

(1) Ehrenberg, *Die Infusions thierchin. alls Vollkommene Organismen.* Leipzig, 1838, in-fol.

neuse pour être bien visible à l'œil nu, elle mesure trois quarts de millimètre, et porte des oreillettes ciliées de chaque côté de l'appareil rotateur. Un point rouge oculiforme est situé sur une masse blanche globuleuse.

Distribution géographique. — Elle est commune dans les eaux stagnantes de toute l'Europe.

Mœurs, habitudes, régime. — « Le Notommate à oreilles, très commun, est un carnassier vorace, dont le caractère est révélé par la conformation de la mâchoire qui ressemble à une tenaille pointue. On peut voir très nettement les organes puissants de cet animal dont on suit fort bien les mouvements incessants à l'œil nu (fig. 142, p. 97). La pince de préhension (*g*) est poussée hors d'une cavité buccale en forme d'entonnoir, et suite un œsophage étroit, à son extrémité se trouvent deux glandes doubles (*a*), qui sont les glandes salivaires. L'estomac (*b*) est irrégulièrement sphéroïdal. L'intestin (*c*) s'ouvre avec l'ovisac (*d*) dans le cloaque ; sur le spécimen représenté ici, on aperçoit un œuf au moment de son passage. Comme chez la plupart de Notommates, les vaisseaux (*e*) destinés à l'absorption ou à l'expulsion de l'eau, ainsi que la vésicule contractile (*f*) sont extrêmement développés. » (O. Schmidt.)

Parmi les autres genres les plus intéressants de cette famille, on peut citer :

Les *Triarthra* à corps divisé en tête et tronc, par un pli transversal, à dos courbé et à ventre plat sur lequel sont situées trois longues soies mobiles ;

Et les *Apsilus*, a corps aplati, lenticulaire, avec une région céphalique large, protractile, sans appareil ciliaire. Les pieds sont en outre munis d'un anneau de chitine fonctionnant comme une ventouse (Claus).

LES FLOSCULARIIDES — *FLOSCULARIIDÆ* Ehrbg.

Die Blumenrädchen.

Caractères. — Les espèces comprises parmi les Floscularides, sont des animaux dont le corps est allongé, le pied très long, annelé et fixé, se trouve fréquemment entouré par une gaîne gélatineuse ; le bord de la tête porte un organe rotatoire lobé, ou profondément divisé ; au fond de l'infundibulum situé entre ces lobes, se trouve la bouche munie d'un appareil mandibulaire, agité d'un mouvement péristaltique ;

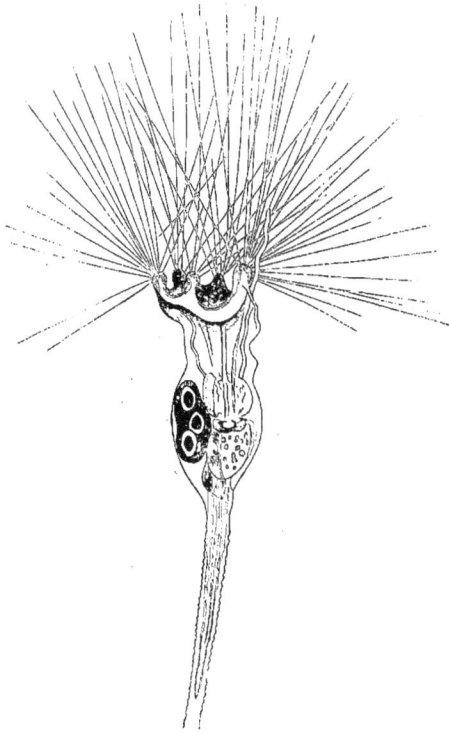

Fig. 143. — Flosculaire ornée.

on distingue à l'intérieur un intestin et un ovaire contenant de très gros œufs.

Distribution géographique. — Les Flosculariides se trouvent dans toutes les eaux douces.

Mœurs, habitudes, régime. — Elles vivent fixées aux herbes aquatiques par leur pédicule.

FLOSCULAIRE ORNÉE — *FLOSCULARIA ORNATA* Ehrh.

Caractères. — Cet animal est intéressant, par la déformation spéciale de son organe rotateur. Cet appareil est remplacé par des houppes de filaments grêles, situés sur les cinq proéminences coniques du bord de la tête, ne méritant plus la dénomination de cils, parce qu'ils se tiennent raides et presque immobiles. Le revêtement ciliaire dont le tourbillonnement est destiné à l'introduction des aliments, se trouve presque dans l'entonnoir buccal. L'animal est entouré d'une frêle enveloppe gélatineuse, dans laquelle il peut se retirer en rétractant son pied, ainsi que cela s'observe chez plusieurs genres voisins (fig. 143).

Distribution géographique. — La Flosculaire ornée, décrite par Ehrenberg, vit dans les eaux douces de l'Allemagne, elle se rencontre aussi dans les environs de Paris.

Une autre espèce, la *Floscularia proboscidea* des mêmes localités, porte entre ses lobes ciliés une trompe protractile.

LES ROTIFÈRES HOLOTROQUES — *HOLOTROCHA* Ehrbg.

LES OECISTIDES — *OECISTIDÆ* Ehrbg.

Die Hülsenfischchen.

Caractères. — Les Rotifères de la famille des Œcistides, présentent un corps claviforme ou oblong, campanulé, porté par un pédoncule charnu extensible et contractile, se plissant transversalement, tantôt isolé dans un tube, tantôt porté sur une masse gélatineuse où les animaux sont réunis en colonies. Le limbe supérieur, plus ou moins étalé, est bordé de cils vibratiles ; la bouche située près du limbe, est armée de mâchoires en étrier, à trois ou plusieurs dents parallèles, partant de la courbure de l'étrier qui est engagé dans un bulbe charnu.

Que ces animaux soient isolés dans des fourreaux ou étuis libres, ou bien que ceux-ci soient enveloppés par une masse gélatineuse commune, ils ont en général une forme semblable, à part une extension plus ou moins considérable du limbe cilié, présentant par exemple très peu d'ampleur chez certains genres, tandis que chez d'autres il est largement étalé, échancré d'un seul côté.

Distribution géographique. — Les eaux douces d'Europe et notamment celles de France, d'Allemagne et du Danemark, recèlent un nombre très grand d'Œcistides.

Mœurs, habitudes, régime. — Les diverses espèces ne présentent guère de particularités remarquables dans leur mode d'existence, elles ont été observées sur les plantes submergées où elles se tiennent fixées. Quelquefois leurs colonies flottent au milieu des végétaux qui croissent dans les eaux stagnantes.

OECISTE CRISTALLINE — *OECISTES CRYSTALLINA* Ehrh.

Caractères. — Le corps de cette espèce est oblong campanulé, porté par un pédicule assez épais, et terminé par un limbe cilié et arrondi. Son enveloppe gélatineuse est en forme de tube, et chaque individu vit isolé ; elle porte deux points rouges oculiformes.

Distribution géographique. — L'Œciste cristalline, vit dans les eaux douces d'Allemagne.

CONOCHILUS VOLVOX — *CONOCHILUS VOLVOX* Ehrh.

Caractères. — Le Conochilus volvox est distingué par son bord frontal cilié, présentant des proéminences et muni en dessous de deux soies courbées en crochet ; au-dessous de la bouche, on remarque une saillie conique, ornée de touffes de soies.

Les individus femelles sont réunis en colonies flottantes, formant une boule gélatineuse, les mâles vivent à l'état libre.

Distribution géographique. — Cette espèce, comme la précédente, habite les eaux douces de l'Allemagne où elle a été découverte par Ehrenberg.

LACINULAIRE SOCIALE — *LACINULARIA SOCIALIS* Lin.

Caractères. — Le corps de cette Lacinulaire est en forme d'entonnoir, à bord très large et uniforme d'un côté, muni d'un pédicule très long fortement contractile, engagé dans une masse gélatineuse.

Distribution géographique. — On a recueilli la Lacinulaire sociale dans la Seine, en Allemagne et au Danemark.

Elle forme sur les feuilles des plantes aquatiques et particulièrement des Cératophylles, de petits amas globuleux blanchâtres, que Muller a comparés à des nids d'araignées. Ces amas mesurent souvent quatre millimètres de diamètre.

LES GASTÉROTRICHES — *ICHTHYDINA* Ehrbg.

Caractères. — Les Gastérotriches, dont la forme générale rappelle celle d'un poisson microscopique, ont un corps vermiforme, cilié seulement sur la face ventrale et terminé postérieurement, par deux appendices fourchus, entre lesquels débouche le tube digestif. En avant est située la bouche, arrondie et vers laquelle les cils abdominaux semblent pousser les particules alimentaires (Claus). Le tube digestif s'étend en ligne droite et se divise nettement en un œsophage musculeux et un intestin proprement dit. Chez certaines espèces, la bouche est entourée de longues soies tactiles ; on observe fréquemment aussi des soies chitineuses sur le dos de quelques autres et il existe de chaque côté du corps, un tube excréteur très replié, tout à fait identique à un organe segmentaire. Les téguments et les viscères ne présentent pas de traces de segmentation (Perrier).

Distribution géographique. — Les genres actuellement connus sont assez nombreux dans des eaux douces, un seul jusqu'ici est marin.

Mœurs, habitudes, régime. — Les Gastérotriches se multiplient beaucoup dans les vases où on les conserve, ils produisent deux sortes d'œufs : ceux d'été, très petits, se développant dans le corps de la mère, et ceux d'hiver à coque plus dure et que les embryons abandonnent à un état de développement déjà avancé.

CHÆTONOTE ÉCAILLEUX — *CHÆTONOTUS SQUAMMATOS* Duj.

Caractères. — Vu par dessus, dit Dujardin, ce Chætonote paraît couvert d'écailles transverses, formant sept rangées longitudinales, engre-nées mutuellement, mais quand il se recourbe et quand il se laisse voir de profil, on reconnaît que les écailles ne sont autre chose que la base d'autant de poils courts, qui recouvrent tout le dos et même les deux branches de la bifurcation de sa partie postérieure ; la bouche, qui d'ordinaire se voit comme une ouverture ronde bordée d'un anneau, paraît entourée de quatre à cinq petites papilles ; les cils vibratiles de la face inférieure sont très longs, rayonnants et ne se voient bien que sous le tiers antérieur.

Distribution géographique. — Cet animal se trouve dans les eaux douces des environs de Paris et du midi de la France.

« On a représenté les Gastérotriches, dit M. le professeur Perrier, comme un de ces types primitifs, d'où plusieurs autres seraient issus en suivant des voies différentes ; c'est peut-être leur donner beaucoup d'importance, mais ils font certainement partie de ce groupe de formes simples dont les vers annelés ne sont que des colonies. »

« Ils rappellent d'un côté les Rotifères, par la limitation de leur revêtement de cils vibratiles, la bifurcation de leur extrémité postérieure ; ils se rapprochent encore des Turbellariés inférieurs par la forme générale de leur corps et leur tube digestif ; ils empruntent, d'autre part, aux Nématoïdes, leur œsophage ; enfin leur organisation générale n'est pas éloignée de celle d'un anneau d'Annélide. »

LES BRYOZOAIRES — *BRYOZOA* EHRH

Die Moosthiere.

Caractères. — Pendant longtemps, les classificateurs ont hésité sur le rang que devait occuper cette catégorie de petits animaux que Trembley, le premier, avait désignés sous le nom de *Polypes à panache*, et pour lesquels, plus tard, Ehrenberg créait la classe des Bryozoaires aujourd'hui universellement adoptée. Tout en les comparant aux *Polypes en forme de cornes*, comme il les appelait, Trembley avait reconnu des caractères propres à les éloigner de ce groupe ; Ehrenberg en Allemagne, M. Milne-Edwards en France, confirmèrent la nécessité de les séparer, et l'illustre Doyen de la Faculté des Sciences, contribua par ses savantes recherches à établir leurs affinités.

Aujourd'hui l'étude de leur structure générale a conduit à les classer parmi les vers.

Laissant un instant de côté la question des colonies de Bryozoaires, et la constitution de ces colonies que nous étudierons tout à l'heure en détail, nous avons à envisager avant tout les animaux, régulièrement disposés dans les couches cuticulaires, aux formes variables leur servant de substratum.

Le corps ou endocyste, l'individu suivant l'expression de M. Perrier, est composé d'une couche cellulaire externe, considérée par Claus comme la matière de l'ectocyste ou cellule (loge) de l'individu, et d'un réseau de fibres musculaires entre-croisées, reposant sur une membrane homogène, dont la face interne, limitant la cavité viscérale, notamment chez les Bryozoaires d'eau douce, est revêtue d'un épithélium à cils vibratiles. A l'ouverture de la cellule l'endocyste se replie en dedans et forme à lui seul les téguments de la portion antérieure. Cette portion antérieure, avec la couronne de tentacules qu'elle porte à son extrémité, peut être ramenée dans sa cellule par des muscles spéciaux, traversant la cavité viscérale, ou bien faire saillie au dehors (Claus).

Chez la plupart des espèces marines, les tentacules forment une couronne circulaire autour de la bouche; dans d'autres la bouche recouverte d'une sorte de lèvre ciliée, vient s'ouvrir au milieu de la partie convexe d'un fer à cheval, dont les bords interne et externe portent des tentacules; ceux-ci forment par conséquent deux couronnes incomplètes, concentriques, emboîtées l'une dans l'autre et qui se rejoignent à l'extrémité libre des cornes du fer à cheval (Perrier). La bouche est souvent surmontée d'une languette mobile, analogue à une épiglotte. Le tube digestif qui lui fait suite, généralement recourbé en forme d'U, est pourvu de parois propres, et se divise en un œsophage allongé, cilié, parfois élargi en pharynx musculeux, en un vaste estomac, présentant un cul-de-sac, dont le fond est fixé par un ligament ou *funicule* à la paroi du corps et en un intestin rétréci ; l'anus est situé sur le dos, dans le voisinage du disque buccal. Les organes internes flottent dans une cavité générale; on ne rencontre ni cœur, ni vaisseaux ; le liquide sanguin remplit la cavité et est mis en mouvement par les cils qui la tapissent, également aussi par les contractions musculaires.

Toute la surface de la partie antérieure du corps, quand elle est déroulée au dehors, sert à la respiration, il en est de même de la couronne tentaculaire, que Van Beneden a considérée comme correspondant, morphologiquement, au sac branchial des Ascidies.

Le système nerveux se compose d'un ganglion situé au-dessus de l'œsophage, entre la bouche et l'anus, envoyant des filets aux tentacules.

Colonies. — On ne connaît qu'un petit nombre de Bryozoaires vivant isolés, presque tous se présentent sous l'aspect de colonies affectant des formes variées, ayant la consistance du parchemin, ou de la corne, fréquemment calcaires, et rarement gélatineuses, suivant la nature de ce que l'on peut désigner sous le nom

de test, développé autour de chaque individu par durcissement de la cuticule et constituant les loges.

Dans toute colonie de Bryozoaires, dit M. Perrier, pour les anciens naturalistes, l'*Individu c'était un polype, plus sa loge!* Cette manière de voir est encore parfaitement correcte ; la loge et son polype réagissent constamment l'un sur l'autre, ils sont liés physiologiquement, mais morphologiquement, ils sont indépendants, l'un et l'autre : loge et polype constituent bien réellement deux individus.

Ce phénomène nécessite une explication, et nous la trouvons dans le passage suivant que nous copions textuellement dans les *Colonies animales* du savant professeur que nous venons de citer.

« Dans une colonie de *Bugula*, dit-il, choisissez le polype le plus vigoureux et suivez-le plusieurs jours avec attention. Au début vous le verrez s'épanouir fréquemment ; peu après il se reposera plus longuement au fond de sa loge ; finalement il ne sortira plus du tout, ses organes ne tarderont pas à se flétrir ; bientôt il ne sera plus possible de les distinguer ; une masse brune amorphe, d'abord irrégulière, mais qui prendra graduellement la forme sphérique, le funicule par lequel le polype était relié à la paroi de sa cellule, voilà tout ce qui restera de l'animal, naguère si actif, qui occupait la loge. Cependant la maison ne demeurera pas longtemps vide. En un de ses points qui n'a rien de fixe, du reste, parfois même à la surface du corps brun, débris du premier occupant, un bourgeon se forme et grandit ; il n'y a plus à en douter, c'est un polype nouveau qui apparaît ; quelquefois ce polype naît à côté du corps brun qui demeure dans la loge où il diminue lentement et finit par disparaître ; mais le plus souvent le nouveau polype, en se développant point qu'il ait apparu, se rapproche du corps brun par le fait même de sa croissance, l'englobe dans son estomac, le désagrège et en rejette successivement toutes les parties. La loge se trouve complètement déblayée quand le polype a atteint son entier développement. Le nouveau venu aura du reste le sort de son prédécesseur : après avoir vécu quelque temps d'une vie des plus actives il dépérira à son tour. »

« A voir les régions de la colonie où les polypes sont le plus remuants, il semble que ces animaux en soient la partie principale ; la loge paraît au contraire comme une partie acces-

soire, quelque chose comme la maison du polype ; mais quelle singulière habitation ! Voilà
donc une maison dont les propriétaires meurent périodiquement et qui se crée, quand elle
est vide, un nouvel hôte ; une maison dont les
murailles enfantent ses propres habitants. Quel
conte de fées a jamais étonné nos oreilles du
récit de semblable prodige ? »

Fr. Muller, le premier, a fait connaître chez
certaines espèces, les Sériolaires entre autres,
l'existence d'un système nerveux colonial, traversant la colonie tout entière, réunissant les
derniers individus qui la composent et paraissant établir entre eux une dépendance mutuelle.
« On trouve dans la colonie en quelque sorte
comme le siège de l'administration coloniale,
un système nerveux qui influe sur l'activité de
chaque individu et qui la fait concourir à un
but commun. »

« Chaque segment de la tige de cette colonie
ramifiée, est parcouru dans toute sa longueur
par un tronc nerveux, commençant par un
gros ganglion et envoyant à sa partie supérieure des filets nerveux aux ganglions des segments voisins. Il existe en outre dans la tige un
plexus issu des ganglions faisant ainsi communiquer les systèmes nerveux des différents individus. »

On rencontre, dans un grand nombre de genres, des organes disséminés parmi les polypes
des Bryozoaires et occupant une place fixe. Ces
organes se présentent sous la forme d'une tête
microscopique d'*oiseau de proie*, ils ont, à cause
de cet aspect, reçu le nom d'*aviculaires*.

Ces organes sont ordinairement placés à l'entrée des loges, sessiles ou portés sur un pédoncule, et peuvent exécuter des mouvements
variés ; la mandibule supérieure de ce bec est
fixe, l'inférieure très mobile, est mue par des
muscles puissants.

« L'Aviculaire ne cesse d'ouvrir et de fermer
son bec, il est probable que c'est un organe de
préhension, destiné à arrêter ou à broyer les
particules trop grosses pour pouvoir être ame-
nées tout entières à la bouche, il est également
probable qu'il fonctionne souvent comme organe de défense. » (Perrier.)

D'autres organes, les *Vibraculaires*, consistant
en longs filaments contractiles et sans cesse en
mouvement, existent chez un certain nombre
de genres.

Indépendamment du mode de genèse des
Bryozoaires précédemment étudié, ils se re-

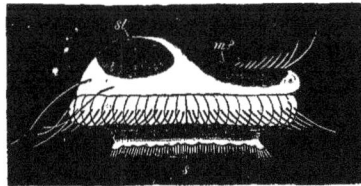

Fig. 144. — Larve d'Alcyonide.

produisent sous d'autres formes, la plupart paraissent être hermaphrodites. Les ovaires contiennent souvent un grand nombre d'œufs situés

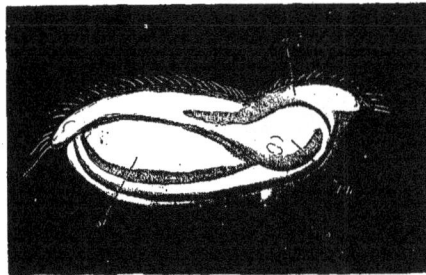

Fig. 145. — Larve de Flustre.

à la face interne de la paroi antérieure du
corps. Chez quelques-uns le développement

consiste en une métamorphose voisine de la
forme alternante.

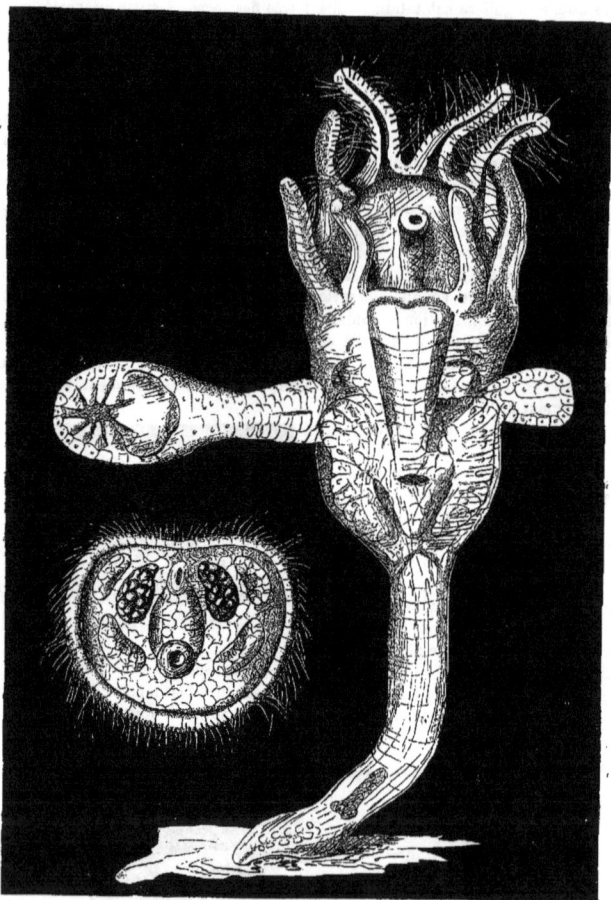

Fig. 146. — Loxosome solitaire.

Dans les Alcyonelles, suivant M. Metschnikoff, l'œuf après sa sortie de l'ovaire est entouré par un bourgeon à la face interne de la capsule, et plus tard le jeune individu le perce et fait saillie au dehors. Après la segmentation, le contenu de l'œuf se trouve transformé en une larve ciliée (fig. 144, p. 104) présentant une cavité centrale et une ouverture à la partie antérieure ; la paroi interne de la cavité centrale se soulève, tandis que sa partie postérieure fait saillie à travers l'ouverture antérieure ; sur l'éminence conique ainsi formée, on aperçoit bientôt un bourgeon qui devient le polype avec son tube digestif, ses tentacules ; souvent à côté de ce premier bourgeon naissent d'autres bourgeons qui subissent successivement les phases du premier ; dans d'au-

BREUM.

tres cas, l'embryon en quittant les enveloppes de l'œuf ne porte qu'un seul bourgeon, il nage librement pendant un temps plus ou moins long (fig. 145, p. 104), perd ses cils et se fixe, pour se transformer en colonie, dont l'accroissement se fait rapidement par la formation progressive de nouveaux bourgeons.

Certains genres possèdent des loges particulières, spacieuses, nommées *Ovicelles* (*Œcies*) et par M. Perrier *chambres d'incubation* ; ces chambres contiennent des œufs et des larves à tous les états de développement ; réunies aux individualités diverses constitutives d'une colonie de Bryozoaires, elles peuvent être considérées elles-mêmes comme des individualités, au même titre que celles si remarquables, dont nous aurons à étudier les fonctions, en traitant des *Siphonophores*.

Distribution géographique. — La plupart des Bryozoaires vivent dans la mer, un petit nombre seulement habitent les eaux douces, on les rencontre souvent en quantités considérables dans toutes les régions du globe.

Les Bryozaires aux époques géologiques. — Les dépôts sédimentaires recèlent des quantités souvent considérables d'espèces appartenant à la famille des Bryozoaires, plusieurs genres ont complètement disparu, tous semblent se limiter à deux types tranchés, l'un se présente sous l'aspect de lames plus ou moins larges, perforées, l'autre souscelui de branches ressemblant à des polypiers.

A l'époque Silurienne, ces animaux se montrent excessivement nombreux et la plupart appartiennent au type branchu. Ils traversent au contraire une véritable période de décadence à l'époque Devonienne où presque tous les genres Siluriens s'éteignent, et où très peu de nouveaux existent, car de 180 espèces Siluriennes, les Bryozaires tombent à 86 dans la formation Devonienne (Contejean).

Les terrains Carbonifères les voient réapparaître dans une forte proportion, et là ils se rapportent généralement aux types des époques antérieures.

La faune Permienne en est presque complètement dépourvue ; rares également dans le Trias, ils atteignent presque leur maximum à l'époque Jurassique et affectent presque exclusivement la forme branchue, tous ou presque tous appartenant au groupe des Tubulipores.

Arrivés à l'époque Crétacée, ils se multiplient d'une façon prodigieuse, les deux formes sont en nombre à peu près égal, car on trouve un tiers des espèces rentrant dans les Cellulinés et deux tiers dans les Tubulipores.

Enfin apparaît l'époque Tertiaire où, comme pour toutes les espèces constitutives de sa faune, les Bryozoaires perdent les caractères des époques anciennes pour revêtir le facies de celles de la faune actuelle, et se rapprocher d'elles soit par leur nombre, soit par la presque identité des genres et des espèces.

Mœurs, habitudes, régime. — On connaît un très petit nombre de Bryozoaires vivant à l'état isolé et encore, dans ce cas, se trouvent-ils dans des conditions toutes particulières, fixés sur la peau d'animaux marins, et notamment de certaines annélides, d'autres habitent l'intérieur des canaux des éponges, quelques-uns portent les individus réunis sur des stolons communs, pouvant ramper dans l'eau sur les tiges des plantes et les divers objets environnants. Certains ont la propriété de perforer les coquilles des Lamellibranches, mais la plus grande partie de ces êtres connus, forment des colonies qui revêtent les apparences les plus variées. Ils s'établissent sur les coraux, les coquilles, les pierres, les rochers ; les feuilles des plantes marines en sont parfois couvertes ; tantôt on les voit semblables à de fines dentelles, orner de leurs festons les frondes des Fucus, tantôt ils simulent les Algues parmi lesquelles ils vivent ; là leurs rameaux articulés reproduisent l'aspect de certaines plantes des bords de la mer ; plus loin leurs feuillets à jour imitent les étoffes quadrillées, ou des tissus à mailles lâches enlacés de mille façons. Ailleurs enfin ils atteignent des proportions relativement considérables et peuvent être pris à première vue, pour de véritables Coralliaires.

A l'exemple de Schmarda, Nitsche et autres zoologistes, nous diviserons les Bryozoaires en deux ordres, les *Entoproctes* et les *Ectoproctes* dont nous allons étudier les familles principales et quelques-unes des espèces les plus intéres-es,act fossiles.

LES BRYOZOAIRES ENTOPROCTES — *ENTOPROCTA* Nitsch.

Caractères. — Nitsche comprend dans les Bryozoaires Entoproctes trois familles : les *Loxosomides*, les *Urnatellides* et les *Pédicellinides;* les caractères généraux que les espèces fournissent dans ces trois familles, ont une certaine analogie; ce sont des colonies munies de stolons, sur lesquels s'élèvent les individus isolés, pédicellés et pourvus de tentacules recourbés. Ces tentacules sont disposés en cercle sur un Lophophore formé de deux branches réunies à leur extrémité; l'anus est placé dans la couronne tentaculaire; la cavité viscérale remplie d'un tissu parenchymateux contient des ovaires paires, dont le conduit excréteur débouche dans une poche incubatrice (Claus).

C'est dans ce groupe, et dans ce groupe seul, que M. Joliet dit avoir découvert un organe segmentaire, déjà indiqué par Hatscheck, comme un canal cilié, placé dans la cavité du corps, où l'une de ses extrémités semble s'ouvrir, tandis que l'autre aboutit sans doute au dehors. Ce canal est situé dans le voisinage du ganglion nerveux et ses parois sont formées d'un petit nombre de cellules perforées, semblables à celles décrites par Claparède chez les Lombrics. (Hatscheck; *teste* Joliet.)

C'est surtout dans les Pédicellines et les Loxosomes, que M. Joliet a étudié cet organe; il est toujours placé contre la paroi de la matrice où l'on constate « le ou les orifices juxtaposés des canaux, assez courts et atténués à l'extrémité, renflés au milieu, et terminés par un pavillon ressemblant à un entonnoir, taillé en bec de flûte. (Nous avouons ne pas nous rendre un compte exact de ce que peut être un entonnoir taillé en bec de flûte.) Quoi qu'il en soit, après avoir cherché à démontrer l'existence d'un organe segmentaire chez les Bryozoaires entoproctes, M. Joliet déclare que cet organe est le représentant de l'organe de Bojanus des Brachyopodes, et il en conclut que les Brachyopodes étant unis aux Bryozoaires par des relations importantes, du moment où les Brachyopodes sont plus près des mollusques que des vers, les Bryozoaires (ce seraient alors les Entoproctes seuls?) sont également aussi plus près des mollusques que des vers.

Nous reviendrons sur ces données, dans le chapitre consacré aux Brachyopodes.

LES LOXOSOMIDES — *LOXOSOMIDÆ* Nitsch.

Caractères. — La famille des Loxosomides se compose d'un très petit nombre d'animaux vivant à l'état isolé. Leur appareil digestif est à ouverture simple, entourée de longs cils, il fonctionne en même temps comme bouche et comme anus; les sexes sont séparés; l'extrémité pédieuse est munie de glandes et de quatre organes de fixation, disposés par paires.

Distribution géographique. — Les espèces de cette famille sont marines, et presque toutes propres aux mers d'Europe.

LOXOSOME SOLITAIRE. — *LOXOSOMA SINGULARE* Kef.

Caractères. — Ce Loxosome est porté sur un pédicule court et pédiforme, son corps ovoïde et coupé obliquement au sommet porte dix tentacules couverts de cils vibratiles; on observe vers l'ouverture un diaphragme étroit et rétréci en forme d'*f*, un tube court émerge de ce diaphragme; on croirait voir, dit Keferstien auquel nous empruntons cette diagnose, une petite méduse dont l'ouverture buccale serait oblique (fig. 146, p. 105).

Mœurs, habitudes, régime. — Le Loxosome solitaire, découvert à Saint-Wast sur les côtes de Bretagne, vit en parasite sur la peau d'une Annélide que Keferstein y a également découvert et qu'il nomme *Capitella rubiconda.* Tous les exemplaires de cette annélide étaient littéralement couverts de Loxosomes, la plupart des autres espèces, lorsqu'on les regarde latéralement, présentent l'apparence d'une cuiller, surtout si leurs tentacules sont rétractés. Leur corps se compose d'un tronc et d'un pédicule. La partie antérieure du tronc porte une couronne de 8 à 12 antennes munies d'une double rangée de cils longs. L'orifice buccal se trouve au bord inférieur du disque antennaire et l'orifice intestinal un peu au-dessus de son milieu. Le pédicule, bien pourvu de muscles, adhère par sa base en forme de ventouse et se fixe sans doute à l'aide des sécrétions visqueuses d'une grosse glande pédiculaire. L'animal entier est assez transparent et mène une existence retirée et obscure au sein des mers. (O. Schmidt.)

On n'en avait trouvé jusqu'ici que des spécimens isolés, reposant sur des Vers ou sur des Bryozoaires. « J'ai découvert à Naples, dit Keferstein, une source inépuisable, me fournissant par milliers ces animaux pour mes études. Ils vivent en masses si considérables dans les tubes, les cavités et même les dépressions superficielles de certaines éponges écailleuses des plus communes (*Cacospongia* et *Euspongia*), qu'ils tapissent dans leur ensemble ces conduits d'un revêtement blanchâtre ; mais on y distingue difficilement les individus isolés. Bien qu'ils soient aptes à effectuer des déplacements lents, ils ne paraissent guère s'éloigner de la place où ils ont une fois élu leur résidence. Les tourbillons auxquels donne lieu dans l'eau l'organisation spéciale des éponges, amène sans cesse dans les cavités qu'ils habitent, les aliments microscopiques qui assurent la nutrition de ces êtres. Cette nourriture parvient jusque dans la bouche des Loxosomes, par l'intermédiaire des longs cils de leurs antennes et de la gouttière ciliée qui circonscrit le disque antennaire. »

La reproduction est ici des plus curieuses, n croit d'abord avoir affaire à un développement régulier, pendant lequel l'embryon, en croissant, se trouvait repoussé au delà de la paroi maternelle. Mais Nitsche est parvenu à dévoiler sous son vrai jour, un processus tout différent, dans lequel les bourgeons se trouvent fixés par côtés à leur mère. Les animaux nouveaux prennent, rapidement et sans l'intermédiaire d'aucune métamorphose, l'aspect de leur mère hermaphrodite ; ils peuvent, alors même qu'ils lui adhèrent encore, jouir d'une alimentation indépendante ; à maturité complète, ils se détachent et se fixent à son voisinage (fig. 146, p. 105). Mais leur multiplication ne se borne pas à ce bourgeonnement. De temps à autre, sans que le bourgeonnement latéral s'interrompe, l'ovisac émet des œufs féconds qui s'élèvent vers le disque antennaire et dont l'évolution produit des êtres sans analogie aucune avec les Loxosomes. Ce sont des Larves qui ont une longue métamorphose à subir après avoir traversé le disque céphalique. De leur production au stade d'évolution que nous avons

figuré (fig. 146, p. 105) le corps est aplati, presque scutelliforme, et circonscrit par un rebord marginal cilié. Comme organes internes, on voit un tube digestif court et deux corps volumineux remplis de sphères très réfringentes et de matière colorante noirâtre. Ces corps semblent être ou devenir des organes de vision. Les quatre autres corps réniformes qu'on observe dans le disque paraissent indiquer la place des tentacules. (O. Schmidt.)

Dans ses détails, la reproduction par bourgeonnement présente de grandes analogies avec la formation du sillon et des feuillets germinatifs de l'ovogénèse. D'après les principes de la théorie Darwinienne, les larves errantes nous indiquent comment nous devons nous représenter les ancêtres des Loxosoma, et les bourgeons latéraux nous offrent un exemple remarquable de ce qu'on nomme une « évolution abrégée ». Selon toute probabilité ce dernier mode de reproduction constitue une propriété que les Loxosomes ont acquise plus tardivement ; il serait du plus haut intérêt de constater si l'une ou l'autre espèce possède un seul de ces deux modes de reproduction. Chez les espèces étudiées pendant les mois d'hiver le bourgeonnement latéral s'est toujours manifesté d'une manière très vivace, mais chez le Loxosome solitaire seul, on peut suivre en même temps le développement de ses larves errantes ; ces faits ne permettent-ils pas de conclure que la reproduction par larves errantes est un reste des types anciens, sur le point de disparaître, tandis que la reproduction par bourgeons latéraux, constitue un processus plus avantageux qui productif qui subsistera seul dans les périodes à venir. Ceux de nos lecteurs familiarisés avec la théorie de la descendance, peuvent considérer avec nous comme un atavisme, comme une régression, la production de ces larves errantes. (O. Schmidt.)

LES URNATELLIDES — *URNATELLIDÆ* Nitsch

Caractères. — Leidy, qui le premier a fait connaître les Urnatelles, les décrit comme formées d'une série de segments, ordinairement au nombre de dix-huit. Ces segments, excepté les trois derniers, affectent la forme d'une urne ; les deux avant-derniers sont oblongs, le dernier est campanulé et porte une série de cils arrondis, ciliés, disposés circulairement autour de la bouche.

La seule espèce connue est la suivante :

URNATELLE ÉLÉGANTE — *URNATELLA GRACILIS* LIJDY.

Caractères. — Elle présente des tiges réunies par groupe de six. A leur extrémité inférieure, les segments dont se composent ces tiges sont translucides, ornés de stries et de points jaunâtres disposés transversalement ; le dernier segment porte une couronne de cils rétractiles, ciliés, au nombre de quatorze.

Distribution géographique. — L'Urnatelle élégante a été découverte dans les eaux d'une rivière qui traverse la ville de Philadelphie (États-Unis).

Mœurs, habitudes, régime. — L'espèce habite sous les pierres enfoncées dans l'eau.

LES PÉDICELLINIDES — *PEDICELLINIDÆ* ALM.

Caractères. — Les Pédicellinides, suivant Van Beneden, ont le corps porté sur un long pédicule, naissant verticalement d'une tige rampante ; les tentacules ciliés, tous semblables, sont insérés sur la face interne de la tunique près du bord libre, et s'enroulent en dedans pendant le repos, au lieu de rentrer entièrement dans la loge. Le Polypier est mince, transparent et sans incrustation.

Distribution géographique. — Toutes les Pédicellinides connues jusqu'ici, habitent les mers d'Europe.

PÉDICELLINE BELGE. — *PEDICELLINA BELGICA* V. BEN.

Caractères. — Cette espèce, toujours d'après Van Beneden, est formée de trois parties distinctes : la tige, le pédicule et la loge.

La tige est fort irrégulière sous tous les rapports, des bourgeons se développent sans aucun ordre à sa surface, on la voit tantôt creuse, tantôt arrondie, de l'épaisseur des pédicules ou souvent trois fois plus large ; elle est toujours couchée. La loge diffère d'aspect suivant l'état d'extension ou de contracture de l'animal ; dans l'épanouissement, elle affecte la forme d'une fleur campanulée ; dans le second cas, elle ressemble à une bourse fermée par un lacet ; les tentacules sont au nombre de douze, tous ciliés, de même longueur et d'une grosseur égale.

Mœurs, habitudes, régime. — La Pédicelline belge vit en abondance sur les huîtres, les coquilles et en général sur tous les corps solides ; les colonies forment une touffe épaisse qui a l'aspect de mousse.

Examinées au microscope, ces colonies laissent apercevoir des êtres portés sur une tige assez longue, tantôt s'étalant et faisant vibrer l'eau qui entoure les tentacules, tantôt se contractant pour se cacher au milieu d'une tunique membraneuse ; le pédicule exécute un balancement de droite à gauche et de gauche à droite, s'incline jusqu'à terre et se redresse par sa propre élasticité ; on croirait voir un champ de blé caressé par une forte brise ; l'animal épanoui au-dessus de sa tige, ressemble à une fleur de muguet, avec des étamines mobiles qui peuvent s'enrouler et se cacher au moindre contact (Van Beneden).

LES BRYOZOAIRES ECTOPROCTES — *ECTOPROCTA* NITSCH.

Caractères. — Les Bryozoaires Ectoproctes comprennent deux grandes divisions, les Lophopodes et les *Stelmatopodes*, que nous allons examiner successivement.

LES LOPHOPODES — *PHYLACTOLEMATA* ALLM.

Caractères. — Les types faisant partie des Bryozoaires Lophopodes, sont particulièrement caractérisés par la disposition bilatérale des nombreux tentacules situés sur un Lophophore en forme de fer à cheval. Toujours au-dessus de l'ouverture buccale, on observe dans ce groupe un épistome mobile. A l'opposé des Bryozoaires du groupe des Stelmatopodes, les

animaux dont. nous nous occupons en ce moment, ont la plupart une taille assez considérable et sont en général assez semblables, le
polymorphisme commun chez les premiers
fait ici complètement défaut. Leurs cellules
communiquent souvent entre elles et forment
de petites colonies ramifiées ou massives,
transparentes, cornées, ou coriaces et gélatineuses. La reproduction a lieu par œufs et le
plus souvent par des Statoblastes (Claus).

Distribution géographique. — Ce sont des
organismes essentiellement propres aux eaux
douces, que l'on peut observer dans toutse les
régions.

LES CRISTATELLIDES — *CRISTATEL-LIDÆ* ALLM.

Caractères. — Cette première famille fournit
des colonies mobiles, sur lesquelles les divers individus la composant, sont disposés suivant
des ellipses concentriques, qui au lieu de se
fixer, s'avancent lentement du côté de la lumière.
On peut se demander comment une colonie
comprenant un si grand nombre de têtes, est
en état de concentrer vers une direction donnée, toutes les volontés individuelles, auxquelles
elle est soumise. En admettant qu'une excitation extérieure, comme celle de la lumière par
exemple, attire dans une même direction tous
les individus de la colonie, on ne s'expliquerait
guère de quelle façon cette influence provoque une volonté unique et par suite un déplacement unique, sans la présence d'un organe
propre à déterminer cette unité d'action. Or,
cet appareil existe précisément : non seulement chaque individu possède pour son usage
particulier un système ganglionnaire, situé
entre l'œsophage et l'anus, ainsi qu'un appareil nerveux, mais en outre, il existe dans la
colonie entière, un système de nerfs particulier,
relié à chaque individu et passant de l'un à
l'autre, de proche en proche, à travers des orifices qui livrent passage également au liquide
contenu dans les corps de tous ces individus ;
c'est là un exemple idéal de communisme. Il
y a donc un système nerveux « colonial » qui
préside sans aucun doute aux mouvements de
toute la colonie.

Indépendamment des œufs, se développant
dans la cavité splanchnique des Cristatelles,
ainsi que la plupart des Phylactolœmates,
il existe des corpuscules spéciaux, à peu près

lenticulaires, qu'on appelle « *Statoblastes* » ;
en automne, quand les colonies disparaissent,
ils deviennent libres, passent l'hiver au fond de
l'eau, dans la vase ; au printemps, on voit
émaner de ces Statoblastes un animal nouveau.

CRISTATELLE MOISISSURE — *CRISTATELLA MUCEDO* LAMCK.

La Cristatelle moisissure (fig. 147) est la seule
espèce connue.

Caractères. — Le professeur Paul Gervais (1)
a étudié cette espèce d'une manière toute particulière, nous lui empruntons les faits les plus
intéressants à connaître.

« S'étant fait apporter pour ses recherches
de micrographie, de l'eau d'un marais voisin
de sa demeure, Rœsel qui le premier fit connaître la Cristatelle, observa dans le vase où
cette eau était placée, quelques globules mêlés
à un grand nombre d'autres petits êtres ; ils reposaient au fond de l'eau et ressemblaient bien
plus à des grains de matière muqueuse ou
aux œufs de certains Mollusques, qu'à de véritables Bryozoaires ; mais examinés à la loupe
après quelque temps de tranquillité, ils mon-
traient des panaches à doubles pédoncules, supportant chacun deux rangées de tentacules en
collerette, au-devant et sur les parties latérales
de la bouche (fig. 148) ; quelques globules mon-
traient jusqu'à 7 panaches et même plus. Il y a
donc dans chacun de ces petits sacs charnus,
autant d'individus que de panaches ; chaque
individu est retenu à la masse commune, mais
celle-ci est libre, elle change de place assez volontiers, mais lentement et se fixe tantôt en un
lieu tantôt en un autre. »

Distribution géographique. — Observée d'a-
bord en Allemagne par Rœsel, comme on vient
de le voir, elle fut trouvée en Écosse par Dalyell ; elle est assez commune dans les eaux
douces de France.

Ancienneté des Cristatelles. — Les Cristatelles ont laissé des traces de leur présence
dans les terrains secondaires. M. Turpin en a
découvert des spécimens dans les Silex ; Ebren-
berg avait décrit des œufs de plusieurs sortes
qu'il considérait comme provenant de Cristatelles et auxquels il avait donné le nom générique de *Xantidies*. Ils diffèrent de ceux plus haut
décrits en ce qu'ils n'ont point de bourrelet et

(1) Gervais, *Ann. franç. et étrang. d'an. et de phys.*,
t. III, 1839.

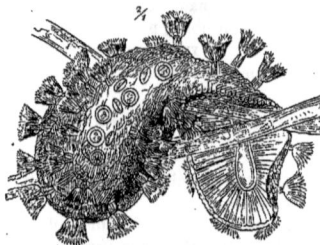

Fig. 147. — Cristatelle moisissure, grossie
deux fois.

Fig. 148. — Cristatelle moisissure avec trois jeunes
animaux, très grossie.

que leurs épines sont insérées d'une tout autre manière.

Mœurs, habitudes, régime. — « Rœsel,
continue P. Gervais, n'avait point connu le
mode de propagation des Cristatelles, des corps
fort singuliers que nous trouvâmes dans Paris
même, en cherchant des animaux inférieurs
dans les eaux stagnantes, furent leurs œufs.
Ce sont de petites capsules discoïdales d'un
millimètre à peu près de diamètre, à demi entourées d'un bourrelet ; un caractère plus bi-
zarre encore consiste dans les tiges spiniformes
à pointe bifide et recourbée qui partent en
s'irradiant du point de jonction de la capsule
avec son bourrelet sur la face convexe de chaque œuf. Conservés avec soin dans l'eau fraîche, ces corps ne tardent pas à éclore et précisément l'animal qui en naît est le globule poly-
pifère de Rœsel. » Placées dans des conditions
convenables, les Cristatelles ne conservent pas
cet aspect, et dans les étangs, on les trouve quelquefois en nombre considérable et sous une
forme tout à fait différente. Réunies en très
grande quantité, dans une enveloppe commune
qui n'est que le sac ascidiforme, elles sont en
longs filaments de la grosseur d'une plume de
cygne et dont l'aspect à l'œil nu rappelle assez
bien celui de cordons de passementerie qu'on
appelle *chenille*. La villosité n'est autre chose
que l'ensemble des tentacules des animaux de
ce curieux essaim, et la masse filamenteuse est
le cordon hyalin, dans lequel ils sont logés et
où ils peuvent rentrer quand on les inquiète.
Les tentacules sont d'un beau hyalin, et le corps
est coloré en roux brun, par des bandes longitudinales. »

LES PLUMATELLIDES — *PLUMATEL-LIDÆ* Allm.

Caractères. — Les Plumatellides forment en
général des colonies sédentaires, massées ou
ramifiées, de consistance charnue ou parcheminée, les animaux ont un intestin complet à
deux orifices et des tentacules nombreux, disposés en une double rangée, sur un appendice
en fer à cheval autour de la bouche, elles produisent des œufs coriaces, non ciliés, entourés
d'un bourrelet épais.

Distribution géographique. — Les espèces
de cette famille habitent les eaux douces d'Europe.

Mœurs, habitudes, régime. — Ce sont des
animaux presque diaphanes avec 40 à 60 tentacules rétractiles, mais non susceptibles de
s'agiter en tournoyant. Ces tentacules, qui s'é-
panouissent comme les pétales d'une fleur, sont
munis de cils vibratiles, dont le mouvement suffit pour déterminer dans le liquide, des courants
propres à amener les aliments à la bouche. D'a-
bord flottantes dans leur jeune âge, les diverses
espèces se fixent ensuite simplement par leur
base, et sécrètent un tube membraneux, adhérant aux corps submergés, d'où partent comme
autant de branches ramifiées, d'autres tubes sécrétés par de jeunes individus, issus des premiers
par gemmation.

PLUMATELLE A PANACHE — *LOPHOPUS CRIS-TALLINUS* Gallas.

Caractères. — Les caractères distinctifs de
la famille tels que nous venons de les donner
s'appliquent à cette espèce. Le support commun

de la colonie, l'ectocyste est gélatineux ; les œufs ou statoblastes coriaces et non épineux, diffèrent ainsi de ceux des Cristatelles. C'est

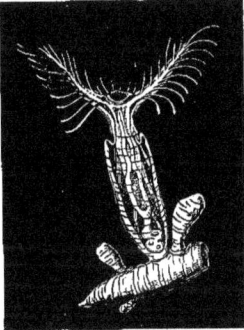

Fig. 149. — Plumatelle à panache.

Trembley qui le premier décrivit ces animaux sous le nom de *Polypes à panaches* (fig. 149).

Distribution géographique. — Les eaux douces de France, d'Angleterre, de Belgique, de Hollande, nourrissent cette espèce.

Mœurs, habitudes, régime. — On trouve assez communément les Plumatelles dans les eaux stagnantes mais pures, sous les feuilles de *Nymphea*, de *Potamogeton*, et quelquefois aussi sur des morceaux de bois submergés.

ALCYONELLE DES ÉTANGS — *ALCYONELLA STAGNORUM* Lamck.

Caractères. — Les Alcyonelles paraissent avoir la même organisation que les Plumatelles ; leur principale différence réside dans le groupement des tubes, qui forment une masse arrondie et d'apparence spongieuse, au lieu d'être ramifiés et rampants ; les tubes composant la masse sont un peu irréguliers, à cavité cylindrique et obscurément pentagonaux, à l'ouverture ; les tentacules se montrent par faisceaux, un peu ouverts en entonnoir, ils paraissent immobiles mais rentrent dans le tube dès qu'on les touche.

Distribution géographique. — Cette espèce habite toutes les eaux douces d'Europe, elle est assez fréquente dans les environs de Paris.

LES STELMATOPODES — *GYMNOLÆMATA* Allm.

Caractères. — Les Bryozoaires Stelmatopodes sont tous marins et comprennent la plus grande partie des espèces connues. Ils sont dépourvus d'épistome et portent un cercle complet de tentacules, sur un Lophophore discoïdal ; d'après Claus, on a observé dans la cavité viscérale de certaines espèces, un canal vibratile vésiculaire, débouchant près des tentacules et qui correspond peut-être aux organes segmentaires des Annelés, malgré l'opinion contraire émise par M. Joliet. Les Statoblastes se rencontrent exceptionnellement, en revanche on observe des bourgeons internes qui leur correspondent. Les œufs donnent naissance à des larves ciliées ; quelques genres présentent un système nerveux colonial ; les colonies sont la plupart du temps polymorphes ; quant aux ectocystes, leur mode d'union, leur forme, sont excessivement variés, de consistance cornée ou incrustés de sels calcaires.

Distribution géographique. — Les nombreux représentants de cet ordre sont communs à toutes les mers du globe ; c'est également là qu'abondent les types des différentes formations géologiques.

Ils comprennent trois grandes divisions : Les *Chilostomes*, les *Cnétostomes* et les *Cyclostomes*.

LES STELMATOPODES CHILOSTOMES — *CHILOSTOMATA* Bosk.

Caractères. — Dans ce premier groupe, l'ouverture des cellules cornées ou calcaires est munie d'un opercule, parfois d'un sphincter ; Les Zoécies portent souvent des aviculaires, des vibraculaires ainsi que des ovicelles. (Claus.)

Fig. 50. — Rétépore dentelle de mer.

LES RÉTÉPORIDES — RETEPORIDÆ LAM.

Caractères. — Les zoœcies, dans cette famille, sont cylindro-ovales, réunies en colonies reticulées.

Distribution géographique. — Les espèces habitent la Méditerranée et les mers Arctiques ; on en connaît plusieurs fossiles.

RÉTÉPORE DENTELLE DE MER — RETEPORA CELLULOSA LAMCK.

Caractères. — Le Rétépore dentelle de mer, appelé aussi *Manchette de Neptune*, se montre sous la forme d'expansions aplaties, minces et fragiles, composées de rameaux anastomosés en réseau, les cellules sont disposées d'un seul côté et à ouverture elliptique (fig. 150).

BREHM.

Distribution géographique. — Cette espèce habite l'Océan et la Méditerranée.

Mœurs, habitudes, régime. — Comme toutes les espèces du groupe, les Rétépores dentelle se font remarquer par leur élégance et leur fragilité : tant qu'ils sont plongés dans l'eau, leur partie supérieure est molasse et flexible, mais une fois hors de leur élément ils s'affermissent, se solidifient et deviennent cassants. L'ouverture de chacune des cellules est surmontée d'une petite épine calcaire, dont l'ensemble donne à la surface où elles se trouvent, la rudesse d'une râpe.

Les *Retepora antiqua* et *prisca* ont été recueillis dans les terrains anciens ; le Dévonien en contient quelques espèces, l'une provient du Carbonifère d'Amérique ; très rares dans la formation Jurassique, ils sont assez largement représentés dans le Crétacé et le Tertiaire.

Le genre *Fenestrella*, voisin des Rétépores, est caractérisé par des cellules formant une double ligne régulière, longitudinale, séparée par un

sillon médian, à la partie supérieure des branches longitudinales, dichotomes, unies entre

elles par de petits rameaux latéraux, non celli-
fères.

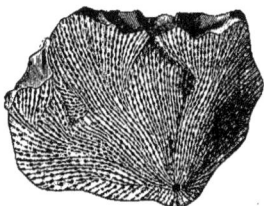

Fig. 151.

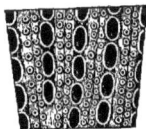

Fig. 152.

Fig. 151 et 152. — Fenestrella retiformis (*).

Les *Fenestrella* appartiennent aux terrains anciens; les premières se montrent dès l'étage Murchisonien et atteignent leur maximum à l'époque
Carbonifère. Nous représentons (fig. 151) le *Fenestrella retiformis* Lonst., propre à l'étage
Permien.

LES CÉLLÉPORIDES — *CELLEPORIDÆ*
Lamck.

Caractères. — Les Célléporides, constituent
des colonies lamelleuses, irrégulières, arrondies;
elles portent un aviculaire médian et fixé obliquement au bord inférieur de l'ouverture; généralement les cellules s'amoncellent les unes
sur les autres, sans ordre régulier et présentent
une surface inégale.

Distribution géographique. — Les mers
froides paraissent nourrir de préférence les espèces de ce groupe.

Mœurs, habitudes, régime. — Les Célléporides ne possèdent point de nuances brillantes et
variées, elles adhèrent aux rochers, aux plantes,
aux polypiers, aux mollusques; on en trouve
de fossiles depuis les terrains les plus anciens.

CÉLLÉPORE SPONGITE — *CELLEPORA SPONGITES*
Belichiag.

Caractères. — De la base de cette espèce,
s'élèvent des expanssions tubuleuses irrégulières
et diversement divisées; les zoœcies sont séria-
les, toujours un peu ventrues, à ouverture le
plus souvent orbiculaire.

Distribution géographique. — Le Céllépore
spongite habite la Méditerranée.

(*) Fig. 151. Grandeur naturelle. — Fig. 152. Portion fortement
grossie.

Mœurs, habitudes, régime. — On le rencontre fixé sur les pierres, il devient d'une assez
grande taille; pendant la vie des animaux, il
est un peu flexible.

Les Céllépores, très communs dans toutes les
mers du globe, se trouvent à l'état fossile et
commencent à apparaître comme on vient de
le voir avec les terrains les plus anciens; le
Muschelkalk, les étages Jurassiques, en possèdent un certain nombre; mais ils augmentent
à l'époque Crétacée, ainsi que dans les terrains
Tertiaires.

LES DISCOPORIDES — *DISCOPORIDÆ*
Lamck.

Caractères. — Claus caractérise cette famille
par les cellules ou zoœcies rhombiques, ou ovales, à ouverture en forme de demi-cercle, et
dont le bord antérieur se prolonge en un appendice épineux. Plus disciformes que les Celle-
pores, dit M. le professeur Milne-Edwards, ils
n'offrent presque jamais, comme eux, des expansions lobées; leurs cellules ne sont jamais
confuses, mais régulièrement disposées par
séries en quinconces, en quelque sorte comme
celles d'un gâteau d'Abeilles.

Distribution géographique. — Ces animaux
sont de toutes les mers du globe.

DISCOPORE RAPE — *DISCOPORA SCOBINATA*
Lamck.

Caractères. — Sa surface extérieure ressemble à une petite râpe, par la saillie des cellules
qui sont tubuleuses, distinctes les unes des

Fig. 153. — Lepralie réticulée.

autres et disposées en quinconces. La lame que forme cette espèce est roulée en cornet, mince et très fragile; ce Discopore se fait remarquer par l'appendice en forme de corne, situé à peu de distance de l'ouverture de chaque cellule, laissant dans son point d'insertion, lorsqu'il est détaché, une ouverture triangulaire.

Distribution géographique. — Il provient des mers de la Nouvelle-Hollande.

LES ESCHARIDES — *ESCHARIDÆ*
d'Orb.

Caractères. — Les Escharides se montrent sous forme de polypiers pierreux, non flexibles, à expansions aplaties, lamelliformes, entières ou divisées, ayant les deux faces garnies de zoœcies; l'ouverture primitive de ces zoœcies est en demi-ellipse ou ronde, l'ouverture secondaire est rétrécie sur le bord inférieur, pour l'insertion de l'aviculaire.

Distribution géographique. — Les Escharides sont de toutes les mers, elles habitent généralement les régions profondes. Après s'ê-

tre montrées dans le Devonien, et avoir laissé quelques représentants dans les terrains Jurassiques, elles deviennent très abondantes aux époques Crétacées et Tertiaires.

ESCHARE A BANDELETTES — *ESCHARA FASCIALIS*
DE MOLL.

Caractères. — L'Eschare à bandelettes, forme de larges touffes élégantes très divisées et subcancellées, par l'anastomose des bandelettes et de leurs divisions.

Distribution géographique. — Elle vit dans la Méditerranée.

LEPRALIE RÉTICULÉE — *LEPRALIA RETICULATA*
MACJ.

Caractères. — Le genre *Lepralia* se caractérise par des cellules bombées distinctes entre elles, sans rebord marginal, à parois crustacés, enchâssant la lèvre inférieure, de manière à donner à cette lèvre l'aspect d'une ouverture (fig. 153).

La Lepralie réticulée présente des cellules

ovales oblongues, séparées par des lignes de ponctuations ; la lèvre supérieure de l'ouverture porte trois ou quatre épines, l'aviculaire central est placé immédiatement en-dessous de la lèvre.

Distribution géographique. — Cette espèce habite les côtes de la Manche.

Mœurs, habitudes, régime. — Très ramifiée, la Lepralie réticulée croît sur les pierres et sur les algues du groupe des *Melobesia*.

LES MYRIOZOIDES — *MYRIOPORÆ* Blainv.

Caractères. — Dans cette famille, les zoœcies sont presque libres, ou réunies les unes aux autres par un seul point de leur bord ; elles apparaissaient d'abord avec quatre plans aplatis ou légèrement convexes, puis rhomboïdales, ou ovales et enfin cylindriques, à bord de l'ouverture concave et évidé au milieu.

Distribution géographique. — Les espèces, peu nombreuses, affectent de préférence les mers Arctiques.

MOLLIE PATELLAIRE — *MOLLIA PATELLARIA* Lamx.

Caractères. — L'espèce est encroûtante, pierreuse et composée de cellules ovales, ho-

Fig. 154.

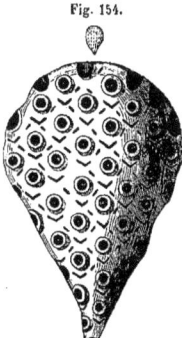

Fig. 155.

Fig. 154 et 155. — Eschariflore flabellée (*).

rizontales, planes et légèrement granuleuses supérieurement, convexes inférieurement, à ouvertures semi-circulaires, soudées entre elles

(*) Fig. 154. Grandeur naturelle. — Fig. 155. Grossie.

en cinq ou six points par un prolongement.

Distribution géographique. — Elle habite les mers du Nord.

Parmi les espèces fossiles appartenant à cette famille, nous citerons la suivante.

ESCARIFLORE FLABELLÉE — *ESCARIFLORA FLABELLATA* d'Orb.

Caractères. — Colonies formées d'un ensemble flabelliforme très comprimé, sur un pied étroit s'élargissant à la partie supérieure ; cellules disposées en quinconce, sur des lignes longitudinales croissant de 2 à 8, non distinctes, chacune n'étant appréciable à l'extérieur, que par une ouverture ronde, saillante, entourée d'un bourrelet étroit et de trois fossettes, dont une médiane inférieure, et deux latérales par chaque ouverture (fig. 154 et 155).

Distribution géographique. — Cette espèce se rencontre dans les couches de l'étage Crétacé.

LES ESCHARIPORIDES — *ESCHARIPORIDÆ* Fabr.

Caractères. — Les cellules incrustées ont leur ouverture cylindrique ou rhomboïdale, en forme de demi-cercle ; la face antérieure est divisée ou percée d'un pore médian.

ESCHARIPORE ANNELÉE — *ESCHARIPORA ANNULATA* Fabr.

Caractères. — Cette espèce unilamelleuse a ses cellules oblongues, subovales, transversalement costulées et ornées d'une série de pointes rondes, l'ouverture est suborbiculaire, bi ou pluri-mucronée au sommet.

Distribution géographique. — Elle habite les côtes de la Scandinavie.

LES MEMBRANIPORIDES — *MEMBRANIPORÆ* Blainv.

Caractères. — Chez les Membranipores, le pourtour des cellules est entièrement calcaire, et forme un cadre saillant ovale au milieu duquel est une partie membraneuse ouverte en avant ; les cellules sont placées les unes à côté des autres sans se recouvrir.

Distribution géographique. — Les Membranipores se rencontrent dans l'océan Atlantique la Méditerranée, et jusque dans les mers Arctiques.

Mœurs, habitudes, régime. — L'ensemble des colonies forme des lames qui s'étendent à la surface des corps marins.

Les espèces vivantes sont des parties profondes et tranquilles des mers.

Toutes les espèces fossiles appartiennent à l'époque moderne ; cependant d'Orbigny donne leur apparition comme remontant à l'étage Cenomanien.

MEMBRANIPORE POILU — *MEMBRANIPORA PILOSA* Lin.

Caractères. — On remarque chez cette espèce, un vibraculum ou épine mobile, à la base

Fig. 156. — Membranipore poilu.

de la lèvre inférieure de l'ouverture, et un nombre variable d'épines marginales (fig. 156).

Distribution géographique. — Elle habite les mers d'Europe.

Mœurs, habitudes, régime. — Très velue et quelquefois tomenteuse, cette espèce est commune sur les grandes Laminaires, qu'elle recouvre souvent sur de larges espaces, d'un feutrage blanchâtre.

LES CELLARIDES — *CELLARIÆ* Ellis.

Caractères. — Les colonies, dans cette famille, affectent la forme de tiges tubuleuses, rameuses, subarticulées, cornées, composées de cellules disposées en chaînons ou incrustées ; elles sont décurrentes par leur base, quoique leur partie supérieure soit rejetée en dehors et plus ou moins saillante.

Distribution géographique. — Les Cellarides sont communes dans toutes les mers actuel-

les. On leur a rapporté quelques fossiles des terrains anciens.

Mœurs, habitudes, régime. — Les différentes espèces se montrent sous un aspect des plus agréables. Un vernis brillant les recouvre, et elles ressemblent à de petites plantes extrêmement déliées, à ramifications souvent très fines.

CELLAIRE SALICORNE — *SALICORNARIA FISTULOSA* Lin.

Caractères. — Tige dichotome articulée, à articles cylindriques ; sommet des cellules rhomboïdal ou hexangulaire, disposées par séries continues à surface granuleuse ; aviculaire, distinct, situé au sommet de la cellule, à rostre caché en dessous.

Distribution géographique. — L'espèce habite les mers d'Europe.

LES FLUSTRIDES — *FLUSTRIDÆ* Lin.

Caractères. — Les Flustrides forment par leur réunion de larges surfaces membraneuses flexibles, composées de cellules disposées sur un seul plan ou sur deux plans opposés ; elles sont rectangulaires ou linguiformes.

Distribution géographique. — Les espèces

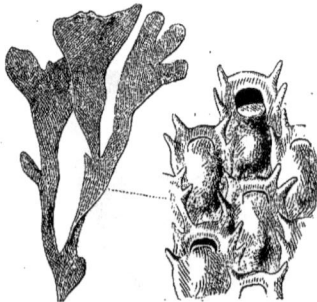

Fig. 157 et 158. — Flustre foliacée.

sont de toutes les mers. Ce n'est qu'avec doute que l'on peut rapporter aux Flustres quelques fossiles des terrains anciens cités par différents auteurs ; leur existence est plus certaine dans les terrains Crétacés et Tertiaires.

Mœurs, habitudes, régime. — Tantôt les

Fig. 159.

Fig. 160.

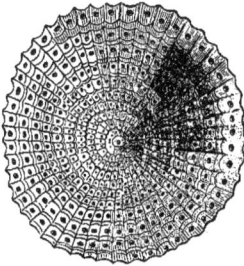

Fig. 159. — Face convexe.

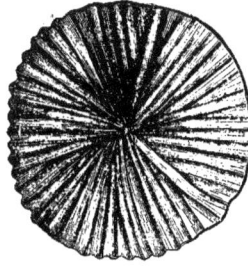

Fig. 160. — Partie inférieure.

Fig. 159 et 160. — Lunulite régulier, très grossi.

espèces de cette famille vivent en croûte mince à la surface des corps sous-marins, sur lesquels elles dessinent un réseau délicat et alvéolaire, tantôt elles forment des expansions aplaties et foliacées.

FLUSTRE FOLIACÉE — *FLUSTRA FOLIACEA* Lin.

Caractères. — Les colonies de Flustre foliacée figurent des lobes foliiformes et ramifiés dont chaque face est formée d'une couche d'individus étroitement juxtaposés. Les cellules se calcifient faiblement, de telle sorte qu'à l'état frais, elles demeurent élastiques, et que la colonie dans son ensemble garde une grande flexibilité (fig. 157 et 158, p. 117).

Le bord des cellules est muni de quatre ou cinq épines courtes.

Distribution géographique. — La Flustre foliacée habite les mers d'Europe.

Lamarck, d'Orbigny et d'autres naturalistes placent les Lunulites à côté des Flustrides : nous citerons le *Lunulites regularis* d'Orbigny.

LUNULITE RÉGULIER — *LUNULITES REGULARII* d'Orb.

Caractères. — Comme toutes ses congénères, le Lunulite régulier est formé de colonies disposées sur un substratum libre, orbiculaire, d'un très petit volume, à stries rayonnantes. La face convexe seule porte des cellules (fig. 159), ces cellules sont larges, espacées et disposées avec une grande régularité ; la partie inférieure

(fig. 160) est ornée de côtes assez saillantes, larges et rayonnantes.

Distribution géographique. — Cette espèce est propre à la formation Crétacée.

Presque toutes fossiles, les Lunulites se montrent plus nombreuses à l'époque Tertiaire. Une espèce vivante existe sur les côtes d'Afrique ; Gray l'a fait connaître sous le nom de *L. Owenii.*

LES BICELLARIDES — *BICELLARIDÆ* Blainv.

Caractères. — Cette famille se compose de colonies dont les cellules peu ou point saillantes, sont disposées sur deux rangs, alternes, s'ouvrant du même côté, et constituant par leur réunion un substratum crétacé, phytoïde, dichotome ; les zoœcies sont coniques ou tétragones, recourbées, la face latérale portant l'ouverture de la cellule elliptique, est placée obliquement par rapport au plan médian de l'axe ; les aviculaires sont pédicellés.

Distribution géographique. — Les Bicellaires sont Européennes.

Mœurs, habitudes, régime. — Elles recouvrent les Fucoïdes.

BICELLAIRE CILIÉE — *BICELLARIA CILIATA* Blain.

Caractères. — Cette espèce très rameuse, dichotome, a ses cellules alternes, libres seulement par une petite portion du bord de leur

ôuverture, très oblique d'arrière en avant, et
ciliée sur les bords. Les épines constituant les
cils, sont très longues et flexibles.

Distribution géographique. — Commune
dans les mers d'Europe, la Bicellaire ciliée
s'attache aux Fucus; très rameuse, elle ressemble à de minuscules Hypnum, à ramifications
grêles et verdâtres.

LES CELLULARIDES — *CELLULARIDÆ* JOHNST.

Caractères. — Là encore, l'ensemble de la
colonie présente un substratum articulé et
phytoïde, les zoœcies sont coniques, tétragones
à ouverture latérale ovale ou elliptique, et
posées en séries simples.

Distribution géographique. — Les mers
d'Europe et Arctiques sont la patrie des Cel-
lularides.

EUCRATIE MULTICORNE — *EUCRATIA CHELATA* LAMX.

Caractères. — Cette Eucratie a des tiges
rampantes, elle est rameuse à cellules en forme
de cornes, à ouverture oblique, disposées sur
un seul rang le long des rameaux, munies
d'aviculaires et de vibraculaires.

Distribution géographique. — Elle habite
les côtes d'Angleterre, fixée sur les Fucus.

LES OETÉIDES — *OETEIDÆ* LAM.

Caractères. — Dans cette famille, les colonies sont disposées sur une tige grêle rampante
et fistuleuse; les cellules sont droites, filiformes, tubuleuses, distantes, un peu en massue
et à ouverture placée latéralement au-dessous
de leur sommet.

Les animaux ont le pourtour buccal garni
d'une couronne de longs tentacules ciliés, sur
les bords, et rétractiles.

Distribution géographique. — Les espèces
peu nombreuses proviennent des côtes d'Angleterre, de la Patagonie, du détroit de Torrès.
Elles vivent sur les Algues et les Fucus.

ANGUINAIRE SPATULÉE — *ÆTEA ANGUINA* LAMX.

Caractères. — Cette espèce propre aux
mers d'Europe et d'Australie, présente des jets
très grêles, filiformes, un peu dilatés par espaces, fistuleux, rampants ou grimpants et attachés aux rameaux et aux frondes de certains
Fucus. De ces jets on voit s'élever des cellules
distantes, éparses, un peu en massue, et spatulées au sommet, au-dessous duquel se montre une ouverture elliptique et latérale. Ces
cellules font paraître les tiges comme irrégulièrement pinnées, et lui donnent l'aspect de
rameaux simples et un peu courts.

LES STELMATOPODES CTENOSTOMES — *CTENOSTOMATA* BOSK.

Caractères. — Ce second groupe de Bryozoaires se caractérise par l'ouverture terminale
des cellules, fermée par une couronne de soies
(Claus).

Suivant l'ordre établi par Schmarda, nous
classons ici les Paludicellides que Claus a rangées à côté des Pédicellines.

LES PALUDICELLIDES — *PALUDICEL-LIDÆ* EHRH.

Caractères. — Les Paludicelles sont composées de cellules grêles, fusiformes, allongées,
placées bout à bout et formant des séries dichotomes souvent entrecroisées sur les pierres
et les morceaux de bois submergés; vers la

plus grosse extrémité de chaque cellule, se voit
une perforation latérale par laquelle le polype
est exsertile.

Distribution géographique. — Les Paludicelles habitent les eaux douces d'Europe.

PALUDICELLE D'EHRENBERG — *PALUDICELLA EHRENBERGI* V. BENED.

Caractères. — Cette espèce est branchue, à
branches cornées, membraneuses, composées
de cellules claviformes, les animaux ont autour
de la bouche un seul rang de tentacules disposées en entonnoir et au nombre de seize. Le
tube habité est en outre ramifié, souvent couché, et rampant au moins en partie, sur les tiges
des plantes submergées.

La figure 161 montre une cellule isolée, passablement allongée. Ses parois sont rigides; elles ne sont flexibles qu'à la partie antérieure qui peut être invaginée et rétractée par l'action de plusieurs muscles (m), dont l'un est particulièrement puissant et s'étend, librement, à travers le corps entier, presque jusqu'au fond de la cellule. A l'extrémité antérieure se trouve l'orifice buccal qu'entoure une couronne de fila-

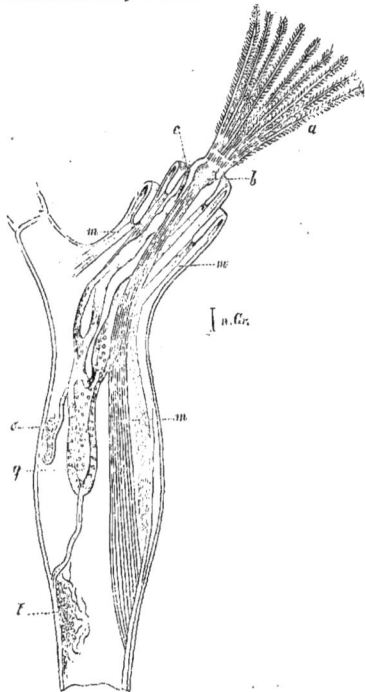

Fig. 161. — Paludicelle d'Ehrenberg.

ments antennaires vibratiles (a). Le tube digestif commence par un œsophage musculeux (b), se trouve appendu comme une anse au-dessous de l'estomac (g), dans la cavité abdominale, et se termine (en c) un peu au-dessous de l'orifice buccal. Presque entièrement libre, il n'est que faiblement assujetti aux parois par une paire de ligaments fort courts. Dans toutes les cellules adultes on voit se développer sur les parois deux amas cellulaires dont le supérieur (o) fournit les œufs et l'inférieur (t), les corpuscules séminifères.

Distribution géographique. — La Paludicelle d'Ehrenberg a été recueillie en Belgique, en Angleterre et jusqu'aux États-Unis, paraît-il; elle est commune aux environs de Paris.

LES ALCYONIDIIDES — *ALCYONIDIIDÆ* Ehrh.

Caractères. —. Claus caractérise cette famille par ses zoœcies réunies entre elles, en colonies charnues de forme irrégulière. Le genre Alcyonide, conservé pour l'espèce que nous étudions, avait été créé par Lamouroux,

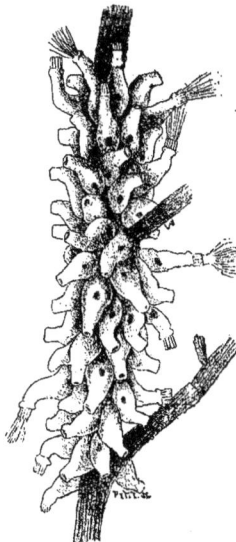

Fig. 162. — Alcyonide pyriforme.

pour divers corps marins à formes massives, lisses, lobés ou rameux, et auxquels il attribuait des polypes transparents; une partie de ces types ont été rapportés plus tard par Lamouroux lui-même parmi les algues dans le genre *Dumontia*.

ALCYONIDE GÉLATINEUX — *ALCYONIDIUM GELATINOSUM* Pall.

L'Alcyonide gélatineux a été étudié par Farre, qui l'a positivement classé parmi le Bryo-

Fig. 163.   Fig. 164.   Fig. 165.   Fig 166.

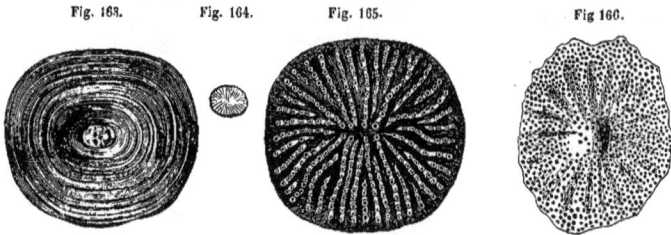

Fig. 163 à 165. — Lichenopore orgue, vu en dessus, en dessous, et de   Fig. 166. — Lichenopore de Philippi.
grandeur naturelle.

zoaires, et l'a inscrit sous le nom de *Halodac-tilus*, type d'un genre, selon Dujardin, devant remplacer celui d'*Alcyonidium*.

Caractères. — Les caractères de l'espèce sont identiques à ceux du genre, la surface de ses zoœcies est nue.

Une autre espèce, voisine de la précédente, est l'Alcyonide pyriforme que nous figurons (fig. 162, p. 120).

LES VÉSICULARIDES — *VESICULA-RIDÆ* Thomp

Caractères. — Ce sont des colonies phytoïdes et cornées, à tiges grêles, fistuleuses, rameuses, garnies de loges cylindracées, saillantes, cohérentes en séries et disposées, soit par masses séparées, soit en spirale continue. Les animaux comptent de 8 à 20 tentacules, suivant les groupes, garnis de chaque côté d'une série linéaire de cils vibratiles, la bouche s'ouvre dans un

tube alimentaire qui se recourbe sur lui-même et vient se terminer sur le côté externe de l'espèce de vestibule, qui porte les tentacules (Milne-Edwards).

Distribution géographique. — Les espèces de cette famille vivent dans l'Océan, la Méditerranée, les mers d'Asie, de la Nouvelle-Hollande, les Antilles, etc.

SÉRIALAIRE EN SPIRALE — *SERIALARIA CONVOLUTA* Schw.

Caractères. — La tige de cette espèce est longue de 15 à 18 centimètres et contient des rameaux alternes, simples, filiformes, entourés d'une spirale étroite et grimpante, formée par les cellules cohérentes en série continue.

Distribution géographique. — Cette Sérialaire provient des mers de la Nouvelle-Hollande.

La Sérialaire lendigère, des mers d'Europe, est très rameuse, à rameaux presque capillaires.

LES STELMATOPODES CYCLOSTOMES — *CYCLOSTOMATA* Busk.

Caractères. — Les orifices des cellules de ce groupe sont larges, terminaux, et dépourvus d'appendices mobiles, la plupart des genres sont

fossiles; les espèces vivantes habitent les mers septentrionales (Claus).

LES CORYMBOPORIDES — *CORYMBO-PORIDÆ* Luck.

Caractères. — Les Corymbopores sont des animaux presque tous éteints, ils se caractérisent par leur bourgeonnement marginal qui a lieu en cercle (Claus).

BREHM.

CORONOPORE TRONQUÉ — *CORONOPORA TRUNCATA* Johst.

Caractères. — Cette espèce, fondée sur un fragment de branche, présente de chaque côté une série de prolongements cylindriques, mais au lieu de se composer d'une série transversale

VERS. — 16

de petites cellules rumbiformes, ils paraissent seulement criblés de pores irréguliers.

Distribution géographique. — Elle provient de la formation Crétacée, et a été découverte dans la Craie de Maëstricht.

LES FRONDIPORIDES — *FRONDIPO-RIDÆ* Blain.

Caractères. — Dans les Frondiporides les zoœcies sont réunies par faisceaux, ou disposées en séries composées; les premiers bourgeons sont latéraux.

FRONDIPORE RÉTICULÉE — *FRONDIPORA RETICULATA* Blain.

Caractères. — Le principal caractère de cette espèce type du genre, consiste à avoir les cellules contiguës, alvéoliformes et groupées à la face interne, ou vers l'extrémité des rameaux anastomosés, flabelliformes et striés en travers à la face non cellulifère.

Distribution géographique. — Elle provient des mers du Kamtchatka.

LES LICHENOPORIDES — *LICHENO-PORIDÆ* d'Orb.

Caractères. — Le bourgeonnement chez les Lichenoporides se fait suivant un cercle, dont le centre est le point d'où rayonnent les zoœcies. Ces zoœcies poriformes, assez grandes, quelquefois subglobuleuses, sont distribuées seulement à la surface interne du polypier, calcaire, orbiculaire, cupuliforme et lisse extérieurement.

Distribution géographique. — Très peu d'espèces vivantes sont connues, elles proviennent des mers Arctiques.

Plusieurs espèces fossiles se rencontrent dans la Craie et les Faluns.

LICHENOPORE ORGUE — *LICHENOPORA ORGANISANS* d'Orb.

Caractères. — Cette espèce se distingue par ses cellules rayonnantes disposées par lignes interrompues, à ouverture large et circulaire, et par sa face intérieure ornée de stries concentriques (fig. 163 à 165, p. 121).

Distribution géographique. — Elle provient de la Craie supérieure.

Le Lichenophore de Philippi, (fig. 166, p. 121), provient de l'étage Jurassique (Kimmeridgien).

LES HORNERIDES — *HORNERIDÆ* Lamck.

Caractères. — Les Hornerides sont composées d'une multitude de cellules tubiformes à ouverture terminale et arrondie, mais au lieu d'être agglutinées seulement par leur base, elles sont intimement soudées ensemble dans toute leur longueur et dirigées du même côté, de façon à former un polypier très rameux, dont une seule surface est garnie de cellules. Sur les bords des branches, l'extrémité des cellules est beaucoup plus saillante, il en résulte que le polypier paraît denticulé latéralement (Milne-Edwards.)

Distribution géographique. — Les espèces vivantes existent dans les mers du Nord.

Plusieurs autres fossiles proviennent des terrains Tertiaires.

HORNERE RAYONNANTE — *HORNERA RADIANS* Defr.

Caractères. — La tige de cette espèce s'étale en une étoile à 15 ou 16 rayons inégaux, dont la surface externe présente des cellules arrondies de deux grandeurs, et la surface opposée est légèrement striée en long.

Distribution géographique. — Elle a été recueillie dans les Faluns du Bordelais, près de Léognan.

Le genre Sémicytis créé par d'Orbigny, pour des espèces fossiles, doit se placer dans le voisinage des Hornères.

SEMICYTIS RUGUEUX — *SEMICYTIS RUGOSA* d'Orb.

Caractères. — Cette espèce est caractérisée par des colonies formant de longs pédoncules striés en long, et portant des pores opposés par lignes, dans les stries de l'extrémité du pédoncule. Du pied partent trois branches (fig. 167-168, p. 123) simples, divergentes, obliques, arquées, chacune de forme convexe en dessus, concave en dessous, ornées de saillies simples alternes triangulaires, munies en dessus de cellules obliques (fig. 169, p. 123); l'extrémité des rameaux

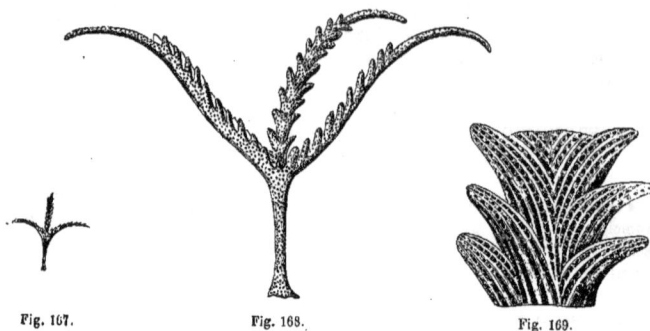

Fig. 167.   Fig. 168.   Fig. 169.

Fig. 167 à 169. — Semicytis rugueux (*).

se termine par un long prolongement sans cellules.

Distribution géographique. — Le Semicytis rugueux provient de l'étage Crétacé.

LES TUBULIPORIDES — *TUBULIPO-RIDÆ* Lamck.

Caractères. — Les Tubuliporides présentent des cellules très allongées, égales, presque libres, ramassées par groupes ou fasciculées, et formant par leur ensemble un amas informe, rond, ovale ou elliptique.

Distribution géographique. — Les espèces sont des mers chaudes.

Elles paraissent avoir existé dans les terrains anciens. Les terrains Crétacés en renferment plusieurs, mais ils atteignent leur plus grand développement à l'époque Tertiaire.

Mœurs, habitudes et régime. — Ce sont de très petites colonies, frêles, fasciculées ou verticillées, quelquefois disposées par rangées lâches. Elles forment sur les Fucus, les Corallines, etc., des amas fort petits, et sont soutenues par une base encroûtée mince et de peu d'étendue (Milne-Edwards).

TUBULIPORE VERRUQUEUX — *TUBULIPORA VERRUCOSA* Lamck.

Caractères. — Il présente une expansion crustacée, mince, presque orbiculaire, concave

(*) Fig. 167. Grandeur naturelle. — Fig. 168. Grossie. — Fig. 169. Portion fortement grossie.

en dessus comme une soucoupe et dont le disque est occupé par une masse de tubes réunis indifféremment (fig. 170-171). Cette plaque est

Fig. 170.   Fig. 171.

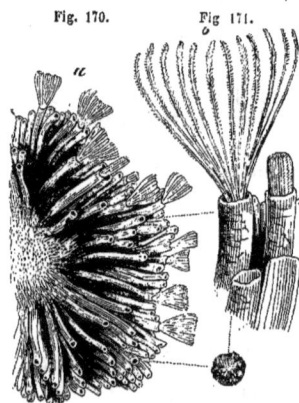

Fig. 170-171. — Tubulipore verruqueux.

de la largeur de l'ongle du petit doigt, ses bords sont ondés, souvent irréguliers et à limbe intérieur strié (Milne-Edwards).

Distribution géographique. — Ce Tubulipore habite la Méditerranée.

Le genre *Idmonea* se caractérise par ses cellules disposées par rangées transversales et n'occupant qu'une seule face, tandis que l'autre est légèrement cannelée.

L'*Idmonea virescens* a été rapportée des mers du Japon.

Toutes les autres espèces sont fossiles, le type est l'Idmonée triquètre de l'étage Corallien.

Les Entalophores font également partie de cette famille, nous en figurons une espèce,

Fig. 172.   Fig. 173.

Fig. 172-173. — Entalophore cellarioïde avec portion fortement grossie.

l'*Entalophore cellarioïde* de l'étage Kimmeridgien (fig. 172-173).

LES DIASTOPORIDES — *DIASTOPORIDÆ* Lamck.

Caractères. — Les Diastoporides forment des colonies étendues en forme de croûtes composées de lames plates ou de rameaux, leurs cellules sont disséminées, tubuleuses et arrondies.

Distribution géographique. — Les espèces vivantes paraissent spéciales aux mers Arctiques, elles vivent sur les Fucus.

Fig. 174. 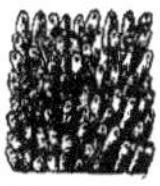   Fig. 175.

Fig. 174-175. — Diastopore foliacé avec portion fortement grossie.

Les espèces fossiles apparaissent à l'époque Jurassique, et sont assez fréquentes dans les formations Crétacées, ainsi que dans les étages tertiaires.

DIASTOPORE FOLIACÉ — *DIASTOPORA FOLIACEA* Lamck.

Caractères. — Le Diastopore foliacé (fig. 174-175) présente des cellules tubuleuses, flexueuses, dont la terminaison arrondie est plus ou moins saillante à la surface du plan. Quelquefois la colonie encroûte des corps étrangers, d'autres fois elle s'élève simple, en se contournant diversement.

Distribution géographique. — Ce Diastopore provient du calcaire Oolitique de Caen (Calvados).

LES CRISIIDES — *CRISIIDÆ* M.-Edw.

Caractères. — M. Milne-Edwards a caractérisé cette famille : Polypiers phytoïdes, articulés et dichotomes, dont les cellules sont tubuleuses, terminées par une ouverture circulaire et disposées sur deux rangs alternes. Les colonies sont verticales et articulées.

Distribution géographique. — Les espèces sont de la Méditerranée et des mers du Nord.

CRISIE DENTÉE — *CRISIA DENTICULATA* Lamck.

Caractères. — La Crisie dentée offre sur chaque branche, d'espace en espace, un léger étranglement à la base duquel se voit presque toujours une sorte d'articulation ; l'étranglement paraît dépendre de ce que les individus provenant d'une cinquième ou sixième génération, sont gênés dans leur accroissement et obligés de se diriger moins obliquement que d'ordinaire ; ils s'avancent ainsi moins loin et le jeune polype qui naît de la dernière cellule ainsi, refoulée en dedans, cesse par conséquent d'être en contact avec les cellules précédentes, et il ne donne naissance à un nouvel individu, que par le point où il devient libre (Milne-Edwards).

Distribution géographique. — Cette espèce est commune sur les côtes de la Manche.

Mœurs, habitudes, régime. — Elle forme de petites touffes très fournies, et semblables à de petits arbustes. Les animaux portent des tentacules au nombre de huit, et les cils vibratiles dont ils sont garnis, produisent l'effet d'une rangée de perles, qui roulerait de bas en haut, le long du bord gauche de chaque tentacule et descendrait le long du bord opposé (Milne-Edwards).

Il serait intéressant d'examiner un grand nombre d'autres Bryozoaires, types de familles et de genres importants, surtout au point de vue géologique, mais l'étude que nous avons faite des principaux, suffira à intéresser à la recherche de ces animaux.

LES VERS RONDS — *NEMATHELMINTHES* Auctor

Die Fadenwürmer.

Caractères. — La grande classe des Vers ronds ou Némathelminthes des auteurs, se compose d'animaux cylindriques, filiformes, fréquemment annelés, munis de papilles ou d'aiguillons à leur extrémité antérieure, à sexes séparés (Claus).

Le corps des Némathelminthes est plus ou moins allongé, souvent filiforme, atténué en général aux deux extrémités; les membres font constamment défaut, même à l'état rudimentaire; souvent il en est de même des soies mobiles; en revanche on observe souvent à l'extrémité antérieure : des papilles, des aiguillons, des dents, organes de fixation ou de défenses, parfois aussi, chez certains groupes, de petites ventouses abdominales.

Les couches cuticulaires dont l'enveloppe externe est formée, sont relativement épaisses, il existe également une couche musculaire puissante, permettant au corps de se contourner en tous sens.

Sans système circulatoire, sans organes pour la respiration, les Némathelminthes possèdent un système nerveux. Chez les formes non parasites, on observe des taches oculaires, quelquefois des yeux munis de corps réfractant la lumière (Claus); les organes du tact semblent localisés à la région antérieure; les organes digestifs varient suivant les types; il en est de même des organes d'excrétion; presque tous, enfin, ont les sexes séparés et se développent soit directement, soit par une métamorphose, dont les différentes phases sont assez ordinairement réparties sur deux hôtes différents, passant de l'un à l'autre par voie de migrations actives ou passives (Claus).

Mœurs, habitudes, régime. — Le plus grand nombre sont parasites, souvent pendant toute la durée de la vie, ou seulement pendant un certain temps; d'autres formes, mènent aussi une vie libre et indépendante.

Nous allons examiner successivement les types les plus importants à connaître parmi les Némathelminthes; ici il va falloir, du temps, pénétrer dans le corps même des animaux et de l'homme, étudier un à un les tissus qui le composent, ouvrir leurs intestins, chercher dans leurs muscles, analyser les liquides de leur organisme; mais lorsque nous aurons triomphé des répugnances que suscitent de semblables recherches, nous serons largement dédommagés en voyant se dérouler devant nous, des phénomènes des plus inattendus et des plus instructifs.

Les Vers ronds comprennent les *Nématodes*, les *Gordiacés* et les *Acanthocéphales*.

LES NÉMATODES — *NEMATODEA* Rudolz.

Die Nematoden.

Caractères. — Nous ne pouvons suivre un meilleur guide que Claus, pour l'ensemble des caractères généraux des Nématodes.

Le corps des Vers réunis dans cette division, cylindrique, très allongé, ordinairement filiforme, est armé dans la plupart des cas à la région antérieure, de papilles régnant au pourtour de la bouche (fig. 178), ou de piquants et de crochets, souvent d'un aiguillon, dans l'intérieur même de la cavité buccale. Cette cavité placée à la partie antérieure du corps aboutit à un œsophage étroit, constitué par un tube également étroit, chitineux, entouré d'une couche de fibres musculaires rayonnantes, ou quelquefois longitudinales à la périphérie, tube dilaté

Fig. 176. — Ascaride lombricoïde, mâle, ouvert dans
une partie de sa lon-
gueur (*).

Fig. 177. — Ascaride lombricoïde, femelle, grandeur
naturelle, ouvert dans
toute sa longueur (**).

fréquemment, en un bulbe musculaire faisant

(*) a, tête. — b, extrémité caudale. — c,c, l'intestin enlevé entre
ces deux points pour montrer les replis multiples du tube génital
flottant dans la cavité abdominale, testicule et conduit déférent continus s'insérant en d, sur une vésicule séminale allongée. — b, extrémité caudale grossie montrant le double pénis.

(**) a, tête avec les trois valves; à la naissance de l'œsophage on
voit un cordon transversal qui est l'anneau œsophagien. — b, extrémité caudale; de a en b, intestin droit fixé aux parois par des fibres
transversales dans la portion antérieure et postérieure où n'existe
pas le tube génital. — dd, deux lignes latérales indiquant la division des fibres musculaires en bandes longitudinales. — c, orifice
vaginal très peu apparent. — ae, ovaire et trompe continus formant
deux tubes repliés un grand nombre de fois autour de l'intestin et
s'abouchant en un tube commun ou matrice qui ne se distingue point,
chez cette espèce, par une forme ou renflement particuliers.

fonction de pharynx. D'après Claus, l'œsophage
est un organe éminemment suceur, qui par son
élargissement d'arrière en avant, aspire les liquides et les entraîne dans le canal digestif.

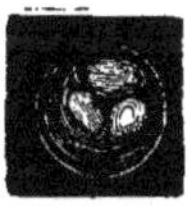

Fig. 178. — Bouche de l'Ascaride lombricoïde gros-
sie, vue de face.

Fig. 179. — Extrémité céphalique de l'Ascaride lombricoïde fortement grossie.

Ce canal est large, à parois cellulaires, terminé
par un anus s'ouvrant sur la face ventrale, à peu
de distance de l'extrémité postérieure (fig. 176-
177). Des organes d'excrétion, analogues aux
vaisseaux aquifères, s'observent chez tous les
types excepté les Gordius; ils consistent en deux
bandes longitudinales, sans trace de muscles,
disposées sur les côtés du corps; désignées sous
le nom de lignes latérales ou champs latéraux,
elles sont composées d'une substance finement
granuleuse, parsemée de noyaux, ou bien de
véritables bandes circulaires; elles entourent un
vaisseau transparent, renfermant des granules,
qui, le plus souvent, se réunit en avant avec
son congénère du côté opposé et débouche avec
lui dans une fente commune : le pore vasculaire,
sur la ligne médiane et à la face ventrale (Claus)
(fig. 176-177).

Les auteurs ne sont pas d'accord pour établir si tous les Nématodes possèdent un système
nerveux. Il a été reconnu d'une manière certaine
dans un petit nombre de formes. M. Émile Blanchard avait étudié et figuré vers 1854, chez diverses Nématodes parasites, un collier nerveux
œsophagien, donnant naissance à deux troncs
latéraux, et composé de plusieurs ganglions
réunis par des commissures sus et sous-œsopha-
giennes, quand Schneider vint compléter ces
données.

D'après ce naturaliste, il existe chez ces animaux un anneau nerveux, rattaché par des
rameaux de communication à un gros ganglion ventral, et à deux petits ganglions latéraux; de ces centres, partent un certain nombre
de nerfs qui se rendent aux organes, sans jamais
paraître à découvert, dans la cavité générale.

M. Marion, le premier, a fait connaître le
système nerveux dans les Nématodes non para-

sites, et à part de légères différences, c'est avec le système nerveux décrit par M. E. Blanchard que celui des Nématodes errants a le plus de ressemblance.

On a vu que les Nématodes étaient des animaux à sexes séparés ; les mâles se distinguent des femelles par une taille plus petite et par l'extrémité postérieure du corps généralement recourbée.

Parmi les Nématodes, les uns sont ovipares, les autres vivipares ; dans le premier cas, les œufs possèdent une coque dure, résistante et peuvent être pondus avant ou pendant le commencement du développement embryonnaire.

La formation des embryons commence par une segmentation totale (fig. 181, p. 129) ; au bout d'un temps très court, on voit cet embryon présenter un pôle clair, bientôt après il est entouré de toutes parts, par une couche germinative ; il acquiert peu à peu une forme cylindrique et est enroulé sur lui-même, la future extrémité caudale se rabat sur la partie antérieure du corps. Par suite de la régression des grandes cellules de la couche germinative originelle, faisant place à des cellules plus petites et à une substance granuleuse, on voit s'isoler à la surface de l'embryon, qui s'étire et s'incurve en s'enroulant de plus en plus, une membrane complètement transparente ; bientôt on remarque sur le bord antérieur tronqué, une dépression, ébauche de l'orifice buccal, et chez cet embryon prêt à éclore, il n'y a d'achevé que l'enveloppe extérieure avec sa couche musculaire transparente et le tube digestif. Celui-ci commence par une bouche entourée de trois proéminences en forme de lèvres, à laquelle font suite un œsophage rectiligne et strié, puis un tube intestinal à parois granuleuses, s'ouvrant à la face ventrale, au-devant de l'extrémité caudale, par un court conduit terminal.

Les phases postérieures de l'évolution des Nématodes, présentent des métamorphoses compliquées parce qu'elles n'ont pas lieu dans l'intérieur de l'individu mère (Claus).

Mœurs, habitudes, régime. — La plupart des Nématodes vivent, pendant le jeune âge dans un autre milieu qu'à l'état adulte ; souvent différents organes d'un même animal, parfois aussi des animaux divers, renferment des Nématodes jeunes et adultes, d'espèces semblables.

Les premiers se localisent dans les organes parenchymateux, libres ou enkystés dans une capsule de tissu conjonctif ; les autres dans le tube digestif.

Tous les phénomènes évolutifs offrent des modifications excessivement variées ; dans le cas le plus ordinaire, la migration des embryons enfermés dans les enveloppes de l'œuf, s'exécute par la voie des aliments, la nourriture et la boisson les transportent directement dans le tube digestif d'un autre animal.

Dans plusieurs cas, l'évolution des larves émigrées fait de rapides progrès ; certaines espèces parasites chez de petits Crustacés, les Cyclops, éprouvent une double mue dans leur cavité viscérale, et acquièrent plus tard leur développement complet dans l'intestin des Perches ; d'autres, enkystés dans la cavité viscérale des Charençons, passent dans l'intestin de la Souris quand celle-ci a dévoré ces petits Coléoptères.

D'autres embryons de Nématodes se transforment dans la terre humide ; après la mue, ils mènent une vie indépendante, émigrent plus tard dans l'hôte où ils doivent vivre définitivement et y subissent plusieurs changements de forme, jusqu'au moment où ils parviennent à l'état adulte.

Un grand nombre de petits Nématodes ne sont jamais parasites et vivent dans l'eau douce ou salée, plusieurs aussi dans la terre ; d'autres se plaisent sur les plantes, dans les substances végétales en décomposition, telles que le vinaigre de vin, la colle de farine, etc.

Une faculté remarquable est spéciale à beaucoup de ces petites espèces, c'est la reviviscence, que nous aurons à examiner une nouvelle fois.

Les Nématodes se nourrissent de sucs organiques qu'ils attirent par succion dans leur tube digestif. Certains sucent le sang et peuvent faire des blessures, à l'aide de leur armature buccale.

ACTION DES NÉMATODES PARASYTES SUR L'ORGANISME. — En général, on a beaucoup exagéré la gravité des maladies occasionnées par la présence des Nématodes dans les divers organes où ils se tiennent de préférence. Tous les jours on en découvre des quantités souvent énormes, dans les animaux que l'on étudie, sans que ces animaux aient paru en être incommodés, pendant leur vie ; cependant, il en est certains dont l'existence produit des ravages considérables, soit chez les animaux, soit chez l'homme. Nous insisterons sur ces espèces dangereuses, et nous aurons soin d'indiquer succinctement la part que les médecins doivent prendre dans le traitement des maux qu'ils entraînent ; il nous suffit de dire ici, que chaque espèce nécessite pour ainsi dire un traitement curatif spécial, et que, pour la plupart, le traitement prophylactique conduit à des résultats favorables. Une infinité de moyens ont été préconisés pour arriver à ce double but; indépendamment des médicaments usités, le régime, le changement de climat, peuvent souvent arrêter leur multiplication.

LES ÉNOPLIDES — *UROLABEÆ* Cart.

Caractères. — La famille des Énoplides se compose de petits vers marins et d'eau douce, sans renflement œsophagien postérieur ; ils possèdent fréquemment des yeux et une armature buccale, ainsi qu'une ventouse caudale ; l'appareil mâle est souvent symétrique ; enfin on observe dans certains cas, des soies et des papilles autour de l'orifice buccal.

D'après Schneider, le caractère essentiel consisterait dans la présence de verrucosités tactiles, extrêmement petites, faisant saillie sur les téguments ; c'est à ce genre d'organes tactiles que se rattacheraient aussi les cils signalés plus haut. Chez certaines espèces on trouve dans la bouche de petits aiguillons creux et à l'extrémité caudale, une filière spéciale dont l'orifice s'ouvre en dessous.

Distribution géographique. — Les espèces de ce groupe habitent l'Europe ; on en connaît aussi quelques-unes de l'Inde.

Mœurs, habitudes, régime. — Les unes sont parasites, d'autres vivent dans la mer et les eaux douces courantes ou stagnantes ; certaines se trouveraient dans les terres humides et les matières végétales en décomposition.

ÉNOPLE A TROIS DENTS. — *ENOPLUS TRIDENTATUS* Dui.

Caractères. — Le corps filiforme, très grêle, de trois à sept millimètres de long, est d'un gris brunâtre, la tête anguleuse porte latéralement

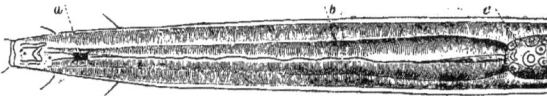

Fig. 180. — Énople à trois dents.

quelques soies roides et opposées (fig. 180) ; la bouche arrondie, est armée inférieurement de trois mâchoires cornées symétriques ; deux amas de pigment rouge forment les taches oculaires ; le mâle a la partie postérieure du corps hérissée de quelques soies éparses, sa queue est brusquement amincie et élargie à l'extrémité ; dans la femelle, la queue est plus longue et moins brusquement amincie.

Distribution géographique. — Cette espèce est fréquente parmi les Algues, à Toulon et à Cette ; elle habite aussi les côtes de l'Océan, et notamment à Saint-Malo.

Mœurs, habitudes, régime. — «Aussitôt que l'animal a fixé sa queue sur quelque objet, dit Schneider, il s'éloigne en étirant un fil transparent qu'il sécrète et qui souvent s'allonge derrière lui d'une longueur de plusieurs lignes. Le fil est fixé à l'une de ses extrémités, tandis qu'à l'autre extrémité l'animal nage librement dans l'eau. » Les Énoples marins paraissent se tenir à de plus grandes profondeurs à l'état adulte qu'à l'état de larves. Schneider a trouvé en effet des larves auprès d'Helgoland, à des profondeurs très faibles et jusqu'à la surface même de l'eau dans des étangs ; les individus adultes seulement habitaient à 2 ou 3 brasses de profondeur.

DORYLAIME MARIN. — *DORYLAIMUS MARINUS* Dui.

Caractères. — Le corps du Dorylaime marin est blanc, long de trois millimètres, aminci aux deux extrémités ; la bouche est tubuleuse, rétractile, armée d'un seul stylet corné, très long, invaginé et rétractile ; le mâle a deux spicules égaux, falciformes et courts ; la femelle a l'utérus divisé en deux branches opposées et les œufs grands et oblongs.

Distribution géographique. — Cette espèce habite sur les côtes de l'Océan, parmi les Algues.

Mœurs, habitudes, régime. — Les mœurs des Dorylaimes sont identiques à celles des Énoples, chez la plupart des espèces.

A propos de la vitalité de ces vers, Bütschli

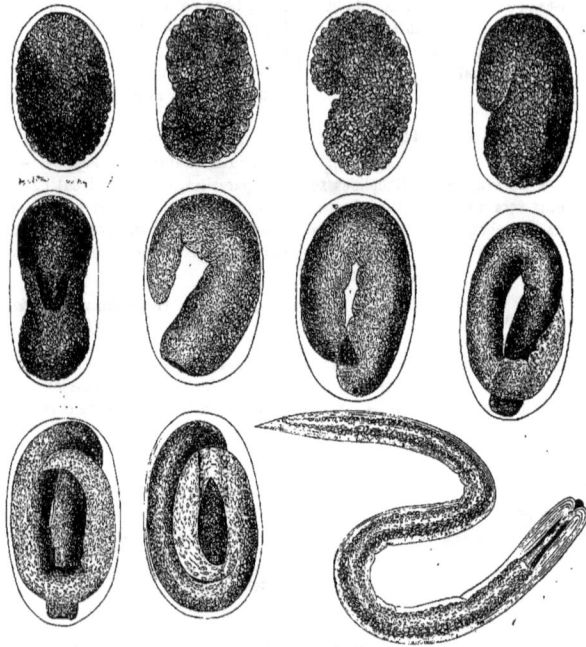

Fig. 181. — Développement embryonnaire de Nématoxis (p. 127).

s'exprime ainsi : « J'ai à communiquer, au sujet de la parenté qui relie les espèces marines aux espèces terrestres, une observation qui jette quelque lumière sur les conditions d'existence variées dans lesquelles ces animaux peuvent subsister. J'ai reçu d'un de mes amis, pendant le cours de mes recherches, de l'herbe recueillie dans le port de Küxhaven, entre des pierres recouvertes par l'eau, pendant la marée. J'ai réussi à découvrir dans la terre attachée aux racines de ces herbes, cinq Nématodes véritablement terrestres, parmi lesquels le *Dorylaimus papillatus*, le plus répandu, chez nous, des Dorylaimes terrestres. On doit en conclure que l'eau de mer en imprégnant temporairement le sol dans lequel vit cet animal, ne lui est nullement nuisible. D'après cela, il se peut que des espèces d'eau douce s'accoutument également à l'eau de mer, et il ne me parait pas impossi-

BREHM.

ble que certains Nématodes d'eau douce se trouvent aussi dans l'eau saumâtre. »

« A peu d'exceptions près, j'ai cherché en vain ces Nématodes indépendants dans l'eau, la vase ou la terre dont l'odeur révélait nettement la présence de substances en décomposition. Habituellement, j'ai trouvé, dans les eaux fortement odorantes, la vase absolument dépourvue des Nématodes en question, de même que les amas de Conferves en train de pourrir à la surface. Ces animalcules se développent, au contraire, en grande abondance dans l'eau pure et surtout dans l'eau courante, sur la vase ou sur les pierres, les plantes aquatiques, les filaments verdâtres des Algues. Les espèces terricoles doivent être cherchées principalement sur les racines de diverses plantes ; parmi celles-ci, les Mousses et les Champignons, ainsi que les racines de plusieurs végétaux phanérogames, m'ont fourni de nombreux butins. »

LES ANGUILLULIDES — *ANGUILLU-LIDÆ* Ehrh.

Caractères. — Cette famille comprend des Vers, amincis ou fusiformes, allongés ; la tête est nue, la bouche ronde suivie d'un pharynx prismatique, soutenu par deux ou trois baguettes longitudinales et nettement distinctes de l'œsophage. Ils possèdent le plus souvent un double renflement œsophagien, et ne présentent jamais de ventouses caudales ; les mâles ont la queue nue, ou munie d'ailes membraneuses, deux spicules égaux, courts, avec une pince accessoire ; les femelles ont la queue conique, aiguë, souvent prolongée en pointe fine.

Mœurs, habitudes, régime. — Tous les Anguillulides sont des animaux très petits, la plupart même microscopiques ; ce sont peut-être parmi les Nématodes, ceux qui présentent les particularités les plus curieuses. Et d'abord on voit chez eux comme chez certains Rotifères, le phénomène de la reviviscence, sorte de résurrection apparente, c'est-à-dire suspension *indéfinie* de la vie, ou même des fonctions vitales, par la dessiccation ; en second lieu, plusieurs bien que se reproduisant par des œufs proportionnellement volumineux, ont un mode d'habitation tout à fait exclusif, et militeraient presque en faveur de l'hypothèse de la génération spontanée. Enfin, on doit noter la transmigration d'un grand nombre qui, vivant à l'état libre dans la terre ou entraînés par les eaux, continuent à poursuivre leur existence dans l'intestin et les divers organes des animaux, quand ceux-ci les ont avalés, et de là peuvent passer encore dans d'autres animaux, dont les premiers ont été la proie. Plusieurs espèces occasionnent chez l'homme des maladies dangereuses, ou leur présence concorde du moins avec les manifestations de ces maladies.

ANGUILLULE DU VINAIGRE — *ANGUILLULA ACETI* Mull.

Caractères. — Le corps de cette très petite espèce est trente à quarante-cinq fois aussi long que large, aminci en arrière et terminé par une pointe effilée. Sa tête est obtuse. Le mâle a les spicules en forme d'S.

Distribution géographique. — L'Anguillule du vinaigre s'observe dans le vinaigre de vin, comme des myriades de petits filaments qui scintillent à la lumière en ondulant avec vivacité.

Mœurs, habitudes, régime. — « En observant le vinaigre pendant longtemps, dit Schneider, on remarque que les Anguillules du vinaigre sont bien plus rares que ne l'indiquent les observateurs anciens. On a cru en trouver la raison dans ce fait, que le vinaigre n'est plus produit à l'aide du vin. A certain point de vue, cette opinion est fort juste. Dans le vinaigre employé jadis et fabriqué à l'aide du vin ou de la bière, il restait probablement une grande quantité de sucre et d'albumine, formant un terrain favorable à la production des Champignons, et par suite propice aussi aux Anguillules. En effet, le développement sexuel et la reproduction de ces animaux ne peuvent s'accomplir dans le vinaigre pur, mais seulement au milieu de Champignons propres à leur fournir une alimentation azotée. Le vinaigre, tel qu'on l'emploie dans le commerce aujourd'hui, ne contient jamais d'Anguillules adultes, mais uniquement des larves. Ces dernières s'y trouvent même souvent à l'état de cadavres, et l'on doit se mettre en garde contre l'erreur tendant à faire prendre pour d'innombrables êtres vivants les dépouilles tégumentaires qu'on voit nager dans le liquide lorsqu'on agite le flacon. La mère du vinaigre néanmoins, dans la fabrication actuelle, contient encore une grande masse d'Anguillules à tous les degrés de développement. »

LEPTODÈRE DE LA COLLE — *LEPTODERA OXOPHILA* Schn.

Caractères. — Le corps est assez épais, long de un peu plus d'un millimètre, aminci en arrière, et terminé par une pointe fine très allongée ; les œufs sont grands, à coque membraneuse et contiennent un embryon replié.

Distribution géographique. — Ce Leptodère se produit quelquefois en quantités considérables dans la colle de farine aigrie.

Mœurs, habitudes, régime. — Dans ses nombreuses expériences, Schneider en parlant de cette espèce, dit : « Dans la colle, obtenue en cuisant la farine d'amidon pure, je n'ai jamais pu parvenir à élever d'Anguillules ; l'addition à la colle, d'une substance azotée, était toujours indispensable pour l'élevage de ces animaux. »

Fig. 183.

Fig. 182.

Fig. 184.

Fig. 188.

Fig. 185.

Fig. 186.

Fig. 187.

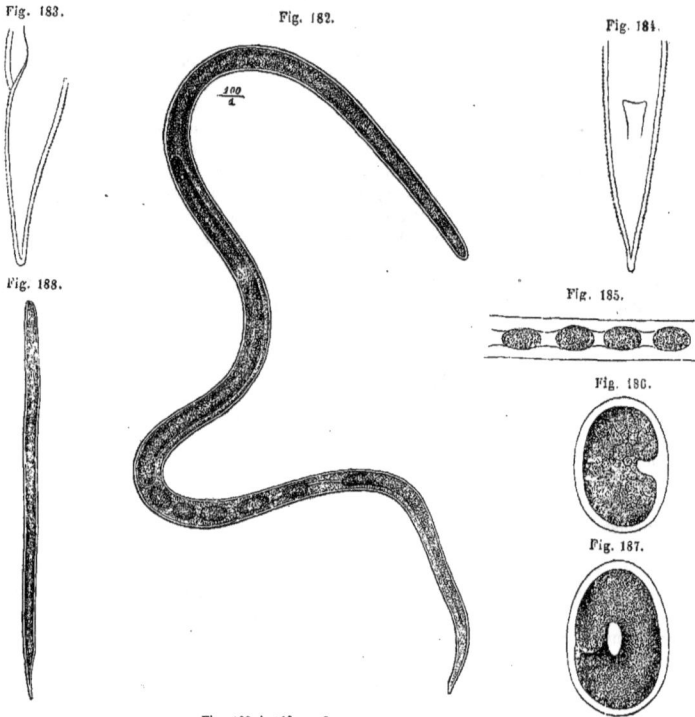

Fig. 182 à 188. — Leptodère intestinale (*).

Une façon commode de se les procurer en abondance, est donnée encore par Schneider, d'après un procédé, laissé, dit-il, « il y a une centaine d'années par un nommé Ruffordi ».

« Après avoir fait cuire de la farine de froment dans de l'eau mélangée d'acide acétique, il enfermait cette colle dans un sac de toile qu'il déposait dans un pot de fleurs, avec de la terre humide; au bout de dix à douze jours, il trouvait régulièrement cette colle remplie d'Anguillules. »

(*) Fig. 182, animal adulte, grossi 150 fois. — Fig. 183, queue, vue de profil. — Fig. 184, la même, par dessous. — Fig. 185, tronçon du corps contenant des œufs. — Fig. 186, œuf contenant un embryon en voie de formation. — Fig. 187, le même, plus développé. — Fig. 188, larve (Bavay, *Note sur l'Anguillule intestinale. Archives de médecine navale*, t. XXVIII).

LEPTODÈRE INTESTINALE. — *LEPTODERA INTESTINALIS* Bav.

Caractères. — Cette espèce que nous représentons grossie avec tous ses détails d'organisation (fig. 182 à 188), découverte par le Dr Bavay, se trouve assez abondamment dans le duodénum des individus affectés de dysenterie chronique. L'extrémité postérieure du corps, au lieu de se terminer en pointe fine est tronquée et porte un spicule courbé; les œufs affectent une forme allongée, l'embryon est contourné sur lui-même, il montre ordinairement sur la région dorsale une série de cellules.

L'espèce a été rencontrée dix fois, et cinq des malades chez lesquels elle existait ont succombé à l'affection.

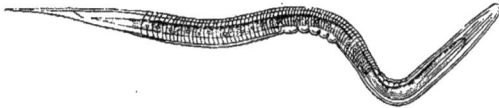

Fig. 189. — Pélodère terricole.

PÉLODÈRE TERRICOLE — *PELODERA TERRICOLA* Schn.

Caractères. — Corps blanc, fusiforme, allongé, bouche suivie d'un pharynx prismatique ; mâle à queue courte, un peu courbée, terminée en pointe fine et munie en dessous de deux ailes latérales, soutenues chacune par sept ou huit côtes ; la femelle a la queue droite, amincie et prolongée en une pointe fine, plus ou moins longue (fig. 189).

Mœurs, habitudes, régime. — Cette espèce, comme beaucoup de ses congénères, vit dans la terre humide et dans les substances en décomposition. Schneider a conservé pendant des années, dans des vases de terre, des colonies de ces Nématodes, il en a décrit les mœurs et le développement, nous lui en empruntons les détails.

« En plaçant, dit-il, dans un vase quelconque rempli de terre, de la viande pourrie, du lait, du sang ou quelque substance analogue, on peut être sûr d'obtenir une des espèces dont nous traitons ; en prenant de la terre dans les endroits les plus divers, de la vase dans les cours d'eau, du bois pourri dans les creux d'arbre, du terreau dans les champs labourés, dans les jardins, etc... je me suis procuré des espèces diverses. Pour entretenir l'humidité nécessaire, il faut humecter sans cesse le terrain ou maintenir le vase couvert. Il faut en outre veiller à ce que la décomposition ne devienne pas trop avancée. Enfin ces animaux périssent aussi lorsqu'on verse sur cette terre plus d'eau qu'ils n'en peuvent puiser. »

Développement. — « Dans ces expériences, les Anguillules peuvent parcourir les trois stades de leur évolution : l'embryon, grâce à une première mue, passe à l'état de larve ; celle-ci se distingue de l'adulte par la conformation différente de la bouche, qui est souvent fermée, et subit à son tour une nouvelle mue. Mais, en liberté, ces transformations ont lieu, pendant que l'animal se déplace. Partout il existe de grandes quan-

tité de larves asexuées appartenant à ces espèces, et disséminées dans l'eau et dans la terre ; mais dès qu'il se forme dans leur voisinage un foyer de décomposition, ces larves, guidées peut-être par l'odeur, rampent vers ce point ; elles deviennent adultes, et les larves qu'elles engendrent, accomplissent sur place leur évolution et deviennent adultes à leur tour. Après avoir vécu quelque temps dans ces substances en décomposition, ces Nématodes adultes, sous l'influence de l'instinct migrateur alors éveillé en eux, quittent ces stations pour s'éloigner en rampant dans toutes les directions. Pendant ce temps, ils produisent des petits qui s'associent à la migration. Ce qui assure la durée de cette migration sur un terrain sec, c'est l'accumulation par groupes de ces embryons se préservant réciproquement contre l'évaporation, grâce à leur humidité propre et à celle absorbée par leurs corps. Pendant cette migration les embryons passent à l'état de larves ; ils sont d'ailleurs, avant leur naissance deux fois plus grands que ceux ayant déjà séjourné dans des substances en décomposition. La membrane embryonnaire se rompt, mais n'est point abandonnée par la larve à laquelle elle forme une enveloppe complète. La larve peut néanmoins se mouvoir sans entraves avec son enveloppe et poursuivre sa migration ; elle finit par se raidir et s'étirer en ligne droite ; mais si elle reste longtemps dans cet état, elle ne tarde pas à périr. Lorsque ce sont les embryons qui se dessèchent pendant leur migration, les choses prennent un tout autre cours. Cette circonstance, loin de leur être nuisible, est essentiellement propice à leur conservation ; ils passent à l'état de larves pendant leur dessèchement, et la membrane embryonnaire forme aussi une enveloppe pour la larve. Lorsque l'humidité arrive, les larves reprennent vie, et quand l'humidité disparaît, elles se dessèchent de nouveau. Pour croître et atteindre à l'état adulte, il faut que ces larves parviennent dans un milieu humide et azoté. Alors leur enveloppe vésicu-

Fig. 190. — Rhabditis des Grenouilles.

laire éclate, les aliments sont absorbés, et toutes les transformations qui aboutissent à l'état adulte s'accomplissent. Les larves errant en liberté flairent de loin les foyers de décomposition. Lorsqu'on laisse se développer, dans un grand vase, une colonie de ces Nématodes, les larves s'y répandent en raison du degré de décomposition des matières contenues dans le récipient. Quand la terre est humide, si l'on verse sur un point une goutte de lait par exemple, au bout d'une heure on la trouve recouverte de milliers de Nématoïdes. »

RHABDITIS DES GRENOUILLES — *RHABDITIS NIGRO VENOSA* Zed. .

Caractères — Le corps de cette espèce (fig. 190), grisâtre, avec l'intestin noir, est aminci surtout en arrière ; la tête est obtuse et la bouche orbiculaire ; le mâle a la queue courte, terminée par une pointe obtuse ; chez la femelle, cet organe est aminci, presque subulé ; elle renferme des embryons libres et actifs, et d'autres repliés dans des œufs à coque membraneuse et flexible.

Distribution géographique. — Elle habite dans les poumons des Crapauds et des Grenouilles, principalement de la Grenouille rousse. Sa distribution géographique suit naturellement celle de ces animaux Européens et Asiatiques.

Mœurs, habitudes, régime. — En sortant du corps de la mère toujours gorgée de sang, sans que les Grenouilles semblent en souffrir, les petits parviennent dans le tube intestinal de l'hôte qu'elle habite, et peuvent facilement s'échapper au dehors ; on pourrait croire qu'à l'exemple d'autres Nématodes, ces petites larves retournent ou directement ou indirectement dans les corps des Grenouilles et y passent sous forme de *Rhabditis nigrovenosa ;* loin de là, elles restent à l'état de génération indépendante ; elles ne deviennent pas hermaphrodites comme l'animal dont elles émanent, mais elles se développent, en plein été, dans l'espace

d'un jour, sous la forme de femelles et de mâles longs d'un demi-millimètre et douées de presque tous les caractères du genre Leptodère. Cette génération, qui ne devient jamais parasitaire, diffère de la précédente par son mode d'existence dans la vase ou dans la terre humide et par sa conformation, autant que peuvent différer entre elles deux genres appartenant à deux familles distinctes ; mais la génération qu'elle engendre reprend, à son point de départ, le circuit de cette évolution étrange. Une fois les petits éclos dans les ovisacs mêmes de la femelle, celle-ci présente un phénomène curieux : tous ses organes internes disparaissent, il ne reste que le tégument formant autour des petits une enveloppe inanimée participant à leurs mouvements. Les petits, après avoir passé cette période assez courte, s'élancent hors de leur gaîne et demeurent longtemps, peut-être plus d'une semaine, dans la terre humide. De là ils trouvent leur route à travers la bouche des Grenouilles pour parvenir dans leurs poumons où ils croissent à l'état de Rhabditis nigrovenosa (O. Schmidt).

RHABDITIS STERCORALE — *RHABDITIS STERCORALIS* Normd.

Caractères. — Cette Anguillule mesure un quart de millimètre de longueur. D'une grande transparence, l'extrémité postérieure du corps est tronquée et terminée en pointe aiguë, elle porte deux spicules courts, égaux, accompagnés d'une pièce accessoire (fig. 191 à 197, p. 134).

Distribution géographique. — Découverte par le Dr Normand, cette espèce est spéciale à la diarrhée de Cochinchine.

Mœurs, habitudes, régime. — Le Dr Normand a vu souvent le parasite séjourner d'abord dans l'épaisseur des tissus intestinaux, il suppose même qu'il pourrait avoir pour nid les glandes en tube de l'intestin, il s'agite dans son étui dont il cherche à sortir ; cet étui semble formé de corps nucléaires agglomérés en cylindres

Fig. 191.

Fig. 192.

Fig. 193.

Fig. 194.

Fig. 196.

Fig. 195.

Fig. 197.

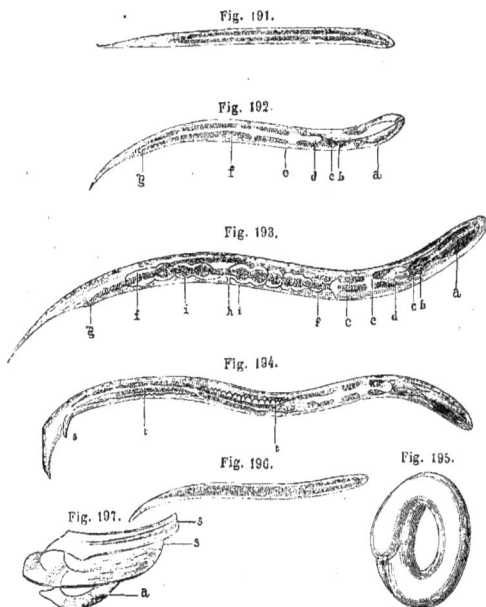

Fig. 191 à 197. — Anguillule stercorale, d'après les dessins de M. le professeur Bavay (*).

irréguliers, peu à peu ces noyaux disparaissent par petites masses, et la gaîne apparaît constituée par une membrane tellement transparente que l'on peut, au travers, reconnaître les organes internes du Ver.

TYLENCHUS DU BLÉ — *TYLENCHUS TRITICI* NEED.

Caractères. — Un corps filiforme blanchâtre, de 0^{mm},75 de long, terminé par une queue pointue, des œufs membraneux, oblongs, contenant un embryon replié quatre ou cinq fois sur lui-même : tels sont les caractères de cette espèce.

Mœurs, habitudes, régime. — Ces vers se multiplient d'une manière prodigieuse dans les grains de blé, auxquels ils occasionnent une maladie connue sous le nom de *Nielle ;* les grains au lieu de grossir, se raccornissent et contiennent avec un reste de fécule altérée, une substance blanchâtre, fibreuse, qui n'est autre chose qu'un amas de petits animaux. » « Dans les épis malades, dit Kühn, les grains sont en partie, ou entièrement déformés ; ils sont petits, arrondis, noirs et constitués par une coque épaisse et dure (fig. 198-199, p. 135) dont le contenu est bune sustance blanche. Cette matière poussiéreuse se sépare lorsqu'on l'humecte, en une foule de corpuscules fins qu'on reconnaît, au microscope, pour des Anguillules ; dans ces conditions, ces animalcules commencent à manifester leur vitalité par des mouvements actifs. Les Vers contenus dans les grains absolument

Fig. 191. — Premier âge : longueur, 0^{mm},35 ; largeur 0^{mm},15.
Fig. 192. — Age moyen : longueur 0^{mm},35 ; largeur 0^{mm},23. — A, premier renflement œsophagien. — B, deuxième renflement. — C, valvule. — D, estomac ou premier renflement de l'intestin. — E, glandes, foie ou appareil urinaire. — F, vésicule qui deviendra un utére ou un testicule. — G, anus.

Fig. 193. — Age adulte ♀ ; largeur, 1 millimètre ; largeur, 0^{mm},040. — ABCDEFG, même signification. — T, ovaire. — 1, œufs.
Fig. 194. — Age adulte ♂ ; longueur, 0^{mm},80, largeur, 0^{mm},035. — ABCDEFG, même signification. — T, testicule. — 1, spinule.
Fig. 195. — OEuf contenant un embryon.
Fig. 196. — Embryon sorti de l'œuf.
Fig. 197. — Spinules, *s.s ; a*, pièce accessoire.

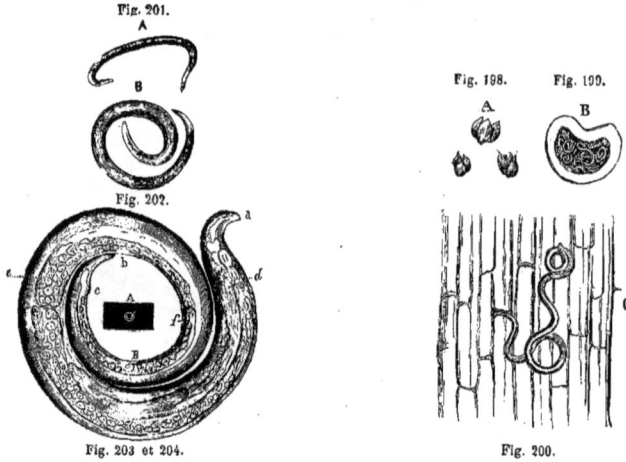

Fig. 198. — Anguillule du blé niellé grandeur naturelle. — Fig. 199. — Grains de blé niellé de grandeur naturelle. — Fig. 200. — Coupe en travers du grain niellé contenant des Anguillules adultes, grossi quatre fois. — Fig. 201. — Coupe longitudinale d'une tige de blé, grossie cent fois, sur laquelle on voit une anguillule (larve) (Davaine). — Fig. 202. Mâle à l'état jeune. — Fig. 203. — A. Femelle à l'état jeune. — Fig. 204. — B. Femelle adulte grossie 40 fois (*).

détruits par la maladie sont asexués. Quand le grain pénètre dans un sol humide, il se ramollit et pourrit ; les vers, desséchés dans son intérieur, deviennent aptes à la vie sous l'influence de l'humidité, et peuvent se répandre dans le sol en s'échappant de l'enveloppe amollie et décomposée. S'ils atteignent quelque froment jeune ils grimpent le long de la plante, (fig. 200) et par les temps secs ils se tiennent dans les gaînes des feuilles sans bouger et sans donner signe de vie ; mais quand la pluie arrive, ils cherchent à s'élever, en même temps que la tige s'accroît ; ils atteignent la dernière graine et parviennent ainsi jusqu'à l'épi à une époque où il se trouve encore au début de son évolution. L'invasion de ces Vers provoque un développement anormal des parties florales, de la même manière que certaines larves d'insectes produisent les galles, il se forme une excroissance arrondie au centre de laquelle se trouvent les Vers, dont l'évolution s'accomplit ici très rapidement. Les femelles après avoir pondu une grande quantité d'œufs, ne tardent pas à périr, ainsi que les mâles. Pendant ce temps, l'excroissance augmente, et, vers l'époque où le froment commence à mûrir,

(*) a, tète. — b, queue. — c, d, e, f, organes sexuels vus à travers des téguments, dans leur position naturelle.

elle atteint à peu près les dimensions d'un grain normal. Les œufs provenant de la génération qui vient de mourir, ont déjà depuis longtemps donné issue aux embryons devenus maintenant des larves asexuées, constituant le contenu poussièreux de ces galles fibreuses. Celles-ci, en se desséchant, forment avec les vers ce qu'on nomme l'Agrostemme ou la Nielle du froment. Si cette production tombe dans un sol humide avec les grains de froment sains, les phénomènes que nous venons de décrire se déroulent à nouveau. » (O. Schmidt.)

Maladie de la Cardiaire. — Des Anguillules diverses provoquent sur d'autres plantes, des phénomènes du même genre ; ainsi Kühn a reconnu que la maladie des Cardiaires, appelée « gangrène des grains », était due à une Anguillule, dont la vie semble parcourir les mêmes phrases que celle des Anguillules du blé ; les Vers subissent la même mort apparente pendant la dessiccation et la même reviviscence sous l'influence de l'humidité. Comme les temps humides favorisent l'ascension des Anguillules le long de la tige, on s'explique l'extension de la maladie pendant les années pluvieuses.

Maladie des Betteraves. — On trouve encore une Anguillule parmi les ennemis des Betteraves.

D'après les données anciennes, ce seraient seulement les femelles qui se fixeraient aux filaments des radicelles et se transformeraient en sacs épais d'une demie-ligne et longs de trois quarts de ligne. Mais Bütschli fournit, d'après ses travaux, les renseignements suivants : « On n'a vu, en réalité, jusqu'à présent que des vésicules dans lesquelles, d'après Schneider, il est impossible de rien distinguer de l'intestin, des muscles, des vaisseaux, ni de la structure spéciale des ovisacs. On n'y a vu jusqu'à présent aucun animal jeune, et l'on peut se demander si ces vésicules représentent réellement des Nématodes tout entiers transformés en vésicules, ou seulement des portions modifiées de ces vers. D'après les observations de Stein, on trouve dans chacune de ces vésicules un petit ver, dans lequel on peut reconnaître nettement un *Tylenchus*, grâce aux épines de la bouche, et de plus un mâle, en raison des deux spicules dont il est pourvu. Stein dit n'avoir jamais observé plus d'un mâle de cette sorte ; c'est peut-être là un cas extrêmement intéressant à joindre au cas jusqu'à présent unique signalé, par Leuckart, chez les *Trichosomum crassicanda;* ce seraient les seules espèces chez lesquelles l'on verrait apparaître le mâle dans l'intérieur de la femelle. » (O. Schmidt.)

Reviviscence. — Nous avons une seconde fois parlé de la *Reviviscence*, observée dans certains Nématodes microscopiques, comme chez les Rotifères, il n'est pas sans intérêt d'approfondir ce curieux phénomène.

Needham, qui a découvert l'Anguillule du froment, ayant envoyé en 1744, au naturaliste anglais Baker, quelques grains niélés de cette plante, celui-ci réussit encore au bout de vingt-sept ans, c'est-à-dire en 1771, à rendre la vie à ces Anguillules en les humectant. Cette reviviscence après tant d'années de dessiccation a été confirmée. La réussite dépend certainement des procédés et des soins qu'on emploie pour la conservation de ces êtres. Un des plus grands adversaires de la génération dite spontanée, Spallanzani, savait déjà qu'une des conditions essentielles pour la reviviscence des Rotifères dans la Mousse des toitures, était que leurs corps fussent couverts plus ou moins de mousse ou de sable. Il desséchait ou humectait ces animalcules avec un égal succès, seulement le nombre de ceux qui effectuaient leur reviviscence diminuait sans cesse, et aucun ne l'effectua pour la soixantième fois.

Davaine, qui a jeté un grand jour sur l'histoire naturelle de l'Anguillule du blé, a placé des larves sous la pompe pneumatique, après avoir veillé à la dessiccation absolue de l'air, puis il les a laissées pendant cinq jours dans le vide ; la plupart des larves sont revenues à la vie après trois heures d'immersion dans l'eau pure. Les Anguillules adultes se comportent tout autrement, car elles ont un degré de vitalité beaucoup moindre ; en général cette propriété ne se retrouve que chez les individus astreints, dans les grains de blé, à des alternatives de dessiccation et d'humidité. La précaution ordinairement prise d'entourer de grains de sable fins les Anguillules pendant leur dessiccation, trouve sa principale raison d'être, dans l'irrégularité de la surface desséchée et dans l'irrégularité subséquente de la répartition de l'eau, ce qui donne aux animaux, le temps de poursuivre dans les couches profondes l'humidité disparaissant graduellement et de se rétracter eux-mêmes insensiblement. Si on les desséchait sur un verre plat, en évaporant une goutte d'eau pure, l'évaporation complète, pour peu qu'on opérât dans un espace chaud, aurait lieu si rapidement que ces Nématodes se trouveraient subitement agglutinés pour ainsi dire ; dès lors, la dessiccation se poursuivant, leurs téguments et leurs autres organes se déchireraient. (O. Schmidt.)

LES HÉDRURIDES — *HEDRURIDÆ* Nitz.

Caractères. — Les Hédrurides sont des Nématodes parasites, filiformes, à bouche pourvue de quatre lèvres, dont deux latérales plus petites, à bord libre, arrondi, sur chacune lesquelles se trouvent deux papilles pointues, et deux autres médianes, plus minces que les précédentes, chitineuses, ayant la forme d'un triangle équilatéral, dont le sommet serait tronqué et les deux côtés concaves. Les femelles possèdent à la partie postérieure du corps, une sorte de ventouse, au fond de laquelle est un long aiguillon.

Les mâles ont leur extrémité caudale comprimée latéralement, avec sept papilles, six derrière l'anus et une immédiatement en avant; on voit en outre deux spicules égaux, courts et affectant la forme de croissant.

Mœurs, habitudes, régime. — L'une des espèces composant cette famille, vit dans l'es-

Fig. 206.

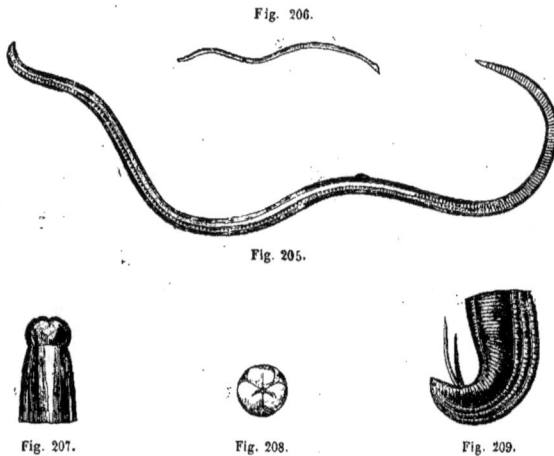

Fig. 205.

Fig. 207. Fig. 208. Fig. 209.

Fig. 205 à 209. — Ascaride lombricoïde (*).

tomac du *Triton cristatus*, d'autres dans l'arrière-bouche de l'*Emys picta*.

Au moyen de la ventouse postérieure, la femelle se fixe sur la muqueuse qui se gonfle et forme une sorte de poche autour de l'extrémité caudale du parasite. Les œufs sont elliptiques et possèdent aux deux sommets de leur grand axe une petite calotte, pouvant se soulever comme un couvercle ; aux deux sommets de l'un des petits axes sont deux renflements en forme de mamelon. Ces œufs contiennent des embryons tout formés.

Le mâle est toujours enroulé en spirale autour de la femelle, par la partie postérieure de son corps. Cette singularité est extrêmement rare chez les Vers parasitaires sexués.

Ces caractères sont extraits d'un important mémoire de M. le professeur Perrier (1) ; son étude sur l'*Hedruris armata*, a fait connaître d'une manière complète ces rares animaux que Nitzch le premier, Dujardin ensuite, avaient très imparfaitement étudiés.

Nous citerons tout particulièrement l'*Hedruris androphora* Nitzch, type du genre, et celle

(1) Perrier, *Nouvelles Archives du Muséum*, 1871.

(*) Fig. 205. Femelle adulte. — Fig. 206. Mâle adulte, grandeur naturelle. — Fig. 207. Partie antérieure du corps. — Fig. 208. Bouche. — Fig. 209. Extrémité postérieure du mâle.

BREHM.

décrite par M. Perrier et provenant de l'arrière bouche de l'*Emys picta*.

LES ASCARIDIENS — *ASCARIDÆ* Duj.

Caractères. — La famille des Ascaridiens comprend des Vers cylindriques, fusiformes, plus ou moins allongés ; la tête est munie de trois valves distinctes convexes ou semi-globuleuses, dont une supérieure et deux latérales, fendues intérieurement et correspondant aux trois angles saillants ou aux trois gouttières du canal œsophagien triquètre. La bouche correspond au centre de ces valves. Le mâle, toujours plus petit, a la partie postérieure plus ou moins enroulée, souvent munie à la face ventrale de deux ailes membraneuses latérales et de deux rangées de tubercules et de papilles ; plus rarement une ventouse se trouve en avant de l'anus ; la queue est plus courte et plus obtuse que celle de la femelle ; les mâles portent deux spicules de dimensions variables, arqués et cornés, revêtus chacun d'une gaîne membraneuse, ou accompagnés en arrière par une pièce accessoire en forme de lame aiguë.

Les œufs sont elliptiques ou globuleux, à coque lisse pointillée ou ciselée, ils éclosent

VERS. — 18

parfois dans le ventre de la mère qui paraît alors vivipare.

Mœurs, habitudes, régime. — Les Ascaridiens se trouvent plus particulièrement dans les intestins des Vertébrés des différentes classes.

ASCARIDE LOMBRICOÏDE — *ASCARIS LUMBRICOIDES* Clap.

Caractères. — Le corps de cet Ascaride est blanc ou rougeâtre pâle, cylindrique et aminci aux deux extrémités; le mâle a la queue un peu déprimée ou courbée, les spicules sont aplatis, presque droits et contenus dans une gaîne fibreuse contractile (fig. 205 à 209, p. 137).

Chez la femelle, l'utérus d'abord simple, puis divisé en deux branches dirigées parallèlement en arrière, et se continuant chacune en un long oviducte, les ovaires filiformes forment ensemble une masse pelotonnée, les œufs sont à coque mince et lisse (fig. 210).

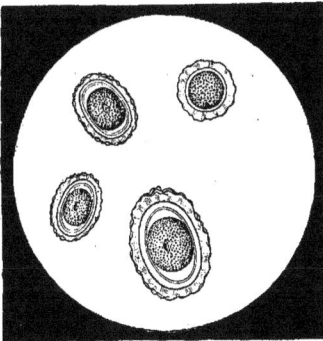

Fig. 210. — Œuf d'Ascaride lombricoïde (Eichhorst).

Le mâle atteint une longueur de 150 à 170 millimètres; la taille de la femelle dépasse souvent 250, et mesure parfois 420 millimètres.

Mœurs, habitudes, régime. — L'espèce qui nous occupe est l'une des plus fréquentes chez l'homme, et surtout chez l'enfant; bien que ces Vers se trouvent généralement isolés ou en petit nombre, il n'est pas rare de les rencontrer réunis par centaines et dans certains cas on a compté jusqu'à 1000 et 2000 de ces hôtes importuns. Leur résidence habituelle est l'intestin grêle,

d'où ils pénètrent parfois dans l'estomac; on en a trouvé de petits jusque dans le foie. Dans certaines circonstances, ils ont pu pénétrer, en perforant les parois de l'intestin, dans la vessie et dans d'autres organes. On n'a pu résoudre encore complètement la question de savoir comment l'homme peut être infecté de ce Ver. Les œufs, qui parviennent à l'air libre avec l'animal lui-même, possèdent une grande résistance à l'influence des agents atmosphériques et des liquides de toute espèce. Ils se développent aussi bien dans l'eau que dans la terre humide, et paraissent pénétrer dans l'intestin de l'homme sous la forme d'un petit être long de un demi-millimètre à peine. Leuckart en traitant de l'immigration des Ascarides encore enveloppés de leur coque, s'exprime de la façon suivante.

« En raison de la fréquence très grande des Ascarides et de la fécondité énorme de leurs femelles qui pondent environ 6 millions d'œufs par an, les œufs se trouvent répandus naturellement partout. Il est à peine besoin de mentionner les fumiers de toute sorte, ni les communications qui existent entre les sources et les cloaques avoisinants, ni les engrais étalés sur nos champs, pour justifier notre assertion. D'innombrables petits foyers d'infection répandent sur une étendue toujours croissante les œufs de l'Ascaride humain, bientôt dispersés par la pluie ou par d'autres influences diverses. Ces œufs conservent leur aptitude germinative pendant plus d'un an, en dépit des conditions extérieures les plus défavorables telles que la gelée ou la sécheresse; leur exiguité favorise leur transport par les modes les plus variés; aussi nos champs et nos jardins, nos maisons et nos cours, offrent-ils à ces œufs des occasions multiples de déplacements. Il nous semble inutile d'approfondir ici chaque cas particulier; mais les fruits que nous cueillons, l'eau même que nous puisons au ruisseau pour éteindre notre soif, toutes ces matières et bien d'autres encore servent, à l'occasion, de moyens de transport à ces œufs toujours aptes à se développer. Plus ces œufs sont répandus, ou (ce qui revient au même) plus la population est dense, plus on néglige les soins dont on doit entourer l'alimentation, plus le milieu dans lequel on vit est malpropre, et plus les occasions d'infection sont fréquentes. » Toutefois, malgré les nombreux motifs qui rendent plausible l'opinion d'après laquelle l'Ascaride viendrait s'implanter directement par les œufs, malgré toutes les

Fig. 211.

Fig. 212.

Fig. 213.

Fig. 214.

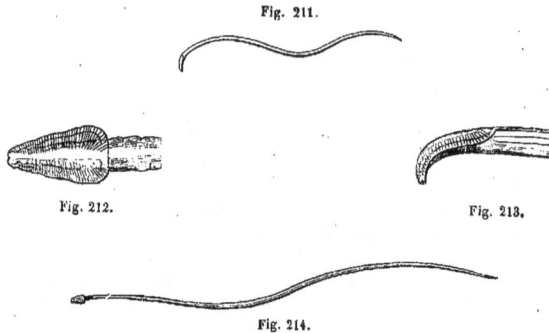

Fig. 211 à 214. — Ascaride du Chat (*).

causes qui pourraient expliquer l'apparition de ce parasite précisément chez les enfants et les campagnards, chez les classes pauvres et chez les peuplades incultes, les expériences que l'on a faites ne sont pas favorables à cette hypothèse. Il paraît beaucoup plus probable qu'avant de se fixer sur l'homme, l'Ascaride doit occuper un *hôte intermédiaire*, comme le font la plupart des autres parasites. Indépendamment de l'homme, le porc est également infecté par l'Ascaride lombricoïde ; ne serait-ce pas là l'intermédiaire cherché ?

ASCARIDE DU CHAT — *ASCARIS MYSTAX* Zed.

Caractères. — L'Ascaride du Chat (fig. 211 à 214) est blanchâtre, sa tête présente des lobes oblongs portant chacun une papille saillante ; le mâle long de 30 à 60 millimètres, est raccourci à la partie postérieure avec deux ailes membraneuses peu saillantes, soutenues par deux rangées ventrales de bandes musculaires transverses ; la queue est brusquement rétrécie, les spicules sont longs et recourbés ; la femelle a la queue conique aiguë ; les œufs, presque globuleux, ont la coque revêtue d'un épaississement réticulé, ou alvéolé comme un dé à coudre.

Mœurs, habitudes, régime. — Tous les helminthologistes ont rencontré ce Ver dans l'intestin grêle du Chat domestique en France,

(*) Fig. 211. Mâle. — Fig. 212. Tête, vue de face. — Fig. 213. Tête, vue de profil. — Fig. 214. Femelle.

en Angleterre, en Allemagne et en Italie. Il se trouve souvent en quantités considérables.

ASCARIDE DU CHEVAL — *ASCARIS MEGALO-CÉPHALA* Cloq.

Caractères. — Le corps est blanchâtre ou un peu rosé, sans ailes membraneuses à la partie antérieure, mais avec deux sillons latéraux dans toute la longueur du corps ; la tête, assez large, a trois valves arrondies connexes, entaillées à la

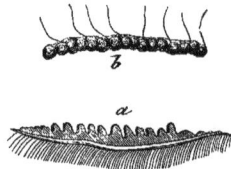

Fig. 215. — Dentelures des valves de l'Ascaride mégalocéphale, grossie 340 fois (*).

face interne (fig. 215) ; la queue du mâle, conique, obtuse, concave en dessous, porte deux ailes membraneuses latérales, atteignant l'extrémité de la queue. A leur base on voit une rangée de neuf à dix tubercules peu saillants.

Mœurs, habitudes, régime. — Cet Ascaride

(*) a, vues de profil. — b, vues de face.

est partout très commun dans l'intestin grêle du Cheval; on l'a trouvé également dans l'Ane, le Mulet et le Zèbre.

OXYURE VERMICULAIRE — *OXYURIS VERMICULARIS* Brems.

Caractères. — Blanc, à tête ailée, ce Ver présente une bouche ronde, pendant la rétraction, devenant triangulaire ou à bord légèrement trilobé, quand elle est au contraire protractée ; le mâle a la queue enroulée en spirale et terminée en pointe très courte, munie de deux papilles préanales, de quelques papilles postanales, et d'un spicule simple (fig. 216)

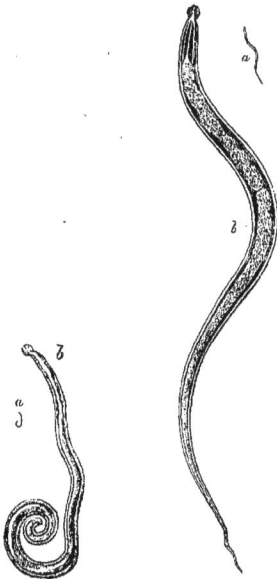

Fig. 216. — Oxyure mâle, corps long de 3 à 4 millimètres (*).

Fig. 217. — Oxyure femelle long de 8 à 10 millimètres (**).

La femelle que pendant longtemps on a seule connue, est longue de 10 millimètres, son extrémité postérieure est très amincie (fig. 217); les œufs non symétriques, plus convexes d'un côté

(*) *a*, grandeur naturelle. — *b*, le même grossi.
(**) *a*, grandeur naturelle. — *b*, le même grossi.

que de l'autre, contiennent un embryon replié longitudinalement.

Distribution géographique. — L'Oxyure vermiculaire habite par milliers le gros intestin des enfants et de l'homme, soumis à un régime débilitant ; il est répandu dans tous les pays.

Mœurs, habitudes, régime. — La présence de ce parasite s'annonce ordinairement par des démangeaisons insupportables dans la région anale et une sorte de prurit du nez. Sous ce rapport, c'est le plus incommode de tous les Nématodes de l'homme.

Les lotions faites avec une décoction de plantes vermifuges, ou simplement avec l'huile, font cesser les démangeaisons et expulsent souvent les Oxyures, mais leur disparition n'est définitive qu'à la condition de changer le régime des malades.

Il est à peu près établi que dans le cas d'évolution normale, les œufs parviennent au dehors et doivent être repris par la bouche. Les courants d'air peuvent les disséminer sur les objets les plus divers. « Les animaux et l'homme lui-même, dit Leuckart, contribuent au transport

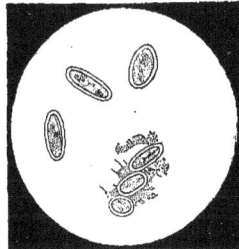

Fig. 218. — Œuf d'Oxyure vermiculaire (Eichhorst).

de ces œufs (fig. 218) d'autant plus aisément qu'ils sont petits et légers. Pour en citer un exemple fréquent, je n'ai qu'à mentionner ici les Mouches, en rappelant les relations qu'elles établissent entre les objets de l'alimentation humaine et les matières les plus impures. On ne peut donc s'en préserver que par des soins de propreté excessifs, et encore ne peut-on obtenir ainsi une sécurité absolue. Tout fruit qui n'est pas soigneusement lavé est d'un usage périlleux ; chaque poire constitue un danger d'infection. » Leuckart prétend même que la farine dont les boulangers ont coutume de saupoudrer leurs marchandises n'est pas à l'abri des germes d'Oxyures, car les œufs quelque peu adhérents aux céréales, échappent en raison de leur exiguité, aux sélections que doivent opérer tous les procédés de battage et de mouture.

LES FILARIDES — *FILARIIDÆ* Duj.

Caractères. — Les Filaires comprennent des Nématodes, dépourvus de lèvres ou en possédant de deux à six, ayant aussi parfois une capsule buccale cornée, et toujours quatre paires de papilles préanales, auxquelles peuvent encore se joindre une papille impaire, deux spicules inégaux et un spicule simple. Elles sont blanches, jaunes ou rougeâtres, très filiformes, élastiques; les mâles ont une queue munie quelquefois d'une aile membraneuse entourant l'extrémité; les femelles donnent des œufs elliptiques ou presque globuleux, à coque lisse, éclosant parfois dans le corps de la mère.

Mœurs, habitudes, régime. — Les Filaires se rencontrent le plus souvent dans la cavité péritonéale des Mammifères et des Oiseaux, plusieurs habitent aussi dans le tissu cellulaire sous-cutané, entre les chairs et dans divers organes; on en voit aussi dans la cavité abdominale des Insectes, d'autres enfin sont libres dans les eaux.

FILAIRE DE MÉDINE — *FILARIA MEDINENSIS* Gmel.

Caractères. — Le mâle de cette espèce est à peu près inconnu, la femelle est blanche, un peu amincie en avant, la bouche simple arrondie, la queue aiguë recourbée en crochet; les œufs éclosent à l'intérieur, et elle paraît alors vivipare (fig. 219).

Distribution géographique. — Cette espèce est propre aux contrées tropicales; on l'observe surtout en Sénégambie.

Mœurs, habitudes, régime. — « La Filaire de Médine, dit Dujardin, se trouve dans le tissu cellulaire de l'homme, au-dessous des téguments, où elle forme des tumeurs souvent volumineuses; elle est ordinairement solitaire dans chaque tumeur, mais on en voit presque toujours plusieurs sur le même individu; sa présence paraît quelquefois ne pas être incommode, d'autres fois elle provoque des douleurs atroces et l'on doit chercher à l'extraire. Pour cela on tâche de saisir une extrémité du Ver, stio

que la tumeur ait été préalablement ouverte ou que la suppuration y ait déterminé une perforation, puis, on roule doucement le corps de

Fig. 219. — Filaire de Médine (*).

cette Filaire autour d'un petit bâton, de manière à l'attirer sans le briser, car dans ce cas le remède serait pire que le mal, puisque tous les petits vivants qui remplissent le corps de ce Nématode, se répandraient dans la plaie et pourraient se developper ultérieurement en grand nombre. »

Toujours d'après Dujardin, la Filaire atteint une longueur de 4 mètres; Claus lui donne deux pieds et plus.

Nous avons pu observer nous-même la Filaire de Médine, pendant notre séjour en Sénégambie.

Propre au continent africain, c'est par l'importation des nègres en Amérique, que cette espèce, connue depuis la plus haute antiquité, a été introduite dans le nouveau monde. Tout le Sénégal la possède, et malgré l'opinion de certains auteurs, nous ne l'avons jamais observée sur les individus de race blanche. Elle affecte uniquement les nègres, dont la plupart du reste s'inquiètent peu de sa présence. C'est aux membres inférieurs qu'elle se localise de préférence; là elle est révélée par des tumeurs, de peu de volume, indolentes et se terminant toujours par suppuration. Nous avons une seule fois rencontré un cas remarquable, c'est celui d'une jeune négresse de 14 ans, possédant dans la

(*) A, individu enroulé, pris dans le corps de la mère. — B, le même déroulé dans une goutte d'eau. — *a*, extrémité céphalique, avec les trois nodules de la bouche. — *b*, origine de la queue, avec l'anus.

Fig. 220.   Fig. 221.   Fig. 222.   Fig. 223.

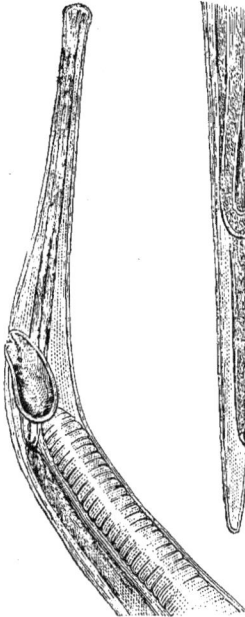

Fig. 224.

Fig. 225.

Fig. 220 à 225. — Filaire hypodermique (*).

cornée de l'œil droit, une superbe Filaire. Le procédé d'extraction indiqué par Dujardin est ordinairement employé par les nègres, un large débridage de la tumeur et une application de teinture d'iode sont encore préférables et font invariablement disparaître le parasite.

Les plus longues Filaires que nous avons observées ne dépassaient pas 12 ou 15 centimètres au plus. L'habitat éloigné de la Filaire de Médine, les fables dont son histoire a été brodée, l'observation superficielle de plusieurs de ceux qui l'ont étudiée, souvent trop amis du merveilleux, ont fait de ce Nématode, un être des plus

dangereux; un examen sérieux et exempt de tous préjugés démontre que l'on a affaire à un animal très incommode, mais bien moins fatigant pour ceux qui le portent que d'autres parasites dont on s'inquiète peu le plus souvent.

Comment la Filaire de Médine s'introduit-elle dans le tissu cellulaire des nègres? Bien des hypothèses ont été émises ; nous ne les répéterons pas, nous en formulerons encore moins de nouvelles, tout ce que l'on peut certifier, c'est qu'elles se montrent particulièrement pendant la saison des pluies, et que les nègres, afin de les éviter, ont le soin de coucher sur des nattes maintenues au-dessus du sol à l'aide de piquets, toutes les fois que pendant leurs voyages d'hivernage, ils sont forcés de s'arrêter aux bords des marigots et des marécages dont la contrée est sillonnée (de Rochebrune)

(*) Fig. 220, Filaria Bancrofti femelle, grandeur naturelle. — Fig. 221, tête et cou montrant l'œsophage, grossissement, 55 diamètres. — Fig. 222, queue de la même. — Fig. 223, embryou libre, grossissement, 400 diamètres. — Fig. 224, embryon enveloppé du chorion, grossissement, 360 diamètres. — Fig. 225, œuf, grossissement, 300 diamètres.

FILAIRE HYPODERMIQUE. — *FILARIA BANCROFTI* O'NEILL.

Caractères. — Le Dr O'Neill et le Dr Aranjo ont découvert conjointement, l'un en Afrique, l'autre à Bastia, un Nématode microscopique, provenant de la peau affectée d'une maladie particulière aux nègres, qu'ils appellent *Craw-Craw;* ce Ver a été retrouvé en France par M. Nielly sur un mousse de 14 ans. L'affection est désignée sous le nom de *pseudo-gale;* le Ver qui la produit est encore peu connu ; nous l'inscrivons ici avec ses auteurs parmi les Filaires, et nous en figurons les détails d'après nos savants confrères (fig. 220 à 225).

LES CÉPHALOTES — *CEPHALOTÆ*
Carus.

Caractères. — Les Cucullans, type de la famille des Céphalotes, établie par Carus, sont des Vers cylindriques ordinairement rouges, obtus en avant, un peu amincis en arrière, à tête large et contenant un organe particulier, des plus caractéristiques. Leur bouche est armée de deux valves de consistance cornée, situées sous la peau ; l'une de ces valves est dorsale, l'autre ventrale.

Les naturalistes ont été en désaccord sur le rôle de ces organes, jusqu'au jour où M. le professeur Perrier est venu trancher définitivement la question par ses recherches sur une nouvelle espèce de ce genre (1), que nous étudierons plus loin.

Mœurs, habitudes, régime. — Les Cucullans, essentiellement parasites, vivent dans l'intestin des Reptiles et des Poissons; on en compte un petit nombre d'espèces.

CUCULLAN DE DUMÉRIL — *CUCULLANUS DUMERILII* Perr.

Caractères. — « Le Cucullan de Duméril se distingue de tous ses congénères, connus par sa couleur blanche, au lieu d'être d'un rouge plus ou moins foncé. L'appareil buccal se laisse immédiatement reconnaître à sa teinte d'un brun jaune ; l'animal atteint environ 13 millimètres ; la queue est pointue, recourbée en dessous et bordée d'une mince membrane que traversent,

(1) Perrier, *Ann. des sc. nat.*, 1871.

en avant de l'anus, cinq ou six papilles allongées, et en arrière trois autres papilles ; le spicule est simple, très allongé, un peu recourbé et pourvu d'une pièce basilaire accessoire.

L'appareil buccal se compose de deux valves, chaque valve est formée d'une partie semi-elliptique, concave vers l'intérieur et située au-dessous de l'œsophage ; inférieurement, cette partie se prolonge en une sorte de queue médiane, rectangulaire, courte, s'engageant dans l'œsophage ; de chaque côté, les deux valves sont séparées l'une de l'autre, par une nodosité chitineuse, sur laquelle elles sont simplement appuyées par leurs angles inférieurs ; par son bord inférieur, cette nodosité repose sur le bord supérieur de l'œsophage et donne naissance à deux sortes de productions chitineuses: les trois branches latérales, et deux branches transversales ; chacune des branches se termine par un léger renflement, sur lequel s'insère un assez fort cordon musculaire. » (Perrier.)

Les muscles par leur action contractent les branches et par un mécanisme spécial ouvrent ou ferment la bouche.

M. Perrier a ainsi démontré que le rôle des pièces de la bouche du Cucullan de Duméril et de toutes les autres espèces, n'était en aucune façon passif, comme le prétendait Schneider.

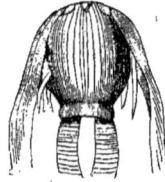

Fig. 226. — Cucullan élégant.

L'espèce a été découverte dans l'intestin de l'*Emys picta.*

Une autre espèce, le *Cucullan élégant*, décrit par Müller, et dont nous figurons la bouche (fig. 226), vit dans les intestins de la Perche commune.

Mœurs, habitudes, régime. — Leuckart décrit les migrations et les métamorphoses des espèces de Cucullans, de la manière suivante.

« Les petits, déjà éclos de leur frêle enveloppe ovulaire, dans le corps même des femelles vivipares, se trouvent par milliers chez les mères les plus grandes qui mesurent 9 à 10 millimè-

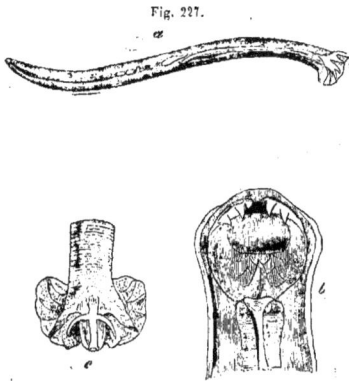

Fig. 227.

Fig. 228.   Fig. 229.

Fig. 227 à 229. — Dochmius du chien.

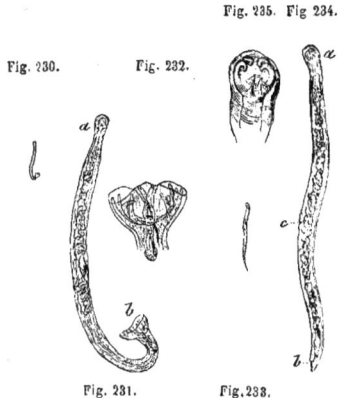

Fig. 230.   Fig. 232.

Fig. 235. Fig 234.

Fig. 231.

Fig. 233.

Fig. 230 à 232. — Dochmius
duodénal mâle (*).

Fig. 233 à 235. — Dochmius
duodénal femelle (**).

tres, Parvenus au dehors, les Vers protégés par un tégument ferme, restent souvent plusieurs semaines dans l'eau, où ils conservent leur mobilité assez longtemps pour trouver l'hôte intermédiaire qu'ils doivent infecter au passage. C'est généralement dans le corps des petits Cyclopes, qui peuplent nos eaux, que ces vers s'établissent. Dans les aquariums où on peut les étudier, leur installation a lieu habituellement au bout d'un petit nombre d'heures, et souvent par groupes si nombreux qu'on peut compter ces intrus par douzaines. Quand le nombre de ces parasites est trop grand, l'hôte périt ordinairement après l'achèvement du développement des embryons, sans entraîner la mort des parasites, qu'on trouve parfaitement en vie plusieurs jours après. Dans le premier hôte qu'ils habitent, ces Vers après avoir subi diverses modifications extérieures et internes, n'atteignent pas 2 millimètres de longueur. Leur évolution ne s'achève que lorsqu'ils ont été avalés, avec leur Cyclope, par un poisson ; c'est le plus souvent la Perche de rivière qui leur fournit le milieu nécessaire à l'achèvement de leur évolution. »

(*) A, de grandeur naturelle. — B, le même grossi. — a, extrémité céphalique. — b, extremité caudale. — C, extrémité caudale fortement grossie pour montrer la disposition de la capsule et des rayons qui la soutiennent.

LES DACNIDIIDES — DACNIDIIDÆ DUJ.

Caractères. — Sous ce titre, Dujardin a réuni des Nématodes à bouche située obliquement ou latéralement à l'extrémité antérieure du corps et non pas terminale; la tête est ou globuleuse ou relevée et tronquée en dessus, ayant une large cavité angulaire revêtue d'une membrane cornée ; la bouche est presque arrondie, béante, ou bien armée de deux lèvres inégales.

Nous citerons deux espèces de ce groupe, dont l'une est surtout importante à connaître.

DOCHMIUS DU CHIEN — DOCHMIUS TRIGONO-CEPHALUS RUD.

Caractères. — Le corps est blanc, cylindrique long de 214 à 216 millimètres; la tête est terminée par une vaste cavité buccale qu'enveloppent deux larges lobes assez minces, courbés et repliés ; le mâle est terminé en arrière par une bourse, tantôt globuleuse, tantôt campanulée ;

(**) A, de grandeur naturelle. — B, la même grossie. — a, extrémité céphalique. — b, extrémité caudale. — c, orifice vulvaire. — c, extrémité céphalique fortement grossie pour montrer la disposition de l'armature buccale.

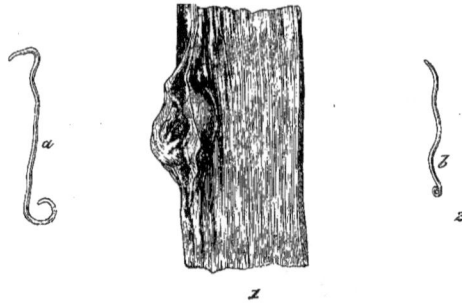

Fig. 236. — Spiroptère ensanglanté (*).

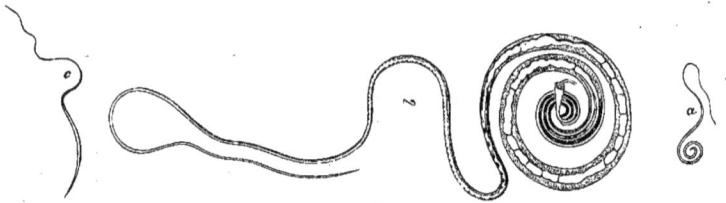

Fig. 238 *bis*.   Fig. 238.   Fig. 237.

Fig. 237 à 238 *bis*. — Trichocéphale inégal (**).

la femelle a la queue amincie, conique, terminée brusquement par une petite pointe grêle
(fig. 227 à 229, p. 144).

Distribution géographique. — Cette espèce,
comme ses congénères, se trouve dans l'intestin de divers mammifères, tels que le Chien, le
Renard, l'Ours, le Blaireau, divers Chats et les
Genettes. Blanche, très petite, elle est cependant visible à l'œil nu.

Mœurs, habitudes, régime. — Les œufs du
Dochmius du Chien se développent habituellement dans la terre humide et se transforment,
dans l'espace de quelques jours, en de très petits
Vers, longs d'un demi-millimètre à peine ; leur
corps assez tortueux se rétrécit en avant et se
prolonge en arrière par une queue assez grêle et
assez longue, dont l'extrémité se trouve isolée
sous forme d'un appendice spécial. Ils croissent
en subissant plusieurs mues, perdent ensuite les
denticules œsophagiens qui leur sont propres
et cessent de manger et de croître, bien qu'ils se

maintiennent encore en vie pendant des semaines et des mois dans la vase qui les conserve.
Pour que leur existence se poursuive il faut
qu'ils parviennent directement dans l'estomac
d'un Chien, où ils subissent de nouvelles
mues, avant d'atteindre leurs formes et leurs
dimensions définitives.

DOCHMIUS DE L'HOMME. — DOCHMIUS DUODENALIS Dub.

Caractères. — Cette espèce a le corps droit
ou légèrement courbé, la bouche munie de
deux papilles coniques, inégales, porte en outre
deux crochets ; elle mesure de 10 à 15 millimètres de long ; le mâle a son extrémité infléchie et
munie d'une bourse cyathiforme, formant deux
lobes à cinq rayons ; la femelle a son extrémité postérieure terminée en pointe conique
(fig. 230 à 235, page 144).

Distribution géographique. — Le Dochmius
de l'homme vit dans le duodénum ; décou-

(*) 1, tubercule vermineux de l'œsophage du chien, ouvert, demi-
nature. — 2, Spiroptère ensanglanté, demi-nature. — *a*, femelle. —
b, mâle.

BREHM.

(**) Fig. 236. Corps recourbé en spirale, long de 37 millimètres,
large de 1/2 à 1 millimètre. — Fig. 237. Le même, grossi. —
Fig. 238. Trichocéphale femelle, 43 millimètres de lo g.

vert pour la première fois en Italie par Dubini, dans l'intestin grêle de l'homme, il a été ensuite observé en grand nombre par Bilharz et Griesinger en Egypte.

Mœurs, habitudes, régime. — Les migrations et l'évolution du Dochmius du Chien relatées plus haut, permettent d'expliquer l'apparition du Dochmius du duodénum. D'après les observations de Bilharz et Griesinger, le quart au moins de la population Egyptienne de la région du Nil, est affectée d'une maladie connue sous le nom de Chlorose égyptienne, se terminant souvent par la mort, après avoir causé des hémorrhagies intestinales, une débilitation profonde et un amaigrissement fatal. La cause unique de ces symptômes réside dans les denticules aigus dont sont armés les Dochmius, cantonnés généralement en petit nombre, mais parfois aussi par milliers, dans l'intestin grêle ; ils s'y nourrissent de sang et produisent des plaies et des inflammations dont les hémorrhagies sont la conséquence. De même que le Chien s'infecte de ces Dochmius en avalant l'eau des bourbiers, de même l'homme dans les pays chauds, engloutit ses propres ennemis en buvant l'eau des mares impures.

LES SPIRURIDES — *SPIRURIDÆ* Rud.

Caractères. — Ces Vers sont blancs ou rougeâtres, à corps aminci en avant ; la tête, nue, est munie de quelques papilles ; ils ont en général de deux à quatre lèvres ; ordinairement la queue chez les mâles est enroulée en spirale et armée de deux spicules inégaux ; la femelle a la queue conique droite, avec un ovaire simple ou double.

Mœurs, habitudes, régime. — Les espèces vivent réunies plusieurs ensemble dans la paroi du tube digestif des animaux vertébrés.

SPIROPTÈRE ENSANGLANTÉ. — *SPIROPTERA SANGUINOLENTA* Rin.

Caractères. — Le corps de cette espèce est rougeâtre, long de 40 à 80 millimètres, la tête est nue, plus étroite que le corps, et montre une bouche grande entourée de papilles ; chez le mâle, la queue est contournée deux ou trois fois sur elle-même, terminée en pointe très obtuse et munie de deux ailes vésiculeuses, striées longitudinalement. La femelle a la queue déprimée.

Distribution géographique. — Le Chien et le Loup sont fréquemment atteints par ce Nématode, on les trouve réunis dans les tumeurs développées principalement dans la muqueuse de la première partie du tube digestif, dans l'estomac et l'œsophage (fig. 236, p. 145).

LES TRICHOTRACHÉLIDES — *TRICHOTRACHELIDÆ* Rud.

Caractères. — Les Vers compris parmi les Trichotrachélides, sont de taille médiocre, leur corps allongé est remarquable par sa partie antérieure longue et mince, la bouche est petite et dépourvue de papilles ; l'œsophage très long est revêtu d'une couche de cellules parti-

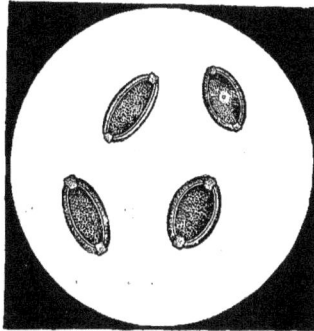

Fig. 239. — Œuf de Trichocéphale inégal (Eichhorst).

culières ; l'anus est à peu près terminal, l'extrémité postérieure obtuse ou obliquement tronquée, porte une gaîne membraneuse, extensible, plus ou moins longue et un spicule simple ; la gaîne peut être remplacée par un cloaque pouvant se renverser au dehors.

Distribution géographique. — Les Trichotrachélides vivent dans les intestins et les muscles de l'Homme et des Mammifères. C'est parmi eux que se rencontrent les Nématodes véritablement redoutables pour l'homme, de ce nombre est la Trichine, que nous allons examiner longuement après nous être un instant arrêté sur les Trichocéphales.

TRICHOCÉPHALE INÉGAL. — *TRICHOCEPHALUS DISPAR* Dui.

Caractères. — La partie antérieure du corps

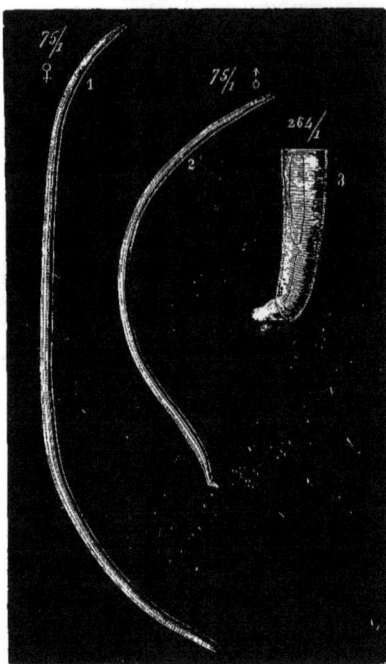

Fig. 240. — Trichina spiralis (*).

de cette espèce (fig. 237 à 238 *bis*, p. 145) est très longue, capillaire ; cylindrique, à la partie postérieure, et recourbée chez le mâle ; la ventrale de la portion antérieure est munie de faces rangées de pièces chitineuses ; les œufs à coque résistante ont la forme de petits citrons (fig. 239).

Mœurs, habitudes, régime. — Ce Trichocéphale habite le côlon de l'homme ; le premier développement de l'œuf s'effectue dans l'eau. Dans l'intestin, ces Vers sont fixés à la muqueuse par leur partie antérieure filiforme ; les œufs sont expulsés par les conduits naturels hors du corps de l'hôte, et leur évolution commence seulement après un séjour prolongé dans l'eau ou la terre humide ; le dessèchement, quand il n'est pas poussé trop loin, ne leur enlève pas la faculté de se développer ; d'après les expériences

de Leuckart, il est permis de conclure que le Trichocéphale de l'Homme est introduit directement dans l'organisme, avec l'eau ou les aliments avariés, sans passer par un hôte intermédiaire.

TRICHINE ENROULÉE. — *TRICHINA SPIRALIS* OWEN.

Caractères. — Le corps de cette espèce remarquable est capillaire, l'extrémité inférieure du mâle est sans spicule, avec deux éminences coniques terminales, entre lesquelles le cloaque se renverse au dehors (fig. 240)

(*) 1, femelle grossie 75 fois. — 2, mâle grossi 78 fois. — 3, extrémité postérieure de ce dernier, vue de côté, grossie 264 fois pour montrer les prolongements qui forment la pince copulatrice postérieure.

Mœurs, habitudes, régime. — L'existence de la Trichine diffère par un point important de celle des Nématodes dont nous avons traité jusqu'ici ; la Trichine à l'état jeune ne commence pas par une vie indépendante, pour poursuivre son évolution, mais elle se transporte immédiatement de l'intestin de l'homme ou de l'animal qu'elle habite jusque dans ses muscles. Toutefois ses conditions d'existence en général rentrent essentiellement dans le cadre que nous avons assigné aux descriptions précédentes. Une série d'épidémies de Trichinose ressuscita le spectre des souffrances humaines, et ce Ver auquel on n'avait accordé jusque-là presque aucune attention, devint un des mieux connus de toute sa classe, par suite des travaux assidus entrepris au sujet de sa nature et des moyens pratiques de s'en préserver. On vit paraître alors plusieurs monographies en tête desquelles nous citerons celles de Leuckart et de Pagestecher ; on répandit par milliers d'exemplaires des traités destinés à rassurer et à éclairer les populations ; les administrations publièrent des instructions relatives à la surveillance du commerce des viandes, on institua même, dans plusieurs États du centre de l'Allemagne, le nouvel emploi « d'inspecteur des Trichines » au profit d'un grand nombre de maîtres d'écoles. Les Trichines ont eu du moins l'avantage de procurer une augmentation d'appointement à des fonctionnaires chargés d'examiner entre les Porcs abattus dans les villages. (O. Schmidt.)

Les cas indiscutables d'apparition de la Trichine à l'état enkysté dans les muscles de l'homme, ne remontent pas à plus de 40 ans, le naturaliste anglais Owen a donné le premier à ce Ver, en 1836, le nom de *Trichina spiralis*. Cette désignation rappelle que l'animal, dans sa capsule, ressemble à un cheveu roulé en spirale, et provient du mot grec θρίξ, θριχος : cheveu ; ces parasites bien qu'en nombre considérable, parurent d'abord inoffensifs, et en réalité la maladie peut se trouver tout au moins enrayée par le fait de l'enkystement ; on reconnut seulement 8 ans plus tard, qu'à l'état jeune, ces Trichines étaient des vers cylindriques ; leur apparition chez l'homme fut considérée toutefois comme le résultat d'une « aberration » ; on émit à leur sujet une hypothèse déjà formulée à l'égard d'autres vers intestinaux de l'homme et des animaux ; on admettait alors qu'arrivés à une certaine phase de leur évolution, ces animaux faisaient fausse route assez souvent, s'introduisaient dans un hôte mal approprié à leur nature, pénétraient dans des organes impropres à leur développement ultérieur, subissaient par suite une dégénérescence et s'enkystaient. On affirma en outre que les Trichines sécrétaient elles-mêmes leur capsule. Des essais entrepris dans ce sens établirent plus tard que des Trichines, introduites avec de la viande, aussi bien dans l'intestin de la Souris que dans celui du Chien, quittaient leur capsule, croissaient, et devenaient adultes en peu de temps.

On reconnut également un fait important dans l'infection trichineuse, à savoir : que les Trichines nées dans le tube intestinal de l'animal habité, n'émigrent pas au dehors, mais s'introduisent dans les muscles de leur hôte.

Le premier cas de Trichinose mortelle chez l'homme fut reconnu à Dresde, le 27 janvier 1860, et le professeur Zenker en apprécia toute la portée ; l'explication des phénomènes fut complète au bout de très peu de temps ; elle fut favorisée malheureusement par toute une série de cas isolés et d'épidémies fort graves, qui emportèrent de nombreuses victimes. L'une des

Fig. 241. — Trichines (*).

plus terribles fut l'épidémie de Hettstädt, dans laquelle on compte, sur 195 malades, 28 cas de mort. L'extension considérable des para-

(*) 1, portion de muscle (cubital antérieur) couverte de kystes de trichines : plusieurs de ces kystes ont été dessinés trop grands. — 2, kyste isolé. — 3, kyste grossi 20 fois contenant une matière calcaire. — 4, kyste contenant deux vers. — 5, trichine vue à un grossissement de 200 diamètres. — a, extrémité céphalique. — b, extrémité caudale (d'après Owen).

sites fut mise en évidence par un cas observé à Hambourg et dans lequel on établit que les Porcs auteurs de l'infection avaient été achetés à Valparaiso et consommés par l'équipage pendant la traversée. Il devint bientôt évident que la principale source d'importation de ces Vers dans l'organisme humain se trouvait être le Porc.

Nous reviendrons sur ce point, en traitant avec détails des caractères particuliers et des conditions d'existence des Trichines.

Les Trichines adultes, ou les Trichines dites *intestinales*, vivent seulement dans l'intestin de l'homme, de divers mammifères et d'oiseaux ; elles y achèvent leur développement, s'y reproduisent *et y meurent les unes après les autres*. Les femelles mesurent environ 3 millimètres, les mâles ne dépassent pas 1 à 2 millimètres, leur croissance et leur maturité sexuelle s'effectuent avec une rapidité telle, qu'on trouve déjà la nouvelle génération 5 jours après l'introduction de l'ancienne. On peut distinguer facilement à l'œil nu les petits Vers.

Évolution (fig. 241). *Les Trichines avalées par l'homme ou par certains animaux, passent peu à peu de leur intestin dans leurs muscles ;* dans les conditions normales, elles restent, pendant cinq semaines ou plus, dans l'intestin, où chaque femelle peut engendrer quelques milliers de petits. Les ovules se développent dans la partie supérieure d'un tube assez long, et les embryons, qui séjournent en masses compactes dans sa portion inférieure, atteignent au moment d'en sortir, un dixième de millimètre de long environ. Ils ne restent que fort peu de temps dans la place où ils sont nés. Les Trichines paraissent pénétrer exceptionnellement dans les vaisseaux sanguins pour être entraînées par le torrent circulatoire vers les parties éloignées du corps. Elles semblent plutôt se frayer un chemin spontanément à travers le tissu conjonctif qui entoure les muscles. Plus ce tissu est abondant, plus le nombre des Trichines en immigration est considérable. Toutefois on peut dire qu'en général l'immigration est beaucoup moindre dans les régions éloignées du tronc que dans son voisinage. Les organes les plus envahis sont le diaphragme, les muscles masticateurs, et on peut admettre que les mouvements de ces muscles contribuent à la progression des Vers migrateurs. La fin de cette période coïncide avec le début de la période suivante.

Trichines musculaires (fig. 242 *bis*, p. 150). — Laissons la parole à Virchow pour décrire cette période : « Quand une Trichine jeune a pénétré dans un faisceau musculaire, elle paraît s'y mouvoir généralement suivant un court trajet. Elle traverse ainsi les éléments les plus fins de ce faisceau, et produit une action destructive sur la composition intime du faisceau. Mais il n'est pas douteux qu'elle absorbe certaines parties de son contenu. Elle possède une bouche, un œsophage et un intestin ; elle s'accroît en peu de semaines, de plusieurs fois ses dimensions primitives ; elle doit donc dépenser une nourriture qu'elle ne peut extraire que du milieu dans lequel elle se trouve. Si elle attaque ainsi d'une manière immédiate la substance musculaire, elle exerce en même temps une action irritante sur les parties ambiantes.

« Pour comprendre ces influences, il faut se reporter à la composition du tissu musculaire. Rien qu'à l'œil nu, ce tissu paraît composé de petits faisceaux, adjacents et parallèles, reliés par un tissu conjonctif lâche. A l'aide d'aiguilles fines on peut dissocier chaque faisceau, en fascicules plus petits, décomposables eux-mêmes en fibres distinctes. Au microscope, chaque fibre isolée paraît elle-même composée. Extérieurement elle présente une enveloppe cylindrique amorphe, dans laquelle se trouve la matière musculaire proprement dite, constituée par des granulations des plus fines. Les granulations sont disposées dans le sens de la longueur, sous forme de fibrilles de la plus extrême finesse (fibrilles primitives), et dans le sens de la largeur sous forme de petits plateaux (disques musculaires). Entre ces éléments se trouvent disséminées, par petits intervalles, des cellules figurées et pourvues de noyaux, désignées sous le nom de corpuscules musculaires. L'action *destructive* qu'exercent les Trichines, s'attaque principalement à la matière musculaire proprement dite, c'est à dire essentiellement aux granulations, aux fibrilles primitives et aux disques ; ceux-ci disparaissent de plus en plus dans la plus grande partie de la fibre, qui s'amincit en proportion (fig. 242, p. 150). L'action *irritante*, au contraire, concerne surtout l'enveloppe et les corpuscules musculaires, principalement dans les points où les Vers demeurent fixés. L'enveloppe s'épaissit graduellement, les noyaux de corpuscules musculaires se multiplient, les corpuscules eux-mêmes s'agrandissent, une substance résistante s'interpose entre eux, et ainsi se crée peu à peu autour du parasite une masse dense dans laquelle on peut le distinguer, pendant qu'il est demeuré intact. Il est en ce mo-

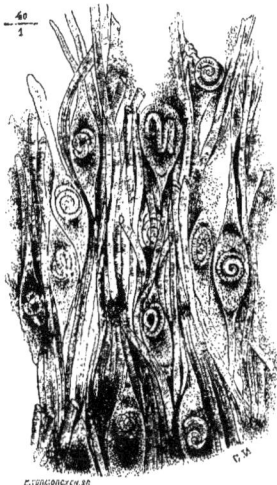

Fig. 242. — Fragment de muscle contenant des trichines enkystées (grossissement de 40 diamètres).

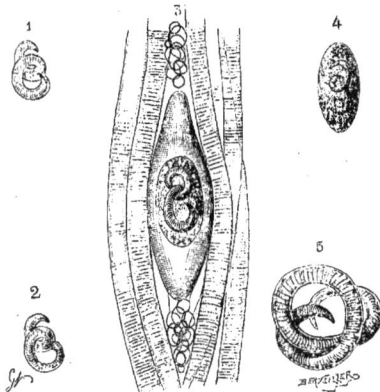

Fig. 242 bis. — Trichines musculaires à divers états de développement (très grossies) (*).

ment caché dans une coque calcaire, analogue à un œuf d'oiseau (fig. 242 bis). »

On ne sait pas, d'une manière certaine, combien de temps la Trichine peut subsister dans cet état d'enkystement parfait, sans perdre la faculté longtemps encore, une enveloppe extérieure et une prolifération interne.

« À mesure que l'animal grandit, il s'infléchit de plus en plus, les extrémités céphalique et caudale s'incurvent, et le Ver s'enroulé en spirale ainsi qu'un ressort de montre. Ces processus s'accomplissent principalement entre la troisième et la cinquième semaine, après l'immigration, à partir de là, la capsule s'accroît de plus en plus ; c'est en réalité le contenu, bien moins que l'enveloppe, qui s'épaissit ; à un grossissement moyen, le centre de la capsule, dans lequel git précisément le Ver roulé en spirale, apparaît sous l'aspect d'une masse claire, sphérique ou ovoïde, dans laquelle on distingue nettement l'animal. Au-dessus et au-dessous de ce centre, se trouvent généralement deux prolongements qui paraissent sombres à la lumière réfléchie et blanchâtres à la lumière directe, et qui en s'amincissant graduellement, viennent se terminer à quelque distance par une extrémité arrondie ou tronquée. Leur forme rappelle

souvent celle de l'échancrure de l'angle interne de l'œil. Ils sont d'une longueur très variable et souvent différente pour un même kyste. Parfois ils manquent complètement, et la capsule est simplement ovoïde, ou tronquée et même déprimée à ses extrémités. Les portions de fibre musculaire qui se trouvent en dehors d'elle s'atrophient ; en revanche on voit parfois dans le tissu conjonctif ambiant, une prolifération très forte, quasi inflammatoire, qui s'accompagne même de la formation de vaisseaux nouveaux.

« Des mois entiers se passent après ces transformations, et au bout d'un temps plus long encore à partir de l'immigration, le kyste présente de nouvelles modifications. La plus habituelle consiste dans un dépôt de sels calcaires, et l'on dit alors que la *capsule se calcifie*. Si la masse calcaire s'accroît beaucoup, elle finit par recouvrir entièrement l'animal qui peut cesser d'être perceptible au microscope alors même

(*) 1 et 2, trichines déjà parvenues dans le tissu musculaire, mais non encore enkystées. — 3, trichine enkystée dans le tissu musculaire. Le kyste est limité par une membrane qui montre par transparence la masse granuleuse interne et la trichine. — 4, kyste dépouillé de son enveloppe et réduit à la masse granuleuse interne dans laquelle la trichine se trouva incluse. — 5, trichine extraite du kyste et très grossie (J. Chatin).

de se reproduire au cas où elle serait introduite dans l'intestin d'un animal propice à son développement. Il s'agit là certainement d'années, et peut-être de dizaines d'années. Les hommes et les animaux, qui ont survécu aux lésions et aux souffrances que provoque l'immigration d'un grand nombre de Trichines et chez lesquels les fibres musculaires détruites ont été remplacées par des éléments de formation nouvelle, n'ont pas de troubles ultérieurs à redouter de la part des parasites qu'ils hébergent. Un cas de Trichinose des plus intéressants à ce point de vue eut lieu en 1845 : dans une ville des provinces Saxonnes, après avoir inspecté une école, les sept personnes chargées de cette mission déjeûnèrent dans un hôtel, où on leur servit du jambon, des saucisses, du vin blanc, du vin rouge, etc. Les sept délégués tombèrent gravement malades, et quatre d'entre eux moururent ; une huitième personne, qui avait bu simplement un verre de vin rouge, ne fut pas atteinte, et l'on soupçonna un empoisonnement par le vin blanc. On n'y découvrit rien ; mais les soupçons tombèrent si lourdement sur l'hôtelier, qu'il fut obligé d'émigrer. En 1863, l'un des délégués guéri, se fit opérer d'une tumeur au cou, et le professeur Langenbeck reconnut dans le muscle mis à nu une masse de Trichines enkystées ; ainsi tous les sypmtômes de l'empoison nement prétendu ne reconnaissent d'autre explication que l'immigration des Trichines. »

Pour que la Trichine des muscles parvienne à sa maturité sexuelle, il est nécessaire qu'elle soit introduite dans le tube intestinal de l'homme ou de certains animaux ; nous nous trouvons ramenés ainsi au point de départ de notre description. D'après les observations et les expériences entreprises jusqu'à ce jour, cette période d'évolution s'accomplit chez les animaux suivants : le Porc, le Lapin, le Lièvre, le Marsouin, la Souris, le Rat, le Chat, le Chien, le Hérisson, le Veau, le Geai, le Pigeon, le Coq des Indes et la Poule domestique. Cette liste s'augmentera probablement beaucoup encore, néanmoins l'émigration de la jeune couvée n'a lieu dans les muscles d'aucun oiseau ; parmi les mammifères qui servent régulièrement à l'alimentation humaine, les Lapins, les Lièvres et les Veaux ne sont naturellement affectés de Trichines que dans des cas tout particuliers et ne peuvent être accusés d'être une source d'infection pour l'homme. Tout le monde sait qu'il faut concentrer toutes les mesures préventives sur les Porcs ; pour ces derniers, les Souris et les Rats, qu'ils dévorent à l'occasion, paraissent être fréquemment la source de l'infection.

Sans pouvoir relater ici les travaux faits récemment sur la Trichine, et donner les résultats fournis par les commissions instituées en vue de proscrire la viande de Porc importée d'Amérique, bornons-nous à dire que le seul moyen d'éviter la Trichine est de s'abstenir de viande crue, et de soumettre à une cuisson prolongée tout ou partie des Porcs livrés à l'alimentation (1).

Un tout récent mémoire de M. Megnen tend à démontrer que les Nématodes d'un grand nombre d'animaux, jusqu'ici considérés comme des Trichines, sont des Spiroptères et que la nourriture de la viande de ces animaux n'est en aucune façon nuisible à l'homme.

LES STRONGYLIDES—*STRONGYLIDÆ* Dies.

Caractères.—Les Strongylides sont des Vers à corps filiforme, à extrémités amincies et obtuses ; la bouche entourée de papilles, tantôt étroite, tantôt entr'ouverte, conduit dans une capsule chitineuse, dont les bords sont souvent armés de pointes et de dents ; le mâle a l'extrémité caudale munie d'une bourse en forme de cloche, dont le bord porte un nombre variable de papilles, le plus souvent à l'extrémité de faisceaux musculaires rayonnants, très souvent encore, deux papilles font saillie dans l'intérieur de la bourse.

Mœurs, habitudes, régime. —Les Strongylides se trouvent plus particulièrement chez les Mammifères, quelquefois chez les Oiseaux ou chez les Reptiles, dans l'intestin ou bien dans des turbercules et des kystes annexés à cet organe, à l'estomac et à l'œsophage.

STRONGLE DES REINS OU STRONGLE GÉANT — *STRONGYLUS GIGAS* Dies.

Caractères. — Le corps de cette espèce est rouge, cylindrique, très long, un peu aminci de

---

(1) Voy. Delpech, *les Trichines et la trichinose.* Paris, 1866, 1 vol. in-8. — Emm. Levy, *les Trichines de la trichinose* (*Ann. d'Hyg.,* 1879, 3ᵉ série, t. II, p. 497. — Du Mesnil, *les Mesures administratives contre la trichinose* (*Ann. d'Hyg.,* 1881, t. V, p. 238. — Seriziat, *l'Examen au microscope des viandes trichinées* (*Ann. d'Hyg.* 1881, t. V, p. 330). — Laboulbène, *De l'infection par les trichines ou trichinoses et des moyens de la reconnaître* (*Ann. d'Hyg.,* 1881, t. V, p. 401).

part et d'autre (fig. 243 *bis*) ; la tête est obtuse, la bouche petite, orbiculaire, entourée de six nodules ou papilles rapprochées (fig. 243 *a*) ; la

Fig. 243. — Strongle des reins (*).

mâle est long de 400 millimètres, très filiforme, la queue obtuse terminée par une bourse membraneuse, tronquée d'où sort un spicule (fig. 243 *b*). La femelle longue de 2 décimètres à 1 mètre (Dujardin), large de 12 millimètres

Fig. 243 *bis*. — Strongle des reins.

(Claus), a son extrémité obtuse, des papilles anales existent même chez cette dernière.

(*) *a*, extrémité céphalique montrant les six nodules. — *b*, extrémité caudale du mâle, avec sa bourse et son spicule principal.

Mœurs, habitudes, régime. — Le Strongle géant vit dans le bassinet des reins des différents carnivores, particulièrement chez les Phoques et les Loutres. D'après M. Balbiani, le développement a lieu d'abord dans l'eau ou la terre humide ; les embryons possèdent une sorte d'aiguillon buccal, mais ne peuvent percer eux-mêmes la coque résistante de l'œuf.

La présence de ce Nématode dans le rein de l'homme a été constaté, mais les cas sont d'une extrême rareté.

STRONGYLE PARADOXAL. — *STRONGYLUS PARADOXUS* Mehl.

Caractères. — Le Strongyle paradoxal a le corps blanc ou brunâtre, filiforme à tête non ailée ; le limbe de la bouche est pourvu de trois papilles ; le mâle, d'une longueur de 15 millimètres, porte à l'extrémité inférieure une bourse bilobée, avec deux spicules égaux, le plus souvent avec un organe de soutien impair. L'ouverture femelle est rarement située en avant du milieu du corps.

Mœurs, habitudes, régime. — Ce Strongyle habite dans la trachée et les bronches du Porc et du Sanglier ; la présence des Vers dans les organes respiratoires de ces animaux n'est pas toujours exempte de danger, et on cite un certain nombre de cas où ils ont causé l'asphyxie de leurs hôtes.

SYNGAME DE LA TRACHÉE. — *SYNGAMUS TRACHEALIS* Sied.

Caractères. — Long de 4 millimètres environ, ce petit Nématode a un corps mou, coloré en rouge vif, par un liquide interposé entre les viscères; la tête du mâle est élargie, obliquement tronquée; la queue est terminée par une bourse membraneuse, convexe, soutenue par 12 ou 15 rayons égaux (fig. 244, p. 153); celle de la femelle est en coin allongé ; les œufs, lisses, elliptiques, ont un goulot terminal court.

Mœurs, habitudes, régime. — Le Syngame trachéal qui habite la trachée des oiseaux, est un hôte fatal aux volières et aux poulaillers. Son nom générique provient de ce que, dans la trachée d'oiseaux très divers, et notamment des oiseaux jeunes et débiles, où ces parasites habitent à l'état adulte, on trouve toujours le mâle et la femelle intimement réunis par paires. En petit nombre, ces Syngames paraissent assez bien tolérés par leur hôte,

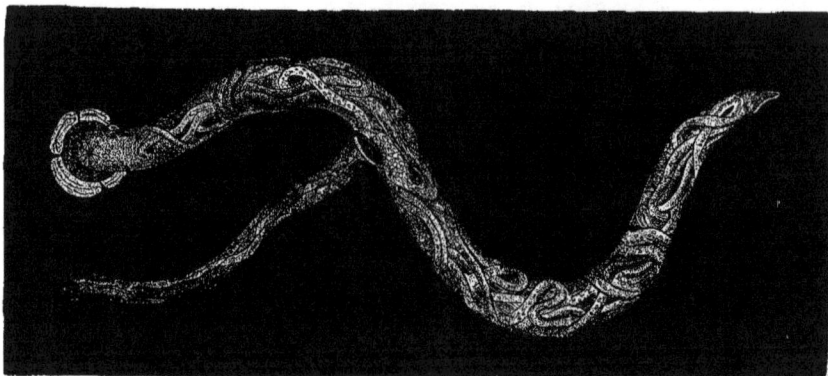

Fig. 244. — Syngame de la trachée.

mais ils se trouvent parfois en telle quantité chez un oiseau, que non seulement ils produisent une inflammation de toute la trachée, mais ils obturent les voies respiratoires au point d'amener l'étouffement, après des souffrances terribles. On a retiré de la trachée d'un Chocas 65 couples de Syngames (O. Schmidt).

Ehlers décrit la migration unique de ces parasites. « Le signe le plus certain de leur présence, lorsqu'on n'en est pas encore averti par le rejet de quelques parasites isolés, accompagné d'une toux spéciale, réside dans les œufs qu'on retrouve dans les excréments de l'oiseau. Les œufs mûrs de ces parasites sont sans doute ramenés, pendant la toux et le vomissement, de la trachée jusque dans la cavité buccale; ils sont ensuite avalés et parviennent au dehors où ils se développent dans l'espace d'une huitaine de jours dès qu'ils ont trouvé une chaleur et une humidité suffisantes; ils deviennent alors de petits embryons filiformes à extrémité caudale effilée. Pour qu'ils éclosent, il faut qu'ils pénètrent directement dans l'oiseau » ; mais Ehlers n'a pu constater ce fait d'une manière absolument nette ; probablement, pendant l'alimentation, les œufs restent adhérents au larynx, et poursuivent dans les voies respiratoires leur développement jusqu'à l'état adulte?

Mesures préventives. — « On peut déduire de là un moyen de protéger quelque peu, à l'aide

Brehm.

de mesures préventives, les poulaillers et les volières, contre l'extension pernicieuse de ces parasites. En exerçant une surveillance spéciale sur les oiseaux affectés de toux et chez lesquels la présence du parasite peut être décelée sûrement, par l'apparition de ses œufs parmi les excréments examinés; en isolant soigneusement les oiseaux infectés; en établissant des mesures de sécurité pour empêcher l'importation des Syngames par l'intermédiaire des oiseaux achetés dans un pays infecté; on peut obtenir jusqu'à un certain point un moyen prophylactique. Lorsque la maladie a pris une grande extension, il faut employer des précautions, variables suivant les localités, pour empêcher les vases qui reçoivent la nourriture des oiseaux d'être souillés par leurs excréments et leurs déjections, ou pour éviter l'installation sur le sol humide de couvées qui formeraient pour les oiseaux des foyers d'infection sans cesse renouvelés. Il faut, de même, repousser la coutume de certains éleveurs qui jettent les cadavres des oiseaux dans les tas de Vers-de-la-farine, dans le but « d'engraisser ces Vers » ; un tel usage a pour effet de répandre, avec les cadavres d'oiseaux infectés, les œufs de Syngames qui peuvent fort bien se développer dans ces amas humides et chauds; et de fournir, à l'occasion, au Ver parasitaire un moyen de parvenir dans le corps des oiseaux par l'intermédiaire de leur nourriture. » (O. Schmidt.)

LES GORDIIDES — *GORDIACEA* Sieb.

Die Saitenwürmer.

Caractères. — Siebold a proposé la création de cet ordre, pour des Vers présentant le même aspect que les filaires et autres Nématodes filiformes, mais en différant essentiellement par leur structure anatomique, soit constamment, soit à la dernière période de leur existence.

Ces Vers sont allongés, sans papilles buccales ni champs latéraux, avec un cordon ventral. M. Villot considère ce cordon comme constituant un système nerveux; il décrit l'extrémité antérieure et postérieure renflée du cordon ventral, comme le ganglion céphalique et le ganglion caudal, et croit avoir reconnu dans la couche granuleuse située entre la peau et les muscles, un réseau de cellules ganglionnaires périphériques (Claus). La bouche et la portion antérieure du tube digestif s'oblitèrent à l'état adulte; l'extrémité caudale est bifurquée chez le mâle, sans traces de spicules. Dans le jeune âge, ces animaux sont pourvus d'une bouche, et ils vivent dans la cavité viscérale des Insectes, puis ils émigrent dans l'eau, où ils acquièrent leur dernier degré d'accroissement. Les Embryons munis d'une couronne d'aiguillons percent les membranes de l'œuf et passent aussitôt dans des larves d'insectes, là ils s'enkystent aussitôt (Claus). D'après M. Villot, les larves de Gordiacés passent avec celles des Typules qu'elles habitent, dans l'intestin des Poissons, et s'enkystent une seconde fois dans la muqueuse. Cinq ou six mois plus tard ils abandonnent ces kystes, traversent l'intestin et tombent à l'eau où ils revêtent leur forme définitive.

LES MERMITHIDES — *MERMITHIDÆ* Duj.

Caractères. — Nématodes dépourvus d'anus, à corps filiforme très long, muni de six papilles autour de la bouche. Chez les mâles l'extrémité caudale est élargie, garnie de nombreuses papilles disposées sur trois rangs; l'intestin est simple. Les œufs globuleux naissent sur deux placentas linéaires longitudinaux, fixés à la couche musculaire et contenus ensuite dans des capsules de même forme.

Mœurs, habitudes, régime. — Ces animaux vivent dans les cavités viscérales des insectes et émigrent dans la terre humide où ils deviennent adultes.

MERMIS NOIRATRE. — *MERMIS NIGRESCENS* Duj.

Caractères. — Le corps de cette espèce, d'abord blanchâtre, montre à l'intérieur une ligne noire longitudinale qui devient de plus en plus prononcée, à mesure que les œufs se développent (fig. 245 et 246).

Une autre espèce, le Mermis blanchâtre, diffère peu de la précédente.

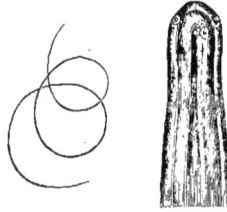

Fig. 245. — *Mermis noirâtre*, de grandeur naturelle (d'après Dujardin). Fig. 246. — Tête du *Mermis noirâtre*, grossie 105/1.

Mœurs, habitudes, régime. — Les Mermis blanchâtre et Mermis noirâtre vivent dans la terre humide. Les femelles, plus grandes que les mâles, atteignent 10 et 11 millimètres de longueur. Elles apparaissent surtout en été après une pluie nocturne et chaude et se montrent parfois par centaines à la surface du sol; ce phénomène a été désigné en Allemagne sous le nom de « pluie de Vers ». Leur étude exige une grande patience de la part des observateurs. Ils gisent ordinairement, immobiles et enroulés, dans la terre, tantôt isolés, tantôt groupés par pelotons enchevêtrés. Lorsqu'on arrose la terre dans laquelle on les conserve, ils se mettent lentement en mouvement et demeurent quelque temps à la surface. Quand on les touche, ils exécutent des mouvements plus rapides pour se défendre et pour s'enfuir. Ils peuvent aussi se maintenir dans l'eau plus d'une journée.

Leurs œufs ont une forme remarquable : ils sont lenticulaires et possèdent deux appendices terminés par des houppes (fig. 247 à 249). Les Mermis blanchâtres pondent en été des œufs d'où les petits éclosent seulement au printemps suivant. Après un court séjour dans la terre ils recherchent les larves d'insectes pour pénétrer dans leur cavité splanchnique. Pendant cette chasse ils entreprennent des excursions lointaines relativement à leurs dimensions ne dépassant pas 10 millimètres ; ils peuvent même grimper sur les arbres, car on trouve ces larves assez souvent dans le corps des Chenilles de

Fig. 247.   Fig. 249.

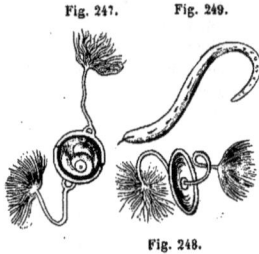

Fig. 248.

Fig. 247 à 249. — OEufs de Mermis (*).

l'arpocapsa pomona, réunies dans l'intérieur des pommes et des poires. Ordinairement les larves de Mermis se rencontrent surtout dans le corps des Chenilles, des Papillons, des Orthoptères, des Coléoptères, des Diptères ; les Mermis passent le temps de leur période larvée sans s'enkyster ; ils perforent enfin les téguments de leur hôte pour arriver dans la terre humide où ils achèvent leurs mues.

GORDIUS AQUATIQUE. — GORDIUS AQUATICUS Dui.

Caractères. — Le genre Gordius est représenté par plusieurs espèces indifféremment désignées autrefois sous le nom de Gordius aquatique. Les mâles mesurent en moyenne 10 à 15 centimètres de long ; quelques-uns atteignent au delà de 30 centimètres. La longueur moyenne des femelles est d'environ 10 centimètres. Les mâles ont une épaisseur variant entre 2/5 et 1/2 de millimètre ; les femelles sont un peu plus épaisses. La teinte ordinairement brune, offre des nuances très variées. Les mâles, toujours plus foncés et généralement noi-

(*) Fig. 247. OEuf vu de face. — Fig. 248. Le même vu de profil. — Fig. 249. Embryon isolé.

râtres, varient depuis le gris-de-souris jusqu'au brun-noir foncé et luisant ; cette couleur passe par places au noir pur. La coloration des femelles est toujours plus claire et dépourvue d'éclat ; elle varie depuis le jaune isabelle jusqu'au jaune-brun le plus foncé. Chez la femelle et chez le mâle, la ligne médiane de la face ventrale et la face dorsale est parcourue par une strie longitudinale sombre, qu'on distingue même chez le mâle, malgré sa coloration plus foncée. Chez l'animal adulte, il n'existe qu'un tube digestif atrophié ; il semble qu'en cet état, le Gordius n'absorbe aucune nourriture. Nous reviendrons sur ce point après avoir étudié l'évolution de ce Ver. Il n'y a pas lieu de songer à une simple endosmose à travers les téguments. Un caractère générique des Gordius consiste dans la bifurcation de l'extrémité caudale des mâles (fig. 250).

Mœurs, habitudes, régime. — A l'état adulte, les Gordius se tiennent dans les eaux

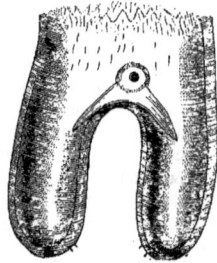

Fig. 250. — Extrémité postérieure de Gordius aquatique, adulte, grossie.

stagnantes et courantes peu profondes. Voici ce que dit Siebold au sujet de leur apparition : « Pendant une excursion zoologique dans les charmants vallons de la Suisse française, j'ai visité, dans une petite vallée latérale étroite située entre Streitberg et Müggendorf, les flaques abandonnées d'un ruisseau desséché, et j'y ai observé une paire de Gordius vivants qui ont fixé mon attention sur les animaux de cette tribu. Mes efforts furent récompensés, car après avoir fouillé plusieurs fois les localités que je viens de mentionner, j'ai pu recueillir 50 à 60 spécimens de ces Vers filiformes. Ils appartenaient aux deux espèces désignées sous les noms de Gordius aquatique et de Gordius subbifurqué ; toutefois la première se montra plus rare. Chez les deux espèces, les mâles étaient prédominants. Il fallait une certaine attention pour découvrir ces Vers qui pouvaient aisément passer inaperçus parmi les divers filaments végétaux, épars au fond de l'eau, en raison de leur teinte foncée, de leur attitude allongée, de leurs mouvements lents et sinueux, ou de leur groupement sous forme de masses entrelacées. Quelques-uns laissaient émerger leur extrémité antérieure seulement entre les pierres et les racines, ou se cachaient en partie dans la vase sur les bords des cours d'eau, ce qui augmentait encore la difficulté de les découvrir. Sachant que j'avais affaire dans ce cas à des parasites en voie de migration, je cherchai, aux alentours des endroits où je les avais trouvés, l'hôte qu'ils avaient abandonné, et je remarquai dans la vallée divers Coléoptères coureurs, dont plusieurs gisaient dans l'eau à l'état de cadavres; j'ouvris l'abdomen de tous ces Insectes et je retirai en réalité, d'une *Feronia melanaria*, un Gordius aquatique mâle.

« J'appris encore d'une autre source la fréquence des Gordius dans les environs de Streitberg. Le maître de poste et l'hôtelier du village de Streitberg connaissaient en effet ces Nématodes auxquels je faisais la chasse ; ils me dirent en avoir trouvé souvent dans l'auge de la fontaine placée derrière la maison ; ils savaient en outre que ces Vers y arrivaient avec l'eau servant à la remplir ; aussi recommandaient-ils à leurs domestiques de faire grande attention, lorsqu'ils allaient chercher l'eau à boire, de ne pas laisser tomber un de ces Vers dans les récipients. Je fus conduit ainsi à examiner plusieurs

Fig. 253.

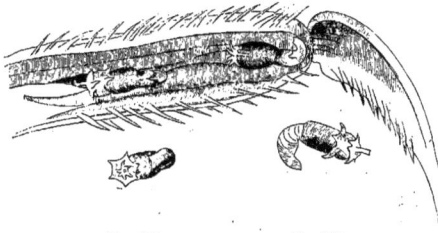

Fig. 251.   Fig. 252.

Fig. 251 à 253. — Gordius aquatique (*).

fontaines dans le village et je pus y récolter quelques Gordius. » C'est ainsi que Siebold put se convaincre qu'un Gordius de quelques centimètres de long, vomi par une bergère, avait été avalé par elle avec l'eau qu'elle avait bue.

Évolution. — Les Gordius adultes, ainsi que nous l'avons déjà dit, ne sont pas parasites, mais jusqu'à cette dernière période, ils passent la plus grande partie de leur existence dans le corps de certains animaux. Ce sont les observations assidues de Meiszner qui ont établi tout d'abord l'immigration des larves dans le corps de divers Insectes. Les jeunes mesurent un dixième de millimètre au sortir de l'œuf ; on est surpris de la petitesse extrême de leurs dimensions relativement à la largeur qu'atteignent les Gordius adultes ; enfin leur forme et leur

(*) Fig. 251-252. Larves isolées très grossies. — Fig. 253. Larves logées dans une patte d'Ephémère.

organisation sont également bizarres (fig. 251 à 253). Leur corps cylindrique est formé d'une partie antérieure épaisse et d'un appendice central plus mince. Le corps peut faire saillir une sorte de tête, de deux collerettes armées chacune de six crochets et pourvue, en outre, d'une trompe écailleuse lorsqu'elle se déploie entièrement. A l'aide de cet organe, ces animaux traversent d'abord leur enveloppe circulaire. « Comme ils gisaient par centaines immobiles au fond de l'Aquarium où ils étaient disposés, et comme il devenait évident qu'au lieu de chercher leurs hôtes pour y effectuer leur immigration, ils attendaient que ceux-ci s'approchassent d'eux spontanément, Meiszner introduisit une masse d'éphémères dans le récipient où se trouvaient les jeunes Gordius ; alors l'immigration eut lieu. » Ils recherchent les points faibles des articulations de la patte, pénètrent à travers un petit pertuis qu'ils font à l'aide de leurs crochets, et s'élèvent par des mouvements répétés de protraction et de rétraction de leur tête, entre les fibres musculaires de la patte envahie, pour se répandre ensuite dans tout le corps des larves. Ils passent alors à une phase de repos pendant laquelle ils s'enkystent à la façon des trichines musculaires; ils jouent à l'égard des Insectes frêles un rôle analogue à celui de ces Nématodes, car les Insectes périssent après l'immigration d'une quarantaine de jeunes Gordius.

Leur évolution et leurs migrations ultérieures furent dévoilées seulement en 1874, par Billot, qui étudia plusieurs espèces à Grenoble, sa patrie. En liberté, ces animaux paraissent dédaigner les larves d'Éphémères. Ils s'attaquent à celles des genres *Corethra* et *Chironomus*. Celles-ci sont poursuivies activement par divers poissons, tels que les Eperlans et les Goujons, par exemple; et les jeunes Gordius englobés parviennent ainsi dans l'intestin des poissons. Dans la muqueuse intestinale, ils s'entourent d'une nouvelle coque ou s'enkystent, et attendent, dans cet état nouveau, cinq ou six mois pour subir leur dernière transformation ou, plus exactement, pour l'effectuer; car désormais ils reprennent un rôle actif à l'accomplissement de leur destinée. Ils se débarrassent de leur enveloppe, abandonnent, avec les excréments, l'intestin de leur hôte, étirent leur corps jusqu'alors froncé en travers, et dépouillent leur tête de son appareil perforant. En entrant dans cette vie indépendante, les Gordius possèdent un tube alimentaire, ainsi que les autres Nématodes; mais à mesure que se développent le système nerveux et les organes de reproduction, le tube digestif se rétrécit et l'orifice buccal disparaît complètement avec l'œsophage.

LES ACANTHOCÉPHALES — *ACANTHOCEPHALA* Nod.

Die Hackenwurmer.

Caractères. — L'ordre des Acanthocéphales, plus généralement connu sous le nom d'Echinorhynques, comprend des Vers à corps ovoïde, oblong ou cylindrique, souvent ridé en travers et dont la partie antérieure est formée d'une trompe munie de crochets; cette trompe sert à fixer l'animal et perfore souvent les membranes de l'intestin où il habite, et peut se replier dans une gaine faisant saillie dans la cavité digestive; les crochets de la trompe sont disposés régulièrement en quinconce et forment des rangées longitudinales, composées chacune d'un nombre plus ou moins considérable de ces crochets; du reste la forme de la trompe, les crochets dont elle est armée, présentent de nombreuses variations caractéristiques de plusieurs groupes établis parmi ces animaux par Rudolphi et Westrumb (fig. 254).

Au fond de la gaine servant de réceptacle à la trompe, on observe le système nerveux, formé d'un ganglion composé de grandes cellules, envoyant des nerfs à la trompe et aux parois du corps. Les organes des sens manquent complètement ainsi que la bouche, l'anus et le tube digestif; les sucs nourriciers sont absorbés par les téguments où existent une série compliquée de canaux; il est probable, dit Claus, que ce système de canaux, où l'on distingue deux troncs longitudinaux principaux, fonctionne comme un appareil de nutrition particulier; une portion de ces canaux faisant saillie dans la cavité générale, en arrière de la

Fig. 254. — Partie antérieure grossie d'Echinorhynque du porc.

trompe, porte le nom de Lemnisques et joue peut-être le rôle d'organes excréteurs.

Leuckart et Greeff ont fait connaître le développement des Echinorhynques.

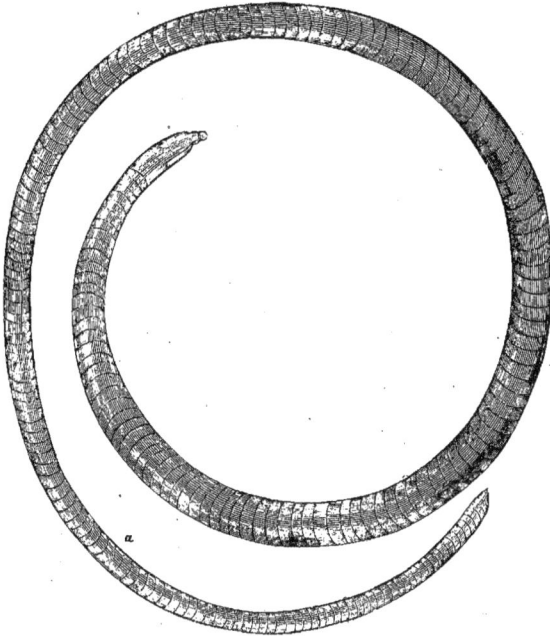

Fig. 255. — Échinorhynque du Porc.

Les embryons entourés de trois membranes ovariques sont de petits corps allongés armés en avant de crochets provisoires. A cet état ils pénètrent avec leurs enveloppes, dans le tube digestif de petits crustacés, y deviennent libres, perforent, les parois de l'intestin et se transforment, après avoir perdu leurs crochets, en Echinorhynques arrondis ; là ils demeurent avec leur trompe rétractée, entourés par leurs téguments extérieurs résistants, et simulant un kyste ; de là ils passent dans l'intestin des Poissons auxquels les Crustacés servent de nourriture, puis dans celui des Oiseaux, aquatiques, où ils atteignent leur complet développement.

Distribution géographique. — Les Acanthocéphales, composés d'un grand nombre d'espèces, vivent dans le tube digestif de divers Vertébrés, Mammifères, Oiseaux, Reptiles, Poissons ; d'autres se trouvent dans l'intestin des insectes, et quelquefois de l'homme.

ÉCHINORHYNQUE DU PORC. — *ECHINORHYNCHUS GIGAS* Goeze.

Caractères. — Cette espèce (fig. 255) atteint et dépasse même la taille et les dimensions de l'Ascaris lombricoïde ; son corps est blanc-bleuâtre, lisse ou ridé transversalement, un peu aminci en arrière ; la trompe, petite, presque globuleuse, est armée de cinq ou six rangées transverses de crochets disposés en quinconce et assez forts ; le corps du mâle est terminé inférieurement par un appendice membraneux, en forme de cloche.

Distribution géographique. — On observe fréquemment l'Echinorhynque géant, en France et en Allemagne, fixé solidement à la tunique interne des intestins du Porc et du Sanglier.

Mœurs, habitudes, régime. — Comme toutes ses congénères, cette espèce subit des migrations et des transformations ; l'embryon, d'après

Schneider, vivrait dans les larves du Hanneton.

Fig. 256. — Echinorhynque Protée.

Les mâles paraissent beaucoup moins communs

que les femelles. M. Lambl cite le cas d'un enfant chez lequel il aurait trouvé un jeune Echinorhynque.

Parmi les autres espèces, nous citerons l'Echinorhynque Protée, commun dans l'intestin de nombreux Poissons de mer et d'eau douce (fig. 256).

Chez la Sole par exemple, depuis février jusqu'en avril, on trouve, dans le mésentère et dans le tissu conjonctif périhépatique, de très petits Acanthocéphales enkystés, qui mesurent 1 à 2 millimètres et dont la provenance n'est pas encore élucidée. Il est peu probable qu'ils aient pénétré de l'extérieur en traversant les téguments et les chairs ; peut-être ne commencent-ils leur migration et ne parviennent-ils à l'état adulte, que dans l'intestin d'un autre poisson ou de quelque oiseau aquatique ?

LES ENTÉROPNEUSTES — *ENTEROPNEUSTA* Kowal.

C'est à Delle Chiaje, que l'on doit la découverte d'un animal des plus remarquables, peu de temps après décrit par Keferstein, et pour lequel Kowalewsky, à la suite d'une étude anatomique complète, a créé la classe des Entéropneustes. Ce Ver est le type du genre Balanoglosse que nous allons examiner.

LES BALANOGLOSSES — *BALANO-GLOSSÆ* Kowal.

Caractères. — Le corps des Balanoglosses est vermiforme, brusquement tronqué à l'extrémité postérieure où est situé l'anus, aminci vers cette extrémité, et se montrant sous l'aspect d'un ruban aplati, bordé de chaque côté par un bourrelet saillant ; à l'extrémité antérieure se trouve une sorte de collier évasé sur lequel ne se prolongent pas les bourrelets latéraux et qui rappelle les colliers analogues d'un grand nombre d'Annélides sédentaires (Perrier) (1). En avant de ce collier s'étend un organe ovoïde, volumineux, connu sous le nom de trompe, séparé du reste du corps par un étranglement

(1) Perrier, *Archives de zool. exp.* de Lacaze-Duthiers, 1873, t. II, p. 395 et 529.

profond, et derrière le collier, se montre une autre région nettement annelée, ciliée sur les côtés, munie de glandes ; au point de réunion de la trompe avec le collier se trouve, dans une échancrure de cette partie, un orifice qui caractérise la région ventrale du corps et n'est autre que la bouche (Perrier). Sur la limite de cette partie médiane et des deux latérales, on trouve à droite et à gauche une série d'ouvertures donnant issue à l'eau des cavités branchiales. La troisième région est revêtue, à la surface supérieure, de quatre rangées de glandes jaunes, puis, entre ces dernières, font saillie de petits mamelons brun-verdâtre, beaucoup plus nombreux en arrière, où les glandes jaunes n'existent pas. Partout le corps est recouvert de cils (Claus).

L'enveloppe musculo-cutanée est inégalement développée dans les différentes parties du corps ; une cuticule finement ciliée et une couche de cellules épaisses constituent la peau ; en dessous des fibres longitudinales, se présente le système musculaire complètement interrompu sur la ligne médiane et sur les régions ventrale et dorsale. La cavité viscérale généralement, peu développée, devient plus spacieuse à la région postérieure.

La bouche tapissée de glandes muqueuses n'est jamais complètement fermée, elle est seulement rétrécie par les contractions énergiques du collier ; le tube digestif lui faisant suite consiste en un tube ouvert à ses deux extrémités et fixé, à l'exception de sa portion postérieure, aux parois du corps, par un tissu conjonctif.

Le système circulatoire se compose de deux troncs longitudinaux, situés sur la ligne médiane, d'où partent des anastomoses transversales, se rendant aux parois du corps et du tube digestif, et de deux autres troncs latéraux.

La portion antérieure du tube digestif porte les branchies ; elle est divisée en plusieurs compartiments par des cloisons membraneuses, formant deux séries de branchies situées à droite et à gauche et contenant un nombre de poches plus ou moins considérable. Chaque poche communique à l'extérieur par un canal cilié qui s'ouvre près de la ligne médiane, cet appareil branchial est soutenu par un système de pièces ou lames chitineuses de formes variables.

De cet ensemble résulte, comme le dit M. le professeur Perrier, une ressemblance grossière avec la disposition de l'appareil circulatoire de certains Poissons ; de là plusieurs naturalistes, se basant sur de simples ressemblances et non sur des affinités, ont voulu voir dans les Balanoglosses la souche ancestrale des Vertébrés.

C'est dans la trompe que réside l'un des caractères les plus importants des Balanoglosses, et duquel ils ont tiré leur nom (βάλανος, gland, et γλῶσσα, langue). Cette trompe très volumineuse, ovoïde comme on l'a déjà vu, est creuse et présente un orifice antérieur et un orifice postérieur, de sorte que l'eau et le sable peuvent la traverser. L'organe tout entier est soutenu par un squelette chitineux ; presque uniquement affectée au mouvement, la trompe permet à l'animal de fouiller le sable au sein duquel il vit, tandis que les autres parties du corps, seules capables de mouvements de flexion et d'enroulement, ne lui seraient d'aucun secours. La trompe excessivement mobile, très musculeuse, est apte à prendre les formes les plus variées ; de plus elle sert encore comme siphon, donnant entrée à l'eau nécessaire à la respiration.

Distribution géographique. — Les Balanoglosses sont des animaux essentiellement marins, l'Europe et l'Inde paraissent être leur patrie.

Mœurs, habitudes, régime. — Ils vivent dans le sable, qu'ils imbibent de mucus tout autour d'eux, et emplissent de ce sable leur tube digestif.

BALANOGLOSSE CLAVIGÈRE. — *BALANOGLOSSUS CLAVIGERUS* D. Ch.

Caractères. — A cette espèce, type du genre et de la classe (fig. 257), se rapporte tout ce que nous avons dit précédemment ; il serait par conséquent superflu d'y revenir.

Distribution géographique. — Le Balanoglosse clavigère, n'a été jusqu'ici trouvé que dans la baie de Naples, il en est de même du *B. minutus* décrit par Kowalewski. Le *B. tricollaris* de Schmarda provient de la mer des Indes, le *B. Kuppferi* Will. habite les mers du Nord.

Mœurs, habitudes, régime. — C'est en été et en automne, que les mâles et les femelles de Balanoglosses sont faciles à distinguer, par la couleur même de glandes particulières à chaque sexe ; les œufs sont contenus isolément dans des capsules nucléées et sont pondus réunis en rubans.

Le développement de ces œufs présente des phénomènes d'une haute importance, la larve qu'ils produisent mérite d'attirer l'attention, et nous allons l'examiner avec M. Al. Agassiz.

Une ressemblance étroite entre la larve des Echinodermes et des Vers est l'argument sur lequel se sont appuyés certains naturalistes pour soutenir la théorie d'Hœckel et démontrer avec lui que les Echinodermes sont des colonies de Vers. La découverte faite par J. Müller d'une larve qu'il nommait *Tornaria* (fig. 258, p. 161) et qu'il considérait avec tous les zoologistes comme une larve d'Astérie, semblait venir confirmer ces données, lorsque Metschnikoff, ayant eu occasion d'observer quelques-unes des phases de son évolution, eut bientôt la certitude que, loin d'être une larve d'Echinoderme, la Tornaria donnait naissance à un Ver, et que ce Ver très probablement était un Balanoglosse. Plus récemment M. Al. Agassiz a pu étudier le développement complet de la Tornaria, et confirmer l'opinion du naturaliste russe.

« Dans sa forme la plus élevée, celle qui précède immédiatement les premières phases de sa transformation en Balanoglosse, dit M. le professeur Perrier, dans son analyse du travail d'Agassiz, la Tornaria présente une ressemblance avec les Bipinnaria ou larves d'Astéries, à cause de la présence de bandes sinueuses

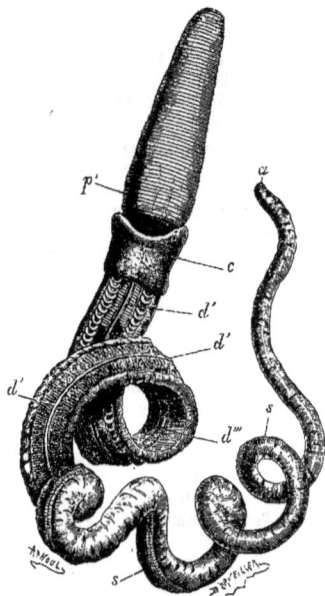

Fig. 258.

A

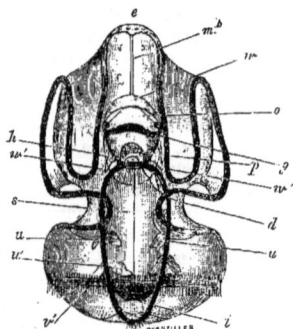

Fig. 259.

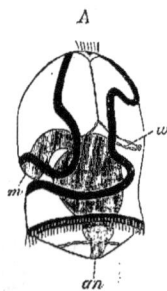

Fig. 257. — Balanoglosse adulte (*).

Fig. 258 et 259. — Larves de Balanoglosse (Tornaria) (**).

de cils vibratiles; les bandes forment dans les deux cas deux courbes fermées (fig. 259, A), l'une dorsale sinueuse, l'autre ventrale, régulièrement ovale chez la Tornaria. Entre ces deux bandes, le corps présente une excavation ; la bouche est située en avant de la bande ciliée ventrale, mais dans la Tornaria l'orifice anal est placé tout à fait à l'extrémité du corps, tandis que chez la Bipinnaria cet orifice débouche nettement sur la face ventrale, dans l'espace

(*) Fig. 257. a, anus. — c, collet. — d'd',d', vaisseau dorsal central. — d'', vaisseau ventral central. — p', trompe. — s, estomac ou canal alimentaire (d'après Agassiz).
(**) Fig. 258. e, taches oculaires. — d, pore dorsal. — g, branchies. — h, cœur. — i, intestin. — mb, bande musculaire s'étendant des taches oculaires à la partie antérieure du système aquifère. — o, œsophage. — p, squelette de la base de la trompe. — s, estomac ou canal alimentaire. — uu, ses appendices supérieurs. — u', ses appendices inférieurs. — v', bande ciliée longitudinale. — w, système aquifère. — w'w', éperons (spurs) droit et gauche de ce système. — a, anus (d'après Agassiz).

BREHM.

circonscrit par la bandelette vibratile dorsale. Le caractère distinctif de la Tornaria, caractère faisant toujours défaut chez toutes les larves d'Astéries arrivées à leur état complet de développement, réside dans l'existence d'au moins une couronne de grands cils vibratiles dont le plan est perpendiculaire à l'axe du corps. « L'existence de couronnes semblables est constante chez toutes les larves d'Annélides. »

« La Tornaria se distingue encore par la présence, sur le sommet antérieur du corps, de deux taches oculiformes de couleur noire; l'animal nage, ses taches oculiformes dirigées vers le haut. »

« Le tube digestif peut se décomposer en un œsophage assez allongé, ou estomac de forme ovoïde, suivi d'un intestin proprement dit terminé par l'anus. A sa partie postérieure, l'estomac présente deux paires de diverticulum aplatis en forme de lames, ordinairement creux quelquefois pleins, dont le rôle jusqu'ici est entièrement inconnu. »

« Metschnikoff considère la deuxième paire de ces diverticulum comme une simple dépendance de l'intestin.

« L'appareil aquifère de la Tornaria ressemble au premier abord à celui des Bipinnaria ; il est formé d'une large cavité se prolongeant latéralement et inférieurement par deux cônes symétriques en forme d'éperon ; et vers la région dorsale cette cavité communique avec un canal inséré sur l'un de ses côtés et qui s'ouvre à l'extérieur par un pore dorsal tout à fait symétrique. » Jusqu'ici l'identité entre les deux

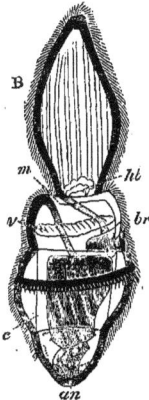

Fig. 260. — Larve de Balanoglosse (*Tornaria*).

larves est presque parfaite, mais chez la Tornaria, au point de jonction du canal excréteur avec l'appareil aquifère, on trouve un *cœur*, consistant en une vésicule indépendante, située dans une sorte de dépression de la partie postérieure de l'appareil aquifère.

Ce cœur a été découvert par Muller, aucune trace d'un organe semblable n'existe chez les larves d'Echinodermes (fig. 258, p. 161).

Le système aquifère des Tornaria est en outre soutenu par une bande musculaire, partant de son extrémité antérieure pour aller se terminer dans le voisinage des taches oculiformes. Cette bande musculaire fait aussi entièrement défaut chez les Bipinnaria.

« Cette comparaison démontre, ajoute M. le professeur Perrier, que la ressemblance entre les deux larves est plus apparente que réelle, elle disparaît complètement, quand on en poursuit le développement. »

« L'Echinoderme n'est pas à proprement parler le même individu que sa larve, il ne la continue pas ; à son origine, il apparaît toujours comme un bourgeon sur l'appareil aquifère ; il n'y a pas de véritable métamorphose, il y a génération alternante.

« Quand une larve d'Annélide se développe, tous ses organes au contraire se transforment par des modifications graduelles et successives, de manière à fournir les homologues de l'adulte, de telle sorte que ce dernier est la continuation parfaite de sa larve, dont il n'est que le degré supérieur de développement. »

Ces deux modes représentés par la Bipinnaria et la Tornaria sont entièrement distincts, chez l'une il y a *digénèse*, chez l'autre *métamorphose*.

« Les premiers signes de transformation qui apparaissent dans la Tornaria consistent dans l'ébauche des branchies œsophagiennes ; la paroi de l'œsophage montre d'abord de simples replis en forme de crosse, peu après les deux bords supérieur et inférieur de chaque repli se rejoignent et forment autant de petits entonnoirs qui s'ouvrent dans l'œsophage (fig. 260). A partir de ce moment, le développement marche avec une extrême rapidité, et en très peu d'heures la Tornaria prend toute l'apparence d'un Balanoglosse. »

« Toute la transformation consiste en une contraction latérale de certaines parties et une élongation de certaines autres. La couronne de cils vibratiles disparaît complètement, la larve devient opaque, l'estomac est refoulé vers l'intestin, le système aquifère ne se trouve plus sur l'estomac, mais immédiatement au-dessous de l'orifice buccal ; pendant que la portion postérieure s'allonge, la partie antérieure s'accroît également et prend peu à peu la forme d'une trompe elliptique. »

Un peu plus tard, le jeune Balanoglosse est partagé en trois régions distinctes, la trompe grandit de plus en plus, tandis que le corps semble se raccourcir, les points oculaires perdent graduellement leur proéminence, deviennent indistincts et finissent par être résorbés dans les parois de la trompe.

Un peu plus tard, l'animal présente déjà les deux vaisseaux dorsal et ventral distincts ; un autre vaisseau circulaire se forme autour de l'œsophage, se trouve en rapport avec le cœur et s'ouvre extérieurement par le pore dorsal. A partir de ce moment le Balanoglosse a pres- que définitivement acquis la forme sous laquelle il va continuer à vivre et à se propager.

LES TURBELLARIÉS — *TURBELLARIA* Ehrh.

Die Strudelwürmer

Caractères. — Un aspect rubané, plat, ovoïde ou foliacé, caractérise les Vers réunis dans la classe des Turbellariés; le corps de ces animaux est souvent très extensible et très contractile, les téguments sont formés d'une simple couche de cellules ou d'une couche finement granulée, recouverte par une cuticule revêtue de cils vibratiles; des corpuscules en baguettes ou bien fusiformes se rencontrent épars dans les téguments, et par la place qu'ils occupent dans le voisinage des ganglions et sur le trajet de filets nerveux, ils semblent représenter des organes de toucher. Des glandes muqueuses pyriformes, des pigments diversement colorés, mais où le vert domine, composés de vésicules d'une matière analogue à la Chlorophylle, se montrent également dans les téguments; en dessous de la cuticule, on trouve le derme proprement dit, composé, d'une part, d'une substance conjonctive formée de cellules rondes et ramifiées, d'autre part de l'enveloppe musculaire très puissante où les fibres circulaires et longitudinales sont traversées par de nombreux faisceaux, destinés à favoriser considérablement la locomotion, par suite de contractions ondulatoires.

Rarement la cavité générale est appréciable, dans certains groupes cependant cette cavité est très développée.

Le système nerveux est formé de deux ganglions situés à la partie antérieure du corps, réunis par une commissure transversale plus ou moins longue, d'où partent des filaments nerveux, au nombre desquels deux troncs latéraux dirigés en arrière sont remarquables par leur grosseur.

Des taches oculaires foncées sont fréquentes chez un grand nombre de Turbellariés; disposées par paires sur les ganglions cérébraux, souvent ceux-ci leur envoient des filets nerveux particuliers, plus souvent deux taches oculaires plus grosses que les précédentes contiennent un corps cristallin enfoui dans la couche pigmentaire, possédant la propriété de réfracter la lumière. Les vésicules auditives semblent rares, quelques groupes cependant en possèdent; dans ce cas, elles sont situées sur la face dorsale des ganglions cérébraux.

La bouche et l'appareil digestif sont constants dans tous les types, cependant l'estomac peut faire défaut. La bouche souvent située loin du bord antérieur, jusqu'au milieu de la face ventrale, conduit dans un pharynx musculeux ordinairement protractile et proboscidiforme. Tantôt le tube digestif est cilié, bifurqué, simple ou ramifié et dépourvu d'anus, tantôt étendu dans toute la longueur du corps et alors pourvu d'un anus.

Quand la trompe existe, et le cas est assez général, elle est fixée à la paroi du corps par des muscles rétracteurs, et porte aussi fréquemment une sorte de stylet.

Le système aquifère est représenté par deux troncs latéraux transparents et de nombreuses anastomoses chargées, de distance en distance, de touffes de poils faisant saillie à l'intérieur.

Le système circulatoire est propre seulement aux Némertes, il se compose d'un vaisseau dorsal contractile et de deux vaisseaux latéraux également contractiles, réunis par des anses leur permettant de communiquer entre eux.

A l'exception de deux groupes, tous les Turbellariés sont hermaphrodites, les phénomènes de scissiparité se présentent rarement.

Comme dans certaines familles précédemment étudiées, on observe chez les Turbellariés des œufs d'été et des œufs d'hiver; tantôt ces œufs ont une coque dure et résistante, tantôt ils sont transparents, souvent aussi ils se développent dans le corps même de la mère; dans certains groupes les œufs arrivés à maturité s'échappent en cordons, reliés entre eux par une matière gélatineuse.

Distribution géographique. — Les Turbellariés sont marins ou d'eau douce, ils se rencontrent dans toutes les parties du monde.

Mœurs, habitudes, régime. — Les mœurs des Turbellariés varient nécessairement suivant les types, et nous aurons à les examiner en étudiant chacun des principaux, c'est surtout sur leur mode de développement qu'il sera utile d'insister. Nous verrons, en effet, beaucoup de formes marines se développer d'une façon simple et directe, et être, dans les premiers temps de leur existence, difficiles à distinguer de certains infusoires; d'autres nous montreront des phases larvaires comparables à celles des Balanoglosses; nous verrons ces larves ou Pilidium, d'abord nager librement, sous des formes spéciales ayant une ressemblance très grande avec les larves des Echinodermes, présenter des phénomènes particuliers par suite de transformations complètement distinctes de celles jusqu'ici entrevues.

« La dénomination de *Turbellariés*, dit O. Schmidt, nous paraît fort heureusement choisie par Ehrenberg, pour rappeler le tourbillonnement incessant que l'animal produit dans l'eau qui l'entoure. On conçoit sans peine qu'en raison de leur frêle organisation les Turbellariés vivent principalement dans l'eau. On les trouve dans les eaux stagnantes et dans les eaux courantes. S'ils habitent en grand nombre les eaux douces, ils peuplent la mer à foison. Partout où végètent sur une côte maritime, dans une eau saumâtre ou salée, des Ulves, des Fucus et autres plantes marines, on peut y annoncer sûrement la présence de ces animaux, qu'il s'agisse d'une mer de glace ou d'une mer tropicale. Quelques-uns se tiennent seulement parmi les branches délicates des Algues, dans les baies abritées où elles ne sont pas trop exposées aux coups de lame; on en trouve d'autres parmi les durs rameaux de Corail et d'Algues calcaires, entre lesquels leurs corps fragiles peuvent échapper aux violences des vagues les plus fortes; même sur les côtes tellement abruptes et tellement friables que les plantes ne peuvent s'y installer, les Turbellaires se maintiennent dans les fentes les plus minimes et les cavités les plus imperceptibles où elles se cachent. Ajoutons qu'une partie peu considérable, il est vrai, de ces Vers, vit sur la terre en s'abritant sous l'écorce des arbres, dans les serres, et sur les feuilles dans les pays tropicaux pour préserver leur tégument contre la dessiccation; disons enfin qu'une de ces espèces, au Brésil, recherche les vers de terre dans le sol; et l'on reconnaîtra que ces organismes jouissent d'une souplesse merveilleuse. Si la comparaison de la petite Musaraigne avec l'Éléphant ou la Baleine du Groënland en impose à l'observateur, les Turbellariés offrent des contrastes plus saisissants encore, car certaines espèces des Némertides, par exemple, ont jusqu'à 10 mètres de longueur; le rapport de leurs dimensions à celles des espèces plus petites est environ comme 45,000 est à 1. »

La classe des Turbellariés se divise en trois ordres : les Rhyncocœles ou Némertines, les Rhabdocèles et les Dendrocèles.

LES RHYNCOCÈLES — *NEMERTIDEA* ŒRST.

Die Schnurwurmer.

Caractères. — Les Rhyncocœles ou Némertines se distinguent de tous les autres Turbellariés, non seulement par leur corps rubané, quelquefois segmenté, mais aussi par une taille considérable.

Leur corps tout entier est couvert d'une couche homogène transparente assez semblable à un vernis à demi fluide (de Quatrefages). C'est de cette couche que partent les cils vibratiles découverts par Œrsted, cils dont la paroi du corps tout entière est couverte.

Ces cils sont très petits, très fins et très serrés, ils se montrent plus forts vers la partie antérieure du corps et autour de la bouche.

Immédiatement au-dessous de cette couche, les téguments sont constitués par deux plans, l'un formé par une substance presque entièrement homogène présentant dans sa masse des cellules ou vacuoles arrondies, l'autre manifestement cellulaire (de Quatrefages); entre ces couches tégumentaires et les muscles sous-jacents, existe une couche fibreuse, dont les fibres semblent avoir une direction transverse.

Les muscles comme toujours sont à fibres longitudinales et à fibres transverses; leurs couches constitutives, plus ou moins facilement appréciables, présentent dans certains groupes une grande confusion et sont seulement distinctes quand on les examine à l'aide de certains jeux de lumière (de Quatrefages).

Les téguments que nous venons d'énumérer donnent au corps sa forme générale et enclosent la cavité générale, dans laquelle sont logés les viscères. Cette cavité (fig. 261) est elle-même partagée en plusieurs parties distinctes, de plus elle est tapissée par une couche organique spéciale, qui envoie dans l'intérieur des prolongements et des brides plus ou moins compliqués ; elle renferme enfin un liquide présentant souvent des caractères particuliers.

dont la disposition varie dans les espèces qui en sont pourvues.

Une ouverture très petite, autour de laquelle règnent des cils vibratiles, représente la bouche, continuée en arrière par le tube alimentaire, se frayant un passage à travers une sorte de colonne charnue et se réunissant à une autre masse musculaire, proportionnellement très considérable, située vers le milieu de la cavité céphalique.

En arrière de cette masse commence la trompe proprement dite (fig. 262) ; elle renferme, chez un grand nombre d'espèces, un gros aiguillon dirigé en avant et sur les côtés, dans des poches accessoires, des aiguillons très petits. Ce stylet et ses annexes sont susceptibles d'être portés en avant, par deux bandes musculaires très fines ; les cavités contenant les stylets contiennent une quantité plus ou moins considérable de matière granuleuse ou glandulaire ; suivant Clapurède, cet appareil devrait être

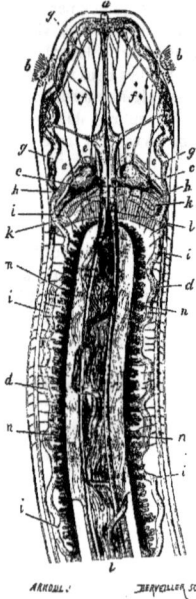

Fig. 261. — Portion antérieure du corps de la *Borlasie camille* (*).

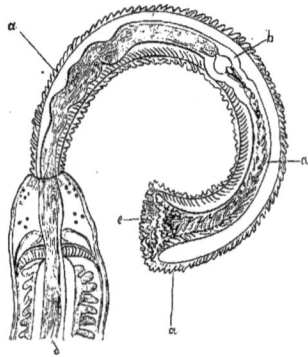

Fig. 262. — Polie émettant sa trompe à demi extroversée (*).

L'appareil digestif offre une uniformité de disposition remarquable ; chez tous les types on peut voir la bouche, la trompe, l'œsophage et l'intestin. Ces parties forment un tube moins long que le corps plus ou moins flexueux ; l'œsophage est souvent armé d'un appareil stylifère.

(*) Fig. 261. *a*, orifice buccal. — *b,b*, fossiles céphaliques ciliées. — *c,c*, lobes du cerveau réunis par une bandelette sous-œsophagienne. — *d*, troncs nerveux longitudinaux. — *eeee*, nerfs céphaliques. — *ff*, yeux. — *ggg*, anse vasculaire céphalique. — *ii*, vaisseau médio-dorsal, se bifurquant pour donner les branches *kk*, qui entourent le cerveau et vient se réunir en *hh*, aux vaisseaux latéraux. — *mmmm*, diaphragme horizontal formant le canal propre de la première portion de la trompe. — *oo*, *nnn*, ovaires ou testicules.

considéré comme un appareil à venin. M. de Quatrefages partage cette manière de voir ; pour lui, les corps glandulaires des poches sécrètent un liquide, dans lequel le stylet est constamment baigné, liquide que ce stylet est chargé de porter dans les blessures occasionnées par sa protraction.

Les Némertiens possèdent une circulation complète ; l'appareil servant à cette fonction

(*) Fig. 262. *aaa*, trompe. — *b*, appareil stylifère. — *c*, intestin. Le mouvement d'extroversion s'exécutant d'arrière en avant, on comprend sans peine que le stylet doit venir se placer en *e*.

forme un système de vaisseaux continus, à parois presque distinctes ; le liquide contenu dans ces vaisseaux diffère de celui qui baigne les cavités du corps. Les vaisseaux sont au nombre de trois, deux situés sur les côtés et un peu en dessous, le troisième médian et dorsal, ils se réunissent en arrière, en augmentant de volume, et présentent sur tout leur parcours de nombreuses anastomoses (fig. 261, p. 165).

Le système nerveux consiste en un cerveau, acquérant souvent un développement considérable, et deux troncs latéraux fournissant de nombreux filets à la tête et au corps ; les deux troncs sont réunis par une double commissure qui entoure la trompe, quelquefois aussi ils présentent des renflements ganglionnaires aux points d'où partent les rameaux nerveux.

Dans la région céphalique, se trouvent deux enfoncements ou deux fentes latérales (fentes céphaliques) dont les cils sont remarquables par leur longueur et où viennent aboutir des nerfs émanant du cerveau, qui très probablement fonctionnent comme organes sensitifs.

Les yeux sont d'ordinaire de simples taches de pigment, renfermant rarement des corps propres à réfracter la lumière ; les vésicules auditives manquent aussi la plupart du temps.

Les Némertines sont vivipares ou ovipares, dans le premier cas le développement est direct, dans le second il passe par des métamorphoses.

Tantôt il existe des larves ciliées, sous les enveloppes desquelles le jeune animal prend naissance, tantôt les larves ont la forme d'un casque, décrites autrefois comme espèces d'un genre spécial sous le nom de *Philidium*, ayant de nombreuses analogies avec les larves d'Échinodermes, comme on a pu le voir au chapitre du Balanoglosse.

Distribution géographique. — Essentiellement marins, les animaux composant l'ordre des Némertines se rencontrent dans toutes les mers du globe.

Mœurs, habitudes, régime. — En général, les Némertines vivent sous les pierres et les fentes de rochers, quelques-unes paraissent habiter de préférence les fonds vaseux, les sables recouverts par les prairies de Zostères et autres plantes marines. Rarement elles se tiennent à la limite des marées, elles préfèrent les plages qui ne découvrent pas, et l'on en rencontre beaucoup à des profondeurs assez considérables (de Quatrefages).

Toutes les espèces semblent être essentiellement nocturnes ; le jour, elles restent immobi-

les dans leurs cachettes, mais dès la nuit venue elles se mettent en mouvement, rampent en tous sens et gagnent la surface de l'eau.

Quelques-unes se réunissent en nombre parfois considérable, enchevêtrées et pelotonnées les unes dans les autres, un certain nombre construisent des tubes, des gaines revêtues d'une sorte de sécrétion muqueuse ; leur nourriture, chez les grandes espèces, se compose de vers tubicoles, qu'elles tirent de leurs retraites au moyen de leur trompe, les autres saisissent les petits Crustacés, les Infusoires, etc., en dardant leur stylet chargé de son liquide venimeux.

Chez les espèces ovipares, les œufs, quand ils ont acquis tout leur développement, farcissent pour ainsi dire le corps tout entier (de Quatrefages) ; leur nombre cependant varie suivant les espèces ; pondus, ils sont souvent réunis par une substance gélatineuse et disposés en masses compactes, ou en cordons.

Les Némertines possèdent la propriété de régénérer les parties qui leur ont été enlevées ; certaines se brisent au moindre contact, et soumises à des conditions favorables, chaque partie peut, paraît-il, reconstituer un individu entier.

Les auteurs ne sont pas d'accord sur le mode de classification des Némertines et plusieurs systèmes ont été proposés. Nous croyons nous rapprocher le plus des idées généralement admises, en les divisant avec Keferstein en trois familles : les *Gymnocéphalides*, les *Rhœmocéphalides* et les *Trémacéphalides*.

Nous allons étudier quelques types des plus intéressants pris dans chacune de ces subdivisions.

LES GYMNOCÉPHALIDES — *GYMNO-CEPHALIDÆ* Keferst.

Caractères. — Les espèces composant cette famille sont peu nombreuses, leur trompe est inerme, le ganglion cérébral supérieur recouvre complètement l'inférieur, les fentes céphaliques font défaut ; la tête enfin n'est pas distincte, très allongée, contractile et filiforme.

CEPHALOTHRIX A DEUX YEUX. — *CEPHALOTHRIX BIOCULATA* Œrst.

Caractères. — Cette espèce mesure 7 à 8 millimètres de long. D'une teinte générale jaunâtre, elle porte une tête à peine distincte du corps et que deux taches oculaires permettent seules de distinguer ; elle ne présente ni fentes ni fossettes, le corps est arrondi, brusquement tronqué aux deux extrémités.

Distribution géographique. — Elle habite les côtes de la Manche.

LES RHOCMOCÉPHALIDES — *RHOC-MOCÉPHALIDÆ* Keferst.

Caractères. — Dans la famille des Rhocmocéphalides, la trompe est toujours inerme ; les fentes céphaliques très longues occupent le côté, ou simplement la partie supérieure de la tête ; comme dans la famille précédente, le ganglion cérébral inférieur est recouvert par le supérieur ; il est faiblement développé, une petite saillie de peu d'étendue indique seulement la place qu'il occupe.

Les larves de ce groupe sont ciliées, le corps est ordinairement atténué en arrière, très long, la tête parfaitement distincte est quelque peu élargie, ou bien divisée en deux lobes par un sillon vertical.

NÉMERTE COMMUNE. — *NEMERTIS COMMUNIS* V. Bened.

Caractères. — Cette Némerte est longue de 30 centimètres au moins quand elle est étendue et ne mesure pas plus de deux millimètres de large ; d'un noir luisant ou brunâtre, la couleur passe dans le même individu au brun verdâtre, au jaune pâle et quelquefois même à une teinte rosée, l'orifice de la trompe est terminal, la trompe elle-même ne présente d'autre particularité que sa longueur et l'absence de stylets dans son intérieur.

Distribution géographique. — Ce ver habite toute l'année le dessous des pierres mobiles sur la côte d'Ostende.

Mœurs, habitudes, régime. — Les Némertes tubicoles sont rares, celle-ci cependant n'est pas de ce nombre ; de la surface du corps s'échappe, avec une rapidité étonnante, une viscosité qui se durcit et dont il reste des traces partout où l'animal a passé ; on en trouve au fond de l'eau, comme à la surface, des restes sous forme de filaments assez semblables à des fils de toile d'araignée ; ils servent de point d'appui au Ver pendant ses évolutions. Ces Vers sont habituellement pelotonnés, soit les uns sur les autres, soit sur eux-mêmes, et des individus de sexe différent s'enlacent dans une même gaine

membraneuse. En voyant ces animaux étalés dans l'eau on dirait un Gordius, tellement le corps est étiré par moments ; ils s'attachent par une de leurs extrémités à la paroi du vase où on les étudie, se dirigent vers le milieu, se courbent brusquement pour atteindre les bords opposés et se perdent dans le sable, ou s'étalent à fleur d'eau, dans une immobilité complète (Van Beneden).

LES TRÉMACÉPHALIDES — *TREMA-CEPHALIDÆ* Keferst.

Caractères. — Dans cette famille, la tête est nettement distincte du corps ; la bouche se trouve située près de l'extrémité antérieure, la trompe est armée de stylets, les fentes céphaliques sont courtes, transversales, ou infondibuliformes ; les ganglions cérébraux supérieurs et inférieurs sont libres, les supérieurs étant peu prolongés en arrière.

POLIE CRUCIGÈRE. — *POLIA CRUCIGERA* V. Bened.

Caractères. — La Polie crucigère est ainsi nommée en raison de la marque cruciale que porte, au niveau de la tête, le corps d'un vert sale orné de stries et d'annelures blanches ; sa longueur atteint 40 centimètres, souvent aussi elle étire avant de mourir, lorsqu'on l'a capturée, sa trompe longue et filiforme qui mesure 15 centimètres de longueur sur 1 millimètre à peine d'épaisseur (fig. 263, p. 168).

Distribution géographique. — Elle habite sur les côtes du golfe de Naples.

Mœurs, habitudes, régime. — On la trouve le plus souvent dans les rochers déjà criblés de trous et de galeries par les animaux perforants, notamment dans la pierre calcaire et la craie. Elle se cache fréquemment aussi, parmi les Coraux touffus et tortueux que recherchent également bon nombre d'autres Vers et surtout de petits Crustacés. Comme ces Coraux, très communs dans la Méditerranée, se brisent facilement, la Polie qui s'y trouve entortillée peut être extraite assez sûrement sans lésion. L'opération est naturellement plus difficile quand il faut d'abord mettre à nu, à l'aide du marteau, les cavités d'un fragment de rocher, mais souvent, en pareil cas, cette recherche est facilitée par le travail préalable des Éponges perforantes qui criblent de telle sorte les roches calcaires les plus dures que celles-ci s'émiettent sous les doigts.

Fig. 263. — Polie crucigère.

BORLASIE D'ANGLETERRE — *BORLASIA ANGLIÆ* O'KEN.

Caractères. — La couleur de la Borlasie d'Angleterre varie du brun plus ou moins foncé à reflets verdâtres, au brun violacé presque noir, trois lignes longitudinales plus foncées règnent sur la face ventrale et dorsale ; la tête est un peu plus large que le corps ; ce dernier est plat comme un ruban de fil.

Distribution géographique. — Cette espèce habite toutes les côtes de la Manche.

Mœurs, habitudes, régime. — Elle se tient entortillée et pelotonnée sous les pierres.

Les grands individus surtout forment des nœuds inextricables; quand l'animal veut changer de place, le peloton se divise dans le domicile qu'il s'agit d'abandonner pour se reformer immédiatement sur un nouveau point.

Cette espèce atteint des dimensions gigantesques. Montagne nous apprend que les pê-cheurs du Devonshire prétendent en avoir vu de plus de 90 pieds de long. La plupart des individus de nos côtes mesurent de 8 à 13 pieds. (De Quatrefages.)

Nous empruntons en outre à Davis les observations qu'il a publiées sur cette espèce :

« Dans un vase aussi large que possible, dit-il, j'ai placé un spécimen de Borlasie dans son élément, afin d'observer ses faits et gestes. Elle se comporte, à certain point de vue, comme une Hirudinée, en se montrant quelque peu amphibie : souvent elle sortait hors de l'eau une partie de son corps qu'elle étendait jusqu'à deux pouces de long en suivant le bord du vase et la table qui le supportait. A d'autres moments, surtout pendant la journée, elle demeurait immobile et pelotonnée en masse tant qu'on n'agitait pas son récipient. Mais elle était extrêmement sensible aux chocs, ainsi qu'en témoignaient aussitôt le tremblement du corps tout entier et l'invagination de l'extrémité céphalique qui restait habituellement un peu protractée.

« La nuit, le corps était un peu plus relâché et moins entortillé, de sorte qu'il recouvrait le vase presque en entier. A l'approche d'une lumière, l'animal se mettait immédiatement en devoir de se rétracter, en sorte que j'ai pu me convaincre de sa susceptibilité très grande à l'égard de la lumière, bien que je n'aie jamais pu découvrir ses yeux. Souvent, vers le matin, le corps avait pris une attitude spiralée en forme de tire-bouchon, et j'eus la satisfaction de le voir une fois enroulé étroitement en pas-de-vis sur toute sa longueur. Ce spectacle me procura le plaisir de découvrir la solution d'un problème difficile qui m'obsédait depuis quelque temps : il s'agissait de savoir comment ce corps si mou, si frêle et d'apparence si peu flexible, pouvait se transporter d'un endroit à un autre. Après avoir constaté cette attitude, j'eus la conviction que l'animal la met à profit lorsqu'il veut se déplacer. Non seulement il réduit ainsi son périmètre autant que possible, mais en outre chacune des parties de cette sorte de vrille contribue par son mouvement propre à la progression de ce long corps tout entier, sans qu'il coure risque de se briser.

« On ne saurait estimer la longueur du corps, sur une Borlasie vivante, parce qu'au moindre contact elle s'étire et se rétracte sans cesse avec une incroyable facilité. J'ai constaté, une fois, qu'une portion de l'extrémité antérieure, qui s'étendait sur une longueur de près de trois pieds au delà du récipient et du support, se réduisait rapidement à trois pouces lorsqu'on dérangeait l'animal. En considérant l'épaisseur de son corps dans l'état d'extension et dans l'état de rétraction, je suis conduit à admettre que l'animal peut s'allonger aisément de 25 à 30 fois sa longueur minima.

« Sa coloration varie notablement, suivant

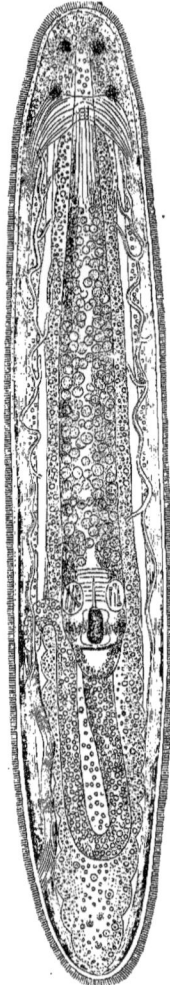

Fig. 264. — Tétrastemme obscur.

qu'il se rétracte ou s'étire, du rouge foncé au rougeâtre ; à la lumière du soleil, il est recouvert d'une teinte pourprée un peu pâle. Dans l'état de rétraction complète il paraît presque noir.

« Après avoir observé ainsi ce merveilleux animal environ pendant quatorze jours, en ayant soin de renouveler l'eau de mer, je l'introduisis dans un flacon à large embouchure ; ce ne fut pas sans difficulté, en raison de la facilité avec laquelle la Borlasie s'étire et se rétracte tour à tour. Quand j'y eus réussi, je versai de l'alcool par-dessus. Après quelques mouvements convulsifs, l'animal se rétracta considérablement tout en projetant hors de l'extrémité céphalique une trompe de 8 pouces de longueur. Il est à remarquer que jusqu'au moment de son agonie la Borlasie n'avait jamais exhibé cet appareil, bien qu'on l'eût soumise à diverses épreuves.

« Comme je n'avais pu estimer la longueur de son corps pendant qu'elle était en vie, je m'empressai de la mesurer dès qu'elle fut morte et je trouvai, sans compter la trompe, une longueur de 22 pieds environ. Je ne saurais trop m'avancer en affirmant que pendant la vie elle pouvait atteindre, en s'étirant, une longueur quadruple de celle que je constatai après sa mort. »

Le genre *Ommatoplea*, voisin du précédent, a été créé par Ehrenberg ; nous en figurons une espèce, l'Ommatoplea à tête de serpent (fig. 265, p. 170).

TÉTRASTEMME OBSCUR — *TETRASTEMMA OBSCURUM* Schultz.

Caractères. — Le corps du Tétrastemme obscur (fig. 264), est allongé, faiblement aplati, sa couleur est pâle avec une teinte légèrement jaunâtre, il atteint une longueur de 5 à 6 centimètres sur 1 millimètre environ de large.

Distribution géographique. — Cette espèce

Fig. 265. — *Ommatoplea ophiocephala.*

habite les mers du Nord, elle est assez fréquente sur les Fucus et les coquilles d'Huîtres.

Mœurs, habitudes, régime. — Max, Schültze, qui a observé ces animaux assidû-

Fig. 266. — Trompe de Tétrastèmma obscur.

ment, a vu à plusieurs reprises le petit Tétrastemme obscur qu'on trouve dans la mer Baltique, protracter sa trompe (fig. 266) jusqu'au stylet avec la rapidité de l'éclair, pour entamer les animaux tels, que les *Gammarus*, par exemple, qui passaient à sa portée.

« Une fois ce dard implanté, le Ver rétracte peu à peu sa trompe sans lâcher prise et grâce au pertuis ouvert par la trompe il pénètre tout entier dans sa proie pour la dévorer. Il ne reste des Crustacés qu'un squelette chitineux évidé. Assez souvent, plusieurs individus se réunissent autour d'un animal plus gros, ainsi lardé ; ils l'attaquent de plusieurs côtés à l'aide de leurs trompes et se partagent ensuite leur butin dans l'intérieur de leur victime. Ils savent du reste choisir très adroitement la face ventrale, plus faible, de la proie pour y implanter leurs stylets. » La figure ci-jointe (fig. 266) permet de reconnaître, au-dessus du stylet médian fixé sur une sorte de poignée, plusieurs dards pointus du même genre, groupés irrégulièrement dans les sacs ovalaires qui se trouvent de chaque côté. L'animal se trouve ainsi muni d'une provision de flèches, comme un archer prévoyant. »

LES RHABDOCÈLES — *RHABDOCŒLA* Ehrh.

Die Rabdocœlen.

Caractères. — Les Turbellariés Rhabdocèles, d'une taille généralement petite, ont une organisation des plus simples. L'appareil digestif est tubuleux ; la place occupée par la bouche est excessivement variable, et sert de caractère pour distinguer les différentes familles ; on y trouve quelquefois des glandes salivaires à conduit s'ouvrant dans le pharynx.

La plupart des types sont hermaphrodites, quelques-uns cependant ont les sexes séparés. Quelques cas de scissiparité ont été observés dans cette famille, le *Catenula quaterna* (fig. 267, p. 171), en fournit un exemple complet ; pour les autres caractères, nous renvoyons à nos généralités sur les Turbellariés.

Mœurs, habitudes, régime. — Les Rhabdocèles se rencontrent sur tous les rivages, plusieurs habitent les eaux douces. Dans leur jeune âge elles offrent une grande analogie avec certaines formes d'Infusoires. Elles pondent des œufs à coque résistante, la ponte s'effectue tantôt avant le développement de l'embryon, tantôt après la formation de celui-ci.

Tous semblent se nourrir des liquides organiques de petits Vers, de larves d'Insectes, etc., qu'ils enveloppent d'une sécrétion cuta-

Fig. 267. — *Catenula quaterna.*

née mêlée de bâtonnets terminés par des fils (Claus).

LES MICROSTOMIDES — *MICROSTO-MIDÆ* OErst.

Caractères. — La famille des Microstomides comprend des Rhabdocèles à sexes séparés, dont la bouche petite, mais très extensible, est située près de l'extrémité antérieure; les fossettes de cette région sont ciliées, le tube digestif prolongé en cul-de-sac est terminé par un anus. La segmentation et la reproduction par scissiparité est fréquente dans cette famille.

STÉNOSTOME MONOCÈLE — *STENOSTOMA MONO-CELIS* O. Schm.

Caractères. — Cette espèce a été observée pour la première fois par O. Schmidt, nous laissons cet auteur décrire lui-même son type.

« J'ai figuré un petit Ver qui appartient à cette famille et que j'ai découvert auprès de Gratz, il y a plusieurs années; il a pour moi d'autant plus d'intérêt, qu'il possède un organe observé jusqu'alors seulement chez les Turbellaires marines. Je lui donne le nom de *Stenostomum monocelis*. L'orifice buccal étroit (fig. 268, *o*), ainsi que l'œsophage rétréci qui lui fait suite et certains autres caractères anatomiques, le classent dans le genre *Stenostomum*. La vésicule clair (*s*) située au devant de la bouche

représente un organe visuel, peut-être aussi un organe auditif; ainsi que je l'ai dit, on ne l'avait observé jusqu'alors que chez quelques genres marins. On peut voir sur cet animal un vais-

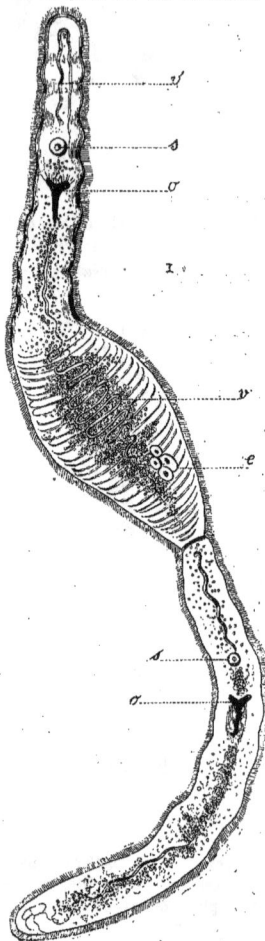

Fig. 268. — Sténostome monocèle.

seau (*v*) destiné à la circulation de l'eau et dont les ramifications ne deviennent distinctes que par endroits à l'aide d'un grossissement plus fort. »

Mœurs, habitudes, régime. — « Ce qu'il y a

de plus intéressant pour nous, continue l'auteur, c'est le bourgeonnement de l'extrémité terminale, qui rappelle le mode de reproduction des Vers annelés des genres *Naïs*, *Autolyte* et *Myrianide*. J'ai observé assidûment ces animaux en juin et j'ai remarqué souvent à cette époque l'apparition d'un petit être isolé ; j'ai constaté habituellement alors : un « animalcule antérieur » qui se trouvait être la mère, et un « animalcule postérieur » engendré par son bourgeonnement. A ce moment, en outre, la mère veille au maintien de l'espèce par un procédé différent, car on peut apercevoir dans son ventre un paquet d'œufs (*e*). »

DINOPHILE VORTEX — *DINOPHILUS VORTICOIDES* O. Schm.

Caractères. — La connaissance de cette espèce étant encore due à O. Schmidt nous reproduisons textuellement, comme précédemment, les observations faites par le savant auteur.

« Le genre *Dinophile*, qui ne renferme qu'un petit nombre d'espèces, et dont la structure offre un grand intérêt, a été découvert par moi dans les îles Feroë, il y a déjà plus de trente années. Je collectionnais et j'étudiais alors dans ces îles les animaux inférieurs de la mer, et ces côtes soumises à l'influence calorifique du Gulfstream, de même que les côtes de Norwège, m'offraient une faune extrêmement riche. Lorsqu'au moment de la marée basse je fouillais la rive rocailleuse de la baie de Thorsaven, je récoltais une ample moisson de Mollusques et de Vers de toutes sortes. Parmi eux se trouvait un petit Ver, mesurant jusqu'à 2ᵐᵐ de long, d'une couleur rouge-brique ou orangée, qui vivait par groupes, sous les pierres, et qui différait de tous les autres Vers de sa classe, par la conformation de son tube digestif. Si l'on peut déjà, dans une certaine mesure, assimiler cet organe à celui des Némertiens, on trouve dans la séparation des sexes un nouvel indice de parenté entre ce *Dinophilus* et les Némertes. Mais la forme du corps entier, l'aspect général qu'offre l'animal au premier abord, le rapprochent du genre *Vortex ;* le *Dinophilus vorticoïdes* paraît jouir d'un domaine fort étendu, car on l'a vu aussi auprès d'Ostende. J'ai observé une autre espèce de ce genre sur le rivage de Naples où les Némertiens abondent. »

LES PROSTOMIDES — *PROSTOMIDÆ* OERST.

Caractères. — Les espèces composant cette famille, dit O. Schmidt, vivent dans les étangs, les fossés, et la mer. Ces petits animaux, très agiles, recèlent dans leur extrémité antérieure effilée une trompe protractile (fig. 269 (*a*), qui rappelle celle des Némertiens ; car elle est également contenue dans une cavité spéciale, elle est indépendante du tube digestif, et elle ne sert qu'à l'agression de la proie. L'orifice buccal est situé à la face ventrale, assez loin de l'extrémité antérieure ; l'animal peut en faire émerger un œsophage très musculeux à l'aide duquel il se fixe, notamment aux Crustacés microscopiques, pour puiser leurs sucs. L'extrémité postérieure, renflée en massue, recèle, dans une gaine particulière, un dard aigu qui paraît se rattacher à l'appareil de reproduction, mais qui sert également d'organe défensif ainsi qu'on peut le constater sur toutes les espèces. J'ai vu souvent, entre autres, une espèce à laquelle j'ai donné le nom de

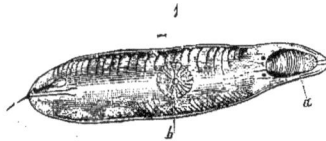

Fig. 269. — *Prostomum furiosum.*

Prostomum furiosum (fig. 269), se servir de son dard pour piquer absolument comme une guêpe, chaque fois qu'elle se trouve dans une situation critique. »

Nous figurons cette espèce d'après O. Schmitd.

Un autre Prostomum remarquable est le suivant :

PROSTOMUM CALÉDONIEN — *PROSTOMUM CALEDONICUM* Class.

Caractères. — « Cette espèce, d'après Claparède, a une longueur de 58 millimètres, son pharynx est en forme de pain de sucre, et entouré de fibres musculaires ; la ventouse de fixation est placée sur la face ventrale, au second cinquième environ de la longueur totale du corps. Entre le pharynx et la ventouse, on voit un double ganglion nerveux, donnant naissance à deux paires de nerfs ; sur les ganglions, reposent deux yeux d'un noir intense, munis chacun d'un cristallin.

Distribution géographique. — Claparède apprend qu'il a découvert cette espèce à Kilmore. Les mœurs, sur lesquelles il est muet, ne nous sont pas connues.

LES CONVOLUTIDES — *CONVOLU-TIDÆ* OErst.

Caractères. — Les espèces de cette famille n'ont pas de tube digestif, la bouche est située transversalement sur la face ventrale ; au devant d'elle se trouve une vésicule, considérée comme un organe d'audition ; les parties latérales du corps, fort minces, se recourbent et prennent ainsi la forme d'un cornet ; les yeux paraissent faire complètement défaut.

Distribution géographique. — Toutes les espèces connues sont marines, et se rencontrent dans les mers du nord, la Baltique notamment.

CONVOLUTA PARADOXALE — *CONVOLUTA PARADOXA* OErst.

Caractères. — Les caractères de la famille s'appliquent minutieusement à cette espèce.

Sa peau et son parenchyme, dit Claparède, sont par eux-mêmes parfaitement incolores, cependant l'animal présente une couleur brune, parfois très foncée, résultant de la dissémination de petits globules, incolores au centre, moins fortement colorés à la périphérie, par des amas

Fig. 270. — Convoluta paradoxale.

de substance brune ; Oersted considérait à tort ces globules comme des œufs (fig. 270).

La peau de la Convoluta paradoxale est hérissée de soies raides, placées de distance en distance, au milieu de cils vibratiles ; entre les cils, on voit également saillir, à la surface de la peau, de petits bâtonnets très abondants à la partie postérieure, enfin le parenchyme est semé d'organes particuliers urticants, fait

exceptionnel, selon Claparède, parmi les Rhabdocèles.

Distribution géographique. — L'espèce a été observée à Helgoland, Bergen, Rugen, aux Feroë et dans le Sund.

LES MÉSOSTOMIDES — *MESOSTO-MIDÆ* OErst.

Caractères. — Les Mésostomides renferment des espèces importantes et nombreuses. L'orifice buccal de ces animaux, généralement aplatis, se trouve sur la face ventrale, ordinairement assez près du centre ; chez quelques espèces, il siège au devant de lui, chez d'autres il est situé en arrière. Dans la cavité buccale, se trouve un pharynx sphéroïdal qui constitue un appareil de succion destiné à saisir et à épuiser les proies vivantes.

Distribution géographique. — Les espèces de cette famille habitent en général les eaux douces ; plusieurs cependant se rencontrent dans la Baltique et les mers du Nord.

MÉSOSTOME D'EHRENBERG — *MESOSTOMUM EHRENBERGII* OErst.

Caractères. — Le Mésostome d'Ehrenberg, une des plus belles espèces de ce genre, mesure environ 1 centimètre de long, la peau est semée de petits bâtonnets, réunis en traînées denses sur la ligne médiane.

Distribution géographique. — On le trouve fréquemment sur les prairies submergées, dans les étangs à fond argileux, où il se tient au milieu des joncs et des roseaux.

Mœurs, habitudes, régime. — « Malgré sa transparence cristalline et sa fragilité apparente, c'est un des animaux qui nagent avec le plus de souplesse et d'agilité.

D'habitude, il traverse les eaux sans remuer, ou en imprimant aux côtés du corps des oscillations isolées ; ou bien il glisse autour des tiges des végétaux. Lorsqu'il est heurté, par exemple par la rencontre brusque d'un Coléoptère nageant avec vigueur, il se secoue en tremblotant et en se tortillant avec autant de rapidité et de souplesse qu'une Sangsue. La façon dont il attaque les petits Crustacés, plus grands que lui, ne manque pas d'intérêt. Il les saisit, à peu près comme on prend une Mouche avec la main, en les enserrant dans une cavité formée par le rapprochement des extrémités antérieures et postérieure de son corps et par l'incurvation de ses bords latéraux. Le Crustacé emprisonné se démène d'abord vigoureusement, mais le Mésostome parvient bientôt à fixer sur sa proie son puissant pharynx. Les tentatives d'évasion de la Daphnide ne tardent pas à cesser, et son vampire s'étire alors tout du long; j'ai vu souvent survenir un second Mésostome auquel le vainqueur accordait paisiblement une part du butin. » (O. Schmidt.)

MÉSOSTOME TÉTRAGONE — *MESOSTOME TETRAGONUM* O. Schm.

Caractères. — « Une autre espèce des plus remarquables, dit O. Schmidt, est le Mésostome tétragone (fig. 271), d'une teinte brun-jaune et d'une longueur de 10^{mm} environ, que j'ai trouvé au voisinage de l'Elbe après une inondation, dans de petits étangs desséchés. Le siège des deux taches oculaires noirâtres et de la bouche est le même que chez le Mésostome d'Ehrenberg. Lorsqu'on examine, dans un verre de montre, cet animal recouvert d'une petite quantité d'eau, il paraît tout à fait aplati et mince ; mais dès qu'il nage en liberté, on voit saillir de chaque côté du corps deux lobules frangés qui s'étendent depuis l'extrémité antérieure effilée jusqu'à l'extrémité postérieure effilée également, et qui subissent des mouvements ondulatoires. Comme cette espèce ainsi que la plupart des autres espèces du genre Mésostome séjournent dans des eaux

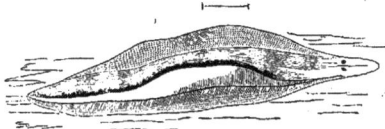

Fig. 271. — Mésostome tétragone.

soumises à des dessèchements temporaires, on peut supposer que leur conservation est assurée de la même façon que celle de certains Crustacés inférieurs qui apparaissent avec eux et qui semblent également ressuscités après les inondations et les pluies. Les Mésostomes déposent également des œufs persistants à coque résistante qui conservent longtemps leur aptitude à évoluer. J'ai observé d'autres espèces dans des flaques de quelques pouces carrés d'étendue ; j'ai rapporté chez moi des parcelles de ces fondrières après plusieurs semaines de dessèchement pendant les chaleurs de l'été, puis j'ai recueilli les œufs d'une espèce de Mésostome qui étaient contenus, et en les arrosant avec de l'eau, j'ai provoqué leur éclosion dans l'espace de peu de jours. Les œufs de la plupart des Mésostomes sont discoïdes, et présentent une dépression centrale. »

SCHIZOSTOME ALLONGÉ — *SCHIZOSTOMUM PRODUCTUM* O. Schm.

Caractères. — Le Schizostome allongé, découvert, comme les espèces précédentes, par O. Schmidt, et que nous figurons (fig. 272, p. 175), porte une bouche constituée par une fente longitudinale placée en avant des yeux.

Sur la face ventrale existe un pharynx semblable à une ventouse.

Distribution géographique. — Cette espèce habite dans les flaques d'eau douce.

LES DÉROSTOMIDES — *DEROSTOMIDÆ* Duj.

Caractères. — La famille des Dérostomides est caractérisée par une bouche située en arrière du bord antérieur, et par un pharynx en forme de tonneau, le corps est généralement cylindrique, un peu aminci en arrière ; l'orifice externe du pharynx consiste, tantôt en une fente étroite, tantôt en un orifice circulaire ; les œufs varient de nombre, de forme et de volume.

Distribution géographique. — Les Dérostomides sont des animaux d'une taille excessivement petite, ils vivent dans les eaux douces et les eaux salées ; on les rencontre sous toutes les latitudes.

VORTEX TRONQUÉ — *VORTIX TRUNCATUS* Mull.

Caractères. — De un à deux millimètres au plus de longueur, le Vortex tronqué tire son nom de la forme de sa partie antérieure. Il a,

Fig. 272. — Schizostome allongé.

en effet, le corps aplati, pointu en arrière et coupé carrément en avant; son œsophage est très volumineux; il porte deux points oculiformes très écartés; sa couleur générale est

Fig. 273. — Vortex tronqué.

jeune, avec les côtés du corps transparents (fig. 273).

Distribution géographique. — On le rencontre assez fréquemment dans les eaux douces.

Une autre espèce, le Vortex vert, *Vortex viridis*, est remarquable par sa couleur, produite d'après O. Schmidt, par l'accumulation dans ses tissus de corpuscules chlorophylliens.

Le genre *Anoplodium*, également aussi de la famille des Dérostomides, comprend quelques espèces parasites; l'une d'elles, l'Anoplodium de Schneider, se rencontre dans la cavité splanchnique des Holoturies.

LES OPISTOMIDES — *OPISTOMIDÆ* O. Schm.

Caractères. — Chez les Opistomides, la bouche, située à la partie postérieure du corps, conduit dans un pharynx tubuleux pouvant se renverser en dehors, de façon à ressembler à une trompe; le corps est cylindrique, allongé; on trouve une vésicule auditive impaire et quelquefois, en avant de cette vésicule, une tache pigmentaire.

Distribution géographique. — La plupart des espèces sont marines.

MONOCŒLIS AGILE — *MONOCŒLIS AGILIS* Schmdt.

Caractères. — Ce qui caractérise plus particulièrement ce Ver, c'est son corps élargi en arrière en une sorte de ventouse membraneuse et lui servant pour se fixer, comme une véritable Hirudinée. (Van Beneden.)

Distribution géographique. — Le Monocœlis agile habite les côtes d'Ostende.

Mœurs, habitudes, régime. — Cette espèce, dit Van Beneden, est répandue avec une profusion extraordinaire, on la rencontre par milliers sur les pierres et les Ulves de la côte. Elle rampe sur la paroi des vases où on la dépose, avec une grande agilité, tournant tantôt dans un sens, tantôt dans un autre, ou bien elle s'étend immobile et allongée au niveau de l'eau.

LES DENDROCÈLES — *DENDROCŒLA* Ehren.

Die Dendrocœlen.

Caractères. — Les Dendrocèles offrent une organisation plus complexe que les autres Turbellariés précédemment étudiés et notamment les Rhabdocœles; le développement des centres nerveux est plus considérable, les yeux en nombre variable sont plus grands, les vésicules auditives, au contraire, se rencontrent moins fréquemment. La bouche, ordinairement située vers le milieu du corps, est suivie d'un large pharynx protractile.

« Leur dénomination technique de *Dendrocœles* provient de la forme remarquablement ramifiée de leur intestin. Un orifice situé à la face ventrale aboutit à une cavité dans laquelle se rétracte entièrement, à l'état de repos, un organe œsophagien extrêmement extensible; dès que l'animal s'apprête à manger, cet organe s'étire au dehors et produit l'impression d'un être distinct vivant de sa vie propre. D'ailleurs, lorsqu'on l'isole entièrement par la dissection, il prend l'aspect d'un Ver blanchâtre indépendant, car il continue longtemps encore ses mouvements de déglutition. Le tube intestinal ou plus exactement la cavité digestive, qui fait suite à cet œsophage, se compose d'un tronc principal antérieur et de deux troncs, latéraux et postérieurs, qui se divisent en troncs accessoires plus ou moins nombreux, puis en ramifications, terminées toutes en cœcum. » (O. Schmidt.) (Fig. 275, p. 177.)

Certaines espèces présentent de véritables métamorphoses, Muller a étudié des larves dont le corps présente six lamelles ciliées, digitées, et simplement temporaires; d'autres espèces, en quittant les enveloppes de l'œuf, rappellent tout à fait les Rhabdocœles par les dispositions de leur tube digestif, mais n'ont pas encore fourni d'organes larvaires. D'autres enfin se développent directement; le cocon pondu renferme de 4 à 6 œufs, dont le vitellus présente après la segmentation une couche cellulaire périphérique, se divisant en un feuillet supérieur, pour produire les parois du corps et les muscles, et en un autre feuillet, d'où proviennent les tuniques du tube digestif. (Claus.)

Distribution géographique. — Les Dendrocèles sont marines et d'eau douce, quelques types remarquables sont également terrestres; elles proviennent de toutes les contrées du globe.

Nous examinerons leurs mœurs en passant en revue les espèces les plus intéressantes.

LES EURYLEPTIDES — *EURYLEPTIDÆ* Hempr.

Caractères. — Dans cette famille, le corps est élargi, lisse ou papillaire, la tête est munie au bord postérieur de deux tentacules; la bouche est située en avant et au milieu du corps; les yeux sont nombreux; les ramifications de l'intestin forment ici, plus que dans toutes les autres Dendrocèles, un véritable réseau et constituent ce que M. de Quatrefages a nommé appareil gastro-vasculaire.

Distribution géographique. — Les Euryleptides sont des animaux marins, et se rencontrent sur tous les rivages.

THYZANOZOON DE BROCCHI — *THYZANOZOON BROCCHI* Œrst.

Caractères. — Le corps de cette belle espèce (fig. 274) est presque régulièrement elliptique, les bords en sont transparents et bleuâtres, puis vient une zone d'un jaune clair passant au brun en avant; la portion comprise entre les appendices tentaculaires, et que l'on pourrait appeler la

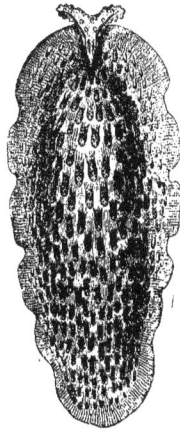

Fig. 274. — Thyzanozoon de Brocchi.

tête, est blanc teinté de verdâtre; les tentacules sont parsemés de petits tubercules irréguliers; le dos est recouvert de nombreux appendices fusiformes brun rougeâtre à pointe blanc jaunâtre, régulièrement disposés en quinconce, et à surface piquetée de bleu. Cet animal atteint de 16 à 18 millimètres sur 8 à 9 de large.

Distribution géographique. — Découvert la première fois sur les côtes de Nice, il a été retrouvé à Naples.

Fig. 275. — Dendrocèle (ramifications intestinales).

Mœurs, habitudes, régime. — Le Thyzanozoon de Brocchi vit sur les plantes marines. « Ces animaux, dit O. Schmidt, ont une apparence si frêle qu'on se figure à peine comment ils peuvent résister aux coups de lame sous le faible abri que leur offrent quelques rubans de Varechs. Je me suis consacré à cette étude, assez longtemps, pendant mon séjour à Céphalonique. La ville d'Argostoli se trouve dans une baie où la mer vient s'étaler sur un fond à pente extrêmement douce et recouvert d'un fouillis d'Éponges et de Fucus. Je me fis lancer un paquet de ces plantes par un pêcheur qui parcourait cette baie et je remportai ce tas de végétaux, sans précautions aucunes ; à la maison j'en plaçai de petites parties dans un vase, au bout de quelques minutes je vis nager des Tyzanozoon absolument indemnes de toute blessure. »

LES LEPTOPLANIDES — *LEPTOPLANIDÆ* Hempr.

Caractères. — Les Leptoplanides ont le corps plat, large, très souvent ténu, la région céphalique n'est pas distincte, les appendices tentaculaires font en outre défaut ; les yeux sont plus ou moins nombreux, et la bouche est située généralement en avant du milieu du corps.

Distribution géographique. — Ces animaux sous-marins vivent sur les joncs et les herbes du rivage.

TRICELIS A BANDES — *TRICELIS FASCIATUS* De Quatr.

Caractères. — Le corps de cette espèce, de 22 millimètres environ de long sur 9 de large, est d'un blanc de lait légèrement teinté de

jaune en arrière, l'extrémité antérieure, parfaitement blanche, porte sur la ligne médiane une bande irrégulière d'un bel orangé vif, se bifurquant en avant pour former deux branches latérales, allant se rejoindre à l'extrémité postérieure.

Distribution géographique. — Elle vit sur les pierres, au rivage de Milasso, côte nord de Sicile, où M. de Quatrefages l'a recueillie.

LES STYLOCHIDES — *STYLOCHIDÆ* Hempr.

Caractères. — Chez les Stylochides, le corps est plat et assez épais, la région céphalique porte deux tentacules et de nombreux yeux sur ces tentacules. Pour M. de Quatrefages, il ne s'agit pas ici de faux tentacules comme ceux des Euryleptides par exemple, que l'on doit considérer comme de simples plis des téguments, mais bien des tentacules dans toute l'acception du mot, caractérisés par leur forme, leur position et leur véritable qualité d'organes distincts (de Quatrefages).

Distribution géographique. — Toutes les espèces sont marines et vivent sur les Algues et les Fucus.

STYLOCHUS BATTOIR — *STYLOCHUS PALMULA* De Quatr.

Caractères. — Sa couleur est gris bleuâtre, lavé de brun vers le milieu ; tout le corps est en outre couvert de taches brunes allongées et de taches blanches arrondies, ressemblant à autant de petites perles, la bouche assez grande est à peu près médiane, les yeux occupent la moitié inférieure du tentacule et sont en très grand nombre. Les plus grands individus mesurent 10 à 11 millimètres (fig. 276, p. 178).

Brehm.

Vers. — 23

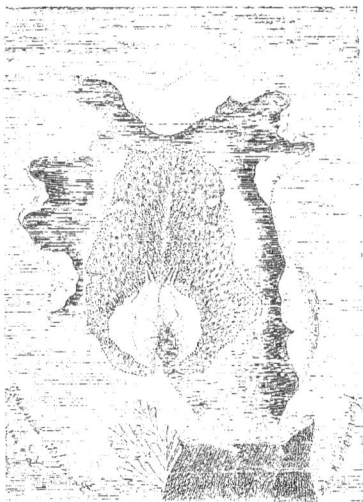

Fig. 276. — Stylochus battoir.

Distribution géographique. — Le Stylochus battoir vit sur les Fucus aux environs de Jardini Taormina, côte occidentale de Sicile.

LES GÉOPLANIDES — *GEOPLANIDÆ* Mull.

Caractères. — Dans cette famille sont réunis des animaux terrestres à corps allongé et aplati, remarquables par la présence d'une face pédieuse, la bouche est située le plus souvent au milieu du corps, l'œsophage campanuliforme est protractile.

Distribution géographique. — Quelques espèces sont européennes, mais le plus grand nombre proviennent des régions tropicales.

C'est là que se rangent les espèces auxquelles nous avons fait allusion à la fin du chapitre concernant la Sangsue de Ceylan (1), avec lesquelles un grand nombre avaient été confondues. Malgré de consciencieux travaux, bien des doutes règnent encore sur un grand nombre; quoi qu'il en soit, plusieurs méritent d'être exa-

(1) Voyez p. 79.

minées, et nous empruntons aux auteurs qui s'en sont occupés les renseignements les plus intéressants.

GÉODESMUS A DEUX RAIES — *GEODESMUS BILINEATUS* Metsch.

Caractères. — Les plus grands spécimens de cette espèce mesurent environ 12 millimètres de long, la partie supérieure est d'une teinte jaunâtre, marbrée de brun rouge, et porte en

Fig. 277. — Géodesmus à deux raies.

outre deux lignes de même couleur, régnant sur toute la longueur; au centre se trouve une tache foncée correspondant à la place occupée par la trompe œsophagienne, les yeux de l'extrémité céphalique sont très nettement marqués (fig. 277).

Distribution géographique. — Le Geodesmus à deux raies a été trouvé en Allemagne à Geiszen, dans la terre des pots de fleurs d'une serre du jardin botanique; il a été également observé en France dans les endroits tourbeux.

Mœurs, habitudes, régime. — Quand la terre n'est pas assez humectée dans les pots de fleurs, l'animal s'y enfonce profondément; mais dès que la terre est arrosée de nouveau, il remonte à la surface en tâtonnant les alentours à l'aide de la partie antérieure de son corps. — En examinant cette espèce au microscope on découvre dans les téguments des filaments qui paraissent doués d'une propriété urticante.

RHYNCHODESME TERRESTRE — *RHYNCHODESMUS TERRESTRIS* GEYD.

Caractères. — Dès le siècle dernier, le savant zoologiste Danois Otto Friedrich Müller découvrit une espèce qu'il désigna sous le nom de *Phanaria terrestris*. Elle possède un corps presque cylindrique, un peu aplati seulement à la face ventrale, long de 16 millimètres et large de $1^{mm} 1/2$. Sa partie supérieure est d'un gris noirâtre, l'inférieure est blanche, et sur son extrémité antérieure on peut reconnaître deux petites taches ocellaires noires (O. Schmidt).

Distribution géographique. — On n'a retrouvé qu'un petit nombre de fois cette espèce en Allemagne; Dugès le premier l'a découverte dans le midi de la France.

Mœurs, habitudes, régime. — Elle vit sur le sol, dans un terrain humide, au-dessous des pierres.

GEOPLANA A VENTRE ROUX — *GEOPLANA RUFI VENTRIS* MULL.

Caractères. — La forme générale du Geoplana à ventre roux, comme celle de toutes les espèces du genre, est allongée; le corps est très faiblement aplati, à extrémité céphalique atténuée. Son facies est plutôt celui d'une Némertien que d'une Planaire.

Mœurs, habitudes, régime. — « Ces animaux, dit Muller, qui a créé le genre et étudié les espèces d'une manière toute spéciale, aiment les endroits un peu humides, sous les bois, sous les écorces, sous les pierres, entre les feuilles des Broméliacées; mais ils ne se trouvent jamais dans l'eau qui se rassemble dans ces endroits. Le jour ils paraissent reposer, afin d'errer pendant la nuit. » Le naturaliste Allemand voulut s'assurer que ces Planaires terrestres portaient, comme les Planaires aquatiques, des cils vibratils à la surface du corps. « Ne possédant pas de microscope, dit-il, j'imitai un procédé expérimental et je parsemai de farine d'Arrow-root un très gros spécimen de *Geoplana rufiventris*; je vis alors cette poudre progresser sans cesse vers l'avant sur la face dorsale et se mouvoir un peu vers l'arrière à la région ventrale; l'existence des cils vibratiles me parut dès lors indubitable. »

GEOPLANA SOUTERRAIN — *GEOPLANA SUBTERRANEA* MULL.

Caractères. — « Le Geoplana souterrain, continue Fr. Muller, offre un intérêt tout particulier en élargissant encore le cercle des conditions d'existence dans lesquelles ce type d'animaux peut subsister. Après avoir vu des Planaires dans l'eau claire des sources montagneuses, sous les pierres des côtes maritimes, et sur les Varechs ballottés au milieu du monde de la mer, après avoir envisagé toute une riche faune de Planaires terrestres cachées dans la mousse humide, sous les pierres, sous les écorces, et jusque dans les cimes des forêts vierges, il reste à examiner encore des Planaires souterraines qui vivent en compagnie des Vers de terre, offrant un contraste significatif avec les espèces colorées et pourvues de nombreux yeux qui résident sur le sol; la *Geoplana subterranea*, vivant dans l'obscurité, ne connaît les couleurs ni au point de vue décoratif, ni au point de vue sensoriel, car elle est d'un blanc laiteux uniforme et dépourvue d'yeux. Par son aspect général, elle s'éloigne plus que toute autre de la forme typique des Planaires. Son corps très allongé, uniformément rétréci, arrondi aux deux bouts, mesure 6 millimètres à 8 millimètres et même 11 millimètres de long sur 1 millimètre et demi à peine de large, et lui donne tout à fait l'aspect d'un Némertien. Elle vit principalement dans les sols sablonneux et meubles, mais aussi dans les terrains argileux et lourds, en compagnie d'un Ver de terre, le *Lumbricus corethrurus*. On peut s'étonner de voir un animal aussi mou, pouvant supporter à peine les moindres chocs, vivre dans ce milieu et parvenir à s'y frayer des chemins. La difficulté est résolue par la coexistence des Vers de terre qui perforent le sol en tous sens par des galeries de largeurs diverses. La récompense de ces Lombrics est d'être dévorés ou pour mieux dire sucés par cette Planaire, ainsi que l'indique la coloration du contenu de son intestin. J'ai surpris des *Geoplana* en train d'enserrer à l'aide de leur trompe protractée un jeune Lombric, dont le sang frais commençait à remplir l'intestin de leurs bourreaux. »

On a découvert aussi, dans les forêts humides de Ceylan, des Planaires terrestres, parmi lesquelles les espèces appartenant au genre *Bipalium* se distinguent par la faculté qu'elles ont de se suspendre à des filaments étirés provenant d'une sécrétion muqueuse de leur surface. Les anciennes observations de Dalyell nous avaient appris déjà que certaines Planaires marines tissent dans l'eau des fils analogues.

LES PLANARIDES — *PLANARIIDÆ* MULL.

Caractères. — Claus caractérise ainsi les Planarides : corps ovale, allongé et aplati, souvent avec des appendices lobés et rarement des tentacules, en général deux yeux renfermant chacun un cristallin.

« Dans les Planarides, dit M. de Quatrefages, tout leur tissu semble composé de granulations, distribuées d'une manière égale ; en général leur corps est couvert de cils vibratiles ; quelques espèces portent des sortes de piquants distribués plus particulièrement à la partie antérieure, d'autres montrent de très petits corps, véritables organes urticants, entièrement semblables à ceux que l'on rencontre chez un grand nombre de rayonnés. »

Distribution géographique. — Les eaux douces, les bords de la mer, fournissent dans toutes les régions du globe un nombre considérable d'espèces appartenant à cette famille.

Mœurs, habitudes, régime. — Les Planaires peuvent changer la forme de leur corps et le déplacer à volonté ; on les voit en effet, selon le besoin, s'allonger, se raccourcir, s'élargir, se plisser dans tous les sens, pour se transporter d'un lieu à un autre, leur procédé le plus ordinaire est un glissement à ondulations insensibles, comparable à celui des Limaces. Ce glissement ne s'opère pas seulement à la surface des corps solides, mais encore à celle de l'eau même. Souvent elles impriment à leur corps un mouvement serpentin d'avant en arrière, ou en faisant battre rapidement les parties latérales, et nagent ainsi à travers le liquide (Dugès).

L'alimentation des Planaires s'effectue par succion ; leurs organes visuels sont, comme on l'a vu, parfaitement conformés, et elles paraissent jouir du sens de l'odorat, si l'on en juge du moins par leur empressement à se diriger vers un objet pouvant leur servir de pâture et que l'on jette assez loin d'elles. Elles possèdent à un haut degré la faculté de reproduire les parties qu'on leur enlève ; tout fragment d'une Planaire, quelle que soit la partie du corps d'où il provient, finit au bout d'un laps de temps très limité par reconstituer un animal exactement complet, et en tout semblable à celui d'où il a été enlevé (Dugès).

Ce mode de multiplication des individus est naturel chez certaines espèces ; Muller, puis Dugès, ont étudié ce système de reproduction à l'état normal, quelquefois au printemps, mais plus particulièrement à l'automne.

PLANAIRE GONOCÉPHALE — *PLANARIA GONOCEPHALA* Dui.

Caractères. — L'une des plus grandes espèces du genre, la Planaire gonocéphale, de 11 à 12 millimètres de long, est de couleur grise, le corps très étroit, se termine en avant par une tête triangulaire, les points oculiformes sont entourés par une ligne blanche circulaire (fig. 278, p. 181).

Distribution géographique. — Elle est assez commune dans les ruisseaux à eau très pure et habite de préférence le midi de la France.

Une autre espèce également de grande taille est la Planaire lactée, d'un blanc laiteux pur ; comme presque toutes les Planaires, elle se tient sous les pierres, entre les feuilles des Roseaux, et à la face inférieure des feuilles de Nénuphar. Elle convient particulièrement pour étudier les ramifications de l'intestin. Cet organe présente déjà des reflets noirâtres à la lumière directe ; il offre une coloration plus claire quand on l'examine avec une loupe à la lumière réfléchie. Comme les autres espèces du même genre, celle-ci fixe auprès d'elle ses œufs contenus dans un cocon arrondi, gros comme une forte tête d'épingle et adhérent à quelque pierre ou à quelque plante.

Un autre genre de Planariées se distingue des Planaires proprement dites, en ce que les

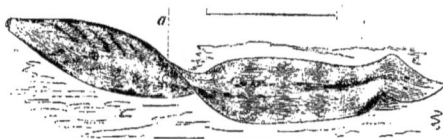

Fig. 278. — Planaire gonocéphale

yeux, qui chez ces dernières sont au nombre de deux ou quatre, se montrent ici en quantité souvent considérable et offrent une disposition spéciale suivant les espèces; nous en citerons une, c'est le

POLYCELIS MODESTE — *POLYCELIS MODESTUS* De Quatr.

Caractères. — Son corps est étroit, d'une couleur brune, un peu plus foncée sur le milieu et sur les bords les yeux placés assez loin de l'extrémité antérieure sont disposés en deux groupes, offrant une certaine ressemblance avec la forme d'une lyre antique (fig. 279, *c*), on en compte 30 à 35 de chaque côté; la bouche, comme une fente allongée, est placée en avant du milieu du corps (de Quatrefages). (Fig. 279, *a*.)

Distribution géographique. — Le Polycélis

Fig. 279. — Polycelis modeste.

modeste vit dans les Fucus sur les côtes du golfe de Naples.

LES VERS PLATS — *COTYLIDEA* V. Bened.

Die Napwürmer.

Caractères. — Claus caractérise les animaux composant cette classe, de la façon suivante : « Vers à corps plat, plus ou moins allongé, à organisation inférieure, pourvus le plus souvent de ganglions cérébraux, mais toujours dépourvus de chaîne ventrale ; armés fréquemment de suçoirs et de crochets ; généralement hermaphrodites. »

Les Vers plats, Plathelminthes, Platodes, Cotylides, sont les plus inférieurs de tous les Vers par leur organisation ; le corps est tantôt homogène, tantôt divisé par des étranglements transversaux en une série d'anneaux, placés bout à bout, tendant à s'individualiser et à vivre après leur séparation d'une vie indépendante.

Le Ver solitaire, le Tænia est l'un des types les plus complets de la forme coloniale.

Le développement des Plathelminthes présente des métamorphoses compliquées liées à la génération alternante ; nous allons suivre les phénomènes complexes que ces animaux présentent, en étudiant les deux grands groupes constitutifs de la famille : les *Trématodes* d'une part, les *Cestoïdes* ou vers rubanés de l'autre.

LES TRÉMATODES — *TREMATODA* Rudolf.

Die Sangwürmer.

Caractères. — On a donné le nom général de Trématodes à des vers parasites, qui s'attaquent à peu près à tous les groupes d'animaux, ordinairement munis de ventouses ana-

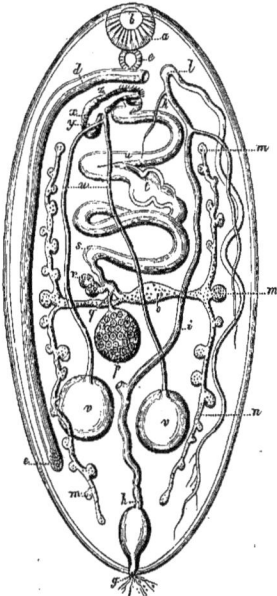

Fig. 280. — Trématode idéal à l'état de proglottis d'après Van Beneden (*).

La peau et son revêtement musculaire présentent des particularités que nous retrouverons plus loin dans les Cestodes, on y trouve assez fréquemment des glandes cutanées unicellulaires, localisées à certains endroits et notamment autour de la bouche. Cette bouche est située à la partie antérieure du corps, au fond d'une petite ventouse, elle conduit dans un pharynx musculeux, qui se continue en un tube digestif bifurqué, souvent ramifié et toujours terminé en cul-de-sac.

L'appareil excréteur, remarquable, est formé d'un réseau de vaisseaux très fins, logé dans

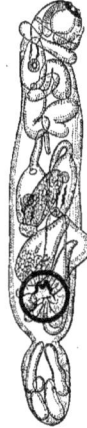

Fig. 281. — Sporocystes.

logues à celles des sangsues et dont le corps est souvent aplati comme une feuille. Les Trématodes présentent une grande analogie avec les Turbellariés, leur forme extérieure est sensiblement la même (Perrier). (Fig. 280.)

les tissus, et en deux gros troncs latéraux débouchant à l'extrémité postérieure dans une vésicule contractile commune. Les systèmes sanguin et respiratoire manquent complètement.

(*) *a*, ventouse buccale. — *b*, bouche. — *c*, bulbe œsophagien situé au-dessus de l'œsophage. — *d*, tube digestif, d'un côté, l'autre est enlevé. — *e*, terminaison en cul-de-sac du tube digestif. — *g*, orifice de la vésicule pulsatile. — *i*, l'un des deux canaux secondaires et ses rameaux. — *kl* (le canal de l'autre côté est enlevé). — *mmm*, vitelligènes ou glandes productrices du vitellus. — *u*, leurs canaux efférents, ou vitelloductes. — *o*, vitellosac, ou confluent renflé des vitelloductes de chaque côté. — *p*. germigène ou glande productive des vésicules germinatives. — *r*, réservoir du liquide fécondant. — *g*, confluent du germiducte et du vitelloducte, à l'origine de l'oviducte. — *s*, *t*, *u*, organes de la génération femelle. — *v*, *v*, organes mâles. — *w*, canaux déférents. — *x*, poche. — *y*, vésicule séminale.

Le système nerveux se compose d'un double ganglion situé sur l'œsophage, d'où partent deux troncs latéraux dirigés en arrière.

Indépendamment des ventouses, d'autres organes de fixation, ou crochets, se montrent chez un grand nombre d'espèces et varient dans leur forme et leur disposition en raison du mode de parasitisme (Claus).

Les procédés de genèse des Trématodes fournissent des particularités tout à fait exceptionnelles, en général ils sont ovipares ; souvent les œufs s'accumulent en masses considérables dans toute l'étendue de l'utérus et y subissent même les premières phases du développement embryonnaire (Claus).

Les jeunes après leur éclosion, ou possèdent, la forme et l'organisation de leurs parents, ou montrent les phénomènes de la génération alternante, liés à des métamorphoses des plus compliquées. Dans le premier cas, la taille des œufs est assez considérable et ils sont déposés dans le milieu habité par leurs producteurs ; dans le second, les œufs sont de beaucoup plus petits ; arrivés dans un milieu humide, ordinairement dans l'eau, ils donnent naissance, au bout d'un laps de temps plus ou moins long, à des embryons de très faible taille, nus, souvent ciliés, cherchant à pénétrer par voie de migration dans un autre animal, un Mollusque dans la majorité des cas ; parvenus dans ce nouvel hôte, ils perdent leurs cils et commencent une nouvelle phase évolutive ; là, les embryons se transforment en sacs germinatifs simples ou ramifiés (Sporocystes de van Beneden) (fig. 281, p. 182), sans bouche ni tube digestif (Redies de Pilippi) ; avec bouche et tube digestif, dont le contenu deviendra une nouvelle génération de vers (Claus). C'est dans les Distomaires que ces diverses métamorphoses se présentent à leur plus haut degré de complication et c'est en étudiant ce groupe que nous les examinerons en détail.

Le groupe des Polystomaires doit d'abord nous occuper.

LES TRÉMATODES POLYSTOMAIRES — *MONOGENEA* V. Bened.

Caractères. — Les Vers de cet ordre sont munis de deux petites ventouses antérieures et d'une ou plusieurs ventouses postérieures, auxquelles viennent s'ajouter, surtout à l'extrémité postérieure, un nombre plus ou moins considérable de crochets. La plupart se développent directement sans génération alternante, les œufs éclosent dans le milieu même habité par l'animal qui les produit, cependant dans certains cas il existe des métamorphoses et les jeunes larves vivent dans un autre milieu ; la présence de points oculiformes est facilement appréciable, et le corps chez certaines espèces présente des traces de segmentation (Claus).

LES GYRODACTYLIDES — *GIRODAC-TYLIDÆ* Wag.

Caractères. — Les Gyrodactylides renferment de très petits vers, munis à la région postérieure d'une expansion membraneuse discoïdale, soutenue par deux grands crochets minces, et par une rangée de petits spicules à disposition rayonnée.

Distribution géographique. — Les eaux douces de France et d'Allemagne nourrissent ces petits animaux.

Mœurs, habitudes, régime. — Ils vivent en parasites sur les branchies des Poissons du genre Cyprin, leur mode de développement a été différemment interprété, leur corps hermaphrodite, nous dit Claus, renferme des générations filles, petites-filles, et arrière-petites-filles, emboîtées les unes dans les autres.

D'après Siebold, un jeune Gyrodactile se développerait aux dépens d'une cellule germinative, et produirait à son intérieur des embryons pendant son évolution ; Wagner de son côté montre que la reproduction est véritablement sexuelle, et pense que les germes donnant naissance aux générations emboîtées proviennent des restes d'un œuf qui a produit l'individu fille. Enfin Metschnikoff a émis l'opinion : que la formation des individus filles et petites filles a lieu presque simultanément, aux dépens de la masse commune, des cellules embryonnaires.

GYRODACTYLE ÉLÉGANT — *GYRODACTYLUS ELEGANS* Nordm.

Caractères. — Long de 25 millimètres, ce Gyrodactyle, d'une délicatesse extrême, est remarquable par la longueur des deux crochets qui soutiennent son expansion membraneuse ; en arrière le corps est linéaire ou fusi-

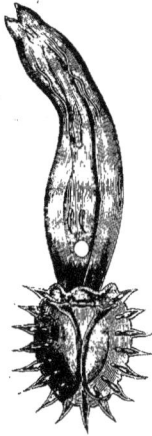

Fig. 282. — Gyrodactyle élégant.

forme, diaphane, la partie antérieure lobée et échancrée, il possède une sorte de trompe. (Fig. 282.

Distribution géographique. — L'espèce vit dans les eaux douces sur les branchies de la Carpe et de quelques autres Cyprinoïdes, notamment le *Cyprinus rutilus*.

LES OCTOCOTYLIDES — *OCTOCOTYLIDÆ* V. Bened.

Caractères. — Les Vers classés dans cette famille sont des animaux à corps mou, allongé, aplati, parfois réunis par paires et soudés côte à côte par le milieu du corps, de telle sorte que, s'écartant par les extrémités libres, leur ensemble a la forme d'un X (fig. 283, p. 185); la bouche est terminale antérieure accompagnée par deux ventouses oblongues, l'intestin est divisé en deux branches ramifiées,

les œufs très grands sont prolongés en avant par un long filament roulé en spirale ou diversement pelotonné (fig. 283, p. 185).

Distribution géographique. — Les Octocotylides habitent les eaux douces d'Europe.

DIPLOZOON PARADOXAL — *DIPLOZOON PARADOXUM* Nord.

Caractères. — Ce Diplozoon, découvert par Nordmann, est un des animaux les plus admirables de l'Helminthologie, dit Dugès : « Cet être est constitué par deux moitiés absolument semblables dont chacune possède les mêmes particularités que l'animal entier : ce sont deux individus reliés entre eux par le milieu du corps. Les deux extrémités antérieures effilées présentent chacune un orifice buccal et auprès de lui une paire de petites ventouses. En les comprimant légèrement, on peut distinguer le tube digestif, composé d'un conduit médian et de ramifications latérales nombreuses, qui s'étendent isolément dans chaque moitié ainsi que tous les autres organes. L'extrémité postérieure de chaque Ver présente dans une dépression deux appareils fixateurs composés de quatre ventouses, soutenues par des parties dures, qui figurent une espèce de boucle. Chacune des deux moitiés du Diplozoon présente un appareil de reproduction hermaphrodite complet (fig. 284, p. 186).

Mœurs, habitudes, régime. — Le Diplozoon vit sur les branchies de plusieurs espèces de Carpes, des Goujons, des Vérons. Siebold a trouvé la solution d'une difficulté qui est restée à l'état de problème pendant une vingtaine d'années après la découverte de cette espèce. Il remarqua que, sur les branchies du Véron, le Diplozoon avait toujours pour compagnon de parasitisme un Ver qu'on avait désigné déjà sous le nom de *Diporpa*. « Une comparaison plus exacte de ces deux parasites montra que le Diporpa, qui est un être simple, offre certaines relations avec l'individu double qui constitue le Diplozoon ; son extrémité buccale, avec ses deux ventouses latérales, ainsi que son tube intestinal, sont identiques aux organes correspondants du Diplozoon. Les deux appareils à crochets écailleux du Diporpa offrent absolument la même disposition que les huit organes analogues dont se trouve armée l'extrémité postérieure de chaque moitié du Diplozoon. Indépendamment de ce que le Diplozoon est un animal double, les différences

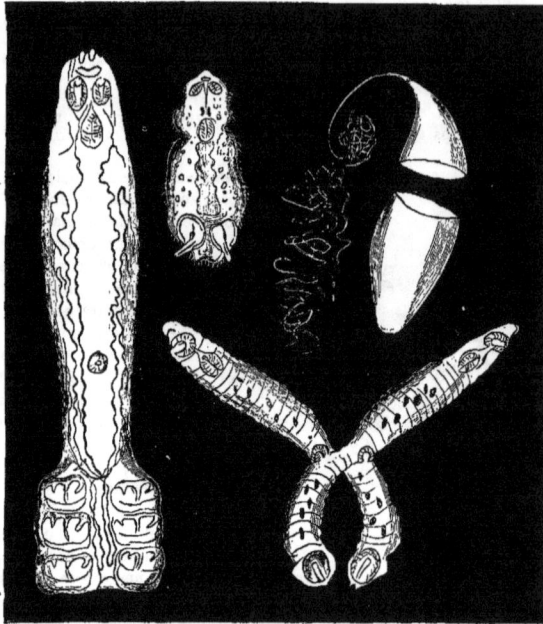

Fig. 283. — Diplozoon paradoxal à divers états de développement.

entre le Diporpa et le Diplozoon sont les suivantes : chez le Diporpa, on ne trouve pas trace des organes reproducteurs, qu'on distingue dans les deux extrémités postérieures du Diplozoon ; le Diporpa est toujours beaucoup plus petit que le Diplozoon ; enfin le Diporpa porte une ventouse en arrière du milieu de la face ventrale, c'est-à-dire au point ou les deux faces se confondent chez les Diplozoon. »

Zeller a montré que ces assertions ne sont pas toutes complètement exactes. Il a réussi à retirer plusieurs Diporpa des œufs du Diplozoon et en les élevant dans l'eau pure il a pu constater l'union de deux Diporpa. Le petit être met 14 jours environ à effectuer son développement à l'intérieur de son œuf allongé et muni d'un long filament corné. La larve, qui mesure environ $0^{mm},26$ de longueur, est pourvue de deux yeux ciliés (fig. 283) (6) ; elle ne possède qu'une paire d'appareils à crochets à son ex-

BREHM.

trémité postérieure. « Au sortir de l'œuf, les petits sont extrêmement vivaces et sans cesse en mouvement ; tantôt ils glissent lentement et posément, tantôt ils nagent en tous sens avec une vitesse extraordinaire ; habituellement ils se précipitent devant eux, s'infléchissent rapidement, se tournent et se retournent dans les attitudes les plus variées, et même se renversent complètement. Parfois ils semblent, à l'œil nu, se tenir tranquilles ; mais en les examinant au microscope, on reconnaît qu'ils sont loin de demeurer immobiles ; la tête rapprochée de leur xtrémité postérieure, ils tournent, en formant un cercle étroit, avec une rapidité variable. On peut voir souvent, pendant la natation, l'animal rabattre ses crochets mobiles sur les extrémités de leurs pédicules et les maintenir étendus au-dessus des parois latérales de son corps pendant un temps assez long. »

« Si aucune occasion ne s'offre à ces animaux

de s'installer sur les branchies du poisson qui doit leur servir d'hôte, ils meurent épuisés au bout d'un petit nombre d'heures, parce que la nourriture leur fait défaut et que la durée de leur essaimage est maintenue dans d'étroites limites. Zeller n'a pas observé directement l'installation du parasite sur le poisson, mais il a trouvé souvent sur les branchies du *Phoxinus lævis*, en juillet et en août, des centaines de Diporpa dont quelques-unes venaient de s'ins-

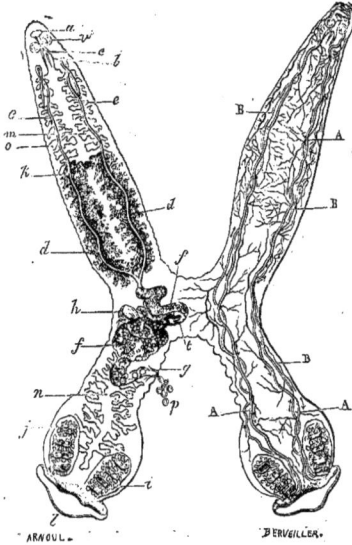

Fig. 284. — *Diplozoon paradoxum* (*).

taller à l'instant. Une fois son développement achevé, le Diporpa a une forme aplatie et presque lancéolée. Il porte à la face ventrale une petite ventouse, et sur le dos une saillie conique située un peu plus en arrière. On avait cru jusqu'ici que, pour constituer le Diplozoon, les Diporpa s'appliquaient l'un à l'autre par leurs ventouses ; mais Zeller a montré qu'en réalité chaque individu enserre le cône dorsal de l'autre à l'aide de sa ventouse. Cette union n'a lieu

(*) A, tronc vasculaire portant le sang d'avant en arrière. — B tronc vasculaire portant le sang en sens contraire. — *a*, bouche. — *b*, appendice linguiforme contenu dans le pharynx. — *c*, ouverture située à l'extrémité de cet appendice. — *m*, *n*, canal digestif tronqué en *k*. — *o*, appendices en forme de cæcums. — *d*, ovaires. — *ee*, oviductes. — *f*, organe femelle. — *g*, ouverture génitale externe. — *p*, œufs. — *t*, organe mâle. — *h*, son canal spiralé. — *v*, ventouses antérieures. — *i*, disques. — *j*, ventouses postérieures. — *l*, languette (d'après Nordmann).

souvent qu'après des semaines et des mois, pendant lesquels les Diporpa isolés puisent, comme les Diplozoon, le sang dans les branchies de leur hôte. La seule modification importante que subissent les Diporpa isolés, consiste dans l'adjonction d'une seconde et souvent d'une troisième paire d'appareils à crochets sur leur extrémité postérieure. »

ANTHOCOTYLE DE LA MORUE — *ANTHOCOTYLE MERLUCII* VAN BENED

Caractères. — « Sans donner lieu à la formation d'un être double, l'Anthocotyle de la Morue

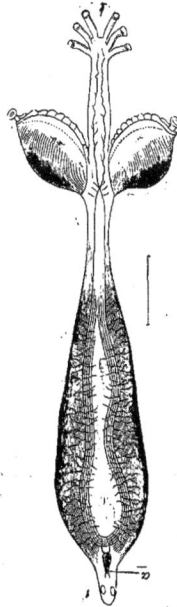

Fig. 285. — Anthocotyle de la morue.

(fig. 285), qui vit sur les branchies du Merlan (*Merluchius vulgaris*), nous offre une conformation remarquable ; peu d'espèces possèdent autant de moyens que lui pour se fixer sur un hôte propice. Les deux petites ventouses de son extrémité antérieure effilée ne sont pas, il est vrai, d'une grande puissance ; elles servent principalement à fixer la ventouse et l'ouverture buccale au moment de l'alimentation. En revanche le prolongement en forme de pédicule qui siège à la partie inférieure du corps, porte une paire d'appareils fixateurs remarquables. Ces deux organes, convexes à leur face supérieure, sont plats à leur face inférieure qui est armée de 4 crochets et d'une petite ventouse pédiculée spéciale. A l'extrémité postérieure on remarque encore trois paires de ventouses pédiculées, disposées symétriquement. Les deux lignes sinueuses, qui parcourent le corps à partir de l'œsophage et qui se croisent au voisinage

Fig. 286. — Dactylocotyle du Merlan.

du principal appareil fixateur, figurent avec leurs ramifications, le tube intestinal. » (O. Schmidt.)

Le genre *Dactylocotyle*, parasite des poissons comme les précédents, fournit quelques espèces intéressantes. Nous en figurons une, le Dactylocotyle du Merlan, *Dactylocotyle Pollachii* (fig. 286), parasite du *Merluchius pollachius*.

LES POLYSTOMIDES — *POLYSTOMI-DÆ* V. Bened.

Caractères. — Plusieurs ventouses postérieures le plus souvent paires, disposées sur deux rangs et munies de crochets, caractérisent les espèces de cette famille remarquable par ses divers modes de développement et plusieurs particularités, dont quelques espèces vont nous fournir des exemples.

ASPIDOGASTER DE L'ANODONTE — *ASPIDOGASTER CONCHICOLA* Baer.

Caractères. — Le corps de cette espèce, long de 1 à 3 millimètres, est blanc jaunâtre, ovale, oblong, un peu déprimé, extensible et contractile en boule. Elle rampe au moyen d'un disque ventral, treillissé, au-dessus duquel s'avance un prolongement terminé par l'orifice buccal.

Distribution géographique. — Elle habite les eaux douces et a été découverte, par Baer, dans le péricarde des *Unio* et des *Anodontes*.

Mœurs, habitudes, régime. — Dugès a pu étudier cet Aspidogaster, très commun, dit-il, à Rennes, dans le péricarde des *Unio littoralis* et *Anodonta Cygnea*, et en conserver dans l'eau pendant plus de douze jours. Là ils subissaient des changements de forme et devenaient vésiculeux en dessus ; le disque ventral, susceptible de s'étendre au delà du contour du corps, sert à la reptation, et l'animal l'emploie non seulement pour cheminer sur les corps solides, mais aussi à la surface de l'eau.

POLYSTOME DES GRENOUILLES — *POLYSTOMUM INTEGERRIMUM* Præscl.

Caractères. — Son corps est blanc jaunâtre, élégamment décoré par les ramifications noires de l'intestin. Mou, contractile, plus étroit en avant, il est terminé par la bouche urcéolée, protractile, et limité en arrière par une expansion discoïdale, autour de laquelle se trouvent six ventouses internes, et deux forts crochets près du bord postérieur, entre les deux dernières ventouses (fig. 287-288, p. 187).

Distribution géographique. — Cette espèce européenne, vit dans la vessie des Grenouilles.

Mœurs, habitudes, régime. — « A l'état de nature, les Polystomes paraissent déposer directement dans l'eau leurs œufs déjà visibles à l'œil nu et brunâtres ; ils sortent, en effet, de la vessie de la Grenouille, au printemps, alors que ce Batracien a quitté ses quartiers d'hiver. Suivant la température, il s'écoule de 14 à 40 jours avant leur éclosion ; c'est du moins ce que l'on observa à l'égard des petits qu'on éleva dans l'eau pure, dans un aquarium. Zeller estime qu'à l'état libre, il faut encore compter six à huit semaines. « J'ai trouvé ordinairement, dit-il, dans l'œuf prêt à éclore, le petit être disposé de telle sorte, que, son disque caudal répondait au pédicule de l'œuf, et sa région céphalique au bout opposé, qui doit se détacher sous

forme d'opercule à bords irrégulièrement dentelés. Cet opercule est petit, et le Ver, pour
éclore, a quelque peine à pénétrer à travers

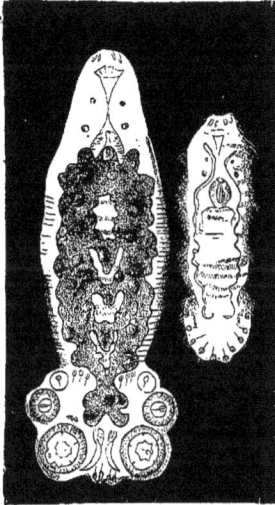

Fig. 287. et 288. — Polystome des grenouilles et sa larve.

l'étroite ouverture; aussi entraîne-t-il souvent
sa coque pendant un certain temps. »

« Le jeune Ver, au sortir de l'œuf, est un
petit animal extrêmement vivace et mobile, qui
nage joyeusement dans l'eau en tous sens à
l'aide de son revêtement cilié ; dans ce milieu
il étire et rétracte son corps ; il se plie et fait
volte-face, et souvent, la tête dirigée en bas,
il se tourne avec la rapidité de l'éclair et se renverse complètement. Ces ébats, pleins d'animation, durent pendant des heures entières. » Les
petits diffèrent de l'animal adulte par leur
revêtement ciliaire qui s'étend à partir de la
tête tout le long des parties latérales du corps,
et par l'absence de ventouses sur leur disque.
Les seize crochets fins que portent les jeunes
persistent chez l'adulte. Leur passage à la vie
parasitaire semble ne s'effectuer que très exceptionnellement par l'immigration dans le
corps d'une Grenouille âgée de 1 à 2 ans ; mais
il se fait très régulièrement sur les têtards dont
la cavité branchiale sert de résidence aux
Polystomes jeunes ; c'est là qu'ils dépouillent
leur revêtement cilié. Malheureusement nous
ne savons pas quel chemin suivent ces parasites

pour se rendre depuis la cavité branchiale
jusque dans la vessie. Dans cette phase de leur
existence obscure ils ne sauraient utiliser les

Fig. 289. — Hexathyridium des veines.

yeux dont ils ont tiré profit lorsqu'ils vivaient
indépendants. » (O. Schmidt.)

A la famille des Polystomides appartient encore le genre *Hexathyridium* dont nous figurons
une espèce découverte par Treutler dans la
veine tibiale. C'est l'*Hexathyridium des veines*.
(fig. 289).

LES UDONELLIDES — *UDONELLIDÆ*
V. Bened.

Caractères. — Les Udonellides, d'après Van
Beneden créateur de la famille, ressemblent à
des Sangsues ; le corps est allongé, plus ou
moins cylindrique, avec une très grande ventouse postérieure, et deux ventouses membraneuses, très mobiles, sur les côtés de la
bouche.

Mœurs, habitudes, régime. — Elles vivent
en parasites sur des Crustacés parasites eux-
mêmes de Poissons marins.

UDONELLE DES LERNÉES — *UDONELLA CALIGARUM* Knoy.

Caractères. — Les caractères de cette espèce
sont identiques à ceux de la famille.

Mœurs, habitudes, régime. — Elle se fixe
sur les *Caligides* et sur les *Lernœides* qui vivent
eux aussi en parasites sur les Fletans; mais
elles se nourrissent exclusivement aux dépens
des poissons ; les crustacés que nous venons de
citer ne leur servent que de support et d'habitation ; les *Caligides*, en particulier, leur fournissent l'occasion de se déplacer.

LES TRISTOMIDES — *TRISTOMIDÆ*
V. Bened.

Caractères. — Chez les Tristomides, le corps est aplati, ordinairement plus ou moins discoïdal, et porte en arrière une large ventouse sessile ou pédonculée, bordée par une membrane plissée ; la bouche est située sur le bord antérieur entre deux ventouses ; l'intestin divisé en deux ou quatre branches ramifiées.

Distribution géographique. — Les Tristomides vivent en parasites sur les branchies de divers Poissons marins.

EPIBDELLE DE L'HYPOGLOSSE — *EPIBDELLA HIPPOGLOSSI* V. Bened.

Caractères. — L'Epibdelle de l'Hypoglosse, est disciforme, avec deux petites ventouses buccales et une grande postérieure, armée de cro-

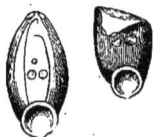

Fig. 290 et 291. — Épibdelle de l'Hyppoglosse.

chets (fig. 290 et 291). Van Beneden lui trouve une certaine ressemblance avec les Malacobdelles.

Distribution géographique. — Elle vit sur la face inférieure des Flétans et, comme ces animaux, paraît spéciale aux mers du Nord.

Mœurs, habitudes, régime. — Van Beneden a imaginé, à Louvain, un moyen aussi simple qu'ingénieux pour conserver des Epibdelles vivantes pendant plusieurs semaines : son procédé consiste à les placer chaque jour dans une Huître fraîche. Le Ver prend souvent l'attitude favorite des Hirudinées, c'est-à-dire qu'il applique son extrémité céphalique contre sa ventouse postérieure. Il peut aussi allonger son corps, ou le raccourcir en l'élargissant, sans posséder toutefois le même degré d'extensibilité que les Sangsues. Sa couleur est blanchâtre comme la face inférieure des Soles dont il est souvent le parasite.

CYCLATELLE DES ANNÉLIDES — *CYCLATELLA ANNELIDICOLA* O. Schm.

Caractères. — La Cyclatelle des Annélides, l'une des espèces les plus remarquables du genre,

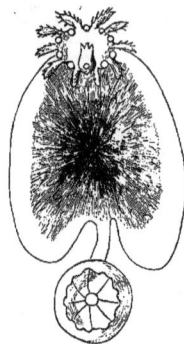

Fig. 292. — Cyclatelle des Annélides.

a l'orifice buccal entouré d'une couronne d'antennes ciliées. Le corps, tout plat et ovalaire, est d'un blanc pur ; il est profondément échan-

Fig. 293. — Tristome tubipore.

Fig. 294. — Tristome papilleux.

cré en arrère et porte une grande ventouse sur un pédicule émané de cet angle. Cet organe est soutenu également ici par 8 rayons et entouré d'un bord membraneux. Fixé solidement au moyen de cet appareil, l'animal peut se mouvoir activement en tous sens au bout de son pédicule extensible et souple (fig. 292, p. 189).

Mœurs, habitudes, régime. — C'est un des rares Trématodes qui se fixent sur des Vers annelés ; celui-ci s'attaque à des Vers tubicoles du genre *Clymene*.

TRISTOME TUBIPORE — *TRISTOMA TUBIPORUM* DIES.

Caractères. — Le corps est elliptique, sinué ou échancré en avant, brusquement rétréci en arrière, pour former un pédoncule terminé par

une large ventouse en forme de roue à neuf ou dix rayons, bordée d'une membrane étroite et plissée ; les ventouses antérieures sont oblongues, latérales et parallèles (fig. 293, p. 189).

Distribution géographique. — Le Tristome tubipore a été découvert par Kollar sur les branchies du *Trigla hirundo*.

Une autre espèce, le Tristome papilleux, *Tristoma papillatum* Dies (fig. 294, p. 189), vit sur les branchies du *Xiphias gladius*. Sa ventouse postérieure, sessile, est rayonnée et à bords striés.

LES TRÉMATODES DISTOMAIRES — *DIGENEA* V. BENED

Caractères. — Les Trématodes distomaires sont munis au plus de deux ventouses et sans crochets ; ils vivent en parasites dans l'intérieur des organes et se développent par génération alternante.

On a vu, aux caractères généraux des Trématodes, les embryons se transformer en sacs germinatifs ; ces sacs sont ici des nourrices produisant par des germes ou des spores, des

Fig. 295. — Cercaire de Distome (d'après V. Beneden).

Cercaires (fig. 295), considérés jadis comme espèces distinctes et qui sont en réalité des larves de Distomes, ne parvenant d'ordinaire, en Vers sexués, qu'après une double émigration active et passive (Claus).

Ces larves, munies d'un appendice caudal, très mobile, souvent aussi d'un aiguillon céphalique et parfois d'yeux, offrent une grande ressemblance avec les Distomes adultes, dont elles diffèrent seulement par l'absence d'organes reproducteurs. Sous cette forme, elles abandonnent le corps de la nourrice, ordinairement par un orifice spécial situé sur un point donné de la Redie ; elles quittent également l'hôte, où

habite la Redie, et se meuvent librement dans l'eau. A ce moment, si elles rencontrent un Mollusque, un Ver, un Insecte, un Poisson, un Batracien, aidées par les mouvements énergiques de leur appendice caudal, elles pénètrent dans les tissus et, après avoir perdu cet appendice, elles s'enkystent.

Le jeune Distome enkysté est dépourvu d'organes reproducteurs. Si l'animal où il vit devient la proie d'un autre, parvenu dans ce nouvel individu, intestin, vessie urinaire, etc., il y achève son développement (Claus).

Les Distomaires passent, comme on le voit, par trois phases de développement, dont chacune suit son cours dans un animal déterminé, mais différent pour les trois phases.

Quelquefois les trois phases ne sont pas complètes. C'est ainsi que certains Cercaires ne possèdent pas de queue, que d'autres peuvent s'enkyster sur des plantes (Claus) sans pénétrer chez un animal, et qu'enfin, dans certains cas rares, la phase d'enkystement peut être sautée, et les Cercaires émigrent alors directement dans le milieu où ils se transformeront plus tard en Distomes sexués.

LES DISTOMIDES — *DISTOMIDÆ* LEB.

Caractères. — Les Distomides, nommés aussi, Douves, Fascioles, etc., ont le corps assez mou, souvent déprimé, à partie antérieure rétrécie, quelquefois allongée, toujours pourvue d'un pore en forme de ventouse, au fond duquel est la bouche. Leur canal intestinal est incomplet, souvent dichotome et rameux. Une seconde ventouse, ventouse abdominale, également inerme, se trouve située sous le corps en arrière.

Distribution géographique. — Ils vivent dans les cavités naturelles des animaux terrestres et aquatiques.

GYNÆCOPHORE HÉMATOBIE — *GYNÆCOPHORUS HEMATOBIUS* Dies.

Caractères. — Ce ver, découvert par Bilharz, est l'un des parasites les plus intéressants que l'on connaisse. L'espèce se compose de deux individus complètement différents par leur forme et leur physionomie, l'un mâle et l'autre femelle.

Chez le mâle, le corps est mou, filiforme, blanchâtre, à partie antérieure, déprimée,

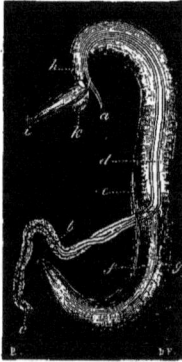

Fig. 296. — Gynæcophore hématobie (*).

lancéolée, concave en dessous, convexe en dessus; à la partie postérieure, en arrière de la ventouse ventrale, la marge est infléchie de chaque côté, et forme ainsi un canal longitudinal, canal gynécophore (fig. 296).

La femelle est très mince, grêle, à corps rubané lisse, transparent, et très aminci en avant.

Distribution géographique. — Cette espèce n'a encore été trouvée qu'en Égypte, où elle vit

(*) *ab,* femelle en partie contenue dans le canal gynæcophore. — *a,* l'extrémité antérieure. — *c,* l'extrémité postérieure. — *d,* le corps vu par transparence dans le canal. — *e, f, g, h, i,* mâle. — *e, f,* canal gynæcophore entr'ouvert en avant et en arrière de la femelle extraite en partie. — *g, h,* limite vers le dos de la dépression de la face ventrale constituant le canal. — *i,* ventouse buccale. — *k,* ventouse ventrale; entre *i* et *h,* le tronc; en arrière de *h,* la queue (d'après Bilharz).

chez l'homme, dans la veine-porte et ses ramifications.

Mœurs, habitudes, régime. — Le mâle surpassant de beaucoup la femelle comme taille, porte celle-ci placée longitudinalement dans le canal gynécophore, réalisant ainsi, en quelque sorte, l'hermaphrodisme du genre Distome, auquel ce Ver déroge exceptionnellement (Davaine).

« D'après les recherches de plusieurs professeurs à l'Ecole de médecine d'Alexandrie, et notamment de Bilharz, la moitié au moins de la population adulte d'origine Égyptienne est infectée de ce Ver qui se tient dans les vaisseaux veineux du bas-ventre et principalement dans ceux des organes urinaires. Les souffrances qu'il provoque se terminent par un alanguissement général et par la mort. Les petits de ce Distome émanent en grand nombre des œufs pondus dans les organes infectés ; des œufs innombrables sont aussi rejetés au dehors et pourvoient d'une manière plus que suffisante à l'extension généralisée de cette affection parasitaire. « Il serait du plus grand intérêt, dit Leuckart, de découvrir le chemin suivi par ce Distomien, pour pénétrer dans le corps humain. Le mode d'existence et d'alimentation des Égyptiens étant d'une grande simplicité, on pourrait y trouver peut-être assez facilement quelques données relatives à ce sujet. Telle est, du moins, l'opinion de Griesinger auquel un long séjour en Égypte a permis de connaître à fond les conditions médicales de ce pays, et qui a jeté un grand jour sur les affections entozoaires de l'Orient. D'après lui, pour résoudre la question de l'immigration du *Gynecophorus hematobius,* il faut avoir en vue trois points principaux : 1° l'eau du Nil qui est employée sans filtres; 2° le pain et les céréales, peut-être aussi les dattes, qui constituent les principaux objets d'alimentation ; 3° les Poissons dont l'usage est très répandu et que les Fellahs utilisent à moitié décomposés. Il semble fort rationnel de songer aussi aux feuilles et aux racines qui, à l'état de crudité, constituent des éléments essentiels de l'alimentation parmi les classes pauvres en Égypte. Comme ce sont précisément les couches inférieures de la population qui sont infectées de ce Distome, il semble plus naturel d'admettre qu'avec cette dernière alimentation, l'homme avale, par hasard, quelque Mollusque ou quelque Insecte servant d'hôte au Distome à ce moment enkysté, que de porter les soupçons sur les Poissons qui, dans nos pays du moins, ne sont que rarement habités par des Distomes enkystés. » (O. Schmidt.)

DISTOME HÉPATIQUE — *DISTOMUM HEPATICUM*
Abilg.

Leberegel.

Caractères. — Le corps du Distome hépatique, ovale, oblong, lancéolé, large et arrondi en avant, est blanchâtre sale, plus ou moins teinté de brun, et aplati en forme de feuille ; la ventouse antérieure est terminale, la postérieure, large, à orifice triangulaire. Les segments sont parsemés d'épines ou de lamelles (fig. 298, et 193).

Distribution géographique. — Il est fréquent chez les Ruminants dans les canaux biliaires et la vésicule du fiel, d'où il passe quelquefois dans les intestins. On le rencontre très rarement chez l'homme, mais il abonde chez le Mouton ; son domaine s'étend non seulement sur l'Europe entière, mais sur l'Égypte, le Groënland et l'Amérique septentrionale. Il n'est pas surprenant que des Moutons importés en Australie y aient implanté leurs parasites.

Mœurs, habitudes, régime. — « Pour étudier les mœurs et surtout les mouvements des Douves du foie, il faut, dit Leuckart, les examiner immédiatement après la mort de leur hôte, avant que le refroidissement ne les ait amenés à cet état de raideur qui leur donne au premier abord, l'aspect d'une feuille flétrie, plutôt que d'un être animé. D'ailleurs, leurs mouvements, même dans ces conditions, ne sont ni rapides ni fréquents ; ils sont cependant assez notables pour expliquer le mode de pénétration de ces Vers dans le foie des animaux. C'est l'extrémité conique de la partie antérieure du corps, secondée par la présence des ventouses, qui détermine principalement leur progression dans l'intérieur des canaux biliaires. Ce cône pénètre, à la manière d'un coin, en entraînant à sa suite le corps entier dont les bords latéraux, repliés et enroulés, progressent d'une manière passive. En dépit de tous ces moyens, la pénétration serait impossible dans ces conduits étroits, si l'animal n'était recouvert de piquants, dont les pointes dirigées en arrière, s'opposent à tout mouvement rétrograde et transforment chacune des contractions, plus ou moins appréciables, du corps en un mouvement progressif. »

L'opinion d'après laquelle les Douves du foie se nourrissent de bile est, d'après Leuckart, absolument erronée : elles absorbent plutôt le sang et les cellules épithéliales de la paroi interne des canaux biliaires ; ce sont là les aliments qui pénètrent dans leur tube digestif, ramifié comme chez les Dendrocèles. Naturellement le foie, habité par un grand nombre de Douves, se détruit peu à peu ; les conduits hépatiques s'enflamment, la circulation se suspend par suite de la compression continue, et la sécrétion biliaire est troublée. On voit survenir l'anorexie, l'amaigrissement et l'hydropisie ; heureusement l'homme n'est infecté de Douves hépathiques que d'une manière tout-à-fait exceptionnelle ; mais les ravages qu'elles produisent chez les Moutons sont assez considérables pour ranger ces Douves au nombre des parasites les plus redoutables, Elles produisent une énorme quantité d'œufs (fig. 297), qui des canaux biliaires pénètrent ordinaire-

Fig. 297. — OEuf de Distome hépatique.

ment dans la vésicule du fiel, où ils peuvent s'entasser par millions, pour passer de là dans l'intestin et parvenir ainsi au dehors. Dans l'eau, on voit se développer en eux un embryon recouvert d'un revêtement ciliaire lâche et pourvu d'une tache oculaire cruciforme (fig. 299, p. 193).

« Pour étudier en pleine activité ce revêtement ciliaire, il faut observer l'animal au moment de son éclosion. Après avoir soulevé l'opercule de sa coque à l'aide de deux fortes secousses, il s'étire à travers cette étroite ouverture en s'aidant de ses cils vibratils qui entrent en mouvement dès qu'ils arrivent au contact de l'eau, et s'efforce de quitter sa demeure primitive au plus vite.

« Le corps étendu, il nage au devant de lui sans trêve, tantôt en ligne droite et en tournant sans cesse autour de son axe longitudinal, tantôt en cercle ou bien en arc de cercle. A cet état, le corps présente une forme conique et mesure 0^{mm}, 13, c'est-à-dire un peu plus d'1/20 de ligne. Au moindre choc, l'embryon s'arrête un moment, comme pour s'éprouver avant de recommencer ses tours. Pour décrire dans l'eau

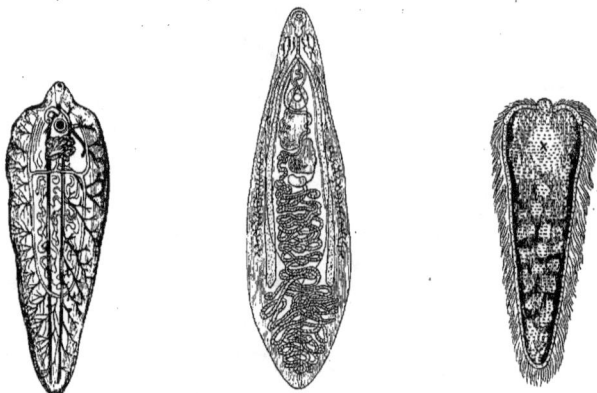

Fig. 298. — Distome hépatique.   Fig. 300. — Distome lancéolé.   Fig. 299. — Larve de Distome hépatique.

ses cercles ou ses arcs de cercle, le corps s'incurve d'autant plus que l'arc à décrire est d'un rayon plus court. Parfois, le corps entièrement incurvé, l'embryon tourne autour de son centre, sans changer de place. Ces mouvements, après avoir duré de vingt à trente minutes, cessent graduellement et s'éteignent tout à fait au bout de peu de temps. Les cils se raidissent et tombent après que l'animal en se contractant a pris l'aspect d'une masse claviforme ou ovalaire, ou après qu'il a tenté peut-être quelques efforts de reptation. » On ne connaît pas encore le sort ultérieur de ces Larves ; mais on peut supposer que leur évolution suit, dans quelque hôte intermédiaire, une marche analogue à celle des autres Distomes dont les formes jeunes vivent d'abord en liberté dans l'eau pour s'installer ensuite dans des Mollusques. « Quant à la façon dont ces jeunes Douves s'établissent dans leur hôte définitif, il est hors de doute que celui-ci s'en infecte pendant ses repas, et généralement dans les prés. Un grand nombre d'observations ont établi que des Moutons, ayant séjourné pendant très peu de temps dans un pré suspect, ont tous péri par gangrène du foie à l'exception de ceux qu'une maladie ou une autre cause quelconque ont empêché de brouter. On cite des éleveurs Anglais qui, pour lutter contre toute concurrence, ne vendaient que des animaux qu'ils prétendaient avoir « assurés » en

BREHM

les infectant de Douves dans certaines prairies. Dans quelques cas, on dit avoir constaté les symptômes de l'infection chez les moutons, déjà six semaines après leur séjour sur les prairies suspectes. » Cette infection sévit fortement de temps à autre, ainsi que le prouvent les renseignements recueillis par un naturaliste Français ; il signale à ce point de vue neuf années désastreuses en France dans le siècle actuel : 1809, 1812, 1816, 1817, 1820, 1829, 1830, 1853, 1854. Dans les environs d'Arles, 300,000 moutons périrent ainsi ; auprès de Nîmes et auprès de Montpellier, il en mourut 70,000. On aurait trouvé parfois plus de mille Douves dans le foie d'un seul animal ; il est rare néanmoins que leur nombre y dépasse 200. » (O. Schmidt.)

M. Leuckart a cherché à démontrer que les moutons absorbent les Distomes par l'intermédiaire de très jeunes *Lymnées*, mollusques porteurs de cercaires pendant leur première évolution, et fréquents sur les tiges des plantes dans les prairies marécageuses.

DISTOME LANCÉOLÉ — *DISTOMUM LANCEOLATUM* Mehl.

Caractères. — Le Distome lancéolé diffère du précédent par un corps lisse, demi-transparent plus ou moins taché de brun, obtus en arrière plus aminci en avant ; la ventouse antérieure est presque terminale et globuleuse, la postérieure orbiculaire (fig. 300, p. 193).

Mœurs, habitudes, régime. — Confondu longtemps avec le Distome hépatique, le Distome lancéolé, comme lui, habite les vaisseaux biliaires du Mouton, mais il apparaît ordinairement en nombre restreint; c'est dans ce fait, ainsi que dans l'exiguité du corps et dans l'absence de piquants, qu'il faut chercher la raison de son innocuité relative. L'évolution paraît être analogue à celle des grandes Douves et commence avec la période des larves ciliées. Son immigration dans le corps de l'homme est une rareté des plus exceptionnelles.

LES AMPHISTOMIDES — *AMPHISTO-MIDÆ* ENDL.

Caractères. — Chez les Amphistomides, le corps est blanc rougeâtre, musculeux, assez ferme, épais, ovoïde ou cylindrique, souvent courbé, terminé en avant par l'orifice buccal; plus large et obliquement tronqué en arrière, où il se termine par une large ventouse, au moyen de laquelle ces Vers se fixent à la muqueuse de l'intestin, ou des cavités naturelles. L'intestin est bifurqué, ayant ses deux branches terminées en cœcum, vers l'extrémité postérieure.

C'est chez les Amphistomiens que le système nerveux aurait été vu plus clairement peut-être que chez les autres Trématodes.

AMPHISTOME DES RUMINANTS — *AMPHISTOMA CONICUM* RUD.

Caractères. — La découverte de ce Ver est due à Daubenton. Le corps de l'Amphistome conique est ovoïde, oblong, un peu aminci en avant, obtus et recourbé en arrière, il est d'un blanc rougeâtre; la ventouse postérieure a son ouverture circulaire.

Distribution géographique. — Il n'a pas été observé ailleurs que chez les Ruminants, tels que le Bœuf, la Chèvre, le Mouton, le Chevreuil, l'Élan et plusieurs espèces de Cerfs.

LES MONOSTOMIDES — *MONOSTO-MIDÆ* V. BENED.

Caractères. — Les Monostomides sont des vers à corps plus ou moins allongé et aplati;

leur bouche, située à la partie antérieure, est entourée d'une masse musculaire urcéolée formant ventouse; la ventouse ventrale manque constamment. Sous beaucoup de rapports, dit Van Beneden, les Monostomides ressemblent à des Distomes qui auraient perdu leur ventouse ventrale.

Comme les Distomes, ils passent par les phases évolutives du Sporociste et du Cercaire, avant d'avoir atteint leur forme définitive.

Mœurs, habitudes, régime. — Ils se rencontrent habituellement dans l'intestin des Oiseaux, vivant aussi dans les follicules de la peau, autour du foie soit des Oiseaux, soit des Poissons; quelques-uns habitent les diverses cavités naturelles des Palmipèdes, et plus particulièrement dans la cellule intra-oculaire et dans les organes respiratoires.

MONOSTOME CHANGEANT — *MONOSTOMA MUTABILE* ZEDER.

Caractères. — C'est un des types les plus remarquables de la famille. Son corps, dit Van Beneden, est un peu allongé, assez semblable à celui d'une jeune sangsue contractée, convexe en dessus et aplati en dessous; on voit en avant l'orifice de la bouche qui est très petit; les deux intestins se joignent en arrière.

Distribution géographique. — Zeder, qui le premier l'a signalé, l'a découvert dans l'abdomen d'une Poule d'eau (*Gallinula chloropus*); Siebold l'a retrouvé dans les sinus sous-orbitaires de divers Oiseaux aquatiques, et par ses curieuses observations il lui a donné une certaine célébrité.

Le Monostome, dit Siebold, paraît vivipare et, dans les individus adultes, on voit à travers la peau les embryons encore contenus dans leur oviducte.

En terminant la revue des principaux types de Trématodes, nous n'insisterons pas pour faire ressortir l'intérêt que présente l'étude de leurs transformations; des faits importants sont acquis, mais des découvertes nouvelles attendent ceux qui s'adonnent à leur recherche. Il semble que chez ces animaux inférieurs dans l'échelle zoologique, surgissent à chaque instant des complications inattendues; nous ne pouvons résumer même succinctement les principaux faits récemment signalés : bornons-nous à dire que les derniers travaux de notre collègue, M. Poirier, ont puissamment contribué à éclairer l'histoire des Trématodes.

LES CESTOIDES — *CESTOIDEA* Rudolf.

Die Bandwürmer.

Caractères. — Les Cestoïdes ou Vers rubanés, dont le Tænia est l'un des types les plus connus, forment un groupe de Vers singuliers, caractérisés par un corps multiarticulé (Van Beneden). Longtemps ils furent considérés comme des animaux simples, et il a fallu les remarquables travaux de Van Beneden pour détruire l'ancienne opinion, que chaque ruban de Tænia consti-

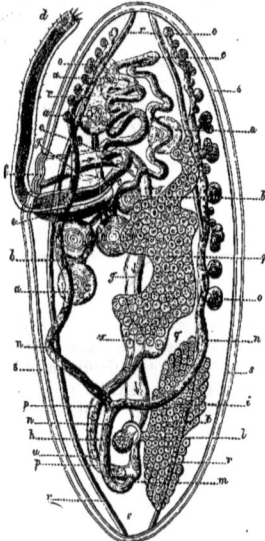

Fig. 301. — Schéma de la constitution d'un anneau parfait de Tænia (d'après Van Beneden) (*).

tuait un animal unique; ce sont des Trématodes vivant en colonies. Les anneaux des Tænia (fig. 301) ne sont donc pas de simples parties d'un tout organique indivisible, ce sont de véritables individus, des organismes autonomes ayant

(*) *aaa*, testicules sous forme de vésicules transparentes. — *bb*, canaux efférents. — *ccc*, canal déférent. — *d, e, f, ggg*, organes sexuels. — *h*, réservoir du liquide. — *i*, germigène rempli de vésicules germinatives. — *t, l*, germiducte. — *oo*, vitellogène. — *n*, vitelloducte. — *m*, confluent du vitelloducte dans la germiducte. — *p*, oviducte contenant des œufs. — *u, q*, organe rempli d'œufs. — *v*, et montrant le mode de formation des cœcums latéraux. — *rrr*, canaux longitudinaux regardés par Van Beneden comme des appareils excréteurs urinaires. — *ass*, épaisseur de la peau.

encore actuellement leurs analogues vivant à l'état solitaire. Ces anneaux ne sont pas du reste indissolublement unis les uns aux autres. Arrivés à maturité ils se séparent spontanément et se meuvent souvent avec plus d'agilité que lorsqu'ils étaient unis à leurs compagnons ; ils peuvent même se nourrir et grandir d'une façon considérable (fig. 303, p. 196). (Perrier.)

La structure interne des Cestoïdes est des plus simples : au-dessous d'une mince cuticule, s'étend le système musculaire composé d'une légère couche de fibres transversales et longitudinales, d'une seconde couche interne de muscles longitudinaux, et enfin d'une couche de fibres annulaires. Les organes des sens font complètement défaut ; il en est de même de l'appareil digestif ; le liquide nourricier pénètre directement par endosmose dans le parenchyme du corps, à travers les téguments (Claus).

Tout au contraire, l'appareil excréteur est fortement développé et représenté par des *vaisseaux aquifères :* ce sont habituellement

Fig. 302. — Scolex de Tænia.

quatre, parfois seulement deux, rarement six ou huit canaux longitudinaux, situés sur les côtés, communiquant dans chaque anneau, par des anastomoses transverses. Ce système de vaisseaux montre une segmentation correspondant aux anneaux ; cette segmentation est encore plus accusée dans la disposition de l'appareil génésique, car chaque anneau est hermaphrodite (Claus).

La vie coloniale, dit M. le professeur Perrier, a permis chez les Cestoïdes, une division du travail suivie de polymorphisme. Tout ruban complet de Tænia se compose de deux sortes d'individus : 1° un individu asexué, le *Scolex*,

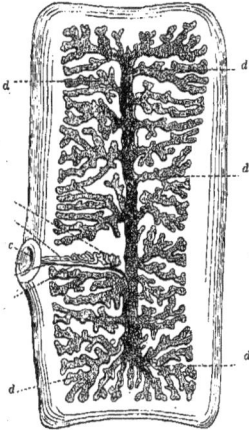

Fig. 303. — Proglottis du Tænia (*).

vulgairement appelé tête (fig. 302, p. 195), doué de la faculté de se reproduire par bourgeonnement, et servant en même temps à fixer la colonie dans l'intestin de son hôte; 2° les *Proglottis* ou *cucurbitains* (fig. 303), pourvus d'organes sexuels très développés, mais incapables de se reproduire par bourgeonnement. L'ensemble des Scolex et des Proglottis a été désigné par Van Beneden, sous le nom de *Strobile*.

Les Cestoïdes sont donc des colonies et des

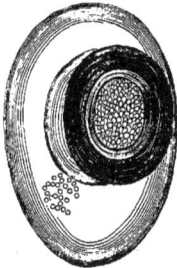

Fig. 304. — Œuf de Tænia.

colonies linéaires; le Scolex ne donne naissance à de nouveaux individus qu'à l'une de

ses extrémités ; mais cette faculté n'est qu'un phénomène secondaire dû à des conditions particulières d'existence, une simple modification d'une faculté de reproduction plus générale (Perrier).

Les Tænias, comme toutes les autres espèces

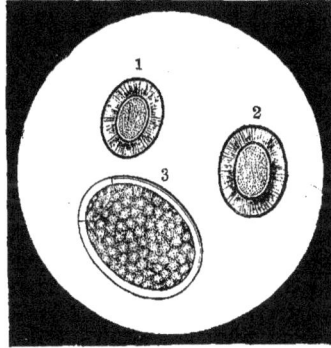

Fig. 305. — Œufs de Vers cestoïdes(*).

de vers Cestoïdes, sont pourvus d'œufs très nombreux, petits et protégés par une coque cornée (fig. 305).

Ces œufs abandonnent avec les proglottis, le tube digestif de l'hôte où est contenu le Tænia;

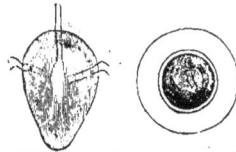

Fig. 306 et 307. — Embryon Hexacanthe.

disséminés sur les plantes, dans l'eau, etc., ils passent avec les aliments dans le corps d'animaux herbivores ou omnivores. Une fois les enveloppes de l'œuf détruites par le suc gastrique, les embryons uniques pour chaque œuf, courts, sans articulations, généralement pourvus de trois paires de crochets (embryons Hexacantes), (fig. 306 et 307), percent les tuniques digestives et passent dans les vaisseaux, par l'intermédiaire desquels, très probablement, ils pénètrent dans les différents organes : foie, muscles, cerveau, etc.

(*) *a*, organe mâle. — *b*, spermiducte. — *c*, orifice. — *d*, organe femelle rempli d'œufs. — *e*, conduit. — *f*, cloaque sexuel.

(*) 1, *Tænia solium*. — 2, *Tænia medico-canaletta*. — 3, *Bothriocephalus latus*.

A ce moment, les embryons perdent leurs crochets, et sont enveloppés d'un kyste de sub-

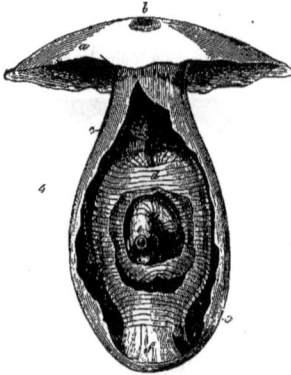

Fig. 308. — État hydatidique de Tænia (*).

stance conjonctive et se transforment en une vésicule à contenu liquide et à parois contractiles (Claus) ; la vésicule constitue l'état hydatidique (fig. 308).

Sous cet état, le Cestoïde hydatidiforme peut produire de nouveaux individus, mais seulement par germination ; on trouve en effet des hy-

Fig. 309. — Échinocoque.

datides à une ou plusieurs têtes. Ceux qui n'ont qu'une seule tête, et pour lesquels on avait créé jadis une famille, constituent le Cysticerque. Ces Cysticerques, bourgeons creux, montrent au fond une armature de tête de Tænia avec des ventouses et sa double couronne de crochets (fig. 312). Si ce bourgeon creux vient à se dérouler en dehors comme un doigt de gant, on voit la tête portée sur un long cou, et présentant même des traces d'anneau (fig. 313).

Les Cysticerques à plusieurs têtes avaient été également partagés en deux genres. Les uns

à tête plus volumineuse étaient les *Cœnures*

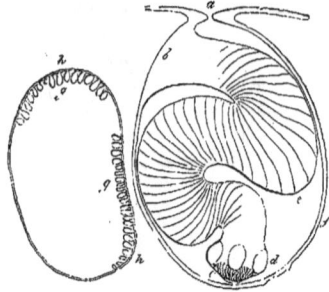

Fig. 310 et 311. — Cœnure du Mouton (*).

(fig. 310-311). Les autres à tête plus petite, sont

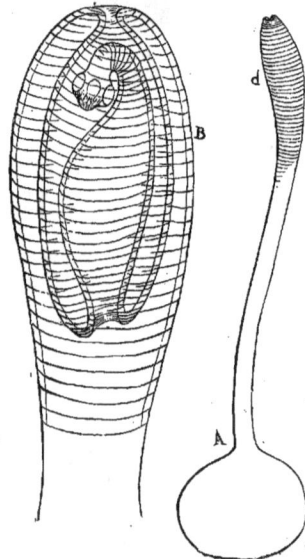

Fig. 312 et 313. — Cysticerque de Tænia des Ruminants (**).

désignés sous le nom d'*Echinocoques*. (fig. 309).

(*) *hh*, vésicule commune à plusieurs corps. — *gg*, corps enfermés dans la vésicule, de 1 à 3 millimètres. — *d*, tête à 4 ventouses. — *c*, couronne de crochets. — *b*, adhérence de l'animal à la vési-cule d'enveloppe. — *a*, ouverture de la vésicule par où l'animal, replié en dedans peut sortir sa tête en dehors. — *e*, plis cylindriques du corps de l'animal.

(**) A, la vésicule hydatidique, qui est moins grande que celle des Cysticerques du Cochon et de l'Homme. — *a*, la partie annelée de son cou. — B, la même montrant les détails du cou et de la tête. — *i*, le point par lequel cette dernière s'invagine.

(*) *a*, portion de la membrane hydatique. — *b*, le point par lequel la tête du ver sortira. — *c*, portion de la membrane dans laquelle il est invaginé. — *d*, le commencement de son cou ou de la partie dite strobilaire. — *c*, la tête, avec les ventouses et les crochets. — *f*, le point de jonction du cou avec la membrane enveloppante.

On admettait encore un autre genre formé, comme les précédents, d'une poche remplie de sérosité, mais complètement dépourvu de tête, c'étaient les Acéphalocystes de Laënnec.

Ces vésicules mères peuvent atteindre un développement considérable. Tant que la tête est adhérente, elle ne se transforme jamais en Ver rubané sexué, bien qu'elle puisse cependant atteindre, dans certains cas, une longueur considérable et présenter une sorte de segmentation. Il faut, pour devenir Tœnia dans toute l'acception du mot, que la vésicule (Hydatide, Cœnure, Cysticerque ou Echinocoque), parvienne dans le tube digestif d'un autre animal.

Le transport a lieu passivement avec les aliments, et particulièrement ceux composés de viande. Après l'absorption, la vésicule est digérée dans l'estomac, et la tête, le Scolex, devient libre ; protégé sans doute, dit Claus, par les nombreuses concrétions calcaires qu'elle contient, contre l'action trop énergique des sucs gastriques, elle passe dans l'intestin grêle et se fixe à ses parois à l'aide de son armature ; puis se segmentant insensiblement, elle se transforme en Tænia.

L'étude des principaux types va nous fournir d'autres particularités d'un haut intérêt

LES CARYOPHILLIDES — *CALYOPHILLIDÆ* V. BENED.

Die Melkenwürmer.

Caractères. — On peut considérer les Caryophillides, dit Van Beneden, comme des animaux simples ou composés. Le corps semble en effet représenter un Scolex uni à un Proglottis ; le Scolex ne présente ni ventouses, ni crochets. Ce Scolex est de forme très variable, susceptible de se développer quelquefois en lobes plissés comme une corolle de fleur, d'où leur est venu le nom de Caryophilles ou *Geroflés*.

Distribution géographique. — Les Caryophillides vivent dans le tube digestif des poissons du groupe des Cyprinoïdes ; la forme larvaire, munie d'un appendice caudal, se rencontre dans le Tubifex des ruisseaux.

Le nombre des espèces, du reste, est très restreint, la plus connue est la suivante :

CARYOPHILLIE CHANGEANTE — *CARYOPHILLEUS MUTABILIS* RUD.

Caractères. — Elle a la forme d'un clou de girofle, et porte en avant, à la place de suçoirs, quelques expansions foliacées très mobiles et très changeantes comme tout le corps du Ver. Elle atteint une longueur de 27 millimètres sur 3 millimètres de large. Toute la surface du corps présente des fibres longitudinales et transverses et laisse voir en dessous un réseau très ténu, qui n'est autre que l'appareil aquifère.

Distribution géographique. — La Caryophillie changeante a été trouvée en France et en Allemagne dans l'intestin des Carpes, des Brèmes, etc.

LES LIGULIDES — *LIGULIDÆ*
V. BENED.

die Riemenwürmer

Caractères. — Les Ligulides n'ont pas de suçoirs proprement dits et leur tête a perdu toute sa mobilité. Les uns conservent des crochets, les autres en sont privés, souvent leurs proglottis ne se détachent pas ou sont même peu distincts à l'extérieur. Les embryons de plusieurs montrent les six crochets des jeunes des Tænias ordinaires, avant même leur sortie de l'œuf (Van Beneden).

Distribution géographique. — Toutes les espèces vivent aux dépens des Poissons osseux et des Batraciens. On en trouve souvent dans le tube digestif de certains Oiseaux aquatiques, les Harles notamment ; mais contrairement à ce qui a lieu chez les autres Cestoïdes, les Ligules ne sont pas plus développées dans les Oiseaux que dans les Poissons.

LIGULE SIMPLE — *LIGULA SIMPLICISSIMA* RUD.

Caractères. — Cette Ligule est un Ver blanc très consistant, aplati mais cependant épais, effilé aux deux bouts et montrant des rides transversales, surtout vers le milieu du corps.

Distribution géographique. — On la trouve abondamment dans plusieurs localités de l'Europe, vivant autour des viscères, dans l'abdomen des Poissons fluviatiles.

Mœurs, habitudes, régime. — Ce Ver acquiert souvent une longueur qui dépasse celle des Poisons eux-mêmes. Son corps est enlacé autour de l'intestin et beaucoup plus gros que ce dernier. D'après Brulli, la Ligule trouvée dans l'intestin des Ablettes (*Aspius alburnus*, Ag.) serait vivipare; il aurait vu de jeunes Ligules sortir vivantes du corps de leur mère (Van Beneden).

Emploi, usage. — Il paraît, dit Van Beneden, que dans quelques parties de l'Italie, on mange les Ligules après les avoir fait frire et qu'on les regarde comme un excellent mets.

LES TÉTRAPHYLLIDES — *TETRA-PHYLLIDÆ* Rud.

Caractères. — Les Tétraphyllides constituent une famille caractérisée par des suçoirs auxquels correspondent quatre trompes hérissées de crochets, leur corps est court, en forme de sac cylindrique ou un peu renflé en massue, revêtu d'un double lobe rabattu.

Mœurs, habitudes, régime. — On trouve ces Vers enkistés, quelquefois en grande abondance, dans les Poissons osseux; ils sont placés tantôt au milieu des muscles, tantôt dans les replis du péritoine. Ce sont alors des larves agames ou des Scolex; au contraire, à l'état complet, on ne les rencontre plus que dans les Poissons Selaciens (Raies, Squales), dans le tube digestif desquels ils ont passé avec la proie dont ces animaux se nourrissent.

TÉTRARHYNQUE A GROSSE TÊTE — *TETRARHYN-CHUS MEGACEPHALUS* Rud.

Caractères. — Cette espèce a le corps déprimé, aminci en arrière et tronqué à l'extrémité; elle est longue de 15 à 50 millimètres et large de 4 à 6. Sa tête, conique, porte des fossettes profondes; les trompes mesurent 1 millimètre de long.

Distribution géographique. — Elle vit dans l'abdomen du Squale Roussette; pendant son jeune âge on la rencontre dans l'intestin des Poissons Pleuronectes (Plie, Sole, etc.).

LES BOTHRYOCÉPHALIDES — *BO-THRYOCÉPHALIDÆ* V. Bened.

Die Grubenkopfe.

Caractères. — Le corps des Bothryocéphalides, très long, rubané, contient un grand nombre de proglottis (fig. 315). Le Scolex est oblong, té-

tragone ou tronqué aux deux extrémités, et pourvu de deux fossettes latérales étroites, allongées, sans crochets; le caractère distinctif et fondamental réside dans l'ouverture des orifices génésiques, sous le milieu inférieur des anneaux (fig. 314).

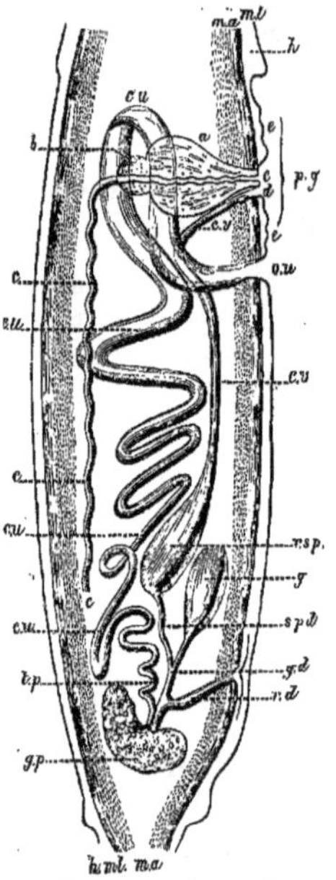

Fig. 314. — Coupe schématique antéro-postérieure d'un segment de Bothryocéphale large (*).

Distribution géographique. — Ces Vers habitent presque tous les Poissons; ce n'est qu'exceptionnellement qu'on les rencontre dans les autres Vertébrés et dans l'Homme.

Mœurs, habitudes, régime. — Les œufs se développent le plus généralement dans l'eau; l'embryon s'échappe par une ouverture située au pôle supérieur de l'œuf fermé par une sorte de couvercle; cet embryon est revêtu d'épithélium vibratile, au moyen duquel il peut se mouvoir librement un certain temps dans l'eau

(*) AA, cuticule. — m, l, couche musculaire à fibres longitudinales. — m, a, couche musculaire à fibres annulaires. — e, papilles cutanées disposées en séries circulaires autour du pore génital. — pg, l, sac du cirre. — l, portion musculaire du canal déférent. — c, canal déférent. — d, orifice du canal. — r, sp, réservoir ou renflement qui termine le canal. — spd, spermiducte ou canal conducteur. — g, germigène ou glande protectrice des germes. — gd, germiducte ou canal conducteur des germes. — rd, vitelloducte ou canal conducteur des granules vitellins. — gp, glande pelotonnée. — t, p, tube pelotonné. — c, u, canal. — ou, orifice.

(fig. 315). Plus tard il se débarrasse de ces cils, et il est probable qu'à partir de ce moment il subit ses phases dans quelque animal aquatique, mais on ignore dans quel hôte se développe

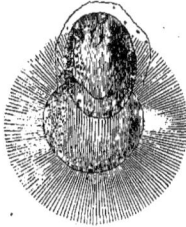

Fig. 315. — Embryon de Bothryocéphale.

l'embryon hexacanthe, et de quelle manière se passent ses diverses transformations.

BOTHRYOCÉPHALE DE L'HOMME — BOTHRYOCE-PHALUS LATUS Bremnest.

Mens licher Grubenkopfe.

Caractères. — Le Scolex de ce Ver se caractérise par l'absence de ventouses et de crochets; il est oblong et porte de chaque côté une fente ou excavation longitudinale, qui s'étend à peu près dans toute sa longueur; en dessus et en dessous, il est plan et même un peu déprimé vers le milieu (fig. 316, p. 201). Le Bothryocéphale de l'Homme peut atteindre de 6 à 20 mètres de long, il est filiforme en avant, large en arrière, les premiers proglottis sont en forme de rides, les suivants courts, transverses, rectangulaires, les derniers oblongs; il est d'une couleur jaunâtre, avec le milieu des derniers segments plus ou moins bruns.

La figure très grossie que nous donnons de quelques segments, aplatis et quadrangulaires (fig. 317, p. 201) de Bothryocéphale, montre la position caractéristique des orifices génésiques dont nous avons déjà parlé et une partie de l'organisation interne vue par transparence.

Distribution géographique. — Le domaine géographique du Bothryocéphale, dit Leuckart, est bien moins étendu que celui du Tænia solium. On ne l'a encore jamais observé d'une manière certaine en dehors de l'Europe; et dans l'Europe, certaines régions ont seules le triste privilége de le posséder. Il faut citer, en tête de ces localités, les cantons de la Suisse occidentale et les districts Français avoisinants; à Genève, le quart de la population environ serait

affectée de ce parasite. Ajoutons à cette liste les provinces du nord et du nord-ouest de la Russie, la Suède et la Pologne. En Hollande et en Belgique, on aurait également rencontré ce Bothryocéphale; mais en somme il y paraît beaucoup moins fréquent que dans les pays précités. On le trouve enfin dans certains districts de l'Allemagne, notamment dans la Prusse orientale et dans la Poméranie.

« Depuis longtemps déjà on avait remarqué que ce parasite apparaissait dans les régions où l'eau abonde. Ces contrées sont, en effet, tantôt des bandes du littoral, comme dans les provinces Baltiques et les bords des golfes de Finlande et de Bothnie, tantôt des vallées où s'étendent des lacs ou des fleuves considérables; on conçoit qu'on ait essayé de rattacher à ces circonstances la présence des Bothryocéphales. Le Poisson fournirait l'aliment indispensable ou tout au moins le plus propice au développement de ce parasite. On n'hésita pas à nommer les Poissons inculpés et l'on accusa précisément les plus savoureux (les Saumons et les Truites) de servir à l'importation des germes de Bothryocéphales. Il n'est pourtant pas certain encore que cette hypothèse soit exacte. » (O. Schmidt).

Mœurs, habitudes, régime. — Malheureusement on ne connaît encore qu'un fragment de l'histoire de l'évolution de ce Cestoide. Les œufs ne se développent qu'après avoir séjourné dans l'eau pendant plus d'un mois; à travers la coque on distingue l'embryon hexacanthe tel que nous l'avons décrit. Mais au moment de l'éclosion, la larve qui soulève une sorte d'opercule, au lieu d'être nue, est revêtu de longs cils vibratiles; elle se remue lentement dans l'eau pendant 5 à 6 jours et se dépouille ensuite de son revêtement ciliaire. Nous n'avons pas à parler de l'évolution ultérieure de ces larves, car les savants sont fort loin de s'accorder entre eux sur ce point. Dans l'intestin de l'Homme, le Bothryocéphale peut subsister 20 ans; en général il y demeure moins longtemps; il y est moins solidement fixé que certains Ténias et peut être expulsé plus facilement. » (O Schmidt.)

BOTHRYOCÉPHALE CORDÉ — BOTHRYOCEPHALUS CORDATUS Leuck.

Caractères. — Ce Ver est beaucoup plus petit que le précédent, sa tête est courte large, cordiforme, aplatie; les fossettes de chacun de ses bords ne se rejoignent pas en avant comme dans le Botriocéphale large. Le corps s'élargit rapi-

Fig. 317. — Proglottis du Bothryocéphale large (*).

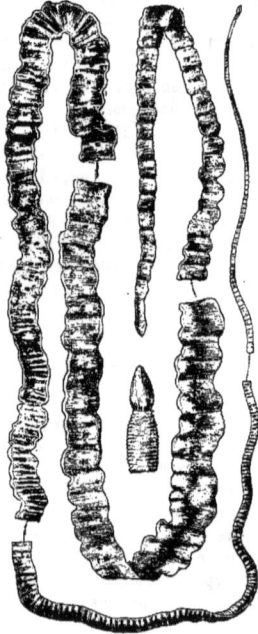

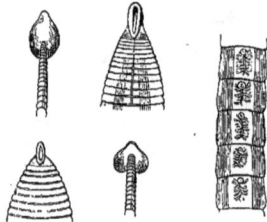

Fig. 316. — Bothryocéphale de l'homme.

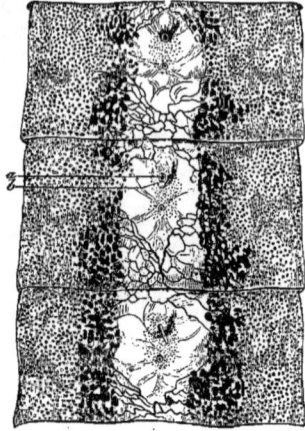

Fig. 318 à 322. — Bothryocéphale cordé (tête, anneaux et segments).

dement en arrière et, dès leur origine, les segments qui le composent sont visibles à l'œil nu. (Leuckart) (fig. 318 à 322).

Distribution géographique. — Ce Bothryocéphale habite au Groenland, dans l'intestin de l'Homme, du Chien et de plusieurs espèces de Phoques; il s'attache à l'intestin par ses fossettes, et possède une contractilité musculaire très grande (Cauvet).

BOTHRYOCÉPHALE DU TURBOT — *BOTHRYOCEPHALUS PUNCTATUS* Rud.

Caractères. — La tête, dans cette espèce, oblongue, assez épaisse au milieu, est tronquée ou terminée par une partie plus large transverse; les fossettes oblongues ont leurs bords latéraux

très saillants (fig. 323, p. 202); les proglottis de forme trapézoïdale ont, au centre, l'ovaire coloré en brun; les œufs noirs, elliptiques, ont une coque assez dure, et s'ouvrent au sommet par un opercule terminal.

Distribution géographique. — Ce Bothryocéphale est commun dans les Poissons pleuronectes, et notamment dans la Sole et le Turbot.

DUTHIERSIE ÉLARGIE — *DUTHIERSIA EXPANSA* E. Perr.

Caractères. — L'espèce dont nous allons donner la description a été découverte par M. le

(*) Trois des anneaux strobilaires non encore détachés en encurbitains; l'orifice mâle *b*, y est visible au-dessus de l'orifice femelle. L'organe *a* qui est rentré dans cet anneau, est au contraire sorti dans celui qui suit.

BREHM.

Professeur Perrier qui l'a dédiée à M. Lacaze Duthiers. Chez ce Vers; le scolex affecte la

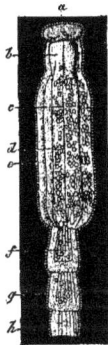

Fig. 323. — Portion antérieure de Bothryocéphale du Turbot (*).

forme d'un éventail aplati perpendiculairement au plan du ruban colonial et évasé vers le haut. L'éventail est creux, cloisonné suivant son plan médian, plus ou moins sinueux et comme crépé au sommet; les proglottis, semblables à ceux des Bothryocéphales, présentent trois orifices dans leur ligne médiane.

Distribution géographique. — La Duthiersie élargie a été trouvée dans l'intestin d'un Varan du Nil, provenant du Sénégal, mort à la ménagerie des reptiles du Muséum d'histoire naturelle de Paris.

LES TÆNIADÉS — *TENIADÆ* V. Bened.

Die Bandwürmer.

Caractères. — Les Cestoïdes de cette famille, communément désignés sous le nom de Tænias, Vers solitaires, portent quatre ventouses au sommet du scolex (fig. 324). Chez plusieurs on trouve au milieu de ces quatre ventouses un *Rostellum*, armé d'une couronne de crochets, et pourvu de faisceaux de fibres musculaires servant à les mouvoir. Les proglottis sont toujours distincts et se détachent à l'époque de la maturité; chacun d'eux contient des milliers d'œufs destinés à disséminer au loin l'espèce. Ces proglottis se distinguent facilement de ceux des Bothryocé-

phales, par une plus grande étroitesse et par l'ouverture sur le côté de l'orifice génésique (fig. 325).

Fig. 324. — Scolex du Tænia solium (*).

Les embryons de tous les Ténias ont six crochets à leur sortie de l'œuf et débutent, comme nous l'avons établi dans les généralités, par un

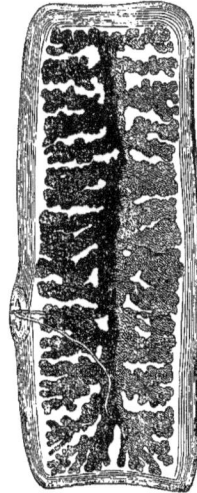

Fig. 325. — Proglottis du Tænia Solium.

enkistement, sous forme de Cysticerques, de Cœnures ou d'Echinocoques.

Distribution géographique. — On trouve les Ténias dans les Mammifères, les Oiseaux, les Batraciens et les Poissons. Les Ténias divisés en Ténias à crochets ou sans crochets, semblent à cause de cela même se localiser dans tel ou tel

. (*) a, la partie aplatie qui surmonte la tête. — b, l'étranglement qui vient ensuite. — c, ride médiane. — d, ride latérale. — e, expansion latérale. — fgh, trois des segments du scolex.

(*) A, tête. — ad, proboscide. — bb, oscules. — c, double couronne de crochets. — e, cou. — f, segments antérieurs. — B, crochets. — a, manche. — b, garde. — e, arve.

catégorie d'animaux. Ceux à crochets paraissent être le partage des Mammifères carnivores ; au contraire, les Mammifères phytophages possèdent des Tænias sans crochets.

L'Homme, qui est omnivore, se trouve dans des conditions exceptionnelles et possède les uns et les autres.

TÆNIA SOLITAIRE. — *TÆNIA SOLIUM* Lin.

Caractères. — Le Tænia de l'Homme, le Ver solitaire, mesure de 6 à 7 mètres, il peut at-

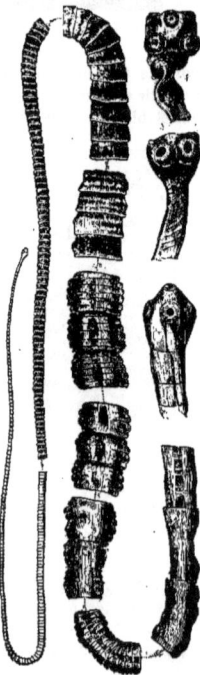

Fig. 326. — Tænia solitaire.

teindre 40 mètres, d'après Dujardin ; son scolex porte une couronne de crochets, les Proglottis, quadrangulaires oblongs ou cunéiformes, contiennent un ovaire dendritique, aboutissant vers le milieu des bords (fig. 326).

Distribution géographique. — Ce Tænia à l'état de Ver rubané, habite l'intestin grêle de l'Homme ; on l'a observé dans toute l'Europe, il existe aussi en Égypte, dans d'autres parties de l'Afrique, en Amérique et nos différentes colonies.

Mœurs, habitudes, régime. — On sait que le Tænia de l'Homme commence son développement dans le Porc et qu'il constitue chez cet animal la maladie connue sous le nom de Ladrerie, maladie due à des Cysticerques désignés sous le nom de *Cysticercus cellulosæ ;* connu depuis la plus haute antiquité, dit Van Beneden, il y a même lieu de supposer que Moïse, en défendant l'usage du Porc, connaissait le mode d'introduction du Tænia chez l'Homme. Si l'Homme tient le Tænia du Porc, en mangeant sa chair criblée de Cysticerques, celui-ci reçoit de l'Homme ses Cysticerques, sous forme d'œufs qu'il prend dans les immondices au milieu desquelles il se vautre.

Ce fait est démontré, non seulement par la comparaison des crochets et du scolex de ce Cestoïde examinés chez l'Homme et chez le Porc, mais encore par de nombreuses expériences réitérées toujours avec le même succès. On a sacrifié depuis une cinquantaine d'années bon nombre de Cochons de lait et de Porcs, après leur avoir fait ingérer des proglottis de Tænia solium, pour y observer le développement de la Ladrerie. Il s'écoule environ un mois et demi après l'ingestion de ces œufs chez le Porc, jusqu'au moment où les Cysticerques se trouvent développés dans les muscles. En dehors du Porc, on aurait trouvé les Cysticerques du Tænia solium chez quelques autres animaux, tels que les Singes, les Chiens, etc.

Pour acquérir une certitude absolue au sujet de la transformation des Cysticerques du Porc en Tænia solium chez l'Homme, dans les conditions précitées, on pourrait faire ingérer volontairement ou non, des viandes ladres et observer les résultats. Küchenmeister, qui a si largement contribué à la connaissance de l'histoire naturelle des Cestoïdes, eut l'idée de faire avaler à des condamnés à mort, des Cysticerques dissimulés dans une soupe ou des saucisses, afin de constater, à leur autopsie, la présence de ces Cysticerques et le début de leur transformation. Un autre naturaliste trouva, moyennant une somme modique, un indigent qui consentit à avaler ces Cysticerques. Enfin l'amour de la science détermina plusieurs zoologistes à se choisir eux-mêmes comme sujets d'expérience pour se familiariser, aussi complètement que possible, avec les Cysticerques et les Tænias. Il faut, paraît-il, compter trois mois à trois mois et demi, à partir de l'introduction du Cysticerque dans l'estomac jusqu'à l'expulsion du premier proglottis. Le Tænia vit dix à douze ans environ ; dans des conditions spécialement propices, il semble subsister plus longtemps encore.

C'est au milieu des muscles et de la graisse du Porc, que se localisent de préférence les Cysticerques ; au milieu d'une vésicule à parois délicates, logée dans un kyste, on voit une por-

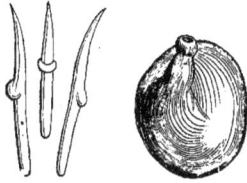

Fig. 827. — Cysticerque du Cochon et trois de ses crochets.

tion invaginée comme un doigt de gant, et qui, étant déroulée, forme un cou au bout duquel on découvre une couronne de 22 à 26 crochets et 4 ventouses ; cette vésicule mesure 15 millimètres de long sur autant de large (fig. 327).

Les Cysticerques du Porc, ingérés par l'Homme, ne se développent pas toujours en Vers rubanés ; il peut se faire qu'ils demeurent à l'état vésiculaire. Parfois aussi un œuf, introduit dans l'estomac de l'Homme, par une cause quelconque, peut donner naissance à un embryon qui,

Fig. 328. — Cysticerque dans les muscles de l'Homme.

au lieu de s'accrocher à sa paroi digestive, se fraie un passage à travers les tissus et se rend dans les divers organes de l'économie. C'est ainsi que la ladrerie peut, dans certains cas, se déve-

lopper chez l'Homme. On cite plusieurs cas remarquables, où les Cysticerques étaient principalement déposés dans les muscles (fig. 328). Ils se montrent alors sous la forme de petites capsules ovalaires, longues de 15 à 20 millimètres, de nature fibreuse. A l'ouverture, le Cysticerque apparaît d'un blanc plus pur que sa capsule, ayant comme toujours la tête et le cou rentrés dans la vésicule hydatidique (Van Beneden).

La surface de l'hydatide est granulaire, l'orifice d'entrée de la partie ténioïde du Ver apparaît, sous la forme d'un petit ombilic, entouré d'une sorte d'auréole d'un blanc laiteux ; cette apparence de tache blanche a fait donner quelquefois au Cysticerque, le nom de *Albopunctatus*. Le tubercule est de la grosseur d'un grain de Chènevis, quelques fibres musculaires s'insèrent, d'une part, à son pourtour, d'autre part, sur la face interne de la poche hydatidique, aux environs de l'orifice de sortie, à l'élargissement

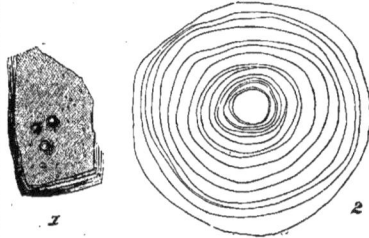

Fig. 329 et 330. — Acéphalocyste de l'Homme (*).

duquel elle contribuera, lorsque le Ver devra allonger sa partie antérieure (Van Beneden) (fig. 329 et 330).

L'influence exercée sur l'organisme, soit chez le Porc par les Cysticerques, soit chez l'Homme par le Ver rubané, doit nous arrêter un instant, et compléter ce qui a trait à un Ver si remarquable à plusieurs points de vue.

De la ladrerie chez le Porc. Historique, phénomènes pathologiques.—Les Anciens ont observé la ladrerie (1). Sans parler de Moïse, qui très probablement, comme on l'a déjà vu, en défendant l'usage de la viande de Porc aux Hébreux, avait en vue cette maladie et cherchait à éviter

(1) Voy. J. M. Guardia, *La ladrerie du porc dans l'antiquité* (*Ann. d'hyg.*, 1865, t. XXIII, p. 420).

(*) 1, fragment de grandeur naturelle montrant, sur sa tranche, les feuillets dont le tissu se compose, et, sur sa face externe, des bourgeons à divers degrés de développement. — 2, un des bourgeons comprimé et grossi quarante fois. La membrane germinale ne s'est point encore développée dans la cavité cervicale.

l'introduction des Cysticerques dans l'Homme, Aristote en décrit les principaux phénomènes et parle des vésicules dont il ignorait cependant la véritable nature. Avant lui des faits de ladrerie avaient été signalés par Aristophane. Oribase, lui aussi, parle de la viande de Porc ladre. Malpighi, le premier, reconnut que les vésicules ladriques contenaient un Ver; Hartman et Otto Fabricius firent des observations semblables : toutefois c'est aux travaux de Gœze que l'on doit la connaissance exacte de la nature de la ladrerie.

Les phénomènes de ladrerie varient suivant le nombre des Cysticerques dont l'animal est affecté. Au début de la maladie, le Porc est faible, languissant, cependant l'appétit se maintient, souvent même il est augmenté, mais quand les Cysticerques sont très nombreux, il devient triste, insensible aux coups, les yeux sont ternes, la muqueuse buccale blafarde, quelquefois parsemée de taches violettes, la respiration ralentie ; les soies se détachent facilement, la peau paraît plus épaisse, le tissu cellulaire se soulève par place, les extrémités s'infiltrent de sérosité. La ladrerie lente et obscure dans sa marche est toujours mortelle.

Les Cysticerques développés à la base de la langue peuvent être reconnus par l'examen de cette partie : c'est en l'examinant que les experts dans les foires et marchés prononçaient sur le fait de son existence. Cette pratique usitée au temps d'Aristophane et d'Aristote, l'est encore de nos jours. Les employés de l'Administration chargés d'examiner les Porcs, sont connus sous le nom de Langueyeurs.

La ladrerie paraît être moins commune aujourd'hui en France qu'autrefois, où la vente des Porcs, vu leur état de maladie, était également défendue par des ordonnances et des édits. La chair des Porcs ladres n'est pas absolument impropre à la consommation. Néanmoins il est prudent de la proscrire; dans tous les cas elle ne doit être employée qu'après avoir subi une longue cuisson.

Du Ténia chez l'Homme. — La présence du Ver solitaire inspire toujours une certaine crainte aux sujets qui en sont atteints, il est moins dangereux cependant qu'on ne le suppose tout d'abord. Son existence, en effet, n'est pas toujours accompagnée de phénomènes pathologiques appréciables et souvent les individus atteints jouissent d'une santé parfaite. Dans les cas ordinaires, les principaux symptômes consistent dans des étourdissements, des troubles de la vue, des désordres dans la digestion,

des coliques, des douleurs épigastriques. L'appétit est parfois augmenté, d'autres fois nul ou sujet à des caprices ; souvent, les extrémités sont douloureuses, et les personnes atteintes éprouvent des lassitudes générales, l'amaigrissement est très fréquent.

Dans quelques cas graves, les désordres fonctionnels se traduisent par un état convulsif, offrant des caractères épileptiformes.

L'expulsion complète du Ténia fait cesser tous les accidents, et par expulsion complète il faut entendre le scolex (la tête), autrement les accidents disparus pendant un temps, reparaissent bientôt, ce scolex ayant le pouvoir, comme nous l'avons longuement exposé, de reproduire les proglottis.

La poudre ou l'extrait éthéré de Fougère mâle, la décoction de l'écorce fraîche de racines de Grenadier, les semences de Courge, etc., ont été préconisées pour obtenir l'expulsion des Cestoïdes. Mais le remède le plus sûr et généralement employé est le Kousso. Ce médicament n'est autre chose que les fleurs desséchées d'une rosacée d'Abyssinie, le *Brayera anthelminthica*, Kouth. 15 grammes de fleurs en poudre, en décoction, ou granulées avec du sucre, suffisent pour provoquer l'expulsion du Ver. L'ingestion des 15 grammes de fleurs est ordinairement suivie de quantité égale d'huile de Ricin.

TÉNIA INERME — TÆNIA MEDIOCANELLATA Kuch.

Caractères. — Un second Tænia, qui réside également dans le corps humain, porte le nom de *Ténia inerme;* il atteint 4 mètres de long et devient plus épais, plus fort et plus mobile que le précédent. On les distingue d'ailleurs aisément, car la tête du *Ténia inerme* n'est pas armée d'une couronne de crochets et ne porte que quatre ventouses très puissantes (fig. 331 et 333). Du reste un seul article mûr permettrait de le reconnaître, car l'ovaire présente 20 à 35 ramifications latérales qui se suivent à intervalles très rapprochés (fig. 334).

Distribution géographique. — Cette espèce paraît aussi répandue que la précédente. On savait, depuis longtemps, que les Abyssiniens sont fréquemment affectés d'un Tænia par suite de l'habitude qu'ils ont de manger les viandes crues, ainsi que l'affirment les voyageurs anciens et modernes. Les Mahométans et les Européens qui se refusent à adopter cet usage, demeurent indemnes ; mais le Ver apparaît chez eux aussi, dès qu'ils partagent la coutume des Abyssiniens. Or la viande que dévorent les Abyssiniens ne provient pas du Porc, mais du Mouton et du Bœuf. Des observations

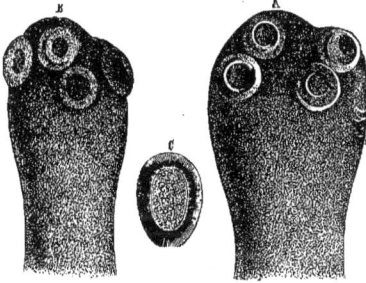

Fig. 331-333. — Tænia inerme ; scolex et œuf (*).

médicales, d'une source différente, établissent que des enfants, après avoir été nourris de viande de Bœuf, ont été atteints de ce Ver.

Le Tænia est commun en Sénégambie.

Mœurs, habitudes, régime. — « Leuckart a émis l'hypothèse que le Cysticerque du Ténia inerme, habite dans les muscles du Bœuf et les expériences établies à ce sujet ont fourni

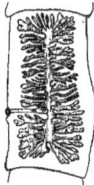

Fig. 334. — Tænia inerme ; proglottis.

la preuve de cette assertion. Il faut donc se méfier de la viande crue lorsqu'elle provient du Bœuf autant que lorsqu'elle provient du Porc. Il paraît fort rare de trouver des Bœufs ou des Veaux entièrement ladres; c'est là la principale raison pour laquelle l'état vésiculaire du Ténia inerme de l'Homme a pu demeurer inaperçu jusqu'à ces dernières années. Le mode d'alimentation des Ruminants les expose plus que d'autres animaux à engloutir des articles de Tænia tout entiers avec les milliers d'œufs (fig. 332) qui s'y trouvent inclus. Il faut y veiller d'autant

(*) A, extrémité antérieure de ténia inerme. — B, extrémité antérieure de son cysticerque. — C, œuf.

plus. A Gratz, où j'ai vécu autrefois, le Tœnia inerme est manifestement l'espèce la plus fréquente des Vers solitaires ; on n'y mange pourtant presque pas de viande de Porc sous forme de saucisse ou de saucisson, comme en Thuringe, mais j'y ai appris à connaître un mets qui favorise singulièrement l'ingestion des œufs de ce Tænia : c'est la viande de Bœuf crue et hachée qu'on assaisonne simplement avec des herbes, du vinaigre et de l'huile. » (O. Schmidt).

TÉNIA NAIN — *TÆNIA NANA* Sieb.

Caractères. — Cette espèce ne paraît pas être connue à l'état de scolex. Elle est déprimée,

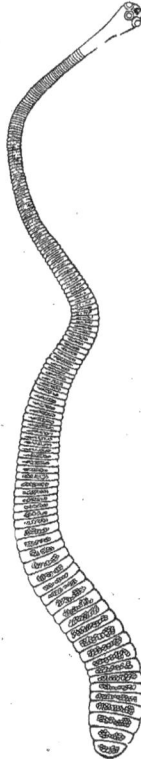

Fig. 335. — Tænia nain.

plus ou moins filiforme, généralement invaginée, armée de crochets bifides et de quatre oscules

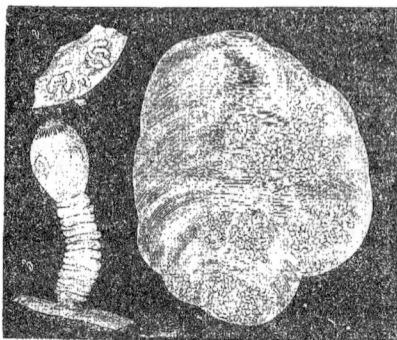

Fig. 336 à 338. — Cœnure cérébral (*).

arrondis saillants ; le cou est rétréci ; à partir du proglottis, le corps se renfle graduellement, les proglottis, très nombreux sont beaucoup plus larges que longs, et contiennent des œufs globuleux (fig. 335).

Distribution géographique. — Le Tænia nain a été trouvé en Égypte dans l'intestin grêle d'un jeune homme mort de méningite. (Cauvet.)

« On ignore, dit Van Beneden, comment ce Tænia s'introduit dans le tube digestif de l'Homme ; il est probable qu'il y pénètre avec la viande crue. »

TÉNIA CŒNURE — *TÆNIA CŒNURUS* Koch.

Drehewurm.

Caractères. — Le Tænia Cœnure est produit dans l'intestin du Chien par l'ingestion du *Cœnure cérébral*.

Ce Ver est connu depuis longtemps, mais seulement à l'état hydatidique, et l'on sait qu'il est la cause d'une maladie grave des Moutons, désignée sous le nom de tournis. Comme pour le Tænia solium, nous allons l'examiner sous ses deux états.

« Le Cœnure cérébral, *Cœnurus cerebralis*, tel qu'on le trouve dans le cerveau du Mouton, consiste en une vésicule qui devient quelquefois, dit Van Beneden, de la grosseur d'un œuf de Poule et se remplit d'un liquide albumino-séreux. Sur la paroi de cette vésicule se for-

(*) 1, vésicule portant des groupes de scolex. — 2, groupes de scolex grossi. — 3, scolex fortement grossi.

ment un grand nombre de corpuscules blancs de la grosseur d'une tête d'épingle faisant saillie à la surface ou rentrant par invagination dans l'intérieur de la grande poche. Chacun de ces corpuscules ou granules est composé d'une double couronne de crochets et de quatre ventouses qui l'entourent. Cette couronne avec les ventouses est au bout d'une extrémité libre, tandis que de l'autre côté il y a adhérence avec les parois de la grande vésicule (fig. 336 à 338).»

Distribution géographique. — On observe le Cœnure du cerveau, surtout chez le Mouton domestique au-dessous de deux ans ; il a été rencontré sur un Mouflon ; quelques-uns prétendent qu'il existe aussi chez le Chamois, le Chevreuil, le Renne, le Dromadaire, le Bœuf et le Cheval. D'après Sieboldt, dans l'Allemagne méridionale et surtout en Bavière, les Cœnures ne sont pas rares dans la race bovine, tandis qu'ils sont à peine connus dans l'Allemagne septentrionale.

Mœurs, habitudes, régime. — De nombreuses expériences ont été instituées pour connaître la marche et le développement des Cœnures. Nous rapportons quelques faits d'après Van Beneden.

« Plusieurs Agneaux ont reçu avec leurs aliments des œufs ou des proglottis provenant du petit Tænia du Chien (*Tænia Cœnurus*). Quinze jours après l'ingestion, les premiers symptômes du tournis se déclaraient ; au bout de 17 jours, à l'autopsie, les deux hémisphères du cerveau présentaient à leur surface des sillons jaunes

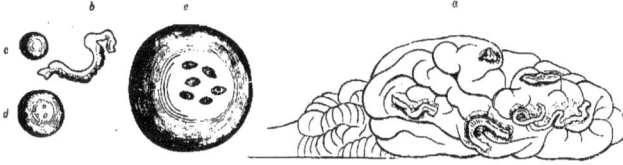

Fig. 339 à 341. — Tænia cœnure *) .

très irréguliers, à l'extrémité desquels on voyait une vésicule remplie d'un liquide transparent (fig. 339 à 341); après six semaines d'introduction, toutes les vésicules portaient des Scolex ayant leurs ventouses et leur couronne de crochets.

Comment le Tænia Cœnure se propage-t-il dans la nature? Le Chien, dit Van Beneden, accompagne les Moutons dans les pâturages; quand il a des Tænias, il en évacue les Proglottis avec leurs œufs et sème pour ainsi dire ceux-ci sur le passage même des Moutons. Ces œufs infiniment petits, adhèrent aux herbes que l'Agneau broute et ils pénètrent dans son tube digestif, d'où ils cheminent vers le cerveau. Il est possible aussi que l'éclosion ait lieu dans la panse, et que pendant la rumination, les embryons avec leurs six crochets, n'aient qu'à traverser la base du crâne, lorsque la pelotte alimentaire les ramène dans la bouche, ils remonteraient alors le long d'un vaisseau pour pénétrer dans les enveloppes du cerveau. (Van Beneden)

Phénomènes pathologiques chez le Mouton. — Dans la plupart des cas le Cœnure est solitaire; mais il n'est pas rare d'en trouver un plus grand nombre et on a pu en compter plus de 30 dans les diverses régions de l'encéphale. Le Ver refoule et atrophie la substance même du cerveau dans lequel on trouve à l'autopsie une cavité profonde. D'après M. Ch. Robin, la paroi de la poche qui loge le Cœnure est constituée par des tubes nerveux et flexueux, interrompus ou brisés, par des corpuscules ressemblant aux cellules nerveuses, et par une quantité considérable de petits grains calcaires, pulvérulents.

Le siège primitif du Cœnure est ordinairement une des anfractuosités de la surface

cérébrale, ou l'un des ventricules; quand la vésicule est placée superficiellement, elle arrive par son accroissement, à se trouver en contact avec la paroi du crâne, dont elle détermine la résorption. La paroi osseuse s'amincit progressivement, à tel point, que le pariétal, par exemple, devient flexible, cède et s'affaise sous la pression du doigt; dans certains cas même, il y a perforation de l'os, et le parasite fait saillie sous les téguments. (Davaine) (fig. 342).

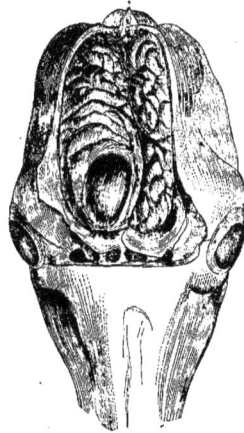

Fig. 342. — Tête de mouton avec cœnure dans le lobe antérieur droit du cerveau.

Les premiers symptômes consistent : dans la perte de la vivacité et de l'appétit; l'animal devient lourd, ses pas sont incertains, il porte la tête basse, la vue est troublée, enfin il arrive que, dès le début, il tourne et décrit en marchant des cercles concentriques; le tournoie-

(*) a, cerveau d'un mouton qui a avalé des œufs de Tænia cœnure depuis trois semaines, et qui a été abattu après avoir donné tous les symptômes du tournis. — b, galerie isolée formée par le Ver à la surface du cerveau. C'est à l'un des bouts de la galerie que se trou-vent les cœnures (scolex de *Tænia cœnurus*). — c, vésicule (proto-scolex) avant la naissance du scolex. — d, vésicule dans laquelle apparaissent les scolex. — e, vésicule qui a engendré des scolex.

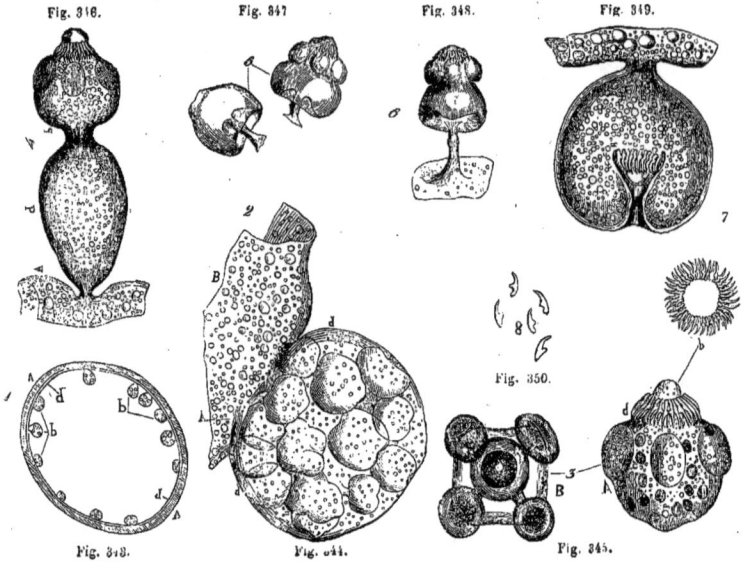

Fig. 346.   Fig. 347.   Fig. 348.   Fig. 349.

Fig. 350.

Fig. 343.   Fig. 344.   Fig. 345.

Fig. 343 à 350. — Echinocoques (*).

ment apparaît par intervalles plus ou moins éloignés. L'animal tourne ordinairement toujours du même côté, le sens suivant lequel s'effectue le tournoiement est déterminé du reste par le côté où siège le Cœnure : il a lieu à droite si le Cœnure occupe l'hémisphère droit et inversement s'il occupe le gauche. A mesure que la maladie fait des progrès le tournoiement augmente d'intensité.

La marche de la maladie est lente. La durée, de six semaines au moins, et sa terminaison est toujours la mort.

Les traitements curatifs proposés, sont nuls et de nul effet; l'extraction du Cœnure a été préconisée et le trépan souvent employé, mais en général les résultats obtenus sont sans efficacité. (Davaine.)

Abattre le Mouton quand les premiers symp-

tômes se déclarent, est encore le moyen le plus simple, si l'on veut que la viande de l'animal ne soit pas complètement perdue pour l'alimentation. Faire disparaître ou bouillir les têtes qui alors peuvent être impunément données aux Chiens ; éviter que les Chiens atteints de Tænias soient en contact avec le troupeau, sont également les moyens prophylactiques les plus simples et les plus propres à éviter toute espèce de contagion.

TÆNIA ÉCHINOCOQUE — *TÆNIA ECHINOCOCCUS* Sieb.

Stulfenwurm.

Les Echinocoques (fig. 343 à 350) sont connus depuis longtemps, il n'en est pas de même du Tænia auquel ils donnent naissance et dont l'étude remonte à quelques années à peine.

Caractères. — Ces Vers se distinguent des autres scolex de Cestoïdes, en ce que leur embryon après la sortie de l'œuf, produit dans une cavité close du corps, n'ont plus un seul scolex avec sa couronne et ses ventouses, mais une ou plusieurs générations d'individus semblables à lui, et consistant en une simple vésicule sans autre caractère distinctif. Cette vésicule prise isolément avait été appelée *Acephalocyste*. (Van Beneden.)

Les Échinocoques sont parfois, sinon toujours enveloppés d'une coque assez épaisse et résistante. A un certain moment, il se développe dans l'intérieur de la vésicule et sur ses parois, des scolex avec une couronne de crochets et de ventouses, ils se détachent de bonne heure, et tombent au milieu du liquide dans lequel ils restent suspendus.

Distribution géographique. — L'Echinocoque (état vésiculaire) se rencontre dans les divers organes de l'Homme et des animaux

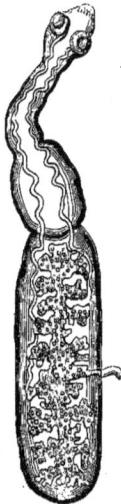

Fig. 351. — Tænia échinocoque.

domestiques, mais surtout dans le foie, la rate et les poumons.

Sous forme agrégée ou rubanée, il a été seulement observé dans les intestins du Chien.

A cet état, le scolex possède un rostellum

armé d'une double rangée de crochets dont les uns sont plus grands et plus forts que les autres; la tête est ovalaire, les ventouses sont situées dans la partie la plus large et elles sont circulaires. Les proglottis sont en très petit nombre, devenus libres ils sont aussi volumineux que le strobile tout entier (fig. 351). L'espèce bien qu'adulte, est presque microscopique relativement aux autres Tænias, son strobile est à peine composé de quatre proglottis.

Mœurs, habitudes, régime. — A l'état adulte, le nombre des individus de ce Tænia est considérable dans l'intestin du Chien, il est impossible, dit Van Beneden, d'atteindre la muqueuse avec le manche du Scalpel, sans en toucher plusieurs; vu sa petitesse, la muqueuse intestinale, semble recouverte de villosités. Les Echinocoques de ce Tænia se rencontrent soit dans la Chèvre, le Mouton, le Bœuf, ils ne sont pas rares dans le foie du Porc. Sa pré-

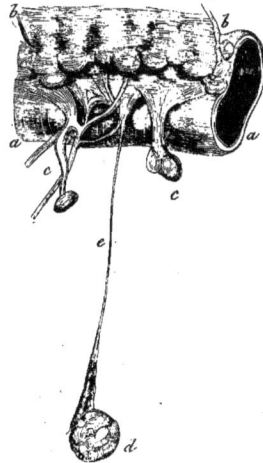

Fig. 352. — Vésicules pédiculées d'Echinocoques d'après le Dr Charcot (*).

sence dans les organes de ces animaux ne paraît pas entraîner d'accidents graves : il n'en est pas de même pour l'homme.

Phénomènes pathologiques chez l'homme. — Au dire d'Eschricht, il règne en Irlande une épidémie grave, dont la sixième partie des ha-

(*) *a,a*, intestin grêle. — *bb*, mésentère. — *cc*, kystes ayant un court pédicule. — *d*, autre kyste supporté par un pédicule. — *e*, très long et très aminci.

bitants est atteinte et à laquelle on succombe généralement, elle porte le nom de *Maladie du foie*. Nul doute, dit Van Beneden, que cette affreuse maladie ne soit la conséquence des Tænias, mais il s'agirait de savoir par quelle voie les œufs ou les embryons de ceux-ci pénètrent dans le corps de l'homme, après avoir été rejetés par des Chiens.

Suivant le D' Lebert, les Echinocoques se rencontrent fréquemment dans les hôpitaux de Paris. Ces Vers vivent souvent pendant longtemps, sans déterminer d'accidents bien graves ; des colonies entières peuvent exister et périr, sans avoir donné lieu au moindre phénomène morbide, mais d'autres fois, ils peuvent simuler les maladies les plus graves du poumon, du foie, de la rate, du tissu cellulaire sous-cutané, etc. C'est dans le foie surtout, qu'ils donnent lieu à de vastes abcès.

Le contenu des poches fait souvent irruption dans les canaux les plus divers de l'économie et est éliminé au dehors par les urines, l'expectoration (Van Beneden). Küchenmeister rapporte avoir vu un malade qui crachait des vésicules d'Echinocoques. Des exemples de faits semblables sont cités de temps en temps ; nous retrouvons dans nos notes de clinique, recueillies pendant notre internat, l'observation d'un homme de 45 ans, dont l'expectoration de vésicules d'Echinocoques a duré pendant plusieurs mois. Chaque matin, le malade rendait, après une toux opiniâtre, de 7 à 8 capsules de la grosseur d'un Haricot, de couleur blanche, nacrée, et de consistance très résistante, comme dans d'autres cas connus d'Echinocoques expectorés. Notre malade se rétablit complètement, après avoir montré tous les symptômes d'une affection grave des poumons. (de Rochebrune.)

Nous terminerons cette énumération, en signalant une forme de vésicule contenant des Echinocoques d'un caractère particulier et rare, observée par M. le professeur Charcot. Ces vésicules étaient portées par un long pédoncule (fig. 352, p. 210). Lorsque les vésicules se développent à la surface d'un organe et dans le tissu cellulaire sous-séreux, il peut se faire qu'elles repoussent la membrane séreuse, en se coiffant en quelque sorte de cette membrane et ne restent en rapport avec leur point d'origine, que par une portion plus ou moins allongée et amincie. C'est le cas plus haut cité du D' Charcot, où les vésicules existaient en grand nombre sur la membrane péritonéale. Les pédicules de plusieurs d'entre elles avaient jusqu'à sept centimètres de longueur et n'étaient pas plus gros qu'un crin de cheval. (Davaine.)

LES TYPES ABERRANTS

Sous ce titre doivent être comprises plusieurs séries d'Animaux, qui tout en présentant un grand nombre de caractères propres aux groupes déjà examinés, s'en écartent cependant par certains autres d'une valeur plus ou moins discutée (fig. 353, 354 et 355).

Pour divers organismes inférieurs, la difficulté, souvent même l'impossibilité de découvrir des liens propres à les unir, à marquer le passage insensible des uns aux autres, nécessite cette division, division à laquelle, hâtons-nous de le dire, nous aurions donné une plus grande extension, si des opinions généralement acceptées ne nous avaient, en quelque sorte, fait une obligation de suivre l'exemple de savants Zoologistes.

C'est ainsi, que, nous basant sur la définition même du *type Ver*, telle que nous l'avons précédemment donnée, il nous eût paru plus logique de ranger, au moins provisoirement sous le titre d'*Aberrants*, c'est-à-dire de considérer comme autant de *types propres*, les Géphyriens et les Rotifères, les Bryozoaires et les Entéropneustes, pour citer seulement quelques exemples. Malgré leurs relations avec les Vers proprement dits, leurs bien des caractères en effet les en éloignent et marquent les nombreuses solutions de continuité de la chaîne commune.

Quoi qu'il en soit, et ces *restrictions personnelles* dûment établies, étudions d'autres types, sur lesquels, les opinions sont encore plus contradictoires.

LES ÉCHINODÈRES — *ECHINODERA* Greef.

Caractères. — Ce groupe très remarquable, dit Claus, établit la transition entre les Vers et les Arthropodes. Pour M. le professeur Perrier, « l'apparence générale des Echinodères est telle-ment semblable à celle des Embryons de cer-tains Vers Nématodes, les *Gordius*, qu'on est conduit à voir en eux des formes libres très voisines de la forme originelle de ces para-sites. »

Dujardin, de son côté, leur trouve des traits de ressemblance avec les Acanthocéphales, les Rotifères, les Siponcles et les Entomostracés Copépodes.

La découverte du type Echinodère, est due à Dujardin ; nous lui empruntons la description de l'animal, auquel Claparède a donné plus tard le nom de *Dujardinii* (fig. 353, p. 213).

ÉCHINODÈRE DE DUJARDIN — *ECHINODERES DUJARDINII* Clap.

Caractères. — « Son corps long de 30 à 55 millimètres, est oblong, presque cylindrique en avant, un peu aplati en arrière, où il se termine par deux grandes soies, qu'accompagnent deux autres soies plus petites ; il est composé de dix anneaux ou segments, sans compter la tête ré-tractile, hérissée d'épines longues et flexibles, et sans compter aussi les lames caudales, ce qui porterait à douze le nombre total des segments. Le premier de ces segments s'unit au deuxième, par une intersection simple, tous les suivants sont séparés par un anneau corné, bien dis-tinct, présentant trois articulations à la face plane ou ventrale, chaque segment, d'ailleurs, em-boîte le suivant et paraît latéralement muni de deux pointes ou épines, couchées en arrière ; il est en outre couvert, ou simplement bordé de cils extrêmement fins, non vibratiles et très difficiles à apercevoir. Il possède un orifice buccal rétractile ; suivant l'état de rétraction de cette trompe, on aperçoit, sur le premier ou le deuxième segment, deux taches rouges ocu-liformes, qui appartiennent à la portion rétrac-tile et protractile de l'appareil digestif. »

« Jusqu'à l'extrémité de cette portion rétrac-tile, s'étend l'œsophage, plissé longitudinale-ment à l'intérieur, et garni en avant d'une cou-ronne de lobes, qui représentent la bouche. Le tube membraneux et plissé de l'œsophage est recouvert par une épaisse couche musculeuse ; l'estomac est cylindrique et se contracte d'avant en arrière, par des fluctuations successives ; il est revêtu d'une couche brunâtre, floconneuse, enfin une portion plus étroite de l'intestin se termine entre les deux lames caudales. »

Distribution géographique. — C'est dans des vases remplis d'eau de mer, avec des Algues et des animaux marins, pris à Saint-Malo et conservés depuis six mois, que Dujardin décou-vrit, le 1er juillet 1841, le petit animal auquel il donna le nom d'Echinodère ou à cou épineux, voulant par là « rappeler ses rapports avec l'*Echinorhynque* ». Depuis cette époque, le même savant l'a observé dans des bocaux, con-tenant de vieille eau de mer avec écailles d'Huî-tres, prise au Havre et à Rennes.

Mœurs, habitudes, régime. — L'Echinodère de Dujardin rampait à la paroi des vases, en faisant rentrer et ressortir alternativement son cou hérissé d'épines et son orifice buccal, cher-chant ainsi sa nourriture dans la couche de débris tapissant l'intérieur des vases.

Deux autres espèces du genre Echinodère ont été décrites par Greeff : ce sont les *Echinoderes setigere* et *lanugineux.*

LES DESMOSCOLÉCIDES — *DESMOSCOLECIDA* Clap.

Caractères. — Tout près des Echinodères, d'après M. le professeur Perrier, « viennent se placer les Desmoscolécides, dont l'organisation rappelle beaucoup celle des Vers Nématodes les plus caractérisés », et comme d'un autre côté les Echinodères et les Desmoscolex ont des rapports très grands avec les articulés, le savant zoologiste en conclut que les Nématodes devraient être rapprochés des animaux articu-lés. Ce n'est pas le lieu de discuter, dans cet

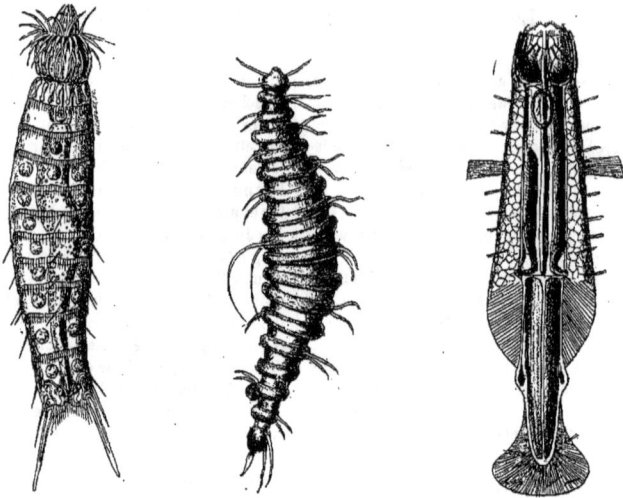

Fig. 353. — Echinodère de Dujardin. Fig. 354. — Desmoscolex pygmée. Fig. 355. — Spadelle Dragon. (p. 216.)

Fig. 353, 354, 355. — D'après M. le professeur Perrier.

ouvrage, ce que cette idée peut avoir de fondé, mais la supposition de M. Perrier semble plaider en faveur de notre opinion, relative au démembrement du type Ver, tel qu'il est aujourd'hui compris.

Dans les Desmoscolécides, les téguments du corps seuls sont annelés, et cet aspect est produit par des bourrelets, succèdant en arrière, à une dilatation céphalique située à la région antérieure ; des soies sont disposées sur chacun de ces bourrelets et seraient, suivant Greff, de véritables organes locomoteurs. L'ouverture buccale située à l'extrémité de la tête, conduit à un œsophage cylindrique et musculeux, élargi en arrière et prolongé en un intestin droit ; des taches pigmentaires indiquent la position occupée par les yeux. Chez les Desmoscolécides les sexes sont séparés, les mâles et les femelles se distinguent par la forme de leurs soies, celles du onzième anneau étant beaucoup plus longues chez la femelle.

LE DESMOSCOLEX PYGMÉE — *DESMOSCOLEX MINUTUS* Clap.

Caractères. — Le corps de cette espèce compte dix-sept bourrelets, portant chacun, à l'exception des onzième et quinzième, une paire de soies et la tête deux paires. Les soies ventrales et céphaliques se terminent par une pointe, dont l'extrémité lancéolée peut légèrement rentrer et sortir, dans la portion basilaire. L'ouverture intestinale débouche en dehors, au niveau du seizième anneau ; les yeux, formés de deux taches de pigment rougeâtre, sont placés entre le quatrième et le cinquième anneau (fig. 354).

Distribution géographique. — Le Desmoscolex pygmée habite les mers du Nord.

Mœurs, habitudes, régime. — L'animal se meut sur la surface dorsale à la manière des Chenilles arpenteuses, en rampant à l'aide des soies que porte cette face ; c'est par cette raison que Greef avait pris le dos pour le ventre de l'animal.

LES CHÆTOGNATHES — *CHÆTOGNATHA* Leuck.

Caractères.—Des animaux marins, qui à cause de la forme de leur corps, ont été appelés *Sagitta* et *Spadella*, tour à tour rangés parmi les Mollusques, parmi les Vers et même parmi les Vertébrés, composent le groupe des Chætognates.

Au milieu du siècle dernier, le Hollandais Martin Slabber observa dans la mer, un Ver transparent long de quelques millimètres, auquel il donna le nom de *Ver flèche* et dont il publia une description succincte et une figure. Plus de cinquante ans s'écoulèrent sans que la découverte de Slabber se trouvât confirmée, lorsque, en 1827, Quoy et Gaimard, au commencement de leur second voyage autour du monde, trouvèrent à leur tour dans les eaux de Gibraltar des exemplaires de Sagitta de très petite taille, et firent connaître l'espèce au monde savant.

Plus tard d'Orbigny, ensuite Forbes, continuèrent les recherches sur ces mêmes animaux, recherches que devait compléter Krohn par ses observations sur la *Sagitta bipunctata*.

Huxley fait observer que la position exacte des Chætognathes n'est pas encore suffisamment établie. Tandis que Claus les rapproche des Nématodes, Butselle les classe parmi les Annélides, plus tard à côté des Brachiopodes ; Langenhaus reprenant l'ancienne opinion, les considère comme des Mollusques ; enfin Huxley lui-même admet comme vraisemblable que les Chætognathes doivent constituer un groupe séparé, voisin des Arthropodes inférieurs.

En les décrivant comme type aberrant, nous ne faisons que confirmer, comme on le voit, l'opinion la plus généralement admise, et c'est principalement avec Krohn que nous allons étudier leurs caractères.

Le corps des Chætognathes, transparent comme le cristal, dit Krohn, est cylindrique, à peu près régulièrement fusiforme, se rétrécissant à ses deux extrémités ; à la partie antérieure, la tête est facilement reconnaissable, mais ce qui frappe surtout l'œil de l'observateur, c'est la présence de cinq appendices saillants, étendus horizontalement et placés sur la moitié postérieure du corps. Ces appendices ont la forme de feuillets ou de nageoirs, et donnent à l'animal, au premier abord, quelque ressemblance avec un Poisson. Ces appen-

dices reposent sur le corps, par une base élargie et diminuent graduellement d'épaisseur, jusque vers leur bord, où ils sont mous et flexibles ; la nageoire postérieure, celle que l'on pourrait appeler caudale, est nécessairement impaire, triangulaire, horizontale, et comparable à celle d'un Cétacé.

La tête, isolée du corps, est entourée d'une sorte de capuchon membraneux, que l'animal peut retirer en arrière.

En avant et de chaque côté de la tête, quand le capuchon est retiré, on voit une série de crochets cornés, disposés en ligne courbe, dirigés obliquement, de haut en bas et d'avant en arrière. Quoy et Gaimard désignent ces organes sous le nom de palpes striés ; ils diffèrent entre eux par la grosseur et par le nombre, offrent en outre une courbure assez prononcée et se terminent par une pointe aiguë.

Outre ces crochets, la tête porte deux éminences arrondies, situées sur le bord antérieur et une série de petits aiguillons droits, aigus et cornés ; à peu près au milieu de la face supérieure de la tête, existent deux petits points oculiformes noirâtres, que Quoy et Gaimard avaient bien vus.

A l'exception de la tête, les téguments sont épais et coriaces, la peau, lisse, ne perd pas néanmoins sa transparence, malgré son épaisseur relative ; les faisceaux musculaires, placés immédiatement en dessous, forment deux bandes, étendues dans toute la longueur du corps, mais séparées entre elles par un large intervalle ; ces deux bandes sont superposées, l'une occupe la face dorsale, l'autre la face ventrale, elles sont composées de fibres longitudinales, disposées en plusieurs couches striées en travers.

Le tube digestif droit, fixé à partir de l'œsophage aux parois du corps par un mésentère, débouche à la base de la queue ; le système nerveux est formé de deux ganglions cérébraux et d'un ganglion ventral ; les ganglions cérébraux, situés au milieu de la face supérieure de la tête, sont aplatis et envoient deux paires de nerfs : une antérieure et une postérieure, et communiquent avec le ganglion ventral, par deux commissures œsophagiennes, fortes et allongées. (Krohn.)

Les Chætognathes sont hermaphrodites et possèdent des ovaires paires, unis à des réceptacles terminaux qui s'ouvrent par deux orifices à la base de la queue.

Un intérêt particulier s'attache au développement embryonnaire. Dans un récent travail, Hertwig s'étend longuement sur les particularités de ce développement ; nous ne pouvons le suivre dans tous ses détails et nous nous bornerons à signaler les faits les plus saillants, grâce à la traduction du mémoire faite par M. le Docteur Bayle, traduction qu'il nous a gracieusement communiquée, nous donnant ainsi la primeur d'un travail qu'il compte publier avant peu.

L'étude embryogénique des Chætognathes montre que la couche cellulaire interne d'un embryon, constituée par deux feuillets, ne devient pas nécessairement partout l'épithélium du tube digestif. Le blastoderme, formé d'abord d'une seule couche, s'invagine sur un point, jusqu'à ce que la cavité de segmentation ait entièrement disparu, et l'embryon prend la forme d'une sphère creuse, dont les parois sont composées de deux feuillets. L'interne ne se transforme pas en tube digestif, mais donne naissance aux muscles de la peau et au revêtement péritonéal de la cavité viscérale, tandis que le canal digestif est formé par un nouveau repli, qui naît au pôle antérieur, vis-à-vis le point où le blastoderme primitif s'est invaginé.

Dans l'état actuel de nos connaissances, dit Hertwig, il faut admettre deux modes différents de formation de la cavité du corps, l'un par division, l'autre par invagination, et c'est à l'aide de ce dernier mode, particulier aux Chætognathes, que l'auteur discute longuement la théorie connue sous le nom de *théorie des feuillets*. Toujours d'après Hertwig, les feuillets qui, dans ce groupe d'animaux, ont constitué le corps embryonnaire, se conservent avec leur entière indépendance dans l'animal adulte, et il est possible d'établir péremptoirement, de quel feuillet germinatif chaque organe s'est développé, car jamais, chez eux, il ne se produit ni entrelacement des feuillets germinatifs, ni aucune division de groupes de cellules, entrelacement et division qui chez les autres animaux, rendent si difficile la question de l'origine des organes.

Toutes ces considérations entraînent l'auteur à établir un rapprochement entre les Chætognathes et les Cælentérés et plus spécialement

les Actinies, nouvelle manière de voir à ajouter à bien d'autres déjà émises, sur les Chætognathes, et sur lesquelles nous ne pouvons nous étendre ici plus longuement.

Distribution géographique. — On a vu que les premiers Chætognathes avaient été découverts par Quoy et Gaimard, dans le détroit de Gibraltar. Plus tard, c'est à Messine que Krohn les a recueillis en abondance. Les mêmes parages ont fourni à Hertwig les éléments de ses recherches.

Mœurs, habitudes, régime. — Les Chætognathes vivent librement dans la mer et paraissent se nourrir de petits Crustacés et d'autres animaux marins. Quand l'animal veut saisir sa proie, ses crochets, par la rétraction du capuchon céphalique, se dirigent d'abord en haut, en s'éloignant les uns des autres, et s'abaissent vers la proie ; ils nagent avec une grande vitesse et justifient le nom qui leur a été donné, car, si on vient à les toucher après un repos prolongé, ils s'élancent avec la rapidité d'une flèche. Pendant les mouvements, les nageoires semblent être tout à fait inactives, du reste, d'après leur structure, ces organes paraissent peu propres à la natation, ils facilitent probablement la suspension du corps dans l'eau, en augmentant l'étendue de sa surface. (Krohn.)

Le groupe des Chætognathes ne comprend que deux genres, les *Sagitta* et les *Spadella*, représentés par un certain nombre d'espèces.

FLÈCHE HEXAPTÈRE — *SAGITTA HEXAPTERA* D'ORB.

Caractères. — De toutes les espèces connues, la Flèche hexaptère est la plus grande, car elle atteint une longueur de 6 à 7 centimètres. Son corps est cylindrique, la tête est large, courte ; l'extrémité postérieure terminée en pointe. Les nageoires, petites, relativement à la longueur du corps, sont séparées par un large intervalle. Les latérales antérieures commencent à peu de distance, derrière le ganglion abdominal, et sont très étroites ; les latérales postérieures, plus longues, marquent la limite entre le segment médian et le segment caudal, elles sont triangulaires ; la caudale est plus large que longue, légèrement flottante à l'extrémité postérieure. (Hertwig.)

Distribution géographique. — Cette espèce a été observée pour la première fois dans le Grand Océan par d'Orbigny ; quelque temps après elle a été décrite et figurée par Darwin ; elle vit sur les côtes de Messine.

Mœurs, habitudes, régime. — La Flèche hexaptère nage à la surface de l'eau les nageoires étendues; si quelque chose vient l'inquiéter, elle se précipite, en ligne droite, rapide comme un trait. (Hertwig.)

Nous figurons une autre espèce de taille plus petite : la Flèche biponctuée (fig. 356 et 357).

SPADELLE CÉPHALOPTÈRE. — *SPADELLA CEPHALOPTERA* Busch.

Caractères. — De même que la Flèche hexaptère est la plus grande du genre, de mê-

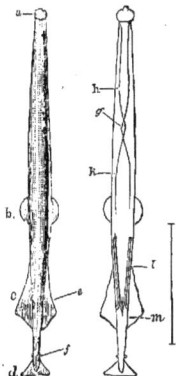

Fig 356 357. — Flèche biponctuée (*).

me la Spadelle céphaloptère est la plus petite espèce de sa section, elle atteint à peine un centimètre de longueur. Son corps est assez épais, presque opaque; la tête est large, les lames supérieures portant les crochets font

saillie de chaque côté; le capuchon cervical est accompagné, à droite et à gauche, dans le voisinage des yeux, par deux appendices terminés en massue. Les nageoires latérales, réduites à une seule paire, sont longues et étroites ; la nageoire caudale est plus considérable que dans les autres espèces, en tenant compte, bien entendu, des dimensions du corps.(Hertwig.)

Distribution géographique. — Cette espèce, comme la précédente, habite les côtes de Messine.

Il en est de même de la Spadelle Dragon dont nous donnons une figure grossie (fig. 355).

Mœurs, habitudes, régime. — Contrairement aux Flèches, essentiellement pélagiques, les Spadelles sont des animaux littoraux. A Messine, elles peuplent les Algues qui couvrent comme d'un gazon les parties peu profondes du port.

Lorsqu'on dépose dans un vase, les Algues contenant ces petits animaux, on les voit appliqués contre la paroi du verre, ou nageant par saccades avec une grande rapidité.

Une faculté particulière à cette espèce est celle de se fixer ; si, pendant la natation, elle rencontre un objet solide quelconque, elle s'y attache instantanément, en appliquant sur l'objet ses nageoires et son segment postérieur.

Tandis que les espèces pélagiques ont une existence éphémère et meurent au bout d'un temps très court, dans les vases où on les conserve, les Spadelles, au contraire, peuvent y vivre longtemps. Elles se nourrissent de petits Crustacés, peut-être d'Algues. (Hertwig.)

Busch, qui a étudié cette Spadelle, l'avait recueillie aux îles Orkney par 8 à 12 brasses, ordinairement enfoncée dans la vase dont elle se dégageait par de brusques secousses. Pour Claparède, qui l'a étudiée à Saint-Vaast, tantôt elle est très rare, tantôt elle abonde, sans que l'on puisse expliquer la cause de cette abondance ou de cette rareté.

LES BRACHIOPODES — *BRACHIOPODA* Dum

Die Mùschelwùrmer.

Caractères. — Les Brachiopodes peuvent être définis : animaux sessiles, munis d'un lobe palléal antérieur, et d'un lobe postérieur portant chacun une valve ; des voiles buccaux enroulés en spirale (Bras), dépourvus de ligaments articulaires, de pieds et de lamelles branchiales (Claus).

(*) a, tête. — b, première paire des nageoires latérales. — c, deuxième paire de nageoires latérales. — d, nageoire caudale. — e, embouchure du conduit excréteur des ovaires. — f, saillie des cavités séminales. — 2. Le même, vu par sa face ventrale. — g, ganglion ventral du système nerveux, vu par transparence. — h, branches nerveuses postérieures. — i, les ovaires, vus par transparence — m. anus (d'après Krohn).

Fig. 358. — Vue latérale des organes d'un Brachiopode (*Waldheimia Australis*) (*).

Dans tous les Brachiopodes, les valves sont dissemblables, la valve ventrale, d'ordinaire plus bombée, se termine par un crochet saillant, portant une ouverture à son sommet; par cet orifice passe un pédoncule tendineux à l'aide duquel l'animal se fixe aux objets sous-marins. Lorsqu'on cherche à écarter les deux valves, alors qu'elles sont entièrement décharnées, on constate qu'elles sont reliées l'une à l'autre, au voisinage du rostre, par deux sortes de dents

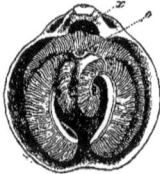

Fig. 359. — Valve dorsale de Térébratule tête de serpent.

fixées à la valve supérieure et reçues dans une dépression de la valve inférieure plus petite. Elles ne peuvent s'écarter, comme les valves des Lamellibranches, bien qu'elles ne possèdent aucun ligament élastique. D'après la situation de l'animal et d'après la disposition de ses diverses parties, on distingue aisément la valve ventrale, qui est plus grande, de la valve dor-

sale qu'on nomme aussi *couvercle*. Auprès de la région où se ferme le couvercle, on remarque sur cette valve une saillie calcaire en forme de glissoir s'étendant vers le bord supérieur libre; son développement et sa configuration fournissent des points de repère importants dans la classification des familles. Sur les restes des valves de Brachiopodes fossiles, bien conservés, on peut reconnaître la forme et l'étendue de cette saillie et reconstituer la disposition des organes importants qui ont valu à cette classe sa dénomination. Les valves s'ouvrent et se ferment au moyen de muscles qui exigent une description spéciale; nous ne saurions mieux faire que d'emprunter à M. Lacaze Duthiers (1) les faits consignés par lui.

« Dans cette espèce (*Thœcidie méditerra-néenne*), dit-il, on trouve trois paires de muscles, en tout six bien distincts, bien séparés, ayant une direction et une action particulières.

« De ces six muscles, deux sont tout à fait latéraux et tous aussi faciles à étudier dans leur forme que dans leur action; ils servent sans aucun doute à l'occlusion de la coquille. Les quatre autres sont médians, deux sont plus internes et se rapprochent exactement sur la ligne médiane; relativement, les

(1) Lacaze-Duthiers, *Mémoire sur la Thecidie.*

(*) D, face dorsale — V, face ventrale. — P, tige. — *ll*, bras roulé en spirale. — *b*, filets branchiaux. — *c*, paroi antérieure de la cavité viscérale. — *d*, œsophage. — *d'*, estomac. — *h'*, orifices des canaux biliaires. — *h*, foie. — *r*, ouverture interne avec plis transverses de l'oviducte droit : on remarque à son bord antérieur un des cœurs en forme de bourse : quelques plis de l'ouverture de l'o-
BREHM.

viducte gauche sont visibles. — *e*, grand canal branchial : Muscles — *m*, d'occlusion (leurs points d'attaches se voient sur la face dorsale). — *m'*, divariation. — *m"*, ajusteur ventral. — *m"*, portion du précédent. — *m""*, portion de l'ajusteur dorsal. — *mp*, muscle de la tige (d'après Hancok).

deux externes se touchent un peu par leur large extrémité, mais ils laissent passer entre eux les bouts presque effilés des deux précédents ; les muscles latéraux sont courts et larges ; ils offrent à peu près une figure quadrangulaire et s'attachent directement aux deux valves.

« Si l'on observe la coquille, on voit sur la valve plane, en dehors, de chaque côté, une petite surface lisse à peu près ovale, c'est l'impression musculaire dorsale des muscles qui nous occupent. L'autre insertion se fait par une surface un peu plus grande, qui se voit bien distinctement, dans l'angle que forme la dent d'articulation. Ces surfaces articulaires. sont bien plus grandes que celles de la coquille supérieure, elles sont aussi beaucoup plus en dedans, ce qui fait que, dans leur direction, les deux muscles ne sont pas parallèles, mais obliques de haut en bas.

« Ainsi les muscles latéraux sont *adducteurs externes*. Les muscles les plus rapprochés de la ligne médiane sont les muscles *adducteurs internes*.

« Deux muscles, ou une paire seulement, servent à ouvrir la coquille, ce sont les *muscles abducteurs*, ils ont leur extrémité inférieure, en arrière et en dehors de l'insertion des adducteurs internes, relativement très grosse ; quant à leur extrémité opposée, elle est mince et lamellaire, ces muscles paraissent quadrilatères, vus de profil ils affectent une disposition pyriforme.

« Cette disposition des muscles permet de comprendre facilement le mécanisme de l'ouverture et de la fermeture de la coquille.

« Un ligament unit les deux valves, mais il n'offre point l'élasticité particulière à celui des Lamellibranches.

« L'articulation ne permet aucun mouvement latéral ; les dents de la valve bombée pénètrent dans les cavités glénoïdes de la valve plane ; il en résulte que les mouvements s'exécutent exclusivement autour d'elles prises comme pivot, et que le relèvement et l'abaissement de la valve plane sont les seuls mouvements possibles.

« L'ouverture de la coquille est absolument active, une paire de muscles remplit cette fonction.

« On remarque quelque différence dans l'action des muscles abducteurs et adducteurs. Les premiers agissent presque perpendiculairement à la direction du bras de levier, leur obli-

quité augmente à mesure que leur action produit un plus grand effet, que la valve se relève davantage. Les muscles adducteurs, au contraire, sont presque parallèles au bras de levier à mouvoir, au commencement de leur action, c'est-à-dire quand il s'agit de fermer la coquille largement ouverte, et leur obliquité diminue à mesure que l'action produit plus d'effet, car lorsque les valves sont rapprochées, les fibres du muscle latéral sont presque perpendiculaires à la valve supérieure. » (Lacaze-Duthiers.)

La saillie calcaire vue précédemment, sert de support à deux appendices labiaux ou bras, pourvus de longues franges et roulés en spirale. Ils occupent la plus grande partie de la coquille, car ils émergent de la bouche au-dessus de laquelle ils sont reliés par un pont membraneux également frangé. Le pédicule contourné et le bras sont peu mobiles ; les franges elles-mêmes sont assez raides ; mais toutes ces parties sont traversées par des canaux, et se trouvent, par conséquent, parfaitement aptes aux fonctions de la respiration. Ces organes ne justifient guère le nom de bras qu'on leur a assigné, car, sauf chez les *Rhynchonelles*, ils ne peuvent s'allonger hors de la coquille pour capturer les aliments ; comme la plupart des organes respiratoires de cette sorte, ils sont couverts de cils vibratiles, qui déterminent dans l'eau un courant à l'aide duquel les aliments finement divisés arrivent jusqu'à l'orifice buccal. (O. Schmidt.)

Le corps renfermé dans les valves, offre une forme et une structure rigoureusement bilatérale ; les deux lobes du manteau les tapissent à l'intérieur, enveloppent le corps antérieurement et postérieurement, et forment les cavités plus ou moins grandes, qui se continuent avec la cavité viscérale. De la sorte, la cavité palléale, non seulement constitue un système lacunaire, rempli de sang et sert à la respiration par la surface interne, mais encore, renferme dans des cavités secondaires, une partie des organes reproducteurs ; de plus le bord du manteau porte souvent des soies disposées très régulièrement et parfois réunies en groupes.

L'ouverture buccale, placée entre la base des deux bras, est entourée d'une lèvre supérieure et inférieure, elle conduit à un œsophage dirigé en avant et qui se continue avec l'estomac, fixé par deux ligaments et entouré d'organes ganglionnaires volumineux. Tantôt l'intestin décrit une simple courbe, en remontant vers la face dorsale, tantôt plusieurs ; dans ce dernier cas, il débouche sur les côtés de l'abdomen dans la cavité palléale ; dans les Brachiopodes pourvus de charnière, il n'existe pas d'anses. L'intestin se termine en cœcum, parfois un peu dilaté ; il y a dans ces deux modes de terminaison de l'intestin, le fait évident d'une sorte de rétrogradation, d'autant plus, que souvent le cœcum se prolonge en forme de cordon, tandis que dans le second, le tube intestinal, complètement différencié et terminé par une ouverture anale, décrit parfois plusieurs circonvolutions.

La fixation de l'intestin mérite aussi d'attirer l'attention, car la lame gastro-pariétale de la partie moyenne, formant en même temps une cloison dans la cavité du corps, indique une sorte de formation métamérique.

L'appareil circulatoire consiste en un organe central, situé sur la face dorsale de l'estomac. De ce cœur partent plusieurs troncs artériels latéraux, pendant qu'un autre tronc, veineux, passant par-dessus l'œsophage lui ramène le sang. Ce système vasculaire n'est nullement clos, il communique avec un sinus entourant l'intestin, avec les lacunes des viscères, et avec le système lacunaire du manteau et des bras. (Claus.)

Le système nerveux est formé de masses ganglionnaires, situées dans le voisinage de l'œsophage, d'où émergent des nerfs s'irradiant dans les principaux organes. Sur l'anneau œsophagien très grêle, se trouvent deux autres ganglions, ce sont les ganglions œsophagiens latéraux (fig. 358, p. 217).

Hancock signale, dans le système nerveux des Brachiopodes, un anneau œsophagien formé d'un fin cordon servant de commissure entre les deux petits ganglions, que l'on doit considérer comme des ganglions labiaux. Ces dispositions quoique analogues à ce que nous verrons chez les Mollusques, présentent cependant des particularités bien différentes. M. Lacaze-Duthiers a considéré lui-même le centre nerveux notamment dans les *Thecidium* comme une masse ganglionnaire inférieure.

Les organes de la reproduction formés de rubans jaunes, épais, disposés en nombre pair de chaque côté du corps, pénètrent dans la cavité viscérale, dans les lames du manteau et s'y ramifient plusieurs fois ; les œufs tombent dans la cavité viscérale et sont expulsés au dehors dans la cavité palléale, par des oviductes à orifices en entonnoir.

Nous signalons ce détail anatomique, parce

que la comparaison de ces deux entonnoirs avec les organes segmentaires chez les Vers, fournit un des arguments importants à l'aide desquels on a établi une parenté entre ces deux groupes.

Cette parenté se trouve confirmée encore par l'histoire du développement et des métamorphoses des Brachiopodes, que nous allons étudier dans deux groupes : les Thecidies et les Argiopes.

Jusqu'à ces derniers temps on ne possédait

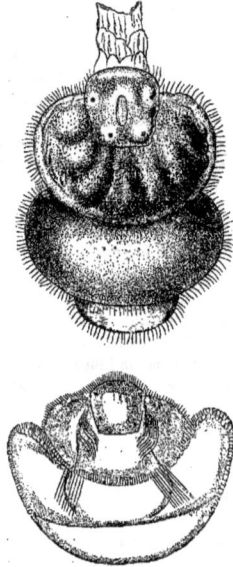

Fig. 360 et 361. — Larves de Thécidie de la Méditerranée.

sur la Thecidie de la Méditerranée que les observations de M. Lacaze-Duthiers, mais on n'avait pu découvrir encore son évolution ultérieure. Les œufs, destinés à se développer, parviennent dans une poche fermée par le feuillet inférieur du manteau. Dans cette poche s'enfoncent aussi les franges des bras, les plus voisines ; elles s'épaississent et forment vers leurs extrémités une paire de bourrelets, autour desquels se groupent les œufs et auxquels chaque embryon se trouve relié par un court ligament. Après avoir présenté la forme d'un petit pain, l'embryon prend l'aspect d'un Ver annelé court et trapu (fig. 360 et 361). Nous représentons sur la figure le degré de développement le plus avancé que M. Lacaze-Duthiers ait observé.

Le prolongement supérieur est le pédicule, à l'aide duquel le petit être est fixé aux franges brachiales pénétrant dans la poche intérieure. Le segment antérieur, plus petit, apparaît distinct, comme une tête; il présente quatre ocelles et une dépression qui deviendra plus tard l'orifice buccal. Deux segments médians, plus épais, sont suivis d'un quatrième segment, plus petit; tous sont munis de cils vibratils.

Morse et Kowalewsky ont montré comment l'évolution se poursuivait. Le segment postérieur sert à la fixation de l'animal; la tête et l'anneau cervical s'enfoncent dans un bourrelet formé par l'anneau suivant. Ce bourrelet s'élève de plus en plus et forme les deux feuillets, souvent comparés au manteau membraneux des Moules et chargés de sécréter la coquille. La figure 361 montre comment le Thecidium jeune, en s'invaginant de plus en plus, change complètement d'aspect et quitte la vie indépendante qu'il menait pour se fixer définitivement.

Poursuivons, avec Kowalewsky, les diverses phases de l'évolution du genre Argiope (fig. 362, 363 et 364, p. 221.)

La figure 362 montre la larve divisée en trois segments, et errante. Le bouclier, muni de cils vibratils, correspond à la tête et au segment cervical du Thecidium. Le segment médian, plus grand, renferme deux muscles qui s'enfonceront plus tard vers le pédicule. Le pli membraneux circulaire, dirigé en bas et qui porte des faisceaux d'aiguilles émergeantes, ne permet pas de prévoir encore son retroussement ultérieur; l'extrémité postérieure, simplement arrondie, n'indique encore en rien sa transformation prochaine en pédicule. Non seulement cette Larve doit être assimilée à la larve d'un Ver sétifère, c'en est en réalité, mais ces larves, comme celles des Crustacés parasitaires, ne continuent pas à se segmenter. La segmentation subit, au contraire, une régression, comme l'indique la figure 363. Ici l'animal s'est fixé; la portion membraneuse de l'anneau médian s'est retroussée pour constituer l'enveloppe semblable au manteau des Mollusques; et le bouclier céphalique tend à disparaître.

Dans la figure 364, l'évolution est achevée, et l'être parfait rappelle un peu, par son aspect extérieur, les Vers articulés. L'extrémité postérieure se prolonge par un pédicule à l'aide duquel l'animal se trouve fixé pour jamais, et la coquille bivalve protège son corps inerme. (O. Schmidt.)

Place des Brachiopodes dans la série animale. — Longtemps les Brachiopodes ont été classés parmi les Mollusques et maintenant encore, bon nombre de naturalistes continuent à les considérer comme tels. Pour ceux qui n'envisagent que les caractères extérieurs, ces animaux ont, en effet, une grande analogie avec les Lamellibranches, les Acéphales, comme disent quelques-uns, en un mot, les Bivalves. Comme eux, en effet, leur enveloppe est formée de deux coquilles, mais en premier lieu cette coquille présente une structure toute particulière. D'après Morris, King et Carpenter, elle se compose de prismes aplatis d'une longueur relativement considérable, disposés parallèlement les uns aux autres, et obliquement à la surface de la coquille; de plus la coquille est traversée presque verticalement par des canaux allant d'une face à l'autre et disposés avec une grande régularité. Leurs orifices externes sont tubiformes, l'interne est souvent très petit, quelquefois ils se bifurquent ou deviennent rameux. Ces canaux sont occupés par des appendices cæcaux de la couche palléale externe et recouverts par un épaississement de l'épiderme.

Indépendamment de ce caractère tiré de la coquille, lorsque l'on compare la constitution interne des Brachiopodes avec celle d'un Mollusque, d'autres différences manifestes ne tardent pas à se montrer. Ces différences ressortiront évidentes quand nous traiterons des Mollusques, mais il est bon, en attendant, de les résumer, et nous le ferons en empruntant plusieurs faits à M. le professeur Perrier (1).

Indépendamment des muscles servant à relier l'animal à sa coquille, et dont la disposition ne ressemble en rien aux deux muscles chargés de fermer les valves des Lamellibranches, « toute analogie disparaît lorsqu'on vient à considérer les positions respectives des animaux à l'intérieur de leur double enveloppe. Les Brachiopodes et les Lamellibranches sont des animaux parfaitement symétriques, par rapport à un plan, mais le plan des Lamellibranches n'est autre chose, si l'on veut, que celui figuré par la lame d'un couteau introduite entre les valves d'une Huître pour l'ouvrir. Le plan de symétrie du Brachiopode, au contraire, est exactement perpendiculaire au plan de séparation des deux valves et divise chacune d'elles en deux moitiés égales; le Lamellibran-

1 Perrier, *Colonies animales.*

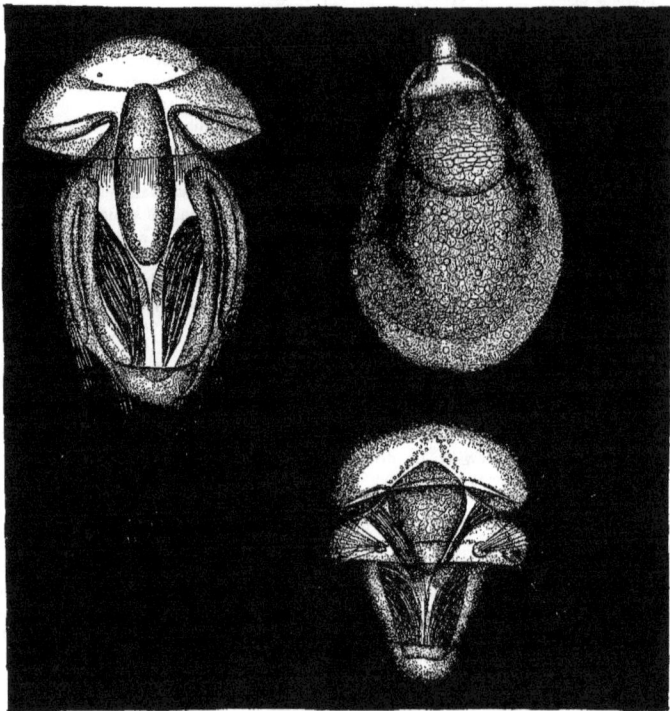

Fig. 362, 363 et 364. — Développement de l'Argiope.

che a une valve droite et une valve gauche ; le Brachiopode, une valve dorsale et une valve ventrale. »

En poursuivant, « le système nerveux du Brachiopode est exactement celui d'un Ver qui ne posséderait que deux ou trois anneaux ; l'appareil circulatoire, la structure des bras, avec leur squelette calcaire, celle des soies du manteau, reproduisent des particularités que l'on retrouve sans modification chez les Vers annelés et notamment chez les Céphalobranches ; la structure de l'appareil d'excrétion, rend cette analogie encore plus grande, enfin l'étude du développement précise encore plus les affinités. »

« En résumé, les Brachiopodes peuvent être considérés comme des Annélides fixées, après leur période de segmentation, à la façon des Cirripèdes leurs correspondants, dans la série des animaux articulés. Les Bryozoaires sont également des Vers fixés, mais ayant commencé à adhérer, avant toute segmentation, à l'état de Trochosphère et ayant conservé ce pouvoir de reproduction par voie agame qui leur a permis de former des colonies irrégulières ; de là, les ressemblances et les différences, qui ont été si souvent signalées entre eux et les Brachiopodes.

Distribution géographique. — Les Brachiopodes offrent une très grande extension tant au point de vue des climats, qu'à celui des profondeurs où ils habitent. On les trouve dans les mers tropicales et dans les mers polaires, dans les flaques d'eau laissées par la marée descendante et dans les plus grandes profondeurs explorées jusqu'à présent par la drague ; mais le nombre des espèces, actuellement vivantes, est de beaucoup inférieur à celui des espèces fossiles.

Mœurs, habitudes, régime. — Essentiellement marins, ces animaux vivent suspendus aux branches des coraux à la face inférieure des rochers inclinés, souvent dans la cavité de différentes coquilles. Les échantillons provenant de localités rocailleuses sont souvent déformés, ceux qui proviennent de fonds pierreux, ou sablonneux, où les eaux sont en mouvement, ont le crochet usé, le trou plus grand et les ornements des valves moins mettement accusés.

On les rencontre rarement sur les fonds argileux, mais ils paraissent plus communs, là où le fond est composé de boue calcaire, où ils se fixent sur quelque substance dure groupés les uns avec les autres.

Distribution dans le temps. — Les plus anciens fossiles appartiennent aux Brachiopodes, ils montrent une progression décroissante des époques anciennes aux époques modernes ; chaque espèce semble spéciale à un étage déterminé et dès lors devient caractéristique de cet étage. Leur maximum de développement paraît s'être effectué pendant la période Paléosoïque, là en effet les genres et les espèces sont nombreux et représentés par des types dont on ne retrouve plus de semblables ni même d'analogues dans nos mers actuelles. Les Ligules cependant les plus anciennes, font exception à cette règle ; la famille des Productides, au contraire, si développée à l'époque Carbonifère, se compose de genres aujourd'hui complètement perdus. Les Rhynchonellides paraissent pour la première fois dans l'étage Dévonien, atteignent leur maximum dans les couches Oxfordiennes et se maintiennent jusque dans les bancs les plus supérieurs de la Craie. Les Térébratulides, qui peuplaient les premiers étages du Murchisonien, se continuent dans la série des formations, et se rencontrent encore dans les régions chaudes et tempérées des mers profondes ; à cette famille appartiennent les Thécidies, dont les premières, propres à l'étage Jurassique, sont représentées de nos jours par un petit nombre d'espèces.

Enfin les Brachiopodes, encore représentés dans les terrains Tertiaires, s'acheminent cependant vers leur pénurie actuelle, comparés à leur abondance aux époques anciennes.

A l'exemple de Schmarda, nous diviserons les Brachiopodes en deux ordres : les *Sclérobranches* et les *Sarcobranches*, qui, sauf quelques légères modifications, correspondent aux articulés (*Testicardines*) et inarticulés (*Ecardines*) des auteurs.

LES BRACHIOPODES SCLÉROBRANCHES — *SCLEROBRANCHIATA* Duv.

Die Gerüstkeimer.

Caractères. — Les Sclérobranches se caractérisent par des valves munies de charnières, un squelette brachial bien développé et un tube digestif terminé en cul-de-sac. La majeure partie sont fossiles, ils comptent cependant un nombre assez considérable d'espèces dans les mers actuelles.

LES TÉRÉBRATULIDES — *TEREBRATULIDÆ* Dum.

Caractères. — Les espèces comprises dans cette famille ont une coquille libre ; de contexture perforée, régulière, déprimée, inéquivalve ; la valve centrale est pourvue à son extrémité d'une ouverture séparée de la charnière par un deltidium d'une ou deux pièces ; la valve dorsale a le sommet déprimé, avec un processus cardinal saillant, situé entre les fossettes dentaires et un appareil apophysaire grêle.

Distribution géographique. — Comme nous l'avons déjà vu, les Térébratulides apparaissent dans les premiers étages du Murchisonien, elles se continuent dans tous les autres étages et habitent de nos jours dans les mers profondes.

Mœurs, habitudes, régime. — Les Térébratulides sont fixées au sol à l'aide d'un pédicule musculeux, les bras sont coudés, non libres, fixés autour d'appendices cartilagineux ou calcaires, partant d'un système apophysaire quelquefois très compliqué. Nous allons examiner rapidement les principaux genres.

TÉRÉBRATULE VITRÉE — *TEREBRATULA VITREA* Lamck.

Caractères. — La coquille de cette espèce est ovale ventrue, très mince, lisse et pellucide ; l'ouverture du crochet de la valve ventrale est remarquable par sa petitesse.

Distribution géographique. — Elle habite la Méditerranée et l'océan Atlantique. C'est l'une des plus communes et des plus répandues dans les collections.

TÉRÉBRATELLE TÊTE DE SERPENTS — *TEREBRATELLA CAPUT SERPENTIS* Lamck.

Caractères. — Coquille ovale, comprimée, blanchâtre, ornée de stries concentriques, finement croisées par d'autres stries longitudinales ; le bord est faiblement denticulé (fig. 358, p. 216).

Distribution géographique. — Cette espèce est assez commune dans les mers d'Europe.

Mœurs, habitudes, régime. — O. Schmidt donne, sur ces deux espèces, des renseignements intéressants que nous reproduisons.

« Dans mon voyage de Norvège, en 1850, dit-il, j'eus l'occasion de recueillir dans mes filets plusieurs types vivants du fond de la mer. La région d'Œxfjord, qui s'étend à quelques milles au-dessous de Hammerfest, me parut extrêmement riche en *Terebratula vitrea* et en *Terebratulina caput serpentis*. Les courtes observations que j'ai publiées à ce sujet ont été pleinement confirmées par les communications ultérieures de Barett sur le mode d'existence de ces espèces. « La dernière de ces espèces, écrit cet auteur, se montre plus fréquemment que toute autre, et elle étend ses cirrhes beaucoup plus loin ; on l'a trouvée tout le long des côtes Norvégiennes, en petit nombre, à une profondeur de 30 à 150 brasses ; souvent ces animaux se trouvaient fixés à des Coraux du genre *Oculina*. Les cirrhes sont plus courts sur la portion ascendante que sur la portion descendante des bras ; ils étaient presque toujours en mouvement, et l'on a vu souvent de petites particules pénétrer dans le canal qui se trouve situé à leur base. Dans un récipient rempli d'eau de mer, on voyait les valves s'ouvrir peu à peu. Des individus qui étaient restés fixés à des corps étrangers présentaient une disposition remarquable à se mouvoir sur leur pédicule musculaire. Des spécimens détachés pouvaient être remués de-ci et de-là, sans que l'animal se décidât à clore ses valves. Lorsqu'on touchait les cirrhes étendues, elles rentraient immédiatement et le coquillage se fermait pour se rouvrir bientôt après. Lorsque les bras sont rétractés, les cirrhes sont inclinés en dedans ; mais quand les valves s'ouvrent, on voit les cirrhes se redresser et devenir rectilignes. On observe souvent, néanmoins, qu'avant d'ouvrir ses valves, l'animal étire un petit nombre de ses cirrhes et les agite çà et là pour s'assurer qu'aucun danger ne le menace. Dans une seule circonstance on a constaté un courant dirigé entre les deux rangées de cirrhes. J'avais cherché à établir l'existence de courants, en plaçant à l'aide d'un pinceau, de petites masses d'indigo dans l'eau qui entourait l'animal ; trois fois ces masses furent aspirées fortement, et l'on vit des particules d'indigo progresser dans la direction de la bouche à travers le canal de la base des cirrhes. Il est à peine besoin d'ajouter que ces courants sont déterminés par les cils vibratils invisibles. »

Parmi les espèces fossiles, nous citerons les *Terebratula numismalis* (fig. 365-366) du Lias ; les *Terebratula prælonga* (fig. 367) et *diphioïdes* (fig. 368) de l'étage Néocomien (voir p. 224).

WALDHEIMIE CRANIUM — *WALDHEIMIA CRANIUM* Bar.

Caractères. — Dans cette espèce la coquille est à surface plissée, le crochet court est percé d'un trou circulaire, l'appareil apophysaire allongé excède les deux tiers de la longueur de la valve ; il est formé de chaque côté par une bandelette naissant des racines fixées au plateau cardinal ; les bras frangés sont réunis par une membrane formant trois lobes et supportés en partie par l'appareil apophysaire.

Mœurs, habitudes, régime. — Baron a publié sur cette espèce des observations intéressantes d'après des individus qu'il a pu recueillir lui-même.

On la trouve, dit-il, entre les îles Brigton et le cap Nord, à la profondeur de 25 à 150 brasses, fixée sur des pierres ou sur d'autres objets. Elle compte parmi les Térébratuliens à longue glissoire ; ses appendices buccaux sont attachés de telle façon sur le squelette calcaire, qu'ils sont incapables de se remuer, c'est-à-dire qu'ils

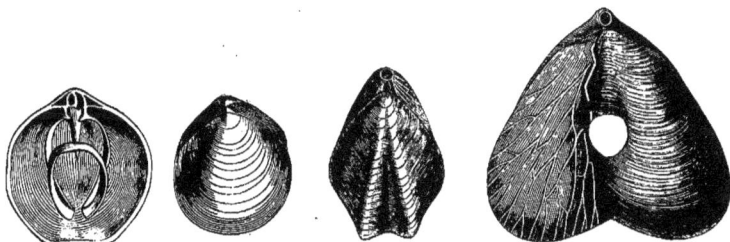

Fig. 365 et 366. — Terebratula numismalis.   Fig. 367. — Terebratula   Fig. 368. — Terebratula diphicides.
                                                            prælonga.

sont fixés à leurs extrémités spiralées. On a supposé que ces extrémités spiralées, qui sont appliquées l'une contre l'autre, peuvent être enroulées à peu près comme une trompe de Papillon ; mais je n'ai jamais rien observé de semblable. Cette espèce a plus de vivacité que la *Terebratulina caput serpentis* ; elle se remue souvent sur son muscle d'implantation, et prend plus facilement l'alarme. Les cirrhes n'émergent pas au delà du bord des valves entr'ouvertes, et quand celles-ci se ferment, ils se recourbent en arrière. »

Le *Waldheimia digona*, à test allongé, subgibbeux, sinué en dessus, lisse (fig. 369, p. 225), provient des couches Néocomiennes.

TÉRÉBRIROSTRE DU NÉOCOMIEN — *TEREBRIROSTRA NEOCOMIENSIS* D'ORB.

Caractères. — La Térébrirostre Néocomienne, comme les autres espèces du genre, se distingue par une coquille allongée, inéquivalve à côtes dichotomes, rayonnantes ; la valve ventrale est prolongée en un long rostre déprimé, sur lequel est une longue area aplatie. L'appareil interne est composé d'une lame médiane très prononcée destinée à recevoir probablement les arcs de l'apophyse.

Distribution géographique. — Cette espèce spéciale au Néocomien, est citée par d'Orbigny, comme provenant de Morteau et Peyroulles, dans le département du Doubs (fig. 370-371).

THÉCIDIE DE LA MÉDITERRANÉE — *THECIDIUM MEDITERRANEUM* E. DESL.

Caractères. — La Thécidie que nous décrivons est petite, blanche ou jaunâtre, adhérente par sa valve ventrale, celle-ci profonde, chagrinée en dedans et sur les bords ; la dorsale est garnie à l'intérieur de lamelles demi-circulaires, qui viennent aboutir par leurs extrémités, à une petite crête médiane.

Mœurs, habitudes. régime. — Le genre Thécidie se distingue par un développement tout particulier de la saillie calcaire destinée aux bras. Elle est représentée dans le monde actuel par une seule espèce, qui vit dans la Méditerranée ; c'est la *Thecidie méditerranéenne* que M. Lacaze-Duthiers a traité dans l'une de ses remarquables monographies. La valve dorsale constitue pour la valve ventrale, beaucoup plus grande, un couvercle presque plat, sur lequel les glissoirs brachiaux ne forment nulle part de saillies libres, ils paraissent plutôt fixés sur lui par une sorte de réseau calcaire. Sur une coupe transversale on voit indiquée dans la valve dorsale, la dépression angulaire autour de laquelle tourne la valve. Les valves sont ouvertes par les muscles, situés en arrière et qui, du fond de la valve ventrale, aboutissent à un prolongement postérieur de la valve dorsale ; les muscles situés en avant sont chargés de fermer les valves (fig. 358, p. 217).

A la famille des Térébratulides appartient encore le genre *Strygocéphale*, dont nous citerons une espèce.

STRYGOCÉPHALE DE BURTIN — *STRYGOCEPHALUS BURTINI* DEJ.

Caractères. — La coquille de cette espèce est subarrondie, parfois ovale en travers, presque lisse, subæquivalve, fortement rostrée. On observe à l'intérieur une large apophyse

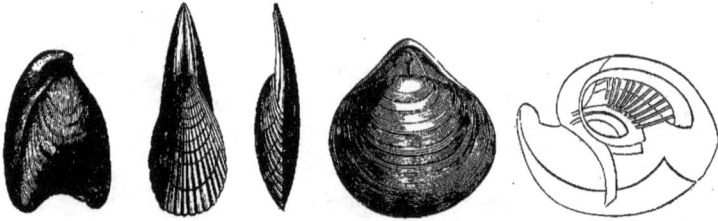

Fig. 369. — Waldheimie digona. Fig. 370-371. — Térébri-rostre du Néocomien. Fig. 372. — Strygocéphale de Burlin. Fig. 373. — Coupe du même.

fourchue à son extrémité et embrassant en un point les bords libres d'une cloison, élevée verticalement (fig. 372-373).

Distribution géographique. — Le Strygocéphale de Burlin est propre à la formation Dévonienne, et se rencontre en Angleterre, en Belgique et en Russie.

LES SPIRIFÉRIDES — *SPIRIFERIDÆ* D'ORB.

Caractères. — Chez les Spiriférides, les valves sont ovales ou triangulaires, convexes, inégales et très variables à l'extérieur, la grande valve est terminée par un crochet entier ou tronqué, séparé ou non, de la charnière, par un area, avec ou sans ouverture pour le passage d'un muscle. La petite valve est convexe. Dans l'intérieur de cette dernière, on remarque deux apophyses arquées, simples, destinées à soutenir des bras spiraux, à charpente testacée. Les animaux étaient libres ou fixés aux corps sous-marins.

Distribution géographique. — Il n'existe pas de représentants de cette famille, dans les mers actuelles. Ils dominent dans les terrains Paléozoïques de toutes les contrées : en France, en Amérique, au Chili, les Iles Falkand, la Tasmanie, l'Australie; communs dans le Silurien, ils acquièrent leur plus grand accroissement à l'époque Carbonifère, et remontent jusque dans le Jurassique, où ils diminuent de nombre.

Usages. — Les Chinois, paraît-il, se servent de ces fossiles comme remèdes.

BREHM.

SPIRIFER STRIÉ — *SPIRIFER STRIATUS*. MART.

Caractères. — Test allongé, transversalement trigone, bord cardinal droit, étroit, plane,

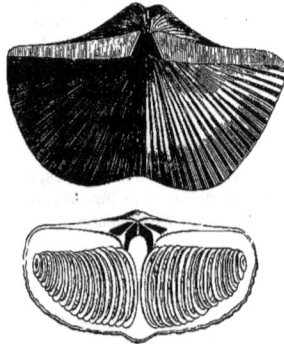

Fig. 374-375. — Spirifer strié.

valves subégales, striées longitudinalement, et réfléchies vers le milieu ; à l'intérieur une longue

Fig. 376. — Spirifer macroptère.

apophyse arquée vers le haut, soutient de son extrémité la base des bras, disposés en spirale, et représentant deux cônes horizontaux, dont l'extrémité est tournée en dehors, mais oblique du côté des crochets et à la base (fig. 374-375).

VERS. — 29

Distribution géographique. — Le Spirifer strié appartient à la formation Carbonifère ; on l'a recueilli en Belgique, en Angleterre, dans les environs de Dublin, dans l'Amérique méridionale, la Russie et les monts Ourals.

Nous figurons une autre espèce remarquable du Dévonien, le *Spirifer macropterus* (fig. 376).

SPIRIFÉRINE DE WALCOTT — *SPIRIFERINA WALCOTTI* Desh.

Caractères. — La coquille de cette espèce est obronde, quelquefois ovalaire, très convexe des deux côtés, à valves presque égales ; le

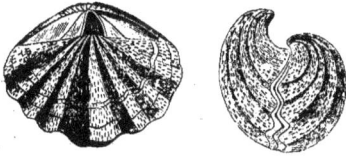

Fig. 377-378. — Spiriférine de Walcott.

crochet est fortement relevé et pointu ; on compte 9 ou 11 côtes longitudinales sur les valves (fig. 377-378).

Distribution géographique. — Les couches du Lias inférieur de l'Yonne, de la Côte-d'Or et d'Angleterre renferment cette espèce.

SPIRIGÈRE CONCENTRIQUE — *SPIRIGERA CONCENTRICA* de Buch.

Caractères. — Le genre Spirigère possède

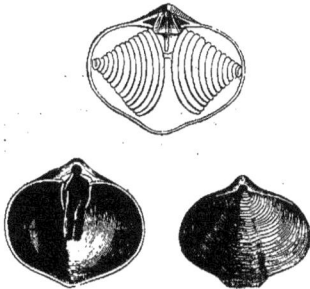

Fig. 379, 380 et 381. — Spirigère concentrique (*).

une coquille ovale, transverse, déprimée, inéquivalve, ornée de stries ou de lames concentriques,

(*) 379, intérieur de la petite valve. — 380, intérieur de la grande valve. — 381, vu en dehors.

donnant quelquefois naissance à des lames cornées ; les bras sont soutenus par une charpente testacée, contournés en spirale oblique, verticale, et formant des cônes horizontaux, dont l'extrémité est terminée en dehors, parallèlement au grand axe de la coquille, et à la base au centre de la valve.

Distribution géographique. — Le Spirigère concentrique existe dans le Dévonien de la France, de la Russie, l'Espagne, la Belgique et l'Amérique du Nord (fig. 379, 380 et 381).

Le genre *Atrypa*, classé dans les Spirigérides, était probablement muni de bras charnus

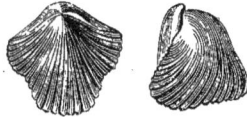

Fig. 382-383. — *Atrypa velox*.

libres. Nous figurons l'*Atrypa velox* du Silurien supérieur de Bohême (fig. 382-383).

LES RHYNCHONELLIDES — *RHYNCHONELLIDÆ* d'Orb.

Caractères. — Les Rynchonellides ont les valves régulières, bombées, présentant des côtes externes et rarement lisses ; l'une porte un long crochet saillant, muni d'une ouverture, pour le passage d'un muscle, en dedans existent deux apophyses arquées, destinées à soutenir des bras charnus libres et extensibles. Le manteau non adhérent a le bord frangé de quelques soies courtes.

Distribution géographique. — Les Rhynchonellides commencent à apparaître dès le Silurien inférieur, leur maximum se trouve à l'étage Oxfordien, puis elles remontent jusqu'à la Craie supérieure ; un très petit nombre vivent encore aujourd'hui ; parmi celles-ci nous citerons la Rhynchonelle cornée.

RHYNCHONELLE CORNÉE — *RHYNCHONELLA PSITTACEA* Lamck.

Caractères. — Cette espèce est globuleuse, cornée, très finement striée, à stries longitudinales. Le bord est lisse avec une courbure double vers le milieu.

Distribution géographique. — Elle habite les mers du nord.

Nous figurons, d'après d'Orbigny, deux Rhynchonelles des terrains anciens, ce sont les *Rhyn-*

Fig. 384. — Rhynchonella spinosa.

chonella spinosa du Jurassique (fig. 384) et le *Rhynchonella vespertilio* (fig. 385-386) de la

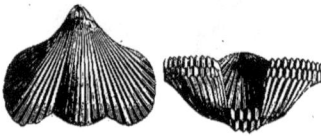

Fig. 385-386. — Rhynchonella vespertilio.

Craie supérieure. Cette dernière est remarquable par la forme de ses valves et son abondance dans les gisements qu'elle occupe.

Mœurs, habitudes, régime. — C'est sur la Rhynchonelle cornée, vivant encore aujourd'hui, qu'on reconnaît le plus nettement le prolongement caractéristique, en forme de rostre, de la valve ventrale. L'orifice destiné au pédicule se trouve au-dessous de ce rostre. Les valves sont reliées entre elles comme chez les Térébratules; mais la saillie brachiale est formée seulement de deux petites plaques squamiformes, courtes et contournées, qui sont fixées au voisinage du sommet de la petite valve. Barett a recueilli pendant son voyage dans les contrées Scandinaves quelques observations relatives à l'apparition et au mode d'existence de cette espèce. « On la trouve assez rarement vivante, dans les régions les plus septentrionales, notamment auprès de Tromsoë à une profondeur de 70 à 150 brasses; on a récolté dans la vase au voisinage de Hammerfest des valves dépouillées de leur habitant. Cette espèce m'a paru fort difficile à observer, attendu qu'au moindre mouvement, l'animal, très impressionnable, ferme ses valves en un clin d'œil. Les canalicules spiralés des bras s'étendent assez loin pour que les franges atteignent le bord des valves. J'ai souvent observé cet animal, avec les valves ouvertes, mais je n'ai jamais vu les bras se dérouler et s'étendre hors de la coquille. »

Au groupe des Rhynchonellides appartient encore le genre *Pentamerus.*

LES BRACHIOPODES SARCOBRANCHES — *SARCOBRANCHIATA* Duv.

Die Fleischkiemer.

Caractères. — Aux Sarcobranches correspond une coquille dépourvue de charnière et de squelette brachial. Le tube digestif se termine par un anus latéral. Dans cette division, un certain nombre de genres, tous fossiles, semblent établir un passage entre les Testicardines et les Écardines; du reste presque tous les genres et les espèces sont éteints. Ce n'est que dans les dernières familles que l'on trouve encore de rares représentants dans nos mers.

LES STROPHOMÉNIDES — *STROPHOMENIDA* Duv.

Caractères. — Dans la famille des Strophoménides, les valves sont régulières, triangulaires ou obrondes, toujours déprimées; la grande valve est pourvue d'un crochet plus ou moins saillant, séparé de la charnière par une area marquée et percée d'un orifice pour le passage des muscles; les deux valves sont réunies entre elles par une charnière; les surfaces sont garnies extérieurement de stries simples ou dichotomes.

Distribution géographique. — Toutes les espèces de cette famille appartiennent aux terrains Paléozoïques, et se rencontrent en France, en Amérique, aux îles Falkland, au Thibet, etc.

ORTHIS RUSTICA — *ORTHIS RUSTICA* Duv.

Caractères. — La coquille de cette espèce est oblongue transversalement, à stries ou plis rayonnants; les valves sont biconvexes; l'area est limitée par des arêtes vives; l'ouverture est large, triangulaire ; la valve ventrale est intérieurement partagée par trois côtes en forme de fourche tridentée.

Distribution géographique. — Elle a été

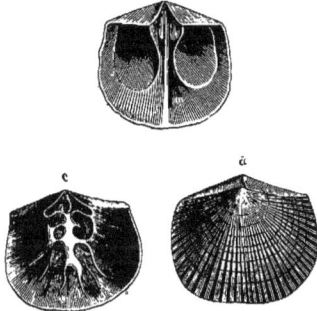

Fig. 387, 388 et 389. — *Orthis rustica.*

recueillie dans le Silurien supérieur d'Angleterre (fig. 387, 388 et 389).

Une autre espèce, l'*Orthis striatula* (fig. 390, 391 et 392), provient des mêmes terrains, et a

Fig. 390, 391 et 392. — *Orthis striatula* (*).

été observée en Hollande, en Angleterre, en Allemagne, en Suède et en Russie.

STROPHOMENA RHOMBOIDALE — *STROPHOMENA RHOMBOIDALIS* DALM.

Caractères. — La coquille transverse très déprimée est fortement inéquilatérale ; la

(*) 390, vue en dehors. — 391, intérieur de la grande valve. — 392, intérieur de la petite valve.

grande valve connexe a ses bords repliés ou coudés, à crochet à peine saillant et percé d'une ouverture ronde ; la petite valve concave et operculiforme porte un appareil apophysaire peu saillant, en lunulle, et une côte médiane courte, à l'extérieur les valves sont ornées de petites côtes de dimensions inégales

Distribution géographique. — Cette espèce provient du Silurien supérieur, de Russie,

Fig. 393-394. — Strophomena rhomboidale.

d'Angleterre, d'Amérique, de Norvège et de Bohême (fig. 393-394).

LES PRODUCTIDES — *PROCUCTIDÆ* D'ORB.

Caractères. — La famille des Productides réunit des animaux, à valves régulières transverses, dont l'une est bombée, à crochet saillant et entier, l'autre operculaire, concave, se repliant avec les bords de l'autre ; il n'existe pas d'ouverture pour le muscle d'attache, et les deux valves sont retenues entre elles, par une charnière, les bras spiraux testacés font également défaut.

Distribution géographique. — Toutes les espèces sont fossiles, elles proviennent du Dévonien et du Permien, de France, d'Australie, d'Amérique, ainsi que du Carbonifère des mêmes régions et du Silurien, d'Europe, du Thibet, de l'Himalaya, etc.

PRODUCTUS CHAGRINÉ — *PRODUCTUS SCABRICULUS* SOW.

Caractères. — Sa coquille est oblongue ou

Fig. 395. — Productus chagriné.

subquadrangulaire, très inéquivalve, la valve supérieure est aplatie, l'inférieure convexe à crochet proéminent; toute la surface est couverte de petites granulations oblongues, éparses irrégulièrement (fig. 395).

Distribution géographique. — Cette espèce provient du Carbonifère de Belgique, de France, de Russie, on la rencontre également en Angleterre, en Irlande et dans les environs de Postdam.

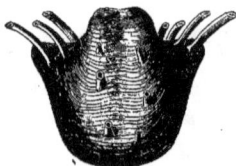

Fig. 396. — *Productus horridus.*

Il faut citer parmi les autres espèces remarquables de ce genre le *Productus horridus* (fig. 396), du Permien d'Angleterre, de Silésie

Fig. 397. — *Productus longispinus.*

et du Spitzberg, etc., et le *Productus longispinus* (fig. 397) de l'étage Carbonifère.

CHONETES SARCINULE — *CHONETES SARCINULA* Schlo.

Caractères. — Comme la majeure partie des espèces de ce genre, le Chonetes sarcinule a ses valves oblongues transversales, avec une ligne cardinale longue et droite; l'area est double, les valves sont articulées et à stries rayonnantes; le bord cardinal de la valve ventrale porte une série d'épines tubuleuses.

Fig. 398. — Chonetes sarcinule.

Distribution géographique. — Le Chonétes sarcinule provient du Carbonifère (fig. 398).

LES CALCÉOLIDES — *CALCEOLIDÆ* Duv.

Caractères. — Les Calcéolides ont une coquille libre, à valves non articulées, la valve ventrale est conique, triangulaire, pyramidale, l'autre est plate et operculaire.

Distribution géographique. — Les Calcéolides, comme les groupes précédents, appartiennent aux formations Paléozoïques.

CALCÉOLE SANDALINE — *CALCEOLA SANDALINA* Lamck.

Caractères. — La coquille de cette Calcéole est épaisse, triangulaire, avec les valves lisses et non articulées; la grande valve a le crochet contourné en dehors, ce crochet est séparé de la charnière par un area convexe sur sa longueur, la petite valve est operculaire, convexe à crochet obtus. A sa partie intérieure, on trouve une crête médiane, longitudinale, et sur

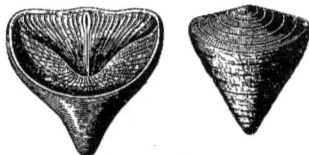

Fig. 399-400. — Calcéole sandaline.

les côtés de petites côtes arquées s'étendant presque jusqu'à son bord (fig. 399-400).

Distribution géographique. — On la rencontre dans le Dévonien d'Angleterre.

LES CRANIADES — *CRANIADÆ* d'Orb.

Caractères. — La coquille des Craniades est assez irrégulière et fixée aux corps sous-marins. La valve dorsale est conique; on ne remarque ni charnière, ni ligament; les bras sont libres, contournés en spirale et dirigés vers la concavité de la valve supérieure.

Distribution géographique. — On connaît cinq espèces vivantes de cette famille dans les mers du Spitzberg, d'Angleterre, de l'Inde, de la Nouvelle-Galle du Sud et la Méditerranée; plusieurs espèces fossiles proviennent du Silurien.

CRANIE ANOMALE — *CRANIA ANOMALA* Mull.

Caractères. — Dans cette espèce, la valve dorsale offre l'aspect d'un toit, les deux valves ne sont reliées ni par une charnière, ni par des prolongements articulaires, mais tout simplement par des muscles. Les bras spiralés et charnus sont supportés uniquement par deux prolongements nasiformes au centre de la valve ventrale (O. Schmidt).

L'animal est de couleur orange et ses bras

Fig. 401. -- Cranie anomale.

sont épais, frangés de cirrhes et formant que.ques tours horizontaux (fig. 401).

Distribution géographique. — Des quatre espèces encore vivantes, la plus connue est la Cranie anomale de nos mers septentrionales ; on la trouve presque toujours en compagnie de la Terebratula caput serpentis, qu'elle ne suit pas, néanmoins, dans les mers boréales de l'Amérique du Nord ni dans la Méditerranée. On ne la connaît pas encore à l'état fossile ; Suezy en conclut « qu'elle émane d'une époque plus récente que la Terebratula caput serpentis et qu'elle n'a pas traversé les périodes de formation qui ont permis à celle-ci d'atteindre l'Amérique du Nord, périodes pendant lesquelles il paraît avoir existé un rivage continu ou une chaîne d'îles adjacentes, reliant cette partie du monde à la nôtre. En revanche, leur apparition dans la baie de Vigo, en Espagne, indique que cette espèce a pris part tout au moins à la régression graduelle des animaux septentrionaux émanés de l'Europe centrale. » (O. Schmidt.)

La *Crania divaricata* (fig. 402) provient des couches siluriennes.

« On ne rencontre jamais en grandes masses les Cranies des périodes antérieures, dit O. Schmidt, mais on peut les suivre sans interruption à partir de la formation Silurienne. Nos musées ne renferment pas encore de suites assez complètes pour mettre en évidence toute la filiation de ces espèces ; l'avenir réserve certainement d'importantes découvertes aux recherches comparatives qu'on entreprendra dans ce but.

« Nous devons ajouter, d'ailleurs, que la solution de cette question a déjà fait de grands

Fig. 402. — *Crania divaricata.*

progrès aujourd'hui ; car, dans ses recherches sur les Vers conchifères des couches dévoniennes de la région de l'Eifel, en 1871, un jeune naturaliste, Kayser, a trouvé, dans toute une série ininterrompue, la confirmation du principe de la descendance c'est-à-dire de la mutabilité des espèces.

LES LINGULIDES — *LINGULIDÆ* Dav.

Caractères. — Les Lingulides ont une coquille régulière, déprimée, inéquivalve, les deux valves convexes, entières, ayant leur crochet à l'une des extrémités, ne présentent ni deltidium, ni charnière. Les deux valves sont appliquées l'une sur l'autre, et maintenues en rapport seulement par des muscles, l'animal est fixé au sol par un pédicule musculeux qui sort entre les deux valves ; les bras sont longs, charnus, libres, sur toute leur longueur et peuvent se contourner horizontalement dans le repos, ou s'allonger volontairement.

Distribution géographique. — Les espèces composant cette famille habitent les mers de l'Inde, les Philippines, les Moluques, l'Australie, les Sandwich et l'Amérique occidentale ; plusieurs existent à l'état fossile et appartiennent au Silurien inférieur.

LINGULE PYRAMIDALE — *LINGULA PYRAMIDATA* Morse.

Caractères. — La coquille de cette espèce est mince et flexible, de couleur verdâtre, elle partage du reste en partie ces caractères avec toutes ses congénères et reproduit pour tous les autres ce que nous avons dit en parlant de la famille (fig. 403).

Distribution géographique. — La Lingule pyramidale vit dans les mers d'Amérique.

Mœurs, habitudes, régime. — Morse a recueilli sur cette espèce des observations intéressantes. « Le pédicule des Lingules pyrami-

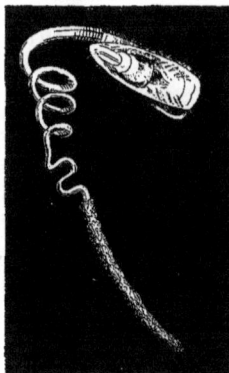

Fig. 403. — Lingule pyramidale.

dales, qui a neuf fois la longueur de leur corps, n'est pas adhérent; il présente des mouvements vermiculaires, et possède, à l'instar du corps, la faculté de confectionner des tubes de sables comme font certains Vers. En liberté, comme en captivité, lorsqu'on leur fournit du sable, ces êtres creusent des cavités dans lesquelles ils se retirent. En superposant ensuite les rangées de soies du bord de leur manteau, ils forment un crible fin qui empêche les grains de sable de pénétrer avec l'eau dans leurs branchies. Les tubes qui s'étendent les uns au-dessus des autres ressemblent à ceux des Térébelliens.

Morse estime que la Lingule pyramidale au moins, ne vit pas plus d'une année. Plusieurs centaines d'exemplaires recueillis en juin et en juillet, présentaient des dimensions analogues, et leurs coquillages paraissaient d'une fraîcheur égale. On pouvait en conclure que ces animaux étaient tous du même âge. Les spécimens recueillis et renfermés pendant l'été moururent à la fin de septembre dans des circonstances analogues à celles qui, d'après les recherches de Williams, accompagnent la mort naturelle de certains Vers annelés (*Nais*, *Arenicola*, etc.). »

Une autre espèce plus répandue dans les collections que la précédente est la Lingule anatine (fig. 404) des Moluques.

Parmi les espèces fossiles nous en figurons

une du Silurien, c'est la *Lingula ovata* (fig. 405).

« En considérant, d'une part, la simplicité de la coquille des Lingules, qu'on ne saurait

Fig. 404. — A, Lingule anatine demi-grandeur. — B, son appareil digestif (*).

mieux comparer qu'aux productions cartilagineuses de l'extrémité antérieure de certains Céphalobranches parmi les Vers sétifères, et, d'autre part, en tenant compte de l'apparition

Fig. 405. — *Lingula ovata*.

de cette tribu dans les couches les plus anciennes, nous en concluons que ces organismes se rapprochent extrêmement des ancêtres des Vers. Nous devons admettre, néanmoins, qu'il s'est écoulé un temps incalculable pendant lequel s'est opérée la transformation dont nous voyons la trace dans l'évolution des formes actuelles. Cette transformation a eu lieu dans les temps les plus reculés et ne s'est arrêtée qu'après avoir accompli une régression qui ne présente rien d'excessif à nos sens; elle nous permet de comprendre comment cette classe s'est

(*) *o*, bouche. — *a*, anus. — *œ*, œsophages. — A, embouchures des conduits hépatiques. — *v*, estomac. — *i*, intestin. — *m*, *m'*, mésentères.

maintenue dans ses limites depuis cette époque, avec une constance presque sans pareille. Mais la mutabilité des espèces a trouvé dans cette classe, sans y produire d'organes essentiels nouveaux, toute la latitude possible, ainsi que l'ont montré les travaux précédemment mentionnés de Kayser, confirmés depuis lors par de nouvelles observations.

« De la comparaison de l'habitat des Brachiopodes actuels avec la position des couches où se trouvent les représentants fossiles, Suesz a déduit des conséquences très intéressantes et très vraisemblables relativement aux profondeurs des mers primitives et à la disposition de leurs rivages. Les couches où apparaissent les Lingulides, notamment, leurs groupements; les matériaux qui les entourent, indiquent nettement qu'elles se sont toujours maintenues à de faibles profondeurs. On peut conclure de là à l'existence de continents ou tout au moins de groupes d'îles considérables à rivages sablonneux et plats, antérieurement à l'époque carbonifère. L'existence de fonds marins étendus et profonds, dans le voisinage, ne répond pas seulement à l'hypothèse généralement adoptée qui s'appuie sur un grand nombre d'observations géologiques et paléontologiques; elle est démontrée, en particulier, par la répartition des Brachiopodes fossiles à coquilles calcaires (O. Schmidt). »

Peut-être devrait-on placer à la suite des Brachiopodes, ces groupes d'animaux complètement éteints et d'une immense valeur paléontologique, connus sous le nom de *Rudistes*. D'Orbigny les classait parmi les Brachiopodes, beaucoup de naturalistes en font des Lamellibranches et les rattachent au voisinage des *Chamacés* nous réservons notre opinion en attendant la publication d'un travail spécial sur ces animaux, et nous les décrirons seulement à la fin des Mollusques, mais comme type aberrant, ne voulant en aucune façon, jusqu'à nouvel ordre, influer sur la manière de voir de tel ou tel (de Rochebruue).

LES CHÆTODERMES — *CHÆTODERMATA* Ihier.

Caractères. — Dans sa classification basée sur le système nerveux, Jhiering envisage le groupe des Chætodermes comme le premier chaînon établissant le passage direct entre les Vers et les Mollusques proprement dits, et sous le titre de classe des *Aplacophores*, il distingue deux familles : les *Chætodermidæ* et les *Neomeniadæ*. Sans nous prononcer pour ou contre la théorie de l'auteur précité, nous nous contenterons de décrire quelques-uns des genres et des espèces du groupe des Chætodermes, groupe que nous considérons comme constituant un type tranché.

Les Chætodermides se caractérisent : par un corps brillant, argenté et rugueux, par suite de la présence dans les téguments d'aiguilles calcaires plus ou moins grandes et très rapprochées les unes des autres ; par deux formations tentaculaires, situées à l'extrémité postérieure du corps, celles-ci pouvant se rétracter dans sa partie postérieure en forme de tube; par un anus à la base des tentacules ; et par un appareil digestif traversant le corps en droite ligne. (H. Theel.)

Le corps est allongé, cylindrique et d'épaisseur constante; on peut y distinguer trois parties : la proboscide, séparée du corps proprement dit par un étranglement annulaire; ce corps, et la région postérieure courte et renflée en forme de globe. C'est dans cette partie que l'on voit une cavité, dans laquelle les tentacules peuvent rentrer à volonté.

Ce corps est, nous l'avons dit, brillant et rugueux, couvert d'aiguilles calcaires affectant trois formes différentes : celles de l'extrémité postérieure du corps sont longues, minces, effilées et faiblement striées; celles de la partie médiane beaucoup plus courtes, montrent une inclinaison courbe et trois faces; celles de la dernière sorte enfin, disposées à la partie antérieure, ont également trois faces, mais elles sont droites, ou un peu concaves latéralement.

Les téguments sont formés de six couches parmi lesquelles nous citerons une couche de fibres musculaires transversales, des fibres longitudinales et le revêtement péritonéal.

Cette membrane péritonéale se développe sur des intervalles minces disposés entre quatre bandelettes musculaires longitudinales, et donne naissance à autant de canaux, parcourant la partie désignée sous le nom de corps proprement dit ; un cordon ténu s'étend dans toute la longueur et au milieu de chacun de ces canaux.

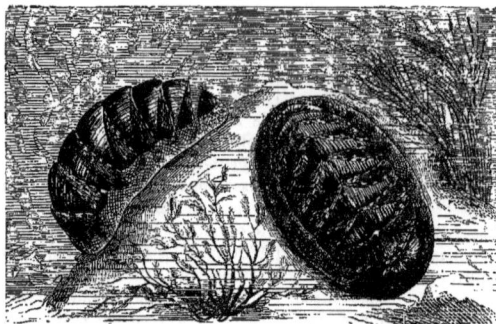

Fig. 406. — Gymnoplax granuleux (p. 238).

Les tentacules au nombre de deux s'unissent l'un à l'autre, près de la base, en entourant l'orifice anal ; ils sont composés d'une lame musculaire mince, des deux côtés de laquelle se trouvent de nombreuses lamelles diminuant de grandeur en avançant vers le sommet des tentacules ; de chacun d'eux part un rameau vasculaire filiforme, venant se réunir à l'autre et former un renflement, continué par un tube grêle, dirigé suivant la longueur de l'intestin. L'appareil digestif traverse presque tout le corps en ligne droite ; il est partout fixé par de nombreux muscles, et est suivi dans toute sa longueur par deux bandelettes également musculaires ; dans leur voisinage se dirige une membrane mince, divisant la cavité du corps en deux moitiés longitudinales.

L'orifice buccal est entouré d'une sorte de lèvre, qui peut rentrer et sortir à volonté ; l'œsophage est fortement musculeux.

Un organe excessivement singulier, continue H. Theel, auquel nous empruntons ces détails, consiste en une petite vessie oblongue en communication avec la paroi de l'œsophage et renfermant une aiguille calcaire. Cette aiguille de forme conique se lève et s'abaisse au moyen de muscles ; au sommet du cône, l'organe vésiculaire est pourvu d'un orifice conduisant dans l'intestin, et dans cet orifice même se trouvent deux autres pointes calcaires, très petites, courbées en forme de crochet et ressemblant à des dents.

BREHM.

CHÆTODERME BRILLANT. — *CHÆTODERMA NITIDULUM* Lov.

Caractères. — Cette espèce est longue de 20 à 50 millimètres. Le corps est grêle, couvert d'aiguillons droits, très serrés ; la proboscide est courte, les hydrobranchies (de Quatrefages) externes, bipennées, entourent la base de l'anus et se cachent comme lui dans une cavité infundibuliforme.

M. de Quatrefages (1) avait classé les Chætodermes dans la famille des *Priapulides* et à côté du genre *Priapule*.

Distribution géographique. — Loven a recueilli le Chætoderme brillant sur la côte occidentale de Suède, au Väderöarne. Il habite également les mers du Spitzberg et les côtes de Norwège par 25 à 500 mètres de profondeur sur fond argileux.

Les Néoméniadides, établies sur le genre *Neoménia*, découvert et décrit par Tulberg, ont une enveloppe extérieure ferme et couverte de petites épines, qui leur donnent une apparence veloutée. La peau se compose d'un épiderme et d'un derme très minces, les épines calcaires sont placées entre les interstices de petits mamelons épidermiques, les fibres musculaires ont une direction longitudinale, mais elles sont séparées par d'autres bandes annulaires excessivement fines. Au milieu de ce tissu musculaire, on voit quelques espaces vasculaires.

(1) Quatrefages, *Histoire naturelle des Annélides.*

VERS. — 30

rendant dans un grand canal, paraissant partir de la bouche, et aller vers le rectum (fig. 407).

Les nerfs, difficiles à distinguer des muscles, sont cependant reconnaissables à leurs nom-

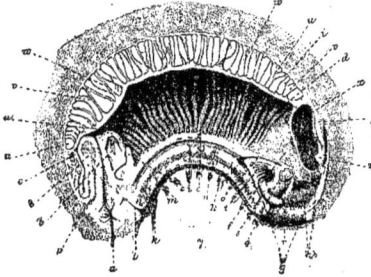

Fig. 407. Anatomie de la Néoménie carénée (*)
(d'après Tulberg.)

breuses ramifications. Le ganglion sus-œsophagien, de forme elliptique, donne naissance à au moins six paires de nerfs; deux nerfs latéraux semblent suivre le grand canal, qui passe au milieu de la tunique inférieure de l'animal et doit être un vaisseau sanguin; les ganglions sous-œsophagiens, de forme triangulaire, sont réunis au sus-œsophagien par une fine commissure. Aucun renflement en forme de ganglion ne paraît exister sur les grands nerfs longitudinaux.

Le tube digestif est composé de trois parties: le pharynx, l'estomac et le rectum. Le pharynx se divise en deux portions; la partie postérieure est formée par un sphincter contracté quand la partie antérieure s'avance; l'estomac placé immédiatement à la suite occupe les deux tiers de la longueur de l'animal, et plus la moitié de sa largeur; des deux côtés de cette cavité et intérieurement partent des lamelles transverses qui lui donnent un aspect tout particulier. Le rectum resserré vers son milieu va en se dilatant et se confond avec l'anus. (Lucien Brun, traduction.)

Jusqu'ici on connaît deux espèces de Néoménies; l'une d'elles possède une radula.

(*) Section longitudinale de l'animal. — a, bouche. — b, portion antérieure du pharynx. — c, partie postérieure du même. — d, estomac. — e, lamelle transversale. — f, rectum. — g, anus. — h, lamelle longitudinale. — k, sillon central. — l, repli longitudinal. — m, un de ces replis dans le fond du repli central. — n, canal longitudinal. — o, cavité rudimentaire. — p, ganglion sus-œsophagien, — r, section du conduit de la glande latérale. — s, cavité contenant l'organe pungiforme. — t, protubérance de la cavité. — u, ovaire. — v, lamelles de l'ovaire. — w, membranes transverses. — x, oviducte. — yz, corps attachés à la partie postérieure de cette poche.

NÉOMÉNIE CARÉNÉE. — *NEOMENIA CARINATA* TULB.

Caractères. — « Cet animal est courbé en forme de croissant de lune; dans l'état de contraction, il est quelque peu comprimé en dessus, de sorte qu'il porte comme une crête sur le dos; sa couleur est d'un gris clair avec une légère teinte rosée vers l'anus; la longueur du plus grand échantillon est de 20 millimètres, le plus petit mesure seulement 8 millimètres » (Tulberg) (fig. 408 à 412).

Distribution géographique. — Les spécimens types de Tulberg ont été trouvés par lui, à environ 50 pieds de profondeur dans un des bords de la côte ouest de Suède.

Une autre espèce, la *Neomenia Gorgonophila*, décrite et étudiée par Kowalesky, rampe, dit cet auteur, à la manière des Némertes; elle quitte l'eau et se dirige vers les endroits découverts. Si dans sa marche elle rencontre un obstacle, aussitôt elle rampe en arrière.

PRONÉOMÉNIE DE SLUITER — *PRONEOMENIA SLUITERI* HUBR.

Caractères. — Découverte tout récemment, cette espèce se relie étroitement à la Néoménie carénée; elle en diffère cependant par d'importantes particularités.

Sa forme extérieure est cylindrique, l'extrémité antérieure paraît un peu plus épaisse que la postérieure, la bouche et l'anus se trouvent sur le côté ventral, ce dernier en continuité avec la petite gouttière ventro-médiane, la première toutefois séparée de cette gouttière par une sorte de pont formé par l'épiderme garni de piquants.

Les piquants calcaires sont enfouis dans l'épiderme au milieu d'une cuticule d'épaisseur remarquable et de consistance chitineuse. Sur la plus grande partie du corps, on trouve plusieurs couches superposées et souvent très rapprochées de ces piquants, en forme d'aiguilles émoussées.

La bouche conduit dans un pharynx musculeux, dont la surface interne est plissée et recouverte d'une cuticule chitineuse; dans la paroi ventrale du pharynx, on voit une ouverture en forme de fente, qui en arrière conduit dans un petit sac très court; dans ce sac se trouve une *radula* également très petite, mais parfaitement distincte.

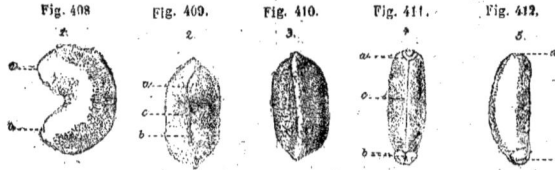

Fig. 408 à 412. — Néoménie carénée (d'après Tulberg) (*).

Distribution géographique. — Les deux seuls exemplaires de Proneomenia, ont été dragués par le Dr Sluiter dans la mer de Barent, ils mesurent 103 et 108 millimètres (L. Joliet, traduction).

M. Lucien Brun termine ainsi son analyse du mémoire de Tulberg : « La Neomenia nous montre donc des déviations aux deux types Mollusque et Ver, par son absence de radula, la structure particulière de son canal digestif et de son système nerveux; la forme du corps et les épines de carbonate de chaux de sa peau. »

De son côté, M. L. Joliet observe « que le Proneomenia comble la lacune qui jusqu'ici existait entre les Neomenia et d'autres formes inférieures de Mollusques. Ces observations viennent confirmer l'opinion d'Ihering, et légitimer en quelque sorte la création de sa classe des Aplacophores.

LES POLYPLAXIPHORES — *POLYPLAXIPHORA* Blainv.

Caractères. — Les Polyplaxiphores (fig. 406, p. 233), plus généralement connus sous le nom de Chitons, ou d'Oscabrions, après avoir été tout d'abord considérés comme des Mollusques, furent rangés par de Blainville dans une classe à part avec les Cirrhipèdes. Ces divers animaux étaient désignés sous le nom de *multivalves*. Le rapprochement des Chitons et des Cirrhipèdes devait forcément cesser quand la véritable affinité des Cirrhipèdes fut définitivement établie. Aussi l'opinion du savant zoologiste fut-elle abandonnée, et depuis ce moment tous les naturalistes, à peu d'exceptions près, assignèrent aux Chitons une place définitive, à côté des Patelles, dans le groupe des Mollusques Gastropodes.

Cependant Ihering, reprenant les travaux de ses prédécesseurs, et se basant surtout sur l'étude et la comparaison du système nerveux, créa la classe des *Placophores*, trait d'union entre les Vers et les vrais Mollusques.

Il était utile de rechercher si l'on devait donner raison : ou bien aux zoologistes faisant du type Chiton un Mollusque, ou bien à Ihering et à ses imitateurs voyant dans ces mêmes Chitons un Ver transformé.

Aussi, discutant les deux systèmes en présence, à l'aide non plus seulement du système nerveux, mais de l'examen anatomique tout entier d'un nombre considérable de Chitons, nous avons exposé les théories que nous avons adoptées ; sans entrer dans les éclaircissements que comporte un pareil sujet, nous renvoyons pour les détails à notre mémoire (1) ; contentons-nous de dire avec Gegenbaur : « que les Chitons constituent un groupe exceptionnel présentant, entre autres particularités d'une haute valeur, l'absence de toute formation équivalente à la coquille des Gastropodes, et qu'ils semblent représenter une forme ayant dû se détacher de très bonne heure du tronc primitif des branchiés. »

Après avoir rapidement exposé les caractères fondamentaux des Polyplaxiphores, nous étudierons les principaux types de ce groupe aberrant au premier chef.

Extérieurement, les Polyplaxiphores compren-

---

nent des animaux de forme ovale, oblongue ou allongée, arrondis aux extrémités, convexes en dessus, portant à cette place une armature de huit valves ou écailles généralement imbriquées, mobiles, enchâssées dans les bords du manteau par des organes particuliers désignés sous le nom d'apophyses, écailles tantôt externes, tantôt en partie ou complètement cachées sous le manteau ; celui-ci couvert soit de petites écailles, soit d'épines, ou bien de soies, disposées différemment suivant les groupes.

La tête est sessile, sans yeux ni tentacules. La bouche, placée en dessous, est en forme de mufle légèrement protractile, surmonté d'un rebord membraneux ; de chaque côté du corps et en dessous dans une dépression du manteau, limitée par un disque plat ou faiblement concave servant à la reptation, on observe les feuillets branchiaux pectinés, de longueur, de contexture et de dispositions variables.

L'anus est postérieur ; à la base des cordons branchiaux et de chaque côté, un petit orifice

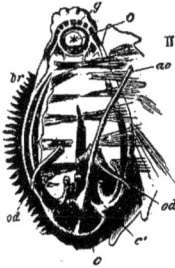

Fig. 413. — Anatomie du Chiton (d'après Cuvier) (*).

sert à la sortie des œufs. Tous les types ont une radula (fig. 413).

Le système nerveux des Chitons, tout en présentant une grande analogie avec celui des Mollusques, en diffère cependant d'une manière notable. La figure que nous en donnons (fig. 414) d'après Ihering le fera mieux comprendre qu'une longue description, surtout quand on le comparera d'une part avec celui d'un Mollusque que nous figurons à son rang, et d'autre part à celui d'un Annélide tel que nous l'avons déjà donné. Du reste, même pour ceux qui ne voient dans les Chitons que des Mollusques, leur système nerveux « est

(*) o, la bouche. — g, le collier nerveux. — ao, l'aorte. — c, ventricule. — c', oreillette. — br, branche gauche. — od, oviducle.

bien celui d'une Annélide ». Cependant quelques-uns ont voulu le comparer à celui des Haliotides et des Patelles. Ils démontrent ainsi une connaissance imparfaite de l'anatomie de ces animaux, car, pour le système nerveux comme pour les autres organes, ils diffèrent complètement les uns des autres.

Sans nous arrêter sur ces différences, sans tenir compte de la forme des valves des Chitons, du nombre insolite de ces valves, toujours et invariablement de huit, l'étude de la composition, de la contexture intime de ces valves suffirait seule à éloigner les Chitons des Mollusques.

M. le professeur Milne-Edwards fait justement observer « que la texture intime des valves de Chitons n'est pas la même que celle des autres coquilles » (1). Pour le démontrer, il suffit de faire l'expérience suivante, que nous avons instituée, et qui maintes fois nous a toujours conduit au même résultat.

Si l'on prend une coquille ou portion de coquille d'Haliotide, de Patelle ou de tout autre Gastropode, et qu'on la plonge dans de l'eau étendue d'acide chlorhydrique (2 parties d'acide pour 4 parties d'eau), au bout d'un temps très court, la coquille est complètement dissoute, et il n'en reste pas trace dans le liquide.

Une coquille de Chiton traitée de la même façon et après un même laps de temps a conservé sa forme, elle est devenue molle ; entièrement débarrassée de sels calcaires, elle offre l'aspect d'une valve en caoutchouc, se pliant dans tous les sens et reprenant sa forme aussitôt que l'on cesse de la tordre ou de la plier.

De plus, soumise à une ébullition prolongée, dans une solution concentrée de potasse caustique, cette valve élastique reste la même sans éprouver aucune modification (de Rochebrune).

Ce fait prouve, jusqu'à l'évidence la plus indiscutable, que la chitine entre pour la plus large part dans la composition de la coquille des Chitons !.... En est-il de même chez les Mollusques ? On voit qu'il serait inutile de répondre à cette question. Nous ne poursuivrons pas les comparaisons, nous n'aurions qu'à accumuler des preuves différentielles.

Le développement qui n'a pu être suivi jusqu'ici que sur le *Chiton marginatus* du Nord, par le naturaliste suédois Loven, rappelle celui des Vers sétifères. On le reconnaîtra en comparant les figures que nous avons publiées à ce sujet et celles que nous représentons ici.

(1) Milne-Edwards, *Leçons d'anatomie et de physiologie comparées.*

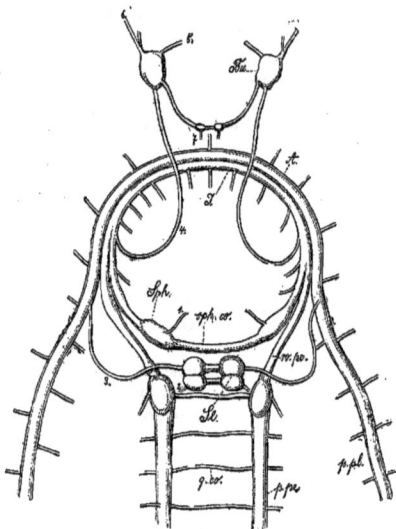

Fig. 414. — Système nerveux de Chiton (d'après Ihering) (*).

L'embryon de ces animaux apparaît d'abord (fig. 415 à 417) sous la forme d'un corps arrondi, de 8 dixièmes de millimètre de diamètre, dont

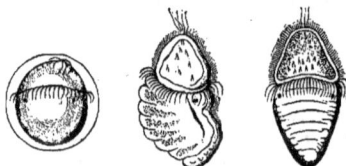

Fig. 415. Fig. 416. Fig. 417.
Fig. 415 à 417. — États larvaires du Chiton (d'après Loven).

la moitié antérieure plus petite est séparée de la postérieure par un cercle de cils vibratiles. Sur le pôle céphalique s'élève aussi une touffe de cils analogues, et sous le cercle cilié apparaissent les yeux. A un stade plus avancé (fig. 417), le dos se trouve partagé en 8 bourrelets transversaux qui méritent notre intérêt parce qu'ils

sont absolument distincts. En même temps (comme on le voit encore dans la figure 416), le pied est déjà nettement distinct du reste du corps, et le segment antérieur s'est entièrement revêtu de cils vibratiles. La bouche se présente sous l'aspect d'une dépression située au-dessous des yeux. Dans le cours ultérieur du developpement, l'anneau ciliaire et les yeux disparaissent, la partie antérieure se confond avec le bourrelet qui entoure la bouche, et le dos se recouvre de segments de coquille (Loven).

Distribution géographique. — Les Polyplaxiphores habitent toutes les mers du globe. Ils sont surtout abondants sur les rochers à basse mer, mais on les obtient souvent en draguant par 18 à 45 mètres. Certaines espèces vivent même à la profondeur de 180 mètres et plus. Les espèces de nos côtes sont généralement de petite taille, les grandes sont propres aux mers chaudes.

Mœurs, habitudes, régime. — Les Polyplaxiphores sont remarquables par la lenteur de

(*) A, cordon externe. — I, cordon interne. — Sph, ganglion sous-pharyngien. — Sb, ganglion sublingual. — sph.co, commissure subpharyngienne. — p.pl, nerf pallial primaire. — p.pe, nerf pédicux primaire. — g.eo, commissure des nerfs pédicux primaires, — Bu, ganglion buccal.

leurs mouvements; quelques-uns cependant marchent avec assez de rapidité; ils vivent fortement attachés à la paroi des rochers, sur les pierres, les coquilles, les plantes même des rivages; enlevés de leur lieu d'élection ils se contractent en boule à la manière des Cloportes, habitude qui leur a valu le nom de Cloportes de mer.

Distribution dans le temps. — « L'apparition des Chitons remonte presque aux premiers débuts de la période Paléozoïque.

« Les espèces vivantes de ce groupe descendent de types antérieurs, par voie de filiation naturelle, lente et progressive; ces primitifs représentants de la classe se sont perpétués à travers la série entière des âges et ont donné naissance, tout à la fois, à des formes modifiées et à des formes anciennes, reproduites sans modifications. » (De Rochebrune) (1).

Nous avons divisé les Polyplaxiphores en quatre familles; nous nous bornerons à décrire un seul représentant pris dans quelques-unes de ces familles.

CHITONELLE COURONNÉE — *CRYPTOPLAX CORONATUS* Rochbr.

Caractères. — Le corps de cette espèce est semblable à une grosse Chenille, il est allongé, charnu, un peu recourbé, couvert d'épines excessivement petites lui donnant un aspect velouté. Les huit lames composant la coquille sont en partie cachées dans le manteau, en forme de losange, striées longitudinalement; sa couleur est d'un rose sale avec des bandes brunes ou roussâtres.

Distribution géographique. — La Chitonelle couronnée découverte à Tonga-Tabou par Quoy et Gaimard habite les Philippines, la Nouvelle-Calédonie et tout l'Archipel Polynésien.

CHITON PÉRUVIEN — *CHOETOPLEURA PERUVIANA* Rochbr.

Caractères. — Le corps est ovale un peu aplati, à manteau épais, large et couvert de longs poils

(1) De Rochebrune, *Annales des sciences géologiques,* 1882.

cornés, flexibles; ces poils se montrent également entre les valves, larges, sillonnées et de teinte brune comme tout le reste de l'animal.

Distribution géographique. — Le Chiton Péruvien, comme l'indique son nom, habite sur les côtes du Pérou.

Le genre Acanthopleura, voisin de celui-ci, s'en distingue par les poils du manteau roides et durs; nous en figurons une espèce, l'*Acanthopleura aculeata* (fig. 418).

CHITON ÉCAILLEUX — *GYMNOPLAX SQUAMOSUS* Rochbr.

Caractères. — Cette espèce, de taille assez considérable, est ovoïde, à manteau épais,

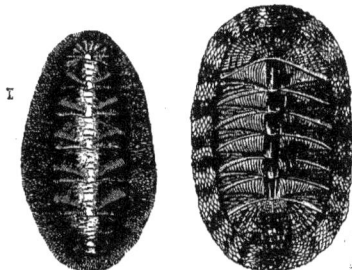

Fig. 418. — Acanthopleura aculeata.   Fig. 419. — Chiton écailleux.

étroit, couvert de petites écailles imbriquées très brillantes, d'un olive foncé; les valves larges sont fortement striées longitudinalement sur l'aire centrale; les aires latérales sont ornées de sillons quelquefois divariqués à la base et faiblement granuleux. Sa couleur générale est olivâtre, maculée de points jaunes ou blancs (fig. 419).

Distribution géographique. — Le Chiton écailleux, très commun dans les localités où on le rencontre, vit sur les côtes d'Amérique.

Une autre espèce voisine est le Chiton (*Gymnoplax*) granuleux (fig. 406, p. 233).

FIN DES VERS.

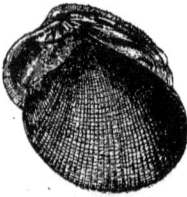

Fig. 420. — Coquille de
Lamellibranche.

Fig. 421. — Coquille
de Gastropode.

Fig. 422. — Coquille de
Pulmoné.

Fig. 423. — Ammonite
(Céphalopode).

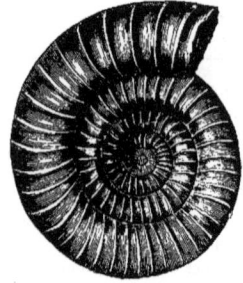

LES MOLLUSQUES

CARACTÈRES GÉNÉRAUX

Les Mollusques, dont nous représentons quelques uns des types (fig. 420 à 423), se distinguent des Annelés parmi les Vers, par un caractère fondamental, le défaut absolu de toute trace de segmentation ; en effet, leur corps se divise bien en régions ; mais, comme l'expose M. le professeur Perrier, « ces régions sont mal limitées, ce sont des parties d'un même tout, des organes d'un même individu, mais nullement des individus distincts. »

Cependant, dit avec raison Gegenbaur, quelques circonstances conduisent à l'idée que chez les formes primordiales de certaines subdivisions, peut-être de toutes, il y a eu, bien qu'à un degré très faible seulement, une segmentation, car plusieurs détails de l'organisation sont compréhensibles à cette seule condition.

. .« Nous sommes amenés par ce fait, ajoute Gegenbaur, à trouver les traces des rapports de parenté avec une autre souche, celle des Vers, et nous y apercevons, dans un très grand éloignement, des relations propres à permettre de considérer le phylum des Mollusques comme étant un des rameaux de l'arbre généalogique commun.

« La classe tout entière est caractérisée par la formation de coquilles extérieures, dépendant des téguments. Très peu de Mollusques sont en effet privés de cet organe, ceux mêmes chez lesquels il fait défaut, à l'état adulte, en possèdent générale-ment, sinon toujours, une, dans les premiers états du développement embryonnaire.

« Quelques Naturalistes peu partisans de l'évolution, afin de démontrer l'absence de toute parenté entre les Annelés et les Mollusques, s'appuient sur les types éteints, car pour eux, dans chaque embranchement, les êtres les plus ancient semblent appartenir à des types moins perfectionnés que les êtres actuels. Pour M. le Docteur Fischer notamment, « il est probable que les embranchements, ou types d'organisation, ont été autonomes dès la création. » C'est la théorie modifiée de de Barante, théorie établie sur une sorte de hiérarchie organique entre les animaux, et d'après laquelle les représentants des degrés inférieurs de cette hiérarchie doivent s'être montrés, avant ceux qui occupent les degrés supérieurs.

Les deux naturalistes dont nous venons de citer l'opinion n'ont pas considéré « que la vie ne s'astreint pas à faire progresser uniformément ses productions, que certains organismes après s'être élevés très haut rétrogradent, et que le degré de perfection organique n'est nullement en rapport avec l'ordre d'apparition paléontologique » (Perrier).

L'examen des organes constitutifs des Mollusques va nous montrer les relations existant entre eux et les groupes examinés dans la première partie de cet ouvrage ; le lecteur lui-même, abstraction faite de toute théorie, saura facilement, par une simple comparaison, établir son jugement ; il verra que les Mollusques ne sont pas évidemment des Annélides, mais il comprendra que ce sont des Annélides transformées naissant à l'état de tro- chosphère, ayant une chaîne nerveuse presque semblable, des organes segmentaires, une arma- ture pharyngienne incontestablement identique ; il saura en outre trouver les causes qui ont pré- sidé à cette transformation, et dont l'une des prin- cipales réside dans des conditions d'existence toutes spéciales, dans le fait de l'habitation dans un tube clos de toutes parts, sauf à l'extrémité antérieure (Perrier).

Quoi qu'il en soit, un Mollusque pris dans n'im- porte quel ordre, que ce soit un Bivalve ou un Cé- phalopode, en un mot le Mollusque type, est ainsi caractérisé :

Animal inarticulé, symétrique, à téguments mous, dépourvu de squelette locomoteur, en général recouvert par une coquille univalve ou bivalve, sécrétée par un repli cutané (Claus).

ORGANISATION DES MOLLUSQUES

Téguments. — L'enveloppe extérieure du corps des Mollusques est constituée par une couche der- mique, intimement unie, dans la majorité des cas, avec la couche musculaire sous-jacente, consti- tuant l'une et l'autre, comme chez les Vers, un tube dermo-musculaire d'où résulte la forme de l'ani- mal (Gegenbaur), forme d'autant plus modifiée, que la coquille est plus développée et que les par- ties molles peuvent s'y retirer plus profondément.

Divers dépôts accumulés dans le derme donnent généralement au corps une coloration spéciale. Parmi les organes de coloration les plus remar- quables, nous citerons les chromatophores des Céphalopodes, organes situés à des profondeurs diverses, remplis de granulations pigmentaires et pourvus sur leur périphérie de fibres musculaires rayonnantes, dont nous étudierons le mécanisme en traitant de ce groupe.

D'autres dépôts existent parfois dans les tégu- ments; formés de carbonate de chaux, ils se mon- trent tantôt comme de simples grains, tantôt comme des baguettes ou des pièces diversement ramifiées, réunis souvent en quantités considérables et formant un véritable réseau ; les *Doris* nous en fourniront des exemples.

Les téguments sont tantôt lisses, tantôt plus ou moins tuberculeux ou bien ornés d'appendices variés.

Voile et manteau. — De nombreuses forma- tions, annexées aux téguments, sont des plus remarquables, soit par les particularités de leur structure, soit par les usages divers auxquels elles sont destinées ; de ce nombre sont le voile et le manteau.

Le voile (*velum*), spécial aux larves des Cépha- lophores et des Lamellibranches, consiste en une expansion latérale des téguments, partant de la partie céphalique et bordée d'une couronne de cils vibratiles ; elle peut être formée de deux ou plu- sieurs lobes ; dans les cas où ces lobes dépassent le nombre de quatre, ils prennent l'aspect de ten- tacules frangés de cils. Cette disposition pouvant être dérivée de la couronne ciliée primitive des Vers doit être regardée comme un développement ultérieur d'appareils, qui chez ces derniers sont plus simples (Gegenbaur, Perrier). La connais- sance du velum nous conduira bientôt à des con- sidérations d'un haut intérêt.

On désigne sous le nom de *manteau* un double pli de la peau qui recouvre le corps dans une por- tion plus ou moins grande. Chez les Lamellibran- ches, le manteau forme deux lames continues, enveloppant latéralement le corps et sécrétant la coquille, laquelle leur correspond par sa forme et ses dimensions (fig. 424 A) ; le manteau des Cépha- lophores est formé par un repli semblable et porte la coquille de la même façon, son développement correspond à celui de cette dernière, et lorsqu'elle manque, le manteau n'est plus qu'un fragment scutiforme séparé du reste du corps par un sillon peu profond (fig. 424 B). Les rapports que le manteau

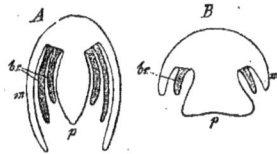

Fig. 424. — Coupes verticales schématiques d'un Lamel- libranche et d'un Céphalophore (Gegenbaur).

possède avec la coquille font que chez les Gastro- podes conchifères, le manteau se développe d'une manière correspondante, s'étend avec la croissance de la coquille, et forme un sac dans lequel la plus grande partie de la masse viscérale se trouve con- tenue. Le bord libre du manteau court générale- ment sans discontinuité d'un côté à l'autre, et paraît avoir, chez les formes pourvues d'une coquille bien développée, une extension inégale, suivant ses rapports avec les agents de la respi- ration.

Pied. — Pendant que le manteau, dit Gegen

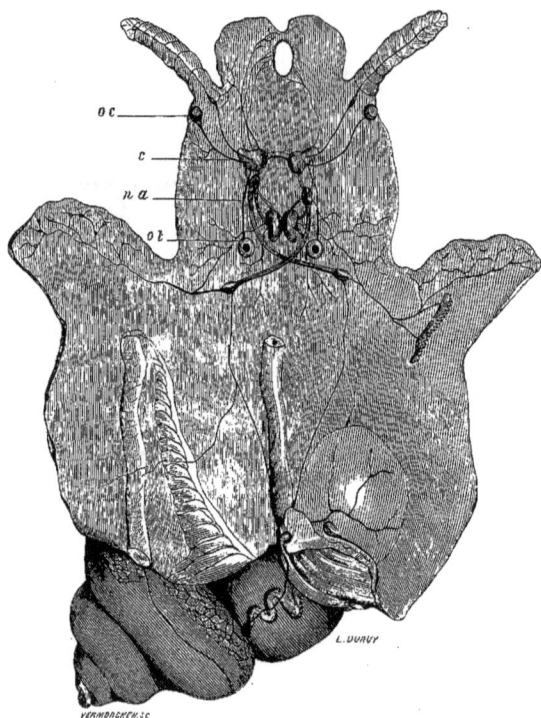

Fig. 425. — Système nerveux de Gastropode (*).

baur, se différencie aux dépens de la portion dorsale du corps, un autre organe, le pied, se forme sur la partie ventrale, il consiste en un développement souvent considérable d'une portion de l'enveloppe dermo-musculaire , d'une structure excessivement homogène. Dès son origine, le pied apparaît d'abord entre les deux lobes du velum, comme une protubérance médiane située au-dessous de la bouche qui occupe ainsi le centre d'un triangle, dont les sommets sont marqués par les deux moitiés du velum et par le pied (Perrier).

Dans les Mollusques, le pied se montre sous quatre aspects fondamentaux, servant à caractériser les groupes, on voit en effet les Céphalopodes avec leurs bras armés de ventouses, les Ptéropodes

aux ailes céphaliques, les Gastropodes rampant sur une sole dite ventrale, les Lamellibranches enfin au pied linguiforme, souvent très long, souvent aussi rudimentaire.

Pour tous les Naturalistes, les bras des Céphalopodes sont des organes de même nature que le pied des Gastropodes, l'identité du pied de ces derniers avec celui des Lamellibranches est également acceptée ; pour tous aussi, les bras des Céphalopodes sont des pieds céphaliques, les ailes du Ptéropode dans le même cas, seul le pied des Gastropodes, suivant l'opinion générale, ne possède aucune connexion avec cette partie de l'animal. Examinons, avec M. le professeur Perrier, si cette manière de voir est acceptable, ou si au contraire « *tous les Mollusques marchent sur un appendice de leur tête.* »

« En voyant marcher un Escargot, on est natu-

(*) *ot*, otocyste. — *na*, nerf auditif. — *e*, cerveau, ganglion sus-œsophagien. — *oc*, œil (d'après M. H. de Lacaze-Duthiers).

BREHM.

MOLLUSQUES. — 31

rellement porté à considérer la partie sortie de la coquille, comme l'animal entier, et l'on ne tient pas compte du reste du corps contenu dans l'intérieur de cette coquille ; là, cependant, existe une masse spirale, connue sous le nom de *Tortillon*, contenant tous les organes fondamentaux ; c'est là le véritable corps du Gastropode. Supposons ce tortillon déroulé et maintenu verticalement, l'animal continuant à marcher sur le sol ; il devient évident que la partie supérieure du tortillon n'est autre chose que la partie postérieure du corps et que sa base correspond à l'extrémité antérieure ou céphalique. Pour continuer cette restauration, il suffit de ramener la tête et le pied dans le prolongement du corps, comme le fait l'animal lui-même, quand il rentre dans sa coquille ; les deux moitiés de la sole ventrale se rapprochent de plus en plus l'une de l'autre, le pied se replie vers la tête et,

Fig. 426. — Coupe de la coquille d'un Lamellibranche (très grossie).

dans sa position de repos, il n'apparaît plus que comme un prolongement de la face inférieure de celle-ci.

« La sole de l'Escargot détermine un plan auquel le corps de l'animal est perpendiculaire ; la seule différence qu'il y ait au point de vue de l'appareil locomoteur, chez les Céphalopodes, les Ptéropodes et les Gastropodes, c'est que chez les premiers cet appareil est également développé tout autour de la tête et divisé en huit ou dix lobes, à peu près semblables ; chez les seconds il est partagé en trois lobes, un médian rudimentaire et deux latéraux, largement développés ; chez le troi-

sième enfin, les deux lobes latéraux manquent et le lobe médian devenu énorme constitue à lui seul ce qu'on nomme le pied, la même chose a lieu chez les Lamellibranches où le pied est comprimé au lieu d'être aplati.

« En résumé, les bras du Céphalopode, les ailes du Ptéropode, la sole du Gastropode, et le pied linguiforme des Lamellibranches *sont des dépendances de la tête du Mollusque.* » (Perrier.)

Coquilles. — Une propriété particulière des téguments des Mollusques est celle de sécréter des substances solides, se déposant par couches, d'où résulte la formation des coquilles si caractéristiques du type Mollusque. Ces produits sécrétés, bien qu'ayant une grande importance comme organes de soutien et de protection, ne sont pas dans des rapports organiques proprement dits avec les animaux qu'ils recouvrent.

Les rapports du manteau et de la coquille sont fort intimes chez tous les Mollusques, les deux organes naissent ensemble, et dans les cas où la coquille fait défaut, ou devient caduque, le manteau subit aussi des rétrogradations ; l'accroissement en surface des coquilles se fait par leur bord libre et résulte de dépôts stratifiés, provenant du manteau, se traduisant à la surface de la coquille, par des lignes concentriques ou lignes d'accroissements. Une sécrétion de toute la face inférieure du manteau produit l'épaississement de la coquille.

Ces divers modes de formation expliquent les différents détails de structure des coquilles ; quelques-unes, lorsqu'elles sont cassées, présentent un faible éclat, comme celui de la porcelaine, d'autres sont nacrées, quelques-unes ont une structure fibreuse (fig. 425, p. 243), etc., etc. Dans ces dernières, on remarque des couches successives de cellules prismatiques, contenant du carbonate de chaux translucide ; les cellules de chaque couche se correspondent, de sorte que la coquille, surtout lorsqu'elle est très épaisse, se brise verticalement en fragments, montrant sur leurs bords une structure semblable à celle de l'Arragonite (Woodward).

Toutes les coquilles sont revêtues d'une enveloppe externe de matière animale ordinairement mince, destinée à les préserver contre les influences atmosphériques.

Les formes de l'enveloppe testacée des Mollusques sont considérables, nous n'en citerons ici aucune, réservant ces détails à l'étude des espèces.

Les couleurs dont les coquilles sont ornées sont également nombreuses, elles sont limitées à la surface ; sécrétées par le manteau, elles dépendent généralement de l'action de la lumière, elles semblent être aussi en relation avec la distribution géographique et bathimétrique. Chez presque tous les Mollusques, il se développe avant l'éclosion une coquille rudimentaire qui devient le nucléus de la coquille adulte. Dans certains groupes, cette coquille rudimentaire disparaît de très bonne heure, et n'est jamais remplacée (Gegenbaur).

Opercule. — Indépendamment de la coquille, beaucoup de mollusques, presque tous les Gastropodes, ont un opercule ou couvercle, servant à fermer leur ouverture lorsqu'ils se sont contractés; cet organe se développe sur un lobe spécial, à la partie postérieure du pied, et se compose de couches cornées, imprégnées de sels calcaires.

SYSTÈME MUSCULAIRE.

Chez les Mollusques, l'absence d'organes de soutien est un obstacle au développement de muscles compliqués; même dans les Céphalopodes, où des pièces cartilagineuses protègent les centres nerveux, ils sont réduits à une grande simplicité.

Les fibres musculaires, par leurs éléments constitutifs, sont semblables à celles des Vers; elles ont l'aspect de longs filaments quelque peu aplatis, en forme de ruban, dont la substance contractile montre de fines stries longitudinales indiquant une subdivision fibrillaire; on trouve aussi souvent des traces de striation transversale.

La partie musculaire du manteau est fortement développée chez les Lamellibranches, les muscles adducteurs de la coquille sont les antagonistes du ligament élastique unissant les deux valves; l'action de ce ligament est limitée par un fort cordon de fibres qui accompagnent les adducteurs. Dans les Gastropodes, un très gros muscle, fixé à l'axe columellaire, fournit des faisceaux qui, par leur contraction, permettent à l'animal de se clôturer dans sa coquille (Virchow).

Chez la plupart des Mollusques, pendant le développement embryonnaire, des points particuliers du corps couverts de cils vibratiles fonctionnent comme organes locomoteurs. Chez les animaux adultes, cet organe est constitué par le pied, il sert à la reptation en raison des contractions ondulatoires dont il est le siège.

SYSTÈME NERVEUX.

Tout le système nerveux des Mollusques est réduit à deux colliers entourant l'œsophage et sur lesquels sont disséminés des ganglions, que l'on croyait autrefois irrégulièrement distribués. L'existence de ces deux colliers est tout à fait générale (Perrier).

M. Lacaze-Duthiers a établi que le premier collier, le collier antérieur (fig. 425), était formé de deux ganglions cérébroïdes, situés en dessus de l'œsophage et de deux ganglions symétriques, situés en dessous; le collier postérieur se rattache lui aussi aux ganglions cérébroïdes, mais il comprend une série

de cinq ganglions, reliés entre eux par des cordons nerveux, plus ou moins allongés; en outre les deux colliers sont rattachés l'un à l'autre de chaque côté de l'œsophage par un cordon allant du ganglion sous-œsophagien du premier collier, au premier ganglion sous-œsophagien du second. (Perrier.)

Les variétés de groupement des divers éléments du système nerveux sont infinies. Les plus importantes résultent de l'élongation ou du raccourcissement des commissures et des connectifs unissant les masses ganglionnaires, du rapprochement ou de l'écartement des ganglions sous-œsophagiens, enfin de l'amoindrissement ou de la disparition de certains ganglions, lorsque les organes à innerver manquent ou se modifient. (Woodward.)

Les masses ganglionnaires groupées autour de l'œsophage, et les nerfs qui en dérivent, forment un système du corps, avec lequel un système viscéral, pourvu de ganglions spéciaux, se trouve en connexion de la même façon que chez les Vers et les Arthropodes (Gegenbaur). La partie antérieure du système nerveux viscéral n'est représentée chez les Lamellibranches que par un petit nombre de filets nerveux. La portion postérieure en est d'autant plus développée. Chez les Céphalophores, cette portion antérieure se présente sous une forme spéciale, correspondant avec le développement de la région céphalique et de ses dépendances. Chez les Céphalopodes, la fusion des divers éléments est d'autant plus prononcée, que les animaux sont plus élevés dans la série. (Lacaze-Duthiers.)

ORGANES DES SENS.

Les Mollusques se rattachent de près aux Vers par leurs organes sensitifs. (Gegenbaur.)

Toucher. — Le sens du toucher est départi à la surface du corps, la finesse et la nudité de leur peau indique des dispositions tactiles assez évidentes; en général, sur une coupe des téguments d'un Mollusque, on voit des filets nerveux cheminer entre les plans musculaires, s'élever dans le tissu cellulo-fibreux du derme, puis gagner l'épiderme; ce dernier est formé de cellules cylindriques, limitées inférieurement par une base denticulée, qui paraît s'engrener avec le derme contigu. Des glandes dermiques en forme de bouteilles s'observent de place en place; ces cellules se composent d'une partie centrale, de laquelle partent deux prolongements opposés, l'un se dirige vers l'extérieur et gagne la surface libre du tégument, l'autre plus court, plus renflé, descend vers la zone dermique, et reçoit une ou plusieurs fibrilles nerveuses. Cette disposition fait comprendre avec quelle facilité l'excitation doit se produire. (J. Chatin.) Chez les Lamellibranches, les éléments tactiles présentent certaines différences, les cellules épidermiques sont allongées et leur cuticule porte des cils rétractiles. (J. Chatin, fig. 427-428, p. 244.)

Odorat. — D'après les observateurs, les Mollusques sont doués à un haut degré du sens de l'odo-

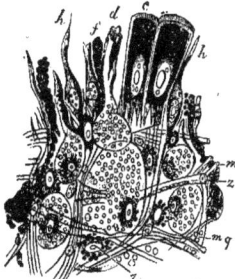

Fig. 427. — Coupe des téguments de l'Hélice vigneronne (d'après Flemming) (*).

rat, mais il est difficile d'invoquer les organes dans lesquels il est localisé. On a considéré comme siège de l'olfaction des Céphalopodes deux fossettes placées en arrière des yeux et auxquelles se rendent des nerfs grêles, prenant naissance à côté des nerfs optiques.

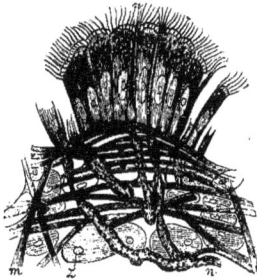

Fig. 428. — Moule comestible, coupe du manteau (**).

Hanckock et Embleton ont attribué la même fonction aux tentacules de certains Gastropodes. Pour Treviranus, les odeurs sont seulement recueillies par la muqueuse buccale ; Carus les localise à l'extrémité du pied, l'abbé Dupuy sur les grands tentacules. D'après M. J. Chatin les expériences physiologiques confirment cette dernière opinion. « L'anatomie permet de reconnaître facilement dans ces appendices, dit M. J. Chatin, les filets conducteurs et les éléments excitateurs, néces-

saires à toute manifestation sensorielle. Sur une coupe longitudinale, le tentacule se montre parcouru par un nerf relativement volumineux, que les anciens zoologistes regardaient comme le nerf optique, mais qui se trouve simplement accolé à ce dernier, avec lequel, d'après M. Lacaze-Duthiers, il naît sur le lobule de la sensibilité spéciale. Ce tronc nerveux principal, indépendant du nerf optique, gagne le sommet du tentacule et s'y renfle en un ganglion volumineux ; le ganglion est composé de fibrilles nerveuses et de cellules bipolaires, il donne naissance à cinq ou six branches ramifiées et forme un riche plexus, terminé dans le revêtement épithélial du bouton tentaculaire » (J. Chatin). Au point de vue anatomique, termine M. J. Chatin, le nerf tentaculaire tirant son origine du lobule de la sensibilité spéciale, il semble rationnel de lui attribuer une valeur analogue à celle des nerfs, ses voisins, affectés aux transmissions optiques et acoustiques.

Malgré les faits invoqués par M. J. Chatin (1), comme pouvant permettre d'attribuer aux cellules sensorielles du bouton tentaculaire un caractère olfactif, tel que l'habitude du Mollusque de ne point employer ses tentacules, pour explorer ou palper les corps extérieurs, nous ne pouvons ni avec lui, ni avec ses prédécesseurs, voir dans le bouton tentaculaire un organe olfactif. Les expériences physiologiques précédemment invoquées sont concluantes : que l'on *coupe* à un Escargot *ses tentacules*, on le verra, malgré cette mutilation, se comporter identiquement comme avant l'opération. Tous peuvent facilement faire cette expérience, et se demander alors avec nous comment, privé de son bouton tentaculaire olfactif, l'Escargot continue à ressentir l'impression des odeurs ? (De Rochebrune.)

Vue. — C'est dans la classe des Céphalopodes, que l'œil atteint son plus haut degré de complexité, les dimensions des yeux sont toujours considérables. Ils sont composés des parties suivantes : sclérotique, choroïde, rétine, iris, cristallin, corps ciliaire et humeur vitrée (fig. 429). Chez les Gastropodes, l'organe visuel présente encore une structure compliquée, mais la simplification s'accentue rapidement. Sa situation, du reste, varie dans des limites assez considérables, elle se trouve déterminée par la configuration de la région céphalique et surtout par le nombre des tentacules (fig. 430) (J. Chatin).

Souvent les organes visuels sont remplacés par des taches segmentaires, situées sur le ganglion sus-œsophagien, et manquent chez ceux ayant perdu la faculté libre de locomotion. La partie du corps qui porte les yeux est ordinairement la base des tentacules ;

(*) *c*, cellules cylindriques de l'épiderme. — *h*, bâtonnets à la base desquels se terminent les fibrilles nerveuses. — *m*, faisceaux musculaires. — *z*, cellules ovoïdes.

(**) *z*, grosses cellules sous-jacentes à l'épiderme. — *m*, faisceaux musculaires. — *n*, fibres nerveuses se terminant dans les bâtonnets *h*, compris entre les cellules ciliées et l'épiderme.

(1) Chatin, *Les organes des sens dans la série animale.* Paris, 1880.

souvent aussi, ils peuvent se trouver à l'extrémité d'une tige, ce qui donne à l'œil une grande mobilité.

Des organes placés sur le bord du manteau de plusieurs Lamellibranches, et supportés par des tiges spéciales, sont considérés comme organes de

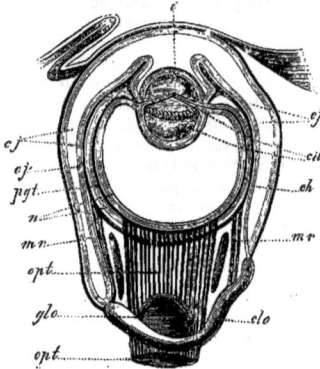

Fig. 429. — OEil de Sépia officinale (*).

la vision, et reçoivent leurs filets d'innervation des troncs nerveux qui se ramifient dans le bord du manteau. Ces yeux du bord du manteau paraissent

Fig. 430. — OEil d'Hélice vigneronne (**).

ne pouvoir être comparables au point de vue physiologique, qu'aux organes de vision des Céphalophores, mais au point de vue morphologique, ils représentent des organes particuliers, résultat d'une adaptation, comme les organes semblables des Vers. (Gegenbaur.)

Ouïe. — Les appareils auxquels on a donné le nom d'organes auditifs consistent encore, comme chez les Vers, en vésicules contenant dans leur intérieur des autolites, et innervées par un filet se rendant à la paroi de la vésicule et en rapport avec les cellules qui la tapissent.

(*) clo, cartilage orbitaire. — mr, muscles oculaires. — ej, sac conjonctival. — s, sclérotique. — pgt, choroïde, — n, rétine. — cil. corps ciliaire. — l, cristallin. — CV, corps vitré. — opt, nerf optique. — glo, ganglion du nerf optique (d'après Valentin).
(**) a, cristallin. — n, nerf optique (d'après Leuckart).

Chez les Céphalopodes, l'oreille n'est plus, il est vrai, qu'une simple capsule enfermée dans le cartilage céphalique, mais elle rappelle la forme connue des Vertébrés. Sans tenir compte pour l'instant des points de contact de cette classe avec les animaux supérieurs, la disposition de leur organe auditif montre un des degrés de cette progression insensible, qui, de l'homme, conduit aux *Mixines* et aux *Protomœbies* invoquées au début de cet ouvrage.

Des tubercules, des saillies, s'avancent dans l'intérieur de la capsule, des dépressions se creusent sur ses bords et rappellent ces formes, où de nombreux canaux venaient s'ouvrir dans le vestibule ; en même temps le cartilage se moule sur l'otocyste et lui forme un revêtement comparable au labyrinthe des Cyclostomes. (J. Chatin.)

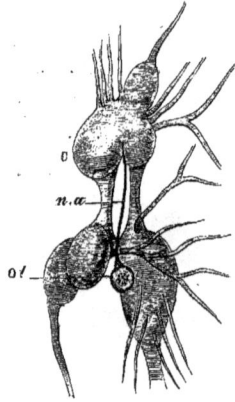

Fig. 431. Otocyste de la Limace des champs (*).

Les otocystes se trouvent chez tous les Céphalophores (fig. 431 et 432, p. 246) ; chez les uns, ils se voient dans le voisinage des ganglions œsophagiens supérieurs, auxquels ils sont réunis par un court filet nerveux ; chez les autres, ils sont en réalité rattachés aux ganglions supérieurs, par un nerf auditif considérablement allongé. La position si différente des vésicules auditives ne provient pas d'un changement dans l'origine des nerfs, mais plutôt d'une modification due à l'accolement de la tige de l'otocyste. (Lacaze-Duthiers.)

Les Lamellibranches ont aussi des vésicules auditives. Tantôt les autolites sont uniques dans la capsule, et c'est le cas le plus fréquent chez les

(*) ot, otocyste reposant sur le centre pédieux ou sous-œsophagien. — na, nerf auditif venant des ganglions cérébroïdes c (d'après M H. de Lacaze-Duthiers).

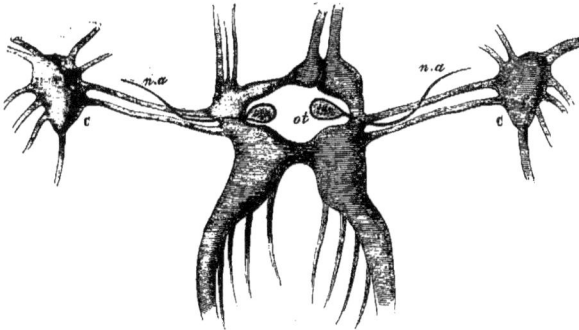

Fig. 432. — Otocystes de la Nérétine fluviatile (*).

Céphalophores, tantôt, au contraire, ils sont multiples et souvent en nombre considérable.

APPAREIL DIGESTIF.

Comme les Vers et les Arthropodes, les Mollusques ont la paroi du canal intestinal complètement séparée de celle du corps, et montrent ainsi une cavité générale contenant les liquides nutritifs. Cependant le tube digestif ne traverse pas le corps en droite ligne, au contraire il décrit une courbe et de nombreuses circonvolutions ; son orifice terminal peut être placé à une grande distance du pôle opposé à la tête et même se trouver dans le voisinage de la bouche, ce qui du reste est le cas le plus fréquent.

Le canal intestinal présente des complications nombreuses, tant par les organes qui l'accompagnent que par la transformation de la partie antérieure, appareil destiné à la préhension et à la mastication des aliments.

Chez les Lamellibranches, la bouche consiste en une fente transversale, située entre le pied et le muscle adducteur antérieur, pourvue d'appendices lobés garnis de cils vibratiles. Le développement de la tête des animaux composant les autres classes entraîne des différenciations importantes, dans la partie antérieure du canal digestif.

Cette partie antérieure constitue le pharynx, organe sur lequel se placent les appareils destinés à la préhension et à la division de la nourriture, appareils sécrétés par des cellules, composés de chitine et variables de forme et de disposition.

Chez quelques Céphalophores, on remarque en pre-

mier lieu une mâchoire faite d'une pièce arquée, à bord sinueux ou dentelé, mâchoire impaire, placée sur la paroi supérieure de l'œsophage, pouvant être mise en mouvement et même projetée un peu en avant pendant la mastication. Les Céphalophores terrestres herbivores montrent cette organisation particulière. Les Céphalopodes possèdent à leur tour deux mâchoires dans un état de développement considérable, elles consistent en deux fortes pièces, comparables à un bec de Perroquet, munies de bords tranchants, elles sont placées en avant de l'ouverture buccale, et ne sont recouvertes à leur

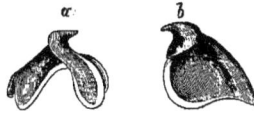

Fig. 433. — Mâchoire de Sépia.

base que par les bords mous des lèvres (fig. 433). Chez les Céphalophores en général, les mâchoires analogues à celles des herbivores terrestres peuvent être horizontalement opposées l'une à l'autre, et latéralement à la paroi de l'estomac ; elles consistent en concrétions solides, tantôt aplaties, tantôt à bords tranchants, ou étirés en pointe.

Enfin, un organe impair, faisant saillie de la paroi inférieure du pharynx dans la cavité œsophagienne, soutenu par quelques pièces cartilagineuses, et portant une plaque armée de dents ou denticules, dirigées en arrière, en séries transver-

(*) CC, les deux ganglions cérébroïdes écartés. — ot, otocystes, en avant desquelles se voient les ganglions pédieux ou sous-œsopha-

gient. — na, nerf auditif venant des ganglions cérébroïdes (d'après M. H. de Lacaze-Duthiers).

sales, porte le nom de *Radula*, à cause de sa ressemblance avec une râpe (fig. 435 à 437, p. 249).

L'arrangement, le nombre des armatures de la
Radula, excessivement variés, modifiés suivant les
familles, les genres et même les espèces, ont été
pris par plusieurs Naturalistes comme base de la
classification des Mollusques; la longueur de la
Radula est quelquefois considérable. Enveloppée
dans une dilatation en forme de sac de l'œsophage, elle s'avance dans la cavité du corps, sou-

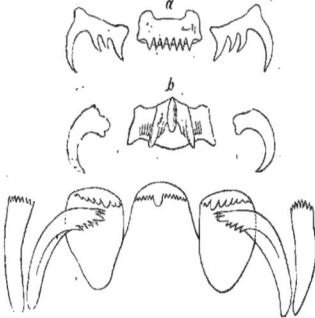

Fig. 434 à 436. — Portions de radula de Gastéropodes.

vent aussi elle est enroulée sur elle-même à l'état
de repos. Son rôle physiologique est de servir à la
préhension de la nourriture.

La partie de l'intestin partant du pharynx se
poursuit assez loin en arrière et forme un long
œsophage, suivi d'une portion plus large ou estomac, à partir duquel l'intestin, après avoir décrit
des circonvolutions plus ou moins nombreuses, se
termine dans la partie extrême, le rectum, à orifice ordinairement situé, comme on l'a vu, à côté
des organes respiratoires.

Les glandes salivaires, quand elles existent, sont
toujours placées des deux côtés de l'œsophage et
s'ouvrent dans le pharynx; tantôt elles affectent
l'aspect de cœcums courts, tantôt elles sont un
peu renflées à leur extrémité.

La glande hépatique, le foie, occupe presque
toujours chez les Gastropodes la partie postérieure du corps, celle déjà désignée sous le nom
de tortillon, elle entoure l'estomac et l'intestin, et
est composée de lobes inégaux, où l'on trouve des
canaux biliaires; en général, la structure du foie
est d'autant plus uniforme que ses dimensions
sont plus grandes.

SYSTÈME VASCULAIRE.

Dans les Mollusques, les organes circulatoires
sont régis dans leurs dispositions variées par celles
des organes de la respiration. Un appareil central,
fonctionnant comme cœur, paraît exister chez

tous; la cavité générale, ou seulement certaines de
ses parties, se lient au trajet sanguin, de sorte que
le système vasculaire n'est jamais complètement
clos, même là où il est assez développé pour présenter des ramifications capillaires.

«Le sang des Mollusques, enseigne Gegenbaur,
joue un rôle particulier: car, outre ses fonctions
nutritives, il se trouve en rapport avec la locomotion et surtout avec la production des mouvements
du corps. Ce dernier étant contractile, l'animal
arrive ainsi à gonfler et à faire saillir au dehors
des parties rétractées à l'intérieur, et à déterminer
un état érectile dans des organes flasques, qu'il
maintient distendus en les remplissant. »

Le liquide sanguin des Mollusques est ordinairement incolore, quelquefois cependant il est rougeâtre, ou d'un bleu opalin très pâle; chez certains Céphalopodes, il présente une couleur violette
ou verte.

La situation du tronc principal et de l'organe
central du système vasculaire, à la face dorsale du
corps, est un fait général que l'on retrouve chez
tous les Moullusques.

Le cœur formé d'un ventricule et d'une oreillette est situé dans un péricarde; après avoir reçu
le sang, il le renvoie dans un gros tronc artériel,
l'aorte, qui se rend dans la partie antérieure du
corps. Un tronc artériel plus petit (aorte postérieure), plus particulièrement destiné à la partie
postérieure du corps, sort du cœur directement chez

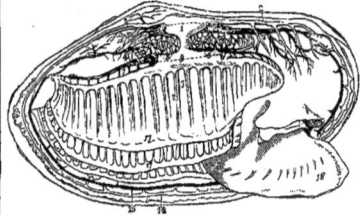

Fig. 437. — Appareil circulatoire de l'Anodonte des
Canards (*)

les Lamellibranches (fig. 438) et les Céphalopodes,
ou se détache de l'aorte principale chez les Céphalophores. Les deux troncs vasculaires envoient de
nombreuses ramifications aux principaux organes
contenus dans la cavité viscérale et passent ensuite dans le système lacunaire ou dans un réseau
de vaisseaux capillaires, suivi de lacunes veineuses
ou véritables veines. Le sang des lacunes veineu-

(*) 1, ventricule. — 2, système artériel. — 3, système veineux.
— 9, oreillette. — 9, veines branchiales. — 7, artères branchiales.
— 6, sinus veineux d'où naissent les artères branchiales. — 5, veines
qui ramènent une partie du sang à l'oreillette. — 4, glande de Bo-
forms (rein?) recevant le sang en partie directement des veines et en
partie par l'intermédiaire du sinus veineux qui la surmonte. —
14, artère palléale. — 15 veine palléale.

ses est conduit aux organes respiratoires, d'où il revient au cœur, toujours placé dans le voisinage de ces organes ; le cœur est donc artériel, puisqu'il ne reçoit que du sang artériel. On comprendra facilement que cette marche typique du sang éprouve des modifications nombreuses, suivant les groupes que l'on étudie, modifications que nous ne pouvons malheureusement décrire ici. Notons que chez la plupart des Lamellibranches, le rectum traverse généralement le ventricule du cœur. (Gegenbaur.)

ORGANES RESPIRATOIRES.

Les organes respiratoires les plus répandus chez les Mollusques sont les branchies, à cause même de leur genre de vie plus particulièrement aquatique. Chez les Pulmonés, par suite du changement de milieu, ces organes ont rétrogradé, puis complètement disparu, et la respiration se fait par des parties correspondantes aux branchies. Les branchies sont toujours des appendices des téguments, mais par la formation de replis de la peau, ou de toute autre partie dépendante de cet organe, elles peuvent être cachées dans une cavité particulière, la cavité branchiale. Dans l'état le moins compliqué, elles se montrent entre le manteau et le pied, elles offrent aussi une longue série de modifications, tant sous le rapport de leur étendue que sous celui de leur forme et même de leur position.

Chez les Lamellibranches, les branchies ont un aspect feuilleté, cet aspect du reste est assez ordinaire dans tous les groupes; l'examen microscopique démontre : que chaque feuillet est formé de deux lames séparées par une cavité nommée cavité intra-branchiale. La réunion des feuillets se fait tantôt par la soudure de filaments branchiaux, tantôt par la réunion de ces filaments au moyen de bourrelets saillants, qui naissent entre eux, à des distances régulières, et vont à la rencontre l'un de l'autre, afin de se souder ; des fentes étroites, par lesquelles l'eau peut passer, subsistent entre ces points de réunion. Chaque feuillet branchial contient, outre le canal sanguin, un appareil de soutien consistant en bâtonnets courts, disposés les uns derrière les autres. La surface des branchies est garnie d'un épithélium vibratile.

En ce qui concerne leur structure, les branchies sont ou de simples appendices des téguments ou des appendices constituant des organes feuilletés, pectiniformes, ou bien encore des saillies papilliformes ou des tiges ramifiées, foliacées, en forme de houppes, etc.

Une autre modification est la formation de canaux respiratoires dans la paroi même de la cavité du manteau, et la présence d'une sorte de poumon, propre aux espèces terrestres, ou d'eau douce. Une cavité recouverte par le manteau, comme d'une voûte communiquant à l'extérieur, par une ouverture fermée à l'aide d'une masse musculaire placée latéralement, constitue ce poumon (Gegenbaur).

SYSTÈME AQUIFÈRE.

Le nom de système aquifère a été donné à un réseau formé de cavités, creusées dans l'intérieur du manteau et du pied des Mollusques ; ce réseau s'ouvre à l'extérieur, soit par des fissures extrêmement fines, soit par un ou plusieurs pores. Lorsque l'on retire brusquement de l'eau un Lamellibranche dont le pied est turgescent, on le voit lancer des jets de liquide d'une grande finesse. Dans beaucoup de Gastropodes, le pied porte au centre un grand pore ou plusieurs disposés sur les bords. En poussant une injection colorée par le grand pore pédieux d'une Pyrule, Agassiz a rempli non seulement le système des canaux du pied, mais aussi tout l'ensemble du système circulatoire.

Le système aquifère est considéré par quelques-uns comme un tissu érectile veineux.

APPAREILS EXCRÉTEURS.

Nous avons vu, en traitant des Vers, que leurs organes segmentaires étaient de longs tubes pelotonnés, se répétant par paires d'anneaux en anneaux, et s'ouvrant à l'extérieur par un orifice latéral, et dans la cavité générale par un entonnoir couvert de cils vibratiles. Il existe aussi des organes segmentaires chez les Mollusques, mais ils n'ont qu'une durée transitoire, et on ne les a jusqu'à présent constatés que chez les Mollusques pulmonés ; au nombre de deux pendant la période larvaire, ils ne diffèrent en rien de ceux des Vers, plus tard ils disparaissent, mais alors se forme un organe nouveau, connu sous le nom d'organe de Bojanus, qui, quoique modifié dans sa partie glandulaire, reproduit complètement les connexions propres aux véritables organes segmentaires et se prête à l'accomplissement des mêmes fonctions (Perrier).

Dans les Lamellibranches, il constitue une masse de glandes fusionnées, toujours paires, parfois soudées en une seule masse sur la ligne médiane, et placée près de la base des branchies.

Dans les Céphalophores, l'organe de Bojanus, presque constamment impair, est situé sur le côté, et on a démontré dans son contenu la présence d'acide urique ; sa couleur est blanche ou jaunâtre. Chez les Pulmonés, sa structure est spongieuse, feuilletée, et les lames qui le composent sont recouvertes d'une couche de grandes cellules, dans lesquelles des concrétions solides affectent différentes formes.

On peut regarder comme organe de Bojanus, chez les Céphalopodes, des appendices dont les parties en forme de grappes occupent les deux

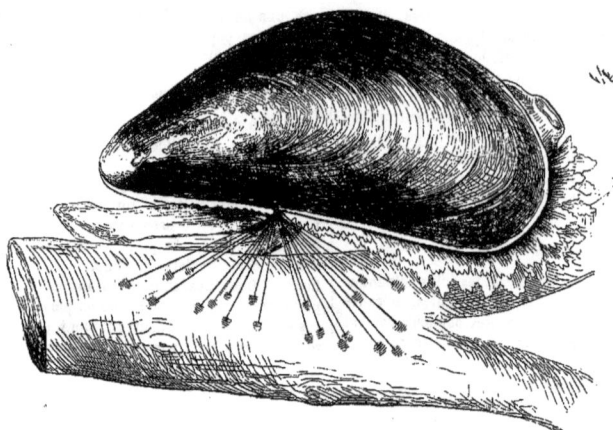

Fig. 438. — Moule comestible, attachée par son byssus.

branches terminales de la grande veine cave, jusque vers le cœur. (Gegenbaur.)

Des appareils ne pouvant, au point de vue morphologique, être assimilés sous aucun rapport avec les précédents organes, existent encore chez les Mollusques.

Parmi ceux-ci il faut comprendre : les glandes à byssus de certains Lamellibranches, dont l'apparition est accompagnée de modifications dans le pied lui-même. Ce pied, notablement réduit, est pourvu, sur sa face inférieure, d'un sillon dirigé vers un enfoncement placé à sa base, et au fond duquel se trouve une glande ayant la propriété de sécréter la matière connue sous le nom de *Byssus*, et consistant en fils plus ou moins ténus, de consistance cornée, à l'aide desquels les Lamellibranches producteurs se fixent aux corps mobiles. La Moule est dans ce cas (fig. 438).

Dans le même groupe d'appareils, nous devons citer la *poche à encre* des Céphalopodes, sac allongé, à parois internes paraissant lamellaires, placé au-dessus de l'intestin, et dont la sécrétion produit la substance désignée sous le nom de *Sepia*. La signification morphologique de cet organe n'est pas bien connue.

Développement. — La reproduction de l'individu s'effectue chez tous les Mollusques au moyen d'œufs. Chez la majeure partie des Lamellibranches, les sexes sont réunis sur le même sujet, mais ce n'est pas une règle absolue ; presque tous les Gastropodes sont androgynes, tandis que chez les Céphalopodes les sexes sont séparés.

Excepté dans les Céphalopodes, l'œuf des Mollusques est formé d'un vitellus coloré, entouré d'un albumen et d'une coque plus ou moins résistante, renfermant tantôt un œuf, ou en réunissant plusieurs sous une enveloppe commune gélatineuse, ou de toute autre contexture. A la surface du vitellus, une vésicule germinative, pourvue elle-même d'une tache germinative, ne tarde pas à se montrer. Ce vitellus à un certain moment se sépare en deux hémisphères, se segmente peu à peu, et chaque segment porte un noyau transparent, jusqu'au moment où toute la masse vitelline, sous une forme framboisée, constitue la *Morula*.

La *Gastrula*, nom sous lequel on désigne le stade suivant, montre l'embryon se déprimant au pôle opposé à celui ayant donné issue aux sphérules de rebut, avec son invagination caractéristique (Herman Foll).

Chez les Céphalophores et les Lamellibranches, dont les formes larvaires sont en partie identiques, on voit, toujours d'après Herman Foll, se former d'abord une larve, d'une ressemblance frappante avec la Trochosphère de l'Annélide. Cette larve, de forme presque sphérique, est divisée en deux parties inégales par une ceinture ciliée, au-dessous de laquelle se montre immédiatement la bouche. Peu à peu, cette ceinture se soulève, et comme pour les larves de Serpules, par exemple, elle se transforme en expansions membraneuses, frangées de cils vibratiles, premiers organes de locomotion de l'animal. Ces expansions constituent le voile, dont nous avons parlé précédemment.

Le développement des Céphalopodes s'accomplit presque en entier dans l'œuf, et les phénomènes essentiels sont masqués par des amas considérables de matières nutritives, rassemblés en un sac volumineux, adhérant à la tête de l'embryon

BREHM.

DISTRIBUTION GÉOGRAPHIQUE ET LEUR HABITAT

Distribution géographique. — L'étude de la distribution géographique des Mollusques a pris dans ces derniers temps une extension d'autant plus grande, que son intérêt s'impose en quelque sorte à l'attention des Naturalistes et des Conchyliologues, et divers systèmes ont été proposés pour permettre d'embrasser d'un coup d'œil l'ensemble des êtres composant cette classe nombreuse : qu'il nous suffise de dire que la division de la surface du globe en provinces malacologiques est à peu près généralement acceptée ; mais les découvertes constantes dues aux sondages tendent à modifier chaque jour ces divisions, dans quelques-unes de leurs parties, et les données aujourd'hui émises pourront être modifiées par la suite.

Habitat. — Relativement à leur habitat, les Mollusques se divisent en trois groupes : les espèces marines, de beaucoup les plus nombreuses, les fluviatiles et les terrestres.

Espèces marines. — Les espèces marines se montrent depuis le niveau inférieur du balancement des marées, jusqu'à des profondeurs très grandes ; mais certains genres et certaines espèces sont considérés comme particulièrement caractéristiques d'un climat.

Si l'on n'examine qu'une petite étendue d'une côte maritime, on reconnaît que le caractère de ses Mollusques dépend beaucoup de la nature du rivage, de la profondeur et des différences locales, mais ces particularités disparaissent, lorsque l'on envisage une région suffisamment vaste, pour renfermer toutes les variétés ordinaires de ces conditions.

« On a établi que chaque faune se compose d'un certain nombre de formes spéciales, qui en comprennent plus de la moitié, et d'un plus petit nombre propre à d'autres régions.

« Les Mollusques pélagiques ont une aire d'habitat des plus étendues, toutefois la température des eaux semble influer sur les genres. Les Mollusques côtiers se trouvent depuis le rivage jusqu'à une profondeur de 400 mètres ; ceux des grands fonds sont compris entre 400 mètres et 5500 mètres. Soumis à une température et à des conditions particulières de pression, ils paraissent échapper aux lois qui règlent la distribution des Mollusques côtiers.

« Les espèces des mers polaires arctiques sont bornées, vers le sud par les îles Aléoutiennes dans le Pacifique, tandis que dans les parties septentrionales de l'Atlantique elles arrivent jusqu'à la limite des glaces flottantes.

« La faune océanique française présente un caractère parfaitement mixte. Elle comprend une grande partie des espèces d'Angleterre, et plusieurs espèces des mers froides de l'Europe ; des espèces lui sont propres, elle en possède aussi des côtes de la péninsule Ibérique. Les types du nord de l'Espagne ressemblent beaucoup à ceux du sud-ouest de la France.

« La Méditerranée renferme la plus riche série conchyliologique des mers tempérées. Cette richesse n'est pas moins grande sur les côtes occidentales d'Afrique. La faune de l'Afrique méridionale a peu de caractères communs avec celle de la côte occidentale, tandis qu'elle possède une grande similitude avec l'océan Indien ; de plus, elle possède une faune spéciale des plus importantes.

« Le nombre des Mollusques de la région indo-pacifique est considérable. Les Philippines, la Nouvelle-Calédonie fournissent chaque jour de nouvelles espèces.

« La faune de la mer Rouge, très riche également, est essentiellement tropicale, et malgré l'opinion longtemps émise par quelques naturalistes allemands, elle diffère complètement de celle de la Méditerranée, avec laquelle elle ne possède en commun qu'un très petit nombre de types.

« L'Australie, la Tasmanie, la Nouvelle-Zélande, renferment plusieurs genres inconnus dans les mers d'Europe ; on y a découvert certains types appartenant en Europe aux formations secondaires, tels que les Trigonies par exemple.

« Les mers du Japon ont un tiers environ d'espèces propres, les autres sont communes avec la Chine et les Philippines.

« La faune Aléoutienne, outre ses espèces particulières, comprend des formes japonaises, californiennes et arctiques ; la faune californienne, très riche en espèces, diffère de la faune américaine correspondante.

« Les côtes du Pérou, du Chili et de la Bolivie sont habitées par des espèces spéciales ; d'après les observations de d'Orbigny, on remarque ce fait important, c'est qu'en comparant la faune du Pérou avec celles du Brésil et de la République Argentine, on rencontre une seule espèce vivant à la fois sur les deux rivages de l'Amérique du Sud.

« En comparant également les faunes conchyliologiques des terres magellaniques, on constate que quelques espèces vivent à la fois sur divers points de l'Océan austral, il est probable qu'une faune antarctique uniforme est distribuée dans ces eaux de la même manière que la faune arctique dans l'hémisphère opposé. » (Woodward.)

Distribution bathymétrique. — La répartition des animaux marins suivant la profondeur est soumise à des lois aussi évidentes que celles qui règlent cette répartition suivant la longitude et la latitude. Les diverses expéditions instituées pour le dragage

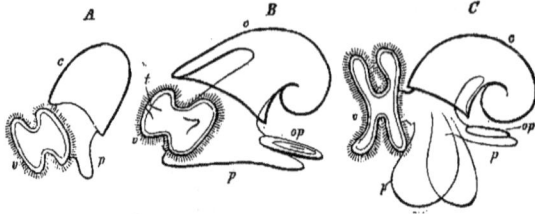

Fig. 439 à 441. — Larves de Mollusques (*).

des mers ont démontré que la profondeur ne dépasse pas en moyenne 8000 mètres ; relativement à la température, on a constaté qu'elle s'abaissait graduellement jusqu'au fond.

Aujourd'hui on admet cinq zones bathymétriques : la zone littorale dont l'importance dépend de l'amplitude des marées ; la zone des Laminaires qui s'étend jusqu'à une profondeur de 28 mètres ; la zone des Nullipores et des Corallines de 28 mètres à 72 ; la zone des Brachiopodes et des Coraux de 72 à 500 mètres ; et enfin la zone abyssale entre 500 et 5000 mètres.

En général, les Mollusques de la zone abyssale sont de petite taille, peu colorés, à test blanc, translucide, mince ; les organes visuels sont rarement dépourvus de pigment, quelques-uns seraient complètement aveugles.

Espèces terrestres et fluviatiles. — Les régions terrestres et fluviales sont en général plus nettement limitées que les régions marines.

L'ancien monde et l'Amérique, dit Woodward, peuvent être considérés comme des régions d'ordre primaire n'ayant aucune espèce en commun (sauf dans les parties tout à fait septentrionales), et possédant chacune un grand nombre de genres caractéristiques.

On a remarqué que toutes les îles un peu étendues avaient une faune spéciale, et que cette faune était en raison de la profondeur des eaux séparant les îles des continents.

MŒURS, HABITUDES ET RÉGIME.

Dans les premiers temps de leur existence, les Mollusques, soit par l'apparence extérieure, soit par leurs mœurs, se ressemblent beaucoup plus entre eux qu'à l'état adulte. Les jeunes des formes aquatiques, dit Woodward, sont presque aussi différents de leurs parents que la Chenille l'est du Papillon. Tandis que les Mollusques adultes sont sédentaires ou marcheurs, les jeunes sont tous nageurs (fig. 439 à 441) de sorte que, aidés par certains organes et poussés par les courants, ils voyagent souvent à de grandes distances, et s'étendent à des régions où ils auraient été inconnus ; là, sous l'influence du climat et des conditions d'existence, ils établissent des formes distinctes, ou se maintiennent avec les caractères propres à leurs parents. Cette propriété contribue puissamment, selon nous, à enlever aux règles acceptées pour la distribution géographique des types, tout au moins une partie de ce qu'elles ont de trop absolu aux yeux des Conchyliologistes, et explique des mélanges dont on cherche à traduire l'existence à l'aide de théories fort souvent inacceptables (de Rochebrune).

La vie errante des jeunes Mollusques est d'une durée limitée ; à un moment donné, les tribus sédentaires se fixent, d'autres conservent la faculté de voyager et changent périodiquement de résidence pour aller à la recherche de leur nourriture (O. Schmidt).

Nourriture. — La nourriture des Mollusques consiste en végétaux, en infusoires ou autres animaux.

Les espèces terrestres sont en général herbivores, il serait plus exact de les considérer comme omnivores, car malgré leurs déprédations bien connues des jardiniers et des cultivateurs, certains des plus redoutés ne dédaignent pas les substances animales ; les Limaces, les Arions, les Hélix notamment, mangent les cadavres d'animaux, avec tout autant d'avidité que les plantes. C'est un fait connu de tous et bien facile à démontrer. Que l'on dépose dans un jardin un morceau de viande à côté d'un chou plantureux, et on verra bientôt la petite Limace grise par exemple, accusée de dévaster les blés (Woodward, Fischer), quitter bien vite le chou et se rendre sur la proie nouvelle (de Rochebrune).

Parmi les Mollusques marins, les uns sont essentiellement phytophages, les autres carnassiers. Au nombre de ces derniers doivent être rangés

(*) A, larve d'un Gastéropode. — B, 2ᵉ stade. — C, larve d'un Ptéropode. — v, voile. — c, coquille. — p, pied. — op, opercule. — t, tentacules.

ceux constamment en guerre avec leurs congénères. Parmi les myriades de petites coquilles que la mer amoncelle dans chaque recoin abrité, on en trouve une grande proportion trouées par les Buccins, les Pourpres, etc., et dans les couches fossilifères, presque la moitié des Bivalves et des Gastropodes sont perforés et s'offrent à nous comme des restes de banquets anté-diluviens (Woodward).

Les Bivalves vivent d'infusoires et de plantes microscopiques apportées par les courants qu'entraîne continuellement leur appareil ciliaire. Quelques espèces seraient carnassières. M. Fischer a vu dans le laboratoire de malacologie du Muséum une Écrevisse dont les pattes sont saisies par des Cyclades, et il rapporte, d'après M. Gaudion que lorsqu'on retire de l'eau des morceaux de viande immergés depuis quelques jours on trouve des quantités de Mulettes logées dans cette viande comme des coquilles perforantes.

Pour tout observateur sérieux, des faits de cette nature sont inacceptables.

La façon dont les Cyclades citées adhèrent aux pattes de l'Écrevisse indique tout simplement que ces pattes ont été saisies non pas dans le but de servir de nourriture aux Cyclades, mais comme n'importe quel corps étranger, racine, petite branche passant à portée d'une Cyclade bâillante, et se refermant brusquement au contact du corps, habitude commune à tous les Bivalves. Quant aux Mulettes de M. Gaudion perforant de la viande en putréfaction, il est prudent de les reléguer dans le domaine des rêveries, jusqu'au jour où il sera démontré anatomiquement, par quel procédé ces animaux se livrent à de semblables pratiques. Nous demandons également à l'aide de quel organe et comment les Cyclades dévorent les pattes d'Écrevisses, et celles des Batraciens anoures cités par M. Fischer (de Rochebrune).

Parasitisme. — Très peu de Mollusques sont parasites. On cite une espèce vivant dans le corps même des Synaptes ; certaines espèces se logent dans le tissu des Astéries, et les radioles des Oursins. Mais est-ce bien là un véritable parasitisme ? Ne doit-on pas y voir plutôt l'action d'une coquille perforante se creusant une demeure dans la substance durcie d'un autre animal comme dans un rocher ou un tronc d'arbre ?

Moyens de défense. — Beaucoup de Mollusques sécrètent des liquides à l'aide desquels ils échappent à leurs ennemis, d'autres portent des appareils urticants ; les piqûres produites par les dents linguales de certaines espèces sont venimeuses.

Les Seiches parviennent à échapper à leurs ennemis en répandant des flots d'encre contenus dans une poche spéciale ; l'Aplysie, dès qu'on la touche ou l'inquiète, produit une liqueur pourpre, autrefois regardée comme venimeuse ; plusieurs Mollusques nus portent à l'extrémité de papilles dont leur face supérieure est ornée, un appareil urticant, composé d'une capsule contenant des organes particuliers consistant en filaments enroulés terminés par une pointe barbelée, qui en se détendant viennent frapper l'imprudent désireux de s'en emparer. Nous retrouverons un organe analogue chez plusieurs animaux de groupes inférieurs ; ces organes portent le nom de *Nematocistes*.

On désigne sous le nom de *Mimetisme* la propriété particulière à certains animaux, consistant à prendre la coloration des corps sur lesquels ils habitent, ou des milieux dans lesquels ils vivent.

M. Giard rapporte entre autres faits la faculté propre à certains petits Mollusques de nos côtes, variant, quoique de la même espèce, de couleurs et de teintes suivant celle de la plante ou de l'animal sur lequel ils se tiennent d'habitude. M. Giard se borne à citer les faits sans entrer dans les détails anatomiques ; il nous paraît difficile de croire à une action volontaire exercée par le Mollusque sur son mode de coloration. Chez certains, les Céphalopodes, par exemple, où cette faculté se montre à un haut degré, la cause en est connue ; nous avons déjà vu en quoi consistaient les chromatophores, là le fait est palpable, mais dans les autres en est-il de même, et chez les Insectes par exemple où le Mimetisme a été le plus étudié, fera-t-on intervenir une action volontaire ? De ce qu'un Charançon vivant sur le sable est coloré en jaune, de ce qu'un Papillon se tenant sur les écorces possède la teinte de ces écorces, doit-on en conclure que c'est volontairement qu'ils acquièrent l'aspect du corps où ils sont placés ? Nous ne le pensons pas ! Que la coloration d'un animal soit identique ou analogue à celle de son support et cela dans le but d'être soustrait à la vue des ennemis de toute sorte qui l'environnent, rien de plus évident, mais que volontairement, dans la plupart des cas, il provoque ce changement, nous ne pouvons l'accepter que devant des preuves tirées de son organisme même et jusqu'ici, à part de très rares exceptions, rien n'a été tenté dans cette voie (de Rochebrune).

Régénération des parties détruites. — Le premier, Spallanzani a démontré la faculté propre aux Mollusques de reproduire certaines parties enlevées par une cause quelconque. Les tentacules, des portions du pied, repoussent en quelque sorte au bout d'un laps de temps plus ou moins long suivant l'époque de l'année où l'ablation a été pratiquée ; dans certains cas, ils posséderaient, paraît-il, la faculté de détacher spontanément telle ou telle portion de leur individu (O. Schmidt)

Gray et Couinard citent l'exemple d'une espèce du genre Harpe ayant l'habitude de détacher spontanément la partie postérieure de sa sole ventrale à l'aide de contractions répétées. Certains Céphalopodes reproduisent souvent leurs bras lorsqu'ils viennent à être enlevés par une cause quelconque, des ventouses nouvelles apparaissent sur la partie régénérée.

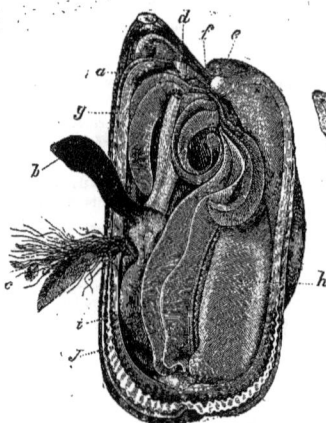

Fig. 444. — Moule commune (*).

Fig. 445. — Escargot.

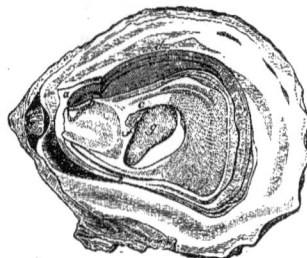

Fig. 442. — Huître (***).

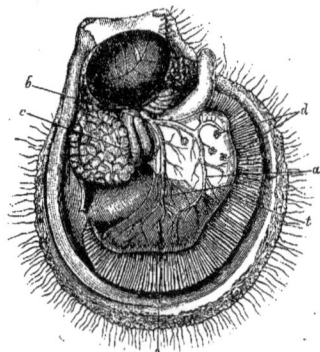

Fig. 443. — Pétoncle (**).

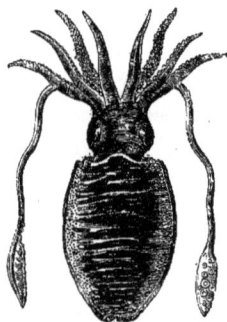

Fig. 446. — Seiche.

Fig. 442 à 446. — Les Mollusques comestibles.

Vitalité. — La durée de la vie des Mollusques est en général difficilement appréciable ; leur résistance aux agents destructeurs est au contraire bien connue, pour quelques-uns du moins. Le fait le plus extraordinaire est celui d'une Hélice collée sur un carton et déposée dans les galeries du British Muséum ; 5 ans après on s'aperçut par la décoloration du carton que l'animal avait dû faire des efforts pour sortir de sa coquille, aussi, l'ayant plongé dans

(*) *a*, bord du manteau. — *b*, pied. — *c*, byssus. — *d*, *e*, muscles du pied. — *f*, bouche. — *g*, tentacules ou palpes labiaux. — *h*, manteau. — *i*, branchie interne. — *j*, branchie externe.

(**) *a*, conduits excréteurs. — *d*, petits îlots de glande femelle isolés au milieu de la glande mâle. — *b*, orifice commun placé dans l'organe de Bojanus qui s'ouvre en *c*. — *o*, organe mâle. — *t*, organe femelle (d'après Lacaze-Duthiers).

(***) *a*, partie supérieure du manteau, couvrant la bouche et les palpes ou tentacules labiaux. — *b*, *c*, le manteau. — *d*, les branchies. — *e*, portion des lobes du manteau entre lesquels l'anus vient déboucher. — *f*, une portion du cœur placé à la partie antérieure du muscle des valves, *g*.

un bain d'eau tiède, il ne tarda pas à se montrer et il put continuer encore à vivre un certain temps (Woodward). Nous aurons à revenir sur des exemples semblables.

Accroissement. — Plusieurs espèces atteignent leur taille complète dans l'espace d'une année ; pour d'autres il faut une période de temps plus longue. En général, les Mollusques terrestres peuvent être considérés comme bisannuels. Plusieurs Gastropodes marins ont besoin d'une durée plus longue ; ils portent en quelque sorte leur âge sur leur coquille, chaque année étant marquée par une varice placée sur un des tours de spire.

L'Huître augmente sa coquille pendant quatre ou cinq ans. D'après Tennant, les Huîtres perlières vivraient de sept à huit ans.

Si la majeure partie des Mollusques redoutent le froid et la trop grande chaleur, il en est d'autres qui peuvent résister à une température élevée. Tels sont ceux spécialement localisés dans les sources thermales, dont la température dépasse 45 degrés. Enfin, certains s'accommodent à des changements de milieu, de telle façon que des espèces d'eau douce peuvent insensiblement s'habituer à vivre dans l'eau salée, et inversement des espèces marines finissent par s'acclimater dans l'eau douce.

EMPLOI ET USAGES

Alimentation. — Les Mollusques entrent pour une large part dans l'alimentation et depuis l'antiquité la plus reculée ils ont servi à la nourriture de l'homme, les stations préhistoriques l'ont surabondamment démontré.

Il serait inutile de donner une liste des espèces employées ; sur tous les rivages, dans chaque contrée, les habitants ont soin de choisir celles qu'ils considèrent comme les plus conformes à leurs besoins. Nous représentons quelques-unes des espèces comestibles, les plus généralement répandues, l'Huître, la Moule, l'Escargot, la Seiche, le Pétoncle (fig. 442 à 446).

En traitant des espèces, nous signalerons les plus importantes, et l'ostréiculture, cette source si féconde pour l'industrie, nous occupera longuement, malgré l'étonnement de Woodward [1] s'écriant naïvement : « Les hommes civilisés avalent encore des Huîtres. » Les hommes civilisés avalent aussi des Moules, et ils les cultivent ; moins raffinés que les Romains, nous n'engraissons pas avec luxe les Escargots, mais notre civilisation ne croit pas indigne d'elle de les servir sur les tables, et il ne sera pas inutile d'insister sur les transactions commerciales auxquelles donnent lieu chaque jour ces Mollusques dédaignés par le conchyliologiste anglais.

Pêche. — L'emploi des Mollusques pour la pêche est journellement en usage, et donne même lieu à un commerce assez important, personne n'ignore les chargements de Calmars et autres Céphalopodes employés comme appâts pour la pêche de la Morue.

Emploi des coquilles. — De même que de tout temps et chez tous les peuples les Mollusques ont servi comme aliments, de même leurs coquilles ont été employées à différents usages, surtout dans la parure et l'ornement, depuis les colliers de coquilles brutes des stations préhistoriques, jusqu'aux camées sculptés avec art que nos élégantes ne dédaignent pas de faire servir à leur toilette [1].

C'est aux Mollusques que l'on doit la nacre si usitée dans l'industrie, et ce sont encore des Mollusques que les pêcheurs vont chercher à grand' peine pour en extraire ces perles tant recherchées et dont les plus belles rivalisent avec les pierres précieuses.

D'autres, plus modestes, servent dans certains pays comme monnaie courante ; d'autres enfin sont utilisés en grand nombre pour la confection de la chaux, dans toutes les régions où fait défaut la pierre employée à la fabrication de cette utile substance.

Est-il nécessaire de parler des collections de coquilles, si recherchées par un grand nombre de savants et d'amateurs, souvent poussées à l'état de manie et dont quelques-unes ont atteint parfois des sommes considérables ?

DISTRIBUTION DANS LE TEMPS

La connaissance de la distribution des Mollusques dans le temps présente une importance capitale, car sur elle seule est basée la Géologie tout entière ; on comprend dès lors qu'il nous est interdit ici d'entrer dans les détails d'un sujet aussi vaste. Nous renverrons donc le lecteur aux ouvrages spéciaux [2]. Cependant, tout en nous bornant à donner

(1) Woodward, *Manuel de Conchyliologie.* 1870.
(2) Voyez Contejean, *Éléments de Géologie et de Paléontologie.* Paris, 1870.

quelques indications relatives à certaines espèces ou à des genres éteints, c'est-à-dire dont aucun représentant n'existe dans les mers actuelles, et dont la connaissance tout au moins superficielle est indispensable pour montrer les passages, ou les liens pouvant relier d'une façon quelconque les types disparus et vivants, nous ne pouvons nous dispenser de jeter un rapide coup d'œil

(1) De Rochebrune, *De l'emploi des Mollusques chez les peuples anciens et modernes (Journal d'Ethnographie).*

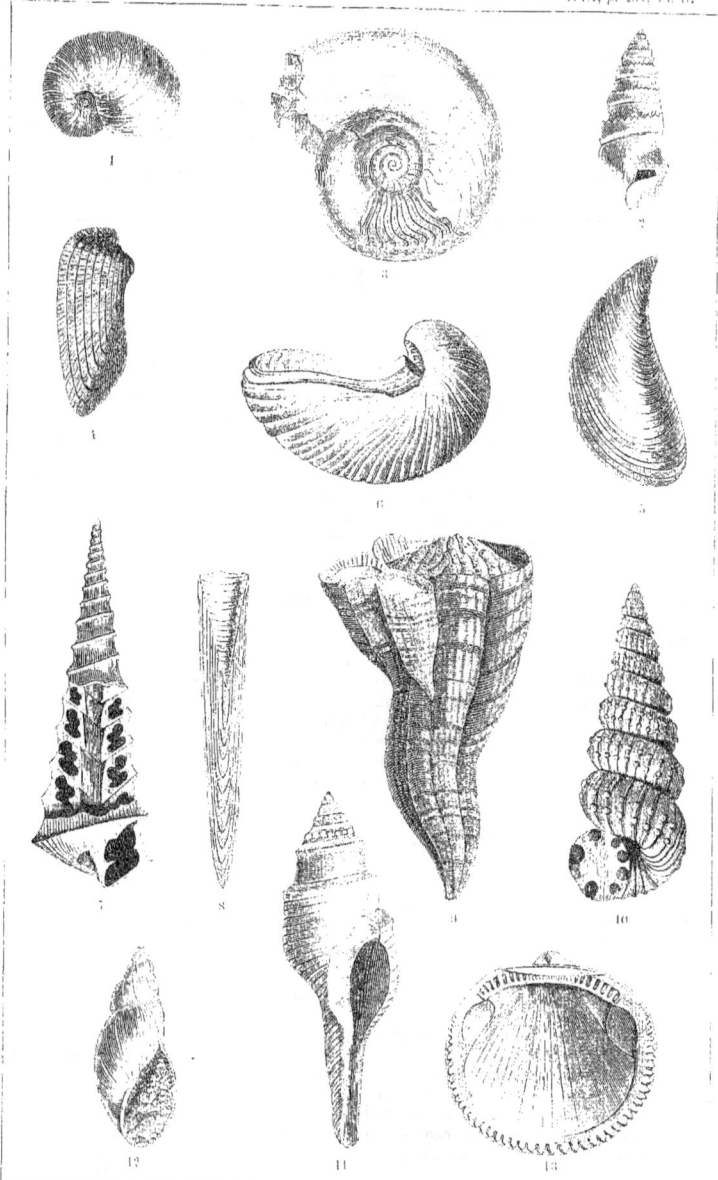

MOLLUSQUES FOSSILES CARACTÉRISTIQUES DES TERRAINS.

1. Bellerophon bicostatus; 2. Murchisonia turbinata; 3. Goniatites lanceolatus; 4. Arca Laurianensis; 5. Mytilus eduliformis; 6. Ostrea arcuata; 7. Nerinea dilatata; 8. Belemnites tripartitus y Hippurites foncassiensis; 10. Turrilites catenulatus; 11. Fusus Noæ; 12. Fusus Noæ; 13. Pectunculus pulvinatus.

sur la faune malacologique ancienne (planche II).

Les premiers Mollusques apparaissent avec la formation silurienne, les Lamellibranches sont représentés par des genres assez nombreux parmi lesquels dominent les Modiolopsis et les Grammysia.

Là aussi, les Céphalophores dominent, le genre Bellérophon (fig. 1) se montre pour la première fois, ainsi que les Euomphalus ; les Céphalopodes riches en espèces sont représentés par les Actinoceras, Gomphoceras, Hortulus, Lituites et Orthoceras.

Avec la formation dévonienne prennent naissance les Murchisonia (fig. 2), les Cirrus, les Solarium et les Conulaires ; les Orthoceras continuent ainsi que les espèces du genre Clymenia et Goniatides (fig. 3) parmi les Céphalopodes.

Le terrain carbonifère, si remarquable par ses innombrables débris de plantes, est relativement pauvre en Mollusques. Dans les mers carbonifères vivaient des Arches (fig. 4), des Conocardium ; les Bellérophon s'y montrent encore en compagnie d'espèces du genre Capulus et de Céphalopodes, tels que les Nautilus et Nautilocéras.

La faune permienne est pauvre ; celle du Trias possède quelques Mitylus (fig. 5), une Trigonie, des Pernes, des Cératites et des Ammonites.

C'est avec le terrain jurassique que l'on voit brusquement augmenter la faune, représentée par des genres et des espèces jusque-là encore inconnus. La vie organique, en quelque sorte un moment défaillante, reprend avec une activité nouvelle. Des Huîtres aux formes particulières (fig. 6), des Trigonies, des Astartes, les Corbis, les Ceromyes et les Pholadomyes servent à caractériser les différents étages.

Les Pleurotomaires, les Nérinées (fig. 7), les Chemnizia, les accompagnent, le genre Bélemnite (fig. 8) se montre pour la première fois associé aux Ammonites de toutes formes et de toutes dimensions.

Le Crétacé succède au Jurassique et ne lui cède en rien pour la richesse de sa faune. Le groupe aberrant des Rudistes (fig. 9) qui lui est propre sert à marquer ses divers horizons, les Peignes, les Spondyles, les Plicatules, les Panopées vivent côte à côte avec les Turbo, les Cerithes, les Fuseaux, les Cônes, les Ptèrocères, pendant que l'immense mer crétacée voit flotter à la surface de ses ondes ou ramper dans ses profondeurs de gigantesques Ammonites et la phalange des autres Céphalopodes aux formes étranges : Criocéras, Scaphites, Toxocéras, Baculites, Turritiles (fig. 10) et Heterocéras.

Avec la formation tertiaire se montre une abondance de Mollusques des plus considérables, les Fusus (fig. 11), Limnea (fig. 12), Pectunculus (fig. 13). La plupart des formes des époques précédentes ont complètement disparu pour prendre le facies de la faune actuelle. Seuls quelques Nautiles rappellent ceux des époques précédentes, mais comme dans nos mers actuelles, ils comptent un petit nombre de représentants.

A l'époque quaternaire correspondent les espèces actuelles ; enfouies dans les dépôts, elles servent de critérium important pour retracer soit l'ancien lit des grands cours d'eau, soit la marche des glaciers. Réunies dans les grottes habitées par l'homme préhistorique, elles irritaient à quelques-unes de ses coutumes et démontrent parfois que, même à ces époques anciennes, déjà existaient des transactions commerciales.

RECHERCHE ET CONSERVATION

Le mode de recherche des Vers s'applique également aux Mollusques, comme nous l'avons fait observer (1) ; aussi serons-nous bref en ce qui les concerne, insistant seulement sur des points spéciaux, et notamment sur le mode de pêche de certaines espèces, pêches exécutées dans un but commercial.

Les dragues employées pour la pêche des Buccins et des Huîtres diffèrent peu de celles précédemment décrites. Elles sont seulement d'une facture plus grossière, le sac est en cuir formé de deux pièces réunies par un filet fait de lignes de pêche. On ne doit point essayer de draguer dans un bateau à rames à moins que ce ne soit près de la côte et à une profondeur ne dépassant pas 18 mètres. On emploie d'ordinaire un bateau ponté à voiles, les dragues

(1) Voy. p. 20.

sont mises à l'eau du côté du vent et les funes amarrées à un tacquet sur la muraille ; quand il a été parcouru une distance assez grande, on hisse les dragues et on les vide. Le dragage dans les eaux profondes, 550 mètres, se fait par un temps calme et une brise légère. Les produits des dragages sont passés à travers des tamis de différents calibres et tous les animaux précieusement recueillis.

Les Coquilles, dont on ne veut pas conserver l'animal, sont passées à l'eau bouillante et nettoyées.

Les Bivalves qui resteraient bâillantes doivent être attachées avec un fil de coton.

Les Mollusques mous, et ceux à coquilles dont on veut conserver l'animal, doivent être plongés dans l'alcool. Il serait utile d'en conserver également quelques échantillons dans la glycérine.

CLASSIFICATION

Comme tous les groupes zoologiques, les Mollusques ont été répartis suivant des méthodes qui ont nécessairement varié à mesure des progrès de la science.

L'ordre le plus généralement adopté est le suivant : c'est celui qui nous servira de guide pour la description des types que nous allons étudier.

Embranchement des Mollusques (Weichthiere).

Classe 1. — LAMELLIBRANCHES. Lamellibranchiata Bl. (*Blattkiemer*).... { Asiphonés. *Asiphonida* Auct
 Siphonés. *Siphonida* Auct.

Classe II. CÉPHALOPHORES. Cephalophora Cuv.

Hétéropodes. *Heteropoda* Lam.

Gastropodes. *Gastropoda* Cuv. (*Schnecken*)............ { Ailobranches. *Ailobranchiata* H. et A. Adams. (*Kiemenlose*).
 Anthobranches. *Anthobranchiata* Ferr. (*Ruckenkiemer*).
 Pleurobranches. *Pleurobranchiata* Cuv. (*Seitenkiemer*).
 Cyclobranches. *Cyclobranchiata* Cuv. (*Kreiskiemer*).
 Scutibranches. *Scutibranchiata* H.A.Adams. (*Schildkiener*).
 Pectinibranches. *Pectinibranchiata* Cuv. (*Netzkiemer*).
 Pulmobranches. *Pulmobranchiata* Gray (*Lugenschnecken*).

Ptéropodes. *Pteropoda* Cuv. (*Flügelsusser*)........... { Thécasomes. *Thecasomata*. Blainv.
 Gymnosomes. *Gymnosomata*. Blainv.

Céphalopodes. *Cephalopoda* Cuv. (*Kopffusser*)......... { Tetrabranches. *Tetrabranchiata*. Owen. (*Vierkiemer*).
 Dibranches. *Dibranchiata*. Owen. (*Zweikiemer*).

Types aberrants.

1. — SOLÉNOCONQUES. Solenochoncha Lacaze. (*Röhrenschnecken*). | 11. — RUDISTES. Rudista Lam. (*Gittermuscheln*).

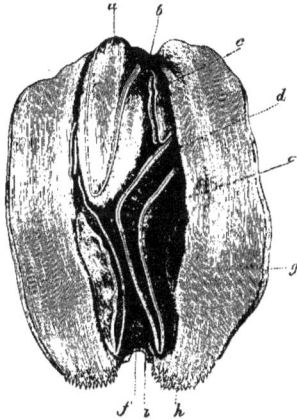

Fig. 447. — Lamellibranche ouvert, montrant les différents feuillets (*).

Fig. 448. — Tridacne, montrant les organes internes
et la glande à Byssus (**).

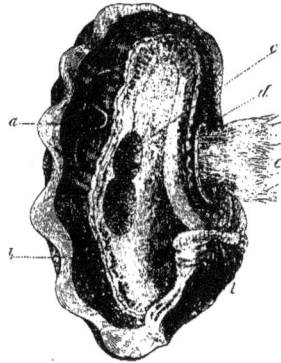

LES LAMELLIBRANCHES — *LAMELLIBRANCHIATA*

Blainv.

Die Blattkiemer.

Caractères. — Les Lamellibranches, également appelés : *Acéphales* ou *Bivalves*, sont des Mollusques pourvus d'un manteau très développé, divisé en deux lobes latéraux ; d'une coquille composée de deux valves, réunies généralement par un ligament dorsal, et de lamelles branchiales séparées. Leur corps est symétrique et comprimé latéralement ; examiné dans la coquille, la bouche répond à l'extrémité la plus grosse, l'anus à la partie opposée, le dos correspond au ligament articulaire des valves, le ventre à leur bord libre.

« On peut se faire une idée générale d'un Lamellibranche, dit Brown, en se figurant devant soi, un volume relié, et en supposant l'extrémité céphalique dirigée en avant, et le dos en haut. Les deux couvertures du livre représentent à droite et à gauche les deux valves ; les deux feuillets suivants représentent de chaque côté le feuillet du manteau ; le troisième et le quatrième feuillet, de part et d'autre, représentent les deux paires de feuillets branchiaux ; enfin tout le reste de la partie intérieure du livre représente le corps de l'animal. Pourtant ces feuillets, à partir du plus externe, diminuent d'ampleur de chaque côté jusqu'au corps, de sorte que les deux feuillets bombés ou les valves, qui sont les plus grands, entourent tous les autres, comme le manteau enveloppe les feuillets branchiaux. Toutes ces parties sont unies le long de leur bord supérieur, comme les feuilles du livre relié (fig. 447). »

Les deux bouts du manteau présentent presque toujours, et même quand ils restent libres dans toute leur longueur, deux échancrures à leur extrémité postérieure ; ces échancrures sont bordées de papilles ou de filaments, et quand les bords du manteau s'appliquent l'un contre l'autre, elles constituent deux orifices : l'un supérieur, faisant fonction d'ouverture anale, l'autre inférieur, servant d'orifice branchial, par lequel l'eau pénètre dans la cavité branchiale par l'action de cils vibratiles disposés à la face interne du manteau et sur les branchies. Les rebords des deux lobes du manteau ne restent pas toujours libres dans toute leur longueur, la soudure occupe des étendues plus ou moins considérables, influant sur la forme et la disposition des orifices en raison de cette étendue.

(*) a, pied. — b, bouche. — c, feuillets. — d, feuillets branchiaux. — e, feuillet externe. — f, siphon. — g, manteau. — h, bouts du manteau. — i, orifice inférieur.

(**) a, ouverture. — b, ouverture inférieure. — c, muscle. — d, fente. — e, byssus. — i, charnière.

Plus le manteau se soude antérieurement, plus on voit, à la région postérieure, se développer un prolongement qui entoure les orifices cloacal et branchial et constitue deux tubes saillants et contractiles, connus sous le nom de *siphons* (fig. 449).

En général hastiforme, le pied, organe charnu que l'on voit saillir du côté ventral, varie extrêmement de formes et de dimensions ; il fait défaut chez certains groupes, privés de la faculté

Fig. 449. — Telline montrant les siphons et le pied.

de changer de place ; il sert à la locomotion, mais il peut aussi faire fonction d'appareil fileur. Dans ce cas, il porte un sillon médian donnant passage à des fils soyeux (*Byssus*), sécrétés par une glande spéciale (*glande byssigène*), et destinés à fixer l'animal temporairement ou d'une façon définitive (fig. 448, p. 257).

Chez les Lamellibranches, le système nerveux se compose de trois paires de ganglions disposés symétriquement. Les ganglions œsopha-

Fig. 450. — Système nerveux de l'Anodonte.

Fig. 451. — Système nerveux du Peigne.

Fig. 450-451. — Système nerveux de Lamellibranches (*).

giens supérieurs sont relativement peu développés. Les nerfs qui en naissent se distribuent autour de la bouche et du manteau ; les ganglions pédieux sont situés sous l'œsophage ; les ganglions viscéraux ou branchiaux, les plus développés, sont reliés au cerveau par de longues com-

a, ganglions sus-œsophagiens. — *b*, ganglions pédieux. — *c*, ganglions viscéraux.

missures ; des troncs se dirigent les uns vers les branchies, les autres vers les viscères et le manteau ; les ganglions branchiaux envoient aussi des troncs aux siphons, à la base desquels existent parfois une paire de ganglions accessoires (fig. 450-451).

Les organes de l'ouïe, du toucher et de la vue

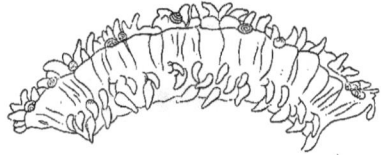

Fig. 452. — Yeux de Lamellibranche.

existent chez les Lamellibranches. Les yeux consistent en de simples taches de pigment et se trouvent, soit à l'extrémité du siphon, soit aux bords du manteau ; là ils se montrent sous l'aspect de petits boutons pédiculés vert émeraude ou rouge brillant, disposés entre les tentacules marginaux et composés d'une cornée,

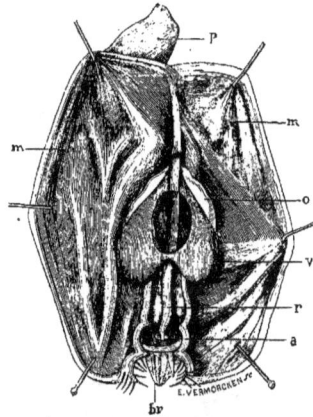

Fig. 453. — Cœur d'Anodonte, traversé par l'intestin (*).

d'un corps réfringent, d'une choroïde, d'un iris et d'une couche de bâtonnets (fig. 452).

Le système digestif se compose d'une bouche placée entre les lobes buccaux, d'un court œsophage et de l'intestin proprement dit. Les mâ-

(*) *p*, pied. — *mm*, manteau. — *o*, oreillette. — *v*, ventricule dont la paroi a été excisée en dessus pour montrer l'intestin qui le traverse. — *r*, rectum. — *a*, anus. — *br*, extrémité des branchies.

choires et la langue manquent toujours; l'œsophage s'élargit en un estomac sphérique et à
sa portion pylorique est suspendu un cæcum
pouvant se fermer par une valvule. Dans beaucoup de cas on trouve, dans l'intérieur de cet
organe, ou dans le canal digestif, une pièce
transparente connue sous le nom de *tige cristalline*, sécrétion périodique de l'intestin. L'intestin proprement dit décrit ordinairement de
nombreuses circonvolutions; entouré par le
foie vers le pied, il remonte à la partie dorsale
derrière l'estomac, traverse le cœur et débouche par une papille saillante, dans la cavité
du manteau (fig. 453).

Chez les Lamellibranches, on trouve un cœur
artériel entouré d'un péricarde et situé sur la
ligne médiane, il offre cette remarquable particularité d'être traversé par l'intestin; des
troncs vasculaires partant du cœur, émergent
des ramifications conduisant le sang dans un
système de lacunes situées dans le manteau et
les interstices des viscères. Ce système représente les vaisseaux capillaires ainsi que les réseaux des veines. Les principaux sinus veineux

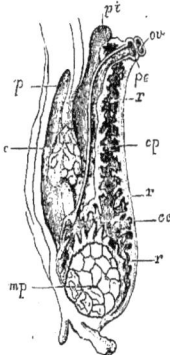

Fig. 454. — Cœur et organe de Bojanus de l'*Unio
pictorum* (*).

comprennent un sinus médian impair dans
lequel se déverse le système lacunaire du pied
et deux sinus latéraux, à la base des branchies.
De là le sang se rend dans les branchies où il
s'artérialise et retourne dans les oreillettes,
après avoir traversé un réseau de canaux situés

(*) r, coupe de l'organe de Bojanus. — p, péricarde. — c, cœur.
— ov, orifice génital. — pe, orifice externe de la poche périphérique. — cp.pi, orifice péricardique ou interne de la poche centrale. — cc.mp, muscle postérieur des valves (d'après Lacaze-Duthiers).

dans les parois des reins ou corps de Bojanus.
Des ouvertures laissant pénétrer dans le corps
l'eau en quantités considérables, s'observent
dans le pied; cette eau se mélange au sang probablement à l'aide des voies de communication
existant entre le corps de Bojanus, le sac péricardique et les sinus sanguins (Claus).

La respiration s'effectue par les branchies,
représentées par des feuillets s'étendant immédiatement sous les feuillets du manteau ; la disposition de ces feuillets est extrêmement variable, et très compliquée, surtout chez les Lamellibranches marins.

L'organe de Bojanus précédemment cité est
le plus important des organes d'excrétion, il est
formé d'une glande ovale, allongée, paire,
située dans un sac particulier, en dessous et de
chaque côté du péricarde. Chez les Lamellibranches, l'organe de Bojanus symétrique, a
son ouverture contiguë à celle des organes reproducteurs, et communiquant, d'une part à
l'extérieur, de l'autre, par un orifice cilié, dans la
cavité ou poche péricardienne du cœur (fig. 454).

Cet organe de Bojanus remplace à un moment donné les reins primitifs que nous avons
vus constituer les organes segmentaires. Il reproduit donc complètement les connexions propres aux organes segmentaires des reins et se
prête à l'accomplissement des mêmes fonctions.

Tous les organes que l'on vient de passer en

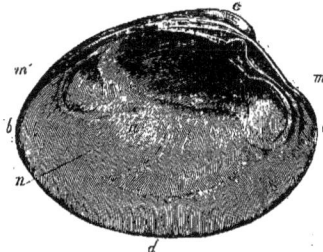

Fig. 455. — Valve de Cythérée (*).

revue sont contenus entre deux valves ou coquilles, sécrétées par la surface externe du manteau ; elles se distinguent en valves supérieure
et inférieure ou en valves droite et gauche ;
elles sont égales ou équivalves; inégales, c'est-
à-dire l'une bombée, l'autre plus ou moins

(*) a, extrémité antérieure. — b, extrémité postérieure. — c, crochet. — d, bord ventral. — mm', impressions musculaires. — n, sinus formé par l'impression palléale et occupé par le rétracteur des
siphons.

plate; très adhérentes à leur bord libre ou bâillantes. Toujours réunies sur la face dorsale par un ligament interne ou externe, élastique, qui détermine leur écartement, elles présentent sous ce ligament, des dents, des fossettes s'engrenant les unes dans les autres et contribuant à les réunir solidement. Ce ligament constitue la *charnière;* la région ordinairement oblongue où se trouve le ligament porte le nom d'*écusson;* en avant des sommets ou *crochets*, existe une partie déprimée qui chez les espèces équivalves est désignée sous celui de *lunule* (fig. 455).

La surface externe de la coquille est différemment ornementée; son intérieur, au contraire, est toujours lisse; les deux valves indépendamment de la charnière sont réunies par un ou deux muscles tendineux, dont les contractions servent à rapprocher ces valves; ils jouent le rôle de *muscles adducteurs;* ces muscles forment à l'intérieur de la coquille ce que l'on appelle les *empreintes* ou les impressions musculaires. Le bord du manteau marque sur les valves l'*impression palléale*, et l'échancrure ou sinus pratiqué sur cette ligne d'impression, indique la présence des siphons.

A très peu d'exceptions près, tous les Lamellibranches sont dioïques; presque tous sont ovipares, les espèces vivipares ou plutôt ovovivipares forment l'exception. Les œufs presque toujours restent un certain temps entre les valves ou pénètrent dans les feuillets branchiaux pour y subir leur transformation, et l'embryon devient libre lorsqu'il a atteint un degré de développement suffisant (Claus).

Le développement est en général compliqué par une métamorphose plus ou moins simple. Partout, dit Claus, l'embryon se forme après une segmentation totale; il se développe aux dépens d'une couche périphérique germinale d'où dérivent le manteau et le vélum cilié, plus rarement le pied, en partie recouverts de cils vibratiles et présentant des mouvements rotatoires. La formation de la bouche et de la cavité digestive s'effectue également de bonne heure,

presque en même temps que celle du manteau; plus tard, le système nerveux et les organes qui en dépendent se montrent; viennent ensuite le cœur, les branchies, tandis que le manteau sécrète les valves de la coquille. Le mode de développement du reste éprouve des différences très grandes suivant les groupes.

Les larves de Lamellibranches marins nagent librement pendant une durée de temps assez longue et se font remarquer par leur vélum en forme d'ombrelle d'où dériveront les lobes buccaux par métamorphose régressive. Dans les Lamellibranches d'eau douce, où les phases embryonnaires se passent, comme nous l'avons dit, dans les feuillets branchiaux de la mère, ce développement est complet, les jeunes larves encore dépourvues de tube digestif, deviennent libres et se fixent parfois sur les Poissons où elles continuent à vivre jusqu'à l'achèvement complet de leur évolution.

Distribution géographique. — Le plus grand nombre des Lamellibranches sont marins et habitent à différentes profondeurs. Les autres espèces sont d'eau douce et se rencontrent dans les lacs, les étangs et les cours d'eau tranquilles ou rapides. L'Amérique fournit un grand nombre d'espèces de ces dernières.

Distribution géologique. — Les couches géologiques contiennent des quantités considérables de Lamellibranches; ces coquilles, admirablement bien conservées, ont acquis une valeur caractéristique très grande, pour la détermination des terrains où elles ont été déposées.

Mœurs, habitudes, régime. — Parmi les Lamellibranches, beaucoup progressent en rampant, très peu nagent, quelques-uns sautent, d'autres se fixent de bonne heure sur les rochers et autres corps sous-marins soit par leur byssus, soit par l'une de leurs valves et forment des bancs souvent d'une grande étendue; d'autres perforent les pierres ou les bois.

Usages. — Un grand nombre servent à la nourriture et sont l'objet d'un commerce important et d'industries qui chaque jour tendent à s'accroître.

LES ASIPHONÉS — *ASIPHONATA* Auct.

Caractères. — Les Lamellibranches compris dans cette division sont des animaux dépourvus de siphons respiratoires comme l'indique le nom; les bords du manteau sont libres ou réunis seulement sur un point qui sépare la chambre branchiale de la chambre anale ou cloaque.

La coquille est ordinairement nacrée à l'inté-

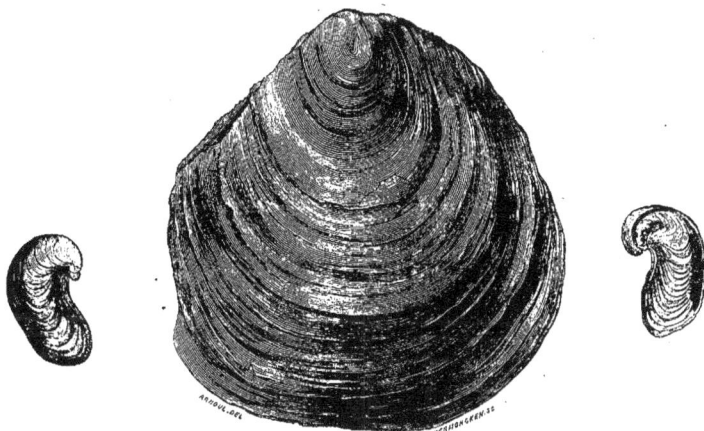

Fig. 456. — Ostrea (*Exogyra*) Virgula, valve inférieure.

Fig. 461. — Ostrea Bellovacina, valve supérieure.

Fig. 457. — Ostrea (*Exogyra*) Virgula, valve supérieure.

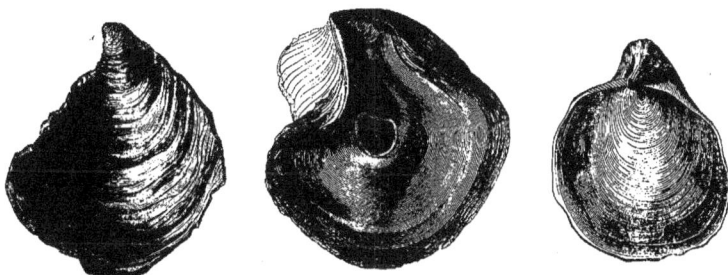

Fig. 458. — Ostrea deltoidea, valve supérieure.

Fig 459. — Ostrea deltoidea, valve inférieure.

Fig. 460. — Ostrea columba (*Gryphæa*), valve inférieure.

Fig. 456 à 461. — Ostréides fossiles.

rieur, celluleuse extérieurement avec une simple impression palléale.

Mœurs, habitudes, régime. — La majeure partie des espèces sont marines, les autres d'eau douce ; elles vivent à l'état libre, ou réunies par bancs, ou bien retenues par un byssus.

LES OSTRÉIDES — *OSTREIDÆ* Lam.

Caractères. — La coquille des espèces composant cette famille est inéquivalve, un peu inéquilatérale, libre ou fixée, et dans ce cas présentant un polymorphisme très accusé ; la charnière est ordinairement dépourvue de dents ; l'impression de l'adducteur unique est située en arrière du centre. Chez l'animal, le manteau est tout à fait ouvert, très légèrement adhérent au bord de la coquille, le pied petit, les branchies en forme de croissant et au nombre de deux de chaque côté ; les sexes sont distincts.

Distribution géographique. — Les espèces,

nombreuses, sont de toutes les mers tempérées et tropicales.

Distribution géologique. — Plus nombreuses encore dans les formations géologiques que dans les mers actuelles, les Ostréides se montrent dans presque tous les terrains ; chaque groupe de ces terrains en possède un certain nombre caractéristique (fig. 456 à 461 et pl. III, fig. 1 et 2).

Divers genres ont été démembrés du genre Huître : nous citerons les Exogyres (fig. 456-457) et les Gryphées (fig. 460).

HUITRE COMMUNE — *OSTREA EDULIS* Lin.

Caractères. — Tous ceux qui ont porté leur attention sur ce Mollusque ont pu remarquer les caractères distinctifs de sa coquille. Les valves sont irrégulières et inégales : l'une d'elles est épaisse et excavée, tandis que l'autre est plane et relativement mince. Elles font un

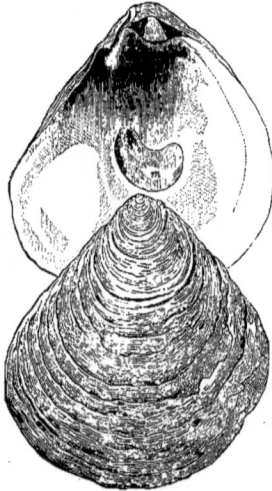

Fig. 462. — Huître comestible, montrant l'extérieur de la coquille et l'intérieur avec l'impression du muscle *m*.

véritable contraste avec tant d'autres coquilles, en raison de la structure irrégulière, feuilletée et comme schisteuse de leur surface ; leur intérieur (fig. 462) est aussi très irrégulier : on y trouve des espaces remplis d'eau, et toute la substance de la coquille est plus poreuse, plus perméable que chez la plupart des autres coquilles.

A cette particularité se rattache la propriété

que présentent les Huîtres d'adhérer par leur valve plus épaisse, aux objets les plus divers ; cette adhérence se fait non seulement au niveau des bords, mais sur toute la surface ; elle ne peut s'expliquer que par la présence d'une substance agglutinative qui traverse la coquille, et se mêle intimement à la matière calcaire sécrétée par l'animal fixé au plan sous-jacent : à mesure que la coquille s'accroît, de nouvelles matières agglutinatives transsudent autour du fragment de valve déjà fixé (O. Schmidt).

La région de la charnière offre plusieurs particularités remarquables. Les vertex, d'abord semblables, deviennent très inégaux avec l'âge : celui de la valve supérieure subit un retard dans son développement ; il n'existe aucune dent, et le ligament, comme chez maint autre coquillage, est interne ; il est situé en dedans des bords, dans deux fossettes que présentent les valves, dont l'inférieure seule s'accroît d'une façon considérable. L'ouverture de la coquille est possible grâce à la fossette située en face de l'extrémité du couvercle qui tourne autour d'une ligne placée au delà de son bord inférieur et pénètre dans cette fossette (O. Schmidt).

Toutes les Huîtres qui vivent sur les rivages européens (d'ailleurs elles sont très polymorphes) sont grosses ou petites, à valves épaisses, ou minces, et plus ou moins feuilletées. Bien que ces différences doivent être attribuées d'une manière générale aux diverses proportions de sel et de matières calcaires contenus dans les différentes mers et principalement aux influences locales, elles doivent être prises en considération pour la distinction des types.

Distribution géographique. — Dans l'exposé de la distribution géographique des Huîtres, il est nécessaire d'entrer dans certains détails que nous empruntons à O. Schmidt, dont les travaux réunissent les faits les plus importants à connaître sur ces Mollusques.

« Dans l'Adriatique, les Huîtres vivent partout, du moins à l'état isolé ; en divers endroits elles vivent en masses, autrement dit en bancs. Sans aucun doute, cette dernière circonstance est la plus naturelle, bien que l'état isolé ne constitue pas précisément l'exception. Dans l'angle le plus aigu et le moins profond du golfe de Muggia, à Trieste, les Huîtres s'installent sur les pilotis enfoncés dans la vase ; en revanche, elles ne prospèrent point sur le sol vaseux et très mou de cette baie appréciée des zoologistes. Depuis des centaines d'années, on les entretient aussi dans les canaux et les bassins de l'Arsenal,

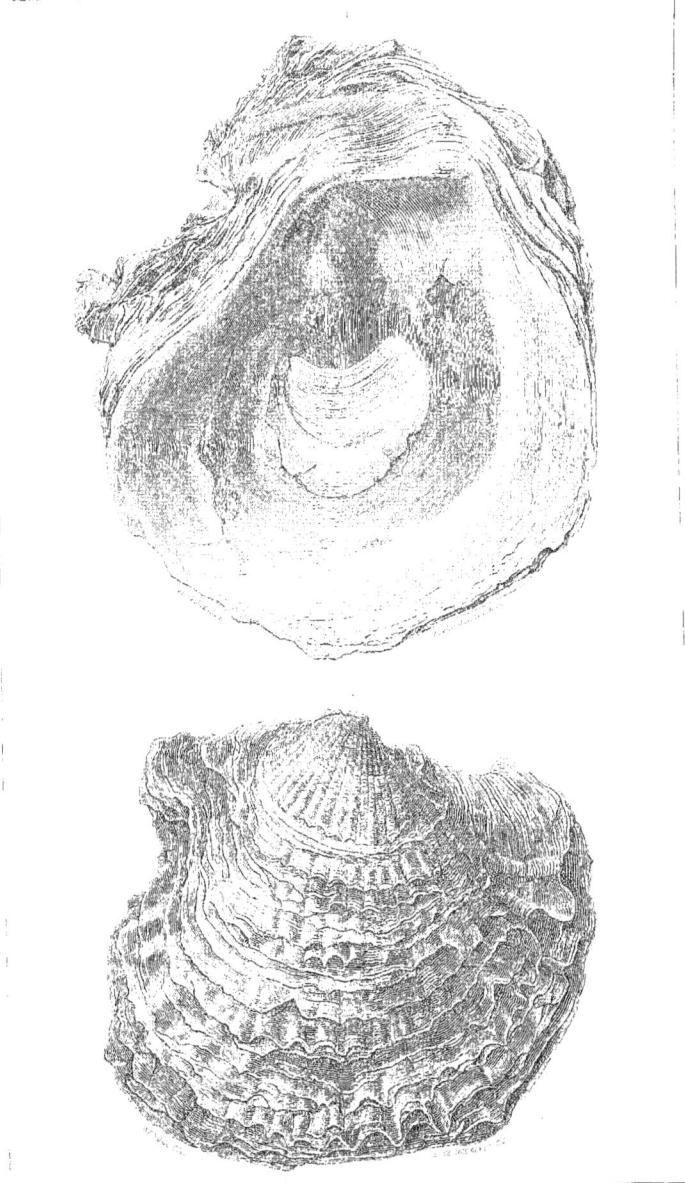

Paris, J.-B. Baillière et Fils, édit.　　　　　　　　　　Coraud, Coste, imp.

HUITRES FOSSILES.

1. Ostrea longirostris. — 2. Ostrea bellovacina.

à Venise. Ces animaux prospèrent donc dans la partie orientale et dans la partie occidentale du golfe de Venise, dans des conditions très diverses : à Muggia, ils vivent dans une eau salée sans addition notable d'eau douce. Près de l'Arsenal, ils habitent dans la lagune. Il ne faudrait pas croire néanmoins que l'eau de l'Arsenal, dans laquelle les Huîtres passent toute leur vie sans exiger de soins spéciaux, soit très saumâtre. Les larges ouvertures du Lido la mettent en communication si intime avec la pleine mer, que sa salure n'est guère inférieure à celle de la mer, grâce à la marée qui là, pénètre régulièrement. J'ai retiré de très belles Huîtres du bassin de Sebenico, à quinze brasses environ de profondeur, mais à une distance suffisante de la Cerca pour que la proportion d'eau douce ne soit pas appréciable. La situation de ce banc minime, que les pêcheurs exploitent seulement à l'occasion, est assez instructive : elle montre que les courants fluviaux ou, comme dans le cas en question, les courants sous-marins qui amènent la nourriture à ces animaux inertes, sont utiles et nécessaires. En comparant cette localité à la baie de Trieste, on voit que l'Huître peut développer toute son activité vitale dans des localités dont la profondeur très variable atteint souvent quinze brasses au-dessous du niveau moyen des eaux, et dans certains cas vingt brasses et même davantage ; ce point de physiologie est d'une grande importance pour la culture artificielle des Huîtres.

« Plus au sud, on trouve sur la côte italienne des bancs d'Huîtres célèbres dès l'antiquité, situés au voisinage de Brindisi et dans le golfe de Tarente. Je n'ai trouvé aucune donnée relative à la disposition de ces bancs ; après avoir visité rapidement le port de Brindisi et ses environs, il m'a semblé que les fonds rocailleux y faisaient défaut et que les Huîtres devaient reposer sur un sol meuble.

« A partir de là, les Huîtres s'étendent sur toute la partie orientale et occidentale de la Méditerranée sans paraître s'assembler en masses.

« Elles ont pénétré aussi dans la mer Noire et se sont installées çà et là isolément sur le rivage méridional de la Crimée, ce qui montre combien est grande leur faculté d'accommodation.

« Naturellement la partie occidentale de la Méditerranée nourrit aussi des Huîtres partout où les conditions relatives aux courants et au sol le permettent ; pourtant nulle part on n'y trouve de bancs très importants.

« De même que dans l'antiquité déjà on a rempli d'Huîtres importées de Tarente le lac de Lucrin, qui est devenu désert depuis le soulèvement du Monte-Nuovo, en 1530, de même, ou emplit aujourd'hui le lac de Fusaro ; de même aussi pour les tentatives d'ostréiculture, sur les côtes de France, on se sert des Huîtres prises dans l'océan Atlantique.

« Sur les rives françaises et anglaises de la mer du Nord et de l'Atlantique, on trouve un grand nombre de bancs d'Huîtres naturels.

« Sur les côtes norwégiennes elles s'étendent jusqu'au 63° degré. Dans le sud de la Norwège, elles apparaissent, dans certaines régions, en telles quantités qu'on les sert à discrétion sur les tables, avec le pain et le beurre, en guise de dessert. C'est après avoir accompli la traversée entre les îles Feroë et la petite ville de Kragerö, située sur la côte méridionale de la Norwège, que je fis cette agréable découverte gastronomique, en prenant mon premier repas dans l'hôtel de cette localité.

« L'expression « d'Huîtres d'Holstein ou de « Flensbourg » a donné lieu à une erreur fort répandue. On attribue ce nom à des Huîtres qui sont expédiées et consommées principalement dans l'Allemagne du Nord, jusqu'à Leipzig, Magdebourg, Berlin, et plus loin encore vers le sud, ou bien le long des côtes de la Baltique jusqu'à Saint-Pétersbourg, comme provenant des côtes du Holstein. Or, aujourd'hui, il n'existe dans toute la Baltique aucune Huître ; nous verrons qu'il n'en était pas ainsi autrefois. Les Huîtres dites de Flensbourg proviennent toutes de la côte occidentale, de la région qui s'étend depuis Husum jusqu'à Tondern entre les îles Sylt, Föhr, etc., où le fond de la mer, assez plan, est sillonné de gouttières profondes. Le reflux y met à découvert les régions du fond, isolées sur plusieurs milles d'étendue ; et la marée ne laisse émerger que les îles mentionnées tout à l'heure.

« On a donné à ces régions le nom de Watten ou Ouates.

« Les bancs d'Huîtres, dit Möbius, sont situés le long des parois, des fossés profonds de la mer des Ouates, dans lesquels les principaux courants provenant du flux et du reflux possèdent une vitesse de 4 à 6 mètres par seconde, c'est-à-dire une vitesse comparable à celle du Rhin au-dessus de Bonn. Le fond, assez ferme, est composé de sable, de pierres petites, rarement de gros blocs et de coquilles. La plupart des bancs sont encore à 5 ou 6 mètres de profondeur au-dessous du niveau de l'eau, pendant lo reflux, c'est-à-dire au moment où les Ouates qui les environnent sont à sec. On n'a trouvé aucun banc d'Huîtres à plus de 20 ou 30 pieds de profondeur, dans cette mer. La proportion de sel atteint un peu plus de 3 p. 100.

« Sur les bancs les meilleurs, vivent, à côté des Huîtres, certains animaux; et parmi les plus caractéristiques, je citerai seulement l'*Alcyonium digitatum*, la *Serpula triquetra* et l'*Echinus miliaris*. Dans les lieux où existent, en grand nombre, des *Mytilus edulis*, des *Balanus crenatus* et des *Sabellaria anglica*, les Huîtres sont moins prospères; dans les points où ces animaux prédominent, elles disparaissent même complètement. Les conditions sont plus mauvaises encore lorsque les bancs se recouvrent de sable ou de limon, comme on l'a observé, par exemple, pour un banc voisin de l'île d'Amrum qui d'année en année s'est trouvé enfoui de plus en plus sous les sables entraînés au-dessus de lui » (O. Schmidt).

Les Huîtres qui se sont installées spontanément depuis peu de temps dans le Limfjord, donnent lieu à des considérations intéressantes. Voici ce qu'en dit le professeur E. Von Baër, dans ses recherches sur le mode d'existence de ces Mollusques :

« Le Limfjord est une nappe d'eau à contour très sinueux et allongé, se répandant dans un grand nombre d'anses, surtout dans sa moitié occidentale; il divise la région septentrionale du Jutland dans toute sa largeur et n'est, à l'Ouest, séparé de la mer du Nord que par une languette de côte très étroite; cette digue naturelle, qui était complète jadis, s'est trouvée entamée en 1825, et depuis lors elle est restée interrompue; le passage qui en résulte est désigné sur les cartes actuelles sous le nom de canal Agger. Précédemment déjà, en 1720 et en 1760, par exemple, des passages s'étaient ainsi formés, mais ils s'étaient refermés bientôt. Avant cette brèche nouvelle et permanente, l'eau du Limfjord, au moins dans sa portion occidentale, passait pour être de l'eau douce. Le professeur Eschricht, de Copenhague, qui eut à examiner un projet relatif à l'installation des Huîtres dans le Limfjord, ne dit rien au sujet de la région orientale; mais il est permis de supposer qu'en raison de la communication qui existait déjà entre cette baie et le Catégat, cette eau devait être saumâtre. Depuis sa communication nouvelle avec la mer du Nord, les alternatives du flux et du reflux, qui régulièrement deux fois par jour, introduisent dans le fjord de l'eau salée et en lais-

sent écouler l'eau de mer qui s'y est diluée, ont fait du Limfjord, actuellement, un bassin d'eau salée, dans lequel des Poissons de mer et des Huîtres ont immigré. Les Huîtres y ont été constatées pour la première fois en 1851, dans le Saling-Sund, vers le tiers occidental du Limfjord; elles y étaient en grand nombre et déjà complètement développées. Leur immigration à l'état de couvée encore apte à la natation a dû par conséquent s'effectuer beaucoup plus tôt. Le professeur Eschricht estime que ces Mollusques se sont installés d'abord, vers la région occidentale, dans le Nissum-Bredning, et que de là, les couvées nouvelles de cette génération devenue adulte se sont étendues plus loin. Maintenant on les trouve dans un grand nombre de baies latérales et de canaux de la moitié occidentale du Limfjord, partout où la constitution du fond est propice à ces animaux. Dans la portion orientale on a également observé des Huîtres, auprès d'Aalborg, mais de très jeunes seulement. On voit donc qu'elles s'étendent, évidemment, peu à peu vers l'Orient. Dans la moitié occidentale du Limfjord elles sont si nombreuses qu'on en recueille jusqu'à 100,000. On ne peut déterminer l'époque de leur première immigration, car pendant fort longtemps on ne les a pas observées. Toutefois, comme les Huîtres étudiées dans le Saling-Sund étaient âgées de 5 ans au moins et qu'elles ne représentaient certainement pas la première immigration, mais au moins la seconde ou la troisième génération des Huîtres immigrées, on peut en conclure que ces Mollusques se sont répandus dans cette eau peu de temps après que le canal Agger s'est ouvert et que l'eau a acquis la proportion de sel nécessaire. »

Le naturaliste en question a consigné ces données dans un rapport sur un projet relatif à l'élevage des Huîtres dans la Baltique, parmi les eaux russes; il se trouva amené aussi à étudier les chances de prospérité qu'offrirait l'installation des Huîtres dans la Baltique, en tenant compte des conditions présentées par la nature

« Sur la côte occidentale du Jutland, dit-il plus loin, apparaissent également des Huîtres, mais elles ne semblent point s'y réunir en bancs. Au contraire, on retrouve, à l'est de l'étroite presqu'île de Skagen, des bancs assez étendus qui, à partir de l'extrémité de cette langue de terre jusqu'à Hirstholm, se partagent en trois groupes principaux. Les derniers bancs exploités régulièrement se trouvent auprès de l'île Läsoe, et s'étendent depuis là jusqu'auprès de l'île d'An-

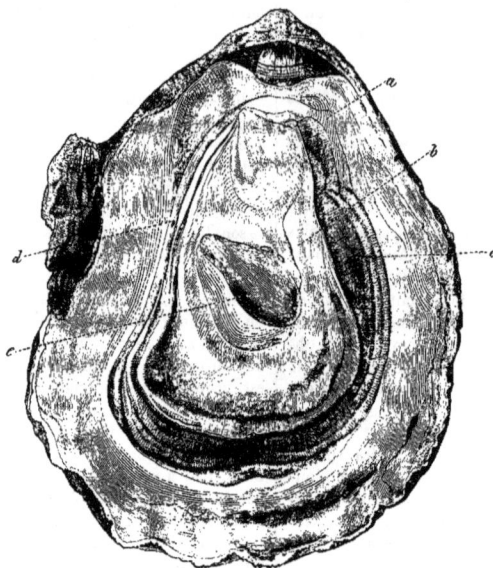

Fig. 463. — Huitre comestible ouverte, montrant l'animal (*).

holt sans l'atteindre néanmoins, paraît-il. Plus au sud, on rencontre encore des Huîtres, mais elles sont isolées et semblent d'une qualité inférieure. » Déjà dans les Belt, les conditions favorables à l'extension des Huîtres cessent d'exister; les conditions sont plus défavorables encore dans la Baltique.

La principale raison qui s'oppose à l'existence des Huîtres dans la Baltique paraît tenir à la salure trop faible de cette mer, qui est passée déjà presqu'à l'état de lac intérieur d'eau douce, au moins dans ses parties septentrionales et orientales.

« La Baltique, dit E. Von Baër, est reliée au Catégat par trois détroits dont le médian surtout, c'est-à-dire le Grand Belt, est assez largement ouvert. L'Huître est hermaphrodite; chaque individu est apte à se reproduire et engendre une énorme quantité d'œufs d'où éclosent des embryons, au nombre d'un million et même davantage, qui sont répandus par les vagues et se fixent pour prospérer partout où ils

rencontrent des conditions favorables; il existe donc une raison spéciale qui empêche les Huîtres de s'étendre dans la Baltique. La partie méridionale du Catégat est actuellement dépourvue d'Huîtres, ou du moins d'Huîtres utilisables; dans la moitié septentrionale du Catégat, elles sont déjà meilleures, et ces bancs peuvent être exploités. Elles sont encore meilleures de l'autre côté de la pointe de Skagen, dans la région où le Catégat se réunit à la mer du Nord, c'est-à-dire dans le Skagerrak; dans la partie septentrionale du Bohus-Län, qui touche au Skagerrak, les Huîtres sont déjà fort bonnes. Mais elles sont meilleures et plus grandes encore sur la côte occidentale de la Norwège et du Schleswig, et dans toute la mer du Nord que sur la côte méridionale de la Norwège. Or, la proportion de sel diminue depuis la mer du Nord jusqu'au Skagerrak et Catégat; elle diminue aussi, dans ce détroit, du Nord vers le Sud; et elle diminue encore de plus en plus, dans la Baltique, à mesure qu'on s'éloigne des trois entrées de ce bassin, de telle sorte que les extrémités des golfes de Finlande et de Bothnie ren-

(*) a, partie supérieure du manteau. — b, manteau. — c, feuillets branchiaux. — d, région dorsale. — e, muscle.

BREHM.

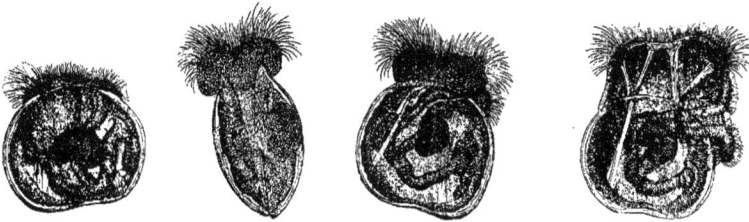

Fig. 464.   Fig. 465.   Fig. 466.   Fig. 467.

Fig. 464 à 467. — Huîtres venant de sortir du manteau de la femelle, grossies cent quarante fois environ. Les figures 465, 466 et 467 sont vues par un de leurs côtés. Dans les trois derniers le bourrelet, pourvu de ses cils natatoires et des muscles qui le meuvent, est extérieur aux valves et proémine au-dessus de la bouche qui elle-même est ciliée.

erment une eau parfaitement buvable; il es donc évident qu'à mesure que la proportion de sel décroît, les Huîtres pâtissent, et qu'elles cessent d'exister, en raison de ce phénomène, avant d'atteindre les détroits précités. »

Puisque au-dessous d'Anholt, vers les Belt, la proportion de sel est amoindrie au même degré que vers la côte méridionale de Crimée, où nous avons vu les Huîtres pâtir, le minimum de salure nécessaire à l'existence des Huîtres est environ 17 p. 1,000. C'est quand la proportion de sel atteint 20 à 30 p. 1,000, que les Huîtres sont le plus grasses et le plus savoureuses.

Aussi, abstraction faite des Huîtres de la Méditerranée, c'est sur les côtes de l'Atlantique et de la mer du Nord que ces Mollusques prospèrent le mieux, dans les baies où l'eau de mer se trouve adoucie par l'embouchure d'un fleuve ou de quelques rivières. C'est le cas qui se présente pour les Huîtres du Havre, de la baie de Cancale, de l'île de Ré, de la Rochelle et de Marennes, des rives du comté de Kent, de la région de la Tamise, de Colchester, d'Ostende.

Il n'en faut pas conclure que les Huîtres se trouvent mieux, par elles-mêmes, dans une eau adoucie : les Huîtres de la côte occidentale de la Norwège, où l'afflux d'eau douce est minime, sont décrites comme fort grosses et prospèrent par conséquent fort bien, mais elles ne paraissent pas réputées parmi les gastronomes, car elles ne jouent pas un grand rôle commercial.

Mœurs, habitudes, régime. — REPRODUCTION DES HUÎTRES. — Les Huîtres appartiennent au petit nombre des Lamellibranches hermaphrodites.

A la saison du frai, qui a lieu ordinairement de juin à la fin de septembre, les Huîtres effectuent leur ponte (1).

Les Huîtres n'abandonnent pas leurs œufs comme le font un grand nombre d'animaux marins. Elles les gardent en incubation dans les plis de leur manteau, entre les lames branchiales. Ils y restent plongés dans une matière muqueuse, nécessaire à leur évolution, matière au sein de laquelle s'achève leur développement embryonnaire.

Ainsi liée, la masse que forment ces œufs, ressemble, par sa consistance et sa couleur, à de la crème épaisse, aussi nomme-t-on par analogie, *Huîtres laiteuses,* celles dont le manteau renferme du frai. Mais la teinte blanchâtre, si caractéristique des œufs fraîchement pondus, prend peu à peu, à mesure que l'évolution se poursuit, une nuance d'un jaunâtre clair, puis d'un jaunâtre plus obscur, et finit par dégénérer en gris brun ou en gris violet très prononcé. La masse totale, qui a perdu en même temps de sa fluidité, probablement par suite de la résorption progressive de la substance muqueuse qui enveloppait les œufs, offre alors l'aspect d'une boue compacte. Cet état annonce que le développement touche à son terme et devient l'indice de la prochaine expulsion des embryons et de leur existence indépendante ; car déjà ils vivent très bien hors de la protection que leur fournissaient les organes maternels.

(1) Coste, *Voyage d'exploration sur le littoral de la France et de l'Italie,* 2ᵉ édition. Paris, 1861, p. 93. Nous avons emprunté à cet ouvrage plusieurs des figures qui illustrent ce chapitre.

Fig. 468. — Colonies de jeunes Huîtres vivant sur une valve d'individu adulte.

Bientôt, en effet, la mère rejette les jeunes éclos dans son sein. Ils en sortent munis d'un appareil transitoire de natation qui leur permet de se répandre au loin et d'aller à la recherche d'un corps solide où ils puissent s'attacher. Cet appareil (fig. 464, 465, 466 et 467), découvert par M. le Dr Davaine (1), est formé par une sorte de bourrelet cilié, pourvu de muscles puissants, à l'aide desquels l'animal peut, à volonté, le faire sortir hors des valves ou l'y faire rentrer. Lorsque la jeune Huître est parvenue à se fixer, ce bourrelet, qui lui est désormais inutile, tombe ou, ce qui est plus constant, s'atrophie sur place et disparaît peu à peu.

Le nombre des œufs que produit une Huître annuellement est énorme, alors même qu'on s'en tient aux estimations les plus modérées. Leeuwenhoëck admettait qu'une Huître adulte renfermait 10 millions de petits; le zoologiste napolitain, Poli, réduit ce chiffre à 1,200,000 ; une telle postérité suffirait, en devenant adulte, à remplir 1,200 tonneaux. Mais cette estimation nous laisse encore loin de la réalité. Dans un travail que le professeur Möbius de Kiel a adressé au ministre de Prusse en 1870 au sujet de la production et de l'élevage des Huîtres, nous voyons que les Huîtres anciennes produisent plus d'un million d'œufs et que les jeunes, vers l'âge de trois ans, en produisent beaucoup moins. Mais un fait plus important, c'est que le nombre des Huîtres fécondes, au moins sur les bancs des côtes de l'Angleterre et du

(1) Davaine, *Recherches sur la génération des Huîtres.* Paris, 1853.

Schleswig, atteint au plus 30 p. 100 et souvent à peine 10 p. 100 du chiffre total des Huîtres.

« En admettant, dit Möbius, que dans le cours de l'été, un dixième seulement des Huîtres d'un banc comprenant 100,000 pièces, soient fécondes, et que chacune d'elles produise seulement un millier de petits, ce dixième des Huîtres, qui est fécond, fournit un ensemble de dix millions de petits. Si tous ces petits prenaient place sur les bancs maternels ou dans leur voisinage, dès lors 10 millions d'Huîtres auraient à se partager la nourriture que se partageaient précédemment 100,000 Huîtres. Chacune des jeunes absorberait évidemment beaucoup moins qu'une adulte; mais, en raison de leur grand nombre, elles se feraient concurrence à elles-mêmes, ainsi qu'aux Huîtres adultes, même dans l'immensité de la mer. »

Le même auteur montre que les nécessités de l'alimentation imposent une limite assez étroite à la multiplication des Huîtres dans une étendue de mer déterminée, et que l'augmentation du nombre des individus les fait pâtir isolément et diminue leur valeur propre.

Aux époques où tous les individus adultes qui composent un banc laissent échapper leur progéniture, cette poussière vivante s'en exhale comme un épais nuage, qui s'éloigne du foyer dont il émane, et que les mouvements de l'eau dispersent, ne laissant sur la souche qu'une imperceptible partie de ce qu'elle a produit. Tout le reste s'égare, et si ces animalcules, qui errent alors çà et là par myriades, au gré des flots, ne rencontrent pas des corps solides où ils puissent se fixer, leur perte est certaine, car ceux

Fig. 469. — Huîtres comestibles, à divers degrés de développement, fixés sur un morceau de bois (*).

qui ne sont pas devenus la proie des animaux inférieurs, qui se nourrissent d'infusoires, finissent par tomber dans un milieu impropre à leur développement ultérieur et souvent par être engloutis dans la vase (1).

Les Animalcules qui s'attachent en colonies sur la valve d'une huître adulte (fig. 468), ou sur les pieux qu'on leur présente, ou sur les rochers « comme un essaim d'Abeilles aux arbustes qu'il rencontre au sortir de la ruche (2) », s'y fixent et y grandissent assez rapidement pour qu'au bout de deux ou trois ans, chacun des corpuscules vivants dont se composait la poussière propagatrice devienne comestible.

Au bout de quelques mois déjà, ils seraient aptes à la reproduction, mais cette assertion peut

(1) Coste, loc. cit., p. 91.
(2) Coste, loc. cit., p. 95.

(*) A, Huîtres de 15 à 20 jours. — B, Huîtres de 1 à 2 mois. — C. Huîtres de 3 à 4 mois. — D, Huîtres de 5 à 6 mois. — E, Huîtres de 12 à 14 mois.

être mise en doute ; ils n'atteignent qu'au bout de quelques années leur taille complète qui varie beaucoup suivant les localités, également aussi suivant les espèces.

D'après des spécimens recueillis par Coste (1), sur des pieux retirés du lac Fusaro (fig. 469), les plus grandes, provenant du premier frai qui s'était fixé sur ces pieux, avaient de 6 à 9 centimètres de diamètre, et pouvaient, la plupart, être livrées au commerce ; les moyennes, dont le diamètre était de 4 à 5 centimètres, n'avaient que 16 à 18 mois, et étaient le produit d'une deuxième saison ; les plus petites offraient, les unes, le module d'une pièce de 2 francs, les autres celui d'une pièce de 50 centimes ; d'autres enfin avaient la largeur d'une grosse lentille, c'est-à-dire de 6 à 8 millimètres. Dans cette troisième catégorie, l'âge des premières, d'après le témoignage des pêcheurs, était à peu

(1) Coste, loc. cit., p. 95.

Fig. 470. — Banc artificiel entouré de ses pieux (lac Fusaro).

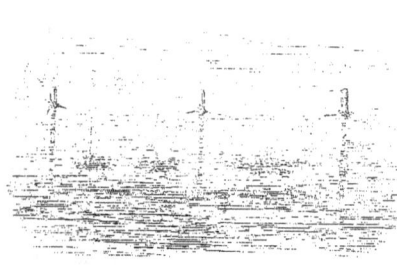

Fig. 471. — Pieux placés en ligne droite et reliés par une corde qui supporte les fagots propres à recevoir les jeunes Huîtres (lac Fusaro).

près de six mois; celui des secondes de trois; les dernières n'auraient eu qu'un mois ou quarante jours d'existence. Or, l'accroissement de celles-ci paraîtra assez rapide, si l'on veut considérer qu'au moment de leur expulsion, elles n'avaient qu'un cinquième de millimètre de diamètre.

Ostréiculture. — Les écrits de Von Baër rendent compte de l'usage qu'on faisait jadis des Huîtres et de leur élevage.

« On a entrepris en France, récemment, d'améliorer les bancs d'Huîtres épuisés, et l'on a essayé d'installer les Huîtres en de meilleures résidences, dans d'autres régions; à ce moment, bien des gens ont pu croire que l'ostréiculture, c'est-à-dire les soins qu'on affecte à la prospérité des Huîtres, constituait un art nouveau et une extension de la méthode qu'on appliquait à la fécondation artificielle des Poissons.

« Il est bon de remarquer, à ce propos, que l'élevage des Huîtres remonte à des temps extrêmement éloignés, qu'il a été très répandu et qu'il l'est encore aujourd'hui ; il n'en est point de l'ostréiculture comme de l'élevage artificiel des Poissons, qui a débuté il y a près d'un siècle et qui a été poursuivi dans certaines localités, en Bavière, par exemple, mais dans des proportions si restreintes et avec si peu d'éclat que les expériences nouvelles faites en France ont émerveillé depuis plus longtemps le public, qui a considéré ces tentatives comme les premiers essais entrepris dans ce sens ; la fécondation artificielle des Grenouilles, au contraire, est effectuée depuis plus d'un siècle par tous les naturalistes désireux d'observer le développe-

ment de ces Batraciens ; il en est de même, depuis quelque temps, de la fécondation des œufs de Poissons. »

Mais E. Von Baër prétend que la fécondation artificielle ne peut aboutir pour les Huîtres à aucun résultat et ne peut produire qu'un effet nuisible, parce que ces Mollusques sont hermaphrodites; nous rappelons ici que les œufs et le sperme ne se développent pas toujours en même temps dans un même animal, et que par conséquent l'auto-fécondation ne peut avoir lieu. Quoi qu'il en soit, la fécondation artificielle n'est nullement nécessaire et d'ailleurs elle ne saurait s'effectuer en grand.

« L'ostréiculture, dit Von Baër, date déjà de 2000 ans.

« Il n'est pas impossible que l'ostréiculture soit plus ancienne encore; car, dans les écrits d'Aristote, il est question du transfert des Huîtres, comme d'une opération parfaitement connue ; mais il n'attache pas d'importance à cet acte, et ne fait que le citer en passant.

« En revanche, au temps des empereurs romains, l'ostréiculture avait une importance considérable et jouait un grand rôle dans l'économie. »

Pline nous apprend que Sergius Orata, qui vivait au moins un siècle avant Jésus-Christ, au temps de l'orateur Crassus, avant la guerre des Marses, a établi les premiers bassins destinés à la culture des Huîtres, dans une proportion assez considérable pour s'enrichir.

D'après Coste(1), deux monuments historiques

(1) Coste, loc. cit., p. 98.

tendent à prouver que l'industrie de l'ostréiculture remonte au moins au siècle d'Auguste. Ces monuments consistent en deux vases funéraires en terre, découverts l'un dans la Pouille, l'autre dans les environs de Rome.

Leur forme est celle d'une bouteille antique à ventre large, à goulot allongé ; et leur paroi extérieure est couverte de dessins de perspective, dans lesquels, malgré leur représentation grossière, on reconnaît des viviers attenant à des édifices et communiquant avec la mer par des arcades. Du reste, si l'on pouvait conserver des doutes sur leur destination et leur position topographique, l'inscription qui les accompagne les ferait évanouir.

On lit, en effet, sur le vase de la Pouille : STAGNUM PALATINUM (nom que portait quelquefois la villa que possédait Néron sur les bords du lac Lucrin) ; et plus bas : OSTREARIA.

L'autre vase porte les mots suivants, écrits au-dessus des objets dessinés : STAGNUM NERONIS, OSTREARIA, STAGNUM, SYLVA, BAIA, ce qui indique manifestement que la perspective figurée a été tirée des édifices et des lieux de la plage de Baïa et de Pouzzoles.

Ce qui frappe, à la vue des viviers représentés sur ces vases funéraires, c'est la disposition des pieux enchevêtrés en sens divers, disposés en cercles, pieux qui n'étaient évidemment là que pour recevoir et garder la progéniture des Huîtres.

Quelle que soit l'époque à laquelle cette industrie des Huîtres ait pris naissance, Coste décrit l'état dans lequel il l'a vue s'exercer.

« Entre le lac Lucrin, les ruines de Cumes et le cap Misène, dit Coste (1), se trouve un étang salé d'une lieue de circonférence environ, d'un à deux mètres de profondeur dans la plus grande étendue, au fond boueux, volcanique, noirâtre, l'Achéron de Virgile enfin, qui porte aujourd'hui le nom de Fusaro. (Pl. IV.)

« Dans tout le pourtour du lac, on voit, de distance en distance, des espaces, le plus ordinairement circulaires, occupés par des pierres qu'on y a transportées. Ces pierres simulent des espèces de rochers que l'on a recouverts d'Huîtres de Tarente, de manière à transformer chacun d'eux en un banc artificiel. Il y a 40 ans environ, les émanations sulfureuses du cratère occupé par les eaux du Fusaro ayant pris une trop grande intensité, les Huîtres de tous ces bancs artificiels périrent, et pour les remplacer

(1) Coste, *loc. cit.*, p. 90.

on fut obligé d'en faire venir de nouvelles.

« Autour de chacun de ces rochers factices qui ont en général deux ou trois mètres de diamètre, on a planté des pieux assez rapprochés les uns des autres, de façon à circonvenir l'espace au centre duquel se trouvent les Huîtres (fig. 470). Ces pieux s'élèvent un peu au-dessus de la surface de l'eau afin qu'on puisse facilement les saisir avec les mains et les enlever quand cela devient utile. Il y en a d'autres aussi, qui, distribués par longues files, sont reliés par une corde à laquelle on suspend des fagots de même bois, destinés à multiplier les pièces mobiles qui attendent la récolte (fig. 471, p. 269). »

« Le produit de la pêche, dit Coste (1), renfermé

Fig. 472. — Panier propre à la conservation des Huîtres destinées à la vente.

et entassé dans des paniers en osier de forme sphérique est à larges mailles (fig. 472), est provisoirement déposé, en attendant la vente, dans une réserve ou parc établi dans le lac même, à côté du pavillon royal, et construit sur des pilotis qui supportent un plancher à claire-voie, armé de crochets auxquels on suspend les paniers (fig. 473.)

« Depuis l'époque romaine, l'ostréiculture n'a sans doute jamais été délaissée, bien que le moyen âge nous ait laissé peu de documents sur ce sujet. Cela tient à ce que les sciences naturelles ont été fort négligées pendant cette période où l'on ne s'occupait guère que des grands animaux de vénerie. Les écrivains étaient pour la plupart des ecclésiastiques, qui,

(1) Coste, *loc. cit.*, p. 97.

LE LAC FUSARO.

Fig. 473. — Réserve ou parc de dépôt établi en pleine eau, précédé d'un hangar destiné à recevoir les instruments d'exploration. L'enceinte de perches du côté droit a été en partie supprimée pour montrer la disposition du plancher, et les paniers d'Huîtres qui y sont suspendus.

en dehors des destins de l'Église, enregistraient les faits et gestes des princes et des envahisseurs. Mais les moines s'occupaient avec zèle de la propagation des espèces animales propres à servir d'aliment pendant les jours de jeûne. C'est ce qu'on a démontré dernièrement relativement aux grands Gastropodes terrestres et à un grand nombre de Poissons, tels que les Carpes par exemple. Ce qu'on a appelé « l'ensemencement des Huîtres », ou le transfert des jeunes couvées dans les endroits où elles manquaient, n'a dû subir également aucune interruption complète.

« Pontoppidan rapporte une tradition danoise d'après laquelle les bancs d'Huîtres de la côte occidentale du Schleswig auraient été implantés artificiellement en l'année 1040. Cette tradition peut n'avoir guère de fondement, car les Huîtres ont pu s'étendre dans cette région tout naturellement; nous savons en effet d'une manière certaine qu'il existait des Huîtres le long de la côte danoise à une époque bien antérieure; néanmoins, cette tradition nous montre que les tentatives de culture artificielle des Huîtres n'étaient pas absolument étrangères au peuple.

« Dans l'Hellespont et aux alentours de Constantinople, on « ensemençait » des Huîtres,

d'après les récits des voyageurs du siècle dernier. Certainement cet usage n'a pas été introduit par les Turcs. Il a dû être conservé, par conséquent, depuis l'époque byzantine. Pétrus Gyllius, écrivain du seizième siècle, qui a laissé une description détaillée du *Bosphorus thraceus*, déclare aussi que depuis des temps immémoriaux on « plante » là-bas des Huîtres.

« Dans l'Ouest, l'ostréiculture n'a pas été suspendue, ainsi que l'indique une loi promulguée en 1375, sous le règne d'Édouard III, d'après laquelle il était interdit de recueillir et de transférer les couvées d'Huîtres à toute autre époque qu'au mois de mai. En toute autre saison, on ne pouvait détacher que les Huîtres assez grandes pour enfermer dans leurs valves un shelling.

« Lorsque la littérature relative à l'histoire naturelle se réveilla, et notamment lorsqu'on cessa de copier les auteurs anciens pour se mettre à décrire les phénomènes qu'on observait autour de soi, on contata que partout à peu près où les Huîtres prospéraient et où leur capture constituait une industrie, on consacrait plus ou moins de soins à leur transplantation, à leur entretien et à leur élevage.

« C'est en Angleterre qu'on paraît s'en être occupé le plus assidument; du moins c'est dans

Fig. 474. — Parc pour l'élevage et l'étude des Huîtres.

cette contrée qu'on peut rassembler le plus de documents relatifs à ce sujet. La capitale, qui s'accroissait considérablement et dans laquelle les ressources pécuniaires abondaient de toutes les mers, et y développaient le luxe, consomma bientôt une telle quantité d'Huîtres qu'on songea à entretenir continuellement à proximité une provision de ces Mollusques qu'on amènerait de loin et qu'on installerait sous forme de bancs artificiels à côté des embouchures de la Tamise. Il se trouva que l'eau de mer adoucie par l'afflux d'une quantité modérée d'eau douce donnait aux Huîtres une qualité plus appréciée encore par les connaisseurs. Cet élevage semi-artificiel dont on ne saurait déterminer l'origine d'une façon certaine (malgré l'assertion des pêcheurs de Kent et de Sussex qui affirment que leurs ancêtres ont installé ces bancs en l'année 1700), a acquis aujourd'hui un développement énorme.

« On apporte actuellement les Huîtres du Midi et du Nord pour les engraisser pendant quelque temps sur ces bancs artificiels au voisinage des embouchures de la Tamise et du Medway. Le golfe auprès duquel s'élève Edimbourg, le Firth of Forth, à lui seul, exporte aujourd'hui, d'après Johnston, trente chargements comprenant chacun 320 tonneaux qui renferment 1200 Huîtres chaque, ce qui fait un total de 11,520,000 pièces destinées à ces bancs d'engraissement artificiel. Combien peut-on en faire venir des îles de Guernesey et de Jersey où cette pêche est le plus productive ? Forbes estime que ces dépôts artificiels fournissent en majeure partie aux besoins de la capitale anglaise. Pour apprécier la valeur de l'importation dans la ville de Londres, il institua des recherches, d'après

lesquelles des estimations, assez concordantes, indiquèrent un « quantum » de 130,000 boisseaux. Le quart de cette quantité environ était expédié plus avant dans les terres, et en dehors de Londres ; les trois autres quarts étaient consommés par les habitants de la ville de Londres. »

Nous compléterons ces données par celles que Möbius fournit au sujet de Whistable, le banc d'Huîtres classique de la rive méridionale de l'embouchure de la Tamise. Nous y voyons que les pêcheurs d'Huîtres forment encore une sorte d'association comprenant plus de 400 membres.

« Une bande de sable, qui s'étend, à partir de la côte, sur un mille et demi de distance, protège les bancs d'Huîtres contre le vent d'est. Ces bancs sont encore à quatre ou six pieds de profondeur, à marée basse, en sorte qu'ils ne se trouvent à sec que pendant des reflux extraordinaires. Le 7 mai 1868, l'eau était trouble et sa densité était de 1,004 par une température de 11° Réaumur, ce qui correspond à une proportion de sel représentée par 3,14 0/0. Pour entretenir et pour améliorer ces bancs, on les recouvre souvent de coquilles d'Huîtres vides qu'on expédie de Londres principalement.

« Les éleveurs de Whistable recueillent les Huîtres des bancs naturels de la mer du Nord, dans le canal anglais, le long des côtes irlandaises, et ils les déposent sur les fonds de leur rivage pour leur donner une saveur plus grande. Les Huîtres « natives » sont généralement recueillies en été, à l'état d'Huîtres jeunes, de 1 à 1 pouce et demi de diamètre sur les bancs naturels du golfe de la Tamise, principalement entre Norgate et Harwich, où cha-

Fig. 475. — Élévation d'un parc pour l'ostréiculture.

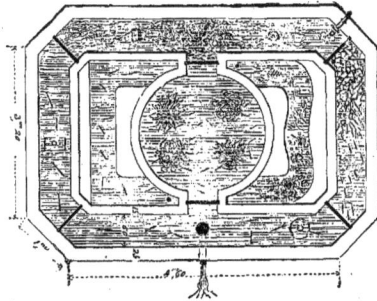

Fig 476. — Plan à vol d'oiseau d'un parc pour l'ostréiculture.

cun peut pêcher librement. La plupart sont fournies par la petite baie désignée sous le nom de Black-Water, entre Colchester et Maldon. Les Huîtres qui proviennent de la mer du Nord et du voisinage d'Helgoland n'acquièrent jamais une saveur aussi fine, et elles ont une valeur très inférieure à celle des vraies Huîtres natives. L'ouverture et la fermeture de la pêche des Huîtres, destinées aux marchés, sont réglées chaque année à Whitstable par 12 membres de l'association qui forment le jury. Cette pêche dure habituellement du 3 août au 9 mai. Pendant la période où l'on ne pêche point pour le marché, les pêcheurs sont occupés à débarrasser le fond de la vase, des végétaux et des animaux nuisibles, et à transporter les Huîtres les plus grosses dans des endroits spéciaux pour les vendre dans la saison prochaine. Ces travaux ne sont interrompus que pendant l'époque de la parturition. Celle-ci a lieu en juin ou en juillet, et probablement a une date plus ou moins avancée suivant la température de l'eau.

« Le commerce des Huîtres est très étendu à Whistable. Les bancs de cette localité sont non seulement des lieux d'élevage et d'engraissement, mais encore de vastes dépôts pour les Huîtres de toute qualité et de tout prix. A Whistable même, une bonne Huître native valait, en 1869, de 10 à 15 centimes. Depuis 1852 jusqu'en 1862, le prix du boisseau, qui renferme environ 14 à 1500 pièces, ne s'est jamais élevé au delà de 25 à 30 francs. De 1863 à 1864, il est monté à 110 francs, et de 1868 à 1869 on a dû le payer 200 francs. »

BREDM.

En France, l'installation des bancs d'Huîtres était parfaitement connue de Coste qui a donné la plus grande impulsion, dans ces derniers temps, à l'élevage des Poissons et des Huîtres et qui a construit des parcs d'observation pour l'élevage et l'étude des Huîtres (fig. 474, 475 et 476).

En 1855, Bory de Saint-Vincent a fait à l'Académie des Sciences un rapport sur la nécessité d'installer de nouveaux bancs. Il assurait avoir établi lui-même des bancs inépuisables. Avant lui, M. Carbonnel avait obtenu l'autorisation d'établir, suivant une méthode nouvelle et simple, des bancs sur la côte de France. Il a vendu son brevet à une compagnie pour une centaine de mille francs.

Les parcs étaient utilisés longtemps auparavant. Les parcs aux Huîtres visent un double but : l'engraissement et l'approvisionnement. Ceux d'Ostende, de Marennes auprès de Rochefort, et de Cancale, ont depuis bien des années une renommée universelle.

Les parcs de Marennes et de la Tremblade, avec leurs Huîtres vertes si réputées (fig. 477), sont désignés sous le nom de « Claires », et on les pourvoit d'eau fraîche uniquement à l'époque des marées printanières pendant la nouvelle lune et pendant la pleine lune. D'après les données fournies par Clavé (1), leur étendue superficielle varie entre 250 et 300 mètres carrés ; ils sont protégés contre la mer par un quai muni d'une écluse destinée à régler la hauteur de l'eau.

(1) Clavé, *Revue des Deux-Mondes.*

MOLLUSQUES. — 35

Les Huîtres, dont l'élevage doit atteindre le plus haut degré de perfection dans les parcs d'Ostende, viennent toutes des côtes anglaises. Les cases, murées ou cloisonnées, dont le fond est garni de planches, et dans lesquelles les

Fig. 477. — Huître comestible, dite Huître de Marennes.

Huîtres sont surveillées soigneusement, sont réunies à la mer par des écluses, et sont nettoyées toutes les 24 heures. Environ quinze millions d'Huîtres arrivent, chaque année, des trois parcs d'Ostende sur le marché.

On laisse d'abord l'eau séjourner assez longtemps dans les compartiments pour que leurs fonds respectifs se saturent de sel. Puis, quand l'eau s'est écoulée, et que tous les Varechs et toutes les Algues qui s'y étaient établies ont été enlevés, on bat le sol comme une aire en laissant au centre une élévation sur laquelle on fait reposer les Huîtres qu'on a recueillies sur les bancs avoisinants. Ce travail se fait à partir du mois de septembre. On ne transfère pas les huîtres immédiatement dans les Claires, mais on les place dans un local collectif qui diffère des Claires en ce qu'il est journellement soumis à la marée. C'est de là qu'on tire immédiatement les Huîtres les plus grandes et les plus belles qu'on répand dans le commerce, tandis que les jeunes, qui ne sont pas encore assez grosses, voyagent dans les Claires où l'eau n'est renouvelée, comme nous l'avons déjà dit, que deux fois par mois.

Leur entretien exige les soins journaliers les plus assidus.

Les éleveurs qui ont plusieurs Claires à leur disposition transportent leurs Huîtres d'une Claire dans l'autre pour les nettoyer. Lorsqu'ils ne peuvent agir ainsi, ils les retirent isolément pour les débarrasser de la vase.

Les Huîtres introduites dans les Claires, à l'âge de 12 à 14 mois, sont mères au bout de deux ans, et sont alors en état d'être expédiées aux négociants et aux consommateurs.

Pendant ce temps, elles ont acquis à Marennes une couleur verte très recherchée et très renommée parmi les gourmets. On ne sait encore exactement d'où provient cette coloration ; ce qui paraît le plus probable, c'est que pendant leur long séjour dans l'eau des Claires, elles s'emplissent de végétaux et d'animalcules verdâtres microscopiques dont elles se nourrissent en s'imprégnant de leur matière colorante. Il ne faut pas croire qu'il s'agit là d'un dépôt direct de la matière verte comparable à la chlorophylle des Algues, des Diatomées et des Infusoires ; cette coloration provient des aliments assimilés, et par conséquent elle émane des parties constituantes du sang.

Si l'on arrivait, disait le professeur Coste, à sauver une partie seulement des innombrables millions de jeunes Huîtres que l'Océan engloutit avant qu'elles aient eu le temps de se préparer au but unique de leur existence qui est de servir à l'alimentation, en facilitant et en protégeant leur fixation, on ferait des Huîtres une des nourritures les plus communes et les moins coûteuses. Dans le lac de Lucrin, la fixation des Huîtres a été favorisée déjà, avec succès, il y a plus de deux mille ans, au moyen de fascines qu'on y déposait ; l'implantation de pilotis et de branchages agirait dans le même sens pour les Huîtres et pour les Moules ; l'élevage artificiel, que Coste a introduit en France, n'est donc qu'une extension méthodique des soins que cherchent à prendre spontanément les animaux jeunes qui sont exposés encore à toute sorte de périls. A certains points de vue le succès ne pouvait guère être mis en doute. Les fascines immergées sur lesquelles on avait déposé quelques Huîtres renfermant leurs couvées, et celles qu'on cherchait à peupler en « semant » sur la mer, au-dessus d'elles, des couvées encore microscopiques, se recouvrirent bientôt des coquillages espérés.

Mais on constata aussi, rapidement, que les ennemis et entre autres les vases un peu fines, menaçaient de détruire les colonies établies sur les fascines qui se trouvaient soustraites à une surveillance et à un nettoyage journaliers. En outre l'accroissement devenait si

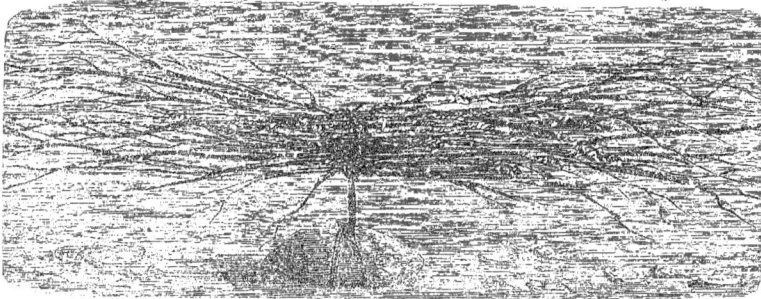

Fig. 478. — Fascine des huîtrières de Saint-Brieuc, relevée le 25 octobre 1858.

énorme et se trouvait si peu en rapport avec celui des bancs situés immédiatement au-dessous et abandonnés à eux mêmes, qu'on eut à pressentir, d'une manière à peu près certaine, dans cette abondance même, un germe de dépérissement et de destruction. Inévitablement ces nombreux millions d'Huîtres jeunes manquaient de la nourriture nécessaire à leurs besoins respectifs : on reconnut au bout de quelques années d'expérimentation coûteuse, que l'immersion des fascines à des profondeurs plus grandes ne pourrait remédier aux dégâts subis par les Huîtres. Ces tentatives avaient été faites dans la baie de Saint-Brieuc, que Coste (1) voulait transformer en une sorte de métairie sous-marine, soumise aux diverses pratiques d'une exploitation rationnelle. Il a accompli cette opération au moyen de deux artifices.

« L'un consistait à paver d'écailles d'Huîtres ou de tout autre coquillage, les fonds des champs producteurs, de manière à ce qu'il ne puisse y tomber un seul embryon sans y rencontrer un corps solide pour s'y fixer.

« Le second artifice, celui qui est destiné à recueillir la semence entraînée par les courants, consiste en de longues lignes de menues fascines, disposées en travers comme des barrages échelonnés d'une extrémité à l'autre de chaque gisement. Ces fascines, véritables appareils collecteurs de semence, formées de branchages de deux à trois mètres, attachées par le milieu de leur longueur au moyen d'un filin ou mieux

(1) Coste, loc. cit., p. 169.

d'une chaîne galvanisée, à un lest de pierre qui les tient élevées à 30 ou 40 centimètres au-dessus des fonds producteurs, ont été descendues sur ces fonds, et alentour ont été posées un certain nombre d'Huîtres en état de parturition (fig. 478).

« Après un certain temps, on va relever l'une après l'autre les fascines, et on en extrait la récolte avec autant de facilité que peut le faire un agriculteur pour celle des espaliers qui portent les fruits de ses domaines.

« Les Huîtres mères, les écailles dont on a pavé les fonds, tout ce que la drague ramène enfin, est chargé de naissains (fig. 479, p. 276).

« Les fascines portent dans leurs branchages et sur leurs moindres brindilles (fig. 480, p. 277) des bouquets d'Huîtres en si grande profusion, qu'elles ressemblent à ces arbres de nos vergers qui, au printemps, cachent leurs rameaux sous l'exubérance des fleurs. On dirait de véritables pétrifications. »

Depuis lors, on s'est limité aux parcs-à-couvées de la baie d'Arcachon, placés dans la région comprise entre les marées et susceptibles d'une surveillance parfaite.

On offre aux couvées d'Huîtres pour s'y installer tantôt des fascines, tantôt des poutres non équarries, tantôt des planches sur lesquelles on fixe avec une couche de mortier des écailles d'huîtres ou des tuiles creuses d'une forme spéciale.

On a seulement la précaution de ne pas introduire ces objets dans les parcs avant le moment qui précède immédiatement l'époque

Fig. 479. — Valves de Cardium, chargées de jeunes Huîtres, de grandeur naturelle.

de la parturition pour les Huîtres anciennes qui s'y trouvent déjà installées. Lorsqu'on abandonne à l'eau, plus tôt, ces tuiles, ces planches, etc., celles-ci se recouvrent rapidement d'Algues, et les couvées d'Huîtres ne peuvent s'y fixer.

Coste (1) avait créé tout un outillage de collecteurs, dont nous donnons la description.

Plancher collecteur. — Le plancher collecteur peut ne couvrir qu'un espace restreint si on le borne à un seul compartiment, ou s'étendre à de vastes surfaces, si l'on multiplie ses compartiments. — Son organisation est telle qu'une seule personne suffit, au besoin, à toutes les manœuvres.

Son emploi, partout où l'on cultive l'Huître, ne saurait être un obstacle aux manipulations que cette culture exige, attendu qu'aussitôt le naissain fixé, toutes les pièces peuvent être désarticulées, enlevées et transportées ailleurs. Il a en outre l'avantage de mettre les Huîtres à l'abri des vases qui les étouffent à la naissance et de la plupart des animaux qui s'en repaissent.

Le plancher collecteur à compartiments multiples (Pl. v) consiste en plusieurs séries de doubles pieux qu'un intervalle de 12 à 15 centimètres seulement

(1) Coste, *loc. cit.*, p. 185.

sépare; disposés en échiquier, à la distance de 2 mètres environ les uns des autres et coupés par des passages d'exploitation larges de 60 à 70 centimètres.

Deux trous se correspondant, le premier à 50 centimètres du sol, le second à 25 ou 30 centimètres au-dessus du premier, percent de part en part les pieux accouplés. Une clavette en bois ou en fer introduite dans le trou inférieur convertit ces pieux en une sorte de chevalet et sert de point d'appui à des traverses d'une seule pièce longue de 2 à 20 centimètres au moins et d'un diamètre de 10 à 12 centimètres. Ces traverses doivent être solides, car c'est sur elles que porte le plancher, consistant en planches posées à plat, par leurs extrémités, sur les traverses inférieures, et rangées côte à côte de manière à laisser entre elles le moins d'intervalle possible.

D'autres traverses de même longueur que celles-ci, mises au-dessus des planches et retenues elles-mêmes par des clavettes passées dans le trou supérieur des pieux, assujettissent le tout. S'il arrivait qu'il y eût un peu trop de jeu entre les clavettes supérieures et les traverses qu'elles doivent maintenir, un coin placé entre ces deux pièces obvierait à cet inconvénient. Des coins en bois servent aussi à assujettir les planches qui auraient trop de mobilité.

Lorsqu'on veut désarticuler les planches soit pour les transporter sur d'autres chevalets soit pour les

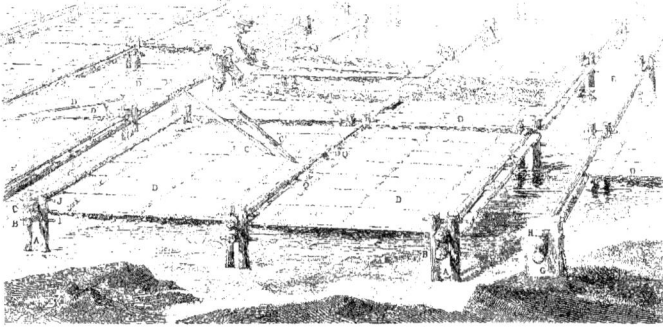

PLANCHER COLLECTEUR POUR L'OSTRÉICULTURE.

retourner et soumettre à l'examen les jeunes Huîtres qui s'y sont fixées et y ont déjà assez grandi pour résister à l'action nuisible des vases, soit pour de sapin de 2 mètres 10 centimètres à 2 mètres 15 centimètres de long, sur 20 à 25 centimètres de large, dont on hérisse l'une des faces, à l'aide d'un ciseau ou d'une herminette, de minces copeaux adhérents. Ces copeaux, qui ont une saillie de 2 à 3 centimètres, multiplient les surfaces et rendent très facile la cueillette des Huîtres qui y adhèrent.

On peut les remplacer par une couche de valves de Bucardes, de Vénus, de Moules ou de cailloux du volume d'une noix, que l'on fait adhérer aux planches à l'aide d'un mastic de brai sec et de goudron. Enfin pour fournir au naissain un plus grand nombre de points d'attache, on garnit aussi cette face de menus branchages de châtaignier, de chêne, de sarments de vigne, etc., que l'on fixe par des liens passés à des trous pratiqués aux planches.

Fig. 481. — Toit collecteur simple.

Dans les parcs, les viviers, etc., établis sur des roches ou des pierres dures, par conséquent sur un fond que les pieux ne peuvent pénétrer, ceux-ci seront remplacés par des bornes en pierre de taille, de 70 centimètres environ de haut, sur 25 centimètres de côté, percées de part en part assez largement pour recevoir non-seulement les traverses,

Fig. 482. — Toit collecteur à files obliques et se recouvrant.

Fig. 480. — Rameau d'une fascine de grandeur naturelle.

constater l'état de la récolte ou examiner les fonds sous-jacents, il suffit de retirer la clavette supérieure et d'enlever les traverses qui maintiennent le plancher. Les planches les plus propres à former plancher sont les planches brutes en bois de pin ou mais encore un coin destiné à les assujettir et maçonnées à la base ou maintenues à l'aide de crampons en fer.

Toit collecteur. — Le toit collecteur (fig. 481) peut remplacer avantageusement les pierres dont on

Fig. 483. — Toit collecteur double à files opposées.

Fig. 484. — Toit collecteur à files opposées.

fait usage sur certains points des côtes, pour arrêter le naissain dans les parcs, ou suppléer les collecteurs en bois, partout ou l'on a à redouter les ravages des Tarets et des autres Mollusques xylophages.

C'est sur des chevalets, formés par des traverses clouées à des piquets qui saillent de 15 à 20 centimètres du sol, que repose le toit collecteur.

On augmente ou on restreint le nombre et l'étendue de ces chevalets, selon la surface du terrain à couvrir.

Des tuiles, qui sont l'élément principal du toit, se prêtant à diverses combinaisons, permettent d'en varier la forme et la disposition.

Ces tuiles peuvent être rangées en files parallèles et contiguës, et former une toiture simple et complète (fig. 481).

Dans tous les parcs où l'action des flots se fera trop vivement sentir, on devra consolider chaque rangée de tuiles, soit à l'aide d'un fil de fer galvanisé, soit avec des pierres posées de distance en distance.

Elles peuvent être engagées entre des chevalets de soutien, par files se recouvrant sans se toucher et formant avec le sol sur lequel elles reposent un angle de 30 à 35 degrés (fig. 482).

Elles peuvent former double toiture (fig. 483), l'une à claire voie, l'autre à séries continues, placées côte à côte, surmontant et croisant la première.

On peut enfin (fig. 484) les disposer sous forme de tentes ouvertes aux deux extrémités et plus ou moins allongées.

Dans cette dernière combinaison, les tuiles touchant au sol, se prêtant mutuellement un appui solide par leur petite extrémité, et étant en outre consolidées dans cette position par des pierres posées, soit entre deux rangées adossées, soit sur la face libre des rangées extrêmes, l'emploi du bois est complètement supprimé : l'appareil est par conséquent ici à l'abri des dégradations des animaux destructeurs. Le détroquage sur ces collecteurs se fait plus facilement et avec moins de pertes que sur les pierres.

Rucher collecteur à châssis mobiles. — Le rucher à châssis mobiles (fig. 485) sous des dimensions restreintes offre cependant au naissain des points d'attache excessivement multipliés, et les collecteurs indépendants, qui en forment l'élément essentiel, sont la meilleure des conditions pour le libre et parfait développement des jeunes Huîtres qui s'y fixent.

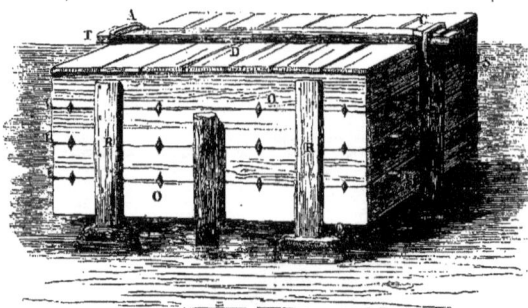

Fig. 485. — Rucher collecteur fermé, en place.

Cet appareil se compose d'une partie enveloppante, consistant en un coffre en bois léger, de forme rectangulaire ; mesurant 2 mètres de long, 1 mètre de large et 1 mètre de haut ; dépourvu de fond ; à couvercle formé de plusieurs pièces maintenues par une traverse passée dans des taquets à anse, percé à ses extrémités d'une double série de trous carrés ou ronds, se correspondant et pouvant admettre des pièces de soutien de 6 à 7 centimètres de diamètre, consolidé enfin sur les côtés par des bandes de bois qui correspondent à des traverses de même largeur, placées d'un bord à l'autre du fond. Pour que l'eau circule librement dans tout l'appareil, les bandes verticales doivent dépasser de 10 centimètres environ le bord inférieur du coffre, il faut aussi que les planches qui forment les parois aient entre elles un écartement de 2 à 3 centimètres, ou soient criblées de trous.

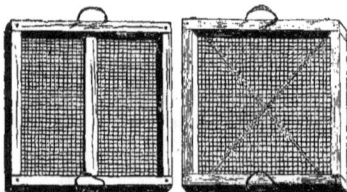

Fig. 486. — Châssis mobile à traverse médiane.   Fig. 487. — Châssis mobile à tringles croisées en cuivre.

A ce coffre sont adaptés des cadres en bois (fig. 486 et 487) de 4 centimètres environ d'épaisseur, ayant sur l'une de leurs faces deux anses se correspondant et garnis, sur la face opposée, d'un filet ou mieux d'un treillage en laiton, à mailles de 2 centimètres de côté, filet ou treillage que l'on tend à l'aide de

filins, de clous ou de fil de fer galvanisé. Une traverse médiane ou deux triangles en cuivre se croisant et s'ajustant par leurs extrémités, soit aux angles du cadre, soit au milieu de ses bras, en augmentent la solidité et contribuent encore à soutenir le filet.

Pour la facilité des manœuvres, les châssis doivent représenter, en carré, la moitié seulement de la surface interne du coffre, de façon à ce qu'il soit possible d'en établir deux sur le même plan (fig. 488, p. 281).

Du reste, il faut qu'ils aient assez de jeu pour pouvoir être retirés ou mis en place sans efforts.

Enfin les coquilles provenant de Mollusques de moyenne taille, telles que celles de la Moule commune, de la Bucarde comestible, vulgairement nommée Coque ou Sourdon, de nos diverses espèces de Vénus, etc., forment le complément indispensable de cet appareil.

Le moyen de disposer ces diverses parties pour en former un tout fonctionnant est des plus simples.

Après avoir posé le coffre sur les bandes dépassant le fond et avoir mis sous ces espèces de pieds une pierre plate qui les empêche de trop s'enfoncer, on dissémine sur le terrain circonscrit une soixantaine d'Huîtres mères, convenablement closes, puis on engage dans les ouvertures inférieures des extrémités de la caisse deux premiers supports sur lesquels on place deux cadres préalablement garnis d'une couche de coquilles de Bucardes ou de Moules, au-dessous de laquelle sont parsemées d'autres Huîtres mères. Ce premier plan dressé, on établit de la même façon le second, ensuite le troisième dont on supprime seulement les Huîtres mères. On recouvre enfin le tout de planches jointives que l'on maintient au-dessus du coffre à l'aide d'une traverse passée dans des anses en fer et assujettie avec des coins en bois. Ces anses étant portées par deux pieux solidement piqués aux extrémités du coffre, il en résulte que tout en assujettissant le plancher, la traverse maintient aussi sur place l'appareil tout entier, auquel on donne plus de fixité encore, en arrêtant ses côtes par deux autres pieux indépendants, moins élevés que les premiers, mais tout aussi solidement fixés au sol.

Cinq ou six mois après les pontes, les jeunes Huîtres ayant pris un accroissement convenable, on démonte l'appareil pièce à pièce par une opération inverse, c'est-à-dire en procédant de haut en bas, et l'on dépose avec précaution le contenu de chaque châssis sur le sol d'un parc, d'un étalage ou d'un vivier, dans les points les moins soumis à l'action des courants et à l'envahissement des vases.

Pendant quelques années, le résultat fut que tous ces objets se trouvèrent entièrement recouverts de jeunes Huîtres à chaque époque de parturition; après avoir atteint, au bout d'un an, plus de 2 centimètres de diamètre, ces Huîtres purent être enlevées à leur berceau pour continuer à subir l'élevage dans les parcs d'engraissement. On comptait, en 1864, dans les parcs d'Arcachon, 35 millions d'Huîtres de toutes dimensions qui représentaient un capital de 1,400,000 francs, en les estimant à 14 francs le mille. On a calculé aussi que le produit annnuel s'élèverait à 6 millions d'Huîtres et à 240,000 francs. Mais les déboires survinrent.

On put découvrir une série d'ennemis appartenant au règne animal et principalement des *Murex erinaceus*, qui décimèrent les Huîtres, concurremment avec certaines causes climatériques. En 1869, Mobius ne trouva plus, dans les parcs, que 150,000 Huîtres mères et 6 millions environ d'Huîtres jeunes mesurant 2 à 3 centimètres de diamètre. Nous ne savons pas d'une manière certaine ce qu'il est advenu des Huîtres d'Arcachon pendant le septennat de Mac-Mahon, mais elles n'ont pas diminué de prix.

Arcachon devait être pour les animaux marins comestibles un établissement modèle, comme Huningue pour les animaux d'eau douce. Pour les Huîtres, un grand nombre d'entrepreneurs demandèrent à l'administration française des concessions pour établir des parcs d'élevage et d'engraissement. Il existe à cet égard, en France, une disposition particulière. Toute la région du littoral que le reflux met à découvert, c'est-à-dire la zone unique du rivage qui convient à l'élevage des Huîtres, est la propriété de l'État. En outre, tous les citoyens occupés aux pêches marines, de quelque genre qu'elles soient, sont inscrits dans les listes de la conscription

maritime. Il en résulte qu'en France tout homme qui veut s'adonner à l'ostréiculture doit appartenir à une classe déterminée et s'attendre à être enlevé à son industrie pour le service de la flotte. Il est arrivé que les élevages entrepris par les gens soumis à la conscription et par les simples spéculateurs n'ont pas fourni les résultats espérés, en partie parce qu'ils n'attachaient pas à l'affaire un intérêt réel, en partie parce qu'ils avaient pour but unique d'amasser de grosses sommes en peu de temps, sans se donner beaucoup de peine. Seuls, les pêcheurs et les habitants des côtes qui accordent journellement pendant chaque année toute leur assiduité à cette industrie, sont aptes à poursuivre l'élevage des Huîtres avec succès; il faut pour cela des gens décidés à en faire toute une carrière, des gens qui ne courent point le risque de perdre leur concession par suite d'un revirement quelconque, c'est-à-dire des hommes laborieux et libres. On a accordé aux habitants de l'île de Ré des concessions irrévocables qui impliquent à cet égard une liberté complète. Les progrès et la prospérité qui en ont résulté pour l'ostréiculture, à Ré, ont donné lieu à des appréciations absolument contradictoires. Un pasteur de cette localité écrivait en 1865, que ce qui avait été dit à ce sujet ressemblait beaucoup plus à un roman inventé à plaisir, ou à quelque conte de bonne femme, qu'à une narration exacte des faits. La vérité serait que les nouveaux essais d'ostréiculture que l'on a tentés sur ces côtes sont loin d'avoir tous réussi, et ce serait une erreur de croire que les habitants de l'île de Ré leur doivent un bien-être inconnu jusqu'alors. « Si, dit-il, ceux qui ont obtenu dans cette industrie un succès complet sont rares, ceux qui entretiennent des espérances fondées sur leurs bénéfices à venir sont bien plus rares encore, car les ostréiculteurs les plus expérimentés marchent au-devant d'une ruine prochaine. »

Les données recueillies quelques années plus tard par Mobius concordent essentiellement avec cette appréciation émise par un habitant de l'île. Depuis 1863, les produits ont diminué d'une façon constante; les ostréiculteurs qui raisonnent ont acquis la conviction que le nombre excessif des Poissons attirés sur ces bancs est cause du délabrement de l'ostréiculture et que l'élevage de plusieurs millions d'Huîtres naissantes est impossible dans les parcs de cette île.

ENNEMIS DES HUÎTRES. — L'usage des Huîtres

Fig. 488. — Rucher collecteur dont une des parois latérales est enlevée pour montrer la disposition des châssis.

ne pourrait à lui seul appauvrir notablement les bancs.

Si néanmoins on a observé sur les côtes de France, aussi bien qu'ailleurs (sur la côte occidentale du Holstein par exemple), un appauvrissement des bancs d'Huîtres et un affaiblissement très notable de leur reproduction, on peut l'attribuer à toute une série de causes.

L'Huître a un grand nombre d'ennemis naturels; elle plaît non seulement à l'homme, mais encore à beaucoup d'animaux qui appartiennent à presque toutes les classes du règne animal et qui attaquent les bancs.

Des Poissons innombrables engloutissent un nombre plus énorme encore de jeunes Huîtres; des Crustacés guettent l'instant où elles entrebâillent leurs valves pour se délecter de leur chair savoureuse ; les Astéries savent aussi s'en repaître ; plusieurs Gastropodes, notamment les *Murex tarentinus*, les *Murex erinaceus*, les *Purpura lapillus*, et les *Nassa reticulata*, perforent très habilement les valves à l'aide de leur trompe et pénètrent ainsi jusqu'au corps de leur victime.

La Nasse réticulée est le mollusque que les habitants du littoral charentais désignent sous le nom de *Burgau perceur*, et qui se trouve en abondance sur les bancs huîtriers.

L'opinion la plus accréditée est que ce Burgau a contribué dans une très large mesure à la destruction des bancs producteurs, et que sa présence se manifeste là où il trouve un aliment à ses déprédations. Ce Mollusque s'attaque de préférence aux jeunes Huîtres.

Le rocher d'Aire est devenu depuis quelques

années le quartier général du Burgau perceur. Les dégâts que cet ennemi a occasionnés sont incalculables. C'est donc avec raison que la commission administrative des parqueurs de ce rocher a voté des subsides en vue d'encourager sa destruction. Par chaque litre de Burgaux pêchés et présentés au garde-juré de l'association, il est alloué 50 centimes. Aussi, toutes les femmes, tous les enfants, qui vont puiser dans la mer leurs moyens d'existence, font-ils des razzias de ce terrible ennemi, qui devient plus rare sur le banc d'Aire. La commission administrative ne pouvait faire un meilleur emploi des fonds provenant de la vente des Huîtres qui lui ont été concédés par le Ministre de la marine.

Il serait à désirer que sur les autres bancs producteurs, partout où des viviers ont été établis et où le même danger existe, les détenteurs employassent le même moyen. Nos bancs huîtriers se verraient pour longtemps à l'abri des dévastations d'un ennemi qu'on ne saurait trop activement pourchasser.

En d'autres endroits, les Mytilacées se sont installées sur les bancs en tel nombre que ceux-ci ont été pour ainsi dire étouffés.

Récemment, un autre animal encore désigné en France sous le nom de Maërle (probablement un Ver tubulaire du genre *Sabellaria*) a été indiqué comme un des dévasteurs du précieux coquillage.

Pourtant tous ces ennemis, y compris le Maërle, certainement existent aux dépens des Huîtres depuis que ces Mollusques existent eux-mêmes. S'ils n'avaient pas accompli leur œuvre contre

BREHM.

les Huîtres dans la lutte pour l'existence, si des milliards de jeunes Huîtres ne se trouvaient, aussitôt après l'éclosion, saisies et comprimées par la masse pesante des flots, ou bien étouffées par les sables ou par la vase, les mers seraient passées depuis longtemps à l'état de bassins tout à fait comblés.

Les dommages les plus considérables que subissent les bancs sont dus évidemment à la main de l'homme et sont la conséquence des récoltes immodérées auxquelles se rattachent des dégâts étendus. Dans les endroits où les bancs d'Huîtres ne sont pas assez superficiels pour qu'on puisse les recueillir à la main pendant la marée basse, on emploie un filet garni d'un lourd châssis en fer dont une arête, destinée à racler le fond, est armée de dents comme une herse. La voilure et les rames du petit canot, qui doit néanmoins porter cinq ou six hommes, sont maniées de telle sorte que la barque n'avance qu'avec une grande lenteur et que le filet tiré par les cordages puisse fouiller le sol profondément. On produit ainsi des déchirures et des sillons dans les bancs ; les plus grands dégâts sont dus à ce que ces excavations se remplissent de vase en peu de temps ; non seulement cette vase rend impossible toute colonisation ultérieure en cet endroit, mais aussi elle fait périr les Huîtres avoisinantes que le filet avait épargnées. (O. Schmidt.)

Usages de l'Huître comme aliment et comme remède. — Le roi Jacques d'Angleterre disait souvent, en savourant des Huîtres, que le premier qui avait mangé un de ces Mollusques avait dû être un mortel courageux. Il n'en est rien. L'homme s'est emparé des Huîtres et de bien d'autres produits marins d'aspect aussi peu appétissant, à une époque de son évolution où l'on pourrait à peine le qualifier du nom d'homme et où l'apparence des choses comestibles lui était certainement on ne peut plus indifférente. La preuve que depuis plusieurs milliers d'années les Huîtres constituaient un aliment important pour une partie des habitants primitifs de l'Europe, qui vivaient sur les côtes, est fournie par les *Kjokkenmœddings* ou « restes culinaires » qui se trouvent amoncelés en masses, le long de la côte orientale du Jutland et sur les îles danoises, jusqu'aux entrées de la Baltique, et que les savants danois ont examinés avec une perspicacité remarquable (1). Ces restes fournissent en même temps un argument des plus probants pour établir qu'au moins toute la partie méridionale du Cattégat, aujourd'hui dépourvue d'Huîtres en raison de sa faible salure, a dû être jadis plus favorable à la prospérité des Huîtres et par conséquent plus riche en sel. De plus ils ont conduit à des conclusions d'un haut intérêt, relatives à la conformation ancienne de la Suède et peut-être aussi de la Finlande.

L'usage de l'Huître comme aliment remonte donc à la plus haute antiquité (1).

Les Romains, très gourmets, en servaient dans les repas les plus somptueux. Macrobe dit qu'on en voyait toujours sur les tables des Pontifes romains.

Les plus estimées étaient celles du lac Lucrin, de Brindes, de Tarente et de Terracine.

Les Romains faisaient venir à grands frais les Huîtres de l'Océan : elles étaient enveloppées de neige et comprimées de façon à ne pas pouvoir s'ouvrir.

Les Huîtres britanniques passaient alors pour exquises ; Pline apprend que celles de Circé étaient réputées les meilleures.

On leur a préféré ensuite les Huîtres d'autres pays.

Les Romains de la décadence, qui avaient pour la gastronomie un véritable culte, au point de voir dans l'indifférence pour cette passion un manque d'urbanité, faisaient venir les Huîtres des contrées les plus diverses, et les déposaient dans le lac Lucrin, qui était jadis moins rempli qu'aujourd'hui, et dans d'autres bassins artificiels analogues à ceux qu'on a creusés plus tard en grand nombre.

Néron, si l'on en croit Juvénal (2), reconnaissait au goût si les Huîtres avaient été nourries à Circé (3), ou dans le lac Lucrin, ou sur les bancs de Rutupiæ (4).

En laissant de côté toutes les exagérations

---

(1) Voy. Lyell, *l'Ancienneté de l'homme prouvée par la géologie*, 2ᵉ édition. Paris, 1870, p. 10.

(1) Sur l'histoire philosophique, littéraire, culinaire et médicale des Huîtres, on pourra consulter : Pasquier (Adolphe), *Essai médical sur les Huîtres*. Thèse de Paris, 27 août 1818. — E. de Sainte-Marie, *De l'Huître et de son usage comme remède*. Lyon, 1827, in-8. — Reveillé-Parise, *Considérations hygiéniques et philosophiques sur les Huîtres*. (Gaz. méd. de Paris, 1846, p. 121 et 140.) — Ozenne (Ch.), *Essai sur les Mollusques considérés comme aliments, médicaments et poisons*. Thèse de Paris, 1858, in-4. — Gros, *Mémoires d'un estomac, écrits par lui-même, pour le bénéfice de tous ceux qui mangent et qui lisent*, 3ᵐᵉ édition. Paris, 1876, in-18.

(2) Juvénal, *Sat.* IV, 139.

(3) Ville du Latium.

(4) Aujourd'hui Richborough, près de Sandwich, en Angleterre.

des anciens en fait de gastronomie et de gourmandise, il n'en reste pas moins à remarquer que Pline, qui se connaissait en pareille matière, indique comme petites et mauvaises les Huîtres de pleine mer et qu'il considère un afflux d'eau douce comme nécessaire à la bonne qualité des Huîtres (O. Schmidt).

Philippus Ignatius Save soutint, en 1689, la thèse suivante (1) :

An ostreum crudum esca saluberrima ?

dont nous ne citerons que deux passages :

Hinc ostreis meritò palma mensarum tribuitur, quibus miscetur utile dulci (2).

Iis, si cruda sumas et qualia natura dedit, nihil suavius est (3).

Dans cette thèse, écrite d'un latin assez pur. Save fait l'éloge de l'Huître crue, de ses différents usages en médecine et comme aliment, et termine ainsi :

Ergo ostreum crudum esca saluberrima (4).

Certains gourmets appellent l'Huître *la clef du Paradis* qu'on nomme l'*Appétit.*

Vitellius l'a prouvé : il en mangeait, deux ou quatre fois par jour, et douze cents à chaque repas, ce qui donne un total de 4,800 ! Mais doit-on ajouter foi à tout ce que racontent les historiens de l'antiquité ?

Ce qui est plus exact, c'est l'histoire du docteur Gastaldi, gastronome célèbre, qui en absorbait impunément de 30 à 40 douzaines. Il est vrai qu'il mourut à table, d'apoplexie !

La facilité avec laquelle l'estomac digère les Huîtres s'explique lorsque l'on sait que 200 de ces Mollusques ne représentent que les 315 grammes de substance azotée reconnus nécessaires à la nourriture d'un homme de moyenne taille (5).

Les Huîtres cuites sont assez agréables à manger et faciles à digérer.

Les Huîtres marinées deviennent plus dures dans la saumure et ne servent que comme hors-d'œuvre et en petite quantité.

Actuellement, les plus estimées sont celles de Hollande ou d'Angleterre.

On recherche beaucoup celles d'Ostende, de Marennes et de Cancale.

En France, nous consommons environ 500 milliers d'Huîtres par an, représentant sur le lit-

(1) *Thèses médicales*, in-fol., 16 mars 1689.
(2) Sur la table on donne la palme aux Huîtres parce qu'elles joignent l'utile à l'agréable.
(3) Si vous les mangez crues, telles que la nature les fournit, rien n'est plus délicieux.
(4) Donc, l'Huître crue est un mets très sain.
(5) Léon Renard, *Le fond de la mer.* Paris, 1868, p. 175.

toral, au prix de 21 francs le mille, une valeur approximative de 10,500,000 francs. Un tiers environ de ces Huîtres est consommé sur place ou transformé en conserves ; le reste est expédié sur les marchés de l'intérieur.

D'après A. Husson (1), de 1811 à 1815 la consommation des Huîtres à Paris a été, coquille déduite, de 261,085 kilogr., soit 39 gr. par habitant ; de 1851 à 1855, 973,051 kilogr., soit 87 gr. par habitant ; de 1872 à 1873 elle n'était que de 255,008 kilogr., soit 14 gr. par habitant. A partir de 1865, un mouvement de diminution se fait sentir dans l'approvisionnement, et il devient tout à fait prononcé en 1869. Dès ce moment, la denrée devient rare et chère par l'effet d'une insuffisance notoire survenue dans la production. Le prix des Huîtres en gros, qui était au commencement du siècle de 1 fr. 25 à 1 fr. 50 par cent ; en 1845, de 3 fr. 44 par cent pour les Cancales et de 6 fr. 74 pour les Marennes ; en 1861, de 7 fr. 06 par cent, soit 88 centimes par douzaine, est arrivé en 1873 à 12 fr. pour les Cancales, et 13 fr. 80 pour les Marennes. Il est vrai que le marché français n'avait pas les débouchés qu'il a aujourd'hui. La consommation a atteint néanmoins, en 1868, 75 millions d'Huîtres.

La passion des gourmets est telle que, pendant le siège de Paris par les Prussiens, en 1870, on trouva moyen de faire entrer dans la ville bloquée une douzaine d'Huîtres, qui fut vendue aux avant-postes par des soldats ennemis à un maraudeur, la somme de 12 fr. Cette même douzaine, revendue par lui 100 fr. à un des principaux restaurateurs du boulevard Montmartre, fut servie par ce dernier à l'un de ses clients au prix de 20 fr. l'huître. Les coquilles, recueillies précieusement, ont été mises en vente à l'hôtel des commissaires-priseurs, et les 24 écailles, dans chacune desquelles est collée une étiquette commémorative, ont atteint le prix de 32 fr. L'acheteur est M. Harry Stuart, un Américain non moins riche qu'excentrique.

Leur emploi comme remède nous arrêtera encore quelques instants. Nous emprunterons ces données à un travail spécial du Dr Sainte-Marie.

« Les Huîtres, dit-il, sont presque le seul aliment qui convienne pendant la convalescence après les fièvres inflammatoires. Elles sont aussi préconisées dans les affections organiques de

(1) Husson, *les Consommations de Paris*, 2e édition. Paris, 1875, p. 326.

l'estomac et des intestins; le D* Bodin, pour les cancers du pylore, faisait prendre à ses malades de l'eau contenue dans la coquille des Huîtres, et les alimentait presque exclusivement avec l'animal. Une propriété bien connue des Huîtres est leur efficacité dans la Phthisie pulmonaire ; on les a vues également, après les dyssenteries épidémiques, ranimer rapidement les forces épuisées. L'Huître, en un mot, convient à tous les convalescents comme nourriture légère et reconstituante. » ·

Empoisonnement par les Huîtres. — Les accidents survenus après l'ingestion d'Huîtres ont souvent attiré l'attention des praticiens. Le professeur Chevallier et Duchesne (1) se sont occupés d'en étudier les causes. «Quelques-uns, disent les auteurs cités, ont attribué les accidents occasionnés par les Huîtres à l'emploi d'individus pêchés dans des eaux limoneuses, ou imprégnées de substances délétères, d'autres ont supposé qu'elles sont nuisibles surtout à l'époque du frai, cette disposition particulière altérant leur qualité; d'autres enfin ont pensé que certaines Huîtres tiraient leurs qualités malfaisantes des rochers contenant des sels de cuivre, ou du doublage en cuivre des navires auxquels elles adhèrent quelquefois.

Ainsi Chisholm (2) dit « que quelque temps après que la *Santa-Monica* eut échoué sur la côte de l'île Saint-Jean, l'une des îles Vierges, il s'attacha des Huîtres à la carcasse doublée en cuivre. Plusieurs personnes mangèrent de ces Huîtres et quoique les suites n'en aient pas été fatales, elles furent dangereuses jusqu'à un certain point : il en résulta des coliques atroces.

H. Cloquet répond à cette observation que l'Huître ne tire pas sa nourriture du vaisseau pas plus que du rocher auquel elle s'attache.

Quoi qu'il en soit de cette remarque judicieuse, Chevallier et Duchesne ont voulu vérifier cette idée d'une manière plus positive, et les faits curieux révélés par l'analyse chimique et la présence certaine du cuivre dans les Huîtres prises sur des doublages faits de ce métal peuvent peut-être, jusqu'à un certain point, donner la raison des accidents éprouvés par

diverses personnes et doivent, en tous cas, engager à s'abstenir des Huîtres pêchées dans de telles conditions; il faut nécessairement, et dans des cas beaucoup plus nombreux, admettre qu'il peut arriver des accidents avec des Huîtres pêchées dans des localités où il est impossible d'admettre la présence du cuivre; et d'ailleurs, ce qui nous force de conclure ainsi, ce sont les faits d'abord, et puis l'analyse d'Huîtres qui avaient produit des accidents, analyse qui ne nous a pas donné le moindre atome de cette substance métallique (1).

Zuckert et Frank affirment qu'en Hollande on possède l'art de teindre les Huîtres communes, pour les livrer comme Huîtres vertes qui sont les plus estimées; cet art est porté si haut, que les plus grands amateurs s'y trompent.

Rosinus Lentilius a vu en 1713, à La Haye, chez l'ambassadeur d'un grand prince, quantité de personnes invitées à un grand dîner, faillir devenir victimes d'un marchand qui avait coloré de prétendues Huîtres d'Angleterre avec du vert-de-gris.

L'opinion la plus plausible est celle relative à l'époque du frai, opinion soutenue par Duméril à la Société de la faculté de médecine en 1819. L'interdiction de la vente des Huîtres pendant les mois de mai, juin, juillet et août, *pendant les mois qui n'ont pas d'R* (2), époque de la ponte, tout en étant faite dans le but de protéger la multiplication des espèces, semble néanmoins confirmer l'opinion de Duméril, d'autant plus que c'est pendant ces mois que les accidents ont été plus particulièrement remarqués.

Quoi qu'il en soit, les symptômes de l'intoxication par les Huîtres se traduisent par des coliques, nausées, vomissements, douleurs épigastriques, accélération du pouls serré et petit, tuméfaction générale ou partielle, prurit et éruption, sueurs froides, etc., et quelquefois le coma et la mort.

Un vomitif, la diète, des boissons acidulées, une potion éthérée, des bains, suffisent le plus généralement pour faire disparaître l'intoxication.

---

(1) Chevallier et Duchesne *Mémoire sur les empoisonnements par les Huîtres, les Moules, les Crabes (Annales d'hygiène publique et de médecine légale.* Paris, 1851, t. XLV, p. 387).

(2) *Annales de la littérature médicale étrangère,* t. IX, page 100.

(1) Tous les accidents que nous avons rapportés ont eu lieu en août, septembre et octobre, c'est-à-dire au moment où se fait et se termine la reproduction ; nous croyons donc devoir les attribuer presque tous à cette disposition physiologique. (Chevallier et Duchesne).

(2) Ce dicton vulgaire est très certainement basé sur une observation éminemment scientifique.

HUITRE DE VIRGINIE. — *OSTREA VIRGINIANA* GMEL.

Caractères. — La coquille de cette espèce est allongée, étroite au sommet, épaisse et fortement lamelleuse, à valve supérieure plane. En vieillissant, son crochet inférieur devient très long et se creuse d'un canal sillonné transversalement.

Distribution géographique. — Elle habite les côtes de Virginie.

Mœurs, habitudes, régime. — Relativement à l'apparition, à l'élevage, et à l'usage des Huîtres sur la côte orientale de l'Amérique septentrionale, nous trouvons seulement en 1873 des données fort interessantes contenues dans un rapport de la commission des pêches sur l'état de la pêche marine le long de la côte méridionale de la Nouvelle-Angleterre. On rencontre là l'*Ostrea virginiana* dont plusieurs formes se trouvent répandues sur une vaste étendue de rivage. Toutefois, lorsqu'elle est abandonnée à elle-même, cette Huître n'atteint ses dimensions complètes que dans la partie la plus méridionale du littoral; entre Baltimore et New-York, c'est à l'aide de soins artificiels qu'elle finit par les acquérir. Dans cette région, les jeunes Huîtres, bien qu'existant en masses nombreuses, ne vivent généralement que durant la saison chaude et meurent pendant l'hiver, parce qu'elles s'y installent à une profondeur trop faible. On recueille de grandes quantités de ces Huîtres « natives » pour les « transplanter » en des lieux plus profonds, appropriés à leur prospérité future. Cette sorte d'Huître est moins estimée que les Huîtres recueillies dans le sud et qu'on installe sur les bancs naturels ou artificiels pour favoriser leur croissance et pour les engraisser. Dans les deux cas, il s'agit de transporter les jeunes de leur première résidence fixe, sur un fond vaseux où elles trouvent leurs aliments naturels microscopiques, en plus grande abondance que sur leur berceau rocailleux, ou sur le banc artificiel, formé d'écailles vides, sur lequel elles ont pris naissance. Il va de soi que, d'un côté de l'Océan comme de l'autre, les localités choisies sont analogues : ce sont les embouchures des fleuves, les ports, et les étangs saumâtres.

De nombreux animaux inférieurs, provenant de divers fonds, suivent les Huîtres et s'assemblent sur ces lieux d'engraissement. La commission des Etats-Unis, qui a étudié cette question avec le plus grand soin, a compté 19 de ces hôtes. Parmi ceux-ci nous en citerons quelques-uns des plus redoutables pour les Huîtres ; tels sont : l'*Urosalpius cinerea*, Gastropode mesurant 3 centimètres de long et que les pêcheurs appellent « le Foreur » (*the drill*), et una Astérie verdâtre, l'*Asterias arenicola*. Les dégâts que ce dernier animal peut produire sont surprenants. Dans une seule propriété, sur la côte du Connecticut, cette Astérie a détruit en quelques semaines une quantité d'Huîtres suffisante pour remplir 720 hectolitres. Nous indiquerons, en décrivant les Astéries, comment cet animal procède dans son œuvre de destruction. (O. Schmidt.)

D'après une estimation moyenne, on exporte du cap Hatteras, dans le Nord, au moins 1,100,000 hectolitres d'Huîtres par an, ce qui introduit sur les marchés une valeur de plus de 20 millions de dollars.

LES ANOMIIDÉS — *ANOMIIDÆ* H. ET A. ADAMS.

Caractères. — Cette famille, établie aux dépens des Ostréides, comprend des coquilles largement échancrées ou présentant sur la valve inférieure et près du sommet une ouverture de forme variable, pour le passage du muscle adducteur, inséré à une facette operculaire ou lame calcaire adhérente aux corps étrangers sur lesquels est fixé l'animal.

Distribution géographique. — Les Anomiides sont de toutes les mers.

Mœurs, habitudes, régime. — On les trouve fixées sur les corps sous-marins, les coquilles, etc.; elles prennent souvent la forme des surfaces avec lesquelles les bords, par lesquels elles s'accroissent, sont en contact, elles ne sont pas comestibles (Woodward).

L'espèce la plus commune est la suivante :

ANOMIE PELURE D'OIGNON — *ANOMIA EPHIPPIUM* LIN.

Caractères. — On ne peut assigner aucune forme précise à la coquille, qui est en général discoïde, parce que la valve inférieure, très mince, se moule exactement sur les corps étrangers sur lesquels elle repose sans adhérence complète. Elle peut donc être tout à fait lisse, très mouvementée, ou simplement incurvée, comme sur le spécimen que nous figurons ici. La valve supérieure, plus épaisse et plus bombée, reproduit cependant aussi toutes les inégalités du corps sur lequel ce coquillage repose. En rapport avec cette coquille comprimée, l'animal qui s'y trouve est très aplati.

La figure 489 représente le côté droit de l'*Ano-*

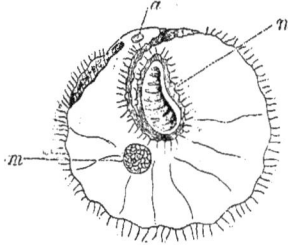

Fig. 489. — Anomie pelure d'oignon, côté droit.

mie, qui est dirigé en bas, de telle sorte qu'après l'ablation de la valve on voit la surface du manteau. Les bords, très minces, sont munis d'une série de filaments tentaculaires très fins. L'orifice *a* est destiné à la charnière ; auprès de lui se voit une échancrure profonde d'où émerge un organe appelé « l'osselet » : *n*. Cette production calcaire, composée d'un grand nombre de petits disques distincts, se trouve à l'extrémité d'un muscle *m* qui se détache du muscle obturateur ; elle traverse un orifice arrondi de la valve inférieure et se fixe aux corps étrangers ; aussi doit-on la considérer, avec son muscle propre, comme représentant le byssus. Quand l'animal est troublé, les muscles précités se contractent ; alors non seulement la valve se referme, mais elle s'applique fortement contre le plan sous-jacent dont les reliefs superficiels s'impriment ainsi sur la coquille.

Distribution géographique. — Cette Anomie se trouve dans les mers européennes partout où la proportion de sel demeure normale. Les régions où elle stationne sont les mêmes que celles où séjournent les Huîtres ; seulement elle peut apparaître au-dessus de la zone des marées basses.

Mœurs, habitudes, régime. — L'Anomie pelure d'oignon est un des ennemis les plus destructeurs des bancs d'Huîtres, elle est connue sous le nom de *Hanon*. Sa multiplication constitue une des principales causes de la dépopulation des bancs d'Huîtres de la baie de Granville.

Son amoncellement sur certaines Huîtrières atteint une hauteur de 10 à 12 centimètres. Là les Anomies se déposent en grappes concrètes où les coquilles sont soudées les unes aux autres.

Les expériences d'extraction de ce coquillage, faites en avril 1862, sous la direction de M. le lieutenant de vaisseau Potier, commandant *le Levrier*, ont fait voir que le mètre cube de Hanon rendu sur le talar (lieu de dépôt des Huîtres à Granville) serait de 7 francs. Les débris forment d'excellents engrais ; ils pourraient être donnés gratuitement aux agriculteurs, et la vente de ces produits, dont on aura eu le temps de juger la valeur, viendra plus tard diminuer le prix d'extraction.

LES PECTINIDÉS — *PECTINIDÆ*

Lamck.

Caractères. — Les Pectinidés ont une coquille libre rarement adhérente, inéquivalve, irrégulière, généralement auriculée ; le ligament interne est inséré dans une fossette cardinale étroite, située sous les crochets, le pied est petit, cylindrique, ordinairement peu développé ; les lobes du manteau sont garnis de franges ou de tentacules.

Nous avons déjà signalé les organes visuels si remarquables chez les Peignes.

Le nombre et la disposition des yeux ne sont pas les mêmes dans les différentes espèces, ni dans les différents individus, ni même dans les deux moitiés du manteau. Ils se trouvent au voisinage de la charnière et sont plus serrés immédiatement derrière elle ; ils sont moins nombreux dans le lobe convexe, c'est-à-dire dans le lobe inférieur du manteau que dans le lobe plan. Chez les plus grandes espèces, ils atteignent un diamètre d'un millimètre ; entre ceux-ci s'en trouvent de plus petits, de dimensions moitié moindres et tous présentent un éclat merveilleux, dû à une disposition spéciale de l'iris, qui réfléchit les rayons lumineux. On est étonné de la perfection de ces yeux qui, malgré leur situation tout à fait étrange, possèdent des propriétés optiques permettant d'obtenir des images fidèles du monde extérieur entourant le coquillage, et qui les transmettent par l'intermédiaire de l'appareil nerveux au sensorium obscur de ces mollusques. En tous cas, le coquillage ne peut voir par leur intermédiaire, à de grandes distances ; ces yeux lui rendent des services analogues à ceux que nous

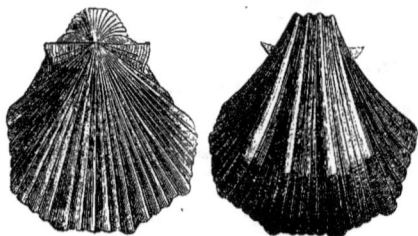

Fig. 490-491. — Janira quinquecostata.

Fig. 492. — Lima Carolina

demanderions à de petites lentilles fines ; ce sont les organes visuels appropriés à de très petites distances, les sentinelles et les gardiens immédiats des valves et des bords du manteau (O. Schmidt.)

Distribution géographique. — Les Pectinidés sont des animaux de toutes les mers.

Distribution paléontologique. — Les formations géologiques renferment un certain nombre d'espèces fossiles, parmi lesquelles nous signalerons le *Pecten* (Janira) *quinquecostata* d'Orb., commun dans la craie supérieure (fig. 490, 491).

PEIGNE DE SAINT-JACQUES — *PECTEN JACOBÆUS* LAMCK.

Caractères. — Cette espèce se distingue de ses congénères par des côtes très prononcées, rayonnantes, striées en dessus et longitudinalement, tandis que l'espace compris entre ces côtes est, au contraire, strié en travers.

Distribution géographique. — On la rencontre dans les mers d'Europe, la Méditerranée, l'océan Atlantique notamment.

Mœurs, habitudes, régime. — On se tromperait fort si l'on voulait établir une relation entre la faculté de la vision chez les Peignes et leur aptitude remarquable pour le saut et la natation qu'on a constatée bien des fois ; elle reconnaît pour agent principal le muscle obturateur puissant qui referme vivement les valves ouvertes par le ligament. Un observateur anglais a vu sautiller très vivement, dans une flaque laissée par le reflux, les petits d'un *Pecten opercularis*. Leurs mouvements étaient subits, prompts, zigzagués, comparables à ceux des Canards qui se jouent dans une mare sous un rayon de soleil avant la pluie. Ils semblaient

pouvoir filer comme une flèche à travers l'eau, en ouvrant et en refermant subitement leurs valves. D'un bond ils franchissaient une distance de plusieurs aunes ; un second saut les rejetait soudain dans une direction différente, et ainsi de suite. On a émis l'opinion que les Peignes adultes pouvaient se livrer à des ébats semblables, mais rien n'est moins prouvé (O. Schmidt.)

Nous ne pouvons accepter le doute émis par O. Schmidt, car nous avons fréquemment observé la natation et les sauts du *Pecten varius* adulte, notamment dans les flaques d'eau laissées par la marée, sur les côtes de la Rochelle et de Normandie (D' de Rochebrune).

Emploi, usage. — Cette espèce est connue de tous ; elle sert d'aliment.

Longtemps elle a fait l'ornement du camail en cuir que les prétendus pèlerins (vagabonds, fainéants) (Deshayes) portaient pour se rendre en pèlerinage à Saint-Jacques de Compostelle.

Une autre espèce, le *Pecten varius*, très commun sur nos côtes, est estimé comme aliment sous le nom de *Petoncle*.

LIME BAILLANTE — *LIMA HIANS* LAMCK.

Caractères. — Coquille inéquilatérale subauriculée ; bâillante d'un côté, d'un blanc pur, ornée de côtes rayonnantes.

Distribution géographique. — Cette espèce habite les mers d'Europe.

Distribution géologique. — Les Limes sont fréquentes dans les formations géologiques. Les *Lima maxima* d'Archiac et *Lima Rochebruni* Coq. notamment sont caractéristiques de la craie supérieure. Nous figurons (fig. 492) le *Lima Carolina* d'Orb., petite espèce ovale ornée de fines stries rayonnantes et de lignes d'accroissement marquées, l'une des coquilles les plus

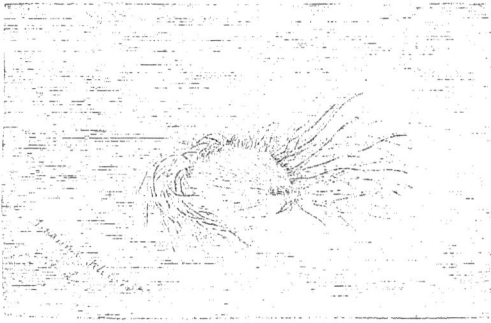

Fig. 493. — Lime bâillante pendant la natation

caractéristiques du calcaire pysolithique (Crétacé supérieur).

Mœurs, habitudes, régime. — Draparnaud a, le premier, observé que les Limes, à l'aide du byssus qu'elles sécrètent, réunissent ensemble de petites pierres, des fragments de coquilles, etc., dont elles entourent leur valves, comme d'une sorte de logement. Plusieurs auteurs ont étudié cette particularité des mœurs des Limes, et nous empruntons à O. Schmidt le récit des observations qu'il a faites sur ce sujet intéressant.

« Lorsque pendant le mois de mai 1850 je collectionnais des Mollusques à l'aide du filet, dans le fjord de Bergen, je ne savais pas encore qu'il existât des coquillages nidifiants. J'y recueillis un jour une masse qui mesurait environ 12 centimètres de diamètre et qui paraissait extérieurement peu bosselée. Elle était composée de petites pierres et de fragments de coquillages; au premier coup d'œil on reconnaissait qu'elle était consolidée par un fouillis de ligaments bruns et jaunâtres. « Un nid de coquillage ! » s'écrièrent nos rameurs, et, précisément, comme je retournais ce paquet, je vis briller à travers une fente assez étroite la coquille blanche de la Lime bâillante. J'extirpai l'animal de son nid, et l'ayant placé dans un verre assez large, je ne pus me lasser de contempler la magnificence de son manteau, et la vivacité de ses mouvements. La coquille allongée, à valves semblables, est du blanc le plus pur; elle s'ouvre aux deux extrémités, et surtout à l'avant, et laisse émerger une foule de franges orangées appartenant au manteau. Quand l'animal est au repos, celles-ci présentent les mouvements vermiculaires les plus variés, et quand il exécute ses mouvements de natation tout à fait spéciaux, elles traînent derrière lui, ainsi qu'une queue couleur de feu. A peine a-t-on placé ce coquillage en liberté dans l'eau, qu'il ouvre et referme ses valves avec violence et nage ainsi par saccades dans toutes les directions (fig. 493). Dans ces mouvements, quelques-unes de ces belles franges sont détachées; mais elles paraissent acquérir par là une vitalité spéciale, car elles continuent, sur le fond du vase, leurs contorsions spontanées comparables à celles des Lombrics. Ce phénomène, lorsque l'eau est entretenue fraîche, peut durer deux heures. Lorsque l'animal reste dans son nid, il laisse flotter, à travers l'ouverture du nid, d'épaisses touffes de franges qui émanent du bord interne du manteau fendu presque entièrement. Ces franges, recouvertes de cils vibratiles très actifs, servent évidemment à amener de petites proies microscopiques, ainsi que l'eau nécessaire à la respiration. On ne s'explique pas pourquoi ce coquillage, si actif, habile dans un nid qu'il ne quitte évidemment pas.

« Examinons ce nid d'un peu plus près (fig. 494). L'animal assujettit, au moyen de filaments de byssus d'une espèce grossière, une foule d'objets situés dans son voisinage. Les nids que j'ai vus en Norwège étaient composés seulement de petites pierres légères et de petits fragments de coquillages; celui que M. Lacaze-Duthiers a trouvé dans un lieu peu profond du port de Mahon, et que nous

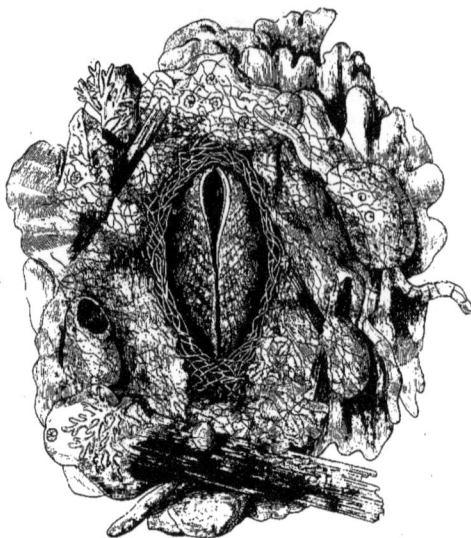

Fig. 494. — Nid de Lime bâillante.

figurons ici (fig. 494), est formé de matériaux bariolés, tels que bois, pierres, coraux, coquilles de Gastropodes, etc., qui lui donnent un aspect beaucoup moins léger que ceux que j'ai observés. On n'a pas encore vu la Lime construire son nid ; mais, comme on peut constater aisément, chez les Mytilacées, que l'animal possède la faculté de détacher à son gré les filaments du byssus, on doit attribuer la même propriété à la Lime bâillante.

« Après avoir aggloméré les grossières parois de sa retraite et après avoir assemblé au moyen de centaines de filaments les pierres de sa construction, l'animal en tapisse l'intérieur à l'aide d'un tissu plus fin, et à ce point de vue sa demeure rappelle les nids d'oiseaux très fins et très douillets à l'intérieur, et dont l'extérieur est plus grossier. Ce nid constitue, pour l'animal, peu abrité par sa coquille entrebâillée, un abri sûr, qui écarte les Poissons de proie les plus rapaces. D'après la façon dont les Limes pénétrèrent à plusieurs reprises dans mes filets, en Norwège, à 20 et 30 pieds de profondeur environ, je suis porté à admettre qu'à une profondeur plus grande, où elles ne sont

BREHM.

troublées ni par les vagues ni par les courants, elles ne recherchent pas tout d'abord sous les grosses pierres un emplacement pour leurs nids. Ceux que le zoologiste Français a recueillis à Mahon se trouvaient tous dans une eau plus profonde, et à l'abri de grosses pierres. Desséchés, les filaments qui réunissent ces matériaux deviennent très cassants ; aussi ces nids, quoique peu rares, sont très difficiles à conserver dans les collections. »

LES TRIGONIIDÉS — *TRIGONIIDÆ*
LAMCK.

Caractères. — Ici trouvent naturellement leur place une série de coquilles, équivalves triangulaires, avec des crochets dirigés en arrière et en surface externe diversement ornementée de côtes, de sillons et de tubercules ; les dents cardinales sont oblongues, aplaties sur les côtés, divergentes, sillonnées transversalement ; le ligament est extérieur et marginal.

Distribution paléontologique. — Les Trigonies ont une grande importance paléontolo-

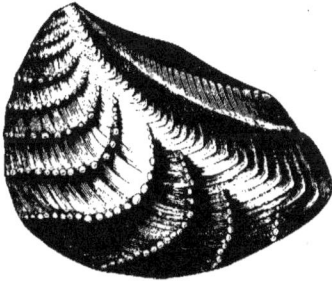

Fig. 495. — Trigonia clavellata.

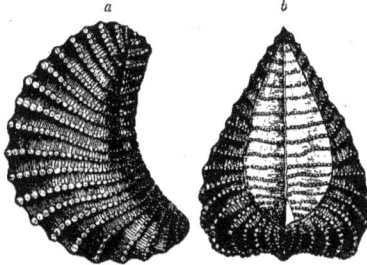

Fig. 496-497. — Trigonia aliformis (*).

gique ; elles se rencontrent plus particulièrement dans les formations Jurassique et Crétacée,
quelques-unes proviennent du Trias. Les terrains
Tertiaires n'en ont pas encore fourni ; deux espèces vivantes, seules, sont connues dans les
mers d'Australie.

Nous figurons quelques types des plus remarquables (fig. 495 et fig. 496-497).

LES AVICULIDÉS — AVICULIDÆ
LAMCK.

Cette famille comprend un assez grand nombre de genres vivants et fossiles.

Caractères. — La coquille est généralement
feuilletée, subinéquivalve, le plus souvent auriculée, le ligament marginal sublinéaire est
parfois interrompu par des crénelures ou des
dents. Les bords du manteau sont libres à bords
frangés ; le pied, petit, file un byssus résistant.

Distribution géographique. — Les Aviculi-
dés se rencontrent dans toutes les mers tropicales ; on n'en connaît pas dans les mers septentrionales.

AVICULE PERLIÈRE — MELEAGRINA MARGARITI-
FERA LAMCK.

Caractères. — L'Avicule perlière, Pintadine,
anciennement connue sous le nom de *mère
perle*, atteint souvent de fortes dimensions ; extérieurement la coquille est plus ou moins
écailleuse, vert intense, marbrée de taches
d'un beau vert émeraude, ou de lignes pâles,
larges et onduleuses, l'échancrure pour le pas-

sage du byssus est mince, l'intérieur présente
un aspect nacré des plus remarquables (fig. 503,
p. 297).

Distribution géographique. — On la trouve
dans le golfe Persique, sur les côtes de Ceylan
et parmi les îles du Grand Océan, dans la mer
Rouge, dans les golfes de Panama et du Mexique et le long de la côte Californienne, mais
ces Avicules présentent des variations principalement dans leur taille et l'épaisseur de la
couche nacrée ; ainsi les valves des Avicules de
Ceylan n'ont que 5 à 6 centimètres et demi de
long et 2 centimètres et demi à 8 centimètres
de haut ; elles sont minces, transparentes, et
inutilisables dans le commerce ; celles du golfe
Persique sont beaucoup plus épaisses ; l'Avicule
des mers de la Sonde est une espèce qui atteint
un poids d'un demi à un kilogramme et dont
l'épaisse couche nacrée possède un éclat magnifique.

Distribution paléontologique. — Les Avicules ont apparu dès la faune Silurienne. Parmi
les espèces de cette formation nous figurons
les *Avicula demissa* et *emacerata* (fig. 498-499).

Mœurs, habitudes, régime. — PÊCHE DES
PERLES. — Les Perles les plus précieuses se rencontrent surtout dans la partie musculeuse du
manteau, au voisinage de la charnière ; on en
trouve pourtant aussi dans les autres portions de
l'animal, à la face interne des valves, dans le
muscle obturateur ; leurs dimensions varient
depuis celles d'une petite tête d'épingle (*Seed
pearls*) jusqu'à une taille considérable ; parfois
un grand nombre existent dans un même co-

(*) a, vue de profil. — b, vue de face.

quillage : le capitaine Stuart, par exemple, en
a compté 67 dans un seul spécimen, et Cor-
diner 150 ; en revanche, on peut ouvrir aussi des
centaines de coquillages sans y rencontrer une
seule perle. Les pêcheurs de Perles de l'Orient
déclarent qu'ils ne s'attendent jamais à découvrir de belles Perles dans les coquillages parfaitement développés et lisses, mais qu'on en trouve

Fig. 498. — Avicula   Fig. 499. — Avicula
demissa.   emacerata.

plus sûrement dans ceux dont les valves sont
déformées et racornies et dans ceux qui gisent
dans les plus bas-fonds de la mer ; il est intéressant de rapprocher cette assertion de celle
que nous signalerons à propos des coquillages
perliers d'eau douce.

Sur les côtes de la Perse, à Karah, à Buchaach,
à Kenn, à Palméira, à Neichme, à Ormus, nous
apprend M. Lamiral, on pêche des Huîtres perlières ; c'est un droit qui est le privilège exclusif
du cheik de Bender-Bonchêkr, et qui constitue
un revenu important.

Sur les côtes opposées à la Perse, sur celles de
l'Arabie, à Onarden, à Bahreïn, à Gildavin, à
Catifa, jusqu'à Mascate et la mer Rouge, la
pêche et le commerce des perles et de la nacre
se font activement.

Sur l'île de Bahreim, cette industrie produit
seule 6 millions de francs. Les caboteurs Anglais
y arrivent avec des cargaisons de marchandises
fabriquées qu'ils vendent, puis ils font pêcher
pour leur compte et trafiquent des perles avec
les Persans, les Turcs, etc. Les marchés spéciaux pour les perles et les coquilles du golfe
Persique se tiennent principalement à Bassorah
et à Bagdad, d'où ces produits sont envoyés à
Constantinople, et de là dans nos contrées.

Parmi les indications très complètes que contient l'ouvrage de Von Heszling au sujet de
l'histoire des pêcheries de Perles dans le monde
entier jusqu'en 1859, nous relèverons quelques-
uns des passages les plus importants et les plus
attrayants, et nous citerons en premier lieu sa
description relative à la pêche des Perles dans
le golfe Persique.

« Ces pêcheries sont actuellement en possession du sultan de Maskate, et le commerce
des Perles se trouve presque exclusivement
entre les mains des grands négociants Indous
ou Banians qui constituent à Maskate une
compagnie commerciale particulière. La région perlière la plus importante s'étend depuis
le port de Scharja, à l'ouest, jusqu'à l'île de
Biddulph et sur toute cette région la pêche
est ouverte librement à tous. Les bateaux sont
de dimensions diverses et de structure variée ;
ils jaugent en moyenne de 10 à 18 tonnes. On
a calculé que pendant le temps de la pêche,
qui dure depuis juin jusqu'au milieu de septembre, les îles Bahraïn fournissent 3500 bateaux de toute taille, les côtes de Perse une
centaine, et la contrée comprise entre Bahraïn
et l'entrée du golfe, y compris le rivage des Pi-
rates, environ 700. Les bateaux portent de 8 à
14 hommes, et le nombre des gens occupés à
cette pêche pendant l'époque favorable peut
dépasser 3000. Aucun d'eux ne reçoit de gages
déterminés, et chacun touche une part dans les
bénéfices. Le scheik du port auquel appartient
le navire prélève une petite dîme d'un à deux
dollars. Ces gens, pendant la pêche, vivent de
dattes et de poissons et le riz que leur fournissent les Anglais est pour eux une aubaine
toujours très bien accueillie. Dans les endroits
où existent des Polypes, les plongeurs s'enveloppent d'un vêtement blanc ; mais habituellement ils sont tout nus à l'exception d'un linge
passé autour des reins. Lorsqu'ils se mettent au
travail, ils se divisent en deux sections : les uns
restent dans le bateau pour retirer les autres
occupés à plonger. Ces derniers se munissent
d'un petit panier, et sautent par dessus le bord,
après avoir posé leurs pieds sur une pierre attachée à une corde. A un signal donné, on lâche la corde et le plongeur s'enfonce avec la
pierre jusqu'au fond.

« Quand les coquillages sont superposés en
couches épaisses, ils peuvent en détacher 8 ou
10 à la fois. Ils tirent ensuite sur la corde et
les gens du bateau les remontent au plus vite.
On a beaucoup exagéré le temps qu'ils peuvent
passer sous l'eau. Ils y restent, en moyenne, 14
secondes habituellement. »

« Les accidents dus aux Requins ne se présentent pas souvent, mais on redoute beaucoup le
Poisson nommé « l'épée de mer ». On cite des
exemples de plongeurs coupés en deux par cet
animal.

« Pour retenir plus longtemps leur souffle, les

plongeurs placent sur leur nez un morceau de corne élastique qui maintient les narines fermées. Le plongeur ne remonte pas à bord toutes les fois qu'il revient à la surface ; mais il se tient aux cordages qui pendent au côté du navire, jusqu'à ce qu'il ait repris suffisamment haleine ; généralement, après trois minutes de repos, il plonge de nouveau dans les profondeurs de l'eau.

« Le produit de ces pêches, qui s'élevait jadis jusqu'à 300 millions de livres sterling, n'en rapporte plus aujourd'hui que le dixième.

« Les bancs d'Huîtres perlières les plus renommés sont ceux de Rondatchy, situé dans le détroit de Manaar, golfe de Bengale, à vingt milles environ de Ceylan. Ils sont au nombre de quatorze, et avant 1795 ils appartenaient aux Hollandais. Ils fournissaient alors un revenu de plus de trois millions. Aussi, lors de la guerre qui assura la domination britannique dans l'Inde, les Anglais ne négligèrent-ils point de s'emparer de ce joyau, qui leur fut assuré par le traité d'Amiens, joyau fort profitable à leur bourse s'il pèse cruellement sur les pays où il est mis en vigueur ; ils ont affermé ces bancs en 1802, moyennant une somme de trois millions. D'abord excellente pour les adjudicataires, cette spéculation a cessé de l'être, paraît-il, depuis une vingtaine d'années ; et pour qu'elle ne soit pas tout à fait mauvaise, ils ont dû soumettre les bancs au régime adopté dans l'exploitation des forêts, ils les ont mis en coupe réglée.

« La région des Perles la plus célèbre ensuite,

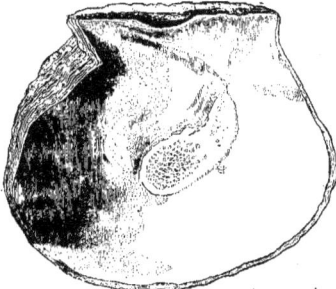

Fig. 500. — Avicule perlière, type de Ceylan.

en Asie, est la côte occidentale de Ceylan et les rivages de la terre ferme située en face. C'est là qu'on trouve l'Avicule perlière, type de Ceylan (fig. 500).

Von Heszling rapporte la description donnée par l'officier anglais Gryll qui a été préposé à la surveillance de la pêche des Perles, auprès d'Aripo à Ceylan, à la tête d'un détachement de troupes. Il raconte que pour toutes les Perles du monde il ne recommencerait pas cette expédition qui lui ravit plusieurs mois de son existence pendant lesquels il souffrit d'abord de la faim, fit naufrage, et fut atteint enfin de fièvre violente (O. Schmidt).

Von Heszling reproduit d'après ces récits, entre autres anecdotes, les esquisses suivantes :

« La station principale des bateaux de pêche est la côte sèche et déserte d'Aripo (Ceylan). Là, le soleil brûle de ses rayons impitoyables tout ce que l'œil peut embrasser du regard. Dans les sables desséchés ne végètent que des buissons d'épines ; les feuilles racornies pendent aux arbustes dépouillés. Les animaux cherchent en vain un abri contre les rayons brûlants du soleil ; il n'y a à là aucun ombrage, une buée anhélante flotte au-dessus du sol, et la mer calme réfléchit une chaleur insupportable. Du sable brûlant émergent les ossements blanchis des plongeurs que la frénésie du gain a conduits à la mort. Un palais dorique, bâti en grès taillé à l'époque de la domination anglaise, revêtu extérieurement de stuc provenant de la matière calcaire des valves de coquillages, et entouré de plantations misérables, constitue le seul ornement de cette contrée, la plus uniforme de tout Ceylan. Tel est le lieu sur lequel se déroule le tableau de l'activité la plus animée et la plus bariolée, alors que les bateaux de plongeurs s'amènent et qu'à l'appel de l'administration, plusieurs milliers d'hommes accourent de toutes les régions de l'Indoustan, alléchés par l'appât d'un gain énorme.

« Alors s'élèvent soudain, tout le long de la côte, à partir de Condatchy, de larges rues où se pressent des huttes construites au moyen de tiges de Bambous et d'Areke, de feuilles de Palmiers, de paille de Riz, et d'étoffes de laine. Dans ces huttes, des Malais (ceux-ci nombreux), des Maures (marchands mahométans venus de loin), des Malabares, des Coromandéliens et d'autres Indoûs ouvrent boutique. Les aventuriers et les chevaliers d'industrie ne manquent pas et des voleurs habiles se glissent parmi cette foule. En tout lieu la spéculation s'établit sur l'argent et sur le crédit. De nobles indigènes du continent, dont la fortune est réputée, se font porter à ce spectacle étourdis-

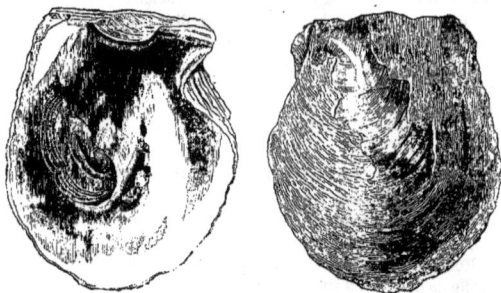

Fig. 501 et 50?. — Avicule perlière, type de Panama

sant dans leurs palanquins richement chamarrés, sous leurs parasols merveilleux. On observe là tous les us et coutumes des Indes. Toutes les castes sont représentées : les prêtres et les disciples de chaque secte y accourent ; les jongleurs et les danseuses viennent amuser la foule.

« La pêche dure six semaines ou deux mois au plus; elle commence en février pour se clore dans les premiers jours de mai et pendant ce temps le nombre des jours de fête est tel que celui des jours de travail n'excède pas une trentaine pendant la saison.

« Tandis que ce spectacle se déroule, environ 200 bateaux partent tous les matins en mer, et chacun porte deux plongeurs avec deux aides et un soldat Malais armé de sa carabine chargée ; ce dernier doit veiller à ce que les coquillages ne soient pas dépouillés de leurs trésors avant leur arrivée au port.

« Pour signal de départ le navire de l'État en station à Arippo tire, sur les dix heures du soir, un coup de canon. La flotte met alors à la voile et, profitant de la brise de nuit, elle atteint les bancs avec la pointe du jour ou au lever du soleil.

« Quand toute la flotte est rendue à son lieu de destination, à 4 milles anglais environ de la terre, le travail commence. Une chaloupe armée assure leur protection ; une tente dressée sur le bateau permet de jouir à l'aise de ce spectacle.

« Pour que les plongeurs puissent atteindre plus facilement le fond de la mer, où les coquillages perliers reposent à une profondeur de 10 ou 12 toises, on enroule une longue corde sur une poulie que l'on suspend à une perche horizontale s'avançant au-dessus du bord, et à cette corde on assujettit une pierre qui pèse 200 ou 300 livres. On descend cette pierre à côté du bateau, le plongeur portant un panier relié également au bateau à l'aide d'une corde s'installe sur cette pierre.

« Afin d'avoir les pieds libres, quelques plongeurs se servent d'une pierre taillée en forme de demi-lune, qu'ils s'attachent sous le ventre lorsqu'ils veulent entrer dans l'eau.

« Accoutumés à cet exercice dès leur plus tendre enfance, les plongeurs ne craignent nullement de s'enfoncer de quatre à dix brasses dans la mer. Lorsque l'un d'eux est sur le point de descendre, il saisit avec les doigts du pied droit la corde attachée à la pierre et de ceux du pied gauche il prend un filet qui a la forme d'un sac. Beaucoup d'Hindous, on le sait peut-être, se servent presque aussi habilement pour travailler des doigts de leurs pieds que des doigts de leurs mains, et telle est la force de l'habitude, qu'ils peuvent ramasser à terre, avec ceux-là, l'objet le plus menu, aussi facilement qu'un Européen le ferait avec ceux-ci. Le plongeur s'étant préparé prend de la main droite une autre corde, et, tenant ses narines bouchées avec la gauche, il descend dans l'eau, au fond de laquelle la pierre l'entraîne rapidement. Il passe ensuite à son cou la corde du filet qu'il fait retomber par devant, et, avec autant de promptitude que d'adresse, il ramasse un aussi grand nombre d'Huîtres qu'il le peut pendant l'espace de temps qu'il est capable de rester sous l'eau, c'est-à-dire pendant deux minutes environ suivant Percival, et seulement trente secondes d'après M. Lamiral. Il reprend ensuite sa première position et donne le signal en tirant la corde.

« A son signal on lâche la corde avec laquelle il s'enfonce rapidement jusqu'au fond ; puis on remonte la pierre pendant que le plongeur, se cramponnant de la main gauche aux rochers et aux plantes marines, se sert de la main droite pour ramasser dans son panier le plus de coquillages possible. Dès qu'il lâche prise, il remonte spontanément à la surface ; un des aides l'attire aussitôt dans le bateau, pendant qu'un autre relève le panier de coquillages.

« Un second pêcheur plonge alors dans la mer et tous deux alternent ainsi jusqu'à 4 heures de l'après-midi.

« Les efforts, dit Percival, que pendant cette opération font les plongeurs sont si violents, que rentrés dans la barque ils rendent l'eau et quelquefois même le sang par la bouche, par les oreilles et par les narines; mais cela ne les empêche pas de redescendre lorsque leur tour revient. Souvent ils plongent de quarante à cinquante fois en un jour, et à chaque fois ils rapportent une centaine d'Huîtres. Quelques-uns d'entre eux se frottent le corps avec de l'huile et se bouchent le nez et les oreilles pour empêcher l'eau d'y pénétrer ; d'autres n'usent d'aucune précaution. Grâce à la souplesse des membres des Hindous et à l'habitude qu'ils en ont contractée dès l'enfance, cet exercice, qu'un Européen considère comme si pénible et si dangereux, leur est extrêmement familier. Ce n'est pas à dire cependant qu'il soit dépourvu de dangers. Il use rapidement la vie de ceux qui s'y livrent, leur corps se couvre fréquemment de plaies, par l'effet de la rupture interne des vaisseaux sanguins; leur vue s'affaiblit, et souvent au sortir de l'eau ils sont frappés d'apoplexie. Après avoir vaincu les révoltes de ses poumons et dérouté les trahisons de son système nerveux, le plongeur doit encore compter avec d'autres ennemis.

« Quand la pêche de la journée est terminée, le plongeur qui est demeuré le plus longtemps sous l'eau reçoit une récompense. Le temps de ce séjour, on l'a vu, varie habituellement de 35 à 57 secondes ; un plongeur resta une fois une minute et 58 secondes sous l'eau ; quand il remonta il était tellement épuisé qu'il lui fallut un repos très long. Tous les plongeurs de la localité sont des Malais préparés depuis leur enfance à ce métier.

« La mer renferme des ennemis de l'homme robustes, féroces, furieux, tels que les Requins, les Poulpes, les Cachalots, etc., contre lesquels il entre rarement en lutte avec quelque chance de succès. Que de fois malgré sa prudence, sa résolution et son courage, le plongeur a succombé dans la lutte, avec ces assaillants terribles et implacables. Aussi dès que la présence de l'un de ces animaux est signalée dans une pêcherie, tout travail cesse et les barques regagnent le port.

« Pendant le travail, il se produit cependant assez de bruit pour effaroucher les Requins et bien des pêches sont menées à bonne fin sans avoir été interrompues par aucune attaque.

« Pour éloigner les Requins, les pêcheurs du détroit de Manaar s'adressent aux Pillalkarras, charlatans qui remplissent les mêmes fonctions dans le golfe de Bengale.

« Selon la caste et la secte auxquelles le plongeur appartient, le conjurateur lui prescrit diverses cérémonies préparatoires, dans l'exacte observation desquelles il met une confiance absolue, quoique l'événement soit souvent contraire aux prédictions de l'imposeur.

« Depuis le matin, dit Percival, jusqu'au retour des barques, ils se tiennent sur la côte, marmottant continuellement des prières, se tordant le corps de plusieurs manières fort étranges, et faisant des cérémonies auxquelles eux-mêmes ni les autres ne comprennent rien. Pendant tout ce temps, il faut qu'ils s'abstiennent de boire et de manger, sans quoi leurs oraisons n'auraient aucun effet. Cependant ils font quelquefois trève à cette abstinence et prennent tant de Toddy (espèce de liqueur qu'on tire du Palmier), qu'il ne leur est plus possible de continuer à s'acquitter de leur ministère.

« L'adresse de ces hommes à rétablir leur crédit lorsqu'un fâcheux accident a fait voir la vanité de leurs prédictions, ne doit point être passée sous silence. Depuis que nous sommes en possession de Ceylan, un pêcheur ayant eu une jambe emportée, les camarades de celui-ci firent venir le principal devin, pour qu'il expliquât ce malheureux événement. Sa réponse montra combien il connaissait ceux auxquels il l'adressait.

« Il leur dit gravement qu'une vieille sorcière qui lui portait envie était arrivée de Colang, sur la côte de Malabar, et avait fait une conjuration contraire qui, pendant quelque temps, avait détruit d'effet de ses enchantements. Il ajouta qu'il ne l'avait pas su assez tôt pour prévenir l'accident qui venait d'avoir lieu, mais qu'il allait faire connaître sa supériorité sur son adversaire, qu'il enchanterait les Requins et qu'il leur fermerait la gueule, de manière qu'il n'arriverait aucun malheur le reste de la saison.

« Heureusement pour lui l'effet répondit à la prédiction.

« Je laisse au lecteur à décider si l'on dut l'attribuer aux prières et à la science de l'exorciste; mais les plongeurs ne manquèrent pas de le faire et redoublèrent d'estime et de vénération pour lui.

« Néanmoins les plongeurs exigent les prières d'un prêtre chargé d'exorciser les Requins sur le rivage, pendant la pêche, et ils partagent avec eux leurs bénéfices. Les plongeurs catholiques même, représentants de la race portugaise, ne vont pas au travail sans avoir fixé à leurs bras des formules de prières et des maximes de l'Évangile.

« Quand les bateaux ont leurs chargements res actifs de coquillages à bord, ils font une véritable course vers le rivage.

« Il paraît que, pendant ce retour, les propriétaires de barques et les marchands sont exposés à perdre un grand nombre de perles, parce que, lorsqu'on les laisse quelque temps en repos, les Huîtres s'ouvrent d'elles-mêmes. Il est alors facile de découvrir une belle perle et, au moyen d'un petit morceau de bois, d'empêcher les coquilles de se rapprocher. Il ne faut plus ensuite que trouver l'occasion de commettre le vol. Ceux que l'on emploie à fouiller dans le corps de l'animal se permettent aussi beaucoup d'infidélités. Ils vont même jusqu'à avaler des perles; mais lorsque les marchands les soupçonnent de l'avoir fait, ils les renferment, leur administrent une forte dose d'émétique et des purgations au moyen desquelles on recouvre souvent les objets dérobés.

« Là, se trouvent disposées des troupes destinées à empêcher les gens de s'approprier les coquillages avant qu'ils n'aient été vendus à l'enchère ou recueillis dans les magasins de l'administration. Ces bâtiments représentent un espace quadrangulaire, entouré de murs élevés; le sol est oblique et parcouru par une foule de petites rainures dans lesquelles court constamment l'eau du réservoir où l'on dépose les coquillages qu'on n'a pas vendus, pour les empêcher de s'ouvrir spontanément sous l'influence d'un commencement de putréfaction.

« Une fois les coquillages perliers rendus à terre, on les dispose en petits tas et on les met à l'en-

chère. C'est là une sorte de loterie fort amusante; on peut aisément dépenser une couple de livres sterling pour acheter un gros tas de coquillages sans y rencontrer une seule perle; en revanche quelque pauvre soldat qui a donné quelques pièces de cuivre pour payer une demi-douzaine de ces coquillages peut y découvrir une perle assez précieuse non seulement pour lui permettre de se racheter, mais pour lui assurer le reste de ses jours.

« Les officiers européens et différentes personnes qui assistent à la pêche, soit à cause de leur service, soit par curiosité, sont passionnés pour cette sorte de jeu et font très souvent de pareils achats.

« Dans les premiers temps, l'administration ne mettait pas les coquillages aux enchères; elle les rentrait dans le magasin, où elle les faisait ouvrir par des agents spéciaux; mais ceux-ci étaient assez adroits pour avaler les perles en dépit de la plus minutieuse surveillance.

« Actuellement les coquillages non vendus sont déposés dans les bassins précités, et dès que leurs valves s'ouvrent sous l'effet de la putréfaction, les perles s'en échappent, et l'eau les entraîne dans les gouttières où elles sont retenues par des cloisons en gaze très fine et où on les recueille en grande masse.

« Lorsque le temps de la pêche est à moitié écoulé, une véritable calamité commence à sévir. Les coquillages, exposés à une putréfaction rapide sous les rayons brûlants du soleil, répandent dans le magasin une puanteur pestilentielle indescriptible; de cette décomposition résultent la fièvre, la diarrhée et la dyssenterie compagnes obligées des miasmes, de la malpropreté et de la chaleur. Le vent transporte une odeur horrible à plusieurs milles de distance; et l'air, surtout pendant la nuit, devient presque irrespirable jusque dans les casernes qu'on a construites exprès à deux milles environ du magasin.

« Mais les négociants de Kondatchy professent pour les mauvaises odeurs la même opinion que Vespasien.

« Les perles extraites des coquilles, parfaitement lavées et nettoyées, sont encore travaillées avec de la poudre de nacre rendue presque impalpable, qui polit et arrondit celles qui peuvent gagner quelque apparence par cette main-d'œuvre.

« On les trie ensuite par classes, suivant leur grosseur, en les faisant passer au travers d'une série de cribles de cuivre de dimensions diverses.

« Les plus grosses sont comprises sous la dénomination de *mell*, les moyennes sous celles dites
vadiroo, les moindres se nomment *toll*.

« Lorsqu'on ne trouve plus d'Huîtres perlières,
et qu'on est lassé d'une pêche ingrate, Aripo est
délaissé peu à peu par ses habitants et la rive
redevient déserte et silencieuse ; les troupes
seules doivent rester jusqu'à ce que les derniers
coquillages aient pourri dans le magasin. Ainsi
se termine ce spectacle mouvementé, cette activité remuante, provoquée par la convoitise
humaine. Les enchères des négociants affairés
ont cessé de retentir et le tumulte bruyant de
la foule curieuse s'est éteint ; le bruit des plongeurs se précipitant à l'eau comme une véritable cataracte ne s'entend plus ; tous les commerçants, joailliers, orfèvres, bijoutiers, et tous
les chevaliers d'industrie qui jetaient hardiment
leur enjeu dans cette grande loterie, ont disparu ; comme auparavant, la vague vient battre
mélancoliquement le rivage abandonné et vide ;
la paille et les débris des huttes volantes s'é-
parpillent à tous les vents ; un sable mouvant
et brûlant recouvre les empreintes de la foule
qui le piétinait naguère.

« Depuis bien des siècles, les bancs de Perles
ont été épuisés sur la rive opposée qui s'étend
au nord-est, du cap Comorin à la côte de Tinnevelly. Lorsque sous la domination portugaise
la foire de Tuticorin était à son apogée, 50,000
à 60,000 négociants y accouraient. Mais une
activité excessive épuisa bientôt ces bancs. »

Nous puisons les données suivantes, qui
complètent les notions relatives à la pêche et à
l'histoire naturelle des coquillages perliers,
dans un extrait tiré de récits anglais anonymes,
et publié en 1865 dans « l'*Étranger* ».

En 1822, l'administration anglaise des Indes
retira encore du produit de la station de Tuticorin, dans le district de Tinnevelly, 13,000
livres sterling ; en 1830, environ 10,000 ; après
cette époque, les coquillages perliers firent
complètement défaut dans ces eaux pendant
plusieurs années. De 1830 à 1856 on tenta quatorze fois de visiter soigneusement ces bancs, et
l'on ne découvrit pas un nombre d'Avicules
perlières suffisant pour faire espérer une pêche
rémunératrice.

On attribua ces conditions défavorables à
des causes diverses. Le capitaine Robertson,
qui a occupé les plus hautes fonctions à Tuticorin, accusa principalement de ce phénomène
l'élargissement du canal de Paumben, qui, sous
l'effet d'un courant plus fort, aurait empêché

les Mollusques de se fixer sur ces bancs. Un
autre obstacle à l'accroissement résulte pour
lui de ce que les pêcheurs (qui, dans ce pays,
recherchent les grands coquillages destinés,
sous le nom de « Chanks », à décorer les
temples des dieux) jettent l'ancre sur ces
bancs et détachent ainsi les coquilles qui succombent. Les coquillages morts exercent ensuite
sur les survivants une influence nuisible qui
amène l'appauvrissement continuel de ces bancs.
Les plongeurs indigènes accusent plutôt de
ce fait deux autres espèces de coquillages, une
Modiole appelée là-bas « *Souroum* » et une *Avicule*, qui se glissent sous les coquillages perliers,
et qui, d'après ces plongeurs, les détruisent.

De 1860 à 1862, le produit des bancs de perles
a été fort satisfaisant, car il atteignit 20,000 livres
sterling ; en 1863, les bancs se trouvèrent dans
un tel état qu'on renonça à la pêche. Parmi les
72 bancs inspectés, 4 seulement étaient complètement dépourvus de l'espèce de Modiole
précitée ; celle-ci s'était installée en quantités
assez grandes sur onze autres bancs ; 57 bancs
ne présentaient aucun coquillage.

Cette absence d'Avicules perlières suggéra
l'idée des premières expériences d'élevage artificiel du capitaine Philips, qui promettaient des
résultats fort satisfaisants, autant qu'on en pouvait juger en 1863. Nous n'avons pas, sur ce
sujet, de données plus récentes.

Les pêcheries de perles du Nouveau Monde
se trouvent sur les côtes de l'Amérique centrale.

Les plus anciennes remontent aux Caciques ;
elles étaient situées entre Acapulco et le golfe
de Tehuantepec. Les Espagnols en créèrent d'autres près de Cubagua, de Margarita, de Coche,
de Darien, de Panama, etc., et le succès de
ces entreprises furent si avantageux que leur
commerce donna bientôt naissance à des villes
riches et populeuses. A cette époque qui fut
celle de la splendeur espagnole, Ferdinand,
Charles-Quint, Philippe II, recevaient de leurs
colonies des perles pour une valeur annuelle de
plusieurs millions de piastres fortes.

Les parages qui fournissent aujourd'hui des
perles et des coquilles de nacres au commerce
européen, en partie monopolisé par l'Espagne,
sont les golfes de Panama et de Californie
(fig. 501-502, p. 293).

Dans la mer de Californie, les plongeurs
(buzas) sont en général des Indiens Iliaques renommés pour leur adresse et leur intrépidité.
Bien que les Requins se réunissent en grand

Fig. 565. — Avicule perlière.

attirées auprès de ces pêcheries, les Iliaques plongent dans ce terrible voisinage avec une audace qui fait frémir, si l'on considère la seule arme qu'ils aient à leur disposition : c'est un morceau de bois dont les deux extrémités sont aiguisées et durcies au feu ; cette arme grossière, qu'ils portent à la ceinture de leur caleçon de cuir, s'appelle *estaca*. On sait que, par la conformation de sa mâchoire inférieure, le Requin est obligé de se retourner pour happer sa proie ; c'est ce moment que choisissent les plongeurs pour enfoncer le pieu dans la gueule du vorace animal, dont les mâchoires ne peuvent plus se rejoindre.

« Un seul genre de Requin, le *Tintorea*, met en défaut le courage des Iliaques, dit Gabriel Ferry, et leur fait éprouver cette horrible angoisse que causent aux autres hommes la vue d'un Requin ordinaire.

» Une matière gluante distillée par des trous placés autour de leur museau, et qui se répand sur toute leur peau, les rend luisants comme des mouches à feu, surtout quand le tonnerre se fait entendre. Cette lueur les fait apercevoir la nuit, et plus la nuit est sombre plus ils brillent. Par bonheur aussi ils n'y voient guère, et un nageur silencieux a sur ces monstres l'avantage de la vue. »

Un plongeur célèbre dans le golfe de Californie a raconté au spirituel romancier une de ces luttes sous-marines.

« Lorsque j'eus découvert le Tintorea, me dit-il (c'est Gabriel Ferry qui parle), je me jetai à l'eau. Je ne plongeai, comme vous pensez, qu'à une médiocre profondeur, pour ne pas m'essouffler et aussi pour jeter un coup d'œil au-dessus, au-dessous et autour de moi. Les flots mugissaient sur ma tête avec un bruit semblable à celui du tonnerre, des pointes de feu tourbillonnaient comme la poussière par un vent d'orage, mais à côté de moi tout était calme.

« Je pensai alors que l'animal que je cherchais n'était pas bien loin.

» En effet, une raie de feu presque imperceptible grossissait peu à peu.

« Le Tintorea et moi nous devions être à la

même profondeur, mais le Requin tendait à remonter; l'haleine commençait à me manquer; et je ne voulais pas donner au Requin l'avantage d'être au-dessus de moi.

« Je ne comptais, pour en venir à bout, que sur le temps qu'il mettrait à faire cette manœuvre. Le Tintorea nagea vers moi diagonalement avec tant de vélocité que je me trouvai un moment assez près de lui pour distinguer aux clartés phosphoriques de son corps la membrane qui couvrait à moitié ses yeux et sentir ses nageoires bleuâtres effleurer mon corps. Le monstre jeta sur moi un regard terne et vitreux. Ma tête en ce moment se trouvait au niveau de la sienne.

« J'aspirai l'air avec bruit, je m'élançai dans une direction parallèle à environ une demi-vare au-dessus du Requin et je me retournai; il était temps. La lune fit briller un instant le ventre argenté du Tintorea, et en même temps qu'il ouvrait une gueule énorme, hérissée comme une carde de dents aiguës et serrées les unes contre les autres, mon poignard s'enfonça dans son corps, traçant aussi loin que mon bras put atteindre un large et sanglant sillon. Le Tintorea blessé à mort fit un bond prodigieux et retomba en battant deux fois l'eau de sa queue; heureusement je n'en fus pas atteint. Seulement, je me débattis, une minute aveuglé par une pluie d'écume sanglante qui me fouetta la figure; puis, à la vue de mon ennemi flottant comme une masse morte et livide sur l'eau qui bouillonnait dans sa blessure béante, je poussai un cri de triomphe. »

Aujourd'hui, les Indiens et les nègres plongeurs sont devenus rares, et les troubles qui ont agité et qui agitent encore ces contrées s'opposent au développement de leurs pêcheries.

Élevage. — Les bancs d'Avicules gisent environ à 9 milles anglais du rivage et s'étendent sur une longueur de 7 milles, à une profondeur de 8 à 10 brasses. Ils se trouvent exposés à des courants puissants qui amènent du sable dans les fentes des rochers et qui entraînent en même temps les jeunes jusqu'à des distances souvent assez considérables. Les animaux en putréfaction nuisent à la prospérité des vivants; et la Modiole exerce en même temps sur eux une influence destructive. On conçoit qu'à une telle profondeur on ne puisse avoir aucune action effective sur ces bancs exposés en pleine mer; on songea donc à élever les jeunes couvées sur des bancs artificiels transitoires, jusqu'à ce qu'elles fussent devenues assez fortes pour résister aux influences nuisibles que nous avons

indiquées. Les tentatives faites sur les côtes anglaises et françaises pour cette culture et dont les résultats paraissaient favorables firent espérer que l'élevage des coquillages perliers sur la côte de Tinnevelly serait suivi de succès.

Dans ces tentatives d'élevage, on a dû prendre en considération une circonstance essentielle : tandis que l'Huître ordinaire repose simplement par sa face convexe, sur le sol, dans les endroits où elle n'est pas adhérente, l'Avicule se fixe aux rochers à l'aide du byssus. D'après les recherches du D r Celaart de Ceylan, l'animal peut rejeter spontanément et sans inconvénient ce byssus, pour se fixer à quelque autre endroit quand la place précédente ne lui convient plus. Les expériences du même expérimentateur ont montré aussi que le coquillage perlier compte parmi ceux dont la vitalité offre le plus de résistance. Il vit même dans l'eau saumâtre et dans des endroits assez peu profonds pour s'y trouver exposé chaque jour pendant trois heures à l'action du soleil et aux influences atmosphériques.

Le capitaine Philips a pu se convaincre aussi de cette vitalité favorable à l'élevage de ces Mollusques, et il a adopté les dispositions suivantes :

Le port de Tuticorin est formé de deux longues îles ; entre elles et la terre ferme s'étend, à une profondeur de 3 à 6 pieds au-dessus de l'eau, un banc qui mesure 3 milles anglais de long sur 1 de large. Il est à l'abri des vagues et soustrait aux courants marins et à tout déversement d'eau douce. Ce banc a été entouré de blocs de Coraux espacés, formant une bordure et s'élevant à 3 pieds environ au-dessus des hautes eaux, figurant ainsi une sorte de bassin. Dans ce dernier on importe les Coraux vivants qui, en quelques années, constituent un récif solide ; celui-ci se trouve alors approprié pour servir de plan sous-jacent aux coquilles jeunes que l'on veut élever. Ce bassin a été partagé ensuite en trois parties, dont l'une est destinée à recevoir les coquillages les plus anciens, et les deux autres la jeune couvée. Quand la première partie renferme une quantité déterminée de coquillages sains, on doit la surveiller avec soin jusqu'à ce que la fécondation ait eu lieu et que le développement des jeunes s'effectue. On éloigne alors ces derniers et on les porte dans les compartiments qui leur sont réservés; on les y laisse jusqu'à ce qu'ils soient devenus assez forts pour pouvoir être déposés en pleine mer. Cette dernière opération est indispensable parce qu'il serait impossible de disposer un espace assez vaste pour recevoir une masse considérable d'Avicules; d'ailleurs leur qualité dépend de la profondeur et de la limpidité de la mer. Ce procédé, suivi d'une manière continue, assure un repeuplement abondant d'animaux vigoureux pour les bancs de coquillages perliers; le succès repose d'ailleurs sur ce fait qu'un coquillage âgé de six ans contient souvent 2 millions (?) d'œufs. Le nombre total des coquillages perliers péchés en 1861 s'est élevé à 15,874,800; ainsi des quantités considérables de jeunes peuvent périr chaque année sans que la population des bancs en souffre et sans que le produit des pêches annuelles cesse d'être assuré. Nous n'avons pu savoir encore jusqu'à quel point ce projet a été mis à exécution et quels progrès il a accompli depuis 1865 (O. Schmidt).

Emploi, usage. — Les perles fines de belle eau, d'un bel orient (expression consacrée), se vendent à la pièce; on les nomme *vierges paragon*; celles de formes irrégulières ou *baroques* se vendent au poids, même les plus grosses.

On enfile sur soie les moyennes et les petites, on réunit les rangs par un nœud de ruban bleu ou par une houppe de soie rouge et on les vend alors par masses de plusieurs rangs, suivant le choix des perles. Les très petites, dites *semence*, se vendent à la mesure ou au poids.

Si la perle peut prendre la couleur du manteau sur lequel elle repose sans cesse, les acides ou les gaz fétides ont sur elle une action non moindre; elle se ternit alors et devient *vieille*, disent les commerçants; lorsque la dégradation est trop forte, on la dit même perle *morte*.

Il y a plus de vingt siècles que la perle était déjà, en Grèce, le plus précieux élément d'une parure magnifique.

On sait aussi quel rôle elle joua dans le luxe désordonné des Romains. Jules César fit présent à Servilie, mère de Brutus, d'une perle qui avait coûté 1,200,000 francs de notre monnaie. Les deux perles des pendants d'oreilles de Cléopâtre, qu'elle tenait d'un roi d'Orient, avaient coûté 3,800,000 francs. Ce fut une de ces perles qu'elle but pour réjouir son gros soldat, comme dit Shakespeare; la seconde fut sciée en deux et alla orner les oreilles de la Vénus du Panthéon à Rome.

Aujourd'hui, la plus grande perle que l'on connaisse en Europe pèse 126 karats; elle a été apportée des Indes occidentales en 1620 par un habitant de Calais, qui en fit présent au roi d'Espagne; comme on n'a pas pu encore lui trouver de pendant, elle sert de bouton de chapeau : sa forme est celle d'une perle régulière.

Il y a dans le monde une autre perle plus admirable, non par sa rondeur qui est imparfaite, ni pour son volume, car elle ne pèse que 12 karats un seizième, mais parce qu'elle est si claire et si transparente, dit Tavernier, que l'on voit presque le jour à travers; elle est en la possession du souverain de Mascate, province la plus fertile de l'Arabie Heureuse.

En 1867, à l'Exposition universelle de Paris, on a pu voir le magnifique trésor de perles fines qu'y avait envoyé la reine d'Angleterre et la collection de quatre cent huit perles, de 16 grammes chacune, faisant partie des joyaux de la couronne de France.

Indépendamment des perles si estimées produites par l'Avicule, l'industrie, la bijouterie, etc., trouvent dans la coquille de cette espèce de précieux matériaux.

Par sa nacre et ses perles, cette coquille peut être placée au rang des productions naturelles les plus précieuses.

LES DREISSENIDÉS — *DREISSENIDÆ*
H. et A. Adams.

Caractères. — Cette famille peu nombreuse en espèces comprend des coquilles mytiliformes, couvertes d'un épiderme mince, bâillantes et byssifères; à l'intérieur les valves portent au niveau du crochet une lamelle connue sous le nom de *Septum*.

Distribution géographique. — Les Dreissenidés vivent dans les eaux douces d'Europe, de Chine, d'Amérique, etc.

DREISSÈNE POLYMORPHE — *DREISSENA POLYMORPHA* Sav.

Caractères. — La Dreissène polymorphe présente les caractères de la famille; sa coquille est triangulaire, bombée et carénée, d'un blanc jaunâtre pâle ou brun, elle est marbrée de violet ou de vert émeraude suivant les localités habitées.

Distribution géographique. — La Dreissène polymorphe est originaire de la région Aralo-Caspienne, on la rencontre dans les cours d'eau de l'Angleterre, de France et de Belgique, on l'observe souvent dans les conduits d'eau des grandes villes.

Mœurs, habitudes, régime. — On connaît la rapidité avec laquelle certains animaux ou certaines plantes s'étendent d'une région à une autre. Des exemples analogues sont rares chez les Mollusques; les Dreissènes cependant en montrent un des plus importants, quoique leur extension ne se soit pas faite d'une façon purement naturelle.

Nous devons à E. Von Martens, qui a contribué largement à la connaissance de la répartition géographique des Mollusques, des documents précis sur la progression graduelle de ces coquilles d'eau douce, de l'Est vers l'Ouest. Ce sujet a une telle importance au point de vue de la distribution géographique du monde animal, que nous ne pouvons nous dispenser de citer l'œuvre de l'auteur, en supprimant toutefois quelques détails.

« A l'égard des Invertébrés, dit-il, la distinction des espèces est d'une date en général si récente qu'on ne peut encore parler d'aucun changement historique dans leurs lieux d'apparition. Une des rares exceptions à cette règle est due à la *Dreissena polymorpha*, non seulement en raison de ce que les naturalistes la connaissent depuis longtemps, mais encore parce qu'elle constitue dans l'Europe presque entière la seule espèce du genre et que son aspect la différencie au premier coup d'œil de tous les autres genres de coquilles d'eau douce.

« La connaissance des espèces les plus frappantes de coquilles d'eau douce de l'Allemagne ne date, à peu d'exceptions près, que de la seconde moitié du siècle passé; elle remonte à Martini (1768) et à Schröter (1779); les espèces danoises ont été étudiées par O. F. Müller en 1774; celle de Suède par Linnée, de 1746 à 1766; celles du Nord de la France par Geoffroy en 1767; et celles de l'Angleterre, près d'un siècle plus tôt, par Lister, qui les a distinguées au point de vue spécifique en 1768.

« Aucun de ces auteurs n'a observé les Dreissènes, ce qui indique qu'elles n'existaient point dans les régions explorées par eux; cette conclusion ne se soutiendrait point, naturellement, s'il s'agissait ici d'espèces petites et difficiles à trouver ou à discerner; mais elle est tout à fait admissible lorsqu'il s'agit de ces coquilles qu'on rencontre en masse dans le Havel, dans le Tegelsee, etc., et qu'on trouve installées auprès du bord, sur des pierres et sur d'autres mollusques, ou échouées sur la rive. Tous les naturalistes du siècle passé ne les connaissent, d'après les récits de Gallas, que comme propres au Sud de la Russie. La publication la plus ancienne qui signale une nouvelle

apparition de ces coquilles date de l'année 1825, où C. E. de Bär rapporte qu'elles se trouvent en masses innombrables, dans le golfe de Courlande ainsi que dans les grands cours d'eau, à une distance de plusieurs milles de la mer, pelotonnées contre les pierres et notamment contre les autres coquillages, et fixées ainsi par leur byssus.

« A la même époque, l'espèce en question fut observée tout à coup dans le Havel, non loin de Potsdam et dans les lacs avoisinants, en quantités considérables. Tous les souvenirs personnels et les documents imprimés que j'ai pu recueillir à ce sujet à Berlin sont d'accord pour signaler cette même époque. Quelques années plus tard, vers 1735, l'espèce devint gênante à l'île des Paons, auprès de Potsdam, en se fixant, par bancs, le long des pieux plongés dans l'eau. Depuis lors elle est demeurée en immenses quantités, dans le Havel et dans le Tegelsee et dans ces derniers temps elle s'est montrée encore dans la Sprée, dans le voisinage immédiat de Berlin. L'apparition de cette espèce dans le Danube peut être poursuivie d'une manière sûre jusqu'en 1824; mais on ne peut établir sa présence dans ce fleuve à une époque antérieure. Jusqu'à présent elle a pénétré, en remontant le courant, depuis le Havel qui appartient au bassin de l'Elbe jusqu'à Magdebourg et à Halle. On l'a vue, en 1826, pour la première fois à l'embouchure du Rhin; aujourd'hui ce bassin lui appartient jusqu'à Huningue et Heidelberg. De la Hollande elle a pénétré dans la France septentrionale jusqu'à Paris et dans ces derniers temps elle a émigré du bassin de la Seine dans celui de la Loire. Enfin, on la connaît en Angleterre depuis 1824; elle a apparu d'abord dans les docks de Londres; aujourd'hui elle habite déjà divers cours d'eau de l'Angleterre et de l'Écosse.

« Bien qu'on ne puisse accorder une confiance absolue aux chiffres indiqués relativement à la première apparition des Dreissènes dans les bassins de l'Europe centrale, la découverte simultanée de ces coquillages dans les principaux bassins de l'Allemagne et de l'Angleterre est fort significative. Dans le bassin du Rhin, elle s'avance évidemment à partir de l'embouchure en remontant le courant; dans le bassin de l'Elbe, elle a pénétré par l'Est, en suivant le Havel, et ces données fournissent déjà des indices pour s'expliquer comment s'est faite cette extension et d'où elle provient. Probablement, cette migration n'a

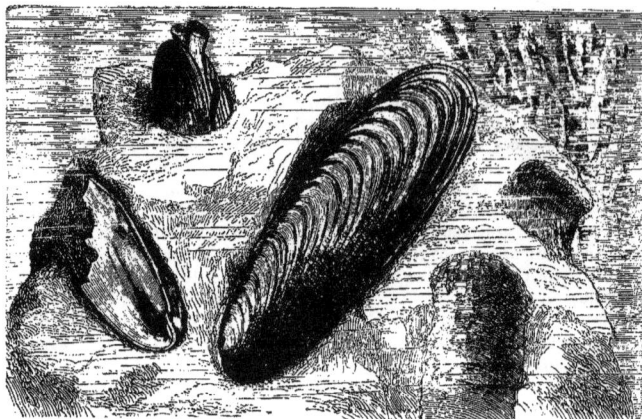

Fig. 504. — Lithodome lithophage.

rien de spontané, rien de volontaire; l'espèce a été sans doute entraînée par les navires et les radeaux auxquels les coquillages se sont fixés, et les routes qu'elle a suivies sont les voies navigables, rivières ou canaux, que parcourt l'humanité. Les canaux, notamment, lui permettent de passer d'un bassin à l'autre. On a objecté à cette hypothèse la présence de ces Dreissènes dans des lacs isolés qui ne sont reliés aux cours d'eau par aucune voie navigable, comme dans le Mecklenbourg, dans la Poméranie et dans la Turquie; pour l'Albanie cette objection peut être d'un certain poids; elle a moins de valeur en ce qui concerne les régions de la Baltique, car elle montre simplement ici que, par exception, cette extension est possible, à petites distances, par le fait d'autres moyens. En somme, la règle est que, dans les régions de la Baltique et de la mer du Nord, cette espèce se trouve seulement dans les eaux navigables. Quant à l'entraînement à travers la mer, vers l'embouchure du Rhin et vers l'Angleterre, un transport au milieu des bois de construction des navires me semblerait plus vraisemblable qu'un transport à la surface extérieure des bateaux au travers de l'eau de mer. Au milieu d'un amas volumineux de ces Mollusques qui se maintiennent humides entre eux, quelques individus peuvent certainement vivre plusieurs

jours hors de l'eau; ils peuvent dans ces conditions subsister plus longtemps que dans l'eau de mer qui est funeste en général à tous les coquillages d'eau douce. Dans la Baltique, l'espèce ne vit qu'à l'intérieur du golfe, on ne la trouve pas au dehors. Dans le bassin de l'Oder, je l'ai rencontrée sur l'île Wollin, uniquement du côté du golfe, et non du côté de la mer; auprès de Swinemünde j'ai vu des Dreissènes isolées sur le côté intérieur du quai, en compagnie des *Paludina impura* et des *Limnœus ovatus* qui sont de vrais Gastropodes d'eau douce; mais je n'en ai plus vu sur le côté extérieur où l'on en trouvait plus d'ailleurs, en fait de Gastropodes d'eau douce, que des *Neritina fluviatilis*.

« Ainsi, il semble admissible que ces Dreissènes soient venues, non de la Baltique même, mais des contrées riveraines de la Baltique, jusque vers l'Allemagne et vers l'Angleterre. » Il résulte de toutes les recherches relatives à leur provenance, qu'elles sont parvenues en moins de dix ans, par les voies hydrauliques naturelles et artificielles, depuis le Sud de la Russie jusque dans les provinces baltiques, et de là jusqu'au Havel, en suivant également les canaux intérieurs. Malheureusèment on ne peut encore résoudre la question de savoir si la Dreissène doit être considérée aussi dans le bassin de la mer Noire, comme une espèce qui a immigré,

à une époque historique et avec son type
actuel.

LES MYTILIDÉS — *MYTILIDÆ* Lin.

Caractères. — Les Mytilidés ont une coquille
régulière, allongée ou ovale, close ; les valves
sont couvertes d'un épiderme qui s'exfolie assez
facilement ; la charnière est sans dents ; le ligament latéral, marginal, est linéaire, toutes
sont byssifères.

Distribution géographique. — Les Mytilidés
sont de toutes les mers.

Mœurs, habitudes, régime. — Elles vivent
en société, et forment souvent des bancs considérables, fortement attachées les unes aux autres et sur les corps étrangers, au moyen de leur
byssus. Plusieurs ont une tendance à se cacher,
elles creusent les substances molles, souvent
aussi les rochers, les coquilles même d'autres
genres, ou se retirent dans les galeries pratiquées
par divers animaux.

LITHODOME LITHOPHAGE — *LITHODOMUS LITHOPHAGUS* Lin.

Caractères. — Sa coquille presque cylindrique, allongée, est arrondie fortement en avant,
un peu en coin à la région postérieure, revêtue
d'un épiderme brun et très résistant, sous
lequel existent des stries transversales et onduleuses (fig. 504).

Distribution géographique. — Le Lithodome lithophage est abondant dans plusieurs
parages de la Méditerranée et de l'Océan
européen.

Mœurs, habitudes, régime. — Cette espèce,
comme la plupart de ses congénères, a la propriété de perforer les roches les plus dures. A
quelle cause cette propriété doit-elle être attribuée? probablement à une sécrétion particulière de l'animal, mais on ne possède jusqu'ici
aucune preuve positive sur ce point.

Emploi et usage. — Très recherché pour la
délicatesse de son goût, le Lithodome lithophage
a reçu des pêcheurs le nom de *datte de mer*.

MOULE COMESTIBLE — *MYTILUS EDULIS* Lin.

Caractères. — La Moule comestible est trop
connue pour qu'il soit utile de la décrire, aussi
ne nous arrêterons-nous pas à sa forme extérieure (fig. 506, p. 304), préférant entrer dans

quelques éclaircissements sur l'animal et certaines particularités fournies par cet animal.

La figure (fig. 505) représente une Moule
comestible ouverte, dont on a enlevé la valve
gauche et dont on a rabattu la moitié gauche du
manteau. Le bord du manteau est désigné par la

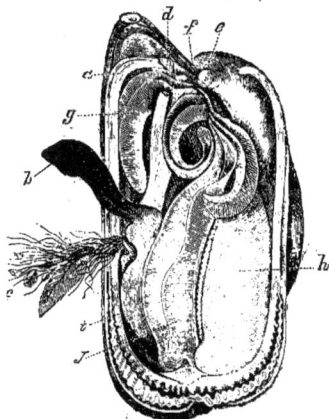

Fig. 505 — Moule comestible ouverte,

lettre *a*. Des deux côtés de la bouche (*f*) se
trouvent les deux tentacules labiaux, allongés
et étroits (*g*) ; la branchie externe est en (*j*), et
l'interne en *i* ; les muscles (*e*, *d*) servent à
la rétraction du pied (*b*). Celui-ci est digitiforme ;
et ses petites dimensions témoignent déjà de
son peu d'aptitude à la locomotion. En arrière
et en dessous de la base de cet appendice digitiforme appelé aussi « le fileur », se trouve la
glande du « byssus » ; c'est une cavité à partir
de laquelle s'étend, sur le milieu de la face inférieure du « fileur », un sillon longitudinal qui
se termine en avant, au voisinage de l'extrémité,
dans un sillon transversal court et profond.
Dans ce dernier, gît une lame semi-lunaire dont
le bord antérieur concave présente sept orifices.
Quand l'animal se met à filer, il commence par
appliquer cette lame contre la glande du byssus ;
en se rétractant, il étire la matière glutineuse
en un fil qui s'étend sur le sillon ouvert de l'organe digitiforme. Au moyen de la lame précitée, l'extrémité antérieure du fil encore mou
est appliquée sur un objet quelconque, en formant un petit disque. L'ensemble de tous les
fils constitue le byssus (*c*).

Distribution géographique. — La Moule comestible habite les mers d'Europe, elle prospère surtout dans la mer du Nord et dans les mers de l'Europe septentrionale. Elle compte parmi le petit nombre de coquillages et d'animaux marins qui pénètrent des mers normalement salées, telles que la mer du Nord, dans les océans et les mers intérieures plus ou moins dessalées, comme la Baltique. Elle apparaît aussi dans la mer Caspienne avec quelques autres coquillages, sans être en état de s'y acclimater parfaitement depuis le temps que ces eaux perdent peu à peu leur richesse en sel. On a signalé pourtant des Moules, ainsi qu'une Cardiaire, ayant pénétré à partir de là dans des fleuves, assez loin pour être obligées de se passer de tout mélange d'eau salée (O. Schmidt).

Mœurs, habitudes, régime. — Lorsque l'on cherche à détacher les Moules de la place où elles se sont fixées, on est étonné de la solidité des filaments du byssus. Les flots les plus violents n'ont sur eux aucune action.

Une des meilleures preuves à l'appui de cette assertion est l'usage qu'on fait des Moules à Bideford dans le Devonshire. Dans cette ville, un pont de 24 arches s'étend au-dessus de la rivière de Torridge auprès de son embouchure dans le Taw; en ce point le courant dû aux marées est si violent qu'aucun mortier n'y résiste. La commune entretient, à cause de cela, des canots destinés à ramener des Moules qu'on accumule dans les joints pour combler les intervalles des pierres. La Moule s'y assujettit aussitôt, pour éviter d'être emportée par la marée, en se fixant aux pierres par ses filaments résistants. Une ordonnance déclare coupable d'un délit pouvant entraîner le bannissement, quiconque enlève ces Moules en dehors de la présence et de l'autorisation des agents communaux.

Le byssus sert aux Moules non-seulement pour se fixer, mais aussi pour se hisser le long de ces fils, ainsi qu'au long d'une corde. Lorsqu'une Moule s'est installée dans quelque endroit où elle ne se trouve pas enclavée par ses voisines ou emprisonnée par leurs filaments, elle se hisse, si cette résidence cesse de lui convenir, aussi près que possible du point où le byssus est assujetti. Elle dirige alors de nouveaux fils dans le sens où elle veut progresser, et quand ceux-ci se trouvent fixés, elle pousse son pied entre les fils anciens pour les rompre l'un après l'autre, d'un mouvement brusque.

Elle se trouve alors suspendue aux fils qui viennent d'être tissés, et qu'elle va rompre à leur tour quand ils lui auront servi à s'assujettir dans une direction nouvelle.

Ainsi qu'on peut le prévoir d'après ce qui précède, les Moules, dans les lieux où la marée est forte, s'installent sur les régions du littoral qui se trouvent à découvert par moments. En bien des endroits des côtes déchiquetées de la Norwège, on peut voir au-dessus de la surface des flots, à mer basse, une bande noire, d'un à deux pieds de largeur, composée d'innombrables individus, au-dessus desquels s'étend la zone blanchâtre des Balanes, dont les pointes permettent de descendre du canot plus aisément que les roches glissantes, quand la mer est mauvaise. Dans les points où la marée change peu le niveau des eaux, et où d'autres circonstances locales interviennent encore, les Moules s'installent à une profondeur plus grande, de sorte qu'elles y sont toujours couvertes par les flots.

Dans des conditions favorables, leur multiplication est prodigieuse. Meyer et Möbius racontent qu'un flotteur, exposé par eux sur la baie de Kiel depuis le 8 juin jusqu'au 14 octobre, était recouvert, sur toutes les parties plongées dans l'eau, de Moules tellement serrées qu'on en pouvait compter 30,000 par mètre carré. Cette estimation est au-dessous de la réalité, car dans cette numération beaucoup d'individus très petits, suspendus parmi les byssus des grands, ont certainement échappé à l'observation. Dans la baie de Kiel, ces animaux acquièrent leur taille complète en 4 ou 5 ans; c'est pendant leurs deux premières années que leur croissance est le plus rapide (O. Schmidt).

PÊCHE DES MOULES. — MYTILICULTURE. — Partout où elles prospèrent on emploie les Moules, soit comme appâts soit comme aliments.

Dans bien des endroits on pratique dans ce but un élevage particulier. Meyer et Möbius [1] ont publié des détails précis sur ces élevages réglés.

« A la surface des pilotis et des planches du port, des lavoirs, des bateaux, et des embarcadères, dans tous les points mouillés par l'eau, viennent s'installer des Moules, dont les petits pullulent au-dessus de leurs parents, comme un gazon serré. Leurs résidences artificielles sont les « pilotis-à-Moules »; ce sont des arbres que les pêcheurs installent sous l'eau, dans la zone qui appartient à leurs habitations, auprès de l'ancien

(1) Meyer et Möbius, *Faune de la baie de Kiel*

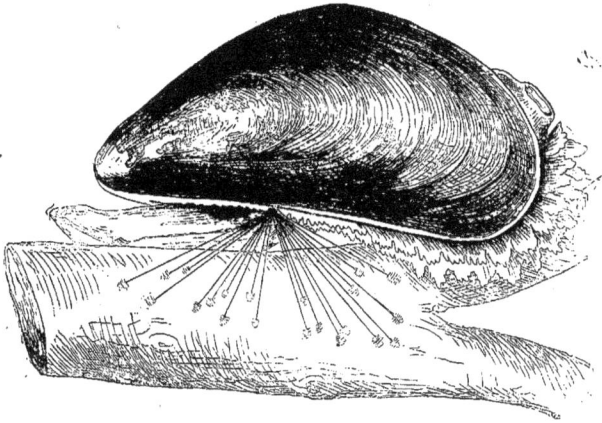

Fig. 506. — Moule comestible attachée par son byssus.

village d'Ellerbeck. On emploie de préférence des Aulnes, parce qu'ils sont moins chers que les Chênes et les Hêtres, dont on se sert aussi néanmoins. Les pêcheurs prennent les branches les plus étroites de ces arbres, ils les coupent chaque année auprès du tronc, et les apointent à l'extrémité inférieure ; puis, à l'aide d'une corde et d'une fourche, ils les fixent dans le sol, au milieu des herbes marines mortes ou vivantes, à une profondeur de 2 ou 3 brasses. Ces arbres à Moules s'installent en toute saison ; mais on ne les retire qu'en hiver, le plus souvent sur la glace ; parce qu'à ce moment les Moules sont plus savoureuses et inoffensives. Les pilotis, implantés, des deux côtés de la baie, le long des rives de Düsternbrooker et d'Ellerbecker, ressemblent à des jardins sous-marins qu'on aperçoit sous l'eau transparente quand la mer reste calme. Lorsqu'un vent d'ouest persistant refoule une grande masse d'eau hors de la baie, les cimes les plus élevées de ces arbres apparaissent çà et là au-dessus des flots abaissés ; autrement, ils sont toujours couverts et invisibles. Nous avons souvent fait retirer de ces pilotis, pour y recueillir des Moules, et nous avons pris plaisir à étudier les manœuvres et les observations des pêchenrs d'Ellerbeck. Ils ont des canots d'une forme antique, à fond plat et à parois abruptes, et ils rament avec des palettes en forme de bêches. Ils savent reconnaître la place des pilotis en se

guidant snr des points de repère terrestres qu'ils observent de loin. Une fois arrivés au-dessus d'un de ces arbres, ils enfoncent une perche dans le fond pour y assujettir le canot ; puis ils fixent une corde autour d'un crochet qu'ils plongent dans l'eau pour enlacer le tronc de l'arbre chargé de Moules et le soulever en l'entortillant. Dès qu'il est extrait du fond, il s'élève plus aisément, et bientôt il apparaît à la surface ; on le soulève alors suffisamment au-dessus de l'eau pour recueillir les Moules fixées à ses branches, qui en sont ordinairement très chargées. On y voit pendre, en touffes ou en pelotes, de grands individus qui ont tissé leurs filaments de byssus soit sur le bois, soit sur les écailles des voisins ; entre eux et sur leurs écailles pullulent, en outre, des animaux divers.

« Dans la baie de Kiel, on installe chaque année environ un millier de pilotis-à-Moules, et on les retire au bout de trois ans ; c'est le temps qu'exigent ces animaux pour se développer au point de fournir un mets convenable. Sur le marché de Kiel apparaissent chaque année environ 800 tonnes de Moules dont chacune renferme en moyenne 42,000 pièces. Ainsi on récolte en hiver près de 3,360,000 pièces. Les années sont plus ou moins bonnes, tant au point de vue de la quantité des Moules qu'au point de vue de leur qualité. »

Les Moules prospèrent aussi sur toutes les

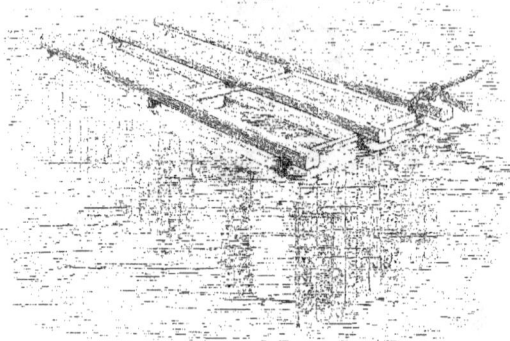

Fig. 501. — Appareil flottant pour la culture artificielle des Moules, consistant en un double cadre formé de poutrelles, auxquelles on fixe à l'aide de crochets, soit horizontalement, soit verticalement selon les besoins, des planches chargées de Moules. Les planches horizontales, submergées de 15 à 20 centimètres, reçoivent des semis de très jeunes Moules, qui s'y fixent, ce qui permet alors de suspendre ces mêmes planches verticalement.

côtes de la Méditerranée où elles trouvent à fixer leurs fils.

Kobelt, qui a visité la région de Tarente, célèbre depuis l'antiquité par l'élevage des Huîtres et des Moules, a laissé un récit de son voyage :

« Parmi les 30,000 habitants qui demeurent aujourd'hui à Tarente, les deux tiers au moins vivent de la mer et de ses produits. Les principaux sont les deux espèces de Moules appelées *cozze nere* et *cozze pelose;* la première est la Moule bleue commune, la seconde est la Moule barbue, nommée *Modiola barbata.* On trouve les *cozze di Tarento*, avec les *Ostriche di Tarento*, sur tous les marchés de l'Italie méridionale, jusqu'à Rome. Dans le bassin antérieur de *Mar pic* (comme on dit dans le dialecte de Tarente ou plutôt dans celui des quatre dialectes que parle mon matelot), la rive est bordée d'une zone assez large qui s'enfonce sous l'eau jusqu'à 8 ou 10 pieds de profondeur. C'est là que se trouvent rangées des séries de pilotis séparés par des intervalles de 18 à 20 pieds. Ils sont maintenus par des cordes étendues en tous sens, sur lesquelles sont fixés d'innombrables chevalets ; c'est sur eux, et non sur les pilotis, que se fixent les Moules. Les amarres sont composées de fibres végétales, qu'on m'a dit provenir d'une herbe marécageuse des environs de Naples ; je n'ai pu me procurer de renseignements plus précis à ce sujet, mais je ne crois guère me tromper en repoussant cette assertion et en reconnaissant dans cette matière l'*Esparto* d'Espagne (*Macrochloa tenacissima*). Ces cordes, extrêmement solides, résistent très longtemps à la pourriture ; les pêcheurs les désignent sous le nom de « cordes de paille » (*Fune di paglia*).

« Pendant mon séjour à Tarente, en novembre, la plupart des établissements de ce genre étaient dégarnis, mais les pêcheurs s'occupaient de tous côtés à les réinstaller pour recueillir de nouveaux hôtes. Je mets en doute l'assertion de Salis suivant laquelle on laisse les Moules un an et demi sur ces cordes. Les spécimens nécessaires pour l'installation sont pêchés en pleine mer ou choisis parmi les sujets les plus jeunes qu'on a conservés séparément dans ces établissements. Les cordes sont fixées de manière à se trouver à sec au moment de la mer basse, qui abaisse toujours l'eau de 2 pieds au moins, à Tarente. Dans certains établissements on les soulève tout à fait en l'air de temps à autre, et on les laisse hors de l'eau pendant plusieurs jours.

« Dans la *Mare piccolo*, j'ai compté près de 30 groupes de pilotis, comprenant en moyenne 200 pieux ; mais je n'ai pu me procurer de documents exacts sur le nombre et sur la valeur

BRLUM.

des Moules qu'on en retire ; personne ne s'en était occupé. Les sommes qu'on en obtient doivent être considérables, car on expédie vers les marchés italiens des wagons entiers chargés de Moules fraîches ou marinées. A Noël, notamment, ces envois prennent des proportions colossales, car on sert alors dans toutes les maisons italiennes un grand repas dans lequel, au milieu de plusieurs Poissons, les Anguilles (*capitone*) de Chioggia et les *cozze* de Tarente jouent le rôle principal. Les *cozze nere* fraîches coûtent à Tarente, suivant l'offre ou la demande, de 40 à 50 centimes le kilogramme. »

Coste (1) raconte que dans l'un des bassins de l'Arsenal de Venise, un gardien y élève artificiellement des moules à l'aide d'un radeau flottant (fig. 507), qui porte des planches mobiles disposées obliquement les unes à côté des autres, comme les tablettes d'une jalousie, de manière à avoir toujours une de leurs faces préservée du contact et du dépôt de la vase. Ces pièces mobiles, quand elles sont chargées de semence, peuvent être désarticulées et suspendues verticalement à la charpente du radeau.

L'élevage des Moules a lieu sur les côtes de France dans diverses localités ; elle a pris une extension considérable surtout dans la baie d'Aiguillon (fig. 508) près La Rochelle, à Esnandes, à Charron, où les premiers parcs furent établis il y a près de huit siècles.

Vers la fin de l'année 1235, une barque chargée de Moutons et montée par trois hommes d'équipage vint, chassée des côtes d'Irlande par un violent coup de vent, se briser contre les rochers de la pointe de l'Escale, à une demi-lieue du port d'Esnandes. Équipage et marchandises, tout aurait été enseveli dans les flots, si les pêcheurs du littoral ne se fussent empressés de porter secours à l'embarcation en détresse. Mais, malgré leurs efforts, ils ne réussirent à sauver que l'un des trois hommes dont se composait l'équipage, cet homme en était le patron, il se nommait Patrice Walton.

Exilé sur cette plage où il ne lui restait pour toute fortune que quelques Moutons échappés du naufrage, et dont la race croisée plus tard avec celle du pays a formé cette belle variété connue dans la Vendée sous le nom de *Mouton de marais,* Walton appliqua son génie à se créer des moyens d'existence, et à se rendre utile dans sa nouvelle patrie. Il résolut donc de parcourir en tout sens le vaste lac de boue qu'il

avait sous les yeux et de voir s'il n'offrirait pas quelques ressources à son industrie. Mais pour atteindre ce but, il était obligé de marcher à mer basse, sur cette boue fluide, qui se dérobait sous ses pas.

En présence de cette difficulté, l'idée lui vint de construire une pirogue de la plus ingénieuse simplicité, à l'aide de laquelle, sans autre impulsion que celle du pied, il glissa sur la vasière avec la rapidité d'un cheval au trot, visitant ainsi les diverses localités et pouvant se livrer à toutes les entreprises qu'il lui paraîtrait utile de tenter. Les oiseaux de mer et de rivage qui rasent la surface de l'eau pendant l'obscurité lui parurent s'y rencontrer en assez grand nombre pour devenir l'objet d'un commerce lucratif, si on réussissait à leur tendre des pièges convenablement organisés. Il appliqua à cet usage une espèce particulière de filet importée par lui et désignée sous le nom de *filet d'allouret.*

Walton n'eut pas longtemps à exercer cette industrie sans s'apercevoir que la progéniture des Moules de la côte venait s'attacher à la portion submergée des piquets qui soutenaient son allouret et sans se convaincre que ces Moules ainsi suspendues au-dessus de la vase y prenaient une plus grande taille, un meilleur goût que celles qui vivaient à l'état sauvage ou qui étaient ensevelies sous le limon. Cette découverte fut pour lui une véritable révélation. Il multiplia les points d'attache en plantant de nouveaux piquets, et, comme les premiers, ceux-ci se chargèrent de jeunes Moules, qui augmentèrent sa récolte en proportion du nombre des supports qu'il offrit à ces colonies naissantes. Après le succès d'une telle expérience, il ne pouvait plus y avoir de doute ; la progéniture des Moules sauvages était susceptible d'être recueillie et élevée sur ces reposoirs artificiels, de manière à donner à leur culture les proportions d'une grande exploitation. C'est à cette œuvre importante qu'il consacra désormais tous ses efforts.

Les pratiques qu'il institua étaient si heureusement appropriées aux besoins de la nouvelle industrie, qu'elles servent encore de règle aux populations dont elles sont devenues le riche patrimoine.

Ce fut, si l'on s'en rapporte à un document publié vers la fin du seizième siècle, ce fut en 1236, dix années après son naufrage, que Walton aurait procédé à la construction du premier établissement sur le modèle duquel sont édifiés aujourd'hui les quatre cent quatre-vingt-dix

(1) Coste, *loc. cit.*, p. 122.

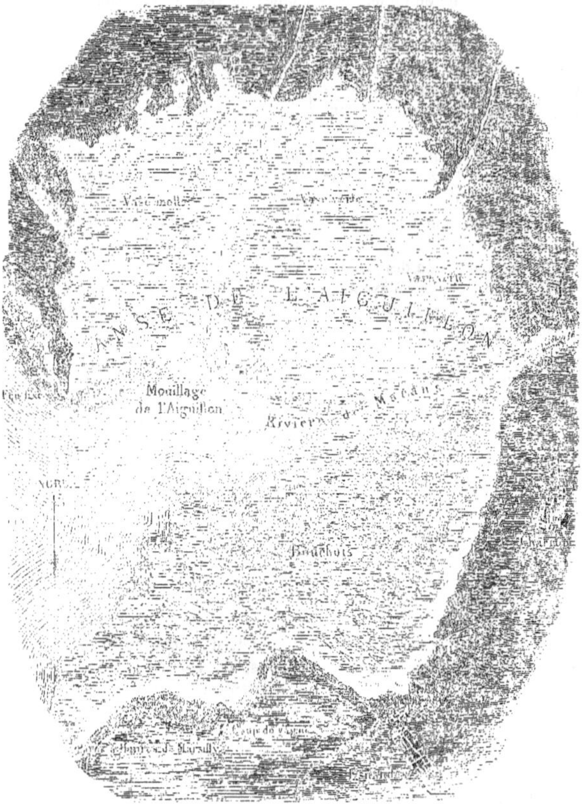

Fig. 508. — Plan de l'Anse de l'Aiguillon.

parcs artificiels appelés *bouchots* (1), qui couvrent la moitié de l'anse de l'Aiguillon.

Les piquets isolés dont il s'était jusque-là servi ayant été à diverses reprises arrachés par la tempête, couchés par le choc des barques ou des blocs de glace, il eut recours à des appareils plus solidement établis et qui en même temps lui offrissent de vastes surfaces pour recevoir le naissain et peu de prise à l'action de la lame. En conséquence, il dessina au niveau des basses

(1) De *bout*, clôture, et *choat*, bois.

marées, suivant une ligne supposée allant du château d'Esnandes au château de Charron, là où maintenant il existe de vastes prairies, un W (la première lettre de son nom) dont le sommet légèrement entre-baillé était tourné vers la mer (s'avançant quelquefois jusqu'à une lieue) et dont les côtés prolongés d'environ deux cents mètres vers le rivage s'écartaient de manière à ouvrir un angle d'à peu près quarante-cinq degrés. Le long de chacun des côtés de cet angle, il planta, à la distance de deux ou trois pieds les uns des autres, de fort pieux, de dix à douze pieds de hauteur, qu'il enfonça à moitié dans la vase, dont il clayonna les intervalles avec des fascines ou branchages afin d'en former de solides palissades. Au sommet de l'angle représenté par ces longues ailes, il laissa entre les panneaux un écartement de trois ou quatre pieds pour y adapter des engins destinés à recevoir les poissons qui, à mer descendante, suivraient la voie bordée par cette double haie ; se ménageant par cette heureuse combinaison une double ressource, car son établissement était à la fois une moulière artificielle et une pêcherie.

Aussi voit-on encore de nos jours les *boucholeurs*, fidèles à toutes les pratiques dont Walton leur a laissé l'exemple, partir dans leurs *acons*, avant que la mer découvre, s'arrêter derrière le sommet entr'ouvert de chaque appareil, munis d'un filet dit *avenu*, s'y livrer à la pêche jusqu'à ce que leur nacelle reste à sec et qu'ils puissent la charger de coquillage et la ramener au port en glissant sur la vase.

« C'est un curieux spectacle que celui d'assister au retour de cette flotte singulière, dit Coste, de voir les cent soixante pirogues qui la composent débouchant par toutes les issues de la forêt de palissades où elles disparaissent pendant le travail, rasant le sol comme une volée d'oiseaux que le flot chasse devant lui.

« Ces *acons* ou *pousse-pieds* (fig. 512, p. 313), sont de simples caisses en bois, longues de neuf pieds, larges et profondes de dix-huit pouces, dont l'extrémité antérieure est recourbée en forme de proue. Le boucholeur se place à l'arrière, appuie son genou droit sur le fond, se penche en avant, saisit les deux bords avec ses mains, laisse en dehors, afin de pouvoir s'en servir en guise de rame, sa jambe gauche, chaussée d'une longue botte, puis, quand il a pris pour ainsi dire son équilibre, il plonge sa jambe libre dans la vase qui lui sert de point d'appui, la retire, la replonge encore, et, par cette manœuvre répétée, il pousse sa machine légère et la conduit partout où sa présence est nécessaire. C'est de la sorte que les boucholeurs se rendent à leurs bouchots, qu'une longue habitude, même pendant les nuits les plus obscures, leur permet de distinguer de ceux de leurs voisins, malgré tous les détours de l'immense labyrinthe que forment, sur la vasière, les six mille palissades qui la recouvrent. »

« Tous les appareils, dit Coste(1), sont éche-

(1) Coste, *loc. cit.*, p. 142.

lonnés sur quatre étages, auxquels l'industrie assigne des usages différents, selon qu'ils sont plus rapprochés ou plus éloignés du rivage. Elle les désigne sous les noms de bouchots *du bas* ou *d'aval*, bouchots *bâtards*, bouchots *milloin*, bouchots *d'amont*, noms qui expriment la zone que chaque étage occupe sur le plan topographique de la baie.

Les bouchots du bas ou d'aval sont les plus éloignés du rivage et ne découvrent qu'aux grandes marées de syzygies. Au lieu d'être palissadés comme ceux des autres étages, ils ne sont formés que de simples pieux espacés d'un tiers de mètre environ. Ces pieux solitaires (fig. 509) se trouvent dans la zone la plus favo-

Fig. 509. — Pieux isolés, dits bouchots d'en bas ou d'aval, converts de renouvelain ou frai de Moules, qu'ils sont particulièrement destinés à fixer.

rable à la conservation du naissain des Moules qui vient s'y attacher. Partout ailleurs ce naissain, composé d'animaux excessivement délicats, serait trop souvent mis à sec et pourrait difficilement résister à l'action prolongée du soleil ou à celle des froids rigoureux. C'est donc sur ces points d'appui spéciaux qu'on laisse s'accumuler toute la semence destinée à peupler ensuite, par voie de transplantation et de repiquage, les palissades vides ou trop peu garnies, des étages que la mer découvre plus souvent ; car les habitants de la contrée se servent d'expressions agricoles pour désigner les diverses opérations de leur industrie : ils disent: semer, planter, transplanter, éclaircir, repiquer et récolter les Moules.

Vers le mois d'avril, cette semence, fixée en février et mars aux pieux solitaires des bouchots d'aval, égale à peine le volume d'une graine de lin et prend le nom de *naissain;* elle a, en mai, la grosseur d'une lentille ; en juillet, celle d'un haricot, et s'appelle alors *renouvelain;* c'est le moment de la transplantation.

Lors donc que vient le mois de juillet et que le naissain a acquis sur son berceau la taille du renouvelain, on juge qu'il est susceptible de supporter un nouveau séjour, de s'acclimater dans un milieu un peu moins favorable, où avant cet âge il aurait eu à souffrir. Les boucholeurs poussent alors leurs acons vers les points de la vasière où sont plantés les pieux chargés de cette semence. Ils en détachent, en les râclant à l'aide d'un crochet fixé au bout d'un manche (fig. 510), le nombre de plaques qu'à mer basse ils auront le temps de transplanter ; amassent ces plaques dans des paniers (fig. 510 *bis*), et dirigent leurs pirogues vers les

Fig. 510. — Crochet ou pêchoir à l'aide duquel on détache le renouvelain des pieux ou bouchots d'aval.

Fig. 510 *bis*. — Panier pour la récolte des Moules.

palissades les plus voisines, c'est-à-dire les bouchots bâtards, qui découvrent lors des marées de vives eaux ordinaires et s'y arrêtent pour commencer *la bâtisse.*

Là, prenant chaque paquet à part, ils l'enferment dans une bourse de vieux filet ; logent ensuite, une grappe après l'autre, entre les branchages, toutes ces colonies, dont les individus liés ensemble par leur byssus forment des familles distinctes ; garnissent tous les intervalles avec cette *bâtisse,* comme le feraient des maçons qui y couleraient du plâtre pour combler ces panneaux à claire-voie, avec cette différence cependant, qu'ici l'on a toujours le soin d'espacer assez les familles pour que l'accroissement d'une peuplade ne gêne pas celui de ses voisines. Le filet qui les entoure et les assujettit se pourrissant bientôt, rien ne s'oppose plus à ce que les colonies isolées étendent leurs limites par le développement de chacun de leurs membres. Elles grandissent en effet dans

ce nouveau séjour, et finissent par se toucher ; en sorte que ces immenses palissades (fig. 511), quand les grappes développées se joignent dans les mailles de leur tissu, ressemblent à des pans de murs noircis par l'incendie.

Quand les choses en sont arrivées à ce point, et que les Moules, devenues plus grandes, commencent à se toucher, leur résistance à l'action du monde extérieur est de beaucoup plus énergique à cette période qu'à leur état de renouvelain. On peut donc éclaircir les rangs trop serrés, afin de faire place à des générations plus jeunes, et transporter celles qu'on enlève des bouchots bâtards, qui ne découvrent que lors des marées des vives eaux ordinaires, dans les fascines vides des bouchots milloin, qui dé-

Fig. 511. — Pieux d'amont avec clayonnage chargés de Moules bonnes à être récoltées.

couvrent pendant toutes les marées de mortes eaux. C'est là ce qu'on appelle *repiquer les Moules,* opération qui s'exécute de la même manière que la première, c'est-à-dire en enveloppant les grappes dans une bourse, avant de leur assigner une nouvelle demeure où elles puissent continuer à grandir et à se répandre sans obstacle.

Il y a une époque de l'année où la manœuvre des pirogues deviendrait très difficile, si un petit crustacé, le *Corophinus longicornis,* pour donner la chasse aux vers marins, dont il se nourrit, ne venait, en les fouillant, aplanir les sillons profonds, les inégalités temporaires, que les vases amoncelées et durcies par les rayons du soleil opposent à la marche des boucholeurs.

Ce que des milliers d'hommes, dit d'Orbigny, ne parviendraient pas à exécuter dans le cours de l'été, une réunion de chétifs animaux, à peine longs de quatre lignes et demie, l'achèvent en quelques semaines, ils démolissent et aplanissent plusieurs lieues carrées couvertes de ces sillons; ils délayent la vase qui est remportée hors des bouchots et même de la baie par la mer à chaque marée, et peu de temps après leur arrivée, le sol de la vasière se trouve avoir une surface aussi plane qu'à la fin de l'automne précédent.

D'après Coste, un bouchot bien peuplé fournit ordinairement, suivant la longueur de ses ailes, de quatre à cinq cents charges de Moules, c'est-à-dire une charge de cent cinquante kilogrammes par mètre, qui se vend cinq francs. Un seul bouchot porte donc une récolte d'un poids de soixante-quinze mille kilogrammes, qui, sur le marché, fournit un revenu brut d'un million à douze cent mille francs.

Ce chiffre et l'abondante récolte dont il est le produit peuvent donner une idée des ressources alimentaires et des bénéfices considérables qu'il y aurait à tirer d'une pareille industrie, si, au lieu de la restreindre à une portion de la baie de l'Aiguillon, on l'étendait à toute la vasière, et si cette contrée où elle a pris naissance on l'importait sur tous les rivages et dans tous les lacs salés où elle serait susceptible d'être pratiquée avec succès. En attendant, le bien-être qu'elle répand dans les trois communes dont elle est devenue le patrimoine restera comme un exemple à imiter car, grâce à la précieuse invention de Walton, la richesse y a succédé à la misère.

L'industrie créée par Walton, fera-t-elle école? Nous n'en doutons pas. De l'Atlantique, elle a déjà passé dans la Méditerranée. Un essai de myticulture a été fait dans le canal de Lamotte, qui met la mer en communication avec l'étang de Berre, et la tentative a parfaitement réussi.

Usages et produits. — Quoique plusieurs espèces soient employées comme aliment, nous ne parlerons que de la Moule comestible, car c'est elle que l'on vend surtout sur les marchés de nos villes, et c'est principalement après son usage que l'on a vu survenir les accidents dont nous aurons occasion de parler.

Les Moules ont été employées de tout temps comme aliment, et on les mange soit crues, soit cuites et assaisonnées de différentes manières.

A Tarente, dans le royaume d'Italie, on les soumet alternativement à l'influence de l'eau de mer et de l'eau douce, ce qui les attendrit et ajoute à leur qualité alimentaire.

Les Moules les plus estimées sont celles d'Isigny, près de Bayeux, et celles de divers points de la côte occidentale de France. On en pêche aussi beaucoup sur la plupart des rochers qui bordent la côte comprise entre Saint-Malo et Cancale.

Une grande partie de celles qui sont vendues à la halle de Paris proviennent d'Anvers, et ces Moules sont regardées généralement comme d'excellente qualité.

Si l'Huître est le bivalve de l'aristocratie (*nobilissimus cibus*), la Moule revendique l'honneur d'être celui de la pauvreté (*vilissimus cibus*). Un roi, Louis XVIII, l'avait néanmoins en grande estime. Chaque semaine, on lui en faisait venir de La Rochelle. Il avait même inventé, pour leur donner plus de goût, une sauce au poivre de Cayenne que les érudits de la gastronomie doivent connaître assurément. La Moule est cependant restée roturière, probablement à cause de son abondance et de son bon marché; ce n'est pas un coquillage comme il faut.

Le docteur G. Johnston disait que l'homme qui mange des moules « a en sa faveur un million de chances, contre une, d'être malade.» Et c'est fort heureux, car elle tient une place des plus importantes dans l'alimentation des classes pauvres, étant fort commune.

Malgré le soin apporté à la pêche, au transport et à la visite de ce coquillage, lorsqu'il est mis en vente sur le marché, on voit quelquefois des accidents sérieux frapper les personnes qui en ont fait usage à leur repas.

On trouve dans les auteurs d'assez nombreuses observations sur cette sorte d'empoisonnement.

Les symptômes observés sont identiques à ceux de l'empoisonnement par les Huîtres (1).

Tous ces accidents guérissent le plus ordinairement; cependant on cite quelques cas de mort.

Au moyen âge, on attribuait les causes de ces accidents aux phases de la lune ou aux sorciers.

Il reste un préjugé populaire qui ne permet de manger les Moules comme les Huîtres que pendant les mois de l'année dont le nom contient la lettre R.

En présence des nombreuses observations rassemblées par les auteurs (2), on a été tenté d'expliquer de différentes manières ces curieux phénomènes d'empoisonnement.

Ainsi, quelques-uns, et parmi eux de Beunie (3), ont prétendu qu'ils n'avaient jamais vu

(1) Voy. p. 283.
(2) Ils sont rapportés par : Chevallier, *Mémoire sur les empoisonnements par les Huîtres, les Moules, les Crabes* (*Ann. d'Hyg.*, 1850, t. **XLV**, p. 403). — Voyez aussi Bouchardat, *Empoisonnement par les Moules* (*Ann. d'Hyg.*, 1887. t. XVII, p. 358).
(3) De Beunie, *Mém. Acad. de Bruxelles*, 1777, t. I, p. 245.

les accidents arriver que lorsqu'on mangeait des Moules crues, et non lorsqu'elles étaient cuites et surtout assaisonnées.

Cette opinion est contraire aux faits observés, puisque nous voyons des accidents aussi graves arriver après l'usage des Moules cuites qu'après celui des Moules crues.

A ce sujet, nous ne pouvons nous empêcher de faire remarquer que tous les habitants des localités dans lesquelles se pêchent et arrivent d'abord les Moules, les mangent souvent crues, et que cependant on ne remarque pas là plus d'accidents que dans les villes où elles sont presque toujours mangées cuites.

Quelques médecins ont pensé qu'il fallait en rapporter la cause à la plus grande quantité de ce coquillage qu'un homme de travail peut manger à ses repas. Ce qui avait pu donner un peu de force à cette accusation, c'est la préférence malheureuse des accidents chez le pauvre ; mais cette différence entre le riche et le pauvre pourrait bien n'être qu'apparente. A Nantes, par exemple, comme sur les côtes, les Moules se mangent le plus ordinairement à demi cuites dans un peu d'eau salée seulement. Il suffit que les valves soient entr'ouvertes et qu'on puisse en retirer la chair. Sur la table du riche, au contraire, on ne les sert jamais sans que, préalablement, l'animal n'ait été retiré de sa coquille. En sorte que le premier entasse autour de lui une masse énorme de débris de coquilles, et que le second, sous un plus petit volume apparent, pourrait bien être celui qui en a consommé la plus grande quantité.

Mais si l'on ne trouve pas la raison des accidents dans la quantité, peut-être bien que la qualité peut exercer là une influence notable.

Moins scrupuleux sur le choix de ses aliments, cherchant surtout le bas prix qui se traduit par un plus gros volume d'aliments, et que l'on obtient surtout dans les saisons chaudes au moment où le poisson se corrompt si vite, le pauvre fait peut-être moins attention aux sages recommandations hygiéniques qui sont généralement prescrites, et voit se développer chez lui des accidents plus répétés.

Si nous parlons ici de la saison des chaleurs, c'est que, comme pour les Huîtres, on a remarqué partout que les Moules ne valaient rien à l'époque du frai, et qu'il se développait chez elles un état de maladie tout particulier.

Cependant, comme on a vu ces accidents arriver aussi bien en hiver qu'en été, on a dû chercher à expliquer ce phénomène. On a pensé qu'ils pouvaient bien être causés par ces petits crabes (*Pinnotheres pisum Leach*, L.) qui s'y trouvent souvent renfermés ; mais cette idée n'a pas cours sur tout le littoral de Nantes et ne saurait y prendre faveur, tant la présence de ces crabes y est chose commune, et sans qu'on ait jamais eu l'occasion de remarquer de différence avec les autres Moules sous le rapport de leur état malfaisant.

On a attribué quelquefois l'action passagèrement délétère des Moules, aux soins nécessaires de propreté à prendre avant la cuisson. Les Moules prises sur les rochers élevés au-dessus du fond sont très propres, mais elles sont trop petites pour être admises sur les marchés, d'abord parce qu'elles ont moins de saveur, et ensuite parce que certains règlements, et entre autres la déclaration du roi du 18 décembre 1728, défendaient expressément de les cueillir ayant moins de 12 lignes.

Les seules que l'on consomme à Nantes, par exemple, viennent des départements voisins. Elles sont plus grosses et plus goûtées ; mais étant retirées de fonds vaseux, elles arrivent dans un état de malpropreté excessive, tellement que, pour la première préparation, il faut les passer par des lavages répétés à grande eau. Encore arrive-t-il souvent, quand la Moule est servie avec sa coquille, que dans celles qui ont péri, les valves entr'ouvertes ne contiennent plus qu'une vase noirâtre nauséabonde, dont une partie, nécessairement, se délaie dans l'eau de la cuisson, qui en est toujours l'assaisonnement obligé.

Que l'on admette alors que, dans certaines localités, l'eau ne soit pas abondante, ou bien que la personne chargée de la cuisson néglige les premiers soins de propreté, assurément il y aura danger que quelque matière malfaisante ne s'introduise dans la part de l'un des convives, et ne produise des accidents plus ou moins graves en raison de la quantité de Moules malsaines qui seront mangées.

Lamoureux a prétendu que ces qualités délétères pouvaient dépendre d'une matière que l'on appelle *crasse* et qui se trouve dans la mer. Elle se présente sous forme d'écume jaunâtre, mince, et couvre quelquefois une étendue considérable, principalement lorsque le temps est beau et que le calme règne sur l'horizon.

De Beunie dit que cette propriété est due au *qual* ou frai très âcre des Étoiles de mer ou Astéries.

Ce frai, très caustique, est répandu dans la mer

pendant les mois de mai, juin, juillet et août, et ce fait concorde, comme on le voit, avec l'opinion commune qui veut qu'on s'abstienne de manger des moules pendant cette période de l'année.

Ces assertions plus ou moins problématiques ont été réfutées par l'expérience, et l'on a vu arriver des accidents par l'usage de Moules qui ne se trouvaient pas dans ces conditions.

On a prétendu que les Moules qui avaient donné lieu à des accidents avaient été recueillies sur de vieilles coques de vaisseaux doublées en cuivre. Rien n'est moins certain que cette assertion ; et pour y répondre, il suffit de se reporter à ce que nous avons dit à propos des Huîtres (1).

Il reste enfin une dernière opinion, et c'est à celle-là que nous nous rattachons, opinion qui consiste à penser que les accidents que nous signalons sont surtout le résultat d'une disposition particulière de l'estomac (idiosyncrasie), disposition qui peut être sollicitée, dans certains cas, par suite de quelques-unes des causes que nous avons décrites plus haut.

Orfila (2) cite, d'après Edwards, l'exemple de plusieurs personnes qui, à différentes reprises, ont été incommodées pour avoir mangé des Moules ; tantôt elles prenaient cet aliment avec impunité, tantôt elles en souffraient beaucoup pour en avoir fait usage. Il parle d'une dame qui ne pouvait manger une seule Moule sans présenter les symptômes qu'on qualifie d'empoisonnement.

Différents moyens ont été indiqués pour empêcher les accidents qui surviennent de temps à autre après l'usage des Moules.

Il faut pratiquer des lavages rigoureux de propreté, dans les pays où elles sont recueillies sur des fonds vaseux.

Selon Hensler, on prévient tout danger en ayant la précaution de jeter ces coquillages, bien nettoyés, dans un seau d'eau où l'on a mis préalablement deux fortes poignées de sel, et de les y laisser pendant une heure avant que de s'en servir. Ce procédé est toujours usité dans le Holstein.

On a encore proposé de faire passer les Moules par le vinaigre, lorsqu'elles sont bien lavées dans l'eau, de les faire bouillir ensuite dans un pot de terre avec du vinaigre et quelques grains de poivre entier.

(1) Voy. p. 284.
(2) Orfila, *Toxicologie*. — Voy. Fonssagrives, *Traité d'hygiène navale*. 2ᵉ édition, Paris, 1877, p. 622.

Quel que soit le pays où les accidents produits par les Moules aient été observés, ils ont été partout les mêmes, avec une différence cependant dans l'éruption qui, dans certains points du littoral de l'Océan, se montre moins fréquemment et ne s'y présente que comme un phénomène très accessoire, n'ajoutant rien à la gravité du mal et ne modifiant en rien le traitement.

Malgré certains cas mortels frappant sur des individus qui se trouvaient peut-être dans des conditions exceptionnelles, on parvient ordinairement à surmonter tous les accidents dans l'espace de 12 à 24 heures. On a proposé de donner du thé très chaud avec quelques cuillerées d'huile d'amandes douces ; de favoriser, de solliciter même les vomissements à l'aide de l'émétique et de faire suivre ce médicament par l'administration du vinaigre ou du jus de citron. Enfin on a donné la thériaque, le lait, etc. ; on a surtout préconisé l'éther à hautes doses.

LES UNIONIDÉS OU NAYADES —
UNIONIDÆ Lin.

Caractères. — Les Unionidés ou Nayades ont une coquille ordinairement régulière, équivalve, fermée, à structure nacrée ; les dents cardinales antérieures sont épaisses, striées ; les postérieures, lamelleuses, manquent quelquefois.

Distribution géographique. — Les Nayades se trouvent dans les étangs et les rivières de toutes les parties du monde ; elles abondent en Amérique notamment ; nos cours d'eau d'Europe en possèdent un nombre également très grand.

Distribution paléontologique. — Les Unionidés sont rares dans les formations géologiques. Elles semblent apparaître à l'époque Crétacée, et c'est dans l'étage Néocomien que l'on constate la présence du genre Unio, pour la première fois.

Parmi les plus intéressantes à connaître il faut étudier la suivante :

MULETTE PERLIÈRE — *MARGARITANA MARGARITIFERA* Lin.

Théodore Von Heszling a publié sur la Mulette perlière de remarquables travaux ; c'est à lui que nous empruntons en partie tout ce qui concerne cette espèce.

Caractères. — Elle est allongée transversalement, courbe en arrière, à crochets déprimés et à dent cardinale, petite et subconique,

Fig. 512. — Boucholeur dans son acon qu'il pousse sur la vase.

la coquille est couverte d'un épiderme olivâtre.

Distribution géographique. — La Mulette margaritifère se trouve sur les côtes occidentales de l'Irlande et dans les rivières de l'Oural; elle prospère aussi sur les presqu'îles de la Scandinavie, de même que dans le Nord de la Russie jusqu'à la mer de Glace, et elle habite les embouchures du Don comme les ruisseaux des Pyrénées.

« Ces ruisseaux peu calcaires, dans lesquels vit et s'accroît l'espèce, coulent, suivant la description de Von Heszling, paisiblement, sans s'endormir, parmi les prés fleuris; ils passent tantôt entre des coteaux verdoyants et luxuriants ou au bord de forêts ombreuses, tantôt entre des collines et des montagnes fertiles d'où jaillissent des eaux fraîches et joyeuses; auprès d'eux, s'élèvent des Aulnes exubérants; les Libellules sournoises voltigent au-dessus d'eux, et les bruits des moulins animent encore les paysages. Mais ils se précipitent aussi avec vitesse à travers des vallées étroites en forme de défilés, entre des parois abruptes, rocailleuses, ombragées et tristes, sur un fond pierreux et crevassé, au-dessus duquel des blocs de granit gigantesques élèvent leurs têtes vénérables. Habituellement, c'est seulement après avoir quitté la pente principale du terrain, après être sortis des forêts sombres, et après avoir perdu leur vitesse primitive, qu'ils offrent pour résidence au coquillage perlier leur lit calcaire, jusqu'à quelques pas de distance de leur embouchure dans les cours d'eau plus grands. Cet animal a pour habitats de prédilection les mares assez peu profondes, dont le sol

BREHM.

est granitique ou sablonneux, et qui se trouvent notamment aux angles ou aux coudes des ruisseaux, dans les endroits ombragés et frais, sous les racines des Aulnes et des Saules ou sous les troncs d'arbres déracinés, et surtout à l'embouchure des sources fraîches et pures; toutefois il ne fuit pas les étendues plus larges qui se trouvent au milieu du ruisseau, spécialement dans les courbes, où les chauds rayons du soleil arrivent le matin en traversant les ombrages du bord. Autant sa vie s'accommode des fonds purs, à sables blancs, mélangés de pierres et des eaux claires, froides et d'allure modérée, autant il évite les fonds vaseux ou purement rocailleux, couverts de plantes aquatiques, et surtout les embouchures des cours d'eaux qui découlent des prairies garnies de mousses, ou qui contiennent du fer. »

Mœurs, habitudes, régime. — « Ces animaux mènent une existence uniforme, tantôt isolés parmi un petit nombre de compagnons, tantôt en colonies pressées et épaisses qui semblent paver de vastes étendues de ces ruisseaux; souvent ils sont à une profondeur difficile à atteindre, parfois ils ne sont couverts que d'une couche d'eau peu épaisse. Ils enfoncent dans le fond sablonneux la moitié ou les deux tiers de la longueur de leur coquille, suivant le sens du courant; ils forment souvent ainsi deux ou trois couches séparées par des couches de sable d'un à deux pouces d'épaisseur; la couche supérieure renferme les animaux les plus vieux, la couche inférieure les plus jeunes. Dans cette situation, ils sont en contact avec l'eau, qui glisse au-dessus d'eux, par l'extrémité postérieure de leur coquille dont l'ouverture mesure un demi-pouce de large. Pendant qu'ils reposent sans trouble dans les endroits peu profonds du ruisseau, on peut voir l'eau aspirée, avec les corpuscules en suspension, au travers des tentacules appliqués en forme d'entonnoir, à des intervalles quelconques qui ne sont assujettis à aucun rythme ; on la voit rejetée ensuite avec les matières excrémentitielles, à travers une fente rapprochée du joint, avec une impulsion assez forte et souvent sous la forme d'un jet puissant perpendiculaire au muscle obturateur postérieur ; la surface du ruisseau, dans un rayon de plusieurs pouces, est soumise alors à un mouvement de tourbillon. Ce courant branchial, que l'animal produit pendant qu'il se soulève avec la partie postérieure de sa coquille et s'enfouit de nouveau, atteint sa plus grande force quand le coquillage est exposé directement aux rayons du soleil ou à sa réverbération dans le cas où la température de l'atmosphère est élevée ; ce courant dure des heures et se suspend aussi longtemps alternativement ; dans l'obscurité il cesse habituellement tout à fait, et lorsque le temps est trouble, souvent il devient de plus en plus rare pendant plusieurs jours. » (Van Heszling.)

« Bien que ces animaux s'adonnent à un repos des plus tranquilles, on remarque pourtant chez eux les traces d'une *faculté de locomotion.* Des individus, qu'on a remis dans l'eau après les avoir examinés au point de vue de la pêche, se sont reculés, au bout de quelques jours, jusqu'au milieu du ruisseau, ainsi que le montrent les rainures qu'ils ont laissées à leur suite sur le sable. Mais ces déplacements sont peu considérables, et les mouvements sont loin d'être vifs. D'autres, qu'on a marqués, se retrouvent souvent, au bout de 6 à 8 ans, dans le voisinage à peu près immédiat du point où on les a placés, à moins que des influences extérieures ne soient venues les déranger. Les déplacements qu'ils effectuent en masse pour se rassembler dans les places libres pendant la saison douce de l'été, ceux qu'ils accomplissent en automne pour gagner les endroits plus profonds du sol, et les trajets qu'ils parcourent individuellement pendant le jour et pendant la nuit, ne s'étendent jamais à une distance de plus de 20 à 30 pas environ. Walther, inspecteur des forêts à Hohenbürg, raconta à Von Heszling, qu'un coquillage avait parcouru de 8 heures du matin à 5 heures du soir un trajet de 2 pieds et demi. Lorsqu'il se remettait en mouvement, après chaque pause, il lui fal-

lait 30 minutes pour franchir une distance égale à la longueur de sa coquille entière. Ces déplacements, dus à des causes variables, plus ou moins connues, telles que l'entraînement du fond, les variations de l'eau et de la température, les troubles extérieurs, etc., ne s'observent que dans les points où le mollusque repose dans le sable ou le gravier et où il peut creuser un sillon. Ceux qui se tiennent parmi les pierres ou dans un milieu rocailleux, où ils se trouvent enclavés, sont incapables d'aucun déplacement. La progression a lieu en deux actes, qu'on peut distinguer nettement : le pied, étendu comme une languette entre les deux valves, pénètre dans le sable par sa pointe et tantôt il s'y étend, tantôt il s'y contracte. Pendant ce temps les valves immobiles demeurent ouvertes à leur extrémité postérieure d'où émergent le tube anal et l'ouverture du manteau qui dépassent les bords de la coquille. Après une pause, il se produit dans les branchies un courant très vif ; au bout d'une à deux minutes, le tube anal se rétrécit, les tentacules se rapprochent et l'eau aspirée est expulsée en un jet serré, hors du tube anal ; à ce moment l'extrémité postérieure de la coquille se ferme, pour se rouvrir ensuite rapidement. La partie libre du pied, en dehors de la coquille, demeure immobile ; la partie intérieure rétracte la partie libre en se raccourcissant. Alors survient une nouvelle pause, après laquelle le premier acte se répète ; et quand le mouvement du pied, ainsi que le rejet de l'eau, se sont reproduits plusieurs fois en faisant avancer la coquille, l'animal se repose pendant une pause plus longue. Si, pour une cause quelconque, le mollusque se trouve reposer sur l'une des faces de la coquille, il incurve la portion proéminente de son pied vers son bord inférieur, pour l'enfoncer dans le sable, d'abord en arrière contre la coquille, ensuite en avant ; puis, prenant un point d'appui sur le sable, il soulève avec force la coquille horizontale et continue à la déplacer, toujours dans la même position et par le même procédé, vers son but.

« C'est ainsi que ces animaux mènent une existence très longue, pendant laquelle ils sont à peu près immobiles et gardent généralement un repos tout à fait apathique, à moins qu'elle ne soit écourtée par les flots printaniers qui font rouler sur ces créatures des rochers et des éboulis, ou par les froids qui gèlent le fond des petits ruisseaux, ou bien encore par la cupidité des hommes et la rapacité des Loutres, des Piés, des Corbeaux et des Corneilles.

On ne sait quel âge avancé peuvent atteindre ces coquillages ; l'épaisseur de leur coquille relativement à la pauvreté calcaire de l'eau qu'elles habitent indique une existence fort longue ; en moyenne on peut compter 50 à 60 ans. Mais des exemplaires, marqués chaque année, ont montré que leur vie pouvait s'élever jusqu'à 70 et 80 ans. La croyance d'après laquelle on leur attribue une existence plus longue encore, et même une durée de 200 ans, reste sujette à caution. (Van Heszling.)

PERLES. — C'est encore Van Heszling qui va nous guider dans l'étude de ces remarquables productions (1).

« Les perles sont des concrétions indépendantes qui apparaissent dans le coquillage et qui sont constituées par la matière même de la coquille. Leurs propriétés, telles que leur éclat ou leur eau, leur sphéricité et leur poli, leur taille et leur poids, dépendent plus ou moins de leur composition, de leur structure, et celle-ci correspond à celle de la coquille. Les perles sont formées de membranes finement organisées, comprenant entre elles des dépôts de substance calcaire.

« La perle sans tare et sans défaut échappe à toute coloration particulière ; elle présente uniquement le jeu de coloris propre à la couche nacrée de la coquille, et possède ainsi la même structure. L'éclat extrêmement doux, d'un blanc laiteux, à reflet argenté, et à peine teinté des tons de l'arc-en-ciel, l'eau la plus pure, en un mot, est dû au mode d'arrangement des dépôts calcaires et à la transparence des membranes ; les dépôts calcaires produisent le jeu des reflets colorés, et les membranes produisent cette lumière douce qui fascine tant l'œil des mortels. Les perles orientales doivent leur éclat et leur magnificence aux couches des colonnettes qui, bien qu'aussi nombreuses que les couches nacrées, sont tout à fait incolores et se laissent parfaitement traverser par la lumière ; on peut les opposer aux couches des colonnettes qui sont colorées chez nos coquillages de rivière. Une des perles orientales les plus magnifiques se trouvait dans les collections de curiosités naturelles et artistiques des frères Zosima à Moscou ; elle est absolument sphérique, imperforée, d'un éclat argenté des plus beaux, et d'un poids

(1) Tout ce qui suit s'applique tout aussi bien aux perles produites par l'Avicule perlière qu'à celles des Mulettes.

de 27 carats 7/8. En retirant cette perle de son écrin précieux et en la posant sur une fine batiste, on la voit rouler comme une grosse boule de mercure à reflets argentés. Au point de vue de leur volume, tous les spécimens remarquables de perles américaines et persanes atteignent les dimensions d'une grosse noix et même les dépassent.

« Les perles d'Europe et de Bavière notamment atteignent le volume d'un gros pois ou d'une lentille ; mais souvent elles sont grosses comme une tête d'épingle ou plus petites encore. »

Les perles d'Europe sont assez abondantes dans le Perth, le Tay, le Don, le Dée, la rivière d'Irt (Cumberland), la Comvay (pays de Galles), ou bien les rivières irlandaises des comtés de Tyrone, de Donegal, etc. « Pendant les assises d'été, dit M. Lamiral, les gens de ces pays viennent offrir aux gentlemen d'assez belles perles qu'on achète à des prix qui dépassent quelquefois vingt livres sterling. »

Enfin, dans plusieurs cours d'eau du continent, dans l'Elster, en Saxe, dans la rivière Watawa, en Bohême, dans la Moldau et même en France, les propriétaires riverains ramassent des Moules perlières dont ils tirent parfois un assez grand profit, car beaucoup de joailliers peu scrupuleux les revendent comme perles étrangères.

« Mais toutes ces perles d'Europe, comme le remarque M. Lamiral, sont ternes, d'un blanc rosé sans orient ; ce qui semblerait prouver qu'une grande dose de chaleur est nécessaire à la perfection de la perle. Aussi celles qui se forment et qui croissent à la chaleur et au rayonnement du brillant soleil de l'Asie et de l'Amérique méridionale sont-elles toujours les plus belles, les plus vives en éclat et en transparence. »

La question de l'*origine des perles* remonte au temps même de leur découverte. Nous ferons connaître quelques-unes des opinions et des traditions recueillies avec soin par Von Heszling, bien que la plupart aient trait plus spécialement aux perles marines.

Pendant les nuits douces et tièdes de l'été, croyait-on, de frêles gouttelettes de rosée glissent du ciel pour être ensuite fécondées par les chauds rayons du soleil au sein des coquillages entre-bâillés. Cette légende de l'Inde ancienne a traversé toute l'antiquité pour régner encore assez longtemps dans le moyen âge. Pendant le jour du mois de Nisam (24 mars), dit le savant israélite Benjamin de Tutèla, les coquillages reçoivent les gouttes de pluie, et au mois de Tiso (milieu de septembre) les plongeurs y trouvent les pierres précieuses ; de nos jours encore les indigènes croient à ce mode de formation des perles. On retrouve ce mythe encore dans les figures allégoriques des poètes, ainsi que dans les tableaux des peintres.

L'alchimiste Angurello l'a chanté dans ses vers, et Rückert en parle dans une de ses ravissantes poésies :

« Je songeai alors à mon origine céleste : un ange pleurait au sujet d'une faiblesse, et une larme tomba pour l'expier. Car les anges pleurent aussi dans le silence ; mais leurs larmes sont un bienfait pour l'humanité, puisqu'elles donnent naissance aux perles. Cette larme aurait sombré dans l'Océan, si la mer, reconnaissant sa noble origine, ne l'avait recueillie dans un coquillage ; séparant cette larme des autres, émanées d'une source moins noble, elle la recommanda en ces termes aux soins du coquillage : « Tu protégeras dans ton sein paisible ce noble germe, et jusqu'à ce qu'il soit développé, tu l'emporteras avec précaution à travers l'eau. Quand la perle se sera formée en toi, et quand l'heure sera venue pour elle d'apparaître, tu t'ouvriras. L'enfant doit être alors enlevé à son tuteur et cette création du ciel doit accomplir son destin sur la sphère terrestre. »

Il existe dans une galerie de Saint-Pétersbourg un tableau dans lequel Cupidon, planant au milieu des nuages, éparpille des gouttes de rosée que des amours saisissent à la surface de la mer dans des coquillages où elles se transforment en perles. A Deggendorf, l'une des principales localités de la forêt bavaroise dont les perles ont été jadis si renommées, l'église renferme un plafond peint qui représente la reine des cieux versant le lait de ses mamelles dans des coquillages que supportent des anges et dans lesquels ce lait se transforme en perles.

Mais les puissances célestes ne se présentent pas toujours aux hommes sous des couleurs aussi tendres ; elles s'approchent d'eux avec leurs présents également dans les orages, dans les tempêtes, dans les éclairs et dans le tonnerre. On croyait, surtout pendant le moyen âge, que ces éléments terribles donnaient leur éclat et leur poli aux perles qui se trouvaient dans les coquilles après y être tombées sous orme de cailloux marins.

Nous passerons les explications qu'on a tentées de donner dans le cours du siècle dernier, au sujet de l'origine des perles.

Mais dans les années qui ont précédé les recherches de Von Heszling, on admettait généralement que les perles émanent de parasites vivant sur les coquilles et on considérait leurs œufs comme la cause unique de la production des perles. Cette circonstance offre un si grand intérêt, et s'accorde si bien avec le mode d'existence et l'histoire naturelle des Mollusques perliers, que nous résumons la partie de l'ouvrage de Von Heszling qui a trait à cette question.

C'est à F. de Filippi que revient le mérite d'avoir découvert les parasites et leurs œufs qui forment le noyau des perles. Ce sont des recherches entreprises dans un but tout autre, qui par hasard ont attiré son attention sur ce mode de production. On recueillit un certain nombre de perles dans le manteau de quelques Mollusques, on les brisa pour examiner plus minutieusement la substance intérieure, et quelques-unes furent plongées dans l'acide sulfurique. Les perles qui avaient séjourné longtemps dans cet acide perdirent plus ou moins vite toute leur matière calcaire, tout en conservant leur forme ; elles furent un peu gonflées par des vésicules gazeuses et montrèrent un certain nombre de couches membraneuses très fines enveloppant un noyau central de matière organique. Filippi fut frappé aussi de l'inégale fréquence de ces perles dans les divers spécimens d'une seule et même espèce de Mulette d'étangs ou dans d'autres espèces suivant les diverses localités d'où elles provenaient. Après s'être procuré un grand nombre d'*Anodonta cygnea* des étangs de Racconigi, il fut surpris de la quantité de perles qui s'y trouvaient, tantôt adhérentes à la coquille, tantôt englobées dans le manteau, d'autant plus que quelques années auparavant il n'en avait rencontré que très rarement dans les *Anodontes* et les *Unio* de quelques lacs et de quelques rivières de la Lombardie. Les perles des étangs de Racconigi sont petites et de forme régulière ; on peut les employer dans le commerce sous la désignation de « grains de perle ». Une perle tout à fait ronde et de la grosseur d'un grain de chanvre fut trouvée par Filippi dans le bord musculeux du manteau, à l'endroit même où apparaissent ordinairement les perles chez la Mulette perlière. A la fréquence des coquillages des étangs de Racconigi se rattache la fréquence d'un Ver intestinal, le *Distomum duplicatum*, qui paraît manquer dans les coquillages du lac de Barese en Lombardie chez les coquillages précités, on trouvé disséminés dans le manteau de nombreux utricules qui contiennent des Distomes, et l'on y voit, en proportion, des rugosités perlées dont la forme et le développement varient ; ces saillies reposent à la surface correspondante de la valve où elles acquièrent l'aspect de perles presque sphériques, du diamètre d'un grain de millet, en passant par tous les degrés qui précèdent. En détachant de la coquille les concrétions qui lui parurent les plus jeunes et en les étudiant au microscope après une préparation préliminaire, Filippi reconnut les restes de petits Distomes qui avaient servi de noyau aux dépôts calcaires. Dans d'autres perles qui apparaissent isolément dans le manteau des Mollusques d'étangs, Filippi trouva aussi comme noyau une substance organique. Il affirma que le noyau des perles portait en lui les caractères d'un être organique décédé et que cette créature organique était un Ver intestinal. Il en conclut que le noyau des perles était toujours formé par un parasite et que la fréquence des perles se rattachait directement à la fréquence des parasites du manteau des coquillages perliers.

Filippi avait déjà signalé un autre parasite comme cause déterminante de la formation des perles, lorsque le docteur Küchenmeister, adonné à l'étude des Vers intestinaux, fit faire à la science un pas de plus dans cette voie. Il affirma que chez certains coquillages de l'Elster le noyau des perles est constitué par un Ciron. C'est une Arachnide aquatique, nommée *Atax yspsilophora* ou *Limnochares anodontæ*. Il vit dans les étangs vaseux, grimpe rarement à la surface et demeure généralement dans les couches d'eau qui sont voisines des vases du fond ; il se tient donc de préférence au niveau de la moitié postérieure des coquillages, et c'est là que Küchenmeister en a trouvé le plus grand nombre, lorsqu'après avoir étudié les bancs de coquillages de la Saxe il arriva aux Bancs de l'Elster. Cette Arachnide à 8 pattes erre dans l'eau à l'état adulte et pond ses œufs dans le manteau des *Anodontes* et des *Unio*. Ces œufs, que le Lamellibranche entoure d'une enveloppe membraneuse, se transforment en Arachnides à 6 pattes. Ceux-ci sortant de leur enveloppe ovulaire et du kyste qui les renferme se répandent dans l'eau, et après y avoir séjourné peu de temps ils se réinstallent dans le manteau. Ces petits, munis de 6 pattes, les rétractent et s'entourent d'une enveloppe formée encore aux dépens du Lamellibranche, puis les Arachnides traversent cette nouvelle enveloppe et acquièrent encore une fois leur liberté, pour aller exercer leurs fonctions reproductrices, après s'être trouvés munis de leurs 8 pattes définitives. Küchenmeister considéra comme noyau des perles trouvées dans ces coquillages l'enveloppe formée par le Lamellibranche autour de la membrane de ces Atax et dans laquelle reste souvent la dépouille tégumentaire des Arachnides munis de 6 pattes.

Le principal mérite de Von Heszling, c'est d'avoir fait rentrer dans les limites de la vérité la théorie d'après laquelle la production des perles est en rapport direct avec la répartition des parasites des coquilles et d'après laquelle la présence ou l'absence de ces parasites dans l'eau (et non point le genre ou l'espèce des animaux) constitue la condition la plus importante de ce phénomène. Autant on peut admettre, sans conteste, qu'à l'occasion les parasites précités donnent lieu à la formation des perles chez les espèces de Nayades les plus diverses, autant il est juste de reconnaître que chez la Mulette perlière proprement dite cette condition n'est pas indispensable. « Quatorze milliers de ces animaux environ, dit Von Heszling, ont été ouverts par moi-même ou par des pêcheurs ; je les ai examinés pour y chercher le parasite auquel on venait de donner un nom nouveau ; mais je n'ai trouvé dans aucune *Unio* ni le parasite, ni son œuf, ni même un signe ou une trace de son installation. J'en peux dire autant des coquillages perliers qui me sont parvenus d'autres régions, de la Bohême par exemple. »

« Les perles de la Mulette perlière possèdent néanmoins un noyau qui se développe dans le manteau ; le naturaliste de Munich a résumé de la manière suivante les résultats de ses études laborieuses sur la *production des perles*.

Deux conditions essentielles paraissent présider à cette formation, l'une extérieure, l'autre intérieure. Grâce à cette disposition, des corps étrangers, tels que des grains de quartz ou des molécules végétales, pénètrent dans le courant circulatoire ; ils sont déposés en dehors ou en dedans de ce circuit, notamment dans le manteau, après avoir traversé les parois et avoir pénétré dans le parenchyme même des organes ; puis ils sont enveloppés par la substance de la coquille. La condition interne est en relation avec les conditions de formation et de croissance de la coquille ; car généralement le noyau de la perle est formé de petits fragments, de $1/100^e$

à 5/100ᵉ de ligne, de la substance qui constitue l'épiderme. Les *enveloppes* de noyau sont sécrétées par des cellules microscopiques appartenant au système vasculaire ou au manteau; la résidence de la perle et son siège dans le coquillage déterminent les relations des trois couches qui font partie de la coquille. Les perles, dont les noyaux siègent dans la couche du manteau qui sécrète les beaux dépôts nacrés, conservent ces dépôts nacrés et deviennent des perles de très belle eau. Les perles, dont le noyau siège dans la partie du bord du manteau qui forme la couche épidermique et la couche des colonnettes, s'approprient la structure de ces deux couches et notamment de la dernière, aussi ne deviennent-elles point précieuses.

Les causes auxquelles Von Heszling attribue la variété des couches déposées et la diversité des tons, prouvent suffisamment que la distinction qu'on établit volontiers entre perles *mûres* et perles *non mûres* est absolument inexacte; on ne peut jamais dire d'une perle qu'elle est mûre; on pourrait dire plutôt qu'elle ne cesse de mûrir pendant son séjour dans le Mollusque. Une perle qu'on découvre à peine sous le microscope est tout aussi mûre que la perle splendide qui décorait les couronnes; la quantité des couches déposées lui donne sa grosseur et sa forme, et suivant les qualités de ces couches, la perle est utilisable ou dénuée de valeur.

En présence des sommes énormes que fait circuler le commerce des perles marines, l'exportation restreinte des perles de rivière s'efface presque complètement. En Saxe, le rendement des perles fut de 81 thalers, entre 1826 et 1836, pour 140 pièces. Les pêcheurs de Bavière fournirent, dans les 43 années qui s'écoulèrent de 1814 à 1857, une recette de 158,000 perles.

En raison du pauvre butin qu'ont fourni en tout temps et en tous lieux les mollusques à perles des rivières, on a songé depuis longtemps à accroître la production de ces perles notamment en Chine depuis près de 2000 ans; on a cherché, comme le dit Von Heszling, à provoquer leur formation en un temps plus court et en masses plus considérables.

Une des méthodes de *multiplication artificielle des perles*, par lésion et perforation des valves, a été vendue au siècle dernier par Linnée comme un procédé secret. Ce procédé, malgré quelques communications publiées à ce sujet, est loin d'être encore connu complètement.

Une seconde méthode pour produire des perles consiste à introduire des corps étrangers entre le manteau et la coquille qui tantôt est lésée et tantôt demeure indemne. On l'emploie en Chine depuis bien des siècles, et on l'y utilise encore aujourd'hui. On peut consulter à ce sujet les communications que Von Heszling a recueillies de Hague, consul anglais à Ningpo, ainsi que du médecin américain Mac Gowan.

Cette industrie s'exploite en deux endroits très voisins de la ville de Tetsing dans la région septentrionale du Tschekiang. Pendant les mois de mai et de juin, on recueille dans des paniers de grandes quantités d'*Anodonta plicata* provenant du lac Taihon dans la province de Kiang-hon; puis on choisit les spécimens les plus grands. Comme ils pâtissent habituellement du voyage, on leur accorde quelques jours de repos dans les paniers de bambous plongés dans l'eau, avant de les torturer pour satisfaire la cupidité des hommes. On porte alors dans le coquillage entr'ouvert des grains ou des « matrices » dont la forme et la nature sont variées.

Les plus ordinaires consistent en masses pilulaires qu'on humecte avec les sucs du fruit de l'Arbre à Camphre. Les formes sur lesquelles s'adapte le mieux le revêtement nacré sont importées de Canton; elles paraissent être fabriquées au moyen de l'avicule perlière; on râpe avec du sable, dans un récipient en fer, des fragments irréguliers de cette coquille jusqu'à ce qu'ils deviennent parfaitement ronds et polis. On se sert aussi de figurines représentant des Boudhas assis ou des Poissons divers. Ces moules sont en plomb; on les frappe en lames très minces sur des planchettes de bois où sont gravées ces figures.

L'introduction de ces moules exige beaucoup de précaution. On ouvre prudemment le coquillage à l'aide d'une spatule et on détache à l'aide d'une sonde en fer un des côtés de la portion libre de l'animal. Les corps étrangers, figurines ou sphérules, sont introduits alors au moyen d'une tige de bambou fendue à son extrémité antérieure, puis on les dépose sur deux rangs parallèles, soit sur le manteau, soit sur le côté libre de l'animal. Lorsqu'une quantité suffisante de ces objets se trouve déposée sur l'une des faces, on répète la même manipulation sur l'autre. Tourmenté par ces corps étrangers, l'animal se presse convulsivement contre la coquille et maintient ainsi les objets en place.

Ensuite on dépose ces coquillages l'un après

l'autre dans les canaux, les bassins ou les étangs, à 5 ou 6 pouces d'intervalle et à 2 à 5 pieds de profondeur sous l'eau ; on dispose ainsi parfois 15,000 pièces. En retirant l'animal quelques jours après cette introduction des corps-étrangers, on trouve ces objets fixés au coquillage par une sécrétion membraneuse ; plus tard, cette membrane est pénétrée de matières calcaires, et enfin le noyau se trouve enveloppé de couches nacrées concentriques.

En novembre, ou d'après d'autres auteurs au bout de dix mois et même au bout de trois ans seulement, on ouvre de nouveau les coquillages avec la main, on extirpe l'animal et on détache les perles à l'aide d'un couteau tranchant. Quand le noyau de la perle est constitué par de la nacre, on ne l'enlève point ; mais quand il s'agit de moules argileux ou métalliques, on les retire, pour verser de la résine fondue dans les places vides, puis on bouche l'ouverture avec art au moyen de fragments de nacre. Dans cet état, ces perles ressemblent à de petits dés de nacre hémisphériques, qui ne le cèdent guère, au point de vue de l'éclat et de la beauté, aux perles massives ; elles peuvent se vendre à un prix qui les rend accessibles à tout le monde. Les joailliers en font des parures de têtes, des bracelets et des ornements féminins variés. Les revêtements nacrés qui se déposent sur les figures de Boudhas sont fixés aux coiffures des enfants qui les portent ainsi en guise d'amulettes. On dit que, dans les villages de Tschangkwan et de Siao-Tschaugugan, 5000 familles s'emploient à cette industrie. Les ouvriers qui ne sont pas très habiles dans ces manipulations perdent de 10 à 15 p. 100 des coquillages ; mais les plus exercés n'en font pas périr un seul dans le cours d'une saison entière.

Von Heszling a essayé l'efficacité de ce procédé chinois sur nos coquillages perliers de rivière.

On introduisit de même des corps étrangers arrondis, tels que des boules d'ivoire et d'albâtre, ou de petites perles en verre hémisphériques, avec précaution, entre le manteau et la coquille de ces Lamellibranches, que l'on plaça soit dans l'aquarium de l'Institut physiologique de Munich, où l'on entretenait un courant d'eau calcaire, soit dans leurs cours d'eaux originels. Les corps étrangers des coquillages plongés dans l'eau calcaire furent recouverts, au bout d'une année, d'une croûte calcaire assez épaisse, finement granulée et d'un jaune sale, qui pouvait ressembler à tout

ce qu'on veut plutôt qu'à une perle. Les perles en verre introduites dans les coquillages plongés dans les ruisseaux perliers possédèrent, au bout du même temps, un revêtement mince, fragile, d'un blanc sale, et constitué par la substance des écailles ; elles fournirent ainsi la preuve certaine de l'inaptitude de ces coquillages à l'égard de ces expériences.

Von Heszling a battu en brèche également la théorie de Filipi et de Küchenmeister qui proposaient de régler et de favoriser l'immigration des parasites dans les coquillages perliers et de provoquer ainsi des dépôts plus nombreux sur les noyaux des perles. D'après lui, on ne peut espérer aucun résultat qui réalise l'espoir d'un semblable profit matériel.

Au lieu de chercher alors une production artificielle, on s'attacha exclusivement à la *multiplication des perles par les moyens naturels.* « Si la proportion des perles nobles est restreinte, si sur 103 coquillages perliers on recueille une perle de qualité médiocre, si sur 2210 coquillages on recueille une perle moyenne, et si sur 2708 coquillages seulement on en recueille une seule bonne, cela tient uniquement, dit Von Heszling, à la matière colorante foncée qui est propre à nos coquillages perliers et qui se mêle à la substance des écailles ; or, cette matière colorante dépend de la nourriture même sans laquelle ces coquillages ne peuvent exister. Ici, comme dans bien d'autres cas empruntés à l'histoire naturelle, la cause même sur laquelle on fondait ses espérances les anéantit. C'est la matière épidermique colorée qui donne lieu à la formation des perles, et c'est elle, en même temps, qui empêche l'animal de produire une seule perle noble. Si donc on parvenait, par un procédé quelconque, à multiplier la production des perles, on accroîtrait (les conditions restant les mêmes) le nombre des perles colorées ; car la nourriture restera et doit rester la même. Ainsi la production des perles nobles est limitée par les conditions mêmes de l'existence de l'animal ; ces conditions ne peuvent être modifiées essentiellement sans mettre en danger l'existence du coquillage. »

Von Heszling donne en terminant des indications relatives au seul élevage naturel des perles, qui soit possible et rationnel, tous les procédés artificiels ayant échoué jusqu'ici en raison des conditions d'existence des animaux. Nous allons signaler ces indications et ces conseils, qui sont tous dirigés dans un même sens :

ramener l'animal autant que possible à l'état où le place la nature primitivement, et déduire de là les règles nécessaires à observer, pour l'élevage et la récolte des perles.

A l'égard de l'animal, on doit considérer deux points importants : l'alimentation et la reproduction.

L'alimentation fournit un critérium utile au point de vue qualitatif et quantitatif. La grande masse d'eau, nécessaire à l'alimentation d'un seul animal, montre qu'il faut pour la santé de ces Lamellibranches une quantité suffisante d'eau, dont la composition chimique soit appropriée à leur nature; ainsi, toutes les causes qui suppriment ou diminuent cette quantité d'eau leur sont nuisibles; telles sont: les étés secs, l'arrosage desprairies, les canaux des moulins, etc. On verra plus loin quelle faible proportion de substances organiques cette eau doit contenir pour l'alimentation de l'animal; et que précisément la matière colorante qui se rattache à ces éléments organiques s'oppose fréquemment à la production des belles perles après s'être transformée en substance animale. Il faut donc, au point de vue de la qualité, maintenir autant que possible les cours d'eau purs de toutes productions végétales et des boues qui résultent de leur décomposition; on peut aisément réaliser ces indications relatives à la nutrition de l'animal, ou bien, l'on peut éloigner ce coquillage des régions dans lesquelles le ruisseau offre un fond sur lequel les organismes végétaux prospèrent. On doit en dire autant des endroits où le ruisseau reçoit les rigoles [de prairies couvertes de mousses, les latrines des habitations ou des fabriques avoisinantes. L'expérience confirme la justesse de ces indications; dans un grand nombre de cours d'eau vivent, sur des espaces assez étendus, des coquillages particulièrement âgés sur les écailles desquels prospèrent, comme sur les pierres environnantes, des végétaux inférieurs très variés, tels que des Mousses du genre *Fontinalis* et des Algues par exemple; les coquillages en question sont par eux-mêmes pauvres en perles, et lorsqu'ils en possèdent quelques-unes, elles sont généralement laides et colorées. La vieille expérience des pêcheurs apprend que les animaux, qui vivent dans les ruisseaux où coule une eau de source fraîche sur un fond pur, sont d'un brun foncé à l'extérieur et possèdent des organes moins pigmentés.

« Les coquilles noires recèlent des Mollusques blancs et des perles blanches », disent les pêcheurs. La matière colorante, qui ne peut en pareil cas pénétrer dans l'animal, fait défaut dans les organes qui tranchent alors sur la teinte foncée de la coquille. Au contraire, dans les ruisseaux où se mêle l'eau qui s'est acidifiée dans les prairies, les coquilles sont plutôt d'une teinte rouge-brun et les organes sont plus riches en matière colorante, parce que cette matière en excès laisse en eux des dépôts plus abondants ; aussi ces organes tranchent-ils moins sur la teinte de la coquille. De tels animaux produisent bien des perles, mais elles sont généralement d'une coloration plus foncée.

On a attribué une grande importance à l'absence de buissons sur les rives des cours d'eau, en supposant que l'influence de la lumière était indispensable à la production des perles, mais les perles les plus nobles se produisent souvent dans des coquillages cachés profondément sous des pierres ou sous des racines, dans des lieux où ne pénètrent jamais ni les chauds rayons du soleil ni la lumière mate de la lune ; il n'y a pas à examiner, par conséquent, la part d'influence de la lumière sur la formation de la coquille, ni sur la genèse des perles.

L'éclairage de la rive, auquel on attachait tant d'importance autrefois, n'offre qu'un avantage fort indirect : il supprime les coins obscurs où se cachaient les larrons; c'est tout au plus si l'on peut admettre qu'en outre il diminue la proportion des détritus végétaux qui se mélangent à l'eau dans les endroits stagnants, parce qu'il y tombe moins de feuillages que sur les ruisseaux obscurs. La question de savoir s'il convient d'élaguer les buissons des rives de ces ruisseaux, n'a aucun rapport avec la production des perles. Les premières expériences qui ont été faites, il y a plusieurs siècles, dans l'épaisseur des fourrés les plus impénétrables, ont mis au jour les avantages aussi bien que les inconvénients de cet usage ; l'action du soleil, loin de nuire aux végétations inférieures, leur est toujours favorable, et si les récits des pêcheurs tendent à prouver que les perles les plus nobles se trouvent dans les endroits du ruisseau les plus clairs et les moins encombrés de buissons et de broussailles, il reste toujours à tenir compte de la végétation plus ou moins abondante du fond de l'eau.

Les conditions de reproduction des coquillages perliers ont une importance aussi grande que celles de l'alimentation ; le résultat de

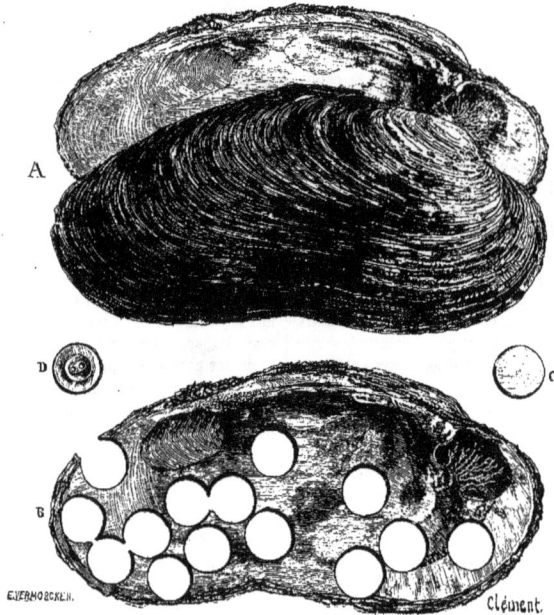

Fig. 513 à 516. — Unio sinuée, coquille entière et valve après son emploi dans l'industrie pour la fabrication des boutons de nacre.

l'élevage dépend en grande partie de la façon dont on règle et dont on favorise la reproduction, car on a là deux moyens principaux de favoriser l'existence de ces êtres. En augmentant le nombre des Lamellibranches rassemblés, on augmente la proportion des coquillages qui portent des perles, relativement à ceux qui en sont dépourvus ; plus on assure à ces animaux les conditions favorables à leur reproduction et à leur développement, plus on a de chances d'accroître leur nombre et par suite aussi la récolte des perles. Un autre avantage qu'on retire d'un élevage ainsi réglé, consiste dans ce fait indéniable, que dans un espace donné, plus les animaux sont nombreux, plus la nourriture absorbée est considérable ; ainsi par l'emploi du superflu des aliments, la quantité de matières colorantes nuisibles aux perles est amoindrie. Il ne faut pas oublier, en effet, que les matières colorantes végétales déjà dissoutes en partie

BREHM.

dans l'eau du ruisseau, passent dans le corps de l'animal, et qu'en se répartissant entre un plus grand nombre d'animaux, elles exercent une action moindre sur chaque individu, sans que pour cela leur alimentation devienne insuffisante.

Il existe deux moyens de multiplier et d'accroître les couvées. Dans les temps anciens, on trouve des ordonnances de police intérieure sévères : personne n'avait le droit de pêcher les poissons ou les écrevisses, ni de parcourir les ruisseaux perliers, pendant les mois de juillet et d'août qui répondent à l'époque du frai des coquillages perliers, sous peine de punitions, pécuniaires et corporelles, très lourdes. De nos jours ces règlements fort sages, sont depuis longtemps oubliés ; et c'est précisément pendant ces mois, où les coquillages ont besoin d'un repos tranquille pour concevoir leurs œufs, pour les développer et pour assurer l'avenir de

leur couvée encore frêle et presque microscopique, que des pêcheurs ignorants viennent
fouiller avec leurs mains et leurs pieds, le
fond des ruisseaux et écarter avec des crochets
de fer, les écailles qui s'appliquent l'une contre
l'autre ; rappelons encore ici la coutume d'une
foule d'ignorants que rejettent hors de l'animal
sa couvée, parce qu'ils la prennent pour des impuretés ! C'est à cet usage absurde des pêcheurs qu'on doit attribuer une grande partie
des mécomptes dont tout le monde se plaint,
au sujet de la production restreinte des perles;
la destruction des couvées, amène parmi les
coquillages des perles bien plus considérables
que les causes qu'on invoque généralement,
telles que les gelées, les passages des troupeaux
l'arrosage des prairies, etc.

A côté du repos, indispensable à ces animaux
pendant qu'ils accomplissent leurs fonctions reproductrices, il faut signaler l'usage d'établir des
« bancs-à-perles » comme un moyen auxiliaire
favorable à leur multiplication. En choisissant
les endroits du ruisseau où l'eau coule très
claire sur un fond de graviers purs et sans vase,
en les abritant contre les endommagements
extérieurs, tels que le choc des glaçons, les
crues, le piétinement du bétail, le passage des
morceaux de bois, etc..., en confiant leur
garde à des gens sûrs, et en y plaçant un nombre de coquillages en rapport avec le débit
moyen de l'eau dans le cours d'une année, on
met de côté toutes les causes d'insuccès qui
sont à prévoir. Pour établir ces bancs-à-perles, les coquillages qui conviennent le mieux
sont les plus anciens et ne renfermant plus de
perles.

Relativement à la pêcherie, l'élevage rationne
des perles doit prendre certaines précautions
qui sont imposées par les particularités mêmes
de l'histoire naturelle de ces animaux. Les
expériences, ainsi que l'observation, montrent
suffisamment la lenteur avec laquelle s'accroissent les perles. Les couches qui se déposent au bout d'une année sur les corps étrangers introduits dans l'animal sont si minces,
qu'on peut à peine les mesurer. D'après les observations des pêcheurs, des perles de la grosseur d'une tête d'épingle ont atteint seulement
les dimensions d'un petit pois, au bout d'un an,
dans des coquillages marqués; des perles de
taille ordinaire, telles que les fournissent les
coquillages perliers de rivière, exigent pour se
former une vingtaine d'années. Ces faits concordent avec la lenteur de l'accroissement des

valves ; il est probable que chaque dépôt d'une
couche nouvelle microscopique sur la coquille,
correspond exactement au dépôt d'une couche
nouvelle autour du noyau de la perle. Si l'intervalle de temps qui sépare deux sécrétions
n'est pas établi d'une manière précise, il n'en
est pas moins vrai qu'il ne saurait être court.
L'état de ruine ou l'état de délabrement voisin
de la ruine, dans lequel se trouvent aujour-
d'hui les eaux perlières de l'Europe est dû uniquement à la véritable razzia qu'ont effectuée
les siècles précédents, pendant lesquels on
épuisait les coquillages perliers à intervalles
aussi rapprochés que possible. De même qu'un
long intervalle entre les pêches, en permettant
à l'animal de former régulièrement la substance
de ses écailles, vient en aide aux perles pour
acquérir leurs principales qualités, telles que
leur éclat et leur nuance, de même la tranquillité qui leur convient favorise le développement de leurs autres propriétés importantes,
notamment de leur conformation. On ne sait
pas, il est vrai, quels troubles on peut provoquer en ouvrant souvent et violemment les
valves, mais il n'est pas douteux qu'en troublant
les dépôts qui se forment entre le manteau et
la coquille (ce qui est inévitable lorsqu'on cherche les perles), on produit des altérations dans
le processus normal des sécrétions. Un intervalle d'au moins 6 à 7 ans, entre deux pêches,
est donc très nécessaire ; et l'on doit se confor-
mer avant tout, à cette règle, si l'on veut élever encore des coquillages perliers (O. Schmidt).

Emploi et usage. — Ce n'est pas seulement
le désir immodéré de se procurer des perles,
qui amène la destruction de colonies entières
d'Unionidés ; d'anciens us et coutumes tiraient
parti de leurs coquilles.

Dans la forêt de Bavière, règne une croyance
d'après laquelle on doit donner une perle aux
Vaches qui vont avoir un Veau ; des dames, et
surtout des vieilles demoiselles, dans certaines
localités, donnent aux jeunes Chiens une perle
noble dans de l'eau-de-vie pour les empêcher de
grandir ; dans l'œil des Chevaux et des Chiens
devenus aveugles, on répandait de la poudre
de ces coquilles écrasées.

Autrefois, sous le nom de *Perles d'Ecosse* ou
perles d'apothicaires, la médecine empirique
faisait usage de perles de la Grande-Bretagne, en
les pilant pour en faire un électuaire coûteux,
et qui cependant ne représentait que la mixture
d'une certaine quantité de carbonate de chaux
avec des liquides : eau ou vin.

Le corps de ces Lamellibranches est un bon appât pour les Poissons et les Écrevisses et forme une nourriture favorable à l'engraissement des Oies et des Porcs. (Van Hessling.)

De même que les Avicules perlières sont recherchées pour leur nacre, la coquille des Unio est l'objet d'une industrie assez considérable.

D'immenses quantités d'*Unio sinuatus* sont péchées chaque année, et les coquilles sont livrées à des fabriques de boutons. Les valves perforées à l'aide d'instruments spéciaux, fournissent des rondelles de nacre, que l'on travaille ensuite en boutons de diverses formes. Nous figurons, à côté d'une Unio complète, une valve ainsi perforée, et les boutons qui en proviennent (fig. 513 à 516).

Déjà, aux premiers âges du monde, les coquilles d'*Unio littoralis*, servaient aux peuples

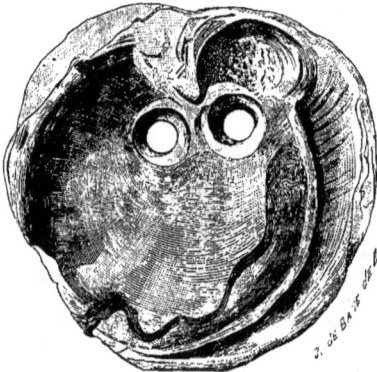

Fig. 517. — Unio travaillé des sépultures néolithiques.

néolithiques, à composer des parures : on en a recueilli qui présentent une grande dimension et devaient produire un certain effet ; elles sont percées de deux trous ; la partie nacrée est très brillante. On a rencontré ces ornements surtout à l'époque de la pierre polie (1).

Un autre genre important de la famille des Unionidés est le genre *Anodonte*.

Caractères. — Les Anodontes se distinguent des Unio, par une coquille généralement et relativement mince, une charnière sans dents,

(1) De Baye, *Archéologie préhistorique.* Paris, 1880, p. 379.

mais présentant une faible lamelle ; le ligament externe est linéaire, et l'impression palléale simple.

Le nom de *coquillage des Canards* a été vulgairement donné à toutes les espèces d'Anodontes ; Rossmassler pense que ce nom provient plutôt du prolongement en forme de bec de l'extrémité postérieure du coquillage, que du goût prononcé des Canards pour cette alimentation ; s'il est fort vraisemblable que ces Lamellibranches charnus conviennent parfaitement aux Canards, il est difficile, suivant cet auteur, que ces derniers enlèvent le Mollusque de sa coquille très dure, à l'aide de leur bec peu résistant. O. Schmidt n'admet pas cette opinion : « Mes travaux au sujet du développement des *Anodonta cygnea*, dit-il, ont été effectués sur des spécimens provenant d'un petit ruisseau peu profond et vaseux, dans lequel j'ai péché ces Lamellibranches pendant des semaines, en compagnie des Canards. J'ai fréquemment surpris le moment où un Canard avait suffisamment écarté la coquille, en dépit de la faiblesse de son bec, pour se trouver en mesure de s'emparer de la chair du Lamellibranche et notamment de ses branchies bondées d'embryons. »

Distribution paléontologique. — Les Anodontes sont plus récentes que les Unionidés.

Mœurs, habitudes, régime. — Les Anodontes préfèrent les eaux vaseuses et calmes, aux eaux pures et courantes. Pourtant on trouve quelques espèces dans certains endroits des grands et plus rarement des petits cours d'eau, où elles sont abritées contre la puissance du courant ; elles paraissent se tenir surtout aux points d'écoulement des grands étangs.

ANODONTE DES ÉTANGS — *ANODONTA CYGNEA* Lin.

Caractères. — L'Anodonte des étangs est de forme ovoïde ou légèrement rhomboïdale ; son bord supérieur est rectiligne ou faiblement incurvé vers le bout, le bord inférieur, arrondi, s'écarte du bord supérieur (fig. 518).

ANODONTE DE CORDIER — *ANODONTA CORDIERI* Desh.

L'Anodonte de Cordier que nous figurons, provient de la formation Éocène des environs de Paris (fig. 519).

Fig. 518. — Anodonte des étangs.

LES SIPHONÉS. — *SIPHONIDA* Lamck.

Caractères. — Dans cette division, les bords du manteau en partie soudés, offrent des siphons tubiformes allongés, la longueur de ces siphons varie cependant parmi les groupes; tantôt ils sont relativement courts, et l'impression palléale est simple, tantôt ils sont très longs, et l'impression palléale est alors sinueuse.

LES ASTARTIDÉS — *ASTARTIDÆ* Gray.

Caractères. — Cette famille se compose de coquilles épaisses triangulaires, cordiformes, généralement couvertes d'un épiderme brun, ordinairement ornées de stries concentriques; la charnière est épaisse, large et solide.

Distribution géographique. — Les Astartidés comprennent plusieurs genres, dont quelques-unes des espèces vivantes proviennent des mers Boréales, d'autres sont propres à l'Australie, la Nouvelle-Zélande, l'Inde, la côte occidentale d'Afrique.

Distribution paléontologique. — La moitié au moins des genres sont éteints; ils se montrent dès le Silurien et prennent leur plus grand développement aux époques Crétacée et Tertiaire.

CRASSATELLE DE KING — *CRASSATELLA KINGICOLA* Lamck.

Caractères. — La coquille est ovale, orbiculaire, subgibbeuse, d'un blanc jaunâtre, confusément ornée de stries rayonnantes coupées de lignes transverses très minces, à sommets plissés; son épiderme est brun.

Mœurs, habitudes, régime. — Elle habite les mers de la Nouvelle-Hollande et l'île de King.

CRASSATELLE RENFLÉE — *CRASSATELLA TUMIDA.*

Distribution paléontologique. — La Crassatelle renflée (*Crassatella tumida*) a été recueillie dans la formation Tertiaire (Eocène) des environs de Paris (fig. 520 à 523).

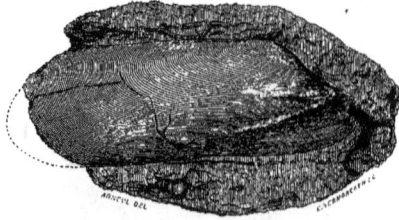

Fig. 519. — Anodonte de Cordier.

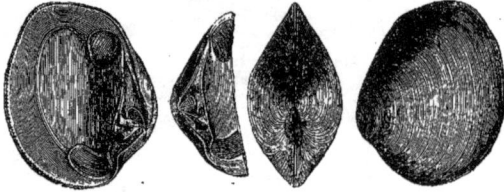

Fig. 520 à 523. — Crassatelle renflée.

Les Astartes, genre de la même famille, sont peu nombreuses et spéciales aux mers froides.

Distribution paléontologique. — Les espèces fossiles sont en grand nombre, on en rencontre dès le Carbonifère, plusieurs sont caractéristiques des terrains qui les recèlent, l'étage à Astarte du Kimmeridgien est bien connu de tous les géologues.

Fig. 524 et 525. — *Astarte detrita*.

Nous citerons parmi les espèces fossiles l'*Astarte detrita*, de la formation jurassique (fig. 524-525).

ASTARTE BRUNE — *ASTARTE FUSCA* DESH.

Caractères. — La coquille de cette espèce est trigone, d'un brun fauve, rugueuse transversalement.

Distribution géographique. — Elle habite les mers d'Angleterre.

Le genre Opis, également de la même famille, se compose de coquilles ventrues, cor-

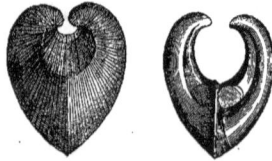

Fig. 526 et 527. — *Opis Hugardiana*.

diformes, à crochets saillants, recourbés et subspiraux.

Distribution paléontologique. — Elles sont du Trias et de la Craie. Telle est l'*Opis Hugardiana*, de la Craie supérieure (fig. 526-527).

CARDITE RABOTEUSE — *CARDITA SUBASPERA* LAMCK.

Caractères. — Cette Cardite est oblongue

gibbeuse, blanchâtre, ornée de 23 côtes rousses ornées d'écailles imbriquées, demi-dressées, subaiguës. L'animal a les bords du manteau libres, excepté entre les orifices des siphons; le pied est arrondi et canaliculé.

Distribution géographique. — Elle provient des mers de la Nouvelle-Hollande.

Distribution paléontologique. — Les espèces fossiles se montrent dès le Trias.

Mœurs, habitudes, régime. — Les Cardites vivent sur les fonds rocheux, dans les eaux peu profondes; elles filent un byssus assez résistant.

LES LUCINIDÉS — *LUCINIDÆ* Adam.

Caractères. — Les Lucinidés ont une coquille libre, orbiculaire et fermée; une ou deux dents cardinales et une dent latérale obsolète; l'impression palléale est simple, les deux impressions musculaires, allongées et rugueuses. L'animal a les bords du manteau ouverts en dessous et porte en arrière un ou deux orifices des siphons; le pied allongé, cylindrique, rubaniforme, fait saillie à la base de la coquille; les branchies, au nombre de une ou deux de chaque côté, sont grandes, épaisses et ovales.

Distribution géographique. — Les Lucinidés sont particulièrement répandues dans les mers tropicales et tempérées, sur les fonds sablonneux et vaseux, depuis le rivage jusqu'aux plus grandes profondeurs; plusieurs genres réunis dans cette famille, sont fluviatiles.

LUCINE ÉPAISSE — *LUCINA PENSYLVANICA* Lamck

Caractères. — La coquille de cette espèce, vulgairement connue sous le nom de *Bille*

Fig. 528. — *Lucina Heberti.*

d'ivoire, est épaisse, ventrue, lenticulaire, blanche, ornée de lamelles concentriques membraneuses.

Distribution géographique. — Elle est propre aux mers d'Amérique.

Distribution paléontologique. — Nous

figurons une espèce, la *Lucina Heberti*, du Tertiaire (fig. 528); nous figurons également une

Fig. 529. — *Corbis subdecussata.*

espèce d'un genre voisin, la *Corbis decussata*, du Jurassique (fig. 529).

CYCLADE DES RIVIÈRES — *CYCLAS RIVICOLA* Lamck.

Caractères. — Cette espèce, la plus grande connue du genre, atteint jusqu'à deux centimètres de large, elle est épaisse, subglobuleuse, élégamment striée, d'une couleur cornée, ver-

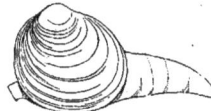

Fig. 530. — *Cyclas rivicola.*

dâtre en dehors, légèrement teintée de bleu à l'intérieur des valves (fig. 530).

Distribution géographique. — Propre aux grands fleuves, on la rencontre plus particulièrement dans la Seine et dans la Marne, où elle atteint souvent des dimensions relativement considérables.

Mœurs, habitudes, régime. — La Cyclade des rivières comme la plupart de ses congénères, s'enfouit rarement; ces animaux se tiennent volontiers sur les plantes, parmi les tiges, où ils grimpent avec une mobilité surprenante. chez des Mollusques. On dit qu'ils peuvent aussi se suspendre et ramper le long de la surface de l'eau, comme les Gastropodes d'eau douce.

Chez les Cyclades et les Pisidium, genre voisin, les œufs, pour se développer, ne se répandent point en liberté, mais ils pénètrent dans des poches incubatrices spéciales au côté interne des branchies. Stepanoff a montré que la formation de ces poches incubatrices offre la plus grande analogie avec les tumeurs qni, chez les Crapauds du genre *Pipa*, se développent autour des œufs que les femelles portent sur leur dos. Cet observateur a trouvé habituellement sur un feuillet branchial toute une série de poches incubatrices à divers stades de développement: « Dans chaque poche incubatrice, on trouve un nombre variable d'embryons; les plus récentes n'en contiennent toujours qu'un ou deux; les poches bien développées, en revanche, en renferment d'ordinaire jusqu'à sept. Il faut remarquer, en outre, que dans les petits sacs, on ne trouve que des embryons arrivés au même stade d'évolution, tandis que les poches développées sont remplies de petits à des degrés de maturation divers. Cette circonstance s'explique par ce fait que chacun des sacs placés les uns à côté des autres, s'accroît avec le temps. Dans les premières phases du développement, les petits se meuvent d'une manière vivace dans les poches incubatrices, car ils nagent dans le liquide qu'elles contiennent, grâce à l'activité de leurs cils vibratiles. Plus tard, quand ces animaux deviennent plus grands et plus lourds, il survient pour eux, un temps de repos qui est occupé par la formation de manteau et de la coquille ainsi que par le développement des organes internes (fig. 531). Quant à la nourriture des

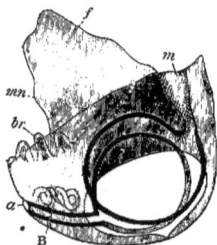

Fig. 531. — Embryon de Pisidium, d'après Lankester

embryons pendant leur séjour dans les poches incubatrices, elle est constituée par les cellules qui prolifèrent autour d'eux. Les Cyclades se comportent à cet égard autrement que les autres Lamellibranches connus, qui pendant leur séjour dans les branchies maternelles conservent leurs enveloppes ovulaires et se nourrissent de l'albumine qu'elles renferment. » (O. Schmidt.)

LES CHAMETRACHÆIDÉS — *CHAMETRACHÆIDÆ* H. Adams.

Caractères. — Les Chametrachæidés ont une coquille épaisse, équivalve, transverse, inéquilatérale, à surface ornée de grandes écailles plus ou moins régulières. La charnière est formée par une dent cardinale saillante et comprimée dans chaque valve. Le ligament est externe et marginal. La lunule est toujours ouverte et baîllante. L'animal a un manteau simple à trois ouvertures; le pied est court et entouré de faisceaux de fibres de byssus (voir fig. 448, p. 257 et fig. 534, p. 329).

Distribution géographique. — Les espèces, appartiennent à cette famille, habitent l'Océan Indien, l'Océan Pacifique, les mers de Chine et la mer Rouge.

Le genre Tridacne est le plus important à connaître, c'est lui qui fournit les géants parmi tous les Lamellibranches.

TRIDACNE GIGANTESQUE — *TRIDACNA GIGIS* Lamck.

Caractères. — Cette espèce, la plus grande connue, pèse souvent plus de 300 kilogrammes,

Fig. 532. — Tridacne géant.

elle est ovale, transversalement ornée d'énormes côtes couvertes de larges squames imbriquées, et l'intervalle des côtes est lisse (fig. 532).

Distribution géographique. — Elle habite l'Océan Indien.

Mœurs, habitudes, régime. — Les Tridacnes géants, ainsi que maintes autres coquilles pourvues d'un byssus, servent de retraite à des Crustacés dont la carapace est faible et qui sont en quête d'un abri. « Cet animal, dit Rumphius, a toujours auprès de lui un compagnon qui fait pour lui l'office de veilleur: c'est une petite *Caridina* qui a été décrite ailleurs sous le nom de *Pinnothere*. Ce petit Crustacé pince la chair du coquillage lorsqu'il voit une capture à faire; aussitôt le coquillage referme brusquement ses valves. On croit même que ce coquillage, n'ayant point d'yeux et ne pouvant se garer des animaux de proie, ne pourrait continuer à vivre si le Pinnothère en question venait à perdre accidentellement la coquille qui lui sert de retraite. »

Parmi les merveilles que rapporte cet auteur, nous citerons la propriété qu'auraient ces coquillages d'émettre une lumière claire ou une lueur remarquable de très loin, lorsqu'ils s'ouvrent vers la nuit; nous citerons encore le récit d'un témoin oculaire qui aurait observé dans un de ces coquillages entrebâillés un point clair dont l'éclat était comparable à celui d'une pierre précieuse. L'auteur hollandais fournit ensuite plusieurs preuves de la grandeur et de la force des Tridacnes géants. « En 1684, on trouva, auprès de Célèbes, de ces coquillages dont le périmètre mesurait respectivement 8 pieds 2 pouces et 6 pieds 5 pouces. L'un d'eux dans lequel un matelot avait enfoncé un fort levier de fer, le tordit en fermant ses valves. Le fait s'explique par la puissance de ses muscles et par le poids de ses valves qui atteignait trois quintaux. »(O. Schmidt.)

On doit prendre des précautions vis-à-vis de ce coquillage tant que l'animal y est contenu, pour éviter les blessures. C'est du moins ce qu'on a pu constater sur les chaloupes des îles Moluques et Papoues; ces Mollusques atteignent là leurs plus grandes dimensions; ils coupent entre leurs valves les cordages des ancres que les matelots laissent tomber, de telle sorte qu'on les dirait sectionnés à coups de hache. Ainsi l'audacieux qui voudrait saisir un de ces coquillages entrebâillés y perdrait certainement la main, à moins de prévenir l'obturation à l'aide d'un obstacle placé préalablement entre les valves.

Voici comment les pêcheurs retirent ces Coquillages de l'eau. Un plongeur enlace la coquille d'une corde disposée en anse, et tous les autres pêcheurs tirent ensuite l'animal en haut. Puis ils tâchent de faire pénétrer latéralement à travers l'orifice, un couteau destiné à trancher les tendons dans lesquels réside toute la force de l'animal. Les valves s'ouvrent alors d'elles-mêmes et ne peuvent plus se refermer. On s'y prend de la même manière pour secourir les animaux ou les hommes qui se trouvent accidentellement pincés entre les valves. »

M. le professeur Léon Vaillant met en doute les récits d'après lesquels le Tridacne géant serait en mesure de sectionner un câble, non parce qu'il croit sa force musculaire insuffisante, mais parce qu'un tel effort briserait ses valves. Il a fait quelques expériences remarquables au sujet de la charge que peuvent supporter les muscles des Tridacnes qu'on trouve à Suez. Les bords des valves ne peuvent se fermer hermétiquement; M. L. Vaillant a donc pu toujours fixer un crochet à l'une des valves et y suspendre le coquillage entier; à l'autre valve, il fixait un récipient qu'il remplissait d'eau graduellement. Au poids du récipient et de l'eau contenue, il faut naturellement ajouter le poids de la valve inférieure en tenant compte, en outre, de la résistance du ligament dont le muscle doit aussi triompher; cette résistance se trouve vaincue également lorsque la charge opposée à l'animal approche de son maximum, et que l'animal irrité ferme ses valves avec sa force la plus grande. Un spécimen long de 24 centimètres a déployé dans ces conditions une force supérieure à 7 kilogrammes.

Emploi, usage. — Les valves de Tridacnes servent à faire des bénitiers. On peut voir dans l'église Saint-Sulpice à Paris, un bénitier donné à François Ier par la République de Venise.

Le Tridacne géant fournit en outre des perles qui atteignent la taille d'un œuf de poule de Bantam. Madame la baronne de Rothschild possède, dit-on, dans ses écrins, deux perles d'un grand prix à cause de leur couleur et aussi de leur structure en forme parfaite de poire.

TRIDACNE ALLONGÉ – *TRIDACNA ELONGATA* Lamck.

Caractères. — De taille relativement petite, le Tridacne allongé mesure de 12 à 20 centimètres de long; il se caractérise par la forme étroite de sa partie postérieure, par ses côtes étroites à écailles rapprochées et imbriquées, et par sa lunule très grande.

Distribution géographique. — Commun dans la mer Rouge, il habite également l'Océan Indien.

Mœurs, habitudes, régime. — M. le professeur Vaillant l'a étudié, il y a quelques années avec beaucoup de soin. Il vit aussi enfoncé dans le sable, de telle sorte qu'on ne voit émerger que le bord dentelé de la coquille. L'orifice dorsal, précédemment cité, se trouve par conséquent tourné en bas. Le pied et le

Fig. 533. — Cardium papilleux.

byssus qui sortent par cette ouverture forment une masse concrète avec le sable et les graviers ; à l'occasion, l'animal se fixe aussi aux rochers sous-jacents, et demeure ainsi à l'ancre, pour ainsi dire, pendant une période plus ou moins longue. Il change en effet de résidence de

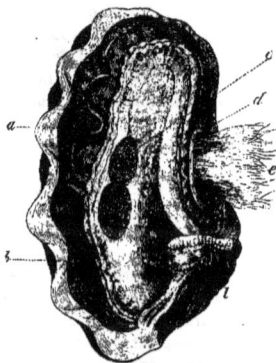

Fig. 534. — Tridacne mutique.

temps en temps, car on est obligé de rechercher les spécimens les plus gros à des profondeurs toujours plus grandes. M. Vaillant ne peut trouver d'expression assez imagée pour décrire le coup d'œil merveilleux que présentent les bords du manteau chez ces coquillages presque toujours ouverts, lorsqu'on les observe Brehm.

dans une eau tranquille, à une profondeur de 12 à 16 pieds.

Emploi et usages. — Le Tridacne allongé, que les Arabes appellent « *Arbi-Nem-Bous* », est si commun à Suez qu'on emploie ses coquilles pour la préparation de la chaux.

L'animal constitue un aliment fort estimé ; ses muscles auraient la saveur de la chair du Homard.

TRIDACNE MUTIQUE.

Caractères. — Cette espèce est de petite taille, et diffère peu de l'espèce précédente.

Distribution géographique. — Le Tridacne mutique habite l'océan Indien (fig. 534).

LES CARDIIDÉS — *CARDIIDÆ*
H. A. Adams.

Caractères. — Cette famille se compose de coquilles régulières généralement cordiformes, renflées, équivalves, couvertes d'un épiderme mince, la charnière présente des dents cardinales assez irrégulières, latérales, quelquefois peu distinctes ; l'impression palléale est simple ou légèrement sinueuse en arrière, les impressions musculaires sont subcarrées. L'animal a le manteau ouvert en avant, les siphons ordinairement courts sont garnis extérieurement de cirrhes, le pied est grand, falciforme.

Distribution géographique. — Les espèces appartenant aux Cardiidés, sont de toutes les mers.

Distribution paléontologique. — Le nombre des espèces fossiles l'emporte sur celui des espèces actuellement vivantes.

Mœurs, habitudes, régime. — Tous ces animaux vivent enfoncés dans le sable des rivages ; quelques-uns recherchent les eaux profondes, leur coquille est ornée de côtes ou de stries longitudinales saillantes portant des épines, des écailles ou des dentelures.

Usages et emploi. — Les coquilles perforées sont communes, dit M. le baron de Baye (1), dans la composition de diverses parures de l'époque néolithique. Leur rôle a été très varié, les différentes positions qu'elles affectaient dans les sépultures le prouvent. La multiplicité des coquilles perforées, qui ont été incontestablement portées comme ornement, classe ces objets au rang des parures les plus vulgarisées.

Parmi ces coquilles, il en est qui sont d'origine marine. Dans un grand nombre de circonstances, elles conservent leur forme naturelle, et d'autres fois elles sont profondément modifiées par des entailles énergiques. Les *Cardium* et leurs congénères sont largement représentés; plusieurs étaient probablement fossiles. Les perforations que ces coquilles portent à la

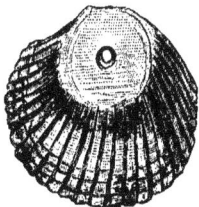

Fig. 535. — Cardium comestible ayant servi de pendentif de collier.

charnière, ont été opérées par le frottement contre un corps dur (fig. 535). »

Le genre Cardium, type de la famille, a été subdivisé en plusieurs groupes, dont nous étudierons quelques représentants.

Les détails dans lesquels nous allons entrer en traitant des espèces suivantes, s'appliquant à tous les Cardium, comme aux espèces nombreuses devenues types de genres bien caractérisés.

(1) De Baye, *Archéologie préhistorique*, Paris, 1880, p. 377.

CARDIUM PAPILLEUX — *CARDIUM ECHINATUM* Lin.

Caractères. — La coquille du Cardium papilleux est cordiforme, épaisse, subéquilatérale, ornée de côtes rayonnantes portant des papilles subtubuleuses, légèrement spatulées (fig. 533).

Distribution géographique. — Cette espèce est propre aux mers d'Europe où elle se rencontre assez communément.

Mœurs, habitudes, régime. — Yosse a décrit les Cardium qui habitent une partie du littoral d'Angleterre ; après avoir donné une description poétique du chemin parcouru pour se rendre à la baie de Codrington, il s'exprime ainsi :

« Nous sommes là sur les sables de Codrington. A notre gauche se trouve le grès rouge, étendu et abrupt, dont les couches sont horizontales ; on désigne ce rocher sous le nom de « Tête de Roundham » ; au delà, on aperçoit le » Nez de Hope » et les deux îlots qui le gardent. De l'autre côté, s'étend la crête de terrain fort longue que termine la « Tête de Berry » et qui s'avance également loin ; nous nous trouvons au bord de la baie profonde, à peu près à égale distance des deux points du rivage. Immédiatement au-devant de l'endroit où débouche le chemin vert, bordé de haies, qui commence à quelque distance de la rive et qui s'avance jusqu'à la mer, s'étend une masse de rochers noire et basse que recouvrent des glands marins (*Balanus*). Cette masse est très déchiquetée; des sentiers, étroits et tortueux, couverts de sable, la traversent en tous sens, et partout, dans ses creux, se trouvent retenues des flaques d'eau immobiles et peu profondes, ces flaques sont de véritables petits jardins de plantes inférieures marines. Des feuilles d'Ulva, d'un vert clair, nagent dans ces eaux; des touffes de Fucus cartilagineux y présentent des reflets d'un bleu d'acier, semblables aux reflets des pierres précieuses ; de longues et larges feuilles de Varechs d'un rouge sombre et satiné forment un contraste admirable avec la teinte verte de la Laitue marine, et l'ensemble de ces plantes fournit un abri spacieux à des milliers de créatures remuantes, vigilantes, et satisfaites. La marche est difficile ; le sol est très inégal, et la réflexion du soleil sur l'eau rend fort difficile de voir où l'on va poser le pied ; en outre, le va-et-vient des petites vagues qui s'insinuent sur le sable, entre les rochers, donne au cerveau dérouté l'impression d'un sol mouvant.

« Quel est cet objet qui gît là-bas sur une bande de sable à la surface duquel l'eau murmure légèrement en soulevant les grains qui se dessèchent immédiatement ? On dirait, tout d'abord, d'un pierre ; mais on y voit paraître un bel appendice écarlate qui disparaît l'instant d'après. Attendons le moment où la vague se retire pour courir le chercher. C'est un beau spécimen du grand *Cardium rusticum* ou *echinatum*, d'où provient la réputation de toutes ces rives sablonneuses qui encadrent la grande baie de Torquay. Effectivement, cette espèce est à peine connue ailleurs ; aussi la désigne-t-on souvent sous le nom de Cardiaire de Paington. Préparée suivant un procédé culinaire particulier, elle constitue un met exquis. Les habitants des environs de Paington, qui désignent ces coquillages sous le nom de « Nez-Rouges », les connaissent fort bien et les cherchent à mer basse, quand on les voit reposer sur le sable, et apparaître à la surface avec leurs tubes frangés. Ils les rassemblent dans des paniers, et après les avoir lavés pendant quelques heures dans une eau de source froide, ils les font cuire dans une pâte préparée avec de la mie de pain. C'est ce que rapporte un ancien amateur de coquillages du siècle dernier.

« Aujourd'hui, ces animaux n'ont changé ni leur mode d'existence ni leur résidence ; aujourd'hui encore ils se retrouvent aux mêmes places qu'il y a cent ans, et n'ont rien perdu de leur réputation ; au contraire, ils ont acquis la faveur des palais plus raffinés, car les paysans recueillent ces coquillages savoureux pour le monde distingué du Torquay ; eux-mêmes se contentent des *Cardium edule*, moins gros et moins estimés, qui préfèrent aux plages de sable, les bancs de vase encombrant l'embouchure des cours d'eau. Cette espèce, bien que très inférieure à la grande espèce épineuse, au point de vue du goût, constitue cependant un article plus important pour l'alimentation humaine, parce qu'elle est bien plus répandue, bien plus nombreuse, et plus facile à récolter. Dans les endroits où le reflux découvre toujours une zone vaseuse, on peut être sûr de trouver ce *Cardium*; des centaines d'hommes, de femmes, d'enfants pénètrent dans ces vases puantes et ramassent en se baissant, des milliers de ces coquillages qu'ils font cuire pour les manger eux-mêmes et qu'ils vendent à bas prix sur les routes ou dans les rue des villes prochaines.

« C'est sur les côtes du Nord-Ouest et sur les rivages de l'Ecosse que ces coquillages surabondent le plus. Là, ils ne constituent pas un objet de luxe, mais un aliment indispensable à la population pauvre et à demi barbare de ces rives. Les habitants de ces contrées rocailleuses sont soumis à cette alimentation peu enviable qui forme leur régime habituel. Au point où le fleuve se jette dans la mer, auprès de Tongue, dit Mac-Culloch, la marée est considérable, et les bancs de sable renferment une surabondance exceptionnelle de Cardiaires. Ces sables présentent, dans une année où la vie est chère, un spectacle particulier qui se renouvelle chaque jour, à marée basse ; des hommes, des femmes, et des enfants s'y pressent en foule, tant que la marée le permet, pour y chercher ces coquillages. Souvent on voit une trentaine ou une quarantaine de chevaux des environs qui remportent des chargements complets jusqu'à plusieurs milles de distance. On n'exagère rien, en disant que sans cette ressource beaucoup d'hommes seraient morts de faim.

« Les îles Hébrides, de Bassa et de Nord-Nist possèdent ainsi des ressources énormes à cet égard. On ne peut pas compter facilement, dit Wilson, le nombre de ces bancs de coquillages, mais on peut dire que pendant toute une période de disette, qui a duré plusieurs années, toutes les familles de l'île Bassa (alors au nombre de 200 environ) se sont rendues sur ces immenses bancs sablonneux des rives de l'extrémité septentrionale de l'île, pour y ramasser de quoi se nourrir. On a compté qu'à cette époque, pendant certains étés, on récoltait journellement la charge de 100 à 200 chevaux, au moment des marées les plus basses, dans le cours du mois de mai ou du mois d'août. Les bancs de l'île Bassa sont très vieux. Un écrivain ancien en fait mention et déclare qu'il n'existe dans le monde entier aucun sable plus beau et plus favorable aux Cardiaires.

« Mais voilà longtemps déjà que notre spécimen s'ouvre à nos pieds, en étirant alternativement en avant et en arrière son grand pied rouge, et en attendant que nous prenions loisir de le soulever de terre. Nous ne le ferons pas attendre en vain plus longtemps. Le coquillage bivalve présente une belle coquille résistante ; c'est une sorte de pierre massive, ferme, lourde, rayée de côtes saillantes et élégantes qui s'étendent en rayons réguliers à partir des extrémités recourbées des deux valves et qui sont ornées d'épines lisses. Ses couleurs, sans être magnifiques, sont cependant attrayantes ; elles se composent de teintes riches et chaudes d'un brun jaunâtre ou rougeâtre, disposées en raies concentriques et se perdant dans un blanc laiteux au voisinage du vertex. L'animal qui habite cette prison est plus joli que ne le sont généralement les Lamellibranches. Les feuillets du manteau sont épais et convexes comme les valves correspondantes. Les bords offrent des franges très fortes au voisinage des siphons, qui sont constitués par des tubes courts dont le diamètre est considérable et qui sont adhérents l'un à l'autre; vers les bords, le manteau présente une disposition spongieuse, mais contre le vertex, il revêt la coquille et devient mince et presque membraneux. La coloration de ses parties antérieures est très riche : c'est une belle teinte orangée très luisante; les bordures des tentacules sont touffues mais pâles. Les tubes sont frangés également, mais leur face interne est blanche et présente des reflets perlés. »

Nous passerons la description, trop naïve, du pied que l'auteur Anglais compare, entre autres, à une dame passant à travers la porte ouverte d'un salon de réception. Mais nous lui cédons la parole au sujet des mœurs de ces Mollusques:

« La Cardiaire, dit-il, protracte aussi loin que possible son long pied effilé, qui dépasse au moins de 4 pouces le bord de la coquille et qui tâtonne la surface en quête d'un appui quelconque, tel qu'une pierre à demi enterrée dans le sable. A peine l'a-t-il perçue, que son extrémité, recourbée en crochet, se raidit et se redresse; le pied entier devient rigide par suite des contractions musculaires (ou, plus exactement, par suite de la turgescence des vaisseaux); et l'animal tout entier avance d'une distance de 2 pieds, ou davantage encore, en exécutant une sorte de culbute. A l'occasion, cette Cardiaire peut effectuer des bonds plus considérables encore; plus d'une a sauté du sol d'un bateau par-dessus le bord. Nous voyons donc que l'extrémité crochue sert à renforcer le saut; mais elle se trouve en relation plus directe encore avec les habitudes d'enfouissement que présente cet animal. Dans ce but, il protracte son pied et fait pénétrer son extrémité tranchante verticalement dans le sable humide. La force musculaire qu'il dépense suffit à l'enfoncer de toute sa longueur dans le sol mouillé; dans ce mouvement, l'extrémité se ploie tout à coup latéralement et fournit ainsi un point d'appui solide. Ensuite l'organe entier est rétracté fortement suivant sa longueur, et l'animal avec sa coquille est pressé contre l'entrée du creux ainsi

produit; les bords de la coquille dirigés en bas rejettent le sable un peu de côté. L'extrémité protractée est poussée alors d'un à deux pouces plus loin, puis recourbée de nouveau, et l'animal se trouve ainsi enfoncé plus profondément. L'animal pénètre un peu plus bas dans les sables meubles; les mêmes séries de mouvements se reproduisent jusqu'à ce que l'animal se trouve enfoncé profondément. En voyant la coquille, on pourrait croire ce mollusque malhabile, peu puissant, et très lent; mais il est loin d'en être ainsi. Les allongements et les rétractions du pied se font avec une grande rapidité. Quand le coquillage est en possession de toute sa force et en proie à une vive frayeur, cet être inerme disparaît dans sa forteresse de sable avec une rapidité comparable à celle de la pensée; il s'éclipse, en réalité, si vite qu'il faut une grande agilité pour le surprendre et pour prévenir son enfouissement lorsqu'on ne peut s'aider que de ses deux mains. »

CARDIUM COMESTIBLE — *CARDIUM EDULE* Lin.

Caractères. — Cette espèce, de couleur blanchâtre, présente des côtes lisses, sa coquille est un peu prolongée en avant et faiblement amincie.

Mœurs, habitudes, régime. — Le Cardium comestible compte, avec quelques autres espèces du même genre, parmi les rares coquillages qui tolèrent de très grandes altérations dans les proportions de sel que renferment les mers où ils résident; aussi leur domaine s'étend-il au delà des limites imposées aux animaux plus susceptibles à l'égard de la proportion de sel contenue dans leur milieu ambiant; cette considération s'applique notamment à leur extension dans la Baltique et dans les golfes de Finlande et de Bothnie. A l'occasion de recherches classiques relatives aux conditions de leur existence, L. E. Von Bär s'exprime en ces termes :

« J'ai trouvé que le Cardium comestible qui, dans la mer du Nord, acquiert les dimensions d'une petite pomme, atteint encore la grosseur d'une noix sur la côte Suédoise, au sud de Stockholm, en dehors des eaux douces qui appartiennent au Mélar et du courant qui provient du golfe de Bothnie; mais je ne l'ai constaté qu'à une profondeur notable; au voisinage des côtes, tous ceux qui avaient été rejetés étaient plus petits. Près de Königsberg, ils n'atteignent généralement que les dimensions d'une grosse noisette ; auprès de Reval, on ne peut les comparer qu'à de petites noisettes ou à des pois qui sont habituellement plus petits que les pois verts ordinaires. Les Moules comestibles s'y retrouvent également, mais si atrophiées et si petites qu'on n'est plus tenté de les employer.

« A ces coquillages et à d'autres qui émanent aussi des mers fortement salées, se joignent, en subissant des accommodations dont le sens varie, plusieurs animaux d'eau douce notamment des *Limnées* et des *Paludines*. »

En ce qui concerne les Cardium, la mer Caspienne fournit de nouveaux documents en faveur de leur faculté d'accommodation et de transformation.

Dès à présent, les spécialistes se trouvent amenés à composer en partie avec les Cardium des eaux saumâtres un nouvel ordre, à raison de la constance des différences de forme que présente leur coquille depuis des milliers d'années, époque où l'union de la mer Caspienne avec la Méditerranée a cessé par suite d'un soulèvement de terrain et que les grands fleuves qui s'y déversent ont commencé à adoucir ses eaux. Mais cette subdivision ne les isole pas du type des Cardium proprement dits au point que leurs relations ne sautent pas aux yeux. Après des milliers et des myriades d'années, de ces véritables coquillages marins d'autrefois, ont émané des coquillages d'eau douce, dont la conformation et le mode d'alimentation sont devenus différents ; ils forment de nouvelles espèces et de nouveaux genres, à l'égard desquels on ne pourra user du subterfuge repro-

Fig. 536. — Cardium rustique.

duit si souvent par les adversaires de la doctrine du transformisme qui ne voudraient y voir que de simples variétés susceptibles d'une prompte régression. (O. Schmidt.)

Nous figurons une espèce voisine, le Cardium rustique (fig. 536).

Le genre *Conocardium* appartenant aussi à la famille des Cardiidés et caractérisé par une coquille oblongue transverse, subtriangulaire, à côté postérieure prolongé en rostre et un peu bâillant, à charnière linéaire, n'est représenté

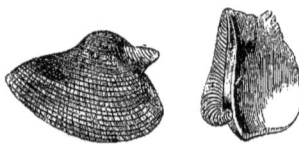

Fig. 537. — Conocardium aliforme.

que par des espèces éteintes du terrain Devonien et Carbonifère.

Tel est le Conocardium aliforme que nous figurons (fig. 537).

LES PÉTRICOLIDÉS — *PETRICOLIDÆ* Lamck.

Caractères. — Les Pétricolidés ont une coquille bâillante, libre, mais souvent logée dans des crevasses de rochers, ou même perforantes et à cause de cela même souvent irrégulières, elles sont blanches et couvertes d'un épiderme mince, l'impression palléale est profondément sinueuse ; la charnière est étroite et bidentée à chaque valve. Les Siphons sont inégaux et divisés dès la base. Le pied est étroit, allongé, comprimé, muni d'un sillon byssifère.

Distribution géographique. — Elles sont de toutes les mers, relativement peu nombreuses en espèces.

Distribution paléontologique. — Quelques espèces fossiles se rencontrent dans l'Éocène.

PÉTRICOLE LAMELLEUX — *PETRICOLA LAMELLOSA* Lamck.

Caractères. — La coquille de cette espèce est oblique, ovale, trigone, ornée de lamelles transverses à espaces inter-lamelleux finement striés.

Distribution géographique. — Elle habite la Méditerranée.

LES TAPESINÉS — *TAPESINÆ* H. A. Adams.

Caractères. — La coquille, dans cette famille, est oblongue, transverse, les dents car

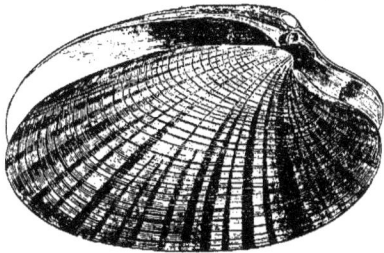

Fig. 538. — Tapes géant.

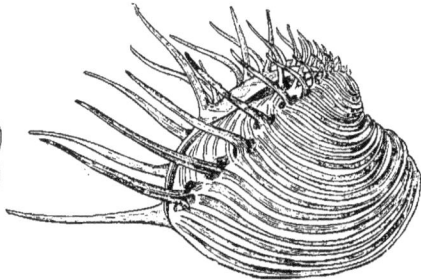

Fig. 539. — Calliste épineuse.

dinales sont comprimées et les latérales simples quand elles existent. Le pied est lancéolé.

Une des plus belles espèces du genre est le Tapes géant des mers de l'Inde (fig. 538).

Distribution géographique. — De toutes les mers, plusieurs espèces vivent sur nos côtes.

Mœurs, habitudes, régime. — Ces animaux s'enterrent dans le sable à basse marée ou se cachent dans les fentes de rochers et au pied des plantes marines.

Emploi et usages. — Dans certaines localités les espèces du genre Tapes servent à l'alimentation.

Les Vénérupes, types d'un genre voisin des Tapes, s'en distinguent par une coquille transverse, inéquilatérale, à côté postérieur court, l'antérieur saillant.

VÉNÉRUPE CRÉNELÉE — *VENERUPIS CRENATA* Lamck.

Caractères. — L'espèce que nous décrivons est ovale, longitudinalement et transversalement striée, violacée en dedans, blanchâtre, sale extérieurement; les stries supérieures sont lamelleuses et crénelées.

Distribution géographique. — Elle habite les mers de la Nouvelle-Hollande.

LES VÉNÉRIDÉS — *VENERIDÆ* H. A. Adams.

Caractères. — La famille des Vénéridés comprend des animaux à coquille régulière suborbiculaire ou oblongue, à ligament externe; la charnière porte ordinairement trois dents divergentes, les impressions musculaires son ovales, et l'impression palléale offre un sinus. Les Vénéridés se font remarquer par l'élégance de leurs couleurs.

Distribution géographique. — De toutes les mers, mais plus particulièrement des mers chaudes.

Distribution paléontologique. — Les Vénéridés ont apparu dès l'époque Jurassique et ils atteignent leur plus grand développement à l'époque actuelle.

CYTHÉRÉE FAUVE — *CYTHEREA CHIONE* Lamck.

Caractères. — Cette Cythérée, de grande taille et assez commune, est d'un fauve marron, très brillant. Sa coquille épaisse est ovale, cordiforme, inéquilatérale, lisse ou à côtes concentriques très fines.

Distribution géographique. — Elle habite la Méditerranée et l'Océan Européen.

CALLISTE ÉPINEUSE — *CALLISTA DIONE* Lamck.

Caractères. — Sa coquille est oblique, cordiforme, rose purpurin, ornée de côtes concentriques lamelleuses, et porte en arrière de longues épines aiguës et faiblement ondulées (fig. 539).

Distribution géographique. — Elle est propre aux côtes d'Amérique. Quoique assez commune, elle est cependant très recherchée des collectionneurs, quand les épines sont bien conservées.

Une espèce également remarquable de cette famille est la Vénus lamelleuse (fig. 541-542 des mers d'Afrique).

Fig. 540. — Psammobie fleurie.

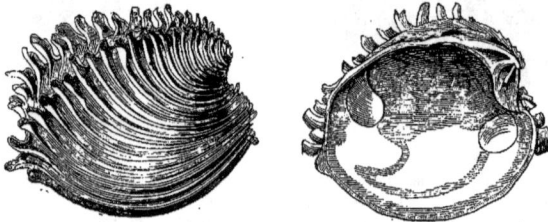

Fig. 541-542. — Vénus lamelleuse.

LES TELLINIDÉS — *TELLINIDÆ*
H. A. Adams.

Caractères. — Dans la famille des Tellinidés, la coquille est lisse, régulière, présentant le plus souvent deux dents cardinales à chaque valve. Le sinus palléal est très grand. L'animal possède un pied linguiforme et comprimé, les siphons sont séparés, très longs et grêles.

Distribution géographique. — Les Tellinides se trouvent dans toutes les mers et principalement dans la zone littorale.

Mœurs, habitudes, régime. — Elles affectionnent les fonds sablonneux où elles s'enfoncent ; leur coquille est presque toujours ornée des plus vives couleurs.

PSAMMOBIE FLEURIE — *PSAMMOBIA FLORIDA* Lin.

Caractères. — La coquille est ovale, oblongue, mince, très comprimée, jaunâtre, à fascies rouges maculées de blanc (fig. 540).

Distribution géographique. — Elle habite les lagunes de Venise et le golfe de Tarente.

TELLINE ROSTRÉE — *TELLINA ROSTRATA* Lin.

Caractères. — Cette Telline est oblongue, d'un beau rose brillant, fortement anguleuse en avant et terminée en bec séparé par un sinus.

Distribution géographique. — Elle habite l'océan Indien.

LES ANATINIDÉS — *ANATINIDÆ*
d'Orb.

Caractères. — Les Anatinidés ont une coquille mince, fragile, nacrée, plus ou moins bâillante aux deux extrémités ; la charnière se compose d'un cuilleron sur chaque valve et d'un ligament interne contenant un osselet.

Distribution géographique. — Les genres composant cette famille, assez nombreux, habitent toutes les mers.

Distribution paléontologique. — Plusieurs ne sont connus qu'à l'état fossile et caractérisent certaines formations.

L'*Anatina versicostata* provient de la formation jurassique.

ANATINE SUBROSTRÉE — *ANATINA SUBROSTRATA* Lamck.

Caractères. — Coquille ovale, membraneuse, ornée de côtes concentriques, très fines, à côte antérieure, comprimée, atténuée (fig. 543).

Distribution géographique. — Elle habite

l'océan Indien, et les mers de la Nouvelle-Hollande.

Fig. 543. — Anatine subrostrée.

THRACIE CORBULOIDE — *THRACIA CORBULOIDES* DESH.

Caractères. — Cette espèce a une coquille ovale transversalement, inéquivalve, inéquilatérale, bisinueuse, grise, à crochets fort grands, l'inférieur un peu échancré.

Distribution géographique. — On la recueille dans la Méditerranée.

Le genre Pholadomye, de la famille des Anatinidés, est représenté par un très petit nombre d'espèces vivantes.

Ces animaux se trouvent, au contraire, en quantités souvent considérables dans les terrains anciens. De ce nombre, nous citerons les *Pholadomya acuticostata* de l'étage Kimméridgien.

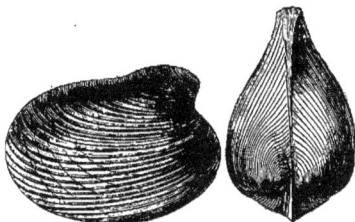

Fig. 544. — *Ceromya excentrica.*

Il en est de même du genre *Ceromya*, dont une espèce, la *Ceromya excentrica*, se rencontre dans le même étage (fig. 544).

LES MYIDÉS — *MYIDÆ* GR.

Caractères. — La coquille des Myidés est assez solide, bâillante, postérieurement couverte d'un épiderme brun ou grisâtre. Le manteau de l'animal est complètement fermé.

Distribution géographique. — Les Myidés habitent les mers du Nord, les côtes d'Afrique, les Philippines, la Chine, l'Australie.

Mœurs, habitudes, régime. — Ces animaux vivent dans le sable où ils s'enfouissent de telle sorte que, si rien ne les dérange, l'extrémité frangée du manteau émerge un peu. Dès qu'ils sont troublés par quelque ébranlement ou par quelque attouchement, ils s'enfoncent dans leur cavité avec la plus grande rapidité. Les Myes posées sur un sol plat, peuvent aussi se mouvoir en arrière en recroquevillant leur pied, puis en l'étendant pour se pousser brusquement.

Emploi et usages. — Ces coquillages servent à l'alimentation des classes pauvres, mais on les emploie surtout comme appâts.

MYE DES SABLES — *MYA ARENARIA* LIN.

Caractères. — Cette espèce possède une coquille ovale arrondie antérieurement, les dents cardinales portent un denticule latéral aigu.

Distribution géographique. — On la trouve dans les mers du Nord, et sur les côtes de France.

La Mye tronquée à coquille ovale, ventrue, tronquée en avant, se rencontre dans les mêmes parages.

LES GLYCIMÉRIDÉS — *GLYCIMERIDÆ* DESH.

Caractères. — Les Glyciméridés ont une coquille épaisse, bâillante aux deux extrémités. La charnière porte une dent cardinale rudimentaire, l'impression palléale est irrégulière, sinueuse en arrière. Les siphons sont gros, très allongés, couverts d'un épiderme épais à orifice frangé.

Distribution géographique. — Des mers chaudes et tempérées; on en connaît un très petit nombre d'espèces vivantes.

Mœurs, habitudes, régime. — Ils vivent sur les côtes sablonneuses, ou bien tantôt dans des trous forés spontanément dans les pierres, tantôt dans les fissures où ils s'enclavent, au milieu des Balanes, ou des racines de diverses

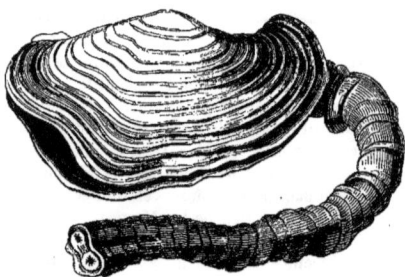

Fig. 545. — Panopée australe.

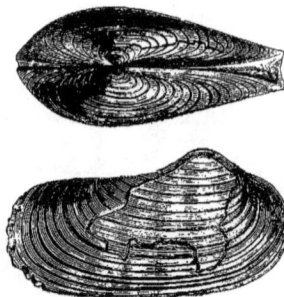

Fig. 546-547. — *Panopæa plicata.*

Algues et de divers Varechs. Comme les Pholades dont nous parlerons bientôt, certains ne forent que des pierres tendres ; dans les endroits où ils n'en trouvent point, comme sur toute la côte de Dalmatie par exemple, ils mettent à profit de simples cachettes ou des cavités préexistantes remplies en partie de vase. C'est du moins ce qui semble résulter de récentes observations. Cependant Gosse affirme que sur la côte Anglaise, une roche calcaire, qui occupe de grandes étendues du littoral et qui est plus dure que les roches attaquées par les Pholades, se trouve criblée par des myriades de Saxicaves. Les pêcheurs les désignent sous la dénomination de « Nez-Rouges », à cause de la coloration des extrémités de leurs siphons qui émergent quelque peu hors de la pierre et qui, au moindre contact, disparaissent rapidement après avoir projeté un jet d'eau. Quand leurs galeries se croisent, ces animaux se pénètrent parfois l'un l'autre. Extraits de leurs cavités, ils vivent assez longtemps dans les aquariums.

SAXICAVE RIDÉE — *SAXICAVA RUGOSA*

Caractères. — La coquille de cette petite es-

Fig. 548. — Saxicave rouge.

pèce est rugueuse, ovale, obtuse aux deux extrémités, striée transversalement.
BREHM.

Distribution géographique. — Elle vit dans les mers du Nord.

La Saxicave rouge que nous figurons (fig. 548) habite les mêmes régions.

PANOPÉE AUSTRALE — *PANOPÆA AUSTRALIS* SAV.

Caractères. — La coquille de cette espèce est ovale, oblongue, très large en avant, obliquement tronquée en arrière, contournée sur les bords et ornée de stries d'accroissement de fortes dimensions. Les siphons très longs sont recouverts d'un épiderme épais, noirâtre, ridé. Le pied est court, canaliculé en dessous (fig. 545).

Distribution géographique. — Elle habite les mers australes.

Distribution paléontologique. — Le *Panopæa plicata*, provient de la Craie supérieure (fig. 546-547).

LES SOLÉNIDÉS — *SOLENIDÆ* LATR.

Caractères. — Les Solénidés ont une coquille étroite, allongée bâillante aux deux extrémités. On les connaît vulgairement sous le nom de *manches de couteau.* L'animal a un pied très grand plus ou moins cylindrique, les siphons courts sont réunis.

Distribution géographique. — Les Solénidés sont de toutes les mers.

Mœurs, habitudes, régime. — Ces animaux vivent solitairement dans le sable de la mer où

MOLLUSQUES. — 43

Fig. 549. — Solen-gaîne.

ils se creusent des trous verticaux souvent assez profonds. Ainsi placée, la coquille est perpendiculaire et le côté supérieur est celui qui donne passage aux siphons.

Les Mollusques qui s'enfouissent dans le sable humide adoptent à peu près tous la même manière de vivre. Lorsqu'on les enlève de leur cavité, ils s'enfoncent dans le sable ou dans la vase assez profondément pour pouvoir imprimer à leur coquille une direction verticale ou oblique. Les Mollusques qui, à l'exemple des Myes, possèdent un pied relativement beaucoup moins épais que les Solen, doivent élargir péniblement le trou creusé par leur pied, au moyen d'une série de mouvements de giration imprimés à leur coquille. Mais chez les Solen, l'extrémité massive du pied est presque aussi large que le coquillage entier; aussi l'enfouissement a-t-il lieu très rapidement.

Emploi et usages. — Sur les côtes de la Méditerranée, les pauvres mangent ces coquillages sous les noms de *Capa lunga* et *Capa di Deo*.

Pour s'en emparer, on s'en approche avec précaution et on les rejette soudain au moyen d'une bêche, comme une taupe qui s'enfouit; ou bien on introduit dans leurs trous, où ils se glissent effarouchés, une mince tige en fer, terminée par un bouton, au bout de laquelle on les retire après avoir transpercé leur coquille.

Deshayes raconte comment une espèce Africaine (*Solen marginatus*) sait se tirer d'affaire lorsqu'elle se trouve sur un fond de pierres qu'elle ne peut forer. Cet animal remplit d'eau la cavité de son manteau, ferme l'entrée de ses tubes, et contracte son pied d'abord étendu avec une telle brusquerie que l'eau jaillit avec force hors des siphons et produit une impulsion qui fait avancer le corps d'un à deux pieds de distance. La même manœuvre se répète jusqu'à ce que l'animal ait atteint un sol plus propice.

Non seulement on mange les Solen, mais encore ils constituent un appât excellent pour la pêche du Merlan et du Maquereau.

SOLEN-GAINE — *SOLEN VAGINA* Lin.

Caractères. — Le Solen-gaîne a une coquille linéaire droite, ouverte aux deux extrémités, d'un blanc brillant sous un épiderme brunâtre très mince (fig. 549).

Distribution géographique. — Il habite les mers d'Europe. Commun sur toutes nos côtes, on le rencontre en compagnie du Solen-sabre, et de plusieurs autres espèces.

LES GASTROCHÉNIDÉS — *GASTROCHÆNIDÆ* Gr.

Caractères. — Les Gastrochénidés ont une coquille équivalve, extrêmement bâillante, à valves minces, fragiles et à dents cardinales rudimentaires; l'animal allongé, tronqué en avant se prolonge en arrière, en deux très longs siphons contractiles réunis, laissant une petite ouverture pour le pied digitiforme.

Les Mollusques de cette famille correspondent aux Tubicoles de Lamarck.

Distribution géographique. — On rencontre des Gastrochénidés dans toutes les mers.

Mœurs, habitudes, régime. — Ils se creusent un abri dans la vase ou dans les pierres. Ils vivent souvent en société et se trouvent par myriades au niveau de la basse-mer.

GASTROCHÈNE MODIOLINE — *GASTROCHENA MODIOLINA* Lamck.

Caractères. — La Gastrochène modioline, très petite, a une coquille fragile, blanche, excessivement bâillante et ornée de très fines stries concentriques (fig. 550-551).

Distribution géographique. — Elle habite sur les côtes de la Rochelle et sur les côtes d'Angleterre.

Mœurs, habitudes, régime. — Cette espèce, comme quelques autres des côtes Anglaises, vit dans les fentes des rochers et rassemble de petites pierres, en constituant une sorte de nid en forme de flacon qui enveloppe la coquille entièrement. Sa face extérieure est rugueuse ; sa face interne, lisse, est composée de couches minces provenant d'une sécrétion calcaire de l'animal. Le nid est tout à fait fermé jusqu'à l'orifice que présente le col pour donner accès

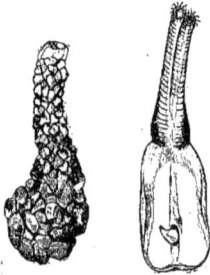

Fig. 550-551. — Gastrochène modioline.

aux siphons. A mesure que le Mollusque croît, le nid s'agrandit et son col s'allonge. L'espèce en question doit pouvoir également s'enfouir dans les roches tendres et dures et vivre à l'intérieur de coquilles, de Coraux, ou de masses de Balanes; ces Mollusques s'entourent également d'un tube incomplet; d'autres espèces ont uniquement l'habitude de s'implanter dans les roches.

FISTULANE-MASSUE — *FISTULANA CLAVATA* Lamck.

Caractères. — Cette petite coquille équivalve, très inéquilatérale, mince, effilée du côté antérieur, est contenue dans un fourreau testacé mince, renflé à l'une de ses extrémités et terminé à l'autre plus étroite par une ouverture arrondie. Ces valves sont libres et sans adhérence dans le tube (fig. 552 à 555).

Distribution géographique. — La Fistulane-massue habite l'Océan Indien.

Mœurs, habitudes, régime. — Les Fistulanes vivent dans le sable, le bois, les pierres et même dans l'épaisseur d'autres coquilles.

CLAVAGELLE COURONNÉE — *CLAVAGELLA CORONATA* Desh.

Caractères. — Cette espèce est formée d'une coquille mince fermant l'extrémité inférieure

d'un tube, le tube est épais, subcylindrique, dilaté, en massue inférieurement avec une ouverture supérieure, garnie de collerettes.

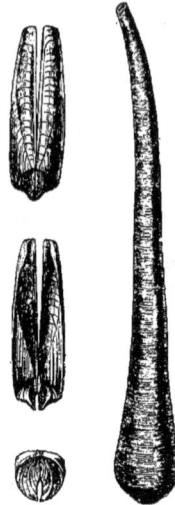

Fig. 552 à 555. — Fistulane-massue.

Distribution géographique. — Elle vit dans l'Océan Pacifique.

Distribution paléontologique. — Très peu nombreuses, les Clavagelles ont laissé des traces de leur présence dans les terrains Crétacés et Tertiaires.

ARROSOIR A MANCHETTE — *ASPERGILLUM VAGINIFERUM* Lamck.

Caractères. — L'Arrosoir à manchette, comme tous ses congénères, est formé d'un fourreau calcaire, tubuleux, se rétrécissant sur la partie antérieure où il est ouvert et terminé en massue à l'autre extrémité. La massue porte deux valves incrustées dans sa paroi, le disque terminal de la massue est percé de tubulures figurant une pomme d'arrosoir. L'extrémité opposée est ornée de lames disposées comme des manchettes (fig. 556).

Nous avons figuré (fig. 557) un *Aspergillum*, extrait de son tube et enveloppé de son manteau (a) presque entièrement fermé, en forme de sac ou de bouteille. Sur la gravure, le manteau est très contracté. Il se continue en

Fig. 556. — *Aspergillum vaginiferum.*

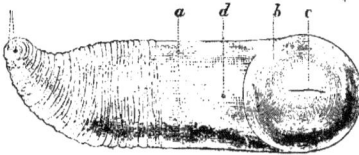

Fig. 557. — *Aspergillum vaginiferum* extrait de sa coquille.

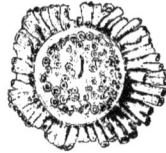

Fig. 558. — Disque terminal vu de face.

avant avec une sorte de disque (*b*) dont le centre offre une fente (*c*) qui correspond à l'ouverture de la coquille. Immédiatement en arrière, se trouve un orifice punctiforme (*d*) qui correspond à l'extrémité très petite du pied. La moitié postérieure du manteau est ridée transversalement et se termine par les deux orifices destinés aux siphons (*e*). Les valves, qui correspondent à la coquille des autres Mollusques, sont très peu développées chez les *Aspergillum;* ce sont deux lames implantées dans un long tube calcaire, cylindrique ou rétréci en arrière, et ouvert en ce point. L'extrémité antérieure (fig. 558) figure un disque qui présente à son centre une fente et sur sa surface ainsi que sur ses bords un grand nombre de petits conduits ouverts. (O. Schmidt.)

Distribution géographique. — Cette espèce se trouve dans la mer Rouge.

Mœurs, habitudes, régime. — Le tube est implanté verticalement dans le sable. La présence de la coquille, qu'on reconnaît toujours nettement, bien qu'elle soit adhérente à l'extérieur du tube, permet de conclure d'une manière certaine qu'à l'état jeune, ces animaux s'éloignent peu, par leur aspect, des autres coquillages normalement conformés.

LES TÉRÉDININÉS — *TEREDININÆ* H. A. ADAMS.

Caractères. — Les Térédininés ont une coquille épaisse, équivalve, courte, formant un anneau par le rapprochement des valves, largement bâillante de chaque côté, sans ligament ni charnière. Cette coquille est placée à l'extrémité d'un tube calcaire, conique, droit ou flexueux, quelquefois lisse, qui est simplement divisé par une cloison pour le passage de deux siphons protégés chacun par une palette calcaire simple ou dentelée, servant d'opercule; l'animal est allongé, vermiforme, à manteau tubuleux, ouvert pour la sortie du pied et des siphons; à la base de ces derniers se trouve un anneau musculaire destiné à fixer l'animal et à maintenir les palettes.

Distribution géographique. — Vu leur genre d'existence, les Térédininés sont en général des animaux cosmopolites, on les trouve dans toutes les mers.

TARET COMMUN — *TEREDO NAVALIS* LIN.

Caractères. — Cette espèce, comme toutes les autres en général, possède les caractères que nous venons d'assigner à la famille ; elles diffèrent entre elles par la forme des valves et du tube et la disposition des palettes.

On est revenu depuis longtemps de l'opinion erronée qui n'admettait qu'une seule espèce de Taret répandue successivement dans le monde entier. On peut jusqu'à présent distinguer au moins 8 à 10 espèces, que Linnée rassemblait sous le nom de *Teredo navalis.*

Les documents les plus précieux à l'égard des propriétés de quelques Tarets Européens sont dus à M. le professeur de Quatrefages.

Telle est, entre autres, le grand *Teredo fatalis* (fig. 559-560), auquel on peut attribuer la plupart des dégâts que nous aurons à signaler parmi les constructions des quais et des ports.

En examinant la figure 559, on comprend que les observateurs étrangers à l'anatomie comparée aient gardé l'impression d'un Ver plutôt que d'un Mollusque. La coquille, qui se trouve à l'extrémité céphalique renflée, est tellement échancrée en avant et en arrière, qu'il n'en reste qu'un rudiment, court et annulaire. Mais l'ouverture antérieure de la coquille est recouverte de telle sorte par le manteau, que sa fente ne laisse émerger qu'une petite verrucosité qui représente le pied. Au-dessus des deux valves et entre elles émerge le manteau, formant un pli appelé capuchon, qui peut être mû en tous sens par divers muscles entrecroisés. La portion de l'animal située derrière ce renflement céphalique, jusqu'aux siphons, est allongée et se trouve enveloppée, avec les longs siphons, dans un tube calcaire irrégulièrement recourbé. Ce tube est ouvert en arrière, et divisé par une cloison longitudinale sur toute l'étendue dans laquelle les siphons laissent entre eux un intervalle. Dans le point où les tubes du manteau se continuent avec les siphons, se trouve un muscle obturateur, puissant et annulaire, ainsi qu'un muscle transversal qui correspond au muscle obturateur postérieur des autres Lamellibranches, tandis que l'antérieur siège entre les deux petites écailles. Sur ce muscle obturateur postérieur existent deux fragments de coquilles en forme de lames, appelés palettes ; c'est là le seul point où le manteau adhère immédiatement aux tubes cités précédemment. La forme et la disposition des parties internes, telles que le foie, le cœur, les branchies, les organes de reproduction, sont en harmonie avec la forme extérieure de ces coquillages, si différents des autres ; la différence, d'ailleurs, consiste essentiellement en ce que ces organes sont disposés les uns derrière les autres, au lieu d'être superposés, pendant que tous les autres traits principaux de la structure sont absolument les mêmes que chez tout le reste des Lamellibranches. (O. Schmidt.)

Mœurs, habitudes, régime. — Les dommages occasionnés par les Tarets sont considérables. Johnston fournit des documents historiques intéressants que nous lui empruntons.

« Les dégâts de ces animaux vermiformes, dit-il, sont assez considérables pour mériter la haine qu'on leur a vouée et pour justifier l'expression sévère de Linné qui les nommait : *calamitas navium.* Ils peuvent s'implanter dans le bois, détruire les carcasses des navires, perforer les constructions destinées à l'endiguement de la mer, et trouer en tous sens les bateaux, les piliers de pont et les ouvrages bastionnés, au point de les rendre incapables de résister à la puissance des vagues qui les détruisent. Il serait difficile d'estimer jusqu'où s'élèvent les dommages que causent ainsi chaque année les Tarets. Mais ces dégâts sont très considérables, ainsi qu'il résulte des plaintes élevées de toutes parts à leur sujet et du grand nombre de mesures coûteuses qu'on prend pour prévenir leurs attaques.

« Dans les mers Indiennes, dit un voyageur anonyme, existe une sorte de petit Ver qui pénètre dans les bois de construction des navires et les perfore de telle sorte qu'ils prennent l'eau partout ; s'il ne les perfore pas complètement d'un seul coup, il les attaque suffisamment pour rendre en général toute réparation impossible. Quelques marins revêtent leurs bateaux d'une couche de goudron, de chaux et de crins, qui non seulement ne suffit pas à éloigner ce Ver, mais qui arrête les navires dans leur course. Les Portugais brûlent leurs bateaux (il s'agit de l'an 1666) de façon à les couvrir entièrement d'une couche de charbon d'un pouce d'épaisseur. D'une part, ce procédé est dangereux, car souvent le navire est brûlé complètement, et d'autre part, la raison pour laquelle le Ver ne ronge pas de part en part les bateaux Portugais, réside uniquement dans la dureté extraordinaire des bois de construction employés. » Dans l'Ouest, les Tarets témoignent d'une activité égale. Les premiers navigateurs Anglais ont été souvent interrompus ou arrêtés dans leurs entreprises audacieuses par l'état de leurs navires qui devenaient hors d'emploi. L'extension ultérieure du commerce Anglais rendit ces dégâts tellement sensibles, qu'on se décida à recouvrir le sol du navire, de plomb et de cuivre. On admet habituellement que les Tarets ont été introduits, vers le milieu du XVIe siècle, des mers tropicales dans les mers Européennes ; mais on a établi, par des preuves suffisantes, que plusieurs espèces y sont réellement indigènes ; aussi a-t-on renoncé à l'espoir de les voir détruites par quelque hiver exceptionnellement rude ou par quelque état atmosphérique funeste à leur constitution, bien que les Tarets demeurent généralement dans le voisinage de la surface et se maintiennent souvent dans les endroits qui sont à sec pendant le reflux et qui se trouvent nécessairement exposés à l'action de tous les changement atmosphériques. En 1731 et en 1732, l'épouvante se répandit dans les Pays-Bas, lorsqu'on découvrit que les dégâts commis par les Tarets parmi les pilotis allaient jusqu'à menacer d'une ruine complète les digues de Seeland et de Friesland et semblaient vouloir retirer à l'homme ce que ses efforts persévérants avaient gagné sur l'Océan. Par bonheur, les Tarets abandonnèrent ces digues, quelques années plus tard. Mais craignant le retour de cet ennemi terrible qu'ils avaient essayé de détruire uniquement au moyen des bêches et des pelles, les Hollandais proposèrent une récompense considérable à celui qui fournirait un moyen de les préserver de ces attaques. Des onguents, des vernis et des solutions vénéneuses furent indiquées par centaines. On aurait peine à estimer les dégâts causés par cette immigration qui, d'après l'opinion que Sellius a émise en 1733, n'a pu être suscitée que par Dieu dans le but de châtier les Hollandais de leur orgueil croissant ; du moins il ne reconnaît à ce fléau aucune cause naturelle. Les écrivains de cette époque décrivent ces dommages comme très grands ; et d'après le Dʳ Tobras Bater, les Tarets ont produit dans ces contrées pour plusieurs millions de dégâts. Ces animaux ont attaqué aussi l'Angleterre, et l'attaquent encore aujourd'hui.

« Le tronc de Chêne le plus sain et le plus dur ne peut résister à ces créatures nuisibles ; car en 4 ou 5 ans elles le criblent à tel point qu'on doit renoncer à s'en servir, ainsi qu'on l'a constaté plusieurs fois sur les jetées de Plymouth. Pour conserver les bois de construction qu'on y a employés et qui se trouvent exposés à ces dégâts, on a tenté de recouvrir toutes les parties plongées dans l'eau de clous à tige courte et à tête large, de manière à former, sous l'influence de l'eau salée, un revêtement de rouille étendu sur toute la surface et impénétrable aux Tarets. Ces essais ont paru être couronnés de succès, car ces Mollusques, jadis très fréquents dans les port de Plymouth et de Falmouth, s'y rencontrent rarement aujourd'hui. Mais dans d'autres régions, ils sont en permanence ; à Port-Patrick, par exemple, sur la côte d'Arshere, ils ont endommagé essentiellement ou détruit un grand nombre des pilotis et des piliers du pont, aussi a-t-on annoncé que cet animal, de compagnie avec un Crustacé également nuisible (la *Limnosia terebrans*), amènerait bientôt la destruction complète de tous les bois de ces piles. Aucune espèce de bois ne paraît capable de résister à l'action perforante et fatale du Mollusque en question. Le Teck indien (*Tectonia grandis*), les bois de Sissu et de Saul, qui se rapprochent beaucoup du Teck, tout en étant plus durs encore, sont tous rongés de part en part au bout de peu de temps ; les Chênes et les Cèdres, et surtout les bois tendres comme les Aulnes et les Pins, sont perforés plus aisément encore. »

C'est M. le professeur de Quatrefages qui a observé avec le plus d'exactitude le mode d'existence des Tarets ; nous ne pouvons mieux faire que de transcrire textuellement sa description.

« On sait que ces Mollusques perforent les bois les plus durs, quelle que soit d'ailleurs leur essence ; on sait que leurs galeries sont tapissées d'un tube auquel l'animal n'adhère que par les points correspondant à ses palettes ; c'est à tort qu'on a cru que les Tarets cheminaient toujours dans le sens des fibres du bois, ils le perforent en tout sens et souvent même le tube produit les inflexions les plus variées.

« Ces inflexions ne manquent jamais de se manifester lorsqu'un Taret rencontre sur son chemin soit le tube d'un de ses voisins, soit quelque vieille galerie abandonnée et ayant même perdu son revêtement calcaire. Il résulte de cette sorte d'instinct que quelque multipliés que soient les tubes dans le même morceau de bois, ils n'adhèrent jamais entre eux.

« Le plus souvent la galerie formée dans le bois par les Tarets n'est tapissée par le tube que dans la partie inférieure de l'animal. Adanson fit voir que le cul-de-sac était dans certains cas revêtu d'une couche calcaire comme le reste de la galerie.

« Comment le Taret perce-t-il les bois dans lesquels il se loge ?

« On regardait la coquille comme l'instrument térébrant employé par l'animal pour creuser son habitation, plusieurs théories ont depuis été proposées et se ramènent à celle-ci : pour les uns, la perforation est due à une action physique, pour les autres à une action chimique. Deshayes a embrassé cette dernière opinion, il explique le creusement des galeries par une sécrétion ayant le pouvoir de dissoudre la partie ligneuse ; il peut y avoir quelque chose de vrai dans cette explication, mais elle n'est pas suffisante ; quel que soit le tronc attaqué, dans quelque direction que marche la galerie, la tranchée est toujours d'une netteté aussi parfaite que si la tarière la mieux affilée eût servi à creuser cette cavité, or il nous semble difficile d'admettre qu'un dissolvant quelconque pût agir avec cette régularité.

« Tout dans le travail des Tarets me semble présenter le caractère d'une action mécanique directe. Je présenterai sur ce point une conjecture qui pourrait être vraie.

« L'intérieur de la galerie est constamment remplie d'eau et les points de ses parois non protégés par le tube sont soumis à une macération constante, une action mécanique faible suffit pour enlever la couche qui a été ainsi ramollie ; or les replis cutanés supérieurs, surtout le capuchon céphalique, pouvant se gonfler à volonté par l'afflux du sang, recouvert d'un épiderme épais et non par des muscles puissants, me semble très propre à jouer le rôle dont il s'agit et il me paraît probable que c'est lui qui est chargé d'user le bois rendu moins résistant par la macération (de Quatrefages). »

Nous devons indiquer ici que le zoologiste d'Utrecht, P. Harting, a entrepris plus tard des observations directes qui tendent à confirmer cette opinion. D'après lui, les Tarets se servent pour forer, des deux valves de leur coquille, comme de deux mâchoires ou des deux extrémités d'une tenaille, avec cette différence néanmoins que leurs mouvements s'effectuent suivant deux plans perpendiculaires l'un à l'autre. Il a découvert de petites dents innombrables disposées de telle sorte qu'à chaque coup la masse du bois se trouve hachée en particules quadrangulaires extrêmement petite. Ces denticules doivent s'user peu, parce qu'elles agissent en tranchant et non en râclant, et parce pendant l'accroissement de la coquille elles sont revêtues constamment de couches de nouvelle formation.

Pour l'étude des Tarets, M. de Quatrefages s'est servi d'un moyen qui depuis quelques dizaines d'années a conduit à de nombreuses découvertes corrélatives dans le domaine des animaux inférieurs, et qui a été employé sur une très grande échelle dans les recherches de pisciculture : c'est la fécondation artificielle. Ce qu'il n'a pu voir sur les Tarets développés spontanément, il a pu le compléter par l'observation des individus qui séjournaient dans les branchies. Il nous suffira ici de savoir que d'après les stades du développement, les Tarets sont des Mollusques véritables et impossibles à méconnaître. Dans le stade le plus avancé qu'on ait pu observer, l'animal, gros comme un grain de millet, possède, ainsi que l'indique la figure, une coquille brune, bivalve, et presque sphérique, d'où peut émerger un pied mobile, entre les plis du manteau. De la coquille émerge, en outre, une saillie en forme de velum très développé, au milieu de laquelle se trouve une houppé de cils vibratiles (fig. 560). A ce stade encore, le jeune Mollusque est muni d'yeux et d'oreilles. C'est à cette période de l'évolution que les petits furent rejetés hors de la branchie maternelle à travers le tube supérieur ; ils vécurent, en captivité plus longtemps que les spécimens adultes qu'on avait capturés. Ainsi qu'on devait le prévoir d'après la disposition de leurs appareils locomoteurs, les larves peuvent se mouvoir en partie en nageant, en partie en rampant. « En nageant, elle déploient leur appareil cilié qui se place sur la coquille et la recouvre au moins à moitié. C'est un spectacle singulier que de les voir fendre l'eau avec la rapidité d'un *Rotifer* ou d'une *Hydatina*. Leurs mouvements ciliaires les font paraître environnés d'une magnifique auréole de couleur qu'on aperçoit déjà à l'état nu, mais qui à la loupe et sous un éclairage spécial prend un éclat extraordinaire. Cette natation ne dure pas longtemps, et le plus souvent les larves font usage de leur pied. »

On n'a pu pousser plus loin l'observation du développement de ces larves ; il n'y a rien d'invraisemblable à ce que, peu de temps après, elles s'installent dans le bois, et qu'en y pénétrant de plus en plus elles y subissent leur dernière métamorphose. La durée de leur vie paraît, du reste, extrêmement courte. Les morceaux de bois, examinés par M. de Quatrefages en octobre, étaient habituellement criblés par ces Tarets. Plus tard ces animaux devenaient plus rares ; et vers la fin de janvier, le savant naturaliste avait peine à s'en procurer quelques spécimens. On l'assura qu'on ne trouve ces prétendus « Vers » en grand nombre dans les boiseries qu'en été, et que presque tous meurent en hiver. M. de Quatrefages en conclut que la continuation de l'espèce est assurée par quelques individus qui résistent aux effets de la mauvaise saison, et que ceux-ci meurent à leur tour peu de temps après avoir pondu leurs œufs, ou après avoir mis en liberté les larves que renfermaient les plis de leur manteau.

Les Tarets ont un ennemi redoutable dans un vers annelé, appelé *Nereis fuscata*, qui ne met aucun obstacle néanmoins à leur extension ni à leur action destructive. Les larves de cet Annélide carnassier vivent en commun avec les larves des Tarets, et l'on trouve dans leurs tubes les *Nereis* adultes. Elles rongent les téguments des Tarets pour pénétrer dans leur corps qu'elles dévorent ensuite peu à peu.

Moyens de destruction. — E. N. von Baumhauer (1), a fait une étude des divers moyens proposés pour préserver les bois des attaques des Tarets et les rapporte à trois groupes principaux :

1° Enduits appliqués à la surface du bois ou modifications apportées à cette surface.

2° Imprégnation du bois avec différentes substances qui le modifient aussi bien à l'intérieur qu'à la surface.

3° Emploi de bois exotiques différents des bois ordinaires de construction.

Il résulte des expériences auxquelles s'est livrée la commission dont E. N. von Baumhauer a été le rapporteur, que :

1° Les enduits les plus divers appliqués à la surface du bois, dans le but de recouvrir celui-ci d'une enveloppe sur laquelle le jeune Taret ne puisse se fixer, n'offrent qu'une protection tout à fait insuffisante ; une pareille enveloppe ne tarde pas à être endommagée soit par des actions mécaniques comme le frottement de l'eau et des glaçons, soit par l'action dissolvante de l'eau ; dès qu'un jour à la surface du bois est mis à découvert, quelque petit qu'il soit, le Taret encore microscopique pénètre dans l'intérieur du bois. Le revêtement du bois avec des lames de cuivre ou de zinc, ou le mailletage (qui consiste à couvrir le bois de clous), sont

Fig. 559-560. — Taret fatal.

Fig. 561. — Cloisonnaire des sables.

des procédés trop dispendieux et ne défendent d'ailleurs le bois qu'aussi longtemps qu'ils forment une surface parfaitement continue.

2° L'imprégnation avec des sels organiques solubles, considérés habituellement comme étant des poisons pour les animaux, ne met pas le bois à l'abri de l'invasion du Taret ; il faut attribuer cette inefficacité en partie à ce que les sels absorbés par le bois, en sont extraits par l'action dissolvante de l'eau de mer, en partie aussi à ce que plusieurs de ces sels ne paraissent pas avoir d'action délétère sur le Taret

3° Quoiqu'on ne sache pas avec certitude si parmi les bois exotiques, il ne s'en trouve pas qui résistent aux ravages des Tarets, on peut affirmer pourtant que la dureté du bois n'est pas un obstacle qui empêche le Mollusque d'y creuser ses galeries ; les ravages observés dans le bois de Gaise, et dans le Mamberklak sont là pour le prouver.

4° Le seul moyen que l'on puisse regarder avec une grande probabilité comme un véritable préservatif contre les dégâts auxquels le bois est exposé de la part des Tarets et l'huile de Créosote ; toutefois, dans l'emploi de ce moyen, il faut tenir soigneusement compte de la qualité des liquides, de la manière dont l'imprégnation se fait et de la nature du bois que l'on soumet à cette préparation.

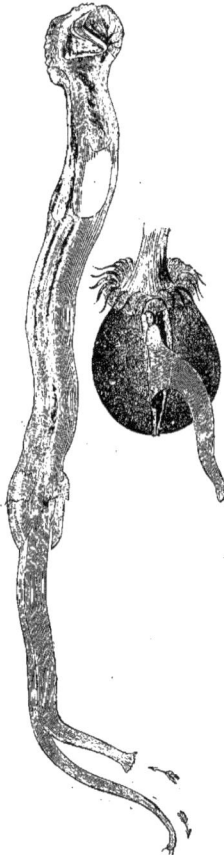

(1) Baumhauer, *Sur le Taret et les moyens de préserver le bois de ses dégâts.* Harlem, 1866.

Fig. 562. Temple de Sérapis à Pouzzoles. — Perforation de la base des colonnes par les Pholades.

Le genre Cloisonnaire (*Septaria*), voisin des Tarets et encore peu connu, habite la Méditerranée et la mer des Indes.

Nous en figurons une espèce, la Cloisonnaire des Sables (fig. 561).

LES PHOLADINÉS — *PHOLADINÆ*
H. A. Adams.

Caractères. — La coquille des Pholadinés est tubuleuse, équivalve, bâillante aux deux extrémités, mince, fragile, blanche; couverte de rugosités. Ses bords cardinaux sont en partie couverts par une ou plusieurs pièces calcaires accessoires.

Nous avons figuré (fig. 563) l'animal du genre *Pholas*, dépourvu de sa coquille; son corps est allongé et son manteau presque complètement fermé. On remarque deux pointes antérieures (*a*),

Brehm.

puis une partie plus mince suivie d'une portion garnie de muscles divers (*g*, *f*); dans cette portion siègent aussi les muscles (*e*) qui servent à la rétraction du long tube. La partie antérieure du manteau, arrondie et étendue comme un tambour, présente un trou circulaire dans lequel on remarque le pied (*h*), court, large, très fort et terminé par une lame qui semble pouvoir servir de ventouse. Le lobe, irrégulier (*e*), est constitué par l'épiderme qui ferme la partie postérieure des valves. La coquille, allongée, s'ouvre en avant et en arrière. Le mode de réunion des deux valves s'écarte beaucoup du type normal. Un prolongement intérieur, en forme de cuiller, dans chaque valve, rappelle une disposition analogue chez les Myes. Une lame calcaire rabattue de chaque côté, dans la région du joint, est percée d'une série d'orifices traversés par certains organes musculaires qui se fixent sur deux pièces dorsales libres de la coquille.

Mollusques. — 44

Quelques Pholades, telles que le *Pholas dacty-lus* commun, possèdent deux lames de cette sorte ; d'autres n'en ont qu'une. Ces lames libres ont évidemment pour but d'assurer autant que possible l'occlusion du dos, et peut-être en même temps de permettre aux extrémités antérieures des deux côtés du joint de s'écarter ; c'est ce qui résulte de la façon dont Pallas décrit le mode de forage de ces Mollusques. Chez toutes les espèces, les coquilles, toujours blanches, sont garnies d'une série de denticlures, qui donnent à leur surface l'aspect d'une vraie râpe (O. Schmidt).

Distribution géographique. — Les Pholadinés sont de toutes les mers.

PHOLADE DACTYLE — *PHOLAS DACTYLUS* Lin.

Caractères. — La coquille est allongée, très étroite en arrière, ornée de côtes couvertes à la partie postérieure des denticules (fig. 564 et 565).

A l'état frais, son pied est blanc et translucide comme du cristal.

Distribution géographique. — La Pholade dactyle habite le littoral des mers d'Europe.

Mœurs, habitudes, régime. — On a beaucoup écrit sur les forages que pratiquent les Pho-

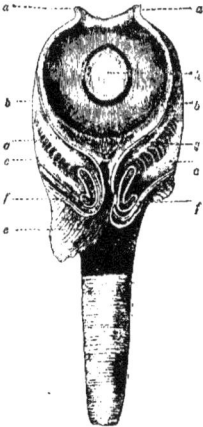

Fig. 563. — Animal du Pholas.

lades, sans arriver à éclaircir la question complètement.

Les espèces de Pholades propres à nos contrées paraissent forer seulement les pierres tendres (fig. 565) et les bois mous, pour lesquels leurs appareils mécaniques assez grossiers semblent très suffisants. Après avoir étudié de très près leur musculature, Osler a décrit l'évidement de leur galerie pour lequel ces animaux emploient leur coquille en guise de lime.

« Les Pholades, dit-il, emploient deux procédés de forage. Dans le premier, le Mollusque se fixe par son pied et se dresse verticalement en appuyant la portion agissante de sa coquille contre l'objet auquel il est fixé. Il se met alors à exécuter une série de rotations partielles autour de son axe, en contractant alternativement ses muscles du côté gauche et ses muscles du côté droit, après quoi il reprend chaque fois sa situation verticale. Ce procédé est mis en usage par les animaux jeunes presque exclusivement ; il vise certainement à produire un forage dans le sens vertical de façon à ce que l'animal soit enfoui entièrement dans le plus court délai possible ; car, dans les premiers temps de la vie, les extrémités postérieures de leurs coquilles sont loin d'être développées comme elles le deviennent plus tard. Mais quand les Pholades ont acquis une longueur de 2 ou 3 lignes en plus, ces coquillages changent de direction et travaillent horizontalement ; le changement de forme de la coquille et l'augmentation du poids de la partie postérieure de

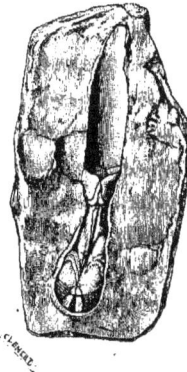

Fig. 564. — Pholade dactyle, jeune, dans la pierre où elle s'est creusé un trou.

l'animal l'empêchent de se dresser verticalement, comme au début. Les muscles rétrac-

Fig. 565. — Pholade dactyle, adulte.

teurs participent d'une manière essentielle aux mouvements nécessaires pour l'agrandissement des loges. L'animal, fixé sur son pied, rapproche les extrémités antérieures de ses valves jusqu'au contact. Alors les muscles, chargés des mouvements de râpe, se contractent ; ils redressent la partie postérieure de la coquille et pressent la portion active contre le fond de la cavité ; l'instant d'après, l'activité du muscle rétracteur (ou obturateur) ramène au contact les bords dorsaux des valves, de sorte que les parties résistantes, qui jouent le rôle de limes, sont brusquement écartées, et exécutent un grattage violent et rapide, sur le corps contre lequel elles sont pressées. Aussitôt après cette manœuvre, l'extrémité postérieure retombe, et immédiatement le même travail se reproduit, grâce à la contraction alternative des muscles obturateurs antérieur, latéral et postérieur. « En réalité, on peut se convaincre, à l'œil nu et mieux encore à l'aide d'une loupe, que les dents râcleuses sont usées sur toute la portion antérieure de la coquille des Pholades et qu'elles sont arrondies par le frottement. Leur matière est de constitution assez ferme, et certainement elle exerce une action sur les substances molles. »

Un fait souvent cité en géologie pour démontrer les mouvements du sol peut être invoqué ici comme exemple du pouvoir perforant de Pholades, il a trait au temple de Jupiter Serapis (fig. 562, p. 345).

« Sur la côte de Pouzzoles, dit Contejean (1), s'élève une falaise presque verticale où l'on remarque à une hauteur de 6 mètres au-dessus du niveau de la mer, une bande rongée par les vagues et remplie de perforations de coquilles lithophages ; dans la petite plaine qui sépare cette falaise de la mer existent les ruines du temple de Serapis. Trois colonnes monolithes de marbre blanc qui restent debout et dont la hauteur est de 13 mètres, sont criblées de trous de Pholades sur toute la surface d'une zone qui commence à $2^m,7$ du sol et dont la largeur est de $3^m,6$. Ce temple ayant été certainement construit au-dessus des eaux, on en conclut à un affaissement du sol qui a plongé dans la mer, toute la plaine et la falaise jusqu'à la bande rongée de celle-ci. Cette bande correspond aux perforations des colonnes. A cet affaissement qu'on rapporte avec doute à la fin du quatrième siècle, a succédé probablement en 1538, à la suite de la formation du Monte-Nuovo, un exhaussement qui a porté le sol à son niveau actuel. »

Le naturaliste anglais Hancock, qui a rendu

(1) Contejean, *Éléments de géologie et de paléontologie.* Paris, 1874.

de grands services à l'histoire naturelle des Mollusques, pensait avoir trouvé, chez plusieurs coquillages foreurs, et chez les Pholades mêmes, dans le bord antérieur du manteau et dans le pied, de petits grains de gravier microscopiques, qui mus par les organes précités devaient, selon lui, évider et creuser le bois et la pierre. « Déjà de plusieurs côtés, dit-il, on a élevé au sujet de l'existence de ces corpuscules, des doutes auxquels je dois m'associer après les recherches réitérées que je viens de faire, du moins en ce qui concerne les Pholades. Je trouve bien, dans le pied et dans le manteau du *Pholas dactylus* de l'Adriatique, quelques éclats de graviers isolés et des petits corpuscules cristallins ; mais ils sont si irréguliers, si peu nombreux, et si variables quant à leur siège, que ce sont certainement des corps étrangers. »

Un autre observateur conclut également que le râclage doit être produit par la coquille.

« Pendant mon séjour à Brighton, dit John Robertson, j'eus l'occasion d'étudier les *Pholas dactylus ;* pendant 3 mois au moins, j'ai conservé au-dessous de ma fenêtre, dans un verre et dans un récipient remplis d'eau de mer, 20 à 30 de ces créatures saisies en pleine activité dans des fragments de roches crayeuses. Les Pholades font leurs trous en râclant la craie au moyen de leur coquille en forme de lime ; elles ramassent avec le pied la craie pulvérisée, la rejettent par leur siphon et l'éparpillent sous forme d'agrégats allongés. » Dans les substances très molles, le disque pédieux paraît effectuer à lui seul tout le travail de l'évidement. Wettenheimer a constaté qu'une de ces Pholades, qui venait seulement d'enfouir de quelques lignes son extrémité antérieure, dans un bloc de tourbe marine, avait déjà disparu complètement au bout de trois jours dans l'intérieur de cette tourbe. Très rarement elle exécutait autour de son axe un léger mouvement, à peine perceptible, et auquel il serait absolument impossible d'attribuer l'enfouissement produit. En revanche, elle contractait violemment de temps à autre ses siphons proéminents à l'arrière, et elle s'enfonçait alors un peu plus profondément. Tant que dura l'activité de l'animal, on vit l'espace compris entre la coquille et les parois de la galerie se remplir peu à peu de tourbe finement pulvérisée qui finit par retomber enfin par-dessus le bord de la cavité. Wettenheimer ne peut attribuer le râclage de cette tourbe qu'au pied du Mollusque. Si l'on ne doit, d'après ces témoignages, d'ailleurs sujets à

discussion, élever aucun doute sur la variété des moyens mécaniques que les Pholades mettent en œuvre pour leurs forages, il n'est pas interdit du moins d'admettre toujours, ou seulement dans les cas où il s'agit de pierres calcaires résistantes, la possibilité d'une sécrétion quelconque du Mollusque dont l'action dissolvante facilite le râclage (O. Schmidt).

Une autre particularité des Pholades consiste dans les phénomènes lumineux qu'elles présentent. Panceri a fourni quelques explications sur

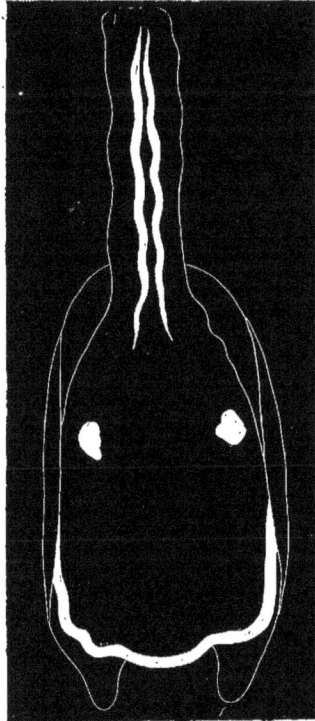

Fig. 566. — Phosphorescence des Pholades.

le processus et sur la nature de ces phénomènes. Lorsqu'on laisse reposer paisiblement, dans un récipient empli d'eau de mer, les Pholades extraites de leurs trous, on ne les voit point luire dans l'obscurité. Elles se comportent, à cet égard, comme les autres animaux luisants de la mer, que l'on doit tous exciter pour obtenir leurs effets lumineux. Lorsqu'on les saisit et qu'on les agite, on voit se répandre autour d'eux de petits nuages lumineux, dans l'eau qui peu à peu devient lumineuse complètement. Ce phénomène est dû à un mucus qui se détache de l'animal et qui se suspend à tout ce qu'il touche. Le pouvoir lumineux de cette masse se perd lorsqu'elle s'est étendue et qu'elle se trouve en repos ; mais on le reproduit en renouvelant l'excitation et le mouvement. Bien que très peu de temps après le début des tentatives d'excitation, toute la surface molle du corps de cet animal se recouvre de mucus lumineux, ce produit est sécrété seulement par des organes déterminés et peu étendus. Ils siègent au bord supérieur du manteau, à l'orifice antérieur de son conduit, et dans le siphon respirateur où ils présentent la forme de deux raies parallèles. Ce sont des amas de cellules à contenu graisseux (fig. 566). (Panceri.).

Emploi et usages. — La Pholade Dactyle est employée comme amorce sur la côte de Devonshire.

C'est un mets assez recherché sur quelques-unes de nos côtes, notamment celles de la Charente-Inférieure, où elle est désignée sous le nom de Daill. La Pholade à côtes se vend sur le marché de la Havane comme article d'alimentation.

LES CÉPHALOPHORES — *CEPHALOPHORA* Cuv.

Caractères. — Les Céphalophores comprennent tous les Mollusques généralement univalves pourvus d'une tête distincte ; ils ont des yeux, des tentacules, et leur bouche est armée de mâchoires et d'une radula, ou langue couverte de rangées de dents.

Mœurs, habitudes, régime. — Ils sont marins, d'eau douce ou terrestres.

Ils ont été divisés en plusieurs ordres que nous allons examiner successivement ; nous donnerons pour chacun de ces ordres, avant d'en étudier les familles, les genres et les espèces, les détails anatomiques et autres servant à les caractériser.

LES HÉTÉROPODES — *HETEROPODA* Lamck.

Die Heteropoden.

Caractères. — Les Nucléobranches ou Hétéropodes, considérés par quelques auteurs comme devant constituer une classe bien tranchée, se composent d'animaux nus ou testacés, à tête grande et saillante, prolongée en trompe, à yeux mobiles et à pieds conformés en nageoires.

Le corps des Hétéropodes est transparent, gélatineux. Les régions antérieure et médiane du pied sont transformées en une nageoire foliacée portant souvent un suçoir. La région postérieure étant allongée constitue en arrière un long appendice caudal.

Le système nerveux est assez compliqué ; on trouve partout un cerveau composé de plusieurs ganglions, envoyant des nerfs aux yeux et aux organes de l'audition, un ganglion sous-œsophagien, avec un collier très large, un ganglion palléal, un autre viscéral et une paire de ganglions latéraux.

Les organes de la digestion sont en partie placés avec le foie, le cœur, etc., dans un sac viscéral contourné en spirale et entouré par le manteau et une coquille de formes variables. La langue très forte et protractile présente une radula caractéristique de ce groupe.

L'appareil circulatoire est très incomplet, les veines font complètement défaut.

Dans certains types, l'enveloppe générale du corps sert seule à la respiration, chez d'autres il existe des branchies consistant en des appendices filiformes ou foliacés, ciliés, creusés de canaux et de vacuoles communiquant avec la cavité générale ; tous ont les sexes séparés (Claus).

Les Hétéropodes sont dioïques, les mâles se distinguent par un organe génésique très grand, saillant et placé à droite.

Les Femelles pondent des œufs réunis en cordons cylindriques, ne tardant pas à se diviser en

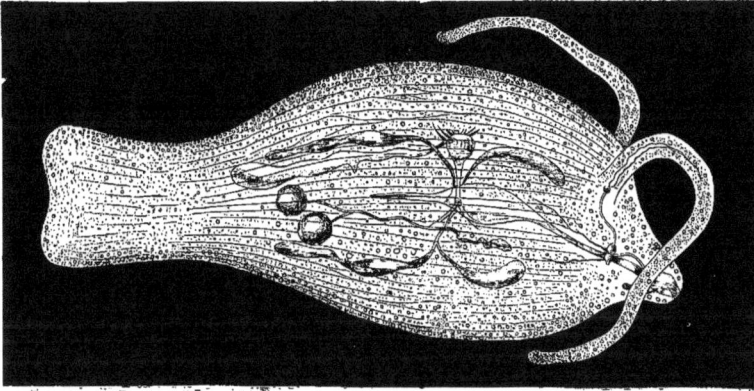

Fig. 567. — Phyllirhoe bucéphale.

plusieurs parties, leur segmentation est totale et irrégulière. L'embryon est pourvu d'un velum bilobé et d'une coquille très mince, il manifeste des mouvements de rotation à l'intérieur de l'œuf (Claus).

Distribution géographique. — Ces animaux essentiellement pélagiques habitent plus particulièrement les mers chaudes.

Mœurs, habitudes, régime. — Les Hétéropodes se montrent parfois en quantités considérables, ils nagent la nageoire en l'air, ils progressent assez rapidement par de vigoureux mouvements de leur queue, ou ils adhèrent aux Algues et autres objets, à l'aide de la petite ventouse dont nous avons parlé.

Ils sont tous carnassiers; quand leur radula est projeté en dehors, les dents latérales se ecourbent comme une tenaille pour se rapprocher ensuite quand elle rentre dans le pharynx; ils saisissent par ce moyen les petits animaux dont ils font leur nourriture.

LES PHYLLIROIDÉS — *PHYLLI-ROIDÆ* d'Orb.

Caractères. — Les Phylliroïdés sont des animaux nus, à corps allongé, comprimé sans coquille, ils ont une partie céphalique peu distincte, point d'yeux, des tentacules coniques, une queue comprimée pour la natation et des branchies extérieures formées de petites éminences dépendant de la peau.

Distribution géographique. — Ils habitent la Méditerranée, l'Océan Pacifique et sont essentiellement pélagiques.

PHYLLIROE BUCÉPHALE — *PHYLLIROE BUCEPHALUM* Per.

Caractères. — Cette espèce est nue, transparente, elle mesure 3 centimètres à peine, le corps est aplati latéralement et porte de longs tentacules (fig. 567).

Distribution géographique. — Elle habite la Méditerranée, où elle a été découverte par Péron et Lesueur.

Mœurs, habitudes, régime. — Le Phyllirhoe bucéphale possède un pouvoir lumineux remarquable, étudié par Panceri (fig. 568).

On le capture souvent dans les filets fins à la surface de la Méditerranée, mais il échappe fréquemment aux regards, en raison de sa transparence extraordinaire. On peut réellement lire à travers son corps. Le zoologiste que nous venons de citer s'est assuré de la faculté que ces animaux possèdent de luire dans l'obscurité, lorsqu'il secouait leur récipient ou lorsqu'il touchait ces Mollusques. Placé dans l'eau douce ce Gastropode émettait de la lumière comme beaucoup d'autres animaux. Les phénomènes lumineux les plus parfaits s'obtenaient en

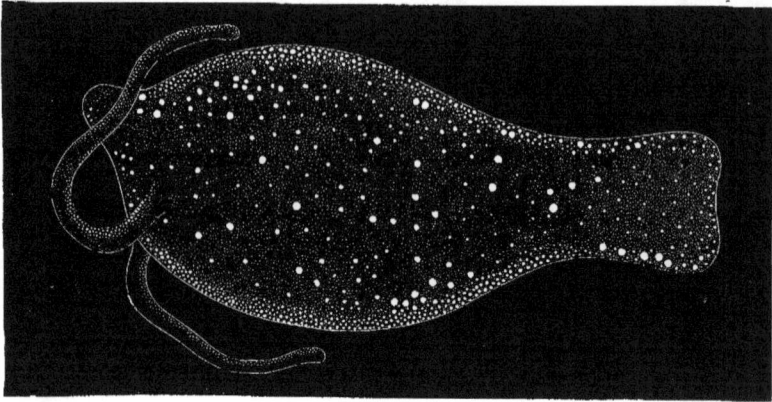

Fig. 568. — Phyllirhoe bucéphale dans l'obscurité.

versant sur ces êtres une solution ammoniacale. Alors le corps entier, y compris les tentacules, brillait d'une vive lumière bleue, qui s'éteignait bientôt avec la vie. Panceri a trouvé que la lumière provient des cellules nerveuses, et particulièrement de celles qui sont placées superficiellement sous la peau ; il la croit due à une substance à laquelle on peut faire émettre de nouveau des rayons lumineux, même après la mort de l'animal, sous l'influence d'excitations diverses et notamment sous l'action de l'eau douce. Il est à remarquer que l'électricité, qui constitue d'ailleurs une excitation puissante pour faire revivre l'énergie nerveuse, n'a aucune influence sur ces phénomènes lumineux.

LES PTÉROTRACHÉIDÉS — *PTERO-TRACHEIDÆ* d'Orb.

Caractères. — D'Orbigny comprenait dans cette famille des animaux a corps nu allongé, muni d'un nucleus pédonculé ou sessile, nu ou protégé par une coquille spirale et portant des branchies composées de lobes coniques dont l'ensemble forme un peigne plus ou moins régulier.

Distribution gégoraphique. — Les Ptérotrachéidés vivent dans la Méditerranée et l'Océan Pacifique.

CARINAIRE GONDOLE — *CARINARIA CYMBIUM* Lamck.

Caractères. — La coquille de cette espèce est très mince, subconique, d'un blanc cendré, à sommet obtus, ornée de stries rugueuses disposées transversalement.

A la base de la tête on voit deux longs filaments tentaculaires pointus, derrière lesquels se trouvent les yeux. Dans la région arrondie, qui se trouve à la face ventrale, on distingue immédiatement la carène ou le flotteur ainsi que la ventouse. « Le flotteur tourné en haut, dit Keferstein, fait progresser l'animal d'une manière lente mais continue, en se déjetant de côté et d'autre et en battant l'eau ainsi. La queue frappe l'eau de part et d'autre, et le corps exécute des mouvements analogues, autant que sa consistance le permet ; l'animal est projeté d'un côté et de l'autre et progresse ainsi néanmoins, mais ses mouvements manquent d'élégance absolument. Comme cette description permet de le prévoir, l'animal se meut aussi bien en arrière qu'en avant et l'on observe en réalité la locomotion dans ces deux sens (fig. 569). »

Distribution géographique. — Cette espèce est propre à la Méditerranée.

Mœurs, habitudes, régime. — Les Carinaires, presque entièrement nues et inermes, sont exposées aux agressions les plus variées de la part des

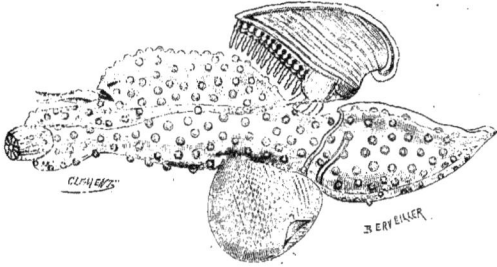

Fig. 569. — Carinaire gondole.

Crustacés, des Poissons et de leurs propres congénères qui les épient. Ces ennemis paraissent
attirés le plus souvent par le noyau viscéral,
ce qui s'explique en raison de la transparence
du reste du corps. On dit que souvent on a vu
de ces Carinaires auxquels manquaient non seulement le noyau, mais encore la tête et que,
dans cet état de mutilation, les débris restants
continuaient de se mouvoir encore longtemps ;
sans doute leurs ennemis étaient attirés aussi
par les yeux brillants que les frappaient par la
coloration de leurs globes. Comme nous venons
de le dire, ces spécimens mutilés continuent à
vivre pendant des jours et à se mouvoir dès que

Fig. 570. — Carinaire indienne.

les bords de leurs plaies sont refermés ; ainsi
s'explique l'erreur de quelques naturalistes qui
ont cru voir dans ces corps, réduits à leur
moitié ou à leur quart, des genres nouveaux.

De nombreuses Carinaires recueillies en mars,
par Gegenbaur, pondirent des œufs en masses;
il en compta plusieurs milliers déposés par une
femelle unique dans l'espace de 24 heures. Les
œufs sont réunis dans des cordons constitués
par une substance albuminoïde et présentent
extérieurement une couche quelque peu durcie
et rugueuse; ces cordons sont cylindriques, épais
de 2 millimètres, et tout à fait lisses à leur surface; ils renferment les œufs généralement très

rapprochés les uns des autres et disposés en une
seule rangée. Dix-huit heures après la ponte,
l'embryon se retourne déjà dans l'œuf à l'aide
de ses cils vibratiles ; Gegenbaur a pu suivre aussi
le développement ultérieur, jusqu'à la formation du velum qui s'étale en deux lobes; ce
stade s'observe vers le troisième jour ; mais
chaque fois, les embryons périrent à ce moment
malgré ses soins les plus minutieux.

Parmi les coquilles les plus appréciées autrefois, figure une Carinaire indienne qui a valu
jusqu'à cent guinées (fig. 570).

FIROLE COURONNÉE — *PTEROTRACHEA CORONATA* Forsk.

Caractères. — Cette espèce, la plus grande du
genre, est remarquable par les six pointes qui
couronnent sa tête; sa trompe cylindrique est
comme pendante, le corps se termine en arrière
par une queue effilée. A la face inférieure il est
pourvu d'un flotteur en forme de hache; et la
face supérieure présente un sac viscéral fusiforme, qui émerge à moitié et qui est généralement rapproché de l'extrémité postérieure du
corps. A l'état normal, ces animaux ont encore
un appendice caudal filiforme et contractile sur
lequel siègent, à intervalles réguliers, des renflements noueux, marqués par une coloration
brune ou rouge foncée. On peut comparer cet
organe aux barbillons des Poissons, et admettre
qu'il sert à attirer les proies; mais il ne saurait
avoir une grande importance, car beaucoup de
spécimens le perdent et semblent néanmoins se
trouver en parfait état. (Voir pl. VI.)

Nous figurons une autre espèce, la Firole
écailleuse (fig. 571).

FIROLE DE LESUEUR.

Paris, J. B. Baillière et Fils, edit.

Corbie L. Crété, imp.

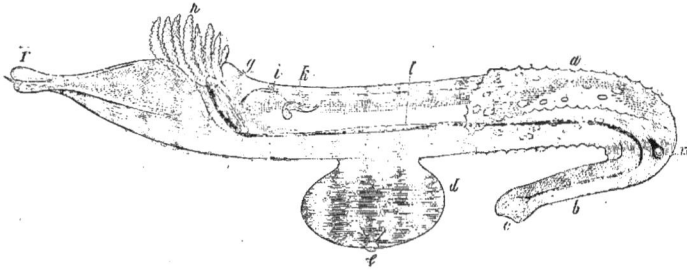

Fig. 571. — Firole écailleuse.

Distribution géographique. — Cette espèce habite la Méditerranée.

Mœurs, habitudes, régime. — Les Firoles surpassent encore les autres Hétéropodes au point de vue de la voracité. Comme tous leurs congénères, ils promènent leur trompe en tous sens en quête de nourriture ; leur langue se déroule et s'enroule, et leurs dents latérales s'écartent et se resserrent comme des pinces ; à l'aide de ces mouvements de préhension de leurs dents linguales, ils saisissent et maintiennent les animaux qui leur servent de butin et sont entraînés peu à peu dans leur œsophage. Keferstein a vu les Firoles promener ainsi leur proie pendant longtemps ; il pense qu'on doit attribuer à cette coutume la donnée erronée d'après laquelle ces animaux puiseraient seulement par succion les sucs de leurs captifs.

Les conditions de reproduction des Firoles se rapprochent beaucoup de celles des autres Hétéropodes. Gegenbaur avait déjà remarqué qu'ils représentaient les Hétéropodes les plus développés, parce que l'absence de toute coquille en fait les types les plus libres ; on peut confirmer cette appréciation en ajoutant que chez eux la différence des sexes est plus tranchée encore que chez les autres. La ventouse fait défaut, en effet, chez les femelles ; et les mâles présentent en outre un appareil d'union très développé. Les cordons ovulaires des Firoles sont très analogues à ceux des Carinaires ; ils sont d'une longueur variable, tantôt cylindriques, tantôt un peu aplatis, et renferment les vitellus disposés en une rangée unique. La ponte semble s'effectuer dans tout le cours de l'année ; du moins elle a lieu depuis BREHM.

septembre jusqu'en mars, d'après des observations certaines (O. Schmidt).

LES ATLANTIDÉS — *ATLANTIDÆ*
RANG.

Caractères. — La famille des Atlantidés comprend des animaux de très petite taille avec des branchies pectinées sous le manteau et contenues en partie dans une coquille spirale. Ils ont une tête distincte, des yeux, des tentacules et une aile unique munie d'une ventouse pédonculée.

Distribution géographique. — Ils sont de toutes les mers.

Mœurs, habitudes, régime. — Ce sont des Mollusques pélagiens nocturnes ou crépusculaires, ne s'approchant jamais des côtes ; ils nagent avec rapidité et dans une position renversée.

ATLANTE DE PÉRON — *ATLANTA PERONII* LESUEUR.

Caractères. — La Coquille de cet Atlante est très fragile, translucide et cornée, légèrement spiralée ; elle porte une carène ou lame pectinée. L'animal peut rentrer tout entier dans son ouverture (fig. 572).

Il émerge de sa coquille pour manger ou pour se mouvoir. On remarque en lui des caractères différentiels très nets. La tête s'allonge en un museau à l'extrémité duquel s'ouvre la bouche. A la partie supérieure, qui représente le vertex de ce segment céphalique, on voit, sur ces animaux transparents et dans leur intérieur, des portions importantes du système nerveux : ce sont les ganglions œsophagiens supérieurs, qu'on peut comparer à l'encéphale des animaux plus élevés, et les organes sensoriels, tels que les vésicules auditives, les yeux très développés et les tentacules situés au-devant d'eux.

Le pied est divisé en trois segments. Le premier de ces segments est aplati-latéralement et constitue la carène qui représente l'appareil de locomotion le plus important. Très mobile, il peut s'incliner à droite comme à gauche, et l'animal rame avec cet organe, comme les matelots qui godillent avec une seule rame, à l'arrière d'un canot. Immédiatement en arrière de cette carène, se trouve une ventouse au moyen de laquelle le Mollusque peut se fixer contre le fond et plus généralement contre les divers objets qui flottent librement dans l'eau, tels que les Varechs notamment. Le troisième segment, qui est postérieur, est très développé aussi chez les Atlantes ; cette *queue* porte à sa face dorsale un opercule écailleux et plat, qui peut fermer la coquille. (O. Schmidt.)

Distribution géographique. — L'Atlante de Péron habite la Méditerranée.

Mœurs, habitudes, régime. — Les mouvements sont produits par le flotteur et par la queue munie de l'opercule, et, de même que tous les autres Hétéropodes, l'animal progresse renversé en bas. Nos Gastropodes aquatiques adoptent cette attitude, dès qu'ils sont libres dans l'eau et qu'ils veulent se maintenir contre la surface, ce qui tient au poids du sac viscéral et de la coquille. Kefersten, qui a observé les Atlantes vivants, décrit leur manière de se mouvoir.

« A des mouvements violents, dit-il, succèdent quelques poses isolées, en sorte que la locomotion est sautillante. »

A propos de l'usage de la ventouse située à l'extrémité du flotteur et dont les Atlantes se servent pour se fixer, Keferstein s'exprime ainsi : « Lorsqu'on les conserve dans un vase, on les observe facilement dans cette attitude, et l'on remarque que leur adhérence est alors assez forte. En pleine mer, ces Gastropodes se fixent aux Varechs ou à d'autres objets, qui flottent en liberté, de la même manière que les Hirudinées, d'après l'expression employée par Adams. »

Quand les Atlantes sont dérangés ou veulent plonger plus profondément, ils se retirent entièrement dans leurs coquilles ; l'animal cache d'abord sa tête, puis son flotteur qui se plisse, et en dernier lieu l'extrémité postérieure du corps qui, avec l'opercule, établit une obturation parfaite.

Comme tous les Hétéropodes, les Atlantes ont les sexes séparés ; extérieurement, les deux sexes ne se distinguent que par la présence de certains organes externes chez le mâle et par leur absence chez la femelle ; car la ventouse, qui chez les autres genres est un caractère exclusif des mâles, existe ici chez la femelle également. Un naturaliste avait prétendu que dans le genre Atlante les femelles étaient beaucoup moins nombreuses que les mâles,

Fig. 572. — Atlante de Péron.

mais on ne saurait attribuer une grande importance à cette assertion, attendu que d'autres observateurs n'ont point signalé cette disproportion. Les œufs, comme chez les autres Ptéropodes, sont probablement abandonnés librement dans l'eau, sous forme de longs chapelets. Ainsi que l'indique Gegenbaur à propos des travaux entrepris par lui pendant son séjour à Messine, les spécimens capturés ne se sont jamais occupés de la ponte ; pourtant on saisit, à l'aide du filet fin, à la surface de l'eau, des larves à divers états de développement.

LES IANTHINIDÉS — *IANTHINIDÆ*
Lamck.

Caractères. — Cette famille se compose de Mollusques inoperculés et présentant un appareil natatoire composé de vésicules réunies et destinées à soutenir l'animal à la surface de l'eau.

Distribution géographique. — Les Ianthinidés se trouvent dans presque toutes les mers, mais elles semblent se plaire plus particulièrement dans certaines régions, d'où elles sont dispersées par les phénomènes météorologiques ou hydrauliques.

IANTHINE COMMUNE — *IANTHINA FRAGILIS* LAMCK.

Caractères. — La Coquille de cette espèce est très mince, transparente, ventrue, globuleuse, à spire peu élevée ; l'ouverture est grande, subtriangulaire ; sa couleur est d'un beau bleu violacé brillant.

Distribution géographique. — Elle habite la Méditerranée.

Mœurs, habitudes, régime. — Les Ianthines sont des animaux carnassiers qui vivent dans la haute mer, et qui peuvent sécréter un suc pourpré, afin de troubler l'eau ambiante lorsqu'on les dérange et probablement aussi lorsqu'ils veulent s'emparer d'une proie ; leur célébrité provient surtout de l'organe (*a*) appelé flotteur qui se trouve fixé à leur pied et qui est constitué par un amas de vésicules à l'aide

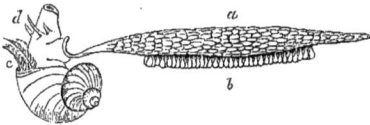

Fig. 573. — Ianthine et son radeau (*Ianthina fragilis*) (*)

desquelles ils se maintiennent à la surface de la mer (fig. 573).

Avant de reproduire les observations de M. Lacaze-Duthiers sur les Ianthines de la Méditerranée, nous croyons intéressant de rapporter les observations et les opinions plus anciennes de Johnston. « C'est la tribu des Ianthines, parmi les Gastropodes, qui possède le plus merveilleux appareil de locomotion. On pensait autrefois qu'elle habitait les mers tropicales exclusivement, mais plus tard, on en a découvert quelques espèces aussi dans la Méditerranée et dans les eaux anglaises. Elles se tiennent dans la haute mer où elles nagent avec

(*) *a*, flotteur ; *b*, capsule d'œufs ; *c*, branchies ; *d*, tentacules et pédoncules oculaires (d'après Quoy et Gaimard).

lenteur. La partie postérieure de leur pied porte un appendice vésiculaire, que Fabius Columna a désigné avec beaucoup d'à-propos sous le nom d' « écume cartilagineuse » (*spuma cartilaginea*) ; les vésicules sont transparentes en effet comme de l'écume, et leur enveloppe est cartilagineuse ou membraneuse. Suspendue à cette vésicule aérienne, la Ianthine oscille légèrement sur l'eau, sans cependant donner prise au moindre souffle d'air, ou au moindre courant qui vient à passer sur sa route ; car elle sait modifier sa direction grâce à un petit flotteur qui peut s'incliner de chaque côté du pied et même dépasser un peu son bord. C'est seulement quand la tempête souffle avec violence, que ce Gastropode s'abandonne à sa puissance et s'échoue sur quelque rivage inhospitalier. »

Il a été établi que l'animal ne pourrait se maintenir à la surface, sans son appareil vésiculaire, que ce dernier est spécialement fixé au pied d'une façon mécanique, et que sa plus petite portion rentre seule dans la coquille quand l'animal s'y retire.

Le naturaliste anglais Coates avait indiqué d'une manière assez exacte comment le flotteur était constitué et comment il pouvait se réparer.

Pendant un séjour auprès de La Calle, sur la côte d'Afrique, M. Lacaze-Duthiers eut l'occasion d'exécuter les recherches les plus minutieuses. Nous lui empruntons l'extrait suivant :

« Je fus frappé d'abord de voir que toutes les Ianthines dépourvues absolument de bulles aériennes restaient au fond de l'eau, bien qu'elles fussent parfaitement vivantes ; les efforts que faisaient les animaux, soit pour revenir à la surface, soit pour reconstruire leur flotteur sans y réussir, me donnèrent l'idée de les placer dans des conditions différentes, qui me paraissaient devoir être celles qu'ils cherchaient.

« Le flotteur est assez régulièrement formé, les cellules qui le composent sont polyédriques par suite de la compression qu'elles exercent les unes sur les autres, mais elles sont toujours parfaitement sphériques dans celle de leur partie qui reste libre. Le pied est distinctement partagé en deux parties différentes. C'est la partie mobile antérieure qui construit le flotteur (fig. 574).

« Voici comment : on la voit d'abord s'allonger en avant, puis se redresser et se porter en haut, aller à gauche et à droite et embrasser dans sa concavité, en se moulant sur elle, l'extrémité antérieure du flotteur ; dans ses mouvements d'élongation, cette partie du pied prend souvent la forme d'une petite massue, surtout quand elle s'élève au dessus de l'eau (*p*).

« La position du pied sur l'extrémité du flotteur a été signalée par Adams, mais ce qu'il importe de suivre, c'est la succession des mouvements ou manœuvres de la partie antérieure du pied, quand elle sort de l'eau et se rapproche du flotteur.

« On voit d'abord le pied s'allonger pour sortir de l'eau, dans une direction presque opposée à celle du flotteur, puis l'animal le porte en haut et le rend saillant au-dessus du liquide ; à ce moment l'organe présente vers son extrémité comme un godet (*b*), il se creuse en canal, en

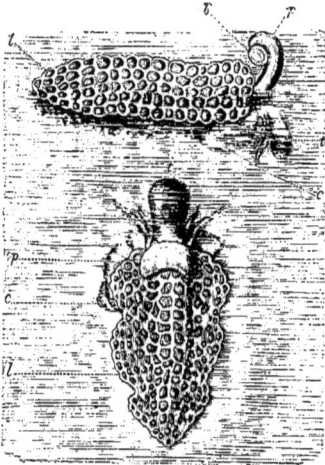

Fig. 574 et 575. — Ianthine construisant son flotteur.

rapprochant en dessous ses deux bords et en recroquevillant un peu sa partie antérieure.

« Tous ces mouvements se suivent sans interruption ; on peut cependant, sans difficulté, en observer la succession. En s'étirant au-dessus de l'eau, puis en se recroquevillant, le pied enferme une bulle d'air autour de laquelle il sécrète une enveloppe de mucus ; en s'enfonçant ensuite vers le flotteur il pousse cette vésicule contre l'extrémité antérieure. Les mouvements se répètent dans le même ordre, et les vésicules se trouvent ainsi accumulées. Le mucus, d'abord mou, acquiert bientôt dans l'eau une résistance plus grande, et peut alors produire l'impression d'une matière cartilagineuse (*l*). »

Pour étudier la structure du flotteur, M. Lacaze-Duthiers plaçait les Ianthines sur un crochet recourbé et les élevait ainsi vers la surface, jusqu'au niveau où elles se tiennent quand elles flottent en liberté à l'aide du flotteur. Aussitôt le Gastropode sortait de sa coquille, étendait son pied, et se mettait à exécuter le travail qui vient d'être décrit. A mesure que les vésicules se multipliaient, l'animal devenait de plus en plus léger et plongeait moins profondément ; mais il n'était pas en état de se rapprocher à lui seul de la surface, ou de l'atteindre avant que le flotteur n'ait acquis un volume déterminé. La masse de mucus sécrété par la Ianthine se comporte comme la matière textile des Araignées ; le pied ne la fournit pas d'une manière continue, mais seulement suivant les besoins. Le flotteur est du reste si fragile et se trouve exposé à tant de dangers, que l'animal doit être presque toujours occupé à réparer cet appareil.

Un autre détail curieux à signaler à propos des Ianthines consiste dans la fixation des œufs dans de petites capsules adhérentes à la face inférieure du flotteur ; mais on n'a pu encore observer comment ce travail s'accomplit. Le hasard seul donnera la solution de ce problème ; car malgré les soins de M. Lacaze-Duthiers, il n'a jamais réussi à les conserver en vie plus de quelques jours. Tous les animaux frêles qui habitent la haute mer ne subsistent pas dans les aquariums ; indépendamment des difficultés qu'on éprouve pour entretenir leur élément dans un état de pureté suffisante, on ne parvient pas toujours à leur fournir la nourriture qui leur convient.

Les figures que nous avons empruntées au savant naturaliste (fig. 574-575) s'expliquent d'elles-mêmes lorsqu'on lit le texte. La figure supérieure (fig. 574) représente une Ianthine en train de nager, vue de profil ; la figure inférieure (fig. 575), une Ianthine vue par en haut. Les principales indications sont les suivantes : *t* tête, *c* coquille, *l* flotteur, *p* pied, *b* une vésicule, un peu trop accentuée sur ce dessin, et qui doit se trouver appliquée au bord antérieur du flotteur.

LES BELLÉROPHONTIDÉS — *BELLE-ROPHONTIDÆ* Mac. Coy.

Caractères. — A l'exemple de d'Orbigny dont l'opinion du reste est acceptée par plusieurs Naturalistes modernes, nous plaçons ici les Bellérophontidés. Ils constituent un groupe d'animaux à coquille épaisse, enroulée en spirale, nautiliforme, symétrique.

Distribution paléontologique. — Toutes les espèces connues sont fossiles. Les Bellérophontidés appartiennent essentiellement à l'époque paléozoïque, ils sont communs dans les étages Silurien, Devonien et Carbonifère.

BELLÉROPHON BILOBÉ — *BELLEROPHON BILOBATA* D'ORB.

Caractères. — Sa coquille est nautiloïde, assez épaisse, symétrique, enroulée sur elle-même, elle présente au milieu de la circonférence une carène ou sillon longitudinal prononcé, le labre tranchant est fendu à sa partie médiane et largement évasé de chaque côté (fig. 576-577).

Distribution paléontologique. — Il provient de l'étage Silurien.

Nous figurons une autre espèce (fig. 578-579),

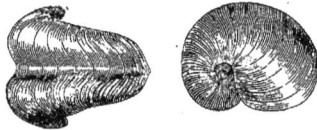

Fig. 576-577. — Bellérophon bilobé.

Fig. 578-579. — Bellérophon corne de Bélier.

le Bellérophon corne de Bélier de l'étage Carbonifère.

LES GASTROPODES — *GASTROPODA* Cuv.

Caractères. — Animaux à tête bien développée, pourvue de tentacules et d'yeux, le plus souvent d'un pied (1) large et plat et d'une coquille calcaire, de forme des plus variables, tels sont les caractères des Gastropodes.

L'armature buccale, la radula fournissent des caractères d'un ordre élevé pour la classification des espèces si nombreuses de ce groupe. La grande majorité possèdent des branchies, aussi est-ce d'après la disposition de ces organes que les Naturalistes ont généralement établi les divisions nécessaires pour le groupement des divers types.

Les Gastropodes sont les uns hermaphrodites, les autres dioïques; leurs œufs, pondus en plus ou moins grand nombre, sont tantôt libres, tantôt réunis (fig. 580), fixés à des corps étrangers et affectant les dispositions les plus variées; ordinairement ils consistent en capsules, présentant une ouverture et renfermant plusieurs vitellus enfouis dans l'albumine, dont une partie seulement se transforme en embryon. Souvent un seul embryon abandonne la capsule, où les autres vitellus, tout en subissant une segmentation, s'arrêtent cependant dans leur évolution

(1) Nous avons exposé précédemment (p. 241) de quelle façon il fallait, d'après M. le professeur Perrier, envisager le *Pied* des Gastropodes.

et servent à la nutrition du premier embryon développé.

Après une segmentation totale, le plus souvent irrégulière, le vitellus se convertit en une masse de cellules nucléées, dont les plus petites situées à la périphérie forment la paroi du

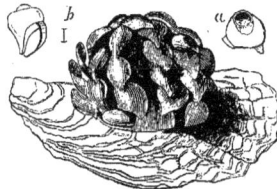

Fig. 580. — Capsules rudimentaires de Buccin fixées sur une coquille d'Huître; chaque capsule contient cinq ou six jeunes (*).

corps de l'embryon et sont revêtues sur toute leur surface de cils vibratiles. A un moment donné le rudiment du manteau donne naissance à une petite coquille hyaline, en même temps se montrent les premiers rudiments des organes des sens.

(*) *a* représente le côté interne d'une capsule laissant voir le trou par lequel le jeune est sorti; *b*, jeune Buccin venant d'éclore.

A sa sortie de l'œuf, l'embryon nage librement à l'aide de son velum, puis peu à peu le velum s'atrophie, et l'animal qui progressait en nageant ne peut plus maintenant que ramper. En général, la coquille primitive devient le nucléus de la coquille définitive, et rarement il se développe au-dessous de la coquille larvaire une seconde coquille destinée à la remplacer. Les Mollusques nus ne remplacent jamais la coquille larvaire qu'ils ont constamment possédée comme tous les autres Gastropodes (Claus).

Distribution géographique. — La plupart des Gastropodes habitent la mer et sont de toutes les parties du globe.

Distribution paléontologique. — Les formations géologiques en contiennent des quantités considérables, quelques genres fossiles n'ont plus de représentants vivants.

Mœurs, habitudes, régime. — Beaucoup peuvent continuer de vivre un certain temps hors de l'eau. Un grand nombre sécrètent un opercule au moyen duquel ils ferment leur coquille, cet opercule fournit de bons caractères et affecte des formes généralement constantes suivant les genres.

Presque tous rampent, d'autres sont nageurs, quelques-uns sont constamment fixés par leur coquille, très peu sont parasites.

Leur alimentation diffère autant que leurs habitudes, les uns sont carnassiers, vivent de proies vivantes, les autres s'attaquent aux animaux morts; beaucoup enfin sont herbivores.

LES GASTROPODES AIOLOBRANCHES — *AIOLOBRANCHIATA* H. et A. ADAMS.

Caractères. — Animaux à branchies variables, non disposées en cercle autour de l'orifice anal, mais généralement sur les côtés du dos, ou ne se montrant pas au dehors (Claus).

LES LIMAPONTIIDÉS — *LIMAPONTIIDÆ* H. A. ADAMS.

Caractères. — Les animaux composant cette famille ont le corps déprimé, ils sont dépourvus de tentacules, ou en possèdent de simples très contractiles; les branchies externes font défaut.

LIMAPONTIE CÉPHALÉE — *LIMAPONTIA CAPITATA* FORBES.

Caractères. — Cette petite espèce atteint 8 millimètres de long. Au milieu de son dos s'élève une gibbosité jaune; entre elle et la tête existe une dépression. La plus grande partie du dos offre une teinte fondamentale brune parsemée de points jaune clair (fig. 581).

Distribution géographique. — On la rencontre dans toutes les mers d'Europe.

Mœurs, habitudes, régime. — Ce petit Gastropode se trouve parmi les herbes marines à peu de profondeur, dans toutes les saisons de l'année; à plusieurs reprises on l'a conservé pendant des mois dans de petits récipients garnis d'Algues de toutes sortes. Il rampe lentement sur les plantes ou le long des parois du récipient, se suspend à la surface de l'eau, et grimpe parfois jusqu'au-dessus du niveau du liquide. Lorsqu'il est dérangé, il se contracte et se raccourcit; aussi passe-t-il facilement inaperçu lorsqu'on le retire de la mer avec des plantes. Meyer et Mobius ont remarqué aussi que la Limapontie céphalée, transportée dans l'eau douce, excrète une grande quantité de mucus blanchâtre d'une odeur forte comme celle de la farine humide et renfermée.

LES ÉLYSIIDÉS — *ELYSIIDÆ* H. A. ADAMS.

Caractères. — Les Élysiidés ont le corps limaciforme, couvert de petits cils très rapprochés et très courts, les tentacules sont tubulés, plissés; les yeux sessiles à la base des tentacules; les branchies sont disposées en forme de tresses, ou de vaisseaux en rayons à la surface du dos.

ÉLYSIE VERTE — *ELYSIA VIRIDIS* RUSSO.

Caractères. — Chez l'Élysie verte, les côtés du corps sont garnis d'expansions membraneuses, se relevant sur le dos pour le couvrir en partie.

Lorsqu'ils sont relevés, dans l'attitude ordinaire, leur bord libre s'étend obliquement sur

Fig. 581. — Limapontie céphalée, très grossie.

une certaine longueur, et retombe ensuite, moins incliné, jusqu'à l'extrémité postérieure. La lisière des lobes cutanés est arrondie et d'une épaisseur environ moitié moindre que les tentacules. La teinte principale de la tête, des tentacules, de la partie antérieure du dos, et de la face externe des lobes cutanés, est d'un noir velouté qui passe tantôt au vert, tantôt au brun; la teinte principale du pied est d'un vert olivâtre. On observe, en outre, des taches d'un blanc de neige, et des points bleu-verdâtre et rougeblanchâtre à reflets métalliques, disséminés sur toute la peau. Ainsi qu'on peut le constater au microscope seulement, avec un grossissement centuple, ces derniers effets de coloration sont produits par des cellules à paroi frêle, de l'intérieur desquelles rayonnent des lueurs d'un vert émeraude éclatant et d'un bleu de saphir magnifique. Deux autres sortes de cellules produisent encore un reflet argenté ou cuivré très vif (fig. 582).

Distribution géographique. — L'Élysie verte se trouve depuis la Méditerranée jusque dans les régions de la mer du Nord.

Mœurs, habitudes, régime. — Dans ses mouvements, cet animal splendide affecte des formes très diverses. Lorqu'il rampe sur le sol, il s'étire ordinairement tout droit, et avance en glissant relativement vite. Lorsqu'il grimpe le long de la paroi verticale d'un aquarium, il emploie souvent, en même temps, ses lobes cutanés avec une partie de son pied, pour se maintenir; parfois il retourne son corps en spirale, tout en rampant, de telle sorte que les deux côtés opposés du corps, se trouvent à la fois en contact avec le sol. Il sécrète un mucus très abondant qui se laisse étirer en longs filaments sur l'eau, lorsqu'on touche la peau avec une baguette ou un pinceau. Quelquefois ce Gastropode demeure suspendu librement à ces filaments muqueux, au milieu de l'eau.

Nous savons bien qu'une description des couleurs ne peut fournir une représentation précise

sans être accompagnée d'une image coloriée, mais nous croyons devoir citer encore les paroles du zoologiste Grübe de Breslau, dans le but d'éveiller davantage chez les lecteurs le désir d'étudier ce précieux Gastropode qu'on peut facilement capturer et observer en captivité.

«A Saint-Nicolo, sur l'île de Cherso, dans le Guarnero, dit l'auteur, je découvris entre autres une nouvelle Élysie (*Elysia splendida*), dont la beauté m'enthousiasma véritablement. Tout d'abord j'aperçus simplement dans un creux de roche, qui n'était pas tout entier accessible à la lumière, un mélange mobile de couleurs noir foncé, bleu-clair, et orangé: je distinguai ensuite plusieurs de ces petits Mollusques, longs de 3 à 4 lignes sur 2 lignes 1/2 de large, ce qui rehaussait encore leur éclat. Ce n'est qu'en en voyant approcher quelques-uns isolément, que je pus me rendre compte de la répartition de leurs couleurs. Le corps et ses grands lobes latéraux, rabattus en haut comme un manteau, étaient d'un noir velouté; le bord externe et les parties buccales, étaient d'un jaune-orangé; mais sur la face externe de ces lobes, qui présentaient de grands plis onduleux d'une élégance extrême, s'étendait au dessous de la bordure orangée une large bande d'un bleu d'outremer; au-dessous de celle-ci, se trouvait une raie plus étroite et élargie par places, d'un vert clair presque argenté en bas; au-dessous d'elle enfin, apparaissait encore une série longitudinale de points offrant la même coloration. La bande orangée se continuait en arrière avec la bande correspondante de l'autre côté; la bande bleue était interrompue. Une autre tache blanche elliptique se détachait merveilleusement entre les tentacules, dont la face interne était blanche; mais le reste de ces organes était noir, sauf leur extrémité qui était colorée en bleu. Ces tentacules, qui mesuraient le quart de la longueur totale, étaient tantôt reposés en arrière, tantôt écartés l'un de l'autre,

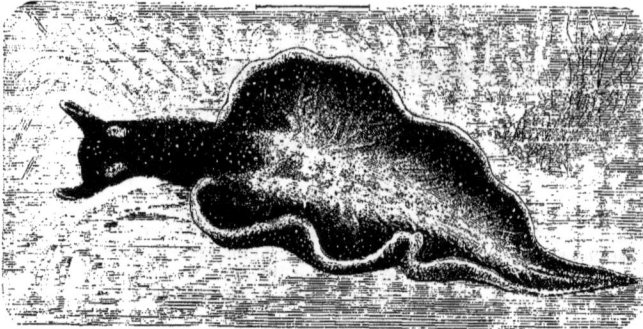

Fig. 582. — Élysio verte, très grossie.

tantôt contournés à leur extrémité qui décrivait une hélice gracieuse d'un seul tour de spire. » (Grübe.)

LES ÆOLIDINÉS — ÆOLIDINÆ
H. A. ADAMS.

Caractères. — Dans cette famille, les espèces portent des tentacules tubulés contractiles, les branchies sont superficielles, filiformes ou ramifiées sur les côtés du dos.

ÆOLIS A PAPILLES — ÆOLIS PAPILLOSA Mey.

Caractères. — L'Æolis à papilles a été remarquablement décrite par Meyer et Möbius; elle atteint ordinairement 5 centimètres de long, mais sur les côtes anglaises on trouve des spécimens gigantesques de 15 centimètres. La figure 583 représente l'aspect extérieur de l'animal avec ses papilles disposées en rangées transversales. Sa teinte fondamentale est généralement d'un brun grisâtre. Le caractère principal des Æolis consiste dans les papilles, disposées symétriquement sur le dos, et dont la structure offre un grand intérêt au point de vue physiologique. Dans chaque papille s'étend, en effet, un canal qui, en raison de sa structure, paraît être une partie du foie remarquablement divisé et qui se trouve en relation en bas, avec le tube alimentaire ramifié. Mais à la partie supérieure de la papille, le conduit hépatique communique avec une cavité remplie de cellules urticantes; ce sont de très petites vésicules, d'où peut s'exprimer un filament urticant, et qui probablement se vident en masses, par l'ouverture terminale des papilles, pour servir de moyen de défense ou d'attaque.

Distribution géographique. — Cette espèce habite plus particulièrement la baie de Kiel.

Mœurs, habitudes, régime. — Nous empruntons à Meyer les renseignements suivants.

« Elle rampe lentement, et demeure souvent immobile. Au repos, elle affecte une attitude raccourcie, rabaisse ordinairement ses tentacules, et laisse retomber mollement les unes sur les autres ses papilles aplaties et recroquevillées. Les extrémités des lobes du pied et de la partie postérieure du corps débordent lentement au-dessous des papilles, quand l'animal rampe en s'étirant. Lorsqu'on le place sur le dos il contracte les bords de son pied, s'enroule en boule comme une Sangsue, et sa face ventrale elle-même se couvre de papilles. Il vient, plus rarement que les autres Gastropodes de cette famille, à la surface, pour y nager.

« Sa nourriture consiste en matières animales, il recherche surtout les Actinies (Anémones de mer). Il saisit le bord du pied des petites *Actinia plumosa* et y fait un trou semi-lunaire, qu'il agrandit sans cesse par de nouvelles morsures. Il étend enfin sa bouche sur tout ce qui reste de sa proie et la fait disparaître peu à peu, sans mouvements de déglutition apparents à l'intérieur. Une après-midi, on observa une grande Æolis papilleuse, qui mordit le bord du pied d'une Actinie plumeuse, presque aussi épaisse que

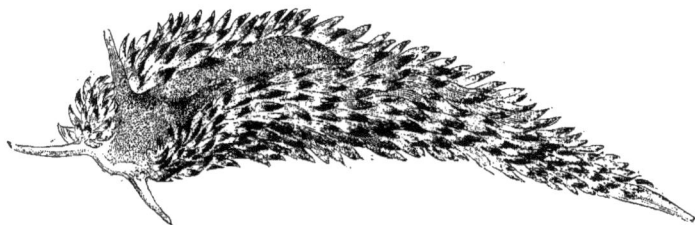

Fig. 583. — Æolis à papilles.

le Gastropode lui-même. A peine l'Æolis avait-elle entamé son repas, qu'une seconde, puis une troisième vinrent en rampant prendre leur part du festin. Au bout de quatre heures, l'Actinie était entièrement dévorée ; il n'en restait aucune trace. D'après les observateurs de Hambourg, il est probable que les Æolis en train de dévorer une proie révèlent leur présence à leurs compagnes éloignées, par la salive qu'elles excrètent pendant leur repas. Souvent des spécimens, enlevés de l'aquarium pour être soumis à l'observation, tenaient dans leur bouche de petites Actinies qu'ils laissaient échapper, mais qu'ils rattrapaient de nouveau. Pour rechercher leur proie évadée, ces Gastropodes se servent avec fruit de leurs tentacules. Ces organes tâtonnent de tous côtés, et travaillent vivement au contact de cette proie. Ils n'exécutent point ces tressaillements lorsqu'ils heurtent d'autres Æolides ou le fond du récipient. Dès que les tentacules avaient touché la proie, la bouche s'ouvrait immédiatement sur elle. Pendant le repos, le corps demeure raccourci, les papilles sont relâchées et s'incurvent tout à leur aise. »

Au sujet de la reproduction des Æolis à papilles, voici les observations qui ont été recueillies :

« Quelques spécimens vivant dans l'aquarium depuis le milieu de janvier ont déposé des œufs le long de la paroi vitrée, en février. Ces œufs sont sphériques, et le vitellus est blanc ou légèrement rougeâtre. Ils sont disposés en un cordon, dont les circonvolutions, courtes mais très accentuées, au lieu de se trouver sur un même plan, semblent enroulées sur une surface cylindrique; mais leurs sommets se rapprochent les uns des autres. Ce cordon est inclus dans une bandelette de mucus transparent, dont le bord libre, qui est mince et se prolonge vers le centre entre les courbures de la ligne ondulée, figure

BREUM.

à peu près l'axe du cylindre ; par ce bord, la bandelette entière est assujettie à des plantes, à des pierres ou à d'autres objets. Le 15 mars, un des spécimens en question pondit un de ces cordons sous la forme d'une hélice allongée composée de 3 spires. Le 2 mai, un spécimen, fort grand, pondit un cordon, dont les œufs étaient au nombre de 60,000, pour le moins. »

Deux espèces très répandues sont l'Æolis Drummondi et l'Æolis alba. Les téguments de cette dernière sont si frêles, qu'on voit par transparence les organes internes en certaines régions et que l'animal entier prend une teinte verdâtre lorsqu'il rampe sur les herbes marines. Dans quelques cordons ovulaires, on compte 40,000 œufs ; la nature impose une limite à cette multiplication trop abondante; car les deux animaux que nous venons de mentionner, ne se privent point de dévorer, indépendamment de leur alimentation carnassière, les œufs de leurs propres espèces.

LES MÉLIBÉINÉS — *MELIBEINÆ* RANG.

Caractères. — Les Mélibéinés ont une tête distincte, comprenant un voile membraneux contourné en forme d'entonnoir, garni extérieurement de cirrhes et du milieu duquel sort une petite trompe ; les tentacules situés à la base du voile sont coniques et rétractiles; les branchies sont formées de deux séries de massues oblongues, couvertes de petits tubercules, leur estomac est ramifié.

DENDRONOTE A BRANCHAGES — *DENDRONOTUS ARBORESCENS* Cuv.

Caractères. — Le Dendronote à branchages atteint environ 3 centimètres 1/2 du

Fig. 584. — Dendronote à branchianges.

long et se fait remarquer par sa teinte fondamentale rouge-clair. Son corps, très grêle, s'effile en arrière graduellement. Son principal ornement consiste dans ses branchies arborisées, disposées en demi-cercles, au nombre de 7 à 9 paires, près du bord antérieur de la tête, et au nombre de 5 à 6 paires le long du dos. Les tentacules émanent aussi d'un tronc qui se ramifie et dans lequel elles peuvent se rétracter. Le pied est plus étroit que le dos, et quand l'animal rampe sur un sol uni, il paraît tronqué, suivant un plan, à sa partie antérieure. Ses arêtes latérales se rapprochent tellement qu'il paraît caréné (fig. 584).

Distribution géographique. — On l'a trouvé fréquemment en hiver auprès de Kiel, sur les arbres qu'on installe à l'intérieur de la baie pour l'élevage des Moules ; il s'est fort bien conservé dans les aquariums remplis de plantes fraîches et pourries. Mais c'est surtout sur les côtes septentrionales qu'il est assez commun ; on l'a trouvé également aux îles Feroë.

Mœurs, habitudes, régime. — Ce Gastropode aime mieux grimper sur les rameaux minces des Algues, que de ramper sur le sol. Souvent il s'avance jusqu'à l'extrémité d'un rameau, soulève la partie antérieure libre de son corps et la dirige, à la manière des Chenilles arpenteuses, tantôt d'un côté, tantôt de l'autre, pour chercher quelque objet fixe, sur lequel il puisse poursuivre sa route. Meyer et Möbius ont vu ce Dendronote demeurer plus rarement tranquille le long de la paroi de l'aquarium que ne font les autres Gastropodes à branchies nues. Il se maintient, dans ce cas, seulement à l'aide d'une étroite bandelette du pied et s'appuie par un des côtés contre la paroi. Lorsqu'il nage à la surface, tantôt il étale son pied sur toute sa largeur, tantôt il rapproche ses arêtes l'une de l'autre en formant entre elles un sillon. Pendant la natation, les arborisations dorsales retombent obliquement en bas ; quand l'animal rampe en ligne droite en étirant son corps, ces arborisations s'inclinent légèrement en arrière ; quand il tourne son corps, celles-ci s'éparpillent dans toutes les directions. Nos observateurs résument l'impression que produisirent sur eux la forme et les mouvements de ce Dendronote, en disant que la forme grêle de son corps, les arborisations délicates qui oscillent légèrement sur son dos, sa coloration agréable, et ses mouvements souples et aisés, en font un des animaux marins les plus attrayants.

Le zoologiste anglais Grant avait affirmé que ce Dendronote produit de faibles sons ; mais cette assertion n'a pu être confirmée par les naturalistes de Hambourg ; néanmoins, comme cette assertion a été répétée au sujet d'un autre

Gastropode à branchies nues, l'Æolis ponctuée, cette opinion semble n'être pas dénuée de tout fondement. On a supposé que ces sons pouvaient être produits par les organes buccaux d'une grande dureté (O. Schmidt).

LES TRITONIIDÉS — *TRITONIIDÆ* D'ORB.

Caractères. — Dans cette famille, la partie céphalique est élargie, les tentacules sont supérieurs et rétractiles dans une gaine; les branchies disposées sur deux rangées longitudinales, une de chaque côté du dos.

TÉTHYS DE BOHADSCH — *TETHYS FIMBRIA* GMEL.

Caractères. — Ce Téthys a la tête couverte par un large voile frontal, semi-circulaire, à bords ciliés et séparé du corps par un étranglement prononcé: les branchies en forme de panaches sont rangées sur deux lignes longitudinales (fig. 585).

Distribution géographique. — On le trouve dans la mer Adriatique, où il atteint parfois de 9 à 10 centimètres de long.

Mœurs, habitudes, régime. — Grube a laissé une description très imagée de ses allures, d'après un spécimen que lui avait apporté un pêcheur à Trieste.

« Ce Gastropode très vivace, dit-il, était muni de tous ses appendices dorsaux, qu'on a décrits et représentés jadis comme des parasites du Mollusque en question. Ils étaient gonflés en forme de poires ou de radis, un peu étranglés à leur base, disposés par paires, implantés tout contre les branchies le long des côtés du dos, renflés en arrière, écartés à la manière des rames et mus comme des avirons. Le corps, gonflé aussi, presque incolore, transparent ainsi que les branchies, et facile à distinguer parmi les appendices dont l'extrémité rouge pâle est ornée d'une tache centrale d'un rouge foncé, presque noirâtre, se déjetait sans cesse de côté et d'autre avec une certaine grâce, lorsqu'on le plaçait sur le dos, et s'incurvait au point que son extrémité arrivait au contact des bords latéraux du velum. Ce grand velum était presque redressé et rabattu en haut, et son bord frangé était replié en arrière ; les bords latéraux du disque pédieux, devenus complètement creux, se rapprochaient au point de laisser à peine entre eux un sillon étroit, ou même arrivaient

à se toucher. Dans cette attitude, l'animal ressemblait à un marteau dont le manche était représenté par le corps, et le fer par le velum raccourci ; mais dès que le Mollusque devenait plus calme, son pied s'étalait sous la forme d'une écuelle ovale et profonde, à bords latéraux plus élevés que les bords antérieur et postérieur. Cet animal était phosphorescent dans l'obscurité, et cette phosphorescence se manifestait lorsque je touchais ce Gastropode ou lorsque j'agitais simplement la main dans l'eau du bassin qui le contenait. Bien que j'aie renouvelé l'eau deux heures après qu'on m'eut

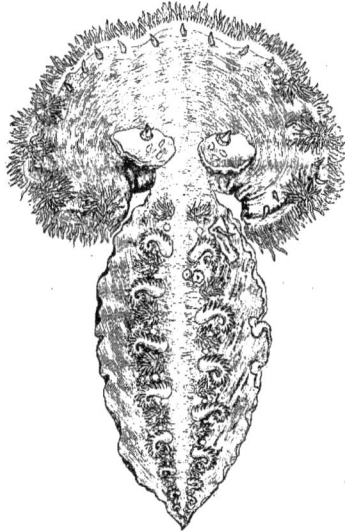

Fig. 585. — Téthys de Bohadsch.

apporté ce rare spécimen, et bien que le vase dans lequel il exécutait ses mouvements fût assez spacieux, sa vie s'éteignit après la nuit. Le lendemain matin, ses appendices retombaient inertes, bien que leur coloration fût intacte. Ceux qui auront pu voir un Téthys et observer ses mouvements tumultueux en tous sens ne rattacheront plus au caractère des Mollusques l'impression d'une nature phlegmatique, d'une manière aussi absolue qu'on semble le faire généralement. »

Il n'y a pas lieu de s'étonner de ce qu'un Mollusque aussi grand, habitué à l'eau très pure de la pleine mer et doué de besoins res-

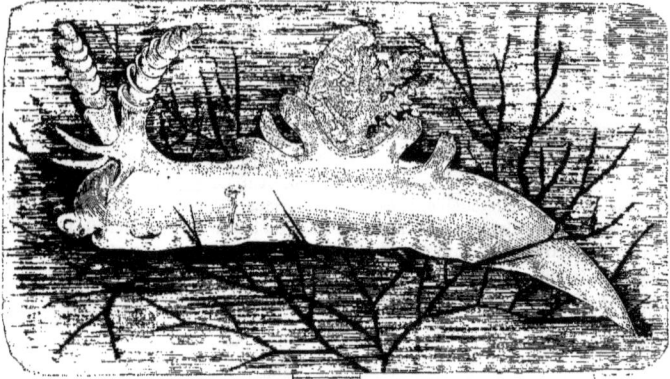

Fig. 586. — Miranda à crête.

piratoires puissants, n'ait subsisté que quelques heures dans un récipient étroit. Même dans les grands aquariums, où l'eau est sans cesse renouvelée, les Téthys survivent rarement quelques jours à leur captivité. Le défaut d'alimentation en est en partie cause.

A Naples, où j'ai fourni souvent des Téthys à l'aquarium, pendant les mois d'hiver, je n'ai jamais constaté que les spécimens superbes, qui mesuraient jusqu'à un pied de longueur, aient rien ingéré. Ils pâtissaient surtout du choc et de la pression contre les parois du récipient ; c'est un sort que partagent avec ces Téthys tous les Mollusques enlevés à la pleine mer. Au début, ils se dégagent à l'aide de mouvements puissants, pendant lesquels un des côtés du corps s'incurve jusqu'à toucher l'autre ; mais au bout de quelques heures, apparaît déjà un épuisement manifeste ; ils ne peuvent plus lutter contre le courant de l'eau qui fait communiquer les bassins entre eux ; ils sont pressés contre les pierres et accolés sans ressource dans les coins. (O. Schmidt.)

LES GASTROPODES ANTHOBRANCHES — *ANTHOBRANCHIATA* Ferr.

Caractères. — Les branchies plumeuses sont situées à la partie postérieure du manteau et disposées en cercle ou en demi-cercle autour de l'orifice anal.

LES TRIOPIDÉS — *TRIOPIDÆ* John.

Caractères. — Le manteau des Triopidés est étroit, garni sur les côtés d'appendices tentaculiformes ; les branchies placées sur le milieu de la partie postérieure rentrent dans une cavité commune.

MIRANDA A CRÊTE — *MIRANDA CRISTATA* Ald. et Hanc.

Caractères. — Le Miranda à crête est transparent et d'un blanc laiteux. Ses branchies sont disposées en arc de cercle au devant de l'anus, le corps est grêle, orné d'appendices digitiformes entourant les branchies (fig. 586).

Distribution géographique. — L'espèce est propre à la Méditerranée.

Mœurs, habitudes, régime. — Son corps frêle est d'un effet très élégant au milieu des plantes marines vertes et brunes, sur lesquelles il rampe

Fig. 587 — Doris poilu.

assez vivement, en tortillant et en incurvant gracieusement ses tentacules et en faisant osciller ses branchies et ses appendices branchiaux.

LES POLYCÉRINÉS — *POLYCERINÆ*
ALD. ET HANCK

Caractères. — Leur corps est allongé, subanguleux, lisse ou tuberculeux ; les tentacules en massues pectinées ne sont pas rétractiles; les branchies occupent seulement une portion de cercle autour de l'anus et sont encastrées entre des lames membraneuses qui les protègent.

POLYCÈRE OCELLÉE — *POLYCERA OCELLATA* Cuv.

Caractères. — La Polycère ocellée a le corps étiré, arrondi en avant et effilé en arrière. Ses caractères principaux sont les longues verrues de la tête et du voisinage des branchies, qui émergent comme de petites cornes au bord frontal.

Cette espèce a donné lieu à une remarque intéressante au sujet des caractères spécifiques.

Toutes les espèces du genre Polycère des côtes anglaises, y compris la Polycère ocellée, ont des bâtonnets calcaires dans la peau. La principale différence entre les spécimens de Polycère ocellée de la baie de Kiel et ceux de la mer du Nord consiste dans l'absence de ces corps calcaires.

« Si l'on trouvait, disent Meyer et Möbius, des corpuscules calcaires sur les spécimens de Polycère ocellée qui se rencontrent sur la route, entre la mer du Nord et la baie de Kiel, on serait sûr que la présence ou l'absence de ces productions ne sont en rapport avec aucune différence spécifique. Or, nous avons eu la joie de les trouver dans le détroit de Fäno, en 1863, le deuxième jour de la Pentecôte. A peine avait-on jeté l'ancre, après être parti d'Assen par une froide matinée, et à peine avions-nous commencé notre pêche en nous reposant, une fois le soleil levé, à l'abri des hêtres élevés, que le filet de fond fut lancé. Du premier coup, il ramena plusieurs animaux bien connus qu'on trouve dans la baie de Kiel, entre autres des spécimens de Polycère ocellée, dont la plupart portaient, sur une teinte fondamentale plus sombre, des taches jaunes plus saillantes que celles des spécimens de Kiel. Tous présentaient des bâtonnets calcaires dans leur peau, même les spécimens les plus pâles qu'on pêchait dans les fonds les plus bas. Serait-ce la proportion variable de sel qui produit ces différences ? On est fort enclin à l'admettre ; pourtant l'absence de corps calcaires sur les spécimens de la petite baie de Samso, plus rapprochée que le Petit-Belt de la mer du Nord, qui est riche en sel, plaide contre une telle hypothèse. Nous pensons que la force des courants dans le Grand et dans le Petit-Belt est une des principales conditions de la grande analogie qu'offre leur faune avec celle de la mer du Nord, qu'on peut opposer aux types vivant dans les baies calmes du bassin occidental de la Baltique. »

Laissons de côté ces considérations originales sur l'absence ou la présence des corpuscules calcaires, et tenons-nous-en au fait important qui en dérive. Nous voyons disparaître, sous des influences encore inconnues, une particularité qu'une certaine espèce partage avec toutes les espèces de sa tribu; nous voyons se produire une forme, qu'il suffirait de trouver complètement isolée du domaine de l'espèce originelle, pour en faire une espèce nouvelle. La présence des corpuscules calcaires témoigne, en effet, d'une action intime et particulière des cellules cutanées, qui mérite au moins autant de considération que mille autres détails, sur lesquels se base généralement la distinction des espèces du monde inférieur végétal et animal. (O. Schmidt.)

Les animaux inférieurs nous fourniront encore souvent des exemples frappants en faveur de la théorie de la variabilité des espèces.

Distribution géographique. — Elle est commune sur les côtes d'Angleterre.

LES DORIDINÉS — *DORIDINÆ* D'ORB.

Caractères. — La famille des Doridinés, l'une des plus riches en espèces, est caractérisée par un corps déprimé ou comprimé, dont les branchies rayonnent autour de l'anus; sur la partie postérieure du manteau, il existe des tentacules en massue, rentrant chacun dans une fossette en calice, les branchies sont frangées en forme d'arbuscules.

Mœurs, habitudes, régime. — Les Doridinés sont d'une fécondité prodigieuse : Bouchard Chantereau a pu constater par ses observations qu'un individu pouvait produire quatre-vingt mille œufs. Ces œufs sont contenus dans une matière glaireuse, formant une lanière contournée en cornet ou en rond et déposée sur les pierres et les Varechs. Ces lanières sont ordinairement d'un beau rose.

DORIS POILU — *DORIS PILOSA* GMEL.

Caractères. — Le corps de ce Doris est ovale,

très convexe, blanchâtre, portant des tubercules coniques terminés par des poils (fig. 587).

La forme des Doris est loin d'être élégante, mais ils en sont dédommagés par des couleurs d'un vif éclat.

Distribution géographique. — Il habite les côtes de la Rochelle.

Mœurs, habitudes, régime. — Meyer l'a trouvée au printemps parmi les Varechs, dans les régions à fond sablonneux ou pierreux de la baie de Kiel; on l'a conservé pendant des semaines dans un aquarium garni de *Furcellaria*, de *Ceramium* et de *Zostera*, c'est-à-dire de quelques-unes des plantes marines les plus ordinaires. Ce Gastropode y a pondu en septembre et en octobre des œufs contenus dans des bandelettes de mucus transparent.

On peut citer en outre le *Doris proxima*, dont le dos porte également des verrues, mais dont la couleur est rouge. Il atteint plus de 25 millimètres de long.

Moins vivace que le précédent, il se tient généralement tranquille contre la paroi des vases ou des herbes marines. Quelques spécimens placés dans un aquarium, installé pour des animaux provenant des côtes de Bernholm, conservèrent leur santé dans cette eau très peu salée, aussi bien que dans les eaux de Kiel. (O. Schmidt.)

Une espèce, très répandue dans les mers septentrionales de l'Europe, est le *Doris muricata*, dont le dos est d'une couleur blanche ou blanc-jaunâtre et transparente, et dont les tentacules sont orangés et munis, à leur face dorsale, de verrues claviformes et mousses.

Parmi les espèces les plus grandes, se range le *Doris tuberculata* brunâtre, de la Méditerranée; son dos est recouvert de nombreuses petites verrues, et sa longueur atteint 8 centimètres environ.

LES GASTROPODES PLEUROBRANCHES — *PLEUROBRANCHIATA* CUV.

Caractères. — Chez les Pleurobranches, les branchies sont ou découvertes, ou seulement protégées par un pli du manteau et situées à la partie postérieure du ventre, jamais dans une cavité cervicale. Les uns ont une coquille interne ou externe, testacée, membraneuse ou rudimentaire, les autres n'ont pas de coquille.

LES PLEUROBRANCHINÉS — *PLEUROBRANCHINÆ* H. A. ADAMS.

Caractères. — Les animaux composant cette famille ont en général une coquille rudimentaire, ovale, légèrement convexe, membraneuse, mince et interne, couverte par le manteau.

Quelques-uns ont une coquille calcaire, d'autres n'en possèdent pas. Les branchies sont ordinairement composées d'une double série de lamelles.

PLEUROBRANCHE DE PÉRON — *PLEUROBRANCHIA PERONI* Blainv.

Caractères. — Cette espèce, vue d'en haut, ressemble à un disque aplati sur lequel s'élève une sorte d'écusson charnu qui représente le dos. Sous le bord antérieur de cet écusson, émergent deux tentacules creux, constitués par une mince lamelle enroulée. Plus bas, mais encore au-dessus de la bouche, se trouve un lobe membraneux triangulaire, plus large en avant qu'en arrière. Les yeux siègent à la base des tentacules et apparaissent sous l'aspect de deux points noirs très petits. Quand l'animal se

Fig. 588. — Pleurobranche de Péron.

contracte, la branchie située à droite disparaît sous le bord de l'écusson dorsal (fig. 588).

Distribution géographique. — Le Pleurobranche de Péron habite les mers du Sud.

M. Lacaze-Duthiers a communiqué les observations suivantes sur la répartition des espèces qu'il a étudiées.

Auprès d'Ajaccio, en Corse, il a trouvé sur les roches : le Pleurobranche ocellé, qu'on reconnaît aisément aux taches d'un blanc vif se détachant sur sa teinte fondamentale brune, mélangée de rouge.

Dans les îles Baléares, à Mahon, c'est le Pleurobranche orangé, d'une teinte orangée, appelé Colorados par les pêcheurs Espagnols, qui domine (fig. 589).

Mœurs, habitudes, régime. — Quand un Pleurobranche est en mouvement, il s'adapte à toutes les inégalités des corps sur lesquels il

passe ; ses tissus sont si mous, comme ceux de presque tous les Gastropodes nus d'ailleurs, qu'ils changent à chaque instant la forme générale de ce Mollusque. A cet état, les tentacules, le velum buccal et les branchies sont toujours déployés. Nous savons que la turgescence spontanée des Mollusques tient à l'eau qu'ils absorbent. M. Lacaze-Duthiers compare l'écusson et le pied des Pleurobranches, à des éponges qui peuvent être imbibées, puis exprimées, au point de doubler ou de tripler le volume du corps. Ces organes spongieux se vident sous l'effet d'un attouchement un peu brusque, le velum situé au-devant de la bouche est un organe d'une sensibilité particulière. Quand l'animal rampe, il rabat cette partie et la pousse lentement au-devant de lui sur la surface des corps le long desquels il se meut. Ce Gastropode offre alors un aspect tout spécial, car le velum fait l'effet d'une sorte de trompe émergeant au-dessous du bord de la trompe véritable. Son extrême sensibilité s'explique par la richesse des filets nerveux dont ce velum est pourvu.

Si cet organe constitue évidemment l'appareil propre du tact, on ne peut s'empêcher de penser que les tentacules proprement dits ont chez cet animal une autre fonction, d'autant plus qu'il les porte incurvées en arrière et qu'on ne le voit jamais s'en servir pour palper. En réalité, un naturaliste Anglais a déjà considéré les tentacules des Mollusques comme des organes d'olfaction. Cette opinion acquiert d'autant plus de vraisemblance chez les Pleurobranches, que l'organe en question est constitué par un feuillet enroulé, qui figure un tube ouvert en haut comme à sa base et traversé constamment par un courant d'eau qui chemine sous l'impulsion de cils vibratiles microscopiques. Ce fait s'accorde d'une manière frappante avec les données que fournit, au sujet des organes de flair ou d'olfaction, l'anatomie comparée (O. Schmidt).

Les espèces observées dans le port de Mahon pondent en juillet et en août ; il semble que chaque individu dépose plusieurs bandes de frai. L'animal assujettit le commencement de ces bandes à une pierre peu profondément située, puis rampe autour de ce point d'origine en décrivant une spirale et en déposant une masse de frai, d'aspect muqueux et de forme rubanée, qui ressemble à peu près à un ressort de montre. Ce ruban a environ 1 centimètre de haut et offre une teinte jaune orangée.

On s'en procurait aisément des masses, en renversant, au voisinage de la rive, à une faible

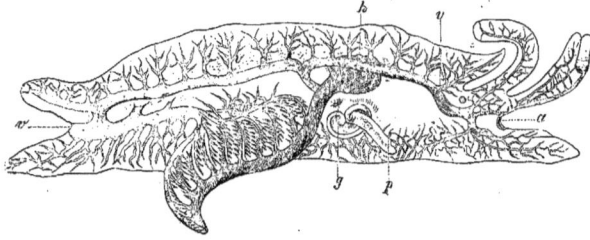

Fig. 589. — Pleurobranche orangé.

profondeur, les pierres sous lesquelles ces
animaux reposent paisiblement en s'occupant
de la ponte. Ils se conservent très bien en
captivité et continuent à prendre soin de s'assurer une nombreuse postérité. Bien que dans
leurs résidences naturelles ils recherchent l'obscurité, ils ne se montrent pas particulièrement
farouches; ils viennent souvent jusqu'au bord de
l'eau dans leurs récipients et c'est là qu'ils déposent leurs œufs de préférence. Lorsqu'on
touche un Pleurobranche ou lorsqu'on soulève
rapidement la pierre sous laquelle il se trouve,
il s'enroule et se laisse choir. C'est là pour ceux
qui les recueillent un avantage d'autant plus
précieux, qu'on ne pourrait, en raison de leur

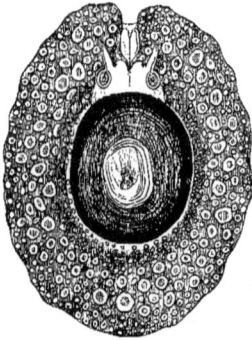

Fig. 590. — Ombrelle de l'Inde.

fragilité, les détacher de leurs pierres ou de
leurs fissures sans les léser, s'ils cherchaient
leur salut dans une adhérence solide, comme
font tant d'autres Mollusques (O. Schmidt).

OMBRELLE DE L'INDE — *UMBRELLA INDICA* Lamck.

Caractères. — La coquille de cette espèce,
comme celle de ses congénères en général, est
orbiculaire, presque plane, légèrement convexe
en dessus, blanche, avec une petite pointe au
sommet; l'animal est fort épais, ovalaire, à
pied très ample, plat. Les branchies sont foliacées et disposées en cordon, sous un léger rebord du manteau (fig. 590).

Distribution géographique. — Elle vit dans
les mers de l'Inde.

LES APLYSIIDÉS — *APLYSIIDÆ*
Lamck.

Caractères. — Parmi les Aplysiidés, les
unes ont une coquille rudimentaire interne, testacée ou membraneuse, les autres n'en ont pas.
Le Mollusque présente une forme assez singulière, les lobes latéraux du pied sont relevés sur
le dos et constituent ainsi une sorte de gouttière au milieu de laquelle se loge la coquille.

APLYSIE DÉPILANTE — *APLYSIA DEPILANS*
Lin.

Caractères. — Cette Aplysie, l'une des plus
communes, a le corps d'un vert livide, maculé
de taches vagues et plus foncées; elle porte
quatre tentacules dont deux plats et triangulaires qui s'étendent presque horizontalement
pour tâter la route et les aliments, et deux verticaux, en forme de cuillers, ressemblant
beaucoup à des oreilles de lièvre. Au-devant de
ceux-ci se trouvent les yeux. Sur le milieu du
dos s'étend l'écusson du manteau, dans lequel

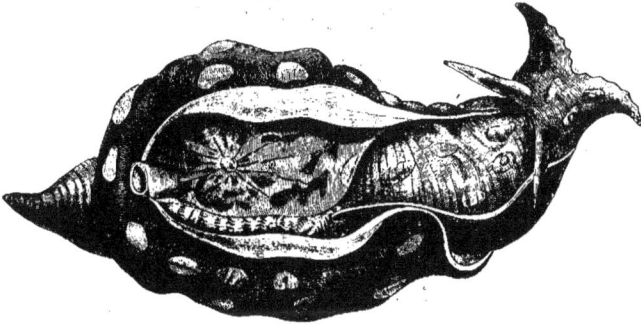

Fig. 591. — Aphysie dépilante.

se trouve une coquille légèrement bombée, tout à fait écailleuse ou bien calcaire. Cet écusson est prolongé en arrière par un tube court, qui amène l'eau aux branchies. Les extrémités émergent ordinairement à droite, sous le bord de l'écusson, mais ces extrémités, ainsi que la plus grande partie du dos, peuvent être couvertes par deux prolongements cutanés en forme d'ailerons (fig. 591).

Distribution géographique. — Elle vit sur toutes nos côtes de France.

Mœurs, habitudes, régime. — Dans les histoires de magie de l'époque de la Rome impériale, on retrouve plusieurs fois mentionné le « Lièvre marin » (*Lepus marinus*).

Apulée, qui avait épousé une riche veuve, fut soupçonné de sorcellerie, parce qu'il avait payé un pêcheur pour lui procurer ce Gastropode. Tant que cet animal vécut, après avoir été retiré de la mer, la victime, à laquelle on avait apporté les excrétions de cette bête, ne cessa de se plaindre.

Aujourd'hui encore les pêcheurs désignent sous la dénomination de « Lièvre marin » cet animal mal famé ; sur les côtes anglaises, on lui attribue aussi la désignation de « Vache marine ». La tête de ce Gastropode, entièrement nue, justifie d'ailleurs ces dénominations.

A l'aide des lobes relevés sur le dos, l'animal exécute habituellement, en les redressant, des mouvements ondulatoires. On a dit que l'animal pouvait nager au moyen de ces lobes, mais c'est là une erreur ; il est beaucoup trop lourd pour cela, et ses lobes sont trop peu

BREHM.

étendus. Lorsqu'on voit glisser ce Gastropode sur les pierres ou sur les Varechs, sans se déranger, son corps semble rempli et distendu ; mais lorsqu'on saisit un de ces spécimens pour l'introduire dans un récipient, il perd non seulement l'eau que renfermait son corps, mais en outre un liquide d'un violet foncé, qui se répand dans l'eau et qui est excrété en telle masse par les bords du manteau qu'il permet à l'animal d'échapper aux regards. En raison de l'extension et de la faveur qu'ont acquises depuis quelques années les couleurs d'aniline, il est intéressant de noter les observations du chimiste Ziegler, au sujet des relations qui existent entre la sécrétion de ce Gastropode et la matière colorante en question. D'après lui, la matière excrétée serait du rouge d'aniline et du violet d'aniline liquides, à un degré de concentration très élevé, et ces couleurs d'aniline formeraient pour l'animal un double moyen de défense : d'une part, leur jet, en troublant l'eau, permet au Gastropode de se dérober à ses ennemis, et d'autre part elles possèdent des propriétés vénéneuses et une odeur repoussante, spéciale au Mollusque.

Ferussac avait déjà fait remarquer en 1828 la rapidité avec laquelle cette matière colorante se détruit une fois qu'elle a jailli de l'animal ; il ajoute qu'on peut entraver et même empêcher tout à fait cette décomposition en additionnant le liquide d'un peu d'acide sulfurique. Comme ce Gastropode apparaît en grandes masses sur les côtes portugaises et que la putréfaction des cadavres rejetés sur la rive pendant les tempêtes suffit à empêsterl'air et à faire craindre aux habitants l'apparition de maladies épidémiques, ce naturaliste pense qu'on pourrait se procurer là de grandes quantités de matière colorante ; car certains spécimens de ces Gastropodes ont fourni jusqu'à 2 grammes de matière colorante pure et desséchée. Les réactions chimiques permettent de voir dans ces couleurs d'origine animale de véritables couleurs d'aniline, semblables à celles qu'on fabrique artificiellement au moyen du Benzol.

« J'ai eu entre les mains plusieurs spécimens de l'Aplysie dépilante, des côtes méridionales de l'Europe ; ce Gastropode, assez grand, peut atteindre un demi-pied de longueur ; mais jamais, dans les points où ma peau a été en contact avec ces animaux, je n'ai éprouvé de brûlure, ni perçu cette odeur excessivement nauséabonde qui fait considérer ce Gastropode comme une créature des plus repoussantes. Il est évidemment plus mal famé qu'il ne mérite, et ne justifie à coup sûr nullement son épithète de « depilans » qui menace de chute les cheveux touchés par lui. Toutefois quelques espèces tropicales paraissent être urticantes. » (O. Schmidt.)

Ce n'est pas seulement l'aspect extérieur, ainsi que l'alimentation des Aplysies qui les a fait comparer à des Mammifères herbivores ; c'est aussi leur estomac, divisé en plusieurs portions

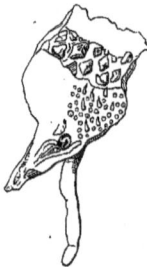

Fig. 592. — Estomac d'Aphysie.

(fig. 592). Leur œsophage s'ouvre dans une vaste panse membraneuse, d'où les aliments passent dans le second estomac. Ici la digestion est favorisée par une division plus minutieuse des aliments, car les parois musculeuses de cette cavité sont armées d'un grand nombre de petits corpuscules pyramidaux et cartilagineux, qui jouent évidemment le rôle de dents stomacales, comme les organes analogues des Crustacés.

Dans le troisième estomac, qui est plus petit, les parois possèdent des crochets dont l'action doit être analogue. Le quatrième estomac enfin a la forme d'un cœcum.

Ces Gastropodes, ayant besoin pour se nourrir d'une grande masse de Varechs, généralement assez épais, on les trouve, en train de paître presque sans cesse, parmi les herbes marines. Notre Aplysie dépilante se tient souvent assez haut sur les rivages, pour qu'à marée basse elle demeure isolée dans de petites flaques qui la couvrent à peine ; mais cette espèce descend aussi à plusieurs brasses de profondeur.

Les Aplysies forment le noyau d'une famille dont les espèces habitent principalement les mers des régions chaudes.

Un genre voisin des Aplysies est celui des *Dolabelles*.

Caractères. — La Dolabelle de Rumphius se distingue par la situation de son écusson sur l'extrémité postérieure arrondie et par la coquille tout à fait calcaire qui y est contenue. Cette espèce mesure 20 à 25 centimètres de long.

LES PHILINIDÉS — *PHILINIDÆ*
H. A. ADAMS.

Caractères. — Cette famille comprend des Mollusques ayant une coquille interne, ou sans coquilles. Dans le premier cas, la coquille est bulliforme, très faiblement enroulée et couverte par les lobes du manteau. L'estomac contient une plaque calcaire.

BULLÉE OUVERTE — *BULLÆA APERTA* LIN.

Caractères. — Cette espèce atteint une assez forte dimension lorsqu'elle s'étire en

Fig. 593. — Bullée ouverte.

rampant. La coquille, mince, faiblement enroulée, et largement ouverte, est d'un blanc laiteux, un peu transparente et nacrée. Cette propriété qu'elle a de briller de couleurs inter-

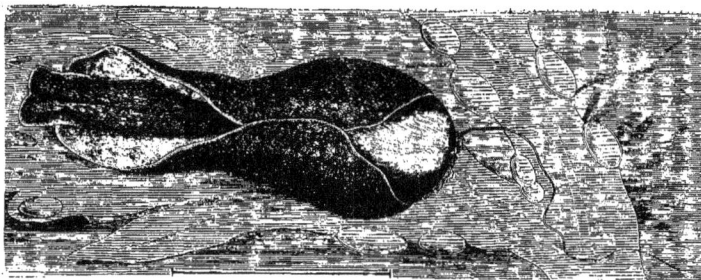

Fig. 594. — Acère ampoule, grossie.

férentes d'un rouge et d'un vert magnifiques est due à ce que les lignes d'accroissement très fines se croisent avec d'autres lignes visibles seulement à l'aide d'une forte loupe, et à ce que la coquille est parsemée en outre de pores très serrés et très fins, qu'on n'observe qu'au microscope (fig. 593). L'animal est d'un blanc laiteux ou jaunâtre, transparent sur un sfond sombre, et il présente des points blanc opaques.

Distribution géographique. — Elle provient de la mer Baltique; on la trouve également depuis les côtes de la Norwège jusque dans l'Adriatique.

Mœurs, habitudes, régime. — Vers la fin de juillet, quelques Bullées, capturées peu de temps auparavant, pondirent. Les œufs étaient enveloppés d'une masse de mucus indépendante, ovoïde et transparente.

Dans la baie de Kiel, l'animal habite des endroits profonds et limoneux; dans les aquariums, il demeure presque toujours caché dans la vase pendant le jour. Quelques spécimens plus grands, que les observateurs n'avaient pas vus dans un grand aquarium, pendant des mois, et qu'on croyait morts et détruits, reparurent lorsqu'on ne les espérait plus. Depuis lors, on les garda dans de petits récipients dont le fond est facile à inspecter. Habituellement ils sont enveloppés dans leur mucus et dans la vase qui s'y attache. La nuit, ils grimpent le long des parois de l'aquarium, mais ils se retournent et se cachent de nouveau sous la vase lorsqu'on les éclaire. Ils sont donc doués, comme bien d'autres animaux qui ne possèdent pas d'yeux, de la faculté d'être impressionnés par la lumière.

Ceci indique simplement que certains nerfs cutanés sont affectés d'une manière différente par la lumière ou par l'obscurité. (O. Schmidt.)

LES BULLIDÉS — *BULLIDÆ*
H. A. ADAMS.

Caractères. — Les Bullidés ont une coquille enroulée, ventrue, assez épaisse, externe, mais couverte en partie par les lobes du manteau; l'estomac est généralement armé de plaques cornées ou calcaires.

ACÈRE AMPOULE — *AKERA BULLATA* MÜS.

Caractères. — L'animal de cette Acère est allongé et presque cylindrique; la tête est aplatie et tronquée en avant. Le pied offre des lobes arrondis et grands qui peuvent recouvrir la plus grande partie de la coquille. L'extrémité postérieure du manteau porte un appendice filiforme. Ce filament, émané du manteau, émerge de l'ouverture postérieure de la coquille et peut s'étendre ou se contracter. On n'a publié encore aucune observation sur son usage; en tous cas, il rappelle l'appendice caudal des *Pterotrachea* (fig. 594).

La coquille est mince, écailleuse, élastique et ovalaire.

Les grands spécimens de l'espèce en question peuvent atteindre, en rampant, une longueur de 40 millimètres. Leur pied, puissamment développé, leur sert non seulement pour ramper, mais pour nager librement. Quand l'animal repose sur le fond ou quand il rampe, les lames latérales libres du pied sont rabattues en haut et recouvrent non seulement les côtés du corps, mais encore le milieu du dos et une partie de la coquille ; leurs bords sont même encore superposés. Quand on retire de l'eau ce Gastropode ou quand on le dérange, son corps se raccourcit au point de pouvoir être enveloppé complètement par le pied. L'animal prend alors l'aspect d'une sphère molle et visqueuse, et le pied, contracté pour protéger l'Acère, ne laisse plus voir qu'un petit espace triangulaire. De là sa dénomination.

Distribution géographique. — L'Acère ampoule vit dans les mers du Nord ; on la rencontre en outre dans la Baltique et la Méditerranée.

Mœurs, habitudes, régime. — Meyer et Möbius ont décrit le mode d'existence de ce Gastropode.

Les plus grands spécimens se capturent pendant l'hiver et le printemps. En juin on prend de petits spécimens longs de 3 à 5 millimètres et nombre de coquilles vides de grandeur moyenne, parmi les herbes marines en décomposition ; on en conclut qu'il peut vivre d'un printemps à l'autre. Dans la baie de Kiel, il compte parmi les animaux les plus communs sur les fonds vaseux où croissent les herbes marines ; il y recherche les régions où ces herbes sont en décomposition, et trouve une nourriture abondante sur ces feuilles brunes et pourries. Dans l'aquarium, il mange, en outre, de la viande.

« L'Acère, disent Meyer et Möbius, est presque toujours en mouvement ; elle rampe sur le fond ou le long des parois de l'aquarium. Parfois aussi elle se tient à la surface dans une attitude un peu recroquevillée. En rampant, elle lève la tête et la rabaisse, et elle incline la partie antérieure du corps à droite et à gauche. Avec la partie inférieure du pied, ses ailerons relevés se reportent en avant, de sorte que la coquille sur laquelle ils reposent est alternativement recouverte ou libérée plus ou moins. Quand ces alternatives se répètent plus vivement que d'ordinaire, l'Acère s'apprête à nager ; c'est là un des mouvements les moins fréquents, mais des plus particuliers et des plus attrayants ; on pourrait dire que cet animal vole dans l'eau. Sa coquille jaune glisse de plus en plus vite, en avant et en arrière, la partie antérieure se courbe par mouvements rythmiques, les lobes du pied sont relâchés, puis étendus de nouveau, ses mouvements prennent une extension et une

rapidité toujours croissantes jusqu'à ce que ses battements écartent le corps entier du fond. L'animal vogue alors tantôt à gauche, tantôt à droite, tantôt en avant, tantôt en arrière, en s'élevant toujours dans l'eau, et plane dans son élément transparent avec les attitudes les plus gracieuses. Quand ces mouvements ont acquis leur degré d'activité le plus élevé, le pied effectue en une seconde trois ou quatre battements en s'écartant du corps au point de former une surface concave inférieurement. En même temps la partie antérieure du corps s'incurve en avant ou en arrière. Pendant ce temps l'animal descend un peu à chaque fois, mais en rabattant son pied étendu il se relève obliquement tout d'un coup.

« Quand ces mouvements très vifs ont duré quelques minutes, les battements s'affaiblissent ; le Gastropode descend plus bas ; de temps en temps il se relève, avant de toucher le fond, au moyen de quelques battements violents, mais il ne remonte pas aussi haut ; ses forces s'épuisent ; il tombe au fond, agite seulement les bords relevés de son pied, les soulève encore quelques fois, puis les rassemble paisiblement sur sa coquille et se remet enfin à ramper. »

Les auteurs de cette description imagée pensent que les désirs du printemps sont le point de départ de ces mouvements ; car on surprend souvent ces animaux en train de nager en février, c'est-à-dire à l'époque où ils se recherchent pour se reproduire. Dans l'aquarium, les Acères pondirent dès le mois de janvier ; dans la baie de Kiel, Meyer et Möbius trouvèrent en mai et en juin de telles quantités de frai sur les herbes marines qu'ils purent retirer du filet les cordons ovulaires à pleines poignées.

Ces cordons cylindriques de 2 à 3 millimètres d'épaisseur et d'une longueur variable sont tantôt disposés en spirale, tantôt repliés en tortillements irréguliers et enchevêtrés. Un cordon long de 8 centimètres à peine contenait 1050 œufs.

Voici ce que disent les naturalistes que nous venons de citer, au sujet de leur capture et de leur conservation :

« Nous pêchons les animaux qui habitent les fonds, à l'aide d'un filet dont le châssis se compose de deux tiges de fer parallèles, reliées par un arc et par un lacet, et longues de 2 pieds environ. L'arc, dont la largeur est d'un pied et demi et dont la hauteur est de 3/4 de pied, forme avec le lacet l'ouverture d'un sac.

« Au début nous nous servions d'un filet

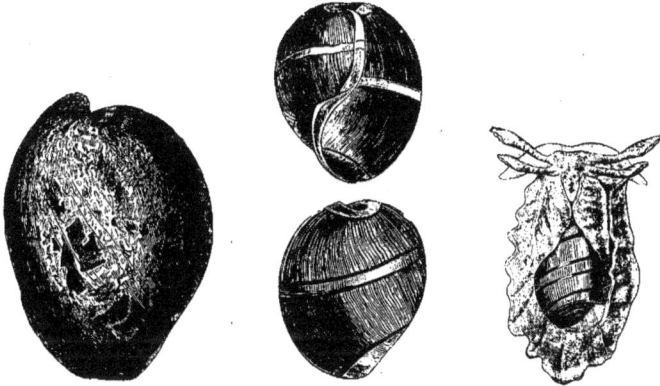

Fig. 595. — Bulle ampoule.   Fig. 596-597. — Bulle fasciés   Fig. 598. — Bulle banderole.

de pêche à mailles étroites ; aujourd'hui nous employons une trame grossière, dont on se sert pour les tapisseries de laine, et qui a l'avantage d'offrir des mailles plus fines et d'une solidité suffisante. Son emploi nous a seul permis de découvrir plusieurs petits animaux de cette région, surtout lorsque nous avons songé à verser sur un tamis la vase fine contenue dans nos filets et provenant des rigoles de la baie, puis à la tamiser ainsi sous l'eau jusqu'à ce que les petits habitants de cette vase s'en trouvent délivrés.

« Quand le filet est encombré de plantes, nous jetons tout le contenu dans un vase plat pour y effectuer nos recherches. De frêles Algues rouges, réparties dans des vases avec une eau claire, finissent par s'étaler au bout d'un certain temps de repos, et l'on doit les examiner de nouveau pour y chercher des animalcules.

« Il convient aussi de laisser reposer les plantes marines sous un peu d'eau, pendant quelques heures, dans des écuelles. La plupart des Gastropodes en sortent alors en rampant et se rassemblent à la surface, pendant que les Vers se cachent au fond des vases dans l'obscurité. Certains Vers, qui habitent le limon, se réunissent en pelotes sous les Coquillages vides qu'on a retirés avec eux du fond, et on les retrouve en mettant à jour dans des écuelles plates la capture passée au tamis.

« Dans les eaux peu profondes où les plantes marines poussent jusqu'auprès de la surface, on

peut employer pour capturer des Gastropodes une freloche. On peut aussi, en bateau, retirer du fond à l'aide de crochets les pierres sur lesquelles poussent les Varechs à l'entrée de la baie, et chercher sur elles les animaux qui habitent parmi ces plantes. Lorsque les pêcheurs retirent des pilotis pour y recueillir des moules, on peut, alors même que le port est couvert de glace, capturer des *Rissoa*, des *Æolides*, des *Dendronotes*, des Étoiles-de-mer et des Polypes. Dans les mois où on ne récolte point de Moules, il est bien plus coûteux de faire extraire des pilotis à Coquillages que de louer un canot pour la pêche.

« Quand les eaux sont basses, il est avantageux d'examiner les pierres mises à sec et de creuser le sable pour chercher des Coquillages et des Vers, ou bien de visiter les flaques pour trouver de petits Crustacés ou de petits Gastropodes.

« Pour pêcher à la surface, on emploie une petite freloche plate en tulle très fine et un sac en tissu semblable qu'on tend sur un cercle en bois. Celui-ci pend à l'arrière du canot ; la freloche est fixée au bout d'un court bâton qu'on tient à la main pendant que le canot glisse lentement et sans bruit. Le contenu de ces deux instruments de pêche est jeté dans une écuelle, puis examiné au microscope.

« Pour pomper l'eau des régions profondes, nous nous servons d'une petite pompe aspirante en cuivre à laquelle est fixé un long tube de caoutchouc dont la paroi a une épaisseur d'un quart

de pouce et dont l'ouverture mesure un demi-
pouce. L'extrémité inférieure du tuyau est
fermée par un vase conique en cuivre dont le
fond est percé de trous fins qui ne laissent pénétrer dans le tube que des corps assez petits.
L'eau aspirée coule dans un sac de tulle fin qui
pend dans l'eau, afin que les animaux fragiles
ne s'abîment pas par l'effet du choc contre ce
tissu. Nous devons à l'usage de cette pompe la
découverte de foraminifères vivants dans le port
de Kiel.

« Nous mettons les animaux que nous voulons
garder en vie longtemps, dans des vases de
verre que nous fermons à l'aide de tulle et que
nous plaçons dans un réservoir. C'est une sorte
de caisse à poissons, qui a la forme d'un canot
et qui renferme une planche horizontale percée
de trous dans lesquels on introduit les vases de
verre. Tant que notre barque est à l'ancre, le
réservoir avec ses vases nage dans l'eau à côté
de nous, et plonge suffisamment pour que ces
vases se trouvent toujours sous l'eau. Quand on
fait voile, deux hommes retirent ce réservoir et
le déposent sur le pont jusqu'à ce que l'on se
remette à l'ancre.

« Dans des paniers cloisonnés contenant ces
vases de verre recouverts de tulle ou de toile,
nous avons amené les animaux capturés jusqu'à
Hambourg pour les soumettre encore en vie à
de nouvelles études entreprises dans des aquariums. »

Le genre Bulle possède une coquille solide,
ovale, globuleuse, lisse, ornée de couleurs vives.
La spire est concave, ombiliquée, l'ouverture
très large a son bord externe tranchant ; nous
figurons les Bulles ampoule (fig. 595), fasciée (fig. 596-597) et banderolle (fig. 598).

LES GASTROPODES CYCLOBRANCHES — *CYCLOBRANCHIATA* Cuv.

Caractères. — Les Cyclobranches présentent
une coquille plate, clypéiforme ; ils ont des
branchies feuilletées, formant un cercle plus ou
moins complet sous le bord du manteau, autour
de la large sole servant à la locomotion. Les
lobes buccaux sont peu développés.

LES PATELLIDÉS — *PATELLIDÆ* LIN.

Caractères. — La coquille des Patellidés est
scutiforme, lisse, ou ornée de côtes rayonnantes,
à bords fréquemment garnis de dentelures ; les
couleurs en sont vives et variées, mais souvent
cachées sous un enduit difficile à faire disparaître. L'animal est complètement couvert par la
coquille, sa tête présente un mufle court surmonté de deux tentacules ; les branchies sont
en séries autour du corps.

Distribution géographique. — Ces animaux,
nombreux en espèces, habitent toutes les mers
du globe.

Mœurs, habitudes, régime. — La plupart
des Patelles habitent les zones riveraines ; beaucoup d'entre elles vivent dans la région que le
reflux découvre régulièrement. Nous avons déjà
appris à connaître plusieurs Gastropodes qui se
fixent dans le cours de leur existence. Bien que
les Patelles ne se fixent jamais, elles se rattachent étroitement à la catégorie dont nous venons de parler en raison de leur paresse extraordinaire et de leur immobilité. « On peut, dit
Johnston, trouver le même animal à la même
place pendant des jours et même pendant des
années. Une fois qu'elles ont adopté cette sorte
de fixation, en un seul et même endroit, à l'état
jeune, les Patelles cherchent rarement une nouvelle résidence dans la suite ; elles ont coutume
au contraire de modeler le bord inférieur de
leur coquille, dans le cours de sa croissance
graduelle, suivant toutes les irrégularités de la
roche. Tout le monde, à peu près, sait avec
quelle solidité elles sont fixées. Réaumur a constaté qu'un poids de 28 à 30 livres suffisait à
peine pour vaincre la force d'adhésion du *Patella vulgaris*. La force surprenante qu'opposent
ces animaux, si petits et si bornés, ne réside ni
dans la constitution musculeuse du pied, ni
dans une pénétration mécanique de sa surface
dans les pores du rocher, ni dans la formation
d'un espace vide sous la coquille ; Réaumur a
écarté toutes ces explications au moyen de plusieurs expériences variées. Il fendit l'animal,
fixé sur une roche, en deux moitiés depuis l'extrémité jusqu'au vertex et pratiqua plusieurs
incisions horizontales dans le but de détruire
toute résistance musculaire et de remplir d'air

les espaces supposés vides en dessous de la coquille; mais la force d'adhérence resta aussi considérable qu'avant l'expérience. La mort même ne détruisit point cette force. Elle dépend entièrement d'une sorte de glu ou de colle qui exerce une influence très considérable, quoique invisible. En plaçant le doigt à la surface d'adhésion d'une Patelle qu'on a détachée, on observe une adhérence très sensible, sans voir aucune glu. Si l'on arrose cette place avec un peu d'eau, ou si l'on fend la base de l'animal de façon à permettre à l'eau qu'il renferme de s'échapper, le doigt n'éprouve plus aucune adhérence : la glu a été dissoute. C'est là en effet le procédé naturel au moyen duquel l'animal peut rompre lui-même son adhérence au rocher. Quand la tempête gronde ou quand un ennemi s'approche, l'animal se colle solidement contre le plan sous-jacent ; une fois le danger passé, il fait jaillir de son pied un peu d'eau pour se délivrer de ses attaches ; la glu se trouve ainsi dissoute et l'animal redevient apte à se soulever et à se mouvoir. Le liquide agglutinant et l'eau qui le dissout sont excrétés par une foule de glandes de la grosseur d'un grain de millet; et comme l'animal ne peut produire ces matières aussi vite qu'on les épuise, il suffit, pour détruire la faculté d'adhérence des Patelles, de répéter deux ou trois fois de suite les tentatives de détachement. »

Malgré ce que cette théorie a de séduisant, je ne puis l'adopter entièrement ; je crois, au contraire, que c'est principalement par son aptitude à faire ventouse, que la Patelle oppose une force d'adhésion si dificile à vaincre. Lorsqu'on surprend une Patelle installée au-dessus du niveau de l'eau, on trouve souvent sa coquille remplie d'air, et si dans cet état on la frappe modérément à l'aide d'un bâton ou d'un marteau, on la fait choir. Mais souvent elle se trouve prête, immédiatement avant le choc, à se fixer au plan sous-jacent par le bord de sa coquille, avec la rapidité de l'éclair, grâce à la contraction du pied et du muscle de la coquille. Lorsqu'elle y a réussi, elle se trouve adhérente. Il faudrait admettre une glu bien singulière pour supposer qu'elle puisse se répandre instantanément et coller le corps à la roche au même instant ; d'ailleurs, pendant les tentatives généralement infructueuses que l'on fait pour détacher la Patelle du roc sans la léser, on peut se convaincre de ce fait que la plus grosse difficulté consiste à faire pénétrer l'air sous le bord de la coquille. Or, il est impossible que ce bord ait pu être collé avec une telle rapidité. Quand on a placé

un petit coin sous l'un des bords de la coquille, il reste bien à vaincre une résistance assez sensible, mais on a triomphé de la force propre du Gastropode. (O. Schmidt.)

PATELLE COMMUNE — *PATELLA VULGATA* Lin.

Caractères. — De couleur excessivement variable, la coquille de la Patelle commune est revêtue de côtes rayonnantes du sommet à la base, plus ou moins épaisses, plus ou moins aiguës, et comme les couleurs du reste, variables suivant les individus. Cette coquille (fig. 599) présente une ouverture ovalaire et une columelle dirigée en avant. A la face interne on voit une empreinte à peu près en fer-à-cheval, sur laquelle s'insère le muscle qui relie l'animal à sa coquille. L'animal offre une tête allongée en un museau court et épais (d), pourvu de deux longs tentacules pointus (e) dont les bases portent les yeux sur leur face externe. Le bord du manteau est souvent frangé (b), et au-dessous de lui s'étend une couronne de petits feuillets branchiaux (c) interrompue seulement au niveau de la tête, et à l'intérieur de laquelle on peut voir le large pied (a) destiné à ramper. Parmi les organes in-

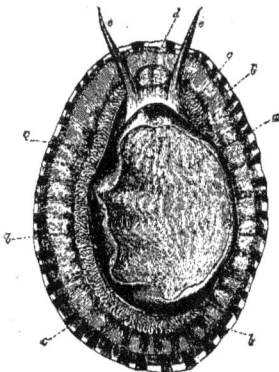

Fig. 599. — Patelle commune.

ternes il faut signaler l'énorme langue munie de 6 rangées de denticules.

Distribution géographique. — L'espèce est excessivement abondante sur tous les rochers des rivages européens.

Mœurs, habitudes, régime. — M. Lukis a recueilli d'intéressantes observations dans l'île de Guernesey au sujet de la Patelle commune.

« On doit, dit-il, étudier les changements de place des Patelles sur un seul et même individu afin d'éviter toute erreur ; on verra alors que la Patelle rôde avec beaucoup de circonspection et qu'elle revient toujours régulièrement à sa résidence favorite, où le bord de sa coquille s'adapte partout exactement aux inégalités de la surface sur laquelle elle se fixe. C'est là que l'animal se repose et s'abandonne à un engourdissement insoucieux quand ses forces musculaires sont épuisées par une longue série de contractions ; une impulsion soudaine ou un choc brusque dans le sens horizontal suffisent alors pour écarter aisément l'animal de cette résidence. En outre, les pêcheurs et les pauvres gens, qui recherchent les Patelles pour s'en nourrir, savent bien qu'on les recueille plus facilement la nuit que le jour. Ne serait-ce point là le moment où elles sortent en quête de nourriture et se trouvent en même temps recouvertes par la marée ? Les mouvements de la Patelle sont lents et réfléchis ; souvent, lorsqu'elle veut reprendre adhérence, on voit l'extrémité postérieure, ou pour mieux dire le bord de la coquille, s'adapter exactement à la pierre, dont le grain, lorsqu'il est tendre, reçoit ce bord dans les empreintes déterminées par sa pression. La trace d'une Patelle observée avec soin a pu être suivie ainsi sur une longueur de plusieurs aunes. Elle conservait tout le temps la même régularité et se faisait remarquer par sa tendance constante à s'incurver vers la gauche. Les traces des Patelles sur le granit et sur les autres espèces de roches dures offrent le même aspect au premier coup d'œil, mais elles diffèrent à un examen plus approfondi. Dans une première observation je constatai qu'une grande partie d'une roche de Syénite à grains fins était recouverte des traces de ce Gastropode ; le reste semblait comme verni par le fait d'une mince membrane d'une espèce de Fucus, sans qu'on remarquât aucune trace à sa surface. On ne put découvrir d'abord aucune Patelle ; mais on trouva bientôt dans la roche une fissure dans laquelle s'étaient fixés cinq à six de ces Gastro-

podes à chacun desquels aboutissait directement une route de pâturage. A l'aide d'une loupe, on constata que les traces observées sur le rocher étaient des restes du Varech que les Patelles avaient dévoré ou éparpillé pendant leur excursion, et qu'on retrouvait seulement parmi les dentelures provenant du bord de la coquille. On examina alors le bord de la surface où les plantes avaient poussé, et on le trouva rongé suivant des courbures arrondies répondant à l'extrémité antérieure des coquilles. »

Usages et emploi. — « L'espèce à laquelle se rapportent ces observations n'est pas d'une saveur particulièrement agréable ; mais elle constitue un mets recherché par les classes pauvres du littoral européen. Souvent, pendant que je cherchais quelque autre butin, mes matelots ont préparé leur repas à l'aide de ces Gastropodes ; les habitants de la Terre-de-Feu se nourrissent, dit-on, presque exclusivement d'une ou de plusieurs espèces de Patelles. (O. Schmidt.)

PATELLE PELLUCIDE — *PATELLA PELLUCIDA*.

La Patelle pellucide possède une coquille frêle et transparente. Sur cet animal délicat on peut constater combien la coloration de la coquille est influencée par le plan sous-jacent. Les individus qui se fixent sur les troncs sombres des Fucus et qui conservent leur résidence avec la même ténacité que ceux qui habitent parmi les roches, sont pâles et d'une couleur de corne ; ceux qui se tiennent sur les buissons de Fucus transparents ont une belle couleur pourpre rayée de lignes longitudinales d'un bleu pâle.

Distribution géographique. — On la trouve dans la mer du Nord et sur la côte de Norwège.

Mœurs, habitudes, régime. — Cette espèce compte en même temps parmi celles qui vivent dans les zones du rivage que l'eau ne découvre jamais, et dans des régions plus profondes encore.

LES GASTROPODES SCUTIBRANCHES — *SCUTIBRANCHIATA*
H. et A. Adams.

Caractères. — Les Scutibranches sont caractérisés par deux branchies pectinées, placées dans une cavité, à la partie supérieure du cou, ou au bord inférieur du manteau. Ce sont des animaux hermaphrodites ; les uns ont une coquille spirale, les autres une coquille conique

Fig. 600. — Haliotide tuberculeuse.

Fig. 601. — Delphinule laciniée.

plus ou moins aplatie et formant une sorte de bouclier.

LES FISSURELLIDÉS — *FISSURELLIDÆ* Brug.

Caractères. — Les Mollusques appartenant à cette famille ont une coquille conique, souvent déprimée, symétrique, présentant au sommet une perforation plus ou moins large et de forme variable; l'ouverture est aussi large que la coquille dont la surface interne est blanche; extérieurement elle est ornée de stries et de côtes rayonnantes et revêtue souvent de couleurs brillantes.

Il existe plus de quatre-vingts espèces de Fissurelles, dont quelques-unes seulement se rencontrent dans nos mers. Ainsi l'on trouve dans la mer du Nord la petite *Fissurella reticulata*, et dans les mers Méditerranée et Adriatique la *Fissurella græca*.

FISSURELLE LILACINE — *FISSURELLA LILACINA* Lamck.

Caractères. — La coquille est ovale, oblongue, blanchâtre avec des bandes violacées ou roses; elle est ornée extérieurement de fines stries rayonnantes. Sa perforation est ovale, son bord entier.

Distribution géographique. — Elle habite les mers de la Guyane.

BRELM.

LES HALIOTIDÉS — *HALIOTIDÆ* Flim.

Caractères. — Les Haliotidés comprennent des Mollusques à coquilles ovales oblongues, déprimées, légèrement spirales vers l'extrémité postérieure et garnies d'une rangée de trous disposés sur une ligne courbe, parallèle au bord gauche; l'animal déborde la coquille et est orné de franges ou d'appendices charnus. Ces coquilles sont remarquables par la richesse de la nacre de leur face interne.

Distribution géographique. — Plus de soixante-dix espèces sont répandues dans les mers des zones torride et tempérée. La Manche forme leur limite septentrionale.

Mœurs, habitudes, régime. — Les Haliotidés vivent sur les zones riveraines, dans la région qui ne se trouve pas complètement à sec pendant le reflux. Elles aiment les rivages rocailleux; pendant le jour elles se tiennent généralement cachées sous les pierres et pendant l'obscurité elles vont pâturer parmi les Varechs.

HALIOTIDE TUBERCULEUSE — *HALIOTIS TUBERCULATA* Lin.

Caractères. — Cette espèce (fig. 600), la plus commune du genre, est ornée extérieurement de côtes rugueuses et divariquées, colorée par des stries rougeâtres et verdâtres. La face interne est irisée de couleurs splendides, parmi lesquelles domine un vert cuivreux. Une place rugueuse, assez étendue, répond au poutourr de

MOLLUSQUES. — 48

l'insertion de l'animal à sa coquille, mais l'animal lui-même est orné d'appendices de toutes sortes; sur le pli du manteau, qui émerge de la coquille, s'élèvent des franges et des filaments verts et blancs.

Distribution géographique. — Elle habite la Méditerranée, elle s'étend dans l'Adriatique jusqu'au delà de la côte de Dalmatie.

LES TROCHINÉS — *TROCHINÆ* H. ET A. ADAMS.

Caractères. — Cette famille se compose de Mollusques à coquilles turbinées parfois déprimées, plus souvent conoïdes ou pyramidales et à dernier tour anguleux vers la base, qui est aplatie ou concave; ils sont operculés, à opercule orbiculaire, corné, multispiré à nucléus central.

DELPHINULE LACINIÉE — *DELPHINULA LACINIATA* LAMCK.

Caractères. — La Delphinule laciniée (fig. 601) possède une coquille turbinée, de forme conique et aplatie, pourvue d'un ombilic profond et d'une entrée circulaire; elle se distingue par ses raies transversales ornées de courtes épines, ainsi que par les saillies lobulées qui se trouvent en haut sur la spire. L'animal ne diffère pas essentiellement des autres Gastropodes turbinés; pourtant il ne possède ni lobes frontaux ni filaments latéraux. Son opercule, circulaire et mince, est écailleux.

Distribution géographique. — Elle habite les mers de l'Inde.

TROCHUS DU NIL -- *TROCHUS NILOTICUS* LIN.

Caractères. — Cette espèce de grande taille

Fig. 602. — Photinula tæniata.

Fig. 603. — Pyramidea tubifera.

est conique, son dernier tour anguleux présente un faux ombilic. La columelle est tordue en spi-

rale; elle est terminée par une pointe saillante, d'un blanc sale, marbré de rouge ou de violet.

Distribution géographique. — Elle provient de la mer Rouge.

Le genre Trochus tel que l'avait compris Linné est devenu le type de la famille. De nombreuses subdivisions ont été nécessaires, elles sont généralement adoptées; parmi les espèces remarquables qui les caractérisent, nous figurerons plusieurs des types les plus intéressants. Telles sont les *Photinula tæniata* (fig. 602) et *Pyramidea tubifera* (fig. 603).

LES TURBININÉS — *TURBININÆ* H. ET A. ADAMS.

Caractères. — Les Turbininés sont des Mollusques à coquilles turbinées et dont le dernier tour est arrondi et ventru, l'opercule est arrondi, corné à sa face interne, calcaire, épais et convexe à sa face externe.

Distribution paléontologique. — Le genre Turbo se rencontre à l'état fossile. Tels sont le Turbo subduplicatus, du Jurassique (étage Kimeridien) (fig. 604) et le Turbo Gresslyanus, du Crétacé inférieur (fig. 605).

Emploi, usage. — On utilisait jadis en pharmacie, sous le nom « d'ombilic marin » (*Umbilicus marinus*), l'opercule du *Turbo rugosus* qu'on employait contre certaines dyspepsies notamment.

Plusieurs espèces de ces Gastropodes herbivores servent à l'alimentation.

Les coquilles épaisses des espèces les plus grandes sont importantes au point de vue de leur rôle dans l'industrie. Elles sont utilisées par les Chinois notamment, pour garnir de pièces nacrées d'un éclat magnifique les meubles de laque. Rumphius cite parmi les espèces employées à cet usage le *Turbo olearius* qui vit parmi les brisants des côtes rocailleuses du groupe des îles Moluques, où on le recueille péniblement.

TURBO MARBRÉ — *TURBO MARMORATUS* LIN.

Caractères. — La coquille du Turbo marbré est turbinée, non ombiliquée, à spire assez élevée et aiguë; les tours sont un peu noduleux, le dernier très grand; des lignes concentriques de taches verdâtres sur un fond violacé l'ornent extérieurement. Le contour de la coquille est

Fig. 604. — Turbo subduplicatus. Fig. 605. — Turbo Gresslyanus. Fig. 606. — Turbo pie. Fig. 607. — Turbo du Jourdain.

toujours arrondi ; l'entrée en est presque circulaire, et l'opercule épais et calcaire.

L'animal offre une tête allongée en forme de museau. Au côté externe des longs tentacules se trouvent les yeux pédiculés, et entre les tentacules proéminent deux lobes frontaux. De chaque côté, le pied offre généralement trois filaments et souvent, en outre, une membrane frangée.

Distribution géographique. — Cette espèce habite les mers chaudes.

Nous figurons deux autres espèces, le Turbo pie et le Turbo du Jourdain (fig. 606 et 607).

La famille des *Eutropinés*, voisine de la précédente, comprend des espèces ordinairement de taille moyenne, mais d'un éclat et d'un coloris remarquable. Telles sont les Phasianelles, à coquille conique, solide, à spire élevée aiguë, à tours lisses et polis.

LES NÉRITIDÉS — *NERITIDÆ*
H. ET A. ADAMS.

Caractères. — La famille des Néritidés se compose de Mollusques à coquilles globuleuses ou déprimées non ombiliquées ; la spire est plus ou moins courte, les dimensions et les formes de l'ouverture sont très variables.

Mœurs, habitudes, régime. — Les Néritidés sont en général des animaux fluviatiles.

NAVICELLE DE CUMING — *NAVICELLA CUMINGI* LAMCK

Caractères. — La coquille est patelloïde, elliptique, convexe, en dessus à sommet non spiré et abaissé sur le bord postérieur, concave en dessous et présentant sous forme de demi-cloison son bord gauche aplati, tranchant, étroit et sans dents.

L'animal est ovale, oblong à tête semi-lunaire, muni de deux tentacules contractiles ; le pied est muni d'un opercule calcaire caché sous la masse viscérale, il est quadrangulaire mince et présente une épine latérale et postérieure.

Distribution géographique. — Elle habite les eaux douces et courantes des Grandes-Indes, notamment à l'île Bourbon.

Mœurs, habitudes, régime. — Elle s'applique sur les rochers couverts d'eau.

Usages. — Les nègres la recherchent pour s'en nourrir.

NÉRITINE FLUVIATILE — *NERITINA FLUVIATILIS* LIN.

Caractères. — Chez cette espèce, l'animal mesure 8 millimètres de haut sur 10 millimètres de large, et se trouve dans les fleuves, les ruisseaux, les étangs et les mares, appliqué

Fig. 608. — Néritine fluviatile.

contre les pierres ou les plantes aquatiques. La coquille (fig. 608), bariolée et ornée d'un treillage rouge ou violet, est fort mince, mais elle offre une consistance peu habituelle chez nos coquilles d'eau douce.

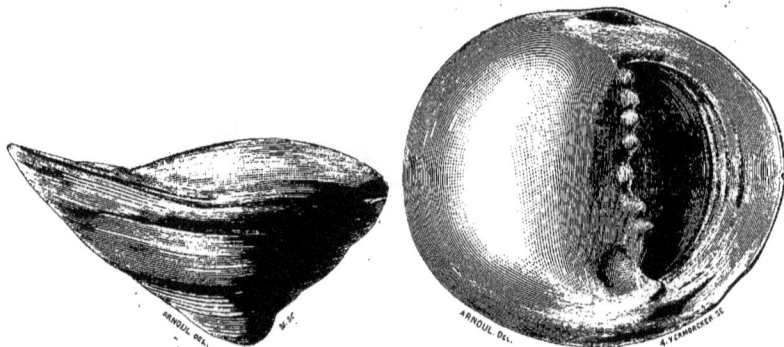

Fig. 609 et 610. — Velates conoidea.

Distribution géographique. — La Néritine fluviatile est extrêmement commune dans les cours d'eau de France.

Mœurs, habitudes, régime. — On a dit que la Néritine fluviatile, comme les espèces exotiques, porte ses capsules ovulaires sur le dos. La première donnée, très incertaine d'ailleurs, relative à ce fait, se trouve dans les ouvrages de Rumphius ; déjà O. Fr. Müller exprime ses doutes à ce sujet et pense qu'il s'agissait d'un autre frai quelconque. Johnston partage cette opinion.

Les capsules ovulaires sphériques, qui mesurent seulement un millimètre de long et qui ont une coque résistante, renferment quarante à soixante œufs. Un seul d'entre eux se développe à l'état d'embryon ; celui-ci, dans un stade très précoce, est pourvu d'une bouche et d'un œsophage et se met à lécher peu à peu toute la masse de ses frères, qui n'ont d'ailleurs qu'une existence virtuelle et qui en réalité constituent seulement une masse vitelline. L'embryon croît ainsi suffisamment pour emplir la capsule entière et il en sort en soulevant un opercule hémisphérique. Il est muni, pendant sa vie intra-ovulaire, d'un velum ; mais au moment de l'éclosion il a cessé complètement de se trouver dans cet état, dans lequel la plupart des Gastropodes jeunes se maintiennent encore quelque temps, alors qu'ils représentent des larves nageant en liberté. (O Schmidt.)

Parmi les espèces exotiques nous citerons les Néritines strigillée et commune, ainsi que la Néritine grenue, type du genre *Alina*.

Une autre Néritine fossile des plus remarquables provient des sables du Soissonnais (Eocène), elle est devenue le type du genre *Velates*, c'est la Velates (Neritina) conoïdea de Lamarck (fig. 609-610).

A la suite des Néritidés doit être placé le genre Nérite ; composé de coquilles aussi variées et aussi belles comme coloration que les Néritines, il ne comprend que des espèces marines ; leur forme hémisphérique et leur ouverture

Fig. 611. — Nérite polie.

semi-lunaire permettent de les distinguer nettement.

La Nérite polie suffit pour faire connaître ce groupe si intéressant (fig. 611).

Fig. 612 à 614. — Capulus vetustus.   Fig. 615. — Hipponix corne d'abondance.

LES GASTROPODES PECTINIBRANCHES — *PECTINIBRANCHÍATA* Cuv.

Caractères. — Les Mollusques de cet ordre ont des branchies pectiniformes, c'est-à-dire composées de feuilles rangées comme les dents d'un peigne sur une ou deux lignes, au plafond de la cavité respiratoire formée par le manteau et s'ouvrant largement sur le côté gauche et supérieur du cou; ils possèdent des yeux sessiles ou pédiculés; leur coquille plus ou moins épaisse est ordinairement enroulée en spirale, elle présente les formes les plus variées.

Mœurs, habitudes, régime. — Tous sont généralement marins, un petit nombre vivent dans l'eau douce des rivières et des lacs, quelques-uns aussi dans l'eau saumâtre.

LES CAPULIDÉS — *CAPULIDÆ*
H. et A. Adams.

Caractères. — Cette famille comprend des coquilles en forme de cône oblique, à sommet postérieur recourbé en crochet et présentant quelquefois une spirale plus ou moins régulière; l'ouverture est très large; à l'intérieur on remarque une impression musculaire en fer à cheval qui se reproduit sur un support, sorte d'opercule adhérent propre à certaines espèces.

Distribution paléontologique. — Nous figurons une espèce fossile, le Capulus vetustus (fig. 612 à 614) du Carbonifère, ainsi que le type d'un genre remarquable, l'Hipponix corne d'abondance, espèce de nos mers actuelles (fig. 615).

CAPULUS BONNET HONGROIS — *CAPULUS HONGARICUS* Lin.

Caractères. — La coquille de cette espèce est épidermée, en cône oblique, courbée en avant, à sommet unciné, à ouverture large, arrondie, elliptique. On remarque une impression musculaire allongée, arquée et transverse, située dans le limbe postérieur.

« L'animal en vie, dit Gosse, est en harmonie avec la richesse de coloris de sa coquille. Sa teinte est habituellement jaune pâle, et son manteau rosé est garni d'une frange orangée. La tête épaisse porte deux tentacules à la base desquels se trouvent les yeux. »

Distribution géographique. — Cette espèce, la plus connue, habite la Méditerranée, on l'observe également dans la mer du Nord.

Gosse dit avoir trouvé ce « bonnet phrygien (*cap of liberty*), » qui est un des Gastropodes les plus rares des régions septentrionales des mers tempérées, principalement à Weymouth et à Tenby, à une profondeur de 30 à 50 brasses.

Mœurs, habitudes, régime. — « J'en ai conservé, dit Gosse, pendant un temps considérable, un spécimen dans un aquarium; mais je n'ai pu multiplier mes connaissances au sujet de ce Mollusque. Il demeura presque tout le temps fixé sur un coquillage du genre Pecten, avec lequel on l'avait capturé, et ne bougeait guère que de l'épaisseur d'un cheveu, d'un côté comme de l'autre. Presque toujours le bord frangé de la coquille s'appliquait si étroitement sur le plan sous-jacent, qu'on ne pouvait absolument parvenir jusqu'à l'animal. De temps à autre seulement il laissait passer un peu d'air au-dessous du bord et permettait à l'observateur de jeter un coup d'œil très restreint sur son pied peu coloré. »

LES CALYPTRÆIDÉS — *CALYP-TRÆIDÆ* Brod.

Caractères. — Les espèces appartenant à cette famille ont une coquille sub-spirale, sub-conique ou déprimée, garnie en dessous d'un appendice en cornet ou en demi-cornet. Elles n'ont pas d'opercule, l'animal a la partie antérieure du corps déprimée et dilatée sur les côtés. La tête est garnie de tentacules médiocres, oculés à leur base externe.

CALYPTRÉE ÉQUESTRE — *CALYPTRÆA EQUESTRIS* Lin.

Caractères. — Coquille un peu irrégulière et rude au toucher, conique, mince, presque pellucide, ornée de stries longitudinales, aiguës, ondulées, subtuberculeuses. Cette espèce, comme toutes celles du genre, a sa coquille divisée intérieurement par une lame particulière. Au fond de l'axe central, se trouve appendue une lame calcaire en forme de cornet, fendu au milieu suivant la longueur et fixé au côté droit. Dans l'espèce qui nous occupe,

Fig. 616 et 617. — Calyptrée équestre.

la lame est suspendue sous le sommet, presque verticalement (fig. 616-617).

Distribution géographique. — La Calyptrée équestre est particulière aux mers de l'Inde.

Mœurs, habitudes, régime. — A l'opposé de la plupart des Mollusques, qui ne s'occupent guère de leurs œufs une fois pondus, les Calyptrées témoignent un intérêt spécial pour leurs couvées, analogue aux soins que certaines Hirudinées consacrent à leurs petits. La Calyptrée semble littéralement s'asseoir sur ses œufs pour les couver, ainsi que l'a depuis longtemps constaté M. Milne Edwards, chez les espèces méditerranéennes. La mère range ses œufs sous son ventre et les garde entre son pied et le corps étranger sur lequel elle repose ; aussi sa coquille protège-t-elle non seulement la mère elle-même, mais encore sa progéniture. Les petits se développent sous ce toit maternel qu'ils ne quittent pas avant d'avoir assez de force pour s'assujettir eux-mêmes au rocher et avant d'avoir une coquille suffisamment dure pour les abriter. Les œufs sont enfermés, au nombre de 6 à 12, dans des capsules ellipsoïdales aplaties ; on trouve ces capsules de différentes formes surtout chez les Gastropodes carnassiers. Les six à dix capsules qui composent une couvée se trouvent réunies entre elles par un pédicule, de telle sorte qu'elles présentent l'aspect d'une houppe.

LES VERMÉTIDÉS — *VERMETIDÆ* d'Orb.

Caractères. — Dans cette famille, la coquille est fixe, spirale, plus ou moins régulière ou contournée dans tous les sens ; l'animal est fixé par sa coquille, la tête se prolonge fortement au dehors, elle est munie de deux tentacules allongés, coniques, portant des yeux à la base, la bouche contient une trompe rétractile. Les branchies sont à peigne double, sur le bord circulaire du manteau.

Distribution géographique. — Les espèces de cette famille se trouvent dans la Méditerranée, les mers d'Afrique, de l'Inde, etc.

Distribution paléontologique. — Quelques espèces existent dans les terrains Crétacés et Tertiaires.

Parmi les espèces nombreuses de Vermets, nous figurons les Vermets lombrical (fig. 618) et triquètre (fig. 619).

VERMET LOMBRICAL — *VERMETUS LOMBRICALIS* Lamk.

Caractères. — Sa coquille est vermiforme, formant des groupes souvent considérables, entrelacés (fig. 618).

Distribution géographique. — Il habite surtout les mers d'Afrique. Adanson le signale

Fig. 618. — Vermet lombrical.

comme très commun au Sénégal. Nous l'avons souvent recueilli sur la côte de Dakar.(De Rochebrune.)

Mœurs, habitudes, régime. — « Comme nous l'avons vu aux caractères de la famille, chez tous les Vermets, la première partie, toujours adhérente à la roche sous-jacente, est régulièrement spiralée ; mais au bout d'un certain nombre de spires le tube s'élargit et devient irrégulier. De même que chez diverses espèces de Vers tubulaires du genre Serpule, la retraite calcaire est contournée d'une manière analogue, la coquille seule ne fournit qu'un indice trompeur.

« Pour voir l'animal lui-même, on peut attendre sur la rive, dans une attitude peu commode, jusqu'à ce qu'il étire sa tête au dehors, à moins qu'on ne préfère enlever l'animal avec un fragment de sa coquille, en se servant du marteau pointu, indispensable dans ces excursions zoologiques ; on rapporte ainsi chez soi plusieurs de ces Animaux dans un récipient un peu vaste, afin d'observer à loisir leurs manifestations vitales d'ailleurs fort simples. Le Vermet peut se retirer profondément dans son tube. Lorsqu'il se propose de se montrer au dehors, on voit apparaître d'abord à l'entrée de la coquille une sorte de bouchon dont la face supérieure, arrondie et lisse, porte un petit plateau écailleux, c'est précisément l'aspect que présentent le pied avec l'opercule chez plusieurs autres Gastropodes marins à l'état de rétraction parfaite. Dans le cas actuel, le pied conserve cette forme de bouchon même

pendant l'extension. Il existe aussi, entre la racine du pied et le corps, une petite entaille, comme chez certains autres Gastropodes que nous décrirons plus loin. On découvre ensuite la tête que repoussent les autres organes enroulés, dont le développement est considérable, et qui caractérise le Gastropode par la présence de ses deux tentacules et des yeux situés à leur base. Les deux organes filiformes antérieurs ne sont pas des tentacules, mais de simples prolongements de la lèvre. La tête peut être examinée avec d'autant plus de précision, que l'animal ne se retire pas dans sa coquille lorsqu'on le touche : plus hardi que tous les autres Gastropodes, il mord, ainsi que le dit M. Lacaze-Duthiers, les objets mous qu'on lui présente, et entoure avec sa bouche les objets durs qu'il retient avec une certaine énergie. On ne sait rien sur l'alimentation des Vermets ; ce sont très probablement des carnassiers, qui prennent pour victimes les animaux vivant autour d'eux. On trouve toujours dans leur voisinage immédiat un grand nombre de Vers et de Crustacés » (O. Schmidt).

La tête et le pied peuvent être enveloppés complètement par le manteau sacciforme. En l'ouvrant, on met à jour les branchies pectinées qui s'étalent sur le côté gauche. Sur la figure 619 nous représentons l'animal extrait de sa coquille mais encore relié à elle par un muscle ; cet examen fort simple suffit déjà pour montrer que cet animal, qu'on prendrait pour un Ver, se range à tous les points de vue parmi

Fig. 619. — Vermet triquètre, extrait de sa coquille.

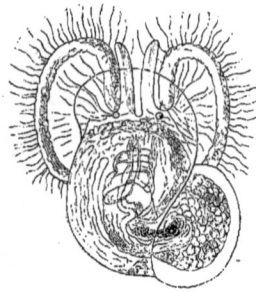

Fig. 620. — Larve de Vermet

les Gastropodes et qu'il respire à l'aide de branchies pectinées. Si l'on compare l'étendue de l'abdomen, qui renferme les œufs, on trouve à des époques déterminées, notamment pendant les mois d'été, et peut-être aussi en hiver, des femelles occupées de leur ponte; partout où se trouvent des colonies de Vermets, l'eau ambiante doit contenir des myriades d'éléments fécondants qui doivent pénétrer dans les germes, non pas fortuitement, mais d'une manière assurée et certaine. Les Gastropodes, dont l'existence est libre, n'abandonnent pas généralement leurs œufs aux fluctuations des eaux, mais les fixent à quelque objet d'une manière bien déterminée. La Femelle des Vermets peut choisir le premier de ces deux procédés, ou bien abriter ses œufs auprès d'elle, car elle ne jouit pas de mouvements libres. C'est ce dernier procédé qu'elle met en usage. Il se forme en elle une rangée de récipients vésiculaires (fig. a) qui se trouvent fixés dans la coquille par un court pédicule et qui contiennent chacun de 10 à 30 œufs. Le premier de ces récipients est le plus rapproché de l'entrée, et c'est le plus grand, car il augmente de volume à mesure que l'embryon s'accroît. Bien que dans le développement qui se fait à l'intérieur de l'œuf l'ordre d'apparition des organes ne soit pas absolument le même chez les diverses catégories de Gastropodes, généralement le pied et le velum se montrent les premiers, ainsi que le manteau et la coquille. C'est ce qui arrive aussi chez les Vermets; la figure 620 représente un stade d'évolution assez avancé, dans lequel le velum se trouve

déjà complètement développé. Ce velum est formé de deux lobes semi-circulaires situés de chaque côté de la bouche et bordés de longs cils. Ceux-ci sont déjà en activité dans l'œuf où l'on voit, avec surprise, l'animal exécuter dans le liquide intra-ovulaire des mouvements spiroïdes. Au moment où le Vermet quitte l'œuf, son pied est aussi développé qu'on peut le prévoir chez un Gastropode. Les organes importants qu'on remarque encore sur l'embryon sont: les tentacules, les yeux, le manteau, l'œsophage, l'estomac situé au milieu du corps, et le foie derrière lui. En dehors du velum, ce qui nous frappe le plus, c'est l'élégance de la coquille dextrogyre, qui caractérise parfaitement l'animal, en tant que Gastropode véritable.

Ainsi constitué, le Vermet abandonne l'œuf pour nager, comme les autres Gastropodes marins, à l'aide des lobes de son velum. Il possède déjà son muscle rétracteur et peut très aisément rentrer son velum avec toutes les autres parties molles dans sa coquille. On n'a pu observer directement son évolution et le développement ultérieur de sa coquille; mais on peut se figurer clairement ce qui doit advenir de lui pour qu'il atteigne sa forme définitive. Il n'est pas invraisemblable de croire que ces petits Animaux, qui offrent à nos regards un aspect punctiforme, rampent encore quelque temps en liberté au moyen de leur pied, après que le velum a perdu ses cils, s'est atrophié et a disparu; et l'on peut admettre que pendant cette période encore indépendante la coquille a gagné quelques spires de plus. Le

Fig. 621. — Paludine vivipare.

pied se rétracte aussi pendant que la coquille
se fixe et s'enfonce au rocher par un pro-
[...] à partir de ce mo-
[...] le Vignot s'accroît surtout en longueur
[...]

LES TURRITELLIDES — *TURRITEL-LIDÆ* CLARK.

Caractères. — Les Turritellidés sont des
coquilles spirales, à spire très allongée, à tours
nombreux, l'ouverture est arrondie ou ovale;
l'opercule est corné, multi-spiré, frangé au
[...]

[...] un pied tronqué en avant, sub-
[...] porte deux tentacules coniques.
[...] frangé sur les bords.

Distribution géographique. — Les espèces
composant cette famille habitent les mers
actuelles; on en connaît un assez grand nombre.

Distribution paléontologique. — Les Turritellidés fossiles sont également assez nombreux;
[...] dans le Jurassique et le Crétacé, ils atteignent leur maximum de développement à
[...]

TURRITELLE FASCIÉE — *TURRITELLA FASCIATA* LAMCK.

Caractères. — Les tours de la coquille sont
au nombre de 17 ou 18, plus ou moins con-

Fig. 622. — Turritelle fasciée.

vexes, quelquefois aplatis et présentant sur
leur surface une carène tranchante (fig. 622).

Distribution paléontologique. — Elle est
commune dans le Calcaire grossier des environs
de Paris.

LES VIVIPARIDÉS — *VIVIPARIDÆ*
H. ET A. ADAMS.

Caractères. — Cette famille renferme des coquilles spirales, turbinées, couvertes d'un épiderme tantôt très mince, d'autres fois épais et solide ; elles ont une ouverture ovale ou arrondie, fermée par un opercule orbiculaire et corné.

L'animal a des tentacules tubulés, oculés à leur base, le manteau est simple, les branchies intérieures sont en forme de filaments aplatis.

Distribution géographique. — Ces animaux vivent dans les eaux courantes et stagnantes de notre hémisphère.

Distribution paléontologique. — On en connaît quelques espèces fossiles de la formation tertiaire.

PALUDINE VIVIPARE — *VIVIPARA FASCIATA* MULL.

Caractères. — La Paludine vivipare parvient souvent à une taille supérieure à 30 millimètres, elle est de couleur verte avec de larges bandes brunes, et porte un opercule corné et sub-orbiculaire (fig. 621, p. 385).

Distribution géographique. — Très commune dans les fleuves et les ruisseaux de France, elle se tient sur les berges ou sur les pierres et les herbes du rivage ; on l'observe fréquemment le long des quais de la Seine, dans le parcours même de Paris.

Mœurs, habitudes, régime. — Une particularité de cette espèce et d'un certain nombre d'autres du même groupe est d'être vivipare. Chez elle, comme chez les autres, les femelles sont un peu plus grandes que les mâles, seulement la coquille ne fournit aucun indice relativement au sexe de l'animal. Pendant tout l'été, on peut voir l'ovisac rempli d'embryons et d'œufs à diverses périodes de développement, car cette postérité ne vient pas au jour d'un seul coup, les petits naissent toujours l'un après l'autre. L'embryon, prêt à naître, possède déjà une coquille de trois lignes de long et large d'autant, portant quatre tours de spire. L'opercule, très mince, montre déjà les anneaux de croissance concentriques qui se sont formés pendant son développement régulier, coïncidant avec celui de la coquille.

LA PALUDINE ACHATINE. — *VIVIPARA ACHATINA*.

Caractères. — La Paludine achatine, plus petite, porte aussi dans son ovisac des petits complètement développés.

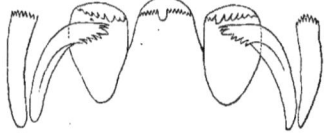

Fig. 623. — Radula de Paludine achatine.

Distribution géographique. — Elle aime davantage les eaux courantes et apparaît dans l'Elbe, dans la Sprée, dans le Rhin et dans le Danube.

Nous avons figuré (fig. 623), avec un fort grossissement, une des rangées transversales de sa radula.

Chez les autres espèces, on observe de légères différences, en partie dans la forme des dents isolées et des lames, en partie dans leur disposition réciproque (O. Schmidt).

LES RISSOÏDÉS — *RISSOIDÆ*
H. ET A. ADAMS.

Caractères. — Les Rissoïdés sont de très petites coquilles, presque microscopiques, élégantes, plus ou moins turriculées, à opercule corné et sub-spiral.

L'animal porte un museau allongé échancré et en forme de trompe, ses tentacules sont tubulés.

Distribution géographique. — Les Rissoïdés sont de toutes les mers.

Mœurs, habitudes, régime. — Schwartz-von Mohrenstern, qui s'est spécialement occupé des Rissoïdés, s'exprime ainsi à leur sujet :

« Leur principale nourriture consiste dans les Algues, aussi les trouve-t-on fréquemment dans la zone des Laminaires. Ils sont souples et libres dans leurs mouvements ; ils rampent avec assez de rapidité, en agitant leurs tentacules, tantôt en arrière, tantôt en avant. On a remarqué que quelques-uns avaient la faculté de progresser dans une attitude renversée, le pied appliqué contre le niveau de l'eau. D'après Gray, le *Rissoa parva* possède la propriété de tisser des fils gluants à l'aide desquels il s'assujettit sur les herbes marines, pour résister aux mouvements de l'eau et pouvoir changer de domicile sans danger.

On trouve les Rissoïdés dans toutes les régions, jusqu'à 105 brasses de profondeur ; mais la plupart se rencontrent dans des couches plus élevées.

RISSOA A COTES — *RISSOA COSTATA* DESM.

Caractères. — D'une coloration variable, cette espèce se reconnaît facilement à sa forme turriculée, à sa spire pointue, à ses tours nombreux et étroits sur lesquels s'élèvent des côtes

Fig. 624. — Rissoa à côtes.

saillantes renflées dans le milieu de leur longueur (fig. 624).

Distribution géographique. — Elle est une des espèces les plus communes dans les mers d'Europe.

LES PLANAXIDÉS — *PLANAXIDÆ* H. ET A. ADAMS.

Caractères. — La coquille des Planaxidés est ovale, conique, couverte de stries disposées en spirale, l'opercule est corné, mince, ovale et a un très petit nombre de spires.

Distribution géographique. — Tous marins, ces animaux comptent un très petit nombre d'espèces.

LITHIOPIE BOMBYX — *LITHIOPA BOMBYX* RANG.

Caractères. — Sa coquille est mince, cornée à spire aiguë, légèrement épidermée, le dernier tour plus grand que les autres, et parfois sillonné longitudinalement.

Distribution géographique. — Cette espèce habite la Méditerranée.

Mœurs, habitudes, régime. — La Lithiopie possède à un haut degré la propriété de sécréter des fils pour se fixer; nous reproduisons

la description de cette propriété que Johnston a empruntée aux observateurs :

« C'est un Gastropode très petit, né parmi les Varechs où il est destiné à passer toute sa vie. Le pied présente la disposition habituelle, mais il est étroit et court ; aussi l'animal, sans autre point d'appui, pourrait-il être, aisément emporté. Pour obvier à ce danger, le pied sécrète une humeur visqueuse qui se file comme une soie d'Araignée ; l'animal peut ainsi prévenir sa chute vers le fond de l'eau et s'assurer en tous cas la possibilité de remonter à la surface ; si le fil est rompu ou s'il juge à propos d'abandonner son siège pour chercher un pâturage plus luxuriant, il peut à son gré renouer le fil ou le détacher. Dans ce cas, qu'il s'agisse d'un hasard ou d'une volonté, on voit une bulle d'air émerger des branchies, probablement, s'élever lentement à travers l'eau, et s'étirer en fil à mesure qu'elle s'élève, ce qui tient au mucus dont l'animal l'a enveloppée. La Lithiopie possède ainsi une bouée et une corde qui lui permettent de remonter ; ainsi suspendue, elle attend que la bulle d'air rencontre quelque Varech flottant. »

LES LITTORINIDÉS — *LITTORINIDÆ* GRAY.

Caractères. — Les Littorinidés ont une coquille spirale, turbinée ou déprimée, l'opercule est corné. La tête de l'animal est proboscidiforme, la bouche terminale, les tentacules larges à la base sont effilés et coniques.

Distribution géographique. — Ces Mollusques sont de toutes les mers.

LITTORINE LITTORALE — *LITTORINA LITTOREA* LAMK.

Caractères. — Coquille très épaisse, ovale, à sommet aigu, strié transversalement, d'un gris fauve, ornée de bandes plus foncées, columelle blanche, bouche brune.

Distribution géographique. — Cette Littorine commune est un des Mollusques les plus répandus dans l'hémisphère septentrionale. D'après Meyer et Mobius, elle s'étend dans la Baltique jusqu'aux rives orientales de Bornholm et jusqu'à Rügen. Plus à l'est, l'eau cesse de contenir une proportion suffisante de sel. Elle est très commune sur les côtes du Schleswig-Holstein et du Danemark. Elle vit dans la mer

Blanche, et se trouve dans l'Atlantique, depuis le Groënland et l'Amérique du Nord jusque vers le Portugal. On la connaît encore dans la mer Adriatique.

Mœurs, habitudes, régime. — « Elle vit, disent Meyer et Mobius, sur les Varechs vésiculeux, les pierres et les pilotis qui se trouvent dans les eaux peu profondes. Elle demeure souvent longtemps, sans bouger de place, sur une pierre ou un pilotis ; quand elle redescend dans l'eau, elle y emporte une provision d'air. Lorsqu'on la trouble, peu de temps après qu'elle vient de plonger, on voit émerger des bulles d'air. Ses mouvements sont lents. Quand elle rampe, les deux moitiés de son pied travaillent alternativement. Pendant qu'elle étire la moitié droite vers l'avant ou vers l'arrière, la gauche se raccourcit par le rapprochement de ses deux bouts. Il se forme ainsi un pli en arrière, et le pied progresse à l'aide d'ondulations successives. Un spécimen, de taille moyenne, rampant tantôt en montant, tantôt en descendant le long de la paroi de verre d'un aquarium, possédait une vitesse moyenne de $0^{mm},5$ par seconde. Il parcourait donc un trajet de $1^m,8$ à l'heure, c'est-à-dire une longueur égale à peu près à la hauteur d'un homme. »

« La nourriture des Littorines communes consiste en matières végétales et animales. Nous les avons vues se nourrir de Varechs vésiculeux dans des aquariums. Là elles broutent aussi le revêtement que constituent les plantes et les animaux microscopiques qui tapissent le récipient ; elles laissent sur les parois de verre les traces du travail accompli par leur langue. En Angleterre, on jette ces Gastropodes dans les parcs d'Huîtres pour débarrasser le fond des plantes marines qui l'encombrent. Ces plantes sont nuisibles aux Huîtres par les couches de vase qui s'y déposent. Dans nos aquariums, nous avons vu ces Littorines manger aussi de la viande crue provenant de Mammifères.

« Ainsi que nous l'avons dit, les Littorines se tiennent peu au-dessous du niveau des marées ; souvent même elles se maintiennent au-dessus, là elles tombent dans la léthargie ou dans une inaction plus ou moins complète. Il semble même que certaines espèces peuvent s'adonner, au-dessus du niveau de l'eau, à un sommeil hivernal. Gray raconte avoir trouvé dans cet état, sur la côte anglaise, plusieurs individus de la *Littorina petræa* et quelques spécimens d'autres espèces encore. Il les rencontra à 95 pieds au-dessus du niveau des plus hautes marées d'au-

tomne, parmi les roches. Leur pied était entièrement rétracté ; une bordure membraneuse remplissait l'espace compris entre le rocher et le bord externe de la coquille ; les branchies étaient simplement humides, et le sac branchial ne contenait plus cette quantité d'eau appréciable qu'il renferme chez les animaux de cette espèce, fixés au rocher par leur pied étendu. Gray observa ces animaux à cet état d'engourdissement pendant plus d'une semaine. Plongés dans l'eau, ils recouvrèrent toute leur activité en quelques minutes.

« Les œufs de nos Littorines sont constitués par une petite sphère vitelline et par une masse

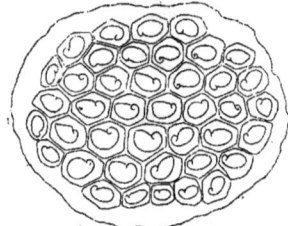

Fig. 625. — Œufs de Littorine littorale.

considérable d'albumine dont la couche externe se durcit en forme de coque. Un amas d'œufs semblables se trouve réuni par une masse gélatineuse albuminoïde qui les agglutine au Varech ou au rocher (fig. 625). Les petits atteignent dans l'œuf un degré avancé de développement, et quelques espèces sont vivipares. Ainsi Meyer et Möbius racontent que depuis le printemps jusqu'à l'automne, la *Littorina obtusa* pond des petits vivants, et qu'en novembre encore on a trouvé dans un aquarium une troupe de petits auprès d'un spécimen ancien. »

Emploi, usage. — En Hollande, on mange les Littorines communes, ainsi que le rapportait déjà Swammerdam (1).

A Londres, on en importe sur les marchés de Poissons près de 2,000 bushels par semaine, depuis mars jusqu'en août, et 500 boisseaux (2) environ par semaine pendant les six autres mois.

La même espèce est apportée aux Halles de Paris. C'est un aliment également en usage sur les côtes de la Charente-Inférieure (De Rochebrune).

(1) Swammerdam, *Biblia naturæ*.

(2) Le bushel représente 46 litres 13.

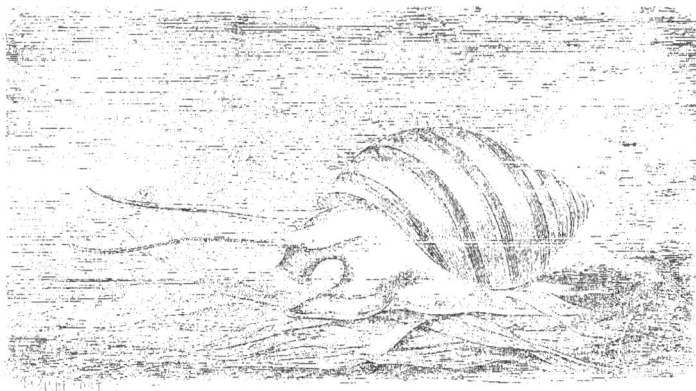

Fig. 626. — Lacune divariquée.

LACUNE DIVARIQUÉE — *LACUNA DIVARICATA* Terr.

Caractères. — La coquille de cette espèce est subglobuleuse, le bord columellaire est assez aplati, avec une fissure ombilicale parallèle au bord. L'animal (fig. 626) porte une tête mousse, des tentacules en forme d'alène et deux appendices longs et rubanés à la face dorsale du pied.

Distribution géographique. — Elle vit sur les côtes d'Europe et de l'Amérique du Nord.

Mœurs, habitudes, régime. — D'après Meyer et Möbius, ce sont des Gastropodes très vivaces. Lorsqu'on les jette sur le dos, ils émergent rapidement hors de leur coquille, s'étirent autant que possible, laissent pendre la partie antérieure du corps sur l'un des côtés, et travaillent, à l'aide de leurs tentacules étirés, à regagner un équilibre stable. Souvent les tentacules s'appliquent sur le sol pour venir en aide à la progression. Ces Lacunes nagent volontiers aussi, comme suspendues à la surface de l'eau. En plongeant rapidement elles emportent, dans le creux qu'elles forment avec leur pied recroquevillé, une bulle d'air qui est entourée d'écume.

« Lorsqu'elles progressent, les moitiés latérales du pied s'étirent alternativement, ce qui leur donne une démarche oscillante. Pendant ce temps les tentacules ne restent jamais inactifs; tantôt ils s'incurvent en arrière sur la coquille, tantôt ils battent l'air en avant. »

L'animal vit dans la région des Fucus, et d'après les observations de Loven, il prend une teinte verte parmi les Varechs bruns, et rosée parmi les Varechs rouges.

LES MÉLANIIDÉS — *MELANIIDÆ*
H. et A. Adams.

Caractères. — Généralement la coquille des Mélaniidés est allongée et spirale, à tour plus ou moins nombreux, couverte d'un épiderme brun ou noirâtre, l'ouverture est souvent canaliculée et échancrée, avec un opercule corné ovale et subspiral.

Distribution géographique. — Ce sont des mollusques fluviatiles presque exclusivement exotiques, on en connaît un très grand nombre d'espèces vivantes.

Distribution paléontologique. — Les fossiles sont beaucoup plus rares, ils apparaissent à l'époque jurassique, et deviennent plus nombreux dans les formations tertiaires; parmi ceux-ci nous citerons la Mélanie grain d'orge.

MÉLANIE GRAIN D'ORGE — *MELANIA HORDACEA* Disn.

Caractères. — Elle est allongée, conique, épaisse, à sutures peu profondes, finement striée, les stries de la base sont moins profon-

des, l'ouverture offre un sinus aussi peu profond, la lèvre droite est simple et tranchante, la
gauche renversée sur la columelle (fig. 627).

Fig. 627. — Mélanie grain d'orge.

Distribution paléontologique. — Elle se
trouve par millions dans le niveau moyen des
Sables de Beauchamp.

LES CÉRITHIIDÉS — *CERITHIIDÆ*
H. ET A. ADAMS.

Caractères. — Les Cérithiidés ont une coquille spirale allongée à tours nombreux, une
ouverture ovale et subquadrangulaire plus ou
moins canaliculée en avant et à bord externe
évasé.

Le Mollusque a le pied large, court, anguleux
en avant; le rostre est large, court, et plissé,
l'opercule est corné, spiral ou subspiral.

Cette famille comprend un très grand nombre
d'espèces vivantes et fossiles.

Distribution géographique. — Les espèces
vivantes sont de toutes les mers.

Distribution paléontologique. — Les espèces
fossiles se rencontrent dès les terrains Jurassiques

Fig. 628 et 629. — Cerithium
variabile.

Fig. 630. — Ceri-
thium lapidum.

et se multiplient sans interruption jusque dans
les terrains Miocènes et Pliocènes ; entre autres
espèces fossiles du Terrain tertiaire, nous cite-

rons les Cerithium variabile (fig. 628, 629).
et lapidum (fig. 630).

Mœurs, habitudes, régime. — Les Cérithes
vivants sont des animaux carnassiers qui se
tiennent pour la plupart dans la mer; mais on
en trouve aussi dans les lagunes, dans l'eau saumâtre et à l'embouchure des fleuves. Certains
caractères dans la conformation de la râpe chez
les espèces des eaux saumâtres témoignent des
différences qui existent dans leurs modes d'alimentation et d'existence. Mais les observations
à cet égard font défaut.

CÉRITHE GÉANT — *CERITHIUM GIGANTEUM* LAMCK.

Caractères. — Le Cérithe géant dépasse souvent 50 centimètres de longueur et 20 centimètres de grosseur, il est composé d'environ 40
tours étroits, aplatis, le dernier est très grand, il

Fig. 631. — Cérithe géant.

se termine supérieurement par un canal allongé
fort large recourbé en arrière (fig. 631).

Distribution paléontologique. — Il est assez
rare dans le Calcaire grossier des environs de
Paris.

LES CYPRÆIDÉS — *CYPRÆIDÆ* Gray.

Caractères. — Les Mollusques réunis dans cette famille ont une tête assez épaisse, munie de tentacules longs, grêles et rapprochés qui portent les yeux sur une éminence située à leur base. Le manteau s'étend très loin de chaque côté et peut être rabattu de façon à recouvrir la plus grande partie ou la totalité de la coquille. Celle-ci acquiert ainsi un brillant particulier qui, joint à sa coloration tantôt très vive et bariolée, tantôt très tendre, la place au premier rang parmi les coquilles préférées des collectionneurs.

Nous citerons ici la description détaillée et précise de Pöppig :

« Peut-être aucun genre de coquille n'a joui d'une faveur aussi générale et aussi ancienne à la fois que le genre en question, dit-il, soit en raison de sa fréquence, soit en raison de son élégance vraiment remarquable.

« Au point de vue scientifique, elles méritent aussi l'attention, car leur conformation varie suivant leur âge d'une manière remarquable, et l'on a pensé autrefois qu'elles croissaient suivant des lois toutes spéciales. Les différences relatives à l'âge indiquent au moins trois stades.

« Les coquilles toutes jeunes sont lisses, d'un gris uniforme, et munies au plus de trois bandes transversales à peine distinctes. Le bord de leur columelle est poli et bombé en haut, concave en bas ; le bord externe est mince.

« A un âge un peu plus avancé, les deux bords de l'entrée se renflent tellement qu'on peut distinguer déjà le caractère générique ; en même temps le manteau prend latéralement une grande extension et peut se relever de chaque côté par dessus la coquille et sécréter un mucus mêlé de matières calcaires, qui durcit en formant une couche, dont la couleur devient alors toute différente. Mais cette couche n'a pas l'épaisseur qu'elle présente sur les coquilles inachevées ; dans cette période aussi les plis transversaux manquent sur le bord de l'entrée encore un peu béante.

« Les coquilles arrivées à leur troisième stade et par conséquent complètement développées se reconnaissent au rapprochement des bords fortement plissés de la bouche, à l'épaisseur de la couche supérieure de la coquille dans les points en contact avec le manteau rabattu, enfin à une raie de couleur plus claire qui circonscrit la coquille placée sur le dos et qui aboutit à l'ouverture en bas et en haut. Cette raie indique la place où les lobes du manteau rabattus se touchaient par leurs bords, et ne s'observe jamais sur les coquilles plus jeunes.

« Parmi les espèces qu'on expédie chez nous des mers chaudes, les collectionneurs zélés parviennent sans peine à rassembler des séries entières de spécimens pour mettre en évidence la marche de ces transformations.

« Une autre circonstance, qui n'a rien d'exceptionnel mais dont l'interprétation n'est pas aisée, a conduit les anciens observateurs à penser : que chez les Cyprées l'accroissement de la coquille devait avoir lieu suivant des lois tout autres que chez les autres Mollusques, que la coquille était rejetée périodiquement ainsi que la carapace des Crustacés. En considérant les bords de l'entrée d'une Cyprée, on est forcé de penser qu'ici l'accroissement ne se fait pas de la manière ordinaire, c'est-à-dire par production d'une bordure nouvelle provenant de la lèvre agrandie ; celle-ci, en effet, n'est pas seulement infléchie presque à angle droit au-dessus de l'entrée et incurvée contre le bord de la columelle, mais elle est enroulée aussi vers l'intérieur. Si l'accroissement se faisait ici par dépôts successifs le long de la bordure, l'entrée se trouverait nécessairement bouchée en très peu de temps. Comme on a eu entre les mains des coquilles assez petites appartenant à cette même espèce et dont l'entrée offrait des bords complètement développés, on les a prises pour des spécimens plus jeunes parce qu'on ne connaissait pas les caractères propres aux différences d'âge ; aussi on s'est trouvé conduit, pour expliquer cet accroissement, dont le processus paraissait insaisissable autrement, à supposer que chez ce Gastropode la bordure de l'entrée se dissolvait périodiquement, qu'une nouvelle spire se déposait, qu'une nouvelle bordure se formait et que grâce à ce processus la coquille arrivait à ses dimensions normales. Précédemment on avait déjà émis l'opinion que l'animal s'échappait de sa coquille devenue trop étroite. Mais l'une et l'autre de ces deux hypothèses sont inexactes. En les proposant, on oubliait que parmi tous les êtres organisés, tant animaux que végétaux, il existe des individus grands et petits chez une même espèce ; ce sont là des irrégularités qu'on ne peut expliquer, il est vrai, mais qui se présentent incontestablement chez tous les Mollusques. Une *Cyprœa tigris* de deux pouces de long, dont l'entrée présente d'ailleurs des bords rapprochés, enroulés et plissés transversalement, est un individu adulte aussi bien qu'un être semblable dont les dimensions sont doubles; cette Cyprée vivra sans jamais augmenter sa coquille davantage, car elle a atteint la taille définitive qu'elle ne peut dépasser. » (Pœppig.)

Usages et emploi. — Dans toutes les contrées du monde, et même chez les peuples incultes, on les rencontre à titre d'ornements sur les habitations ou sur les personnes, et par suite d'une convention qui remonte aux temps les plus reculés, quelques-unes de ces espèces servent de monnaies dans plusieurs pays. La faveur dont jouissent les coquilles de ces Mollusques repose sur plusieurs motifs; elles conviennent d'abord en raison de leur forme arrondie et du poli miroitant qu'elles acquièrent facilement, elles ne le cèdent pas au marbre au point de vue de la dureté, et elles brillent de couleurs très vives.

CYPRÉE TIGRÉE — CYPRÆA TIGRIS Lin.

Caractères. — Nous citerons la description suivante donnée par Rumphius. « Les Cyprées tigrées, dit-il, sont les plus belles et les plus grandes de cette famille. Leurs dimensions sont à peu près celles d'un petit poing; leur dos est très arrondi et très lisse. Cette région est marquée de taches noires très serrées, entre lesquelles on en remarque de plus petites, brunes ou jaunes; elle est parcourue sur toute sa longueur par une raie d'un jaune doré qu'on ne trouve pas néanmoins sur tous les sujets. Plus les taches noires sont égales entre elles, plus le spécimen est précieux. »

Distribution géographique. — Elle vit dans les mers de Java, Madagascar, l'Ile-de-France, les Moluques, etc.

Mœurs, habitudes, régime. — « Quand ces Cyprées sortent de la mer, elles brillent comme des miroirs; quant à la partie inférieure du Gastropode, sans être absolument plate, cette face est assez unie pour que l'animal puisse reposer dessus; cette région est d'ailleurs très blanche et très luisante. Enfin, quant à l'animal lui-même, on n'en peut apercevoir qu'un lobe mince qui est moucheté, à peu près comme la coquille, de taches noires, brunes et jaunes, sur lesquelles se montrent des granulations blanches. Les sujets, qu'on désigne sous le nom de femelles, ont une coquille plus mince et plus légère, qui atteint presque ses dimensions définitives avant que l'une des lèvres de l'entrée, tranchante et mince comme une lame de par-

chemin, ait subi sa transformation. Ces coquilles offrent des dessins d'une belle couleur noire, bleue et jaune; plus elles sont bleues et plus elles ont de prix.

« On les trouve sur les rivages qui offrent un sable blanc sur lequel reposent de grandes roches isolées. Elles se tiennent pour la plupart cachées dans le sable; tout ce qui en émerge prend une couleur sale et mate. Quand la lune est nouvelle ou pleine, elles sortent du sable et se suspendent aux rochers. Il est difficile de faire sortir l'animal sans que sa coquille perde son éclat splendide. Le procédé le plus sûr consiste à jeter l'animal dans l'eau chaude. On doit ensuite en extraire la chair le plus possible, puis déposer la coquille dans un lieu ombragé pour que les Fourmis mangent la chair restante.

Fig. 632. — Cyprée de Scott.

« Tous les deux ou trois ans, il faut, comme on dit, abreuver ces coquilles, c'est-à-dire les plonger dans l'eau salée pendant une demi-journée, les laver ensuite à l'eau fraîche, et les faire sécher au soleil » (Rumphius).

Usages et emploi. — Rumphius raconte plus loin que ces *Cypræa tigris* et d'autres sont rôties sur des charbons et mangées par les classes les plus pauvres seulement; mais que cette alimentation entraîne souvent des suites fâcheuses. Les indigènes considèrent en général toutes les espèces lisses et luisantes ou tachetées de rouge, comme impropres à l'alimentation, et les espèces rugueuses comme un mets excellent.

Une autre espèce remarquable est la Cyprée de Scott (fig. 632).

CYPRÉE MONNAIE — CYPRÆA MONETA Lin.

L'espèce la plus importante de cette tribu est

Fig. 633. — Strombe grenouille (p. 394).

la *Cypræa moneta*, encore appelée *C. Cauris*.

Caractères. — Cette Cyprée, blanchâtre ou jaunâtre, est ovalaire et large ; son extrémité postérieure porte latéralement quatre saillies mousses. Sa longueur est de 1 centimètre et demi à 2 centimètres.

Distribution géographique. — C'est aux îles Maldives qu'elle se trouve en plus grande quantité (1).

Usage et emploi. — « D'après des données anciennes, on recueille ces animaux deux fois par mois : trois jours après la nouvelle lune et trois jours après la pleine lune. Des Maldives on expédie la Cyprée monnaie en partie vers Siam et vers le Bengale, mais principalement vers l'Afrique.

L'entrepôt principal du commerce des Cauris se trouve à Zanzibar. De la côte orientale de l'Afrique partent depuis des milliers d'années de grandes caravanes chargées de cet article qu'elles transportent vers l'intérieur, comme argent et comme marchandise. Des navires européens recueillent à Zanzibar, des chargements complets de ces Cauris qu'ils échangent sur la côte occidentale, contre des productions locales, telles que la poudre d'or, l'ivoire et l'huile de

palme. Au sujet de la prodigieuse quantité de cette monnaie qui rentre dans les pays des Nègres de l'Afrique intérieure, Barth a fourni de nombreux renseignements dans le célèbre récit de son voyage. A Gouré, 700.000 de ces coquilles valaient 1250 francs ; par conséquent 2,120 pièces représentaient 3 fr. 75 ; la richesse de cette contrée était estimée à 30 millions de coquilles. Leur valeur est naturellement soumise à un cours et dépend de l'importation et de l'exportation. Ordinairement elles sont fixées par centaines à une ficelle, afin de faciliter les comptes. Mais dans certaines localités, cette mode n'existe pas et l'on est obligé d'en compter des milliers pièce par pièce.

«D'après l'ouvrage commercial de Beckmann, publié en 1793, Ceylan fut le principal entrepôt des Cauris, tant que cette place demeura la possession des Hollandais ; de là, on les expédiait en paniers ou en ballots par lots de douze mille, et on les transportait vers la Guinée, dans des tonneaux. Pendant un certain temps toute la traite des esclaves africains se faisait au moyen des Cauris et l'on pouvait acheter 500 à 600 esclaves pour 1,200 livres environ. Vers le milieu du dix-huitième siècle, le prix avait déjà doublé ; plus tard, quand les districts du littoral furent littéralement submergés par cette monnaie de coquilles, celles-ci furent remplacées par d'autres articles d'échange. » (O. Schmidt.)

(1) Nous avons démontré que la *Cypræa moneta* est propre également aux mers d'Afrique nous l'avons recueillie vivante en Sénégambie (Pointe des Chameaux) (de Rochebrune).

BREHM.

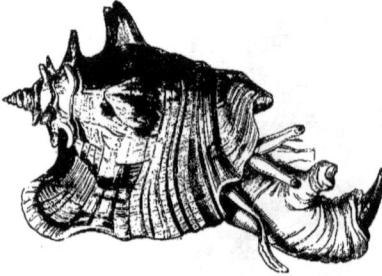

Fig. 634. — Strombe aile d'Aigle ou géant.

Fig. 635. — Rostellaire ornée.

LES STROMBIDÉS — *STROMBIDÆ*
D'ORB.

Caractères. — La famille des Strombidés, les Ailés de Lamarck, est nettement caractérisée par la forme de la coquille et celle de l'animal. Le pied est ployé presque à angle droit, un peu comprimé, et arrondi sur les bords; sa partie antérieure plus courte, est échancrée; la postérieure, très longue, est munie à son extrémité d'un opercule écailleux presque falciforme qui ne peut obturer l'entrée. « La disposition de ce pied ne permet pas à l'animal de ramper; ce Gastropode est obligé de sauter, c'est-à-dire qu'il doit engager la partie postérieure de son pied au-dessous de l'antérieure pour s'élancer ensuite en hauteur. » (O. Schmidt.) La tête porte deux pédicules épais et cylindriques dont les extrémités supportent les yeux, généralement très grands et vivement colorés; les tentacules émanent de la face interne de ces pédicules sous la forme de minces filaments. Entre les yeux, la tête s'allonge en un museau long et rétractile. Le manteau, grand mais très mince, offre généralement un appendice filiforme qui repose dans le canal supérieur de l'entrée de la coquille.

La coquille des espèces du genre Strombe se termine en bas par un canal court, à entrée linéaire. La lèvre externe, ordinairement étalée en forme d'aile, peut s'allonger en haut par un lobe nouveau, mais elle n'est jamais munie de longs prolongements où de digitations.

Distribution géographique. — Les Strombidés proviennent tous des mers tropicales.

Mœurs, habitudes, régime. — Les Strombidés, avons-nous dit avec O. Schmidt, doivent, pour progresser, engager la partie postérieure de leur pied au-dessus de l'antérieure. Rumphius a laissé une description très remarquable de cet organe.

« Un caractère particulier à ce groupe, dit-il, consiste dans la présence d'un osselet allongé, situé au niveau de l'entrée et rappelant par sa coloration et par sa forme l'opercule désigné sous le nom d'onyx. A son côté externe il présente des dentelures tranchantes; en bas il est effilé, et en haut il se trouve fixé à une masse externe assez dure, ce qui lui donne l'apparence d'une petite main. L'animal s'en sert non seulement pour effectuer sa progression et se projeter d'un point sur un autre, mais encore pour écarter magistralement, comme avec une épée, tout ce qu'il rencontre sur sa route. »

Cet observateur ayant placé quelques-uns de ces animaux, qu'il appelait les « Combattants (*Pugiles*) », dans une écuelle au milieu d'autres Gastropodes, vit bientôt ces derniers être rejetés hors du vase par suite des mouvements impétueux de ces « *Pugiles* ».

Usage et emploi. — Rumphius rapporte aussi que cette espèce, très commune à Amboine, sert d'aliment aux indigènes, mais que leur ingestion fréquente communique à la sueur une odeur de bouc des plus désagréables.

STROMBE GRENOUILLE — *STROMBUS LENTIGINOSUS* LIN.

Caractères. — Cette espèce (fig. 633, p. 393) se distingue de ses congénères, par ses sillons transverses très noduleux, et les deux ou trois crénelures du sommet de son bord droit. Sa spire est courte et pointue.

Distribution géographique. — Elle habite l'Océan Indien.

STROMBE AILE D'AIGLE — *STROMBUS GIGAS*

Caractères. — C'est la plus grande espèce du genre, elle est remarquable par les longs tubercules coniques qui couronnent le sommet de son dernier tour et hérissent sa spire, celle-ci est pointue et médiocrement élevée (fig. 634). La coquille atteint un pied de long et pèse plus de quatre livres et demi.

Distribution géographique. — Elle habite les mers des Antilles et de l'Inde où elle est excessivement commune.

Mœurs, habitudes, régime. — Pour concevoir comment l'animal peut exécuter ses mouvements saltatoires en dépit de la charge qu'il supporte, il ne faut pas oublier ce que l'on a dit à l'occasion des Crustacés à lourde carapace, et se souvenir des changements relatifs aux densités qui sont, tout à l'avantage des êtres vivant dans un milieu liquide tel que l'eau (O. Schmidt).

Emploi et usage. — L'industrie trouve dans la coquille de cette espèce, des matériaux précieux, de splendides camées sont sculptés dans son épaisseur, et brillent d'un éclat des plus vifs; elle est employé pour fabriquer de la chaux de bonne qualité, enfin on l'importe souvent en telles quantités, qu'on voit souvent des plate-bandes bordées de ces coquilles et qu'on les utilise en guise de pots-de-fleurs et de lampes.

Dans la famille des Strombidés, rentre le genre Ptérocère, nombreux en espèce, dont plusieurs fossiles surtout sont remarquables.

Il en est de même du genre Rostellaire dont nous figurons une espèce de la formation Crétacée, la Rostellaire ornée (fig. 635).

Enfin, le genre Chenopus mérite de nous arrêter un instant.

CHENOPUS PIED DE PÉLICAN — *CHENOPUS PES PELECANI* LIN.

Caractères. — La coquille de cette espèce est fusiforme et se prolonge, à la base, sous forme d'un canal ou plutôt d'une large baguette bifur-

quée (fig. 636). Chez ce genre, comme chez les suivants et comme chez tous les Gastropodes ailés, en général, la coquille diffère beaucoup à l'état jeune de ce qu'elle devient à l'état de développement complet. Le bord de la lèvre externe est entier au début; ce n'est que peu à peu que se développent les divers prolongements sous forme d'ailes ou de digitations, avec leurs bifur-

Fig. 636. — Chenopus pied de Pélican.

cations et leurs retroussis. La tête de l'animal s'allonge en un museau aplati et échancré en avant. Les tentacules, longs et filiformes, portent les yeux sur une saillie située au côté interne. Le pied, petit mais tout à fait organisé pour ramper, est arrondi de chaque côté. Chez l'animal complètement développé, le manteau n'est pas très élargi, et dans les points où la coquille présente des digitations, il s'étire seulement en pointes; toutefois il est probable qu'à l'époque où ces portions de la coquille se forment, il s'y développe davantage (O. Schmidt).

Distribution géographique. — L'espèce est commune dans les mers d'Europe.

LES CONIDÉS — *CONIDÆ* H. ET A. ADAMS.

Caractères. — La coquille des Cônes est universellement connue; elle est enroulée et généralement conoïde (mot consacré). Le labyrinthe est si court qu'il n'émerge souvent que d'une façon insensible au-dessus de la partie postérieure ou du contour du dernier tour de spire. L'entrée est une fente longitudinale étroite, dont la lèvre externe est simplement rectiligne et sur laquelle on reconnaît la trace d'un canal. L'animal possède un pied long et étroit, qui porte un

Fig. 637. — Cône tuberculé.

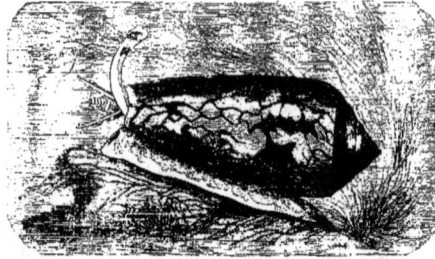

Fig. 638. — Cône drap d'or.

opercule petit, et unguiforme. La tête petite, en forme de museau, offre deux tentacules cylindriques et courts. Les yeux ne sont pas éloignés de leur extrémité. Le tube respiratoire est tantôt court, tantôt long comme la moitié de la coquille. Chez les Cônes, les spires se superposent si étroitement que la place serait insuffisante pour les viscères, si ces spires gardaient partout leur épaisseur originelle. En pratiquant des coupes et en comparant des spécimens jeunes et anciens, on peut s'assurer que les parois de la coquille, très serrées les unes contre les autres chez les sujets jeunes, se dissolvent ensuite de chaque côté sur la plus grande partie de leur étendue. Des trois couches de la coquille, il ne reste que l'externe. (O. Schmidt.)

Distribution paléontologique. — Parmi les espèces de Conidés fossiles, nous citerons le Cone tuberculé de la formation crétacée (fig. 637).

CONE DRAP D'OR — *CONUS TEXTILIS* Lin.

Caractères. — Ce Cône est l'une des plus belles espèces du genre : sur un fond jaune orangé, on voit une quantité de lignes brunes longitudinales et onduleuses et une multitude de petites taches blanches bordées de brun et groupées comme des écailles (fig. 638).

Distribution géographique. — Il habite les mers des Indes et d'Afrique.

Mœurs, habitudes, régime. — Les observations relatives à ces animaux, qui vivent à d'assez grandes profondeurs généralement sur des fonds vaseux, sont tellement rares qu'on ne connaît même pas leur alimentation. « Ils doivent, dit Philippi, se nourrir de végétaux, ce

qui ne semble guère d'accord avec l'armature de leur bouche. »

Emploi, usages. — Rumphius dit que plusieurs espèces sont utilisées par l'homme comme aliment ; il en serait de même du frai du Cône marbré qui par son aspect, simule un écheveau de fil emmêlé ; ce frai est blanc et rougeâtre, cartilagineux, et bon à manger ainsi que l'animal qui le produit.

Le même auteur parle de plusieurs objets d'ornementation que les Indiens de l'Est fabriquaient jadis avec ces coquilles ou avec d'autres analogues. « On les rassemble souvent pour en fabriquer des bagues que portent aux doigts non seulement les femmes Indiennes, mais aussi les Hollandaises. Ces anneaux sont fabriqués avec un grand soin et sans outils. Les Indiens usent le sommet de la coquille contre une pierre rugueuse jusqu'à ce qu'on puisse voir intérieurement toutes les cavités du labyrinthe. Ils abattent ensuite, en se servant d'une pierre, la partie postérieure de la coquille ou ils la coupent à l'aide d'une lime mince. Ils usent la partie restante jusqu'à qu'elle forme un anneau. On ne peut faire avec chacune de ces coquilles que deux bagues. Celles-ci sont blanches, lisses et brillantes comme de l'ivoire, car les taches noires ne pénètrent pas et peuvent être usées. Quelques Indiens fabriquent des anneaux lisses ; d'autres y cisèlent des grains et des feuillages ; d'autres enfin les travaillent assez artistement pour laisser en saillie une des taches noires et donner à l'anneau l'aspect d'une bague avec son chaton enchâssé. »

Le conchyliologiste Chemnitz, indique encore, dans les additions qu'il a faites au « cabinet de curiosités » de Rumphius, une série de Cônes fort rares, et il cite le nom de leurs heureux possesseurs. Le bourgmestre d'Aquet, à Delfft, dont le nom se trouve souvent mentionné, possédait seul, en 1766, l'espèce appelée alors « Amiral orangé ». Auparavant, l'espèce la plus recherchée était le « Contre-amiral ». On offrait en vain pour se procurer « l'Amiral proprement dit » 1000 francs.

Tous ces Cônes, décrits par lui, sont des curiosités de premier ordre, et lorsqu'on voulait avoir un cabinet estimé, il fallait posséder ces espèces-là, de préférence à toute autre, malgré les difficultés qu'on éprouvait à se les procurer. (O. Schmidt.)

LES PLEUROTOMARIIDÉS — *PLEUROTOMARIIDÆ* DESS.

Cette famille comprend à peine quatre espèces vivantes ; en revanche elle en renferme un grand nombre de fossiles.

Caractères. — Les Pleurotomariidés ont une coquille de forme très variable, conique, trochoïde, turriculée, ombiliquée, remarquable surtout par une échancrure profonde que présente le bord droit.

Distribution géographique. — La première espèce vivante connue, fut découverte à Marie-Galande.

Fig. 639. — Pleurotomaire conoïde.

Distribution paléontologique. — Les espèces fossiles ont apparu dès l'époque Silurienne, elles sont communes dans le Crétacé et le Jurassique, nous ne citerons qu'une espèce.

PLEUROTOMAIRE CONOIDE — *PLEUROTOMARIA CONOIDEA* D'ORB.

Caractères. — Cette espèce (fig. 639) fournit tous les caractères assignés à la famille, elle est turriculée, à spire aiguë, ornée de fines stries concentriques, le sinus ou échancrure est peu étendu, les branches du sinus sont épaisses, à stries imbriquées.

LES PYRAMELLIDÉS — *PYRAMELLIDÆ* H. ET A. ADAMS.

Caractères. — La spire des Pyramellidés est très développée ou très courte et la coquille affecte des formes variées, la columelle présente à sa base trois ou quatre plis tordus, ou bien elle est simple et légèrement calleuse.

Distribution géographique. — Cette famille renferme un grand nombre d'espèces vivantes et fossiles.

Nous insisterons sur quelques-uns des principaux genres.

NERINÉE ÉLARGIE — *NERINEA DILATATA* D'ORB.

Caractères. — La coquille est turriculée com-

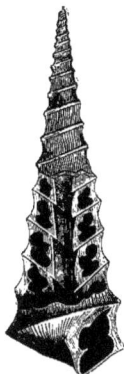

Fig. 640. — Nerinée élargie.

Fig. 641. — *Chemnitzia Heddingtonensis.*

posée d'un grand nombre de tours, l'ouverture pourvue en avant et en arrière d'un léger canal (fig. 640).

Distribution paléontologique. — Le genre

Nérinée n'existe qu'à l'état fossile; les terrains Oolithiques contiennent une grande variété d'espèces, qui se retrouvent dans le Crétacé, en Angleterre, en France, Allemagne.

Le genre *Chemnitzia* appartient à la même famille : nous citerons la *Chemnitzia Heddingtonensis*, du Jurassique (fig. 641).

Il en est de même des genres *Globiconcha*, *Pterodonta*, Actéonelles et Actéonines, qui sont tous de la formation Crétacée.

LES NATICIDÉS — *NATICIDÆ*
H. ET A. ADAMS.

Caractères. — Les Naticidés ont une coquille globuleuse ou ovale, ombiliquée, à spire plus ou moins courte, l'ouverture est large, demi-circulaire. L'animal très volumineux, possède un pied large prolongé en avant, le manteau recouvre la coquille en partie, l'opercule est corné et quelquefois doublé extérieurement d'une couche calcaire assez épaisse.

Distribution géographique. — Exclusivement marins, les animaux de cette famille se rencontrent dans les deux hémisphères.

Distribution paléontologique. — Le nombre des espèces fossiles est assez considérable, elles semblent avoir vécu à toutes les époques géologiques, excepté dans le Silurien inférieur.

NATICE BOUCHE NOIRE — *NATICA MELANOSTOMA* LAMCK.

Caractères. — Coquille ovale, ventrue, un peu déprimée, assez mince, blanche, zonée de

Fig. 642. — Natice bouche noire.

fauve, à ouverture d'un brun noir, ombilic à demi recouvert (fig. 642).

Distribution géographique. — Cette espèce habite l'Océan Indien où elle est assez commune.

ENTOCONQUE ADMIRABLE — *ENTOCONCHA MIRABILIS* FEY.

Caractères. — A l'exemple de plusieurs zoologistes, nous inscrivons ici un Mollusque des plus remarquables à divers points de vue. Parasite de l'Echinoderme, connu sous le nom de Synapte digitée (fig. 643), il a été considéré par Freyer de Trieste, comme l'état embryonnaire d'une espèce de Natice. Nous ne pouvons ici fournir les discussions pour ou contre cette manière de voir, et c'est avec Meyer que nous étudierons ce curieux animal.

Pour comprendre ce qui suit, il suffit de connaître certaines parties de la structure de ces Synaptes transparentes, que nous étudierons plus en détail en même temps que les autres Echinodermes. Retenons seulement ici, que leur cavité splanchnique est traversée à partir de la bouche qu'entourent les tentacules, par un canal digestif, sur la région antérieure duquel se présente un estomac (*m*) caractérisé par deux renflements annulaires. Il est longé par deux vaisseaux sanguins, dont l'un porte le nom de vaisseau ventral en raison de sa situation.

L'animal, qu'on doit considérer comme un être parasitaire appartenant à la classe des Gastropodes, est allongé et cylindrique. La figure représente un fragment ouvert de la Synapte, dont la paroi est représentée en *A* ; nous avons figuré, en *B*, un repli cutané qui renferme l'intestin *C* dans sa cavité et qui correspond au dos de la Synapte. En *D* se trouve le vaisseau sanguin longeant la face dorsale de l'intestin, en *E* celui de sa face ventrale. L'extrémité antérieure (*a*) est en forme de bouton ; le corps est contourné en spirale irrégulièrement. La teinte de la surface du corps est d'un jaune brunâtre ; on peut aisément le reconnaître au travers de la paroi incolore et transparente de la Synapte. En moyenne, l'utricule entier mesure 2 centimètres et demi de longueur, cet utricule offre une organisation toute spéciale. Son extrémité, en forme de bouton, présente un orifice buccal qui conduit dans un tube digestif (*a-b*) occupant la partie antérieure du corps et terminée en cœcum. La partie médiane de ce cylindre contient un ovisac très développé avec une glande à albumine (*b-c*). Puis vient un espace (*F*) dans lequel mûrissent les œufs au sortir de l'ovisac. Dans le renflement sphéroïdal (*e*), mûrit la liqueur séminale ; l'extrémité du corps s'ouvre pour permettre aux produits des organes sexuels de s'échapper librement dans la cavité splanchnique de la

Synapte. D'après le zoologiste Adams, ces parties intimement reliées, suffisent pour former un ensemble qui par lui-même constitue un animal. Celui-ci est relié lui-même aux viscères de la Synapte, d'une manière toute parti-

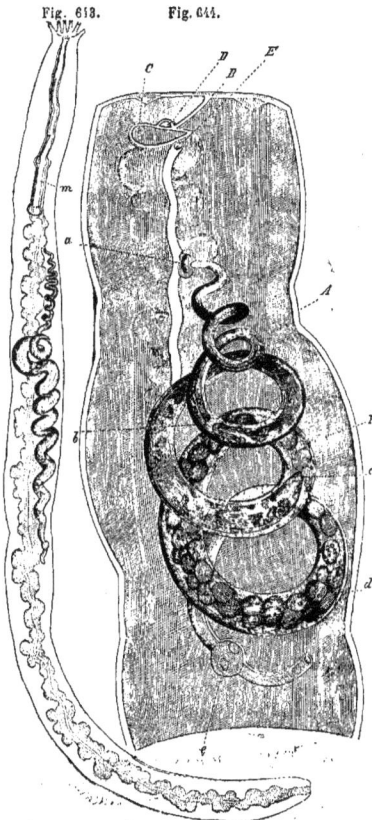

Fig. 643.   Fig. 644.

Fig. 643-644. — Synapte avec Entoconque admirable.

culière. C'est dans l'intestin, toujours au voisinage immédiat de l'estomac, que le renflement en forme de bouton de l'extrémité céphalique de l'utricule est implanté, de telle sorte qu'il semble exister là une sorte d'excroissance ; c'est en réalité cette union organique immédiate qui a fait croire à J. Müller que l'utricule émanait de l'Holothurie. Il ne s'agit cependant que d'une fixation purement mécanique,

comme on en trouve chez bien des parasites (les *Peltogaster,* par exemple) également unis aussi étroitement et même plus étroitement parfois à leurs hôtes. Bref, l'utricule est suspendu au vaisseau sanguin de la Synapte et se nourrit de sang, par l'intermédiaire de son orifice buccal et de son tube digestif.

Les mouvements de l'animal utriculaire consistent simplement en ce qu'il recroqueville et raccourcit lentement son corps, en lui imposant une forme de tire-bouchon ; c'est, du moins, tout ce qu'on a pu observer en ouvrant une Synapte à l'état frais.

Nous allons passer enfin à la description plus détaillée du Gastropode parasitaire. Nous nous guiderons naturellement sur l'ouvrage de Baur (1), que nous citerons en partie, et nous renverrons souvent aux figures 643 et 644.

De toutes les manifestations vitales, les plus importantes et les plus saillantes, sont celles qui ont rapport à la reproduction. Au moment de la reproduction, la Synapte et son parasite sont tout à fait indépendants. J. Muller ne connaissait pas encore la marche du développement des Synaptes ; Baur l'a décrite très complètement. Il a montré qu'elles ne se reproduisent qu'au printemps, tandis que le corps utriculaire engendre pendant tous les mois, sauf l'hiver. Le frai de ce parasite utriculaire, se compose d'une grande masse de sphérules isolées (fig. 644, *d*), dont chacune renferme environ vingt œufs ou embryons. Dans des spécimens divers, on trouve cette progéniture à divers stades du développement. Mais dans un seul et même spécimen, le développement est le même pour tous les embryons. Les larves émanées du frai apparaissent à l'œil nu comme de simples points, mais elles décèlent, à n'en pas douter, les caractères du Gastropode, dont elles diffèrent cependant d'une manière frappante. Elles ont une coquille régulièrement contournée, que peut fermer un opercule calcaire, et dans laquelle l'animal peut se retirer tout entier. Le pied est bilobé par suite d'un étranglement médian. Le dos se termine dans un lobe frontal, muni de poils raides et peu nombreux, derrière lequel s'élève deux petites saillies qui sont des rudiments de tentacules ; à l'intérieur, on voit une cavité encore close, qui deviendra plus tard le tube digestif, et au-dessous duquel se trouvent les deux vésicules auditives. Toute la portion de la surface, que ne recouvre point la co-

(1) Baur, *Acta Academiæ Leopoldino-Carolinæ Naturæ Curiosorum.*

quille, est revêtue de cils vibratils serrés. Les métamorphoses que subit cette larve jusqu'au moment où elle devient un parasite utriculaire enclavé dans un vaisseau sanguin de la Synapte, sont tels qu'aucun type de Gastropodes n'en présente de semblables; on ne pourrait guère les comparer qu'aux modifications que subissent certains Crustacés parasitaires pour arriver à représenter le type fondamental complètement enveloppé d'un revêtement écailleux. Le Gastropode utriculaire, à l'état adulte et parfait, ne possède ni cœur ni système vasculaire, et n'of-

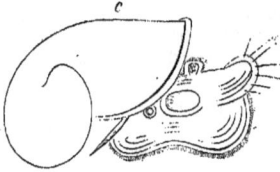

Fig. 645. — Larve d'Entoconque admirable.

fre pas de traces de système nerveux, ni d'appareil sensoriel (fig. 645).

Voici ce que dit cet auteur au sujet de leur évolution :

« Quant à la métamorphose que subissent nécessairement les larves pour arriver à leur forme utriculaire, on pourrait s'en faire une idée approximative, en se guidant sur les différences qu'on remarque entre la larve et le Gastropode utriculaire, en supposant que cette métamorphose est simple et s'effectue en une fois, ce qui n'est d'ailleurs nullement démontré. Le corps de la petite larve se débarrasserait d'abord de sa coquille, sa cavité respiratoire s'effacerait, et l'accroissement se ferait principalement en longueur. Les vésicules auditives et les appendices en forme d'ailerons disparaîtraient ; le corps deviendrait régulièrement cylindrique, de telle sorte que le dos et le pied cesseraient d'être distincts ; enfin, s'il est juste de considérer le conduit qui s'ouvre au pied de la larve comme l'orifice de la cavité splanchnique, on peut admettre que l'accroissement ultérieur, correspondant à la formation des organes reproducteurs, s'effectue suivant la longueur, de telle sorte que cet orifice, qui sera plus tard l'orifice sexuel, se trouve repoussé peu à peu depuis la face inférieure de la région ultérieure, jusqu'à l'extrémité postérieure du corps. Dans cette métamorphose, en même temps, la spirale unilatérale et terminale de l'Entoconque (nom

que Baur réserve à la larve seulement) devient la spirale double et non terminale du Gastropode utriculaire que Baur désigne sous la dénomination d'*Elicosirynx*. Il est évident que cet exposé est une pure hypothèse, reposant sur des analogies et des interprétations incertaines, tant que des observations directes n'auront peut-être recueillies. »

Malheureusement nous ne sommes pas plus avancés aujourd'hui au sujet de l'évolution et de l'immigration de ce Gastropode utriculaire. Les larves parviennent au dehors, probablement à la suite d'une fragmentation, spontanée ou non, de la Synapte ; puis au bout d'un certain temps d'existence libre, elles pénètrent dans leur hôte, à l'aide de moyens encore inconnus. De la constance de leur point d'implantation, Baur conclut que l'immigration se fait à une époque où la Synapte offre au parasite, qui s'installe en lui, des conditions particulièrement favorables. Ce cas se présente lorsque la Synapte jeune possède les dimensions correspondantes au stade pendant lequel toute la partie postérieure du canal digestif n'est pas encore formée. « Si la larve du parasite, quelle que soit d'ailleurs sa structure, immigre dans une Synapte d'un âge peu avancé, si elle se fraye un chemin dans la cavité splanchnique de son hôte, soit à travers la paroi du tronc, soit à travers la paroi du tube digestif, soit à travers le cloaque, comme cela peut se faire aisément, et si elle se fixe ensuite au vaisseau sanguin inférieur qui l'attire, la conséquence sera que, dans la Synapte adulte, le parasite qui y demeure depuis longtemps déjà, qui a subi ses transformations et qui est devenu mûr, ne se trouvera jamais fixé qu'à une courte distance de l'extrémité postérieure de l'estomac; car toute la partie postérieure de l'animal, dans laquelle on ne trouve presque jamais de parasite, mais qui offre d'ailleurs une structure identique, n'existait nullement à l'époque de l'immigration; cette portion s'est ajoutée seulement plus tard, pendant l'accroissement en longueur de l'animal, après que l'immigration et la fixation étaient déjà effectuées. » (O. Schmidt.)

Dans la classe des Échinodermes, nous retrouverons les Synaptes et nous suivrons leur évolution, extrêmement curieuse, jusqu'au stade pendant lequel ces animaux, qui vivent dans la vase, au fond de la mer, paraissent le mieux appropriés à l'immigration du Gastropode utriculaire.

Distribution géographique. — L'Entoconque admirable vit dans la Méditerranée

Mœurs, habitudes, régime. — « Un des en-

Fig. 646. — Tonne Perdrix (p. 401).

droits les plus propices pour l'étude de l'Entoconque admirable est Trieste, dit O. Schmidt. Les
jours de pluie ou de grosse mer, le marché aux
Poissons fournit un matériel plus que suffisant
pour les études zoologiques ; mais la mer calme
invite aux excursions dans la magnifique baie
qui tire son nom de la petite ville de Muggia, et
dont le fond vaseux livre aux filets un riche butin.

« Dans ce fond vivent par milliers des Holothuries appartenant au genre Synapte (fig. 643).

« Les Synaptes, ainsi que bien d'autres habitants de la baie de Muggia, étaient apportées ordinairement à Trieste chaque jour, aux naturalistes visitant cette ville, par le pêcheur Fru-
sing et par sa famille, qui demeurait dans le
village de pêcheurs nommé Zaule, à moins que
les zoologistes ne préférassent s'assujettir à manier eux-mêmes le filet. C'est ainsi que J. Muller
qui s'est occupé avec prédilection d'étudier
l'anatomie et le développement des Echinodermes, se procurait ces animaux, lorsqu'il
n'allait pas lui-même les capturer à la surface
de la mer avec un filet de gaze étroit.

« Il découvrit, un jour, dans certains spécimens
de Synapte, une sorte de boyau, dont l'un des
bouts adhérait étroitement au vaisseau dorsal
de l'Echinoderme, et dont l'autre bout flottait
librement dans la cavité splanchnique. La dis-
BREHM.

position anatomique de cet utricule éveilla
l'attention de cet observateur, il reconnut
qu'il s'agissait là d'un organisme fort singulier
dans l'intérieur de ces Holothuries, et sa surprise fut plus grande encore quand il vit, dans
cet utricule, des œufs qui étaient indubitablement un produit de ce conduit, et qui donnaient
issue à de jeunes Gastropodes munis d'une coquille, d'un pied et d'un velum. Il se demanda
naturellement s'il n'avait pas sous les yeux un
exemple de parasitisme. Mais cet utricule producteur de Gastropodes lui parut tellement
étranger à tout ce qui peut caractériser un Gastropode, qu'il était impossible de l'assimiler
avec un animal de cette classe, et de le considérer comme modifié par une métamorphose
régressive. La relation qui unissait ces utricules aux Synaptes lui parut aussi tellement
intime, qu'il négligea de s'arrêter à l'idée que
ces rapports étaient ceux d'un parasite (l'utricule des Gastropodes) à son hôte (la Synapte) ;
et, dans un mémoire, il s'efforça de rendre
plausible l'hypothèse que cet utricule de Gastropode constituait une procréation des Synaptes. Il trouva que ce phénomène avait lieu
chez les Synaptes une fois sur cent, et ne se tira
d'un dédale de faits qui ne concordaient point,
qu'en énonçant une hypothèse audacieuse : il
MOLLUSQUES. — 51

supposa qu'il existait une sorte de génération
alternante particulière, dont l'évolution n'était
pas restreinte dans un cycle de formes, variant
seulement dans les limites d'un type fondamental unique, comme nous en connaissons de
nombreux exemples; mais il admit une génération alternante spéciale, dans laquelle l'organisme serait apte à subir un essor qui lui permettrait de franchir ces limites et de sauter
dans un type différent, par le fait de ses pro-
créations. L'imagination laborieuse du naturaliste allemand fit de l'utricule en question, un
organe des Synaptes; il accueillit d'autant
mieux cette découverte, qu'il crut avoir trouvé
là un chemin pour échapper à l'hypothèse fondamentale qu'il combattait, et qui supposait
des créations répétées, émanant du néant. Que
de fois nous avons retrouvé dans les œuvres
du naturaliste, l'exposé de l'opinion, d'après
laquelle l'apparition de chaque espèce en particulier serait surnaturelle, c'est-à-dire soustraite
à l'observation et à l'interprétation de l'Histoire
naturelle. Il avait donc trouvé un cas, non
continu il est vrai (mais pas absolument contraire à la nature néanmoins), et plutôt préparé par les nombreux autres exemples de génération alternante régulière, qui rattachent
l'apparition d'un nouveau type fondamental
d'animaux à ce qui existait déjà, J. Muller crut
avoir sous les yeux une extension de la génération alternante et dit : « Nous sommes accoutumés déjà à trouver dans cette voie bien des
faits merveilleux, qui doivent se rattacher pourtant à la même loi, mais nous devions être saisis
encore par des phénomènes plus frappants. »
Cependant, le saut qu'il voulait franchir était
trop grand, son hypothèse au sujet des êtres
problématiques vivant dans l'intérieur des Holothuries de Muggia, produisit un effet très
grand, mais ne gagna point de partisans.

« Plusieurs zoologistes entreprirent de découvrir la véritable nature de ces relations, parmi
eux il faut citer Albert Baur, qui vint y consacrer
plusieurs mois à Trieste, en demeurant dans une
auberge située sur le rivage même de la baie;
on lui doit d'avoir éclairci dans son remarquable travail, l'histoire naturelle des Synaptes
mêmes, et d'avoir dépouillé de tout ce qu'elles
offraient d'étrange, les relations de l'utricule
à l'état parfait avec ces Synaptes, et la production de jeunes Gastropodes à l'intérieur
de cet utricule; mais il a laissé à ses succes-
seurs le soin d'approfondir l'immigration du
Gastropode parasitaire que représente en réa-

lité cet utricule. Jusqu'à présent, on n'a pas
accompli cette tâche, pour laquelle l'Académie
de Berlin a fondé un prix.

« Pour retirer du fond de l'eau les Synaptes
qui vivent dans la vase; on lance du bateau un
ancre, dont les quatre ou six pointes sont
enveloppées d'étoupe et qu'on relève comme
on ferait d'un filet. Ces animaux, dont la peau
est lardée par de petits crochets, demeurent
fixés à l'étoupe, mais jamais on ne retire une
Synapte entière. Ces Echinodermes se brisent,
par suite des étranglements que produisent
leurs convulsions réflexes, en fragments longs
de 2 à 6 centimètres, suivant leur diamètre
transversal. Il faut alors examiner les fragments
céphaliques ou les morceaux qui renferment la
région stomacale, dans le cas où la tête s'est
étranglée trop près de sa base, pour découvrir
l'utricule des Gastropodes. Ce travail est fort
pénible, attendu que sur cent Synaptes environ,
une seule contient l'utricule en question.
Exceptionnellement, Baur a trouvé 2, 3 et
même 4 utricules dans une Synapte; mais il
faut noter qu'il a examiné en vain cinq à six
centaines de fragments céphaliques.

« Il n'existe pas d'autre moyen, dit Baur, pour
observer même une seule fois cet utricule, que
de se procurer un nombre considérable de
Synaptes, ou de fragments de ces Echinodermes, et d'y rechercher la présence d'un
utricule. La transparence des Synaptes permet de reconnaître immédiatement, sans les
ouvrir, si le corps qu'on y recherche y est
contenu ou non. J'ai chargé, au début, les pêcheurs qui capturaient ces animaux pour
J. Muller, de m'en procurer le plus grand nombre possible, je me faisais envoyer chaque butin à Trieste. Mais je me convainquis bientôt
que les matériaux ainsi recueillis étaient insuf-
fisants, même pour des recherches préliminaires. Aussi je m'installai à Zaule même, pendant deux mois. Pendant mon séjour, je fis
capturer les Synaptes par une barque de pê
cheur qui sortait uniquement dans ce but, tous
les jours où le temps le permettait. Cette barque devait croiser pendant plusieurs heures au
milieu de la baie de Muggia, en jetant et en
retirant alternativement l'ancre. Elle devait
être servie par deux hommes au moins, pour
qu'on pût en même temps mettre à la voile ou
ramer, et jeter ou retirer l'ancre. Plus le nombre des crochets de l'ancre était grand, plus
l'enveloppe d'étoupe était grosse, et plus
l'étendue de mer que l'on fouillait était vaste,

et plus aussi le butin était riche. Les fragments de Synapte, pourvus de l'utricule recherché, ont pu être reconnus et triés pendant l'excursion même. J'ai obtenu, dans une excursion, de un à huit spécimens d'utricules, tantôt entiers, tantôt mutilés. On pouvait employer une moitié de la journée à capturer les Synaptes, et l'autre à les examiner. »

Nous avons cru devoir rapporter ces observations, afin de montrer le procédé qu'on emploie pour capturer ces animaux inférieurs et d'autres encore, et pour donner une idée des peines qui incombent aux observateurs.

LES LAMELLARIIDÉS — *LAMELLARIIDÆ* H. ET A. ADAMS.

Caractères. — Cette petite famille comprend des coquilles généralement minces, nériformes, à ouverture large; l'animal a un manteau recouvrant plus ou moins la coquille, la trompe est allongée et cylindrique.

Distribution géographique. — Les espèces sont marines; elles habitent les mers d'Europe, les Philippines, la Nouvelle-Zélande.

Distribution paléontologique. — Quelques espèces fossiles se trouvent dans le Pliocène d'Angleterre.

LAMELLAIRE PRÉVOYANTE — *LAMELLARIA PERSPICUA* LIN.

Caractères. — La coquille de cette espèce mince, pellucide, se trouve cachée dans le manteau, ce qui lui donne l'aspect d'un gastropode nu; le dernier tour est très déprimé; l'ouverture très large, est oblique ainsi que la columelle, le bord est tranchant.

Mœurs, habitudes, régime. — Ces Gastropodes se tiennent ordinairement sur des amas d'Ascidies que nous étudierons plus loin.

M. Giard dit avoir recueilli à Roscoff des centaines d'individus appartenant aux deux espèces *Lamellaria perspicua* et *Lamellaria tentaculata*, et s'être toujours émerveillé de leur aptitude à accommoder leur coloration aux objets environnants; souvent, lorsqu'on avait placé des colonies d'Ascidies dans l'aquarium, on trouvait, le lendemain matin, cinq ou six Lamellaires, dont la présence avait d'abord passé inaperçue, tant ils avaient assimilé leur aspect extérieur à celui des Ascidies. Mais ils n'ont pas la faculté de changer leur couleur rapidement et

spontanément comme le font les Céphalopodes; il leur faut, au contraire, un temps assez long pour s'harmoniser avec leur entourage.

Quand la Lamellaire prévoyante se tient sous des pierres tachetées comme le granit, l'animal offre une teinte grise marquée de taches blanches, brunes et noirâtres. Lorsqu'on le trouve sur l'Ascidie rouge, appelée *Leptoclinum fulgidum*, ce Gastropode prend une belle couleur rouge uniforme; il faut une certaine attention pour le distinguer du plan sous-jacent sur lequel il forme très peu de relief. Sur d'autres Ascidies, diversement colorées, M. Giard a vu ces Gastropodes adopter des nuances correspondantes. On peut en dire autant d'une autre espèce qui se tient notamment sur les *Leptoclinum perforatum*, où l'on peut à peine la découvrir.

Cette propriété de se cacher, de se masquer, si l'on préfère, à l'aide d'un changement de coloration, particulier aux Lamellaires, et fréquent chez d'autres animaux de différents groupes, a reçu le nom de *Mémitisme*.

« Bien que les Ascidies composées sur lesquelles se tiennent des *Lamellaria*, dit O. Schmidt, servent d'aliments à quelques Gastropodes de proie peu nombreux, le nombre de leurs ennemis directs n'est pas considérable; au contraire, la chair des Lamellaires est sans aucun doute plus appétissante. Celles-ci sont moins troublées encore sur les plantes et sur les rochers; elles accommodent leur coloration à celles de ces milieux. Il est difficile d'expliquer tous ces phénomènes, c'est-à-dire d'exposer comment cette accommodation plus ou moins volontaire, a eu lieu peu à peu et comment elle est devenue possible. Néanmoins dans la plupart des cas, le principe qui domine tous ces faits est celui que Darwin a soutenu : la sélection naturelle. »

Nous ne voyons pas ce que la sélection peut avoir à faire dans le mémitisme des Lamellaires et des autres animaux; on abuse trop souvent, ce nous semble, de cette expression commode, pour expliquer des faits que l'on ne comprend pas, ou dont la cause nous est encore inconnue. Que les Lamellaires naissant sur des Ascidies composées, prennent la coloration de ces Ascidies, nous l'acceptons, mais à la condition qu'elles vivront et se reproduiront sur ces mêmes Ascidies dans un espace toujours le même, sous des conditions invariablement identiques, alors la sélection pourra être invoquée; mais que ces mêmes Lamellaires prennent aujourd'hui *volontairement* une teinte rouge, demain une teinte violette ou jaune, parce qu'elles vont se trouver sur des Ascidies composées rouges, jaunes, ou violettes, nous ne pouvons l'accepter, jusqu'au jour où M. Giard démontrera, non pas théoriquement, mais avec preuves à l'appui, le changement de couleur *volontaire* des Lamellaires (de Rochebrune).

LES DOLIIDÉS — *DOLIIDÆ* H. ET A. ADAMS.

Caractères. — Cette famille est intéressante à plusieurs points de vue. La coquille est mince, bombée, souvent presque sphérique ; son ouverture, large et échancrée en bas, n'est point prolongée par un canal ; la lèvre externe, généralement épaissie, est crénelée sur toute sa longueur. L'animal offre un pied allongé et ovalaire, grand et épais, un peu auriculé en avant et susceptible de se dilater fortement, sous l'influence d'une grande quantité d'eau que peut absorber le Gastropode. La tête, plate et large, est à peu près rectiligne entre les tentacules. Ceux-ci sont longs et portent les yeux sur le côté externe de leur base épaissie. Le tube respiratoire est épais, assez long, et rabattu sur la coquille. La trompe aussi est très grande et très épaisse.

TONNE PERDRIX — *DOLIUM PERDIX* LAMCK.

Caractères. — Sa forme est assez allongée, la coquille est mince, légère et ornée de petites taches blanches arquées en croissant (fig. 646, p. 401).

Distribution géographique. — Cette espèce habite les mers de l'Inde, d'Afrique et d'Amérique.

DOLIUM CASQUE. — *DOLIUM GALEA* LAMCK.

Le Dr G. von Hahn, a cherché d'une façon très ingénieuse à montrer que probablement nos Gastropodes du genre Dolium ont servi de point de départ à l'ornementation spiralée des colonnes de l'ordre ionique. « De même, dit-il, que les pêcheurs napolitains actuels, s'entendent à disposer en festons gracieux, les coquilles de Gastropodes et les coquillages de leur rivage, pour en décorer les églises les jours de fête, de même dans l'antiquité, les habitants des côtes ont dû fixer leur attention sur les produits les plus élégants de leur plage, lorsqu'il s'est agi d'orner les demeures de leurs Dieux établies sur ce littoral. Or, parmi les coquilles de la Méditer-

ranée, le Dolium perdrix se distingue non seulement par ses dimensions, qui atteignent parfois le volume d'une tête humaine, mais encore par la grande beauté de son labyrinthe et des côtes qui le décorent. » Les principaux résultats auxquels aboutit la comparaison intéressante qu'il établit entre la forme artistique et le produit naturel, sont les suivants : le labyrinthe du Dolium perdrix correspond, aussi bien par le nombre de ses spires, que par la construction de son hélice, à ce qu'on nomme la volute du chapiteau ionique ; on peut considérer les courbes de raccord, qui relient deux volutes au-dessus du canal du chapiteau ionique, au moins comme se rapprochant du côté interne du bord externe de la coquille en question ; les côtés convexes de la face externe de cette coquille, se transforment, sur la face interne, en cannelures qui ont une grande analogie avec les cannelures du fût de colonne ionique, et leur nombre se rapproche enfin, de celui que présentent ces colonnes. »

Distribution géographique. — Cette espèce habite la Méditerranée ; le Dolium casque est l'un des plus grands Gastropodes de cette région.

Mœurs, habitudes, régime. — Ce Dolium a donné lieu à une découverte des plus remarquables.

Pendant que le professeur Troschel s'occupait de recherches zoologiques à Messine, on lui apporta un grand spécimen vivant de *Dolium galea* ; ayant été irrité, ce Gastropode fit saillir une longue trompe d'un demi-pied et son orifice buccal projeta à un pied de distance un jet de liquide transparent. Troschel fut surpris de voir ce liquide entrer en effervescence sur la pierre calcaire du sol, et de constater ainsi que cette sorte de salive était un acide puissant. Il fut établi que ce liquide contient de 3 à 4 p. 100 d'acide sulfurique libre, 3/10 p. 100 d'acide chlorhydrique libre, et que ces acides proviennent d'une région glandulaire spéciale, située auprès de la glande salivaire propre. Mais ces acides ne servent guère à dissoudre pendant la digestion, les matières calcaires avalées avec les aliments ; il est invraisemblable aussi, d'après les expériences nombreuses, entreprises par Panceri à Naples, qu'ils constituent un moyen de défense. Le liquide de ces glandes paraît être plutôt un simple produit d'excrétion, destiné à être éliminé de l'organisme. Le zoologiste napolitain a montré que cet organe qui excrète de l'acide sulfurique, existe encore chez une série de Gastropodes des genres *Cassis, Cas-*

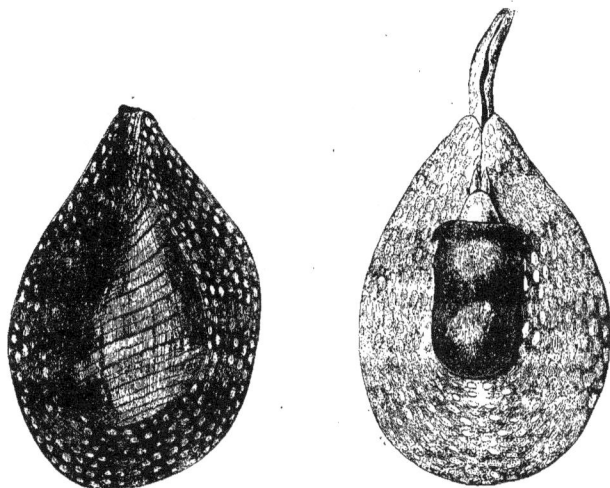

Fig. 647 et 648. — Pyrule décussée.

sidaria et *Tritonium*. Ce fait, très intéressant au point de vue physiologique, n'a pas encore reçu d'explication complète.

PYRULE DÉCUSSÉE — *FICUS DECUSSATUS* Woon.

Caractères. — Coquille ovoïde à spire excessivement courte, peu épaisse, ornée de côtes concentriques, de couleur gris bleuâtre, ornée sur les côtes de macules quadrangulaires violettes ; la bouche, terminée par un canal, est d'un bleu violacé (fig. 647 et 648).

Ærstedt a pu observer en vie l'animal dont la conformation est si étrange. Lorsqu'on regarde par en haut la Pyrule vivante perdant qu'elle se meut, on voit une large bordure brune, parsemée de taches claires et régulières, qui entoure la coquille et la recouvre en partie (fig. 647). Un examen superficiel ferait croire que cette coquille repose sur un vaste pied, comme celle des Natices et de plusieurs autre genres. Ce n'est pas le pied cependant qui borde ainsi la coquille ; on peut s'en convaincre aisément en retournant l'animal, et l'on constate alors, que c'est le bord du manteau qui prend ici un développement particulier (fig. 648). Le bord du manteau, qui chez les Gas-

tropodes en général apparaît seulement sous l'aspect d'une bordure étroite, vers le bord interne de l'entrée, s'allonge chez quelques espèces et se rabat sur la face externe de la coquille. Les Cyprées nous ont montré jusqu'où peut aller cette modification. Chez les Pyrules le développement du manteau est aussi accentué que chez les Cyprées, mais sa disposition est essentiellement différente. Il s'étend surtout horizontalement, ici, sous la forme d'une bordure très large, plate et musculeuse, qui entoure complètement le pied et se trouve située sur le même plan. En s'appliquant étroitement autour du pied, cette partie du bord du manteau, en constitue un prolongement qui devient apte à participer aux mouvements de progression, en raison de sa consistance et de sa structure musculeuse ; l'animal rampe à l'aide de cet organe, aussi bien qu'à l'aide de son pied. Nous n'omettons aucune occasion de fixer l'attention sur les transformations et sur les accommodations analogues, qui font dévier une portion du corps ou un organe de sa destination originelle et l'adaptent à une direction nouvelle, au service de l'organisme dans son ensemble.

Arrêtons-nous encore sur l'aspect que présente cet animal vu par en bas. La pointe al-

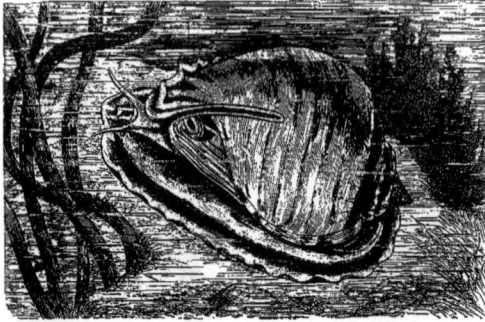

Fig. 640. — Caspue Bézoard.

longée et proéminente, que l'on remarque, appartient aussi au manteau, et figure la gouttière qui conduit l'eau vers les branchies. Au-devant du pied, sur lequel on peut presque distinguer quatre faces et qui est muni, en avant, d'une paire d'appendices effilés, apparaît une tête petite et conique. Celle-ci porte deux tentacules également coniques au côté externe desquels sont situés les yeux.

Distribution géographique. — Elle habite l'océan Indien.

Les espèces du genre *Ficus*, démembrées du genre Pyrule de Lamarck, dont elles se distinguent nettement, sont en quelque sorte spéciales aux mers tropicales (1).

Distribution paléontologique. — On connaît plusieurs espèces fossiles de ce genre, elles sont en général propres au Crétacé inférieur.

Mœurs, habitudes, régime. — Malheureusement nous ne possédons aucun document relatif au mode d'existence de ces animaux d'une conformation si particulière. Ærstedt ne dit pas si la Pyrule a la faculté de cacher entièrement le bord du manteau dans sa coquille ; c'est cependant ce qui semble résulter des recherches d'Agassiz, sur l'absorption volontaire d'une certaine masse d'eau à l'intérieur du corps, chez les espèces américaines, et sur la turgescence correspondante de leurs tissus. (O. Schmidt).

(1) Le genre *Ficus* de Balten ne peut être maintenu, car il fait double emploi avec le genre *Ficus* de Linné, servant à désigner un groupe de végétaux, et il lui est postérieur.

LES CASSIDIDÉS — *CASSIDIDÆ* Gray.

Caractères. — Les Cassididés ont avec les *Dolium* certains caractères communs, tels que : un vaste pied avec des élargissements latéraux, une trompe très longue, des yeux disposés comme sur de petits pédicules, à la base des tentacules. Le manteau des Cassididés forme un prolongement, qui recouvre la tête ; il se prolonge en un long tube respiratoire rejeté en arrière. La coquille est, suivant l'expression des conchyliologistes, « soufflée », et sa spire pointue et courte. L'ouverture est ordinairement étroite et linéaire, et offre en bas un canal court, brusquement incurvé sur le dos. La lèvre interne présente un retroussis fort développé, qui est ridé ou plissé vers le bord de la columelle ; la lèvre externe est épaissie extérieurement et souvent dentelée intérieurement. Rumphius a dit que chez ces Gastropodes, la croissance pouvait résulter de la dissolution du bourrelet labial développé antérieurement ; mais nous avons réfuté plus haut cette opinion en citant les paroles de Pöppig. « Comme les spires nouvellement adjointes, dit Rumphius, s'appliquent audessus de l'ancienne lèvre, l'animal doit nécessairement être en état de rejeter ou d'absorber, par suite d'une propriété naturelle et pourtant surprenante, tout ce qui lui fait obstacle. On peut l'apprécier nettement en brisant la coquille des Cassididés en deux : on ne remarque alors à la partie interne des spires rien que de faibles indices de l'ancienne lèvre, tandis que ces traces sont très évidentes à la partie externe des spires. »

CASQUE BÉZOAR — *CASSIS GLAUCA* Lamck.

Caractères. — Coquille ovale, épaisse, à dernier tour lisse, traversé quelquefois par une varice longitudinale, ouverture élargie ; spire ornée de stries et de papilles (fig. 649).

Distribution géographique. — Elle habite l'océan Indien et les Moluques.

Mœurs, habitudes, régime. — Cette espèce se tient à de faibles profondeurs au voisinage de ses côtes, de même que ses congénères, et généralement sur les fonds sablonneux où elle s'enfonce plus ou moins complètement à la poursuite de coquillages divers. Pour les Casques à étaler dans les cabinets de curiosités on recommandait seulement les spécimens qui se trouvaient complètement enfouis dans le sable, attendu que « ceux dont le dos émergeait du sable étaient encroûtés de vase de mer et dépréciés. »

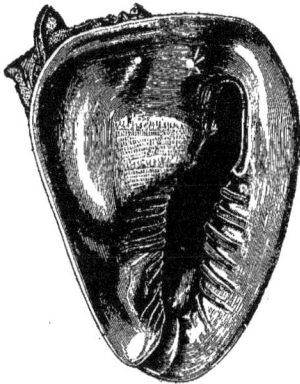

Fig. 650. — Casque de Madagascar.

Une autre espèce, le *Casque de Madagascar* (fig. 650), atteint une taille considérable.

LES VOLUTIDÉS — *VOLUTIDÆ*
H. ET A. Adams.

Caractères. — Cette famille comprend des coquilles remarquables par la variété et l'élégance de leurs formes, ainsi que par la beauté de leurs couleurs ; elle tire son nom des plis obliques très accentués qui parcourent la columelle.

Distribution géographique. — Les animaux de la famille des Volutidés habitent en général les mers tropicales ; quelques petites espèces se rencontrent sur nos côtes.

Nous comprenons les Volutes, les Mitres et les Cymbium, parmi les genres les plus intéressants à connaître ; nous en examinerons quelques-uns.

CYMBIUM AFRICAIN — *CYMBIUM ÆTHIOPICUM* Lin.

Caractères. — Rumphius décrit cette espèce de la manière suivante :

« Lorsqu'on soulève ce Gastropode cylindroïde, on trouve qu'il rappelle une cotte de mailles ou un justaucorps impérial. Les spires occupent, sur l'un des côtés de la coquille, à peine la moitié de la largeur. Elles renferment un animal assez grand qui possède une chair ferme et grise et qui n'est muni d'aucun opercule. Les échantillons les plus grands mesurent 15 à 16 pouces de long sur 9 de large. »

Sa coquille est ovale, ventrue, d'une couleur brune orangée, à spire ornée d'épines courtes et formant comme une couronne.

Distribution géographique. — Elle provient des mers d'Afrique.

Emploi et usages. — Les indigènes placent la coquille entière sur les charbons, font cuire la chair et la mangent. Ils brisent, sur les plus grandes coquilles, les spires internes et se servent de la portion externe en guise d'auges et d'écuelles. Ces ustensiles de ménage sont très utilisés parce qu'ils sont peu fragiles.

Les Indiens, après avoir mangé ces Gastropodes, emploient leur coquille pour épuiser l'eau qui pénètre dans leurs canots.

Les Chinois désignent ce Gastropode sous le nom de « Corne royale » et savent faire avec les spires internes des cuillers élégantes servant surtout à l'usage des gens qui mangent de la main gauche. »

Bien que les documents de ce genre, qu'on rencontre en grand nombre chez les anciens écrivains, soient de peu d'intérêt pour l'histoire naturelle proprement dite, ils méritent néanmoins d'être signalés parce qu'ils donnent un aperçu de l'industrie vulgaire ou artistique des peuples. La vie des populations insulaires et riveraines des régions torrides, a pris un intérêt et une clarté surprenante, par l'étude de cette foule de gros Mollusques, qu'on mange ou qu'on utilise d'une autre manière. (O. Schmidt.)

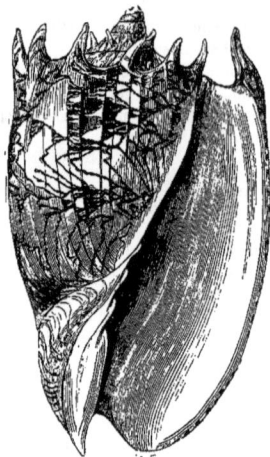

Fig. 651. — Volute armée.

Nous figurons la *Volute armée* (fig. 651), l'une des plus belles du genre.

Le genre Mitre renferme des coquilles d'une grande beauté, elles ont une disposition presque fusiforme.

L'animal porte une trompe d'une longueur considérable.

D'après Rumphius, l'armure interne de sa bouche pourrait faire une blessure sérieuse; quelques-unes de ces piqûres auraient même tué certaines personnes.

En cherchant à manger les *Mitra papalis* ou les *Mitra episcopalis* on s'exposerait à des « convulsions mortelles ».

LES DACTYLINÉS — *DACTYLINÆ* H. ET A. ADAMS.

Caractères. — Les coquilles de cette famille sont polies, brillantes, de forme cylindrique; les spires portent une suture toujours profonde et creusée en gouttière. La face supérieure est lisse et brillante. L'animal possède un pied ovalaire et très large, qui se rabat latéralement au-dessus de la coquille et qui la rend lisse. La partie antérieure dépasse beaucoup la tête et se trouve séparée du reste du pied, par une entaille profonde de chaque côté. La tête est petite; les tentacules se rencontrent sous un angle aigu et supportent les yeux à leur côté externe. Leur pointe se termine en forme de filament mince. Le manteau se prolonge en avant, non seulement en un long tube respiratoire rabattu, mais encore en un appendice filiforme, qui entoure la base du tube respiratoire ; en arrière, il forme un filament reposant dans le canal de la suture de la coquille.

Distribution géographique. — Un grand nombre d'espèces se trouvent répandues dans les mers du Sud.

OLIVE MAURE — *PORPHYRIA MAURA* LAMCK.

Caractères. — Coquille cylindrique, de couleur noire, à bouche blanche, à spire très courte et mucronée (fig. 652, p. 409).

Distribution géographique. — Elle se rencontre dans l'océan Indien.

Mœurs, habitudes, régime. — Les Olives aiment les fonds de mer sablonneux et l'eau claire; elles rampent avec rapidité; elles sont carnivores, mais ne peuvent que sucer les viandes à cause de l'étroitesse de leur œsophage et de la faiblesse de leur armature linguale.

LES HARPIDÉS — *HARPIDÆ* H. ET A. ADAMS.

Caractères. — Un seul genre compose cette famille ; les Harpes sont de très belles coquilles à côtes longitudinales, saillantes, et parallèles.

HARPE VENTRUE — *HARPA VENTRICOSA* LAMCK.

Caractères. — Vivement et élégamment colorée, cette espèce est remarquable par ses larges côtés pourprés, qui se détachent sur un fond lilas.

Distribution géographique. — Elle habite les mers des Indes orientales.

Mœurs, habitudes, régime. — Rumphius avait remarqué que ces animaux peuvent détacher la partie postérieure de leur pied en se rétractant.

Oken en parle plus longuement d'après les observations de Quoy et Gaymard.

« Ce que cet animal offre de plus remarquable, dit-il, c'est le détachement de la partie postérieure

Fig. 652. — Olive maure.

de son pied. Ces Gastropodes sont très vifs; placés dans un verre, ils sortent immédiatement de leurs coquilles et troublent l'eau par leurs mucosités. Il suffit qu'on les dérange, pour qu'ils exécutent quelques contractions et détachent le quart postérieur de leur pied, qui se meut encore quelques instants. L'animal semble ensuite éprouver un certain malaise ; du moins il demeure longtemps rétracté. Cette séparation que le moindre effort paraît provoquer, semble résulter plutôt d'une coupure, que d'un déchirement, et pourtant on n'observe nulle part une ligne de séparation. Nous en avons enfin découvert la raison. Un gros vaisseau aquifère parcourt le pied transversalement ; cette zone est par conséquent plus faible et se détache sous l'influence d'une contraction puissante. Sur cinquante animaux, nous avons constaté cette séparation chez quarante d'entre eux. »

Bien que ces détachements et ces coupures semblent résulter d'une influence volontaire, une convulsion réflexe du système nerveux, doit entrer en jeu chez ces Mollusques, aussi bien que chez les Holothuries, dont la mutilation spontanée est célèbre. La portion détachée doit être remplacée bientôt, quelles que soient ses dimensions (O. Schmidt).

LES RAPANINÉS — *RAPANINÆ*
H. ET A. ADAMS.

Caractères. — Cette famille comprend un groupe de Mollusques, dont la coquille affecte des formes variables, irrégulières, dépendant de leur genre de vie.

RHIZOCHILE DES ANTIPATHES — *RHIZOCHILUS ANTIPATHUM* STEENST.

Caractères. — Coquille pyruliforme, solide, irrégulière ; la bouche porte des appendices calcaires, destinés à embrasser les corps étran-

Fig. 653. — Rhizochilos des antipathes.

gers et particulièrement les branches de Polypiers (fig. 653).

Mœurs, habitudes, régime. — Les jeunes Rhizochiles, libres à l'origine, ne deviennent pas simplement sédentaires, mais leur coquille subit des transformations qui retentissent sur leur mode d'existence et d'alimentation. Nous suivrons ici la description que Steenstrup a donnée de ces phénomènes.

« Les petits du Rhizochile des antipathes, ressemblent tellement aux Gastropodes du genre Purpura, qu'on peut souvent les confondre avec les spécimens jeunes de certaines espèces de ce dernier groupe. La coquille de cet animal, lorsqu'il vient de se fixer, mesure 15 millimètres de long et présente la forme que nous avons figurée. Son ouverture allongée s'arrondit vers le haut, et s'effile du côté du canal, qui est court ; les deux lèvres sont absolument simples jusqu'au point d'insertion ; là, l'externe, aussi bien que l'interne, s'allongent pour embrasser les rameaux des Polypiers. Si l'on considère un état plus avancé à partir du moment de la fixation, on constate dans la portion de la coquille qui correspond à l'entrée, une modification remarquable, due principalement aux changements qu'ont subi les lèvres. Celles-ci se sont renflées et ont embrassé une ou plu-

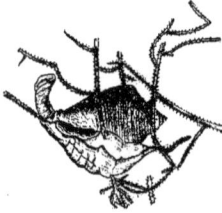

Fig. 654. — Rhizochile des antipathes.

sieurs branches du Polypier (fig. 654); elles se sont ainsi rapprochées, et la sécrétion calcaire, en se continuant, a muré en même temps l'animal et l'entrée de sa coquille. Parfois plusieurs individus se sont installés si près les uns des autres, que l'ouverture de la coquille de l'un peut être obturée en partie par celle d'un autre. Naturellement cette occlusion, qui succède à la fixation, n'est point complète ; l'ouverture du canal persiste, et, à partir de ce point, croît un tube, qui offre une grande analogie avec le tube des Vers du genre Serpule. Le Polypier du genre *Antipathes*, que nous étudierons plus tard, se compose d'un axe et d'une substance molle, liégeuse ou charnue qui l'entoure ; il faut donc en tenir compte si l'on veut se figurer, à l'exemple de Steenstrup, un tableau exact et complet de l'existence des Rhizochiles. Car si ces animaux, dès leur jeune âge, vivent sur les buissons d'Antipathes, entourés de cette matière animale, et si plus tard ils s'installent sur les Coraux qui se trouvent encore dans le même état, naturellement la couche molle verticale de ces Polypes exerce une influence réelle sur les Gastropodes parasitaires. Bien que le naturaliste danois n'ait eu entre les mains que des Antipathes desséchés, ces relations ont pu être établies d'une manière certaine. Tous les Rhizochiles fixés sur ces Coraux, étaient revêtus d'une masse molle qui provenait du Polype et qui s'était desséchée. Ainsi les Gastropodes du genre Rhizochile une fois fixés, sont recouverts peu à peu par le Polype qui s'étend. A mesure que celui-ci les recouvre de couches nouvelles, les Gastropodes allongent leur trompe

et adoptent une existence en tous cas très différente de celle de leurs congénères.

MAGILE ANTIQUE — *MAGILUS ANTIQUUS* MONTF.

Caractères. — La coquille est très épaisse, à spire courte, le dernier tour forme un long tube irrégulièrement sinueux, la surface est sillonnée dans le sens de la longueur et lamelleuse.

Distribution géographique. — Cette espèce habite la mer Rouge.

Mœurs, habitudes, régime. — « Les Magiles sont enfoncés dans les blocs des Polypiers pierreux. Tandis que chez les Rhizochiles, le canal s'allonge seul en forme de tube étroit, ici toute l'entrée de la coquille prend la forme d'un vaste cornet. La coquille primitive et la partie inférieure du cornet se remplissent peu à peu d'une matière calcaire, et l'animal s'avance dans le tube prolongé à mesure que le Polypier s'accroît davantage. De même que les Rhizochiles ne demeurent pas isolés et que leurs relations parasitaires sont au contraire préparées, pour ainsi dire, par les espèces du genre Purpura, qui vivent sur les Madrépores, de même aussi la transition entre les Gastropodes qui vivent en liberté et les Magiles, n'est point brusque, car le genre Leptoconchus leur sert d'intermédiaire. Ces animaux aussi vivent à l'intérieur de Coraux pierreux, mais leur coquille ne s'accroît jamais en affectant la forme tubulaire » (O. Schmidt).

Fig. 655. — Rape papyracée.

Le genre *Rapa* dont nous figurons une espèce (fig. 655) appartient à la même famille.

LES PURPURIDÉS — *PURPURIDÆ*
H. ET A. ADAMS.

Caractères. — Les Purpuridés présentent des formes très variées, les coquilles sont lisses, spinuleuses ou tuberculeuses ; l'ouverture large se termine en avant par une échancrure oblique et subcanaliculée; ces animaux ont une tête petite, garnie de deux tentacules coniques, le pied est court et elliptique, l'opercule ovale oblong à nucléus latéral.

Distribution géographique. — Ces animaux sont de toutes les mers.

Mœurs, habitudes, régime. — Toutes les espèces de cette famille, sont remarquables par leur lenteur et leur indolence.

POURPRE A TEINTURE — *PURPURA LAPILLUS* LAMCK.

Caractères. — Coquille ovale, aiguë, striée verticalement, d'un cendré jaunâtre garni de bandes brunes. Spire aiguë à tours convexes; bouche épaisse, dentée en dedans.

Distribution géographique. — Les mers d'Europe.

Mœurs, habitudes, régime. — Notre *Purpura lapillus* demeure à la même place pendant des jours et des semaines.

D'après les observations de Steenstrup, la paresse est plus accentuée encore chez quelques petites espèces qu'on trouve sur les troncs et sur les branches du *Gorgonia flabellum* et d'autres Coraux du même genre, qui vivent dans l'Inde occidentale. Ils gardent leur place avec ténacité et appliquent si étroitement le bord de leur manteau contre les branches du Corail, qu'ils les embrassent complètement ; pendant ce temps, la couche superficielle et molle de la Gorgonie s'accroît tout autour, et il ne reste enfin qu'un petit orifice qui maintient le Gastropode en communication avec le monde extérieur.

De même que cette espèce vit sur ce Corail flexible, la *Purpura madreporarum* se tient sur les Polypiers pierreux des Indes.

On trouve les capsules ovulaires de ces Gastropodes fixées aux pierres, ou à tout autre objet. Elles ressemblent à de petits flacons im-

Fig. 656. — Capsules ovulaires du *Purpura lapillus*.

plantés par leur col étroit (fig. 656). Chaque capsule est close hermétiquement, et remplie d'un liquide transparent et visqueux dans lequel nagent 500 à 600 œufs, dont le plus grand nombre, au lieu d'arriver à éclosion, sert uniquement à la nutrition des embryons les premiers développés.

Emploi et usage de la Pourpre. — Un fait important se rattache à l'histoire naturelle des Pourpres, il consiste dans la fabrication de la couleur qui porte leur nom.

Il existe toute une littérature, traitant de la fabrication et des particularités de ce produit; mais personne n'avait exposé la question avec une netteté satisfaisante, avant que les travaux remarquables de M. Lacaze-Duthiers, aient permis d'arriver à une conclusion.

Lorsque pendant l'été de 1858, ce naturaliste cherchait dans le port de Mahon les animaux nécessaires à ses études, avec l'aide d'un pêcheur, il vit son compagnon exécuter des dessins sur ses vêtements. Il esquissait des lettres et des figures grossières avec un bout de bois, et les traits ainsi formés apparaissaient d'abord jaunâtres. Le pêcheur affirmait que les dessins deviendraient rouges, dès que le soleil aurait lui sur ses vêtements. Il plongea son bout de bois dans la sécrétion visqueuse du manteau d'un Gastropode qu'il venait d'ouvrir, et que M. Lacaze-Duthiers recon-

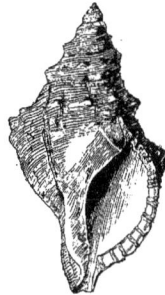

Fig. 657. — *Purpura hæmastoma.*

nut pour un *Purpura hæmastoma* (fig. 657). Ce savant fit marquer ainsi sur place ses vêtements et observa, dès que les rayons solaires vinrent exercer leur influence, une odeur très désagréable et très pénétrante, exhalée par cette matière, qui prit en même temps une très belle teinte violette. Ce fut pour lui l'occasion de recherches ultérieures, qui furent couronnées de succès et que nous allons résumer.

Chacun sait qu'on a cessé depuis longtemps, d'employer comme moyen de teinture, la pourpre que fournissent les Gastropodes. Mais nous savons, par les auteurs grecs et romains, que la fabrication de la pourpre constituait une branche industrielle considérable et que les grands et les riches pouvaient seuls s'attribuer la fière épithète de « *purpurati* », en raison du prix élevé de cette matière. Ce n'est plus que sur des îles et des rives isolées, qu'on peut voir aujourd'hui de pauvres gens marquer leur linge avec cette pourpre ineffaçable, qui dans l'antiquité, ignorante des couleurs dues aux découvertes de la chimie moderne, devait avoir d'autant plus de prix que ses nuances et son inaltérabilité étaient dues à l'influence même du soleil (1).

Réaumur s'occupa, sur les côtes du Poitou, des Gastropodes qui fournissent la pourpre. Il trouva aussi que cette substance donnait une coloration violette; mais il ne vit pas que l'apparition de cette couleur était due à l'influence de la lumière et crut que les courants d'air entraient en jeu dans ce phénomène.

Des erreurs du même genre, et d'autres encore furent publiées; il en est une dans laquelle on fait émaner la couleur pourpre d'un poisson; un autre prétend qu'elle était fournie par un coquillage que ramassaient les pâtres.

Quant à la nature de la matière pourprée, elle est blanche et jaune pâle, quand on l'extrait de l'organe qui la contient et que nous décrirons plus bas; exposée aux rayons du soleil, elle prend d'abord une teinte jaune citron, puis une teinte jaune verdâtre, puis passe ensuite au vert, et se change enfin en un violet qui fonce de plus en plus à mesure qu'on l'expose plus longtemps à l'action du soleil. La nuance du violet qu'on veut obtenir dépend de la quantité de substance employée; un coloriste habile est ainsi maître de foncer cette teinte au degré voulu. Pour recueillir cette substance, le meilleur procédé consiste à se servir d'un pinceau un peu raide, à l'aide duquel on la détache du point qu'elle occupe dans le manteau, pour la transporter immédiatement sur les matières à colorer. M. Lacaze-Duthiers pense que la matière pourprée peut rendre de grands services à la photographie moderne, et il établit à ce sujet une série d'expériences.

Naturellement la teinture à l'aide de la pourpre n'est point appelée à un avenir nouveau; cependant, dit M. Lacaze-Duthiers, on pourrait tirer parti de cette substance pour

(1) De Rochebrune, *De l'emploi des Mollusques chez les peuples anciens et modernes*, 1883.

transporter des photographies sur les étoffes de batiste et de soie très fines, sur des éventails, et sur divers articles de luxe, en raison des nuances extraordinairement tendres qu'on pourrait obtenir ainsi.

Quoi qu'il en soit, examinons l'organe sé-

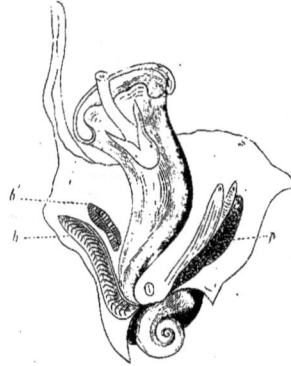

Fig. 658. — Glande purpurigène ou Mollusque de Pourpre.

créteur de la pourpre (fig. 658). Pour l'étudier à l'aise, il faut briser la coquille et extraire l'animal qui demeure absolument intact après qu'on a sectionné le muscle servant à le fixer à la columelle. Sur l'animal ainsi mis à nu, on voit que le bord du manteau s'étend audessus de la région de la nuque; à gauche on remarque un prolongement en forme de gouttière qui conduit l'eau vers les branchies. En arrière, on voit par transparence, sans autre préparation, les branchies. Un peu à droite, se trouve une bande d'un vert jaunâtre (*p*). Si, comme sur cette figure, on fend le manteau d'avant en arrière, le long du côté droit des branchies, en rabattant les deux lambeaux, on met à jour les organes en question; on observe alors, à côté de la glande jaunâtre, le gros intestin et l'orifice des organes sexuels qui s'ouvrent auprès de lui.

Pour recueillir la pourpre, on n'a plus qu'à promener un pinceau raide sur la glande jaunâtre. Elle seule fournit cette substance et mérite le nom de *glande à pourpre*. Mais M. Lacaze-Duthiers fait observer que chez la plupart des Gastropodes, et peut-être chez tous, le manteau peut sécréter un liquide muqueux, dont la provenance est comparable à celle de la pourpre; chez quelques tribus seulement, celles des Gastropodes pourprés proprement dits, cette matière a la propriété de se colorer en violet sous l'influence de la lumière solaire. Ici entrent en jeu, par conséquent, dans la composition chimique de cette sécrétion, des différences minimes, que l'on ne saurait traduire par des mots ou par des chiffres et dont témoigne seulement la variété d'aspect des produits obtenus.

Bien que nous ayons dit plus haut que la couleur dont il s'agit est d'une nuance violette, nous devons insister sur les différences que M. Lacaze-Duthiers signale dans les propriétés de cette teinte et sur les tons divers que les anciens comprenaient sous la désignation de « pourpre ». Cette explication peut sembler inutile au premier abord ; chacun pense indiquer une couleur bien déterminée en disant que tel ou tel objet est pourpre. Pourtant, lorsque M. Lacaze-Duthiers exposa ses dessins et ses photographies, on lui objecta que ses teintes étaient violettes, tandis que la pourpre des anciens devait être rouge et que la pourpre de Tyr était d'un rouge sanguin. Et quand on veut désigner la pourpre Romaine aujourd'hui, on parle d'une teinte rouge vif, et on la représente par un fond de rouge cinabre recouvert de carmin. « Plusieurs peintres, auxquels j'ai demandé de représenter la couleur d'un vêtement pourpré des Romains, dit M. Lacaze-Duthiers, m'ont donné des résultats tout à fait divergents. Comme tous les Gastropodes qui furent expérimentés ont fourni sans exception une teinte violette, dont le degré toutefois était varié, on fut conduit à comparer ces résultats, d'ailleurs immuables, aux documents laissés par les auteurs anciens au sujet de la pourpre. On constate dans ces écrits, ainsi qu'on devait forcément le prévoir, qu'ils connaissaient toute l'échelle des teintes qui apparaissent dans le violet. On reconnut aussi que les couleurs qui résultent du mélange des produits de Gastropodes divers, ainsi que des divers procédés de fabrication et que l'on désigne sous la dénomination collective de pourpre, ne diffèrent entre elles que par l'intensité des tons, par leur éclat, et par d'autres caractères qui n'intéressent point la teinte fondamentale.

Un des mélanges les plus estimés était la matière colorante obtenue à l'aide des espèces des genres *Purpura* et *Murex*, et dont la nuance rappelait celle de l'améthyste. Mais les nuances ont varié beaucoup suivant la mode; et la teinte en s'éloignant du violet naturel a dû être artificiellement transformée en diverses variétés se rapprochant du rouge.

« Dans ma jeunesse, écrivait un Romain, la pourpre violette était à la mode, et la livre valait 100 deniers (85 marcs 1/2) ; peu de temps après, on préféra la pourpre rouge de Tarente. Puis vint la double pourpre de Tyr qu'on payait plus de 1000 deniers la livre. Les vêtements de double pourpre (*Dibapha*) constituaient le luxe le plus fastueux ; on les teignait deux fois pour leur donner plus de prix et plus de magnificence ».

En étudiant les descriptions que Pline a données des Gastropodes employés à la teinture, on reconnaît que les anciens désignaient sous le nom de *Buccinum* le genre appelé aujourd'hui *Purpura*, et sous le nom de *Purpura* le genre actuel des *Murex*.

Les fabriques de pourpre étaient disséminées dans toute l'Italie et dans toute la Grèce ; l'une des plus considérables se trouvait à Rome, où les coquilles des animaux employés sont accumulées au Monte Testaceo.

O. Schmidt a découvert à Aquileja, au printemps de 1867, l'emplacement d'une ancienne fabrique de pourpre. « Aquileja, ainsi que chacun sait, a été ravagée par les populations errantes comme presque aucune autre grande ville de l'antiquité. Il ne subsiste plus que quelques colonnes et les restes de conduites d'eau considérables ; la ville antique est transformée en vignes et en champs. Mais dans ce terrain on ne peut littéralement soulever une motte de terre sans mettre à jour les traces de l'existence passée d'un établissement important, et ces débris émergent véritablement en masses quand on laboure profondément les champs. L'intendant du monastère, construction isolée dans le périmètre de la cité détruite, prétendait que ses gens en labourant profondément une bande de ces champs, s'étaient heurtés, entre autres, contre un amas énorme de coquilles d'Escargots ; c'est donc là, sans doute, que se trouvait le marché de poissons et de coquillages. Bien qu'au moment de ma visite, le champ se trouvât cultivé et labouré, on pouvait reconnaître de loin cet emplacement à la teinte claire des coquilles complètement pâlies. Ces milliers de coquilles appartenaient exclusivement aux espèces *Murex brandaris* et *Murex trunculus*, en sorte qu'on ne pouvait avoir le moindre doute au sujet de la cause qui les avait ainsi rassemblés. »

M. de Baye (1), rapporte que des tribus néolithiques composaient des colliers avec des coquillages marins ; quelques-uns se rencontrent taillés de manière à découvrir complètement les cloisons intérieures de la spirale. Ces pièces sont nombreuses et répandues dans un grand nombre de grottes. Ces produits avaient dû nécessairement être apportés de loin ou

Fig. 659 et 660. — *Purpura lapillus.*

introduits par des échanges. Les figures 659 et 660 représentent des *Purpura lapillus* qui ont servi à cet usage.

LES BUCCINIDÉS — *BUCCINIDÆ*
H. ET A. ADAMS.

Caractères. — Les Buccinidés ont une coquille ovale, oblongue, à columelle simple arrondie ou fortement calleuse.

L'animal a la tête aplatie, plus ou moins large, présentant des tentacules cylindriques ou coniques, ; l'opercule est corné, mince, petit et dentelé sur les bords.

Distribution géographique. — Les espèces de cette famille se rencontrent dans toutes les mers ; on en connaît plusieurs fossiles, surtout dans les terrains Tertiaires, les plus anciennes sont de l'époque du Crétacé supérieur.

NASSE RÉTICULÉE — *NASSA RETICULATA* Lin

Caractères. — Très variable dans ses couleurs, cette espèce, de dimensions moyennes, est ovale, conique, plissée longitudinalement et striée en travers, par des lignes concentriques. Son ouverture est rugueuse.

Distribution géographique. — Elle habite les mers d'Europe.

Mœurs, habitudes, régime. — Le mode

(1) De Baye, *l'Archéologie préhistorique.* Paris, 1880, p. 365.

d'existence de cette espèce et des autres Nasses a été décrit fort exactement par Meyer et Möbius.

« Les Nasses, disent-ils, sont carnivores. Nous les avons vues attaquer une Étoile-de-Mer sans se laisser rebuter par ses contractions. Quand on jette un morceau de viande dans l'aquarium, ils le flairent très rapidement, car on voit les individus les plus proches comme les plus éloignés, se mettre en mouvement pour les chercher. Ceux qui se trouvent près de la surface de l'eau, se dirigent en bas ; d'autres, en train de s'élever, font volte-face. Quelques-uns détachent leur pied de la paroi du verre et se laissent choir vers le fond. Ils se rapprochent ainsi de la nourriture qu'ils ont flairée, et ils continuent leur route en rampant. Ceux qui sont cachés dans la vase du fond, soulèvent cette couche et s'en dégagent pour ramper vers la viande.

« L'organe qui permet aux Nasses de flairer la viande semble être leur tube respiratoire. Elles l'étirent et l'agitent en tous sens. Elles ne vont pas tout droit vers la viande, mais s'en écartent tantôt à droite, tantôt à gauche, et parfois même elles se dirigent du côté opposé ; seulement elles ne tardent pas à s'apercevoir qu'elles s'éloignent de l'aliment qu'elles flairent, et reprennent leur premier chemin. Tous leurs mouvements concourent à démontrer qu'elles ne sont pas guidées par l'excitation lumineuse, mais qu'elles sont dirigées par une autre influence, qui se répand comme les substances odorantes et qui agit, comme elles, sur un organe sensoriel. A l'instant où la Nasse touche la viande pour la première fois, un frémissement traverse ses tentacules et son tube respiratoire. La trompe émerge de la bouche sous la forme d'un boyau rouge clair et s'implante dans la viande. Bientôt toutes les Nasses de l'aquarium se pressent en masse serrée autour de cette chair ; chacune d'elles conserve sa place ; leur tube respiratoire seul se dresse et oscille en tous sens.

« De temps en temps, la Nasse se sert de son pied pour saisir et maintenir ses aliments. Une Nasse venait de trouver un bout de viande, lorsqu'un crustacé, de l'espèce *Palæmon squilla*, survint et saisit le même morceau entre ses pinces. Le Gastropode entoura la masse avec son pied et ne la lâcha point, bien que le Palæmon y demeurât longtemps accroché et la dévorât en même temps. »

BUCCIN ONDÉ — *BUCCINUM UNDATUM* LIN.

Caractères. — C'est la plus grande des espèces de ce genre, sa coquille est conique, ovale, ventrue, sillonnée transversalement, et striée de lignes très fines disposées longitudinalement ; elle est blanchâtre ou d'un gris jaunâtre. Nous figurons une coquille coupée longitudinale-

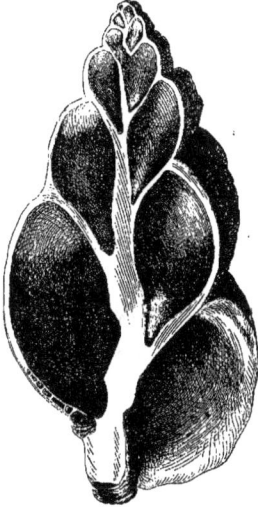

Fig. 661. — Buccin ondé, coupe longitudinale.

ment de manière à montrer les loges de la spire (fig. 661).

Distribution géographique. — Elle est commune dans les mers d'Europe.

Mœurs, habitudes, régime. — On ne peut guère s'arrêter quelques jours sur les bords de la mer du Nord, sans rencontrer parmi les débris que rejettent les flots, les ovisacs jaunâtres de cet animal, agglomérés en grappes. Chacun de ces sacs coriaces, isolé est gros comme la moitié d'un pois et sa forme est celle d'une sphère comprimée. Un lien résistant les réunit en une masse arrondie qu'Ellis a nommée « Savon-de-mer », parce que les marins s'en servent pour se nettoyer les mains. Ces masses d'ovisacs sont fixées par les Gastropodes à divers objets sous-marins, tels que des pierres, des bouts de bois, des Huîtres, etc. ; les parois des capsules sont d'abord si minces et si trans-

parentes qu'on peut voir aisément les œufs qui s'y trouvent inclus. Chacune renferme le nombre prodigieux de 600 à 800 œufs ; mais un fait plus étonnant encore c'est qu'il n'en émane de la capsule. qu'un nombre très restreint de petits (quatre à douze environ).

Les naturalistes norvégiens Koren et Danielssen, ont suivi le développement des embryons, et ont admis que chaque petit ne provenait pas ici d'un œuf unique, comme dans le reste du règne animal, mais que 40 à 130 œufs s'aggloméraient pour se transformer après cette réunion en un embryon unique. Il a été établi depuis, que le processus était différent, sans être toutefois moins merveilleux. Le rudiment de l'embryon est fourni par les matériaux d'un œuf unique. Mais aussitôt qu'ont apparu les premiers organes, parmi lesquels se trouvent notamment le pied et le velum, l'animalcule se pourvoit d'une bouche et d'un intestin et avale avec une véritable voracité les œufs ambiants destinés à ne pas évoluer. Son corps, ainsi rempli, se distend sous forme d'une enveloppe mince et transparente, qui permet de comprendre l'erreur d'après laquelle, ce petit être était pris pour un amas de nombreux œufs agglomérés. Les œufs engloutis servent donc simplement à la nutrition et remplacent dans ce cas ce qu'on nomme le vitellus nutritif, c'est-à-dire la portion du vitellus d'un œuf, qui dans le cours du développement, ne se transforme pas directement en tissu ou en substance organique embryonnaire, mais qui est digérée comme aliment dans le tube digestif du jeune être. Les œufs contenus dans les capsules sont constitués d'abord d'une façon identique ; les causes spéciales qui déterminent l'évolution d'un nombre restreint d'embryons sont encore inconnues.

On ne connaît pas le développement des autres espèces du genre Buccin, vivants dans les mers chaudes ; mais on peut admettre que leur évolution suit un cours analogue.

Les Buccins se tiennent au voisinage des côtes sablonneuses, où ils s'enfoncent souvent à l'aide de leur pied. Ils agissent ainsi pour poursuivre les coquillages qui y résident, tels que le *Pecten opercularis*, et les espèces des genres *Mactra*, *Tellina*, *Venus* et autres. Les Buccins s'emparent souvent du premier de ces coquillages, en enfonçant leur pied entre les valves entr'ouvertes, au risque d'être pincé fortement. Mais en général ils attaquent les coquillages en les perforant, comme font la plupart des autres Gastropodes carnivores.

Emplois, usages. — Tantôt pour chasser un ennemi nuisible aux coquillages comestibles, tantôt pour l'utiliser en guise d'appât, les pêcheurs poursuivent avec zèle le Buccin ondé. Johnston écrit à ce sujet : « A Port-Patrick, le Buccin ondé est capturé dans des paniers où l'on dépose des morceaux de poisson et qu'on plonge à dix brasses de profondeur environ dans la mer, à un quart de mille du port, ou du vieux château ; on les relève chaque jour pour enlever les Gastropodes qui ont pénétré à l'intérieur, dans le but de dévorer les morceaux de poisson déposés. Chaque Buccin suffit à l'amorce de deux hameçons ; en estimant à 4,500 le total des hameçons que lancent tous les bateaux en bloc, autant que ces conditions se trouvent remplies on détruit par jour 2,250 de ces gros Gastropodes ; on en userait donc ainsi 70,000 par an. Bien que cette consommation se restreigne sur un espace assez peu étendu, il semble néanmoins que ces Mollusques y surabondent plus que jamais. »

LES TRITONIIDÉS — *TRITONIIDÆ*
H. et A. Adams.

Caractères. — Leur coquille ovale allongée, présente généralement des tours garnis de varices ou de bourrelets ne se correspondant pas, alternant au contraire d'un tour de spire à l'autre.

Distribution géographique. — Les Tritoniidés sont de toutes les mers.

Distribution paléontologique. — Les espèces fossiles ne sont connues que dans les terrains Crétacés supérieurs et dans les formations Tertiaires.

TRITON ÉMAILLÉ — *TRITON VARIEGATUM* Lamck.

Caractères. — Cette espèce, très vivement colorée, a ses tours arrondis et n'est pas noduleuse, elle atteint des dimensions considérables et porte souvent le nom de *Trompette marine* (fig. 662).

Distribution géographique. — Elle habite les mers de l'Inde et de la zone torride.

Emplois, usages. — Cette espèce est la Trompe ou Buccin des anciens, dont parle le poète :

Buccina jam priscos cogebat ad arma Quirites.
(Déjà la Buccin appelait les anciens Romains aux armes.)

On a employé encore, en guise de trompes

guerrières, plusieurs espèces de Buccins. Les récits publiés par Rumphius à ce sujet n'ont pas été reproduits par les auteurs plus récents.

« Les plus grands spécimens de cette espèce, dit-il, ont une longueur d'une semelle et demie et une hauteur de 7 pouces. Leur sommet est le plus souvent quelque peu brisé ; leur coquille offre aussi des grains de sable rugueux, d'une couleur blanche ou rouge, qu'il faut d'abord ramollir au moyen de l'eau-forte, avant de les gratter à l'aide d'un couteau. Ces Gastropodes comptent parmi les raretés les plus recherchées ;

Fig. 662. — Triton émaillé.

et lorsqu'ils sont nettoyés ils valent environ deux gulden et demi. On en trouve rarement dans l'île d'Amboine ; la plupart viennent des îles du sud-est. Ils résident dans les profondeurs de la mer, et parfois ils pénètrent dans les nasses des pêcheurs. Les Alphorèses, peuples sauvages de l'île Korea, se servent de ces coquilles en guise de trompes, après avoir pratiqué dans l'anneau médian un orifice dans lequel ils soufflent.

« On a donné à ces coquilles le nom de « cornes sonores » parce qu'elles résonnent ou bruissent lorsqu'on place leur ouverture contre l'oreille ; le vulgaire dit que ce bruit prouve l'authenticité de leur provenance parce qu'on y perçoit le mugissement de la mer. » Quant à cette propriété de résonner, elle est loin d'appartenir exclusivement à ces coquilles. Toutes les coquilles de Gastropodes, moitié aussi gran-

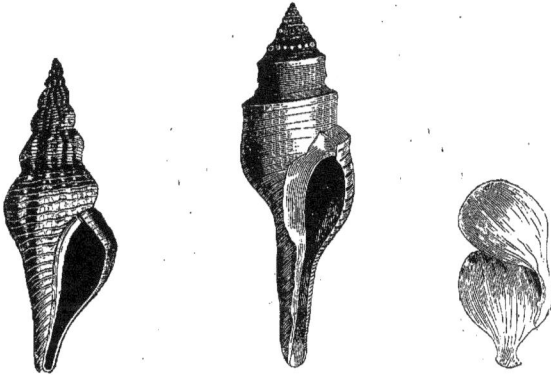

Fig. 663. — Fusus Renauxianus.   Fig. 664. — Fusus Noé.   Fig. 665. — Ovisac de Fuseau antique.

des, forment une bonne caisse de résonnance pour les bruits les plus divers; mais, dans les cas d'immobilité absolue, le Triton émaillé lui-même ne peut réfléchir aucune onde sonore et ne fait entendre aucun bruissement.

Tout le monde sait le rôle qu'ont joué les conques de Tritons dans les dessins, dans les groupes de sculptures et dans les bas-reliefs de l'époque du style rococo! Qui ne connaît les Tritons joufflus chevauchant sur des Dauphins à la suite de la déesse Galatée? Qui n'a visité les parcs de cette époque, dont le goût est passé heureusement, et leurs grottes incrustées de véritables coquilles de Tritons et de divers coquillages mêlés à des Coraux et à des stalactites? (O. Schmidt.)

Une autre espèce de grande taille et propre à la Méditerranée est le Triton nodifère, plus ventru que le précédent, faiblement coloré et à nodosités sur les tours.

LES FUSINÉS — *FUSINÆ* H. et A. Adams.

Caractères. — Les Fusinés ont une coquille allongée d'où ils tirent leur nom, terminée par un canal plus ou moins long, ouvert jusqu'à son extrémité.

L'animal offre une tête très petite, et les tentacules qui se rencontrent sous un angle aigu portent les yeux à mi-hauteur. Le pied aussi est relativement petit. La coquille doit son aspect

BREHM.

fusiforme à la longueur de sa spire pointue et du canal qui émane de sa base.

Distribution paléontologique. — Parmi les espèces fossiles nous citerons le Fusus renauxianus de l'étage Tertiaire (fig. 663) et le Fusus Noé (fig. 664).

FUSEAU DU NORD — *FUSUS ANTIQUUS* Lin.

Caractères. — Coquille ovale ventrue, très finement striée transversalement, blanche ou roussâtre. Les tours de spire sont très convexes. Le canal est court.

Distribution géographique. — Cette espèce se rencontre dans les mers du Nord.

Mœurs, habitudes, régime. — Johnston nous fournit une description du frai de ces Gastropodes. Ce frai se présente en masses, sous la forme d'un cône mousse, de 7 centimètres et demi de haut sur 5 centimètres de large, fixé aux rochers par sa large base dans les eaux profondes. Ce cône est constitué par un certain nombre de sacs volumineux (fig. 665) que relie une forte ceinture cartilagineuse et qui se disposent d'une manière régulière; chaque cellule offre, dans une certaine mesure, la forme d'un ongle; elle est convexe en dehors, concave en dedans, et se trouve munie d'une membrane externe, cornée et résistante, qui est entaillée à son bord supérieur; mais l'ouverture est tellement étroite, qu'elle ne laisse pénétrer absolument que l'eau nécessaire à la respiration du petit être. Dans

MOLLUSQUES. — 53

cette enveloppe extérieure, à laquelle il n'est attaché que lâchement, se trouve un sac de forme analogue, fermé de toutes parts et constitué par une membrane si mince et si transparente, qu'elle n'oppose aucun obstacle à l'influence de l'eau chargée d'oxygène, sur son contenu. Ce contenu est d'abord liquide et granuleux; mais on y découvre bientôt des places ombrées, et enfin dans chaque sac, se développent 2 à 6 petits qui ne peuvent acquérir leur liberté, au bout d'un temps déterminé, que par la déchirure ou l'ouverture du sac interne.

Les capsules ovulaires du *Fusus Norvegicus* et du *F. Turtoni* sont plus simples; elles ressemblent à des bouteilles aplaties et munies d'un col court.

Emploi et usage. — Johnston rapporte que dans les îles Shetland les coquilles des Fuseaux servent de lampes.

LES MURICINÉS — *MURICINÆ* H. ET A. ADAMS.

Caractères. — Cette famille dont nous figurons plusieurs espèces (fig. 666-667) comprend des Mollusques à coquille épaisse, à surface couverte d'écailles, de pointes, de piquants diversement disposés et souvent ramifiés.

Distribution géographique. — Les Muricinés sont de toutes les mers.

Emploi et usage. — Comme les espèces du genre Purpura, les Murex produisent la pourpre. Nous ne reviendrons pas sur cette question précédemment traitée (1).

A l'occasion des Murex, Rumphius traite des Onyx appelés aussi en Allemagne : *Ongles marins;* ce sont en effet les opercules de leurs coquilles.

Nous indiquerons, à titre de curiosité, quelques documents qui mettent en évidence les singulières dispositions de l'odorat chez les peuples anciens.

« On désigne cet ongle marin, dit Rumphius, sous le nom d'*Onyx marin;* il fournit un parfum connu dans l'Inde entière, car c'est l'ingrédient principal de toutes les poudres odorantes. Je veux parler des poudres odorantes que les médecins ont appelées *Thymiamata* et qu'on fait fumer sur des charbons ardents. Pour ces poudres l'Onyx constitue l'ingrédient principal, de même que l'Aloès pour les pilules. L'Onyx

(1) Voy. p. 411.

n'a par lui-même, il est vrai, aucune odeur agréable; car lorsqu'on le casse grossièrement et qu'on en place les morceaux sur des charbons, il s'en exhale tout d'abord une odeur analogue à celle des crevettes brûlées; mais bientôt après le parfum se rapproche de celui de l'ambre ou, comme le veut Dioscoride, de celui du Castoréum; ainsi, tant qu'on le brûle seul, il exhale une odeur qui n'a rien de très agréable. Mais

Fig. 666. — Murex indivius.   Fig. 667. — Murex calcitrapus.

lorsqu'on le mélange à d'autres parfums, il donne à ces produits une puissance et une durée plus grandes. La plupart du temps les parfums se composent de bois, de résines, ou de sucs, qui exhalent des odeurs douces ou fortes, rappelant les senteurs des fleurs, ou d'un parfum tout différent; on doit y mêler de l'Onyx pour rendre le parfum puissant et persistant. On pourrait comparer le rôle de l'Onyx dans ces parfums à celui que joue la basse dans la musique; tant qu'on l'entend seule, sa résonnance n'a rien d'agréable, mais lorsqu'elle se mêle aux autres sons, elle leur donne du fondant et de la durée. »

Parmi les nombreuses recettes dans lesquelles l'Onyx joue un rôle, nous signalerons les potions que les charlatans Indiens prescrivent contre les coliques et les crampes abdominales et dans lesquelles ils font entrer un peu d'Onyx, provenant du *Murex ramosus* râpé contre une pierre. Ils emploient aussi son parfum contre les douleurs de l'accouchement, et dans ce cas ils ordonnent de rôtir cette poudre ou de la brûler à un feu intense.

Nous n'avons qu'à nous louer de l'oubli dans lequel est tombé actuellement l'usage de l'Onyx aussi bien pour les parfums que pour la thérapeutique. (O. Schmidt.)

L'une des espèces les plus communes est la suivante :

MUREX DROITE ÉPINE — *MUREX BRANDARIS* LIN.

Caractères. — La Coquille est en forme de massue, très ventrue antérieurement, d'un blanc cendré, à tours de spire épineux et à épines droites.

Distribution géographique. — Elle habite la Méditerranée et l'Adriatique.

LES GASTROPODES PULMOBRANCHES — *PULMOBRANCHIATA*
GRAY.

Caractères. — Les Pulmobranches ou Pulmonés comprennent des Gastropodes terrestres ou d'eau douce, pouvant respirer l'air par un réseau de vaisseaux placés dans le toit d'une cavité respiratoire, présentant à droite un orifice ; ils sont divisés en deux grandes sections, les Operculés et les Inoperculés. Tous les Operculés sont terrestres (Claus).

Les Pulmonés d'eau douce remplissent d'eau leur cavité respiratoire pendant leur jeunesse, plus tard ils la remplissent d'air. Certaines espèces conservent pendant toute leur vie la faculté de respirer indifféremment dans l'air ou dans l'eau. A côté de l'orifice respiratoire, souvent dans la chambre même, est situé l'anus (Claus). Plusieurs de ces Mollusques sont nus, ou n'offrent qu'un rudiment de coquilles ; parmi les types nus plusieurs sont marins.

Fig. 668.

Fig. 669.

Fig. 670.

Fig. 668. — Radula de Limnée stagnale. — Fig. 669. — Radula de Ancyle fluviatile. — Fig. 670. — Radula de Succinée amphibie.

Leur organisation interne se rapproche de celle des groupes précédemment examinés, leur cœur est situé en arrière des organes respiratoires ; plusieurs, outre la glande du pied, ont une glande mucipare à l'extrémité postérieure du corps. L'armature buccale, indépendamment d'une radula (fig. 668 à 670), se compose d'une mâchoire supérieure et inférieure cornée et impaire. Tous sont androgynes (Claus).

Plusieurs espèces sont ovovivipares et pondent leurs petits vivants. On doit la connaissance de ce fait à de Blainville, dont certain conchyliologue semble avoir oublié la découverte, de façon à la faire passer à son actif. La majeure partie pondent des œufs (1).

L'œuf fécondé subit une segmentation totale irrégulière, précédée de la formation de globules polaires ; chez les Pulmonés d'eau douce, les sphères de segmentation constituent une vésicule blastodermique qui, après s'être aplatie sur un point, s'invagine graduellement et représente bientôt une larve à paroi formée par une double couche de cellules et à ouverture buccale primaire disparaissant plus tard (Rabl.). La couche cellulaire externe se couvre de cils vibratiles qui causent les mouvements de rotation de l'embryon. Il est utile de remarquer qu'il existe chez celui-ci, au-dessus de la bouche, un bourrelet couvert de cils vibratiles représentant le rudiment du voile. Un autre fait important, c'est l'apparition, chez les Pulmonés terrestres, de reins primitifs pairs, ainsi que d'un renflement pédieux contractile.

Distribution géographique. — La répartition des Pulmonés est subordonnée à l'influence du climat et du sol, et cette influence se fait sentir surtout sur les Pulmonés terrestres.

Un fait extrêmement surprenant, c'est la richesse des îles en Mollusques de ce groupe : car les îles Madère en renferment 134 espèces, Cuba 300, la Jamaïque 250, les îles Sandwich 250, et les Philippines plus de 350. En comparant ces espèces avec celles des continents, on voit qu'il n'y a que peu ou point d'espèces com-

(1) Voir Dʳ de Rochebrune : *De l'ovoviviparité chez les Mollusques pulmonés terrestres inoperculés* (*Bull. Soc. Philomatique* de Paris, 1888).

mûnes, ou du moins on n'en trouve que parmi celles qui par l'étendue de leurs domaines, méritent la qualification de cosmopolites ; ainsi la mer oppose une limite presque absolue à l'extension actuelle des Gastropodes pulmonés, et isole spécialement certaines espèces dans les îles ou dans les groupes d'îlots. Nous voyons les hautes chaînes de montagnes constituer des limites analogues. Dans l'Amérique du Nord, par exemple, on trouve 309 espèces à l'est des Montagnes Rocheuses, et 94 à l'ouest ; 10 espèces seulement sont communes à ces deux régions. Les proportions sont à peu près les mêmes, pour les deux régions de l'Amérique du Sud que sépare la chaîne des Andes.

Les genres très grands et très riches en espèces, tels que les Hélix, les Bulimus et d'autres, sont répandus sur presque toute la terre ; les genres plus petits, et qui sont constitués par une seule espèce ou par quelques-unes peu nombreuses, se trouvent réparties en quantités à peu près égales sur les îles et les continents ; nous voyons donc ici, au point de vue de leur répartition, un avantage relatif très grand en faveur des espèces insulaires. Il existe néanmoins quelques genres très considérables qui sont exclusivement insulaires ; ainsi les 207 espèces du genre Achatinelle vivent exclusivement sur les îles Sandwich. « Il devient de jour en jour plus évident, dit Keferstein, que la faune des îles et celle des continents s'équivalent, et que les îles présentent à ce point de vue un avantage relatif, en raison de leur moindre surface. » C'est chez les Gastropodes terrestres que cet isolement se fait le plus sentir ; les Limnéidés s'étendent plus souvent à travers plusieurs régions. « Darwin a relevé, dit Keferstein, avec beaucoup de sagacité, l'extension considérable des Pulmonés d'eau douce et des autres habitants de ces eaux. Si les Pulmonés d'eau douce semblent au premier coup d'œil, en raison de leurs résidences limitées de toutes parts, moins aptes à étendre leurs domaines que les Pulmonés terrestres, Darwin a montré que leur frai, fixé sur les plantes, peut être entraîné par les Oiseaux aquatiques et que par cet intermédiaire les jeunes couvées elles-mêmes pouvaient effectuer de longs voyages. Darwin a vu un Canard émerger de l'eau, entraînant une lentille d'eau assujettie à sa patte, et il a vu des Gastropodes à peine éclos se fixer en grand nombre à la patte d'un Canard immergée. Le célèbre naturaliste sir Ch. Lyell vit un Ancyle se fixer sur un Dysticus et se laisser transporter d'une eau dans une autre par ce Coléoptère ; les expériences de Darwin ont montré que les Pulmonés, enfermés derrière leur opercule, peuvent supporter des trajets de plusieurs jours dans l'eau de mer. Toutes ces conditions favorisant l'extension des habitants d'eau douce, nous n'avons pas lieu d'être surpris en les voyant se répandre sur de grands territoires en général, et même sur des régions indépendantes.

Mœurs, habitudes, régime. — Nous pouvons nous attendre à trouver dans le mode d'existence des Gastropodes Pulmonés aquatiques et terrestres, des différences marquées, répondant à la diversité des lieux habités ; le séjour a ici une influence d'autant plus grande, que ces animaux ne peuvent effectuer que des déplacements très limités, et qu'il leur est impossible d'échapper par une excursion ou par une fuite plus précipitée aux influences climatériques défavorables, régulières ou fortuites, qui sont beaucoup plus actives d'ailleurs sur la terre que dans l'eau. Les Gastropodes terrestres eux-mêmes, dit Martens, ont besoin d'un degré d'humidité assez élevé pour vivre d'une existence active. La sécheresse tue rapidement les Gastropodes nus et les espèces incomplètement abritées. Les petites espèces, par exemple, qu'on enferme dans une boîte en papier, y meurent en moins de quarante-huit heures, d'autres périssent au bout de peu de jours dans les lieux qui ne sont pas tout à fait humides. Ce sont principalement toutes les espèces pourvues d'une coquille luisante et transparente, qui paraissent exiger une humidité très grande. Tous les Gastropodes velus aiment également l'humidité. Inversement, ceux des Gastropodes terrestres qui ont à subir une grande sécheresse ont une coquille opaque, mate, et presque dénuée d'épiderme. Une coloration brillante du manteau qui entoure un Gastropode est caractéristique des espèces vivant dans l'humidité. Probablement ce caractère est en relation avec la transparence de la coquille, laissant pénétrer la lumière jusqu'au manteau, qui chez les Gastropodes à coquille épaisse est d'une teinte uniforme et généralement pâle ; chez les Gastropodes à coquille mince, n'apparaissant jamais au jour, il est d'une teinte uniforme, mais sombre.

« Quand les Gastropodes, dont nous venons de parler plus haut, subissent les plus fortes chaleurs du soleil pendant toute la journée, ils n'abandonnent pas pour cela le caractère général des Mollusques : car ils demeurent pendant le temps inactifs; l'orifice pulmonaire reste hermétiquement clos ou bouché par un mucus durci ; ce sont là les deux mesures qu'ils prennent pour lutter contre l'évaporation ; ils ne bougent que pendant la fraîcheur de la nuit, ou dans l'humidité de la rosée. »

Examinons, avec Döring, les mesures prises par ces animaux pour résister à l'influence de la chaleur :

« Avant de s'abandonner à l'état de repos, dit l'auteur, l'animal reste quelque temps dans la portion antérieure de l'entrée, et la surface de son corps, encore en contact avec l'air, sécrète un liquide visqueux, dont la partie externe forme, par suite de l'évaporation de l'eau qu'elle contient, une membrane frêle qui s'épaissit graduellement, et qu'on appelle à tort l'Épiphragme, en l'opposant au dur Épiphragme hivernal. Cette production, qui présente primitivement un orifice correspondant à l'orifice de la cavité pulmonaire, prend, après la fermeture de cet orifice, l'aspect d'une membrane frêle et transparente, tendue transversalement à l'entrée de la coquille, et isole l'intérieur de cette retraite, de l'air extérieur. Presque aussitôt après l'achèvement de cette production membraneuse, à laquelle nous donnerons le nom de Pneumophragme ou de couvercle à air pour la distinguer de l'Épiphragme hivernal proprement dit, l'animal se débarrasse peu à peu de la plus grande partie de la provision d'air emmagasiné dans sa cavité respiratoire et se retire davantage dans sa coquille, en contractant de plus en plus le volume de son corps. Il se produit ainsi entre le Pneumophragme et le corps du mollusque, un espace rempli d'un air imprégné d'humidité. Souvent s'ajoute à cette membrane externe une seconde production membraneuse, installée plus profondément, et qui se trouve sécrétée en tous cas, quand la première doit être endommagée par quelque influence mécanique, ou par toute autre cause, ou bien encore quand celle-ci devient cassante et sillonnée de petites fissures, comme il arrive souvent, sous l'effet d'une sécheresse persistante.

« Quelles que soient l'épaisseur et la solidité du Pneumophragme, il n'établit en aucun cas une fermeture hermétique entre la couche d'air intérieure de la coquille et le milieu ambiant. Indépendamment des phénomènes de diffusion qui renouvellent l'air nécessaire à la respiration de l'animal au repos, dont l'activité respiratoire n'est pas encore parfaitement établie, l'évaporation de la surface extérieure et l'hu-

mectation due à la proportion d'eau contenue dans la couche d'air intérieure produisent une diffusion de l'humidité, qui a lieu vers l'extérieur d'une façon continue, quoique restreinte dans certaines limites. Cette diffusion s'entretient aux dépens des sucs de l'animal, dont le volume diminue ainsi de plus en plus. On observe, par suite, que son corps se rétracte dans les spires de la coquille, pendant que la couche d'air intérieure augmente de volume en proportion. L'activité vitale de l'animal se réduit dans la même mesure, et se réduit aux caractères d'un sommeil profond. Le mouvement du cœur diminue très rapidement et le fonctionnement de la cavité pulmonaire, parvenue à un volume très petit, se restreint à son minimum.

« L'animal est obligé de se maintenir dans cet état, tant que l'état hygrométrique de l'atmosphère ne subit pas de changement. Mais dès que la tension de la vapeur d'eau augmente, comme il arrive généralement quand il y a menace de pluie en même temps que baisse barométrique, cet organisme, très sensible aux phénomènes de ce genre, témoigne très rapidement d'un accroissement de l'activité vitale. L'humidité qui s'échappe constamment à l'extérieur par diffusion se réduit dans ce cas à une proportion moindre ; cette diffusion cesse peu à peu, et le courant finit par se rétablir en sens inverse. On remarque alors que le corps de l'animal, rétracté dans les spires les plus profondes de sa demeure, s'accroît et s'avance de plus en plus vers l'entrée de la coquille ; en même temps la cavité pulmonaire se dilate, l'animal absorbe la couche d'air renfermée dans sa coquille et augmente de volume, jusqu'à ce que sa surface parvenue au contact du Pneumophragme le repousse au dehors et vienne apparaître hors de la coquille.»

Nous allons examiner quelques-uns des types les plus remarquables, et nous choisirons de préférence ceux que l'on peut rencontrer journellement. Nous commencerons par les Operculés ou Cyclostomidés.

LES CYCLOSTOMIDÉS — *CYCLOSTOMIDÆ* Lamck.

Caractères. — Nous désignons sous ce nom toute une série d'animaux à coquille contournée, à peristome fermé par un opercule.

Les Cyclostomidés comprennent un très grand

nombre de genres, dont plusieurs sont devenus les types de sous-familles; telles sont les Cyclotus, les Cyclophores, les Leptopomes, etc.

Distribution géographique. — Les espèces sont le plus généralement Indiennes et Asiatiques.

Distribution paléontologique. — Certaines espèces de Cyclostomes se rencontrent à l'état fossile dans les formations tertiaires.

Le genre Cyclostome proprement dit renferme des espèces européennes, la plus commune est la suivante :

CYCLOSTOME ÉLÉGANT — *CYCLOSTOMA ELEGANS* LIN.

Caractères. — Cette espèce doit son nom à l'élégance de sa coquille, réticulée par des lignes spiralées modérément saillantes et par des stries transversales fines et continues. Elle atteint 10 à 15 millimètres de hauteur.

Distribution géographique. — Très commun en France, le Cyclostome élégant se rencontre également en Suisse, en Allemagne, etc.

Mœurs, habitudes, régime. — Rossmässler a fourni une description très exacte de toutes les particularités que présente cet animal.

«Ce Gastropode est extrêmement farouche, dit-il. Au moindre mouvement suspect, il se retire dans sa coquille et la ferme solidement à l'aide de son opercule résistant. Ses tentacules sont uniquement contractiles, et nullement rétractiles; c'est-à-dire qu'elles se contractent, mais ne s'invaginent point. Ce n'est pas, en effet, l'extrémité, légèrement tronquée, qui s'efface la première, mais bien la base du tentacule, et quand cette contraction est complète, l'extrémité mousse de l'organe émerge au-dessus du front, à côté de l'œil. Les rides annulaires des tentacules facilitent singulièrement leur contraction. Les yeux, situés au côté externe de leur base, ne sont pas très petits; et d'un noir luisant. Quand l'animal rampe le long d'un verre mouillé dont il aspire l'humidité, il semble avaler beaucoup d'air en même temps; car le liquide englouti dans la cavité bucale se divise en bulles nombreuses comme sous l'effet d'un remous violent. Toute la tête ou plutôt toute la trompe présente des rides très nettes et régulièrement annulaires; ces rides sont plus réticulées, en bas, autour de la dépression buccale.

« Bien des gens disent que cet animal curieux progresse par empans, en faisant adhérer alternativement sa trompe et son pied. Mais cette progression est d'une nature toute différente, et l'adhérence de la trompe joue un rôle actif mais subordonné. Le pied est divisé par un sillon longitudinal profond, en deux moignons en forme de boudins, qui se comportent véritablement comme deux jambes. On peut s'en convaincre en regardant ce Mollusque se mouvoir le long de la paroi interne d'un verre. Lorsqu'il est au repos, ses deux moignons s'appliquent fortement contre le verre et le sillon qui les sépare apparaît simplement sous l'aspect d'une ligne longitudinale. Quand l'animal avance, l'un des moignons se détache peu à peu du verre, s'étire de la longueur d'une ligne environ, et s'applique de nouveau sur le verre, l'autre moignon est entraîné et poussé un peu au delà du premier, puis appliqué de nouveau sur le verre; un pas en avant se trouve ainsi accompli (à proprement parler, on devrait dire : deux pas). Cette progression, du reste, est fort lente. Quant à la part d'activité qui revient à la trompe, on ne peut nier que l'animal, en marchant, applique souvent cet organe contre la surface et se serve de cette adhérence pour faciliter sa marche; mais il ne semble pas qu'il soit destiné essentiellement à cette fonction, car j'ai vu souvent l'animal marcher seulement à l'aide des deux moignons. La fermeture de l'opercule (qui pendant la marche repose, en arrière, sur le pied) se fait comme chez les autres Gastropodes operculés, c'est-à-dire que le pied se replie par en bas transversalement, de manière à ce que les deux moitiés se superposent; l'animal se retire ensuite, et l'opercule s'applique ainsi nécessairement, à l'entrée de la coquille.

« Au point de vue de l'activité générale, j'ai observé que : dans mes récipients, les Cyclostomes ont témoigné tous d'une grande activité pendant toute la journée; mais le soir, ils reposaient dans leurs coquilles bien closes. »

L'affirmation de l'auteur allemand est erronée. Le Cyclostome élégant est un mollusque éminemment nocturne. Son extrême abondance aux environs de Paris permet de vérifier le fait (de Rochebrune).

LES LIMNÉIDÉS — *LIMNEIDÆ*
LAMCK.

Caractères. — Cette famille renferme des animaux à coquille de forme variable, fusiforme

Fig. 671. — Limnée stagnale.

ou ventrue, à spire plus ou moins aiguë, parfois aplatie et concave.

Distribution géographique. — Ces animaux sont communs aux diverses régions du globe; des espèces intéressantes se rencontrent dans nos environs.

Mœurs, habitudes, régime. — Tous les cours d'eau, les étangs, les lagunes, nourrissent ces animaux.

LIMNÉE STAGNALE — *LIMNÆA STAGNALIS* Lin.

Caractères. — Cette espèce, l'une des plus grandes du genre, présente une coquille ovale, oblongue, mince, translucide, à spire aiguë et à dernier tour ventru. L'animal est d'un gris-jaunâtre impur, qui varie jusqu'au vert-olive foncé, et se trouve constellé de points jaunes. Le pied, toujours plus foncé, présente une bordure claire (fig. 671).

Distribution géographique. — La Limnée stagnale vit dans les étangs et les ruisseaux de toute l'Europe.

Mœurs, habitudes, régime. — Les Lymnées stagnales, comme toutes leurs congénères, aiment les eaux douces où végètent diverses sortes de plantes aquatiques. On les voit errer tantôt sur le fond, tantôt le long des tiges et des feuilles, tantôt à la surface de l'eau; elles semblent alors glisser, suspendues par leur pied à la surface de niveau, la coquille renversée en bas. C'est une propriété qu'elles partagent avec certains autres Gastropodes. « Plusieurs Gastropodes, dit Johnston, peuvent s'élever à la surface où ils cheminent, dans une attitude renversée (le corps et la coquille en bas, le pied en haut), le long de

la couche d'air inférieure, comme le long d'un chemin résistant.

« On peut aisément, par un jour d'été, voir des Limnées errer ainsi à la surface des étangs, en décrivant de légères ondulations ou en demeurant renversées. Tandis qu'on contemple ces êtres ainsi disposés, ils changent soudain leur attitude, et tombent rapidement jusqu'au fond d'où ils ne remontent à la surface, habituellement, qu'en grimpant sur quelque objet résistant. Parfois cependant j'en ai vu s'élever en ligne droite à travers l'eau; je ne m'explique le fait, qu'en leur supposant la faculté de comprimer l'air dans leur cavité pulmonaire lorsqu'ils veulent s'enfoncer, et de le laisser se dilater de façon à rendre leur corps plus léger lorsqu'ils veulent remonter.

« Le déplacement des Limnées et d'autres Gastropodes le long de la surface de limite, entre les couches d'eau et les couches d'air, est un des phénomènes les plus curieux, dont Johnston ne trouve pas d'explication bien plausible.

« On distingue, dit-il, le long du pied, des mouvements d'ondulation insignifiants, qui ne sauraient entrer ici en ligne de compte. On peut attacher plus d'importance aux cils vibratils qui revêtent le pied; mais on n'explique pas ainsi comment l'animal, en train de glisser, peut s'arrêter brusquement. Le point le plus difficile à résoudre et tout à fait inexpliqué jusqu'ici consiste dans l'adhérence même de l'animal à la surface de niveau. On dirait vraiment que la colonne d'air exerce sur ces corps une attraction, et qu'au moment où l'animal s'enfonce il se produit une sorte d'arrachement. Néanmoins, il m'a semblé que, pendant qu'il glisse le long de

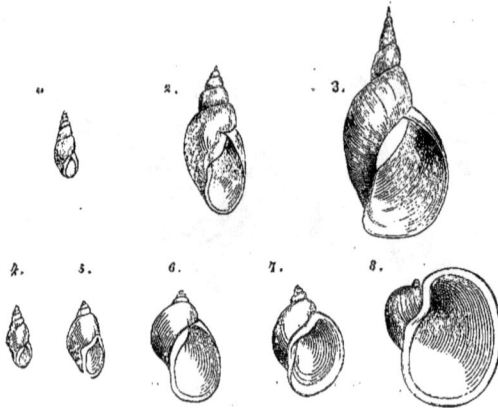

Fig. 672 à 679. — 1. Limnea glabra Mull. — 2. Limnea palustris Mull. — 3. Limnea stagnalis Lin. — 4. Limnea truncatula Mull.—5. Limnea peregra Mull. — 6. Limnea limosa Lin. — 7. Limnea auriculara Lin. — 8. Limnea Monnardi Hart.

la surface, le pied s'excave légèrement, ainsi que le creux de la main, de telle sorte que l'animal flotterait comme un bateau. Son poids spécifique n'étant que peu supérieur à 1, il suffit d'une concavité minime, pour qu'il se maintienne juste au niveau de l'eau ; des contractions insensibles du bord du pied aplanissent cette concavité, et l'animal sombre soudain ; telle serait, à mon avis, l'explication la plus simple et la plus satisfaisante. »

Avec la Limnée stagnale, nos cours d'eau en possèdent plusieurs autres espèces, dont nous figurons les plus intéressantes (fig. 672 à 679).

PLANORBE CORNÉ — *PLANORBIS CORNEUS* Drap.

Caractères. — Sa coquille opaque est déprimée en dessus, fortement ombiliquée en dessous,

Fig. 680. — Planorbis rotundatus.

d'un brun fauve, à tours de spire striés transversalement (fig. 681).

Distribution géographique. — Il habite les mares de toute la France et est commun aux environs de Paris.

Distribution paléontologique. — Nous figurons le *Planorbis rotundatus* du Calcaire lacustre de Saint-Ouen (fig. 680).

ANCYLE LACUSTRE — *ANCYLUS LACUSTRIS* Lin.

Caractères. — Coquille papilliforme, mince en cône oblique, à sommet dirigé en arrière.

Parmi les Gastropodes de terre et d'eau douce, il n'existe pas d'autre espèce qui présente ce type de coquille ; mais on en trouve d'analogues en Espagne, en Amérique, à Cuba et dans la Nouvelle-Zélande.

Plusieurs zoologistes ont rangé les Ancyles parmi les Gastropodes qui respirent au moyen de branchies. Malgré de nombreuses observations, je ne puis assurer avoir vu d'une manière certaine une cavité pulmonaire sous le manteau, mais certainement je n'ai pas reconnu de branchies ; d'ailleurs le développement de ces Mollusques plaide en faveur de leur classement parmi les Gastropodes pulmonés. Il est plus simple, en effet, que celui des Gastropodes branchiaux, bien que son évolution suive une marche rétrograde. (O. Schmidt.)

Nous avons représenté (fig. 682) un Ancyle la-

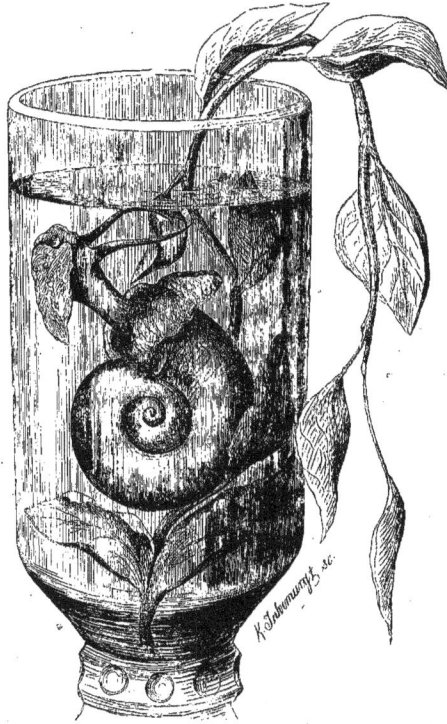

Fig. 681. — Planorbe corné.

custre prêt à éclore. Sur la coquille composée de fines bandelettes calcaires, une courbure, qui ne doit pas s'accentuer plus tard, indique un rudiment de spire. Le bord du manteau fait saillie

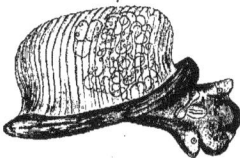

Fig. 682. — Larve d'Ancyle lacustre.

tout autour du bord de la coquille. La tête est déjà distincte, avec ses deux tentacules qui portent
BREHM.

les yeux sur leur base, et avec son orifice buccal.

On peut se procurer facilement des Ancyles adultes dans la plupart des pays, en visitant les plantes des marais et dans les rivières, les pierres et les pilotis.

Mœurs, habitudes, régime. — Peu nombreuses en espèces, les Ancyles mènent une existence paresseuse et uniforme, dans leur coquille appliquée très fortement contre les feuilles et contre les pierres.

Il n'est pas sans utilité d'étudier, avec Siebold, les phénomènes sous l'influence desquels l'organe de la respiration aérienne subit, chez certains Pulmonés, une accommodation pour ainsi dire rétrograde, afin de s'adapter à l'élément liquide. Les Limnées, les Planorbes, les Ancyles vont nous en fournir des exemples.
MOLLUSQUES. — 54

Fig. 683. — Scarabus des pluies.

« Au sortir de Reit, dit Siebold, je visitai le lac, peu profond et peu étendu, de Ferchen, auprès de Seehaus. Ses eaux claires rappellent les teintes verdâtres de la mer, et son fond est recouvert partout de galets très gros. Sur ces pierres rampaient d'innombrables Limnées auriculaires, dont pas une ne cherchait à se rapprocher de la surface de l'eau, pour introduire dans sa cavité pulmonaire un air nouveau. Je m'arrêtai exprès longtemps auprès de ce lac; mais malgré toute ma persévérance et toute mon attention, malgré la transparence extrême de l'eau, je ne parvins pas à voir un seul de ces nombreux Gastropodes Pulmonés gagner la surface pour y prendre haleine. Le séjour permanent de ces Gastropodes sous l'eau m'étonnait d'autant plus que j'avais pu observer très-nettement et très fréquemment le va-et-vient des Limnées et des Planorbes montant à la surface des eaux stagnantes où je les avais étudiés dans les contrées plates de Berlin, de Dantzig et de Kœnisgberg. »

En poursuivant ses travaux, le zoologiste de Münich constate que « dans le lac profond de Constance, dans le lac peu profond de Ferchen, dans les points également peu profonds du Kœnigsee et dans les eaux à courant rapide d'un aqueduc situé auprès de Reit, les Gastropodes Pulmonés appartenant aux genres Limnée et Planorbe avaient complètement désappris l'usage de leur cavité pulmonaire et renoncé à les emplir d'air renouvelé. »

LES AURICULIDÉS — *AURICULIDÆ*
Risso.

Caractères. — Les Auriculidés ont une coquille spirale, épidermée, solide, à spire plus ou moins allongée. Les tours sont quelquefois aplatis, l'ouverture allongée est rétrécie par des plis dentiformes.

Distribution géographique. — Les espèces composant cette famille sont en partie exotiques et proviennent de l'Inde, de l'Afrique et de l'Amérique.

AURICULE OREILLE DE MIDAS — *AURICULA MIDÆ* LIN.

Caractères. — Cette espèce est remarquable par la solidité et l'épaisseur de sa coquille, elle est ovale, oblongue, granulée au sommet, couverte d'un épiderme brun, à spire conoïde, courte à columelle portant deux plis.

Distribution géographique. — Elle provient des Indes orientales, des Moluques, etc.

SCARABUS DES PLUIES — *SCARABUS IMBRIUM* MONTF.

Caractères. — Très variable dans sa coloration roux marron ou blanchâtre, tachée de fauve, cette espèce, connue des marchands sous le nom de Punaise, est ovale, convexe déprimée, à spire courte, à ouverture grimaçante dentée de chaque côté (fig. 683).

Distribution géographique. — Elle habite l'Inde et les Philippines.

Mœurs, habitudes, régime. — Cette espèce doit son nom, d'après Rumphius, aux circonstances particulières dans lesquelles on l'observe généralement.

« Ces Gastropodes, dit-il, se trouvent sur les côtes maritimes, parmi les feuilles et les bois pourris, aussi bien sur la rive que plus

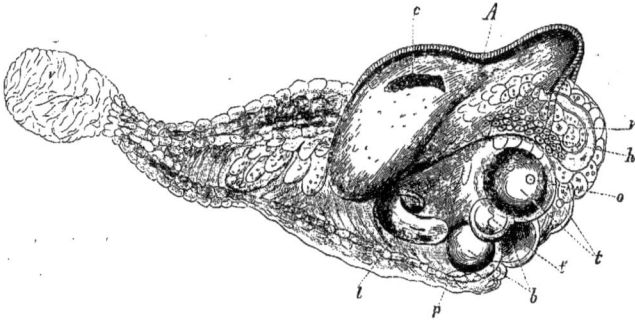

Fig. 684. — Embryon de Limace grise.

avant dans les terres ou même sur les montagnes peu fréquentées, et leurs mouvements ne paraissent pas assez rapides pour leur permettre de se transporter là depuis la rive. Aussi croit-on qu'ils sont soulevés, pendant les averses violentes, par le vent qui les déposerait plus haut. Il me paraît plutôt probable qu'ils naissent sur ces montagnes, sous l'influence de nombreuses pluies, car on y trouve autant de petits spécimens que de grands. »

PÉDIPES D'ADANSON — *PEDIPES AFER* Gmel.

Caractères. — Cette espèce, comme ses congénères, présente une coquille subglobuleuse conique très épaisse, et striée en spirale.

Distribution géographique. — Les Pédipes sont presque tous Africains.

Mœurs, habitudes, régime. — Ces animaux présentent un mode de progression particulier.

Le pied se trouve divisé en deux parties inégales par un sillon transversal. Pour avancer, l'animal prend un point d'appui à l'aide de la moitié postérieure du pied et pousse l'autre moitié en avant, autant que le permet l'ouverture du sillon qui cède alors d'une manière notable. Ensuite l'animal ramène la moitié postérieure jusqu'au contact de l'antérieure et déplace ainsi son corps, d'une distance égale à l'écartement maximum des deux moitiés de son pied. Il commence le pas suivant, en reprenant un point d'appui à l'aide de la moitié postérieure et en poussant l'antérieure en avant. Cette allure d'arpenteur, analogue à celle des

Hirudinées et de certaines Chenilles, peut être assez rapide pour que les Pédipes ne le cèdent en agilité qu'à un petit nombre de Mollusques. (O. Schmidt.)

LES LIMACIDÉS — *LIMACIDÆ* Lamck.

Caractères. — Cette famille comprend des animaux à coquille nulle ou rudimentaire cachée sous le manteau.

L'animal est allongé, contractile, plus gros au centre qu'aux extrémités ; il porte en avant 4 tentacules rétractiles, les deux supérieurs plus longs.

Distribution géographique. — Les Limacidés se rencontrent dans les deux hémisphères.

LIMACE GRISE — *LIMAX MAXIMUS* Lin.

Caractères. — Cendrée, tachée de noir, du reste variable comme coloration, cette espèce est assez peu répandue.

Mœurs, habitudes, régime. — Elle habite les grands bois, souvent aussi on l'observe dans les jardins et parfois dans les caves et les celliers.

Cette espèce, comme toutes celles du genre, pond une grande quantité d'œufs.

On trouve ces œufs réunis par groupes d'une vingtaine et lâchement enveloppés, principalement à l'ombre, au pied des murs des jardins.

« J'ai observé, dit O. Schmidt, depuis plusieurs années le développement de ces animaux

Fig. 685. — Arion roux.

(fig. 684). Un stade des plus curieux de ce développement est celui dans lequel l'embryon, offrant déjà dans ses contours généraux le type d'un
Gastropode, ne possède encore, entre autres organes, ni cœurs ni vaisseaux sanguins. Il existe
pourtant déjà un liquide sanguin ; celui-ci est
poussé par la contraction d'un appendice caudal
en forme de vésicule (V) d'arrière en avant,
puis repoussé en sens inverse par la contraction de la vésicule vitelline (V'). Une autre disposition curieuse consiste dans l'existence d'un
organe urinaire provisoire (h) que possède l'embryon encore enfermé dans l'Œuf, et qu'on
peut comparer à l'appareil urinaire primitif,
appelé corps de Wolff chez les Vertébrés.
Encore enveloppée de sa membrane ovulaire,
cette Limace acquiert complètement la forme
typique des Gastropodes, ce qui nous montre
comment tous les Gastropodes Pulmonés sont
exempts de toute métamorphose après leur
naissance. Ces organes provisoires (vésicule caudale contractile et rein primitif) ont déjà complètement disparu avant l'éclosion et se trouvent remplacés par le cœur et par le rein définitif.

ARION ROUX — *ARION RUFUS* Fer.

Caractères. — Cette espèce est le type d'une
petite famille créée par Gray, et caractérisée par
le manque complet de coquille ou de rudiment
de celle-ci ; des granulations calcaires pulvéru-
lentes, isolées ou agglomérées, la remplacent
(fig. 685 et pl. VII).

L'Arion roux varie de couleur : tantôt d'un
beau rouge de brique, il devient jaunâtre, brun
et parfois noir.

Mœurs, habitudes, régime. — Il habite les
bois, les jardins.

Distribution géographique. — Il se rencontre dans toute l'Europe.

LES TESTACELLIDÉS — *TESTACEL-LIDÆ* Gray.

Caractères. — Les Testacellidés, peu nombreux en espèces, comprennent des animaux à
coquille presque rudimentaire et ne recouvrant
qu'une très petite surface de la partie postérieure
du corps.

Distribution géographique. — Ils sont la
plupart européens.

TESTACELLE HALIOTIDE — *TESTACELLA HALIOTIDEA* Drap.

Caractères. — La coquille est unguiforme, à
spire très courte ; l'animal est allongé, cylindroïde à manteau simple ; il porte quatre tentacules courts, dont deux oculés au sommet
(fig. 686).

Distribution géographique. — L'espèce est
assez commune dans le Midi de la France.

Mœurs, habitudes, régime. — Les Testa-
celles, différentes en cela des Limaces, s'enfouissent dans le sol où elles causent la terreur des
Vers de terre dont elles se nourrissent. A ce
mode d'existence répondent des modifications
organiques. Le corps est plus cylindrique que
chez les Limaces ; au lieu d'être recouvert seulement sur une partie du cou, le corps est enveloppé tout entier dans un manteau épais et
coriace qui le protège contre les pressions et

Paris, J.-B. Baillière et Fils, édit. Corbeil, Crété, imp.

MOLLUSQUES PULMONÉS.

Fig. 686. — Testacelle Haliotide.

lui prête une force spéciale pour s'enfouir.

La modification la plus remarquable se présente dans les organes digestifs. La bouche ne contient pas de mâchoire écailleuse et dentée ni de radula; mais, entre deux lèvres verticales, émerge une trompe cylindrique, très petite, dont les mouvements sont commandés par un muscle qui constitue le point le plus curieux dans l'ensemble de ce Mollusque. Ce muscle, grand et cylindrique, étendu tout le long du ventre, est fixé par une douzaine de bandelettes charnues très distinctes, au côté gauche du dos, dans un plan presque vertical sur le muscle principal du corps. L'action prédominante de ce muscle est mise en évidence par sa force et son épaisseur, et s'exerce de deux manières : quand la Testacelle est avertie du voisinage d'une proie, il faut qu'elle puisse la saisir à l'improviste et par surprise, car le Ver de terre, une fois mis en mouvement, possède une rapidité bien supérieure à celle de son adversaire ; mais la Testacelle a l'avantage de pouvoir étendre subitement sa trompe, au moyen de son muscle, pour la fixer sur l'objet qu'elle a en vue. Elle retire alors, grâce à son organisation musculaire, cette arme au bout de laquelle adhère la victime qui se débat vainement contre sa férocité. Sowerby fut surpris de voir une Testacelle, immédiatement après avoir découvert sa proie au moyen de ses tentacules, faire saillir de sa large bouche une langue, ou plutôt une trompe blanche, échancrée, à l'aide de laquelle elle saisit avec une rapidité extraordinaire le Ver de terre, qui semblait beaucoup plus grand et plus fort qu'elle ; elle le maintint de telle sorte, qu'en dépit de ses convulsions les plus violentes, il ne parvint pas à s'échapper.

LES HÉLICIDÉS — *HELICIDÆ* Gray.

Caractères. — Cette grande famille comprend un nombre considérable d'espèces à coquille bien développée, spirale plus ou moins solide, parfois très allongée, turriculée, fusiforme ou cylindroïde. L'animal allongé présente un tortillon spiral et peut le plus souvent être contenu tout entier dans la coquille.

Distribution géographique. — Tous les Hélicidés se rencontrent dans toutes les contrées du globe.

Mœurs, habitudes, régime. — Ils sont terrestres et herbivores, pour la plupart.

Cette famille est divisée en tribus ou en sous-familles. Les Succinées (fig. 687), animaux du bord de nos ruisseaux, les Vitrines (fig. 688), répandus dans les lieux humides, toute la légion des Pupa et des Clausilies sont autant de types dont nous figurons seulement quelques-uns pour passer de suite à des genres plus importants.

HÉLICE VIGNERONNE — *HELIX POMATIA* Lin.

Caractères. — Coquille globuleuse, imperforée, jaunâtre ou jaune, à tours striés transversalement, à bord de la bouche réfléchi (fig. 689).

Distribution géographique. — Très répandue, cette espèce connue sous le nom d'Escargot de Bourgogne vit dans les vignes et les lieux sablonneux de la France, de l'Allemagne, etc.

Mœurs, habitudes, régime. — Cette Hélice n'apparaît pas uniquement dans les vignes, bien qu'elle témoigne, au printemps, de son goût pour les bourgeons de cette plante et qu'elle lui cause ainsi des dommages assez grands; mais

Fig. 687. — Succinée amphibie.   Fig. 688. — Vitrine fasciée.

on la trouve partout, dans les contrées sèches et surtout accidentées, où prospèrent les herbes et les buissons.

En raison de sa taille et de l'usage qu'on en fait, cet Escargot a été, plus que tous ses compagnons de genre, l'objet d'observations et d'études constantes.

Il compte parmi les espèces qui, en automne, après s'être enfoncées d'un pouce environ dans la terre et de préférence sous un revêtement mousseux, ferment leur coquille à l'aide d'un solide Epiphragme calcaire. L'animal se retire assez loin dans sa retraite, en cloisonnant l'espace compris entre son couvercle et son corps, au moyen d'une ou plusieurs membranes transversales minces. Pendant cette période, qui dure au moins six mois, l'activité respiratoire et cardiaque ne subit pas d'interruption. L'Epiphragme calcaire, il est vrai, n'offre point d'orifice analogue à celui qu'on observe chez certaines espèces; mais il est tellement poreux, que l'échange gazeux nécessaire peut avoir lieu à travers ce couvercle et les autres cloisons minces. Néanmoins, comme chez tous les animaux hivernants, chez cette Hélice et chez ses congénères la respiration devient moins active. Après une série de journées belles et modérément chaudes du mois de mars, on trouve les battements encore très irréguliers et réduits à 12 ou 13 pulsations par minute; tandis qu'après le sommeil d'hiver ce chiffre s'élève à 30. En tout cas, l'activité cardiaque est très diminuée pendant l'hiver proprement dit. Un observateur anglais prétend même qu'en plein hiver, le cœur cesse complètement de battre et que la circulation s'interrompt; et un naturaliste allemand, Barkow, qui s'est occupé spécialement du sommeil hivernal des animaux, tout en reconnaissant que les battements cardiaques ne cessent pas tout à fait, affirme que le sac pulmonaire se ferme et que la respiration n'a pas lieu. Tout porte à croire que la respiration elle-même ne s'interrompt jamais complètement. « Le contenu stomacal de l'Escargot, qui s'est approvisionné pour l'hiver, se digère encore; puis l'estomac se remplit d'une bouillie brunâtre composée de bile. Les chaleurs d'avril et de mai réveillent son activité vitale; le cœur bat plus vivement, et l'animal, sans doute sous l'influence des besoins respiratoires croissants et de la faim, s'applique contre les Epiphragmes membraneux. Ceux-ci ne sont point transpercés, mais ils se laissent écarter aisément; le soulèvement du couvercle calcaire n'exige pas non plus une force spéciale. Il n'est pas adhérent à l'entrée, et forme simplement un bouchon plat, dont les bords lisses ferment l'orifice hermétiquement. » (O. Schmidt.)

Les œufs de l'Escargot des vignes mesurent 3 lignes de diamètre, et sont entourés d'une coque blanche, incrustée de cristaux calcaires, et par suite résistante. « Ces œufs, dit Keferstein, sont déposés en grandes masses dans des creux de terre que les Mollusques préparent eux-mêmes. Ils renflent, pour cela, toute la portion antérieure de leur corps qui peut émerger de leur coquille, et l'enfoncent dans la terre humide de manière à produire un trou rond, d'un pouce à un pouce et demi de profondeur, dont ils maintiennent l'orifice fermé en haut au moyen de leur coquille; ainsi enfoui, l'Escargot pond ses 60 à 80 œufs dans l'espace d'un à deux jours. Ensuite il comble ce trou avec de la terre, et nivelle le sol par-dessus, de telle sorte que ce nid est fort difficile à retrouver si l'on ne vient à reconnaître la terre meuble, peu de temps après la ponte. » Le développement dans l'œuf exige environ 26 jours. Les individus jeunes et vieux sont très voraces jusqu'à une époque fort avancée de l'automne; à l'arrivée des froids, ils prennent leurs dispositions pour leur somme hivernal.

Emploi et usages. — L'Escargot des vignes a été dans l'Allemagne centrale, depuis les temps

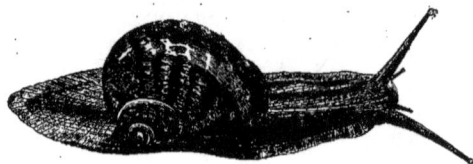

Fig. 689. — Hélice vigneronne.

les plus anciens, un mets de prédilection, spécialement pendant le carnaval et le carême. En Suisse et dans les contrées danubiennes on les élevait et on les engraissait dans des jardins particuliers. Mais le bon temps est passé pour les éleveurs, qui entretenaient dans les environs d'Ulm les Helix pomatia et qui en expédiaient chaque année, pendant l'hiver, plus de 4 millions par lots de 10,000, sur le Danube, jusqu'au delà de Vienne. Dans le Steiermark, où on les mange en assez grande quantité, on les récolte simplement en automne, après qu'ils ont fermé leur Epiphragme, et on les conserve dans l'avoine. Naturellement, celle-ci se contracte un peu pendant l'hiver en se desséchant, et bien des gens prétendent que les Escargots l'ont mangée. Bien entendu, ils n'ont pas su m'expliquer comment ce fait peut avoir lieu à travers cet organe. Je ne saurais dire, en me basant sur des expériences personnelles, si en leur faisant subir un autre mode de préparation, on en fait un mets plus délicat. (O. Schmidt.)

Dans l'Allemagne méridionale, à la limite du domaine des Escargots de vignes, on trouve l'*Helix aspersa*, qui appartient surtout au Midi de l'Europe. Cette espèce, un peu plus petite que la précédente, possède une coquille analogue, rayée et parsemée de mouchetures blanches ou jaunâtres.

Elle constitue un aliment important pour les classes inférieures des populations de l'Europe méridionale, et principalement de l'Italie. Dans les gargottes ouvertes des grandes villes, on cuit ces escargots dans des marmites; à Naples, je me suis souvent félicité de ne pas avaler cette bouillie, que les lazzaroni avalent comme un mets délicieux et dont ils achètent une ample portion, moyennant une petite pièce de cuivre. Il suffit d'observer la vente de cet aliment extrêmement répandu, qui n'exige que

la peine de la récolte et d'une préparation des plus simples, pour saisir l'attrait de la fainéantise et de la mendicité dans ces pays. Deux sous suffisent à un mendiant expérimenté, pour son repas de midi. A ce prix, il peut acquérir, non seulement de la viande et une ample portion de bouillie, mais encore un dessert composé d'une grosse tranche de pastèque qu'on lui offre fort gracieusement, auprès de la marmite d'Escargots en ébullition.

Dans l'antiquité, on élevait et on engraissait déjà, outre cette espèce, des Escargots dont quelques-uns provenaient d'une importation. Ainsi que le raconte Pline, Fulvius Lippinus, peu de temps avant la guerre de Pompée, s'occupait de l'élevage des Escargots; il conservait alors des Escargots blancs, des environs de Réate, dans des enclos spéciaux, ainsi que les grandes espèces d'Illyrie, les espèces d'Afrique remarquables par leur fécondité, et les espèces très appréciées de Solitanie. Il a même imaginé une pâte composée de vin doux, de farine de froment et d'autres substances encore, pour offrir sur sa table des Escargots particulièrement gras et savoureux. On ne saurait indiquer aujourd'hui de quelles espèces exotiques il se servait, et l'on ne peut dire s'il employait entre autres les Bulimes et les Achatines d'Afrique (fig. 690). Mais d'après les remarques de O. Schmidt, la *Cochlea maxima illyrica*, que les Romains appréciaient tant, paraît être l'*Helix secernenda* de la Dalmatie, qui est voisine de nos Escargots de vigne et qui constitue encore une friandise de ces pays.

« A Venise, on mange surtout les petits *Helix pisana* qui se tiennent en masses énormes sur les végétations des dunes. « Cet Escargot, dit Martens, présente l'aspect de notre Escargot de jardin ordinaire, sans atteindre pourtant ses dimensions; il est en outre un peu ombiliqué;

l'orifice offre à l'intérieur une coloration rosée ; la coquille est blanche extérieurement et parcourue de bandes jaunes-brunâtres, qui varient presque sur chaque coquille : tantôt elles sont continues comme des portées musicales, tantôt elles sont estompées comme des feuillages, tantôt elles se composent de points et de stries obliques ; enfin elles peuvent être très vives ou très pâles, et manquer complètement. Ces Escargots sont apportés en quantités considérables à Venise où on les cuit et où on les prépare dans de grands plats, avec de l'ail et de l'huile, sans enlever les coquilles ; on les vend ainsi sur toutes les places pendant l'été entier. » (O. Schmidt.)

« Dans toute l'Italie, on recherche pour l'alimentation, outre l'*Helix aspersa*, les *Helix naticoides* et *vermiculata*. L'*Helix naticoides*, qu'on appelle « la *Tapadata* » dans tout le Sud de l'Italie, est particulièrement appréciée ; mais elle n'est pas aisée à récolter. Cet Escargot reste enfoncé pendant presque toute l'année à quelques pouces sous terre ; il n'en sort qu'après les lourdes pluies de l'automne et disparaît de nouveau en février. Quand on le prend à la main, il fait jaillir de son orifice respiratoire, avec un bruit très perceptible, une énorme masse d'écume qui le recouvre entièrement. Je ne connais pas d'autre Escargot terrestre qui possède un moyen de protection aussi développé ; seulement, il tourne au détriment du Mollusque, lorsqu'il a affaire à son principal ennemi, c'est-à-dire à l'homme, car on aperçoit cette écume de loin, et on entend son bruit à plusieurs pas de distance.

« A Naples aussi, les Escargots terrestres jouent un rôle important. Ici, c'est principalement l'*Helix ligata* des Apennins qu'on apporte sur les marchés. On y trouve aussi les espèces précédemment citées qu'on mange dans toute l'Italie ; mais on y vend spécialement les colossales *Helix lucorum*, qui viennent du monte Gargano. Tous les étrangers remarquent les « maruzzea » qui parcourent les rues en portant sur leur tête un foyer maçonné et en criant leur marchandise. Le foyer est orné de fleurs et encadré de morceaux de pain embrochés. A l'approche des chalands, on descend l'âtre avec précaution et le marchand prend un morceau de pain, avec lequel il puise dans la marmite bouillante une quantité d'Escargots déterminée. » (O. Schmidt.)

« Palerme est de toute l'Italie l'endroit où l'usage des Escargots est le plus répandu. Pendant mes excursions sur le monte Pellegrino,

j'ai toujours rencontré une masse de glaneurs d'Escargots dont les corbeilles m'ont fourni quelquefois des spécimens très intéressants. Ces gens sont armés d'un fer recourbé et court, à l'aide duquel ils fouissent le peu de terre qui se trouve entre les fragments désagrégés et criblés des pierres calcaires. Mais le plus riche butin est fourni par les creux de rochers à moitié remplis de terre. Là se trouvent rassemblés en masses les *Helix vermiculata* (pl. VII), les *Helix naticoides*, ainsi que les *Helix Mazzulii*, qui semblent limités au Pellegrino. Cette dernière espèce, très appréciée, se trouve en bien plus grandes quantités encore, sur les rochers mêmes où elle se cache dans des trous qu'elle fore elle-même, d'après les remarques de Doderlein. C'est là un des phénomènes les plus curieux de l'existence de ces Mollusques. La pierre calcaire du Pellegrino est d'un gris blanchâtre et contient des parties très aptes à se désagréger ; par suite, les blocs qui sont à la surface se trouvent particulièrement criblés et rongés. Ils sont souvent perforés de galeries qui atteignent parfois plusieurs pieds de long, et qui n'ont que quelques pouces de largeur. Dans le plafond de ces cavités, par conséquent dans des points qui sont absolument soustraits à l'influence des pluies, on trouve un grand nombre de galeries, forées verticalement dans la pierre, généralement assez arrondies et pénétrant à plusieurs pouces d'épaisseur ; en sorte que la pierre ressemble à un gâteau de miel gigantesque. Au fond de ces galeries, reposent toujours quelques Escargots, notamment des *Helix Mazzulii*, et plus souvent encore des *Helix sicana*, qui se trouvent parfois superposés en masses dans une même cavité.

« Il m'a paru d'abord tout à fait invraisemblable d'admettre la possibilité, pour ces Escargots, de creuser ces trous. Ceux-ci cependant ne peuvent être dus à l'usure du temps, ne fût-ce qu'en raison de leur situation ; en outre, ils sont absolument lisses à l'intérieur. Pour y voir simplement un phénomène de hasard, on les trouve trop fréquents et trop réguliers ; de plus, leurs dimensions correspondent exactement à celles de leurs habitants. Il ne reste plus alors qu'une hypothèse à adopter, c'est que les Escargots forent eux-mêmes ces trous, pendant le cours de nombreuses générations et qu'ils les creusent continuellement. Si je ne me trompe, un conchyliologiste français a observé des trous semblables forés par l'*Helix hortensis*.

« Je ferai encore remarquer que les spéci-

Fig. 690. — Achatine (Limicolaria) Kambeul.

mens qui vivent dans ces trous se distinguent de ceux qui demeurent à l'air libre, par une conformation plus allongée et conique. On peut énoncer d'une manière certaine que l'*Helix Mazzulii* s'est transformée en une espèce différente de l'*Helix aspersa*, grâce à ce mode d'existence. Les spécimens qui vivent à l'air libre se rapprochent de nouveau de cette espèce originelle, et conduisent à voir dans l'*Helix Mazzulii* un type qui, par son genre de vie modifié, a acquis des caractères distinctifs constants et significatifs. » C'est ici le cas de citer Gœthe : « Le mode d'existence a une influence puissante sur la conformation. » (O. Schmidt.)

Trois autres espèces, très communes et plus grandes, occupent à peu près le même domaine que l'Escargot des vignes.

L'*Escargot des arbres* (*Helix arbustorum*), dont la teinte fondamentale est d'un brun marron, est moucheté de stries nombreuses et irrégulières, d'une teinte jaune paille. La marge de l'orifice est toujours bordée d'une lèvre blanche et luisante. L'animal, d'un noir bleuâtre, possède un pied moins foncé ; il se tient dans les jardins, les lisières des bois et les haies, dans les endroits humides, sur le sol ou sur les plantes basses.

Les *Escargots des buissons* (*Helix nemoralis*) (pl. VII) se distinguent par les innombrables variétés de leurs coquilles ; on les reconnaît aisément à leur couleur d'un jaune citron fort vif,
BREHM.

ou d'un brun rougeâtre, et à la teinte brun marron foncée du péristome. Les conchyliologistes comptent environ 14 variétés de cette espèce très nuisible aux jardins.

La troisième espèce est l'*Escargot des jardins* (*Helix hortensis*) (pl. VII), dont la coquille ne diffère pas des précédentes dans sa forme, dans sa couleur et dans ses dessins ; elle est seulement en général un peu plus mince, et la marge de l'entrée est presque toujours d'un blanc pur.

Plusieurs espèces d'Hélices sont également utilisées en France pour l'alimentation, mais les plus usitées sont les Hélices chagrinée et vigneronne, cette dernière surtout, que l'on voit en si grande quantité étalée à la vitrine de nos restaurateurs et des marchands de comestibles.

On crie dans les rues de Paris les *Escargots de Bourgogne*, mais il paraît qu'ils ne viennent pas tous de cette province, comme on va en juger. C'est dans le département de l'Aube que l'industrie des Escargots est surtout pratiquée. Là, on les recherche avec soin dès la fin de l'été, et on les élève dans des enclos placés à une extrémité d'un jardin ou d'un parc, dans le voisinage d'un cours d'eau, et, autant que possible, dans un endroit ombragé. On y cultive, quand on le peut, du Thym, de la Menthe, de la Sarriette, du Cerfeuil, du Persil, et on entoure la place d'épines sèches ou d'une bordure de sciure de bois. En tout temps, on a l'œil sur les Escargots, principalement en temps de pluie, pour arrêter les

fuyards. On a soin aussi de débarrasser l'escar-
gotière des animaux morts. Dès que l'hiver approche, on fait dans ce parc de petits tas de
mousse, de feuilles mortes, ou d'herbes sèches,
sous lesquels les Escargots vont se cacher après

avoir fermé leur coquille. Une fois qu'ils sont
clos, on les emporte à la cave pour s'en servir
ou les expédier pour la consommation. Ceux qui
sont vendus dans les rues sont envoyés vivants
dans des caisses ou dans des sacs (1).

LES PTÉROPODES — *PTEROPODA* Cuv.

Die Ruderschnecken.

Caractères. — Les Ptéropodes constituent
de tout petits animaux, à tête peu nettement
distincte, pourvus d'yeux rudimentaires et de
deux grosses nageoires aliformes (Claus).

Le corps est droit ou enroulé en spirale, la

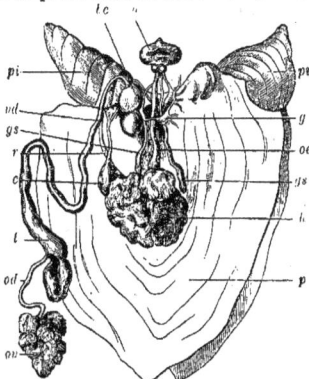

Fig. 691. — Anatomie du Clio boréal (*).

région antérieure qui porte la bouche et les
tentacules est tantôt continue, tantôt distincte ;
toujours il existe au-dessus de la bouche deux
grandes nageoires latérales, que l'on doit considérer morphologiquement comme des lobes
pairs (épipodium) dont les battements servent
à la progression. Le corps est nu ou bien
sécrète une coquille cornée, ou calcaire, dans
laquelle il peut se retirer complètement.

La bouche, toujours terminale, est entourée
soit de ventouses, soit de tentacules en forme
de bras ; elle donne entrée à une cavité contenant des mâchoires et une radula, au fond de
laquelle commence l'œsophage.

(*) *p*, surface interne du manteau ; *pi*, nageoires ; *o*, bouche ;
œ, œsophage ; *gs*, glandes salivaires ; *h*, foie ; *r*, rectum ; *c*, cœur ;
g, ganglion sus-œsophagien ; *ov*, glande hermaphrodite ; *od*, son
canal excréteur ; *t*, prostate ; *vd*, canal déférent ; *bc*, poche copulatrice (d'après Cuvier).

Les organes de la circulation sont peu développés et se réduisent à des vaisseaux artériels
dont le tronc principal naît d'un ventricule globuleux. Les veines sont remplacées par un système de lacunes.

Les organes respiratoires, quand cette fonction ne se fait pas par la peau, sont tantôt des
branchies foliacées externes, situées à l'extrémité postérieure du corps, ou bien des branchies internes, situées dans la cavité palléale
dont l'entrée est revêtue de cils vibratils.

Le système nerveux est caractérisé par plusieurs ganglions, disposés sur les côtés et au-
dessous de l'œsophage ; il existe des vésicules

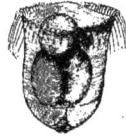

Fig. 692. — Larve de Hyalea gibbosa.

auditives ; les yeux font défaut ou sont simplement rudimentaires (fig. 691).

Les Ptéropodes sont hermaphrodites ; ils
pondent des œufs disposés en longs cordons
qui flottent à la surface de la mer. Les embryons
sont animés de mouvements de rotation, ils sont
libres, portent un velum, et sont pourvus d'une
coquille (Claus) (fig. 692).

Distribution géographique. — Les Ptéropodes sont essentiellement pélagiques et communs dans toutes les mers, depuis la Mer de
glace jusqu'à l'Equateur.

Distribution paléontologique. — On compte
un certain nombre d'espèces fossiles parmi les
Ptéropodes, quelques genres même n'existent

(1) On a observé des cas d'empoisonnement par les
escargots. Voy. : Dumas, *Empoisonnement par les escargots* (*Ann. d'hyg.*, 1874, 2e série, t. XLI, p. 446).

plus. Tels sont les *Conularia ;* ces animaux commencent à apparaître à l'époque paléozoïque ; on en observe encore dans le Lias supérieur ; les terrains tertiaires fournissent aussi des espèces voisines de celles de nos mers actuelles ; nous figurons une espèce remarquable du Dévonien, le *Conularia ornata* (fig. 693).

Fig. 693. — Cornulaire ornée.

Mœurs, habitudes, régime. — On rencontre les Ptéropodes surtout en pleine mer. Leur apparition sur les côtes, à Nice et à Messine par exemple, est principalement sous la dépendance des courants marins. Dans la Méditerranée, on les prend en plein jour à la surface de l'eau ; pourtant la plupart sont des animaux qu'on pourrait appeler nocturnes ou crépusculaires. Dans les latitudes méridionales notamment, leur apparition paraît se rattacher à la disparition de la lumière directe du soleil. D'Orbigny, qui les a étudiés dans les mers tropicales, dit n'avoir jamais réussi à en saisir un seul spécimen pendant le jour. Mais vers cinq heures du soir, par un temps couvert, deux ou trois espèces commençaient à paraître à la surface de l'eau, dans les limites de leurs domaines respectifs. Au crépuscule, on peut recueillir en grandes masses les espèces les plus petites. Les grandes espèces n'apparaissent qu'à la nuit close. Alors se montrent les *Pneumodermon*, les *Clio*, et les grandes espèces du genre *Cleodora*. Certaines espèces, telles que l'*Hyalea balantium*, apparaissent dans le golfe de Guinée, seulement lorsque la nuit est exceptionnellement sombre. Bientôt après, les petites espèces disparaissent dans l'ordre où elles ont apparu ; il en est de même ensuite des grandes ; et un peu plus tard, vers minuit, on n'observe plus que quelques rares individus. Il en reste bien isolément quelques-uns, même jusque vers le matin ; mais une fois le soleil levé, le regard chercherait en vain un Ptéropode, aussi bien à la surface que dans les profondeurs auxquelles il peut pénétrer. Chaque espèce règle son apparition et sa disparition suivant des heures déterminées, ou plutôt suivant le degré d'obscurité.

D'Orbigny a conclu de ces habitudes, que chaque espèce se tient à une profondeur déterminée où l'intensité de la lumière s'affaiblit à un certain degré. Chaque espèce apparaîtrait à la surface, quand l'obscurité qui y règne est la même que celle qui se répand dans la zone qu'elle habite, pendant que le soleil est au-dessus de l'horizon. Si les Ptéropodes demeuraient toute la nuit à la surface des mers, on pourrait admettre avec Rang, qu'ils apparaissent au coucher du soleil pour satisfaire dans les couches superficielles leurs besoins alimentaires ou respiratoires. Mais on ne peut s'expliquer pourquoi ils trouveraient leur nourriture plus aisément à une certaine heure de la nuit qu'à d'autres, ni pourquoi ils auraient besoin, du moment qu'ils respirent dans les eaux profondes pendant la plus grande partie du jour, de chercher l'air plus haut pendant la soirée. Il est bien plus naturel d'admettre que les Ptéropodes s'élèvent peu à peu des profondeurs vers la surface, pour se maintenir le plus longtemps possible dans le degré de lumière qui éclaire la zone où ils résident pendant le jour. On ne peut pas objecter à cette manière de voir, que le peu de développement ou le manque absolu d'appareil visuel les prive des sensations lumineuses, capables de motiver ces habitudes nocturnes ; car, dans le monde inférieur des animaux, des exemples nombreux prouvent nettement que la sensibilité à l'égard de la lumière ne dépend pas absolument de l'existence ou de la perfection des appareils visuels.

Relativement à la distance que ces animaux observent entre leurs lieux d'habitation et les côtes, d'Orbigny a trouvé que, du côté du Chili et du Pérou, les Ptéropodes n'approchent jamais à plus de dix milles environ du rivage. Du côté de l'Atlantique ils se tiennent à une distance plus considérable encore. Les Ptéropodes des mers tempérées et septentrionales n'observent pas aussi scrupuleusement ces règles, tant à l'égard de la lumière qu'à l'égard des terres fermes.

Les Ptéropodes ne peuvent progresser ou se maintenir en place, que par les mouvements incessants de leurs flotteurs, analogues aux battements d'ailes des Papillons. Ces flotteurs s'agitent sans relâche avec une légèreté et une souplesse extraordinaires, et suivant leur position l'animal progresse en ligne droite, s'élève ou s'abaisse, pendant que le corps demeure vertical ou légèrement incliné. Parfois il tourne sur lui-même, ou bien il peut rester en place sans apparence de mouvements. Ce dernier cas ne peut se présenter que chez un très petit nombre d'espèces. Lorsque, dans leurs mouvements, ils sont troublés par l'apparition d'un corps étranger ou par un choc, contre le récipient où on les conserve, leurs ailes se rabattent l'une sur l'autre ou se rétractent, comme chez les Hyales, et l'animal se laisse tomber au fond. Les Hyales nagent plus vite que les Cléodores ; les Pneumodermon et les Clio nagent très lentement.

Ainsi que l'indique l'examen du contenu de leur estomac, les Ptéropodes sont carnivores ; ils recherchent, indépendamment de divers Mollusques, les Crustacés qui peuplent en foules innombrables les couches supérieures des mers.

Les Ptéropodes sont divisés en deux groupes : les *Thécosomes* et les *Gymnosomes*.

LES PTÉROPODES THÉCOSOMES — *THECOSOMATA* Blainv.

Caractères. — Animaux à tête peu développée, souvent non distincte, à tentacules rudimentaires, recouverts d'une coquille externe (Claus.).

LES HYALIDES — *HYALIDÆ* d'Orb.

Caractères. — La coquille, dans cette famille, est calcaire ou cornée ; renflée sur la face ventrale, symétrique avec des appendices aigus ; la branchie est représentée par une surface ciliée, plissée transversalement, en forme de fer à cheval.

HYALE A TROIS DENTS — *HYALEA TRIDENTATA* Lamck.

Caractères. — La coquille sphéroïdale offre une ouverture étroite et des fentes latérales, au

Fig. 694. — Hyale à trois dents.

fond desquelles sont les branchies. De ces dépressions profondes, qui prolongent latérale-

ment l'entrée de la coquille, émergent deux lobes considérables qui se rabattent en partie sur la face ventrale, en partie sur la face dorsale de l'animal, et qui forment un revêtement à la surface de la coquille, tant que l'Hyalea est vivant (fig. 694).

Distribution géographique. — Cette espèce habite la Méditerranée.

Un genre voisin est celui des Diacria dont

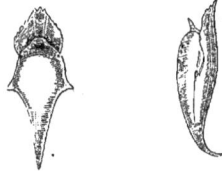

Fig. 695 et 696. — Diacria à trois épines.
Vu de face.　　　　Vu de profil.

nous figurons une espèce, le Diacria à trois épines (fig. 695-696).

CLÉODORE A BOURSE — *CLEODORA BALANTIUM* Rang.

Caractères. — Cette espèce, la plus grande

Fig. 697. — Cléodore à bourse.

du genre, est triangulaire, comprimée et amincie sur les côtés ; elle est partagée en trois par deux sinuosités profondes et longitudinales ; très fragile, elle est ornée de stries transverses grosses et régulières (fig. 697).

Distribution géographique. — Elle habite les mers d'Afrique.

CRESEIS ALÈNE — *CRESEIS SUBULATA* Q. et GAIM.

Caractères. — La Creseis alène est étroite, allongée, spiniforme, blanche, transparente et très fragile, l'animal est d'un blanc rosé, à ailes larges, dilatées et faiblement trilobées.

Distribution géographique. — Elle a été découverte par Quoy et Gaimard dans les parages de Ténériffe.

Mœurs, habitudes, régime. — « Les œufs des Ptéropodes du groupe des Hyalidés sont placés dans une simple coque transparente, dont le diamètre mesure un douzième ou un treizième de ligne, et dont la longueur s'élève jusqu'à plusieurs pouces. Les cordons ovulaires eux-mêmes ne sont point assujettis à des objets fixes tels que des pierres, des plantes marines, etc., comme ceux des Gastropodes marins ; mais, une fois pondus, ils restent librement abandonnés aux flots, et les embryons s'y développent pour continuer, immédiatement après avoir quitté le cordon, l'existence pélagique de leurs parents. » Pendant son séjour à Messine, Gegenbaur réussit à conserver pendant longtemps un certain nombre de Ptéropodes dans des récipients en verre, dont il renouvelait l'eau journellement ; c'était pendant les premiers froids de décembre ; ces animaux lui fournirent un grand nombre de cordons ovulaires. Il put établir ainsi que l'Hyale tridentée pond à peu près 200 œufs dans l'espace de deux jours, l'Hyale gibbeuse 60 à 80, et un couple de Cléodora autant environ. Après que l'embryon s'est entouré d'un cordon vibratil, à la partie antérieure et qu'il a sécrété sa coquille à la partie postérieure, il passe, vers le septième ou huitième jour, au travers de son enveloppe ovulaire propre et cherche, en tournoyant dans le tube étroit de son cordon ovulaire, à se frayer un chemin au dehors, pour commencer son stade d'essaimage, en tant que larve indépendante. La couronne vibratile de sa partie antérieure devient peu à peu ovalaire et forme deux sinus, entre lesquels s'avancent deux lobes représentant les lobes du velum que nous avons étudiés chez les autres Mollusques. Ce velum est très développé

chez les larves souvent innombrables des Creseis qu'on trouve assemblées dans la mer ; il est formé de deux lobes séparés par un sinus profond.

LES LIMACINIDÉS — *LIMACINIDÆ* D'ORB.

Caractères. — La coquille, chez les animaux de ce groupe, est spiralée et présente parfois une grande cavité palléale, ouverte sur le côté dorsal.

Distribution géographique. — On a décrit une douzaine d'espèces provenant des mers les plus diverses.

LIMACINE ARCTIQUE — *LIMACINA ARCTICA* LIN.

Caractères. — Sa coquille est papyracée, fragile, en forme de Planorbe, subcarénée, un peu enroulée obliquement (fig. 698-699).

Fig. 698-699. — Limacine arctique grossie et de grandeur naturelle.

L'animal est muni de deux nageoires subtriangulaires.

Distribution géographique. — Elle est commune dans les mers du Nord.

Mœurs, habitudes, régime. — Aucune espèce n'est aussi attrayante que la Limacine arctique des côtes du Groënland, dont Otto Fabricius décrit ainsi le mode d'existence :

« Cet animal se sert de sa coquille comme d'une barque, et rame en agitant sans cesse ses ailerons soulevés. L'extrémité ouverte de la coquille se comporte comme l'avant d'un bateau, le bout opposé comme l'arrière, et le bord de la spire représente la carène. Jamais je n'ai pu observer que l'animal élevât une partie de son corps au-dessus de l'eau en guise de voile. Lorsqu'il est fatigué, ou lorsqu'on le dérang, il rentre ses rames, se retire tout entier dans sa coquille, et tombe au fond où il repose, pendant un temps assez court, sur sa carène, sur son rostre, ou sur son sommet, mais jamais sur son empreinte ombilicale. En ramant

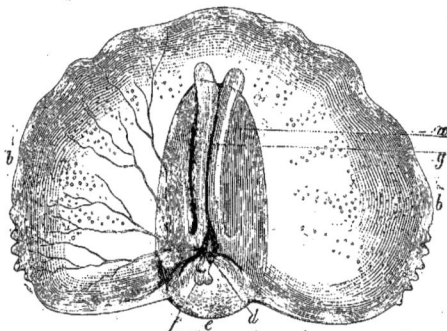

Fig. 700. — Tiedmannia napolitaine.

il remonte obliquement en haut, et se meut en-suite, en ligne droite, à la surface. »

Fabricius dit, en parlant de cette Limacine,

qu'elle forme la nourriture principale des *Balænoptera boops* et des *Balæna mysticetus* du Groënland.

LES PTÉROPODES GYMNOSOMES — *GYMNOSOMATA* Gray.

Caractères. — Les animaux de ce groupe sont nus, à tête distincte portant des tentacules et souvent munie de branchies externes. Les nageoires sont séparées du pied, les larves possèdent une couronne de cils vibratils (Claus).

LES CYMBULIDÉS — *CYMBULIDÆ* Cantr.

Caractères. — Les très petites espèces composant cette famille ont une coquille interne, cartilagineuse, non enroulée et symétrique.

TIEDMANNIA NAPOLITAINE — *TIEDMANNIA NEAPOLITANA* D. Chiaje.

Caractères. — Le corps (fig. 700) (*a*) figure un ovoïde aplati, fortement renflé en avant, terminé par un bord plat, et s'amincissant en arrière. Cette forme est commandée par une coquille transparente, qu'environne de toutes parts le manteau ; elle disparaît à la moindre lésion du manteau et ne laisse subsister immédiatement que de faibles traces de la forme antérieure du

corps. Les flotteurs (*b*) se confondent tout à fait. Le prolongement (*c*), qui émerge du milieu du bord antérieur profondément échancré du flotteur, atteint près de 2 centimètres et demi de long et se termine par deux lobes ; il représente la trompe de l'animal. Au repos et pendant la natation, celle-ci demeure infléchie en arrière et touche souvent le milieu du flotteur.

Distribution géographique. — Cette espèce, comme son nom l'indique, se trouve dans les mers de Naples.

Mœurs, habitudes, régime. — Quand le Mollusque est irrité, ou quand il fait de violents efforts, en captivité, il se soulève et peut se diriger lentement en avant. Mais, en somme, il est extrêmement peu mobile. Presque tout son corps est transparent ; on ne le remarque en mer que grâce à ses mouvements, la masse viscérale, d'un brun sombre, est rassemblée sous la forme d'un noyau effilé, qu'on voit par transparence au travers de l'enveloppe du corps.

Chez plusieurs espèces de Tiedmannia, le manteau offre des taches jaunes et brunes, qui varient de la même manière que les merveilleux Chromatophores des Céphalopodes et qui doivent être assimilés à ces productions, à tous les points de vue. Gegenbaur dit à ce propos : « En observant longtemps avec attention une Tiedmannia vivante, on remarque que le manteau et le bord du flotteur possèdent seulement des points noirs à la place des grandes taches brunes; au bout de peu de temps, ces points s'agrandissent graduellement; en même temps, leur teinte s'éclaircit, jusqu'à ce qu'ils se transforment enfin en ces taches brunes arrondies, dont la disparition a peut-être paru d'abord problématique. L'observation de ce phénomène est frappante, surtout sous le microscope, où l'on croit avoir sous les yeux un jeu de Chromatophores des plus beaux. La cellule colorée prend souvent les aspects les plus bizarres. La rapidité de la contraction, qui est active dans ce phénomène, est extrêmement variable, et dure depuis une demi-minute jusqu'à trois quarts d'heure et même davantage. »

LES PNEUMODERMIDÉS — *PNEUMO-DERMIDÆ* Cuv.

Caractères. — Les Pneumodermidés comprennent de petits Mollusques mous, membraneux ou même gélatineux, à nageoires distantes et séparées l'une de l'autre par toute l'épaisseur du corps; leurs branchies sont postérieures ou antérieures, quelquefois circulaires et cutanées.

PNEUMODERMON CILIÉ — *PNEUMODERMON CILIATUM* D'ORB.

Caractères. — Ce Pneumodermon se distingue des autres espèces, par une forte couronne de cils vibratils remplaçant les appendices plissés de l'extrémité postérieure.

Distribution géographique. — Cette espèce habite les mers des régions chaudes.

Mœurs, habitudes, régime. — Gegenbaur a découvert chez ces animaux un grand nombre de petites glandes cutanées, dont l'excrétion constitue pour eux un moyen de défense. « En irritant, au moyen d'une épingle, un Pneumodermon qui vient d'être capturé et dont les glandes cutanées paraissent remplies, d'après leur coloration blanchâtre, on voit aussitôt toute la surface du corps se recouvrir d'une enveloppe trouble, parfois blanchâtre, qui se laisse

détacher de la surface de l'animal, sous forme de lambeaux membraniformes. Souvent aussi cette sécrétion, au lieu de former une masse compacte et membraneuse, revêt d'abord l'animal sous l'aspect d'un léger nuage opalin qui tombe bientôt sur le sol et disparaît. On peut répéter l'expérience plusieurs fois à des intervalles de deux à six minutes; mais chaque fois le résultat est moins considérable qu'auparavant; à la fin, il faut attendre plus d'une heure pour que les glandes soient suffisamment remplies. Je ne saurais dire encore d'une façon certaine si cette sécrétion représente un simple déchet de l'organisme, ou si elle constitue un véritable moyen de défense; peut-être agit-elle par les deux à la fois. Il est certain, en tous cas, que l'animal s'en sert pour se défendre; non seulement, en effet, ces glandes se vident au moindre attouchement par un corps étranger, mais l'observation suivante a été relevée plusieurs fois : quand des Pneumodermon se sont trouvés dans le même récipient que de voraces Ptérotrachea ou de rapaces Phyllirhoé, les Pneumodermon, plus faibles, ont été pourchassés sans que leur agilité ait pu les sauver de leurs ennemis. Chaque fois qu'un de ces carnassiers approchait trop près un de ces Pneumodermon et cherchait à le saisir entre ses crochets béants, celui-ci s'enveloppait d'un nuage; son adversaire s'arrêtait effrayé, et la victime gagnait une avance qui lui permettait d'échapper au moins pendant quelque temps. Sans doute ce moyen n'était pas suivi d'un effet durable, car la poursuite recommençait bientôt; après plusieurs tentatives de ce genre la sécrétion protectrice se tarissait, et l'animal le plus fort saisissait enfin la proie qui lui avait souvent échappé. »

Les ventouses avec leurs pédicules sont ordinairement rétractées et il est difficile de décider les animaux à faire saillir entièrement l'appareil qui porte les ventouses. Gegenbaur n'a pu les voir, au moyen de ces ventouses, à adhérer, à aucun objet.

Le développement des Pneumodermon diffère non seulement de celui des autres Ptéropodes, mais encore de celui de tous les Gastropodes. La larve, qui nage librement dans la mer, est d'abord allongée, cylindrique, et entourée de trois anneaux vibratiles, qui rappellent les larves de beaucoup de Vers annelés. Le premier anneau vibratile correspond au velum des autres Mollusques. Le stade que nous avons figuré (fig. 701) correspond à une période bien plus avancée ; à la place du velum, nous voyons les deux flotteurs (*f*), au-devant desquels se trouvent les pédicules (*e*) munis de leurs ventouses. Entre eux s'élève la portion céphalique (*d*), qui présente la fente buccale (*b*). De chaque côté on remarque deux cônes (*c*) munis de crochets ; c'est là encore un caractère propre aux Pneu-

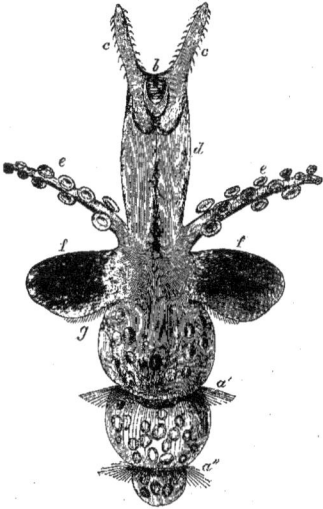

Fig. 701. — Pneumodermon cillé.

modermon adultes ; à l'état habituel de repos, ces cônes sont invaginés comme des doigts de gant. Protractés et raidis, ils servent d'armes défensives et offensives ; toutefois leur emploi n'a pas été encore observé directement. Chez toutes les espèces l'anneau vibratile médian (*a′*) disparaît ; chez la plupart, il en est de même du

troisième qui est remplacé ensuite par les lobes branchiaux.

CLIO BORÉAL — *CLIO BOREALIS* Lin.

Caractères. — Son corps nu est muni d'une tête nettement distincte, dont la portion cervicale porte une paire de flotteurs. Il offre en outre un appendice caractéristique, généralement en forme de fer à cheval, émanant de la face ventrale, et situé entre les deux flotteurs ; cet appendice représente, avec un prolonge-

Fig. 702. — Clio boréal.

ment effilé qui existe quelquefois, la sole ventrale des Gastropodes (fig. 702).

Distribution géographique. — Ce Clio vit dans les mers du Nord.

Mœurs, habitudes, régime. — Lorsque les Clio semblent sombrer subitement, ils peuvent retirer leurs flotteurs en les plissant et les invaginer ensuite complètement, dans la partie postérieure du corps, avec cet appendice comparable au pied et avec toute la partie céphalique ; notre espèce constitue la principale alimentation de plusieurs Poissons de proie, des Mouettes, et des Baleines que nous avons citées comme les ennemies les plus efficaces de la *Limacina arctica*.

LES CÉPHALOPODES — *CEPHALOPODA* Cuv.

Caractères. — Claus définit ainsi cette classe importante de Mollusques : « Animaux dioïques à tête distincte, pourvus de deux grands yeux présentant une structure très élevée, d'une couronne de bras autour de la bouche et d'un pied formant un entonnoir. »

Malgré la forme générale de leur corps, continue Claus, auquel nous empruntons la majeure partie de ces généralités, les Céphalopodes se rattachent plus étroitement qu'on ne le croyait jadis au autres Mollusques.

Leuckart a montré les nombreux rapports morphologiques existant entre eux et les Ptéropodes notamment.

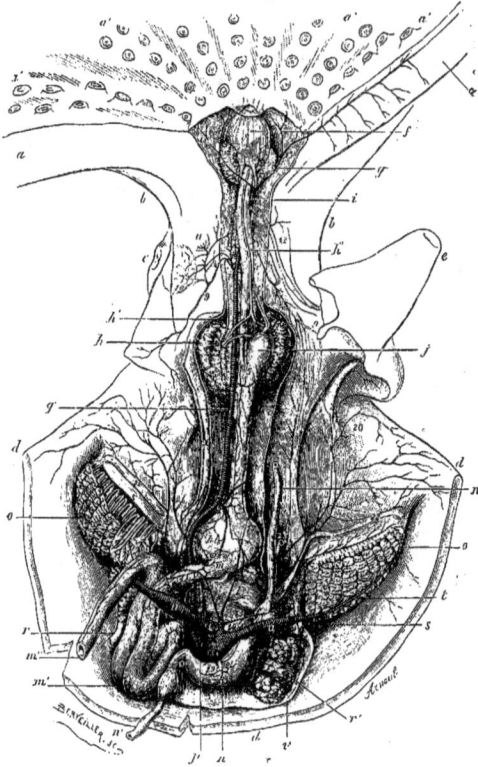

Fig. 703. — Anatomie du Poulpe (*Octopus vulgaris*) (*).

Autour de l'orifice buccal que nous examinerons bientôt, on trouve une couronne de bras qui ont servi à désigner la classe. Ces bras offrent une constitution très musculaire et très résistante; ils sont mobiles et extensibles; le jeu de ces organes, chez les espèces les plus grandes, rappelle les contorsions d'un paquet de reptiles enchevêtrés. Ils sont armés de ven touses chez tous les Céphalopodes vivants, à l'exception des Nautiles; aussi sont-ils admirablement organisés pour faciliter la capture des proies ou les mouvements de reptation. Ces ventouses, ordinairement fixées sur un pédicule musculaire, sont circonscrites par un anneau cartilagineux rempli également de fibres musculaires. Quand cet anneau s'applique sur une surface plane et que les fibres musculaires, en se contractant, font une légère saillie au-dessous de lui, il en résulte une cavité dans laquelle l'air est raréfié; l'adhérence de la ventouse est alors telle, qu'en cherchant à la vaincre on arrache l'organe en partie; et lorsque plusieurs ventouses fonctionnent à la fois, on emporte plutôt le bras tout entier de l'animal que de lui faire lâcher prise. Chez certaines tribus, ces ventouses sont armées, en outre, de crochets et de pointes écailleuses. « Les mouvements qu'exécutent ces ventouses, dit Collmann, n'ont pas seulement pour but de maintenir ou de relâcher une proie; elles peuvent aussi s'étirer et se rétracter sans rien saisir. Elles se ferment et prennent ainsi l'aspect d'un bouton, puis elles s'ouvrent complètement ou à demi, tantôt plus d'un côté que de l'autre, au gré de l'animal. Chaque ventouse possède un haut degré d'indépendance, car elle est pourvue d'un appareil musculaire propre et d'un système nerveux destinés à son usage exclusif. Aussi, pendant que les unes se fixent, les autres demeurent-elles libres. »

Les bras, absolument symétriques, se comptent par paires à partir de la face dorsale; la quatrième paire émane à droite et à gauche de la ligne médiane du ventre. A leur base, les bras sont réunis par une membrane qui chez quelques espèces s'avance jusqu'à leur extrémité. Cette membrane paraît servir principalement à former une cavité close, entourant de toutes parts la proie que les bras ont enfermée et dans laquelle la victime périt inévitablement sous la dent de son vainqueur.

En écartant ces bras, on voit apparaître au centre de leur base l'orifice buccal qu'entourent plusieurs lèvres orbiculaires. Dans la bouche se trouvent deux mâchoires, d'un brun noirâtre, qui sont grandes, solides, pointues et tranchantes, c'est-à-dire parfaitement en rapport avec le caractère carnassier de l'animal. La mâchoire inférieure (fig. 704 a) est plus large et plus saillante que la supérieure (fig. 705 b) qui, pendant le repos, comme pendant la mastication, s'enfonce entre les branches latérales de la pre-

mière. Nous verrons que, grâce à cet appareil, ces Mollusques sont à même de traverser le crâne des gros Poissons jusqu'au cerveau. Au-dessous de la couronne brachiale, la tête prend sur les côtés et surtout à la face dorsale une forme sphéroïdale. A ce niveau existe intérieu-

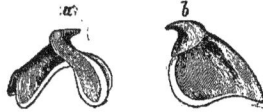

Fig. 704-705. — Mâchoires de Céphalopode.

rement une sorte d'écaille frontale, dont les prolongements immédiats forment les deux capsules cupuliformes et cartilagineuses des yeux. Ceux-ci, qui semblent démesurément grands, brillent d'un feu extraordinaire.

La peau des Céphalopodes se compose d'un épiderme presque partout pavimenteux, et d'un chorion formé de fibres lamineuses, et de muscles dans lesquels se trouvent des Chromatophores auxquels sont dus les changements de couleur que l'on observe chez ces animaux. Pendant le repos, ces cellules, grâce à leur élasticité, sont réduites à leur volume minimum, et la matière colorante rassemblée en petits monceaux ne donne à la surface qu'une coloration très faible. Mais de nombreux faisceaux musculaires, reliés à ces cellules sous la forme de rayons, peuvent les distendre en même temps que les amas de matière colorante; c'est à cette substance que sont dues les colorations brillantes et irisées. Ces effets sont produits par des lamelles superposées et placées au-dessous des cellules colorantes, et ces jeux de lumière obéissent aux lois physiques des interférences.

A la face inférieure du corps, on remarque le bord libre du manteau, au-dessus duquel émerge l'extrémité rétrécie de l'organe appelé entonnoir dont l'animal fait un fréquent usage. En ouvrant la poche du manteau, grâce à l'écartement de son bord qu'il éloigne du corps, il laisse pénétrer l'eau jusqu'au fond de ce sac. Il referme ensuite le manteau, en appliquant contre deux dépressions correspondantes, sur la paroi ventrale, deux boutons cartilagineux; il presse avec force l'eau renfermée dans le sac et la fait passer rapidement dans l'ouverture large de l'entonnoir, qui se trouve dissimulée dans le manteau; l'eau jaillit alors à travers l'étroit orifice externe de l'entonnoir.

Ce jet a pour but de faire progresser, avec la rapidité de la flèche, les espèces de Céphalopodes les plus grêles, l'extrémité postérieure en avant.

Dans l'entonnoir s'ouvre, en dehors de l'intestin, chez la plupart des Céphalopodes, l'orifice excréteur d'un organe important qu'on nomme la poche à encre. C'est une glande qui sécrète une matière d'un brun noirâtre. L'animal la projette volontairement, et une faible quantité de cette matière lui suffit pour s'envelopper d'un nuage obscur, grâce auquel il peut échapper soudain aux regards de ses ennemis. C'est, bien entendu, sur cette propriété que repose la

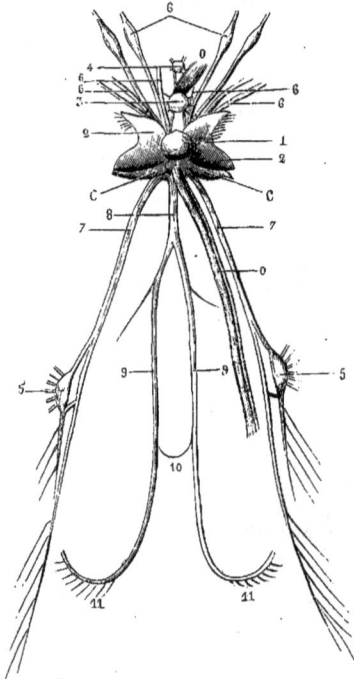

Fig. 706. — Système nerveux de la Seiche (*).

dénomination de *Limace à encre*, et celle, parfaitement impropre d'ailleurs, de *Poisson à en-*

(*) 1, cerveau. — 2, ganglions optiques. — 3, ganglion sus-pharyngien. — 4, ganglion sous-pharyngien. — 5, ganglions étoilés. — 6, nerfs des bras. — 7, nerfs palléaux. — 8, tronc commun des nerfs viscéraux. — 9, nerfs viscéraux. — 10, anse anastomoïque. — 11, nerfs des branchies. — O, œsophage. — C, coupe du cartilage céphalique.

cre, sous lesquelles on désigne ces Mollusques. En peinture on emploie cette matière sous le nom de *sépia;* on l'a retirée même de certaines espèces fossiles.

Le système nerveux (fig. 706) se laisse ramener au même type que celui des Gastropodes, mais il se distingue par sa grande concentration et un degré supérieur de développement.

L'œil des Céphalopodes, dans sa structure interne, présente presque les mêmes parties que celui des Vertébrés.

L'appareil vasculaire (fig. 703) montre le type le plus élevé parmi tous les Invertébrés, car les artères et les veines communiquent par un réseau capillaire excessivement riche. Cependant il n'est pas complètement clos, la cavité viscérale joue le rôle d'un vaste sinus interposé entre les veines et les artères, dans lesquelles le sang coloré en bleu, en violet ou en vert, parcourt des routes déterminées. Le cœur, volumineux, musculaire, est situé à la partie postérieure du sac viscéral, et reçoit autant de veines qu'il existe de branchies.

Les Céphalopodes possèdent des dispositions spéciales permettant à l'eau de se mêler au sang, et partout on rencontre, sur les côtés de l'abdomen, de larges sacs membraneux débouchant chacun dans la cavité palléale. Ces sacs correspondent aux poches dans lesquelles fait saillie l'organe de Bojanus des Lamellibranches; il existe également dans ces poches des organes urinaires sous la forme de masses spongieuses; leur surface externe est recouverte d'une couche de cellules qui sécrètent des concrétions violettes, renfermant de l'acide urique (Claus).

Chez les Céphalopodes les sexes sont séparés; nous signalerons un fait d'une haute importance, c'est la modification de l'un des bras du mâle, faisant fonction d'appareil génésique et connu sous le nom d'hectocotyle. Considéré d'abord comme un animal particulier, puis enfin rendu à sa véritable fonction, par Dujardin d'abord, puis en dernier lieu par H. Müller et Leuckart.

Le développement de l'œuf, dont on doit la connaissance surtout à Kölliker, débute par le phénomène de la segmentation partielle.

De même que dans l'œuf de l'oiseau, la portion segmentée du vitellus constitue la tache embryonnaire ou disque germinatif, qui à mesure qu'il s'accroît se sépare de la portion sous-jacente du vitellus. Le blastoderme est d'abord formé par une seule couche de cellules; plus tard, naît du milieu du disque germinal le feuillet moyen.

A un moment donné on voit apparaître sur

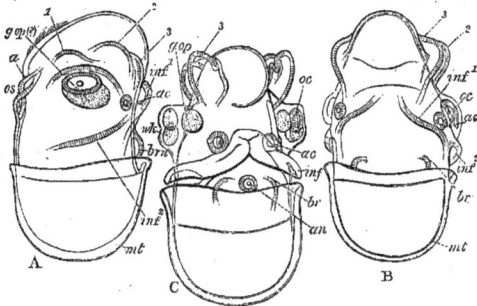

Fig. 707 à 709. — Trois embryons d'un Céphalopode à tres petit sac vitellin (d'après Grenacher) (*).

l'embryon des saillies en forme de bourrelets ; d'abord au centre du germe, un bourrelet rhombique, entourant une fossette qu'il finit par fermer, c'est le manteau, sur les côtés duquel se montreront bientôt les rudiments des yeux, les deux moitiés de l'entonnoir, puis enfin les branchies, entre cet entonnoir et le manteau (Claus).

A mesure que le développement progresse, l'embryon, qui présente une symétrie bilatérale bien marquée, prend de plus en plus la forme d'un Céphalopode. Le vitellus, à peu d'exceptions près, constitue un sac vitellin extérieur, dont le contenu communique au-dessous de la bouche, avec le vitellus contenu dans la cavité viscérale (Claus) (fig. 707-709).

Distribution géographique. — Tous les Céphalopodes sont des animaux marins. Les uns habitent près des côtes, les autres se montrent dans la haute mer.

Distribution paléontologique. — Le nombre des espèces vivantes est de beaucoup inférieur à celui des espèces éteintes ; plusieurs genres même n'existent plus ; ils offrent un immense intérêt et nous aurons soin d'examiner les plus importants à connaître.

Mœurs, habitudes et régime. — Si les Céphalopodes sont les Mollusques les plus élevés en organisation, ils sont aussi les plus forts, les plus puissants. Les données anciennes et modernes relatives à ce sujet ont été discutées par Keferstein.

« Depuis l'antiquité, dit-il, on a cru qu'il existait des Céphalopodes de taille gigantesque, capables de mettre en danger les hommes et même les vaisseaux ; les récits relatifs à la Pieuvre qui a servi à Oken pour dénommer toute la classe des Céphalopodes ont eu cours jadis universellement. Dans les temps plus récents la plupart de ces données sont considérées comme autant de fables ; on ne leur reconnaît du moins aucun fondement scientifique ; de la crédulité, on est même tombé dans l'extrême contraire, en n'accordant aux Céphalopodes les plus grands qu'une longueur de 3 ou 4 pieds au plus. On sait toutefois aujourd'hui qu'il existe parmi ces animaux de véritables géants ; mais on n'a encore à leur sujet que des données insuffisantes. Pour bon nombre d'entre eux il est impossible de dire s'il s'agit simplement de Céphalopodes ayant atteint simplement des dimensions gigantesques, en raison de leur âge, ou s'il s'agit d'espèces distinctes, qui à l'état jeune nous ont constamment échappé en raison de leur existence « pélagique » et qui doivent toujours, pour atteindre l'état adulte, acquérir ces dimensions gigantesques. La première hypothèse paraît plus vraisemblable ; elle explique la rareté de ces êtres monstrueux ; un petit nombre seulement peut échapper à ses ennemis et parvenir jusqu'à un âge extraordinairement avancé. Néanmoins rien ne nous dit que la haute mer ne recèle pas, notamment dans ses profondeurs, encore bien des espèces

(*) a, blastophore. — b, branchies. — inf¹ et inf², replis postérieur et antérieur de l'entonnoir. — g.op, ganglion optique. — oc, œil.

— wk, corps blanc. — ac, fossette auditive. — os, stomodæum. — an, anus. — mt, manteau. — 1, 2, 3, 1ʳᵉ 2ᵉ et 3ᵉ paires.

de Céphalopodes dont nous ne soupçonnons même pas l'existence aujourd'hui et qui peuvent se distinguer par des dimensions énormes.

« Aristote déjà citait un Loligo. long de cinq aunes; et Pline reproduit le récit de Trébius Niger, d'après lequel un Poulpe gigantesque serait venu sur les rives de Carthage, ravager les viviers et aurait mis en fuite les chiens, à l'aide de ses bras et du ronflement qu'il faisait entendre. La tête de cet animal, qui fut montrée à Lucullus, était de la grosseur d'un tonneau de 15 amphores, et ses bras, qu'un homme pouvait à peine tenir embrassés, mesuraient 30 pieds de longueur et portaient des dépressions (ventouses) pouvant contenir une urne d'eau. Le plus grand Céphalopode, qu'on appelle la Pieuvre, est signalé d'abord en Norwège par Olaus Magnus, puis par l'évêque Pontoppidan. D'après ce dernier, des pêcheurs remarquèrent pendant la pêche une quantité énorme de poissons; puis leur nombre sembla diminuer et ils s'enfuirent alors, car la pieuvre était proche. « Hors des flots, dit-il, émerge une surface vaste et inégale, dont le diamètre mesure une demi-lieue et dont la hauteur s'élève souvent jusqu'à 30 pieds au-dessus de l'eau. Dans les dépressions que forment les inégalités de la surface dorsale du monstre, il reste de l'eau sur laquelle on voit sauter des poissons. Peu à peu les tertres et les collines de cette île factice s'élèvent plus abrupts, et de dedans en dehors on voit se dresser, comme les cornes d'une limace, des bras plus puissants que les mâts les plus forts des plus grands navires; leur vigueur est suffisante pour saisir un vaisseau capable de traîner cent canons et pour l'engloutir dans l'abîme. Ils s'étirent de toutes parts, s'enchevêtrent, s'abaissent vers la surface des flots, se redressent de nouveau et possèdent toute l'agilité des bras de n'importe quel autre animal. » Un individu jeune, appartenant à cette espèce géante, vint s'enclaver entre les rochers d'un fjord dans la région septentrionale de la Norwège, en 1680, ainsi que l'indiqua Früs. Ce corps immense, dit-il, emplissait toute la baie; les bras étaient contournés autour des rochers et des arbres qu'ils avaient déracinés, et ils adhéraient tellement aux roches inébranlables, qu'il n'y eut pas moyen de les en détacher. «

La plupart des données relatives à ces poulpes gigantesques ont été publiées par Montfort (1).

(1) Montfort, *Histoire naturelle des Mollusques.*

On y trouve signalé un monstre marin qui, sur la côte d'Angola, menaça d'entraîner dans l'abîme un bateau dont il avait saisi les cordages à l'aide de ses bras; l'équipage, une fois sauvé, fit représenter en guise d'ex-voto, dans la chapelle de Saint-Thomas à Saint-Malo, le danger imminent auquel il avait échappé.

Montfort reproduit plus loin le récit du major Dens:

« Ce capitaine de vaisseau a vu, auprès de Sainte-Hélène, un poulpe enlever à l'aide de ses bras deux matelots qui se cramponnaient à une saillie du navire; l'extrémité d'un de ces bras, qui fut tranchée à coups de hache, parmi les cordages où elle s'était enchevêtrée, mesurait 25 pieds de longueur et portait plusieurs rangées de ventouses.

« C'est à un animal aussi grand qu'a dû appartenir le bras qu'un pêcheur de baleine a extrait du pharynx d'un cachalot dans la mer du Sud et qui mesurait 23 pieds de longueur. Mais toutes ces données et d'autres encore méritent tellement peu de confiance qu'on traite même de fables, dans la science, tous les récits relatifs à des Sépias de plus de deux pieds de longueur ; ces animaux atteignent souvent jusqu'à cette dimension dans la Méditerranée.

« Plus tard Steenstrupp remit un peu en honneur les récits relatifs aux Sépias gigantesques ; il désigna comme Céphalopodes, d'une manière certaine, les monstres marins qui avaient échoué sur la côte d'Islande en 1639 et en 1790, et dont le dernier aurait mesuré trois brasses et demie pour la longueur du corps et trois brasses pour celle des bras. Il comprit dans le même groupe le mollusque appelé Moine de mer, qu'on avait trouvé dans la sonde et qui mesurait huit pieds de longueur. Plus tard Steenstrup reçut lui-même les restes d'une Sépia gigantesque qui avait échoué en 1853 dans le Jutland ; sa tête était aussi grosse que celle d'un enfant et sa coquille dorsale, écailleuse, mesurait six pieds de long.

« Harting décrit avec plus de détails, en 1860, les restes de Sépias de dimensions analogues, contenues dans les musées d'Utrecht et d'Amsterdam.

« Le récit le plus merveilleux et le plus récent relatif à une Sépia gigantesque est dû au capitaine Bouyer, de l'aviso français *Alecton*, qui observa ce Mollusque au voisinage de Ténériffe le 30 novembre 1861.

« L'aviso rencontra, entre Madère et Ténériffe, un Poulpe gigantesque qui nageait à la surface de l'eau. L'animal mesurait 5 à 6 mètres de long, non compris les huit bras monstrueux pourvus de ventouses. Sa teinte était rouge brique ; ses yeux énormes étaient d'une fixité effrayante. Son corps fusiforme, fortement renflé au milieu, devait peser près de 2000 kilogrammes ; ses nageoires, situées vers l'extrémité postérieure, étaient arrondies et volumineuses. On essaya de le saisir dans un nœud coulant, et de le tuer à coups de feu ; le capitaine n'osa pas risquer la vie de son équipage en faisant mettre à flot un canot, que le monstre aurait pu accrocher aisément avec ses bras formidables. Après une chasse de trois heures, on n'obtint qu'une partie de l'extrémité postérieure de l'animal (1).

« Si donc les observations récentes ne confirment pas les vieux récits relatifs aux Pieuvres, elles nous donnent, du moins, la certitude qu'il existe des Céphalopodes gigantesques, mesurant vingt pieds de long ou plus encore, et capables de mettre en danger les hommes même et les bateaux peu considérables. » (O. Schmidt.)

Plus récemment encore, de 1874 à 1875, on aurait capturé, sur la côte orientale de l'Amérique du Nord, des Calmars dont les bras mesuraient 9 et 10 mètres de long ?

Les Céphalopodes sont divisés en deux grands ordres, les *Dibranches* ou *Acétabulifères*, et les *Tétrabranches* ou *Tentaculifères* que nous allons examiner.

LES CÉPHALOPODES DIBRANCHES ou ACÉTABULIFÈRES — *DIBRANCHIATA* Owen.

Die Zweikiemer.

Caractères. — Les Dibranches ou Acétabulifères ont un corps représentant un sac ouvert en avant, plus ou moins gros, de formes variables, avec ou sans nageoires et renfermant deux branchies paires, les viscères et une poche à encre.

La partie céphalique porte huit ou dix bras de longueurs diverses, flexibles en tous sens, à l'aide desquels ces animaux nagent, marchent et se fixent. Ces bras sont garnis à la face interne de suçoirs. Une bouche placée au centre et à la base des bras est armée de deux mandibules cornées, en forme de bec de Perroquet.

L'animal contient le plus souvent, à la partie médiane du corps, un osselet de forme et de consistance variables, ou une coquille calcaire ; plus rarement on rencontre une coquille spirale simple, à parois minces, ou divisée en chambres nombreuses traversées par un siphon, enveloppée en grande partie par les lobes du manteau.

Distribution géographique. — On trouve les Céphalopodes dibranches dans toutes les mers, les uns sont essentiellement voyageurs, ils paraissent sur les côtes, seulement au moment de la ponte.

(1) Deux conchyliologistes modernes ont cru devoir baptiser du nom de *Bouyeri* cette espèce hypothétique qu'ils n'ont jamais connue que par le précédent récit, et un dessin fait pendant les péripéties du combat.

Distribution paléontologique. — Un grand nombre de Céphalopodes dibranches se rencontrent dans les formations géologiques. Leur plus grand développement se montre pendant l'époque Jurassique, où l'on trouve des genres n'existant plus aujourd'hui.

Mœurs, habitudes, régime. — Tous carnassiers, ces animaux sont très voraces et généralement nocturnes. Ils vivent de Poissons, de Mollusques, de Crustacés, qu'ils déchirent à l'aide de leurs mâchoires cornées. Les uns se lancent sur leur proie ; d'autres l'attendent placés en embuscade, et quand elle se trouve à leur portée, ils la saisissent à l'aide de leurs bras armés de ventouses.

Chez la plupart des Céphalopodes dibranches, on ne constate aucune différence essentielle entre le mâle et la femelle. Si l'on y regarde avec attention, on reconnaît cependant que le mâle de la Sépia se distingue par la ligne blanche de ses nageoires, que les femelles des Loligidés ont le corps plus allongé, et qu'il existe encore d'autres différences analogues ; mais on n'a découvert que depuis ces derniers temps la modification spéciale que présente constamment chez les mâles un des bras, différent des autres par sa conformation et servant à la reproduction. Seul, Aristote, cet observateur de génie, a eu la notion de ce fait, 400 ans avant Jésus-Christ ; seulement ses courtes indications n'ont pas été comprises. La modification en question se trouve accentuée de la manière la plus frappante chez un certain nombre d'espèces. Chez les uns c'est le troisième bras gauche, chez les autres c'est le troisième bras droit, qui, au lieu de se développer normalement, constitue une vésicule pyriforme (fig. 710). Comme les autres

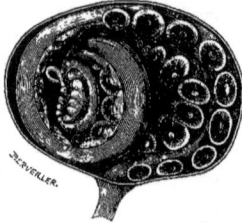

Fig. 710. — Hectocotyle dans sa vésicule.

bras, il est vrai, il est muni de ventouses (fig. 711), mais il en diffère par sa longueur, par son prolongement filiforme, et surtout par sa conformation intérieure. Il se remplit d'un liquide particulier à l'époque de la maturité sexuelle, se détache en conservant sa motilité, dans la cavité du manteau de la femelle jusqu'à ce que, par son intermédiaire, les œufs en germe soient devenus propres à éclore. L'indépendance apparente de ce bras est telle que plusieurs des Naturalistes les plus célèbres, Cuvier entre autres, l'ont pris pour un Ver parasitaire, qu'ils nommèrent Hectocotylus. Collmann a montré que la disposition de ses vaisseaux sanguins et la richesse de ses ganglions nerveux expliquent comment la vie peut se prolonger longtemps dans ce bras une fois isolé. Dans le cas présent, les comparaisons minutieuses de Steenstrup lui ont permis d'établir que le bras hectocotylien des Céphalopodes en question constitue simplement la forme la plus extérieure d'une organisation qui se produit chez les mâles de toutes les espèces. Tous les mâles des Céphalopodes possèdent en réalité un bras hectocotylien.

Chez le Calmar, c'est le quatrième bras gauche. Il est modifié de telle sorte que les ventouses, qui sur le bras droit correspondant décroissent régulièrement jusqu'à son extrémité, disparaissent au moins sur l'une des faces du bras en question, dans une étendue notable à partir de l'extrémité, et s'y trouvent remplacées par une série de papilles coniques et pectinées. Chez les Sépias aussi, le quatrième bras

gauche est modifié. Chez les Octopus et les Eledone, le troisième bras droit doit son aspect hectocotylien à une sorte de ventouse discoïde qui occupe son extrémité et à la formation d'un pli membraneux s'étendant sur toute sa longueur. A une certaine époque, les

Fig. 711. — *Tremoctopus carena* mâle avec l'hectocotyle (*).

mâles et les femelles se poursuivent avec acharnement.

Cavolini, après avoir confirmé le récit de Vérany au sujet de la capture des mâles à l'aide de femelles servant d'appât, s'exprime ainsi :

« La femelle s'unit au mâle de telle sorte que les orifices des deux entonnoirs se correspondent. »

Plus récemment encore, M. Fischer, en visitant Arcachon, a pu confirmer le fait. Il trouva dans un nid deux Sépias, de tailles un peu différentes, enlacées par leurs bras si étroitement que leurs mâchoires semblaient être en contact immédiat. On sépara le couple, qui manifesta son mécontentement par un jet d'en-

(*) *a*, ouverture du sac qui contenait l'hectocotyle. — *b*, vésicule qui contenait le fouet. — *c*, fouet (d'après Vérany et Vogt.)

cre abondant. A peine les eut-on replacées dans le récipient, qu'elles se réunirent de nouveau ; la même scène se répéta plusieurs fois dans la suite.

L'aquarium de Dohrn a fourni à plusieurs reprises des observations très complètes sur ce sujet. M. Collmann fait le récit d'un véritable duel entre un couple de Poulpes. « Ce que j'ai vu, dit-il, est un véritable combat à mort, un duel qui met en évidence mieux que jamais l'agilité et la force brutale de ces créatures. L'inquiétude s'empara de moi quand je vis ces animaux sur le point de s'entre-dévorer ; je ne fus rassuré que quand je m'expliquai la cause réelle de ce duel. La scène se passait en dedans de la vitre, juste en face de la cachette dont un coin se trouvait habité par un des Poulpes ; celui-ci assista, d'ailleurs, en spectateur absolument indifférent à la lutte des deux combattants, qui s'empoignaient tout auprès de lui et ne s'inquiétaient nullement des autres assistants. Plusieurs de leurs bras paraissaient fixés au carreau par les ventouses; d'autres s'accrochaient aux pierres de la paroi pour y prendre de nouveaux points d'appui ; les autres enfin cherchaient dans leurs contorsions furieuses à enlacer les bras ou le corps de leur adversaire. Les yeux étincelaient ; les deux corps, devenus d'un brun foncé, se pressaient l'un contre l'autre ; les violents mouvements de leur respiration expulsaient l'eau des entonnoirs en soulevant des tourbillons dans le bassin ; les bras glissaient çà et là comme des reptiles, se fixaient à la surface du manteau et s'en détachaient avec une brusquerie extrême, de sorte que le tégument d'une des deux bêtes fut mis en lambeaux. J'ai bien contemplé plus d'une heure le va-et-vient de ces deux têtes de Gorgone, sans que le but fût encore atteint. Les deux Poulpes cessèrent enfin la lutte, mais je ne pus oublier ce spectacle. »

Les œufs de Dibranches sont généralement enfermés isolément, ou par groupes, dans des coques ou des kystes allongés et pédiculés. La Sépia fixe ses œufs, ou plutôt ses capsules noires, isolément ou par groupes, sur les Algues, les herbes marines, les bouts de bois, les branches coupées, qui flottent dans l'eau ; les extrémités bifurquées du pédicule embrassent ces divers objets. L'animal assujettit ainsi ses œufs pendant qu'il entoure de ses bras l'objet en question. « Chez le *Tremoctopus violaceus*, dit Kölliker, les bras jouent un rôle plus important encore ; toute la masse des œufs, accumulés en grappe, est maintenue, pendant tout

le temps que dure le développement des petits, par une douzaine de ventouses inférieures ; cette position du bras ne peut être conservée qu'à l'aide de l'un ou de l'autre des bras qui viennent au secours du bras fixé. »

Chez les Loligo, les œufs ne restent pas isolés comme chez les Sépias (fig. 712), mais ils se

Fig. 712. — Œufs de la Seiche.

groupent en chapelets sur deux ou trois rangées, de telle sorte que tous les pédicules se dirigent en dedans et toutes les extrémités arrondies et libres en dehors. Comme leurs pédicules, les œufs s'apliquent étroitement l'un sur l'autre, et s'aplatissent plus ou moins dans les parties en contact. On peut comparer ces chapelets d'œufs à un panicule de Maïs qui ne serait formé que de trois ou quatre rangées de grains. Tous les œufs d'une même rangée (au nombre de 45 à 100) sont entourés en outre d'une enveloppe commune qui les engaine, de couleur pâle et transparente. Enfin, un certain nombre de chapelets d'œufs (au nombre de 5 à 20) sont pelotonnés en masse, par suite de la fusion des enveloppes communes de chacun de ces chapelets, au niveau de leur extrémité inférieure. Ces masses d'œufs, qui proviennent d'une femelle unique, ne sont pas transportées par elle (comme les œufs que l'Argonaute emporte dans la chambre postérieure de sa coquille), ni assujetties à des plantes ou à quelque autre objet ; elles sont abandonnées librement aux vagues. A Naples, elles sont bien connues des pêcheurs qui en apportent des quantités, surtout en mai et en juin, sous le nom d'*Uva di Calamaro*.

L'animal examiné pendant son développement, encore entouré de son enveloppe ovulaire, présente un aspect singulier. Lorsqu'il est déjà assez avancé pour qu'on lui distingue une tête, un corps, des yeux et des bras, et pour qu'on reconnaisse en lui un Céphalopode, on

Fig. 113. — Octopus vulgaire.

voit émerger de la tête, au-dessous de la bouche, une poche très remarquable qui représente le sac vitellin. Cette formation provient
de ce que primitivement le manteau se déve-

loppe au centre d'un disque germinatif dans
l'aire duquel apparaissent les parties céphaliques. A mesure que toutes les parties croissent
et se réunissent, l'animal en formation émerge

BREHM.

MOLLUSQUES. — 57

du vitellus restant; les parties céphaliques, primitivement comprises dans ces limites, étranglent le sac vitellin en se rapprochant au-dessus du tronc et finissent par s'en séparer. Il semble donc, au début, que le petit se trouve appendu au sac vitellin par la tête.

Les Céphalopodes dibranches sont divisés en deux sous-ordres, les *Octopodes* et les *Décapodes*.

LES OCTOPODES — *OCTOPODA* Lach.

Die Achtfuszer.

Caractères. — Le corps de ces Mollusques est bursiforme, arrondi ou ovoïde, ils ont huit bras garnis de ventouses, et ne possèdent pas de coquille ou d'osselet interne ; un seul genre présente une coquille externe ; leurs yeux, relativement petits, portent des paupières pouvant se fermer ; ils sont privés de nageoires, le manteau est largement uni à la tête, l'entonnoir est dépourvu de valvule.

Mœurs, habitudes, régime. — Les Octopodes habitent plus généralement la haute mer, ils viennent sur les côtes pour y déposer leurs œufs. C'est sur les bords garnis de rochers et peu recouverts d'eau qu'on les trouve en plus grand nombre. Les trous de rochers leur servent de repaires ; ils peuvent ramper dans tous les sens, mais ce sont les déplacements latéraux qu'ils préfèrent généralement. Ils étirent leurs bras, soulèvent leur tête, inclinent leur corps vers leur quatrième paire de bras et dirigent l'orifice de leur entonnoir latéralement. Ce sont les deux paires moyennes de bras, principalement, qui viennent en aide à leur progression latérale ; les bras supérieurs et inférieurs ne contribuent au mouvement qu'à l'occasion, suivant les hasards du terrain. Ils progressent ainsi assez rapidement, aussi bien hors de l'eau que dans ce milieu. Spontanément ils ne quittent jamais leur élément, mais certaines espèces peuvent vivre plusieurs heures hors de l'eau. Ils possèdent, pour regagner la mer, lorsqu'ils s'en trouvent séparés par une vaste étendue de terrain, un instinct vraiment merveilleux ; sans même apercevoir l'eau, ils se précipitent vers elle en droite ligne en franchissant les blocs de pierre.

LES OCTOPIDÉS — *OCTOPIDÆ* d'Orb.

Caractères. — Les Mollusques composant cette famille ont huit bras, garnis de courtes ventouses un bras de la troisième paire est hec-

tocotylisé. Ces bras sont réunis à leur base ou dans toute leur étendue par une membrane ; ils manquent tous de coquille interne cornée ou calcaire.

Mœurs, habitudes, régime. — Ils vivent sur les côtes et progressent en rampant.

OCTOPUS VULGAIRE — *OCTOPUS VULGARIS* Lamck.

Caractères. — L'Octopus vulgaris atteint de fortes dimensions ; de couleur gris blanchâtre, il prend, sous l'influence des excitations, des nuances brunes, rouges, ou jaunes ; en même temps sa surface tout entière se hérisse de saillies ferrugineuses (Pl. VIII et fig. 713).

Distribution géographique. — Son domaine s'étend non seulement sur toute la Méditerranée, mais aussi sur toutes les côtes de l'Atlantique, sur les rivages des îles des Indes orientales et occidentales, et sur ceux de l'île de France.

Mœurs, habitudes, régime. — Ce Mollusque se tient sur les fonds rocailleux, et se cache ordinairement dans les creux et dans les fissures, où son corps pénètre aisément grâce à son élasticité et à sa souplesse. C'est là qu'il guette les animaux dont il se nourrit. Dès qu'il les aperçoit, il quitte sa cachette avec précaution, se précipite sur sa proie avec la rapidité de la flèche, l'enlace de ses bras et la maintient au moyen de ses ventouses. Il s'élance vers sa proie, en nageant, l'extrémité postérieure en avant ; arrivé auprès d'elle, il se retourne immédiatement, avec une telle rapidité que l'œil peut à peine suivre son mouvement, et ouvre ses bras pour l'enlacer. Quelquefois il établit sa résidence à quelque distance d'un sol rocailleux, sur un fond sablonneux, et se construit alors une cachette. Il traîne, à l'aide de ses bras et de ses ventouses, des pierres qu'il rassemble sous la forme d'un cratère dans lequel il se blottit pour y attendre avec patience le passage d'un Poisson ou d'un Crustacé dont il sait adroi-

POULPE
Pris à l'Aquarium de Naples.

tement s'emparer. Vérany a observé plusieurs de ces animaux auprès de Villafranca. On peut étudier aisément et commodément leurs mœurs et leurs coutumes dans l'aquarium de Naples ; c'est là que notre planche VIII a été dessinée.

Nous cédons ici la parole à Colmann :

« Un des Poulpes de l'aquarium s'était construit, à l'aide des pierres éparses dans les bassins, une cachette qui ressemblait à un nid et dont l'ouverture était tournée en haut. Ce tertre pierreux se trouvait adjacent à la fenêtre du bassin. Le volume des pierres variait de celui d'une pomme à celui d'un pavé dont la diagonale aurait 15 centimètres environ. La plus grande partie du corps était tout à fait cachée dans ce nid ; la tête seule en émergeait, et les bras gisaient au-dessus de l'orifice, semblables à une couronne de Serpents. Cette attitude paraissait tout à fait familière à l'animal ; je ne l'ai vu abandonner cette position qu'une fois, alors qu'on avait enlevé une partie des pierres. Le Poulpe sortit alors furieux, et se mit à les rassembler de nouveau. On avait pratiqué cette démolition partielle, précisément, pour voir comment ce Mollusque, dénué de cartilages et flasque, pouvait entraîner de lourdes pierres, et l'on avait rejeté notamment quelques-unes des grosses pierres au milieu du bassin, c'est-à-dire à une assez grande distance. Aussitôt les démolisseurs écartés, l'animal se mit à l'ouvrage. Il enlaça chaque pierre, comme s'il eût voulu l'engloutir, et la pressa fortement contre lui de telle sorte qu'elle disparut presque entièrement entre ses bras. Lorsque sa charge lui parut suffisante, il relâcha une paire de bras qui vinrent prendre un point d'appui sur le sol et qui poussèrent le corps entier, avec son fardeau, en arrière. Des pierres de la grosseur du poing furent ainsi transportées rapidement et sans grand effort. Les plus grandes exigèrent un autre procédé. Saisies par leur angle le plus étroit, elles furent pressées contre l'orifice buccal. En même temps, le corps s'engagea au-dessous de sa charge afin de ramener dans l'alignement du point d'appui ce véritable bloc de rocher, qui put être ainsi soulevé et balancé. Quand l'équilibre fut enfin établi, une paire de bras se relâcha de nouveau et repoussa plus loin la masse informe, composée de l'animal et de la pierre. »

En été, les petits se rapprochent des rivages couverts de galets, et parfois on les rencontre encore sur un fond vaseux. On les capture ordinairement à l'aide d'une corde ; on remplace l'hameçon par un appât blanchâtre alourdi au moyen d'une pierre, et on tâche d'enlacer le Mollusque. Le pêcheur tient dans chaque main un bout du cordeau qu'il tire lentement sur le fond pierreux. A peine l'Octopus a-t-il aperçu l'appât, qu'il se précipite dessus et se laisse entraîner lentement jusqu'à la surface ; on le saisit alors dans un petit filet et on le rejette dans le bateau. Les plus grands spécimens sont capturés ordinairement par les pêcheurs qui cherchent, la nuit, à la lueur des torches résineuses, toutes sortes d'animaux marins. A Nice, où les jeunes Octopus s'approchent en été des plages de galets, j'ai été témoin d'un autre procédé de capture. On recouvre d'un morceau d'étoffe rougeâtre, effilochée, un fragment de liège hérissé de nombreux hameçons et fixé à un cordeau alourdi à l'aide de plombs. On jette cette corde aussi loin que possible, puis on la tire paisiblement vers le rivage. L'Octopus se jette sur l'appât, et généralement dès qu'on l'aperçoit on s'en empare en retirant rapidement la corde. Les mendiants, aussi bien que les riches, se livrent à ce sport, pendant les belles soirées d'été. Comme ces animaux, une fois sortis de l'eau, demeurent encore longtemps en vie, et s'agitent en cherchant à s'échapper avec adresse, on est obligé de les tuer sur place. Pour les petits, le pêcheur leur coupe la tête en deux ; pour les grands, il les fait périr en les piquant avec un couteau. Les jeunes fournissent un plat savoureux ; les plus vieux et les plus grands, qui pèsent plus d'une livre, ont une chair coriace, à laquelle on préfère celle des Sépias et des Calmars. Le spécimen le plus grand que j'aie vu capturer à Nice, par un pêcheur qui dut y consacrer des efforts extraordinaires, mesurait environ 3 mètres de long et pesait 50 livres. Les spécimens pesant 30 livres ne sont pas rares (O. Schmidt).

Comme nous venons de le dire, ce sont surtout les animaux jeunes qui se rapprochent des côtes ; ils demeurent même sous les pierres qui se trouvent découvertes à mer basse. Grube décrit la manière dont on s'en empare à Saint-Malo. « Pendant que je retournais, dit-il, avec l'aide d'un des matelots, plusieurs blocs de pierre, sans grand succès, l'autre marin se mit à fouiller le terrain en quête de Poulpes. Je découvris moi-même un de ces Octopodes, caché sous un bloc de rocher, d'où ses bras émergeaient cependant en partie. On le traita d'une manière cruelle : aussitôt empoigné et arraché du sol auquel il se cramponnait de toutes ses forces, il fut lancé par mes compagnons contre les rochers avec une véritable rage, à trois ou quatre reprises, jusqu'à ce qu'il pût à peine bouger; son corps fut ensuite retourné de telle sorte que les branchies apparurent au dehors; on découpa toutes les entrailles; le corps fut transpercé, et on le porta au bout d'un bâton pointu à côté du spécimen déjà recueilli. Pendant la marée basse, on peut voir un homme capturer jusqu'à cinq ou six de ces Octopodes; mais ils paraissent servir d'appâts pour les hameçons plutôt que de nourriture, comme on le voit en Italie. »

M. Fischer a publié des observations intéressantes sur les mœurs de l'Octopus vulgaire en captivité dans l'aquarium d'Arcachon. Pendant l'été de 1867, il y en avait sept spécimens dans l'aquarium et dans les bassins du vivier, où l'on avait creusé pour chacun d'eux une cavité dans l'épaisseur du roc. Quand l'un d'eux abandonnait sa retraite dans le but de visiter la demeure habitée par un autre, l'intrus était fort mal accueilli; l'autre changeait de couleur et s'efforçait à l'aide de sa seconde paire de bras à éloigner l'importun. Jamais cependant il ne résulta de combat sérieux. La seconde paire de bras, qui est la plus longue, est spécialement utilisée pour l'attaque et pour la défense; la première paire sert aux explorations et aux tâtonnements. Pendant le jour, les Octopodes ne se déplacent guère; mais parfois ils exécutent une manœuvre spéciale, qui consiste à agiter tout le cercle de leurs bras qui s'enroulent et qui s'enchevêtrent.

Les changements de coloration se manifestèrent de temps à autre, sans une excitation particulière appréciable. L'observateur en question vit une fois un Octopus devenir d'un rouge-brun foncé sur tout un côté du corps et de la tête, tandis que l'autre moitié restait grise.

Ces captifs, très voraces, sont nourris de coquillages; on leur fournit journellement une quantité déterminée de Cardiaires comestibles (*Cardium edule*). Pour les saisir et les amener à leur bouche, ils les cachent entre leurs bras et la membrane qui s'étend de l'un à l'autre. Au bout d'un temps indéterminé, une heure au plus, ils rejettent les coquilles ouvertes et complètement vidées; ces coquilles demeurent tout à fait entières. Les Cardiaires ne se fermant pas complètement, il pourrait se faire que ces petits animaux soient simplement sucés et humés peu à peu. Pour acquérir à cet égard quelque certitude, M. Fischer fournit aux Octopodes

de grands Pectoncles qui peuvent se clore très solidement et hermétiquement. Les Octopodes se comportèrent à leur sujet comme avec les Cardiaires, et au bout de trois quarts d'heure, les Pectoncles furent vidés et leurs valves rejetées sans être brisées. N'ayant pu atteindre ainsi le but proposé, on livra aux Octopodes des Crabes, qui constituent leur mets favori. Dès que l'Octopus vit approcher le Crabe de sa cachette (c'était un *Carcinus mœnas*), il se jeta dessus et l'enveloppa entièrement entre ses bras étendus et sa membrane brachiale. Les bras s'étirèrent autour de la victime de façon à l'empêcher de se défendre. Pendant une minute environ, le malheureux Crabe s'efforça de remuer ses pattes repliées, puis il devint immobile, et l'Octopus l'entraîna dans sa retraite. Au travers de la membrane brachiale on pouvait voir le Crabe occuper des positions variées, au bout d'une heure, le repas était terminé. La carapace dorsale était vide et séparée des viscères adhérents au thorax; les pattes étaient presque toutes brisées à leur base; les muscles des pattes et une partie des viscères étaient dévorés, mais le squelette tégumentaire n'était endommagé en aucun point. Ainsi la façon dont l'Octopus tue sa proie ne fut point révélée par l'alimentation au moyen des Crabes. Après son repas, disons-nous, il rejette le bras au devant de sa demeure et en recouvre en partie l'entrée en les tirant à l'aide des ventouses. Les yeux seuls émergent au-dessus de ce rempart pour guetter les proies nouvelles.

La fermeté et la rapidité dont les Octopus font preuve dans la capture de leurs proies, leurs changements de couleur pendant l'attaque, les verrucosités qui apparaissent sur leur tégument, donnent à ces animaux une allure vraiment sauvage. Toutefois, lorsqu'ils sont repus, ils laissent les Crabes errer autour d'eux et même les toucher. Ceux-ci, au contraire, témoignent d'une frayeur évidente et perdent leur audace habituelle; ils semblent s'abandonner à leur sort et subir le charme qui fascine les petits animaux en présence de leurs ennemis.

Colmann a fait une description très animée des Octopus communs, d'après les spécimens de l'aquarium de Dohrn:

« J'étais fort curieux, dit-il, d'étudier la nature de ces êtres. Ces créatures ont-elles véritablement quelque chose de sauvage, de féroce, de rapace, comme l'indiquent les récits relatifs aux Poulpes? Ont-elles vraiment quelque chose de la nature des tigres? Ou bien, serait-ce précisément tout le contraire? J'avoue que j'étais enclin à adopter cette seconde opinion; la mollesse de leur corps, et l'aspect que présente la bête une fois morte, me confirmaient dans mon scepticisme. Le Poulpe qui vient d'être tué, qui gît dans la corbeille ou sur le sol, et qui est offert au marché, ne produit pas la moindre impression. Son corps est alors lisse; ses bras, relâchés et mollement repliés, gisent enchevêtrés, et son aspect est tout à fait inoffensif. Mais l'observation de l'animal en vie a changé mon dédain pour lui en un sentiment tout opposé. Ces Mollusques sont, en réalité, les animaux aquatiques peut-être les plus belliqueux; ils sont audacieux, rapides et rusés dans leurs attaques; leurs mouvements jouissent d'une ubiquité surprenante, et leurs bras, dénués de cartilage et mous, possèdent une puissance colossale.

« Je citerai ici un fait auquel j'ai assisté et qui s'est passé dans les bassins de l'aquarium. On avait adjoint aux Poulpes un grand Homard qui provenait d'un autre bassin. Il fut aussitôt fasciné. Il vivait précédemment dans le plus grand bassin de l'aquarium; mais il y avait commis un meurtre horrible, poussé sans doute par la nécessité, et s'était attiré ainsi la colère de ses juges. Dans ce grand bassin se trouvaient, parmi des raies, des torpilles et d'autres animaux encore, quatre spécimens magnifiques de Tortues de mer. Les Tortues ont pour les Huîtres et pour le Homard un goût très prononcé; l'une d'elles, de la dimension d'une assiette, témoigna de son appétit à l'égard du Homard; elle n'avait pas apprécié exactement, faute d'expérience probablement, les armes de ce Crustacé. Elle paya cette témérité de sa tête, qui fut saisie et littéralement broyée entre les pinces du Homard. Or, chacun sait que le crâne d'une Tortue possède une pièce osseuse très résistante: on peut conclure de là à la puissance de ces pinces. Le Homard en question était aussi sans doute un spécimen colossal, mais le danger dont il s'était ainsi tiré avec succès n'en fournit pas moins une preuve remarquable de la vigueur de ses pinces.

« Ce Homard fut transporté au milieu des Poulpes. L'intrus fut observé avec une attention très vive, puis circonscrit dans des cercles très larges. Les Poulpes manifestèrent dans tout leur être quelque chose de provoquant.

Ils s'approchèrent avec circonspection, comme s'ils voulaient surprendre leur ennemi; ils firent cingler leurs bras au-dessus de lui, mais chaque fois qu'ils rencontrèrent son thorax chitineux ou ses pinces vigoureuses, ils se retirèrent en arrière.

« Peu à peu cette excitation se calma, mais l'un des Poulpes cherchait à s'approcher toujours davantage. Il parut enfin, lui aussi, songer à quelque autre chose et témoigna d'une indifférence parfaite. Le Homard se retira un peu en arrière et s'abandonna à une contemplation paisible mais prématurée: en un clin d'œil il fut saisi et entouré par le Poulpe qui le maintenait serré, dans l'impossibilité de se défendre. A ce moment, le gardien accourut, saisit cette masse pelotonnée qui ressemblait à un reptile furieux, et rendit la liberté au Homard.

« Cet employé, un Napolitain pur sang, m'affirma avec la plus grande conviction, en s'accompagnant de cette mimique animée, de ces gestes déliés et de cette rhétorique déclamatoire, qui caractérisent tous les Italiens du Sud, que le Poulpe aurait indubitablement déchiré en morceaux le Homard s'il n'était accouru à son secours. Mais j'avais mes préjugés à l'égard des Poulpes: ces masses molles transparentes et presque gélatineuses ne me paraissaient nullement dangereuses. En dépit de ses dires sur le danger de ces bêtes et sur le combat qu'il venait d'observer, mon incrédulité persista, malgré le talent avec lequel ce gardien sut me narrer des récits à faire dresser les cheveux sur la tête. Dans le but d'observer la suite des hostilités, je retournai souvent à ce bassin. Au bout d'une heure déjà, les instincts belliqueux me parurent s'éveiller de nouveau chez l'un des Poulpes; effectivement une nouvelle attaque ne se fit pas attendre. Malheureusement je ne pus constater si c'était le même animal qui renouvelait le combat; quoi qu'il en soit, le combat eut lieu. J'étais, par hasard, seul dans l'aquarium, et je me gardai d'intervenir dans cette lutte. Le mode et l'issue du combat m'intéressaient tous deux: lequel des deux gladiateurs serait condamné par le sort? Peu m'importait. Comme la première fois, les bras du Poulpe enlacèrent le Homard dans des contorsions convulsives; l'un d'eux se relâchait en un point pour venir porter aide aux autres. Le tout semblait faire partie du Poulpe, du Homard, on n'apercevait que de petites portions. Les combattants roulaient sur le sol en bouleversant le gravier; soudain, cette masse pelotonnée se dénoua, et le Poulpe fendit l'eau obliquement, entraînant le Homard à sa suite; mais ce n'était pas en vainqueur. Le Crustacé avait saisi profondément l'un des bras du Poulpe à son insertion et s'y cramponnait fortement. Je craignais une véritable amputation, car le Homard serrait ses pinces si fort que le bras me paraissait déjà séparé. A ma grande surprise, la substance grossière du Poulpe, élastique comme du caoutchouc, supporta cette pression terrible. Pendant ce temps, le Poulpe nageait, de ci de là, tourmenté par la douleur, et cherchait à se débarrasser de son adversaire. Les contorsions brusques du Mollusque lancèrent deux fois le Homard contre les pierres qui composent la paroi rocailleuse du bassin et le contraignirent à ouvrir finalement ses pinces. Là-dessus, les deux ennemis se retirèrent chacun dans un coin différent. Le Crustacé se tint tranquillement en observation dans un angle obscur; le Poulpe se fixa contre une des saillies rocailleuses et commença le jeu incessant de ses bras qui, tantôt s'enroulaient, et tantôt s'étiraient lentement pour tâtonner de ci et de là.

« Je fus surpris de voir le bras qui avait été profondément étranglé sous la pression des pinces se mouvoir également. Je m'étais attendu à une paralysie absolue, comme s'il s'était agi d'un Vertébré : je n'en trouvai pas trace. Ces organismes jouissent, grâce à leurs vaisseaux sanguins, d'une propriété très remarquable qui n'existe pas à ce degré chez les animaux plus élevés. Chaque portion du système vasculaire est contractile, de sorte que la circulation des sucs est possible, même sans l'intervention du cœur. Cette disposition permet de s'expliquer, qu'au bout de peu de jours déjà toute trace de la lutte avait disparu.

« La façon dont le Poulpe avait mené ce combat et la persistance avec laquelle il l'avait soutenu, malgré son désavantage, avait modifié mon appréciation. Je ne pouvais refuser de reconnaître le courage de cet animal et l'agilité de ses mouvements. Cependant les hostilités se poursuivaient sans cesse contre l'intrus; le gardien accourut de nouveau, le jour suivant, et sépara les combattants. C'était toujours un Poulpe unique qui combattait; les autres gardaient une neutralité passive. Une fois les adversaires ne furent séparés qu'après que le Homard eut perdu l'une de ses pinces.

« Pour mettre fin à cette lutte incessante, on transporta le Homard dans le bassin adjacent. Un mur en ciment très solide, qui s'élève de 2 centimètres environ au-dessus de l'eau, sépare ce compartiment des deux précédents entre lesquels une échancrure de la paroi laissait une communication ouverte. On eut en vain l'espoir de mettre ainsi le Homard à l'abri de ces Poulpes belliqueux. Dans le cours même de la journée, l'un d'eux passa par-dessus la cloison, attaqua à l'improviste le Homard qui reposait là, et après une courte lutte le coupa littéralement en deux. Le coup de main avait réussi, et en moins de quarante secondes le vainqueur, non seulement avait mis fin au combat, mais s'était mis déjà en demeure de dévorer son adversaire.

« Cette conduite du Poulpe avait à mes yeux un grand intérêt. Ce dernier acte du drame témoigne d'une activité cérébrale bien supérieure à l'instinct : il prouve une véritable intelligence. Le Poulpe avait observé sans doute que le Homard avait été transporté par le gardien dans le compartiment voisin, ou bien il avait flairé, à travers l'eau qui circulait, la proximité de son ennemi; quoi qu'il en soit, le Poulpe déduisit de ses perceptions sensorielles la présence de sa proie qu'il ne pouvait voir et sauta à travers l'air dans la direction de sa victime. Se précipiter sur une proie visible n'eût été qu'un acte instinctif; mais se jeter sur un ennemi hors de vue et dans les circonstances difficiles qui viennent d'être signalées, me semble quelque chose de plus : c'est là indubitablement un acte d'intelligence.

« Pour juger le cas équitablement il faut tenir compte des faits suivants : depuis l'ouverture de cet aquarium, les Poulpes vivent en commun avec deux autres Homards et se tiennent sur un pied de bonne intelligence. Ainsi ils se montrent très tolérants à l'égard de ces anciens compagnons de captivité, de même qu'à l'égard de quelques petits Poissons qui vivaient auprès d'eux dans les premiers temps. Le troisième Homard a produit sur eux une impression tout autre : il leur fit l'effet d'un intrus; tout compétiteur nouveau qui veut leur disputer l'air et l'espace excite leur colère et éveille chez eux une haine mortelle. Ils se comportent à l'égard d'un animal quelconque comme à l'égard de ce Homard, fût-ce même leur apparenté le plus proche. Pendant mon séjour, on voulut encore peupler ces deux bassins de plusieurs Poulpes, c'est-à-dire d'individus de la même espèce; mais cette tentative échoua complètement. Chaque nouveau venu fut massacré et dévoré. Dans toutes les luttes où les habitants anciens en vinrent aux prises avec des adversaires même supérieurs, la victoire leur resta. L'intrus a toujours le désavantage vis-à-vis des animaux déjà installés, et se trouve dans une situation défavorable. Ceux-ci sont maîtres de la place, courageux et entreprenants ; ils sont d'autant plus rusés qu'ils sont plus expérimentés, et ils connaissent parfaitement leur terrain ; le nouveau venu se trouve seul, en pays étranger, en présence d'agresseurs nombreux, dont le mode de combat est pour lui tout à fait nouveau. Naturellement, il est rendu par là plus craintif ; il se retire sans cesse, et songe toujours plus à la fuite qu'à la défense. De là l'issue funeste de son combat. Les Poulpes prennent en haine tous ceux qui veulent partager leur espace. Ce n'est pas la faim qui les pousse, car ils sont nourris largement, mais la haine qui surgit en tous lieux dans la lutte pour l'existence. La haine et le meurtre ne constituent pas, néanmoins, le trait principal de leur caractère, ainsi qu'en témoigne suffisamment un autre côté de leur nature. Non seulement ils connaissent leur gardien, par exemple, et le distinguent des autres personnes, mais ils lui témoignent même de l'affection. Ils enlacent son bras nu et sa main avec des mouvements doux et caressants et cherchent à attraper lentement les friandises qu'il tient sournoisement au-devant d'eux en prolongeant leur attente. » (Colmann.)

Colmann ayant étudié minutieusement les changements de couleurs et les attitudes des Octopus vis-à-vis de leurs compagnons de captivité, nous citerons encore ici cette partie de son intéressante description : .

« L'animal a la faculté de passer du gris le plus pâle au brun le plus foncé ; la coloration peut changer rapidement ou se fixer dans une nuance quelconque ; elle peut en outre se manifester seulement sur le corps ou sur les bras ; bref le Poulpe semble être absolument maître de son coloris. La peau tout entière était foncée pendant les agressions contre le Homard dont nous venons de parler, et notamment pendant le combat. Quand les Poulpes éprouvent à l'égard d'un ennemi des sentiments belliqueux, quand ils cherchent à enlever un Crustacé des mains du gardien, quand ils se poursuivent en jouant, les rapides changements de leur coloration mettent en lumière leur puissance absolue à cet égard. Ces changements de couleur constituent pour l'animal un moyen de défense

très précieux qui lui permet de tromper l'ennemi. Si les Poulpes se trouvent sur des pierres grisâtres, ils prennent eux-mêmes une teinte grise ; il serait difficile de dire si c'est là un phénomène volontaire ou soumis à un acte réflexe. L'animal ressemble alors, avec ses bras rétractés et son dos incurvé, à une pierre usée par le temps. Par ce moyen les Poulpes échappent aisément à l'ennemi.

« Ce changement de couleurs est en même temps d'un usage précieux pour soutenir la mimique de ces bêtes. Les Poulpes sont peut-être les animaux les plus animés de la mer. Ils sont toujours en mouvement, et surpassent de beaucoup en vivacité les Sépias et les Calmars. La peau étant transparente et le corps entièrement nu, les divers états d'excitation par lesquels passe l'animal peuvent être suivis aisément, et l'on ne tarde pas à remarquer qu'il possède une mimique très significative et peut exprimer une grande variété de sentiments. A ce genre d'observations convenait spécialement le Poulpe qui dans son nid rocailleux se trouvait constamment appliqué contre la fenêtre. Lorsqu'un de ses frères s'approchait de lui, il témoignait de son mécontentement par plusieurs manifestations extérieures, variables suivant la proximité de l'importun.

« Tout d'abord les extrémités de quelques-uns de ses bras se relevaient dans la direction de son visiteur, avec lenteur mais avec une hostilité évidente. La menace était plus vive lorsqu'une paire de bras se projetait au dehors, comme deux fouets. Puis l'animal se soulevait un peu du fond de sa construction pierreuse comme pour se préparer à la défense. A ce moment, l'animal prenait par places une teinte plus foncée ; des ombres brunes glissaient sur son corps et ses bras pour disparaître aussi vite. Quand ces signes de mauvais vouloir ne mettaient pas en fuite l'importun, ou quand un spectateur, comme je l'ai fait souvent, frappait de la main la vitre d'une manière provocante, l'animal se soulevait jusqu'à mi-corps hors de sa cavité ; les saillies qui entourent ses yeux se gonflaient ; sa couleur se fonçait jusque dans l'iris ; une paire de bras se soulevait pendant que les autres, glissant par dessus les pierres, fixaient leurs ventouses de ci et de là pour les détacher brusquement l'instant d'après. Ces gestes menaçants étaient toujours accompagnés de mouvements respiratoires puissants et profonds, et l'eau s'introduisait dans le manteau en plus grande masse : cet organe ainsi gonflé augmentait encore l'aspect menaçant de cette attitude, ainsi que l'expulsion violente de l'eau qui jaillissait de l'entonnoir comme d'une véritable pompe. »

ELEDONE MUSQUÉE — *ELEDONE MOSCHATA* Lamck.

Caractères. — L'Eledone musquée présente un corps excessivement variable de formes ; allongé, ovoïde, arrondi ou effilé en arrière, lisse ou verruqueux, suivant les caprices de l'animal. Un des caractères consiste dans les grandes dimensions de l'ouverture du manteau prolongée jusque sur la face dorsale. Les yeux, petits et saillants, peuvent être complètement recouverts par les paupières et leur iris est très variable. La teinte grise fondamentale ne passe jamais au rose ni au rougeâtre. D'autres caractères, tels que des taches noirâtres symétriques, et une bordure bleuâtre sur la membrane brachiale, sont propres à cette espèce qui doit son nom à l'odeur de musc, qu'elle répand ; ce n'est pas la seule d'ailleurs qui présente cette odeur, mais elle la possède à un degré plus frappant. (Pl. IX.)

Distribution géographique. — Elle paraît se rencontrer seulement dans la Méditerranée, où elle est extrêmement commune sur toutes les côtes.

Mœurs, habitudes, régime. — L'Éledone musquée vit ordinairement sur les fonds vaseux, d'une profondeur de 10 à 100 mètres. A certaines époques de l'année on la rencontre aussi sur les sols sablonneux ou sur les graviers, plus rarement sur les roches. Comme on ne peut étudier ces êtres dans leurs résidences naturelles, on doit se contenter de les observer en captivité ; on peut d'ailleurs se les procurer en masses considérables à l'aide des filets de fond. A l'état de repos, ces Mollusques adhèrent au sol au moyen de leurs ventouses ; leur tête et leur tronc prennent à peu près l'attitude qu'adoptent volontiers les Octopus vulgaires. Les extrémités des bras sont à découvert et l'orifice de l'entonnoir émerge latéralement. C'est dans cette attitude que ce Mollusque passe les trois quarts environ de son existence, et l'on peut admirer pendant ce temps la rapidité surprenante de ses changements de coloration. Au moindre choc, une teinte sombre passe sur le corps entier avec la rapidité de l'éclair et disparaît sans laisser de trace. Vérany prétend avoir constaté une sorte de sommeil altenanrt avec cet état de repos. L'attitude reste alors la

même, mais les extrémités brachiales sont rétractées plus près du corps ; le quatrième bras demeure seul étendu, en guise de sentinelle. Le tronc repose sur les bras, la pupille est contractée, et la respiration se fait plus lentement, ainsi que l'introduction et l'expulsion de l'eau. La couleur habituelle est alors d'un jaune grisâtre ou d'un jaune brunâtre, mais les taches marron font toujours défaut. L'ouïe et la vision paraissent abolies ; on peut s'approcher du bassin, crier ou provoquer un bruit quelconque, sans que l'animal se réveille. Mais le moindre choc contre le récipient, le plus léger attouchement sur les bras, le réveillent instantanément, et produisent dans son être des altérations frappantes. L'Éledone redresse alors rapidement son corps presque verticalement au-dessus de sa tête, en le gonflant et en l'effilant. Toute la surface tégumentaire devient jaunâtre ; l'on voit apparaître des taches noirâtres symétriques, et des verrucosités coniques, se hérissent sur tout le corps. L'iris se contracte et se colore vivement en jaune soufré ; l'entonnoir expulse l'eau plus vigoureusement, et l'inspiration devient plus irrégulière. De temps en temps, une quantité d'eau plus grande, s'introduit dans la cavité du manteau pour jaillir ensuite jusqu'à 2 ou 3 mètres au-dessus du bassin, bien qu'elle ait à vaincre d'abord une colonne d'eau de 30 centimètres. Vérany, ayant placé un Crustacé vivant au-devant d'une Éledone, vit le Mollusque prendre son attitude irritée, se couvrir de verrucosités, et donner à sa peau la teinte du bassin où il était contenu, sans doute afin de ne pas effaroucher la proie qu'il voulait surprendre et capturer.

Parfois, surtout pendant la nuit, l'Éledone s'échappe de son récipient, soit que l'eau n'entretienne plus son hématose, soit que l'animal recherche sa liberté. Il peut alors rester à sec plusieurs heures ; il supporte aussi un jeûne de dix jours.

Usages. — En dépit de son odeur musquée, cette Éledone est apportée en considérables quantités sur les marchés. Sa chair n'est pas aussi coriace, il est vrai, que celle des Octopus de même dimension, mais elle est moins succulente. C'est d'ailleurs un mets spécial aux classes pauvres.

LES ARGONAUTIDÉS — *ARGONAU-TIDÆ* Reeve.

Caractères. — Les Argonautides sont des

Paris J. B. Baillère et Fils, édit.   Corbeil, Crété, imp.

ÉLÉDONE MUSQUÉE.

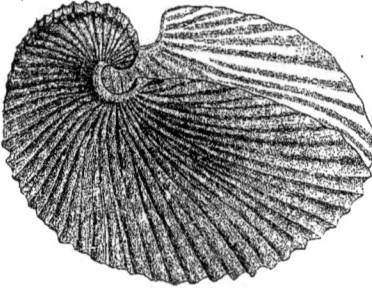

Fig. 714. — Argonaute argo (coquille).

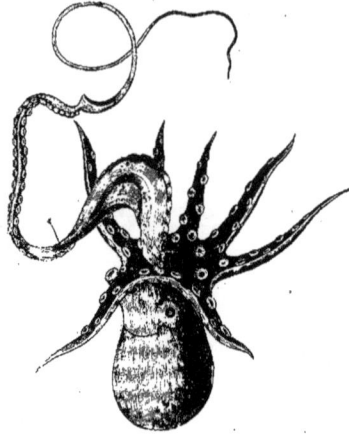

Fig. 715. — Argonaute argo (mâle).

animaux à coquille très développée et externe, mais non adhérente au corps, de l'animal. La réunion de la tête au corps est consolidée par deux saillies en boutons, correspondant à deux rainures situées à la base de l'entonnoir. Le mâle, plus petit, est dépourvu de coquille.

Distribution géographique. — Ils habitent la Méditerranée et la mer des Indes.

ARGONAUTE ARGO — *ARGONAUTA ARGO* Lin.

Caractères. — Connu dès la plus haute antiquité et décrit déjà bien souvent, c'est la femelle, connue seule jusqu'à ces vingt dernières années, qui possède une coquille frêle et élégante (fig. 714-715 et pl. X). Sur son corps arrondi on remarque une tête petite, un entonnoir allongé et très développé, et surtout une paire de bras supérieurs en forme de lobes très étendus. La coloration est extraordinairement brillante. Le naturaliste napolitain San Giovanni l'a décrite de la manière suivante : « Les parties inférieures et latérales du tronc sont d'une couleur d'argent bruni qui se recouvre tantôt d'une légère teinte bleuâtre analogue au bleu marin, tantôt d'une teinte grisâtre, tantôt enfin d'une teinte rougeâtre, suivant la direction et l'intensité des rayons lumineux. On trouve aussi sur cette surface à couleurs changeantes une foule de

petits points brillants, jaunes, marron, et rosés ; plus les mouvements sont prononcés, et plus les nuances sont belles. L'effet synthétique de tous ces glomérules colorés répandus sur un fond argenté brillant, communique aux téguments des régions correspondantes, un reflet rosé, constitué par une infinité de points colorés, qui contiennent des espaces plus étendus, disposés symétriquement et entouré d'une auréole argentée. Les parties dorsales et les régions latérales supérieures de l'Argonaute sont ornées d'une belle couleur verte, qui tend vers le vert-pistache, et se montre surtout vers le soir. La couleur argentée des parties inférieures se continue sous forme de stries vers les portions latérales supérieures, qui sont verdâtres, en sorte que les couleurs alternent dans ces régions. La nature a décoré cette partie du corps de l'Argonaute de cellules colorées variant du jaune doré au marron. Ces deux sortes de cellules existent en grande quantité ; celles d'un bleu-mauve sont moins nombreuses. Les deux premières recouvrent la peau presque entièrement. Néanmoins on trouve çà et là quelques-uns de ces glomérules colorés, plus grands, situés au centre d'un cercle, entourés de cellules de couleurs diverses, et figurant sur la peau des sortas de petites rosettes. Des colorations analogues s'étendent sur la tête et les bras.

« La coquille du Nautile, remarquable par son élégance et sa minceur parcheminée, est assez élastique, parce qu'elle contient beaucoup de matière organique. Elle est, par suite, beaucoup plus flexible que les coquilles bien plus minces d'autres Mollusques. Elle est formée d'une cavité unique et se trouve contournée en spirale, de telle sorte que les replis les plus anciens sont recouverts par les plus récents. Les rapports de l'animal avec sa coquille sont tout particuliers, car ils ne sont reliés ou fixés étroitement l'un à l'autre en aucun point, et la conformation de l'animal une fois extrait ne semble point convenir à cette adaptation. Il y a donc tout lieu d'excuser les auteurs qui, jusqu'à ces derniers temps, voyaient dans l'animal habitant cette coquille une espèce étrangère dont le genre n'était pas bien déterminé, mais qui rappelait certains Crustacés par son mode d'installation. On découvrit cependant que la coquille est sécrétée par les deux bras lobés qui la recouvrent extérieurement et lui donnent sa disposition spéciale. Elle se forme donc par sa face externe; mais lorsqu'elle a été lésée, elle se répare de dedans en dehors; la région mise à découvert se recouvre d'une membrane qui reste élastique. »

Le Dr Muller décrit ainsi le mâle de l'Argonaute : « Tous les individus que j'ai vus sont petits et n'ont pas au delà d'un pouce de longueur, ils sont sans coquille et leurs bras supérieurs effilés ne portent point de voiles » (fig. 715, p. 457).

Distribution géographique. — L'Argonaute Argo abonde particulièrement sur les côtes de Sicile et dans le golfe de Tarente. Dans l'Adriatique, ce sont les îles de Lissa qui forment sa limite septentrionale vers laquelle il se rencontre assez fréquemment; toutefois les spécimens de cette localité sont assez petits.

Mœurs, habitudes, régime. — L'Argonaute est souvent représenté dans une attitude qu'il lui serait impossible de prendre; ces figures correspondent à la fable admise depuis Aristote jusqu'à nos jours. D'après cette fable, l'Argonaute, nageant à la surface de la mer, élèverait ses deux bras en guise de voiles et s'en servirait en réalité comme un voilier. Ainsi que l'a observé Vérany, ce Mollusque s'élève à la surface pendant les accalmies, pour employer ses bras lobés, non pas en guise de voiles, mais en guise de rames très puissantes. Cet auteur a vu l'animal nager ainsi vers le rivage où il a pu être capturé. Entre deux eaux, lorsqu'il veut nager plus vite à l'aide du jet de son entonnoir, comme les autres Céphalopodes, il dispose ses bras au-dessus des parties latérales de la coquille de façon à la recouvrir presque complètement.

Ce sont des animaux nocturnes. Cependant, pendant les jours calmes ils apparaissent à la surface de la mer; ils pondent leurs œufs sur le sommet et les bords de leur coquille.

LES DÉCAPODES — *DECAPODA* Lach.

Die Zehnfuszer.

Caractères. — Les Décapodes ont un corps ovoïde ou allongé, souvent cylindrique, ayant dix bras, dont huit sessiles armés de ventouses pédonculées et à cercle corné; garni de crêtes natatoires, quelquefois de membranes interbranchiales, les deux autres bras plus ou moins rétractiles, souvent très longs, terminés en massue et garnis de ventouses ou de crochets seulement à l'extrémité libre. La tête est tout à fait distincte du corps, les yeux sont mobiles en tous sens dans les orbites; aucun ne possède de coquille externe, mais presque tous ont un osselet corné ou crétacé, médian, dorsal et interne. Le tube locomoteur est presque constamment garni d'une valvule.

Distribution géographique. — Ils vivent dans toutes les mers.

Distribution paléontologique. — Un certain nombre de genres et d'espèces sont spéciaux aux formations géologiques.

Mœurs, habitudes, régime. — Beaucoup habitent la haute mer, plusieurs se tiennent de préférence sur les côtes; ils se réunissent en bandes nombreuses, et vivent de Poissons et de Mollusques.

LES LOLIGOPSIDÉS — *LOLIGOPSIDÆ* Gray.

Caractères. — Ces Mollusques sont membraneux, semi-pellucides; leur corps est allongé, rétréci en arrière. La tête est petite, les yeux latéraux, les nageoires terminales; l'osselet est corné, allongé en forme de plume.

ARGONAUTE ARGO.

LOLIGOPSIS VERMICULAIRE — *LOLIGOPSIS VER-MICULARIS* Rupp.

Caractères. — Ce petit animal a le corps charnu, oblong, contenu dans un sac ailé infé-rieurement et légèrement pointu à sa base, la bouche est entourée de bras grêles. L'osselet est corné, très allongé, caréné en dessus et lan-céolé postérieurement.

Distribution géographique. — Il vit dans les eaux de Messine.

LES CHIROTEUTIDÉS — *CHIROTEU-TIDÆ* Gray.

Caractères. — Dans les Chiroteutidés, le corps est long, transparent, offrant de grandes nageoires à son extrémité; la tête est petite, les yeux grands, les bras courts, garnis de deux rangs de ventouses pédiculées; les bras tenta-culaires ne sont pas rétractiles, mais très grêles, démesurément allongés et terminés en massue.

CHIROTEUTHIS DE VERANY — *CHIROTEUTHIS VERANYI* Fenus.

Caractères. — Son corps est transparent

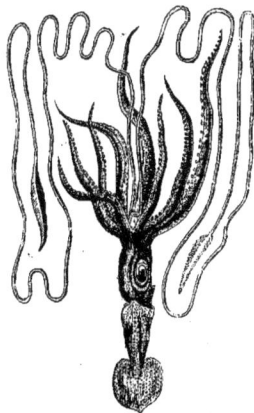

Fig. 716. — Chiroteuthis de Vérany.

comme de la gélatine. Le tronc, nettement distinct de la tête, allongé et étroit, est recou-vert dans sa moitié postérieure par le disque,

cordiforme et presque arrondi, des nageoires. La tête, sphérique, est plus large que le tronc; les yeux sont démesurément grands. Les bras se suivent en augmentant de largeur et d'épais-seur à partir du dos; mais les bras de préhen-sion sont les organes les plus saillants. Ils ont près de 1^m de long, tandis que le corps entier ne mesure que 30^{cm} jusqu'à l'extrémité des autres bras, et ils n'ont que l'épaisseur d'un cordon fin dont l'extrémité se continue avec une masse lancéolée munie de ventouses (fig. 716).

Distribution géographique. — Il habite la Méditerranée.

Mœurs, habitudes, régime. — Le mode d'existence du Chiroteuthis de Verany est tout à fait en rapport avec la transparence et la colo-ration bleuâtre de son corps. On le trouve en effet dans la pleine mer, pendant les accalmies de la belle saison, au milieu des Acalèphes et des Méduses.

LES LOLIGIDÉS — *LOLIGIDÆ* d'Orb.

Caractères. — Les Loligidés ont le corps oblong, subcylindrique; la tête de même lar-geur que le corps présente une crête transver-sale, la membrane buccale est garnie de ven-touses; les yeux sont sans paupières, les nageoires situées en bas, les bras sessiles avec deux ou quatre rangées de ventouses, et les bras tentaculaires, longs, contractiles seulement en partie, l'osselet intérieur est corné, spatuli-forme.

CALMAR COMMUN — *LOLIGO VULGARIS* Lamck.

Caractères. — L'espèce la plus commune est le Calmar, *Loligo vulgaris* des classificateurs, *Calamaro* des Italiens. Ses nageoires figurent un rhomboïde qui s'étend sur les deux tiers du tronc. La première paire de bras est la plus courte; puis viennent, par ordre de longueur décroissante, la quatrième, la deuxième et la troisième. Les bras de préhension ont une fois et demi la longueur du corps, et leurs extré-mités épaisses sont armées de 4 rangées de ven-touses très inégales. La coloration propre à cette espèce est caractérisée par la prédominance d'une teinte carminée très brillante (fig. 717).

Distribution géographique. — Le Calmar commun habite toutes les mers d'Europe. Il est très répandu dans la Méditerranée et dans l'Océan.

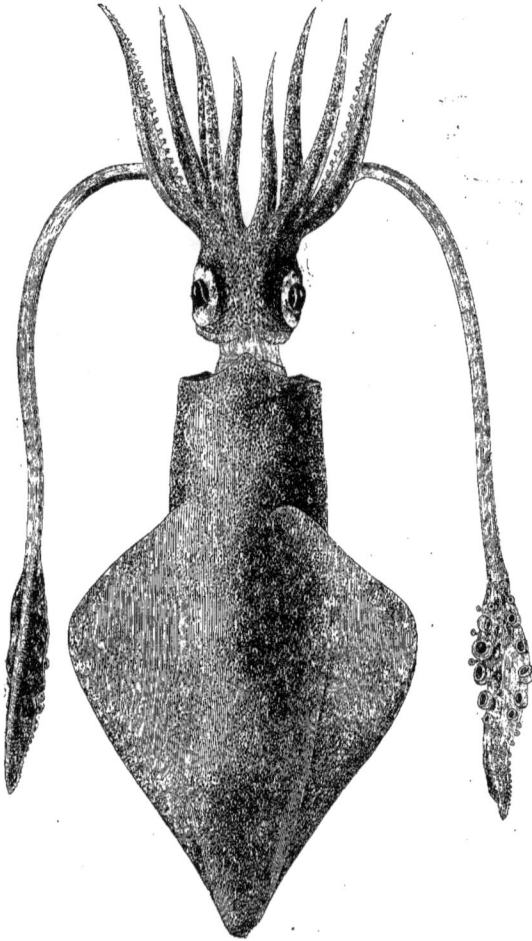

Fig. 717. — Calmar commun (p. 459).

Mœurs, habitudes, régime. — Ce Calmar se trouve en toute saison, et principalement à l'automne ; on en recontre alors de nombreuses troupes. On les capture parfois en grande masse dans les filets installés pour la pêche des Thons, ou pendant la nuit dans le filet appelé *mugeliera*. Sur les fonds sablonneux et vaseux, les filets en rapportent pendant toute l'année, surtout aux époques de pleine lune. Avec la lance et le harpon, il est difficile de les approcher. Les excursions des Calmars se dirigent suivant les expéditions des petits poissons dont ils se nourrissent. Leur poids atteint souvent 20 livres ; on trouve parfois de véritables géants parmi eux ; leur longueur moyenne est de 20ᵉᵐ, non compris les bras de préhension. Les femelles deviennent un peu plus grandes que les mâles. Les spécimens gigantesques ne se trouvent généralement que sur les rives où ils sont venus s'échouer et mourir ; c'est ainsi que Vérany est devenu possesseur d'une pièce dorsale de 75ᶜᵐ de long (fig. 718). Les spécimens moyens sont préférés aux autres Céphalopodes plus grands qui se vendent sur les marchés, notamment aux Sépias, à cause de leur

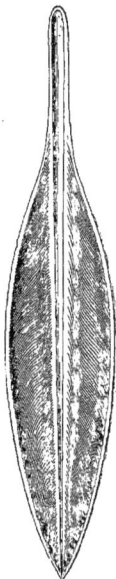

Fig. 718. — Coquille interne du Calmar commun.

chair plus tendre et de leur goût plus savoureux.

Pendant mon séjour à Naples, ce Calmar était un des hôtes fréquents, sinon constants, de l'aquarium ; comme habitant de la pleine mer, il se comporte tout autrement que son congénère dont nous avons décrit plus haut les mœurs sournoises. Comme les Calmars vivent en troupes, aussi que bien d'autres Loligidés, on les prend ordinairement en grand nombre dans les filets de pêche. Du moins, on a plus d'une fois rapporté de 10 à 16 pièces qu'on a installées dans le grand bassin. Malheureusement ils n'y subsistent que peu de jours ; ils ne cessent de s'y mouvoir d'une manière uniforme : la troupe entière nage de ci et de là, toujours dans la région éclairée qui se trouve entre la fenêtre extérieure et la paroi vitrée. Le mouvement est dû aux nageoires qui rament avec élégance et semblent voltiger ; les jets que lance l'entonnoir viennent en aide aux mouvements du recul. Les bras se maintiennent étendus horizontalement. Pendant que ces Calmars nagent en avant, leur tête est plus élevée que le corps ; l'inverse a lieu quand le mouvement se fait en sens contraire. Ils évitent soigneusement de toucher les parois du récipient, et la troupe entière change de direction presque au même instant. Tandis que les Octopodes et les Sépias s'installent pour plusieurs mois dans l'aquarium, et s'y livrent à la reproduction, les Calmars paraissent s'y trouver fort mal à l'aise. Ni à Arcachon, ni à Naples, on n'est parvenu à les nourrir. Au bout de quarante-huit heures de mouvements ininterrompus dans leur geôle, leur allure devient plus lente et plus incertaine ; ils cessent de s'orienter, se heurtent et meurent bientôt. (O. Schmidt.)

SÉPIOLE DE RONDELET — *SEPIOLA RONDELETII* GESN.

Caractères. — La Sépiole de Rondelet présente un corps arrondi et court, muni de chaque côté d'une nageoire semi-circulaire. La pièce dorsale, écailleuse et flexible, n'a que la moitié de la longueur du corps. L'espèce en question compte parmi les plus petits Céphalopodes ; car les spécimens dont la longueur totale mesure 16ᶜᵐ depuis l'extrémité postérieure jusqu'au bout des bras de préhension étendus sont déjà rares. Les spécimens qu'on voit sur le marché de Trieste mesurent rarement 8ᶜᵐ, en vie, présentent un aspect agréable en raison de leur coloration rose tendre et de leur grande transparence (fig. 719-720).

Distribution géographique. — Elle habite sur toutes les côtes de la Méditerranée.

Mœurs, habitudes, régime. — Ce Mollusque paraît être un animal sédentaire et ne voyage pas en troupes ; car on ne le capture jamais en masses considérables, et on le trouve en toute saison. Il nage avec beaucoup de grâce, et de préférence en avant et à reculons à l'aide de ses nageoires ; ses bras de préhension sont alors généralement complètement rétractés, et sa

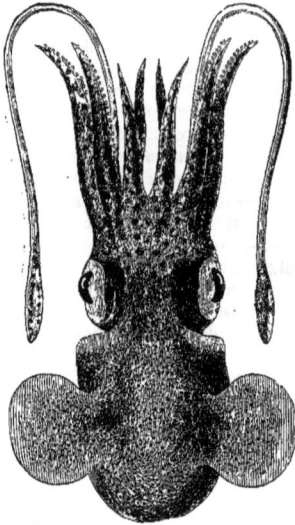

Fig. 719. — Sépiole de Rondelet (vu en dessus).

Fig. 720. — Sépiole de Rondelet (vu en dessous).

tête est pour ainsi dire enfoncée entre les épaules.

Usages. — Sa chair est fort appréciée.

LES SÉPIADÉS — *SEPIADÆ* d'Orb.

Caractères. — Les Mollusques réunis dans cette famille se distinguent par un corps ovalaire un peu aplati ; les yeux ont une paupière inférieure ; la tête est large, la membrane buccale sans cupules ; les bras sont sessiles avec quatre rangs de ventouses à cercle corné, les bras tentaculaires sont complètement rétractiles ; l'osselet interne est calcaire, épais, à surface compacte formée de cellules nombreuses sans siphon.

SEICHE OFFICINALE — *SEPIA OFFICINALIS* Lin.

Caractères. — A l'état de repos (fig. 721), c'est une teinte rose jaunâtre, irisée et parsemée de taches blanches le long de la ligne médiane, qui règne sur la face dorsale. La tête est un peu plus colorée ; les globes oculaires sont bleuâtres ; les bras sont verdâtres et offrent aussi des taches blanches, en nombre et en séries déterminées selon les diverses paires de bras. Les nageoires, qui apparaissent comme des prolongements immédiats du tégument dorsal, sont transparentes, violacées et couvertes de petites taches blanches opaques. Les mâles se reconnaissent à une ligne blanche située sur le bord externe des deux tiers postérieurs des nageoires. A côté de ces colorations habituelles, apparaissent aussi d'autres combinaisons de couleurs analogues. Parfois toute la face dorsale se couvre aussi de bosselures coniques très marquées qui se disposent régulièrement en séries longitudinales et parallèles aux parois latérales du Mollusque. Mais quand l'animal est excité, son dos se hérisse de saillies irrégulières d'une belle couleur marron foncé et d'un éclat métallique cuivré. A partir de la tête et le long des bras dont les taches blanches prennent aussi une teinte rouge cuivrée, on voit se répandre une lueur verdâtre, pendant que les globes oculaires brillent de reflets argentés, roses, bleus et verts. La nageoire se modifie peu, tandis que la face ventrale est fortement irisée et parcourue de

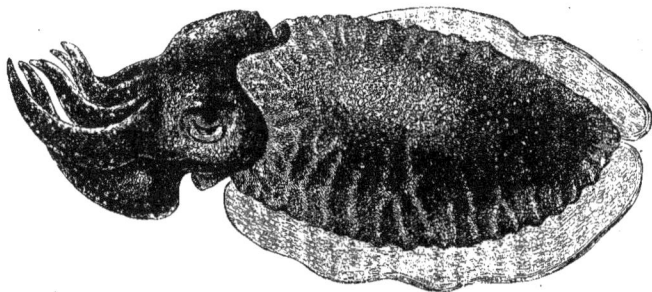

Fig. 721. — Seiche officinale, à l'état de repos.

nuages floconneux qui glissent sur elle plus ou moins vivement. Quand l'excitation commence à passer, les saillies disparaissent sur le tronc, tandis qu'autour des yeux elles persistent encore. La tête conserve aussi ses taches, mais, sur le corps, un grand nombre de cellules colorantes se contractent ; de petites taches blanches apparaissent sur la ligne médiane ; et les bords du manteau se couvrent de stries blanchâtres, irrégulières et un peu rugueuses (fig. 722-723).

Une fois la Sépia sortie de l'eau, son dos paraît ordinairement strié de brun. Peu à peu les cellules colorantes se contractent. La peau prend une teinte jaunâtre et se décolore insensiblement. La face inférieure, aussi, perd l'éclat métallique et irisé qui l'ornait ; et lorsque le jeu des cellules colorantes a cessé, elle est d'un blanc livide.

Les yeux, qui se modifient d'ailleurs beaucoup chez tous les Céphalopodes, sont affectés d'une façon toute spéciale chez les Sépias, suivant les divers stades d'excitation. L'œil des Sépias offre un aspect fort singulier : la pupille, très étroite, est contournée comme la lettre grecque ω. Le fond de l'œil est d'un noir foncé. En haut, le globe oculaire est recouvert d'un lobule cutané pourvu de cellules colorantes et retombant jusqu'au milieu de la pupille ; on pourrait lui donner le nom de paupière supérieure. La paupière inférieure, plus étroite, est blanchâtre. Quand l'animal est irrité, ou bien à l'époque des amours, la pupille s'élargit énormément et s'arrondit, tandis que les paupières se contractent.

Distribution géographique. — La Seiche officinale est commune sur les côtes de l'Océan.

Distribution paléontologique. — Un certain nombre de restes fossiles sont considérés comme appartenant au groupe des Sèches. Nous citerons seulement les *Belosepia* du Jurassique et du Tertiaire.

Mœurs, habitudes, régime. — La Seiche dont nous parlons mesure en moyenne 15ᵐ de long ; elle se tient toujours au voisinage des côtes, de préférence sur les fonds vaseux et sablonneux où on la capture toute l'année à l'aide de grands filets. Une pêche fort intéressante est celle que l'on fait au printemps : on prend, en guise d'appât, une femelle retenue par un cordeau, ou un morceau de bois auquel on donne la forme d'une Seiche et auquel on assujettit quelques fragments de miroir. La femelle (qui se distingue par un corps plus élargi et par l'absence de toute ligne blanche sur le bord des nageoires) est traversée à son extrémité par un hameçon ; on lâche la corde suffisamment pour que cette femelle puisse bouger et nager librement ; mais on ne doit pas la quitter des yeux. Le hameçon ne paraît lui causer aucune douleur et peut être supporté plusieurs semaines de suite. L'animal se met à nager et progresse à l'aide de ses bras inférieurs, qu'il laisse pendre à partir de leur insertion céphalique et qu'il utilise en guise de rames tandis que son corps reste horizontal. Au moyen des ondulations continuelles de ses nageoires il se maintient en équilibre ; dans le même but il se sert aussi de ses six bras supérieurs qui s'étendent horizontalement, serrés les uns contre les autres. Pendant la progression, la tête est rétractée dans le corps. La partie médiane du manteau s'applique étroite-

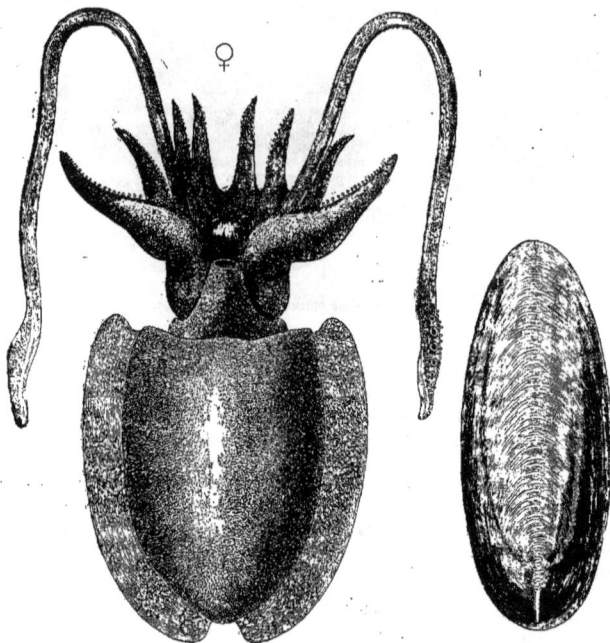

Fig. 722-723. — Seiche officinale, vue en dessus et sa coquille interne.

ment contre le fond de l'entonnoir, et l'eau ne pénètre dans les branchies que latéralement. Les bras de préhension sont dissimulés dans leurs gaines. Lorsqu'il veut nager à reculons, il se sert de son entonnoir, comme font les autres Céphalopodes, et ses bras s'appliquent en faisceau les uns contre les autres. Quand la femelle, attachée au bout du cordeau, passe auprès d'un mâle en train de festiner dans sa retraite ou de nager en liberté, ce dernier fond sur elle comme une flèche, et l'entoure de ses bras. Le pêcheur tire le couple à lui avec précaution, le saisit sous l'eau, et expose de nouveau la femelle aux agressions des mâles. C'est au clair de lune que cette pêche est le plus productive. La capture a lieu absolument de même à l'aide du morceau de bois découpé et garni de débris de miroir; on traîne cette poupée derrière le bateau; les Seiches se précipitent dessus et s'y accrochent. (O. Schmidt.)

Hors de l'eau, la Seiche meurt rapidement. Lorsqu'on la saisit, elle fait entendre un grincement de dents très appréciable; hors de l'eau, elle souffle aussi, avec beaucoup de force, de l'air au travers de son entonnoir. Ses ventouses ont une action très puissante et adhèrent encore fortement après la mort. Dans un récipient étroit, ces Mollusques ne subsistent pas longtemps; quand l'air contenu dans cette eau ne suffit plus à leur hématose, ils excrètent leur encre en grande masse, évidemment sous l'influence d'une paralysie, et meurent rapidement si l'on ne renouvelle point l'eau.

L'observateur dont nous avons cité déjà les études sur les Octopus de l'aquarium d'Arcachon, près Bordeaux, a fait aussi des remarques intéressantes au sujet des Sépias qui s'y trouvent renfermées. Nous les citerons presque entièrement, bien que nous soyons exposés à des répétitions; mais les communications four-

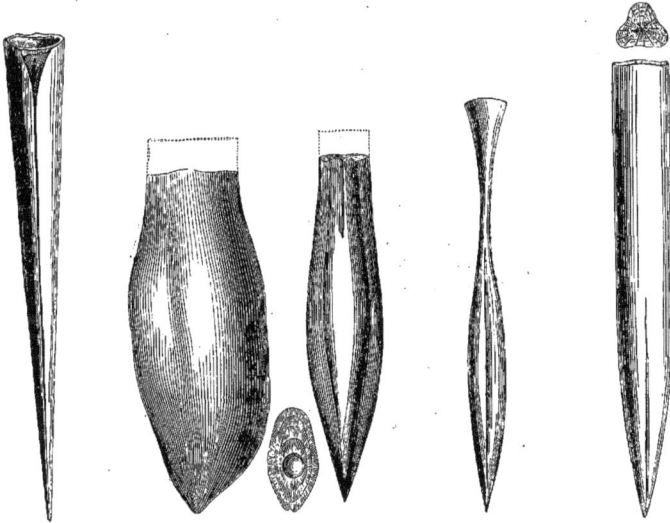

Fig. 724. — Belemnites unicanaliculatus.

Fig. 725 à 727. — Belemnites dilatatus.

Fig. 728. — Belemnites clavatus.

Fig. 729. — Belemnites tripartitus.

Fig. 724 à 729. — Belemnites (p. 468).

nies par Vérany se trouvent ainsi complétées.

« Les premières Seiches capturées pour l'aquarium furent placées dans les grands bassins. Elles se montrèrent fort effarouchées, se dissimulèrent dans des nuages d'encre, et se cachèrent sous les objets épars et flottants pour y demeurer immobiles dans l'attitude horizontale, le ventre presque au ras du sol. Au bout de quelques jours de repos, on les transporta dans un compartiment de l'aquarium auquel elles parurent s'accoutumer.

« L'attitude habituelle des Sépias est l'attitude horizontale, dans laquelle le corps est en équilibre parfait. Grâce aux mouvements ondulants des nageoires l'animal se tient librement dans l'eau. J'ai constaté souvent, néanmoins, qu'il n'avait même pas besoin de ces légers mouvements de rame pour se maintenir librement dans l'attitude horizontale. Les bras, posés les uns sur les autres, figurent une sorte de pyramide à base triangulaire dont l'arête supérieure est formée par les deux premières paires. Les bras de la quatrième paire, qui sont les plus larges et les plus longs, forment par leur bord

BREHM.

externe les deux autres arêtes. Les faces internes de ces quatrièmes bras se trouvent au contact ; leurs extrémités libres émergent au delà des autres bras et s'enroulent lâchement. Ces bras réunis en forme de pyramide inclinée en avant et en bas donnent à la Sépia un aspect tout particulier. Quiconque la voit ainsi est surpris de la ressemblance de cette tête avec celle d'un Éléphant. Les trois paires de bras supérieurs figurent la trompe, et l'extrémité inférieure des quatrièmes bras simule tout à fait la mâchoire inférieure.

« Dans cette attitude, les bras de préhension ne font nullement saillie. Ils se trouvent rétractés et enroulés en cercle dans la cavité comprise entre les bases des troisième et quatrième paires. On les aperçoit de temps en temps par la face ventrale quand la Sépia laisse pendre ses quatrièmes bras ; ils apparaissent alors sous l'aspect de deux bosses blanchâtres. A l'état de repos, dont nous pouvons nous faire une idée d'après les lignes qui précèdent, les bras supérieurs sont parfois écartés et redressés verticalement comme deux tentacules ;

VERS ET MOLL. — 59

parfois aussi l'Animal laisse pendre ses quatrièmes bras sur le sol pour les ramener,
au bout d'un instant, dans l'attitude précédente. »

« Les observations de M. Fischer sur les mouvements des Sépias ne concordent pas absolument avec la description qu'en donne Vérany.
Il distingue un mouvement lent, et un mouvement hâtif. Le premier a lieu aussi bien en
avant qu'à reculons. Quand l'Animal se meut
en avant, son corps resté horizontal et ses bras
rassemblés gardent la position inclinée ; leurs
extrémités seulement sont un peu incurvées
par la résistance de l'eau. Quand il va à reculons,
la pyramide que forment ses bras se relève davantage suivant l'axe du corps. Les oscillations
des nageoires qui ne sont actives que dans ces
mouvements lents commencent en avant quand
l'Animal veut nager à reculons, et *vice versâ*.
Le mouvement s'accélère d'une manière frappante dès que la Sépia se trouve sous l'influence
d'une frayeur ou d'une excitation quelconque ;
elle recule alors par soubresauts. Avant de
s'échapper ainsi, elle étend ses bras, puis les
rassemble tout à coup. Les nageoires se tiennent en repos et se rabattent vers la face ventrale. L'Animal, en fuyant ainsi, franchit
d'un bond un espace considérable ; pendant ce
trajet, les bras s'ouvrent de nouveau, puis ils se
referment brusquement en déterminant une
nouvelle poussée. L'observateur en question ne
considère l'entonnoir que comme un organe
accessoire pendant ce mouvement à reculons
plus rapide ; il n'agirait spécialement, d'après
lui, que pendant l'allure la plus vive.

« L'usage des bras de préhension, dit plus loin
M. Fischer, m'est resté inconnu complètement,
jusqu'au jour où j'ai eu la satisfaction de les
voir en mouvement. Un compartiment de
l'aquarium renfermait depuis près d'un mois
une Sépia de grandeur moyenne qui pendant
tout ce temps n'avait rien mangé. On introduisit auprès d'elle un gros poisson vivant, du
genre Caraux, qui se mit à nager sans souci et
s'approcha de la cachette du Mollusque. A
peine la Sépia l'eut-elle aperçu, qu'avec une
rapidité et une agilité surprenantes elle dé-
ploya ses bras de préhension, les étira, saisit le
poisson et le tira à sa bouche. Les bras de préhension se rétractèrent et disparurent aussitôt,
mais les autres bras s'appliquèrent solidement
autour de la tête et de l'extrémité antérieure
de l'infortuné poisson. Les deux paires supérieures s'étaient fixées sur le dos, les deux paires

inférieures sur le ventre de la victime à laquelle
adhéraient les ventouses.

« Le Poisson, ainsi enlacé, ne pouvait bouger.
La Sépia, dès lors assurée de sa proie, se remit
en route entraînant sa victime en tous sens,
malgré son poids considérable, nageant en
liberté et ne se reposant point sur le fond ou
sur les blocs de rocaille. La Sépia maintint le
Poisson horizontal, et au bout d'une heure
elle l'abandonna. Le crâne était ouvert, et l'encéphale, ainsi qu'une partie des muscles dorsaux, étaient dévorés. »

Les Sépias qui sont placées habituellement
dans les grands bassins de l'aquarium de Naples, en compagnie des Étoiles de mer, s'accoutument très vite à leur nouvel entourage. Elles
ne manifestent leur mécontentement, par une
abondante excrétion d'encre, que quand le gardien les touche un peu rudement de son bâton
pour procurer au public ce curieux spectacle.
Ces Mollusques n'aiment pas à se mouvoir ; pas
plus que les Octopodes ils n'errent à la recherche
des proies, mais ils les guettent au passage. En
captivité, pendant un temps qui dure souvent
plus d'un quart d'heure ils restent immobiles
dans l'eau ; ils reposent sur le fond, soit qu'ils
dorment les yeux fermés, soit qu'ils clignotent
dans un demi-sommeil, soit qu'ils se tiennent
aux aguets en tenant leur paupière supérieure
plus relevée. Si on leur fournit un fond de sable
ou de gravier fin, ils s'en recouvrent complètement, à la manière des Plies ou des Raies aux
aguets, en jetant sur leur dos des pelletées de
cailloux au moyen de leurs nageoires. En même
temps ils accommodent leur coloration, en produisant des taches verdâtres et grisâtres, au
milieu ambiant, avec une telle perfection que
l'homme et les animaux s'y méprennent et ne
remarquent pas leur présence ou ne s'en aper-
çoivent que quand la Sépia s'est jetée soudain
sur sa proie. (O. Schmidt.)

Emploi, usage. — La Seiche officinale possède près du cœur, dit Dujardin, une vessie
renfermant une liqueur très foncée, qui, desse-
chée, fournit une couleur brune employée en
peinture sous le nom de Sépia.

On a cru longtemps que cette substance
servait à la fabrication de l'encre de Chine,
mais on sait aujourd'hui que cette encre est
du noir de fumée fixé avec une gomme particulière et aromatisée. La liqueur de la poche à
encre est un moyen de défense pour la Seiche ;
répandue dans l'eau, elle l'enveloppe d'un
nuage, et lui permet de se soustraire à la pour-

suite de ses ennemis. Cette encre sert aussi à colorer l'enveloppe de leurs Œufs noirs, un peu pyriformes et disposés en grappes de raisin. L'osselet ou coquille, aussi large et aussi long que le corps, est calcaire, épais en avant, concave en arrière à la face interne, terminé en avant par un mucron saillant, il est composé de nombreuses plaques séparées par des piliers verticaux qui le rendent léger et poreux.

L'os de Seiche était autrefois employé en pharmacie comme absorbant. Aujourd'hui on l'utilise encore comme dentifrice, il sert également dans la fabrication de la Sandaraque et pour couler certaines pièces délicates de bijouterie. Enfin on le donne aux oiseaux de volière dans le double but d'user leur bec qui, sans cela, pourrait acquérir une longueur incommode, et de leur fournir un élément calcaire utile pour la production de la coquille de leurs Œufs (Guibourt).

LES BÉLEMNITIDÉS — *BELEMNITIDÆ* D'ORB.

Tous les types réunis dans cette famille, nombreuse en espèces, sont fossiles. Tous ont complètement disparu de la Faune actuelle.

Caractères. — Les restes que l'on rencontre souvent en grandes quantités sont ainsi caractérisés : osselet corné spatuliforme, élargi en avant, rétréci en arrière et pourvu latéralement de deux petites expansions aliformes qui se réunissent postérieurement et forment une vaste cavité conique au fond de laquelle sont des cloisons transversales séparant l'ensemble en un grand nombre de petites loges percées latéralement d'un Siphon et contenant de l'air. Cette partie postérieure appelée alvéole reçoit en dehors un dépôt calcaire également conique, plus ou moins épais et parfois très long. Cette partie terminale est la Bélemnite telle qu'on la trouve le plus communément dans les terrains.

Nous prenons comme type du genre l'une des espèces les plus anciennes, et tout ce qui la concerne peut s'appliquer indifféremment aux autres espèces.

La portion que l'on retrouve est calcaire ou agatisée, droite, allongée, symétrique, c'est le rostre ; mais dans l'état de vie, l'osselet intérieur se composait de trois parties ; le rostre, une partie intermédiaire appelée godet, en haut, un osselet corné en forme de cylindre (fig. 730).

De tout temps les Bélemnites ont attiré l'attention des naturalistes et donné lieu à bien des fables ; Mattioli supposait qu'elles étaient des fragments de succin pétrifié ; Mercati les prenait pour des Dattes fossiles, Langius les appelait des Stalactites, Rumphius les considérait comme des pierres de foudre, *Tonitrui cuneus*, etc.

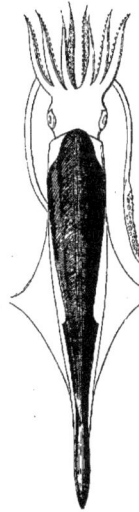

Fig. 730. — Restauration d'une Bélemnite.

De Blainville le premier en détermina la vraie nature, et Alcide d'Orbigny put décrire l'animal tout entier. On a trouvé en Angleterre des empreintes montrant une partie des organes tels que les avait décrits le savant paléontologiste français.

Nous empruntons à M. le professeur Contejean (1) la description donnée par Alc. d'Orbigny.

« C'étaient, dit-il, des animaux quelquefois redoutables, dont la taille dépassait 2 mètres dans les grandes espèces. Le corps allongé et conique portait des nageoires comme celui des Calmars ; l'osselet interne consistait en un rostre cylindrique ou aplati, généralement terminé en pointe et creusé à l'autre extrémité d'une cavité conique ou godet renfermant le cône alvéolaire. Le godet se prolongeait du côté

(1) Contejean, *Éléments de Géologie et de Paléontologie*. Paris, 1874, p. 634.

de la région dorsale de l'animal en une lame cornée très large, très aplatie, marquée de stries concentriques d'accroissement (fig. 730). »

Distribution paléontologique. — Les Bélemnites ont paru avec les premières couches du Lias, elles se trouvent dans tous les terrains Jurassiques ainsi que dans le Néocomien, à partir de cet étage elles disparaissent pour toujours. Il est à remarquer que, à chaque époque

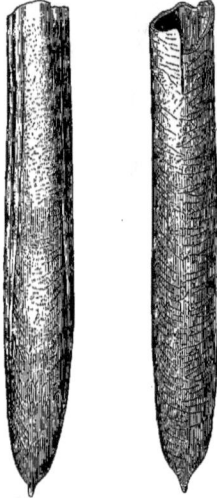

Caractères. — Cette espèce présente une fente au bord postérieur du rostre, deux impressions dorsales latérales, et une forte côte dorsale sur toute la longueur de l'alvéole (fig. 731-732).

Distribution paléontologique. — Les Bélemnitelles sont surtout remarquables en ce que, en très petit nombre comme espèces, elles sont tout particulièrement spéciales à la Craie supérieure (Craie blanche) et qu'elles ont apparu après l'extinction complète des Bélemnites.

La Bélemnitelle mucronée est fréquente dans la Craie blanche de Meudon près Paris.

Fig. 731 et 732. — Bélemnitelle mucronée.

géologique, elles présentent une modification de forme.

Nous donnons ici la figure des espèces types des principaux terrains. Telles sont les *Belemnites clavatus* (fig. 728), *unicanaliculatus* (fig. 724), *tripartitus* (fig. 729) du Lias, et le *Belemnites dilatatus* (fig. 725 à 727) du Crétacé inférieur, qui montrent les différences caractéristiques du rostre, seule partie conservée.

Mœurs, habitudes, régime. — Les Bélemnites devaient être des animaux carnassiers; quelques exemplaires permettent en outre de reconnaître la poche à encre dont elles étaient pourvues. La forme très allongée de l'osselet annonce un Céphalopode bon nageur, la présence du rostre indique en même temps un animal dont les habitudes étaient côtières (d'Orbigny).

LES SPIRULIDÉS — *SPIRULIDÆ* D'ORB.

Caractères. — Dans cette famille peu nombreuse en espèces, la coquille sub-interne, située à la partie postérieure du corps, est calcaire, spirale, formée de cloisons percées d'un siphon; les yeux ont une paupière inférieure, les bras sessiles, triangulaires, ont six rangées de ventouses subpédiculées; les bras tentaculaires sont allongés.

SPIRULE AUSTRALE — *SPIRULA AUSTRALIS* LIN.

Caractères. — La coquille de cette espèce est contournée en une spirale et se trouve formée d'une série de chambres qui se succèdent. Toutes sont traversées par un tube, appelé le *Siphon*, qui s'étend à la face ventrale et dont

Fig. 733. — Spirule australe (coquille).

nous reparlerons à propos des Tétrabranches. Cette coquille blanchâtre, à reflets nacrés, est en partie cachée à l'arrière sous le manteau, en partie saillante à travers une fente de cet organe. L'animal est imparfaitement connu (fig. 733).

Mœurs, habitudes, régime. — Bien que les coquilles se trouvent souvent rejetées sur les rivages méridionaux, l'animal complet n'est parvenu encore que quatre fois entre les mains des naturalistes. On ne s'en étonnera point quand on aura lu ce que Willamoës-Suhm a écrit pendant l'expédition du *Challenger*.

« Nous pêchions en vue des côtes de Banda Neira, à 360 brasses de profondeur : le cul-de-sac du grand filet remonta chargé de trésors de toutes sortes qu'on vida aussitôt dans une cuve remplie d'eau de mer. Tandis que j'en fouillais le contenu avec le professeur Thomson, dans le but de mettre un peu d'ordre dans ce chaos, il me tomba dans la main un petit Céphalopode sur lequel je vis émerger la coquille d'une Spirule.

« Enchanté, je la communique à Thomson, et en l'examinant de plus près, nous trouvons que ce Céphalopode a dû passer déjà dans l'estomac d'un très gros poisson, d'un Macroure probablement, qui a été forcé de le vomir aussitôt après l'avoir avalé ; en effet, sur tout le manteau, l'épiderme se trouvait détruit par le suc gastrique, mais il subsistait à la partie inférieure et sur les bras ; ceci indique que l'animal, indemne d'ailleurs, avait été englouti par un Macroure au moment même où le filet l'enveloppait. Comme ces poissons sortent des profondeurs de l'eau, les yeux saillants et le tube digestif émergeant hors de la bouche et hors de l'anus, il est facile de comprendre qu'un animal, qui peut glisser sans résistance ainsi qu'une Spirule, ait reparu aussitôt après avoir été avalé. Il résulte en outre, de cette capture, que la Spirule doit vivre à des profondeurs moyennes de 300 à 400 brasses et que là elle échappe adroitement, en se cachant parmi les pierres, à toutes les chasses et notamment aux filets. Devant nous, personne n'en a encore retiré du fond de la mer et nous ne devons cette capture qu'à un hasard heureux. Nous avions eu beau en chercher nous-mêmes jusqu'alors sur les rivages, en examinant les animaux capturés auprès de la surface, nulle part nous n'en avions trouvé trace. Sur les côtes de Fidschi et du cap York, j'ai montré aux enfants cette coquille en leur promettant une pièce d'or s'ils me rapportaient l'animal ; la plupart du temps on me répondait qu'il n'existait point d'animal correspondant à cette coquille ; d'autres allaient sur les récifs pour en chercher, mais ils rentraient toujours les mains vides. »

LES CÉPHALOPODES TÉTRABRANCHES — *TETRABRANCHIATA*
Owen.

Die Vierkiemer.

Caractères. — Nous empruntons à Claus les caractères généraux de l'ordre.

Les Céphalopodes tétrabranches, représentés aujourd'hui par le seul genre Nautile, ont un cartilage céphalique qui, au lieu de former un anneau complet, constitue une lame à peu près quadrilatère, sur laquelle reposent les parties centrales du système nerveux ; les yeux sont pédiculés et dépourvus de cristallin ; à la place des bras et autour de la tête, existe une grande quantité de tentacules filiformes.

Ils ne possèdent pas de poche à encre. Les branchies sont au nombre de quatre (Claus).

La coquille, suivant les genres que l'on envisage, présente des différences de forme. Chez les uns, elle est enroulée sur le même plan, d'autres sont terriculées, plusieurs droites ou arquées, mais un caractère constant est le siphon, que nous examinerons en étudiant le Nautile.

Distribution paléontologique. — A l'exception du genre Nautile, tous les Céphalopodes Tétrabranches comprennent des espèces éteintes, ils se rencontrent dès les couches les plus anciennes à partir du Silurien, jusque dans l'étage supérieur de la formation Tertiaire.

LES NAUTILIDÉS — *NAUTILIDÆ* Owen.

Caractères. — Les Nautilidés ont une coquille spirale ou droite à cloisons simples ou onduleuses, le siphon est central ou subcentral, la bouche (ouverture) est largement ouverte.

Distribution géographique. — Un très petit nombre d'espèces vivent dans les mers de Chine, l'océan Indien et le golfe Persique.

Distribution paléontologique. — Parmi les espèces fossiles du genre Nautile nous figurons les *Nautilus Lavellianus* du Carbonifère et le *Nautilus lineatus* de la formation Jurassique (fig. 734-735).

NAUTILE POMPILIUS — *NAUTILUS POMPILIUS* Lin.

Caractères. — Chez cette espèce, la coquille est spiralée de telle sorte que les spires primi-

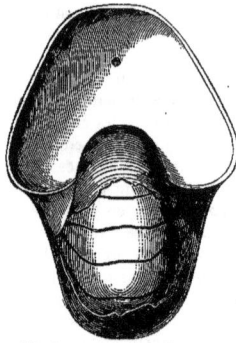

Fig. 784. — Nautilus lineatus.   Fig. 785. — Nautilus lavellianus.

lives sont entièrement recouvertes par les spires ultérieures. En observant l'intérieur du large orifice de la coquille, dont l'extérieur est blanc comme de la porcelaine et strié de rouge, on remarque que la chambre antérieure, nacrée intérieurement, est limitée par une cloison concave ; de sorte que l'animal n'a pour résidence que l'extrémité terminale, courte, quoique assez spacieuse, de cette coquille, et ne peut se retirer dans toutes les spires, comme nos Escargots. Au centre de cette cloison, se trouve néanmoins un trou, qui, examiné de plus près, conduit dans une cavité qui en émane. Une coupe médiane de la coquille, immédiatement à côté de l'axe, devient ici nécessaire ; et nous obtenons ainsi la figure 736. Nous voyons alors que la cloison qui ferme la résidence de l'animal est précédée d'une série de chambres, de sorte que la spire entière de cette coquille est divisée en autant de chambres traversées par un tube s'étendant à partir du premier tour, et qui porte le nom de siphon. Le but de ce cloisonnement et le mode de formation des cloisons s'explique par une connaissance plus complète de cet animal et de ses rapports avec la coquille. Nous suivrons, à ce propos, les travaux éminents de Keferstein.

L'ordonnance générale des diverses parties du corps concorde naturellement chez le Nautile avec celle des autres Céphalopodes ; ainsi il offre : une tête, un entonnoir et un manteau. Mais la tête ne porte pas de bras munis de ventouses ; ces bras ont l'aspect de tentacules et peu-

vent se rétracter dans des gaines qui entourent l'orifice buccal en formant à la face ventrale de l'entonnoir deux cercles ininterrompus et concentriques.

Les gaines des deux bras supérieurs figurent une large calotte qui recouvre la tête de l'animal lorsqu'il se retire dans sa demeure. L'entonnoir est fendu longitudinalement à sa face ventrale ; les deux feuillets qui en résultent peuvent donc le fermer en se superposant et en font un organe de locomotion bien moins puissant que celui des Dibranches. Au fond du manteau se trouvent, de chaque côté, deux branchies, ce qui amène une disposition plus compliquée des vaisseaux sanguins entre les appareils cardiaque et respiratoire. L'extrémité postérieure est allongée et arrondie, ainsi qu'on le voit dans la chambre où réside l'animal ; celui-ci prend dans sa retraite une attitude telle que l'entonnoir repose sur la paroi convexe de la coquille. Il faut dès lors considérer la convexité de la coquille comme représentant la face ventrale.

Mœurs, habitudes, régime. — Le mode d'existence de cet animal, qui tantôt se maintient au fond de la mer, tantôt nage à sa surface malgré sa lourde coquille, ne peut être compris avant de connaître exactement ses rapports avec cette coquille et la manière dont celle-ci se produit. Nous suivrons l'analyse de Keferstein qui le premier en a fourni une explication tout à fait satisfaisante.

« Toutes les coquilles des Tétrabranches sont

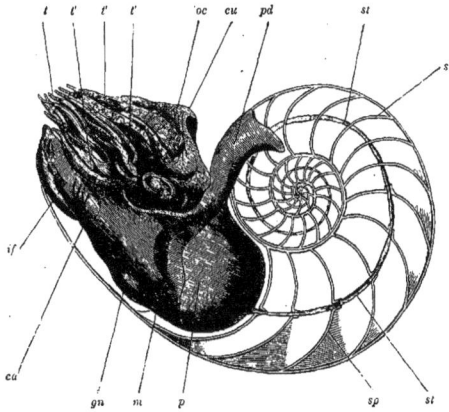

Fig. 736. — Nautile pompilius (*).

divisées dans leur partie postérieure et ancienne par une série de cloisons qui séparent autant de chambres à air ; l'animal se trouve seul dans la chambre antérieure, généralement assez profonde pour qu'il puisse s'y retirer tout entier depuis l'entrée jusqu'au fond, à la manière des Escargots. Mais le bord du manteau forme lui-même la couche extérieure de la coquille ; aussi, quand l'animal s'étire, ce bord doit émerger un peu au delà de la coquille ; chez les Nautiles on voit souvent, à l'entrée, une ligne brune constituée par une matière organique, indiquant qu'en ce point le bord du manteau adhérait à la coquille pendant la vie.

« A mesure que l'animal croît, il abandonne successivement les parties postérieures de la coquille qui deviennent des chambres à air ; il ne s'en sépare pas complètement néanmoins, car il laisse subsister en elles un prolongement mince et tubulé de son corps, qui constitue le siphon. Ce siphon traverse donc les cloisons et possède sur une certaine étendue la propriété de sécréter la nacre, ainsi que le tégument de l'animal ; aussi, dans les points où le siphon pénètre dans la cloison, celle-ci présente un appendice tubulaire, de longueur variable, produit par le siphon et appelé cornet siphonal. »

« Pour comprendre la formation des cham-bres à air chez le Nautile, qui vit à 30 brasses de profondeur, c'est-à-dire sous une pression de 6 atmosphères environ, il faut connaître un détail très important que l'on a à peine saisi jusqu'à ce jour. Il s'agit de l'adhérence circonférentielle de l'animal à la coquille. L'animal est fixé dans la coquille par deux grands muscles ; au niveau de ces muscles le manteau adhère circulairement à la coquille suivant une ligne d'insertion très étroite ; cette disposition a pour but, non pas de fixer l'animal, mais d'empêcher l'eau, qui tourbillonne à l'entrée, de pénétrer jusqu'à la partie postérieure de la surface du manteau. La portion de la superficie du corps, qui se trouve située en arrière de cet anneau, est chargée d'excréter l'air que l'on trouve dans les chambres ; l'anneau en question empêche l'air de s'échapper en avant entre le manteau et la coquille.

« Constamment l'animal est repoussé en avant par l'air excrété dans la coquille ; à mesure qu'il est repoussé ainsi, l'entrée de la coquille se prolonge. Les dépendances des muscles, tels que l'anneau, sont repoussés en même temps graduellement vers l'avant, et, comme Réaumur l'a démontré pour les muscles des Coquillages, ils s'accroissent en avant et se résorbent en arrière. Aussi voit-on dans les coquilles de Nau-

(*) ca, dernière chambre occupée par l'animal. — sp, cloisons qui séparent les chambres. — si, siphon. — p, manteau. — pd, son obe dorsal. — m, muscle rétracteur. — gn, glande nidamentaire. — if, entonnoir. — t, tentacules internes ou labiaux. — t' tentacules externes ou brachiaux. — oc, yeux. — cu, capuchon formé par deux tentacules dorsaux (d'après R. Owen).

tile, au niveau des appendices des muscles et des anneaux, des stries nettement parallèles au bord antérieur, qui témoignent de cette poussée continuelle. De cette façon le Nautile s'éloigne sans cesse de la dernière cloison, grâce à l'air excrété ; il croît en outre notablement, en même temps que sa coquille s'agrandit en avant en proportion de l'animal. Quand la croissance de cet animal s'arrête, quand il n'excrète plus d'air et n'est pas repoussé ainsi vers l'avant de sa coquille, alors l'extrémité postérieure de l'animal, au lieu d'excréter de l'air, sécrète en arrière de l'anneau une couche de nacre qui forme une cloison transversale, et qui se dépose, comme cela a lieu constamment, dans la portion du manteau située en avant de l'anneau. Ainsi les cloisons indiquent les repos périodiques du Mollusque. Je ne puis estimer combien de fois cette circonstance se répète ; je ne saurais dire si cela a lieu une fois par an, comme pour la plupart des Escargots, ce qui permettrait de calculer l'âge du Nautile d'après le nombre de ses cloisons.

« La formation des chambres à air provient de la partie postérieure du manteau ; le siphon sert à entretenir l'air dans ces chambres. En raison de la porosité de la coquille, il doit y avoir un échange constant entre l'air des chambres et l'air contenu dans l'eau. Le siphon remplit d'air ces chambres, par l'intermédiaire des vaisseaux sanguins considérables qui descendent le long de cet organe. C'est de la même manière que la vessie natatoire se remplit de gaz excrétés par les vaisseaux sanguins chez les Poissons où cet organe ne se trouve pas en relation avec l'œsophage. « Les Nautiles, dit Keferstein, ont besoin de l'appareil natatoire que constituent les chambres à air et dont le siphon permet le fonctionnement; pour s'en convaincre il suffit de constater que ces animaux vivent généralement au fond de la mer, où ils reposent en étendant leurs tentacules ainsi que les Actinies, ou bien où ils rampent par des procédés encore peu connus, et bien qu'on les rencontre néanmoins souvent nageant à la surface des flots. Ainsi que l'indiquent Rümphius et Bennet, d'après leurs constatations personnelles, ainsi que l'affirme aussi Prosch, d'après les récits des baleiniers danois de la mer du Sud, pendant la natation ou pendant la progression, l'animal émerge hors de l'entrée de sa coquille, les bras étendus ; et dès qu'il entre dans sa coquille il tombe rapidement au fond de l'eau, échappant ainsi aux captures. On ne pourrait guère s'expliquer ce fait, si le poids de la coquille et de l'animal, tous deux si mal conformés pour la natation, n'était soutenu en grande partie par le jeu des chambres à air. » Keferstein en conclut que l'air situé à l'extrémité postérieure de l'animal, au-dessous de l'anneau, se trouve comprimé ou dilaté suivant que l'animal se retire ou s'avance, ou bien suivant que le sang abonde ou diminue dans la cavité postérieure du corps. On doit, d'après lui, voir là le procédé à l'aide duquel cet animal, dont les chambres à air ont à peu près la même densité que l'eau, peut au moyen de mouvements très faibles se rendre instantanément plus léger ou plus lourd que la masse d'eau comprimée dans laquelle il se trouve.

Des observations nouvelles ont complété les données que nous avons précédemment signalées, et que le médecin hollandais Rümphius avait émises il y a près de deux cents ans, au sujet du Nautile (1).

« Quand ce Mollusque flotte sur l'eau, dit-il, il étire sa tête ainsi que tous ses bras et s'étale lui-même sur l'eau; en sorte que la spire postérieure émerge tout le temps sur les flots. Mais lorsqu'il rampe sur le fond, l'inverse a lieu, il rampe assez vite, la tête ou les bras appliqués au sol. Il se tient généralement sur le fond de la mer et pénètre parfois dans les paniers à poissons. Lorsque la mer se calme après une tempête, on voit les Nautiles nager par troupes sur les flots; cette apparition indique en même temps qu'ils se trouvent en troupes sur le fond. On les rencontre dans toutes les mers des îles Moluques, ainsi que dans la région des milliers d'îles qui s'étendent au-devant de Batavia et de Java ; mais on n'y recueille que la plupart du temps que les coquilles vides; on trouve rarement l'animal lui-même; cela tient, sans doute, à ce qu'en pareil cas il a pénétré dans les paniers à poissons. »

Emploi, usages. — Comme d'autres animaux marins, ce Mollusque sert dans l'alimentation, mais sa chair est très dure et se digère difficilement.

Rümphius décrit aussi les manipulations au moyen desquelles on enlève la couche externe des coquilles jusqu'à la couche nacrée pour la confection de ces vases, plus curieux que commodes, qui abondent dans les vieilles collec-

(1) Rumphius, *d'Amboinsche Rariteitkamer, behelzende eene Beschryvinge van allerhande zoo weeke als harde Schaalvisschen.* Amsterdam, 1705.

Fig. 737. — Nautilocère aigoceras.   Fig. 738. — Hortolus entier.   Fig. 739. — Orthoceras subannulare.   Fig. 740. — Actinoceras coquille.

tions de curiosités : « Après les avoir nettoyées on entaille leur partie postérieure de façon à mettre au jour les 4 ou 5 dernières chambres. Ensuite on supprime complètement les 3 ou 4 chambres suivantes et l'on découpe sur la spire interne une sorte de coupole ouverte ; à l'extérieur on cisèle toutes sortes de figures qu'on frotte avec un mélange de poussier de charbon, de cire, et d'huile pour les faire ressortir en noir. »

NAUTILOCERAS AIGOCÈRE — *NAUTILOCERAS AIGOCERAS* Munst.

Caractères. — La coquille est cloisonée, la spirale est enroulée régulièrement sur le même plan. Les tours sont disjoints, distants, le siphon est subcentral (fig. 737).

Distribution paléontologique. — Cette espèce est propre au Carbonifère de Belgique.

HORTOLUS ENTIER — *HORTOLUS PERFECTUS* d'Orb.

Caractères. — Coquille spirale enroulée sur le même plan, le dernier tour se projetant en ligne droite et formant une crosse assez allongée ; la dernière loge destinée à contenir l'animal est terminée par une ouverture circulaire (fig. 738).

Distribution paléontologique. — L'espèce est propre au terrain Silurien.

ORTHOCERAS RÉGULIER — *ORTHOCERAS REGULARE* Schl.

Caractères. — Sa coquille est droite, allon-

gée, conique, cloisonnée dans la plus grande partie de sa longueur, et sillonnée de sillons profonds à sa portion inférieure ; les cloisons sont percées d'un siphon central, l'ouverture est circulaire (fig. 741, p. 474).

Distribution paléontologique. — Cet Orthoceras provient du terrain Silurien.

Nous figurons une autre espèce du Devonien, l'*Orthoceras subannulare* (fig. 739).

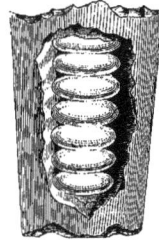

ACTINOCERAS COQUILLE — *ACTINOCERAS COCHLEATUM* d'Orb.

Caractères. — La coquille est allongée, droite, conique, le siphon central forme un empilement de parties renflées discoïdales correspondant à l'intervalle des cloisons (fig. 740).

Distribution paléontologique. — L'espèce appartient au Silurien.

LES GOMPHOCÉRATIDÉS — *GOMPHOCERATIDÆ* Pictet.

Caractères. — Cette famille comprend des coquilles fusiformes plus étroites en avant qu'au milieu et à ouverture rétrécie. Cette circonstance, observe Pictet, dénote une modification profonde dans la forme du corps des animaux.

GOMPHOCERAS ELLIPTIQUE — *GOMPHOCERAS ELLIPTICUM* Mac Coy.

Caractères. — La coquille est courte,

VERS ET MOLL. — 60

ovoïde; les cloisons nombreuses sont simples,

Fig. 741. — Orthoceras régulier.

l'ouverture est comprimée, petite, le siphon est central (fig. 742).

Fig. 742. — Gomphoceras elliptique.

Distribution paléontologique. — Le Gomphoceras elliptique appartient au Silurien.

LES CLYMÉNIDÉS — *CLYMENIDÆ* Edw.

Caractères. — Les Clyménidés ont des cloisons simples ou sinueuses et un siphon rapproché du bord sur lequel se fait l'enroulement.

CLYMÉNIE DE SEDGWICK — *CLYMENIA SEDGWICKII* Munst.

Caractères. — La coquille spirale est enroulée sur le même plan, à tours contigus et finement striés en travers, les cloisons sont sinueu-

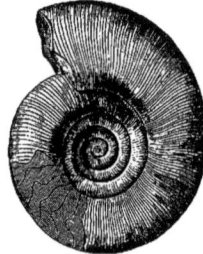

Fig. 743. — Clyménie de Sedgwicki.

ses, le siphon très étroit se trouve situé contre le retour de la spire (fig. 743).

Distribution paléontologique. — La Clyménie de Sedgwick appartient au Devonien.

LES GYROCÉRATIDÉS — *GYROCERATIDÆ* Pictet.

Caractères. — Dans cette famille, la coquille

Fig. 744. — Gyroceras orné.

est multiloculaire, discoïdale, à spire régulière et composée de tours non contigus mais enrou-

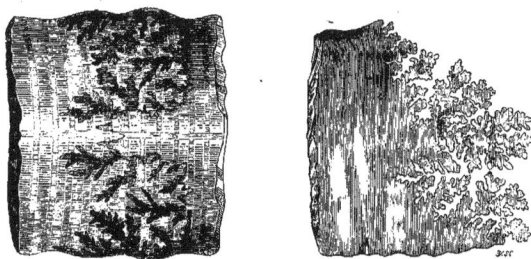

Fig. 745-746. — Tronçon d'Ammonite montrant les selles, vu de dos et de profil.

lés sur le même plan ; les cloisons sont à bords simples, régulières ; le siphon mince est continu et subdorsal.

GYROCERAS ORNÉ — *GYROCERAS ORNATUM* GOLDF.

Caractères. — Cette espèce présente tous les caractères de la famille ; finement striée transversalement, elle porte de distance en distance des tubercules allongés onduleux et fortement saillants (fig. 744).

LES AMMONITIDÉS — *AMMONITIDÆ*
OWEN.

Caractères. — Les Ammonitidés ont une coquille spirale, arquée, droite, à cloisons découpées, divisées en lobes profonds. Ces cloisons se plissent quelquefois sur leurs bords d'une façon tellement compliquée, que la trace laissée par elles à la surface du moule intérieur ressemble souvent à un feuillage découpé à l'infini (fig. 745-746) (Contejean). Mais quelle que soit leur complication, elles sont néanmoins partagées en dix lobes. Le lobe dorsal embrasse le siphon et se termine vers le fond en deux bras dont la cloison s'attache au siphon même ; les deux lobes les plus voisins des deux côtés du lobe dorsal sont les deux lobes latéraux supérieurs ; les plus éloignés sont les lobes latéraux inférieurs ; enfin, celui qui se trouve opposé au lobe dorsal et au siphon est le lobe central. L'espace séparant les lobes porte le nom de *selle* (De Buch).

GONIATITE LAMELLEUX — *GONIATITES LAMELLOSUS* SANDB.

Caractères. — La coquille de cette espèce, spiralée, régulièrement enroulée, a des cloisons profondément sinueuses, mais non dentées, avec un lobe dorsal saillant.

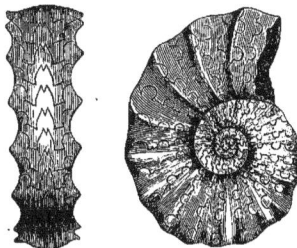

Fig. 747 et 748. — Cératite noueux.

Distribution paléontologique. — Elle se rencontre dans l'étage Devonien.

CÉRATITE NOUEUX — *CERATITES NODOSUS* DE HAAN.

Caractères. — Les cloisons dans cette espèce sont à bords denticulés, mais non ramifiés. Le lobe dorsal est profond et à peine séparé par une petite selle plane et médiane. Des côtes tuberculiformes, espacées, règnent sur le pourtour de la coquille (fig. 747-748).

Distribution paléontologique. — Ce Cératite est de l'étage Permien, ainsi que le *Cera-*

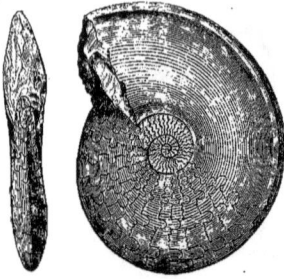

Fig. 749 et 750. — Ceratites semipartitus.

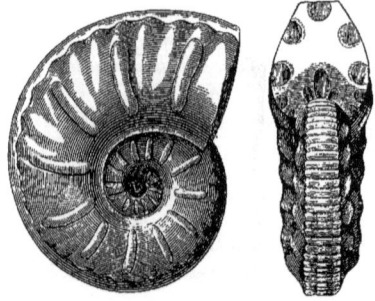

Fig. 751 et 752. — Ammonite radiée.

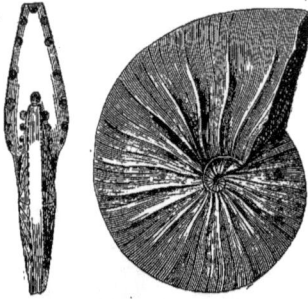

Fig. 753 et 754. — Ammonite de Beaumont.

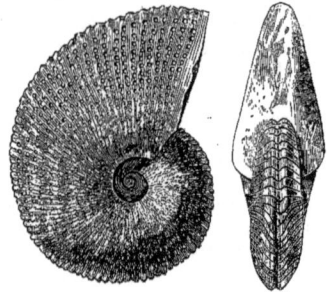

Fig. 755 et 756. — Ammonite Aon.

tites semipartitus que nous figurons également (fig. 749-750).

AMMONITE RADIÉE — *AMMONITES RADIATUS* Brug.

Caractères. — Cette espèce est pourvue au pourtour de l'ombilic, ainsi que de chaque côté du dos, d'une rangée de tubercules; les cloisons sont formées de lobes divisés en parties impaires et de selles divisées en parties paires; le lobe dorsal est plus court que le lobe latéral supérieur, qui est très large (fig. 751-752).

Distribution paléontologique. — On la rencontre dans l'étage Néocomien.

AMMONITE DE BEAUMONT — *AMMONITES BEAUMONTIANUS* d'Orb.

Caractères. — La coquille est très comprimée, composée de tours larges et pourvue sur le côté de stries légèrement onduleuses; le dos est étroit, tronqué, coupé carrément; les cloisons sont composées d'un grand nombre de lobes formés de parties impaires et de selles formées de parties paires (fig. 753-754).

Distribution paléontologique. — L'espèce est propre au terrain Crétacé.

Le nombre des Ammonites est considérable, on en trouve depuis le Trias jusqu'au Crétacé supérieur; là, elles disparaissent pour toujours. Nous figurons quelques-unes des espèces les plus remarquables : ce sont l'Ammonite Aon, du Trias (fig. 755-756); l'Ammonites margaritatus (fig. 757-758); l'Ammonite Jason, du Jurassique inférieur (fig. 759), appartenant à ce groupe d'Ammonites, dont la bouche porte des appendices latéraux; l'Ammonites Mayorianus, du Crétacé (fig. 760-761); l'Ammonites inflatus (fig. 762-763).

Fig. 757 et 758. — Ammonites margaritatus.

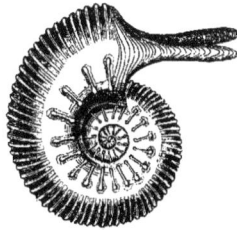

Fig. 759. — Ammonite Jason.

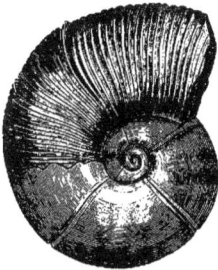

Fig. 760 et 761. — Ammonites Mayorianus.

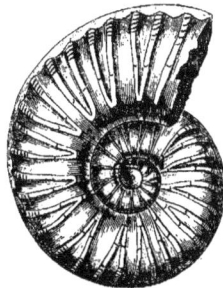

Fig. 762 et 763. — Ammonites inflatus.

CRIOCERAS D'ÉMERIC — *CRIOCERAS EMERICI* Lin.

Caractères. — Les tours de cette espèce sont disjoints et enroulés sur un même plan. Elle est ornée de côtes sur lesquelles s'élèvent des tubercules coniques. Les deux tiers du dernier tour forment une cavité pour recevoir l'animal (fig. 764, p. 478).

Distribution paléontologique. — Cette espèce provient du Crétacé inférieur.

SCAPHITES D'IVAN — *SCAPHITES IVANII* Puoos.

Caractères. — Ce Scaphite, comme ses congénères, est formé de tours contigus enroulés sur le même plan; le dernier se sépare des autres, se prolonge en ligne droite et se courbe en fer à cheval à son extrémité. Il se distingue par des côtes saillantes plus prononcées sur le dos (fig. 765, p. 478).

Distribution paléontologique. — Il provient de la formation Crétacée.

ANCYLOCERAS DE MATHERON — *ANCYLOCERAS MATHERONII* D'Orb.

Caractères. — Cet Ancyloceras se distingue du groupe précédent par une coquille enroulée sur le même plan, mais à tours disjoints; le dernier se prolonge en une crosse arquée et se termine en un cercle opposé à la spire; la bouche arrondie est pourvue de pointes à son pourtour (fig. 766, p. 478).

Distribution paléontologique. — Cette espèce est du Crétacé.

BACULITE GLADIÉE — *BACULITES ANCEPS* Lamck.

Caractères. — Coquille droite, conique, allongée, à sutures sinueuses; cloisons peu distantes, découpées dans leur contour, la dernière très grande et engainante.

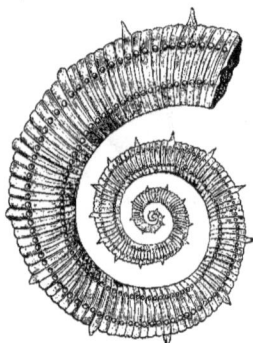

Fig. 764. — Crioceras d'Emeric.

Fig. 765. — Scaphites d'Ivani.

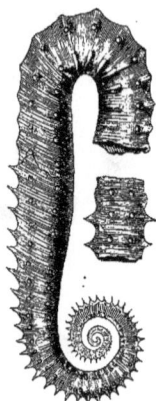

Fig. 766. — Ancyloceras de Matheron.

Fig. 767. — Helioceras de Robert.

Fig. 768. — Heteroceras d'Emeric.

Distribution paléontologique. — Cette Baculite se rencontre dans le Crétacé moyen.

**TURRILITE ENCHAINÉE — *TURRILITES CATENA-
TUS* D'Orb.**

Caractères. — Coquille turriculée à tours contigus; spire dextre et ombiliquée dans toute sa longueur; l'ouverture est arrondie; les cloisons transverses sont lobées et découpées dans leur contour (Pl. II, n° 40).

Distribution paléontologique. — La Turrilite enchaînée se trouve dans le Crétacé.

Un genre voisin est le genre Helioceras, caractérisé par l'écartement des tours.

Nous figurons une espèce du Crétacé, l'Helioceras de Robert (fig. 767).

**HETEROCERAS DE ROBERT — *HETEROCERAS
ROBERTIANUM* D'Orb.**

Caractères. — Dans cette coquille et les

autres du même genre, la spire est enroulée obliquement; puis elle se projette en une crosse séparée; le dernier tour se sépare des autres, et son plan d'enroulement est oblique de bas en haut par rapport à ceux de la spire. La crosse est en partie dépourvue de cloisons.

Distribution paléontologique. — L'espèce est encore du Crétacé, de même que l'Heteroceras d'Emeric (fig. 768).

LES TYPES ABERRANTS

Comme nous l'avons fait en terminant l'histoire des Vers, nous devons ici inscrire sous ce titre un certain nombre d'animaux dont, malgré de savants travaux, la véritable place zoologique ne nous paraît pas suffisamment établie. L'étude des deux groupes dont nous allons nous occuper fera ressortir les raisons qui militent en faveur de notre manière de voir.

LES SOLÉNOCONQUES — *SOLENOCHONCHA* Lacaze

Le genre Dentale, type de l'ordre, a été pendant longtemps ballotté d'une classe à l'autre. Connues déjà des collectionneurs du temps de Rhumphius, les différentes espèces étaient appelées *dents d'Éléphant*, ou *dents marines*. Linné les réunissait aux Tarets et aux Serpulides, qui habitent des tubes calcaires, et Cuvier les rangeait encore parmi les Vers annelés. Plus tard, quand on eut reconnu au moins leur nature de Mollusques, on les a rapprochés des *Patelles* et des *Fissurelles;* il y a environ vingt-cinq ans, M. Lacaze-Duthiers (1) montra : que chez ce petit groupe d'animaux se trouvent réunies une partie des caractères des Gastropodes et une partie de ceux des Lamellibranches, que l'histoire du développement offre quelques particularités propres aux Vers annelés, et qu'au point de vue de la classification, le mieux serait de les ranger à la fin du groupe des Lamellibranches. Il donna en même temps une excellente description du *Dentalium vulgare*, qui vit sur nos côtes de France.

Caractères. — A aucune époque de leur développement ou de leur existence ultérieure, les Dentales ne possèdent de coquille bivalve, et leur langue est armée d'une radula. L'étude de la conformation de leurs diverses parties et de leur structure permettra plus facilement de comprendre l'histoire extrêmement curieuse de leur développement, ainsi que les nombreuses particularités intéressantes que présente leur mode d'existence.

La coquille des Dentales a la forme d'une

(1) Lacaze-Duthiers, *Annales des sciences naturelles.*

défense d'Éléphant; modérément incurvée, elle s'ouvre à ses deux extrémités. L'animal, dans son état habituel d'extension, remplit ce cône creux auquel il n'est relié que par un mince anneau musculaire faisant partie du manteau, immédiatement au-devant de l'ouverture postérieure. Le ventre est représenté par la face convexe. Nous renvoyons à la figure 769 pour

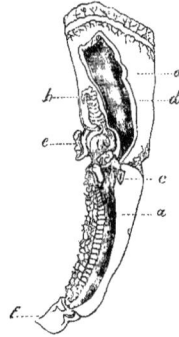

Fig. 769. — Anatomie du Dentale.

exposer la forme et la situation respective des parties. Le manteau est un sac allongé qui correspond à la cavité de la coquille, et dont l'ouverture antérieure circulaire peut être fermée par un muscle obturateur. Il n'est fixé au corps de l'animal que sur les deux tiers postérieurs de sa longueur. La partie antérieure du tronc est séparée de la postérieure par un étranglement et par une cloison que traversent l'intestin et les vaisseaux sanguins; le manteau présente aussi une cavité antérieure (a'), et une cavité postérieure (a). En haut, dans la première portion, se trouve l'appareil buccal (b) qu'entourent des appendices en forme de feuillets. Ce n'est pas immédiatement dans cette portion, comprenant l'orifice buccal, que se trouve la langue armée de sa râpe, mais seulement dans le renflement qui fait suite. Les denticules chitineuses sont disposées sur cinq rangées longitudinales, et l'ensemble rappelle absolument les parties homologues, si importantes, des Gastropodes.

La présence de cet organe semble pour quelques-uns, un argument décisif en faveur de la parenté qui relie les Dentales aux Gastropodes; on voit chez les Gastropodes, dit O. Schmidt, le manteau, le pied, les branchies et les vaisseaux affecter les formes les plus diverses; seule la région de la langue et des organes d'amoindrissement demeure semblable à elle-même et ne varie que dans des limites très restreintes. Si l'on est ainsi conduit à réunir par des liens de parenté immédiats les Gastropodes et les Mollusques qui en représenteraient les ancêtres, il manque certainement beaucoup plus de membres intermédiaires, demeurés inconnus, entre les divers Mollusques et les Dentales, qu'entre ceux-ci et les Gastropodes proprement dits. La question de cette parenté plus ou moins étroite n'a pas du reste d'autre sens ici. Aussi, les zoologistes doivent-ils tenir compte de ce point de vue pour apprécier les données et les relations résultant des classifications systématiques (O. Schmidt).

Au-dessous de l'origine du tube digestif, se trouve le pied (d), divisé en trois lobes antérieurement, grâce à une paire de prolongements latéraux en forme de hache; il est creux sur toute sa longueur. Le sang qui le rend turgescent peut l'allonger et le faire saillir jusqu'à l'ouverture antérieure du manteau; nous verrons plus loin son emploi. Il ressemble, en tout cas, davantage au pied des Lamellibranches qu'au pied rampant des Gastropodes typiques.

L'orifice anal (c) se trouve dans la chambre postérieure du manteau, qui contient, du côté du dos, les glandes destinées à la reproduction. Les sexes sont distincts. Les matières qui doivent s'échapper arrivent d'abord dans la chambre postérieure du manteau, d'où elles sortent à travers un orifice fermé par des valves. Le corps est parcouru par de larges canaux sanguins, sans aucun appareil comparable à un cœur. Il n'y a point d'organes respiratoires propres. (O. Schmidt.)

« La circulation et la respiration dans le Dentale, dit M. Lacaze-Duthiers, présentent des particularités étranges, le cœur n'existe pas, les branchies manquent à peu près ou sont très rudimentaires; aussi doit-on prévoir des modifications organiques en rapport avec ces conditions spéciales.

« Me rapportant aux choses habituelles, m'en fiant aux travaux de Deshayes et de Clark assignant chacun, non seulement la position, la forme du cœur chez le Dentale, mais encore le nombre de ses pulsations, je cherchais partout ce cœur; que l'on juge de mon embarras en face de son absence, en face d'une semblable anomalie.

« Il existe pourtant des organes de l'irrigation organique : quelques *vaisseaux*, quelques *grands et vastes sinus sanguins*, des *lacunes* dans le reste de l'économie, voilà ce que l'on observe; pas de *cœur*, partant pas d'*artères* et de *veines :* tel est en résumé l'appareil circulatoire du Dentale dont tout l'organisme présente, comme on le voit, des dispositions singulières.

« Les grands sinus sanguins précédemment cités sont au nombre de cinq, ce sont les sinus pédieux, péri-anal, abdominal, péri-lingual, et sus-œsophagien.

« Dans son ensemble l'appareil de la circulation du Dentale se rapproche beaucoup de ce

Fig. 770. — Dentale avec ses filaments textiles.

lui des Mollusques, tel que l'a décrit M. Milne-Edwards, c'est-à-dire que les parties veineuses et les capillaires n'existent pas ou sont très in-

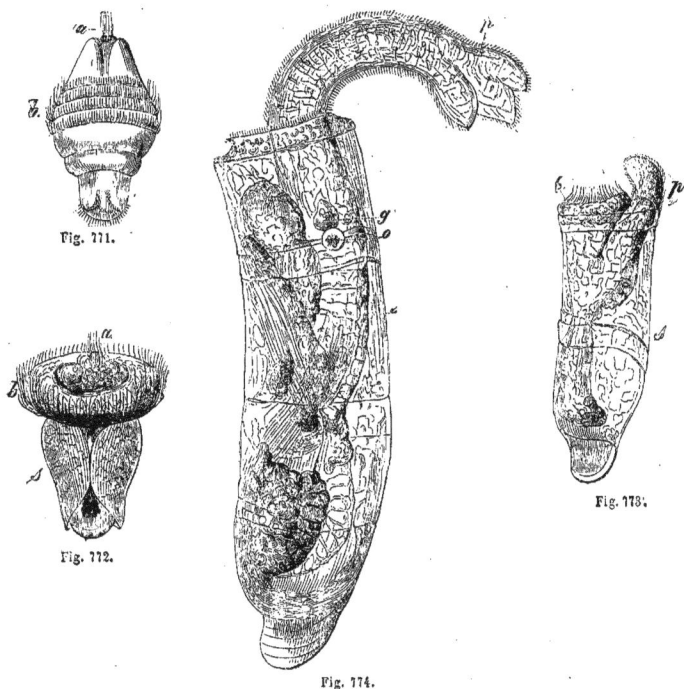

Fig. 771.

Fig. 772.

Fig. 773.

Fig. 774.

Fig. 771 à 774. — Larves de Dentale.

complètes, et que dans ce dernier cas, elles sont remplacées par des espaces inter-organiques ou *lacunes* jouant ou remplissant le rôle des capillaires.

« M. Milne-Edwards, ajoute M. Lacaze-Duthiers, a montré que la présence des lacunes était la conséquence de ce principe si remarquable de la division du travail ; plus une fonction, en effet, se localise et devient parfaite, plus l'appareil qui lui correspond s'isole des autres et devient l'apanage exclusif de la fonction toute seule. »

En fait d'organes sensoriels, on remarque deux vésicules auditives qui reposent sur les ganglions situés dans le pied. Il faut signaler encore ici les deux houppes de filaments textiles (fig. 770). Ceux-ci se terminent en massue et sont situés

BRÉHM.

sur deux renflements latéraux (e) dans la région où le manteau se rattache au tronc en haut et en avant. Ils sont vibratiles et peuvent s'étendre bien loin en avant de l'ouverture, à l'intérieur du manteau naturellement. Notre figure pourrait bien faire croire qu'ils sont situés en dehors du manteau ; mais le renflement (e) est rabattu seulement à gauche. (O. Schmidt.)

Les Dentales, ont les sexes distincts. De l'œuf émane une larve ovoïde allongée, dont l'extrémité effilée correspond à l'extrémité antérieure à venir (fig. 771). Les six ou sept anneaux parallèles, étendus d'abord sur le corps tout entier, se rassemblent bientôt vers le milieu ; il semble alors n'exister qu'une large bande formée de quatre lignes de cils vibratiles (fig. 771, b). D'assez bonne heure se montre à l'extrémité antérieure une petite dépression d'où s'élève une houppe de cils vibratiles (a). Tandis que toute cette partie antérieure, à partir des anneaux vibratiles, se raccourcit et se transforme en un bourrelet annulaire (fig. 772, b), la partie postérieure, plus mince, s'est allongée. La gouttière longitudinale, ouverte, de l'extrémité indique la division du manteau en deux moitiés latérales, et permet de distinguer ainsi la face inférieure de cet animal d'ailleurs cylindrique. A ce moment la coquille (fig. 772, s), d'une constitution membraneuse frêle, apparaît

Fig. 775-776. — Dentale Éléphantin.

sous l'aspect d'une écaille en forme de selle. Pendant que la coquille s'allonge en présentant des stries rudimentaires (fig. 773), le bourrelet cilié s'est reculé et le pied (p) a fait saillie au-dessous de lui. Dans le dernier stade que M. Lacaze-Duthiers a pu suivre (fig. 774), nous voyons le manteau émerger un peu de la coquille, et le pied trilobé en sortir pour s'étendre assez loin; les organes internes sont en grande partie aussi mis en place; parmi eux nous signalerons le ganglion du pied (g) et la vésicule auditive (o) d'un côté.

« La figure de l'Embryon de Dentale observe M. Lacaze-Duthiers, est semblable à celle des Annélides, elle présente un sillonnement transversal qui donne beaucoup d'analogie avec la forme de l'animal annelé. La couronne de cils et la houppe de l'extrémité antérieure rappellent si complètement la forme de la larve d'une Annélide, qu'ayant montré ces larves à des personnes auxquelles le développement des Vers était bien connu, il me fut répondu le Dentale est un Ver.

Mœurs, habitudes, régime. — Le mode d'existence et les mœurs des Scaphopodes ont été également l'objet d'une étude particulière de M. Lacaze-Duthiers, auquel nous empruntons les passages suivants :

« Les Dentales vivent dans le sol des grèves; l'animal ne s'enfonce pas verticalement; la plupart du temps, dans les vases remplies de sable choisi un peu gros, où je le faisais vivre, il laissait paraître au-dessus du niveau du fond, de 1 à 2 millimètres de sa coquille, mais bien souvent son extrémité pointue effleurait exactement la surface du liquide. On les voit labourer le sable; d'abord ils ne font qu'un petit sillon facile à reconnaître.

» C'est sur la limite des prairies de Zosteres que l'on rencontre plus communément les Dentales. Lorsque les vagues sont agitées, ils se retirent plus loin et sortent du sable pour chercher l'eau; le sable dans lequel ils s'enfoncent de préférence est un peu gros; dans le sable fin ils ne tardent pas à périr.

» Pendant la pénétration dans le sable, les lobes latéraux du pied, en se dilatant, jouent le rôle de véritables grappins, de telle sorte que lorsque l'animal se contracte après avoir dilaté son pied, tout son corps doit se rapprocher du sommet et avancer.

« Il me paraît prouvé que l'entrée de l'eau a lieu par le sommet et sa sortie par la base. Sur les embryons on voit les particules que charrie l'eau traverser le tube du manteau du sommet à la base; sur les adultes, il est facile d'observer des mouvements dans le même sens. Ainsi les œufs que viennent de pondre les femelles restent souvent accumulés en tas à côté du sommet par lequel ils sont sortis, et l'on voit après quelque temps, qu'ils sont rentrés dans le tube, l'ont traversé de nouveau, car ils tombent par l'ouverture de la base.

« C'est toujours par des jets saccadés, interrompus par des sortes de mouvements d'expiration, que l'on voit sortir les œufs.

« Il me paraît incontestable que c'est surtout pendant la nuit, que les Dentales entrent en activité.

« Quant à la nourriture elle doit être probablement amenée de deux manières à la bouche. Soit par le courant d'eau qui va du sommet à la base et qui charrie des matières alimentaires saisies au moment où elles passent devant la bouche. Mais d'un autre côté je crois aussi que les tentacules peuvent en s'introduisant entre les grains de sable, aller chercher et prendre les petits foraminifères et autres êtres qui vivent en si grand nombre dans les grèves de la mer.

« L'époque de l'année pendant laquelle m'ont paru se reproduire les Dentales, est du commencement d'août à la fin de septembre, il semble également probable qu'ils puissent se reproduire dans les mois de juin et de juillet. »

L'ordre des Solenoconques comprend une seule famille, celle des Dentalidés.

LES DENTALIDÉS — *DENTALIDÆ* d'Orb.

Caractères. — Les caractères de la famille sont les mêmes que ceux de l'ordre, précédemment examinés.

Distribution géographique. — Les Dentalidés se rencontrent dans la Méditerranée, l'Inde, les Antilles, l'Angleterre la Norwège et les côtes d'Europe.

Distribution paléontologique. — Plusieurs espèces fossiles sont connues. Il en existe dès le Devonien, mais leur plus grand accroissement se montre à l'époque tertiaire.

Mœurs, habitudes, régime. — D'après Forbes, les espèces des mers d'Angleterre habitent depuis 18 jusqu'à 183 mètres.

DENTALE ÉLÉPHANTIN — *DENTALIUM ELEPHANTINUM* Lamck.

Caractères. — Cette espèce est l'une des plus grandes du genre, elle est un peu arquée, striée longitudinalement de dix côtes anguleuses droites. Sa couleur est d'un beau vert mélangé de teintes blanches ou rosées (fig. 775-776).

Distribution géographique. — Elle vit dans les mers d'Europe et de l'Inde.

LES RUDISTES — *RUDISTA* Lamck.

Les Rudistes comprennent uniquement des animaux éteints. « Ils sont, dit Woodward, les plus problématiques de tous les fossiles, il n'y a pas d'espèces vivantes que l'on puisse supposer leur appartenir. »

Caractères. — Ils sont caractérisés par une coquille inéquivalve, asymétrique, épaisse; les deux valves sont inarticulées et sans traces de ligament. En général massive et irrégulière, cette coquille affecte des formes variées, mais elle est le plus ordinairement conique (fig. 777); le test est rempli de cavités et de lacunes séparées par des diaphragmes parallèles, simulant les cloisons de la coquille des Céphalopodes, il est en outre criblé de perforations tubulaires, analogues à celles de la coquille des Brachiopodes; l'animal n'habitait qu'une portion restreinte de la valve inférieure, le reste se trouvant occupé par les vacuoles; la valve supérieure, où se remarquent surtout les tubulures, est plate et operculiforme (fig. 778), ou bien contournée en spirale courte; la cavité habitée par l'animal montre des piliers verticaux ou des arêtes plus ou moins en saillie. On voit deux empreintes de muscles abducteurs des valves, rapprochées l'une de l'autre, sans trace de ligament. Ce n'était donc que par une sorte de dilatation musculaire que l'animal pouvait soulever sa valve supérieure. Des dents puissantes, longues (fig. 779), sont fixées au-dessous de la petite valve, dont elles régularisaient le mouvement en glissant dans des rainures correspondantes de la grande valve (Contejean) (fig. 780).

Les Rudistes ont été tour à tour placés dans tous les groupes. De Buch les regardait comme des Coraux; Desmoulins en a fait une sorte de combinaison des Tuniciers et des Cirrhopodes sessiles; Carpenter les considère comme intermédiaires entre les Lamellibranches et les Cirrhopodes; Steenstrup voit en eux des Annélides; d'Orbigny les place parmi les Brachiopodes; Owen et Cuvier dans les Lamellibranches; Deshayes dans le même groupe que les Etheries; Enfin Bayle les considère comme voisins des Cames.

Discuter la manière de voir de chacun de ces

auteurs est une tâche que nous ne pouvons entreprendre ici ; nous ne pouvons cependant nous

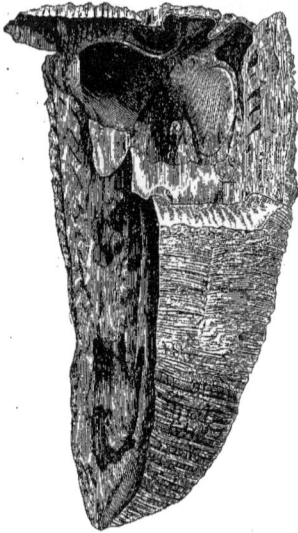

Fig. 777. — Hippurite rayonnée ouverte longitudinalement
et montrant ses 2 valves en place.

dispenser de signaler en passant combien est peu acceptable la manière de voir de Deshayes basée

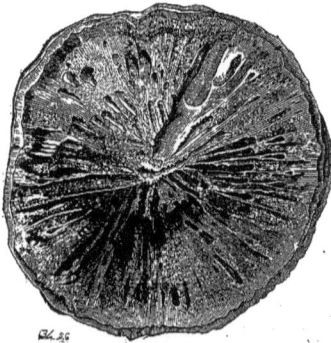

Fig. 778. — Valve supérieure avec vacuoles.

sur la contre-épreuve d un moule intérieur ou birostre de Sphérulite, montrant, dit-il, tous les

caractères d'un Lamellibranche, ce qui est tout à fait inexact ; combien est peu acceptable également la manière de voir de Bayle qui, procédant à la façon de Deshayes, voit dans les Ru-

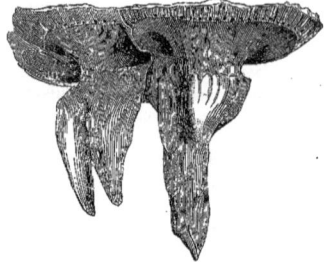

Fig. 779. — Valve supérieure d'Hippurite radiée
montrant les dents cardinales.

distes des Mollusques Pleuroconques (de Rochebrune).

Distribution paléontologique. — Les Rudistes n'existent que dans la grande formation

Fig. 780. — Valve inférieure montrant les piliers.

crétacée, et chaque espèce est pour ainsi dire propre à un étage. Elles caractérisent ainsi des *horizons* bien connus des géologues.

Avec tous les paléontologues, nous partageons les Rudistes en deux familles, les *Hippuritidés* et les *Caprinidés*.

LES HIPPURITIDÉS — *HIPPURITIDÆ* D'ORB.

Caractères. — Les Hippuritidés comprennent des coquilles fixes, irrégulières, coniques, très inéquivalves, ornées de sillons longitudinaux simples ou dichotomes; la valve inférieure fixée aux corps sous-marins, la supérieure operculiforme, perforée de petits trous communiquant avec des canaux creux ramifiés, portant en dessous des dents droites, longues, chacune supportant une apophyse crochue.

HIPPURITE DE TOUCAS — *HIPPURITES TOUCASIANUS* d'Orb.

Caractères. — Coquille fibreuse irrégulière, conique, inéquivalve, ornée de sillons longitudinaux. Valve inférieure conique, longue. Valve supérieure operculiforme à sommet subcentral (Pl. II, fig. 9).

Distribution paléontologique. — Elle est propre à la formation crétacée (Crétacé moyen.)

RADIOLITE MAMILLÉE — *RADIOLITES MAMILLARIS.*

Caractères. — Le test est formé de lames circulaires plus ou moins larges, onduleuses, foliaciées; la valve inférieure est conique, droite.

La valve supérieure conique, courte, à sommet subcentral est marquée de sillons rayonnants et

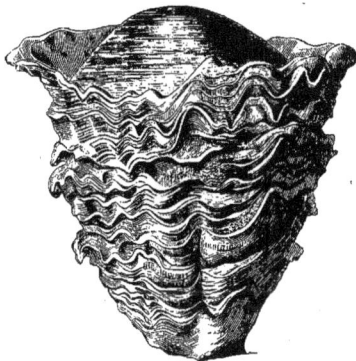

Fig. 781. — Radiolite mamillée.

couverts de petites lamelles peu saillantes, disposées circulairement (fig. 781).

Fig. 782. — Radiolite agariciforme.

Distribution paléontologique. — Comme l'espèce précédente, cette Radiolite appartient au terrain crétacé.

Nous figurons une autre espèce de la Craie, la Radiolite agariciforme (fig. 782).

LES CAPRINIDÉS — *CAPRINIDÆ* d'Orb.

Caractères. — Les espèces de cette famille, ont une coquille épaisse de contexture lamelleuse très inéquivalve, la valve supérieure est grande, convexe, à crochet latéral, quelquefois tournée en spirale oblique, formée de trois à quatre tours, perforée dans toute sa longueur par une série de canaux longitudinaux. La valve inférieure est conique ou oblique. La valve supérieure est divisée intérieurement en deux grandes cavités coniques et pourvues d'une série de cavités également coniques (de formes variables suivant

les espèces, de Rochebrune). Toutes ces cavités représentant autant de cloisons, ont été considérées par quelques-uns comme des chambres à eau. Desmarest les appelait *Ichthyosarcolites* à cause de leur ressemblance frappante avec les muscles disposés en couches de certains Poissons, les Saumons par exemple.

CAPRINE CONTOURNÉE — *CAPRINA ADVERSA* d'Orb.

Caractères. — La coquille est très épaisse, de contexture lamelleuse, inéquivalve; la supérieure lisse en dehors, l'inférieure marquée de lignes d'accroissement; l'inférieure est conique, oblique, plus ou moins longue, la supérieure très grande, terminée en spirale oblique, formée de trois ou quatre tours, perforée dans une partie de sa longueur (fig. 783).

Distribution paléontologique. — Cette es-

Fig. 783. — Caprine contournée.

pèce est commune dans l'étage cénomanien (Craie moyenne).

CAPRINELLE TRIANGULAIRE — *CAPRINELLA TRIANGULARIS* Desm.

Caractères. — Cette espèce possède une co-quille de contexture fibreuse, déprimée et iné-quivalve. La valve inférieure est grande, spirale, triangulaire, pourvue en dehors d'une expansion aliforme, perforée longitudinalement. La valve

Fig. 784. — Caprinelle triangulaire.

supérieure très courte, est arquée et conique (fig. 784).

Distribution paléontologique. — Comme l'espèce précédente, elle est spéciale au Céno-manien.

FIN DES MOLLUSQUES.

LES TUNICIERS

Les animaux réunis dans le groupe désigné sous le nom de *Tuniciers*, relativement peu nombreux en espèces, sont, dit M. le professeur Perrier (1), « des êtres d'une organisation plus élevée que celle des Bryozoaires, de taille beaucoup plus considérable, assez semblables cependant aux organismes résultant de la réunion d'une loge de Bryozoaire et d'un Polype, pour que M. Milne-Edwards ait cru pouvoir les réunir à eux dans une grande division de l'embranchement des Mollusques, celle des Molluscoïdes ».

Claus les caractérise de la manière suivante : animaux à symétrie latérale en forme de sac ou de tonneau, pourvus d'une large cavité palléale présentant deux orifices, d'un ganglion nerveux simple, d'un cœur et de branchies.

Ces caractères, dit M. le professeur Perrier, « séparent nettement les Tuniciers des Mollusques, et on s'est demandé s'ils n'étaient pas des Vertébrés très dégradés ». L'étude de leur organisation va montrer les raisons que l'on peut invoquer en faveur de cette manière de voir, comme aussi celles qui lui sont contraire. « Quoi qu'il en soit, ils ne peuvent être placés parmi les Mollusques et ils doivent être isolés dans un groupe particulier. » (Perrier.)

ORGANISATION DES TUNICIERS

SYSTÈMES TÉGUMENTAIRE ET MUSCULAIRE.

Une enveloppe plus ou moins cartilagineuse, (fig. 785-786) une tunique externe ou *testa* recouvrant entièrement le corps des Tuniciers, leur a valu leur nom (Claus).

Tantôt en forme de sac, de petit tonneau, variant considérablement du reste dans ses proportions et son facies, le corps est dans tous les cas pourvu à sa partie antérieure d'une large ouverture fermée par des muscles, parfois par des valves ; en côté ou à l'extrémité opposée, existe une seconde ouverture également fermée à l'aide de muscles.

Les téguments peuvent être coriaces, même cartilagineux, ou bien encore de consistance molle et gélatineuse, colorés de teintes diverses les plus vives. La surface externe est lisse dans certains types, verruqueuse ou épineuse dans d'autres. Cette

enveloppe, manteau externe ou tunique (*tunica*), est considérée morphologiquement comme l'équivalent des valves des Lamellibranches, comparaison des plus exactes, dit Claus depuis que M. Lacaze Duthiers a montré qu'il existe certaines espèces (Ascidies) dont l'enveloppe cartilagineuse est partagée en deux valves se fermant à l'aide de muscles particuliers.

Le test est composé d'une substance que l'on considère comme une forme du tissu conjonctif ; la masse constitutive apparaît parfois sous forme de fibres disposées par couches et contient des concrétions calcaires solides (Claus).

La surface externe en rapport avec le manteau, de même que la surface interne simulant la cavité respiratoire, sont recouvertes par un épithélium.

Tantôt les muscles forment trois couches, l'interne et l'externe, composées de fibres longitudinales, et celle du milieu de fibres annulaires ; tantôt ils constituent dans l'épaisseur des parois du corps, des rubans diversement distribués (fig. 786). Ces

(1) Perrier, *Colonies animales.*

muscles se développent surtout autour de la chambre respiratoire, et des orifices d'entrée et de sortie.

SYSTÈME NERVEUX.

Le système nerveux se réduit à un simple ganglion dont la disposition près de l'orifice d'entrée indique celle de la face dorsale ; les nerfs qui en partent, se dirigent en partie vers les muscles et les viscères, en partie vers les organes des sens tels que ceux de la vue, de l'ouïe, du toucher, dont l'existence aurait, paraît-il, été démontrée plus par-

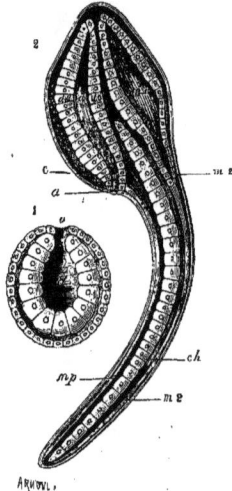

Fig. 785-786. — Gastrula de l'Ascidie (*).

ticulièrement chez les Tuniciers doués de la faculté de nager librement (Claus).

APPAREIL DIGESTIF.

Les Tuniciers ont, comme les Bryozoaires, un tube digestif généralement recourbé en forme d'anse ; ce tube commence par une bouche toujours située plus ou moins loin de l'orifice d'entrée dans la cavité respiratoire, ou au fond de celle-ci, lorsque

(*) La paroi de l'intestin primitif (d) qui s'ouvre en o par une bouche primitive, est formée de deux couches de cellules, savoir : du feuillet intestinal interne et du feuillet cutané externe, le premier constitué par de grandes, et le second par des petites cellules. — 2. larve libre de l'Ascidie. La notocorde ch sépare le tube médullaire (m) et le tube intestinal (a) ; elle se prolonge en une longue nageoire caudale. — m², ampoule cérébrale. — m³, tube médullaire. — mp, lamelle musculaire. — c, cœlom (cavité viscérale). — do, paroi dorsale de l'intestin. — du, paroi abdominale. — a, anus (d'après Haeckel).

c'est un sac branchial que l'on trouve suspendu dans la cavité (Claus).

Entre la bouche et l'orifice d'entrée, se trouve un sillon cilié, limité par deux replis situés le long de la ligne médiane de la face ventrale, c'est-à-dire celle opposée au ganglion. Ce sillon, qui commence près de la cavité respiratoire, entouré d'un collier vibratile, sert à faciliter l'arrivée des particules alimentaires. Ce tube digestif se compose d'un œsophage cilié, d'un estomac pourvu d'un foie et d'un intestin décrivant plusieurs circonvolutions et débouchant à quelque distance de l'orifice de sortie dans la cavité respiratoire, parfois dans une portion de cette cavité désignée sous le nom de *cloaque* (Claus) (fig. 787, p. 489).

SYSTÈME VASCULAIRE.

Les Tuniciers présentent un appareil circulatoire parfois fort complexe et possèdent un organe central d'impulsion, un véritable cœur (Perrier).

Ce cœur, placé à côté de l'intestin et enveloppé d'un péricarde délicat, est animé de contractions rapides et régulières.

Van Hasselt a découvert dans ce cœur la singulière propriété de battre pendant un certain temps dans un sens, puis de se mettre après une courte pause à battre en sens inverse ; le cours du sang se trouve ainsi brusquement changé à des intervalles irréguliers, dans toutes les parties du corps ; tous les vaisseaux qui, à un moment donné, jouent le rôle d'artères, remplissent un instant après les fonctions de veines (Perrier).

Une telle permutation des diverses parties de l'appareil circulatoire est unique dans le règne animal mais absolument générale chez les Tuniciers (Perrier).

Du cœur partent des vaisseaux conduisant le sang dans le système lacunaire, du corps. Dans certains types il existe dans le manteau des anses vasculaires ; deux canaux principaux dans la pluralité des cas, règnent sur la ligne médiane, l'un à la face dorsale, l'autre à la face ventrale ; ils sont réunis par d'autres canaux transversaux (fig. 787, p. 489).

ORGANES RESPIRATOIRES.

L'appareil respiratoire ou branchial présente suivant les types des modifications nombreuses ; il conserve cependant certains traits généraux frappants (Perrier).

Chez certains, la branchie est constituée par un sac délicat treillissé et percé de nombreuses ouvertures remplissant la presque totalité de la cavité respiratoire, à la surface de laquelle il est fixé par des filaments. Ces nombreuses ouvertures sont ciliées et d'ordinaire rangées en séries longitudinales ; dans d'autres cas le nombre des orifices de la branchie

Fig. 789.

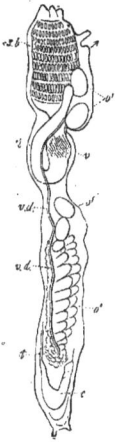

Fig. 787. — Organisation
d'une Ascidie (*).

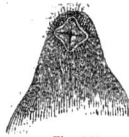

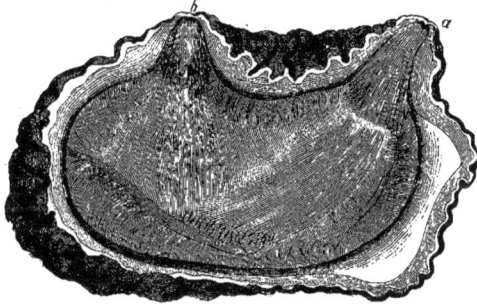

Fig. 788. — Dispositions des fibres musculaires et du manteau. (**)

diminue considérablement; parfois encore, la branchie constitue une cloison transversale divisant
la cavité respiratoire en deux parties; enfin plus
rarement elle a la forme d'une bande charnue
creuse et dépourvue d'orifices.

On a attaché une grande importance philosophique, dit M. le professeur Perrier, aux caractères
présentés par cet appareil respiratoire, toujours
constitué aux dépens de la partie antérieure du
tube digestif. C'est une particularité que les Tuniciers partagent avec les Vertébrés et qu'on a invoquée à l'appui de l'opinion de Kowalevsky, opinion
ardemment soutenue par d'éminents naturalistes
et d'après laquelle les Tuniciers seraient de tous
les animaux sans vertèbres, les plus voisins des Vertébrés, par conséquent leur type ancestral (Perrier).

DÉVELOPPEMENT — MÉTAMORPHOSES

Les Tuniciers sont hermaphrodites ; les organes
reproducteurs sont situés près des viscères à la région
postérieure du corps ; les uns sont des glandes
composées de tubes en cul-de-sac, réunis en faisceaux, les autres sont des glandes en grappes,
dont le conduit excréteur débouche soit dans la
cavité branchiale, soit dans le cloaque : c'est là
que s'opère l'évolution de l'Embryon qui tantôt
naît entouré des enveloppes de l'œuf, tantôt à un
degré beaucoup plus avancé. Chez certains, l'Embryon reste longtemps dans le corps de la mère
et procède à sa nutrition à l'aide d'une sorte de
placenta.

La multiplication par voie de bourgeonnement
est très générale et amène la formation de colonies
dans lesquelles les individus sont groupés d'une
manière caractéristique. Tantôt le bourgeonnement
se manifeste sur différentes parties du corps, tantôt
il est localisé sur certains points ou même dans une
sorte d'organe germinal ou stolon prolifère.

Le développement de l'embryon dans beaucoup
de types, offre une ressemblance avec celui des
Vertébrés et en particulier avec l'*Amphioxus*
(fig. 785-786, p. 488).

En effet, comme chez les Vertébrés, il se forme
après la segmentation, un corps composé de deux
feuillets cellulaires, dont l'interne constitue le
rudiment du tube digestif ; à la surface du feuillet
externe apparaît de bonne heure un sillon qui
devient une cavité fusiforme et dont la paroi donne

(*) *sb*, sac branchial. — *v*, estomac. — *i*, extrémité de l'intestin. — *c*, cœur. — *t*, testicules. — *vd*, canal déférent. — *o*, ovaire.
— *o'*, œufs mûrs dans la cavité viscérale. Les deux petites flèches
indiquent l'entrée et la sortie de l'eau par les deux orifices du manteau (d'après Milne-Edwards).

(**) *a*, orifice d'entrée. — *b*, orifice de sortie.

le système nerveux central ; il se développe aussi dans l'axe du corps un squelette axial très analogue à une corde dorsale ; le tube digestif, le système nerveux et la corde dorsale prennent des rapports de position analogues comme on le voit, à ceux des Vertébrés (Claus).

Le développement postembryonnaire présente soit les phénomènes de la métamorphose, soit les phénomènes de la génération alternante. Dans le premier cas, les larves que nous étudierons plus loin en détail affectent l'apparence d'un têtard de grenouille ; elles nagent longtemps avant de se fixer et donnent souvent naissance par bourgeonnement à une petite colonie ; dans le second cas, les individus dépourvus d'organes reproducteurs produisent par bourgeonnement dans leur stolon prolifère, des formes différentes des parents, formes cette fois sexuées.

DISTRIBUTION GÉOGRAPHIQUE ET HABITAT

Tous les Tuniciers sont marins ; on les rencontre dans toutes les mers.

Tantôt ils vivent au milieu des prairies de Zostères, s'enfoncent dans le sable ou recouvrent de plaques aux mille couleurs, les rochers, les galets, les grands Fucus des plages ; d'autres sont errants et vivent dans la haute mer.

MŒURS, HABITUDES ET RÉGIME

Avec les formes caractérisques et si variables des Tuniciers, on trouve, dit M. le professeur Perrier, les mœurs les plus diverses.

Un très petit nombre sont d'une taille presque microscopique et habitent la pleine mer où ils nagent à la surface de l'eau, à l'aide d'une longue queue aplatie, repliée sous le corps de l'animal, qu'elle dépasse de trois ou quatre longueurs et qui semble reposer sur elle.

D'autres, d'une limpidité parfaite, également propres à la haute mer, se contractent de façon à chasser l'eau qu'ils contiennent et à progresser par des mouvements de recul.

Les uns sont solitaires, les autres se massent en colonies ; d'autres enfin toujours, associés, sont doués de la propriété de produire des lueurs phosphorescentes des plus vives.

D'autres abondent sur certaines plages et atteignent parfois une taille considérable ; ils adhèrent en général aux corps sous-marins par une large surface et figurent des excroissances gélatineuses tout à fait irrégulières. Si on vient à les toucher, on les voir brusquement se contracter et projeter au loin et en même temps un mince filet liquide ; souvent quand, à la basse mer, sur une grève, on retourne un bloc de rocher, une multitude de petits jets d'eau s'élancent de toutes parts : ce sont autant de Tuniciers qui en tapissent la face inférieure.

CLASSIFICATION

La majorité des auteurs partagent les Tuniciers en deux classes subdivisées elle-mêmes en plusieurs ordres.

Embranchement des Tuniciers.

Classe I. — THALIACÉS. Thaliacea Sav. (*Walsenscheiden*).
— II. — ASCIDIACÉS. Ascidiacea Lk. (*Seescheiden*).

LES THALIACÉS — *THALIACEA* Sav.

Caractères. — Les Thaliacés comprennent des Tuniciens nageurs, ayant la forme d'un cylindre ou d'un tonneau, à parenchyme transparent semblable à du cristal, pourvus de deux ouvertures palléales, terminales, opposées, et de branchies rubanées ou lamelleuses ; se reproduisant par génération alternante. (Claus.)

Le manteau externe forme souvent aux extrémités du corps, dans le voisinage des ouvertures d'entrée ou de sortie, des appendices à l'aide desquels les différents individus se réunissent à leurs congénères sur deux rangs pour former une chaîne longitudinale ; il est plus rare de leur voir former une chaîne circulaire. Les deux ouvertures du manteau sont opposées ; l'orifice d'entrée est situé à l'extrémité antérieure du corps et l'orifice de sortie à l'extrémité postérieure, le premier est en général une large fente transversale à lèvres mobiles, communiquant avec une cavité respiratoire, dans laquelle sont disposées des branchies cylindriques ou lamelleuses placées obliquement en bas et en arrière (Claus).

Le système nerveux, les organes des sens, ont une organisation relativement supérieure ; le ganglion, avec des nerfs rayonnant dans tous les sens, est situé au-dessus du point d'insertion du ruban branchial et atteint une taille assez considérable.

On considère comme organe olfactif une fossette médiane ciliée, placée dans la cavité respiratoire, en avant du ganglion qui lui envoie un nerf spécial.

La reproduction peut être sexuée ou asexuée ; le premier mode donne naissance à des animaux solitaires, le second à des animaux agrégés, et comme ces deux formes, dit Claus, qui diffèrent tout autant par la taille et la configuration générale, que par la disposition des diverses parties constituées, alternent régulièrement dans le cycle vital d'une même espèce, il en résulte que le développement présente les phénomènes de la génération alternante.

LES APPENDICULARIDÉS — *APPENDICULARIDÆ* Bronn.

Die Schwanzalpen.

Caractères. — Cette famille comprend de petits animaux doués de la faculté de nager, de forme ovale allongée, pourvus d'un appendice caudal et semblables à des larves. La cavité branchiale ne présente pas d'orifice de sortie ; le sac branchial est rudimentaire, le ganglion est allongé, divisé en trois parties et accompagné d'une vésicule auditive. Quelques espèces portent une enveloppe gélatineuse comparable à une coquille.

Leur développement n'est pas entièrement connu.

OIKOPLEURE BIFURQUÉE — *OIKOPLEURA BIFURCATA* Mart.

Caractères. — Le corps de cette petite espèce est anguilliforme, aplati, pointu à son extrémité, muni d'une nageoire échancrée ; son axe est parcouru par un canal, sur les côtés duquel on voit des granulations blanches. La partie qui correspond à la tête est surmontée d'une sorte de capuchon membraneux très délié, frangé, où apparaît un point rouge entouré de jaune.

Distribution géographique. — Elle a été découverte dans les parages du cap de Bonne-Espérance par Quoy et Gaimard qui lui avaient donné le nom de *Fretillaria*, parce qu'elle est sans cesse en mouvement.

Mœurs, habitudes, régime. — Les espèces du même genre et toutes les Appendiculidés vivent en pleine mer et nagent à la surface de l'eau à l'aide de leur longue queue. Une coquille gélatineuse transparente abrite l'animal et constitue pour lui un puissant moyen de protection : qu'un Poisson aperçoive l'Appendiculaire et se jette sur elle pour la saisir, il s'empare de la coquille ; mais, par un vigoureux

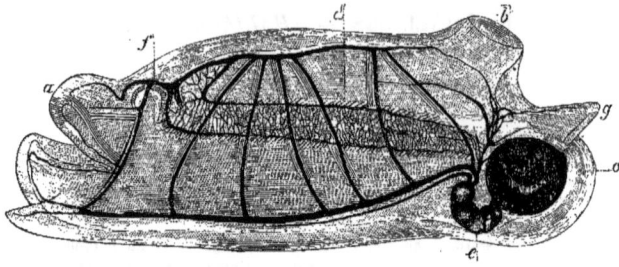

Fig. 790. — Salpe solitaire (*).

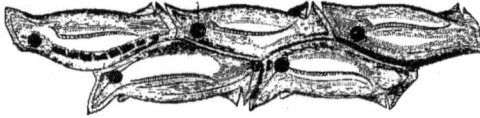

Fig. 791. — Salpe agrégée (**).

coup de queue, l'habitant s'échappe, abandonnant son logis qu'il aura bientôt reconstruit. (Perrier.)

LES SALPIDÉS — *SALPIDÆ* Forb,

Die Salpen.

Caractères. — Les Salpidés présentent un orifice antérieur avec une lèvre pouvant s'ouvrir ou se fermer comme un opercule. La branchie est un simple tube, elle traverse la cavité branchiale de haut en bas; les rubans musculaires forment rarement des cercles complets; le développement se fait par génération alternante simple. Les individus sexués sont tous vivipares (Claus).

SALPE TRÈS GRANDE — *SALPA MAXIMA* Lk.

Caractères. — Cette espèce ou plutôt cette forme, comme la majeure partie de ses congénères, affecte une forme cylindracée. Le corps est ouvert aux deux extrémités, avec de nombreux appendices. Tous les viscères sont réunis, en dehors de la cavité occupée par la branchie, en une seule masse, souvent colorée très vivement (Perrier).

(*) a, Partie antérieure; b, orifice de sortie; c, nucléus; d, muscle; e, cœur; f, stolon gemmifère; g, partie postérieure.
(**) n, pore respiratoire.

Distribution géographique. — Les Salpes sont des animaux propres à toutes les mers du globe.

Mœurs, habitudes, régime. — « Les Salpes, dit M. le professeur Perrier, sont des animaux vivant tantôt solitaires (fig. 790), tantôt au contraire en sociétés parfois nombreuses (fig. 791), dont les membres sont reliés en une sorte de chaîne par des espèces de moignons dépendant de la paroi du corps et figurant des membres rudimentaires.

Le poète Chamisso, qui en qualité de naturaliste accompagnait une expédition russe de circumnavigation, a publié en 1819 un travail sur les Salpes observées dans les mers du Sud, et il a émis une opinion qui parut alors tout à fait paradoxale et invraisemblable : il affirma que chez ces animaux transparents, qui nagent librement dans la mer, il existait toujours deux types appartenant à une seule espèce; les créatures-filles ressemblant non pas à leur mère, mais à leur grand' mère. Les individus appartenant à l'un de ces types sont toujours réunis en plus grand nombre et disposés sur deux rangées qui constituent les « chapelets de Salpes »; en revanche, les individus du second type vivent isolés. On était peu enclin, ainsi que nous l'avons dit, à accorder créance à ces données, lorsqu'une vingtaine d'années plus tard Steenstrup exposa

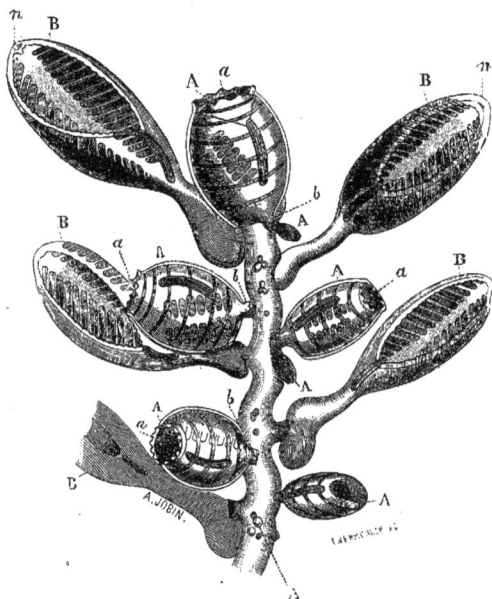

Fig. 702. — Extrémité du stolon dorsal de la première forme asexuée du Doliolum, d'après Gegenbaur (*).

ses vues si ingénieuses sur les générations alternantes et rangea ces Salpes parmi les animaux soumis à ce mode de reproduction.

« Chaque espèce de Salpe est représentée par deux sortes d'individus qui se succèdent en alternant, de génération en génération, et qui diffèrent non seulement par leur apparence extérieure, mais encore par leur organisation et leurs mœurs. » (Perrier.)

Ainsi tous les individus faisant partie d'un chapelet d'organismes réunis deux à deux, sont absolument identiques, et se reproduisent par génération hermaphrodite. Mais, de leurs œufs n'émanent point de nouveaux chapelets ; il en sort des individus isolés qui, dans chaque espèce, se distinguent, même extérieurement, des individus réunis en chapelet ; ils en diffèrent principalement, en outre, parce qu'ils constituent une génération nouvelle, intermédiaire, qui ne jouit pas de la reproduction ovipare. Ils émettent plutôt, sur un noyau spécial, des bourgeons internes qui sont disposés dès l'origine comme les chapelets de Salpes, et qui naissent à l'état d'association incomplètement développée. Tous les individus d'une même génération de ce genre, présentent le même degré de développement; et l'on voit souvent, derrière une génération déjà assez avancée, émerger de cette colonie germinative, les rudiments d'une ou de deux générations nouvelles. Il suffit pour cela d'un coup d'œil pénétrant. La chaîne de Salpes nouvellement créée peut être si complètement formée, que tous ses membres commencent au même moment à aspirer l'eau nécessaire à leur respiration. Le développement des organes génitaux vient ensuite fermer le cercle de l'évolution de l'espèce.

Les Salpes sont susceptibles aussi, suivant le langage poétique de Johnston, « d'allumer leurs luminaires » dans l'obscurité ; leur lueur, plus pâle et plus laiteuse, est provoquée par le contact immédiat et par le frottement dans une

(*) A, bourgeons dorsaux (deuxième forme asexuée). — B, bourgeons latéraux. — n, système nerveux des bourgeons latéraux. — a, orifice d'entrée. — b, stolon ventral des bourgeons dorsaux sur lequel apparaissent les rudiments des individus sexués.

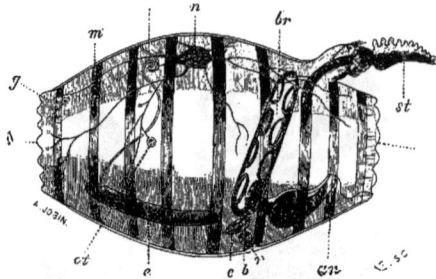

Fig. 793. — Doliolum, première forme asexuée à stolon dorsal (d'après Keferstein et Thiers) (*).

eau agitée. On peut recueillir, en essuyant la couche lumineuse superficielle, un mucus peu consistant ; l'eau qui s'y trouve mélangée et agitée, devient également lumineuse ; un observateur anglais, ancien, a cru devoir en tirer la conclusion suivante : « Il n'existe aucun organe lumineux spécial, mais le phénomène provient d'un processus de combustion et d'oxydation s'étendant sur toute la superficie, et cette phosphorescence est à peu près semblable aux phénomènes lumineux qu'on observe sur certains corps organiques, notamment sur les Poissons de mer, et qui ne commencent à se manifester qu'après la mort, lorsqu'une décomposition superficielle entre en scène. » La question demande encore à être éclaircie.

LES DOLIOLIDÉS — *DOLIOLIDÆ* Forb.

Caractères. — Dans les types de cette famille, les deux ouvertures palléales sont très écartées, et se trouvent aux deux extrémités opposées du corps en forme de petit tonneau ; l'orifice antérieur est entouré de dix ou douze lobes. Les branchies plates divisent, comme une cloison transversale, la cavité respiratoire en deux parties et elles présentent deux rangées de fentes. Les individus sexués produisent des œufs ; le développement par métamorphose et génération alternante est complexe (fig. 792) : par bourgeonnement naissent deux générations de nourrices solitaires, la première avec un stolon externe dorsal (fig. 793), la seconde avec un stolon externe ventral. (Claus.)

DOLIOLUM MÉDITERRANÉEN — *DOLIOLUM MEDITERRANEUM* Otto.

Caractères. — Cette espèce se présente comme un corps très simple, gélatineux, d'un blanc hyalin, imitant un petit baril sans fond, un peu renflé au milieu, court, légèrement contracté aux extrémités.

Distribution géographique. — Elle habite la Méditerranée.

Mœurs, habitudes, régime. — Un courant d'eau déterminé par le mouvement des cils vibratiles de la branchie traverse constamment ce tonneau des Danaïdes d'un nouveau genre, dit M. le professeur Perrier, et des anneaux musculaires figurant les cercles du baril, permettent à l'animal de se contracter et de progresser par un mouvement de recul, en chassant plus ou moins vivement l'eau qu'il contient.

Chez les Doliolum, toujours solitaires, deux générations identiques sont séparées au moins par deux générations différentes, de sorte que les mêmes formes ne reviennent qu'à la quatrième génération.

LES PYROSOMIDÉS — *PYROSOMIDÆ* Jon.

Die Feuerwazsen.

Caractères. — Les Pyrosomidés comprennent des colonies flottant librement à la surface de la mer, ayant généralement la forme d'une pomme de sapin creuse ou d'un dé à coudre, composé de nombreux individus disposés perpendiculairement à l'axe longitudinal et réunis par un tissu commun de consistance gélatino-cartilagineuse. Les orifices d'entrée forment des cercles irréguliers à la surface externe de la colonie ; les orifices de sortie débouchent du côté opposé dans la cavité centrale.

Le sac branchial est large et treillissé.

De l'œuf sort un embryon peu développé qui donne naissance par bourgeonnement à quatre nouveaux individus; ceux-ci, à leur tour, d'après Kowalevoki, produiraient, sur un germigène dorsal, quatre individus sexués. (Claus.)

PYROSOME ATLANTIQUE — *PYROSOMA ATLANTICUM* Per.

Caractères. — Les parois du manchon supportent les colonies de Pyrosomes sont constituées par une infinité d'animaux dont chacun est assez semblable à une Salpe (fig. 794). Un orifice extérieur sert à amener dans la cavité respiratoire, l'eau chargée d'air et de particules alimentaires ; l'orifice intérieur déverse dans la cavité du manchon, les matières excrémentielles, l'eau qui a traversé la branchie et peut-être les embryons (Perrier).

Mœurs, habitudes, régime. — C'est à Lesueur que l'on doit la connaissance des principaux phénomènes physiologiques dont les Pyrosomes sont le siège, c'est à lui que revient l'honneur d'avoir démontré que le Pyrosome n'est pas un organisme unique, mais une colonie d'individus, une sorte de ville flottante. Le nom donné à ces animaux indique qu'ils jouent un rôle prédominant dans les phénomènes de la phosphorescence des mers.

Un observateur anglais a décrit le spectacle qu'il a observé en octobre sous la latitude de 4 degrés Sud et la longitude de 14 degrés Ouest.

Le navire filait rapidement, et cependant il observa la phosphorescence pendant toute la nuit, et il put recueillir les Pyrosomes presque à chaque coup de filet.

La phosphorescence provenait uniquement de petites particules brunes très nombreuses, faisant partie de ces corps. Lorsqu'on coupait une de ces créatures, ces particules brunes se dispersaient dans l'eau, semblables à des étincelles très nombreuses. Il n'est pas nécessaire, dit cet auteur, de frotter le corps tout entier

pour en faire jaillir la lumière; il suffit d'en toucher une partie minime, pour que l'ensemble devienne complètement lumineux. On constata aussi que les spécimens qui ne luisaient pas, recommençaient à luire rapidement dans l'eau douce; ce phénomène durait jusqu'à leur mort, qui survenait seulement au bout de plusieurs heures. Des animaux mutilés et sur le point de mourir, qui, dans l'eau de mer, ne répondaient plus par aucun phénomène lumineux à toute excitation, reluisaient à nouveau, immédiatement, dans l'eau douce. Les observations de Meyer qui fit le tour du monde, sont plus ex-

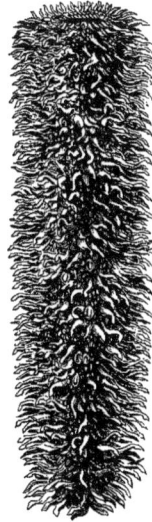

Fig. 794. — Pyrosome atlantique.

plicites à l'égard de la phosphorescence des Pyrosomes. Leur lueur est très vive et d'une coloration bleu verdâtre, très différente de la lueur de tous les autres animaux lumineux. Captifs et nageant dans l'eau d'un vaste récipient ils ne luisent point, mais ils se mettent à reluire dès qu'on les trouble. La lumière apparaît d'abord sous forme d'étincelles très fines, dans un petit corps foncé et presque conique situé dans l'intérieur de chaque animal distinct. Ces étincelles restent quelques instants isolées, puis elles se fusionnent entre elles de telle sorte que la colonie finit par être entièrement lumineuse. Si l'on saisit un Pyrosome par ses deux bouts, les étincelles lumineuses commencent d'abord aux deux extrémités et se montrent au centre en dernier. La phosphorescence s'éteint comme elle a commencé ; elle se termine par quelques points lumineux qui finissent par disparaître. L'agitation de l'eau provoque la phosphorescence ; quand la force vitale de la colonie est en train de s'éteindre, la

Fig. 795-796. — Phosphorescence des Pyrosomes.

phosphorescence exige déjà une excitation plus forte. En contradiction avec les données de Bennett, que nous avons indiquées plus haut, Meyer affirme que lorsqu'on détache un fragment de Pyrosome, non seulement la phosphorescence s'éteint immédiatement dans cette portion, mais disparaît aussi très rapidement dans le reste de l'animal à partir de la surface ventrale jusqu'au bout opposé. Il n'a rien vu

qui ressemble à des particules de substances lumineuses jaillissant au dehors. Tous les observateurs qui ont assisté à ce merveilleux spectacle s'accordent à comparer ces animaux soit à des sphères lumineuses, soit à des barres de fer chauffées à blanc. Ce phénomène compte parmi les spectacles inoubliables que l'Océan offre aux observateurs.

Panceri a donné une explication satisfaisante de la phosphorescence des Pyrosomes.

« Nous savons aujourd'hui que, chez chaque individu de la colonie, la lumière émane de deux amas de cellules, qui constituent précisément les organes lumineux et non les ovisacs, comme l'avaient pensé les observateurs précédents. Ils sont situés à la périphérie. Nous représentons (fig. 795) l'extrémité ouverte de la colonie, de grandeur naturelle. Les individus les plus anciens sont munis de prolongements rostriformes à l'extrémité antérieure. La figure 796 représente la cavité du cylindre ; l'orifice d'entrée d'un individu isolé est figuré en (o), et les deux glandes lumineuses, situées superficiellement au voisinage des ganglions nerveux, sont représentés en (oe). Les points lumineux qui s'allument successivement dans toute la colonie à partir du point excité, s'étendent sur tout le cône lumineux ; on peut les compter tous. Sur un Pyrosome mesurant 8 centimètres de long et 4 centimètres d'épaisseur, ils atteignent le chiffre de 6 400, le nombre des animaux microscopiques étant 3 200. » Panceri n'est pas encore parvenu à établir le mode de propagation des excitations lumineuses d'un animal à ses voisins et par suite à la colonie entière. Probablement les nerfs, qui se répandent dans les muscles et établissent une communication entre les individus, entrent en jeu dans ce phénomène.

LES ASCIDIACÉS — ASCIDIACEA Forb.

Die Sackthiere.

Caractères. — Le nom d'*Ascidiacés*, indique un groupe d'animaux formés d'un sac plus ou moins allongé, pourvus de deux orifices le plus ordinairement rapprochés l'un de l'autre, servant l'un d'entrée, rond ou ovale, fermé par un sphincter ou par plusieurs lobes situés sur sa périphérie, l'autre de sortie et construit à peu près sur le même plan. Une large cavité respiratoire est presque complètement remplie par le sac branchial treillissé ; à son extrémité et en dedans de l'orifice d'entrée on trouve souvent une couronne de tentacules charnues.

A la surface dorsale de ce sac existe un espace remplissant le rôle de cloaque. Le tube digestif et les autres viscères sont ordinairement placés sur les côtés du sac branchial. Chez les

Fig. 797. — Ascidie à petite couronne ou microcosme.

espèces à formes allongées, il existe un étranglement, ce qui a permis à M. H. Milne-Edwards
de distinguer un thorax, un abdomen, souvent
même un postabdomen.

Tantôt les Ascidiacés restent solitaires, tantôt
elles produisent des bourgeons et forment des
colonies ramifiées par des prolongements radiculaires, sans que les individus soient enfouis
dans une enveloppe commune, ce sont les Ascidies sociales. On désigne sous le nom d'Ascidies
composées, des colonies formées d'individus
ayant un manteau commun, et groupés autour
d'un orifice également commun, de telle sorte
que chaque groupe ou système de groupe,
possède sa cavité centrale dans laquelle débouche l'orifice de sortie de chacun des individus
constituants.

La reproduction des Ascidiacés présente des
phénomènes du plus haut intérêt, et des métamorphoses remarquables.

Chez un grand nombre d'espèces, les œufs
s'accumulent dans le cloaque et y subissent
leurs premières phases évolutives jusqu'à la formation de l'embryon.

Un fait des plus remarquables, d'après Claus,
BREHM.

c'est la formation à la surface de l'œuf, de villosités, par les cellules folliculaires qui l'entourent.

Après le premier noyau formé, sa scission
précède toujours celle du vitellus. Comme chez
l'Amphioxus, il se forme, suivant Kowalevsky,
une cavité centrale destinée à devenir plus tard
la cavité viscérale, plus tard encore, l'embryon
prend l'aspect d'une demi-sphère largement
ouverte. Cette ouverture se rétrécit insensiblement, et après diverses phases, le corps se prolonge à son extrémité postérieure en une sorte
de queue, dans l'axe de laquelle se développe
un cordon analogue à la corde dorsale.

Quand l'embryon est parvenu à son complet développement, il rompt ses enveloppes et devient
libre ; à ce moment, la larve se fixe sur sa
queue et elle subit une métamorphose régressive.

Dans certains groupes, les larves se divisent
en deux individus par une sorte de bourgeonnement (Claus.)

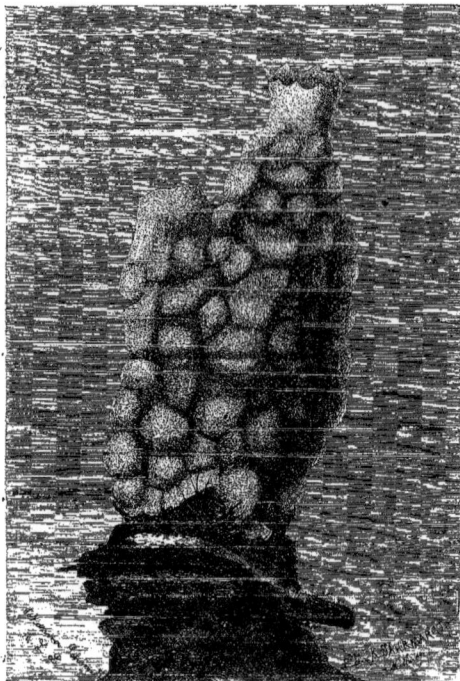

Fig. 798. — Pallusie mamelonnée.

LES ASCIDIIDÉS — *ASCIDIIDÆ* Forb.

Die Asciden.

Caractères. — C'est surtout dans cette famille que l'on rencontre le type fondamental de Tuniciers, c'est-à-dire des animaux fixés, ayant la forme d'une outre percée de deux orifices, munis d'un large sac branchial et se développant par métarmorphose ou génération alternante (Claus). Ce dernier mode est cependant exceptionnel dans ce groupe, et quand le fait se produit, les animaux ne sont réunis ni par une enveloppe commune, ni par des vaisseaux sanguins.

Mœurs, habitudes, régime. — En général solitaires, les Ascidiidés peuvent atteindre une taille relativement considérable.

ASCIDIE A PETITE COURONNE — *ASCIDIA MICROCOSMUS* Lamk.

Caractères. — Cette espèce possède un sac branchial plissé longitudinalement et descendant jusqu'au fond de la tunique propre sans se recourber; l'orifice d'entrée porte une couronne de tentacules peu développés (fig. 799).

Distribution géographique. — Elle habite la Méditerranée.

Mœurs, habitudes, régime. — Cette espèce, comme toutes les Ascidies solitaires, vit sur le bord des plages; elle adhère aux corps sousmarins par une surface assez large; quand on la touche, on la voit se contracter brusquement et lancer au loin un mince filet de liquide.

PALLUSIE MAMELONNÉE — *PALLUSIA MAMILLA-RIS* Lk.

Caractères. — La Pallusie mamelonnée se fait remarquer par ses couleurs d'un rose tendre et les riches teintes des mamelons de ses ouvertures antérieures et postérieures (fig. 798).

Distribution géographique. — Comme la précédente, on la rencontre dans la Méditerranée.

Mœurs, habitudes, régime. — L'impressionnabilité des lobes marginaux est tout à fait extraordinaire. Ces animaux vivent enfouis dans la sable ou fixés à n'importe quel corps résistant ; aussi lorsqu'on tente de leur imprimer une autre attitude pour les besoins du dessinateur, ils se rétractent. Le même fait se produit souvent à l'occasion d'un changement de lumière subit, quand par exemple on enlève rapidement le couvercle du récipient dans lequel on a placé les spécimens pour les observer de plus près. Notre dessinateur a exercé sa patience à plus d'une reprise, car une fois replongées et renfermées en elles-mêmes, ces Ascidies restaient ordinairement une demi-heure ou une heure avant d'être disposées à s'étaler de nouveau dans toute leur splendeur.

En fait, plus que bien d'autres êtres, les Ascidies ne se laissent étudier qu'au milieu de leur entourage naturel; dans les corbeilles des marchés, dans les bocaux des musées, elles produisent l'impression de masses pelotonnées et repoussantes.

LES CLAVELLINIDÉS — *CLAVELLINIDÆ* Forb.

Caractères. — Les Clavellinidés constituent des individus pédonculés, situés sur des stolons communs et ramifiés, sur une seule tige. Le corps se divise parfois en trois régions distinctes.

CLAVELLINE LÉPADIFORME — *CLAVELLINA LEPADIFORMIS* Mull.

Caractères. — Le corps de cette espèce, revêtu d'un test gélatineux, est porté sur un pédoncule. Le sac branchial sans plis, ne pénètre pas jusqu'au fond de l'enveloppe (fig. 801).

Distribution géographique. — Elle habite les mers du Kamtschatka et les côtes de Norwège.

Mœurs, habitudes, régime. — Les Clavellines se montrent par petits bouquets dans les prairies de Zoostères.

Un autre genre voisin, celui des Perophores,

Fig. 799. — Clavelline lépadiforme.

vit dans les mêmes régions et forme sur les frondes des Fucus d'élégantes arborescences (Perrier).

LES BOTRYLLIDÉS — *BOTRYLLIDÆ* Forb.

Caractères. — Les nombreux individus composant ces colonies sont enveloppés d'une couche commune de consistance molle, colorée des teintes les plus vives, spongieuse, lobée et adhérente aux corps étrangers. Tous les individus se groupent autour d'un cloaque commun et forment des systèmes circulaires ou étoilés, à ouverture centrale. Tantôt le corps est simple et court, tantôt il s'allonge et se divise en deux ou trois rayons.

« Tous les membres d'un même système, dit M. le professeur Perrier, se ressemblent, tous présentent les mêmes organes également développés. La division du travail et le polymorphisme font défaut. »

BOTRYLLE BLANCHATRE — *BOTRYLLUS ALBICANS* Edw.

Caractères. — Le corps des petits animaux composant le système, est couché presque horizontalement ; ils sont disposés sur des rangs réguliers et concentriques. L'orifice branchial dépourvu de rayons est circulaire ; l'abdomen est plus petit que le thorax; les ovaires sont appliqués sur les côtés du sac branchial (fig. 802).

Distribution géographique. — Ce Botrylle

est commun sur les frondes des Fucus de nos côtes européennes.

Mœurs, habitudes, régime. — Chez tous les Botrylles, il se fait une croissance simultanée de certains individus fortement adhérents. D'autres individus viennent se rattacher encore à cette association absolument communiste, et les indi-

Fig. 800. — Botrylle blanchâtre sur un Fucus.

vidus ainsi réunis émettent des bourgeons; ce bourgeonnement est le principal mode d'accroissement de la colonie. De petites élevures et des bourrelets situés en différents points du corps de chaque animal, indiquent les débuts du bourgeonnement. Ces nouveaux rejetons s'intercalent au milieu de la colonie, comme il arrive principalement chez les espèces qui prennent un aspect sphéroïdal; ou bien de nouveaux systèmes se forment à la périphérie, comme cela a lieu chez les Botrylles dont les colonies présentent une forme plus aplatie.

On avait cru jadis que le système de Botrylles tout entier (c'est-à-dire l'ensemble de tous les individus situés autour d'un orifice commun, comme le représente notre figure 802) émanait d'un seul coup soit d'un bourgeon collectif, soit d'un œuf; c'est une erreur, démontrée par les travaux de Charnier. L'être qui émane d'un œuf ne se divise pas en une huitaine ou en un nombre plus grand d'indivi-

dus; mais le bourgeonnement commence déjà dans l'œuf d'où émane un individu original, ou un peu plus tard dans l'embryon qui se développe; alors se produit un système d'individus du même âge et d'un même degré de croissance. Tous les individus qui se sont développés par bourgeonnement dans la colonie, se reproduisent ensuite par voie sexuelle. Les larves, pourvues d'une queue servant d'aviron, s'essaiment, et chacune, sans arriver jusqu'à produire un œuf, devient la fondatrice d'une colonie nouvelle (O. Schmidt).

Il est utile de compléter ces données par quelques considérations sur cette queue des larves et sur la chorde dorsale, nous les empruntons au travail de M. Giard sur les Synascidies (1).

« La chorde est formée dans le principe d'un seul rang de cellules, pour la plupart beaucoup plus larges que longues; elles forment un disque régulièrement ovalaire. Bientôt la partie postérieure de ce disque s'allonge en se rétrécissant peu à peu; entre les cellules devenue cubiques, il se fait alors un dépôt de substance refringente sous forme de lentilles biconvexes, et les cellules formatrices repoussées à la périphérie par ce dépôt de plus en plus abondant finissent par construire une sorte de gaîne autour de la partie transparente centrale.

« Autour de la chorde dorsale se trouve une double couche de cellules qui s'allongent, deviennent fusiformes et striées en travers. Enfin la couche externe de la queue est constituée par un prolongement de la tunique non pas complètement cylindrique, mais pourvu de quatre lignes saillantes : deux dans le plan horizontal et deux dans le plan vertical. Les crêtes verticales se projettent sur l'animal vu du côté ventral ou du côté dorsal, et ces apparences pourraient faire croire à l'existence d'un canal central.

« Quand le Têtard se meut, il se courbe en arc de cercle dont la concavité est tournée alternativement à droite et à gauche; deux points restent fixes dans le mouvement relatif : le point où la queue se sépare du tronc, et un autre situé toujours à une distance de l'extrémité caudale qui varie en raison inverse de la longueur du tronc.

« Chez les *Astellium*, genre voisin des types que nous étudions, le tronc, dit M. Giard, est déjà une colonie d'Ascidies parfaitement développées et communiquant par leurs extrémités

(1) Giard, *Archives de Zoologie*, 1872.

nnales avec un espace vide, transparent, qui es l'origine de la cavité commune.

« L'animalcule le plus avancé dans la colonie embryonnaire est celui qui porte la vésicule des sens ; vient ensuite l'animalcule de droite et enfin le moins développé est celui qui termine la chaîne et se trouve à la partie inférieure du Têtard.

« Ce Têtard n'est-il pas comparable à la chaîne embryonnaire qui l'on trouve chez ces Salpes adultes et isolées?

« Les métamorphoses des embryons se font avec une rapidité excessive. Au moment de l'éclosion, le Têtard présente un renflement céphalique en général égal à celui de l'animal progéniteur. Au bout de deux ou trois heures ce singulier Têtard est déjà fixé. La queue s'est rétractée et la nouvelle source d'éléments nutritifs, formée par les restes de l'appareil caudal en regression, active tellement la blastogénèse que sept ou huit heures après la fixation, on peut déjà compter sept ou huit blastozoïdes à peu près complètement développés. »

AMARUCIUM ÉPAIS — *AMARUCIUM DENSUM* Edw.

Caractères. — Cette espèce appartient au groupe des Botryllides ayant un corps défini et facilement appréciable ; les individus sont dis-

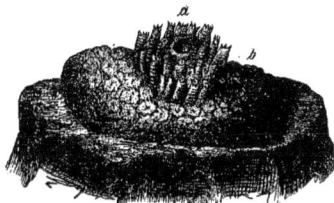

Fig. 801. — Amarucium épais.

posés irrégulièrement autour d'un cloaque commun ; l'orifice d'entrée est à six dents (fig. 803).

Distribution géographique. — Elle habite les plages de l'Océan.

Mœurs, habitudes, régime. — D'après M. Giard, les colonies d'Amarucium et des autres Botryllides se trouvent de préférence dans les endroits qui ne sont pas exposés à la lumière directe du soleil, à la face inférieure des rochers et des pierres, parmi les Varechs et les herbes

marines, dans les coquilles vides, dans les valves séparées. On les rencontre là communément, et le regard est frappé par leur coloration bleuâtre, jaunâtre ou rougeâtre. Le plus souvent on les trouve dans la zone littorale, immédiatement au-dessous de la surface de l'eau. Certaines espèces s'installent à une profondeur plus grande, qui peut atteindre de 20 à 30 brasses environ ; mais elles ne comptent pas parmi les animaux vivant dans les profondeurs de la mer à proprement parler. L'aspect de la colonie est souvent tout à fait indépendant de la résidence et de la constitution du plan sousjacent. Ainsi d'après M. Giard, l'*Amarucium densum*, installé sur les herbes marines, présente l'aspect d'un champignon à pédicule court, tandis que contre les roches, il figure une simple croûte.

Ces Ascidies subissent pendant l'hiver, d'après le même auteur, une modification particulière.

Il a vu chez le *Didemnum cereum*, qui appartient aux espèces remplies d'élégants corpuscules calcaires microscopiques et qui est d'un beau jaune de cire, il a vu, disons-nous, après les premiers jours froids de l'automne, la coloration des parties molles se foncer en même temps que les corpuscules calcaires se multipliaient d'une manière extraordinaire.

Chez l'Amarucium épais, à la suite de cette modification, les individus avaient disparu à partir des bords de la colonie. Nous représentons sur la figure 801, en (*a*), les individus encore intacts qui se dressent autour d'un orifice excrémentitiel ; en (*b*) nous représentons la masse, prête à l'hibernation, d'où jailliront au printemps les individus nouveaux qui existent déjà à l'état de bourgeons.

L'existence et la tranquillité des colonies d'Ascidies ne sont jamais menacées par un nombre d'ennemis considérable ; les pertes qu'elles subissent sont réparées largement par la puissance extraordinaire de reproduction et de force vitale de ces êtres. Une colonie, sectionnée, divisée fortuitement ou pour les besoins de l'expérience, croît toujours de nouveau. Lorsqu'on coupe la partie supérieure du corps d'un groupe d'individus, le cœur et l'ovisac continuent à végéter ; l'ensemble est reconstitué dans son entier, et c'est la masse de l'ovisac qui représente le matériel servant à reconstituer tout l'organisme, y compris le système nerveux.

Dans la classification des groupes primordiaux du règne animal servant à établir les rapports des grands types organiques entre eux, les Tuniciers que nous venons d'examiner sont considérés comme les plus élevées parmi les Invertébrés, comme les plus près des Vertébrés, qu'ils suivent immédiatement. Dans les pages précédentes, en commençant par les Vers, pour de là remonter aux Mollusques et aux Tuniciers, nous avons procédé du simple au composé; il nous faut maintenant retourner en arrière, franchir l'espace déjà comblé qu'occupent les Arthropodes, et dès lors marcher dans une direction inverse de la première, c'est-à-dire du composé au simple, étudier en premier lieu les Échinodermes, qui dans la classification adoptée se placent après les Vers, pour de là continuer par les Acalèphes, les Spongiaires, et terminer par les Protozoaires, expression la plus simple de la vie animale.

FIN DES TUNICIERS.

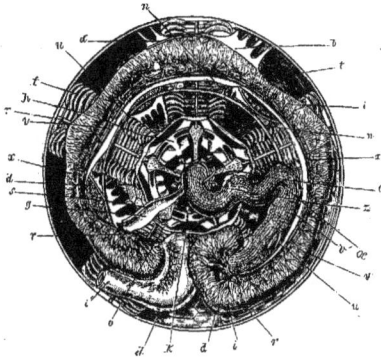

Fig. 802. — Appareil vasculaire d'*Echinus sphera*,
d'après Perrier (*).

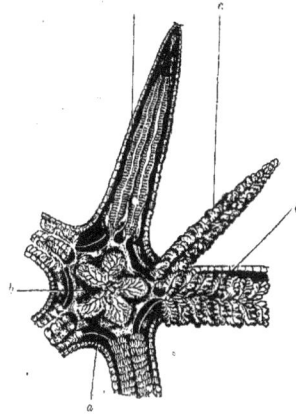

Fig. 803. — Appareil digestif de l'Astérie orangée
d'après Tiedemann **

LES ÉCHINODERMES

CARACTÈRES GÉNÉRAUX

La structure nettement rayonnée que nous verrons apparaître dans certains types dont l'étude nous reste à faire, se montre presque toujours constante chez les Echinodermes; elle peut cependant disparaître, et ce phénomène se produit alors chez les formes les plus élevées de la classe.

Les formes des Echinodermes sont multiples, depuis le Crinoïde, ce calice calcaire porté sur une tige flexible, jusqu'à l'Oursin à l'aspect globuleux,

depuis l'Étoile de mer aux divisions rigides, jusqu'à l'Ophyure aux bras mobiles et à l'Holothurie semblable à un Ver indolent, tous les passages se rencontrent; tous, malgré ces différences extérieures, peuvent être facilement rapprochés, et fournir des caractères propres à marquer les chaînons qui les relient les uns aux autres.

Des opinions diverses ont eu cours, dans la science, relativement à la nature même des Echi-

(*) *t*, test calcaire. — *œ*, œsophage. — *i*, première courbure de l'intestin. — *l*, seconde courbure coupée tout près de sa naissance pour laisser loin les détails de la première. — *b*, brides unissant au test le bord dorsal de l'intestin. — *h*, pyramides de la lanterne d'Aristote. — *k*, plumes dentaires. — *o*, auricules. — *g*, glande excrétine (prétendu cœur). — *s*, canal du sable. — *c*, anneau vasculaire situé sur le plan supérieur de la lanterne et auquel aboutit le canal du sable. — *x*, vésicules de Poli, — *r*, vaisseaux ambulacraires. — *v'* vaisseau naissant de l'anneau *c*, remontant le long de l'œsophage et se réfléchissant sur le bord libre de l'intestin pour former le vaisseau marginal interne *v*. — *d*, vaisseau marginal externe. Ce vaisseau ne se prolonge ni sur l'œsophage, ni sur la plus

grande partie de la seconde courbure de l'intestin. Il est réuni tout le long de la première courbure avec le vaisseau *v*, par des arborescences vasculaires formant un réseau capillaire très riche. — *u*, grand canal de dérivation du vaisseau *d*, flottant librement dans la cavité générale et s'abouchant dans ce canal par ses deux extrémités (canal collatéral); *n*, branches vasculaires ascendantes faisant communiquer le vaisseau *u* avec le vaisseau *d*. — *f*, feuillets des branches internes. — *z*, *siphon intestinal*.

(**) *a*, estomac. — *b*, appendices cœcaux situés sur la face supérieure de l'estomac (organes excréteurs). = *ce*, cœcums rameux de l'estomac dans l'état de distension. — *d*, les mêmes dans leur état normal, mais ouverts.

nodermes et à la place qu'ils devaient occuper dans la série animale.

En 1837, Duvernoy examinant les bras d'une Astérie, ou Étoile de mer, voyait dans chacun de ces bras l'équivalent d'un animal particulier. Plus tard, en 1848, il développait cette idée. Les cinq bras de l'Étoile de mer, disait-il, sont proprement cinq colonnes vertébrales, ces colonnes dont le nombre varie dans les différentes espèces et dans les genres, avec celui des bras ou des rayons, sont plus ou moins libres vers leur extrémité caudale et soudées par leur extrémité buccale ; les Astéries à rayon libre sont donc les Serpents des Échinodermes, mais des Serpents sans têtes, à plusieurs corps et une seule bouche (Duvernoy).

Précédemment, de Blainville avait émis l'opinion que les Échinodermes sont un composé d'animaux réunis autour d'un centre.

Dernièrement, Reichert puis Hæckel ont repris ces données : pour Hæckel, chacun des bras d'une Étoile de mer serait un Ver, et l'explication du développement de ces animaux serait tout entière contenue dans ce fait : les cinq Vers qui composent une Étoile, naissent par bourgeonnement sur la larve primitive, qui n'est elle-même qu'un Ver d'une forme particulière chargé de produire la colonie rayonnée, et qui disparaît dès qu'il l'a constituée (Perrier).

L'examen des types de la classe que nous décrivons permettra d'apprécier la valeur que l'on doit attribuer à la théorie d'Hæckel. Toutefois le type Echinoderme peut être défini de la façon suivante :

Animaux à symétrie rayonnée, à squelette dermique incrusté de sels calcaires, souvent muni de piquants, présentant un tube digestif et un appareil vasculaire distincts, un système nerveux et des canaux ambulacraires.

Nous ajouterons avec M. le professeur Perrier (1) :

« L'animal rayonné peut devenir un animal à symétrie bilatérale ; dans ce cas, cinq animaux présentant chacun la symétrie bilatérale se seraient soudés pour constituer d'abord un animal rayonné, et revenir souvent, sous une influence donnée, à la symétrie bilatérale. »

ORGANISATION DES ÉCHINODERMES

TÉGUMENTS.

Les Échinodermes présentent un caractère important et qui consiste dans l'incrustation de la peau par un dépôt calcaire, servant à former un test souvent d'une grande solidité, mais souvent aussi plus ou moins mobile.

Chez les uns en effet ce dépôt se borne à une réunion, dans les téguments, de corpuscules calcaires affectant des formes variées, disséminés et n'ayant

Fig. 804 à 809. — Concrétions calcaires des muscles de la Synapte de Duvernoy.

entre eux aucune connexion (fig. 806 à 811) : dans ce cas l'enveloppe musculo-cutanée est très développée, et se compose de cinq paires de faisceaux musculaires longitudinaux au-dessus desquels une couche de fibres circulaires tapisse la face interne de la peau (Claus).

Chez d'autres les bras présentent un squelette dermique mobile composé de segments calcaires externes et internes réunis entre eux ; la face dorsale est couverte d'épines ou de crochets et la peau est souvent remplie de lamelles calcaires (fig. 810, p. 505).

Souvent enfin, ce squelette devient complètement immobile, et est représenté par des rangées de plaques solides réunies entre elles par des sutures et formant un test épais et continu (fig. 811, p. 505).

Les rangées de plaques sont disposées en deux groupes, dont les unes sont percées de pores pour laisser passer les ambulacres, ce sont les plaques ambulacraires constituant les aires ambulacraires, d'autres sont dépourvues de pores et portent le nom de plaques ou d'aires interambulacraires.

La couche mince superficielle des téguments n'est jamais incrustée, elle porte un épithélium de cils vibratiles, interrompu seulement au niveau des piquants ou des papilles.

Les piquants (fig. 812, p. 505) s'articulent sur des protubérances du test ; ils sont mobiles, et mus par des muscles spéciaux appartenant à la couche tégumentaire superficielle. Un autre groupe d'organes des téguments porte le nom de pédicellaires, ce sont des sortes de tenailles à deux ou plusieurs branches, souvent caractéristiques de certains groupes ; ces branches sont portées sur un pédicule et soutenues par un squelette calcaire ; elles sont tantôt disposées autour de la bouche, tantôt à la surface dorsale (fig. 813 à 815, p. 505).

Des soies épaisses, capitées, ou de petits corps sphériques et transparents fixés par un court pédicule sur des crochets mobiles, existent également chez d'autres groupes (Claus).

(1) Perrier, Colonies animales.

Fig. 811. — Plaques composant le test d'un Oursin.

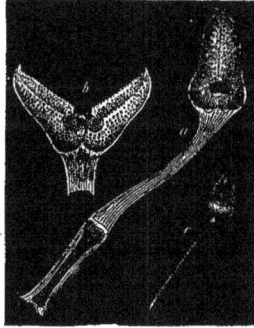

Fig. 810. — Squelette d'une Stelléride (*).

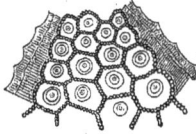

Fig. 813 à 815. — Pedicellaires.

Ig. 812. — Baguette de *Rhabdocidaris*.

SYSTÈME AQUIFÈRE ET AMBULACRAIRE.

Le système aquifère et ambulacraire, intimement unis, caractérisent les Échinodermes d'une manière toute spéciale.

Le système aquifère est formé d'un canal annulaire entourant l'œsophage et de cinq canaux situés dans les rayons, à paroi interne ciliée, et remplis d'un liquide aqueux. Généralement ce canal est accompagné d'appendices désignés sous le nom de *vésicules de Poli*, et un autre canal servant à établir une communication entre le contenu liquide et l'eau ambiante.

Ce canal nommé *canal du sable* à cause des dépôts calcaires déposés dans sa paroi, ou bien est suspendu dans la cavité viscérale, ou se termine à l'extérieur du corps, au milieu d'une plaque calcaire poreuse ou *plaque madréporique*, à travers laquelle l'eau ambiante pénètre, comme à travers un crible et est introduite dans le système aquifère (fig. 818).

La position de la plaque madréporique varie suivant les groupes.

(*) *Echinaster sepositus*, vu en dessous, — *d*, dent.

BREHM.

Sur les côtes des troncs ambulacraires, on ob-

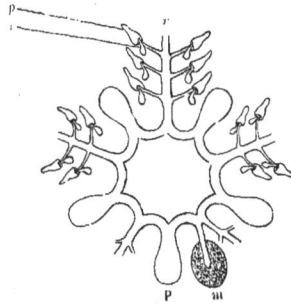

Fig. 816. — Schéma de l'appareil aquifère de l'Astérie (*).

serve les pieds ambulacraires, ou petites expansions érectiles, munies d'une ventouse et faisant

(*) *r*, canal ambulacraire avec ses expansions vésiculaires latérales *a*. — *p*, pieds ambulacraires. — P, vésicule de Poli. — *m*, plaque madrépor.que avec le canal du sable.

saillie à la surface du corps à travers les pores du squelette dermique et qui naissent avec des ampoules contractiles, par l'intermédiaire de pédicelles latéraux et courts, sur les troncs ambulacraires (Claus).

Les pieds ambulacraires, en se projetant au dehors, puis se fixant par leur ventouse terminale et se contractant, entraînent avec eux le corps de l'animal.

La répartition de ces organes présente des dispositions variées : tantôt ils sont disséminés à la surface du corps, tantôt limités aux environs de la bouche, tantôt à la surface ventrale.

En raison de ces dispositions on distingue une *zone ambulacraire* et une *zone interambulacraire*, correspondant la première à la face buccale et ventrale, la seconde à la face dorsale.

Les appendices ambulacraires ne sont pas toujours destinés à la locomotion ; outre ces organes, il existe des tentacules formant une couronne autour de la bouche, constituant des *branchies ambulacraires* ; on observe souvent enfin, des pieds tactiles ayant leur extrémité en forme de pinceau (Claus).

APPAREIL DIGESTIF.

Tous les Échinodermes ont une bouche et un tube digestif distincts de la cavité viscérale ; ce tube digestif, partagé en œsophage, estomac, et rectum, est suspendu par un mésentère et débouche au dehors par un orifice situé soit au centre du pôle apical, soit à la face ventrale ; il peut se terminer en cul de sac.

On rencontre fréquemment autour de la bouche des plaques saillantes surmontées d'épines et de dents pointues, revêtues d'une couche d'émail, et constituant un appareil de mastication mobile et puissant renforcé autour de l'œsophage, chez certains types, par un système de pièces calcaires connues sous le nom de *lanterne d'Aristote* (fig. 819 à 821).

Le tube digestif varie suivant les types : court, sacciforme, terminé en cul-de-sac chez les Étoiles de mer, il est pourvu de diverticulums ramifiés se prolongeant en partie dans les bras. Chez les autres Échinodermes le tube digestif, assez étroit, atteint une longueur considérable (fig. 803, p. 503).

SYSTÈME VASCULAIRE.

C'est à M. le professeur Perrier et à notre collègue M. Poirier, que l'on doit la connaissance exacte du système circulatoire des Echinodermes (fig. 803, p. 503).

Dans un premier mémoire M. Perrier s'est spécialement occupé des Oursins. Nous empruntons à Claus le résumé de ce travail :

« Tout d'abord, le savant professeur confirme le fait de l'identité des deux appareils circulatoire et aquifère sur laquelle avait insisté Hoffmann. L'appareil circulatoire est composé du canal pierreux aboutissant à un cercle vasculaire situé sur le plancher supérieur de la lanterne, d'où partent les cinq vaisseaux ambulacraires de l'artère intestinale ou vaisseau marginal interne qui se distribue sur la première courbe de l'intestin, où elle fournit de nombreuses arborisations ; ces arborisations s'anastomosent avec des ramifications semblables de la vessie intestinale, qui ne se prolonge pas non plus sur la deuxième courbure de l'intestin et n'a aucune communication avec le cercle vasculaire œsophagien.

« Enfin la vessie intestinale présente un vaisseau annexe ou canal collatéral, qui flotte librement dans la cavité viscérale, au-dessous de l'intestin, et communique avec la vessie par une dizaine de branches et par ses deux extrémités. Les vaisseaux ambulacraires ainsi que les branches qu'ils envoient dans les tubes se terminent en cul-de-sac, et la circulation se fait dans l'intérieur par un mouvement de va-et-vient ; il n'y a point de réseau vasculaire ni dans le test ni dans les glandes reproductrices, contrairement à ce que prétend M. Agassiz (1). »

M. le professeur Perrier et M. Poirier, après avoir discuté les opinions contradictoires de MM. Jourdain, Johannes Müller, Ludwig et autres, résument leur opinion basée sur des faits d'une évidence incontestable.

« L'appareil vasculaire décrit par Ludwig dans la cloison des canaux infrabrachiaux n'existe pas ; cette cloison n'est pas continue : elle est réduite, en certains points, à une lame verticale ; en d'autres, elle présente de véritables trous ; sa surface est parcourue par une sorte de réseau fibreux, parsemé de noyaux qui se colorent en rose par le picrocarminate d'ammoniaque, tandis que le reste de la membrane demeure jaunâtre ; des trabécules délicats, partant de différents points de la cloison, unissent celle-ci aux parois du canal infrabrachial, dont ils interceptent en partie la cavité. La cloison des canaux infrabrachiaux se continue, en conservant sa structure, dans le cercle oral auquel ces canaux aboutissent. Ce cercle oral et ses communications avec le cercle anal ont été bien décrits par Hoffmann. Le corps adhérent au canal hydrophore, où Ludwig voit un plexus de vaisseaux, et qu'il continue à désigner sous le nom de *cœur*, n'est autre chose qu'une glande, comme M. Jourdain l'a parfaitement vu en 1867. L'un de nous a montré que le prétendu cœur des Oursins n'était aussi qu'une glande semblable. Le fait a été confirmé par M. Kœhler, chez les Spatangues, et l'on sait que les Ophiures présentent une glande en tout semblable. Ce que l'on persiste encore à

(1) Agassiz, *Second mémoire sur l'appareil circulatoire des Astéries*

Fig. 818.   Fig. 817.   Fig. 819.

Fig. 817 à 819. — Lanterne d'Aristote (*).

désigner, dans nombre d'ouvrages, comme le cœur chez les Échinodermes, n'est donc, chez tous les animaux de cet embranchement, qu'un simple corps glandulaire.

« Le système de branches latérales qu'Hoffmann a vu naître des canaux infrabrachiaux a été retrouvé par nous, mais sa disposition est tout autre que celle que lui a attribuée le naturaliste de Leyde.

« Tout d'abord, les trois canaux infrabrachiaux n'en formant, en réalité, qu'un seul, il est inutile que des branches extérieures établissent entre eux une communication nouvelle ; en fait, les branches latérales nées des canaux infrabrachiaux ne se recourbent pas autour des trous ambulacraires, mais poursuivent leur chemin jusqu'au bord de la gouttière ambulacraire ; ce qu'Hoffmann a pris pour la seconde branche du fer à cheval n'est autre chose qu'un nouveau canal indépendant et identique au premier, qui se rapproche de lui après avoir traversé la première rangée de trous ambulacraires ; ces deux canaux marchent ensuite parallèlement jusqu'au bord du bras. Là, les deux branches parallèles se bifurquent, et les deux rameaux voisins pénètrent ensemble dans un trou situé entre les deux pièces ambulacraires contiguës et les pièces ambulacraires voisines. Dans ces trous, ces deux rameaux se réunissent pour former un tronc commun *qui vient s'ouvrir directement dans la cavité générale.* Il existe toujours un trou semblable entre deux pièces ambulacraires contiguës, de sorte que *les canaux infrabrachiaux communiquent avec la cavité générale par autant de trous qu'il y a de pièces ambulacraires.* Ceci change complètement la signification de l'ensemble de cavités déterminées par Hoffmann comme un appareil vasculaire. Il ressort de ce qui suit que les canaux infrabrachiaux et les branches qu'il émettent ne sont autre chose que des dépendances de la cavité générale, que divisent en deux étages communiquant entre eux les canaux tentaculaires et le système des pièces ambulacraires. D'ailleurs les branches des canaux infrabrachiaux éprouvent de nombreuses modifications dans leur forme et leur disposition, en raison des liaisons

qu'elles présentent avec les pièces ambulacraires.

« Les canaux infrabrachiaux des Étoiles de mer présentent un mode de cloisonnement qui rappelle singulièrement celui de la cavité brachiale des Comatules. L'un de nous s'est assuré que ce cloisonnement ne se produisait que tardivement dans les bras des jeunes lames pentacrinoïdes de ces animaux et dans les bras en voie de réintégration. Il y aurait lieu de rechercher s'il en est ainsi dans les Étoiles de mer. Quoi qu'il en soit, ce système de cavités se présente désormais avec un caractère accidentel qui contraste avec la fixité pour ainsi dire absolue des dispositions de l'appareil ambulacraire. Ce dernier appareil demeure le trait essentiel et dominant de l'organisation de l'Échinoderme. »

ORGANES RESPIRATOIRES.

Il n'existe pas chez les Échinodermes d'appareil particulier pour la respiration. La surface des appendices externes, celle de la cavité générale, semblent servir à l'échange des gaz et du sang ; l'eau pénètre à travers les pores du squelette dermique et de la plaque madréporique, dans la cavité où des cils vibratiles la maintiennent en mouvement ; de cette façon les organes internes sont toujours baignés par l'eau.

On considère comme organes respiratoires les appendices ambulacraires foliacés de certains Oursins.

« Chez tous les animaux de ce groupe, dit M. le professeur Perrier, il existe un canal spécial, qu'il nomme *siphon intestinal* et qui avait été vu et décrit par MM. Milne-Edwards, Hoffmann et Agassiz ; ce canal sert à porter de l'eau de mer dans la deuxième courbure intestinale ; comme la première courbure est le lieu où s'opère plus particulièrement la digestion, et que la deuxième ne joue qu'un rôle secondaire dans cet acte, que de plus elle est constamment remplie d'eau de mer qui lui vient de l'œsophage par l'intermédiaire du siphon et que ses parois sont très minces, il est probable qu'il doit s'opérer à travers ses parois des échanges entre l'eau de mer ingérée et le liquide de la cavité générale, et que dès lors cette portion de l'intestin contribue à la respiration conjointement avec l'appareil ambulacraire. »

(*) Fig. 819, vu en place. — Fig. 820, vu de profil. — Fig. 821, vue en dessous.

Le système nerveux se compose d'un nombre de troncs proportionné à celui des rayons et situés

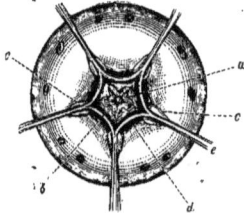

Fig. 820. — Anneau et troncs nerveux d'Échinus livide (d'après Krohn).

dans ceux-ci. Ces cordons sont ordinairement considérés comme les parties centrales du système, comme des cerveaux ambulacraires (J. Müller) ainsi que semble l'indiquer la présence de cellules ganglionnaires (fig. 822).

Près de la bouche ils se divisent en deux ra-

meaux égaux, se réunissant aux cordons semblables émanés des troncs voisins, pour former un anneau nerveux.

Ils sont creux et entourent un canal divisé par une cloison médiane.

Les pieds ambulacraires tentaculiformes, à l'extrémité des bras, des Astéries, les tentacules des Holoturies, les pieds en pinceau de certains Oursins, sont regardés comme organes tactiles.

Les Oursins et les Astéries possèdent des yeux; chez quelques-uns des premiers, il existe au pôle apical des taches pigmentaires situées sur des plaques *dites plaques* ocellaires où aboutit un nerf envoyé par les canaux ambulacraires.

C'est à Ehrenberg qu'est due la découverte des yeux d'Astéries les mieux connus. Ce sont des taches pigmentaires rouges, situées à la face inférieure des rayons, immédiatement au-dessous des tentacules terminaux; ils ont l'aspect de petites éminences sphériques, pédicellées, dont la surface convexe formée par une simple cornée, recouvre un grand nombre d'yeux simples coniques; l'axe de ces yeux est dirigé vers un point central, et ils sont constitués chacun par un amas de pigment rouge, entourant un corps pouvant réfracter fortement la lumière (Claus).

DÉVELOPPEMENT — MÉTAMORPHOSES

Chez tous les Echinodermes, la reproduction paraît être sexuelle (fig. 821); il n'existe point de différences dans les formes des individus de sexes différents; les œufs en général sont répandus au dehors, mais il est des cas où les types considérés comme vivipares possèdent des chambres incubatrices où les œufs, une fois déposés, se développent, et arrivés à un certain degré quittent la mère, pour évoluer ensuite et subir les phases diverses qui les caractérisent.

La reproduction asexuelle est dans certains cas fréquente, et alors on rencontre des exemples de scissiparité. Plusieurs espèces abandonnent les bras qui les composent, et chacun de ces bras devient un individu nouveau, comme aussi le disque de certaines autres reproduit à son tour des bras nouveaux.

Très rarement les Echinodermes se développent d'une façon directe, c'est-à-dire qu'ils présentent des métamorphoses des plus compliquées et passent par des états larvaires dont la forme bilatérale est caractéristique (Claus).

Dans tous les types quels qu'ils soient, l'embryon est cilié au sortir de l'œuf.

(*) a, œsophage coupé en travers. — b, fond de la cavité buccale. — cc, bandelettes qui lient ensemble les extrémités des pyramides de l'appareil masticateur. — d, commissures nerveuses formant autour de l'œsophage un anneau pentagonal. — ee, troncs nerveux rayonnants *cerveaux ambulacraires*).

Le plus habituellement, le vitellus se transforme après une segmentation totale en un embryon sphérique à parois cellulaires entourant une subs-

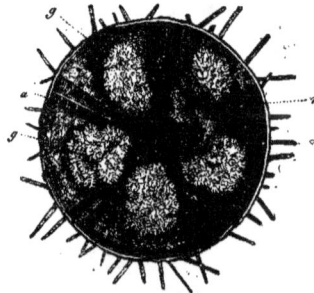

Fig. 821. — Système reproducteur d'Echinus livide (*).

tance centrale claire et recouvert à sa surface de cils vibratiles.

Quand l'embryon a quitté les membranes de l'œuf, il se forme, sur un point de sa paroi, une

(*) a, ampoules des ambulacres (*branchies internes*). — i, dernière portion de l'intestin. — g, glandes sexuelles.

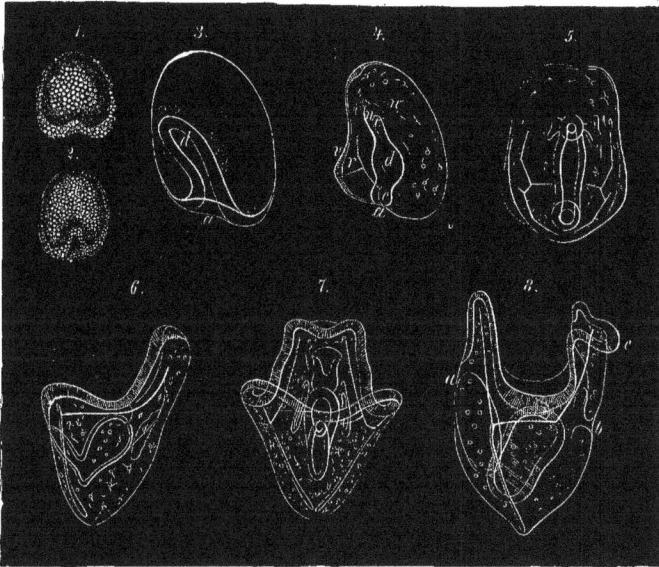

Fig. 822 à 829. — Embryogénie des Échinodermes (*).

fossette qui s'enfonce de plus en plus et se transforme en même temps que la larve s'allonge, en une cavité qui est la première ébauche du tube digestif; à mesure que le développement progresse, un des côtés du corps s'aplatit, l'extrémité terminée en cul-de-sac de la cavité digestive, s'en rapproche et débouche au dehors; à un moment donné, le tube digestif se partage en œsophage, estomac et intestin, et les cils vibratiles commencent à se concentrer à la face ventrale. On voit alors naître en avant et en arrière d'une large ouverture buccale, deux bandelettes transversales arquées et couvertes de cils pressés les uns contre les autres formant, après s'être réunis par leurs extrémités latérales, la bande ciliée caractéristique de la larve des Échinodermes (Claus) (fig. 822 à 829).

A mesure que l'évolution marche, les larves d'Holoturies, d'Étoiles de mer, d'Ophyures, d'Oursins, etc., prennent des formes différentes qui ont reçu des noms particuliers.

Telles sont les *Bipinnaria* (fig. 830) et les *Brachiolaria*, larves des Étoiles de mer caractérisées par les bords dorsaux directement soudés au pôle antérieur, de manières à ce que la portion anté rieure du corps ou aire-buccale se trouve circonscrite par une couronne de cils.

Les *Auricularia* (fig. 831), chez lesquelles les appendices restent mous et prennent la forme d'oreillettes situées sur les bords dorsaux latéraux, à l'inflexion postérieure dorso-ventrale de la bande ciliée. Les appendices des *Bipinnaria* beaucoup plus grands sont dépourvus de pièces calcaires.

Chez les *Brachiolaria* on trouve trois bras antérieurs situés entre le dos et l'aire-buccale, réunis par une sorte de ventouse servant d'organe de fixa tion. Du reste ces derniers organes paraissent ne se montrer qu'à une période relativement avancée du développement.

Les larves des Oursins et des Ophyures, les *Pluteus* (fig. 832 à 835), se caractérisent par le

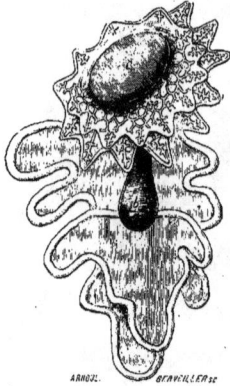

Fig. 830. — *Bipinnaria* (larve d'Astérie) vue par la face neutrale (*).

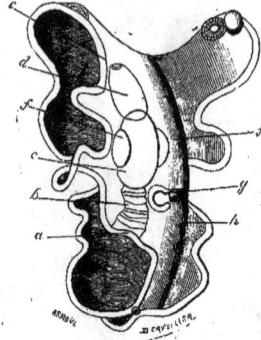

Fig. 831. — *Auricularia* (larve d'Holothurie) vue par la face dorsale (**).

développement considérable de leurs appendices, toujours accompagnés de pièces calcaires.

Les Pluteus des Oursins, se distinguent de Pluteus des Ophiurides, en ce que chez ces dernières ils portent des expansions auriculiformes, tandis qu'elles manquent chez les premiers.

« Toutes les larves des Échinodermes, dit M. le rofesseur Perrier, sont gélatineuses et tranp arentes

comme de petites Méduses, elles ne produisens jamais par leur métamorphose directe que des Échit nodermes sans bras ou sans ambulacres, c'est-à-dire réduits à leur partie centrale (fig. 836).

Nous ne pouvons décrire les phases multiples par lesquelles elles passent; nous aurons cependant soin de noter les phénomènes les plus intéressants, en traitant des divers groupes d'Échinodermes.

DISTRIBUTION GÉOGRAPHIQUE ET LEUR HABITAT

On rencontre des Échinodermes dans toutes les mers du globe; les mers tropicales semblent nourrir les espèces les plus remarquables, beaucoup

aussi de ces dernières se rencontrent dans les mers froides.

DISTRIBUTION DANS LE TEMPS

Les Échinodermes apparaissent dans les formations les plus anciennes. Les Crinoïdes se montrent les premiers, et dès l'époque silurienne leur nombre est considérable; de rares espèces de ce groupe existent dans le Crétacé; le Jurassique en possède un assez grand nombre, mais on peut dire sans être taxé d'exagération, qu'ils caractérisent en quelque sorte l'époque paléozoïque.

Certains types de Stellerides se montrent aussi à la même époque, mais en moins grand nombre; il en est de même des Échinides. Ces derniers, au contraire, augmentent d'une manière notable, à partir du Jurassique où ils acquièrent leur maxi-

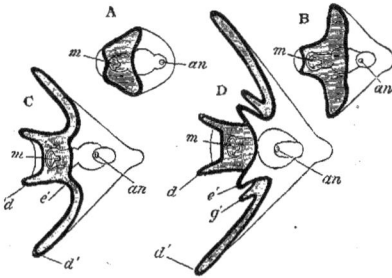

Fig. 832 à 835. — Figures diagrammatiques montrant l'évolution du Pluteus d'un Ophiure en commençant par l'état le plus simple de la larve des Échinodermes (empruntée à J. Müller) (*).

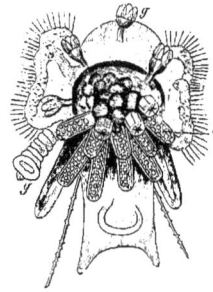

Fig. 836. — Larve se transformant en Échinoderme (**).

mum de développement, ainsi que dans la formation crétacée.

D'autres espèces sont journellement recueillies dans les différents étages de la formation ter-tiaire, et là comme toujours se montrent sous des formes se rapprochant de plus en plus de celles vivant aujourd'hui dans les différentes mers du globe.

MOEURS, HABITUDES ET RÉGIME

Tous les Échinodermes sont marins; ce sont en général des animaux de taille médiocre, vivant les uns sur les côtes, les autres à des profondeurs souvent considérables ainsi que l'établissent les dragages opérés dans ces dernières années, dragages qui ont fait connaître tant d'animaux jusqu'ici ignorés et dont plusieurs viennent combler les vides zoologiques.

Ce sont des animaux à mouvements lents, ils rampent sur le sol et sur les rochers, et brillent souvent des couleurs les plus vives; telles sont les Astéries aux teintes orange, bleue, pourpre, etc. Une espèce des côtes sénégambiennes, des plus communes sur les plages rocheuses, paraît à quelques centimètres à peine de profondeur comme une fleur à cinq branches d'un bleu azuré, mouchetée régulièrement de larges lunules oranges. (de Rochebrune.)

Certaines espèces d'Oursins souvent se creusen-un abri au milieu des rochers les plus durs.

La nourriture des Échinodermes consiste généralement en animaux, plus particulièrement en Mollusques; d'autres vivent de plantes marines, de Zostères et de Fucus.

Très peu sont fixés au sol et ne le quittent jamais; ils appartiennent dans ce cas aux Crinoïdes, dont les appendices ambulacraires se sont transformés en organes destinés à faire tourbillonner l'eau (Claus), amenant ainsi à leur portée les particules nutritives.

EMPLOI ET USAGE

Un très petit nombre d'Échinodermes sont employés à l'alimentation.

Les Holothuries cependant sont recherchées par certains peuples, les Chinois notamment, et sont l'objet d'un commerce assez considérable.

Quelques Oursins servent également à la nour-riture de l'homme. Sur nos côtes on mange quelquefois le *Toxopneustes simile*, il en est de même d'une autre espèce africaine, mais ce mets peu savoureux est ordinairement le partage du pauvre ou de tribus peu civilisées.

(*) Le squelette calcaire n'est pas représenté. *ni*, bouche. — *an*, anus. — *a*, bras antérieurs. — *d'*, bras latéraux. — *e*, bras postérieurs. — *g*, bras antéro-latéraux.

(**) *g*, pédicellaires. — *y*, tentacules. — *x*, ambulacres (d'après J. Müller).

CLASSIFICATION DES ÉCHINODERMES

L'étude des métamorphoses des Échinodermes conduit à des conclusions que résume en quelque sorte la classification adoptée dans cet ouvrage. Les bases sur lesquelles elle repose ont été solidement jetées par M. le professeur Perrier; chaque jour des découvertes nouvelles viennent affirmer de plus en plus sa manière de voir. Nous résumerons en quelques mots la théorie développée dans les cours du Muséum :

« On ne saurait contester que les rayons des Crinoïdes, des Ophiures, des Astéries, les fuseaux couverts de tentacules ou d'ambulacres des Oursins et des Holothuries, soient des parties exactement de même nature. Les phénomènes de reproduction propres aux Astéries (scissiparité) ne permettent pas de refuser aux rayons de ces animaux une réelle autonomie; leur qualité d'organismes indépendants doit être par conséquent étendue aux parties homologues des autres Échinodermes.

« L'Échinoderme apparaît donc comme une colonie formée d'un individu central et d'un nombre variable d'individus rayonnant autour de lui; il est, au point de vue de sa constitution, comparable au Polype coralliaire ou à la Méduse. »

L'étude de la Comatule nous donnera en quelque sorte la clef de cette théorie, elle nous montrera sa larve produisant « quelque chose d'équivalent à ces Crinoïdes enfermés dans une sphère solide, composés de plaques calcaires diversement groupées qui comptent parmi les plus anciens Échinodermes (Perrier) », notre point de départ.

Embranchement des Échinodermes (STACHELHAUTER).

CLASSE I. — CRINOÏDES. Crinoida Forbes. (*Liliensterne*)..............	Blastoides. *Blastoidea* Flein. (*Knospenstrahler*). Cystides. *Cystidea* Buch. (*Seeäpfel*) Crinoïdes. *Crinoidea* Forb. (*Lilienstrahler*).
CLASSE II. — ASTÉRIDES. Asteroida Blainv. (*Seesterne*)...............	Stellerides. *Stelleridea* Gray. (*Seesterne*).
CLASSE III. — OPHIURIDES. Ophiura Llan......................	Ophiures. *Ophiuridea* Link. Euryales. *Euryalidea* Link.
CLASSE IV. — ÉCHINIDES. Echinoida Agass. (*Seeigel*)...............	Tessellés. *Tess-Hata* Nic. Coy. Eucchinides. *Eucrhinoida* Brown. Clypeatroïdes. *Clypeastroidea* Ag. Spatangoides. *Spatangoidea* Ag.
CLASSE V. — HOLOTHURIDES. Holothuroida Brandt. (*Seewalzen*)........	Apneumonés. *Apneumona* Brandt. Titrapneumonés. *Titrapneumona* Schward. Dipneumonés. *Dipneumona* Brandt.

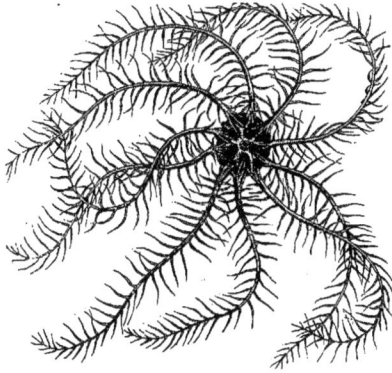

Fig. 837. — Comatule rosacée.

LES CRINOIDES — *CRINOIDA* FORBES

Die Liliensterne.

Caractères. — Les Crinoïdes, en général, se caractérisent par la présence d'une tige articulée naissant au pôle apical de l'individu et fixée par son extrémité inférieure aux objets sous-marins. Le corps est sphérique, en forme de coupe ou de calice, entouré de bras portant des pinnules; le test est composé de plaques polygonales, à tubes ambulacraires ayant la forme de tentacules et situées dans les sillons ambulacraires, parfois aussi sur les bras (Claus).

L'embryogénie de la Comatule (fig. 837), que nous étudierons en traitant de cette espèce, résume les connaissances acquises jusqu'ici sur les métamorphoses des Crinoïdes.

Distribution géographique. — Les Crinoïdes vivants aujourd'hui sont rares.

Distribution paléontologique. — Les Crinoïdes, comme nous l'avons déjà indiqué, étaient prodigieusement nombreux dans les mers paléozoïques ; « ils tapissaient leurs profondeurs de prairies animées et présentaient alors une immense variété de formes souvent d'une extrême élégance. Presque tous étaient fixés au sol ; une longue tige flexible formée d'articles nombreux supportait une touffe d'appendices également articulés, parfois ramifiés à l'infin et qui pouvaient s'étaler au-dessus de la tige comme les feuilles pennées de certains Palmiers, ou se resserrer frileusement les uns contre les autres, s'enroulant de mille façons comme les pétales d'une fleur durant son sommeil. Quelques-uns de ces Crinoïdes avaient plus d'un mètre de longueur; on en connaît dont la tige dépassait 50 pieds. » (Perrier.)

Mœurs, habitudes, régime. — Ils habitent à des profondeurs considérables, atteignant quelquefois jusqu'à 2,435 brasses. « C'est là, dans ces régions que les mouvements des tempêtes effleurent à peine, que n'atteignent pas les variations de température extérieure, où le soleil n'envoie plus que de faibles rayons, où les organismes phosphorescents répandent seuls une lueur d'étoile, c'est là que la vie a pu suivre sans secousse la lente et graduelle évolution du globe, c'est dans les abîmes de la mer que se sont perpétués jusqu'à nous, avec leur forme initiale, les êtres pour qui la vie dans de telles conditions avait été originairement possible. » (Perrier.)

LES BLASTOIDES — *BLASTOIDEA* FLEM.

Die Knospenstrehler,

Caractères. — Les Blastoïdes ont la forme d'un bouton de fleur, ils sont reconnaissables à leurs cinq ambulacres variables dans leur disposition et leurs dimensions; une ouverture si-

BREHM.

tuée au pôle supérieur est regardée comme la bouche.

Distribution paléontologique. — Les Blastoïdes se trouvent exclusivement dans les formations paléozoïques, et presque uniquement dans les terrains dévonien et carbonifère. Plusieurs semblent localisés dans des couches peu étendues; d'autres très communs sur certains points sont extrêmement rares dans d'autres.

PENTRÉMITE PYRIFORME — *PENTREMITES PYRIFORMIS* Say.

Caractères. — Cette espèce présente un calice ovoïde d'environ 40 millimètres de long sur 27 millimètres de large; ses ambulacres lancéolés atteignent la moitié environ de la longueur et sont couverts de stries transverses très serrées (fig. 838).

Distribution paléontologique. — Le Pentrémite pyriforme remplit certaines couches

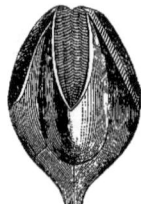

Fig. 838. — Pentrémite pyriforme.

du calcaire carbonifère dans le bassin du Mississipi, dans les états de Kentucky, d'Alabama et de l'Illinois.

LES CYSTIDES — *CYSTIDEA* Buch.

Die Seeapfel.

Caractères. — Les Cystides ont une tige ordinairement courte et dépourvue de cirres, le calice est globuleux ou ovoïde; les bras sont peu développés, en nombre variable et portent des pinnules articulées.

Distribution géographique. — D'après Claus, M. Löwen a découvert au cap York un Cystide vivant pourvu de cinq bras courts deux fois bifurqués, d'un tube anal interradiaire et de canaux ambulacraires clos sur le disque; il lui a donné le nom de *Hyponome Sarsii*.

Distribution paléontologique. — Ces Echinodermes commencent à apparaître dans le Cambrien, atteignent leur plus grand développement dans le Silurien, et se rencontrent encore en petit nombre dans le Carbonifère.

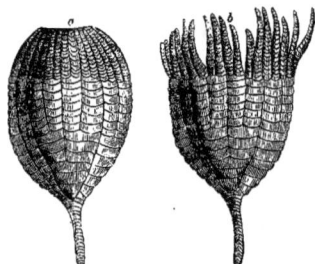

Fig. 839 et 840. — Ichthiocrinus lævis (*).

Nous figurons un type du Silurien l'*Ichthiocrinus lævis* (fig. 839-840).

LES CRINOÏDES — *CRINOIDEA* Forbn.

Die Lilienstrahler.

Caractères. — Les types réunis dans cet ordre sont fixés par une tige, munis de bras bifurqués ou plusieurs fois ramifiés, avec un calice formé de pièces très épaisses, réunies entre elles par de larges surfaces articulaires et ne laissant à l'intérieur qu'un espace insuffisant pour loger la masse viscérale; la paroi supérieure est membraneuse et non consolidée par des pièces calcaires, du moins dans la majorité des cas.

Distribution paléontologique. — Les uns appartiennent exclusivement à la formation pa-

(*) *a*, bras fermés. — *b*, bras ouverts.

léozoïque, d'autres semblent caractériser les terrains jurassiques, quoiqu'il en existe des représentants dans le Crétacé et même dans les dépôts tertiaires.

C'est aussi à cet ordre qu'appartiennent les espèces actuellement vivantes.

LES HAPLOCRINIDÉS. — *HAPLOCRI-NIDÆ* D'ORB.

Caractères. — Le calice est pédonculé, formé de pièces très épaisses; la tige est souvent quadrangulaire et traversée par un canal à quatre lobes.

Distribution paléontologique. — Tous sont paléozoïques.

HAPLOCRINUS EN FORME DE NÈFLE. — *HAPLO-CRINUS MESPILIFORMIS* D'ORB.

Caractères. — La tige est cylindrique, le calice globuleux, terminé en dessus par une pyramide pentagonale surbaissée; les plaques radiales portent au milieu de leur côté supérieur une impression réniforme ayant dû servir d'attache à un bras (fig. 841 à 843).

Distribution paléontologique. — On le

Fig. 841 à 843. — Haplocrinus en forme de nèfle*.

trouve dans l'Eisel en Prusse, dans le terrain carbonifère.

Une espèce remarquable d'un autre genre de la même famille est le *Ctenocrinus stellaris*, également du Carbonifère.

LES CYATOCRINIDÉS. — *CYATOCRI-NIDÆ* PICT.

Caractères. — Dans cette famille, le calice est pédonculé, formé de plaques entourant une cavité assez spacieuse; la tige est cylindrique, le calice simple, formé de pièces nombreuses est

(*) *a*, vu de profil. — *b*, vu en dessus. — *c*, vu en dessous.

surmonté par une voûte faites de pièces plus petites.

Distribution paléontologique. — La plupart des espèces sont paléozoïques.

CYATHOCRINUS EN FORME DE POIRE. — *CYATHO-CRINUS PYRIFORMIS* D'ORB.

Caractères. — Le calice est ovoïde, porté sur une tige mince et arrondie, orné de côtes

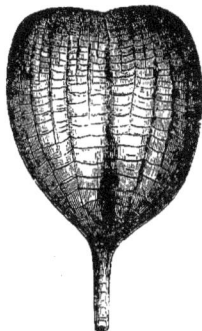

Fig. 844. — Cyathocrinus en forme de poire.

rayonnantes du sommet à la base et de longueur inégale (fig. 844).

Distribution paléontologique. — L'espèce provient du Silurien.

LES ENCRINIDÉS. — *ENCRINIDÆ* D'ORB.

Caractères. — Les Encrinidés ont un calice épais, muni en général de dix bras plusieurs fois bifurqués; la tige est pentagonale ou ronde, pourvue ou non de verticilles de cirres.

Cette famille comprend des espèces éteintes et vivantes.

Distribution paléontologique. — Les uns sont paléozoïques, d'autres appartiennent au Jurassique.

Distribution géographique. — Les espèces vivantes, rares encore, se rencontrent dans les mers chaudes et tempérées.

ENCRINE EN FORME DE LIS. — *ENCRINUS LILIIFORMIS* LAMCK.

Caractères. — Cette espèce présente un calice élargi, court, concave, composé de deux séries de pièces recevant des bras, formés d'ar-

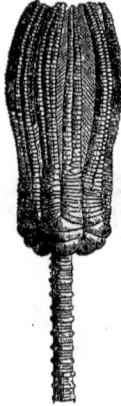

Fig. 845. — Encrine en forme de lis.

ticles doubles alternes, à tige arrondie et radiée (fig. 845).

Distribution paléontologique. — L'Encrine en forme de lis est la plus commune du genre, et elle caractérise le Calcaire coquiller ou Muschelkalk. Les articles ou les fragments de tiges, extrêmement abondants dans ce calcaire, lui ont valu le nom de *Calcaire à Entroques*.

On la rencontre à Draguignan, à Lunéville, en Allemagne, dans le Wurtemberg, en Saxe, en Silésie, etc., etc.

PENTACRINE TÊTE DE MÉDUSE. — *PENTACRINUS CAPUT MEDUSÆ* Muller.

Caractères. — Sur les figures 846 et 847 nous avons représenté en (*a*) le corps et l'extrémité supérieure du Pentacrine tête de Méduse; en (*b*) on voit le disque, tourné vers le haut, qu'entourent les bras bifurqués et cirriformes.

La face ventrale, représentée en (*b*), est recouverte d'une membrane molle et flexible au milieu de laquelle se trouve l'orifice buccal. L'orifice de sortie du tube intestinal est situé latéralement. Les gouttières, qui correspondent aux ambulacres, sont très nettes. Le corps, muni de ses bras ramifiés, repose sur un pédicule allongé qui aboutit au pôle dorsal; le pédicule, composé d'un très grand nombre d'arti-

cles qui le rendent extrêmement flexible, est orné, à intervalles variés, de verticilles cyrrifères.

Distribution géographique. — Cette espèce habite les mers des Antilles.

Les Pentacrines se montrent plus abondamment encore dans certaines régions de la mer du Sud, où l'expédition du *Challenger* en recueillit cinquante spécimens d'un seul coup de filet lancé à 500 pieds de profondeur, au voisinage des îles Méangis.

Distribution paléontologique. — Parmi les Pentacrines fossiles nous figurons le *Pentacrinus fasciculosus* de la formation jurassique (fig. 848 à 850).

Mœurs, habitudes, régime. — Gwyn Jeffreys a recueilli, à l'aide du filet, à une profondeur de 1,095 pieds, au sud du cap Saint-Vincent, une vingtaine de spécimens de ce Pentacrine. Le sol sur lequel ils vivaient était une vase molle dans laquelle ils pénétraient librement sans se trouver solidement enracinés à sa surface ou dans son épaisseur. C'est ce qu'indiquait aussi l'extrémité arrondie et lisse de leur pédicule; Jeffreys voulut même en conclure que ces animaux se meuvent de temps à autre en nageant à l'aide de leurs bras.

APYOCRINE DE ROISSY. — *APYOCRINUS ROISSYANUS* d'Orb.

Caractères. — Cette espèce atteint une hauteur d'environ un mètre; le calice est arrondi, ventru; chaque branche des bras est régulièrement bifurquée; vers sa base, la tige et son support sont très volumineux (fig. 851).

Distribution paléontologique. — Fossile du terrain jurassique (étage corallien), on le rencontre à la pointe du Ché et à Angoulins (Charente-Inférieure), ainsi que dans le Jura, le Doubs et le Haut-Rhin.

RHIZOCRINUS DE LOFFODEN. — *RHIZOCRINUS LOFFODENSIS* Sars.

Caractères. — Cette espèce remarquable est fixée au sol par les cirres de la tige. Celle-ci, à sa partie inférieure, est recourbée et rampe sur les objets environnants. La partie supérieure est libre et verticale (fig. 852).

Distribution géographique. — Découvert par Sars, aux îles Loffoden, ce Rhizocrinus, vit à des profondeurs atteignant de 100 à 300 brasses, dans les parages des mers du

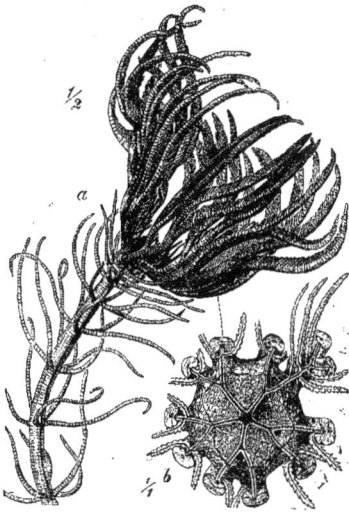

Fig. 846 et 847. — Pentacrine tète de Méduse[*]

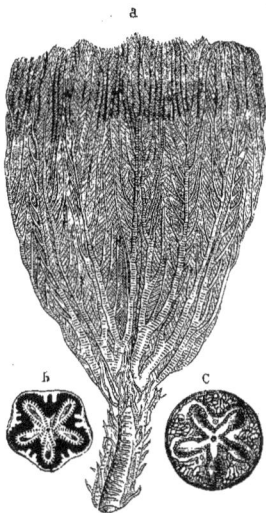

Fig. 848 à 850. — *Pentacrinus fasciculosus* (**).   Fig. 851. — Apyocrinus de Roissy.   Fig. 852. — Rhizocrinus de Loffoden.

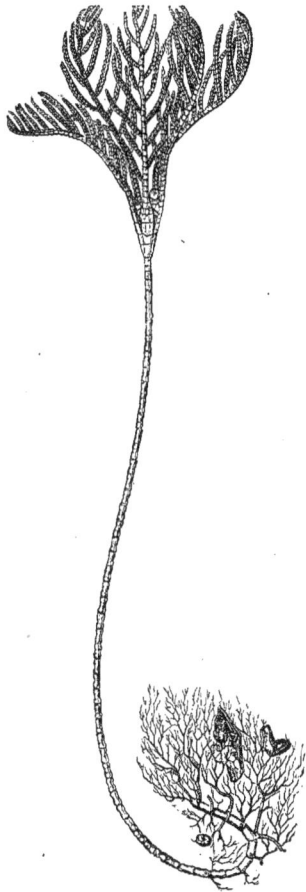

Nord. La même forme a été recueillie sur les | côtes de la Floride et sur les côtes d'Écosse.

(*) *a*, grandeur naturelle. — *b*, disque calycinate, les bras entiers. | (**) *a*, grandeur naturelle. — *bc*, articles de la tige grossis.

LES COMATULIDÉS. — *COMATULIDÆ* LAMCK.

Caractères. — Les Comatulidés sont caractérisés par un calice pédonculé dans le jeune âge, mais devenant bientôt libres et portant à leur face dorsale des cirres multi-articulés au moyen desquels ils s'accrochent.

Distribution géographique. — Les Comatulidés se trouvent vivants dans les diverses mers, depuis les régions polaires jusqu'à l'Équateur.

Distribution paléontologique. — Quelques types de l'étage jurassique font également partie de cette famille.

COMATULE ROSACÉE. — *ANTEDON ROSACEUS* LAMCK.

Caractères. — Un coup d'œil jeté sur cette espèce suffit pour montrer qu'elle est apparentée de près aux Pentacrines. Chez l'un comme chez les autres, on voit un corps en forme de calice, dont la paroi se compose de plusieurs cercles calcaires et dont le couvercle est de constitution molle. L'orifice buccal occupe le centre de ce couvercle; l'anus est situé excentriquement sur le sommet d'une saillie dont l'aspect a été comparé à celui d'un tuyau de cheminée. Cinq bras, qui se bifurquent dès leur origine, émergent de la face dorsale, en sorte que l'animal, vu par sa face buccale, semble posséder dix bras. Ceux-ci sont munis de deux séries d'appendices, disposés les uns en face des autres et alternant; ces appendices ou pinnules, qui ressemblent à d'élégants cirres pennés, sont portés par l'animal tantôt gracieusement ployés, tantôt enroulés en spirales. Par ces caractères et d'autres plus accusés encore, la conformation de la Comatule concorde à peu près exactement avec celle des Pentacrines; mais dans le point qui correspond à l'insertion du pédicule et sur le dos de ce dernier, on trouve, chez la Comatule, un bouton entouré d'un cercle de cirres fins dont chacun est terminé par une griffe calcaire. L'observation de l'animal vivant permet rapidement d'apprendre à quoi servent ces cirres avec leurs crochets.

Mœurs, habitudes, régime. — « Avant de posséder dans les aquariums les Comatules élégamment colorées en rouge, en carmin, en brun, en bleu ou en jaune, et avant d'avoir connaissance des observations faites par les Naturalistes français et anglais sur l'animal vivant, on se faisait de leur mode d'existence une idée absolument erronée : on croyait qu'elles gisaient ou qu'elles rampaient sur la vase, la bouche tournée en haut, à l'instar des Étoiles de mer. Lorsqu'au voisinage de Zara, sur la côte de Dalmatie, j'en recueillis à l'aide du filet des centaines de spécimens sur un fond vaseux, où l'on ne trouve qu'en petit nombre des Varechs et des Éponges, j'étais imbu de la même erreur et je pensais que ces Comatules se nourrissaient des matières organiques contenues dans la vase. Je n'avais pas pu reconnaître alors que le filet les détachait à une profondeur de douze à vingt brasses des plantes marines. Plus tard, mieux informé d'ailleurs, je pus moi-même, chez Dohrn, à Naples, reconnaître dans ces animaux des grimpeurs parfaits (fig. 858, p. 521), qui se fixent en masses sur les objets les plus divers, et présentent ainsi un aspect des plus curieux. » (O. Schmidt.)

Lorsqu'on les place dans un récipient dont la disposition ne permet pas d'établir autour d'eux un courant d'eau, et où ils ne peuvent étirer leurs bras en toute liberté, ces animaux essayent, à plusieurs reprises, de se soulever en ramant avec une grande élégance à l'aide de leurs cinq bras; mais, comme ils ne peuvent saisir aucune branche ni aucune saillie, ils retombent sur le fond du vase où ils demeurent recroquevillés, dans une attitude qui ne leur est point naturelle et qui hâte leur mort. Lorsqu'on en place plusieurs dans un récipient lisse, ils s'accrochent les uns aux autres et se brisent mutuellement les bras; ceux-ci s'arrachent d'ailleurs facilement. Ils ont donc pour but, en ramant et en nageant, de trouver un objet auquel ils puissent s'assujettir à l'aide de leurs cirres dorsaux qui sont armés de griffes et qui leur tiennent lieu de pattes et d'appareils de fixation. Ils n'usent que fort peu de la faculté qu'ils ont de changer de place en nageant ou en grimpant, une fois qu'ils ont trouvé une résidence commode où ils guettent leurs aliments, la surface buccale dirigée de côté ou en haut, et les bras légèrement courbés.

Pour comprendre la manière dont se nourrissent les Comatules et en général tous les Crinoïdes, il faut un examen attentif de la face buccale. Sur la figure, où nous avons représenté une Comatule (fig. 837), et plus nettement encore sur celle où nous avons représenté une

Pentacrine (fig. 846 et 847) (*b*), on voit émaner de la bouche cinq sillons qui se bifurquent bientôt suivant les dix bras. Ainsi chaque bras contient une de ces gouttières qui se prolonge jusqu'à son extrémité. Ce demi-canal étant tapissé de cils vibratiles qui produisent un courant d'eau dirigé vers la bouche, il suffit que les bras s'étendent pour conduire jusqu'à cet orifice les animalcules microscopiques qui arrivent sur cette gouttière ou dans le sillon même. Plus la Comatule demeure immobile, et plus l'alimentation s'accomplit sûrement et régulièrement. Dans les endroits où ces Crinoïdes vivent, il existe toujours des myriades d'animalcules et de larves, d'ailleurs invisibles à l'œil nu, et l'on peut se convaincre, dans tous les aquariums un peu considérables, de l'installation rapide de cette vie inépuisable d'êtres microscopiques. Pour contrôler les aliments qui leur arrivent les Comatules mettent à profit l'extraordinaire sensibilité de leurs bras; car les milliers d'appendices pennés ou de pinnules qui émanent des bras, sur deux rangées, constituent des organes de tact d'une grande finesse. Chaque pinnule porte à sa pointe quelques cils tactiles; aussi, dès qu'un objet, produisant sur la sensibilité

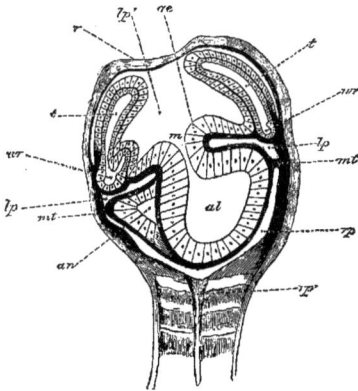

Fig. 853. — Larve de Comatule (d'après Carpentier) (*).

générale de la Comatule l'impression d'un corps étranger, arrive au contact d'un bras, ou dès

(*) *ae*, épithélium. — *m*, bouche. — *al*, cavité centrale. — *an*, rudiment de l'anus. — *lp*, portion postérieure du sac péritonéal. — *lp'*, portion antérieure du même sac. — *wr*, vaisseau aquifère. — *t*, tentacule. — *mt*, mésentère. — *rp*, partie droite du sac péritonéal. — *rp'*, continuation du même sac. — *r*, surface du vestibule tentaculaire.

qu'un être plus gros passe dans le domaine de ce bras, les pinnules se réunissent au-dessus de la gouttière, et le bras lui-même s'enroule. A cette sensibilité se rattache naturellement l'expulsion des intrus, importuns à la Comatule.

Nous figurons une autre espèce voisine, la Comatule de la Méditerranée (fig. 858, p. 521).

Développement. — Pour bien connaître non seulement les Crinoïdes, mais les Echinodermes en général, il est indispensable, comme nous l'avons déjà fait pressentir, d'étudier le développement de la Comatule, car sur lui seul repose cette connaissance. Nous empruntons le résumé des phénomènes successifs par où passe la Comatule à M. le professeur Perrier (fig. 853 à 857, p. 519 et 520) :

« Les œufs de Comatule se transforment rapidement, par une série de bipartitions successives, en une sphère creuse dont les parois sont constituées par de grandes cellules cylindriques toutes égales entre elles. Cette sphère s'allonge bientôt suivant l'un de ses diamètres, de manière à constituer un ellipsoïde. Quatre ceintures de cils vibratiles apparaissent, puis à l'une des extrémités du petit axe de l'ellipsoïde se creuse une fossette qui devient de plus en plus profonde, de manière que la partie correspondante de la larve se trouve refoulée vers l'intérieur. Les bords de la fossette se rapprochent; alors cette fossette devient une bouche, tandis que la poche dans laquelle elle conduit est analogue à un sac stomacal flottant dans une cavité limitée par les parois du corps de la larve.

« A ce moment, de la paroi externe du sac stomacal, se détachent des cellules isolées nageant d'abord librement dans la cavité générale, mais qui finissent par devenir tellement nombreuses, qu'elles se gênent réciproquement, se soudent par leurs pseudopodes et constituent ainsi un tissu réticulé contractile.

« Cependant, le sac stomacal continue à grandir, son orifice se rétrécit, se ferme, et il en reste pour toute trace une fossette longitudinale considérée par M. Thomson comme la bouche de la larve. Cette larve est alors formée de deux poches complètement closes, la plus petite enfermée dans la plus grande.

« La poche intérieure insensiblement grandit irrégulièrement et ne tarde pas à présenter trois boursouflures, devenant autant de sacs suspendus à l'estomac et s'ouvrant dans sa cavité par un étroit orifice; l'un de ces sacs est impair et médian, les deux autres sont situés à droite et à gauche.

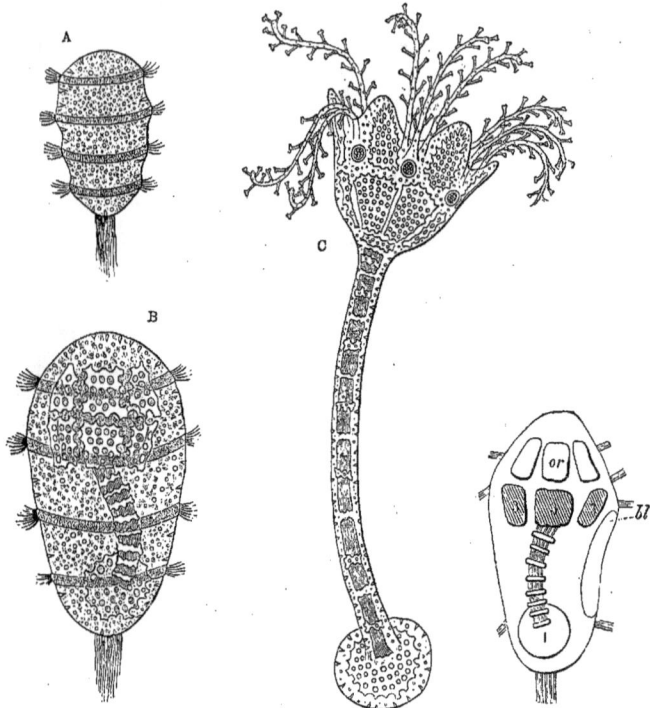

Fig. 854 à 857. — Larves de Comatules à divers états de développement (d'après Lubbock et Thomson).

« Ces trois sacs jouent désormais un rôle prépondérant dans le développement de la Comatule. Les deux sacs latéraux grandissent en contournant l'estomac, dont ils ne tardent pas à se détacher et arrivent à remplir la cavité générale primitive ; leurs parois finissent par se rencontrer et forment, en s'adossant, une cloison qui partage la larve en deux moitiés.

« L'une de ces moitiés correspond au sac latéral droit, et c'est autour d'elle que se forme le calice ; l'autre, correspondant au sac latéral gauche, est traversée suivant son axe par une colonne de cellules qui relient l'estomac aux téguments de la larve ; elle est de nouveau cloisonnée par le développement du sac médian qui s'allonge jusqu'à former un anneau complet autour de cette colonne, et constitue ainsi le cercle ambulacraire et les tentacules qui le surmontent. La colonne cellulaire se rompt au-dessus de la nouvelle cloison et laisse alors une cavité libre dans laquelle font saillie les premiers tentacules ambulacraires.

« Bientôt, au centre de la couronne des tentacules, apparaît la bouche.

« Cependant des plaques calcaires se sont enfin montrées autour du sac stomacal, tandis que des anneaux calcaires se sont déposés autour d'un prolongement du sac droit primitif qui deviendra la partie centrale du pédoncule par lequel la jeune larve ne tardera pas à se fixer. »

C'est seulement après cette fixation que les plaques calcaires du disque prennent une disposition nettement radiaire.

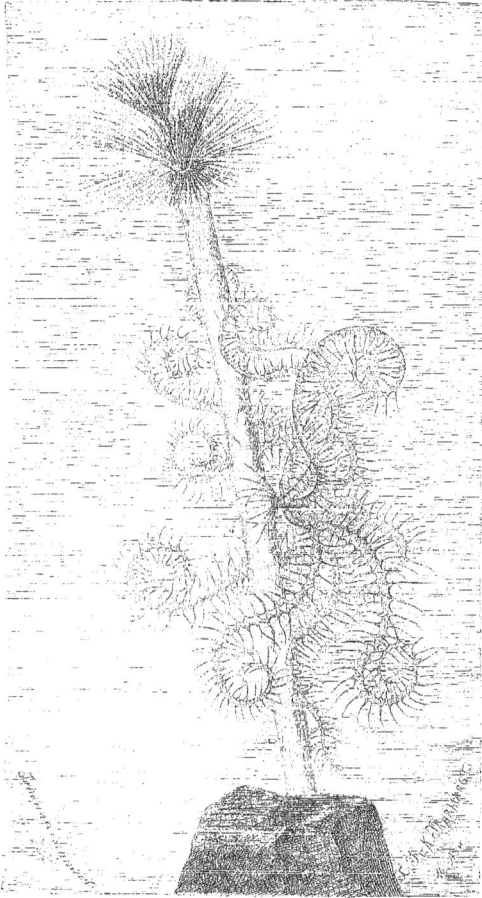

Fig. 558. — Comatule de la Méditerranée, gravissant le long d'un tube de Sabella unispira.

A ce moment, tous les organes contenus dans le disque du jeune Pentacrine sont formés. Ces organes sont une simple modification des parties qui constituaient la larve ciliée, il n'y a aucune trace de bourgeonnement ni de génération alternante, le Pentacrine et sa larve ne sont que le même organisme.

BREHM.

Il est essentiel de le noter, la métamorphose de la larve ciliée n'a pas produit la Comatule tout entière, elle n'a produit que le disque; elle a donné naissance à un Échinoderme sans bras, simplement pourvu d'une couronne de tentacules; elle a produit précisément *quelque chose d'équivalent à ces Crinoïdes*, que

VERS ET MOLL. — 66

nous venons d'étudier dans l'ordre des Cystidés.

SACCOSOME PECTINÉE. — *SACCOSOMA PECTINATA* Agass.

Caractères. — Parmi les rares Comatulides fossiles, cette espèce se caractérise par un calice bursiforme; ses bras, une seule fois bifurqués, forment dix branches ou bras secondaires qui portent des tentacules ou piquants non articulés, courts et géminés (fig. 859).

Distribution paléontologique. — L'espèce provient du Calcaire lithographique (étage jurassique) de Solenhofen.

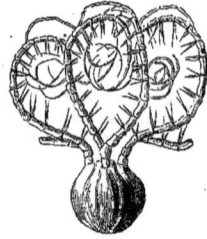

Fig. 859. — Saccosome pectinée.

LES ASTÉRIDES — *ASTEROIDA* Blain.

Die Seestern.

Caractères. — On peut définir les Astérides : Échinodermes à corps déprimé, de forme pentagonale ou étoilée, à tubes ambulacraires existant uniquement sur la face ventrale, sur les rayons prolongés ou bras ; les pièces calcaires ventrales sont situées dans l'intérieur du corps au-dessous des troncs nerveux et aquifères, elles sont de plus articulées entre elles comme des vertèbres et par conséquent mobiles (Claus).

Le corps se compose en résumé d'un disque ou partie centrale contenant les organes essentiels de la digestion, et de parties rayonnantes ou bras nettement distincts du disque et avec lesquels les glandes reproductrices sont particulièrement en rapport.

Distribution géographique. — On trouve des Astérides dans toutes les mers ; les mers boréales sont très riches en animaux de ce genre, bien que cependant les mers tropicales en nourrissent un plus grand nombre, en même temps qu'elles s'y présentent sous des formes plus variées.

Distribution paléontologique. — Les Astérides apparaissent à l'époque silurienne et s'y montrent avec des formes spéciales, puis diminuent dans le Muschelkalk, pour augmenter dans le Jurassique et dans le Crétacé ; les terrains tertiaires, par contre, en possèdent un très petit nombre.

Mœurs, habitudes, régime. — Les Astérides semblent se nourrir essentiellement de Mollusques ; elles rampent lentement sur le fond des mers ou sur les bords des rivages à l'aide de leurs tubes ambulacraires ; quelques-unes subissent une métamorphose très simple à l'intérieur d'une chambre incubatrice chez l'individu mère ; la plupart passent dans leur évolution par les phases larvaires des Bipinnaria et des Brachiolaria.

La classe des Astérides comprend un seul ordre, celui des *Stellérides*.

LES STELLÉRIDES. — *STELLERIDEA* Gray.

Caractères. — Les caractères sont identiques à ceux que nous venons d'énumérer.

Les Stellérides se composent de plusieurs familles, dont nous allons examiner quelques-uns des types les plus intéressants.

LES ASTÉRIADÉS. —*ASTERIADÆ* Gray.

Caractères. — Dans cette famille, les tubes ambulacraires cylindriques sont terminés par une large ventouse et quadrisériés ; les pédi-

Paris, J.-B. Baillière et Fils, édit.

Corbeil, Crété, imp.

TYPES D'ÉCHINODERMES.

cellaires sont pédonculés avec une pièce basale ; les bras sont allongés ; le corps muni de piquants, et la peau nue entre ces piquants.

Distribution géographique. — Les Astériadés sont de toutes les mers.

ASTÉRIE ROUGE. — *ASTERIAS RUBENS* O. MULLER.

Caractères. — Cette espèce porte cinq bras, aplatis, un peu élargis à la base, pointus au sommet; les piquants du sillon ventral sont sur deux rangs, les autres sont très rapprochés et forment trois rangées de chaque côté du sillon, autour de chacun des piquants existent de petits pédicellaires disposés en cercle (pl. XI). La coloration est d'un rouge vif, parfois aussi brunâtre, jaunâtre ou violet.

Distribution géographique. — Elle habite toutes les mers d'Europe.

Mœurs, habitudes, régime. — Si l'on veut étudier avec attention diverses particularités de cette espèce comme de toutes ses congénères, il faut placer sur le dos, dans un vase rempli d'eau, l'animal qu'on a capturé, pour voir toutes ses pattes ventouses, entrer aussitôt en activité. Elles offrent le spectacle d'une agitation des plus curieuses ; elles s'étirent en tâtonnant en tous sens, et dès que quelques-unes d'entre elles ont pu atteindre latéralement, ou au-dessus d'elles un point d'appui à l'aide de leurs ventouses, l'Astérie se tient pour sauvée parce qu'elle peut se tirer de la situation très désagréable dans laquelle elle se trouvait ; elle s'entend à merveille à accroître ses efforts de traction, et dès qu'elle a assuré l'un de ses rayons elle achève de retourner son corps tout entier sans difficulté aucune. On peut alors la laisser se mettre en route. D'après une mensuration très exacte, une Astérie rouge, de 9 centimètres de diamètre, parcourut une distance de 3 pouces viennois en une minute. Chaque rayon, dans cette marche, peut se porter en avant, et l'animal est en état non seulement de franchir des inégalités de terrain et de descendre ou de monter verticalement, mais encore de se presser dans d'étroits passages en disposant deux de ses rayons en avant et rapprochant les trois autres en arrière. Cette faculté de s'étirer étonne d'autant plus que chez certaines espèces les rayons se séparent du disque lorsqu'on prend l'animal dans la main. Tous les observateurs ont pu remarquer que l'extrémité des rayons d'une Astérie en train de s'avancer, et surtout l'extrémité des rayons dirigés en avant, sont maintenus courbés vers le haut. Les pattes-ventouses des extrémités soulevées servent alors en guise de palpes ; le travail de la traction est réparti entre les autres. A l'extrémité de chaque rayon se trouve, en outre, un œil qu'on distingue sous la forme d'un petit point rouge chez les grandes Astéries. Ces Astéries recherchent surtout les Gastropodes et les autres coquillages. Elles appliquent leur face ventrale, avec les pattes-ventouses et la bouche, autour de leurs proies, qui commencent, il est vrai, par tirer et refermer leurs couvercles, mais qui renoncent bientôt à la lutte sous l'influence d'un liquide stupéfiant que sécrète l'Astérie ; alors celle-ci étire une sorte de trompe membraneuse et plissée qui pénètre dans la demeure du Mollusque ou qui l'embrasse et en suce le contenu. C'est ainsi que certaines Astéries, telles que l'*Asterias arenicola* des côtes de l'Amérique du Nord comptent parmi les plus redoutables ennemis des bancs d'Huîtres. Le seul moyen à mettre en œuvre pour les combattre consiste à les capturer à l'aide d'un filet spécial et de les faire périr sur la terre. Les couper en morceaux qu'on rejetterait à l'eau, ne servirait qu'à les multiplier artificiellement. On voit parfois plusieurs Astéries pelotonnées autour d'un coquillage ; souvent j'ai été témoin de la colère des pêcheurs qui, en place de la Morue ou du Cabillaud espéré, retiraient au bout de l'hameçon déposé pour la nuit, des Astéries qui s'y étaient accrochées en voulant s'emparer de l'appât. Le Naturaliste, néanmoins, trouve là parfois un beau butin. (O. Schmidt.)

Nous figurons sur la planche XI une autre espèce, l'Astérie glaciale des mers du Nord et de nos côtes.

LES ÉCHINASTÉRIDÉS. — *ECHINAS-TERIDÆ* MULL.

Caractères. — Les Échinodermes compris dans cette famille sont caractérisés par la présence de pédicellaires sessiles disposés en forme de pinces ou de valvules; par des tubes ambulacraires bisériés; par des bras longs armés de longues épines, un squelette dorsal réticulé, et possédant souvent plusieurs plaques madréporiques.

SOLASTER A AIGRETTES. — *SOLASTER PAPPOSUS* D'ORB.

Caractères. — Cette espèce est pourvue de

11 à 14 bras aplatis et pointus à leur extrémité, les piquants du sillon ambulacraire très longs sont réunis en forme de peigne ; sa couleur est d'un rouge sanguin très vif en dessus ; le milieu plus foncé est entouré d'une bande circulaire plus claire (fig. 860).

Fig. 860. — Solaster à aigrettes.

Distribution géographique. — On rencontre cette espèce dans les mers septentrionales de l'Europe.

TROPIDASTER PECTINÉ. — *TROPIDASTER PECTINATUS* d'Orb.

Caractères. — Cette espèce fossile, présente un disque aplati, large, prolongé en cinq bras courts, larges et obtus à leur extrémité et carénés sur leur face dorsale ; toute la surface est couverte de tubercules simples, non épineux rangés par séries transversales (fig. 861).

Fig. 861. — Tropidaster pectiné.

Distribution paléontologique. — Le type connu provient du Lias de Glocestershire.

LES ASTÉRINIDÉS. — *ASTERINIDÆ* Gray.

Caractères. — Corps plat en dessous, plus ou moins bombé en dessus, à bras courts lui donnant un aspect pentagonal, bords du disque et des bras minces et tranchants.

ASTÉRINE GIBBEUSE — *ASTERINA GIBBOSA* Normann.

Caractères. — L'Astérine gibbeuse porte cinq bras rarement six ; les intervalles sont arrondis et leur extrémité pointue ; la face dorsale relevée vers le milieu s'abaisse brusquement vers les bords, les plaques du dos portent de huit à dix piquants courts, groupés transversalement sa couleur est rougeâtre (pl. XI).

Distribution géographique. — Elle habite les mers d'Europe.

LES ASTROPECTINIDÉS. — *ASTRO-PECTINIDÆ* Gray.

Caractères. — Cette famille se caractérise par un corps plat avec des bras allongés et deux rangées de plaques marginales ; les tubes ambulacraires coniques sont dépourvus de ventouses bisériées.

Elle comprend un grand nombre d'espèces des plus intéressantes ; les dragages récents en ont fait connaître de remarquables. Les principaux types seront prochainement publiés par M. le professeur Perrier.

L'une des plus communes est l'Astropecten orangé, des mers d'Europe (pl. XI).

Parmi les rares types fossiles de cette famille nous citerons le suivant.

PALEASTER DU NIAGARA. — *PALEASTER NIAGARIENSIS* Hall.

Caractères. — Disque déprimé, à bords amincis entre les bras ; bras convexes, pourvus de plusieurs rangées de plaques percées de pores. Sillon ambulacraire large et bordé de chaque côté d'une seule rangée de plaques aplaties (fig. 862).

Distribution paléontologique. — Cette espèce provient du Silurien moyen de Lockport (Niagara).

Paris, J.-B. Baillière et Fils, édit.

Verdoux, Creta, imp.

BRISINGA.

(D'après une photographie communiquée par M. le professeur Perrier.)

CAULASTER PÉDONCULÉ — *CAULASTER PEDUN-CULATUS* E. Perr.

Caractères.—Cette espèce remarquable, provenant des derniers sondages du *Travailleur*, est caractérisée surtout par un fait exceptionnel chez les Stellérides, la présence d'un pédoncule dorsal tout à fait comparable, dit M. le professeur Perrier, qui vient de faire connaître cette

Fig. 602. — Paleaster du Niagara.

seur Perrier, qui vient de faire connaître cette espèce, « à celui qui soutient et fixe au sol les jeunes Comatules, et les Crinoïdes adultes.

« A la base de l'appendice dorsal, se trouvent quatre grandes plaques calcaires disposées en croix et portant chacune un petit piquant ; ces plaques sont à peu près orientées dans la direction du bras ; une cinquième plaque alternée avec deux d'entre elles et opposée à la plaque madréporique, fait partie du même cycle ; cinq autres plaques plus petites viennent se placer dans les angles laissés libres par les cinq plaques de la première rangée.

« On ne peut manquer d'être frappé de la ressemblance absolue de ces dix plaques avec celles semblables des Oursins, et que Loven a rapprochées de celles qui constituent le calice des Crinoïdes, l'identité de position de ces plaques chez le Caulaster et les Crinoïdes est évidente ; la présence, au centre de ce double cycle, d'un appendice rappelant le pédoncule situé à la même place chez les Crinoïdes, accuse encore cette ressemblance, et le Caulaster forme par conséquent un lien étroit entre les Crinoïdes et les Stellérides. » (Perrier.)

Distribution géographique. — Cette espèce a été recueillie sur la côte nord d'Espagne d'où la drague du *Travailleur* l'a retirée à une profondeur de 2,650 mètres.

LES BRISINGIDES. — *BRISINGIDÆ* Sars.

Caractères. — Les Brisingides ont des bras distincts du disque, creusés d'une cavité canaliforme, les tubes tentaculaires sont bisériés, les piquants dont les bras sont ornés sont minces, flexibles et allongés.

BRISINGA COURONNÉE. — *BRISINGA CORONATA* Sars.

Caractères. — Cette espèce est formée d'un disque plat arrondi et de bras dont la disposition est identique à celle que nous venons de donner ; nous la figurons sur la planche XII provenant des sondages du *Travailleur*.

Distribution géographique. — La Brisinga couronnée des mers du Nord vit à une profondeur de 200 à 300 brasses.

Mœurs, habitudes, régime. — Les Brisinga jouissent de la singulière propriété de se multiplier d'une manière remarquable. Ainsi le disque privé de bras reconstitue des bras nouveaux, et chacun des bras primitivement détaché du disque reforme un disque autour duquel naissent de nouveaux bras.

Indépendamment de ce mode de reproduction, les Brisinga produisent des œufs et subissent comme les autres Stellérides diverses métamorphoses.

LES OPHIURIDES — *OPHIURA* Llan.

Caractères. — Les Ophiurides se laissent reconnaître au premier aspect, par des bras cylindriques, flexibles, semblables à des serpents, et nettement distincts d'un disque aplati et ne renfermant pas dans leur intérieur de prolongements du tube intestinal. Les sillons ambulacraires sont ordinairement recouverts par des plaques dermiques particulières, et les tubes ambulacraires sont situés sur les côtés entre les piquants et les pièces écailleuses ; la plaque madréporique est située sur la face ventrale. Les Ophiurides se développent en passant par la forme du Pluteus.

Distribution géographique. — Les Ophiurides sont de toutes les mers ; les régions tempérées sont cependant plus riches que les régions tropicales.

Distribution paléontologique. — Les Ophiurides ont apparu pour la première fois dans les terrains paléozoïques ; on les voit augmenter un peu dans le Trias, puis dans les terrains jurassiques, et enfin dans les terrains crétacés ; ils deviennent très rares dans le Tertiaire.

Mœurs, habitudes, régime. — Ces animaux se meuvent par les contractions plus ou moins brusques de leurs bras. Ces contractions produisent une succession d'ondulations analogues à celles du corps d'un Serpent.

Quelques espèces jouissent d'une faculté de locomotion assez rapide et se font remarquer par leur agilité ; d'autres se tiennent enlacées dans les rameaux des Gorgones et paraissent vivre là fixées par leur bras pendant un temps plus ou moins long, saisissant au passage les animaux dont elles font leur proie à la manière des Araignées au milieu de leurs toiles ; la plupart habitent dans les anfractuosités de rochers, d'autres sur des fonds sablonneux. (Dujardin.)

Un petit nombre d'espèces sont vivipares : dans ce cas la métamorphose est très simplifiée ; les œufs sont pondus par petites masses, et les embryons subissent un développement direct ; la plupart cependant passent par l'état de Larve ciliée, le Pluteus.

LES OPHIURES. — *OPHIURIDEA* Lamck.

Caractères. — Dans ce groupe, les bras sont simples, non ramifiés, servant à l'animal à ramper. Le sillon ambulacraire est recouvert de plaques ventrales. Entre l'origine des bras sont situées autour de la bouche cinq plaques buccales.

LES OPHIOTHRICIDES. — *OPHIO-THRICIDÆ* Mull.

Caractères. — Les caractères sont les mêmes que ceux assignés à l'ordre.

OPHIACTIS VERDATRE. — *OPHIACTIS VIRESCENS* Luth.

Caractères. — Cette espèce présente un disque muni de petites écailles et de plaques radiales distinctes, avec un nombre plus ou moins grand de petites épines dispersées sur le dos et le pourtour du disque ; les bras sont épais avec des plaques latérales carénées, portant des épines courtes, obtuses, comprimées et couvertes d'aspérités (fig. 863 et 864).

Distribution géographique. — Elle habite la Méditerranée.

Mœurs, habitudes, régime. — « Cette Ophiure est une de celles qui présente le plus d'intérêt, non pas, il est vrai, au point de vue de son mode d'existence qui n'offre rien de particulier, mais en raison de la reproduction scissipare et de la restauration intégrale consécutive, au détachement d'une moitié du corps. Elle erre en masses prodigieusement considé-

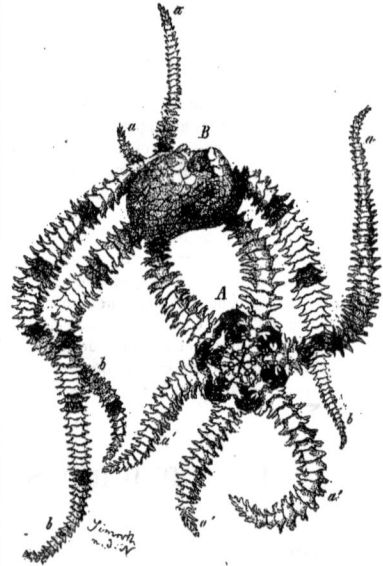

Fig. 863. — Ophiactis verdâtre.

rables parmi les Éponges et les Varechs. On savait depuis longtemps que cet animal possède

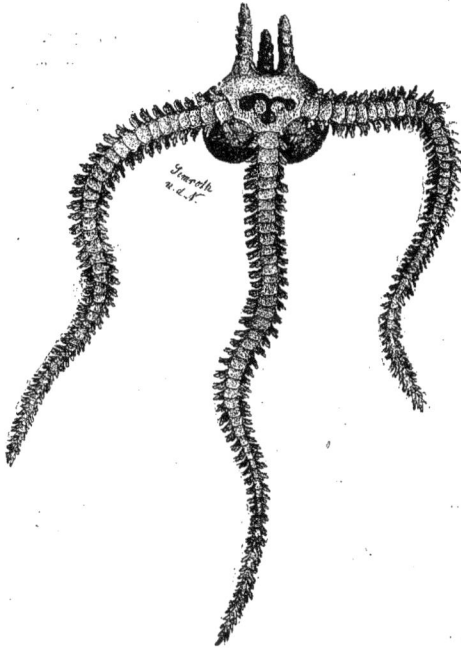

Fig. 864. — Ophiactis verdâtre.

ix bras au lieu de cinq que présentent les autres Ophiures, et l'on savait encore que ces bras sont souvent inégaux. En choisissant un certain nombre de spécimens pour une collection, je trouvai que chez le plus petit nombre les six bras étaient de même longueur, et que chez la plupart l'une des moitiés du corps, ainsi que les trois bras correspondants, était plus petite que l'autre, dont le développement était complet, et présentait divers degrés de développement moins avancés (fig. 864); une étude approfondie de ce phénomène me parut alors désirable. Je rapportai donc quelques centaines de spécimens bien conservés, et, malgré les difficultés que présente l'étude de ce petit être, mon jeune ami le Dr Simroth est parvenu non seulement à fournir des notions très complètes sur l'anatomie de l'Ophiactis verdâtre, mais encore à étudier le processus séparatif et la res-

tauration consécutive de cette créature. » (O. Schmidt.)

Le spécimen représenté en (A) sur la figure 863, se compose de deux moitiés presque égales; pourtant, la longueur un peu moindre des trois bras dirigés en bas (a') permet de reconnaître que cette partie est celle qui a nouvellement repoussé. Le second spécimen, vu de dos (B), vient à peine de se séparer de son autre moitié. Dans tous les autres exemples de scissiparité que présente le règne animal, le processus commence généralement par un étranglement préparatoire qui s'accentue peu à peu. Chez l'Ophiactis, la scission ressemble à un arrachement violent; c'en est même un, en réalité, car Simroth a reconnu que l'estomac est déchiré et que les nerfs, les vaisseaux, les lames dentaires et d'autres parties dures étaient rompus. On a de la peine à se figurer qu'il s'agit là d'un phénomène régulier dans le cours de l'existence de l'individu ; mais on constate, dans la classe des Échinodermes, des phénomènes analogues qui jettent quelque jour sur le fait en question. Les bras de tous les Ophiures, ceux d'un grand nombre d'Astéries proprement dites, et ceux des Crinoïdes, se rompent avec une facilité extraordinaire quand on sort l'animal de l'eau ou quand on le trouble dans cet élément même. Quand ces animaux sont abandonnés à eux-mêmes et se trouvent dans leur entourage habituel, ils accomplissent avec leurs bras et leurs rayons tous les mouvements possibles et leur impriment les inflexions les plus surprenantes, ainsi que nous l'avons dit déjà. Mais lorsqu'on veut reproduire de force ces inflexions sur une Astérie qu'on vient de sortir de l'eau, malgré toute la précaution dont on use, ses bras raidis se brisent comme du verre. Il existe alors évidemment une certaine irritation nerveuse qui provoque dans les muscles des contractions convulsives, causes de la rupture des parties. Il y a un rapprochement à faire entre cette irritation nerveuse et les contractions des Holothuries qui vomissent leurs propres viscères.

La scission violente de l'Ophiactis peut se produire sous l'influence d'une irritation physiologique analogue, dont l'origine, d'ailleurs, n'est pas élucidée. La plaie se ferme tout d'abord par une sorte d'agglutination, car les bords déchirés de l'estomac et ceux des téguments se juxtaposent ; après quoi la cicatrisation se poursuit et la restauration de la moitié détachée s'effectue. Sur notre spécimen (c), on peut voir cette croissance dans sa pleine évolution ; ce sont d'abord les deux bras externes qui bourgeonnent; le médian apparaît ensuite.

OPHIOTRIX FRAGILE. — *OPHIOTRIX FRAGILIS.*
MULL.

Caractères. — Son disque est couvert d'épines minces entre lesquelles se trouvent quelques granules armés de deux ou trois pointes. Les bras sont huit fois environ aussi longs que le diamètre du disque, hérissés de piquants aplatis disposés par six ou sept pour chacune des plaques latérales.

Le disque est brunâtre ou verdâtre, légèrement tacheté. Les bras sont brun rougeâtre ou verdâtre, avec des bandes orangées transversales (fig. 865).

Distribution géographique. — L'espèce habite les mers septentrionales d'Europe.

Mœurs, habitudes, régime. — Les Ophiotrix, animaux craintifs et farouches, se dérobent en grimpant ou en glissant avec une habileté extrême dans les fentes des roches, parmi les branches de Corail, les Vers tubulaires, les racines, bref sur les sols les plus impraticables. Ils n'emploient pour cela leurs pattes-ventouses que d'une manière passagère ; en revanche ils s'assujettissent à l'aide de leurs bras qui s'enlacent comme autant de queues prenantes autour d'objets indifféremment minces ou épais. Lorsqu'on saisit par un de ses bras un de ces fuyards sur le point de s'éclipser dans quelque cachette étroite et tortueuse, ce bras vous reste entre les doigts, tandis que l'Ophiure se met parfaitement à l'abri sans se

Fig. 865. — Ophiotrix fragile.

soucier de cette mutilation qui paraît lui causer en réalité peu de douleur. La partie du corps perdue se reconstitue très rapidement au complet. L'occupation la plus importante, pour laquelle ces animaux mettent en jeu tant de souplesse, est naturellement la recherche de leur nourriture. (O. Schmidt.)

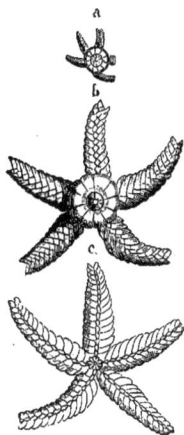

Fig. 866 à 868. — Aspidure cuirassée (*).

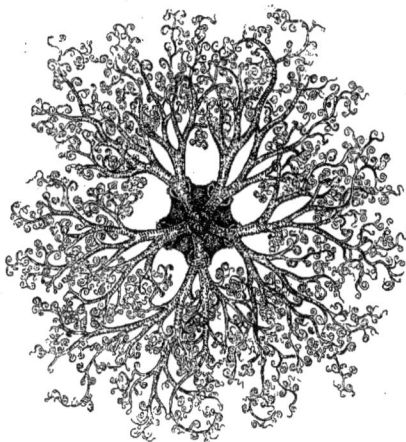

Fig. 869. — Astrophyte verruqueux.

ASPIDURE CUIRASSÉE. — *ASPIDURA LORICATA* AGASS.

Caractères. — Le disque de cette Ophiure porte sur la face supérieure une étoile formée de dix plaques radiales. Les bras lancéolés, courts, presque ronds, énormes, sont pourvus en dessus de plaques dorsales sexagones, petites, comprises entre les plaques latérales, celles-ci très larges et occupant plus des deux tiers de la largeur des bras (fig. 866 à 868).

Distribution paléontologique. — Cette espèce fossile provient du Muschelkalk du Wurtemberg.

OPHIOTHOLIE PRIEUSE. — *OPHIOTHOLIA SUPPLICANS* LYM.

Caractères. — Cette espèce se distingue en-

tre toutes par son disque de forme pyramidale, élevé, entouré par des bras dressés perpendiculairement et enveloppant le disque.

Distribution géographique. — Elle provient des dragages du *Challenger* faits le 9 novembre 1875 par 38° 6′ de latitude à une profondeur de 3,321 mètres.

Le nombre des formes d'Ophiures provenant des grandes profondeurs s'accroît de jour en jour au fur et à mesure des dragages. Le *Challenger* en a déjà fourni de remarquables. Le *Travailleur* n'a pas été moins bien partagé : plusieurs types inconnus proviennent de ses sondages. Nous en citerons un seul que M. le professeur Perrier considère comme le type d'un genre nouveau.

Ce type en effet diffère complètement de ceux si caractéristiques publiés par les Naturalistes du *Challenger*.

LES EURYALES — *EURYALIDEA* LINCK.

Caractères. — Les Euryales ont des bras simples ou ramifiés, pouvant s'enrouler du côté de la

(*) *a*, grand. nat. — *b*, face dorsale. — *c*, face ventrale.

BREHM.

bouche et dépourvus de plaques ; les sillons ambulacraires sont recouverts par une peau molle ; des crêtes et des papilles remplacent, sur la face ventrale des bras, les piquants des autres ordres.

Distribution géographique. — Ces animaux habitent de préférence les mers du Nord, comme aussi les Antilles, la Guadeloupe, etc.

LES ASTROPHYTIDÉS. — *ASTROPHY-TIDÆ* Linck.

Caractères. — Les Astrophytidés ont les bras bifurqués à leur base, puis irrégulièrement ramifiés, sans plaques buccales et à papilles dentiformes semblables à des piquants.

ASTROPHYTE VERRUQUEUX. — *ASTROPHYTON VERRUCOSUM* Mull.

Caractères. — Le disque est pentagone, épais, portant en dessus dix côtes rayonnantes, saillantes, arrondies et tronquées vers leur extrémité externe et garnies de tubercules entourés d'un anneau brun.

Les bras sont extrêmement développés, à extrémités fortement ramifiées et portant plusieurs centaines d'appendices grêles et comme cirreux (fig. 869).

Distribution géographique. — Cette espèce habite la mer des Indes.

LES ÉCHINIDES — *ÉCHINOIDA* Agass.

Die Seeigel.

Caractères. — Les animaux compris dans cette classe, désignés vulgairement sous le nom d'*Oursins*, sont des Échinodermes à corps globuleux ovale ou discoïdal, constitué par une enveloppe solide calcaire ou test, composé de plaques polygonales non mobiles, portant des piquants et pourvus d'une bouche, d'un anus

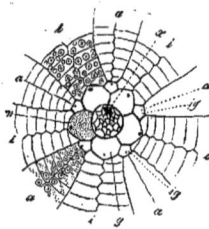

Fig. 870. — Parties constituantes d'un test d'Oursin (*).

et de tubes ambulacraires servant à la locomotion et à la respiration. (Claus.)

Les plaques composant le test des Échinides sont contiguës et adhérentes par leurs bords ; elles se divisent ordinairement en plusieurs rangées disposées par paires. Les premières sont désignées sous le nom de plaques ambulacraires ou d'ambulacres, percées de trous par où sortent les tubes ambulacraires. Ces

plaques ambulacraires forment cinq zones dont le nombre est invariable ; elles sont séparées par cinq doubles séries d'autres plaques dont le nombre est illimité, et désignées sous le nom d'interambulacraires (fig. 870).

Toutes ces plaques sont pourvues de tubercules extrêmement variés sous le rapport du nombre, de la grosseur et de la disposition ; ils sont constitués par une sorte de mamelon lisse, leur base est entourée d'une partie en relief. Ils sont destinés à servir de support à des organes que l'on nomme indifféremment épines, baguettes, piquants ou radioles (fig. 871, 872).

Ces baguettes, de formes les plus diverses, sont composées de deux parties essentielles (fig. 874), une partie libre et une partie dite articulaire, composée d'une portion condyloïde devant correspondre au mamelon des plaques (fig. 872), et une collerette disposée pour donner attache à des muscles moteurs, destinés à les diriger en tous sens.

Les organes appelés *pédicellaires* (fig. 873), que nous avons cités précédemment, méritent de nous arrêter un instant. Ce sont de petites pinces, à deux ou à trois branches, implantées sur des pédicules mobiles, entre les épines, visibles à l'œil nu et réparties sur toute la superficie du corps. Ces organes, dont la distribution est extrêmement variée, ainsi que celle des épines, ne sont autres que des épines modifiées, comme il ressort de leur origine et de leur développement.

Déjà, au siècle dernier, O. F. Müller les avait

* *a*, aires ambulacraires. — *i*, aires interambulacraires. — *g*, plaques génitales. — *m*, plaque madréporique. — *x*, ouverture anale (d'après Gegulaur).

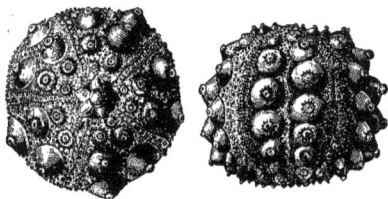

Fig. 871 et 872. — *Hemicidaris crenularis*, montrant les mamelons d'insertion des baguettes.

Fig. 873. — Pédicellaire de *Leiocidaris Stokesi* (Perrier).

Fig. 874. — Baguette de *Cydaris Blumenbachii*.

découverts, ce qui n'était pas difficile d'ailleurs, puisqu'à l'aide d'une bonne vue on les distingue très bien. Mais les singuliers mouvements que chacun de ces organes exécute comme pour happer une proie, en avait imposé à Müller qui les prenait pour des parasites polypiformes de l'Oursin.

Le premier, en 1825, le zoologiste napolitain Delle Chiaje reconnut qu'ils faisaient partie du tégument cutané de l'Oursin, et les considéra comme des organes d'adhésion et de préhension destinés surtout à saisir des particules alimentaires et à les amener jusqu'à la bouche. Mais c'est là une appréciation inexacte, dit O. Schmidt.

Dans ces derniers temps seulement, les observations d'Agassiz nous ont fourni des données certaines sur les fonctions spéciales des pédicellaires.

Nous avons dit que l'orifice anal se trouve précisément en haut, sur le sommet de ce corps arrondi. Cette situation serait, il faut l'avouer, contraire à toute propreté, si les pédicellaires n'existaient pas. Ceux-ci saisissent en effet les parcelles excrémentitielles qui apparaissent et les transportent de proche en proche au delà de la convexité de la coque ; là les excréments peuvent tomber dans l'eau et leur souillure n'est plus à craindre. « Rien n'est plus merveilleux et plus intéressant, dit Agassiz, que d'observer l'ordre et l'habileté qui président à cette fonction. On peut voir la rapidité avec laquelle les particules rejetées traversent les rangées où les pédicellaires sont le plus serrés, comme si elles étaient repoussées par autant de balayeurs. Ces organes sont répartis sur

le corps entier, mais ils ne chassent les excréments que suivant certaines voies déterminées.

« En étudiant de plus près les mouvements des pédicellaires, on remarque qu'ils sont extraordinairement actifs ; car ils ouvrent et referment continuellement leurs pinces, en s'étendant dans toutes les directions. La flexibilité de la gaine pédiculaire leur permet de se mouvoir entre les épines, dans tous les angles et dans tous les recoins ; aussi leur arrive-t-il, à l'occasion, de saisir quelque infortuné petit Crustacé, quelque Ver ou quelque Mollusque entortillé parmi les épines. Ces organes ne semblent pas porter les proies vers la bouche ; du moins je n'ai jamais vu d'Oursin manger des aliments saisis de la sorte ; ils paraissent écarter ces proies de la surface, ainsi que tout objet nuisible.

Ces animaux paissent quelque peu, à l'aide de leurs dents aiguës, sur la surface des roches ; mais leur manière de s'alimenter semble peu favorable à l'hypothèse qui ferait de leurs pédicellaires des pinces destinées à la nutrition. »

On voit encore, à la surface des Oursins, d'autres organes dont les usages sont assez problématiques. Sur cinq plaques spéciales, situées autour du pôle dorsal, on remarque cinq organes, rougeâtres et punctiformes, qui, d'après leur situation, correspondent aux ambulacres et qui, d'après leurs relations avec le système nerveux, correspondent aux yeux des Étoiles-de-Mer. Mais ces organes, en réalité, ne constituent pas de véritables yeux, aptes à réfléchir les images, et leur situation est vraiment étrange. Personne, croyons-nous, ne s'est posé sérieusement la question de savoir en quoi ces

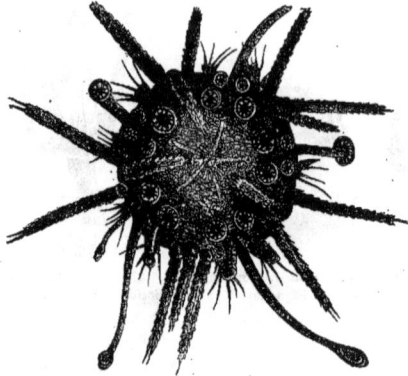

Fig. 875. — Très jeune Oursin après la résorption du Pluteus.

points ocellaires pouvaient être utiles aux Oursins. Étant données les directions suivant lesquelles se meuvent presque toujours ces animaux, ces points ocellaires sont disposés de telle sorte qu'ils ne paraissent pas pouvoir s'orienter directement à l'aide des yeux cachés en haut entre les épines et les pédicellaires. Une seule explication paraît admissible : c'est que les yeux des Oursins sont des organes rudimentaires, provenant d'ancêtres chez lesquels ils occupaient une situation avantageuse, comme chez les Étoiles-de-Mer par exemple.

Dans ces derniers temps, le zoologiste suédois Löven a découvert, chez tous les Échinodermes analogues aux Oursins, une nouvelle sorte d'organes microscopiques, qu'il a nommés *sphéridies* ou *organes sphéroïdaux*. Ce sont des corpuscules ellipsoïdes ou sphériques situés au voisinage de la bouche et sur les lames ambulacrales inférieures. Leur structure fine les rapproche des épines ; mais leur situation, fréquemment observée, au fond de petites fossettes ou à l'abri d'autres saillies préservatrices, ainsi que leurs relations avec des nerfs particuliers, permettent de conclure qu'il s'agit là d'organes sensoriels. Löven tend à les considérer comme des organes olfactifs.

Nous avons désigné sous le nom de *Lanterne d'Aristote* des organes masticateurs puissants. Ils sont spéciaux aux Échinides ; non seulement ils servent à fixer la proie, mais chez certaines espèces ils s'adaptent à un usage que nous étudierons plus loin.

Dans leur développement les Echinides passent par la forme de Pluteus ; nous figurons l'un des derniers états de ces larves arrivées à leur dernier degré de transformation (fig. 875).

Distribution géographique. — Tous les Échinides sans exception vivent dans les eaux de la mer et se rencontrent à peu près dans toutes les latitudes, depuis le Pôle jusqu'à l'Équateur ; on les rencontre ordinairement sur les fonds rocailleux ; d'autres se tiennent de préférence dans les parages couverts de sable.

Distribution paléontologique. — Leur extrême abondance dans les formations géologiques est des plus caractéristiques. Rares à l'époque paléozoïque, ils atteignent leur plus grand développement à l'époque jurassique et crétacée ; on en rencontre aussi un certain nombre dans les couches tertiaires.

Mœurs, habitudes, régime. — Quelques espèces ont la singulière propriété de se creuser des retraites dans les roches les plus dures afin de s'y loger et d'y trouver un abri. Certains Échinides passent pour avoir la faculté de causer une douleur brûlante quand on les saisit.

Emploi et usages. — C'est à peine si, au point de vue de leur utilité, on cite quelques espèces comestibles. C'est seulement à l'époque où les ovaires sont très développés qu'on les recherche comme aliments ; on les mange habituellement soit crus, soit comme des œufs à la coque.

LES TESSELLÉS — *TESSELLATA* Mc. Coy.

Caractères. — Les Tessellés ont un corps globuleux, sphéroïdal et régulier ; l'ouverture buccale est au centre de la face ventrale, l'ouverture anale au pôle opposé ; les plaques interambulacraires forment plus de deux rangées hexagonales.

LES PALÆCHINIDÉS. — *PALÆCHI-NIDÆ* Coy.

Caractères. — Les animaux de cette famille se distinguent de tous les autres par un caractère fondamental, l'existence de plus de deux rangées de plaques ambulacraires ; il n'y en a jamais moins de trois, et elles atteignent quelquefois le nombre huit.

Distribution paléontologique. — Tous les

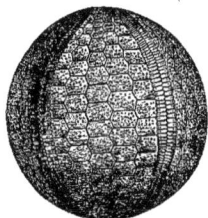

Fig. 876. — Palæchinus elegant.

représentants connus sont fossiles et de l'époque paléozoïque.

PALÆCHINUS ÉLÉGANT. — *PALÆCHINUS ELEGANS* M. Coy.

Caractères. — Son corps est sphéroïdal, avec deux rangées de plaques aux aires ambulacraires et cinq aux aires interambulacraires ; les plaques des zones porifères sont pentagonales, toutes les autres hexagonales (fig. 876).

Distribution paléontologique. — L'espèce provient du Silurien de l'Amérique septentrionale.

ARCHÆOCIDARIS DE WARTEN. — *ARCHÆOCIDARIS WARTENI* Desh.

Caractères. — Les plaques interambulacraires de cette espèce, toujours brisée, sont surmontées d'un fort tubercule mamelonné et entouré d'un anneau saillant, des tubercules

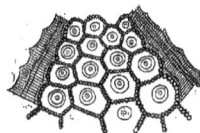

Fig. 877. — Archæocidaris de Warten.

secondaires entourant les précédents (fig. 877).

Distribution paléontologique. — Cette espèce provient du terrain carbonifère de Tournay et de l'Illinois.

LES EUECHINIDES — *EUECHINIDA* Broon.

Caractères. — Les Euechinides sont des Oursins réguliers, à bouche centrale, à dents et à appareil masticateur ordinairement centraux, à ambulacres s'étendant d'un pôle à l'autre.

Distribution paléontologique. — Nous mentionnons deux types fossiles, l'un de la famille des Échinoconides, le *Galerites albogularis* de la craie (fig. 878, 879) et l'autre de la famille des Disastérides, le *Collyrites ellipticus* de la formation jurassique (fig. 880, 881).

LES CIDARIDÉS — *CIDARIDÆ* Agass.

Caractères. — Les types de cette famille ont un test globuleux aplati au pôle buccal ; les aires ambulacraires sont étroites, et les interambulacraires larges avec des rangées de gros tubercules et des piquants en massue.

Distribution géographique. — Ils habitent les mers d'Europe, les Antilles, etc.

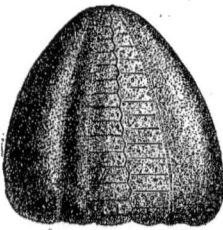

Fig. 878 et 879. — *Galerites albogularis.*   Fig. 880 et 881. — *Collyrites ellipticus.*

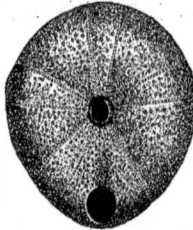

Distribution paléontologique. — Plusieurs sont fossiles.

Parmi les plus remarquables nous citerons les suivants :

CIDARIS CLAVIGÈRE. — *CIDARIS CLAVIGERA* Kœn.

Caractères. — Cette espèce est caractérisée par ses épines en forme de massue couvertes de carènes saillantes, fortement dentelées, à tige plus ou moins longue (fig. 882).

Distribution paléontologique. — Elle provient de la Craie supérieure de Dieppe, Talmont, des Corbières et d'Angleterre.

Parmi les espèces du genre voisin des Rhabdocidaris, nous citerons le *Rhabdocidaris maxima,* dont la radiole en forme de baguette est garnie de fortes épines éparses.

L'espèce provient du Jurassique.

A la même famille appartient le genre fossile Pedina. Tel est le *Pedina sublævis* du Jurassique, à test circulaire, à tubercules petits, crénelés et perforés (fig 883, 884).

Ici se place le genre Arbacia ; nous figurons, sur notre planche XIII, l'Arbacia napolitaine.

LES DIADÉMATIDÉS — *DIADEMATIDÆ* Agass.

Caractères. — Les Diadématidés ont le test mince, déprimé, avec des aires ambulacraires étroites et des tubercules perforés portant des piquants souvent longs et creux.

Nous représentons (fig. 885) le *Diadema pulvinatum* Lamk.

ASPIDODIADÈME A PETITS TUBERCULES. — *ASPIDODIADEMA MICROTUBERCULATUM* Agass.

Caractères. — Cette espèce prise entre beaucoup d'autres des plus remarquables, provenant des dragages du *Challenger,* fait partie d'un genre tenant en quelque sorte le milieu entre les Cidaridés et les Diadématidés ; elle se distingue par un nombre considérable de fines épines situées dans les aires interambulacraires ; la couleur du test et des épines est d'un beau violet.

Distribution géographique. — L'espèce a été draguée, le 17 novembre 1875, par 34° 7′ de longitude sud, à une profondeur de 3,389 mètres.

LES HÉMICIDARIDÉS — *HEMICIDARIDÆ* Agass.

Caractères. — Cette famille présente un test épais ; les tubercules des ambulacres sont crénelés et perforés ; des rangées de pores simples se dédoublent en approchant du péristome.

Distribution paléontologique. — Elle ne comprend que des formes fossiles.

HÉMICIDARIS CRÉNELÉ. — *HEMICIDARIS CRENULARIS.* Gass.

Caractères. —Espèce très renflée, aussi haute que large, à ambulacres portant des tubercules de moyenne grosseur. Les tubercules interambulacraires saillants se touchent par la base.

Distribution paléontologique. — Elle provient du Jurassique (étage corallien) de la France.

LES ÉCHINOTURIDÉS — *ECHINOTURIDÆ* Agass.

Caractères. — Dans cette famille, le caractère

ARBACIE NAPOLITAINE.

Paris, J.-B. Baillère et Fils, edit.   Corbeil, Crété, imp.

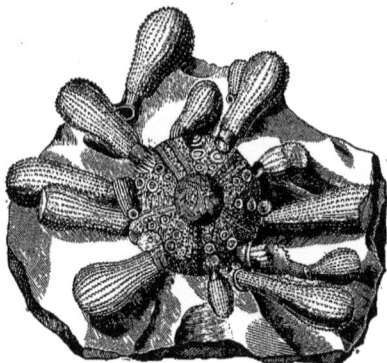

Fig. 882. — Cidaris clavigère.

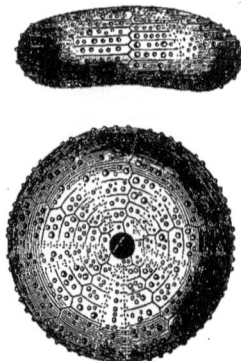

Fig. 883 et 884. — *redina sublœvis*.

dominant consiste dans l'imbrication des plaques et en ce que la membrane actiniale de ces plaques est percée pour le passage des tentacules ambulacraires. Les petites plaques ambulacraires de la zone porifère sont isolées et augmentent graduellement de dimension de chaque côté.

ASTÉNOSOME CALVERIE. — *ASTENOSOMA CAL-VERIA* Thoms.

Caractères. — Un des caractères fondamentaux de cette espèce, comme de ses congénères de la même famille, consiste dans la mollesse des téguments et la disposition comme la forme toute particulière des piquants (fig. 886).

Lorsque, pendant le célèbre voyage du *Porcupine* entre l'Irlande et les îles Feroë, le filet remonta une fois d'une profondeur de 450 mètres, les géologues Thomson et Carpenter, qui se tenaient à l'affût, virent briller parmi leur butin un grand Échinoderme d'une couleur rouge écarlate. On le prit pour un spécimen extraordinairement développé de l'*Échinus Flemmingii*, qu'on trouve fréquemment dans la mer du Nord ; et, comme la mer était agitée et la rentrée du filet très difficile, on dut s'attendre à voir l'animal en morceaux. A la surprise des spectateurs, l'Échinoderme roula intact hors du filet sur le pont du navire où il prit l'aspect d'une galette arrondie et rouge. A tous les caractères des Oursins (séries de pattes

ambulacrales, épines, dents aiguës et bleuâtres) s'ajoutait une coque flexible comme du cuir, parcourue d'ondulations remarquables. On reconnut que cette mobilité était rendue possible par la disposition des lames qui constituent également la coque de ce type d'Échinoderme ; au lieu de se toucher par leurs bords et d'être reliées en partie par des sutures dentelées, elles se recouvrent à la manière des tuiles d'un toit et sont réunies par des bandelettes cutanées très flexibles. C'est Thomson qui a donné à cet animal le nom d'*Astenosoma calveria*.

La découverte du genre Asténosome, dans les profondeurs de la mer, a jeté un jour nouveau sur l'histoire des Échinides, et montré que ce genre était semblable, sinon identique, à un autre genre fossile provenant des terrains crétacés, le genre *Echinoturia*, qui a servi de type à la famille.

PHORMOSOME ÉLÉGANT — *PHORMOSOMA LUCU-LENTUM* Agass.

Caractères. — Tout près des Asténosomes se placent les Phormosomes, l'un des genres les plus remarquables parmi les Échinodermes, dit Agassiz.

Le test de cette espèce est d'une belle couleur violette, formant un agréable contraste, avec des lignes d'un blanc brillant, limitant les sutures des plaques coronales ; la surface de l'animal

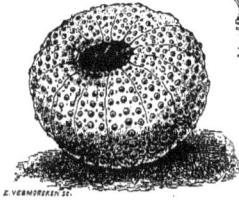

Fig. 885. — *Diadema pulvinatum* Lamk.

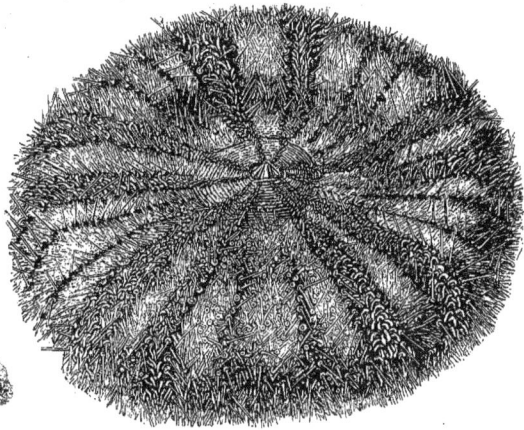

Fig. 886. Astenosome calverie.

porte des épines minces terminées par une énorme massue conique.

Distribution géographique. — Dragué le 23 décembre 1874 par 6° 48′ de latitude nord à une profondeur de 464 mètres.

Plusieurs espèces nouvelles de ces deux genres proviennent des dragages du *Travailleur*.

LES ÉCHINIDÉS — *ECHINIDÆ* Agass.

Caractères. — La famille des Échinides

Fig. 887. — Sphæréchinus comestible.

comprend des espèces ayant le test mince, les ambulacres larges, portant deux ou trois rangées

de tubercules tantôt crénelés et perforés, tantôt imperforés ; les piquants sont ordinairement courts et tubulés.

SPHÆRÉCHINUS COMESTIBLE. — *SPHÆRECHINUS ESCULENTUS* Lin.

Caractères. — Cette espèce est subglobuleuse, couverte de tubercules à peu près égaux, très nombreux et assez petits, portant des radioles courts, blancs, si ce n'est vers leur base où ils sont violacés ; la couleur générale de l'animal est rougeâtre (fig. 887).

Distribution géographique. — Elle habite les mers du Nord.

TOXOPNEUSTE LIVIDE — *TOXOPNEUSTES LIVIDUS* Agass.

Caractères. — Cet Oursin est circulaire, déprimé, couvert de tubercules plus grands dans les aires ambulacraires ; les ambulacres sont formés de cinq ou six paires de pores, les radioles sont longs et aigus ; il est d'une couleur uniforme brun-verdâtre.

Distribution géographique. — Il habite nos côtes européennes.

Mœurs, habitudes, régime. — C'est surtout à cette espèce que s'applique la faculté de perforer les pierres dures dont nous avons déjà parlé.

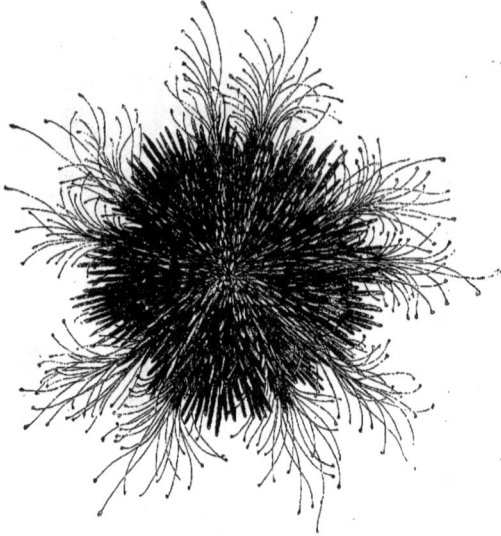

Fig. 888. — Toxopneuste de Drobach.

Cette singulière faculté a été surtout étudiée par Caillaud. Plusieurs observateurs sont venus confirmer sa manière de voir.

Les jeunes Oursins dit-il, quand ils ne sont encore gros que comme des pois, se creusent des trous en rapport avec leur taille et faits comme avec un emporte-pièce : ils se fixent d'abord à la roche à l'aide de leurs pieds ambulacraires, l'entament avec leurs dents et enlèvent au fur et à mesure, avec leurs piquants, les détritus qu'ils ont détachés.

O. Schmidt relate de la manière suivante les observations qu'il a faites sur cette espèce :

« J'ai observé les habitudes des Toxopneustes livides qui sont très communs dans toute la Méditerranée et qui, le long de la côte dalmatienne, se tiennent en troupes innombrables sur les fonds rocailleux au voisinage du rivage.

« La plupart de ces animaux inertes portent sur le dos quelques débris de coquillages, quelques pierres ou d'autres objets analogues, assujettis par les pattes-ventouses. Ayant emporté un spécimen dans ma chambre, j'éloignai de son dos son butin et je plaçai l'animal dans un bassin rempli d'eau de mer. Il s'y trouva évidemment fort mal à l'aise, chercha à se dissimuler et se couvrit bientôt de débris de Laitues et d'Algues que j'avais déposées avec lui dans le bassin. Au bout d'un quart d'heure il s'était entièrement enveloppé et avait repris sur son dos le coquillage que je lui avais enlevé. Lorsque j'éloignais un lambeau assez grand de la plante, il se mettait en mouvement, mais uniquement pour rechercher le morceau perdu, en se montrant très préoccupé de ne pas égarer ceux qu'il avait encore fixés autour de son corps. Je pris ensuite la valve du coquillage qu'il portait sur son dos si précieusement, et je le déposai sur sa route. Arrivé sur cet objet, il y appliqua les disques de quelques-unes de ses pattes-ventouses, et le plaça sur son arête après quelques tentatives vaines, car ses épines le gênaient. Ce premier succès obtenu, il employa avec beaucoup d'habileté ses épines pour soulever sa proie et la traîner sur son dos pendant quelques minutes à l'aide des tubes-ventouses qui se relâchaient.

« Pendant la progression, ces animaux se servent de leurs épines en guise d'échasses et de

BREHM.

leurs tubes-ventouses pour la traction (Pl. XIII). Ces derniers peuvent s'étendre au delà des épines, et un Oursin ainsi mis à l'ancre à l'aide d'un grand nombre de tubes-ventouses rappelle quelque peu Gulliver enchaîné par les Lilliputiens.

« Le matelot de Lésina, qui depuis des années m'accompagnait dans mes excursions, pouvait distinguer du bateau les mâles et les femelles de l'*Échinus saxatilis*. Les premiers sont un peu plus petits, plus sombres et plus sphériques; les femelles sont plus plates et d'un violet qui tire plus sur le rouge. Je ne distinguais les sexes qu'avec peine, mais mon compagnon ne se trompait jamais. Je crois avoir indiqué ainsi le principal caractère permettant de discerner extérieurement les sexes.

« J'accueillis d'abord avec un sourire d'incrédulité un autre indice que m'exposa le pêcheur : il m'affirma, en effet, que les mâles ne portaient jamais sur le dos ni pierres ni débris de coquillages ; effectivement, tous les animaux de ce genre qu'il me désigna du bateau comme appartenant au sexe masculin furent reconnus ensuite pour des mâles, et les nombreux spécimens, chargés de pierres et de coquillages, que je recueillis, appartenaient à l'autre sexe. »

Usages. — Pendant l'époque de la reproduction, qui paraît durer à peu près toute l'année, il est aisé de reconnaître le sexe lorsqu'on a ouvert l'animal. Les femelles présentent cinq ovaires en grappe, d'un jaune superbe, qui fournissent un met assez savoureux : c'est d'ailleurs le seul usage qu'on puisse assigner aux Oursins. C'est sur un vapeur français qu'on me servit pour la première fois des *Échinus saxatilis*, à dîner ; la consommation régulière de ces Échinodermes paraît limitée aux rives françaises de la Méditerranée. Rien qu'à Marseille on en apporte annuellement 100,000 douzaines sur le marché, et la douzaine s'y vend de 20 à 60 centimes.

Ainsi que l'a dit Agassiz, le Cabillaud et la Morue mangent volontiers les Oursins.

TOXOPNEUSTE DE DROBACH. — *TOXOPNEUSTER DROBACHIENSIS* Mull.

Caractères. — Ce Toxopneuste a le corps déprimé circulaire, pourvu de tubercules plus petits dans les aires interambulacraires: sa couleur est verdâtre et légèrement violacée (fig. 888).

Distribution géographique. — Il habite dans les mers du Nord.

TOXOPNEUSTE A ÉPINES COURTES — *TOXOPNEUSTERS BREVISPINA* Agas.

Mœurs, habitudes, régime. — En 1875, Dohrn s'est livré à l'étude des mœurs d'une autre espèce intéressante du même groupe, le Toxopneuste à épines courtes de la Méditerranée.

« On trouvera rarement, dit-il, dans un aquarium un spécimen de cet Oursin, qui ne maintienne fixé sur sa face dorsale un grand nombre de coquilles au moyen de ses pattes-ventouses. J'ai même trouvé plusieurs fois des Toxopneustes pourvus d'une telle quantité de coquillages, qu'on ne pouvait plus rien voir de l'animal lui-même. Sur un spécimen de deux pouces de diamètre, je comptai jusqu'à 26 coquillages longs d'environ un pouce chacun, et large d'un demi-pouce. Pendant la progression de l'animal, on a l'impression d'un tas de coquillages qui s'avancent. Ce phénomène, qui donne l'idée d'une mascarade, me semble n'être pas autre chose en réalité.

« J'ai entrepris souvent des observations et des expériences sur le mode d'alimentation de cet Oursin et j'ai constaté que c'est un carnassier redoutable. C'est son goût pour les *Squilla mantis* qui m'a le plus frappé. On serait tenté de croire qu'il est facile à ce grand Crustacé d'éviter de se trouver sur la route de ce petit Échinoderme, dont les mouvements sont lents. Mais il est de fait que, quand on a mis une douzaine de Squilles dans un bassin renfermant déjà quelques dizaines de Toxopneustes, au bout de huit à dix jours toutes les Squilles sont dévorées par les Oursins. J'ai souvent constaté la façon dont ces Échinodermes s'emparent de leur proie. Tout en continuant à se mouvoir, ils placent quelques ventouses sur une partie quelconque du corps du Crustacé. Celui-ci, à ce contact, cherche à s'enfuir ; mais bien vite l'Oursin recourt à l'aide de nouvelles ventouses, et de toutes les régions avoisinantes s'étendent des pattes ambulacraires qui décrivent de grands arcs de cercle jusqu'à ce qu'elles atteignent enfin la Squille. L'Échinoderme met alors en relâchement toutes ses pattes-ventouses qui le tenaient trop éloigné de sa victime et il se rapproche de sa proie qui fait de vains efforts pour se dérober. En se fixant à quelque roche ou à la paroi vitrée du bassin, l'Échinoderme fait glisser lentement son corps autour du Crustacé à l'aide des autres pattes-ventouses, jusqu'à proximité de sa bouche, alors il commence à le manger. Cela dure généralement plusieurs jours. Très

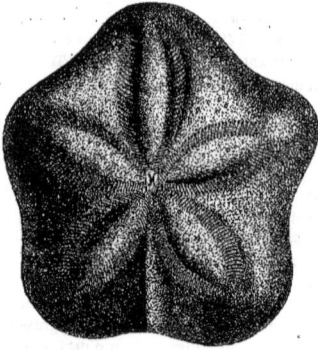

Fig. 889. — Clypeastre acut

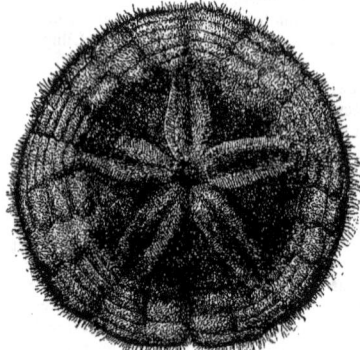

Fig. 890. — Echinarachnie Parma.

souvent un ou deux autres Toxopneustes viennent s'associer au premier et le repas a lieu en commun. J'ai constaté fréquemment qu'un Toxopneuste est susceptible de capturer une Squille de six pouces de long en saisissant au moyen de ses pattes-ventouses la large lame des antennes externes. Le Crustacé fait d'énormes efforts, en agitant tout son corps et surtout en ployant son abdomen pour se dégager brusquement ; mais généralement dans ces contorsions impétueuses il se rapproche de son ennemi dont les pattes-ventouses étendues se fixent aussitôt sur quelque autre partie du corps. On comprend qu'à un adversaire aussi redoutable, contre lequel il n'y a d'autre ressource que la fuite, le Crustacé doit avant tout céder la place. On conçoit aussi que l'agresseur cherche à se dissimuler, et j'insiste sur la tendance des Échinodermes à se recouvrir de coquillages qui leur donnent un aspect inoffensif et constituent une sorte de carapace à ce redoutable Échinoderme. »

LES CLYPEASTROIDES — *CLYPEASTROIDA* Agass.

Caractères. — Dans cet ordre, le corps aplati et allongé en forme de bouclier possède le plus souvent des piliers et des lamelles internes réunissant les faces dorsale et ventrale. La plaque madréporique est centrale.

LES CLYPEASTRIDÉS — *CLYPEASTRIDÆ* Agass.

Caractères. — Chez les Clypeastridés, le test est plus ou moins déprimé, aplati et pentagonal la bouche centrale ; et la rosette ambulacraire sont très larges, l'anus est sur la face ventrale ou près du bord.

Distribution géographique. — Ils appartiennent aux mers chaudes.

Distribution paléontologique. — Plusieurs sont fossiles.

CLYPEASTRE SCUTELLÉ. — *CLYPEASTER SCUTELLATUS* M. de S.

Caractères. — Cette espèce est aplatie, large, amincie vers les bords, renflée au sommet, ornée de pétales courts et larges en forme de côtes aplaties (fig. 889).

Distribution paléontologique. — Elle provient du Miocène (Tertiaire) de Villeneuve, de la Savoie, de la Corse, de la Morée, etc.

LES SCUTELLIDÉS — *SCUTELLIDÆ* Agass.

Caractères. — La famille des Scutellidés comprend des genres dont le test est de forme circulaire, souvent entaillé sur les bords ou perforé ; la face inférieure porte des sillons ambulacraires anastomosés et ramifiés.

Caractères. — Cette espèce est suborbiculaire, plus ou moins rostrée en arrière et régulièrement déclive vers les bords ; toute sa surface est finement granuleuse (fig. 890).

Distribution géographique. — Elle habite dans les parages du Canada.

LES SPATANGOIDES — *SPATANGOIDEA* Agass.

Caractères. — Ce sont des Oursins irréguliers, c'est-à-dire plus ou moins cordiformes, à bouche et à anus excentriques, et pourvus d'appareils dentaires et à ambulacres pétaloïdes, le plus souvent inégaux.

LES CASSIDULIDÉS — *CASSIDULIDÆ* Agass.

Caractères. — Les Cassidulidés ne présentent ni cloisons, ni piliers à l'intérieur du test ; celui-ci est uniformément garni de petits tubercules serrés, supportant des soies courtes ; le péristome est orné de bourrelets et de groupes de pores formant des figures élégantes et nommés, par Desor, Phyllades.

Distribution géographique. — Les espèces vivantes en très petit nombre sont des mers tropicales.

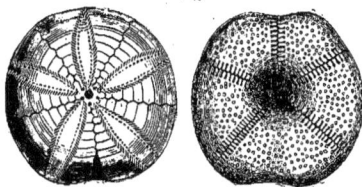

Fig. 891 et 892. — Clypeus sinué.

Distribution paléontologique. — Cette famille est surtout remarquable au point de vue paléontologique ; excessivement nombreuse en genres et en espèces, celles-ci apparaissent à l'époque jurassique, atteignent leur maximum de développement pendant la période crétacée et décroissent avec l'époque tertiaire.

Caractères. — Ce Clypeus est circulaire, légèrement tronqué en arrière. Ces ambulacres larges sont lancéolés (fig. 891, 892).

Distribution paléontologique. — Il provient de l'Oolite inférieure (Jurassique).

LES SPATANGIDÉS — *SPATANGIDÆ* Agass.

Caractères. — Les Spatangidés sont caractérisés surtout par les ambulacres paires complètement pétaloïdes et par l'appareil apical. Le test est ovale, cordiforme, et ils manquent d'appareil masticateur.

Distribution géographique. — Les diverses espèces sont réparties dans toutes les mers. Elles sont plus communes cependant dans les mers froides et tempérées.

Distribution paléontologique. — Les espèces fossiles sont nombreuses.

Mœurs, habitudes, régime. — La plupart des Spatangidés vivent à de grandes profondeurs, à une vingtaine de brasses environ, sur la vase et de préférence sur les fonds sablonneux. En s'y enfouissant quelque peu, ils y étendent leurs sillons et s'emplissent de sable continuellement au moyen de leur lèvre inférieure recourbée en forme de cuiller. Ils se nourrissent, en effet, uniquement des particules organiques et des organismes microscopiques qui se trouvent dans ce sable par suite de circonstances fortuites ou par suite de leur mode d'existence. Comme les parois de l'intestin sont très minces et très fragiles, et comme, d'autre part, le tube intestinal est toujours bondé par le sable qui l'emplit, la dissection de

Fig. 893. — Brissus porte-lyre.

ces animaux exige beaucoup de précautions.

BRISSUS PORTE-LYRE. — *BRISSUS LYRIFERA*
Forbes.

Caractères. — Cette espèce a le test ovoïde, cordiforme, le sommet très excentrique en avant; les ambulacres pairs sont étroits, logés dans des sillons peu profonds (fig. 893).

Distribution géographique. — Elle habite les mers du Nord.

Mœurs, habitudes, régime. — Comme presque tous ses congénères, le Brissus porte-lyre s'enfonce complètement dans le sable. Cet animal pénètre jusqu'à 15 ou 20 centimètres de profondeur dans les sols sablonneux et tapisse, à l'aide d'une sécrétion muqueuse, sa demeure constituée par une cavité dont l'entrée et le conduit de sortie offrent le calibre d'un tuyau de plume. En suivant le premier de ces conduits, on arrive sur le milieu du dos, au point de rencontre des lames de la rosette apicale; ce conduit sert à l'introduction de l'eau et des aliments. L'animal est susceptible d'é-

tendre, à travers ce conduit et même à plusieurs centimètres au-dessus, une touffe de pattes-ventouses, allongées et vermiformes; ces pattes-ventouses, douées d'une sensibilité tactile très grande, amènent dans le conduit des grains de sable et d'autres objets, notamment des substances organiques, qui sont saisis par les cils et par les épines courtes et dirigées vers l'orifice buccal. Ainsi s'emplit l'intestin, qui

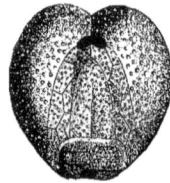

Fig. 894. — Micraster cœur de Serpent.

repousse ensuite dans le second conduit les matériaux qui l'ont traversé. Il semblerait que l'animal puisse rejeter violemment à travers l'ouverture du canal, l'eau qu'il introduit sans cesse dans son tube digestif. Ainsi seulement s'explique la force du courant qui existe dans le conduit postérieur et ramène à la surface le sable déjà utilisé.

MICRASTER COEUR DE SERPENT. — *MICRASTER COR ANGUINUM* AGAS.

Caractères. — Le corps de cette espèce est cordiforme, portant des ambulacres pairs, pétaloïdes, et situés dans des sillons. Une fasciole sous-anale forme un anneau entourant l'extrémité postérieure (fig. 894).

Distribution paléontologique. — Ce Micraster est caractéristique de l'étage sénonien (Craie supérieure).

LES HOLOTHURIDES — *HOLOTHUROIDA* BRANDT.

Die Seewalzen.

Caractères. — Les Holothurides sont des Échinodermes cylindriques, à téguments coriaces, pourvus d'une couronne de tentacules buccaux, le plus souvent rétractiles, et d'un anus terminal ; ils se rapprochent des Vers par leur forme allongée et la disposition symétrique bilatérale de plusieurs de leurs organes. (Claus.)

Les téguments, contrairement à ce que nous avons vu chez les autres Échinodermes, sont mous et coriaces et portent dans leur épaisseur des incrustations calcaires de formes variées ; les unes semblables à des ancres, à des roues, à des hameçons, etc., sont placées superficiellement, tandis que d'autres ayant la forme de baguettes ramifiées, de plaques, etc., sont situées plus profondément dans le derme ; la peau est rarement munie de grosses écailles.

Le squelette interne est formé par un anneau calcaire solide, entourant l'œsophage, et formé de dix pièces radiales et interradiales alternes. (Claus.)

Les tubes ambulacraires sont en général distribués sur toute la surface du corps ; ces tubes ambulacraires ont la forme de cylindres terminés par deux ventouses ; ils sont coniques sur la face dorsale, dépourvus de ventouses et constituent les appareils ambulacraires ; les tentacules considérés comme des appendices ambulacraires modifiés sont cylindriques ou peltés.

Le système aquifère présente un fait remarquable : on constate en effet que le canal du sable se termine dans la cavité viscérale par son extrémité libre, incrustée de calcaire et comparable à la plaque madréporique qui manque ici complètement. On rattache à ce système un sinus communiquant avec la cavité viscérale qui sépare l'œsophage de l'anneau calcaire. M. Milne Edwards pense qu'il existe une communication entre le système aquifère et le système vasculaire.

Des appendices, ramifiés et arborescents dans lesquels l'eau pénètre, sont regardés comme organes respiratoires.

Le développement des Holothuries est souvent direct. Quand il existe des métamorphoses, les Larves se présentent sous la forme d'Auricularia.

On possède aujourd'hui des données suffisantes sur l'histoire du développement et des métamorphoses des Holothuries. Déjà Baur avait étudié très minutieusement la Synapte digitée de Trieste ; dans ces derniers temps on a saisi le sens des premiers préliminaires de l'évolution.

On capture les petites larves microscopiques des Holothuries et de la plupart des autres Échinodermes, principalement à l'aide d'un filet de gaze très fine qu'on promène à la surface de la mer par un temps calme. Baur s'est procuré des Synaptes à des degrés de développement plus avancés en promenant également un filet à mailles étroites au-dessus du fond habité par ces êtres et en lavant la vase abondante qu'il ramenait en même temps. Les frêles créatures demeuraient ainsi dans le filet.

La larve, qui ne mesure pas tout à fait un millimètre, offre un aspect tout à fait différent de celui que présente l'Échinoderme adulte ; elle n'est pas rayonnée, mais elle possède une structure symétrique et montre à peu près la forme d'un canot très plat dont les extrémités antérieure et postérieure se recourbent en forme

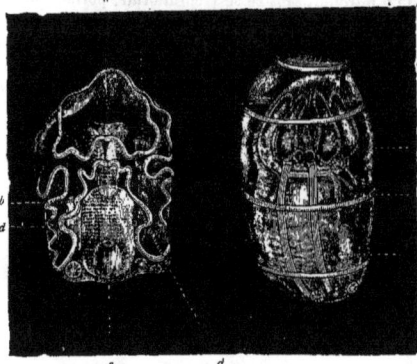

Fig. 895 et 896. — Larves d'Holothurie.

de toiture et dont les bords sont sinueux. Le bord, non interrompu, est pourvu d'une bandelette de cils vibratiles dont l'activité permet au petit être de nager à l'aide de contorsions spiroïdales qui font progresser l'extrémité antérieure de forme pyramidale (fig. 895, 896). L'organe interne qui offre le plus d'importance chez cette larve est le tube digestif, comprenant : l'orifice buccal (a), l'estomac (b) et l'orifice anal (c). On remarque en outre chez cette larve deux corps en forme de boudins (d) qui croissent peu à peu autour de l'intestin pour constituer les parois du corps de la *Synapta*. Le système vasculaire se développe aux dépens d'une autre partie (e). A l'extrémité postérieure on peut voir une paire de petites roues calcaires, qui disparaissent chez l'animal adulte, mais qui constituent un caractère important pour contrôler les relations qui existent entre les divers stades de l'évolution. La larve passe maintenant à l'état de cocon et offre à peu près la forme d'un tonnelet. A la place de la bordure précédemment réunie, nous trouvons à présent des stries de cils vibratiles. Dans ce tonnelet, le corps proprement dit de la Synapte croît au dépens du germe qu'on pouvait déjà apercevoir auparavant. On distingue les tentacules (i), l'appendice vèsiculaire du système vasculaire (k), et les muscles longitudinaux (l). Plus tard encore, l'extrémité antérieure du tonnelet s'ouvre pour donner issue aux tentacules qui s'accroissent ; les stries de cils vibratiles du tonnelet disparaissent, mais la paroi de ce ton-

nelet s'applique autour du corps de la Synapte en formant la couche tégumentaire la plus externe. Longtemps encore après que les animalcules ont perdu leurs cils vibratiles et sont susceptibles de vivre dans la vase, on peut reconnaître qu'ils tirent leur origine des deux petites roues calcaires. Ils ne mesurent alors pas plus d'un millimètre, mais ils s'accroissent assez rapidement.

Distribution géographique. — Les Holothuries habitent, toutes indistinctement, les eaux de la mer et se trouvent répandues à peu près sous toutes les latitudes, au Pôle comme à l'Équateur.

Mœurs, habitudes, régime. — Les mœurs de ces animaux sont peu connues ; généralement elles se tiennent à d'assez grandes profondeurs.

Leurs mouvements sont ordinairement assez bornés : ils rampent au moyen d'ondulations plus ou moins actives du corps : mais c'est surtout à l'aide des pieds tentaculaires qu'ils parviennent à se déplacer.

Nous manquons d'observations suffisamment étendues en ce qui concerne la faculté que possèdent les Holothuries de reproduire des parties disparues de leur organisme. Chez quelques spécimens cette puissance de reproduction est extraordinaire. Ainsi chez une *Holothuria scabra*, qui s'était brusquement dépouillée de son tube intestinal, de ses organes sexuels, de ses vaisseaux et de son poumon gauche, Semper a vu les mouvements respiratoires du poumon conservé reprendre au bout de très peu de temps et les intestins se trouver reconstitués au bout de neuf jours.

Certaines espèces donnent lieu à un sorte de parasitisme. Précédemment nous avons longuement exposé le parasitisme d'un Mollusque (1) chez les Synaptes, on a en outre constaté la présence d'un poisson (Fierasfer) vivant à l'intérieur de leur corps; nous parlerons de ce sujet en traitant des Poissons.

Emploi et usages. — Dans quelques localités les Holothuries servent d'aliments et sont l'objet d'un commerce assez important.

Dans sa route vers le pôle austral, le commandant Dumont d'Urville traversant les mers de la Chine, eut occasion d'assister à la pêche des Holothuries, faite par des Malais (2).

Voici comment il raconte ce qu'il a vu lui-même :

« Nous voyons entrer dans la baie quatre *praos malais* portant les couleurs de la Hollande, qui viennent laisser tomber leurs ancres à une encâblure de l'îlot de l'Observatoire.

« Les patrons de ces embarcations viennent aussitôt me saluer. Ils m'apprennent que, partis de Marcassar vers la fin d'octobre, lorsque la mousson d'ouest commence, ils vont pêcher les Holothuries (le Trépang) le long de la côte de la Nouvelle-Hollande, depuis l'île Melville jusqu'au golfe de Carpentarie, d'où les vents d'est les ramènent; en opérant leur retour, ils visitent de nouveau tous les points de la côte, mouillant dans les baies où ils espèrent pouvoir pêcher avec succès et compléter leur chargement.

« Nous sommes aux premiers jours d'avril, la mousson d'est est définitivement établie, les pêcheurs malais retournent dans leurs foyers, et en passant ils viennent exercer leur industrie dans la baie Raffes. Une heure après leur arrivée, ils sont tous à l'ouvrage, le laboratoire pour la préparation de leur pêche est établi près de nos observatoires. La rade n'a plus le triste aspect d'une vaste solitude, des tourbillons de fumée couronnent l'îlot de l'Observatoire, sur lequel se sont élevés comme par enchantement plusieurs vastes hangars ; de nombreuses embarcations garnies de plongeurs s'échelonnent dans les alentours afin de pêcher les Holothuries, qui passent immédiatement aux fourneaux pour subir la préparation qui doit assurer leur conservation...

(1) Voy. plus haut, p. 398.
(2) Dumont d'Urville, *Voyage de l'Astrolabe et de la Zéléo*, t. VI, p. 47. Paris, 1844.

« Souvent dans mes courses j'avais remarqué, sur plusieurs points, de petits murs construits en pierres sèches et affectant la forme de plusieurs demi-cercles accolés les uns aux autres.

« Vainement j'avais cherché à me rendre compte de l'usage auquel étaient destinées ces petites constructions, lorsque les pêcheurs malais arrivèrent. A peine leurs bateaux étaient-ils ancrés, qu'ils se hâtèrent de descendre dans l'île plusieurs grandes chaudières en fonte, affectant la forme d'une demi-sphère dont le diamètre atteignait souvent la longueur d'un mètre ; ils les placèrent sur les petits murs en pierre dont j'ai parlé et qui leur servent de foyers. Près de ces fourneaux improvisés, ils élevèrent ensuite des hangars en bambous, composés de quatre forts piquets fichés en terre, supportant une toiture qui recouvrait les claies destinées probablement à faire sécher le poisson lorsque le temps est à l'orage. Pendant leur séjour sur cette rade, ces pêcheurs, servis par un temps favorable, ne firent aucun usage de ces hangars qu'ils avaient mis en état, je présume, par mesure de précaution.

« Cette foule d'hommes, travaillant avec activité à établir leurs laboratoires, avait donné à cette partie de la baie un aspect inaccoutumé qui ne pouvait tarder d'attirer vers ce point les sauvages habitants de la Grande-Terre. Bientôt en effet ils accoururent de tous côtés, presque tous atteignirent la petite île soit à la nage, soit en traversant à gué la nappe d'eau peu profonde qui la sépare de la Grande-Terre.

« Je n'aperçus qu'une seule pirogue en écorce d'arbre mal assemblée et qui avait donné passage à trois de ces visiteurs.

« Lorsque la nuit arriva, les Malais avaient terminé tous leurs apprêts; quelques-uns d'entre eux seulement restèrent à la garde des objets déposés à terre, tous les autres regagnèrent leur bateau...

« Sur ces entrefaites, un canot de l'*Astrolabe* étant venu porter quelques visiteurs sur l'île, j'en profitai pour aller en compagnie de M. Rocquemaurel visiter un des *praos* les plus proches où nous fûmes reçus avec politesse et même avec cordialité par le patron ou le capitaine du bateau ; il nous fit parcourir son petit navire, dont nous pûmes examiner tous les détails.

« La carène nous parut solidement établie, les formes mêmes ne manquaient pas d'élégance, mais le plus grand désordre semblait régner dans l'arrimage ; au-dessus d'une espèce de pont formé par des bambous et des claies en

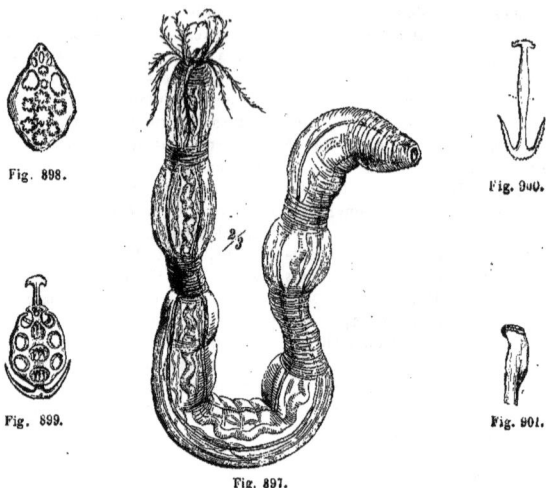

Fig. 897.

Fig. 898.

Fig. 899.

Fig. 900.

Fig. 901.

Fig. 897 à 901. — Synapte adhérente (p. 548).

Fig. 897. Synapte. — Fig. 898 et 899. Bouclier qui reçoit une crête que présente la tige du hameçon au voisinage de la tête. — Fig. 900. Hameçon. — Fig. 901. Concrétion des muscles (d'après M. de Quatrefages).

jonc, on voyait au milieu des cabines, ressemblant à des cages à Poules, une infinité de paquets, des sacs de riz, des coffres, etc... En dessous se trouvaient la cale à eau, la soute de Trépang et le logement des matelots.

« Chacun de ces bateaux est muni de deux gouvernails (un de chaque côté) qui se soulèvent à volonté lorsque le bateau touche le fond. Ces navires vont ordinairement à la voile ; ils sont munis de deux mâts sans haubans qui peuvent à volonté se rabattre sur le pont au moyen d'une charnière. Leurs ancres sont toutes en bois, car le fer n'entre que bien rarement dans les constructions Malaises.

« Leurs câbles sont en Rotin ou en Gomoton.

« L'équipage se compose de trente-sept hommes environ. Le nombre des embarcations est de six pour chaque bateau. Au moment de nos visites, elles étaient toutes occupées à la pêche, et quelques-unes étaient mouillées à petite distance de nous.

« Sept à huit hommes à peu près nus, plongeaient pour aller chercher le Trépang au fond de l'eau. Le patron de l'embarcation seul se tenait debout et ne plongeait pas. Un soleil ardent dardait ses rayons sur leurs têtes sans les

Brehm.

incommoder ; il n'y a pas d'Européen qui puisse tenir plus d'un mois à faire un pareil métier.

« Il était près de midi, et notre capitaine Malais nous assurait que c'était le moment le plus favorable pour la pêche. Nous apercevions en effet facilement chacun des plongeurs, revenant chaque fois à la surface de l'eau, en tenant au moins un Trépang et souvent deux à chaque main.

« Il parait que plus le soleil est élevé au-dessus de l'horizon, mieux ils peuvent distinguer leur proie et la saisir facilement. Les plongeurs paraissaient à peine à la surface pour rejeter dans le canot les Trépang qu'ils avaient saisis et ils replongeaient immédiatement. Lorsque ces embarcations étaient suffisamment chargées, elles étaient remplacées par des canots vides et conduites à la plage de l'île. Je suivis l'une d'elles pour assister à la cuisson du Trépang qu'elle apportait.

« Le Trépang, ou Holothurie de la baie Rafles, avait à peu près cinq à six pouces de long sur deux pouces de diamètre. C'est une grosse masse charnue affectant la forme d'un cylindre et dans laquelle on ne distingue à l'extérieur aucun organe.

« Cet animal se colle sur le fond de la mer, et comme il n'est susceptible de prendre qu'un mouvement très lent, les Malais le saisissent facilement ; le premier mérite du bon pêcheur est de savoir parfaitement plonger et d'avoir un œil exercé, pour le distinguer sur le fond de l'eau.

« Pour le conserver, les pêcheurs le jettent encore vivant dans une chaudière d'eau de mer bouillante, où ils le remuent constamment au moyen d'une longue perche de bois qu'ils appuient sur une fourche fichée en terre afin de faire levier. Le Trépang rend en abondance l'eau qu'il contient ; au bout de deux minutes environ, on le retire de la chaudière.

« Un homme armé d'un long couteau, l'ouvre pour en extraire les intestins, puis il le rejette dans une seconde chaudière, où on le chauffe de nouveau avec une très petite quantité d'eau et de l'écorce de Mimosa. Il se forme dans la deuxième chaudière de la fumée en abondance produite par l'écorce qui se consume. Le but de cette dernière opération semble devoir être de fumer l'animal afin d'assurer sa conservation. Enfin, en sortant de là, le Trépang est placé sur des claies et exposé au soleil afin de se sécher.

« Il ne reste plus ensuite qu'à l'embarquer. Il était deux heures de l'après-midi lorsque les plongeurs cessèrent de pêcher, et vinrent à terre ; bientôt ma tente en fut entourée.

« Au milieu d'eux, je pus reconnaître le capitaine du prao que j'avais visité dans la journée ; il s'approcha de moi et examina avec beaucoup d'attention tous les instruments de physique qui se trouvaient à l'Observatoire, et dont il cherchait à comprendre l'usage. Un fusil à piston qui se trouvait à mes côtés le surprit extrêmement, surtout lorsque je lui démontrai par l'expérience combien son mécanisme était supérieur à celui des fusils à pierre. Il m'assura que ces armes n'étaient point encore connues sur l'île Célèbes, sa patrie, mais il ne parvint pas à me convaincre, puis ensuite il me questionnait sur les points que nous avions déjà visités et sur ceux où nous devions aller. Je me hasardai à lui tracer sur une feuille de papier un croquis de la carte de la Nouvelle-Hollande, de la Nouvelle-Zélande et de la Nouvelle-Guinée.

« Aussitôt il me prit le crayon des mains et y ajouta tout l'archipel de l'Inde, la côte de la Chine, celle du Japon, sans oublier les Philippines.

« Surpris, je lui demandai à mon tour s'il avait visité tous ces lieux ; il me répondit négativement, mais en même temps il ajouta qu'il connaissait parfaitement la position de toutes ces terres, et qu'il y conduirait facilement son bateau. Enfin il termina en me demandant un verre d'Arack. J'ignore si ce brave Malais professait la religion mahométane, mais ce que je puis assurer, c'est qu'il but une demi-bouteille de vin et un quart de litre d'Arack sans paraître en être incommodé le moins du monde.

« Il m'offrit ensuite un Trépang préparé en m'engageant à y goûter. Je trouvai à cet animal préparé un goût se rapprochant beaucoup de celui du Homard : mes hommes le trouvèrent fort bon, et ils acceptèrent avec reconnaissance l'offre du capitaine. Pour moi, j'éprouvai une répugnance invincible même à le goûter.

« Le Trépang se vend sur les marchés de Chine ; d'après les renseignements qu'a pu nous donner notre capitaine malais, le prix de cette denrée serait quinze roupies (trente-deux francs environ) le pikoul ou les cent vingt-cinq livres. Il estimait son chargement à environ trois mille francs ; il lui suffit de trois mois pour le faire. De tout temps les pêcheurs malais ont exploité exclusivement ce commerce, et il sera toujours difficile aux Européens d'élever à cet égard une concurrence à cause de l'économie que les Malais peuvent apporter dans leurs armements, grâce à la sobriété excessive de ces hommes, qui ne manquent ni d'intelligence ni d'activité.

« Il était près de quatre heures lorsque les Malais terminèrent leurs opérations. En moins d'une demi-heure ils eurent embarqué leur récolte, les hangars furent démontés et rapportés, ainsi que les chaudières, sur les bateaux qui se préparèrent à appareiller ; à huit heures du soir ils avaient hissé leurs voiles et ils sortaient de la baie. »

« Sous le nom de *Trépang*, de *Biche-de-Mer*, de *Balate*, les Holothuries, diversement préparées sont expédiées vers la Chine où elles acquièrent parfois un prix élevé. Les capitaines de petits bâtiments, qui jaugent rarement plus de 100 à 120 tonnes, les achètent aux indigènes des Moluques, des Philippines, de la Nouvelle-Guinée, et surtout des îles du Pacifique, moyennant toutes sortes d'articles d'échange, puis ils les revendent en général directement aux Chinois qui résident dans l'un des entrepôts de commerce, tels que Singapoor, Batavia ou Manille. Naturellement le résultat de leur spéculation dépend, en partie, du prix de l'offre dans ces parages, mais il varie, en partie aussi, suivant la qualité de l'espèce et son mode de préparation.

« Les espèces les plus habituelles (*Holothuria atra*, Jäger, *H. impatiens* Forsk., *H. vagabunda* Sel.) se payent ordinairement, à Manille, de 6 à 8, et souvent seulement de 3 à 4 dollars, le picul ; tandis que les espèces des genres *Stichopus* et *Bohadschia*, dans un marché favorable, coûtent souvent plus de 40 dollars le picul.

« Les diverses sortes, qu'on distingue dans le commerce, sont assez nombreuses. Leurs noms varient, suivant les dialectes des villes Chinoises où elles se trouvent importées, de sorte que les désignations usuelles pour les Chinois qui résident à Manille diffèrent complètement de celles qu'on emploie à Singapore ou à Batavia.

« Le mode de préparation semble aussi différer suivant les localités. Dans les îles Palau, les plus occidentales des Carolines, j'ai pu étudier pendant des mois la capture et la préparation de ces animaux. La plupart des espèces du genre *Holothuria* sont entassées dans des jattes en fer dont le diamètre atteint jusqu'à 3 pieds et dans lesquelles ces animaux sont agglomérés en masses légèrement proéminentes. On recouvre les Holothuries de feuilles très larges du *Caladium esculentum* et on les soumet à une véritable coction, puis on les fait cuire à l'étuvée en y ajoutant constamment de très petites quantités d'eau douce. Elles se recroquevillent alors et une Holothurie qui mesurait un pied de long, au moment où on l'a capturée, se raccourcit au point de mesurer seulement quelques pouces de long. Après la première cuisson, on les sèche au soleil sur des cadres en bois exposés à l'air libre; ensuite on les soumet deux ou trois fois alternativement à l'étuvée et au séchage. C'est alors que les marchands les vendent au poids. Souvent il faut les soumettre encore à une coction et à un séchage au soleil. Lorsqu'elles sont enfin suffisamment desséchées et débarrassées du sel marin, on les étale en couches minces, dans des canots, sur des claies construites spécialement dans ce but, et on leur fait subir pendant des mois, l'influence de la fumée et de la chaleur du feu. C'est seulement très peu de temps avant de se mettre en route, qu'on les emballe dans des sacs et qu'on les porte à bord, de façon à les exposer le moins possible à l'influence de l'atmosphère humide qui règne dans les diverses pièces des bateau.

« C'est au moment même de l'achat, qu'on opère le triage des différentes sortes ; mélangées elles ne se payent jamais aussi cher que les diverses sortes triées. Les espèces du genre *Stichopus*, doivent être maniées avec un soin spécial. Leur première cuisson s'opère dans l'eau de mer, car au contact de l'air, elles tomberaient immédiatement en déliquescence.

« A la cuisson dans l'eau de mer, succède une cuisson dans l'eau douce, puis les étuvées et les séchages alternatifs. On ne fait cuire, pour la préparation du Trépang, que les Aspidochirotes, c'est-à-dire les Holothuries dont les tentacules sont foliiformes et scutiformes; celles-là seulement possèdent, en proportion suffisante pour la préparation de cet aliment, les éléments réellement nutritifs auxquels les Chinois attribuent des propriétés très excitantes.

« Lorsqu'on veut les manger, on commence par dépouiller la superficie des impuretés qui y adhèrent; on gratte la couche supérieure qui renferme des matières calcaires, et on ramollit l'animal en le plongeant dans l'eau douce, pendant l'espace de vingt-quatre à quarante-huit heures. Ces Holothuries se gonflent alors, et prennent une teinte gris sale. Après qu'on les a lavés plusieurs fois et qu'on a rejeté avec soin les viscères et toutes les molécules de sable qui les souillaient, on découpe leur peau gonflée, en petits morceaux qu'on avale dans des soupes fortement épicées ou avec divers autres mets. Pas plus que les nids d'Hirondelles ces préparations n'ont une saveur spéciale ; ce sont des masses gélatineuses, molles et d'apparence laiteuse, dont les Européens font usage uniquement parce qu'elles se digèrent aisément et que les Chinois luxurieux les emploient en raison des propriétés excitantes qu'on leur a assignées. » (O. Schmidt.)

LES APNEUMONÉS — *APNEUMONA* Brandt.

Caractères. — Avec Claus, nous caractérisons cette division des Holothuries : animaux hermaphrodites, dépourvus de poumons et munis d'organes ciliés en forme d'entonnoir, et de tentacules simples pennés ou digités.

LES SYNAPTIDÉS — *SYNAPTIDÆ* Mntg.

Caractères. — Les Synaptidés, portent des tentacules digités ou pinnés, sans vaisseaux radiaires, le corps est allongé, vermiforme, à peau mince garnie de bandelettes opaques, pourvues de productions dermiques calcaires, en forme de petits hameçons.

Certaines espèces de Synaptidés des mers méridionales, atteignent de telles dimensions que les insulaires les désignent sous la dénomination « de serpents de mer. » Auprès de l'île Bohol, Semper a vu des spécimens de *Synapta Bosselii* dépassant 2 mètres de longueur.

Mœurs, habitudes, régime. — Comme plusieurs autres Holothuries, les Synaptidés ont la singulière propriété de se diviser spontanément en diverses portions ; Baüer qui a étudié ce phénomène, le décrit de la façon suivante :

« La mutilation propre aux Synaptes consiste dans l'étranglement et la séparation d'une portion plus ou moins grande du tronc qui s'isole de la partie antérieure, munie de la bouche et des tentacules, sous l'action d'une contraction musculaire violente. Les fragments du tronc détachés continuent à se nourrir quelque temps ; mais il n'est pas probable qu'ils restent susceptibles d'une vitalité persistante, car d'une part ils ne sauraient s'alimenter sans bouche, et d'autre part, rien ne plaide en faveur de la reproduction d'une tête sur ces fragments. Un fragment du tronc, sans extrémité céphalique, ne peut se morceler davantage. En revanche, chaque bout céphalique peut répéter la fragmentation et se raccourcir, par suite du détachement de tronçons de plus en plus petits, au point qu'il ne reste presque plus rien du tronc en arrière de l'anneau calcaire qui entoure la partie tout à fait antérieure de l'œsophage. » Baüer a fait une découverte fort intéressante en remarquant qu'on peut enlever à chaque fragment céphalique, quelque long ou quelque court qu'il soit, la faculté de se morceler, au moyen d'un coup de ciseaux qui sépare en un point déterminé cet anneau calcaire de l'orifice buccal. Ce n'est pas sur cet anneau cependant, mais sur l'anneau nerveux qui lui est adjacent et qui se trouve tranché en même temps, que repose le morcellement.

« Leurs mouvements, dit Semper, sont extrêmement lents. Ils gisent entortillés parmi les pierres ou dans le sable des récifs ; ces êtres progressent grâce aux contractions qui se propagent, le long de leur corps, d'avant en arrière, comme des ondes, ainsi qu'à l'aide de leurs tentacules buccaux. Leurs ancres, en tout cas, ne leur servent point d'organes locomoteurs. Lorsqu'ils les ont une fois implantées quelque part, ils ne peuvent se remettre en liberté qu'en perdant ces organes. Ces ancres sont d'ailleurs mobiles et prennent appui sur la voussure de la plaque calcaire ; mais elles sont dénuées de toute fibre musculaire pouvant commander leurs mouvements au gré de l'animal. Les Synaptes ne se fixent, en outre, que lorsqu'on les trouble brusquement ; lorsqu'elles progressent, elles se poussent le long des pierres et le long des plantes, sans y demeurer accrochées. Chez une espèce nouvelle, qui mesure 3 pieds et que j'ai appelée *Synapta glabra*, ces organes sont si profondément encastrés dans le tégument, lorsque l'animal progresse, que j'ai cru la peau dépourvue d'ancres, en raison de son aspect lisse et glissant, tant que je ne l'ai pas étudiée sous le microscope. » (O. Schmidt.)

SYNAPTE ADHÉRENTE. — *SYNAPTA INHÆRENS* Duvern.

Caractères. — Cette espèce est allongée, transparente, tour à tour renflée et étranglée dans sa longueur ; les tentacules buccaux sont pinnatifides à cinq divisions, sans verrues à leurs bases (fig. 897 à 901, p. 545).

Distribution géographique. — Elle habite les mers du Nord et les côtes de Bretagne et de Normandie.

LES DIPNEUMONÉS — *DIPNEUMONA* Brandt.

Caractères. — Les Holothuries réunies dans cet ordre sont pourvues de poumons et de tubes ambulacraires, tantôt régulièrement distribués dans les aires radiales, tantôt disséminés sur toute la surface du corps. Les sexes sont séparés.

Paris, J.-B. Baillière et Fils, édit.   Imp. H. Cerf, imp.

GUCFMAIRE TONNEAU.

LES DENDROCHIROTES — *DENDRO-CHIROTÆ* Brandt.

Caractères. — Les Dendrochirotes ont des tentacules ramifiés, arborescents, l'œsophage est muni de muscles rétracteurs, le poumon gauche n'est pas entouré de vaisseaux, les glandes reproductrices forment deux groupes, un de chaque côté du mésentère.

CUCUMAIRE-TONNEAU. — *CUCUMARIA DOLIOLUM* Grube.

Caractères. — Le corps est cylindrique, sub-pentagone, ovale ou oblong, les pieds tentaculaires sont longs, disposés en cinq séries longitudinales, les tentacules sont ramifiés et pinnés ; la peau épaisse, dure, est farcie de corpuscules calcaires profondément incrustés (Pl. XIV).

Distribution géographique.—Le Cucumaire-Tonneau habite la Méditerranée.

Mœurs, habitudes, régime. — Cette Holothurie se distingue de ses congénères par la faculté qu'elle possède de grimper ; elle escalade des saillies de roche pointues, des groupes d'Huîtres, et surtout des Coraux arboriformes ou réticulés. Elle se sert, dans ce but, naturellement de ses pattes-ventouses qui sont particulièrement minces et allongées. Mais lorsqu'elle a atteint la place qui lui convient, elle ploie et infléchit son corps de telle sorte qu'il demeure fixé, même indépendamment des efforts des ventouses. L'attitude qu'elle adopte de préférence est telle que son corps est fixé par sa partie postérieure, la partie antérieure restant libre de s'étirer à son gré avec la couronne tentaculaire. Tandis que la plupart des autres Holothuries, en captivité du moins, gardent pendant des semaines leurs tentacules rétractés et souvent périssent sans les étendre, l'espèce en question se met à les déployer, dès le premier moment d'effroi passé, et se pare ainsi d'un ornement des plus élégants. Cette parure offre en général la même coloration que le corps et présente toutes les nuances du brun. Chaque tentacule se compose d'un tronc principal, qui s'amincit graduellement jusqu'à une extrémité très effilée et qui émet, suivant une ligne d'insertion spiralée, des troncs accessoires ramifiés de même, à leur tour, en rameaux et en ramuscules de troisième et de quatrième ordre. Cette disposition donne à la couronne de tentacules déployée un aspect des plus attrayants.

On est surpris d'observer que parmi les dix tentacules, huit seulement offrent la même longueur et présentent le développement que nous venons de décrire. Deux tentacules adjacents restent beaucoup plus courts, et ressemblent, lorsqu'ils sont complètement déployés, à un plumeau ou à un écouvillon. En observant un spécimen quelques minutes, on voit bientôt que ces tentacules disparates servent à des usages différents. Suivant un ordre à peu près symétrique, mais qui n'est soumis cependant à aucune loi stricte, chacun des tentacules se rétracte, se ploie et s'enfonce jusqu'à la racine dans la bouche largement ouverte ; mais lorsqu'il ressort, il est ordinairement recouvert par l'un des deux écouvillons et pressé contre la lèvre buccale de telle sorte qu'on croirait qu'il doit être nettoyé complètement. Comme jamais on n'a vu ces Cucumaires prendre des aliments volumineux et qu'on les voit demeurer pendant des mois à la place qu'ils ont adoptée ou qu'ils ont escaladée, on ne peut mettre en doute le rôle des tentacules qui s'invaginent pour que l'animal puisse lécher sa nourriture ; c'est par ce procédé original, déjà observé chez d'autres Holothuries, que cette espèce parvient à saisir ses aliments microscopiques. (O. Schmidt.)

LES ASPIDOCHIROTES — *ASPIDOCHIROTÆ* Brandt.

Caractères. — Les caractères de cette famille consistent dans des tentacules petits possédant des ampoules faisant librement saillie dans la cavité viscérale ; l'anneau calcaire est composé de cinq grandes plaques radiales, et de cinq plus petites intermédiaires.

HOLOTHURIE TUBULEUSE. — *HOLOTHURIA TUBULOSA* Gmel.

Caractères. — Cette espèce présente un corps cylindrique, arrondi vers les extrémités ; les pieds tentaculaires sont épars et en plus grand nombre sur la face ventrale, ceux du dos forment des papilles coniques, les tentacules au nombre de vingt sont courts, pelletés, rameux à leur extrémité et disposés en double série alternante (fig. 902).

Distribution géographique. — Elle vit dans la Méditerranée, c'est l'une des espèces les plus communes du genre.

Mœurs, habitudes, régime. — L'Holothurie tubuleuse se tient aussi bien à de grandes profonoeurs qu'au voisinage des rives dans les endroits peu profonds. Elle peut être mise à découvert par la marée, pendant des heures, sans en souffrir ; elle a soin seulement, comme font toutes les Holothuries lorsqu'elles subissent le moindre trouble, de rétracter ses tentacules. Son tégument coriace, brunâtre, rougeâtre ou noirâtre, la protège contre le dessèchement, et l'on voit alors ces animaux reposer sur le sable

Fig. 9ὐ2. — Holothurie tubuleuse.

ou entre les pierres sans donner signe de vie. Si nous voulons contempler leurs mouvements lents et paresseux, nous devrons examiner les spécimens que recouvre l'eau. Nous verrons alors leur extrémité antérieure se dévaginer peu à peu, puis, à l'aide, paraît-il, des tentacules pédiculés dont la partie supérieure a la forme d'une feuille ou d'un écusson, la bouche engloutit sans triage, la vase, des graviers, des fragments de coquillages, avec d'autres objets analogues, et à l'occasion aussi quelques particules digestibles qu'elle transmet au long intestin de l'animal. L'animal se contracte convulsivement et vomit ses propres viscères. Quiconque en a fait une fois l'expérience et s'est vu souiller par le contenu visqueux et tenace d'une grosse Holothurie, les manie dès lors avec précaution. (O. Schmidt.)

STICHOPUS VARIÉ. — *STICHOPUS VARIEGATUS* Slk.

Caractères. — Ce Stichopus, comme toutes les autres espèces du genre, a le corps prismatique, à vingt ou dix-huit tentacules ; les tubes ambulacraires sont disposés sur des tubercules, disposés sur trois rangées longitudinales, à la face ventrale, aplatie.

Distribution géographique. — Cette espèce habite les Philippines.

Mœurs, habitudes, régime. — Semper a fourni sur le mode d'existence et l'usage de plusieurs espèces de Stichopus des données in-téressantes que nous empruntons à son voyage à l'archipel des Philippines.

« Lorsqu'on expose à l'air les espèces du genre Stichopus, ces animaux se réduisent, au bout de quelques minutes, en un mucus amorphe.

En raison de cette propriété, qui rend leur récolte si difficile, les Malais les désignent sous se nom d'*Hanginan*, qui signifie : « Holothuries se dissipant au vent. »

« Cette particularité constitue pour les habitants des îles une très grosse difficulté lorsqu'il s'agit de la préparation de ces animaux pour le commerce ; aussi les prix élevés qu'atteint, dans le commerce de la Chine, le *Trépang*, obtenu à l'aide de certains *Stichopus*, n'encourage que modérément les Malais à sortir de leur indolence pour s'adonner aux labeurs pénibles de la capture et de la préparation de ces animaux qui vivent généralement dans les eaux profondes. »

Emploi, usage. — Pour les préserver de la décomposition, il faut maintenir sous la surface de la mer les grandes jattes en fer dans lesquelles ils doivent être cuits ; de telle sorte que les Holothuries se trouvent placées dans le récipient où elles seront cuites, sans être sorties de l'eau un instant ; elles subissent en quelque sorte ainsi leur première cuisson dans l'eau de mer.

STICHOPUS NASO. — *STICHOPUS NASO* Simp.

Caractères. — « L'espèce appelée *Stichopus Naso* se distingue par une musculature très forte qui lui donne une souplesse et une mobilité exceptionnelle chez les Holothuries. En l'irritant avec des aiguilles, on voit l'animal se tortiller vigoureusement de çà et de là, absolument à la façon des Vers ; dans ses efforts il se dégage peu à peu de son épais tégument, et au bout de quelques minutes il a pris une forme sacculaire et 'est débarrassé entièrement de sa peau. Les viscères sont demeurés intacts ; les espèces appartenant à ce genre ne vomissent pas leur tube intestinal à la moindre occasion. »

Une espèce gigantesque, voisine de celle-ci, atteint près de 1 mètre de long sur 20 centimètres d'épaisseur.

Distribution géographique. — Les dragages dans les grandes profondeurs ont fourni un nombre considérable d'Holothuries, dont les types diffèrent de ceux jusqu'ici connus. Hyalmar Theel dans son grand travail sur les espèces recueillies par le *Challenger*, en décrit un certain nombre pour lesquelles il a créé l'ordre des Elasipodés qui paraît devoir être rangé dans le voisinage des Aspidochirotes, par conséquent dans les Dipneumones.

LES ÉLASIPODES — *ELASIPODA* Theel.

Caractères. — Les animaux de cet ordre, d'après Theel, sont caractérisés par un corps plus ou moins symétrique ; les ambulacres latéraux de la face ventrale sont disposés sur une seule rangée, rarement deux ; la face dorsale porte des appendices très longs, coniques et non rétractiles.

LES PSYCHROPOTIDÉS — *PSYCHRO-POTIDÆ* Theel.

Caractères. — Les types de cette famille ont le corps plus ou moins allongé, subcylindrique ou vermiforme ; la bouche est complètement ventrale et très éloignée de l'extrémité antérieure du corps, celle-ci terminée par une expansion longue et large ; l'aspect général simule une gigantesque Planaire.

Les anneaux calcaires sont incomplètement développés.

PSYCHROPOTE A LONGUE QUEUE. — *PSYCHRO-POTES LONGICAUDA* Theel.

Caractères. — Le corps de cette espèce décroît graduellement d'avant en arrière ; la bouche et l'anus sont situés sur la face ventrale, à une grande distance des extrémités. Les tentacules sont au nombre de sept ou huit ; sur la face dorsale, on remarque un nombre plus ou moins grand de petites élévations, le corps est terminé par un long appendice.

Distribution géographique. — Cette espèce a été draguée, le 3 mars 1874, par 33° 55' de latitude Sud, à une profondeur de 3,549 mètres.

LES TETRAPNEUMONÉS — *TETRAPNEUMONA* Schmard.

Caractères. — Les types de cette classe ont pour caractères une bouche et un anus, au centre de l'un des pôles ; les vaisseaux radiaires qui s'étendent jusqu'au pôle opposé, appartiennent à la moitié de l'œsophage, l'autre moitié au rectum ; les rayons sont disposés symétriquement par rapport à un plan passant par la bouche et l'anus (Claus).

LES DIPLOSTOMIDÉS — *DIPLOSTO-MIDÆ* Simp.

Caractères. — Animaux à corps globuleux prolongés en un pédoncule renfermant l'œsophage et le rectum. La bouche est entourée de dix tentacules, l'anus de dix papilles radiales et de cinq tubercules interradiaires ; dans chacun des dix ambulacres, se trouve une double rangée de pieds ambulacraires et au commencement du rectum quatre poumons. L'œsophage et le rectum sont entourés chacun d'un anneau calcaire (Claus).

RHOPALODINE GOURDE. — *RHOPALODINA LAGE-NIFORMIS* Gray.

Caractères. — Cette espèce a le corps en forme de massue, rigide, couvert de plaques calcaires ayant l'apparence d'écailles rugueuses. Les écailles de la partie inférieure du corps sont larges, celles de la partie étroite sont petites et bien plus visibles autour de l'ouverture buccale. La moitié inférieure du corps est garnie d'ambulacres, chacun formé par deux séries de fins tentacules supportés et défendus par des épines transparentes et rugueuses. L'ouverture supérieure est de forme circulaire.

Distribution géographique. — Cette espèce provient des côtes du Congo.

RHOPALODINE DE SAVATIER. — *RHOPALODINA SAVATIERI* Rochbr.

Nous avons publié une seconde espèce sous le nom de *Rhopalodina Savatieri* (1), la dédiant à notre affectueux confrère le Dr Savatier, médecin en chef de la marine, à l'obligeance duquel nous devons de la connaître.

Ce type remarquable, qui faisait partie des collections du Dr Carpentin, médecin principal de la marine, mort récemment à Gorée, avait été communiqué au Dr Savatier pour nous être transmis. Nous ignorons où il se trouve maintenant. Il présente une grande analogie avec

(1) De Rochebrune, *Annales Acad. Scienc. nat.* La Rochelle, 1883

un type inédit des collections du Muséum, découvert au Gabon, par M. le commandant Heurtel. Il provenait de l'embouchure de Casamance.

Au moment où nous terminons ce chapitre, (septembre 1883), le *Talisman* rentre de sa campagne de dragages apportant à son bord des richesses au nombre desquelles se trouvent une quantité considérable d'Holothuries, la plupart nouvelles pour la science.

Bientôt M. le professeur Perrier les fera connaître, et l'on peut affirmer d'avance qu'elles confirmeront de plus en plus les belles théories qu'il a développées sur les Échinodermes, et que nous avons résumées dans les pages précédentes.

FIN DES ÉCHINODERMES.

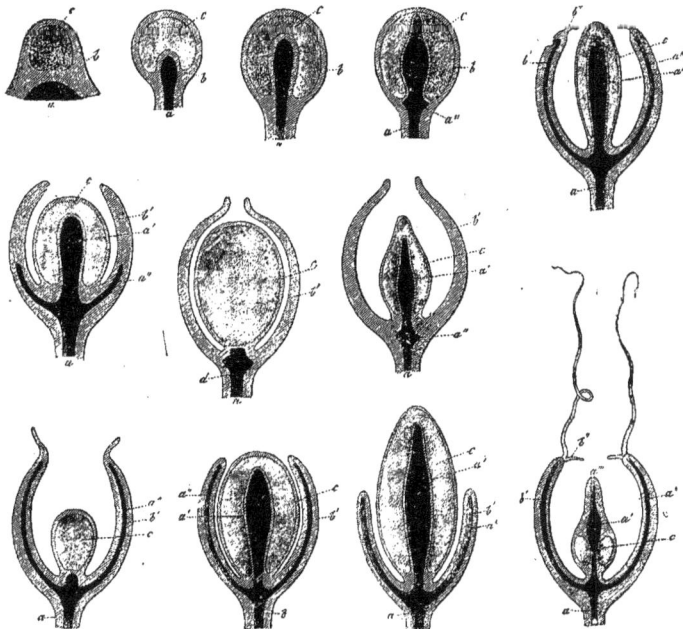

Fig. 903 à 914. — Figures schématiques montrant la morphologie des Hydroïdes et des Acalèphes en général (*).

LES ACALÈPHES

CARACTÈRES GÉNÉRAUX

Sous le nom d'*Acalèphes*, nous désignons avec M. le professeur Perrier tout un embranchement du règne animal généralement désigné sous l'appellation de *Cœlentérés*.

Le mot *Cœlentéré* veut dire animal dont la cavité digestive et la cavité générale ne sont qu'une seule et même chose (1). Or les Polypes hydraires, les Coralliaires, compris dans cet embranchement, ont chacun une cavité viscérale, il est vrai, mais ne peuvent en aucune façon être mis en paral-

(1) De κοῖλος, creux et ἔντερα, viscères.

BREHM.

ièle. Chez les Hydres et les Méduses, il n'y a pas à proprement parler de cavité générale, et la cavité digestive ne saurait par conséquent se confondre avec elle. Ni les uns ni les autres ne sont donc des Cœlentérés dans le sens strict du mot.

Le nom d'*Acalèphes* (2), au contraire, pris d'abord par erreur pour un certain groupe d'animaux, peut être appliqué à tous, car ils possèdent une propriété remarquable, celle d'être urticants, propriété dépendant de la présence d'organes particuliers constants chez tous les types, les Nématocystes, que nous étudierons plus loin.

Ceci posé, examinons les caractères propres à tous les Acalèphes.

STRUCTURE.

Les Acalèphes ont une structure présentant en général une symétrie rayonnée, bien que certains groupes semblent conduire par des passages à la symétrie bilatérale.

Le nombre fondamental des organes équivalents disposés autour de l'axe du corps est ordinairement six ou quatre et atteint souvent un chiffre plus considérable, mais toujours multiple de ces deux nombres.

Téguments. — Les téguments se composent de deux couches, l'endoderme et l'exoderme ; entre ces deux couches on rencontre souvent des formations cuticulaires, des pièces squelettiques de consistance gélatineuse, cornée ou calcaire, formations constituées essentiellement pour un tissu de substance conjonctive.

Chez un certain nombre, des cellules contractiles dont une partie est ciliée, constituent le parenchyme du corps.

Une modification particulière à tous les Acalèphes, caractérisant leurs éléments épithéliaux, est la présence d'organes spéciaux et d'un intérêt majeur.

Nématocystes. — La couche de cellules jouant le rôle d'épiderme, et presque toutes couvertes de cils vibratiles, produit certains organes particuliers provoquant sur la peau qui vient à les toucher une vive sensation de brûlure. Ces organes urticants portent le nom de *Nématocystes* (fig. 915).

Ces capsules renferment, indépendamment d'un liquide particulier, un filament élastique enroulé en spirale, armé à sa pointe ou sur son étendue d'épines lui donnant l'aspect d'une petite flèche barbelée, se projetant en dehors et devenant rigide aussitôt que la capsule a subi le moindre contact. Tantôt cette arme se fixe sur l'objet qui vient à la toucher, en même temps qu'une certaine quantité du liquide contenu dans la capsule pénètre dans la plaie ; tantôt elle se borne à adhérer fortement

(1) De ἀχαλήφη, ortie.

au corps étranger sans qu'aucune goutte du liquide puisse y être introduite (Claus).

Les Nématocystes se rencontrent sur toutes les parties de l'animal, mais ils se localisent sur les

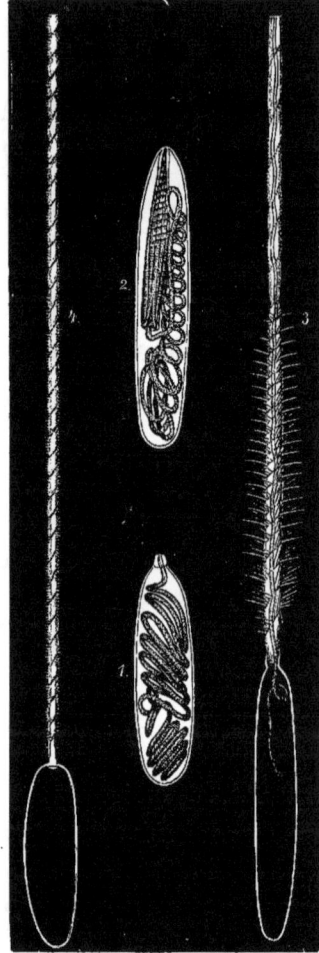

Fig. 915. — Nématocystes.

tubercules et les filaments pêcheurs ayant pour fonction de capturer la proie et, avec l'aide de ces armes insidieuses, d'immobiliser la proie souvent de taille considérable à laquelle ne craignent pas de s'adresser ces animaux pourvus d'engins aussi meurtriers.

SQUELETTE.

Nous avons vu qu'un résultat des sécrétions des téguments donnait lieu, à l'intérieur du corps, à des formations de matières solides.

C'est ainsi que chez un grand nombre de Polypes hydraires, une sécrétion produit des tests recouvrant une plus plus ou moins grande partie du corps (Gegenbaur).

Chez certains Alcyonaires, une formation squelettique est mieux réalisée par des dépôts de sels disséminés dans les tissus, sortes de spicules de formes diverses toujours situés dans les parties du parenchyme formées de tissu connectif.

Dans plusieurs groupes, ces spicules sont soudés entre eux par une substance organique, soit durcie

Fig. 916.   Fig. 917.

Fig. 916-917. — Spicules du Corail, 1/500 (d'après Lacaze Duthiers) (*).

comme chez le Corail par exemple (fig. 916-917), ou calcaire comme chez un grand nombre d'autres types.

Quand la substance organique est cornée et qu'elle domine, les spicules ne sont pas visibles et le squelette de l'axe est tout entier corné. Ces squelettes sont circonscrits, tantôt au tronc principal de la colonie, tantôt à la souche, souvent aussi à toutes les ramifications.

Les sécrétions cartilagineuses se rencontrent chez les Méduses où elles constituent l'anneau du disque.

Enfin une formation squelettique des plus singulières est celle que l'on a considérée à tort comme le représentant d'une coquille, chez les Velelles et les Porpites, et qui n'est autre qu'un organe de sécrétion correspondant aux réservoirs à air du groupe des Syphonophores entre autres, que nous étudierons à leur place (Gegenbaur.)

SYSTÈME MUSCULAIRE.

Chez les Acalèphes les plus simples, les fibres musculaires forment une couche mince située au-dessous de la couche superficielle de l'épithélium du corps.

(*) a, le même que b, vu un peu de côté

Dans les autres groupes, le système musculaire paraît composé de couches longitudinales et annulaires de fibres musculaires.

En général, les éléments contractiles du corps consistent selon Balfour en processus filiformes de cellules épithéliales de l'ectoderme ou de l'endoderme. Ces éléments découverts par Kleinenberg portent le nom de cellules myo-épithéliales.

SYSTÈME NERVEUX.

L'existence d'un système nerveux ne nous paraît pas entièrement démontrée chez la majeure partie des Acalèphes. Fritz Müller le premier en a découvert des traces dans un petit nombre, il consiste en un cordon qui accompagne le canal circulaire de certaines Hydroïdes, et forme à la base

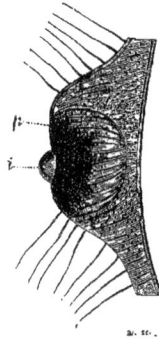

Fig. 918. — Œil de la *Lizzia Kollikeri*, vu de côté (*).

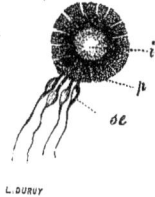

Fig. 919. — Structure d'un des yeux de la *Lizzia Kollikeri* (**).

des tentacules et, entre ces derniers, des renflements d'où partent des filaments ténus. Suivant Heckel, il n'y aurait pas de doute à avoir relativement à la fonction d'innervation de ce cordon, d'autant plus qu'il affirme avoir constaté sur les renflements précédemment indiqués, des corpuscules marginaux considérés comme organes des sens.

Ces corpuscules marginaux consistent en vésicules, ou en simples taches pigmentaires surmontées de corps réfractant la lumière, désignés sous le nom de taches oculaires.

Hertwig, qui a étudié avec soin ces taches, a démontré qu'elles étaient composées d'une couche superficielle ou protectrice, d'une couche moyenne ou couche choroïdienne, d'une couche profonde, rétine, et enfin d'un cristallin.

(*) i, cristallin. — p, tunique pigmentaire (d'après O. et R. Hertwig).
(**) i, cristallin. — p, tunique pigmentaire. — se, bâtonnets rétiniens (d'après O. et R. Hertwig).

Le cristallin offre l'aspect d'une sphérule opaline dans laquelle on reconnaît à l'aide d'un fort grossissement des stries curvilignes. Un filet nerveux vient s'épanouir à la base de l'appareil (J. Chatin) (fig. 918-919).

Les vésicules présentent plusieurs concrétions et sont regardées comme des organes de l'audition.

Ces concrétions ou otocystes offrent de grandes différences dans leur nombre, leur répartition et leurs rapports : tantôt pédicellées elles s'élèvent comme de petites masses à la surface de l'épithélium, un mamelon les supporte et elles sont entourées de poils rigides.

Les Otolithes varient souvent de forme quoiqu'elles affectent de préférence une disposition

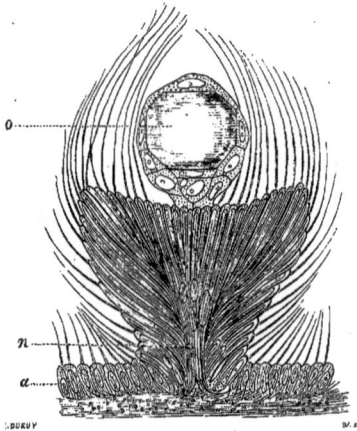

Fig. 920. — Otocyste de *Cunina del sol maris* (*).

sphérique ; à la base s'épanouit un rameau nerveux (fig. 922).

D'autres organes diversement distribués semblent une dépendance du système nerveux, mais jusqu'ici leur signification physiologique n'a pu être complètement définie.

(*) a, couche épithéliale. — o, otolithe unique et remplissant presque complètement la cavité de l'otocyste que bordent de larges cellules nuclées. — n, rameau nerveux gagnant l'otocyste (d'après O. et R. Hertwig).

SYSTÈME DIGESTIF.

Le système digestif, pris dans son acception la plus simple, représente un sac creux, cylindrique ou conique, fixé par l'extrémité postérieure de son axe longitudinal, et possédant à l'extrémité libre opposée une vaste ouverture, la bouche ; cette ouverture est entourée d'une ou plusieurs couronnes de tentacules et donne entrée soit dans une cavité cylindrique simple, parfois aussi par l'intermédiaire d'un tube court, dans une cavité plus compliquée et pourvue de poches périphériques, communiquant par des pores avec un système de canaux situés dans la paroi du corps. (Claus).

On admet généralement chez les Coralliaires, qu'il existe une distinction entre la cavité digestive et la cavité générale. Dans plusieurs groupes la séparation de la cavité digestive et d'espaces vésiculiformes servant à la circulation commence à être indiquée (Claus).

On voit en effet un tube stomacal suspendu dans la cavité gastro-vasculaire ; dans ce cas les parois du tube ont ordinairement pour seule fonction d'introduire les aliments. Chez les Cténophores seuls elles servent à la digestion.

« La cavité centrale du corps, dit Claus, quelles que soient les modifications peu compliquées du reste qu'elle présente suivant les groupes, remplit d'une manière manifeste les fonctions d'une cavité digestive, tout en élaborant un liquide nourricier mélangé d'eau de mer qui pénètre dans les canaux périphériques et qui chemine dans leur intérieur sous l'action de cils vibratiles.

Gegenbaur serait porté à considérer comme l'analogue peut-être du foie des autres animaux, un revêtement épithélial de l'estomac de certains types, caractérisé par une coloration particulière.

D'autres organes dont on ignore également la fonction et que l'on observe chez les Actinies notamment, sont les filaments mésentériques, formant des touffes placées le long du bord libre des cloisons, qui se continuent du tube stomacal jusqu'à la paroi de la cavité centrale.

DÉVELOPPEMENT — MÉTAMORPHOSES

Le développement des Acalèphes repose, comme l'observe judicieusement Claus, sur une métamorphose plus ou moins compliquée et dont aucun des animaux jusqu'ici examinés ne nous a fourni d'exemples aussi intéressants à connaître.

En étudiant les différentes classes d'Acalèphes, nous nous arrêterons aussi longuement que possible sur ces phénomènes étranges. Ici nous résumerons en quelques mots l'ensemble de ces mêmes phénomènes.

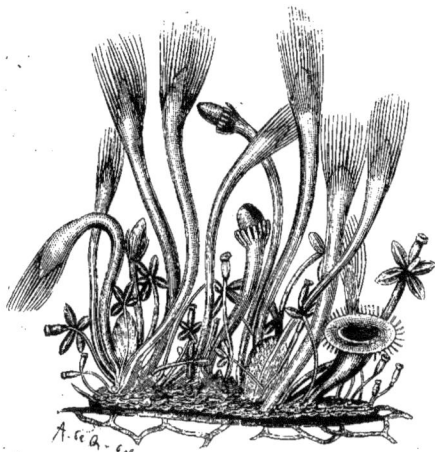

Fig. 921. — Colonie de Polypes Hydraires.

En premier lieu la reproduction asexuée, c'est-à-dire par division ou par bourgeonnement, est très répandue dans tout l'embranchement.

Presque partout aussi on observe la reproduction sexuée. En général la larve ou le jeune individu diffère toujours de l'individu sexué, et successivement on le voit passer par des états provisoires pendant lesquels il présente certains organes destinés à disparaître (Claus).

En majeure partie, ils sortent de l'œuf sous la forme d'une larve ciliée dont le corps est constitué par deux couches de cellules ; insensiblement ils acquièrent une bouche, ainsi que des organes préhenseurs, soit qu'ils soient destinés à mener une vie errante ou à rester fixés aux corps, plongés dans le liquide ambiant.

Les jeunes individus issus de parents sexués, tout en ayant la propriété de se reproduire par bourgeonnement, sont doués de la faculté remarquable de présenter les phases les plus accentuées de ce que nous avons déjà désigné sous le nom de génération alternante.

C'est aussi dans cet embranchement que nous allons voir apparaître cette association d'individus, ayant chacun une fonction spéciale et concourant chacun dans une mesure déterminée au bien-être de tous : expression la plus haute et la plus manifeste de la vie coloniale, où chaque membre de la colonie contribue à la prospérité de tous, en apportant à l'ensemble la somme de travail inhérente aux fonctions dont il est investi et sans lesquelles l'existence de l'association serait tout au moins profondément compromise (fig. 921).

DISTRIBUTION GÉOGRAPHIQUE — HABITAT

On peut dire que tous les Acalèphes sont marins, car les espèces d'eau douce sont en si petit nombre qu'elles comptent bien peu au milieu de la série si nombreuse des autres types connus.

Les étangs, les mares, les ruisseaux plus rarement, servent d'habitation aux espèces d'eau douce, où elles vivent fixées aux pierres, aux tiges des plantes, etc.

Les espèces marines se rencontrent dans tous les parages, à des profondeurs diverses, attachées aux rochers, aux Fucus, à tous les ouvrages sous-marins ; plusieurs flottent au gré des flots et beaucoup d'entre elles parcourent ainsi des espaces considérables ; c'est le propre des espèces pélagiques dont l'aire d'extension est considérable et qui la plupart peuvent être considérées comme cosmopolites.

Certaines se plaisent de préférence au voisinage des rivages, d'autres enfin et c'est le plus grand nombre, plus particulièrement propres aux régions Polynésiennes, se multiplient d'une façon prodigieuse et constituent ces immenses récifs ou ces îles si remarquables connus sous le nom d'*Attols*, que nous aurons bientôt à étudier tout particulièrement.

En résumé, les petites espèces, celles d'une contexture fragile, vivent de préférence sur les rivages ; d'autres, de taille plus élevée, descendent à un niveau inférieur ; il n'est pas jusqu'aux grandes profondeurs qui n'en possèdent quelques-unes, car tou-jours les sondages ramènent des spécimens d'un intérêt majeur.

Bien que toutes les mers possèdent des représentants de cet embranchement, certains sont localisés de préférence dans telles ou telles. Les mers chaudes en possèdent un grand nombre. L'Océan Austral, la mer des Indes, sont des plus riches. Les eaux glacées du Spitzberg, du Groënland, du cap Horn, semblent la patrie choisie de préférence par les Hydroméduses. La Méditerranée a ses espèces propres, et nos côtes Océaniennes fournissent de nombreux spécimens que l'on chercherait vainement ailleurs.

DISTRIBUTION DANS LE TEMPS

Certains Acalèphes, malgré la délicatesse de leurs tissus, ont laissé leur empreinte dans les schistes lithographiques de Solenhofen, mais ils sont d'une rareté excessive. Ce sont en général des types appartenant au groupe des Méduses.

Il est un groupe d'animaux dont les affinités zoologiques ont été longtemps méconnues. Ce sont les Graptolithes dont nous figurons (fig. 922-923) quel-

Fig. 922. — Graptolithus turriculatus.

Fig. 923. — Diprion pristis.

ques spécimens et que M. le professeur Perrier a su ramener à leur position véritable.

Les Graptolithes sont spéciaux à la formation Silurienne, généralement constitués par un axe solide, sur lequel viennent se placer des loges pres sées les unes contre les autres ; ces loges forment des séries occupant l'un des côtés de l'axe ou deux séries symétriquement disposées de chaque côté de ce dernier. On est conduit à penser, dit M. le professeur Perrier, que ces êtres étaient de nature protoplasmique et tout à fait semblables aux Nématophores des Plumulaires, à une période de la vie où ces derniers animaux sont uniquement constitués par des Nématophores ou individus protoplasmiques.

Les Graptolithes étaient simplement des colonies de Nématophores.

Si les Polypes Hydraires, les Méduses, etc., sont rares dans les formations géologiques, en revanche, les Coralliaires et les Millepores abondent dans ces formations.

Les représentants du groupe des Milleporides apparaissent les premiers dès la formation Silurienne ; moins nombreux à l'époque Dévonienne, ils s'y maintiennent cependant et commencent à s'associer quelques représentants des Coralliaires.

Il en est de même dans la formation Carbonifère. Une décroissance dans le nombre et la forme des espèces semble caractériser la faune Permienne, tandis qu'ils s'accroissent dans le Trias pour acquérir à l'époque Jurassique un maximum qu'ils ne dépasseront guère qu'à l'époque actuelle.

Là, en effet, leur abondance est telle, qu'ils caractérisent un puissant étage auquel ils ont donné leur nom, c'est l'étage Corallien.

A l'époque Crétacée, les Coralliaires, toujours nombreux, ne forment cependant pas de récifs ; il en est de même à l'époque Tertiaire, où leur nombre se maintient sans atteindre néanmoins celui des types propres aux mers actuelles.

MŒURS, HABITUDES, RÉGIME

Souvent dans les pages précédentes, nous nous sommes efforcés, en nous aidant des travaux de nos devanciers, de faire ressortir chez plusieurs des groupes étudiés, les caractères fondamentaux constituant la vie sociale, forme de l'existence que nous avons désignée sous le nom de *Colonies*, avec M. le professeur Perrier. Les Vers surtout nous ont fourni de précieux arguments en faveur de cette théorie. Les Acalèphes vont nous montrer le degré le plus élevé de cette propriété remarquable, et faire pour ainsi dire toucher du doigt cet axiome, à savoir, « que le polymorphisme et la division du travail physiologique, sont la conséquence néces-saire du mode de groupement des individus asso-ciés, et que de ces deux conditions découle invaria-blement et fatalement une solidarité étroite entre les membres divers de la colonie.

« L'Hydre d'eau douce, dit M. le professeur Per-rier, n'arrive jamais à former des colonies bien nombreuses, mais il nous fait assister au passage de la vie solitaire à la vie sociale. Il suffit d'un peu de bien-être, pour que la société se fonde. De même l'homme ; quand son domaine peut nour-rir sa famille, il ne se sépare pas de ses enfants, mais quand le domaine est trop petit ou trop pauvre, les enfants devenus pour lui une charge disparaissent, émigrent, et le chef de famille reste seul.

Les espèces marines en général plus abondam-ment pourvues de nourriture, vivant au milieu de conditions d'existence plus constantes, forment au contraire des colonies plus durables.

« En effet les colonies d'Hydres marines se trou-vent dans des conditions plus variées, à marée basse quand l'eau ne recouvre plus les feuilles vertes et déliées des Zostères ou les brunes frondes vésicu-leuses des Varechs, que d'une mince couche trans-parente, on aperçoit sur elles les grêles filaments des Campanulaires terminés chacun par une coupe élégante, sur laquelle s'étale une délicate corolle, la couronne des tentacules du Polype ; plus bas, parmi les touffes de *Fucus vesiculosus*, ces masses couleur de chair sont des Clava. Les Laminaires, notamment le superbe Baudrier de Neptune, portent souvent les colonies en forme de plumes, des Aglao-phenia.

« En examinant de près une de ces colonies, on ne tarde pas à distinguer en elle diverses sortes d'individus. Les plus nombreux, dont le corps con-tractile peut revêtir les aspects les plus divers, ont une bouche pouvant se dilater démesurément, ils mangent avec avidité, sont stériles et doivent être considérés comme individus nourriciers ou Gastro-zoïdes. Au milieu d'eux se trouvent des individus plus allongés, plus grêles, privés de bouche. Sur eux se développe un collier de tentacules remplis de Nématocystes : ce sont eux qui portent des sacs reproducteurs ou Méduses sexuées, chargées de reproduire et de disséminer au loin de nouvelles colonies : ce sont les individus reproducteurs ou Gonozoïdes. Sur les bords de la colonie se mon-trent encore d'autres individus stériles, un peu plus grêles, susceptibles de se rouler en spirales. Ce sont des tentacules coloniaux, les Dactylozoïdes. Enfin, souvent des épines cornées qui hérissent la colonie, formées par des bourgeons semblables à ceux qui deviennent des Polypes, sont des indi-vidus transformés, arrêtés dans leur développement et changés en organes de défense.

« Nous avons ainsi l'exemple d'une véritable ville dans laquelle les habitants ont chacun leur emploi et leurs fonctions : les uns chassent et approvi-sionnent la colonie ; d'autres la protègent et l'aver-tissent des dangers à courir ; sur les autres repose la prospérité numérique de l'espèce (fig. 921, p. 557). »

Rien d'étonnant dès lors à ce que devant une di-vision du travail aussi savamment établie, on voie apparaître des individualités nouvelles, et ces in-dividualités sont les Méduses.

Provenant directement de colonies d'Hydraires ou de Syphistomes, mode de genèse un peu diffé-rent que nous aurons à étudier, les Méduses nagent librement, elles voyagent souvent par bandes considérables, à l'aide de leur ombrelle, sous la-quelle pendent des organes divers, parmi lesquels on remarque des tentacules minces et allongés connus sous le nom de *filaments pêcheurs*, qui, armés de nématocystes, servent à capturer les proies animales souvent d'un volume considérable.

Ici encore les Méduses sont libres ou associées, et dans leurs associations vagabondes que l'on voit flotter à la surface des mers qu'elles éclairent dans les nuits sombres de lueurs phosphorescentes, on ne tarde pas à reconnaître la réunion d'individus dont les rôles sont partagés identiquement à ce que nous ont présenté les colonies d'Hydraires.

D'autres associations non moins remarquables nous sont offertes par les Coralliaires, ces prodi-gieux architectes, comme les nomme M. le profes-seur Perrier, dont la réunion contribue à élever ces monuments sous-marins, véritables rochers vivants, écueils sur lesquels les navigateurs des mers Polynésiennes voient sombrer trop souvent leurs navires quand ils viennent imprudemment se heurter aux pointes aiguës de leurs immenses Attols.

EMPLOI ET USAGES

Très peu de types, parmi les Acalèphes, sont em-ployés par l'homme ; le Corail seul, pour ainsi dire, est l'objet d'un commerce étendu, donne lieu à des pêches régulières, et présente dans l'industrie un intérêt tout particulier. Nous étudierons à sa place et avec tous les détails nécessaires ce qui a trait à cette substance remarquable.

Les autres Coralliaires sont d'une faible utilité ; dans certaines contrées, ils servent à faire de la chaux soit pour les constructions, soit pour l'engraissement des terres, il paraît que cette chaux serait supérieure comme qualité, à celle faite de pierres calcaires.

Anciennement la poudre de Corail blanc était usitée en médecine comme absorbant ; cette pro-priété commune à toutes les substances calcaires, ne présente plus aujourd'hui d'application, la poudre de Corail blanc est rayée du domaine thérapeutique.

CLASSIFICATION DES ACALÈPHES

Pour la classification des Acalèphes nous adoptons la classification de Balfour telle qu'elle a été modifiée par M. le professeur Perrier dans son cours du Muséum d'histoire naturelle.

Embranchements des Acalèphes (Cœlenteraten).

Classe I. HYDROMÉDUSES. Hydromedusa Gegen. (*Süsswasserquallen*)...
- Hydroïdes. *Hydroïeda* Lat.
- Tubulaires. *Tubularia* Allm.
- Campanulaires. *Campanularia* Allm.

Classe II. SIPHONOPHORES. Siphonophora Esch. (*Röhrenquallen*)......
- Physophores. *Physophora* Geg. (*Blasenquallen*)
- Physalies. *Physalida* Stam. (*Galeerenquallen*).
- Calycophores. *Calycophora* Geg.
- Discoïdes. *Discoïda* Geg.

Classe III. TRACHYMÉDUSES. Trachymedusida Gegen.

Classe IV. DISCOMÉDUSES. Discomedusida Perr.....................
- Monostomes. *Monostomata* Gegen.
- Rhyzostomes. *Rhyzotomata* Eschs. (*Wurzelquallen*).

Classe V. CTÉNOPHORES. Ctenophora Esch. (*Rippenquallen*)..........
- Eurystomes. *Eurystomata* Leuck. (*Melonenquallen*).
- Globuleux. *Saccnia* Ag. '*Sackquallen*).
- Rubanés. *Tœniata* Ag. (*Bandquallen*).
- Lobaires. *Lobata* Esch. (*Lappenquallen*).

Classe VI. HYDROCORALLIAIRES. Hydrocoralliaria Balf.

Classe VII. CORALLIAIRES. Coralliaria M. Edw.................
- Tetracoralliaires. *Tetracol·laria* Perr.
- Octocoralliaires. *Octocoralliaria* Edw.
- Hexacoralliaires. *Hexacoralliaria* Perr.

Fig. 924. — Hydre vert.

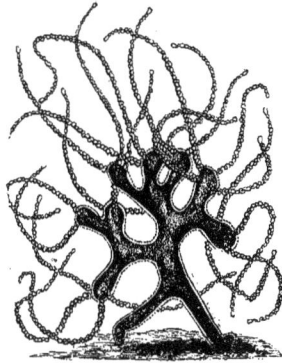

Fig. 925. — Hydre monstrueux.

LES HYDROMÉDUSES — *HYDROMEDUSA* Gegen.

Die Süsswasserquäller.

Caractères. — On comprend dans la classe des Hydroméduses des groupes de Polypes et de Méduses appartenant souvent au même cycle de développement (Claus) ; en d'autres termes, les Hydroméduses sont des colonies de Polypes ou d'animaux polypoïdes et médusoïdes sans tube œsophagien, pourvus d'une cavité gastro-vasculaire ou se continuant avec des canaux périphériques (Claus).

La cavité gastro-vasculaire des Hydroméduses n'est pas divisée par des cloisons en loges périphériques. Quand ils présentent des formations squelettiques, ce sont des sécrétions plus ou moins cornées de l'épiderme, revêtant de gaines délicates la tige et les ramifications ; il peut aussi exister des disques de consistance gélatineuse, parfois cartilagineuse.

Le Polype préside à la vie végétative, la Méduse qui en résulte, semble être dès l'origine spécialement affectée à la reproduction. Souvent Polypes et Méduses restent unis dans la même colonie.

A côté de la reproduction asexuée, si répandue dans ce groupe et qui donne naissance à des colonies homogènes et polymorphes, en même temps qu'à des individus sessiles ou libres, la reproduction sexuelle s'observe constamment, et le plus souvent ces deux formes alternent régulièrement l'une avec l'autre dans la suite des générations.

Distribution géographique. — Les Hydroméduses habitent en général toutes les mers.

Mœurs, habitudes, régime. — Elles se nourrissent de substances animales.

LES HYDROÏDES — *HYDROIDEA* Lat.

Caractères. — Les Hydroïdes sont des Polypes ou colonies de Polypes, la plupart fixés, de forme dendroïde, portant dans la majorité des as des bourgeons médusoïdes ou de petites Méduses (Méduses hydraires).
BREHM.

LES HYDRIDÉS — *HYDRIDÆ* Bll.

Caractères. — La famille des Hydrides comprend des Polypes isolés qui se reproduisent par bourgeonnement sur les parois latérales, ou bien par scissiparité. Quand la reproduction sexuelle existe, les deux sortes d'éléments sexuels se forment dans une proéminence de la paroi du corps.

Distribution géographique. — Les Hydridés sont propres à toute l'Europe.

Mœurs, habitudes, régime. — Ils habitent les eaux tranquilles ; on les rencontre fréquemment dans les bassins, les aquariums, attachés en dessous des Lemna et sur les autres plantes aquatiques.

Les recherches de Trembley (1), publiées en 1744, ont rendu célèbres les Hydres ou Polypes d'eau douce.

Nous laissons Trembley décrire lui-même sa découverte :

« Dès le premier été (1740) que j'ai passé dans les propriétés de comte Bentinck, à un quart de lieue de La Haye, j'y ai trouvé des Polypes. Ayant remarqué divers petits animaux sur certaines des plantes retirées d'un fossé, je plaçai quelques-unes de ces plantes dans un grand verre empli d'eau, que je plaçai sur la planchette d'une croisée, à l'intérieur de la maison, et je me mis à étudier de plus près les Insectes contenus dans ce vase. J'en trouvai tout de suite beaucoup qui sont très communs, il est vrai, mais qui m'étaient en grande partie inconnus. Un spectacle aussi nouveau que celui que m'offrirent ces animalcules, excita ma curiosité. En parcourant alors du regard ce verre peuplé d'Insectes, *j'aperçus pour la première fois un Polype* qui adhérait à la tige d'une Plante aquatique. Je n'y fis pas grande attention tout d'abord, et je poursuivais de petits Insectes qui en raison de leur vivacité attiraient plus mon attention qu'un objet immobile, qui, vu pour ainsi dire en passant, pourrait être pris tout simplement pour une plante, surtout lorsqu'on n'a encore aucune idée de ces êtres dont la figure se rapproche de celle de ces Polypes d'eau douce, tels que sont les Polypes de mer.

« Les Polypes, que j'ai découverts en premier lieu, sont d'une très belle couleur verte. Les premières fois que j'ai observé ces corpuscules, je les ai pris pour des végétaux parasites poussés sur les autres plantes. Leur forme, leur couleur verte et leur immobilité m'avaient suggéré l'idée que j'avais là sous les yeux des plantes. C'est aussi la première pen-

sée qui vient à l'esprit de bien des personnes lorsqu'elles voient pour la première fois ces êtres dans leur attitude la plus commune.

« Le premier phénomène que j'ai constaté sur ces Polypes consiste dans le *mouvement des bras* ; ils les courbaient et les contournaient lentement en différents sens. Par suite de l'idée préconçue que je m'étais mise en tête et qui me faisait prendre ces Polypes pour des végétaux, je ne pouvais me figurer que ces mouvements que je constatais à l'extrémité supérieure des minces filaments leur fût propre. Toutefois, ils en avaient l'apparence, et plus j'observai dans la suite les mouvements de ces bras, plus ils me semblèrent dépendre d'une cause interne et non pas d'une force impulsive étrangère à ces créatures. Une fois, je remuai le verre qui les contenait, avec beaucoup de douceur, pour voir quelle influence le mouvement de l'eau pourrait avoir sur ces bras. Je ne m'attendais pas le moins du monde au résultat de mon expérience, lorsque je l'exécutai. Contrairement à mes prévisions, au lieu de voir les bras et les corps des Polypes participer tout simplement aux mouvements de l'eau et par conséquent suivre ses déplacements, je les vis se contracter tout à coup à ce point que le corps des Polypes ne ressembla plus qu'à un granule verdâtre et que les bras disparurent complètement à mes regards. Ce phénomène me surprit. Ma curiosité fut d'autant surexcitée et je redoublai d'attention. En parcourant avec l'œil armé d'une loupe, divers Polypes que j'avais vus se contracter, je les vis bientôt commencer à s'étendre de nouveau. Leurs bras reparurent à mes regards et les Polypes reprirent leur premier aspect. Cette contraction des Polypes, jointe à tous les mouvements que je leur ai vu exécuter lorsqu'ils s'étendaient à nouveau, éveilla vivement en moi cette idée, qu'*il s'agissait là de véritables animaux.*

« Je fus extrêmement étonné de voir que ces Polypes, découpés en morceaux, ne coulaient pas à fond et que leurs fragments reconstituaient de nouveaux Polypes. »

Trembley arriva à découper un Hydre en cinquante morceaux et à produire avec tous ces morceaux cinquante Polypes nouveaux. Rœsel rapporte qu'il a sectionné un Polype en tous sens et qu'il a obtenu également toute une génération nouvelle. Ces monstres artificiels, munis d'un grand nombre de têtes et d'un grand nombre de queues (fig. 925, p. 561),

---

(1) Trembley, *Mém. pour servir à l'Histoire d'un genre de Polypes d'eau douce à bras.* Paris, 1744, p. 13.

furent exposés aux regards des amateurs, et des philosophes tels que Bonnet et Clusius, essayèrent d'échafauder sur ces faits des théories relatives à l'unité, à la multiplicité et à la divisibilité de l'âme.

Trembley causa un étonnement plus vif encore, en l'année 1742, en réussissant, si l'on en croit les publications de l'époque, à retourner ou à dévaginer ces Polypes comme on retourne un doigt de gant. L'opération n'aurait pas été suivie de succès au début, alors qu'il la tentait sur des Polypes dont l'estomac était vide ; mais elle aurait réussi admirablement lorsqu'on aurait opéré sur ces animaux après un repas copieux ; nous verrons tout à l'heure pourquoi. Il est très désirable que ces expériences, qui ne paraissent pas avoir été reproduites ni contrôlées dans notre siècle, soient reprises avec soin.

Mais laissons ici la parole à Trembley :

« Je commence par donner à manger au Polype que je veux retourner, un Ver du genre des Naïades. Dès qu'il l'a englouti, je me dispose à faire l'opération. Je n'ai pas besoin d'attendre que le Ver soit complètement digéré ; je place le Polype, dès que son estomac est rempli, dans le creux de ma main gauche, avec un peu d'eau, puis je le comprime à l'aide d'un pinceau, un peu plus fortement à la partie antérieure qu'en arrière. De la sorte, je pousse le Ver de l'estomac vers la bouche du Polype ; c'est dans ce but que j'agis, et tandis que je presse de nouveau sur le Polype avec mon pinceau, une portion du Ver émerge hors de la bouche ; ainsi, à mesure que l'estomac se vide, le Ver émerge davantage. Il faut pousser cette manœuvre assez loin pour que le Ver se trouve pressé hors de la bouche du Polype. Dans cet état, je place le Polype avec beaucoup de précaution sur le bord de ma main, très légèrement humectée pour que l'animal n'y adhère pas trop fortement. Je l'oblige alors à se contracter de plus en plus, ce qui dilate de plus en plus la bouche et l'estomac. Je prends ensuite dans ma main droite une soie de porc, assez épaisse et tronquée, que d'autres ont remplacée par une épingle fine, et que je tiens comme une lancette au moment de saigner une veine. Je maintiens le bout le plus épais dans l'extrémité postérieure du Polype que je repousse ainsi jusque dans l'estomac ; cette manœuvre s'effectue d'autant plus aisément que cet organe se trouve vide et très dilaté. Je continue alors à pousser la soie de plus en plus loin. Plus celle-ci pénètre profondément, et

plus le Polype se retourne. Bref, le Polype se trouve fixé finalement sur cette soie comme l'Ours de Münchhausen sur son pieu, seulement sa paroi externe est devenue interne, et l'animal, maintenu dans l'eau, est repoussé au delà de la soie au moyen du pinceau. »

Comme il arrivait souvent que cette introversion ne convenait guère au Polype et que celui-ci s'invaginait alors de nouveau pour reprendre spontanément sa disposition naturelle, Trembley eut l'ingénieuse idée « de fermer son nouvel orifice buccal à l'aide de brochettes, une fois l'opération terminée, ainsi qu'on fait pour une saucisse. »

« Pour un Polype, dit Trembley, ce n'est rien, en effet, d'être embroché. »

Rœsel, qui a étudié minutieusement les Polypes d'eau douce, a pleinement confirmé les observations de Trembley, vérifiées depuis du reste par les naturalistes modernes. Il avait vu également le phénomène du bourgeonnement, mais il n'avait pas remarqué que les jeunes Polypes qui poussent en différents points de l'animal maternel, alors même qu'ils sont déjà en état de se pourvoir eux-mêmes à l'aide de leur propre bouche et de leurs propres bras, demeurent néanmoins en communication ouverte avec la cavité digestive de la mère. « Avant que le jeune Polype ait acquis ses bras et qu'il puisse s'en servir pour capturer des proies, il reçoit sa nourriture du corps de la mère, à laquelle il se trouve relié comme la ramification d'un vaisseau sanguin à son tronc, de telle sorte qu'il s'ouvre dans le conduit creux de cette cavité. Mais quand il peut se servir de ses bras et les étirer, bien qu'il soit encore fixé à sa mère, il cherche, à l'aide de ses bras, à se procurer lui-même sa nourriture en saisissant et en avalant, grâce à leur intermédiaire, de petits Insectes de temps à autre, ainsi que je l'ai vu plusieurs fois. Lorsque le jeune Polype atteint sa maturité, on peut constater, à l'aide d'un léger grossissement, qu'il ne tarde pas à se détacher. Le canal obscur du jeune Polype devient de plus en plus mince à son extrémité postérieure, qui le relie visiblement à sa mère ; ce canal devient enfin tellement grêle qu'on ne peut plus constater aucun lien entre le jeune Polype et sa mère, même à l'aide des plus forts grossissements, bien qu'il lui soit encore attaché par son tégument externe qui est transparent, mais qui ne persiste pas longtemps ; une fois arrivé à ce point, le jeune Polype commence à étirer fortement son corps aussi bien que ses bras, jusqu'à ce qu'enfin, grâce à ses mouvements, il se détache; quand ce fait s'est produit, il se fixe solidement en un point quelconque, par sa partie postérieure, à l'instar de sa mère, et il pourvoit lui-même à ses besoins. »

Rœsel a été également sur le point de découvrir que les Hydres ont une reproduction ovipare périodique; les œufs se développent isolément, presque au milieu du corps, dans des capsules bursiformes qui proéminent à la surface, et ils poursuivent leur évolution après que les capsules se sont revêtues de poils. Rœsel décrit ces œufs, qu'il a trouvés en automne, très exactement, et il les compare à des « oursins ou à des pommes de mer » parce qu'ils sont entourés de saillies épineuses et grêles, très serrées et différant entre elles par leur longueur comme par leur rigidité. Les corps bruns et opaques, recueillis par lui tombèrent au fond de l'eau; et il les prit pour des productions morbides.

Kleinenberg a fait connaître les différentes phases de développement de l'œuf de l'Hydre (fig. 903 à 914, p. 553). La segmentation est totale et régulière; des cellules auxquelles elle donne naissance, les plus extérieures sont allongées et prismatiques et forment une couche simple et distincte, tandis que le reste de la masse de l'œuf se compose de cellules polyédriques.

Rœsel a très bien décrit une des véritables plaies de ces Polypes : c'est la *Trichodina pediculus*, espèce parasitaire qui les torture. « Quant au parasite en question, qui peut harceler jusqu'à la mort ces Polypes et qu'on trouve en tout temps avec des dimensions variables, il est clair et transparent; mais on découvre néanmoins dans son corps des points sombres. Lorsque ces parasites nagent dans l'eau, leur forme est ovalaire, et ils se meuvent tantôt suivant une ligne sinueuse, tantôt suivant une ligne spiralée. Leurs mouvements sont très rapides, car ils se meuvent rapidement en tous sens à travers l'eau. Lorsqu'ils s'installent sur un Polype ou sur quelque autre corps, leur forme ovalaire s'altère et ils s'effilent en avant ainsi qu'en arrière. A l'aide du microscope, on constate, non sans étonnement, la rapidité avec laquelle ils courent çà et là sur le Polype sans qu'on puisse distinguer les nombreuses pattes d'un seul et même individu. (Ici le microscope de Rœsel a été insuffisant.) Au début, le Polype se donne beaucoup de mal pour chasser cet hôte importun; il cherche à s'en débarrasser

non seulement à l'aide de ses bras, mais encore en se contractant et en s'étirant à plusieurs reprises, mais il n'y réussit guère, car le parasite se fixe immédiatement au bras à l'aide duquel le polype veut le chasser, et se met à grimper le long de ce bras. J'ai même vu souvent le parasite s'échapper, avec la rapidité de l'éclair, de la place qu'il occupait, pour nager dans l'eau en suivant une ligne courbe et revenir bientôt sur le Polype avec la même rapidité. Il semble enfin que le polype se lasse de lui résister, il est fréquemment si couvert de ses parasites qu'on peut à peine reconnaître en lui un Hydre; bientôt ses bras disparaissent, et il perd en même temps la vie. » (O. Schmidt.)

POLYPE D'EAU DOUCE — *HYDRA VIRIDIS* Ramb.

Caractères. — La longueur de ce petit animal que nous figurons grossi (fig. 924), est de

Fig. 926. — L'Hydre brun avec deux bourgeons (*).

deux à trois millimètres, dans son développement; dans sa plus grande contraction il prend une forme globuleuse et comme pédicellée. Ses tentacules varient en nombre de trois à dix, et

(*) *n*, nématocyste.

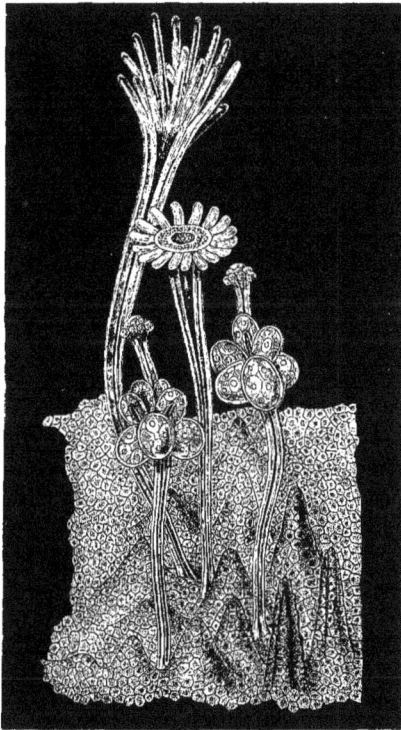

Fig. 927. — Hydractinie épineuse, très grossie.

sont plus communément au nombre de huit; très extensibles, elles sont armées de nématocystes ; l'animal est d'un beau vert (fig. 924).

Une autre espèce, l'Hydre brun, en diffère par sa coloration et des dimensions plus considérables (fig. 926).

LES TUBULAIRES — *TUBULARIA* ALLM.

Caractères. — Les Tubulaires comprennent des colonies de Polypes nus ou recouverts d'un périderme chitineux sans cellules calyciformes autour de chaque Polype. Les bourgeons sexuels sont de simples bourgeons médusoïdes dont le développement se fait rarement immédiatement sur les ramifications de la co-

lonie, mais plus ordinairement sur le corps même des Polypes ou sur des individus particuliers. Les Méduses deviennent libres, elles ont la forme d'une cloche possédant quatre, plus rarement huit canaux radiaires, des taches oculaires à la base des filaments marginaux (Claus).

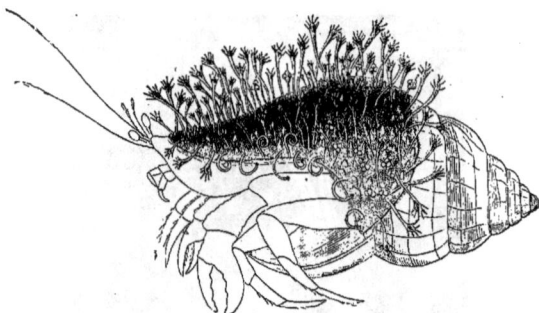

Fig. 928. — Hydractinie épineuse sur une coquille de Buccin ondé (grandeur naturelle).

LES HYDRACTINIDES — *HYDRACTI-NIDÆ* V. Bened.

Caractères. — Les Hydractinides comprennent des colonies de Polypes à cœnanchyme (ou expansion) aplati et étendu, sur lequel naissent des concrétions squelettiques cornées ; les Polypes sont en massue avec une couronne de tentacules simples. Il existerait aussi, suivant M. Wright, de longs polypoïdes en forme de tentacules.

HYDRACTINIE ÉPINEUSE — *HYDRACTINIA ECHINATA* V. Bened.

Caractères. — L'Hydractinie que nous figurons (fig. 927) est un des types sur lesquels nous nous sommes appuyé précédemment pour montrer les individualités contribuant au bien-être et à l'accroissement des colonies, comme un des exemples les plus frappants des aspects suivant lesquels l'individu se présente sous l'influence de l'adaptation. La partie commune à toute la colonie est une membrane qui s'applique à la surface de l'objet, sur lequel se fait l'installation, et dans laquelle se trouve la même couche chitineuse d'où émanent les tubes isolés de cette colonie. Les canaux nourriciers se prolongent également dans cette membrane avec leurs soulèvements en forme d'épines, et ils assurent au Polype la possibilité de vivre et de s'accroître. Dans une telle colonie se trouvent toujours réunis deux sortes d'individus, seule-

ment : on y voit toujours des individus nourriciers (*a*), qui se distinguent par leur longueur et par le développement accusé des tentacules, de la bouche et de la cavité digestive. Ils sont naturellement chargés de se nourrir eux-mêmes et de nourrir la colonie. Par l'intermédiaire du système canaliculaire de la colonie, ils pourvoient à la prospérité de leurs compagnons dépourvus de bouche, qui sont exclusivement des mâles ou exclusivement des femelles (*b*). Celles-ci portent à l'extrémité antérieure, en place de tentacules, une ceinture de cellules urticantes et, à quelque distance de là, une épaisse couronne de capsules simples contenant des œufs. La larve ciliée, provenant de l'œuf, s'installe solidement et fonde une nouvelle colonie.

Distribution géographique. — L'Hydractinie épineuse vit, dans les mers du Nord, sur la coquille des Buccins ondés (fig. 928).

Mœurs, habitudes, régime. — Nous avons reproduit précédemment, d'après Gegenbaur, les phénomènes morphologiques de la reproduction des Hydroïdes (fig. 903 à 914), dont l'Hydractinie nous montre l'exemple le plus complet, par les phases successives des bourgeons médusiformes.

LES CLADONÉMIDÉS — *CLADONE-MIDÆ* Duj.

Caractères. — Chez les Cladonémidés, les Polypes se montrent sur une colonie rampante et ramifiée, revêtus d'un périderme chitineux,

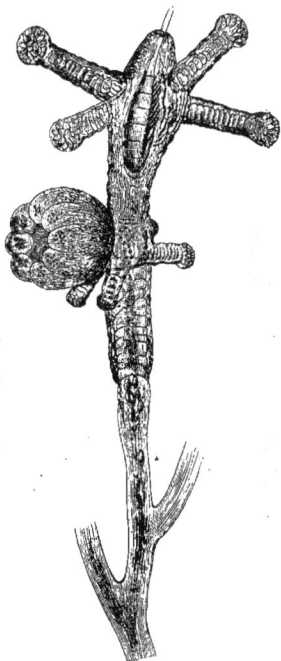

Fig. 929. — Cladonémie radiée, en voie de développement.
(D'après Dujardin.)

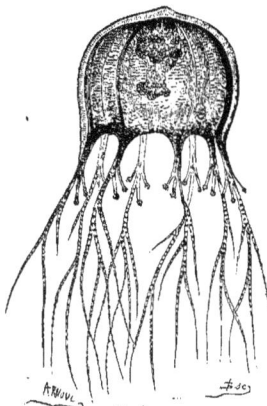

Fig. 930. — Méduse de la Cladonémie radiée.

pourvus de tentacules capités et disposés en verticilles ; les bourgeons sessiles deviennent des Méduses à filaments marginaux ramifiés.

CLADONÉMIE RADIÉE — *CLADONEMIA RADIATA* Duj.

Caractères. — La Cladonémie radiée est formée de Polypes présentant deux verticilles de chacun quatre tentacules ; les Méduses (fig. 930) ont huit canaux radiaires et autant de filaments marginaux ramifiés et dichotomes ; des groupes de nématocystes existent sur le pédoncule buccal (fig. 929).

Distribution géographique. — Cette espèce habite la Méditerranée.

LES CLAVATELLIDÉS — *CLAVATELLIDÆ* Hinck.

Caractères. — Les types de cette famille diffèrent des précédents par les tentacules capités.

CLAVATELLE PROLIFÈRE — *CLAVATELLA PROLIFERA* Hinck.

Caractères. — Cette espèce présente les mêmes caractères que ceux de la famille (fig. 931).

Distribution géographique. — Elle habite les rivages de l'Adriatique.

Mœurs, habitudes, régime. — O. Schmidt, qui a pu observer cette espèce, s'exprime ainsi à son sujet :

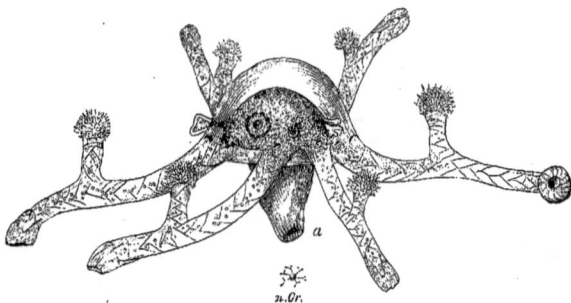

Fig. 931. — Clavatelle prolifère.

« En examinant avec un simple verre grossissant un fragment de Fucus, nous découvrons une frêle et pâle créature, que nous pouvons suivre à l'œil nu, après l'avoir décelée dans les mouvements lents et pénibles qu'elle exécute à l'aide de ses longs bras sur son champ de manœuvres vert. A la première tentative que nous faisons pour la détacher, nous la voyons choir lourdement sur le fond ; elle est absolument incapable de nager. Notre Clavatelle possède six bras pourvus de véritables ventouses à leur extrémité. Elle s'étaye sur ces ventouses pendant que de chaque bras s'élève, en manière de candélabre, un court pédicule dont l'extrémité renflée est lardée de capsules urticantes. L'œsophage et la bouche sont très extensibles, et tâtonnent çà et là, en saisissant avec aisance les petits Crustacés qui s'ébattent sur la même verdure.

« Immédiatement au-dessus de la base de chaque bras, se trouve une tache ocellaire en forme de fer-à-cheval, dans laquelle j'ai trouvé une lentille bien développée, sans pouvoir découvrir néanmoins de nerfs se rapportant à un œil véritable. Un peu plus haut encore, sur l'échancrure qui sépare les bras l'un de l'autre, se trouve un bourgeon. Aucun des nombreux animaux d'une certaine taille que j'ai examinés en mai n'était dépourvu de ses six bourgeons, qui se trouvaient à des stades de développement si divers qu'on surprenait toujours l'évolution très nette d'un développement continu ; souvent on pouvait voir sur les bourgeons les plus mûrs le rudiment d'un bourgeonnement réitéré (fig. 931). »

LES TUBULARIDÉS — *TUBULARIDÆ* Allm.

Caractères. — Les Tubularidés réunissent des colonies revêtues d'un périderme chitineux. Les Polypes portent en dedans de la couronne de tentacules externes, un cercle de tentacules filiformes.

A cette famille appartient le genre *Tubularia* dont nous figurons un type (Pl. XV). C'est le *Tubularia indivisa*.

CORYMORPHE PENCHÉE — *CORYMORPHA NUTANS* Sarv.

Caractères. — Dans cette colonie, le pédicule de chaque Polype solitaire est entouré d'un périderme gélatineux et fixé au moyen de prolongements radiciformes. La Méduse qui en provient est campanulée, à filament marginal impair et à renflements bulbeux à l'extrémité des autres canaux radiaires (fig. 932, p. 569).

Distribution géographique. — La Corymorphe penchée habite les mers froides, dans le voisinage du pôle.

Mœurs, habitudes, régime. — Contrairement à la plupart de leurs semblables, ces êtres n'adhèrent pas solidement aux Varechs et aux roches ; ils habitent un sol formé de sable fin dans lequel ils enfoncent l'extrémité postérieure de leur pédicule. De nombreux appendices filiformes émanant de cette partie, qui s'enfouit dans le sable, pénètrent le sol en tous sens, et l'animal s'assujettit ainsi sur une plus grande étendue. La bouche, située à l'ex-

TUBULAIRE INDIVISE.

Fig. 932. — Corymorphe penchée.

trémité antérieure, est bordée d'une couronne de tentacules ; une seconde couronne entoure la dilatation stomacale. Immédiatement au-dessus de cette région, on trouve réunis en grappes les bourgeons qui, en été, se trouvent d'ordinaire à tous les degrés de développement, et offrent déjà absolument la structure des Méduses tant qu'ils sont encore fixés à leurs pédicules. Ils agitent leurs ombrelles vivement, et se détachent; ainsi se ferme le circuit de l'évolution de cette génération alternante. (O. Schmidt.)

LES CAMPANULAIRES — *CAMPANULARIA* Allm.

Caractères. — Dans les colonies de Campanulaires, les Polypes sont revêtus d'un tube chitineux où ils peuvent rétracter leurs tentacules ; les bourgeons naissent presque régulièrement sur des individus prolifères; les petites Méduses sont caractérisées par la présence de vésicules marginales ; très probablement quelques-unes ont aussi un développement direct (Claus).

LES SERTULARIDÉS — *SERTULARIDÆ* Allm.

Caractères. — Cette famille comprend des colonies ramifiées, dont les Polypes sont situés sur les faces opposées, dans des tubes en forme de bouteilles ; les bourgeons sexuels sont sessiles sur des individus prolifères et dépourvus de tentacules.

SERTULAIRE CYPRÈS — *SERTULARIA CUPRESSINA* Lamck.

Caractères. — La tige de cette espèce est rameuse et simplement pinnée, attachée aux corps sous-marins par des radicules. Souvent elle est formée d'un tube unique corné, un peu comprimé.

BREHM

Distribution géographique. — Elle vit sur nos côtes.

Mœurs, habitudes, régime. — Comme toutes ses congénères, elle est adhérente aux Fucus, aux Coquilles et à tous les corps situés sur le rivage.

LES CAMPANULARIDÉS — *CAMPA-NULARIDÆ* Allm.

Caractères. — Dans cette famille, les tubes

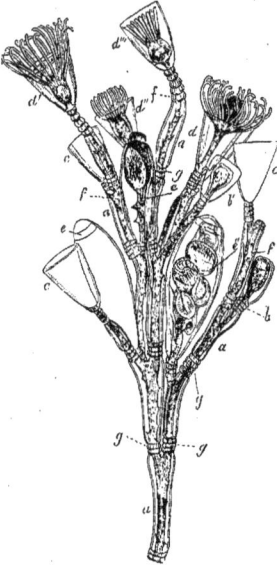

Fig. 933. — Campanulaire gélatineuse (forme polypoïde) d'après Van Beneden, *Mémoires de l'Académie royale de Bruxelles* (*).

revêtant les Polypes sont à pédoncule annelé, les bourgeons sexuels sont sessiles et se trans-

(*) *a*, branches terminales portant des Polypes. — *bb'*, bourgeons en voie de développement. — *cc'*, loges (hyorothèques) vides de Polypes. — *dd'd''*, loges renfermant des Polypes. — *ce'e''*, loges renfermant des bourgeons sexuels (*gonophores*), — *fff'*, substance charnue qui réunit entre eux les divers Zooïdes (*cœnosare*), — *gg*, étranglements annulaires à la base des rameaux.

forment en Méduses aplaties ou campanuliformes.

CAMPANULAIRE GÉLATINEUSE — *CAMPANULARIA GELATINOSA* V. Bened.

Caractères. — La Campanulaire gélatineuse se montre sous forme de colonies ramifères ; le sommet des tubes est à bords entiers ; les individus prolifères situés sur les rameaux produisent des Méduses libres, campanuliformes, à pédoncule buccal quadrilabié. Après la sépara-

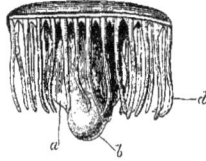

Fig. 934. — Campanulaire gélatineuse (forme médusoïde) (*).

tion se forment les tentacules interradiaires (fig. 933-934).

Distribution géographique. — Elle vit dans les mers d'Europe.

LES ÆQUORIDÉS — *ÆQUORIDÆ*

Caractères. — La famille des Æquoridés se compose de Méduses larges à pédoncule buccal court et large, à canaux radiaires et à filaments

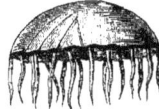

Fig. 935. — *Æquorea cyanogramma.*

marginaux nombreux. Leur forme polypoïde n'est pas connue.

Nous en figurons une espèce, l'*Æquorea cyanogramma* (fig. 935).

(*) *a*, corps. — *b*, bouche. — *d*, tentacules.

Fig. 936. — Physophore distique.

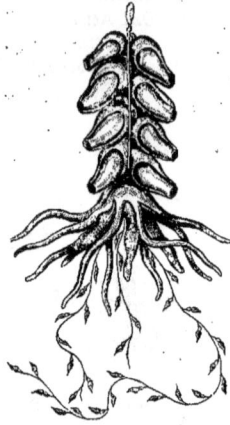

Fig. 937. — Physophore de Philippi.

LES SIPHONOPHORES — *SIPHONOPHORA* Esch.

Die Rohrennquellen.

Caractères. — Les Siphonophores, suivant Claus, « sont intimement unis aux colonies d'Hydroïdes, mais beaucoup plus qu'elles, ils ont le caractère d'individus simples, par suite du polymorphisme très développé de leurs appendices polypoïdes et médusoïdes ». Au lieu de colonies fixes et ramifiées, ces Animaux montrent une tige libre contractile souvent renflée à son extrémité et contenant une vessie aérienne. L'axe de la tige est creusé d'un canal dans lequel le liquide nourricier est constamment mis en mouvement à l'aide de contractions de sa paroi et de cils vibratiles dont il est recouvert. La vessie joue le rôle d'organe hydrostatique.

Ces colonies flottantes se composent de plusieurs sortes d'individus : les individus nourriciers, et les individus médusoïdes sexués, qui ordinairement ne deviennent pas libres et restent constamment attachés à la colonie. Les individus nourriciers ont la forme de tubes courts, renflés et prolongés en une sorte de trompe. Ils sont suspendus à la tige par un pédoncule, de la base duquel part un long filament préhensile dit *filament pêcheur*, toujours armé de capsules urticantes. Les bourgeons sexuels ont l'aspect de petites Méduses ; celles-ci se séparent rarement.

Distribution géographique. — Les Siphonophores abondent dans les mers chaudes et tempérées des deux hémisphères.

Mœurs, habitudes, régime. — Par les temps calmes ils viennent à la surface et se laissent aller à la dérive, entraînés par les courants, mais ils savent se soustraire à la poursuite de leurs ennemis. Après avoir suivi longtemps la même route, on les voit brusquement changer d'allure (Perrier).

« Peu d'animaux marins excitent l'étonnement au même degré que les Siphonophores, peu offrent des formes aussi capricieuses, aussi variées : qu'on imagine de véritables lustres vivants, laissant flotter nonchalamment leurs mille pendeloques au gré des molles ondulations d'une mer calme, repliant sur eux-mêmes leurs trésors de pur cristal, de rubis, de saphirs, d'émeraudes, ou les égrenant de toutes parts comme s'ils laissaient tomber de leur sein une pluie de pierres précieuses, chatoyant des innombrables reflets de l'arc-en-ciel et montrant un instant à l'œil ébloui les aspects les plus divers (Perrier). »

LES PHYSOPHORES — *PHYSOPHORA* Geg.

Die Blasenquellen.

Caractères. — La tige des Physophores est courte, élargie en forme de sac ou bien allongée, en spirale et pourvue d'une ou plusieurs vessies aériennes. Des boucliers et des tentacules existent le plus souvent et alternent d'une façon régulière avec les Polypes et les bourgeons sexuels.

LES PHYSOPHORIDÉS — *PHYSO-PHORIDÆ* Eschr.

Caractères. — Dans cette famille, la tige raccourcie est contournée en spirale au-dessus des vésicules natatoires disposées sur deux rangées. A la place des boucliers, existe une couronne de tentacules surmontant des grappes de bourgeons sexuels, les Polypes et les filaments préhenseurs.

PHYSOPHORE DISTIQUE — *PHYSOPHORA DISTICHA* Forsk.

Caractères. — L'ensemble de la colonie est ovale, oblong, les vésicules latérales sont ouvertes, les tentacules sont rouges à leur base ainsi que les bourgeons médusoïdes (fig. 936).

Distribution géographique. — Elle vit dans l'océan Atlantique.

Une autre espèce, le Physophore de Philippi, vit dans la mer de Messine (fig. 937).

LES PHYSALIES — *PHYSALIDA* Stam.

Die Galeerenquellen.

Caractères. — La tige des Physophores se transforme ici en une large chambre presque horizontale contenant une vessie aérienne vaste et ouverte ; on n'observe ni boucliers ni vésicules natatoires. Au-dessous sont suspendus des Polypes de tailles diverses, munis de longs filaments pêcheurs, ainsi que des Polypes tentaculiformes, portant des grappes ou bourgeons qui semblent devenir des Méduses libres.

LES PHYSALIDÉS — *PHYSALIDÆ* Lam.

Caractères. — Les caractères de cette famille sont identiques à ceux que nous venons d'assigner à l'ordre.

PHYSALIE PÉLAGIQUE — *PHYSALIA PELAGICA*

Caractères. — La colonie est ovale, subtrigone à crête dorsale proéminente rougeâtre veinée, les tentacules sont de couleur rosée (fig. 938).

Fig. 938. — Physalie pélagique.

Distribution géographique. — Elle vit dans les mers d'Amérique et le golfe du Mexique.

Mœurs, habitudes, régime. — Leblond (1) rapporte l'anecdote suivante :

« Un jour, je me baignais avec quelques amis dans une grande anse devant l'habitation où je demeurais. Pendant qu'on pêchait à la Sardine pour le déjeuner, je m'amusais à plonger, à la manière des Caraïbes, dans la lame prête à se déployer ; parvenu de l'autre côté, je gagnais au large et revenais sur une autre vague m'échouer sur le rivage. Cette prouesse que les autres ne s'avisaient pas de tenter faillit me coûter la vie. Une des Galères (Physalie), dont plusieurs étaient échouées sur le sable, se fixa sur mon épaule gauche au moment où la lame me rapportait à terre, je la détachai promptement, mais plusieurs de ses filaments restèrent collés à ma peau jusqu'au bras. Bientôt je sentis à l'aisselle

(1) Leblond, *Voyage aux Antilles.*

une douleur si vive que, prêt à m'évanouir, je saisis un flacon d'huile qui était là et j'en avalai la moitié pendant qu'on me frottait avec l'autre. Revenu à moi, je me sentis assez bien pour retourner à la maison, où deux heures de repos me rétablirent à la cuisson près, qui se dissipa dans la nuit. »

Il est une question qui a été plusieurs fois agitée sans être positivement résolue. Il s'agit de savoir si les Physalies ont des propriétés vénéneuses ; si elles peuvent tuer ou rendre malades l'homme et les animaux qui les avalent (1).

Écoutons sur cette question un médecin de la Guadeloupe, M. Ricord Madiana, qui a écrit sur les effets physiologiques de la Physalie quelques pages curieuses.

« Beaucoup d'habitants des Antilles, dit Ricord Madiana, et plusieurs des savants qui les habitent, disent que les Galères sont un Poison violent, et que les Nègres s'en servent après les avoir fait sécher et pulvérisées, pour empoisonner les hommes et les bestiaux. Les pêcheurs des îles croient aussi que lorsque les poissons avalent des Galères, ils deviennent délétères et empoisonnent ceux qui les mangent.

« Ce préjugé a été adopté par beaucoup de voyageurs et a même trouvé place dans un grand nombre de livres scientifiques. Nous allons voir par l'expérience que la Galère peut bien brûler la main ignorante qui touche ses tentacules, mais que, lorsqu'elle est séchée et pulvérisée au soleil, ce n'est plus qu'une substance inerte qui ne produit aucun effet sur l'économie animale. »

« Voici cependant ce qu'on lit dans les ouvrages des voyageurs les plus célèbres :

« Il ne faut pas manger la Bécume sans pré-« caution, dit le P. Labat (2), car ce poisson est « sujet à empoisonner ceux qui le mangent « quand il est dans cet état. Comme il est ex-« trêmement vorace, il mange tout ce qui se « rencontre dedans et dessus l'eau, et il arrive « très souvent qu'il s'y rencontre des Galères « ou des pommes de Mancenillier, qui sont des « poisons très violents et très caustiques. La « Bécume n'en meurt pas quoiqu'elle en mange, « mais elle contracte le venin et fait mourir ceux « qui la mangent comme s'ils avaient mangé de « ces méchantes pommes ou des Galères. »

« Il y a tout lieu de croire, dit M. Leblond, « que la Sardine, après avoir mangé des fila-

(1) Voy. *Encyclopédie de chirurgie.* Paris, 1833, tome I, p. 769.

(2) Labat, Vol. II, p. 31.

« ments ou tentacules de Galères acquiert une
« qualité vénéneuse, ainsi que plusieurs autres
« espèces de Poissons.

« Me trouvant à souper, continue-t-il, dans
« une auberge avec d'autres personnes, on ser-
« vit une Bécume, dont les gastronomes sont
« très friands, et qui d'ordinaire ne fait aucun
« mal. Cinq en mangèrent et éprouvèrent bien-
« tôt après des symptômes de poison qui se ma-
« nifestèrent par une chaleur brûlante à la ré-
« gion de l'estomac. J'en saignai deux : l'une
« fut guéri par le vomissement, l'autre ne vou-
« lut rien prendre que du thé et quelques
« cuillerées d'huile. La colique dura toute la
« nuit, s'apaisa le matin ; mais il lui resta une
« horreur de l'eau telle, qu'en la voyant seule-
« ment dans un verre, il en pâlissait comme
« quelqu'un prêt à se trouver mal. Cette incom-
« modité se dissipa d'elle-même. »

« Et M. Leblond conclut de ce fait que les
Poissons qui mangent des Galères deviennent
un poison pour ceux qui s'en nourrissent; et
cependant rien n'avait prouvé à M. Leblond
que cette Bécume eût mangé des Galères ou
toute autre substance réputée vénéneuse. Mais
les livres scientifiques, répètent ainsi tout ce
qui a été publié de vrai ou de faux par les
voyageurs qui la plupart n'ont fait que répéter à
leur tour ce qu'on leur avait raconté dans les
pays qu'ils avaient visités.

« Rapportons nos expériences :

« *Première expérience*. — J'avais mis ma Galère au soleil pour la faire sécher et la pulvéri-
ser. Les fourmis s'y mirent et la dévorèrent en
entier. Beaucoup de personnes dans les îles,
pensent que ces insectes ne touchent pas aux
Poissons vénéneux.

« *Deuxième expérience*. — Une autre Galère
que j'avais laissée sur ma table dans mon laboratoire fut assaillie par un nombre de grosses
mouches qui y déposèrent leurs œufs; l'éclosion
des vers eut lieu, et ils se nourrirent du Zoophyte pourri.

« *Troisième expérience*. — Le 12 juillet 1823,
me trouvant à la Guadeloupe sur le bord de la
mer dans une anse entre Sainte-Marie et la
Goyave, je vis beaucoup de Galères récemment
échouées sur le sable, ayant avec moi un chien
comme cela m'arrive souvent pour mes expériences, je lui fis tenir la gueule ouverte par
mon domestique et j'y introduisis, avec un
petit bâton, la Galère la plus fraîche parmi celles qui se trouvaient auprès de moi, avec tous
ses tentacules filiformes, qu'il avala non sans

quelques difficultés. Cinq minutes après il sembla éprouver une douleur sur le bord des lèvres
et à la gueule; il bavait et se frottait cette partie dans le sable, sur les herbes, en faisant des
sauts à droite et à gauche, passant sans cesse
ses pattes sur sa gueule, où il ressentait certainement une vive douleur. Je remontai à cheval
et, malgré sa souffrance, le pauvre animal continua de me suivre ; après vingt minutes de
marche il sembla ne presque plus rien souffrir.
J'avais un morceau de pain que je lui donnai
et il le mangea avec appétit sans qu'il parût
avoir aucune difficulté pour avaler. Son mal
n'avait eu lieu que sur les bords de la gueule.
Il fut bien toute la journée, n'ayant aucune
évacuation extraordinaire qui pût indiquer que
l'ingestion de cette Galère eût en quelque action sur les organes de la digestion. Le lendemain et les jours suivants, l'animal était aussi
bien portant que de coutume, sans qu'il parût
aucune trace d'inflammation ni dans la gorge
ni dans la gueule.

« *Quatrième expérience*. — Le 20 du même
mois je pris deux Galères sur le bord de la mer
je les coupai en morceaux, puis, avec une cuil-
lère, je les fis avaler à un très jeune chien qui
tettait encore sa mère, et cette forte dose de Galère n'eut aucun effet sur lui ; les tentacules
ayant probablement été enveloppés avec le
corps de la Galère en la coupant en morceaux
ne lui touchèrent point la gueule, ce qui fit
qu'il n'y éprouva aucune douleur

« Ne serait-il pas possible que les muqueuses
internes supportassent l'application de certaines
substances caustiques sans éprouver le même
degré d'irritation que les membranes exposées
à l'air ressentent : lorsqu'on leur applique ce
même caustique ?

« On avale quelque chose à un degré de chaleur qu'on ne pourrait supporter dans la bouche, si l'objet brûlant y restait.

« *Cinquième expérience*. — Je me suis procuré
plusieurs Galères, puis les ayant placées sur un
carreau de vitre, je les ai fait sécher et les ai
pulvérisées. Vingt-cinq grains de cette poudre
administrés à un très jeune chien, n'ont produit aucun effet délétère. Deux fois cette quantité administrée à un jeune chat n'a rien produit non plus; et cela ne m'a point surpris;
car, puisque la Galère fraîche n'empoisonne
point, comment pourrait-on supposer que la
dissiccation de ce Zoophyte pût augmenter ses
qualités vénéneuses, s'il en avait réellement?
Bien au contraire, il est plus raisonnable de

croire que, par sa dessiccation, le principe délétère provenant de n'importe quel animal, tout
comme des Holothuries ou Galères, doit perdre
infiniment de son activité par l'évaporation et
et les autres changements que l'air et la chaleur produisent avant qu'il soit entièrement
desséché.

« *Sixième expérience.* — Je coupai une Galère en morceaux et je les fis avaler à un jeune
Poulet gras. Il n'en fut nullement incommodé.
Trois heures après, je le fis tuer et rôtir ; puis
je le mangeai et én fis manger à mon domestique, ce qui ne nous fit mal ni à l'un ni à l'autre,
preuve bien certaine que ce n'est point pour
avoir mangé des Galères que les Poissons deviennent vénéneux, car si c'était ainsi, le Poulet nous aurait bien certainement empoison-
nés.

« *Septième expérience.* — Je mis vingt-cinq
grains de Galère pulvérisée dans un peu de
bouillon, j'avalai cette dose sans la moindre
crainte et je n'en fus nullement incommodé.

« D'après ces expériences, qui bien certainement sont concluantes, que penser de l'histoire
qu'on rapporte à la Guadeloupe d'un M. Tébé,
gérant de l'habitation de M. B... dans le quartier du Lamantin, lequel fut la victime de son
cuisinier, qui, dit-on, après avoir cherché en
vain à l'empoisonner avec un peu de râpure de
ses ongles qu'il avait soin de répandre sur le
poisson rôti qu'il lui servait tous les jours à
dîner, se décida, voyant qu'il ne réussissait pas

par ce moyen, à mettre dans sa soupe une Galère pulvérisée.

« Une heure après son repas, ce monsieur se
rendit au bourg du Lamantin, à une petite distance de son habitation et là, en entrant chez
un de ses amis, il fut saisi de douleurs atroces
dans l'estomac et dans les intestins qui le ron-
geaient comme aurait pu le faire le poison le
plus corrosif. Le mal alla en augmentant de
plus en plus jusqu'au lendemain matin, où il
mourut dans les tourments les plus affreux.

«A l'examen de son cadavre, on trouva l'estomac et les intestins corrodés et inflammés
comme s'il eût été empoisonné avec de l'Arsenic, et je n'ai presque aucun doute que ce ne
fût avec cette substance (l'Arsenic) ou avec tout
autre poison corrosif, que le cuisinier de
M. Tébé commit ce crime. Ce malfaiteur, pour
ne point faire connaître le poison dont il s'était
servi, voulut laisser croire à ceux qui l'accusè-
rent et le firent brûler vivant, que c'était avec
une Galère pulvérisée qu'il avait empoisonné
ce gérant.

« Les Nègres ne font jamais connaître la
substance dont ils se sont servis pour commettre un empoisonnement ; ils avoueront tout ce
qu'on voudra leur faire avouer, excepté la vérité, qu'ils ont juré de ne jamais faire connaître sur l'article des empoisonnements.

« Tels sont les faits les plus avérés de l'action
vénéneuse des Physalies. »

LES CALYCOPHORES — *CALYCOPHORA* Geg.

Caractères. — La tige de Calycophores est
longue et cylindrique. Les vésicules natatoires
sont sur deux rangées ou au nombre de deux.
Les appendices sont disposés par groupes et
peuvent se retirer dans un espace formé par
les vésicules natatoires. Chaque groupe comprend un petit Polype avec un filament pêcheur
muni de boutons urticants, et de bourgeons
pouvant dans certains cas se détacher et mener
une vie libre.

LES DIPHYIDÉS — *DIPHYIDÆ* Esch.

Caractères. — Les types de cette famille

portent deux très grosses vésicules natatoires
opposées, à l'extrémité supérieure de la tige.

PRAYA CYMBIFORME — *PRAYA DIPHYES* Blainv.

Caractères. — Les vésicules natatoires sont
égales, ovoïdes, creuses à l'intérieur, transparentes. La couleur générale est rosée avec des
tons bleuâtres pâles (fig. 941, p. 577).

Distribution géographique. — Elle se rencontre dans tout l'Océan Atlantique et surtout
vers l'Équateur.

LES DISCOÏDES — *DISCOIDA* Geg.

Caractères. — La tige chez les Discoïdes est réduite à un disque aplati pourvu d'un système de cavités canaliculiformes; au-dessus existe une vessie natatoire, le Polype central très gros est entouré de petits Polypes portant à leur base des bourgeons sexués, et des tentacules près des bords du disque, les bourgeons sexuels deviennent libres sous forme de petites Méduses.

LES VÉLELLIDÉS — *VELELLIDÆ* Esch.

Caractères. — Les caractères de cette famille, la seule comprise dans l'ordre des Discoïdes, ne diffèrent en rien des caractères de celui-ci.

VELELLE MUTIQUE — *VELELLA MUTICA* Esch.

Caractères. — Son disque inférieur est recouvert de suçoirs blancs et bordé de tentacules bleus larges et filiformes, au centre de

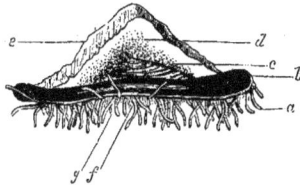

Fig. 939. — Velelle mutique (*).

ce disque (fig. 939) la bouche offre une saillie subtubuleuse.

Distribution géographique. — Elle habite la Méditerranée.

LES TRACHYMÉDUSES — *TRACHYMEDUSIDA* Geg.

Caractères. — Les Trachyméduses sont des Méduses à ombrelle gélatineuse plus ou moins rigide, suivant la consistance du cartilage qui leur sert de squelette. Elles semblent se développer sans passer par la forme polypoïde, et directement par métamorphose.

Après la segmentation totale, l'œuf se transforme en une larve ciliée, formée de deux couches de cellules et dépourvue de cavité stomacale, qui s'allonge de manière à présenter deux bras; plus tard apparaît la cavité centrale ainsi que deux nouveaux tentacules.

LES GERYONIDÉS — *GERYONIDÆ* Esch.

Caractères. — L'ombrelle est munie d'un large pédoncule cylindrique ou conique entourant l'estomac. Les parois renferment quatre à six canaux qui partent du fond de l'estomac, et vont se réunir aux canaux radiaires.

Leur développement a lieu par métamorphoses.

GERYONIE A TROMPE — *GERYONIA PROBOSCIDALIS* Lamck.

Caractères. — Cette espèce se distingue par

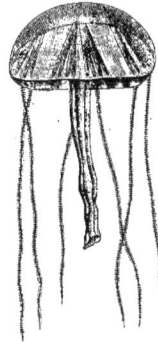

Fig. 940. — Géryonie à trompe.

son pédoncule implanté sous l'ombrelle, maculé

(*) Vue de profil. — *a*, tentacules. — *b*, limbe. — *c*, bouclier de la coquille. — *d*, crête de la coquille. — *e*, frange de la crête. — *f*, polype central; individus reproducteurs. D'après C. Wogt.)

Fig. 941. — Praya cymbiforme (p. 575).

de vert et par des cavités stomacales en forme de cœur, striées transversalement en côtelures vertes (fig. 940).

Distribution géographique. — Elle habite le détroit de la Sonde et la mer des Indes.

LES DISCOMÉDUSES — *DISCOMEDUSIDA* Perr

Caractères. — A cette classe appartiennent les Méduses les plus élevées, qui, tout en devant être séparées des Méduses hydroïdes, ne peuvent cependant en être distinguées d'une manière bien tranchée. Elles sont de dimensions beaucoup plus fortes, leur ombrelle gélatineuse est plus épaisse, et elles ont un système gastrovasculaire plus complet.

Leur développement est rarement direct et en général elles fournissent des phénomènes de

Brehm.

génération alternante. L'œuf se développe dans l'intérieur de la mère, produit une larve ciliée, la Planula, puis à un certain moment cette larve se fixe par un de ses pôles, tandis que des bourgeons tentaculaires se montrent autour de la bouche. Alors la Planula prend une forme polypoïde et est connue sous le nom de *Syphistome ;* elle est pourvue de 8, 16 ou 32 tentacules et de bandes radiaires longitudinales et saillantes dans la cavité viscérale.

VERS ET MOLL. — 73

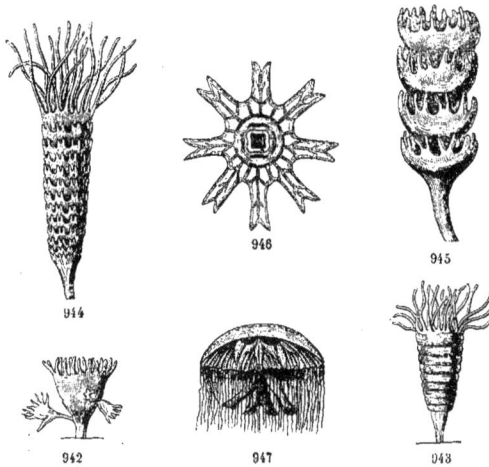

Fig. 942 à 947. — Développement de l'Aurélie rose (*Medusa aurita*) (d'après Sars) (*).

Après la formation de la couronne tentaculaire, le jeune Polype subit divers changements, qui de la forme de Syphistome le font passer à l'état de Strobile, consistant en étranglements de la partie antérieure du corps et en une série d'anneaux transversalement disposés; le premier étranglement se fait à quelque distance en arrière des tentacules; il est suivi d'un second, d'un troisième, etc., qui tous à un moment donné portent des lobes insérés en couronne; on observe ainsi une série de petites Méduses discoïdes qui adhèrent entre elles par un pédicule qui finit par se rompre, et dès lors la petite Méduse devient libre; plus tard ce nouvel organisme atteint la forme et la taille définitive des Méduses (fig. 942-947).

Nous figurons (Pl. XVI) plusieurs espèces de ce groupe.

Distribution géographique. — Tous les types de cette classe vivent de préférence sur les côtes et se rencontrent dans toutes les mers.

Mœurs, habitudes, régime. — Les Méduses de grande taille se nourrissent d'animaux tels que Crustacés et Poissons, qu'elles capturent vivants à l'aide des filaments marginaux armés de nombreux nématocystes. Souvent la digestion commence en dehors du corps, la proie retenue dans les tentacules commence à éprouver un commencement de décomposition et les sucs sont absorbés par les nombreux orifices des tentacules.

Beaucoup sont phosphorescentes, toutes sont urticantes et impriment à la main qui les touche une violente sensation de brûlure qui se maintient souvent plusieurs jours et peut occasionner dans certains cas un gonflement et même un état érysipélateux des plus douloureux. Nous avons été nous-même victime de cette propriété urticante dans nos explorations sur les côtes de l'Océan, en France et en Sénégambie (de Rochebrune).

(*) 942, forme polypoïde avec des bourgeons en voie de formation (*Syphistome*). — 943, la même commençant à se diviser en segments transversaux (*Strobile*). — 944, la même dont la division est plus avancée. — 945, la même dont il ne reste plus que quatre segments prêts à se détacher. — 946, l'un de ces segments (*proglottis*) détaché et libre. — 947, forme médusoïde (*Medusa aurita*) complètement développée.

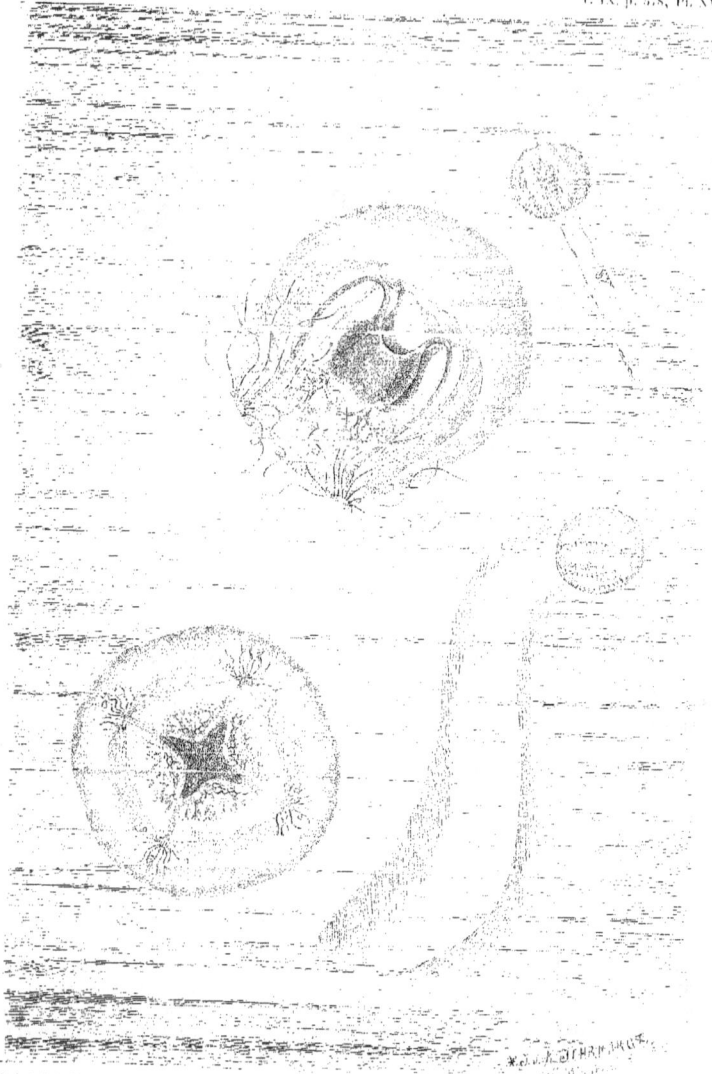

Paris, J. B. Baillière et Fils, édit.

TYPES DE MÉDUSES.

Corbeil, Crété, imp.

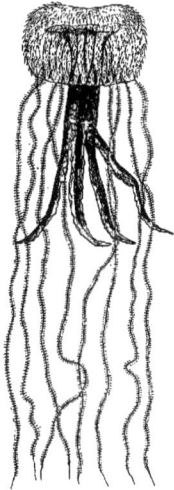

Fig. 948. — Pelagie jaunâtre.

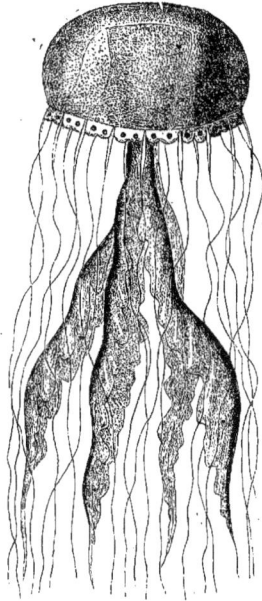

Fig. 949. — Chrysaora ocellée.

LES MONOSTOMES — *MONOSTOMATA* Gegen.

Caractères. — Les Monostomides comprennent des Méduses pourvues d'une bouche grande et centrale entourée de quatre bras, souvent divisés et portés sur le pédoncule buccal; le bord de l'ombrelle est lobé et muni de filaments marginaux, ou de touffes de très longs filaments.

Leur développement peut avoir lieu par simple métamorphose et sans subir les phases de la génération alternante.

LES PÉLAGIDES — *PELAGIDÆ* Geg.

Caractères. — Les Pélagides ont une ombrelle hémisphérique à pourtour lobé, et portent de nombreux filaments, à pédoncule terminé par quatre bras, soudés à la base.

PÉLAGIE JAUNATRE — *PELAGIA FLAVEOLA* Esch.

Caractères. — Cette espèce est jaunâtre, à disque hémisphérique, couvert de verrues allongées, cristallines, à appendices des ventricules bifides (fig. 948).

Distribution géographique. — Elles se rencontre dans l'océan Pacifique septentrional.

Un type remarquable (fig. 949), le *Chrysaora ocellata*, appartient à la même famille.

LES RHIZOSTOMES — *RHIZOSTOMATA* Esch.

Die Wurzelquatter.

Caractères. — Les Méduses de l'ordre des Rhizostomes sont dépourvues de filaments marginaux, et munies de nombreux petits suçoirs sur les huit bras buccaux. Ces suçoirs commu-

Fig. 950. — hizostome de Cuvier.

niquent avec le canal central des bras qui débouchent dans la cavité digestive; les canaux radiaires forment à la périphérie de l'ombrelle un réseau de vaisseaux anastomosés.

LES RHIZOSTOMIDÉS — *RHIZOSTOMIDÆ* Esch.

Caractères. — Chez les représentants de cette famille, les bras simples sont soudés à la base et présentent des bords plissés sur lesquels sont disposées les ouvertures buccales.

RHIZOSTOME DE CUVIER — *RHIZOSTOMA CUVIERI* Pér.

Caractères. — Très grand, ce Rhizostome est hémisphérique à bords rougeâtres; ses huit bras bilobés et soudés à la base sont dentelés (fig. 950).

Distribution géographique. — C'est une des espèces les plus communes et que l'on rencontre fréquemment sur nos côtes, où la mer en rejette souvent des quantités considérables.

Mœurs, habitudes, régime. — Nous citerons quelques particularités des Rhizostomes, qui sont communes également à un grand nombre de Méduses.

Eisner a publié des observations détaillées sur les mouvements des Méduses : « Jusqu'à présent, dit-il, on n'a attribué, que je sache, d'une manière générale les retraits de l'ombrelle des Méduses qu'à des mouvements volontaires provoqués par les contractions de sa musculature et servant principalement à la locomotion, mais, en même temps, à la respiration et à la circulation. On aurait dû mettre en doute la valeur absolue de cette opinion, rien

Paris, J. B. Baillière et Fils, édit. Cortcsil, Grelé, imp.

RHIZOSTÔMES.

qu'en observant les faits suivants que révèle l'étude des animaux indemnes et vivants.

« Les contractions du disque, chez les Méduses, ont lieu constamment pendant le jour, et il en serait de même, paraît-il, pendant la nuit. Du moins toutes les fois que j'ai examiné mes animaux pendant la nuit, j'ai vu leur ombrelle en activité.

« Même quand ces animaux ne bougent pas de place, cette activité se continue. Elle peut être interrompue, mais pendant un temps très court seulement. Quand ce fait a lieu, l'animal s'élève lentement, dans une attitude immobile, jusqu'à ce qu'il arrive immédiatement au-dessous de la surface de l'eau où il demeure volontiers quelques instants sans mouvement.

« Les contractions se succèdent d'ailleurs dans les mêmes conditions suivant un rythme constant, chez la Méduse en train d'osciller, et souvent avec une telle régularité qu'on se trouve en état de les suivre en les comptant, sans regarder l'animal, une fois qu'on a observé la durée de l'intervalle qui sépare deux contractions successives. De temps en temps seulement se produit une accélération ou un ralentissement des contractions, et toujours celles-ci se suspendent un moment, de temps à autre, de façon qu'il en résulte des pauses dans le mouvement ».

La planche XVII représente plusieurs Rhizostomes nageant en pleine mer.

LES CTÉNOPHORES — *CTENOPHORA* Esch.

Die Rippenquatler.

Caractères. — Les Cténophores, dit Claus, dont la forme peut se ramener à celle d'une sphère, mais dont cependant certains types sont cylindriques et même rubanés, sont des Animaux libres, de consistance gélatineuse et dont la structure birayonnée passe à la symétrie bilatérale.

L'ouverture buccale est parfois entourée de filaments ou de lobes et conduit dans un tube stomacal spacieux, ou bien étroit d'abord, puis élargi et pourvu de deux bandes de substance hépatique, d'une ouverture postérieure pouvant être fermée par des muscles et d'une entrée dans la cavité générale, connue sous le nom d'entonnoir.

De cet entonnoir partent les vaisseaux périphériques. Ces vaisseaux sont au nombre de quatre disposés par paires.

Quelques Cténophores, rares du reste, possèdent deux filaments latéraux analogues aux filaments pêcheurs des Méduses et des Siphonophores.

Le premier, M. le professeur Milne Edwards a considéré comme système nerveux, un corps semblable à un ganglion et situé au pôle apical entre les vaisseaux terminaux.

Les Cténophores sont hermaphrodites. Arrivés à maturité, les produits reproducteurs pénètrent dans la cavité gastro-vasculaire et sont expulsés ensuite au dehors. Le développement semble être direct, c'est exceptionnellement que l'on constate des métamorphoses.

Pendant le cours de leur développement, les jeunes Cténophores diffèrent sensiblement des individus adultes.

Distribution géographique. — Ils vivent tous dans la mer, plus spécialement dans les climats chauds, et apparaissent souvent en grande quantité à la surface.

Mœurs, habitudes, régime. — Leur mode de progression s'effectue en partie par les oscillations de palettes natatoires hyalines placées à la surface du corps suivant huit méridiens, quelquefois seulement quatre.

Ces palettes sont formées de cils vibratiles soudés les uns aux autres, situés sur de petits bourrelets de l'épiderme.

La contractilité des éléments constitutifs du corps paraît également contribuer pour une large part à la progression ; la cause des contractions réside dans la présence de fibres musculaires nucléées, disposées horizontalement sur la surface du corps et autour de la cavité gastro-vasculaire.

Ils nagent le pôle buccal en arrière, étendant et contractant alternativement leurs filaments tactiles.

Ils se nourrissent de proies qu'ils saisissent à l'aide de ces filaments, armés de nématocystes.

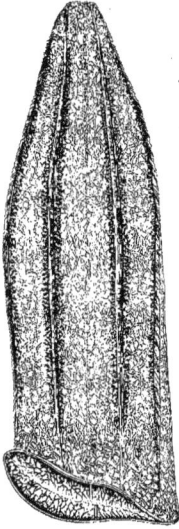

Fig. 951. — Béroe de Forskal.

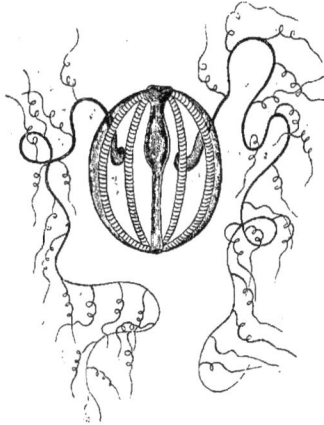

Fig. 952. — Cydippe globuleux.

LES EURYSTOMES — *EURYSTOMATA* Leuck.

Die Melonenquatter.

Caractères. — Les Eurystomes ont le corps ovale entièrement contractile, dépourvu de filaments tactiles ; ils possèdent une large bouche et un vaste tube stomacal.

LES BÉROIDÉS — *BEROIDÆ* Linck.

Caractères. — Dans cette famille, le corps est ovale, comprimé latéralement, les bords de la bouche sont entiers.

BÉROE DE FORSKAL — *BEROE FORSKALI* M. Edw.

Caractères. — Le corps de cette espèce est ovale, en forme du coin, à bouche très grande, nue, de couleur un peu ferrugineuse (fig. 951).

Distribution géographique. — Elle habite sur les côtes de Sicile, où M. Milne Edwards l'a étudiée le premier.

LES GLOBULEUX — *SACCATA* Ag.

Die Sackquatter.

Caractères. — Chez ces Cténophores, le corps est globuleux, à peine comprimé, muni de filaments tactiles et rétractile dans une vaste poche.

LES CYDIPPIDÉS — *CYDIPPIDÆ* Agar.

Caractères. — Le corps est sphérique, à côtes développées et ayant une apparence de huit rayons.

CYDIPPE GLOBULEUX — *CYDIPPE PILEUS* Esch.

Caractères. — Le corps globuleux, régulier, gélatineux, est pourvu de huit rangées de cils vibratiles. Deux filaments filiformes, ciliés, sortent de deux cavités opposées à la bouche. Ces tentacules sont blanchâtres, la couleur générale d'un bleuâtre pâle et les rangées de lames vibratiles ornées de teintes changeantes très brillantes (fig. 952).

Distribution géographique. — On l'observe dans la Manche et les mers du Nord.

LES RUBANÉS — *TÆNIATA* Ag.

Die Bandquatter.

Caractères. — Dans cette division, le corps est comprimé, aplati et offre l'aspect d'un large ruban. On voit deux filaments tactiles pourvus chacun d'un filament accessoire soudé à la face buccale, à rameaux frangés.

LES CESTIDES — *CESTIDÆ* Esch.

Caractères. — Les Cestides possèdent tous les caractères du groupe.

CESTE DE VENUS — *CESTUM VENERIS* Lin.

Caractères. — Son corps se prolonge de chaque côté en forme de bande, et cet être qui, dans son ensemble, offre l'aspect d'une ceinture transparente, est un vrai plaisir pour l'œil lorsqu'un rayon de soleil se réfracte sur lui en le couvrant de colorations magnifiques. Les lisières de ce ruban sont bordées de cils qui correspondent aux organes pectinés du corps proprement dit (fig. 953). Déjà fort élégant par lui-même, cet animal gagne encore en beauté par ses mouvements à la fois vifs et délicats, qui mettent en relief ses deux bandes contournées suivant toutes les courbes imaginables (fig. 954).

Distribution géographique. — On le rencontre dans la Méditerranée.

Mœurs, habitudes, régime. — Troublé

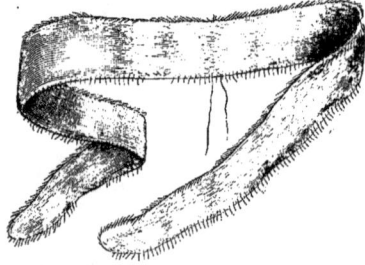

Fig. 953. — Ceste de Vénus.

brusquement, il s'enroule généralement en spirale en commençant par l'une des bandes. Lorsqu'on le laisse en paix, il a bientôt fait de déployer ses appendices, tantôt tous deux plus ou moins enroulés, tantôt étendus d'un côté et enroulés de l'autre. Il peut, comme les autres Cténophores, se maintenir en suspens dans l'eau par le simple jeu des cils vibratiles ; il peut aussi, en serpentant, changer de lieu (fig. 954).

LES HYDROCORALLIAIRES — *HYDROCORALLIARIA* Balf.

Caractères. — Avant d'étudier la classe nombreuse et remarquable des Coralliaires, nous devons nous arrêter un instant sur un groupe d'Animaux longtemps confondus avec eux, et dont il est indispensable de faire ressortir les caractères.

Fig. 954. — Ceste de Vénus nageant.

Nous verrons bientôt que lorsqu'on vient à briser un Coralliaire, c'est-à-dire un Polypier ordinaire, on reconnaît de suite que les chambres comprises entre les lames calcaires d'un même calice sont divisées en étages à différentes hauteurs, par de petits planchers transversaux de nature calcaire comme le Polypier lui-même, de sorte que ces planchers ne se correspondant pas dans deux chambres voisines ; celles-ci sont en quelque sorte indépendantes les unes des autres.

Chez les Hydrocoralliaires, au contraire, les planchers ne se limitent plus à l'étendue d'une chambre, mais ils s'étendent à toute la cavité des calices, qui se trouvent ainsi divisés en étages superposés et dépourvus de toute communication entre eux (Perrier).

MM. Milne Edwards et J. Haime, considérant ces types comme formant une section dans les Madréporaires, les avaient groupés sous le nom de Polypiers tabulés. A peu près à la même époque où le savant doyen de la Faculté des sciences de Paris décrivait les Tabulés, Agassiz publia un travail où il cherchait à démontrer que les Tabulés étaient des Polypes hydraires.

Son opinion ne fut accueillie qu'avec la plus grande réserve, jusqu'au jour où M. Moseley (1875) prouva péremptoirement qu'il y avait lieu de distinguer parmi les Tabulés trois groupes des plus accusés.

Aujourd'hui la classe des Hydrocoralliaires peut être considérée comme formant un passage entre les Hydres et les Coralliaires proprement dits ; elle montre le chemin qu'ont suivi les Hydraires pour se transformer en Coralliaires (Perrier).

Si l'on prend par exemple un Millepore, on reconnaît que les loges des Polypes, parsemées à la surface du Polypier, ressemblent à une multitude de petits trous d'aiguilles presque toujours de deux ou trois dimensions différentes.

Quand après avoir plongé une portion du Polypier dans l'alcool, on pratique des coupes, on reconnaît que les loges les plus grandes sont occupées par un polype Hydraire en tout semblable à ceux que nous avons précédemment décrits. Ce Polype possède une bouche, des tentacules disposés en couronnes, non rétractiles ; sa cavité stomacale ne présente

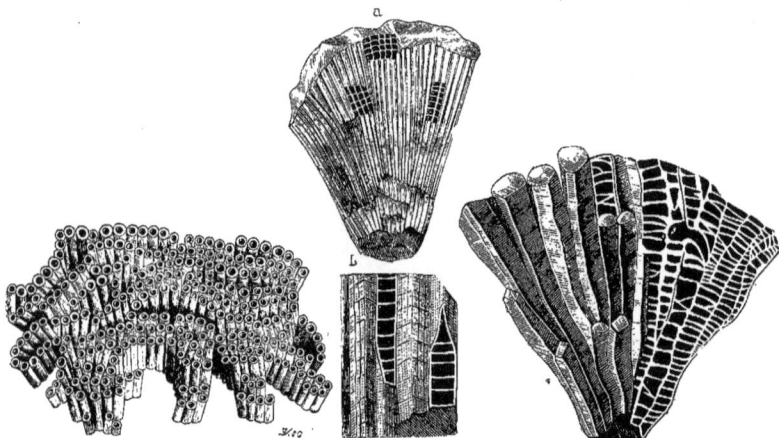

Fig. 955. — Halysites agglomérés.

Fig. 956-957. — Chæ tetes de Triger (*).

Fig. 958. — Beaumontia d'Egerton.

aucune trace du cloisonnement caractéristique des vrais Coralliaires. C'est un Polype nourricier.

Dans les petites loges, on trouve des Polypes sans bouche, sans tentacules, ce sont les Dactylozoïdes.

Enfin d'autres loges peu visibles contiennent des bourgeons sexués, identiques encore à ceux des Hydres.

Comme on le voit, l'identité avec les colonies hydraires est absolue ; la nature calcaire du support de la colonie est la seule différence qu'il soit possible de signaler (Perrier).

Distribution géographique. — Les Hydrocoralliaires habitent les mers chaudes.

Distribution paléontologique. — Un grand nombre sont connus à l'état fossile et semblent se cantonner plus particulièrement dans les strates des formations anciennes (Silurien, Dévonien et Carbonifère).

Parmi les familles et les espèces composant cette classe, nous citerons les suivantes :

LES MILLEPORIDÉS — MILLE-PORIDÆ M. Edw.

Caractères. — Le Polypier est plus ou moins

foliacé et dressé, et les calices de dimensions très diverses sur le même sujet ; on distingue difficilement les cloisons, la columelle fait défaut et les planchers sont horizontaux.

MILLEPORE CORNE D'ÉLAN — MILLEPORA ALCICORNIS Dana.

Caractères. — Le Polypier est en touffe, composé de petites branches subcylindriques, disposées par groupes sur un même plan et se confondant par leur base, de façon à former des frondes palmées à bords digités ; les branches terminales sont cylindriques.

Distribution géographique. — L'espèce habite la mer des Antilles.

LES HALYSITINÉS — HALYSITINÆ M. Edw.

Caractères. — Dans cette famille, le Polypier constitue ou des expansions lamelliformes, ou des faisceaux lâches, libres sur les côtés ou réunis entre eux par des expansions murales.

Distribution paléontologique. — La famille est essentiellement composée d'espèces fossiles de l'époque paléozoïque.

(*) a, grandeur naturelle. — b, fragment grossi.
BREHM.

VERS ET MOLL. — 74

HALYSITES AGGLOMÉRÉES — *HALYSITES AGGLOMERATA* M. Edw.

Caractères. — Le Polypier est élevé, en masses arrondies et convexes dont la surface supérieure présente un réseau de mailles inégales, en général plus allongées dans un sens que dans un autre ; les côtés de ces mailles sont formés par 4, 5, 6 et même 8 individus ; les calices sont elliptiques, mais la longueur de leur grand axe varie dans les divers exemplaires (fig. 955).

Distribution paléontologique. — Cette es-

pèce provient du terrain silurien, d'Angleterre, de Suède, de Russie et de l'Amérique septentrionale.

Un autre, type de la famille des Chætétinés, et provenant de l'étage dévonien, est le Chætetes de Triger, que nous figurons et où l'on voit distinctement la disposition des planchers transversaux (fig. 956-961).

Le genre Beaumontia, dont nous figurons également une espèce (fig. 958), le Beaumontia d'Egerton, rentre dans la même classe ; il est du terrain carbonifère.

LES CORALLIAIRES — *CORALLIARIA* M. Edw.

Caractères. — On peut, avec Claus et la majorité des auteurs, définir le type Coralliaire de la façon suivante : « Polypes pourvus d'un tube stomacal et de replis mésentéroïdes, à organes reproducteurs internes, ne présentant pas de génération médusoïde, et réunis en colonies qui forment par leurs dépôts calcaires ce que l'on nomme généralement les Coraux ou les Polypiers. »

Dans les Polypes que nous étudions, la cavité gastro-vasculaire n'est plus une simple excavation creusée dans le tissu du corps, elle est partagée par de nombreuses cloisons des replis mésentéroïdes, en un système de loges verticales qui communiquent entre elles par le bas de la cavité générale et également avec un système de canaux ramifiés dans la paroi du corps. A leur partie supérieure elles prennent la forme de canaux et se continuent dans les tentacules. Ces tentacules ne peuvent ici être comparés à ceux des Hydraires ; chez le Coralliaire, dit M. Perrier, les tentacules sont une des parties essentielles du corps du Polype, une des parties qui détermine même la forme du Polypier. Ces tentacules se groupent suivant des règles invariables.

Avant d'examiner le mode de formation des Coralliaires, il est bon de préciser quelles sont les parties dures qui le constituent et quelles relations ces parties dures présentent avec le Polype qu'elles contiennent et les tissus qui les recouvrent.

On voit tout d'abord, quand on examine un Polypier : un appareil formé de lames calcaires verticales. Ces lames sont de différentes grandeurs ; il est facile d'en distinguer d'abord 12

grandes, puis 12 plus petites intercalées entre elles, puis 24 plus petites encore ; l'ensemble de ces lames constitue le *cycle*. Au centre de ces lames il existe une espèce de cirque occupé par un bouton calcaire, c'est la *columelle ;* entre la columelle et les lames, directement sur le prolongement de celles-ci, se trouvent d'autres petites lames calcaires, ce sont les *palis*.

Extérieurement, le Polypier doit être limité ; aussi le bord externe de toutes les lames vient-il se souder à une enveloppe calcaire désignée sous le nom de *muraille*. Assez souvent les lignes de suture des lames et de la muraille sont extérieurement marquées par des crêtes diversement denticulées, on les appelle des *côtes ;* enfin la muraille peut être revêtue d'une sorte d'enduit plus ou moins vernissé et que l'on a nommé *épithèque* (Perrier).

Chaque lame du Polypier est exactement intercalée entre deux cloisons du Polype, de sorte qu'elle fait saillie sur le plancher de la loge correspondante. Si cette loge était fermée intérieurement, c'est-à-dire si le tentacule correspondant se prolongeait sans s'ouvrir jusqu'à la base du Polype, la lame du Polypier serait contenue dans sa cavité, absolument comme la columelle dans la cavité viscérale ; par suite de cette disposition les loges du Polype ne correspondent en aucune façon aux chambres du Polypier, chaque chambre de celui-ci est à cheval sur deux loges de celui-là et réciproquement (Perrier).

Distribution géographique. — Dans nos généralités sur les Acalèphes, nous avons développé la distribution géographique des Coralliaires.

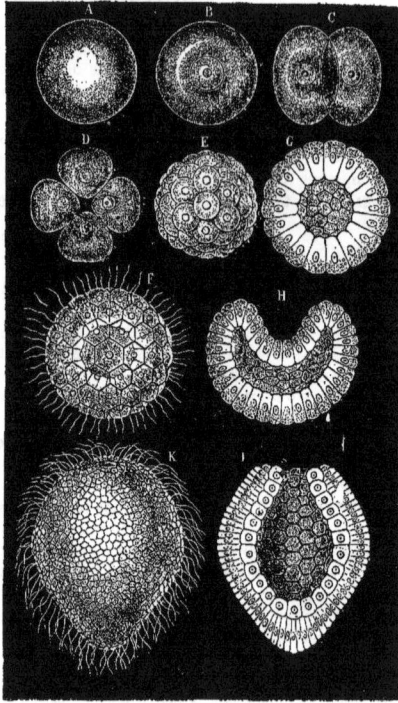

Fig. 959. — Segmentation et formation de la Gastrula chez la *Monoxenia Darwini* (*).

Distribution paléontologique. — Et nous avons montré de quelle façon ils s'échelonnent à travers les formations géologiques.

Mœurs, habitudes, régime. — Dans l'étude du développement des Coralliaires, nous suivrons MM. Hæckel et Lacaze-Duthiers, et nous prendrons pour types d'une part le Monoxenia Darwini, de l'autre l'Astroïdes Calycularis, étudiés par ces deux savants observateurs, et dont les stades peuvent se rapporter à l'ensemble général des Coralliaires.

Hæckel figure et décrit le développement du

Monoxenia Darwini qu'il a découvert dans la baie de Tor, sur la côte d'Afrique. L'animal, long de 3 millimètres, paraît avoir une conformation absolument rayonnée, attendu que sa bouche, placée à l'extrémité supérieure du corps cylindrique, est entourée de huit tentacules pennés. Il adhère au plan sous-jacent à l'aide d'une ventouse mobile, ou *disque pédieux*, qui se trouve à l'extrémité opposée à la bouche ; sa surface sinueuse et mobile indique qu'il ne possède aucune partie dure faisant office de squelette ou d'étai. On peut se rendre compte de son organisation interne, à l'aide de coupes transversales et longitudinales (fig. 959).

Le début de l'évolution est marqué par la disparition du noyau de la cellule ovulaire (A) ;

(*) A, œuf après la disparition de la vésicule germinative .— B, œuf avec le premier noyau de segmentation. — CDE, segmentation. — FG, blastula entière et en coupe. — H, invagination formant la gastrula. — IK, gastrula.

celui-ci reparaît bientôt (B), et donne lieu, par une segmentation continue, à la multiplication des cellules (C, D, E). Ce processus, qui s'applique à l'ensemble du monde animal, a reçu, en Allemagne, le nom de « sillonnement ». Il se poursuit, dans le cas en question, avec tant d'uniformité et de régularité que le résultat final est représenté par une sphère creuse enfermée dans une couche unique de cellules (G). Chaque cellule envoie au dehors un long cil ou fléau (F), au moyen duquel la larve peut se tourner et nager dans le liquide que renferme le corps de sa mère. Puis une moitié de la sphère s'invagine dans l'autre (4) ; ainsi se produit la *Gastrula* (I, K).

Ce terme a pris, dans ces dernières années, une grande importance, depuis que le naturaliste russe Kowalewsky a fait voir dans cette invagination un stade de formation commun à diverses classes d'animaux qui sont très éloignées au point de vue d'une classification systématique. C'est Hæckel qui, en vulgarisant les observations et les vues de ce savant, a inventé l'expression de « Gastrula » ou de « larve sacculaire ». Dans une série de monographies il a exposé et soutenu sa théorie de la Gastrœa qui repose sur ce principe, que tous les animaux qui passent dans le cours de leur évolution par « le stade de la Gastrula », émanent d'une forme originelle depuis longtemps disparue, la « Gastrœa », qui leur servit d'aïeule commune. Tous les phénomènes de l'évolution du règne animal tendent à faire admettre cette supposition ou une hypothèse analogue. Quoi qu'il en soit, la théorie de la Gastrœa, émise par Hæckel, a donné une impulsion extrêmement puissante à la doctrine de l'atavisme, à laquelle d'ailleurs elle se rattache et à laquelle elle peut servir de base.

La Gastrula de la Monoxenia est d'une organisation des plus simples. Elle résulte d'une invagination complète ; la larve représente un sac dont la paroi (fig. 960, I) est formée de deux couches de cellules ou de *feuillets germinatifs*, l'un externe appelé *ectoderme*, et l'autre interne désigné sous le nom d'*entoderme*. On comprend aisément comment cet organisme a passé de la forme d'une coupe (H) à celle d'un sac à ouverture étroite. Nous aurons jeté d'un seul coup un grand jour sur la structure des Coralliaires, quand nous aurons dit que pour toutes les divisions qui comprennent les nombreux types issus de cette même origine, l'évolution ultérieure émane de la larve que

nous venons de décrire ou d'une larve tout à fait analogue, et que le système cavitaire le plus compliqué, c'est-à-dire tout l'appareil appelé gastrulo-vasculaire, se développe par le fait d'extensions et de prolongements de l'estomac si simple de la Gastrula. Pendant ces transformations, l'ectoderme se maintient, par le fait de la multiplication des cellules, sous la forme d'une couche ininterrompue qui revêt l'estomac et ses appendices, et l'ectoderme produit les parties constituantes de la peau. Dès que la larve du Polype s'est installée, ou lorsque le jeune Acalèphe continue à s'accroître, on voit se séparer de l'ectoderme (et parfois aussi du feuillet interne) un feuillet moyen, le *mésoderme*, qui est employé en partie à la formation du tissu musculaire, en partie à celle du tissu conjonctif et de remplissage.

Nous revenons à la Monoxenia et aux figures fournies par Hæckel. Bien que nous ne constations pas le passage de la larve gastrulaire au stade du développement complet, nous ne pouvons avoir aucun doute sur le mode de cette transformation, attendu qu'il existe des séries complètes d'observations recueillies sur d'autres espèces par Kowalewsky, M. Lacaze-Duthiers, et d'autres encore. La larve se fixe n'importe où, sur le pôle opposé à sa bouche ; les cils disparaissent, et, après qu'une nouvelle invagination du bord antérieur, suivant l'axe longitudinal (L,a,o) a formé une cavité buccale et une cavité œsophagienne (p) distincte de l'estomac (g) (fig. 961), on voit s'élever autour de la bouche les 8 tentacules creux qui représentent autant de culs-de-sac de la cavité du corps ou autant de prolongements immédiats de l'estomac. A l'instar de tous les autres Coraux, la Monoxenia se reproduit périodiquement par oviparité ; ses œufs, qui naissent dans les cloisons stomacales et sur leurs bords libres, doivent être rejetés par la bouche naturellement, à moins que leurs évolutions ne s'effectuent dans la cavité de l'estomac, comme dans l'exemple actuel. En général chaque Polype représente un individu appartenant strictement au sexe masculin ou au sexe féminin. Les individus réunis sur un même pied sont tous des mâles ou tous des femelles, ou bien on y trouve des mâles et des femelles entremêlés. Il est plus rare de trouver des Polypes qui représentent des individus hermaphrodites. Dans cet état de simplicité, la Monoxenia est le type du Polype régulièrement étoilé, du véritable rayonné, comme le sont la plupart des Polypes. Hæckel a donné

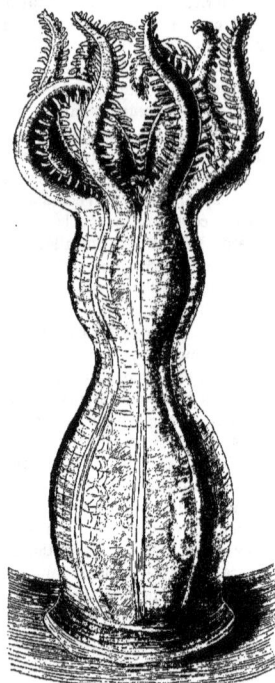

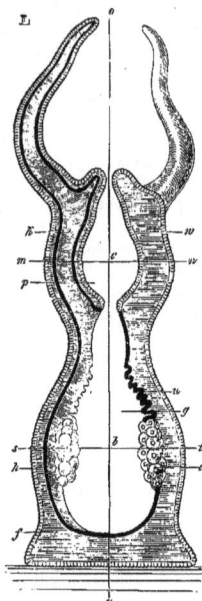

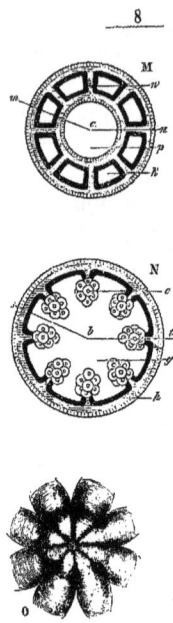

Fig. 960.   Fig. 961.   Fig. 964.

Fig. 960 à 964. — Monoxenia Darwini (*)

les noms d'antimères aux pièces équivalentes ou symétriques qui se trouvent disposées en cercle autour de l'axe du corps des animaux rayonnés. Ces pièces ont, chez les Rayonnés, la même importance que les anneaux isolés qui, chez les Vers ou chez les Insectes, constituent les métamères. La simplicité et la clarté plus grande de la Monoxenia et de ses pareils, reposent en grande partie sur le développement isochrone et égal de leurs antimères et sur le nombre limité de ces pièces. Dans tous les cas,

(*) Fig. 961. Coupe longitudinale de Monoxenia Darwini divisée en deux parties. — *abco*, axe principal. — *p*, gorge. — *g*, estomac. — *k*, cases de l'estomac. — *w*, parois de l'estomac. — *o*, œufs. — *u*, cordons de l'estomac. — *f*, masse de muscle et tissu.
Fig. 962. Coupe transversale par la ligne *mn*.
Fig. 963. Coupe transversale par la ligne *sbt*.
Fig. 964. Ouverture de la bouche montrant les huit lèvres, avec la base des bras.

l'orifice buccal est généralement circulaire ; plusieurs Polypes néanmoins semblent étirés transversalement, quelques-uns même comprimés en forme d'éventail, et leurs bouche prend alors l'aspect d'une fente transversale. Dans ces cas, on reconnaît que les premiers rudiments des tentacules étaient déjà inégaux, ou bien qu'après avoir commencé à croître régulièrement, certaines antimères sont demeurées en retard relativement aux tentacules correspondants ou ont pris de l'avance sur les autres. Cette remarque s'applique particulièrement aux Polypes munis de tentacules nombreux et disposés sur plusieurs cercles autour de l'orifice buccal.

De son côté, M. Lacaze Duthiers décrit le développement de l'Astroïdes calycularis. Le procédé le plus simple pour recueillir les larves consiste à placer un Polypier entier dans un récipient, où l'on se met à presser ou à ouvrir ensuite les calices : les petits apparaissent bientôt en foule et se laissent prendre en masse à la superficie à l'aide d'un vase moins grand. Par suite des précautions familières à tous les zoologistes qui étudient les animaux aquatiques, c'est-à-dire en prenant soin de renouveler l'eau journellement, de l'aérer, etc., les larves purent être conservées en vie pendant plusieurs jours et même pendant deux mois, sur la côte africaine malgré la chaleur excessive, et il fut possible d'observer d'une manière précise leur passage à l'état de créatures sédentaires. Les petits sortent de l'œuf, dans les vastes cavités cloisonnées de l'estomac et du corps de la mère, et nagent quelque temps avec assez de vivacité dans ces espaces maternels, jusqu'à ce qu'il trouvent par hasard ou volontairement une issue à travers la bouche, ou jusqu'à ce que les pressions et les contractions effectuées par la mère leur procurent leur indépendance. Ces larves allongées, semblables à de petits vermisseaux, ont une extrémité postérieure un peu épaissie, qui se place en avant pendant la natation : à l'autre extrémité, la bouche devient reconnaissable, très peu de temps après l'éclosion (fig. 965). Ces larves peuvent d'ailleurs modifier leur forme d'une façon extraordinaire, et nagent avec beaucoup de souplesse et de vivacité grâce à leur revêtement ciliaire. Chez quelques-unes, cet état d'indépendance a persisté plus de deux mois, ainsi qu'il a été dit déjà ; ordinairement il s'écoula une trentaine ou une quarantaine de jours entre leur naissance violentée et leur fixation dans l'aquarium. Parmi les circonstances naturelles qui paraissent abréger la durée de leur essaimage en pleine mer, on peut noter la durée prolongée de leur séjour dans la cavité du corps maternel. En outre, un Sirocco violent, qui vint à souffler, eut pour effet de faire contracter les larves, qui présentèrent une apparence d'épuisement et se fixèrent.

Le passage des larves vermiformes à l'état de Polypes s'effectue comme chez les Actinies. La larve presse l'épaisse extrémité, qui marche en avant, contre un corps dur ; elle peut se contracter en fort peu de temps et prendre ainsi l'aspect d'un disque en forme de gâteau. Des sillons longitudinaux se montrent au pôle supérieur, où la bouche s'enfonce plus profondément. De l'extrémité des sillons émanent deux fois six

antennes. La figure 966 à 968, p. 593 représente avec un grossissement de 24 diamètres, les modifications qui se succèdent rapidement et qui donnent à l'animal une forme et une disposition qui le distinguent à peine d'une Actinie à l'état jeune. Son avenir n'est indiqué que par le dépôt des parties calcaires qui a commencé déjà à se faire. Nous ne pouvons quitter l'Astroïde calycularis avant d'avoir exposé le mode de production de son étai ; tout ce qui s'applique à cette espèce est applicable, à de très légères différences près, au reste des Polypes qui produisent un étai ; ces notions nous permettront de saisir un des phénomènes les plus intéressants et les plus importants que présente cette classe d'animaux.

Si l'on voulait conclure de l'état du Polypier parfait à son processus de formation, on pourrait s'imaginer qu'il a été produit dans toutes ses parties à la fois comme un ensemble en connexion intime. Il s'en faut de beaucoup : les premiers rudiments du Polypier se montrent sous la forme de petits corpuscules calcaires, noueux ou allongés, et microscopiques, auxquels on a donné en France la dénomination parfaitement appropriée de *Sclérites*, pour distinguer ces productions de celles du même genre qu'on observe chez d'autres classes d'animaux. Ces calcifications, chez les Astroïdes, se déposent à peu près vers l'époque où commence le développement des replis et des cloisons de séparation. Elles se font, comme nous l'avons déjà dit, dans le feuillet moyen du corps. Les parties dures qui apparaissent les premières appartiennent donc aux cloisons ou septa, et non au mur, ainsi qu'on serait tenté de le croire. Ce dernier se forme en seconde ligne ; ensuite se produit la plaque pédieuse, puis en dernier lieu la colonne. Partout l'épaississement et la calcification se font par accumulation de corpuscules calcaires isolés, qui se rapprochent les uns des autres, se juxtaposent et finissent par se confondre en un étai solide, dont la forme est néanmoins toujours modifiable encore.

Récifs et îles madréporiques. — La nature, la constitution, l'établissement, le mode d'apparition des récifs et des îles madréporiques, font partie intégrante des mœurs des Coralliaires, et nous devons en placer ici l'étude. C'est seulement après cette connaissance nécessaire, que nous examinerons quelques-uns des principaux types, venant chacun dans des proportions plus ou moins grandes, contribuer à leur formation.

Des milliers d'animaux apparaissent, passent et disparaissent immédiatement après la mort sans laisser de trace. Sans doute ces êtres ne sont pas anéantis, et les éléments qui les constituent rentrent dans l'éternelle circulation de la matière ; mais ils ne laissent après eux rien qui frappe notre regard. Les Polypes, au contraire, s'érigent des constructions commémoratives qui subsistent pendant des centaines de milliers d'années ; c'est du moins ce qui a lieu pour les types nombreux qu'on embrasse sous la qualification de Coralliaires ; l'influence qu'ils exercent sur l'existence matérielle et sur le développement de la race humaine constitue le point important sur lequel doit se concentrer en définitive l'étude de la vie des Polypes.

Hæckel, après avoir visité la côte arabe de la mer Rouge, décrit brièvement le charme que procure un simple coup d'œil jeté sur les récifs coralliaires superficiels (Pl. XVIII) : « Nous sommes partis, dit-il, du port de Tor, où nous avons admiré dans tout l'éclat de leur coloris la magnificence si renommée des bancs coralliaires indiens. Ici, l'eau cristalline est, immédiatement contre la rive, presque toujours d'un calme et d'une immobilité tels qu'on peut distinguer nettement tout le revêtement coralliaire du fond ainsi que la population variée des animaux marins de toutes sortes qui l'animent. Ici, comme dans la plus grande partie de la mer Rouge, s'étend parallèlement à la côte une longue digue de récifs éloignée de la côte d'un quart de lieue environ. Ces digues ou ces barrières de récifs constituent de véritables brise-lames. Les vagues viennent se disperser contre cette surface inégale et dentelée qui s'élève jusqu'au voisinage du niveau de l'eau, et dont le parcours est indiqué par le bouillonnement d'une écume blanchâtre. Même lorsque la tempête sévit au dehors, l'eau demeure relativement calme dans le canal ou le fossé que protège le récif, et les petits bâtiments peuvent y poursuivre leur navigation le long de la côte, sans être menacés par l'orage. En dehors, du côté de la pleine mer, le récif coralliaire tombe à pic. En dedans, en face de la côte, il s'abaisse au contraire graduellement, et, le plus souvent, la profondeur du canal demeure si faible qu'on peut voir sur le fond toutes les merveilles de coloris de ces jardins animés.

« Aucune plume, aucun pinceau ne saurait donner une idée de cette magnificence. Les descriptions si animées de Darwin, d'Ehren-berg, de Ransonnet et des autres naturalistes, que j'avais lues préalablement, avaient éveillé au plus haut point ma curiosité ; mais la réalité dépassa de beaucoup mon attente. La comparaison de ces produits maritimes, si riches de formes et si éclatants de colorations, avec les productions les plus fleuries de la terre ferme, ne peut en donner une idée suffisante. Ici, dans les profondeurs bleuâtres, tout est littéralement recouvert de floraisons bariolées, et toutes ces fleurs si délicates sont des animaux coralliaires en vie ! La surface des grands bancs de Coraux, qui mesurent 6 à 8 pieds de diamètre, est revêtue d'admirables fleurs étoilées qui foisonnent par milliers. Sur les arbustes ramifiés et sur les buissons, les floraisons sont contiguës. Les grands calices floraux si bariolés qui s'étalent à leurs pieds, sont également des Coraux. Et même la mousse multicolore qui comble les intervalles compris entre les Polypiers plus grands, se montre composée de millions d'animalcules coralliaires minuscules, lorsqu'on l'examine de plus près. Sur toute cette magnificence fleurie, le soleil d'Arabie verse au travers de l'eau cristalline un éclat ineffable !

« Dans ces merveilleux jardins dont la magnificence dépasse la beauté proverbiale des jardins enchantés des Hespérides, s'agite une variété d'animaux appartenant aux espèces les plus diverses. Des Poissons, d'un éclat métallique, de formes extraordinaires et de couleurs surprenantes, se jouent par troupes, autour des calices coralliaires, semblables aux Colibris qui voltigent autour des calices floraux des plantes tropicales. Plus variés et plus intéressants encore que les Poissons, sont les Invertébrés, appartenant aux classes les plus diverses, qui passent leur vie sur ces bancs de Coraux. Des Crustacés transparents du groupe des *Caridina*, se hâtent en foule avec des mouvements délicats et rapides, et des Crabes bariolés grimpent entre les rameaux coralliaires. Des Astéries rouges, des Ophiures violettes et des Oursins noirs, escaladent en masses les branches des buissons, et ne le cèdent en rien aux troupes des Coquillages et des Gastropodes. Des Vers attrayants, ornés de houppes branchiales de colorations variées, viennent jeter un coup d'œil hors de leurs tubes. Des essaims compactes de Méduses nagent auprès de là, et nous reconnaissons, avec surprise, dans la cloche élégante que nous voyons flotter, une Acalèphe connue depuis longtemps dans la mer du Nord et dans la Baltique.

Fig. 965. — Larves d'Astroïdes calycularis.

« On serait tenté de croire que dans ces buissons coralliaires enchanteurs, où chaque animal devient fleur, règne l'accord bienheureux des champs Élyséens. Mais en regardant de plus près cette foule élégante, on apprend bientôt que là encore, de même que dans la vie humaine, sévit sans cesse dans toute son horreur la lutte pour l'existence ; elle y est souvent silencieuse et lente, mais elle n'en est pas moins terrible et impitoyable. Le plus grand nombre des êtres vivants, qui se développent ici dans une plénitude luxuriante, est sans cesse anéanti pour permettre l'existence d'une minorité plus favorisée. Partout se cachent l'effroi et le danger. Pour nous en convaincre, il nous suffit de plonger une fois. Nous sautons vivement par-dessus le bord ; enveloppés d'une merveilleuse lueur verte et bleue, nous voyons alors de tout près la magnificence de coloris des bancs coralliaires. Mais nous ne tardons pas à reconnaître que l'homme ne peut s'aventurer impunément sous les Coraux, pas plus que sous les Palmes. Leurs dentelures pointues ne nous permettent de prendre pied solidement en aucun point. Nous cherchons à nous établir sur une place sablonneuse et libre ; mais un Oursin caché dans le sable (un *Diadema*) nous enfonce dans le talon ses épines, longues d'un pied et armées de crochets fins extrêmement fragiles, qui se brisent dans la plaie et qu'on ne peut en extraire qu'à l'aide d'une dissection minutieuse. Nous nous baissons pour ramasser sur le sol une superbe Actinie d'un vert d'émeraude, qui nous paraît reposer entre les valves d'un coquillage mort (le *Tridacna gigas*). Toutefois nous reconnaissons à temps, que ce corps verdâtre n'est point une Actinie, mais bien le corps même du coquillage vivant ; si nous avions commis l'imprudence de le saisir, notre main se serait trouvée douloureusement pincée entre les deux valves puissamment refermées. Nous cherchons alors à détacher une branche d'un magnifique Madrépore violet ; mais nous retirons la main en toute hâte, car un petit crabe, plein de courage (le *Trapezia*) qui demeure par troupes entre ces branches, nous serre douloureusement entre ses pinces. Nous faisons une expérience plus désagréable encore en cherchant à briser le Corail-de-Feu (*Millepora*) qui se trouve dans le voisinage. Des millions de vésicules vénéneuses microscopiques se vident sur notre peau, au moindre contact, et la main nous brûle comme si nous avions saisi un fer rouge. Un petit Hydropolype fort élégant qui paraît tout à fait inoffensif, produit une brûlure tout aussi vive. Pour éviter le contact désagréable d'une troupe de Méduses urticantes ou la mâchoire des Requins qui ne sont point rares dans ces parages, nous remontons à la surface et nous rentrons dans notre barque.

« C'est seulement par une étude plus minutieuse que l'on peut se faire une idée approximative de la foule miraculeuse des animaux

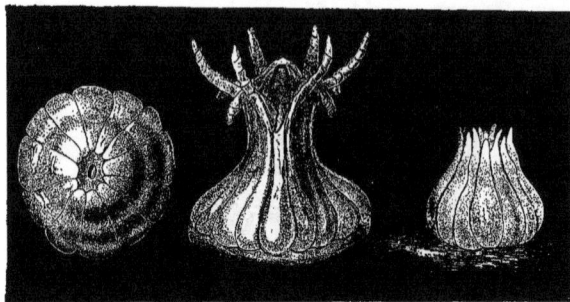

Fig. 966.　　　　　Fig. 967.　　　　　Fig. 968.

Fig. 966 à 968. — Astroïdes calycularis (*).

divers qui pullulent pêle-mêle sur ces bancs et qui y soutiennent entre eux la lutte pour l'existence. Chaque Polypier constitue isolément un véritable petit musée zoologique. Plaçons par exemple dans un vase plein d'eau de mer, où les Polypes pourront étaler paisiblement leurs corps délicats et caliciformes, le magnifique pied de Madrépore qu'un de nos plongeurs vient de retirer. Au bout d'une heure, non seulement ses nombreux rameaux sont recouverts des floraisons les plus belles, mais des centaines d'animalcules assez gros et des milliers de petits rampent et nagent çà et là dans le récipient : nous y voyons des Crustacés et des Vers, des Céphalopodes et des Gastropodes, des Tuniciers, des Astéries et des Oursins, des Méduses et des Poissons, qui tous étaient d'abord dissimulés dans les branches du Madrépore. Et même, lorsque nous retirons le Polypier pour le mettre en pièces à l'aide d'un marteau, nous trouvons encore dans son intérieur une foule d'animalcules divers qui s'y cachaient, notamment des Coquillages, des Crustacés et des Vers perforants. Enfin quelle foule d'existences invisibles nous apercevons, à l'aide du microscope seulement! Quelle richesse de découvertes merveilleuses est encore réservée ici aux Zoologistes à venir qui pourront étudier avec joie pendant des mois et des années les rivages Coralliaires! »

Après avoir fait ainsi connaissance, d'une manière superficielle, avec les récifs Coralliaires les plus voisins de l'Europe, on acquiert certainement le désir de pénétrer plus avant dans le détail de ces productions et d'apprendre à les connaître également dans leur ensemble. Nous nous guiderons sur les données recueillies par Dana, dans l'ouvrage précédemment cité et intitulé : *Les Coraux et les îles Coralliaires*. Nous puiserons dans les chapitres qui traitent du sujet en question, et nous ferons, quand il y aura lieu, des citations textuelles sans répéter chaque fois le nom du savant Naturaliste.

Les espèces de Coraux qui produisent des récifs ne vivent pas toutes dans les mers des zones torrides où la température de l'eau ne tombe jamais au-dessous de 16° Réaumur, même dans le courant de l'hiver. Les plus fortes chaleurs de l'été atteignent 24° Réaumur dans l'océan Pacifique. La zone maritime des récifs Coralliaires est limitée par deux lignes, l'une septentrionale et l'autre méridionale, qui relient de chaque côté de l'équateur les points isothermes et qui s'incurvent en sinuosités nombreuses suivant la direction des courants. La géographie même élémentaire indique qu'il existe des récifs tout autour de la zone équatoriale, mais que leur répartition est fort loin d'être uniforme.

Les Polypiers Coralliaires, dont nous avons parlé plus haut, ont pour la plupart leur do-

(*) Fig. 966, embryon libre divisé en douze loges. — Fig. 967, embryon fixé au moment de l'apparition des douze premiers tentacules. — Fig. 968, jeune *Astroïdes* avec ses tentacules différenciés en deux cycles (O. Schmidt, d'après de Lacaze-Duthiers).

mainè propre et exclusif entre les limites que nous venons de mentionner. Rappelons ici combien les Coraux sont rares dans la Méditerranée, d'ailleurs si propice à la vie animale. Les Coraux qui produisent des récifs comprennent toutes les *Astæa*, presque toutes les *Fungia*, les *Madrepora*, les *Porites* et la plupart des espèces appartenant aux autres familles et aux autres tribus. La plus grande variété règne naturellement dans la zone médiane de la région torride, entre le 15° degré Nord et le 15° degré Sud, de part et d'autre de l'équateur; dans ces points la température ne tombe jamais au-dessous de 18°,5 Réaumur. Dans cette région se trouvent les îles Fidji, dont les récifs fournissent un exemple de richesse extraordinaire en Coraux. Les *Astræa* et les *Mæandrina* atteignent là leur plus grand développement. Les *Madrepora* y apparaissent sous la forme de buissons recouverts de fleurs, de coupes énormes et de feuilles immenses pouvant atteindre jusqu'à 2 mètres environ. Bien d'autres espèces s'y trouvent en quantité aussi considérable et y prennent un développement analogue. Les îles Hawaï, situées dans la partie septentrionale de l'océan Pacifique, entre le 19° et le 20° degré, se trouvent en dehors de la zone la plus chaude que nous venons de délimiter; aussi leurs Coraux sont moins luxuriants et moins riches en espèces. Les *Madrepora* y font défaut, et l'on n'y trouve que peu d'*Astræa* et de *Fungia;* les *Porites* et les *Pocillopora*, moins sensibles, y prospèrent en masses considérables.

Les genres de Coraux qu'on trouve dans l'Inde orientale et dans la mer Rouge sont essentiellement les mêmes que dans la partie centrale du Pacifique; il en est de même pour ceux des côtes de Zanzibar. Auprès des îles Pomotou de la région orientale du Pacifique, les tribus et les espèces présentent aussi une variété très grande, mais moindre que dans la partie occidentale.

Le golfe de Panama et les régions de la mer avoisinantes, qui s'étendent au nord jusqu'à la presqu'île de Californie et au sud jusqu'au Guayaquil, se trouvent aussi dans la zone torride, mais dans la partie la moins chaude de cette zone. Les espèces de Polypes de ces parages offrent parfois les caractères des espèces propres au Pacifique, et sont tout à fait différentes de celles des Indes occidentales. Elles sont peu nombreuses et appartiennent à des genres dont le nombre est très limité. Ce fait s'explique par la disposition et par la direction des courants océaniques le long de la côte occidentale de l'Amérique : ceux-ci rapprochent notablement de l'équateur les lignes maritimes isothermes, septentrionale et méridionale; leur basse température, ainsi que leur direction qui s'incurve vers l'ouest, arrêtent auprès de Panama l'émigration des espèces de la partie moyenne du Pacifique et les empêchent de se propager.

Bien que les récifs de l'Inde occidentale se trouvent dans la zone la plus chaude, ils sont néanmoins peu riches en espèces et en tribus, relativement à ceux de la région centrale du Pacifique. Nous rencontrons là quelques grands Madrépores, tels que le *Madrepora palmata*, qui s'étend superficiellement jusqu'à 2 mètres de diamètre, puis le *Madrepora cervicornis*, en forme d'arbuste, qui peut atteindre plus de 4 mètres de haut. Parmi les rares Astroïdes, les plus remarquables sont les *Mæandrina*. D'après les observations du professeur Beryll, il est à remarquer qu'aucune des espèces de Coraux propres aux Indes occidentales ne vit dans cette localité, et qu'aucune d'elles n'apparaît dans l'océan Pacifique ou dans l'océan Indien. En comparant aussi entre elles les espèces appartenant aux autres classes, on voit qu'avec le soulèvement de la presqu'île de Panama s'est produit un isolement, et qu'à partir de ce moment la transformation des espèces s'est poursuivie d'une manière indépendante de chaque côté. Les îles Bermudes, plus septentrionales mais situées dans le domaine du Gulf-Stream, ont reçu leurs Coraux, peu nombreux d'ailleurs, de l'Inde occidentale. Les coraux de la côte Brésilienne, au sud du cap Roc, rappellent aussi par leur ensemble ceux de l'Inde occidentale, bien que des genres particulièrement caractéristiques, tels que les *Madrepora*, les *Mæandrina*, les *Oculina*, et d'autres encore y fassent défaut.

Lorsque Reinhold Forster et son fils George découvrirent avec Cook les îles Coralliaires de la mer du Sud, au siècle dernier, ils cherchèrent à se faire une idée de leur formation : ils admirent que les animalcules qui produisent les récifs et les îles s'élèvent peu à peu depuis des profondeurs inconnues jusqu'à la surface de l'eau, grâce à leurs Polypiers et à leurs dépôts successifs, et que les mêmes espèces, par conséquent, trouvent à satisfaire aux conditions de leur existence dans les profondeurs les plus diverses. Les récents travaux, relatifs aux profondeurs des mers, ont démontré aujourd'hui que les fonds les plus bas qu'on puisse atteindre avec les appareils destinés à recueillir des échantillons du sol et qui atteignent à des profondeurs d'un mille géographique, hébergent encore certaines espèces animales, qui sont même assez nombreuses dans quelques régions de l'Océan, et qui appartiennent aux classes les plus diverses. Mais les êtres qui vivent à de telles profondeurs se trouvent accommodés de telle sorte aux conditions spéciales à ces niveaux, c'est-à-dire aux changements que subissent la pression, la lumière, la température et les échanges gazeux, qu'ils ne peuvent subsister près de la surface. Le nombre des Polypes vivant dans la profondeur des mers est donc extrêmement restreint, et parmi eux on ne trouve aucune espèce qui produise des récifs à une profondeur plus grande; d'ailleurs, de telles constructions auraient fini par devenir, dans le cours des siècles, des récifs ou des îles véritables, le niveau du sol primitif restant le même.

Les naturalistes français Quoy et Gaimard, qui accompagnèrent l'expédition de l'amiral Dumont d'Urville dans la mer du Sud, conclurent de leurs observations que la limite inférieure à laquelle vivaient les Coraux ne dépassait pas 5 à 6 brasses, c'est-à-dire 10 à 20 mètres ; c'est là une assertion qui s'est trouvée confirmée par les recherches d'Ehrenberg dans la mer Rouge. Néanmoins des mesures certaines, recueillies dans la mer du Sud, ont montré qu'il se produisait encore un riche développement Coralliaire à 20 mètres de profondeur. Ainsi Darwin a observé, à ce niveau, des *Madrepora* et des *Astræa*, le long des récifs de Maurice, et des Coraux vivants ont été trouvés par lui et par d'autres encore, jusqu'à cette limite, sur divers autres récifs de la mer du Sud. Les chiffres fournis par Ehrenberg ont été amplifiés également, et l'on a découvert dans la mer Rouge des couches de Coraux vivants jusqu'à une profondeur de 25 brasses. Enfin Pourtalès a estimé à 15 brasses la profondeur à laquelle vivent les Coraux sur les récifs de la Floride; tous les Naturalistes modernes s'accordent à admettre, ainsi que le confirment les nombreuses observations de Dana, que les Coraux qui produisent des récifs se rencontrent vivants à des profondeurs relativement faibles et seulement dans les limites d'une zone dont la largeur est peu considérable. Partout où l'on jette la sonde plus profondément et où l'on

arrache à l'aide de l'ancre ou du filet des fragments du sol Coralliaire, on rencontre des débris de Coraux ou des Polypiers morts, plus ou moins endommagés et recouverts de sable. Une des causes de ce défaut d'extension en profondeur dépend en tous cas de la température qui exerce une si grande influence sur la répartition de tout ce qui vit dans la totalité de l'Océan, aussi bien dans le sens de l'étendue que dans le sens de la profondeur. Ce ne peut être là cependant la cause unique. Ainsi qu'on l'a déjà indiqué, la prospérité des Coraux qui produisent des récifs est compatible avec une chaleur comprise entre 24° et 18°, et la température de l'eau, à 180 pieds de profondeur, est généralement supérieure à 18° Reaumur dans la partie moyenne du Pacifique.

Cherchons donc les causes locales qui tiennent sous leur dépendance l'accroissement des récifs Coralliaires. Il faut, avant tout, une eau de mer très pure; les Coraux présentent leur plus grande prospérité dans les larges canaux intérieurs qui s'étendent entre les récifs, dans les vastes lagunes, et dans les eaux peu profondes qui s'étalent au delà des points où la lame vient se briser. On commet donc une erreur en admettant d'une manière générale que dans les lagunes et les canaux il ne se développe que de petits Coraux : cette assertion ne s'applique qu'aux lagunes peu larges et aux canaux étroits, ainsi qu'aux portions des canaux plus vastes qui se trouvent situées dans le voisinage immédiat des points où aboutissent des eaux douces. Sans aucun doute, certaines espèces exigent la pleine mer ; mais si l'on examine les conditions spéciales où elles se trouvent, ou si l'on étudie les Polypes rassemblés extérieurement du côté où se brisent les flots, on acquiert la conviction que les faits font défaut lorsqu'il s'agit de dresser une liste de pareilles espèces. Pour ce qui concerne les *Astræa*, les *Mœandrina*, les *Porites* et les *Madrepora* qui se sont trouvées jetées par les vagues sur les récifs extérieurs, on constate que ces tribus sont très bien représentées du côté de la pleine mer. Sur les îles Pomotou, on trouve, le long de la côte, certains Polypiers appartenant au genre *Porites* qui atteignent 2 mètres à 2 mètres et demi de diamètre.

Des espèces de la même tribu se développent, en haut, sur les récifs, et quelques-unes d'entre elles sont précisément celles qu'on rencontre aussi à de plus grandes profondeurs. Nombre d'*Astræa*, de *Mœandrina* et de *Madrepora* vivent à la face externe des récifs, où les vagues se brisent dans toute leur puissance. On trouve là aussi de nombreux *Millepora*, ainsi que quelques *Porites* et quelques *Pocillopora*. Mais les *Montipora*, plus frêles, à l'exception des espèces incrustantes, vivent dans les eaux tranquilles. Les espèces mentionnées se développent aussi dans les eaux peu profondes, à l'intérieur des récifs. Il est assez habituel de rencontrer là les *Astræa*, les *Mæandrina* et les *Pocillopora*; mais il leur faut une eau pure. Certaines espèces de *Madrepora* vivent cependant dans une eau impure; il en est de même de certains *Porites*; ceux-ci se développent çà et là, à quelques centimètres au-dessus de la région des eaux basses, dans les points où ils se trouvent exposés au soleil et aux pluies. Sur les *Porites* qui se développent dans les eaux impures, le long des côtes, les débris détachés de la terre ferme exercent une influence telle que les Polypiers ne s'étendent qu'en surface : les parties plus élevées périssent par le fait de ces alluvions. D'une manière tout à fait générale, on peut dire que dans les points où les rivières et les ruisseaux amènent des alluvions, les Coraux ne se développent pas. C'est pourquoi nous trouverons peu de Polypes sur les côtes sablonneuses ou vaseuses. De même, on ne rencontre pas de Coraux dans les lagunes qui ne reçoivent point d'eau fraîche, pendant qu'elles se trouvent isolées de la mer, et qu'une forte évaporation rend trop salées; enfin une élévation trop forte de la température de l'eau dans les lagunes peut amener la mort des Polypes.

Hæckel nous a déjà signalé l'incroyable multitude de types animaux qui s'installent au-dessus ou en dedans des Polypiers, et qui les détruisent essentiellement, mais qui leur viennent néanmoins en aide, partiellement, dans la construction des récifs, grâce aux parties dures qu'ils sécrètent. Après ses recherches au sujet des récifs de la Floride, Agassiz a exposé des considérations analogues : d'innombrables Animaux foreurs s'installent dans les parties mortes des Polypiers, ils creusent intérieurement en tous sens et détruisent les liens qui les rattachaient solidement au sol; ils pénètrent même jusqu'à la couche extérieure qui renferme les Polypes en vie. Ces Animaux foreurs, sans nombre, appartiennent à des classes très diverses. Parmi les plus actifs se rangent divers Coquillages tels que les *Lithodomus*, les *Saxicava*, les *Petricola*, les *Arca*, et un grand nombre de Vers, dont le plus considérable et le

plus dangereux est la *Serpule* qui pénètre régulièrement à travers la partie vivante des Polypiers et notamment des Madrépores. A la partie inférieure libre d'une *Mæandrina*, dont le diamètre n'atteignait pas tout à fait deux tiers de mètre, Agassiz compta cinquante cavités de *Lithodomus* indépendamment de plusieurs centaines de petits trous de Vers. Mais tous ces endommagements ne sont encore rien à côté des dégâts produits par les Éponges foreuses du genre *Vioa*, que nous étudierons plus loin parmi les autres Spongiaires.

Nous croyons devoir citer ici l'observation que Darwin a consignée au sujet de l'Atoll de Keeling dans son ouvrage original sur la constitution et sur la répartition des récifs Coralliaires : « A la face extérieure du récif, dit-il, le brisement des flots contre les parcelles de substance Coralliaire qu'ils roulent doit causer de nombreux dégâts; mais dans les eaux tranquilles des lagunes, cette action ne peut se produire que dans des limites très restreintes. Ici, d'autres forces entrent en jeu, auxquelles on ne s'attendait pas; des troupes considérables de « Poissons-perroquets », appartenant à deux espèces distinctes, dont l'une vit dans les flots en dehors du récif et dont l'autre habite les lagunes, se nourrissent absolument aux dépens des Polypiers. J'ai ouvert plusieurs de ces Poissons, qui sont très nombreux et d'une taille considérable, et j'ai trouvé leurs intestins distendus par de petits morceaux de Corail et par une substance calcaire finement pulvérisée. Celle-ci doit s'échapper journellement de leurs viscères sous la forme de débris extrêmement fins. Les Holothuries se nourrissent aussi de Coraux vivants; et l'appareil spécial, d'aspect osseux, situé à l'extrémité antérieure de leur corps, paraît parfaitement approprié à ce but. Le nombre des espèces d'Holothuries et la quantité des individus de ce genre qui vivent sur chacun de ces récifs Coralliaires sont extraordinairement grands; comme on le sait, chaque année on transporte vers la Chine un grand nombre de bateaux entièrement chargés de Trépang, c'est-à-dire d'une seule espèce de ces Animaux. La quantité de Coraux qui se trouve dévorée annuellement par ces animaux et par bien d'autres espèces encore probablement et qui sont ainsi transformés en une boue extrêmement fine, doit être immense. Ces faits ont une signification plus importante encore à un point de vue différent; ils nous montrent qu'il existe des obstacles vivants qui s'opposent au développement des récifs Coralliaires, et que cette loi presque universelle, qu'on peut exprimer par deux verbes : « Dévorer, être dévoré », s'applique même aux Polypiers qui constituent ces remparts massifs, capables de résister à la puissance de l'Océan. »

D'autre part, des Vers tubulaires et certains Cirrhipèdes tels que les *Creusia* pénètrent dans les Coraux vivants sans leur nuire. Pendant leur métamorphose au sortir de l'état larvé, ils se fixent à la surface du Polypier et se trouvent enclavés peu à peu par le Polype, qui s'accroît, sans l'endommager et sans troubler son développement. Certaines *Serpula* s'accroissent parallèlement avec le Polypier et leur tube se trouve alors profondément enfoncé dans la masse Coralliaire. Lorsqu'elles étalent leurs branchies entre les calices du Polype, elles offrent un coup d'œil magnifique.

Accroissement des Coraux. — Dana a consacré un chapitre spécial aux observations qu'il a recueillies sur l'accroissement des Coraux, c'est-à-dire sur les conditions d'accroissement de certaines espèces, et non sur le développement des récifs qui dépend de conditions tout autres et fort compliquées. Déjà en 1830, le Dr Allen avait institué des expériences à ce sujet sur la côte de Madagascar. Il retira des fragments de Coraux, en décembre, et les plaça sur un banc peu profond, jusqu'à un mètre au-dessous du niveau des basses mers; en juillet, il constata que ces Coraux avaient presque atteint la surface et se trouvaient tout à fait adhérents au sol. Darwin a mis en doute le récit d'après lequel le revêtement de cuivre d'un bateau observé dans le golfe Persique se serait trouvé recouvert, en l'espace de vingt mois, d'une croûte formée par des Polypes et épaisse de deux tiers de mètre. On dit aussi avoir trouvé sur une Huître âgée de deux ans environ une *Fungia* pesant 1 kilogramme 1/4; malheureusement on ne sait si l'Huître était vivante, ou si le Corail en question a eu le temps de s'accroître sur ces valves après la mort du Coquillage.

Weinland a vu, dans une petite baie peu profonde, à Haïti, plusieurs branches d'une *Madrepora Cervicornis* émerger de 11 à 12 centimètres au-dessus de la surface de l'eau. Les Polypes étaient morts, dans toutes les parties exposées à l'air. Cette constatation fut faite au mois de juillet. Comme, en ce point, l'eau se trouve plus élevée de 2 mètres en été qu'en hiver, le long de la côte, on est en droit d'en conclure que le Polypier s'est accru de 7 à 12 centimètres

pendant les trois mois d'hiver. D'autres observations authentiques, recueillies par divers savants, ont établi qu'un Polypier, appartenant à la *Mæandrina labyrinthica*, s'est accru, en vingt ans, de 13 centimètres en épaisseur, et de 10 centimètres en hauteur. Nous passerons sous silence diverses autres données, et nous rapporterons seulement les observations très intéressantes qu'on a recueillies au sujet de l'encroûtement d'un bateau qui a fait naufrage en 1792 sur la côte d'Amérique et dont les débris furent recherchés à une profondeur de quatre brasses environ, en 1857. On constata qu'un *Madrepora* avait atteint, dans l'espace de ces 64 années, une hauteur de 5 mètres ; il avait donc crû, en moyenne, de 8 centimètres par an ; d'autres Polypiers, qui se trouvaient établis dans le voisinage, présentaient un accroissement relativement beaucoup plus lent. Toutes ces données reposent sur des observations fortuites, et les expériences méthodiques font défaut aussi bien à l'égard des Polypes qu'à l'égard des autres Invertébrés et de la plupart des Animaux supérieurs.

Constitution des récifs. — Après ces préliminaires relatifs à la vie des Coraux qui produisent les récifs, nous allons aborder la question qui fait à proprement parler le sujet de ce chapitre.

Les récifs Coralliaires et les îles Coralliaires sont des productions de même espèce, mais développées dans des conditions un peu différentes. Dans tous les cas, une île Coralliaire a été pendant longtemps un récif, et elle l'est encore, en grande partie. Néanmoins ces deux dénominations n'ont pas tout à fait la même signification. Les îles Coralliaires sont des récifs qui demeurent isolés dans la mer, et qui tantôt s'élèvent seulement jusqu'à la surface en restant à moitié plongés dans l'eau, tantôt sont recouverts par des végétaux. Le terme de récif Coralliaire constitue une dénomination générale, et s'applique, en outre, particulièrement aux productions développées le long des côtes, des îles et des continents assez élevés.

Nous commencerons par l'étude des récifs Coralliaires. Ce sont des bancs de rochers Coralliaires situés dans la mer le long des côtes des pays tropicaux. Dans l'océan Pacifique, les terres en question sont, à l'exception de Nouvelle-Calédonie et de quelques autres encore, des îles d'origine volcanique qui, souvent, atteignent la hauteur de montagnes. Les *récifs* qui les entourent sont d'ordinaire entièrement sous l'eau à marée haute. A mer basse, ces productions se présentent aux regards sous l'aspect de surfaces rocailleuses, étendues, plates et dénudées, émergeant juste au-dessus du niveau de l'eau et séparées des îles qu'elles entourent et dont elles dépendaient jadis.

Lorsqu'on s'approche d'une côte Coralliaire, en bateau, le premier signe qui la révèle est la ligne épaisse du brisement des flots, qui s'étend souvent sur une longueur de plus d'un mille et qui se trouve à une grande distance de la terre. Lorsqu'on s'en rapproche davantage, on distingue isolément quelques points du récif au moment où la vague se retire ; mais l'instant d'après on ne voit plus que les oscillations des flots. Lorsque les vagues, en se brisant, indiquent par une ligne continue la situation du récif, c'est une circonstance heureuse pour les bateaux qui naviguent dans des parages inconnus où se trouvent des récifs. Parfois il survient, en effet, un calme trompeur qui fait croire à une eau profonde, et le navire poursuit sa route en avant jusqu'à ce qu'il glisse au-dessus de la masse Coralliaire ; il s'en détache pendant de courts intervalles, et au bout de quelques instants il échoue, sans ressources, sur le récif. A marée basse, la lame s'apaise souvent tout à fait ou peu s'en faut. Mais alors le récif est généralement tout à fait en vue, et la navigation est relativement assurée, lorsque la surveillance est active, le vent propice et le jour encore clair.

Le croquis ci-joint (fig. 969, p. 600) peut donner l'idée d'une des îles tropicales en question. Le récif de droite forme une ceinture qui entoure immédiatement la côte et qui semble être un prolongement de la terre. Ce récif en ceinture ou zonulaire (appelé aussi récif littoral, riverain, marginal) se retrouve aussi à gauche ; mais, en dehors de lui, et séparé par un canal, on remarque un récif en barrière ou récif en jetée. En un point, l'île est bornée par une côte à pic, et là, en raison de l'inclinaison et de la profondeur, le récif fait défaut. Le récif en barrière est interrompu par une entrée qui conduit dans un port comme on en trouve souvent dans cette sorte d'îles entourées de Coraux. Certaines îles n'ont que des récifs zonulaires étroits, tandis que d'autres sont entourées en grande partie ou entièrement par un récif en jetée qui protège la terre contre l'agression de la mer, comme le môle artificiel des havres. Le récif môlaire se trouve parfois à une distance de 10 à 15 milles de la terre, et parfois il entoure plusieurs îles, plus ou moins élevées, au lieu d'une. On rencontre toutes les transitions possibles entre les récifs de cette étendue et les simples terrasses en ceinture.

Souvent le canal intérieur est à peine assez profond pour les canots, à marée basse ; il peut même parfois être à sec tout à fait. D'autres fois c'est un simple passage étroit et tortueux dans lequel des tronçons de Coraux rendent la navigation périlleuse. Ailleurs il offre une étendue d'eau de plusieurs milles, sur laquelle un navire peut louvoyer contre le vent sur une longueur de 10, 20 et même de 40 brasses ; toutefois certaines parties peu profondes exigent une très grande prudence. En dedans des barrières assez reculées, s'étendent sur le sol des Coraux vivants qui couvrent depuis quelques pieds carrés jusqu'à plusieurs milles carrés d'Angleterre. Tous ces types, d'aspects variés, se rencontrent dans un seul et même groupe d'îles, celui des Fidji.

Il va de soi que les récifs en ceinture et en jetée, que nous venons de décrire, ne constituent pas à eux seuls tout le récif Coralliaire ; ce ne sont que les éléments constitutifs qui s'élèvent jusqu'au niveau de l'eau. Entre eux, et en dehors du récif en jetée, se trouvent des bancs sous-marins qui se rattachent aux parties plus élevées ; c'est leur ensemble qui constitue la base du récif.

Ce qui précède indique également une grande variété dans l'étendue de la base des récifs. Sur certaines côtes, on ne trouve que des groupes de Coraux éparpillés, ou des productions isolées qui émergent en forme de monticules, ou de simples pics de roches Coralliaires qui proéminent. Parfois, comme à l'ouest des deux grandes îles Fidji, un fond de récifs s'étale sur une étendue d'environ 3000 milles carrés d'Angleterre.

La Nouvelle-Calédonie offre, tout le long de sa côte occidentale, qui mesure 2 milles anglais 1/2, un récif qui se prolonge encore à 150 milles au nord. L'immense récif en barrière de l'Australie forme une ligne ininterrompue de 1250 milles de long.

Pour étudier et décrire d'une manière plus approfondie la disposition des récifs, on doit distinguer : 1° les récifs extérieurs, formés de Coraux exposés à la pleine mer ; 2° les récifs intérieurs, qui se trouvent dans une eau tranquille entre le môle et la côte de l'île ; 3° les canaux ou les étendues de mer qui se trouvent en dedans du récif môlaire et qui reçoivent les débris détachés des côtes ou des récifs ; 4° le *rivage* et les *productions de la rive*, c'est-à-dire les amas de sables et de Coraux que les flots et les vents accumulent sur les côtes. Une description minutieuse de tous ces détails nous conduirait trop loin ; nous renvoyons donc à l'ouvrage de Dana les lecteurs qui veulent approfondir ce sujet d'une manière spéciale. Mais nous devons mentionner ici les avantages que cet auteur assigne aux récifs Coralliaires.

Toutes les côtes entourées de Coraux, et principalement celles des îles situées au milieu de l'Océan, bénéficient notablement de la présence des récifs. Les bancs de Coraux très étendus et les canaux situés derrière eux accroissent extraordinairement le domaine des îles qu'ils entourent. Indépendamment de la muraille que ces Coraux élèvent contre l'Océan, ils forment des endiguements aptes à rassembler les terrains qui se détachent des côtes montagneuses. Ils permettent aux cours d'eaux provenant des terres de déposer la boue entraînée, et ils la conservent ainsi à la terre. Ils évitent donc les dommages incessants que subissent toutes les côtes privées de môles protecteurs. L'Océan ne dévore pas seulement, en effet, les côtes inabritées, mais il absorbe aussi tout ce que lui apportent les fleuves. Le Delta de la Rewa, à Viti-Levù, est formé par les alluvions d'un grand fleuve et recouvre près de 60 milles carrés d'Angleterre. C'est là néanmoins un cas tout à fait extraordinaire pour la mer du Sud, dans laquelle un petit nombre d'îles seulement occupent une telle étendue et possèdent des fleuves d'une telle importance. Il est rare, néanmoins, de rencontrer une île entourée de récifs sans y remarquer quelques accroissements de terrain qui reconnaissent une semblable origine. Sur ces terres d'alluvion, les indigènes fondent généralement des villages. On trouve tout autour de Tahiti des plaines de ce genre qui offrent une surface d'un demi-mille à 3 milles environ, et c'est sur elles que prospèrent particulièrement les arbres qui produisent les Cocos et la Manne.

Les récifs augmentent aussi l'étendue des pêches pour les indigènes ; ils attirent en abondance les Poissons qui constituent à peu près exclusivement l'alimentation animale de ces hommes. Les eaux, que ces récifs enferment, favorisent la navigation et facilitent les rapports entre les établissements coloniaux. Les indigènes sont généralement plus entreprenants dans ces pays, où les circonstances en question sont propices à la construction des grands bateaux

dans lesquels ils s'élancent hors de leur patrie pour s'engager souvent dans des voyages de plusieurs centaines de milles. Tandis que les côtes formées purement de rochers, comme celles de Sainte-Hélène, sont généralement dépourvues de ports et habitées par une population peu dense, les côtes Coralliaires sont couvertes de végétations jusqu'à la rive, et l'on y voit des plaines immenses où poussent les arbres qui fournissent la Manne, ainsi que d'autres plantes des tropiques. En raison des mêmes circonstances on y voit s'ouvrir des ports assurés ; certaines îles en comptent une douzaine, tandis que les côtes qui ne sont point protégées offrent à peine une seule place où l'on puisse jeter l'ancre avantageusement. Les régions étendues où abondent les récifs fournissent même leur apport au commerce du monde : outre les perles, les Holothuries comestibles désignées sous le nom de « Trépang » sont expédiées annuellement par centaines de mille, des récifs de l'Inde orientale et de l'Australie ainsi que des îles Fidschi, vers la Chine.

Les îles Coralliaires se rapprochent beaucoup des récifs Coralliaires que nous venons de décrire ; ce sont des récifs qui enferment une sorte de lac, qu'on appelle la « lagune». La bande, qui s'étend autour de l'eau emprisonnée, n'a habituellement que 100 à 200 mètres de large ; en certains endroits elle est si peu élevée que les vagues passent par-dessus pour aller fouetter la lagune ; en d'autres points elle est couverte d'une riche végétation tropicale ; rarement elle s'élève à plus de 10 ou 12 pieds au-dessus du niveau de la haute mer.

Vue du bord d'un navire, l'île Coralliaire apparaît sous l'aspect d'une série de points sombres qui se détachent sur l'horizon, puis se transforment en cimes échevelées de cocotiers ; une ligne verdâtre, interrompue çà et là, s'étend à la surface de l'eau. A mesure qu'on s'approche, on reconnaît la lagune qui s'élargit avec sa ceinture verdoyante et l'on ne saurait imaginer un spectacle plus merveilleux. En dehors, le long du récif, bouillonne l'épaisse ligne de brisement des lames ; en dedans du bord blanchâtre de la masse Coralliaire, s'étale une verdure épaisse enfermant le lac avec ses îlots minuscules. L'eau de la lagune est souvent du même bleu que celle de la pleine mer, lorsqu'elle atteint 6 à 10 brasses de profondeur ; mais des teintes vertes ou jaunâtres apparaissent, çà et là, dans les points où le fond sablonneux ou Coralliaire s'élève auprès de la surface.

Fig. 969. — Ile élevée avec récifs en barrière et récifs en ceinture.

La teinte verdâtre est d'une nuance vert-pomme un peu tendre, très différente des tons sales habituels aux eaux peu profondes.

Bien que la ceinture de végétation entoure parfois toute la lagune, elle est ordinairement divisée en îlots distincts par des coupures d'une étendue variable ; souvent on trouve, dans un ou plusieurs de ces intervalles, des canaux navigables qui servent d'entrée à la lagune. Les îles Coralliaires les plus grandes sont généralement constituées par une série d'îlots disposés le long d'une ligne de récifs. Ces îles lagunaires ont reçu le nom d'*Atolls*, qui n'est autre que leur désignation dans la langue Maldive (fig. 970).

Quant à leur constitution, elle concorde essentiellement avec celle des récifs extérieurs qui entourent des îles élevées ; dans les deux cas, on voit la terre émerger peu à peu, et la production marginale blanchâtre arrosée par les vagues se continuer avec les endroits plus élevés que recouvre une verdure perpétuelle. Il est inutile également d'insister sur la comparaison de la lagune avec les canaux qui se trouvent derrière les récifs extérieurs.

Formation des récifs. — Nous venons de voir, au moins d'une façon superficielle, les principaux traits extérieurs relatifs aux récifs Coralliaires, et nous pouvons diriger notre étude sur *le mode et sur les causes de leur formation et de leur apparition.*

Hæckel, dans sa description de la mer Rouge, a parlé de la magnificence des « jardins Coralliaires ». Dana, qui a surtout en vue les récifs de la mer du Sud, dit que les expressions de « végétations Coralliaires » et de « champs Coralliaires » sont mieux appropriées lorsqu'il s'agit de reproduire l'impression que donne la surface d'un récif en pleine croissance. La végétation

Coralliaire produit l'effet d'une bande de terrain sauvage qui, couverte de buissons divers, présente là des taches vertes isolées sur des étendues de sable improductives, porte en d'autres points des bouquets d'arbres, et offre ailleurs un tapis de fleurs bariolées (fig. 971). Nous devons y jeter encore un coup d'œil avant d'aborder l'explication des phénomènes. Divers animaux inférieurs sont fixés et croissent sur cette surface où ils se trouvent disséminés, comme des plantes sur la terre ferme ; d'autres couvrent en foules serrées des étendues considérables, on rencontre aussi des fonds très vastes qui ne portent rien. Les espaces compris entre les buissons fleuris n'offrent point de gazons verts ; ils sont remplis de sable et de débris de Coraux morts ou de roches Coralliaires ; dans les endroits où les Polypes croissent en foules épaisses, on rencontre des cavités profondes entre les troncs et les feuilles de ces arbres pierreux.

Ces champs de Coraux vivants s'étendent sur les fonds sous-marins, auprès des côtes des îles et de la terre ferme ; mais ils ne descendent pas plus bas que ne l'exigent les conditions particulières auxquelles ils sont soumis ; c'est exactement ce qu'on observe pour les Plantes qui ne s'étendent pas plus loin qu'il ne convient à leur nature. Les larves qui s'essaiment s'installent sur une roche dans un coin abrité quelconque, sur un Polypier mort, ou sur tout autre support ; de là s'élève une végétation Coralliaire en forme d'arbre ou suivant un type différent. On peut pousser plus loin cette comparaison avec la croissance des végétaux. On sait que les débris et les détritus des forêts, des feuilles, des troncs, et même les restes des substances animales, participent à la formation du sol ; dans

Fig. 970. — Ile coralliaire ou Atoll.

les marais et les marécages l'accumulation des dé-tritus de tout genre augmente sans cesse, et il s'y forme des couches profondes de tourbe (fig. 971). L'histoire de la production des prairies Coralliaires est analogue. Sans cesse s'accumulent des débris sablonneux, plus ou moins petits, prove-nant des Polypes qui vivent sur les récifs, des Mollusques, et principalement des restes de divers organismes; ainsi se forme et se consolide une couche de débris Coralliaires. Ces débris rem-plissent les intervalles entre les endroits garnis de Coraux, ainsi que les places demeurées vides entre les Polypiers vivants ; ils constituent ainsi les alluvions du récif jusqu'à ce que la couche se solidifie, encore sous l'eau. Les phénomènes relatifs à la croissance des Polypes sont appro-priés parfaitement à ce mode d'édification et d'accroissement du récif ; on peut dire encore, nversement, que l'accroissement du récif dé-pend de l'accroissement propre du Polypier : les Polypiers meurent en bas pendant qu'ils s'accroissent en haut, et les parties mortes sont seules recouvertes par les débris qui s'accumu lent.

Ce sont les courants et les vagues qui effec-tuent le travail le plus considérable dans l'agglo-mération de ces débris. Nous avons vu que les Polypes qui produisent des récifs prospèrent au milieu des vagues et qu'ils descendent rarement au-dessous d'une trentaine de mètres, c'est-à-dire à un niveau encore soumis aux effets des mouvements violents de la mer. On peut se ren-dre compte de l'action des vagues par les grands blocs de roches qu'elles ont détachés du rivage sur un grand nombre de côtes. Elles jettent ainsi sur les récifs de lourds Polypiers et les

roulent par-dessus, de même qu'elles en entraî-nent des fragments plus petits et qu'elles y accumulent des grains de sable. Leur tourbil-lonnement perpétuel et leur frottement continu produisent enfin des matériaux extrêmement fins qui constituent l'élément principal de la boue calcaire coulée en guise de ciment. Cette fragmentation et cette désagrégation ne ces-sent jamais ; une partie des débris se trouve jetée par les vagues dans la lagune ou dans les canaux intérieurs par-dessus le récif ; une autre partie comble les intervalles qui séparent les Coraux le long du bord du récif ; une autre por-tion enfin demeure à la superficie. L'emplace-ment des roches Coralliaires privées de vie, qui forme la base du récif, est entouré de Coraux vivants ; le récif s'étend donc aussi bien par l'accroissement des animaux que par le dépôt continuel des débris qui viennent s'intercaler.

Mais, outre les fragments plus petits, des masses plus grandes se trouvent jetées sur le récif par les lames les plus fortes ; c'est ainsi que le récif commence à s'élever au-dessus du ni-veau de l'eau, et ces blocs sont le rudiment de la formation des terres qui demeurent à sec. Plus tard, l'accumulation progressive de maté-riaux Coralliaires tantôt fins et tantôt grossiers complète les îlots qui s'élèvent au-dessus de l'eau à la hauteur que les vagues peuvent attein-dre, c'est-à-dire à une hauteur de 3 mètres en-viron lorsqu'il s'agit d'une différence de 1 mètre entre les marées, et à une hauteur de 5 à 6 mètres, lorsqu'il y a 2 mètres ou 2 mètres et demi de différence entre la basse et la haute mer

L'Océan est donc le véritable architecte au-quel les animaux Coralliaires fournissent le matériel de construction ; lorsque celle-ci est prête, il en fertilise le sol avec les semences qu'il apporte des côtes lointaines et il le recouvre ainsi de verdure et de fleurs. L'édification des *Atolls* ne diffère guère de celle des récifs.

Nous avons encore à examiner un point important dans la formation des *Atolls* et des *récifs*. Les figures 972 et 973 représentent des coupes (*m, n*) du terrain qui entoure la lagune et qui s'incline en *m* du côté de la pleine mer. En *b*, *c*, se trouve le talus extérieur assez roide qui s'élève entre le niveau des basses mers et la terre sèche ; entre *d* et *e* s'étend la pente très douce qui correspond aux mêmes niveaux vers l'intérieur. Dans la lagune même ou dans le canal, cette pente (*d, n*) se continue avec la même inclinaison, à peu près ; en effet, l'eau tranquille ne trouble en rien l'accroissement lent de cette rive interne. Il en est tout autrement du côté externe où le terrain émergeant de la mer se trouve entouré d'une large terrasse horizontale que la marée basse laisse à nu. Cette conformation ne s'observe pas seulement sur les récifs coralliaires ; on la rencontre souvent. On la retrouve sur toutes les côtes où des roches faciles à désagréger sont en butte à l'agression des vagues et des marées. On en voit un exemple frappant à Helgoland, dont la côte occidentale forme une terrasse étroite que les baigneurs visitent avec zèle à marée basse à cause des nombreux animaux et des algues qui demeurent cachés ou fixés dans ses dépressions ; la portion nord-est, bien plus étendue, présente souvent, lors des tempêtes, le spectacle émouvant et terrible des navires en péril ou des bateaux en train d'échouer. L'explication particulière de la formation de ces terrasses se rattache à des phénomènes plus généraux dont l'étude nous entraînerait trop loin.

Modification des récifs. — Nous avons à signaler encore quelques causes qui *modifient la forme et le développement des bancs Coralliaires.* En général on peut attribuer l'existence des ports sur les récifs et les Atolls à l'action des marées ou de courants océaniques localisés. On trouve d'ordinaire à travers les canaux et les ouvertures des récifs, des courants de marée assez forts, qui dépendent de la forme et de la direction des côtes ; en outre, l'eau sans cesse projetée dans les canaux et dans la lagune par-dessus les parties basses du récif cherche à sortir en sens contraire du flux en formant un courant inférieur, ou bien elle aurait les courants du reflux. Ces mouvements des eaux, et

bien d'autres du même genre, entraînent une foule de débris Coralliaires, et le sol où ces phénomènes s'accomplissent est tout à fait approprié à l'installation des Polypes. Lorsqu'en un point quelconque, un courant de cette sorte est assez puissant, il nettoie sans cesse les canaux et les maintient ouverts. Souvent l'action des courants marins est encore renforcée par l'effet des eaux qui proviennent des îles ; aussi trouve-t-on très fréquemment des havres à l'entrée des vallées où aboutissent les ruisseaux et les petits cours d'eaux.

L'influence qu'exerce en elle-même l'eau douce sur l'apparition des Polypes n'est pas aussi considérable qu'on l'admet d'ordinaire ; cela tient surtout à ce que, plus légère que l'eau salée, elle s'écoule par-dessus et ne touche guère les animaux Coralliaires installés un peu plus profondément. Les conditions particulières au sol sous-marin qui porte le récif, et la constitution du fond, ont peut-être une influence plus grande sur la conformation du récif. Dans les points où existent des fissures très profondes et des cavernes sous-marines s'étendant au-dessous du niveau qui convient aux Polypes, toute installation de Polypiers Coralliaires fait défaut ; il en est de même dans les points où un fond résistant alterne avec le sable et la vase. Toutes les irrégularités du contour des récifs et des Atolls, toutes les formations de havres sur les îles Coralliaires, trouvent ainsi une explication assez simple.

Causes de la conformation des récifs. — La question la plus importante, dont il nous reste encore à parler, est relative aux *causes de la production des récifs-en-jetée et de la configuration des îles Coralliaires en forme d'Atolls.* Ce que nous avons dit jusqu'à présent ne nous indique en rien pourquoi ces productions forment autour des îles une ceinture séparée par un certain intervalle, ou pourquoi elles s'étendent parallèlement à la terre ferme à une distance de plusieurs centaines de milles, ou enfin pourquoi elles enferment une lagune. C'est là le problème qui se posa tout d'abord aux explorateurs. On était jadis porté à admettre un instinct qui engagerait les animaux à donner à leurs constructions la forme la mieux capable de résister à la violence des lames. D'après une autre théorie, les constructions Coralliaires engloberaient les sommets de volcans dont les cratères correspondraient aux lagunes ; les canaux d'entrée au travers des récifs représenteraient les places où le talus de cratère aurait été détruit par la projection des Laves. Il y a déjà plusieurs dizaines d'années que Darwin a signalé l'inanité de cette hypothèse qui répond à une observation superficielle des faits. De deux choses l'une : ou bien les cônes volcaniques en question ont dû se produire jadis sur la terre ferme et s'enfoncer plus tard dans l'eau, ou bien ils ont dû se former sous la mer. Dans le premier cas, le cratère aurait presque toujours été détruit pendant qu'il s'enfonçait progressivement. Le second cas suppose une éruption sous-marine; on ne peut guère songer ici à la formation d'un cratère et au soulèvement d'un cône volcanique. En outre, l'hypothèse exigerait que les volcans se soient produits sur des espaces limités, dans une proportion sans exemple sur la terre, et qu'ils se soient soulevés à des hauteurs à peu près égales (ce qui serait plus singulier encore) ; cette dernière condition s'imposerait par ce fait que les animaux Coralliaires ne se trouvent guère qu'à une vingtaine de pieds au-dessous de la surface. Il faudrait supposer aussi des cratères de 75 kilomètres de diamètre et considérer comme assez fréquents ceux de 30 à 44 kilomètres. Ces motifs et quelques autres encore ont fait rejeter l'hypothèse de la participation des volcans à ces productions Coralliaires. Ce qui précède nous dispense également de discuter sérieusement l'hypothèse d'après laquelle des cimes montagneuses indépendantes de toute origine volcanique et des bancs de même hauteur constitueraient les emplacements fondamentaux des installations Coralliaires.

Darwin a d'abord étudié et comparé, suivant une méthode scientifique, les diverses sortes de productions Coralliaires, les récifs en ceinture, les récifs en môle, et les Atolls; ensuite il a développé ses vues sur leur origine, d'après les faits observés. Sa théorie, qui a cours encore aujourd'hui, s'est trouvée confirmée dans toutes les parties par les travaux de Dana (1).

Qu'on examine une carte à grande échelle de l'archipel Fidji, et qu'on jette un coup d'œil sur les îles Goro, Ango, Nairai et Nanoukou; on remarquera que le récif de Goro se

(1) D'après Semper, qui se base sur les observations recueillies par lui sur les lieux mêmes, certains phénomènes constatés aux îles Pelew ne s'expliqueraient pas, ou du moins ne s'expliqueraient pas uniquement, par les submersions et les soulèvements auxquels Darwin et Dana assignent le premier rang. Suivant lui, c'est dans les pluies et dans les courants marins qu'il faut chercher les causes principales de ces phénomènes.

rattache étroitement à la terre et se trouve édifié sur la portion sous-marine de la côte. Le récif de la seconde île mentionnée offre la même disposition, mais se sépare néanmoins quelque peu de la côte et forme ce que nous avons appelé un récif en môle. Cette dénomination implique une différence dans la situation seulement et non pas dans la disposition des récifs. Dans la dernière des îles précitées le récif molaire entoure une étendue de mer assez vaste, et l'île qui se trouve à l'intérieur n'est autre chose qu'une cime de montagne rocailleuse. Peut-on, maintenant, expliquer ces différences dans la portion des récifs en digue? L'hypothèse de Darwin donne en réalité la clef de ces phénomènes. Si, par exemple, l'île Ango sombrait graduellement tout entière, deux choses pourraient se produire : ou bien l'île antérieure disparaîtrait peu à peu pendant que le récif, croissant toujours en hauteur, se maintiendrait à la surface de l'eau, pourvu seulement que la rapidité de la submersion ne dépasse pas un certain degré ; ou bien, si cette submersion était telle que la dernière cime montagneuse demeurât seule au-dessus des eaux, ne se produirait-il pas une nouvelle Nanoukou? Les degrés intermédiaires, correspondant aux stades où une seule colline et quelques sommets isolés seulement émergent des flots, nous donnent idée de ce qu'est une partie du groupe des Fidji qu'on désigne sous la dénomination « d'îles de l'Exploration ». D'après cette hypothèse, un récif, enfermant dans un cercle assez vaste un rocher unique, provient de l'enfoncement progressif d'une île qui était entourée d'un simple récif en ceinture.

C'est un fait bien connu que des étendues de terrain considérables, telles que la Suède et le Groënland, sont actuellement en train de sombrer; mais on peut encore démontrer, à l'aide de preuves directes, que les récifs ont sombré avec leurs îles. Dans la plupart des cas, on peut, sinon mesurer directement, du moins apprécier d'une manière approximative la profondeur des récifs, et dans plusieurs cas on doit l'estimer au moins à 300 mètres. Or, la portion vivante du récif Coralliaire ne s'étend pas au-dessous de 18 à 20 brasses; la profondeur de 300 mètres à laquelle arrive le récif ne peut donc s'expliquer que par la submersion graduelle du terrain sur lequel il s'élève. On conçoit que des récifs, une fois formés, peuvent de nouveau émerger très au-dessus des eaux par le fait de soulèvements ultérieurs; on en

Fig. 974. — La végétation des Atolls.

connaît qui s'élèvent jusqu'à 100 mètres de hauteur. Ils indiquent forcément une submersion
antérieure, dès que leur diamètre en élévation
dépasse la mesure connue qui correspond à la
profondeur de la zone des Coraux vivants. L'hypothèse, qui fait d'un grand nombre de récifs
la conséquence de simples submersions, paraît
ainsi parfaitement justifiée.

Nous pouvons nous représenter les effets d'une
submersion progressive, en étudiant la coupe
schématique d'une île et de ses récifs (fig. 974).
Lorsque le niveau de l'eau est en I, l'île présente, comme celle de Goro par exemple, un
simple récif zonulaire ff, une terrasse rocailleuse étroite qui se trouve au niveau de la mer
et qui s'abaisse à l'extérieur d'abord suivant
une pente très douce, puis sous une inclinaison plus forte. En supposant que l'île ait été
submergée jusqu'au niveau II, que serait-il
arrivé? Le récif s'est surélevé proportionnellement au degré de submersion, et présente, en
élévation, l'aspect figuré en h f' h f. On trouve
alors un récif en ceinture et un récif en môle,
séparés par un canal étroit. La coupe du môle
est en h', celle du canal en g, et celle du récif
zonulaire en f'; à un degré de submersion plus
avancé correspondrait le niveau III, avec le
canal considérablement élargi g. Sur l'un des
côtés où le récif zonulaire s'est conservé; sur
l'autre, il a disparu, sous l'influence de divers
phénomènes, tels que les courants en particu-

lier. Au niveau de la ligne IV, on voit enfin
deux petites îles rocailleuses, dans une vaste
lagune, avec deux îlots de récifs (i', i'') qui
correspondent précisément aux points où deux
autres cimes de montagnes viennent de plonger sous le niveau de l'eau. Le rocher formé
de ces récifs coralliaires a acquis une importance considérable et recouvre presque complètement l'île primitive.

Ces coupes idéales concordent absolument
avec celles des îles véritables et de leurs récifs.
Le croquis ci-joint (fig. 975) s'applique à l'île
d'Aïwa du groupe des Fidji. Dans la lagune, on
voit deux îlots, semblables à des cimes montagneuses, absolument comme tout à l'heure;
bien que nous ne possédions aucune mensuration des cimes et aucun sondage des eaux
ambiantes, nous sommes certains, d'après des
observations prises d'autre part, que la coupe
verticale qui correspond aux lignes hhh'' est
tout à fait conforme à la réalité. Il n'est d'ailleurs besoin ici d'aucune explication.

On a reproché à cette théorie de ne pas expliquer comment il se produirait des canaux
extérieurs; il semblerait que les matériaux du
récif doivent combler cet espace pendant la
submersion progressive. Mais le problème n'est
pas posé ainsi comme il doit l'être; on doit
partir de ce fait indéniable que la submersion
a lieu et que sur les îles en train de sombrer ce
phénomène particulier se manifeste. Les cas

Fig. 972. — Coupe d'un récif coralliaire.

Fig. 973. — Coupe d'un récif coralliaire.

naux qui se trouvent derrière le récif môlaire sont une conséquence de la submersion, et les causes de ce phénomène doivent être recherchées. On trouve alors à ce sujet des explications qui s'appliquent si justement aux faits observés que l'existence des passages intérieurs apparaît comme une particularité nécessaire des édifices Coralliaires.

On a pu démontrer que l'Océan prend une part considérable à la production des récifs ; les récifs extérieurs, soumis à l'influence de l'eau de mer pure et de ses mouvements, croissent plus rapidement que les récifs intérieurs sur lesquels agissent les courants d'eau de mer et d'eau douce, ainsi que les éboulis que ces courants charrient et les alluvions qu'ils entraînent. En outre, dès que le récif môlaire se trouve détaché, il est recouvert sur ses deux bords par des Coraux vivants qui s'accroissent, tandis que le récif en ceinture ne s'accroît que d'un seul côté. D'ailleurs une grande partie des éboulis et des débris du récif extérieur, du côté de la mer et du côté de l'intérieur, se dépose sur ces Coraux. Au contraire, une grande partie des matériaux du récif intérieur tend à combler le large canal qui l'entoure. En tout cas, le récif intérieur y contribue pour une part relativement plus considérable que le récif môlaire. L'étendue du sol, sur lequel les récifs s'étalent en dedans du môle et qui s'est exhaussé en même temps que les récifs, est souvent cinquante fois plus grande que la superficie du môle lui-même. Dans de telles conditions d'accroissement, le récif môlaire peut se développer, en définitive, deux fois plus vite que les récifs intérieurs. Ceux-ci sombrent, dans certaines circonstances, avec une rapidité qui ne peut être compensée par la vitesse de leur accroissement, et finissent forcément par

disparaître. Ainsi, l'existence de canaux et de vastes étendues d'eau largement ouvertes, en arrière des récifs, ne fournit aucun appui contre la théorie ; leur existence est, au contraire, inséparable de l'hypothèse mentionnée et fournit une preuve de plus en faveur de la théorie.

De ces données et de quelques autres analogues, il résulte qu'un récif môlaire indique à peu près les anciennes limites du terrain qu'il entoure.

Il est à peine besoin de faire remarquer qu'en progressant, la submersion qui a donné lieu au récif môlaire donne encore lieu à la formation d'une île lagunaire. Si, après une période d'enfoncement pendant laquelle le récif ou l'Atoll s'est maintenu à peu près au niveau de l'eau, il survient une période de submersion moins rapide ou de repos, un terrain sec se développera sur lequel croîtra la végétation. Pendant un pareil temps d'arrêt, la lagune peut se rétrécir de plus en plus ; inversement, lorsque la submersion est plus rapide, l'Atoll peut disparaître progressivement sous l'eau. Déjà Darwin a décrit une série de semblables productions Coralliaires en train de sombrer, et il les a désignées sous la dénomination de « récifs morts ».

Dana termine son chapitre instructif sur la formation des récifs et des Atolls, en concluant des faits exposés, qu'évidemment chaque île Coralliaire a été un jour un récif disposé en ceinture autour d'une île élevée. Aux dépens de ce récif zonulaire s'est formé un récif môlaire, lorsque l'île s'est enfoncée ; ce récif a continué de croître, lorsque le terrain primitif a disparu peu à peu. Au-dessus de la surface de l'eau enfermée, émerge enfin la dernière cîme montagneuse en train de sombrer. Encore un certain temps et celle-ci aura disparu

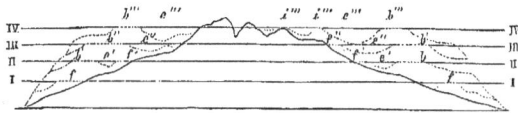

Fig. 974. — Coupe schématique d'une île coralliaire avec ses récifs.

aussi ; le récif molaire constituera alors la seule trace de l'île qui aura sombré tout entière. La bande Coralliaire, qui formait jadis autour de l'île, en plein air, un ornement et un moyen de protection, devient plus tard une simple trace de ce terrain et l'unique indice commémoratif de son existence antérieure. L'archipel Pomotou représente un vaste cimetière où chaque Atoll indique la place où se trouve ensevelie une île. Ces sortes de pierres tumulaires sont disséminées dans tout l'Océan méridional ; ce sont les points les plus saillants dans l'immensité de ces eaux désertes.

L'apparition des productions Coralliaires dépend, comme on le voit, d'un concours de circonstances favorables. La côte occidentale de l'Amérique n'en possède point, peut-être à cause du courant maritime polaire qui refroidit trop toute la région du littoral. C'est seulement à l'île Ducie que commence la vaste région des Coraux de l'océan Pacifique ; elle s'étend au sud de l'Équateur jusqu'à la côte orientale de la Nouvelle-Hollande, et au nord, elle atteint son plus grand développement dans l'Archipel des Carolines. Les environs des îles Mariannes et Philippines sont riches en récifs Coralliaires. Plus à l'ouest, nous signalerons la série remarquable des îles Maldives et Lakedives, les nombreux récifs situés autour des îles Maurice et Madagascar, et surtout ceux qu'on rencontre depuis l'extrémité septentrionale du canal de Mozambique jusque dans la mer Rouge. La côte occidentale de l'Afrique n'offre aucun récif remarquable. Dans la région du Nouveau-Monde, enfin, la mer des Antilles depuis la Martinique et les Barbades jusqu'à l'extrémité du Yukatan, les côtes de la Floride et de Bahama, sont le théâtre de l'activité silencieuse, mais productive, des animaux Coralliaires.

De son côté, Darwin [1] rapporte de la façon suivante les observations qu'il a faites à l'île des Cocos.

[1] Darwin, *Le Tour du Monde*, 1860, 2ᵉ sem., p. 151.

« Le cercle des récifs qui forme la lagune de l'île des Cocos ou de Keeling, dit Darwin, est couronné, dans presque toute son étendue, d'une guirlande d'îlots très étroits qui, au nord sous le vent, laissent un passage aux vaisseaux pour pénétrer à l'intérieur du mouillage.

« Dès l'entrée, le spectacle est ravissant.

« L'eau calme, limpide, transparente, peu profonde, repose sur un lit blanc, uni, fin.

« Le soleil, dardant ses rayons verticaux sur cette immense flaque de cristal de plusieurs milles de largeur, la fait resplendir du vert le plus éclatant ; des lignes de brisants frangées d'une éblouissante écume la séparent des noires et longues vagues de l'Océan et les festons réguliers et arrondis des Cocotiers épars sur les îlots se détachant sur la voûte azurée du ciel achèvent d'encadrer ce miroir d'émeraudes, tacheté çà et là par des lignes de vivants Coraux.

« Dès le lendemain matin, j'étais sur la rive de l'île de la Direction, bande de terre ferme, large à peine de quelques centaines de mètres.

« Une blanche marge calcaire, d'une réverbération fatigante sous cet ardent climat, la sépare de la lagune ; à l'extérieur elle est défendue par un rebord large et plat, en roche de Corail solide qui apaise et arrête la violence de la haute mer.

« Sous quelques sables, près de la lagune, le sol n'est qu'une accumulation de fragments de Coraux arrondis et il faut le climat des régions intertropicales pour produire une végétation vigoureuse sur ce terrain désagrégé, sec et rocailleux.

« Rien de plus élégant néanmoins que les Cocotiers vieux et jeunes, dont les palmes vertes s'unissent au-dessus de féeriques petits îlots qui les encadrent d'un anneau de sable argenté. L'histoire naturelle de ces îles est curieuse, grâce à son indigence même.

« C'est à peine si trois ou quatre espèces d'arbres, semés par les vagues, se mêlent aux bouquets de Cocotiers, et l'un d'eux seul offre un bon bois de construction. Ma collection d'une

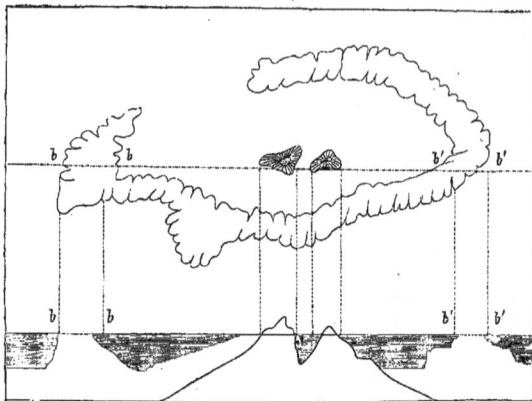

Fig. 975. — Croquis de l'île d'Aïva avec la coupe en projection.

vingtaine d'espèces de plantes, dont dix-neuf appartiennent à différents genres et à non moins de seize familles, doit renfermer à peu près toute cette modeste flore, qui semble un refuge de déshérités.

« Du côté du vent le ressac jette des semences. M. Keating, qui a résidé un an sur ces écueils, cite le Kimiri, natif de Sumatra et de la péninsule de Malacca, la noix de Coco de Balci que distinguent sa forme et sa grosseur, le Dadass que les Malais plantent avec la Vigne vierge. Le Savon-mer, le Ricin, des troncs de Palmier sagou, diverses graines inconnues aux habitants de ces écueils, des masses de Teck de Java, d'immenses Cèdres rouges, blancs, le Gommier bleu d'Australie et jusqu'à des canots de Java viennent s'échouer contre ces récifs. L'on suppose que ces épaves sont, pour la plupart, poussées par la mousson du nord-ouest jusqu'aux côtes de la Nouvelle-Hollande d'où les vents alizés du sud-est les ramènent. Les graines feraient ainsi de six à huit cents lieues sans perdre leur pouvoir de végétation.

« La liste des animaux terrestres est plus bornée encore que celle des végétaux. Quelques Rats ont été apportés de l'île Maurice sur un vaisseau naufragé, et les seuls Oiseaux de terre sont une Bécasse et un Râle ; les Échassiers, après les Palmipèdes, sont les premiers colons de ces régions lointaines. Tout ce que j'ai rencontré en fait de

Reptiles, c'est un petit Lézard, et, à part les Araignées qui sont nombreuses, je n'ai pu recueillir que treize espèces d'Insectes, dont un Coléoptère. Enfin, sous des blocs isolés de Corail, pullule seule une petite Fourmi.

« Mais si de cette terre stérile nous portons nos regards vers la mer, nous y verrons affluer la vie.

« Il y a de quoi s'enthousiasmer à contempler le nombre infini d'êtres organiques dont regorgent les mers tropicales ; de beaux Poissons verts et de mille teintes diverses chatoient dans les creux, dans les grottes et les couleurs de plusieurs des Zoophytes sont admirables.

« Les longues et étroites bandes de terre qui forment les îlots s'élèvent seulement à la hauteur où le ressac peut lancer des fragments de Coraux, où le vent peut entasser des sables calcaires. Au dehors un rebord de Corail plat et solide brise la première violence des flots, qui autrement balayeraient ces écueils et tout ce qu'ils produisent. Ici l'Océan et la terre semblent se disputer l'empire ; si celle-ci commence à prendre pied, les citoyens de l'onde maintiennent leurs droits antérieurs. De tous côtés l'on voit diverses espèces de Crabe ermite promener sur leur dos la Coquille dérobée à la plage voisine, d'innombrables Hirondelles de mer, des Frégates, des Fous, fixent sur vous leurs yeux stupides et planent dans l'air, surchargent les branches des arbres, infestent les bois de leurs nids. Parmi cette population ailée, je n'ai distingué qu'une charmante créature, une mignonne Hirondelle de mer d'un blanc de neige. Vous épiant de son brillant œil noir, elle voltige doucement toujours tout près, et sous cette gracieuse et délicate enveloppe, on serait tenté d'imaginer quelque sylphe léger qui vous observe et vous suit.

« Le 6 avril, j'accompagnai le capitaine au fond de la lagune, le chenal y tournoie entre des Coraux délicatement ramifiés. Nous vîmes plusieurs Tortues, auxquelles deux barques donnaient la chasse.... Arrivés au bout de la lagune, nous traversâmes l'étroit îlot pour voir, du côté du vent, la large mer se briser sur la côte. Je ne puis dire pourquoi, ni à quel point me parut imposant le spectacle de ces élégants Cocotiers, de ces lignes de verdoyants buissons, cette marge plate, infranchissable barrière, semée de blocs épars, enfin cette frange de vagues écumantes se ruant à l'entour des récifs. L'Océan, comme un invincible et tout-puissant ennemi, lance ses flots, et il est repoussé, vaincu par les moyens les plus simples. Ce n'est pas qu'il épargne les roches de Corail dont les gigantesques fragments jetés sur la plage proclament sa puissance ; il n'accorde ni paix, ni trêve ; la longue houle enflée par le doux, mais incessant travail des vents alizés, soufflant toujours d'une même direction sur cet espace immense, soulève des vagues presque aussi hautes que celles qu'accumulent les tempêtes de nos zones tempérées. On reste convaincu, à voir leur incessante rage, que l'île du roc le plus dur, de porphyre, de granit, de quartz, serait démolie par cette irrésistible force, tandis que ces humbles rives demeurent victorieuses.

« Un autre pouvoir a pris part à la lutte.

« La force organique s'empare un à un des atomes de carbonate de chaux et les sépare de la bouillonnante écume pour les unir dans une symétrique structure. Qu'importe que la tempête arrache par milliers d'énormes blocs de rochers ! Que peut-elle contre le travail incessant des myriades d'architectes à l'œuvre nuit et jour ? Nous voyons ici le corps mou et gélatineux d'un Polype, vaincre, par l'action des lois vitales, l'immense pouvoir mécanique des vagues de l'Océan, auquel ne résisteraient ni l'art de l'homme, ni les ouvrages inanimés de la nature. »

LES TÉTRACORALLIAIRES — *TETRACORALLIARIA* Perr.

Caractères. — Les Tétracoralliaires, ou Madréporaires rugueux de MM. Milne-Edwards et Haime, se caractérisent par le grand développement de quatre cloisons principales, ou par l'existence d'un égal nombre de dépressions qui occupent le fond du calice et affectent une disposition cruciale. Les murailles sont en général peu développées. Les individus se reproduisent par gemmation.

Distribution paléontologique. — Cette classe se compose presque entièrement d'espèces fossiles appartenant aux terrains anciens. Elle comprend plusieurs familles.

LES STAURIDÉS — *STAURIDÆ* M. Ed. et Haim.

Caractères. — Chez les Stauridés, les cloisons bien développées sont constituées par des lames étendues sans interruption dans toute la hauteur de la chambre viscérale, qui sont latéralement unies par des traverses lamellaires disposées en quatre systèmes, et caractérisées par l'existence de quatre grandes cloisons primaires formant une croix.

STAURIA ASTRÉIFORME — *STAURIA ASTREIFORMIS* M. Edw.

Caractères. — Polypier astréiforme à calices inégaux, circulaires chez les individus écartés entre eux, mais plus généralement polygo-

Fig. 976 et 977. — Stauria astréiforme.

naux. Cloisons minces, serrées, formant quatre cycles ; calices assez profonds. Les murailles sont assez fortes (fig. 976-977).

Fig. 978. — Alcyon palmé (p. 611).

Distribution géographique. — Cette espèce provient du terrain Silurien supérieur de Gothland.

LES CYATHAXONIDÉS — *CYATHA-XONIDÆ* M. Edw. et Haim.

Caractères. — Dans cette famille, les cloisons du premier ordre ne sont pas notable-

ment plus développées que les autres, et elles ne forment pas une croix comme dans la famille précédente.

CYATHAXONIE CORNE — *CYATHAXONIA CORNU* M. Edw.

Caractères. — Le Polypier est en forme de corne cylindro-conique et arqué, présentant de très faibles bourrelets circulaires sans au-

Breum.

cune épine, le calice est circulaire, assez profond, à bords minces. La columelle cylindro-
conique est très saillante, compacte, les cloisons
sont très hautes, étroites, minces et forment
quatre cycles (fig. 979-980).

Distribution paléontologique. — Il provient
du terrain Carbonifère de Tournay en Belgique,
on le rencontre également dans la même formation à Kendel en Angleterre.

LES CYATHOPHYLLIDÉS — *CYATHO-PHYLLIDÆ* M. EDW. ET HAIM.

Caractères. — Dans cette famille, le Polypier est simple ou composé ; les cloisons, toujours plus ou moins incomplètes, ne s'étendent pas sous forme de lames continues dans
toute la hauteur de la chambre viscérale, mais

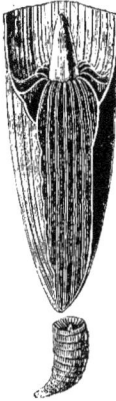

Fig. 979 et 980. — Cyathaxonie corne.

sont interrompues soit vers leur partie externe,
soit vers leur bord interne; celles du premier
cycle sont à peu près semblables aux autres et
ne forment pas de croix nettement caractérisée.

CYATHOPHYLLE HÉTÉROPHYLLE. — *CYATHO-PHYLLUM HETEROPHYLLUM* M. EDW. ET HAIM.

Caractères. — Ce Polypier est simple, ordinairement court et trapu, un peu courbé; il
porte environ 96 cloisons larges, droites, formant un gros bourrelet autour de la cavité

calycinale ; alternativement minces et épaisses,
ces cloisons ont parfois entre elles d'autres
cloisons rudimentaires. Les planchers parais-

Fig. 981 et 982. — Cyatophylle Hétérophylle. *a*, vue de
profil ; *b*, coupe verticale.

sent très peu développés, et lorsque la section
n'est pas faite exactement suivant l'axe du Poly-

Fig. 983. — Amplhima turbinata.

pier, on voit, au centre, la tranche des cloisons
principales bien développées et s'étendant fort
loin (fig. 981 et 982).

phylle provient du terrain Devonien de l'Eisel.
Nous figurons une autre espèce de la même
famille, type d'un genre remarquable, l'*Am-
phyma turbinata* du Silurien (fig. 983).

LES OCTOCORALLIAIRES — *OCTOCORALLIARIA* Perr.

Caractères. — Dans cette classe sont compris des Polypes et colonies de Polypes pourvus de huit tentacules bipennés et d'un même
nombre de replis mésentéroïdes non calcifiés
(Claus).

Généralement, la couche dermique devient
épaisse et spongieuse, se charge de concrétions,
et forme un polypiéroïde dont l'étendue et la
forme varient suivant les groupes et les espèces.

LES ALCYONIDÉS. — *ALCYONIDÆ*
M. Edw.

Caractères. — Chez presque tous ces Coralliaires, le tissu dermique n'est consolidé que
par des spicules, et tout en acquérant parfois
une épaisseur et une consistance assez grandes,
il n'est pas rigide et conserve une certaine contractilité.

ALCYON PALMÉ — *ALCYONIUM PALMATUM*
Lamck.

Caractères. — Le Polypieroïde de cette espèce est cylindroïde vers la base et divisé supérieurement en plusieurs lobes submembraneux ;
les polypes n'occupent que la portion moyenne
et supérieure. Sa couleur est rouge foncé au
sommet et jaunâtre à la base (fig. 978, p. 609).

Distribution géographique. — On le rencontre dans la Méditerranée.

LES PENNATULIDÉS — *PENNA-
TULIDÆ* Dana.

Caractères. — Chez les Pennatulidés, la
portion basilaire, au lieu de s'étaler sur les
corps sous-marins, se prolonge en une racine
pivotante obtuse qui reste complètement libre
ou s'enfonce dans la vase sans contracter aucune adhérence. La partie supérieure porte
seule les Polypes; l'axe de la tige est occupé
par une cavité dans l'intérieur de laquelle se
forme souvent un stylet scléroblastique. La
forme générale du Polypier peut être comparée à une plume, la tige de celle-ci représente
l'axe, les barbes figurent les parties latérales
où sont situés les Polypes.

Kölliker a découvert ce fait remarquable
que sur les Polypiers de tous les Pennatulidés
apparaissent deux types d'individus. Le rôle
principal est dévolu aux animaux sexués. Ils
sont parfaitement munis de tous les organes
nécessaires à un Polype proprement dit; ils
absorbent des aliments et pourvoient à la
multiplication de l'espèce. L'autre type d'individus, appelé Zooïdie, est représenté par des
êtres atrophiés et arrêtés dans leur développement, chez lesquels on peut bien reconnaître
en général la structure du type plus favorisé,
mais qui en diffèrent par le manque absolu
de tentacules et d'organes reproducteurs ainsi
que par leurs dimensions plus petites. Ils paraissent aptes seulement à absorber et à rejeter
l'eau nécessaire à l'organisme commun du Polypier, qui comporte une foule de canaux et
d'individus.

Mœurs, habitudes, régime. — On ne sait
pour ainsi dire rien au sujet de l'histoire du
développement des Pennatulidés. D'après Kölliker, « le développement a lieu probablement
de telle sorte que le Polype le plus jeune se
divise en deux et en quatre individus par le fait
d'une scission longitudinale répétée ; de ce
processus pourrait émaner un petit Polypier
offrant deux canaux longitudinaux en bas, et
quatre en haut.

« L'hypothèse de bourgeonnements latéraux
réitérés, comme on en peut constater chez les
Polypes de certaines tribus, permettrait de
faire émaner aisément de l'un d'eux un Polypier
plus grand sur lequel on imaginerait les Polypes fixés suivant un type ou suivant l'autre.
Beaucoup de Polypiers de Pennatulidés portent les individus les plus jeunes à l'extrémité
inférieure du corps ; il paraît en résulter que la
continuation de l'accroissement des Polypiers,
c'est-à-dire l'addition de nouveaux individus,
se poursuit à la limite du pédicule et du tuyau
de plume.»

Une propriété des Pennatulidés est d'être phosphorescents. Tout d'abord on ignorait où résidait le siège des phénomènes lumineux et l'on était enclin à attribuer ce pouvoir principalement à la surface muqueuse des Polypes isolés du Polypier. Panceri a montré d'abord que cette propriété n'appartenait qu'à des parties tout à fait déterminées des Polypes, c'est-à-dire à huit organes rubanés dont les extrémités supérieures entourent l'orifice buccal comme autant de papilles, et qui descendent le long de l'estomac. Ces organes sont remplis de cellules contenant des globules et des corpuscules graisseux, qui constituent les seuls éléments lumineux. Comme ces bandes sont très vulnérables et que la moindre pression en fait sortir le contenu, on s'explique comment on avait pu jusqu'alors trouver la substance lumineuse dans les points les plus divers du Polypier.

Pour rechercher les phénomènes lumineux et les étudier, on ne peut malheureusement se servir que de Pennatules indemnes. Il faut que ces Polypes n'aient pas séjourné trop longtemps dans un petit récipient où ils deviendraient hydropiques; ils ne doivent pas non plus se trouver dans un état de vacuité complète et de contraction convulsive comme il résulte des fatigues et des pressions qu'ils peuvent subir dans le filet. C'est seulement sur des spécimens frais capturés à l'instant, et troublés le moins possible, qu'on peut répéter les expériences et provoquer les *courants lumineux*. La lumière ne se produit que sous l'influence d'une irritation ; il suffit de frapper du doigt la paroi de l'aquarium pour voir apparaître des éclairs. Si l'on prend dans sa main les plumes du Polypier, soit audessous de l'eau, soit hors de l'eau, l'apparition des points et des raies lumineuses se produit d'une façon plus active ; en reproduisant l'irritation d'une manière régulière et méthodique, on constate qu'il s'agit là d'une succession déterminée de phénomènes lumineux, de courants soumis à des lois et par conséquent du plus haut intérêt physiologique. Un phénomène fondamental consiste dans l'existence de deux sortes de courants lumineux, dont l'un se rattache aux Polypes proprement dits et peut être vu sur la face dorsale de la barbe tout entière, tandis que l'autre est spécial aux Zooïdies et se manifeste à la face inférieure. Les deux courants apparaissent généralement à la fois ; mais ils peuvent naître et se propager l'un sans l'autre, ce dont la raison n'est pas encore éclaircie.

Le sens du courant dépend du lieu de l'irritation. Si l'on presse l'extrémité du pédicule, la lueur apparaît d'abord dans les rayons inférieurs, pour courir de la tige vers les extrémités des rayons et passer graduellement sur les rayons supérieurs et extrêmes. L'inverse a lieu quand on porte l'irritation sur l'extrémité de la barbe. Si l'on provoque l'irritation au milieu du tuyau de plume, les courants se propagent simultanément en haut et en bas à partir du point irrité, et suivant l'ordre de succession des rayons. Si l'on irrite en même temps les deux bouts du tuyau de plume, les courants se rapprochent jusqu'à se rencontrer ; rarement ils se croisent, de telle sorte que le phénomène comprend alors tout le parcours de chacun des deux courants que nous venons d'indiquer dans les deux cas précédents. Enfin lorsqu'on irrite l'extrémité des rayons, le courant lumineux commence par descendre de l'extrémité irritée vers la tige, puis il passe de là sur tous les autres rayons suivant le sens habituel. Des expériences établirent ensuite qu'une incision circulaire de la tige jusqu'au niveau de l'axe solide empêche l'irritation productrice des courants de se propager.

Pour épuiser les notions principales que nous avons à exposer, il nous faut déterminer la vitesse des courants lumineux. Ils parcourent, en moyenne, sur les Pennatules, une distance d'un décimètre en deux secondes, ce qui fait un mètre pour vingt secondes. *La vitesse de propagation de l'irritation nerveuse est de 30 mètres par seconde chez la Grenouille et de 33 mètres chez l'homme ; cette vitesse est donc 600 et 660 fois plus grande que celle des courants lumineux des Pennatules.*

« Panceri, à ce propos, fait remarquer avec raison l'importance que pourraient avoir les Pennatules pour l'étude de la propagation de l'irritation dans le corps des animaux, si ces Polypes n'étaient pas d'une capture et d'une conservation particulièrement difficiles. Même le grand aquarium de l'exposition maritime de Naples, qui mesurait 13 mètres de longueur, sur 1 mètre de largeur et de profondeur, s'est trouvé encore insuffisant et mal approprié à ce but. Pourtant on a établi, depuis lors, dans la station zoologique de Dohrn, un local destiné à ces Pennatules, où elles m'ont paru se trouver parfaitement bien, durant plusieurs mois. En cherchant à déterminer quelles sortes d'organes servent à la propagation et à la production de l'excitation qui se résout en phénomènes lumineux chez les Pennatules, on découvre que désormais toute action nerveuse paraît être hors de cause. (O. Schmidt.)

On n'a trouvé jusqu'à présent aucun nerf chez les Pennatules ainsi que chez leurs congénères ; il est extrêmement probable que ces animaux en sont dépourvus ; le fait, que l'irritation lumineuse peut se produire en sens opposés dans les mêmes parties, plaide encore contre l'intervention d'un appareil nerveux ; nous savons, en effet, que les nerfs ne peuvent transmettre l'excitation que suivant une seule direction. On ne peut donc plus songer qu'à une irritation moléculaire, passant d'une cellule à l'autre et beaucoup plus lente, en raison des résistances à vaincre, que les courants qui parcourent les fibres nerveuses pour propager les mouvements ou les sensations. L'existence des phénomènes lumineux observés sur beaucoup d'autres organismes animaux, aussi bien à l'état de vie qu'à l'état de mort, paraît dépendre d'un processus de combustion de la substance graisseuse qui s'accomplit lentement ; cette hypothèse d'une oxydation lente des corpuscules graisseux contenus dans les bandes lumineuses est la plus plausible également lorsqu'il s'agit des Pennatules.

PENNATULE ARGENTÉE — *PENNATULA ARGENTEA* ELLIS.

Caractères. — Cette espèce a une tige épaisse charnue, atténuée, lisse, légèrement striée longitudinalement. Ses pinnules sont uniformes (fig. 984 et 985).

Distribution géographique. — Elle provient des mers de l'Inde.

OMBELLULAIRE ENCRINE — *UMBELLULARIA ENCRINUS* M. EDW.

Caractères. — Cette espèce porte des Polypes très grands et paraissant former par la réunion de leurs bases une sorte de coupe portée à l'extrémité d'une tige flexible dans sa portion supérieure.

Distribution géographique. — Dans l'été de 1752, c'est-à-dire à une époque où l'on ne soupçonnait pas combien les animaux étaient répandus au fond de la mer, un voyageur anglais retira d'une profondeur de 1416 pieds, à une distance de 20 milles allemands des côtes du Groenland, deux spécimens de ce merveilleux animal fixés à la corde de la sonde.

Les découvertes récemment réalisées par l'exploration méthodique des profondeurs de la mer ont été d'un grand intérêt en démontrant

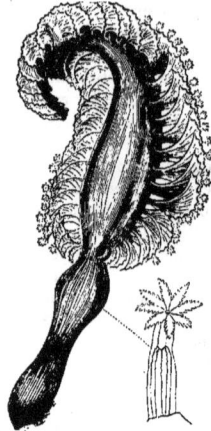

Fig. 984. Fig. 985.

Fig. 984. — Pennatule argentée. Fig. 985. — Polype isolé.

que diverses espèces d'Ombellulaires vivent à de grandes profondeurs dans l'océan Atlantique, ainsi que dans l'océan du Sud.

En 1871, Lindahl, en accompagnant le capitaine von Otter qui commandait l'expédition des navires suédois *Ingeborg* et *Gladan*, trouva un spécimen de ce genre dans la baie de Baffin, à 400 brasses, c'est-à-dire à 2400 pieds de profondeur. Nous avons figuré ici l'Ombellule miniacée (fig. 988), en laissant de côté la portion moyenne du pédicule.

Le même Naturaliste découvrit une seconde espèce à l'entrée du Fjord Omanak dans la région septentrionale du Groenland.

Nous pouvons suivre cet intéressant Coralliaire dans des régions plus méridionales ; tantôt il y pénètre avec les courants froids, tantôt il y vit sur une étendue considérable du sol dans les profondeurs de la mer. Ainsi, à 25 milles de la côte Norwégienne, en allant de Christiansund vers l'Islande, on trouva l'Ombellule parmi d'autres animaux arctiques ; Thomson en recueillit deux autres spécimens, pendant l'expédition du *Challanger*, entre le Portugal et Madère, à 2120 pieds de profondeur ; il en trouva un troisième encore, à 1500 pieds de profondeur environ auprès de Kerguelen.

Le mystère qui enveloppait jusqu'alors les Ombellules s'est trouvé ainsi dissipé, et l'on a pu

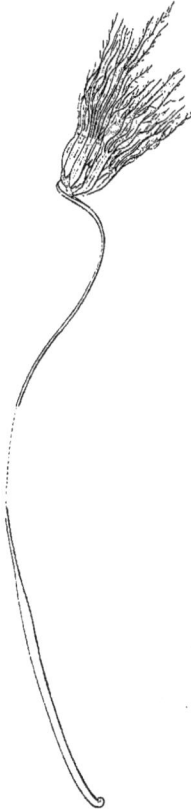

Fig. 986. — Ombellule miniacée.

les ranger dans la série déjà nombreuse des animaux qui peuplent les profondeurs des mers et qui se distinguent le plus souvent par l'étendue de leur domaine géographique. (O. Schmidt.)

LES GORGONIDÉS — *GORGONIDÆ* M. Edw.

Caractères. — Les Gorgonidés sont des Coralliaires pourvus d'un Cœnanchyme (écorce) de consistance subéreuse disposé comme une sorte d'écorce autour d'une tige rameuse ou simple, et adhérant par sa base aux corps sous-marins. Le Cœnanchyme est farci de spicules ou sclérites dont les formes varient suivant les types.

GORGONE VERRUQUEUSE — *GORGONIA VERRUCOSA* Pall.

Caractères. — Le Polypier est en forme d'arbuscules très rameux, mais dont les branches d'un même tronc sont en général étalées plus ou moins complètement en éventail, et naissent d'une manière très irrégulière. Les tubercules calycifères sont distribués très irrégulièrement et médiocrement saillants. Sa couleur est blanchâtre ou jaune sale (fig. 987, p. 617).

Distribution géographique. — Cette espèce vit dans la Méditerranée, l'Océan et en général dans toutes les mers d'Europe

LES CORALLINIDÉS — *CORALLINIDÆ* Dana.

Caractères. — Le seul genre dont se compose cette famille, et qui a pour type le Corail du commerce, est caractérisé par la structure de l'axe dont le tissu homogène et lithoïde est presque entièrement formé de carbonate calcaire.

CORAIL ROUGE — *CORALLIUM RUBRUM* Bonat.

Historique. — Le Corail était connu dès la plus haute antiquité. Orphée le célèbre dans ses chants: Il raconte que, lorsque Persée eût débarrassé le monde de la Gorgone Méduse, dont le regard changeait en pierre tout ce qu'elle approchait, il alla purifier ses mains sur le rivage et y déposa la tête sanglante du monstre. De ce sang pétrifié par le contact de la tête de Méduse naquit le Corail.

C'est là une légende poétique : mais les Naturalistes anciens étaient loin d'avoir une notion beaucoup plus exacte de la nature du Corail.

Pendant longtemps le Corail a été pris pour une Plante marine. Les anciens appelaient cette prétendue plante *fille de la mer* (1).

Théophraste le compare d'abord à l'hématite, et il dit ensuite qu'il est semblable à une

(1) Κοράλλιον, de κόρη, fille et ἁλός, de la mer, d'où les Latins ont fait *curalium*, puis *corallium* ou *coralium*.

racine et qu'il croît dans la mer. Grâce à une définition aussi vague, Théophraste a pu tour à tour être compté parmi ceux qui ont regardé le Corail comme une pierre, et parmi ceux qui l'ont regardé comme une plante.

Dioscoride dit que « le corail est un arbrisseau marin qui, étant tiré de la mer, se durcit aussitôt à l'air. » Pline copie Dioscoride.

Ovide avait déjà dit à propos de cette production :

Sic et corallium, quo primum contigit auras
Tempore, durescit : mollis fuit herba sub undis.

Toutes ces opinions ou plutôt toutes ces erreurs des anciens ont été longtemps partagées par les modernes et il a fallu bien des observations pour les détruire.

C'est seulement en 1585 qu'un peu de jour commença à se faire sur cette question. A cette époque, le chevalier J. B. de Nicolaï, préposé à la pêche du Corail sur les côtes de Tunis, fit plonger exprès un pêcheur à qui il ordonna d'arracher le Corail et d'observer s'il était mou ou dur. Contrairement à ce que disaient les anciens, cet homme affirma qu'il n'était pas moins dur dans la mer que dehors. Le chevalier de Nicolaï ne s'en tint pas là : il plongea lui-même avant que les filets fussent retirés de la mer, et il s'assura que le Corail était aussi dur dans l'eau qu'il l'est après avoir été exposé à l'air.

En 1616, Ory de la Poitier, gentilhomme Lyonnais, confirma l'observation du chevalier de Nicolaï ; celui-ci avait dit, de plus, que lorsque l'on pêche le Corail *fraîchement* (c'est l'expression de Peyssonnel) il rend une liqueur laiteuse. En 1624, Peiresc compare cette *liqueur laiteuse* au *lait du figuier*, et il ajoute cette circonstance remarquable, savoir que les branches du Corail tirées de la mer ne sont rouges et polies que lorsqu'on en ôte l'écorce, laquelle est molle et souple à la main.

Tous ces faits sont exacts, dit Flourens (1), et rapprochés ils prouvaient déjà bien des contradictions parmi les divers auteurs : les uns prenant le Corail pour une pierre, parce qu'ils le considéraient dépouillé de son écorce ; les autres le prenant pour une plante, parce qu'ils considéraient son écorce, son humeur laiteuse ; ceux-ci le disant mou sous l'eau, parce que, faute d'une pression suffisante, ils n'avaient touché que l'écorce, ou la partie molle ; les autres le disant dur, parce

(1) Flourens, *Recueil des éloges historiques*, Paris, 1857, tome II, p. 391.

que, ayant pressé un peu plus, ils avaient senti la partie dure, la partie pierreuse, sous la partie molle, sous l'écorce ; enfin la mollesse de cette écorce, tant qu'elle est dans l'eau, et sa prompte dessiccation dès qu'elle est à l'air expliquaient assez et comment le Corail pouvait paraître mou sous l'eau et comment il semblait se pétrifier dès qu'il en sortait.

En 1671, l'italien Boccone s'occupa du Corail, mais d'une manière moins heureuse encore, puisqu'il prétendit que c'était un minéral. « Le Corail, dit-il, n'a ni fleurs ni feuilles, ni graines ni racines ; il est donc bien éloigné du genre des plantes, et doit être mis dans le genre des pierres. »

Mais l'opinion de ce naturaliste eut peu de crédit, et Tournefort, qui d'ailleurs faisait végéter même la pierre, considéra le Corail comme une plante et, en 1700, le fit figurer, à ce titre, dans l'une des planches de son magnifique ouvrage. Il y est placé parmi la vingt-deuxième classe du règne végétal, dans la section qu'il intitule : *Des herbes marines ou fluviales desquelles les fleurs et les fruits sont inconnus du vulgaire.*

En 1706, le comte de Marsigli sembla décider la question d'une manière péremptoire en annonçant à l'Académie des Sciences de Paris qu'il venait de découvrir les fleurs du Corail, et que par conséquent sa nature végétale ne pouvait plus être mise en doute. Il représenta même ces fleurs (1).

Marsigli communiqua à l'abbé Bignon, président de l'Académie, en lui envoyant quelques branches de Corail couvertes de fleurs blanches, le récit des circonstances qui avaient amené sa découverte. — « Dans la pensée, dit-il, qu'il était important de conserver une branche de Corail dans une humidité suffisante pour pouvoir observer dans le cabinet tout ce qui appartient à l'écorce, j'avais eu soin de porter avec moi des vaisseaux de verre que je remplis de la même eau où l'on avait pêché, et où je mis quelques-unes de ces branches... Le lendemain matin, je trouvai toutes ces branches de Corail recouvertes de fleurs blanches de la longueur d'une ligne et demie, soutenues d'un collier blanc, d'où partaient huit rayons de même couleur, également longs et également distincts les uns des autres, lesquels formaient une très belle étoile, semblable, à la couleur et à la grandeur près, au girofle. » Marsigli raconte ensuite comment ces fleurs disparurent lorsqu'il

(1) Marsigli, *Physique de la mer.*

retira les branches de l'eau pour reparaître quand il les plongea de nouveau dans le liquide ; comment enfin elles se flétrirent, et laissèrent un putrilage qui remplissait les tubules et avait l'odeur du poisson pourri.

« Cette découverte, dit-il, m'a fait presque passer pour sorcier dans le pays ; personne, même les pêcheurs, n'ayant rien vu de semblable. »

L'illustre compagnie fut convaincue. Mais ses convictions et la quiétude du comte de Marsigli ne devaient avoir qu'une courte durée.

La gloire d'avoir découvert la véritable nature de ces prétendues fleurs et, par suite, celle du Corail lui-même, revient tout entière à Peyssonnel.

Jean-André de Peyssonnel, médecin botaniste du Roi, né à Marseille en 1694, fut chargé par l'Académie des sciences d'aller étudier le Corail au bord des mers qui le renferment. Il commença ses observations sur les côtes de Provence en 1723.

Les opinions de Peyssonnel furent d'abord les mêmes que celles de Marsigli, et dans un mémoire adressé à l'Académie, en 1724, il reconnaît positivement le Corail pour une plante. Les observations qu'il continua, après ce premier travail, dans une mission qu'il avait reçue du gouvernement pour poursuivre ses études sur les côtes de Barbarie, ne tardèrent pas à modifier ses idées, et, dès 1725, à l'aide d'une longue série d'observations, aussi exactes que délicates, il avait constaté que les prétendues fleurs, que le comte de Marsigli avait cru découvrir dans le Corail, étaient de véritables animaux analogues à ceux des Madrépores, et qui comme eux bâtissaient le faux arbrisseau pierreux ; de sorte que le Corail n'était pas une plante, mais bien un être qu'il fallait placer aux derniers degrés de l'échelle zoologique.

« Je fis fleurir le corail, dit Peyssonnel, dans des vases pleins d'eau de mer, et j'observai que ce que nous croyons être la fleur de cette prétendue plante n'était au vrai qu'un *Insecte* semblable à une petite Ortie ou Poulpe... Cet Insecte s'épanouit dans l'eau et se ferme à l'air, ou lorsqu'on verse dans le vase où il est, des liquides acides, ou lorsqu'on le touche avec la main, ce qui est ordinaire à tous les Poissons et Insectes testacés d'une nature baveuse et vermiculaire. » Et plus loin : « J'avais le plaisir de voir remuer les pattes ou pieds de cette Ortie, et ayant mis le vase plein d'eau où le Corail était auprès du feu, tous ces petits Insectes s'épanouirent.

« Je poussai le feu et fis bouillir l'eau, et je les conservai épanouis hors du Corail... L'Ortie sortie étend les pieds et forme ce que M. de Marsigli et moi avions pris pour des pétales de la fleur. Le calice de cette prétendue fleur est le corps même de l'animal avancé et sorti hors de la cellule. »

La découverte de Peyssonnel fut très mal accueillie : elle fut communiquée à Réaumur, qui hésita quelque temps à la transmettre à l'Académie des sciences. Ce ne fut qu'en 1727 qu'il se décida à la communiquer à l'illustre compagnie, mais sans l'adopter lui-même. Encore n'ose-t-il pas en nommer l'auteur. « L'estime, a-t-il écrit plus tard, que j'avais pour M. Peyssonnel m'a fait éviter de le nommer pour l'auteur d'un sentiment qui ne pouvait manquer de paraître trop hasardé (1). »

L'Académie des sciences, encore fascinée par les fleurs du Corail que le comte Italien lui avait adressées, n'ajouta aucune confiance aux découvertes du médecin Français et l'évinça de la façon la plus gracieuse.

Et c'était avec un ton mêlé d'ironie et de compassion que Réaumur en écrivait à Peyssonnel, en lui accusant réception de son mémoire. « Je pense, comme vous, que personne jusqu'à présent ne s'est avisé de regarder le Corail comme l'ouvrage d'Insectes. On ne peut disputer à cette idée la nouveauté et la singularité... Mais les Coraux ne me paraissent jamais pouvoir être construits par des Orties ou Poulpes de quelque façon que vous vous y preniez pour les faire travailler. »

Ce qu'il y eut encore de plus impardonnable, ce fut l'attitude du calme et consciencieux Bernard de Jussieu. Il écrivit à Peyssonnel une lettre exempte de cette raillerie badine qui n'était nullement dans son caractère, mais tout aussi décourageante que celle de Réaumur. De Jussieu était cependant beaucoup plus coupable, car le plus superficiel examen des prétendues fleurs du Corail lui eût démontré l'erreur. Tout ce que l'appareil floral a de fondamental y manquait : mais le Botaniste ne se donna pas la peine d'y regarder.

Le travail de Peyssonnel (2) mettait hors de

(1) Réaumur, *Mémoires pour servir à l'Histoire des Insectes.* Tome VI, préface, p. LXXIV.

(2) Le manuscrit complet de Peyssonnel, écrit en 1744, est conservé dans la Bibliothèque du Muséum d'Histoire naturelle de Paris ; il est intitulé : *Traité du Corail contenant les nouvelles découvertes que l'on a faites sur le Corail, les Pores, Madrépores, Scharras, Lithophytons, Épon-*

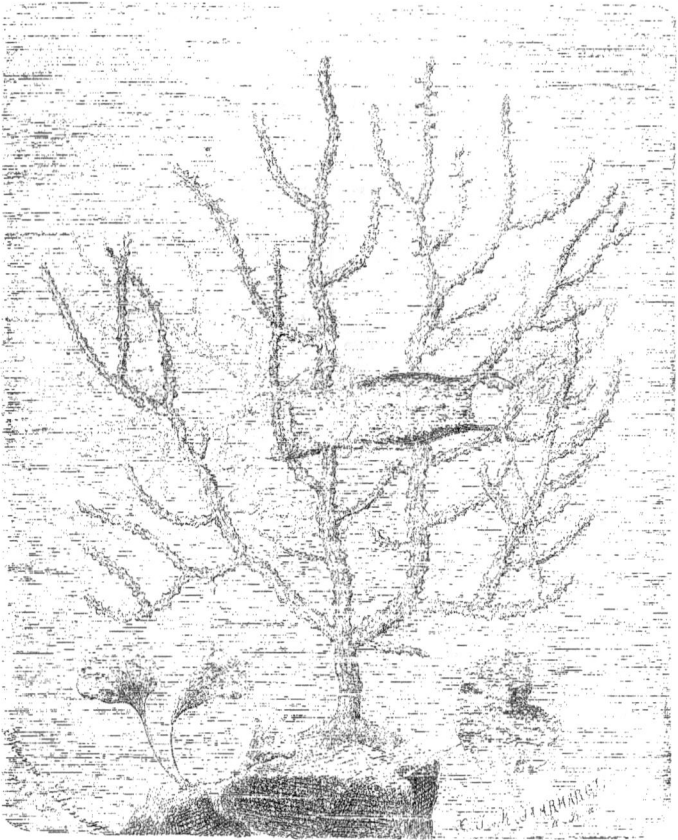

Fig. 987. — Gorgone verruqueuse (p. 614).

doute l'animalité du Corail, mais contenait bien des imperfections. Nous ne parlons pas ici des noms d'*Insectes*, de *Poissons*, etc., qu'il donne à l'animal qu'il étudiait, nous voulons parler d'un défaut plus important. On est surpris, en

effet, qu'il n'ait pas cherché à faire connaître les détails anatomiques du Corail, et qu'il n'ait rien dit du caractère principal, celui d'un animal composé.

Réaumur et Bernard de Jussieu finirent par reconnaître la validité des raisons invoquées par Peyssonnel. Lorsque ces deux savants eurent pris connaissance des expériences de Trembley sur les Hydres d'eau douce, qu'ils les eurent répétées eux-mêmes et qu'ils eurent constaté la grande ressemblance entre la nature de ce

ges et autres corps et productions que la mer fournit, pour servir à l'Histoire naturelle de la mer*, par le sieur Peyssonnel, Escuyer, Docteur en médecine. Il a été présenté à l'Académie des sciences le 19 mars 1838 par Flourens, et publié dans le *Journal des savants* et les *Annales des sciences naturelles*.

BREHM.

curieux invertébré et les animalcules du Corail, ils n'hésitèrent plus à rendre pleine et entière justice aux vues de leur adversaire.

Guettard (d'Étampes) et Bernard de Jussieu firent exprès le voyage sur nos côtes, pour vérifier les assertions de Peyssonnel. Et ce fut Réaumur qui donna aux animalcules qui vivent sur le Corail le nom de *Polypes*, et celui de *Polypiers* aux parties dures qui leur servent d'enveloppe ou de support. Il considéra ces Polypiers comme des produits de l'industrie des Polypes, et introduisit dans la science les vues mêmes qu'il n'avait cessé de combattre et de contester à leur auteur.

Depuis cette discussion célèbre, l'animalité du Corail n'a jamais été mise en doute.

Caractères. — Le Corail se présente sous un aspect dendroïde, à branches touffues et s'atté-

Fig. 988. — Branche du Corail avec Polypes épanouis (d'après Lacaze-Duthiers).

nuant graduellement vers le bout (fig. 990). La surface est finement striée en long. La couleur est d'un rouge intense, quelquefois rose ou blanchâtre, plus rarement noire (fig. 989 et 990 et Pl. XVIII).

Parmi tous les types de Coralliaires, le Corail est trop important au point de vue commercial pour que nous ne nous arrêtions pas longuement sur sa nature, sa pêche et les transactions auxquelles il donne lieu. Nous ne pouvons choisir un meilleur guide que M. Lacaze-Duthiers, le savant professeur de la Faculté des sciences de Paris, auquel nous empruntons les données suivantes (1) :

« Michelet (2), en citant l'expression figurée des

(1) Lacaze-Duthiers, *Histoire naturelle du Corail, organisation, reproduction, pêche en Algérie, et industrie*, Paris, 1864, avec 20 pl. col.
(2) Michelet. *La Mer*.

Orientaux, appelle le Corail, *Fleur de sang*. Si ce nom désignait seulement la couleur de la tige, il serait juste, mais s'il s'applique aux animaux, il n'est pas exact. Dans un livre de cette nature il eût été, plus heureux, et en même

Fig. 989. — Fragment de Corail rouge avec Polypes rétractés (*).

Fig. 990. — Fragment de Corail rouge à Polypes étalés (*).

temps plus vrai, d'opposer la blancheur de la neige de l'animal à la couleur de sang de la tige.

« Rien n'est joli et délicat comme une branche de Corail bien épanouie (fig. 988). L'élégance des formes, la transparence des tissus, le contraste des couleurs, tout en elle est fait pour exciter l'admiration ; mais en Histoire naturelle, l'exactitude même avec son aridité, doit passer avant tout, et si les détails remplacent ici les descriptions élégantes, il faut en accuser un peu la nature du sujet.

« Un rameau bien vivant et dans un bel état de prospérité au moment où on le sort de l'eau, est fortement contracté et couvert de mamelons saillants entourés de plis et de sillons profonds (fig. 989).

« Chaque mamelon répond à un Polype, et présente à son sommet huit plis rayonnés autour d'un pore central qui a l'apparence d'une étoile. C'est ce pore qui, s'entr'ouvrant et se dilatant peu à peu, laisse sortir le Polype. Ses bords représentent un calice rouge comme le reste du sarcosome ou écorce, dont la gorge festonnée porte huit dentelures. Quand les animaux sont bien épanouis (fig. 990) et que leur tissu blanc transparent tranche sur la partie rouge, on voit que chacun des rayons de l'étoile des mamelons correspond à l'intervalle de l'un des festons du bord du calice. Si les animaux se referment, les festons s'abattent, se rapprochent, et produisent l'apparence étoi-

(*) A, BB, organes reproducteurs. — o, r, t, enveloppes.
(*) A, BB, dentelures du calice sarcosomique. — ab, corps du Polype. — db, périsome et tentacules. — v, g, h, Polype à moitié contracté.

TYPES DE CORAUX.

lée du sommet dont il vient d'être question.

« Le bord festonné du calice sarcosomique est d'autant plus marqué que l'animal est plus dilaté, plus gonflé de liquide, et par cela même plus transparent.

« On le voit alors s'élever en tube à la base du corps des Polypes, et les accompagner assez haut en allongeant un peu ses festons arrondis.

« Du reste, c'est la matière colorante qui le limite ; en s'arrêtant, elle en dessine les contours.

« Le Polype lui-même est formé (il n'est ici question que de ce que l'on peut voir extérieurement) d'un tube membraneux blanc plus ou moins cylindroïde, c'est le *corps*, et d'un disque supérieur entouré de tentacules, c'est le *péristome* (fig. 991).

« Quelque nombreuses que puissent être les descriptions, elles ne donneront jamais l'idée de toutes les formes qu'il est possible d'observer. Cette remarque s'applique du reste à la plupart des Zoophytes, qu'il faut bien se garder de tenir pour connus parce qu'on aura donné quelques figures d'après les observations souvent trop rapides qu'on fait en voyage.

« Le corps représente un tube tantôt cylindrique, tantôt renflé, ventru et souvent rétréci en une espèce de col à la base des bras, au-dessous du péristome. Quelquefois il n'est pas saillant, et le calice le cache entièrement.

« Dans ce dernier cas, les bras sont peu dilatés, ils paraissent épais, simplement dentelés sur leurs bords et comme soudés au sarcosome : c'est cette forme que présentent toujours les animaux observés dans de mauvaises conditions ou quand ils sont conservés dans l'alcool ; c'est elle aussi qui a été représentée dans presque toutes les figures qu'en ont données les auteurs.

« Le corps, lorsqu'il est bien étendu, est blanc et transparent ; il présente dans son milieu comme un axe, une traînée plus opaque et plus obscure, comme une bandelette : c'est le tube central qui descend de la bouche aux cavités profondes. La surface extérieure est quelquefois entièrement lisse et unie, mais dans bien des cas elle porte huit sillons fort petits et peu marqués, qui correspondent à l'intervalle de chacun des bras et se trouvent en face des cloisons que l'on verra exister dans l'intérieur de la cavité générale. Quand ces sillons paraissent et que le Polype ne renverse pas en dessous sa couronne, on voit aussi à la base de chaque bras un petit renflement charnu qui répète la

dent correspondante du feston du sarcosome, et si le Polype rentre dans sa loge, les bras, en se recroquevillant, sont recouverts par ces tubercules, comme le corps lui-même l'est par les festons obtus du calice.

« Rien n'est difficile comme de faire admettre par les personnes étrangères aux sciences naturelles que le Corail est un animal. Combien de fois m'est-il arrivé de montrer ses mouvements aux pêcheurs et à d'autres personnes avec qui ma mission me mettait en rapport! J'ai souvent réussi à convaincre, mais j'ai rencontré des armateurs qui, malgré l'évidence des faits, n'ont pu abandonner leurs anciennes idées. C'est alors que j'ai compris toutes les difficultés qu'avait dû rencontrer Peyssonnel pour faire admettre sa découverte, lui qui, ne s'adressant pas à des pêcheurs seulement, voulait convaincre les académiciens ayant des opinions opposées aux siennes.

« Tous les observateurs ont parlé du lait du Corail.

« Cela ne pouvait manquer, car quiconque entrera en rapport avec un corailleur ou ira à la pêche, en entendra certainement parler ou en verra.

« On a eu, et l'on a encore de singulières idées sur lui : nous en citerons quelques-unes plus loin. Presque toujours c'est à la reproduction que l'on rapporte son usage ; mais il ne peut être ici question que des faits relatifs à sa constitution anatomique.

« Si l'on casse ou déchire avec l'ongle l'extrémité d'un rameau vivant, on voit s'écouler immédiatement par les blessures un liquide blanc, miscible à l'eau, et qui présente absolument l'apparence du lait. Il était donc tout naturel de lui donner ce nom.

« L'examen microscopique fait voir dans ce liquide des éléments nombreux, très faciles à distinguer et à reconnaître.

« Il montre, dans un fluide transparent et incolore, des particules solides, dont l'origine ne peut être douteuse. Les unes sont des cellules épithéliales détachées des parois des vaisseaux ou des granulations devenus libres, qui formaient le contenu cellulaire, les autres des sclérites plus ou moins petits, mais ordinairement peu développés.

« L'idée la plus juste et aussi la plus générale que l'on puisse avoir est celle-ci : le lait est une véritable émulsion où entrent à la fois les éléments constitutifs des Polypes et du sarcosome ; c'est le fluide nourricier échappé des vaisseaux qui le contenaient et chargé de débris de l'organisme.

« Le corps du Polypier est cylindrique ; toute autre forme est exceptionnelle. Il serait cependant plus exact de dire qu'il est cylindro-conique ; mais, pris dans une faible étendue, on peut le considérer comme une portion de cylindre, tant la diminution de son diamètre est lente.

« Les renflements, les mamelons ou les tubercules sont tout à fait exceptionnels et résultent d'une activité passagère plus grande de la blastogenèse ou d'un accident.

« Les sillons ne manquent jamais d'attirer l'attention des personnes qui voient pour la première fois du Corail. Ils produisent, en effet, une apparence particulière qui frappe toujours vivement ; aussi ne faut-il pas s'étonner que tous les auteurs les aient signalés et leur aient attribué, cela va sans dire, un rôle différent, toujours en rapport avec leurs opinions si diverses.

« Les cannelures sont en général parallèles à l'axe même du cylindre que représente le Polypier. Cependant elles peuvent souvent être obliques, plus ou moins inclinées, et comme elles s'étendent de la base aux extrémités, il arrive dans ce cas qu'elles semblent s'enrouler en spirale autour de la tige. Le Polypier paraît alors avoir été soumis à une torsion d'autant plus forte que l'inclinaison de ses sillons est plus grande.

« Elles marchent ordinairement parfaitement parallèles, qu'elles soient obliques ou droites, et, dans des échantillons bien choisis, on peut les suivre ainsi côte à côte dans une grande étendue. »

Distribution géographique. — D'après M. le professeur Milne Edwards et tous les auteurs, le Corail rouge ne se trouve que dans la Méditerranée, principalement sur la côte d'Afrique, depuis le golfe de Tlemcen à l'ouest, jusqu'à Bizerte dans la régence de Tunis à l'est, ainsi que dans le voisinage de la Sardaigne et de la Corse ; on le rencontre autour du petit archipel de Lipari et même jusque sur quelques points du littoral de l'Italie et de la Provence.

Nous avons pu démontrer d'une façon péremptoire (1) que le Corail rouge type, vit également dans l'Océan. Il n'est pas rare en effet, dans les parages de l'archipel du cap Vert, et

nous l'avons recueilli en abondance sur les côtes de la Sénégambie, notamment à la pointe de Barbarie, en face de l'embouchure du Sénégal (de Rochebrune).

Pêche et industrie du Corail. — L'industrie à laquelle donne lieu le travail du Corail mérite d'être considérée comme française (1).

Dès le commencement du XVIᵉ siècle, époque où l'usage du Corail se répandit à la cour de François Iᵉʳ, la France tourna son attention vers ce précieux produit.

Sous Charles IX, deux négociants de Marseille, Thomas Linches et Carlin Didier, achetèrent le privilège de la pêche du Corail sur un point de la côte algérienne, et posèrent les premiers fondements de l'établissement connu depuis sous le nom de Bastion de France, à trois lieues de la Calle, entre Bône et Tunis (1). Linches et Didier se ruinèrent dans cette entreprise ; mais, comme le Corail des côtes d'Afrique était très supérieur à celui des mers d'Italie, une autre compagnie française se présenta et étendit des opérations de cette pêche en créant successivement les comptoirs au cap Roux, à Bône, à Collo, à Djidjelli et à Bougie. C'est seulement en 1594 que le centre de ses opérations fut transporté à la Calle, opérations qui reçurent une certaine extension.

En 1604, le traité négocié à Alger par M. de Brèves assurait exclusivement aux Français le droit de pêche du cap Roux au cap de Fer. En 1619, sous Louis XIII, c'est le duc de Guise, gouverneur de la Provence, que nous voyons propriétaire de la concession, à laquelle il donna un nouveau développement par l'intermédiaire d'un agent habile, nommé Sanson Napollon.

Dix ans après, le cardinal Richelieu envoya en Barbarie plusieurs navires, et, en 1640, il tentait de fonder un nouvel établissement à Stora. Après le traité conclu le 7 juillet 1640 par le sieur Cosquiel, à qui Louis XIII assura le titre de capitaine consul, la redevance à payer à Alger est évaluée à 7 ou 8,000 écus. Plus tard, en 1694, sous Louis XIV le privilège passa pour dix ans à une compagnie qui recevait une subvention annuelle de 40,000 livres, mais qui à son tour, versait annuellement une somme de 103,000 livres au gouvernement algérien.

Sous Louis XV, en 1719, la Compagnie des

---

(1) Rochebrune, *Nouvelles Archives du Muséum*, t. IV, p. 331.

(1) Nous avons puisé les éléments de cette histoire de la pêche du Corail dans le livre de M. Léon Renard, *Les fonds de la mer*. Paris, 1868, p. 153.

Indes succède à la Compagnie française. L'Inde et l'Asie Mineure étaient alors les principaux débouchés pour le Corail.

Puis c'est la société Auriol, de Marseille, et plus tard, en 1741, la Compagnie d'Afrique, qui succèdent à celle des Indes. En 1750, la redevance est de 43,360 francs ; en 1790, de 60,000 francs.

La République ne vit pas d'un bon œil ce qu'elle appelait le monopole du Corail. En 1794, la Convention supprima l'établissement et appela les étrangers à concourir à la pêche. Cette mesure, au dire des écrivains de l'époque, aurait porté aussi un coup terrible à nos intérêts, et, quoi qu'on ait fait depuis, ils ne se seraient que très faiblement relevés.

« La pêche du Corail, dit M. Lacaze-Duthiers, est toute spéciale ; elle n'a d'analogie avec aucune autre pêche dans nos mers d'Europe. Cela tient à la nature même du produit qu'elle fournit.

« Il est des personnes qui pensent, et cela se trouve dans quelques ouvrages, que des plongeurs descendent au fond de la mer pour faire la cueillette du Corail. Quelquefois, il est vrai, celui-ci se développe très près des côtes, à des profondeurs que l'on affirme ne pas dépasser 10 mètres ; mais c'est là une exception, et dans les parages de la Calle, de Bizerte, de Bône et de la Galite, il n'existe pas un plongeur.

« Ce ne serait pas s'engager en disant que très probablement il n'est pas un armateur ou un pêcheur qui se doute, dans ces localités, que l'on puisse supposer même que la pêche est ainsi faite.

« Comment en serait-il différemment, quand, dans les eaux de la Calle et de l'île de la Galite, les filets ne descendent pas à moins de 40, 50 et 60 brasses, et que même autour de l'île où l'on pêche ordinairement à 80, 100 brasses, on dépasse parfois ce chiffre ?

« Tous les pêcheurs de la Méditerranée agissent absolument de même, bien qu'à leurs yeux il y ait une grande différence entre la pêche des uns et celle des autres. Ils promènent tous au fond de la mer, sur les bancs, des filets offrant pour condition essentielle de pouvoir s'accrocher aux aspérités. Il n'y a de différence que dans les détails de leurs manœuvres, la grandeur du filet et la façon de le composer. Les Espagnols et les Italiens croient cependant avoir des procédés très différents.

« La pêche, telle qu'elle est faite aujourd'hui, étant assez mal connue, il n'est pas sans intérêt de la décrire avec quelques détails.

« Les embarcations viennent presque toutes d'Italie. Il n'en a été construit jusqu'ici que très peu en Algérie. Leur forme est identiquement la même, et toutes sont disposées pour leur destination spéciale.

« Elles jaugent environ de 6 à 14 et 16 tonneaux. Bien taillées pour la marche, elles sont très solides et tiennent parfaitement la mer.

« Leur voilure est considérable, elle consiste en une grande voile latine et un foc ; quelquefois, mais rarement, on la modifie en augmentant ou diminuant le nombre des voiles secondaires.

« L'arrière est réservé au cabestan ou à la pêche proprement dite et à l'équipage. L'avant est au contraire aménagé pour les besoins du patron.

« Quand le propriétaire du bateau pêche lui-même, il est le capitaine de sa barque, dont l'aménagement est un peu différent. Il a une couchette pour lui et une pour son second, et aussi un peu plus de confortable.

« Dans le milieu se trouvent l'eau et le biscuit ; l'un et l'autre sont disposés de manière à permettre à l'équipage de boire et de manger à discrétion et quand il le désire, car c'est chose nécessaire. L'homme qui travaille, et qui travaille surtout ainsi que le fait un corailleur, consomme comme une machine ; il faut qu'il remplace ce qu'il use par son activité vitale, activité singulièrement accrue par des mouvements et des efforts vraiment prodigieux. Aussi la soute à biscuit est-elle toujours ouverte et à proximité du lieu du travail, et le matelot peut en passant, quand il tourne au cabestan, recevoir une galette qu'il mange en continuant la manœuvre et que lui a donnée celui qui, assis au pied du mât, tient la corde de l'engin.

« Les embarcations sont lestées par des pierres, car les filets et les autres choses du bord ne suffisent pas pour les placer dans de bonnes conditions de navigation.

« Elles ont une physionomie particulière et toujours la même, qui tient à la disposition des objets nécessaires à la pêche. De plus, on voit à leur avant-porte, au sommet d'un support assez élevé, une grosse boule de bois peinte de couleurs vives et qui invariablement est décorée des figures du Christ, de la Vierge et de quelques saints. On trouve aussi presque toujours au-dessous du support deux yeux : ils sont là, me disait un armateur, pour indiquer la clairvoyance du patron dans la recherche des bancs.

« Quelques bateaux nouveaux n'ont plus cette grosse boule de pure ornementation, qui gêne la manœuvre de la vergue de la grande voile, et ils ne perdent rien dans l'élégance de leurs formes à la suppression de cet accessoire à peu près inutile, et pour ainsi dire de mode ou consacré par l'usage.

« On donne le nom d'*engin* à l'ensemble des filets, des pièces de bois ou de fer employés pour la pêche.

« Au fond, les engins se ressemblent tous.

« Les Espagnols disent bien avoir une manière de pêcher qui leur permet d'obtenir du Corail là où les Italiens n'en peuvent prendre, mais il n'y a de différence que dans les proportions des parties de l'engin et les dispositions des paquets de filets.

« La prise du Corail s'effectue par l'entortillement, autour de ses rameaux, des fibres peu tordues de la corde de chanvre ayant servi à faire le filet. Lorsque, par les manœuvres ou par l'action directe des courants, les rameaux ont été bien enlacés, ils sont cassés par des efforts répétés de traction. On le voit donc, le secret de la pêche consiste à avoir des engins composés de telle sorte qu'ils s'accrochent très facilement à tous les objets, et surtout à les manœuvrer de façon à produire l'accrochement le plus complet qu'il soit possible.

« Invariablement, l'engin est composé d'une croix de bois formée par deux barres solidement amarrées au milieu de leur longueur, au-dessus d'une grosse pierre servant de lest et d'un nombre variable de paquets de filets.

La longueur des bras de la croix varie, du reste, avec la grandeur des bateaux. Les petites embarcations ont des croix fort petites ; les grands bateaux les ont bien plus grandes.

« Dans ces derniers temps, une innovation a été faite, elle semble devoir être avantageuse. La pierre a été remplacée par une pièce de fer dont la forme est celle d'une croix à bras égaux, très courts et creux, pouvant recevoir dans leur cavité les barres ou bras de bois formant la croix. Un anneau sert à la suspendre. Elle est évidemment bien disposée et peut avantageusement remplacer les anciennes dispositions, d'autant plus que les chevilles qui fixent les barres de bois s'enlèvent vite et aisément et l'engin peut être démonté ou remonté très rapidement.

« Quelques pêcheurs ont exagéré les proportions de l'engin ainsi formé : ils ont cru pouvoir, avec cette nouvelle pièce, placer des bras d'une très grande longueur ; mais alors leur machine est devenue tellement lourde, que l'équipage ordinaire s'est trouvé insuffisant pour la manœuvrer.

« Dans ces conditions on n'avait pu placer qu'un seul paquet de filets à chacune des extrémités des bras de la grande croix, et la pêche faite sans modification des manœuvres, avec ce grand engin, n'a pas été, à ce qu'il paraît, très fructueuse.

« Du reste, cette pièce de fer n'est que la copie de celle que les pêcheurs des petits bateaux emploient déjà depuis longtemps. Pour rendre leur engin plus dégagé et plus maniable, ils le lestent, non pas avec une pierre, mais avec un lingot de plomb carré, percé de quatre trous, dans lesquels ils fixent les bras de leur petite croix.

« Quant aux filets, ils sont toujours disposés à peu près de même.

« Ils sont d'abord faits en pièces longues de plusieurs brasses et larges de 1 mètre à 1 mètre et demi, avec une ficelle grosse tout au plus comme le petit doigt et à peine tordue.

« Les mailles sont grandes et lâchement nouées. Une corde passée dans celles de l'un des côtés de la pièce, et serrée ensuite, fronce ce filet et en forme une rosette autour du centre représenté par le nœud. Le paquet ainsi fait rappelle l'objet que les marins emploient pour nettoyer le pont des bâtiments, et qu'ils nomment *faubert ;* aussi ne le désignerons-nous plus que par ce nom.

« La grandeur des fauberts varie avec la place qu'ils occupent dans un même engin, ainsi qu'avec le tonnage des embarcations ; nous parlerons d'abord de ceux des bateaux de 12 à 16 tonneaux. Les plus grands sont ceux des extrémités des bras de la croix ; ils peuvent atteindre 1 mètre et demi, 2 mètres même, et leur volume s'accroît alors en proportion de leur longueur.

« Une corde ayant cinq brasses environ, de 7 mètres 50 centimètres à 8 mètres, fixée un peu en dedans de l'extrémité de chacun des bras, tout près des premiers gros paquets, porte six autres fauberts régulièrement espacés. Les deux premiers peuvent avoir 1 mètre et demi, tandis que les quatre autres n'ont que 80 centimètres.

« Ainsi, cela fait vingt-quatre fauberts, plus les quatre de l'extrémité des bras : soit vingt-huit.

« Enfin, sous la pierre servant de lest, et par conséquent au centre même de la croix, dans un anneau ménagé dans les amarres, pend une autre série de six à huit fauberts, à laquelle les pêcheurs donnent le nom de *queue du purgatoire*. Ainsi donc, trente-quatre à trente-huit paquets de cordes peu tordues, destinés à tout accrocher, composent l'engin ; mais il va de soi que le caprice du patron et le nombre d'hommes d'équipage doivent faire varier la grandeur et la quantité des paquets de filets.

« Le premier câble qui sert à attacher l'appareil est gros et très solide ; il est recouvert, dans une assez grande étendue, par une petite corde enroulée autour de lui : précaution importante, car, sans elle, il serait promptement éraillé en traînant sur les rochers, et le pêcheur serait exposé à laisser son filet au fond de la mer et à faire une perte encore forte.

« La valeur d'un engin complet est assez élevée ; on l'estime en général à 200 francs, en supposant le prix du chanvre égal à 100 francs les 100 kilos. A ce prix, un seul faubert vaut en moyenne 5 francs. Cependant les plus gros peuvent devenir assez lourds pour valoir 10 à 14 francs.

« Si l'on veut se faire une idée exacte de la disposition de tout l'appareil de pêche, qu'on le suive quand, après avoir été jeté à la mer par un temps très calme, on l'arrête un moment dans sa marche

« La croix forme la base d'un prisme régulier à base carrée, dont les arêtes seraient représentées par les quatre cordes pendant aux bouts des bras, et l'axe par la queue du purgatoire.

« Mais quand les courants, la marche de l'embarcation ou les manœuvres entraînent l'engin, les cinq cordes de 7 à 8 mètres de long, les trente-six fauberts, n'occupent plus une position régulière : ils sont éparpillés et agités dans tous les sens.

« L'engin des petits bateaux présente des proportions bien moins considérables que celui des grands. La croix n'a quelquefois pas 1 mètre de diamètre ; elle porte à ses extrémités quatre fauberts composés un peu différemment. A côté des paquets de corde peu tordue on en ajoute d'autres formés avec de vieux filets ayant déjà servi à la pêche de la Sardine. Ceux-ci s'accrochent très bien à toutes les aspérités des rochers, et agissent de même sur le Corail.

« Les manœuvres de la pêche dépendent beaucoup du nombre d'hommes ; il est utile de faire connaître la composition de l'équipage, elle a une grande importance.

« L'armement varie dans la *grande* et la *petite pêche.*

« Dans la première, les bateaux ont de dix à douze hommes d'équipage ; dans la seconde, ils n'en ont que quatre ou six.

« Toujours, pour la *grande pêche*, il y a un patron et un poupier ; l'un est commandant, l'autre est second. Le premier décide de tout, il est maître absolu ; il ordonne de commencer la pêche dans tel ou tel point, car c'est lui qui connaît les bancs. Le second prend le commandement pendant que le premier se repose.

« Il y a quelquefois un mousse qui souvent est le fils du patron et fait son éducation sous les yeux de son père ; il aspire, lui aussi, à devenir d'abord poupier ou second, et puis commandant ou patron.

« Le nombre des matelots varie entre huit et dix, rarement douze. Cela dépend beaucoup de l'armateur et du tonnage de l'embarcation. Toutes les corallines n'ont pas d'ailleurs le même tonnage.

« L'origine des matelots est très différente. Beaucoup viennent des côtes de la Toscane. Les Génois semblent aujourd'hui diminuer. La plupart sont Napolitains et plus spécialement de la Torre del Greco.

« La réputation du pêcheur de Corail n'est pas à l'abri de tout reproche. « Il faut avoir volé ou tué pour être corailleur », entend-on souvent répéter. C'est une appréciation qui est presque devenue un proverbe. Le grand-duc de Toscane avait fait autrefois embarquer quelques galériens à bord de chaque coralline partant de ses ports. On peut comprendre, d'après cela, que les matelots de cette classe aient laissé après eux d'assez mauvais souvenirs, car leur conduite n'était et ne devait pas être exemplaire, et leurs antécédents auraient seuls suffi pour motiver le proverbe.

« Les meilleurs matelots sont payés 500 et 400 francs pour les six mois de la saison d'été ; ils ne sont pas nombreux ; le plus grand nombre est à la solde de 300 et même de 200 francs.

« La nourriture du bord est en rapport avec cette solde : le biscuit (ou *galetta*, comme l'appellent les Italiens) et l'eau sont à discrétion toute la journée et la nuit. Le soir, chaque homme reçoit une jatte de pâtes d'Italie fort simplement accommodées ; quelques armateurs donnent aussi des oignons, mais le plus souvent les matelots achètent eux-mêmes les fruits qu'ils emportent à la mer.

« La viande n'entre, dit-on, dans le menu du

corailleur que deux fois dans la saison : le 15 août et le jour de la Fête-Dieu.

« Le vin est à peu près inconnu à bord.

« Avec une nourriture aussi simple et une solde relativement aussi faible, le travail rendu est cependant considérable et les fatigues prodigieuses. On aurait peine à comprendre comment dans de telles conditions le corps pourrait produire autant d'efforts, si l'on ne remarquait que la consommation de la galette, qui, en fin de compte, représente du pain desséché et de très bonne qualité, est énorme. On peut dire sans exagération que le corailleur mange constamment. Je n'ai jamais accosté un bateau sans voir quelques-uns des hommes ayant un biscuit à la main.

« La pêche dure nuit et jour. Six heures de repos, voilà, quand un bateau tient la mer toute la saison d'été, le temps donné à l'organisme pour refaire ses forces. Les relâches sont courtes, et le travail ne cesse complètement que pendant celles du 15 août et de la Fête-Dieu, ou quand le temps est mauvais et qu'il est impossible de tenir la mer. Mais habituellement lorsque le bateau rentre au port, c'est uniquement pour se ravitailler ; l'équipage s'occupe, en arrivant, à tirer l'embarcation à terre afin de la gratter et de la débarrasser des plantes et animaux marins qui, se fixant sur sa coque, l'attaquent ou la couvrent d'une couche épaisse, fort nuisible à sa marche. Le reste du temps est employé à charrier de l'eau, du biscuit et le chanvre nécessaire pour entretenir les filets.

« Si l'on n'oublie pas que le travail se fait sous le ciel et le soleil brûlant d'Afrique, on comprendra peut-être toute la valeur du proverbe cité plus haut ; il signifie certainement aussi que les conditions sont tellement pénibles, qu'il faut être bien malheureux pour vouloir s'y soumettre.

« On comprendra encore comment il se fait que les marins français trouvant meilleure solde, meilleure nourriture et un travail moins pénible, abandonnent la pêche du Corail.

« Je vais chercher à faire connaître ce que sont les fatigues de ces malheureux pêcheurs, en indiquant par quelle manœuvre ils arrivent à obtenir du Corail ; mais on ne peut se faire qu'une idée imparfaite de ce travail, si l'on ne va voir la pêche soi-même, je dirai même plus, si l'on ne passe quelques jours à bord d'une coralline, ainsi que je l'ai fait.

« Lorsque le patron juge qu'il est sur un banc, il fait lancer l'engin à la mer.

« La voile est orientée d'après la fraîcheur de la brise et de manière à ne pas filer trop rapidement, car cela n'est pas utile pour accrocher la roche.

« Dès que l'engin est engagé, on ralentit la vitesse afin de ne pas le briser, et l'on commence les manœuvres de la pêche proprement dite. Si la brise n'est pas forte, si l'on est en calme plat, comme cela arrive si souvent pendant la belle saison, c'est avec les avirons que l'on continue à faire marcher le bateau, et dans ce cas tout l'équipage rame vigoureusement.

« Quand la roche est bien accrochée, vient la manœuvre du cabestan, que six ou huit hommes accomplissent et que le patron combine avec les mouvements et la vitesse de l'embarcation. Ainsi pendant que les uns tournent, les autres rament ou bien orientent la voile, suivant le commandement, suivant surtout qu'il y a ou qu'il n'y a pas de brise.

« Le câble de l'engin qui a été souvent filé à soixante et quatre-vingts brasses, s'enroule sur le tambour du cabestan, après avoir passé en sautoir sur le plat-bord du bateau, à l'arrière, près de la barre ; un homme assis au pied du mât en tient l'extrémité et obéit aux ordres du patron.

« Ainsi, à ce moment, deux forces peuvent agir sur le filet ; elles sont, la conséquence, l'une de la marche du bateau, l'autre de la traction opérée par le cabestan.

« C'est le patron qui surveille et conduit la pêche, en activant, ralentissant ou faisant cesser l'action de l'une ou de l'autre de ces deux forces.

« Placé à la barre, il dirige d'abord l'embarcation, puis, quand la roche est accrochée, il ne gouverne plus, cela n'étant pas utile ; il enlève même souvent le gouvernail.

« Le plus ordinairement il est assis à tribord, laissant pendre en dehors de l'embarcation sa jambe droite. Il porte devant lui, lié à sa ceinture, un petit tablier de cuir très épais, destiné à le protéger contre les frottements trop vifs de l'amarre de l'engin, car celle-ci passe contre lui, et appuie même quelquefois sur sa cuisse.

« L'engin, en rencontrant les inégalités du fond de la mer, en s'accrochant à elles ou en redevenant libre, avance par saccades. Les secousses qui sont la conséquence de cette marche produisent dans l'amarre un frémissement particulier dont le poupier étudie attentivement les moindres particularités.

« D'après les impressions qu'il ressent il com-

Fig. 991. — Coupe d'une portion de tige de Corail, d'après M. Lacaze-Duthiers (*)
(*Histoire du Corail*, pl. IV. Paris, 1864).

mande d'activer le travail du cabestan et d'affaiblir l'action de la voile, ou bien il ordonne une manœuvre inverse, quelquefois enfin il les active tous les deux à la fois ou les fait cesser complètement tout à coup.

« Ce n'est que par une longue habitude et par une pratique consommée, que cet homme arrive à sonder et à connaître avec son engin les profondeurs de la mer, comme le fait, pour ainsi dire, le chirurgien avec son stylet, quand il cherche à reconnaître la nature cachée du fond d'une plaie.

« Les bancs présentent des inégalités, et quand la croix de bois les rencontre, elle s'élève ou s'abaisse ; alors le poupier sent très bien que l'amarre, qu'il tient vigoureusement serrée dans sa main, sur ou contre sa cuisse, se relâche ou se raidit. Dans le second cas, il crie : *Molla !* ce qui revient à l'impératif français : « Lâche ! mollis ! » A ce commandement, l'homme assis au pied du mât et qui tient l'amarre tendue, lâche prise. Le cabestan cesse son action, la corde se déroule et l'engin tombe au fond de l'anfractuosité des rochers qu'il a rencontrée ; puis on recommence le travail pour le soulever de nouveau.

« Ce n'est qu'après avoir répété plusieurs fois cette manœuvre que l'on ramène le filet à bord. La *calle*, comme on dit, est finie.

« On comprend que le but de ces relâchements subits de l'amarre, est de faire flotter et accrocher les fauberts, de les faire pénétrer, en tom-

(*) Portion d'une tige dont l'écorce a été fendue suivant la longueur et en partie enlevée. — B, B', B'', Polypes ouverts et vus dans des positions différentes. — B, Polype dont les tentacules (d) sont épanouis. — h, bouche. — m, œsophage. — i, bourrelet ou sphincter inférieur de l'œsophage. — j, replis radiés ou mésentéroïdes. — B' Polype à tentacules (d) rentrés dans les loges périœsophagiennes. — e, espace circulaire autour de la bouche et œsophage. — a, orifice correspondant aux tentacules retournés. — b, partie du corps formant le tube saillant lorsque l'animal est épanoui. — a, festons du calice. — B'', Polype coupé profondément et montrant les huit cloisons rayonnantes ou replis radiés libres vers le milieu de la cavité. — AA, sarcosome avec ses vaisseaux en réseaux irréguliers (h) ; on réseaux à tubes longitudinaux (f). — P, Polypier. — g, ses cannelures, dans lesquelles se logent les vaisseaux longitudinaux (f).

BREHM. VERS ET MOLL. — 79

bant et s'écartant, au-dessous des rochers où se trouve le Corail.

« Que par la pensée on se reporte au fond de la mer, là où un banc présente ses innombrables inégalités rendues plus âpres encore par les dépôts sous-marins qui se forment irrégulièrement, et l'on verra les trente-quatre fauberts éparpillant leurs mailles dans tous les sens et s'attachant à tout. Quels efforts ne faudra-t-il pas pour les dégager et les ramener ? ·

« C'est en cela cependant que consiste la pêche : accrocher et décrocher les filets, voilà le travail pénible dont nul n'aura l'idée s'il ne fait que passer auprès des corailleurs en pêche ; pour juger des efforts et des fatigues de ces malheureux, il faut avoir séjourné plusieurs jours à bord : alors on se rendra un compte exact de ce qu'est réellement l'état du pêcheur de Corail.

« Les matelots sont presque nus, ils ne conservent qu'un caleçon. Leur peau brûlée, noircie par le soleil, leur donne une physionomie rude et étrange ; ils chantent cependant pour s'exciter les uns les autres. Leur travail se fait de deux manières : tantôt leurs efforts sont continus, et alors ils s'entraînent réciproquement par un sifflement particulier qui peut se rendre par les syllabes *zi-zi,* sifflées pour ainsi dire avec les dents serrées, tenues comme une note longue de musique et renforcées de temps en temps, mais toujours sans changer de ton.

« Les hommes s'arc-boutent, en appuyant tantôt la poitrine, tantôt le dessus de l'épaule et tantôt le cou, contre les bras du cabestan ; leurs pieds prennent appui sur toutes les parties du bateau, contre les saillies des entrées des soutes, contre les plats-bords. Après un certain temps, si l'engin ne se dégage pas, le travail change. Le matelot occupé à tenir raide l'amarre, à la pelotonner, et qui est assis au pied du mât, commence à chanter sur un air lent et monotone des paroles qu'il compose ; le plus souvent il psalmodie les noms des saints les plus vénérés, ou bien il chante les choses plaisantes qui lui passent par la tête.

« C'est une sorte de litanie, dont la réponse est faite par les six ou huit hommes du cabestan, qui crient à la fois : *Carrigo-mo* ou *Carrigo-lo !* « Chargeons maintenant, charge-le, monte-le » (sous-entendu l'engin) ; et ce cri est accompagné d'un effort simultané de tous les matelots, qu'interrompt de nouveau la voix monotone du chanteur.

« C'est en assistant à la manœuvre faite au chant du *Carrigo-lo* que l'on comprend bien les fatigues des pêcheurs.

« Avec ce sentiment parfait du rythme musical qui caractérise les Italiens, les uns, rejetant leur tête et leur corps en arrière pendant la psalmodie, se préparent à se précipiter sur la barre qu'ils tiennent entre leurs bras et à ajouter ainsi à la puissance de leurs muscles l'impulsion donnée par le poids de leur corps ; les autres, se ployant en arc, quand, placés près des plats-bords, ils peuvent prendre avec leurs pieds un point d'appui fixe et solide, cherchent, en se détendant et se redressant brusquement, à faire un effort plus considérable encore.

« Alors ces malheureux, haletants, font peine à voir : la chaleur du soleil qui les brûle fait ruisseler leur corps de sueur, leurs yeux s'injectent ; leur face, malgré sa teinte basanée, rougit vivement ; les veines de leur cou, gonflées et saillantes, montrent toute la puissance, toute l'énergie de leur action.

« Cependant l'engin engagé ne vient pas. Le patron excite ses hommes de la parole et du geste, et lorsqu'un bras du cabestan passe devant lui, il ajoute son action à celle de ses matelots, qui, à chaque cri de *Carrigo-lo !* avancent à peine d'un pas ; il encourage les uns, il gourmande les autres : les efforts redoublent ; enfin il les entraîne et fait si bien que tout à coup le filet se dégage, déracine et casse des blocs énormes de rochers.

« Il est difficile de faire connaître exactement toutes les qualités du corail, elles varient beaucoup trop.

« En entrant dans le commerce au sortir de la pêche, le Corail est partagé en plusieurs catégories variables avec les idées de l'armateur, et pour cela estimées très différemment. Voici les choix qui sont faits assez généralement :

« *Corail mort* ou *pourri.* — On nomme ainsi les parties séparées des rochers par le tenaillement.

« Dans ses moments de repos, le patron se fait apporter, dans un panier, les produits de la journée, et avec de grandes tenailles il casse les débris de rochers encore adhérents aux pieds de Corail, et souvent il trouve des racines qu'il met de côté avec les rameaux grisâtres qui ont séjourné au fond de la mer. Tout cela réuni constitue la qualité dont il est ici question.

« Les racines sont couvertes de dépôts pierreux, de Bryozoaires ou d'encroûtements végétaux ; le plus souvent elles sont perforées par des Vers ou par des Éponges, on les désigne par le nom de *terrailles*, et leur valeur varie depuis 5, 10, 15 et 20 francs le kilogramme.

« L'œil peu exercé a de la peine à voir en elles du vrai Corail ; mais le négociant reconnaît au poids seul, avec beaucoup de sagacité, si elles renferment quelques beaux morceaux. Les chances sont cependant bien incertaines, mais les exemples ne sont pas rares, de perles de 20 et 30 francs ou plus et de broches magnifiques extraites de ces racines informes et sans apparence.

« C'est donc le hasard qui détermine les chances dans l'acquisition.

« Mais il y a toujours à craindre que le séjour dans la vase n'ait altéré la qualité, la transparence et la beauté du coloris.

« *Corail noir*. — Cette catégorie n'est réellement distincte et mise à part que lorsque les rameaux sont bien développés et que la teinte noire a pénétré assez profondément pour en permettre le travail et l'emploi comme bijou de deuil.

« Elle vaut de 12 à 15 francs le kilogr., mais encore pour atteindre ce prix, faut-il que l'action de la vase n'ait pas altéré trop profondément le tissu compact.

« Dans un document fourni à l'administration par le consulat de Toscane, en 1858 les Coraux noirs sont appelés *Capiresi*, et d'après la valeur qui est indiquée dans ce document (281 francs la livre), il paraît difficile que ce soit la même qualité qui est désignée par ce nom chez les armateurs.

« *Corail en caisse*. — Celui-ci présente toutes les grosseurs possibles, depuis les pointes vides et les débris formés seulement d'écorce, jusqu'aux rameaux les plus beaux. C'est le Corail tel qu'il est rapporté de la pêche et à son entrée dans le commerce.

« Les prix en sont très variables, on le comprend, mais en moyenne, dans les trois années où j'ai fait mes observations, ils étaient compris entre 45, 50, 60 et 70 francs le kilogr. ; dans cette appréciation il faut tenir compte de la qualité, de la couleur et surtout du nombre des gros rameaux laissés pour parer les caisses.

« *Corail de choix*. — Les gros rameaux sont ordinairement mis à part et les armateurs les vendent séparément, soit à la pièce, soit au poids.

« Il est donc très difficile d'en indiquer la valeur absolue ; le manufacturier seul peut les apprécier en les voyant et juger du parti qu'il pourra en tirer ; ils sont cotés à 400 et à 500 francs le kilogr. ; mais il faut pour cela que les tiges soient, autant que possible, peu tortueu-

ses, de belle venue, assez grosses, et promettent un débit facile et sans perte en manufacture.

« Le Corail rose forme un choix tout particulier ; sa valeur est considérable lorsqu'il est nuancé de cette couleur carminée si agréable à la vue, que les Italiens, dans leur langage toujours figuré, ont désignée sous le nom de *peau d'ange*. Cette qualité acquiert une grande valeur. J'ai vu un morceau brut assez petit, vendu au prix énorme de 115 francs.

« Le Corail, en sortant des mains des armateurs, est trié dans le commerce, et reçoit alors différents noms qui ont dû varier avec les époques et qui ne sont pas les mêmes pour toutes les localités.

« On indiquait à la Calle les trois catégories suivantes comme étant nommées ainsi que suit dans le commerce italien :

Roba viva,
Terrailo,
Male guaste.

« Elles correspondent évidemment au beau Corail en caisse, au Corail en débris et au Corail mort ou pourri.

Dans le commerce, on distingue cinq variétés de Corail, auxquelles on donne des noms assez bizarres : 1° l'*écume de sang* ; 2° la *fleur de sang* ; 3° le *premier sang* ; 4° le *second sang* ; 5° le *troisième sang*.

« Les manufactures sont pour la plupart en Italie. C'est à Naples, à Livourne et aussi à Gênes que se taille presque tout le Corail de nos possessions algériennes.

« Au temps de la Compagnie d'Afrique, il y avait à Marseille un grand nombre de manufactures ; aujourd'hui on n'en compte, d'après ce qui m'a été affirmé, que peu d'importantes.

« Voici un fait qui montrera, bien mieux que tous les commentaires, que le commerce du Corail est entièrement, aujourd'hui, entre les mains des Italiens. En septembre 1862, vers la fin de la saison de la pêche, je visitais à Bône des négociants venus d'Italie pour faire leurs acquisitions.

« L'un d'eux me montrait du Corail, qui, disait-il, avait été pêché sur les côtes de France et qu'il allait expédier à Livourne, mêlé à celui des côtes de l'Algérie dont la qualité est, avec juste raison, fort estimée.

« En rentrant en France, l'occasion me fut offerte de voir une manufacture. Là je reconnus le Corail de la Calle, mais j'appris qu'il n'en venait pas directement, car il avait été acheté à Livourne et à Naples.

« Ainsi Marseille demande aux négociants napolitains et livournais ou génois, non seulement le Corail produit par notre colonie, mais peut-être encore celui qui a été pêché à ses portes et qui revient à son point de départ en passant par les marchés d'Afrique et d'Italie.

« A Paris on taille peu, si ce n'est quelques camées de choix, mais on y monte beaucoup de Corail, on y fait des bijoux. A Bône, ainsi qu'à Alger, on le travaille aussi. La plus grande partie des Coraux que l'on voit chez les bijoutiers vient d'Italie.

« Cependant tout doit faire espérer que notre colonie verra se développer la fabrication.

« En 1861, dans un rapport que j'avais adressé, à la fin de ma mission, à M. le gouverneur général de l'Algérie, je faisais remarquer qu'il y aurait une grande importance à encourager l'établissement des manufactures ; je disais : « Des démarches seront faites auprès de l'ad-« ministration, car des désirs très vifs m'ont « été exprimés. » Quelques riches armateurs m'avaient fait part de leur intention de se livrer à cette industrie.

« Le 22 septembre 1862, l'administration de l'Algérie est entrée dans cette voie d'encouragement en assurant le privilège de certaines primes, pendant dix années, à un industriel qui s'est engagé à fonder des manufactures dans la colonie et à recruter, autant que possible, le personnel de ses ateliers parmi les Français ou les habitants du pays. On aura à lutter contre une de ces absurdes fantaisies de la mode, qui fait qu'à Paris on demande du Corail de Naples et qu'on n'en veut pas d'autre.

« Le Corail façonné et poli (*lavorato*, comme disent les Italiens) sort des manufactures sous quelques formes principales que la bijouterie demande plus particulièrement et qu'elle utilise ensuite. Il existe à Paris plusieurs dépôts où les bijoutiers vont chercher ce qui leur est nécessaire. Voici ces principales formes :

« Les perles grosses, moyennes ou petites, unies ou taillées à facettes ;

« Les olives offrant les mêmes variétés ;

« Les sculptures : têtes d'hommes, d'animaux, fleurs ou fruits, sujets variés ;

« Le Corail arabe ;

« Enfin les petits bouts ou morceaux polis et percés simplement, sans être autrement travaillés.

« Il est inutile sans doute d'ajouter que la fantaisie et la mode modifient ces formes principales à l'infini.

« L'industrie française fait moins la sculpture que la perle ou l'olive ; au contraire, à Naples ou à Livourne, les ouvriers ont une grande habileté pour faire les figures et les fleurs.

« Les Napolitains, il serait mieux de dire les Italiens en général, savent tirer un parti très avantageux des pièces de Corail brut. Ils utilisent fort ingénieusement les moindres inégalités. On montrait à la Calle une broche que le goût italien tenait pour superbe : c'était une grande plaque d'une seule pièce couverte de fleurs ou de fruits entourant la figure d'un ange ; ce qui me parut le plus remarquable, ce fut l'habileté avec laquelle l'ouvrier avait su tirer un parti heureux de toutes les inégalités, de tous les défauts de la pièce. Les trous résultant des piqûres des vers, formaient les creux des fleurs ou les inégalités des fruits.

« Il faut reconnaître aux ouvriers napolitains, livournais, génois et même romains, une certaine supériorité dans leur travail. Ils semblent tirer instinctivement un parti merveilleux d'une pièce de Corail brut, mais cette supériorité, il faut la rapporter à la grande habitude que leur donne le monopole du commerce. Il faut ajouter aussi que dans leurs ouvrages, on retrouve une sorte de tradition, une répétition des mêmes modèles qui enlève le mouvement et la vigueur aux sujets faits presque par routine.

« Quant aux bijoux de Corail, ceux de Paris l'emportent et de beaucoup par la tournure que leur donne le goût exquis de la mode parisienne. Le Corail travaillé en Italie, après avoir passé par les mains de nos premières maisons de joaillerie, ne ressemble plus à ce qu'il était.

« Rien n'est lourd et peu gracieux comme ces bracelets formés de plaques sculptées, comme ces serpents, ces bouquets de fleurs, ces grosses grappes de fruits, ces boucles d'oreilles, ces parures complètes dont la vue fatigue, tant l'étendue des choses rouges est grande ; rien, au contraire, n'est gracieux, élégant et chatoyant à l'œil, seyant à la figure, comme ces mélanges de Corail et de diamant ou d'or ciselé que monte la joaillerie française. Que l'Italien travaille parfaitement le Corail, cela est incontestable, c'est la conséquence des conditions florissantes où se trouve l'industrie dans son pays ; mais quant au montage, nul doute que le Français ne le fasse avec beaucoup plus de goût.

« Les perles à facettes étaient jadis à la mode ; on les emploie moins aujourd'hui. Dans la bijouterie européenne de luxe, les boules lisses et unies sont surtout demandées depuis plus d'une vingtaine d'années.

« Il en est de même des olives ou larmes.

« Mais en cela, les goûts changent avec les époques et les pays.

« Le Corail dit, à Alger, *Corail arabe* est d'un travail simple et d'une qualité inférieure ; il est formé de portions de tiges, de petits cylindres de 1 centimètre et demi à 2 centimètres de longueur, poli et percé suivant l'axe.

« On en fabrique à Alger; des ouvriers en chambre, des Juifs surtout, débitent les tiges de Corail et les polissent à peu près comme les petits morceaux destinés à faire des bayadères. Les piqûres ne font point mettre les échantillons au rebut pourvu que la couleur rouge soit vive et éclatante, car elle est plus estimée par les Arabes.

« On m'a affirmé, mais je ne saurais me rendre garant de cette opinion, que sur les côtes d'Espagne, au sud du cap Creus, où l'on pêche du Corail très rouge, il y avait des manufactures travaillant aussi du Corail destiné à l'Afrique.

« Les petits morceaux ou les *puntarelles* sont très demandés dans tous les pays d'Orient, ainsi qu'en Afrique ; enfilés en longs chapelets, ils servent à former ces longues filoches, ces sortes de ceintures nommées bayadères. C'est surtout de Naples qu'ils viennent. Le principal travail auquel ils donnent lieu est le perçage.

« Cette partie de l'industrie aura certainement des chances de succès en Algérie.

« *Travail du Corail en lui-même.* — Il ne peut être question des moindres particularités de ce travail, et l'on ne trouvera ici que des données générales sur la manière dont on façonne ces pièces si variées et si brillantes.

« En préparant des lames minces pour les études de la structure intime au microscope, j'ai pu voir comment on façonnait le Corail ; quant aux difficultés que cela présente, peut-être accordera-t-on qu'il y en a autant à faire une lame mince, de un dixième ou un vingtième et moins encore de millimètre d'épaisseur et à la polir parfaitement, qu'à modeler une perle ronde ou une olive à surface unie.

« C'est toujours sous l'eau que le travail doit se faire ; cependant on dégrossit souvent les pièces à la lime et par conséquent à sec.

« Sur les disques horizontaux d'un de ces tours à tailler le verre qu'emploient les opticiens, on peut user les pièces avec des émeris gros et obtenir les formes que l'on désire, puis avec une gamme de numéros de plus en plus fins, de 5 à 60 minutes, on arrive à des surfaces unies, mais non brillantes, et qui prennent le plus vif éclat, le plus beau poli, à l'aide de la potée d'étain déposée en pâte sur des disques recouverts de drap.

« J'indique ici comme j'opérais pour obtenir les préparations microscopiques.

« Le Corail, quand il n'est pas poli, présente quelque chose de tout à fait analogue à ce que l'on observe sur le verre rendu mat par l'émeri.

« Lorsque le poli commence à se produire, la nuance se développe et devient plus belle, le rouge se caractérise mieux. Cela tient à ce que, dès que la transparence est rendue à la surface supérieure, la couleur des tissus profonds s'ajoute à celle des couches plus superficielles.

« Le très beau poli s'obtient avec une facilité bien plus grande que pour le verre, et l'on peut dire, en somme, si j'en juge par ce que j'ai pu faire moi-même, que le travail du Corail n'est pas très difficile.

« Toutes les pièces sont d'abord modelées, puis ensuite polies.

« Le modelage est ce qu'il y a évidemment de plus difficile. C'est là que l'artiste vraiment habile se reconnaît. Ainsi un bijoutier me disait qu'il faisait faire ses beaux camées à Paris et à Rome par de véritables artistes. Les femmes sont surtout employées à percer et à polir les pièces.

« Prenons pour exemple la fabrication des perles à facettes.

« Un ouvrier est chargé de débiter les rameaux. Pour cela il fait des entailles sur les tiges avec une lime tranchante et détache ensuite, avec une grosse tenaille, autant de courts cylindres qu'il a fait d'incisions. Sous la pression des mors de la tenaille, les morceaux se cassent avec facilité, très régulièrement et perpendiculairement au rameau.

« Dans chacun de ces cylindres est inscrite une petite sphère : c'est elle qui doit devenir la perle. Avant de la modeler, on perce le cylindre suivant son axe, en le plaçant sous une aiguille portée par un foret vertical qu'on fait tourner avec un archet et au-dessus duquel est un réservoir qui laisse tomber goutte à goutte l'eau nécessaire au travail.

« Pour modeler la pièce on introduit dans le trou qui la traverse, un stylet emmanché qui permet de la manier commodément. C'est en la présentant dans tous les sens à une meule de grès, qu'on l'arrondit d'abord et qu'on taille ses facettes ensuite.

« L'habileté des ouvriers pour façonner ainsi les pièces est remarquable, car les facettes, quoique taillées avec rapidité, sont cependant très régulières.

« La perle passe alors entre les mains des polisseuses. Celles-ci, assises devant une table offrant des dispositions particulières que l'on peut facilement imaginer, font tourner avec rapidité un disque horizontal placé au-dessus d'une boîte carrée peu profonde et dans laquelle est de l'émeri en pâte. En tenant la perle emmanchée comme il vient d'être dit, elles présentent toutes ses faces au disque tournant qu'à chaque instant elles couvrent d'émeri à l'aide d'un pinceau. Elles emploient des gammes de numéros de plus en plus fins et obtiennent le brillant le plus beau.

« Il ne faut pas croire que tout cela soit très long, c'est dans quelques minutes qu'une perle a été faite ainsi sous mes yeux dans la manufacture de M. Garaudy, à Marseille. Les pièces passent successivement de main en main, depuis l'ouvrier qui sépare les cylindres des tiges, les modèle et les donne à la perceuse, jusqu'aux polisseuses, qui leur font acquérir le beau brillant.

« Quand on a moins de soin à prendre, comme pour les pointes de débris dont on fait ou des bayadères ou des bracelets de peu de prix, on met les morceaux dans de grands sacs de toile solide, avec de l'eau et de la pierre ponce pilée ; et en les secouant en différents sens, on finit par obtenir ces innombrables petites pièces, assez bien polies, qui servent à faire les filoches ou les chapelets.

« Ici le poli s'obtient absolument comme sur les grèves, où les débris de Corail, incessamment roulés par la vague avec les grains de sable, finissent par s'arrondir et devenir brillants.

« Aujourd'hui que la forme lisse, sans facette, est à la mode, le travail peut être bien moins long que s'il était fait à la main pièce par pièce ; on sait avec quelle rapidité et quelle facilité on arrive à obtenir le poli des surfaces des petits objets métalliques en les plaçant dans des cylindres creux tournant sur leur axe, et renfermant les substances nécessaires à l'accomplissement de ce travail.

« Ces broches formées par des branches plus ou moins rameuses, je ne dirai pas taillées, mais raccourcies, de façon à présenter une forme gracieuse, se polissent différemment.

« Leur dégrossissement se fait presque toujours à la lime et par conséquent à sec ; quant à leur polissage, il ne peut avoir lieu sur des disques tournants et horizontaux. On ne pourrait accommoder leurs formes tordues et irrégulières aux surfaces planes et rigides ; alors on fixe un écheveau de fil, de très bonne qualité à une muraille, on le couvre de poudre de pierre ponce ou d'émeri et l'on frotte sur lui, en le mouillant et le tenant tendu, toutes les parties de la pièce, qui prend ainsi dans ses moindres anfractuosités un très beau brillant ; du reste, on agit encore sur elles avec ces pierres artificielles ou ces polissoirs que l'on emploie pour donner du brillant aux métaux.

« Les sculptures se font au burin et le polissage en est difficile en raison des inégalités, mais c'est toujours sous l'eau et avec des émeris que l'on obtient l'adoucissement des surfaces. »

Emploi et usages. — Les anciens regardaient le Corail comme une matière d'un grand prix, dit Frédol [1], et lui attribuaient des vertus merveilleuses.

Louis Gansius raconte que, d'après les poètes, le Corail préserve de la foudre, des ombres sataniques, que, répandu en poudre dans les champs, il les féconde, que, porté au cou, il enlève les douleurs de ventre, etc.

Les Gaulois en décoraient leurs casques, leurs boucliers et leurs armures de guerre. Les Romains en portaient des fragments ou des grains, comme amulettes et comme ornements agréables aux dieux. Ils en fabriquaient des colliers pour préserver leurs nouveau-nés des maladies contagieuses. Dans beaucoup de circonstances, ils croyaient les préparations de Corail excellentes pour conjurer les malheurs.

Il n'y a pas longtemps que les médecins français considéraient le Corail comme une des ressources de la thérapeutique. Lémery le croyait propre à *réjouir le cœur*, ce qui n'est pas aussi certain que sa vertu pour nettoyer les dents, bien que cette dernière se réduise à une simple action physique.

Le Corail est plus estimé aujourd'hui comme ornement que comme remède.

Il paraît que les mahométans de l'Arabie Heureuse ensevelissaient leurs morts avec des chapelets de Corail au cou ; tous les Orientaux

(1) Frédol, *Le Monde de la mer*, p. 157.

d'ailleurs en ornent leurs habits, leurs armes et même jusqu'aux murs de leurs habitations.

L'Italie fait un usage considérable du Corail; l'Amérique en consomme pour sa population de couleur; le Maroc en achète aussi une assez grande quantité ; d'importants dépôts de Corail ont été établis à Alep, Goa, Calcutta et Madras. Les caravanes transportent les bijoux façonnés avec cette substance dans l'intérieur des contrées indiennes; le Corail commence à pénétrer dans les îles de l'Océanie.

Les filles de Nubie surchargent de longs colliers de corail leurs épaules d'ébène ; ailleurs la teinte rutilante de ces ornements fait ressortir la blancheur satinée du cou des belles Circassiennes (1).

La consommation du Corail soumise aux caprices de la mode ne peut être que très variable. Sous le Consulat et l'Empire, le Corail rouge taillé à facettes fut en grande faveur. Sous la Restauration, les joailliers fabriquaient avec cette substance des camées pour broches, qui malgré l'imperfection du travail se vendaient assez cher. Cette vogue fut de courte durée, et bientôt le Corail retomba dans l'oubli, et on ne s'en occupa plus que pour l'exportation. Depuis quelques années cependant la mode des bijoux de Corail semble être revenue; mais ce n'est plus le Corail rouge qui est surtout recherché ; le rose taillé en boules unies a atteint des prix fabuleux, et tel ouvrage qui aurait à peine coûté 50 francs il y a vingt-cinq ans vaut aujourd'hui de 500 à 600 francs.

On a vu, à l'exposition de 1830, des ornements dont la taille, le poids et le bon goût étaient à l'abri de toute critique. On y remarquait particulièrement un jeu d'échecs, représentant l'armée des Sarrasins et celle des croisés, qui valait 10,000 francs.

LES TUBIPORIDÉS — *TUBIPORIDÆ*
M. Edw.

Caractères. — Les Tubiporidés sont pourvus d'un Polypier calcaire. Les polypiéroïdes tubuleux, fasciculés, espacés et unis entre eux de distance en distance, par des expansions extramurales, lamellaires et horizontales. Ces Polypes sont complètement rétractiles dans l'intérieur de ces tubes.

Distribution paléontologique. — Les Tubi-

poridés se rattachent à certains groupes de Co. ralliaires éteints, tels que les Syringopora, dont nous figurons une espèce, le *Syringopora geniculata* du Carbonifère (fig. 992).

Fig. 992. — *Syringopora geniculata.*

Mœurs, habitudes, régime. — Chaque animal, isolé, sécrète un tube à parois lisses, sans calcification des cloisons horizontales. Leur réunion en un Polypier, où ils sont juxtaposés presque parallèlement ainsi que des tuyaux d'orgue, s'effectue par la formation de parois transversales. Celles-ci ne correspondent pas néanmoins aux cloisons transversales internes, qui sont concaves en bas et qui isolent, à divers intervalles, la partie supérieure et vivante du tube de la portion morte qui se trouve plus profondément enfouie dans le Polypier. Les cloisons transversales extérieures, qui partagent

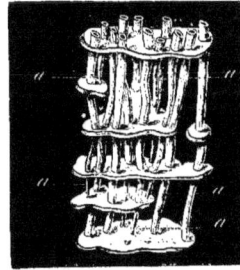

Fig. 993. — Tubipore orgue, tubes et cloisons isolés (*).

le Polypier en étages, sans être régulièrement parallèles ou concentriques, et sans être ininterrompues, indiquent cependant, en général, les stades successifs d'accroissement (fig. 993).

---

(1) Pouchet, *l'Univers*, Paris, 1865, p. 45.

(*) *an*, jeunes animaux, grandeur naturelle.

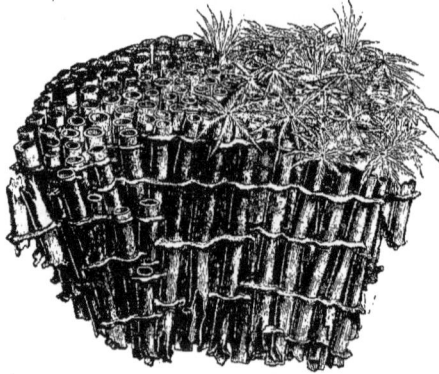

Fig. 994. — Tubipore orgue.

Ils sont richement parcourus par les canaux nutritifs, et ils ont dans l'ensemble une importance particulière, car c'est à leur surface que bourgeonnent les individus jeunes. Les tubes des animaux anciens s'écartent un peu les uns des autres en même temps qu'ils s'allongent ; et partout où se trouve ainsi ménagé un espace disponible pour l'interpolation de nouveaux tubes, ceux-ci émanent des ponts transversaux qui assurent la place des rejetons indispensables à la multiplication de l'espèce. Il ne se fait pas, chez les Tubiporidés, de scissiparité, ni de bourgeonnement émanant des tubes mêmes.

TUBIPORE ORGUE — *TUBIPORA MUSICA* Ehr.

Caractères. — Les polypiéroïdes sont étroits, ils n'ont guère plus d'un millimètre de diamètre et sont très rapprochés et parallèles entre eux (fig. 994).

Distribution géographique. — Le Tubipore orgue, comme la plupart de ses congénères, habite la mer des Indes.

LES HEXACORALLIAIRES — *HEXACORALLIARIA* Perr.

Caractères. — Les Hexacoralliaires, Zoanthaires des auteurs, se composent de Polypes et de colonies de Polypes pourvus de tentacules au nombre de 6 ou un multiple de ce chiffre, formant autour de la bouche des cycles alternant entre eux et qui correspondent à un nombre équivalent de loges de la cavité gastrovasculaire (Claus).

Le corps peut être mou et dépourvu de toute formation squelettique, ou posséder un axe corné ou calcaire. Dans la majorité des cas, il existe un Polypier calcaire à stries rayonnantes, c'est dans cette classe que se rencontrent les espèces constitutives des récifs précédemment étudiés.

LES ANTIPATHIDÉS — *ANTIPATIDÆ* M. Edw.

Caractères. — Les Antipathidés ont une tige centrale se ramifiant en général comme un petit arbuste ; elle est d'un tissu dense et dur et sa surface est souvent hérissée de petits prolongements spiniformes ; le cœnenchyme cortical est en général très friable, se détache

Fig. 995. — Antipathe en arbre.

facilement et contient des filaments siliceux, comme l'a constaté J. Haime.

ANTIPATHE EN ARBRE — *ANTIPATHES ARBOREA* Dana.

Caractères. — Cette espèce est rameuse, à branches lâches, étalées, subflexueuses, hispides; à ramuscules allongés, grêles, sétiformes et très fragiles. Les Polypes sont d'un brun jaunâtre, à bouche saillante et disposés presque en une seule série sur les ramuscules (fig. 995).

Distribution géographique. — On la rencontre aux îles Fidji.

LES ACTINIDÉS — *ACTINIDÆ* M. Edw.

Caractères. — Ces Coralliaires sont libres et pourvus d'un disque pédieux musculaire, en BRERM.

général très grand et distinct, occupant l'extrémité inférieure du corps et leur permettant d'adhérer fortement aux corps étrangers. Les tentacules sont simples et coniques; en général les parois du corps sont molles et lisses; quelquefois on y remarque un grand nombre de tubercules verruciformes dont le sommet creusé en fossette laisse suinter une matière visqueuse pouvant agglutiner les fragments de Coquilles ou de grains de sables dont l'animal est entouré; parfois enfin la couche épidermique acquiert une certaine épaisseur en se développant, et englobe pour ainsi dire des grains de sable dans sa substance, de façon à devenir dure et râpeuse ou même à constituer une sorte de faux Polypier. La chambre gastrique est large et courte, les lames mésentéroïdes sont nombreuses; souvent les jeunes se développent dans la cavité gastrique de leur mère et sont expulsés par la bouche de celle-ci (fig. 996).

Les Anémones pâquerettes du Jardin zoolo.

VERS ET MOLL. — 80

gique de Paris, dit Frédol (1), ont vomi plusieurs fois de jolis embryons, lesquels se sont éparpillés et fixés dans divers endroits de l'aquarium et ont produit des miniatures d'Anémones exactement semblables à leur mère.

« Une Actinie, qui avait pris un repas très copieux, rendit au bout de vingt-quatre heures une portion de ses aliments au milieu de laquelle se

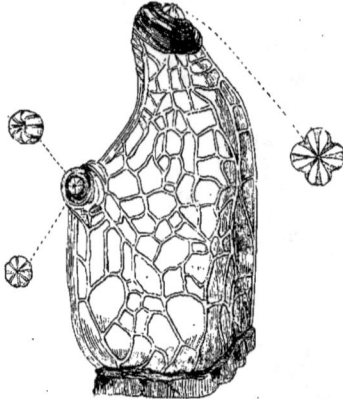

Fig. 996. — Jeunes Actinies expulsées par la mère.

trouvèrent trente-huit jeunes individus (Dalyell). C'était un accouchement dans une indigestion !

« Les animaux des classes inférieures ont en général, comme fondement de leur organisation, un sac avec une seule ouverture.

« Cette ouverture remplit (ainsi qu'on l'a vu) des usages très divers, elle reçoit et rejette, elle avale et vomit. Le vomissement, devenu nécessaire, habituel, normal, ne doit plus être douloureux.... Peut-être même s'exécute-t-il avec quelque plaisir, car ce n'est plus une maladie, c'est une fonction et même une fonction multiple. Chez les Anémones il expulse l'excrément et pond les œufs ; chez d'autres, il sert encore à la respiration. Les animaux-fleurs jouissent d'un vomissement perfectionné et régularisé. »

Plusieurs types sont susceptibles de se multiplier par scissiparité ; il faut aussi noter que chez quelques espèces, les parois latérales du corps sont perforées de façon à laisser échapper au dehors par cette voie, des filaments urticants contenant des nématocystes (M. Edwards).

(1) Frédol, *Le Monde de la mer*, p. 140.

Mœurs, habitudes, régime. — Gosse rapporte dans quels lieux et dans quelles conditions vivent les Actinies, et particulièrement celles qu'il a étudiées sur les côtes d'Angleterre. De son côté, M. Lacaze-Duthiers a fait connaître plusieurs particularités concernant ces animaux. Nous empruntons à ces deux auteurs les données suivantes :

« Leur coloration varie depuis l'écarlate, le rose, le rouge foncé et le brun, jusqu'au vert olivâtre. Un des caractères spécifiques consiste dans le cercle de belles verrucosités bleues qui se trouve au-dessous de la couronne tentaculaire.

« Les individus qui conviennent particulièrement à l'observation sont ceux qui, pour échapper à la lumière directe, s'installent sous les voûtes des rochers. A marée basse, ils s'y trouvent suspendus sous la forme de vésicules remplies d'eau, claires et transparentes. Les individus qui présentent cet aspect paraissent appartenir à une variété particulière ; une autre variété, d'une couleur rouge intense, et munie de verrucosités bleues très développées et de rangées de points verdâtres correspondant aux tentacules, paraît être celle que Dalyell a conservée cinq ans dans son aquarium. M. Lacaze-Duthiers a trouvé, il est vrai, cette dernière variété également partout où apparaît la petite variété transparente, mais d'une manière plus isolée ; en outre elle descend à une profondeur plus grande. Il l'a vue remplie d'œufs depuis juin jusqu'en septembre, mais il n'a jamais trouvé de larves dans l'intérieur ; la variété transparente, plus petite, au contraire, contenait ordinairement, à côté des œufs, des embryons à tous les stades d'évolution. L'*Actinia equina* de la Méditerranée se rapproche beaucoup de la première variété ; mais il est à remarquer que durant toute la belle saison, depuis le mois d'avril jusqu'en automne, M. Lacaze-Duthiers n'y a trouvé aucun œuf. D'autres observations ont montré, en outre, que l'époque de la reproduction des Actinies est très variable suivant leur résidence et suivant leur espèce. En fouillant un jour le sable, auprès de Dunkerque, en plein hiver, alors que la neige alternait avec des froids plus ou moins vifs, il trouva, à sa grande surprise, une petite *Sagartia* pleine.

« Ces Actinies, et quelques autres espèces encore, comptent parmi celles qui prospèrent le mieux dans nos aquariums si instructifs ; on peut les retirer de la pleine mer pour les acclimater dans ces bassins, car elles supportent le transport plus aisément que n'importe quel autre animal marin. L'aquarium de Hambourg a reçu des Roses-de-Mer, provenant même des côtes du Pérou ; on leur a fait supporter le passage un peu froid que l'on traverse auprès du cap Horn, en réchauffant un peu leur récipient. Les espèces qui vivent sur nos rivages et qui sont habituées à se trouver à sec de temps à autre, supportent à merveille un transport de un à deux jours de durée, lorsqu'on a soin de les empaqueter dans une boîte, parmi des couches d'*Ulva lactuca*. Si pendant le trajet on a le loisir de les rafraîchir parfois avec un peu d'eau de mer, on peut être certain de les débarquer en bon état.

« La beauté extérieure des Actinies, leur magnificence de coloris, leur existence paisible, leur ressemblance avec les fleurs, dissimulent leur voracité extrême. Ces créatures engloutissent d'énormes morceaux de viande ; ce qu'elles dévorent de préférence ce sont les Moules et les Huîtres. J'ai surveillé souvent avec intérêt leur alimentation dans les aquariums ; ce sont naturellement les espèces munies des bras de préhension les plus grands qui conviennent le mieux à cette étude; on voit, en effet, les tentacules faire l'office de véritables bras de préhension. L'Actinie demeure immobile, comme une fleur, car elle n'est excitée par aucun attouchement ni par aucune vibration produite dans son voisinage immédiat; mais à peine le gardien a-t-il posé sur cette forêt de tentacules un morceau de viande, un petit Poisson, un petit Crustacé, que ces bras enveloppent la proie tout d'un coup et l'enfoncent avec eux dans le vestibule qui conduit à la cavité stomacale. Ces Polypes ne se contentent pas d'exprimer en quelque sorte le suc de cette viande ; ils la digèrent complètement. Les masses graisseuses qu'on leur donnait avec une viande un peu maigre étaient seules rejetées, ainsi qu'on l'a observé dans les aquariums. « Les Actinies « bien nourries, muent souvent, dit Möbius, « sans doute parce qu'elles croissent vite sous « l'influence d'une alimentation riche. Pendant « la mue, elles demeurent contractées et apla- « ties; elles s'étendent à nouveau quand cette « opération est accomplie ; alors le tégument « dépouillé entoure la base de leur pied comme « une ceinture lâche et malpropre. »

« Les Actinies ne se fixent que dans les lieux où un courant d'eau leur amène leur nourriture carnassière. Ainsi les espèces installées entre les limites du flux et du reflux, ont à chaque marée un entourage vivant, toujours renouvelé ! Plus une côte rocailleuse se trouve exposée à des courants puissants (comme le sont l'entrée des ports et les môles), plus on est assuré aussi d'y voir, parmi d'autres animaux, des Actinies en grand nombre. Par suite, il est aisé de concevoir que certaines Actinies aient acquis, avec le temps, l'habitude de s'installer sur des animaux qui circulent dans une eau agitée pour satisfaire aux besoins de leur propre alimentation. On voit que les Crustacés érémitiques, avec leurs coquilles de Gastropodes, s'adaptent parfaitement à ce but; c'est ainsi qu'on trouve souvent, par exemple, la grande *Actinia effœta*, striée de jaune et de brun, associée de préférence au *Pagurus striatus*, l'un des Crustacés érémétiques de la Méditerranée qui utilise des coquilles de Gastropodes d'une dimension correspondante à sa taille. On trouve fréquemment deux à trois spécimens de cette Actinie sur un même Pagure, dont les allures sont assez indolentes pour qu'il ne s'inquiète nullement de son fardeau. En pareil cas, l'Anémone de mer ne tire profit de son hôte qu'au point de vue des allées et venues qui facilitent son alimentation. Le Crustacé charrie en tous sens ce Polype; il lui sert pour ainsi dire de cheval d'attelage et lui facilite les occasions d'attrapper çà et là quelque proie. D'autres Actinies encore tirent profit également de cette sorte de mobilité passive. Möbius en a vu une s'installer sur l'extrémité caudale d'une Limule et s'y maintenir longtemps malgré la vivacité des mouvements de ce Crustacé. Mais on voit que la place spéciale qu'occupe l'*Actinia palliata* relativement au Crustacé, témoigne d'un pas important fait dans le sens d'une accoutumance réciproque. La station de l'Actinie sur le Crustacé érémétique est, en elle-même, la plus incommode que l'on puisse imaginer. Seulement, cette Actinie possède dans ses deux lobes pédieux latéraux un moyen d'embrasser facilement et sûrement le Crustacé et de tirer parti de sa situation pour faciliter son alimentation. »

Comme les Actinies peuvent être conservées aisément en captivité, on a étudié leur reproduction d'une manière très précise. Ces animaux appartiennent aux tribus peu nombreuses qui ne produisent aucun Polypier et dont la reproduction est limitée à l'évolution des œufs. Dalyell, qui a observé avec zèle ces animaux vivants, a conservé pendant six ans une Actinie dont il a obtenu 276 petits. Deux de ces animaux produits spontanément, vécurent cinq ans, pondirent des œufs en dix ou douze mois, et fournirent une génération nouvelle en douze à quatorze mois. L'observateur en question constata aussi que les larves ciliées (fig. 997-998) analogues à des Infusoires, s'adonnaient

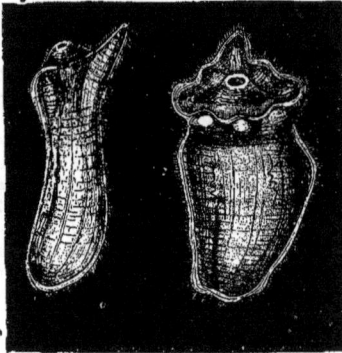

Fig. 997-998. — Larves d'Actinies.

au bout de huit jours à un repos complet et perdaient alors leurs cils ; puis, au bout de quelques jours, tandis qu'ils se fixaient, on voyait apparaître les premiers tentacules. Souvent les jeunes Actinies effectuent toute leur évolution complète dans la cavité du corps maternel.

ACTINIE PARASITE — *ADAMSIA EFFOETA* M. Edw.

Caractères. — Cette espèce a le corps cylindrique à téguments coriaces, les tentacules

Fig. 999. — Actinie parasite.

courts, d'un gris jaunâtre mélangé de rouge brun disposés par bandes verticales. Les tentacules sont annelés de même couleur (fig. 999).

Dans son jeune âge, cette espèce, d'après Gosse, serait de couleur orangée.

Distribution géographique. — Elle habite les côtes de la Manche.

Mœurs, habitudes, régime. — Elle vit fixée en général sur des coquilles vides de Buccin ondé.

ACTINIE PALLIÉE — *ADAMSIA PALLIATA* M. Edw.

Caractères. — L'Actinie palliée a le corps court, très flexible, d'un blanc jaunâtre clair, parsemé de taches d'un rouge groseille ; le dis-

Fig. 1000. — Actinie palliée.

que est bordé de rouge orangé ; les tentacules, de longueur médiocre, sont blancs (fig. 1000).

Distribution géographique. — Elle vit sur les côtes d'Ecosse.

Mœurs, habitudes, régime. — On la trouve fixée sur des Coquilles habitées par les Pagures.

CRAMBACTIS D'ARABIE — *CRAMBACTIS ARABICA* Hæck.

Caractères. — Hæckel, qui a découvert l'espèce type du genre que nous figurons, la décrit ainsi : à la partie supérieure, immédiatement autour de la bouche, se remarque une couronne multiple de bras de préhension, fragiles et nombreux, qui présentent la forme de feuilles de Chou ou d'Endive, minces, étalées et crépelées ; au-dessous se trouve une couronne de bras de préhension épais et nombreux, tout à fait différents des premiers, revêtus d'une peau grossière, non étalés, et d'aspect simplement fusiforme. Le corps, à proprement parler, figure un disque cylindrique très aplati (fig. 1001).

Distribution géographique. — Elle vit sur les bancs Coralliaires de Tor, sur les côtes d'Afrique

Sur la planche XIX, nous avons figuré plusieurs autres type du groupe des Actinidés. Ils ne peuvent donner qu'une idée imparfaite de ces animaux aux couleurs si variées, mais ils suffisent néanmoins à rendre compte de leur aspect attrayant :

Fig. 1001. — Crambactis d'Arabie.

A droite, sur le plan antérieur, se trouve la *Tealia crassicornis*. Par sa bouche largement ouverte elle peut faire émerger davantage encore les parois membraneuses de son estomac.

Le second spécimen, situé à gauche, a rétracté en lui-même ses parois, pour digérer plus à son aise. Le corps est jaune ou rouge ; les tentacules sont courts et rayés de blanc et de rouge.

Sur une coquille se montre la *Sagartia parasitica*, qu'on trouve généralement installée, dans les aquariums, sur une coquille de Gastropode habitée par un Crustacé érémétique, à l'instar de l'*Actinie mantelée*.

A ce même sous-ordre des *Sagartia* appartient le couple grêle que nous avons représenté au-dessus de la *Tealia crassicornis ;* c'est la *Sagartia viduata*, de couleur grise ou couleur de chair, à stries blanches longitudinales et à filaments tentaculaires, longs et colorés en blanc ou en bleu. Le corps de la *Sagartia rosea* est d'un blanc pur ; son nom provient des marbrures ou des rayures roses de ses tentacules.

Enfin sur le sommet du rocher, s'étale le *Bunoides gemmacea*, dont le corps grisâtre, rayé de verrucosités blanchâtres, offre un aspect moins attrayant que les espèces précédesent.

L'*Anthea cereus* rappelle un peu la Gorgone à la chevelure de Serpents. Ses innombrables tentacules, dont le chiffre dépasse souvent la centaine, s'étendent bien au delà du corps ; elles sont d'une teinte verte ou olivâtre et présentent des extrémités violettes ou rosées. Lorsque l'animal se trouve fixé à une surface verticale, il laisse généralement pendre sa houppe de tentacules ; mais lorsqu'il adhère à une surface horizontale, ses tentacules s'étalent en tous sens et glissent les uns sur les autres en s'entrelaçant comme des Serpents qui s'entortillent.

Éclairés directement par une lumière vive dans un grand bassin d'aquarium, ces animaux, rassemblés en masses ou fixés aux parois dans des attitudes variées, offrent aux yeux un magnifique spectacle.

C'est à l'*Actinoloba dianthus* qu'on doit décerner le prix de beauté. Son disque céphalique est divisé en lobes sinueux et supporte un nombre incalculable de tentacules frêles qu'on trouve sans cesse animés de mouvements ondulatoires. Au point de vue de la taille, cette espèce compte aussi parmi les plus considérables Actinidés des côtes européennes, car elle peut atteindre les dimensions du poing. Sa coloration varie depuis le brun jusqu'au blanc de lait.

Un genre voisin est celui des *Cerianthus*

dont nous figurons un spécimen (fig. 1002).

Un autre groupe des plus remarquables, appartenant encore aux Actinidés, est celui des Paly-

Fig. 1002. — *Cerianthus erectus*, d'après J. Haime.

thoa, sur lequel nous devons nous arrêter un instant avec O. Schmidt.

PALYTHOA PARASITE — *PALYTHOA FATUA*
V. BENED.

Caractères. — Le Palythoa parasite est le compagnon inséparable de la merveilleuse Éponge transparente du Japon, qui est connue sous le nom de *Hyalonema mirabile* (fig. 1003) et que nous étudierons au rang qu'elle occupe dans la série animale.

« Le Palythoa recouvre sous forme d'une écorce verruqueuse le pédoncule de l'Éponge qui émerge au-dessus du sol. En 1860, on n'avait apporté dans les musées de l'Europe que de rares spécimens de cette éponge transparente dont les Japonais sont très friands ; tous ces spécimens présentaient leur habitant ordinaire, la Palythoa. Les Histologistes les plus célèbres discutèrent longuement à leur sujet ; les uns voyaient dans l'ensemble un Polypier

muni d'aiguilles siliceuses lui appartenant en propre ; pour d'autres il s'agissait d'un Polypier installé sur un amas d'aiguilles spongiaires formant une sorte d'échafaudage artificiel ; d'autres enfin considéraient l'ensemble comme

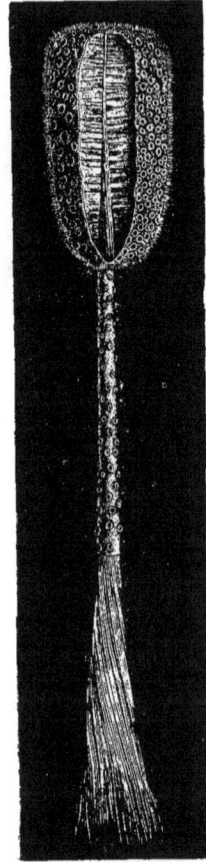

Fig. 1003. — Palythoa parasite sur un *Hyalonema mirabile*.

une éponge dont les Polypes en question figuraient des parties constituantes. Il fallut les dissections minutieuses de Max Schulze pour démontrer l'inexactitude de ces trois hypothèses et pour faire saisir les rapports de la Palythoa avec l'Éponge ; il est résulté de ces travaux que la Palythoa doit être considérée comme le

« commensal » ou le « compagnon de table » de l'Éponge, suivant l'expression nouvellement adoptée par Van Beneden aîné.

« A peu près à la même époque, j'avais trouvé dans l'Adriatique une Palythoa très voisine de l'espèce japonaise, et je l'avais rencontrée exclusivement sur des Éponges appartenant à deux espèces également très voisines appelées : *Axinella verrucosa* et *Axinella cinnamomea*. Sur nombre de centaines d'exemplaires de ces Éponges qui ont passé par mes mains à cette date et depuis lors, je n'en ai pas vu un seul sur lequel la Palythoa correspondante ait manqué (fig. 1004). Le Polype se reproduit naturellement

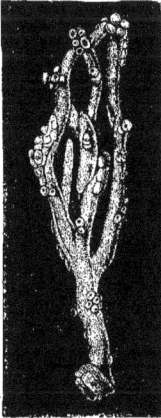

Fig. 1004. — *Palythoa axinella.*

à certaines époques au moyen d'œufs; mais les larves qui en éclosent périssent évidemment si elles ne rencontrent leur Éponge. Elles s'essaiment en masses sur les régions du fond de la mer où prospèrent les Axinelles, dans la jolie baie de Selenico, ainsi qu'en témoigne leur présence sur tous les spécimens d'Éponge qu'on en retire. Mais comment les larves trouvent-elles les Eponges et à quoi reconnaissent-elles le compagnon enraciné à l'instar d'une plante qui convient à leur prospérité? On est tenté de répondre : par l'instinct. Or le problème n'a pas fait un pas, si l'on ne s'est fait une idée précise du sens à donner à cette locution. Cette explication ne saurait convenir au cas en question, alors même que l'on comprend sous le nom d'instinct des actes habituels, qui se continuent et se perfectionnent dans l'hérédité

et qui s'accomplissent inconsciemment chez les descendants. On ne peut expliquer comment les larves de Palythoa essaimées, découvrent et discernent les Axinelles, qu'en admettant chez elles une faculté de sensibilité analogue à nos moyens sensoriels, car de toutes parts on trouve des raisons évidentes qui interdisent de rapporter le fait au hasard. Les Axinelles mentionnées sont très reconnaissables pour notre appareil olfactif : à l'état frais, et même longtemps après qu'on les a fait sécher, elles répandent une odeur extraordinairement bonne et aromatique. Si les jeunes Palythoa avaient quelque chose de comparable à un organe d'olfaction, elles se seraient guidées par cet organe. Ces larves doivent posséder quelque chose, qui (même sans constituer un appareil organisé suivant la disposition que nous suggèrent les appareils de l'olfaction, du goût ou du tact chez les animaux supérieurs) est cependant assimilable à tous ces organes au point de vue fonctionnel et utilitaire. Il nous faut chercher cela dans les cellules tégumentaires qui ne constituent pas seulement un revêtement protecteur, mais qui permettent en outre aux animaux les plus inférieurs de posséder la sensibilité dans le sens le plus général et le plus indéterminé de ce mot.

« La Palythoa n'est pas un parasite proprement dit; je crois même devoir revenir sur l'expression de « compagnon de table » que j'ai mentionnée précédemment. Cette créature ne se nourrit point des sucs contenus dans les parties molles de l'Éponge; elle ne dévore pas davantage les aliments de cette dernière. Elle ne demande à l'Éponge que de lui offrir sur son corps une base, un plancher, et se nourrit de ce que la chance lui amène du dehors. Y a-t-il une utilité réelle pour le Polype à être ainsi littéralement lardé par les aiguilles de l'Éponge, ou bien s'y est-il accoutumé seulement après de longues souffrances endurées par ses ancêtres en raison de quelques avantage qui les compensait? C'est là une question que je ne saurais trancher. » (O. Schmidt.)

« Quelques espèces de Palythoa (*Epizoanthus*) s'installent sur des coquilles de Gastropodes habitées par des Crustacés érémitiques; on les trouve, non pas, il est vrai, sur les rivages européens, mais le long des côtes de l'Amérique septentrionale; j'en ai même reçu récemment de Kerguelen. Ces créatures recouvrent peu à peu la coquille, sous la forme d'une masse continue, de plusieurs lignes d'épaisseur, au-dessous de laquelle les Polypes peuvent s'élever sur une hauteur égale. Sous ce revêtement la coquille du Gastropode se désagrège complètement, et le Polypier constitue seul, alors, l'étui destiné au Crustacé. Il y a là un échange de services rendus entre le Crustacé et les Polypes qui sont, suivant l'expression de Van Beneden, des « Mutualistes ». Le Crustacé est doté d'un manteau protecteur par le Polype, et celui-ci est charrié par le Crustacé qui le pourvoit d'eau fraîche et d'aliments nouveaux (O. Schmidt).

LES PORITIDÉS — *PORITIDÆ* M. Edw.

Caractères. — Chez les Poritidés, le Polypier est entièrement trabéculaire et poreux ; les individus sont toujours intimement soudés entre eux, soit directement par leurs murailles ou par l'intermédiaire d'un cœnanchyme spongieux ; l'appareil septal est toujours plus ou moins distinct et jamais complètement lamellaire ; il est formé seulement par des séries de trabécules constituant par leur réunion une sorte de treillage irrégulier. Les chambres viscérales contiennent quelquefois des petites traverses rudimentaires qui ne sont jamais divisées par des planchers.

PORITES FOURCHUE — *PORITES FURCATA* Lamck.

Caractères. — Cette espèce présente un Polypier touffu, rameux, à branches cylindroïdes divergentes légèrement comprimées

Fig. 1005.   Fig. 1006.
Fig. 1005-1006. — Porites fourchue (*).

au sommet, les calyces presque superficiels, polygonaux, ont les murailles minces et crénelées (fig. 1005-1006).

(*) Fig. 1005, Grandeur naturelle. — Fig. 1006. Grossie.

Distribution géographique. — Elle habite la mer Rouge.

LES MADRÉPORIDÉS — *MADREPORIDÆ* M. Edw.

Caractères. — Le Polypier des Madréporidés est poreux et articulé, mais il ne présente

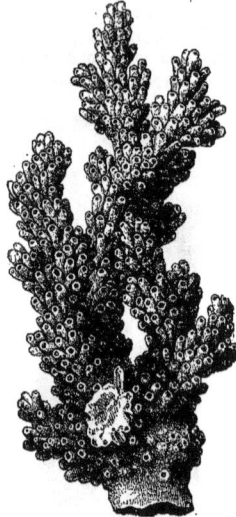

Fig. 1007. — Madrépore verruqueuse.

pas une réunion de trabécules comme dans la famille précédente ; les cloisons principales

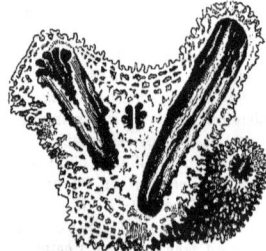

Fig. 1008. — Coupe à travers une branche de Madrépore verruqueuse.

bien développées et lamellaires, offrent seulement çà et là quelques perforations.

Fig. 1009. — Astréide caliculaire

MADRÉPORE VERRUQUEUX — *MADREPORA VERRUCOSA* M.-Edw.

Caractères. — C'est un Polypier en touffes, à branches égales et prolifères; les calices sont tubuliformes, assez proéminents vers l'extrémité des ramuscules (fig. 1007 et 1008).

Distribution géographique. — Il habite sur la côte de Tonga Tabou.

LES EUPSAMIDÉS — *EUPSAMIDÆ* M.-Edw.

Caractères. — Les Eupsamidés sont tantôt simples tantôt agrégés; les Polypiéroïdes sont presque toujours cylindro-coniques, leur muraille est faiblement costulée. Le calice présente un aspect étoilé très remarquable, dû à l'entrecroisement des cloisons des divers cycles. Il est à noter que les cloisons du dernier cycle sont plus développées en hauteur et en largeur que celles du cycle immédiatement supérieur.

DENDROPHYLLIE RAMEUSE — *DENDROPHYLLIA RAMOSA* M.-Edw.

Caractères. — Polypier à tronc et à rameaux principaux assez gros, cylindracés, courts, ascendants; côtes vermicellées, saillantes sur Breum.

la muraille; cloisons minces surtout au bord libre légèrement arqué en haut et en dedans, columelle comprimée formée de petites lames ascendantes un peu contournées et au nombre de 4 à 6 (fig. 1010-1011).

Fig. 1010.   Fig. 1011.

Fig. 1010-1011. — Dendrophyllie rameuse (*).

Distribution géographique. — Cette espèce habite la Méditerranée; on la rencontre également dans les parages de Madère.

Nous figurons une espèce, type du genre voisin, l'Astréide caliculaire (fig. 1009).

LES FONGIDÈS — *FONGIDÆ* Dana.

Caractères. — Un des principaux caractères

(*) Fig. 1010. Grandeur naturelle. — Fig. 1011. Coupe verticale.

des Polypiers de cette famille, est leur forme courte et étalée, ils sont étendus, discoïdes ou ressemblent à une lame foliacée, les murailles occupant la base des individus.

Mœurs, habitudes, régime. — Le professeur Semper a découvert ce fait extrêmement intéressant, que chez certains Fongidés il se fait une génération alterne et qu'en même temps il se produit des Polypiers composés. Il a représenté un Polypier composé appartenant à une espèce d'ailleurs inutile à déterminer d'une manière plus précise, et s'exprime ainsi à ce sujet : « C'est un Polypier Coralliaire ramifié, qui présente à son extrémité adhérente une structure nettement coralliaire, et qui se divise, à l'autre bout, en cinq branches, dont quatre portent à leur extrémité de véritables Fungies de grandeur variée, et dont l'une n'en porte point (fig. 1012). Les Coraux jeunes n'offrent rien

Fig. 1012. — Fungie.

de remarquable, mais il n'en est pas de même des pédicules sur lesquels ils se trouvent fixés et qui présentent alternativement des renflements à arêtes tranchantes et des étranglements peu profonds ; les mêmes remarques s'appliquent exactement au pédicule (a) qui ne porte aucune Fungie. Mais à la superficie de ce dernier on reconnaît d'une manière évidente qu'il a dû y exister un de ces individus ; le bord libre de ses septa est pour ainsi dire cicatrisé et sa configuration est tout à fait irrégulière. En comparant le contour de cette cicatrice avec le contour des renflements des autres pédicules, on voit que celle-ci leur correspond exactement ; de même, la distance qui la sépare de l'anneau inférieur le plus proche, est égale à celle qui sépare les deux anneaux correspondants sur les autres pédicules. En examinant ensuite la Fungie la plus ancienne, précisément dans le point du pédicule où ce dernier présente à peu près le contour d'un pareil an-

neau d'accroissement, on constate qu'à ce niveau (b) la substance, qui réunit le pédicule au Corail proprement dit, est quelque peu criblée. Si cette résorption s'était effectuée sur toute la circonférence, la Fungie serait tombée du haut du pédicule. La cicatrice, observée à l'extrémité libre de l'un des pédicules, indique que c'est précisément ce qui a eu lieu pour ce pédicule. Les anneaux de croissance multiples qu'on remarque sur un même pédicule démontrent que chaque branche est en état de continuer à s'accroître après avoir produit la première Fungie ; il se fait alors, en premier lieu, une concentration de l'un des pédicules, puis un nouveau renflement, les anneaux indiquant également qu'au bout de quelque temps le pédicule peut fournir par le même procédé, une seconde, une troisième, ou une quatrième génération. » (O. Schmidt.)

CYCLOLITE ELLIPTIQUE — *CYCLOLITES ELLIPTICA* Mich.

Caractères. — Polypier faiblement elliptique, un peu épais, à surface inférieure plane et munie de gros bourrelets concentriques, à face supérieure convexe ; à fossette centrale bien marqué, dans le sens du grand axe et médiocrement profonde. Les cloisons sont très minces, très serrées, dentelées (fig. 1013-1014).

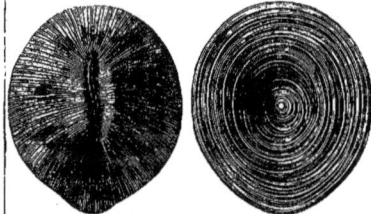

Fig. 1013-1014. — Cyclolite elliptique.

Distribution paléontologique. — Cette espèce provient de la Craie supérieure (Corbières, Royan, Uchaux, Gosau, etc.)

LES ASTRÉIDÉS — *ASTREIDÆ* Dana.

Caractères. — Les Astréidés comprennent des Polypiers agrégés, réunis par la soudure des murailles ; le système cloisonnaire lamelleux est très développé et les loges sont divisées par des lamelles transversales, la forme

Paris, J.-B. Baillière et Fils, édit.   Corbeil, Crété, imp.

ACTINIES.

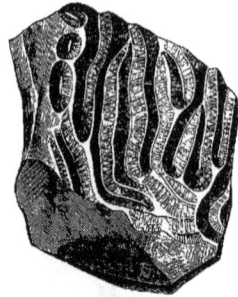

Fig. 1015-1016. — Montlivaltia Trochiforme.　Fig. 1017. — Meandrine Pyrénéenne.

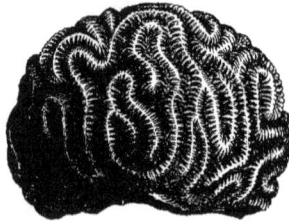
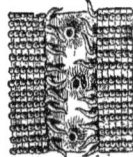

Fig. 1018.　Fig. 1019.　Fig.1020.

Fig. 1015-1020. — Heliastræa heliopore (*).

des différents types est du reste très variable. Nous allons examiner quelques-uns des principaux types vivants et fossiles.

MONTLIVALTIA TROCHIFORME — *MONTLIVALTIA TROCHOIDES* M.-Edw.

Caractères. — Polypier droit, libre, conique, à calice circulaire et à fossette profonde ; les cloisons sont minces, serrées, à bords finement crénelés et régulièrement arqués en haut (fig. 1015-1016).

Distribution géographique. — Cette espèce provient de l'Oolithe inférieure.

MÉANDRINE PYRÉNÉENNE — *MEANDRINA PYRENAICA* Mich.

Caractères. — Dans cette espèce les mu-

(*) Fig. 1018. Individu vivant. — Fig. 1019. Individu desséché. — Fig. 1020. Calices buccaux.

railles sont simples, minces, les vallées longues, parfois droites, peu profondes ; les cloisons sont serrées, alternativement petites et grandes (fig. 1017).

Distribution géographique. — On la rencontre dans la craie des Corbières.

HELIASTRÆA HELIOPORE — *HELIASTRÆA HELIOPORA* M.-Edw.

Caractères. — Le Polypier est en masse subplane, les calices sont rapprochés et à bords circulaires ; les côtes très épaisses alternent avec d'autres très minces garnies de dents serrées ; les murailles sont minces et peu distinctes (fig. 1018-1020).

Mœurs, habitudes, régime. — Chez cette espèce et ses congénères, lorsque s'effectuent la scissiparité et le bourgeonnement, les parties molles des individus sont seules isolées complètement les unes des autres ; mais les murs

Fig. 1021. — Astræa pâle.

viennent se fondre les uns dans les autres, en sorte que la surface est recouverte de languettes et de vallonnements irréguliers et tortueux. Sur les spécimens vivants (fig. 1018), on trouve naturellement ces vallées recouvertes par les parties molles, et les orifices buccaux permettent de reconnaître les domaines propres aux individus isolés, dont les limites seules, sur les pièces lavées (fig. 1019), sont appréciables suivant deux côtés opposés. Nous avons figuré aussi trois calices buccaux (fig. 1020) et leurs domaines respectifs, avec un grossissement moyen; on pourra ainsi rectifier exactement l'idée généralement défectueuse qu'on se forme à la seule vue du Polypier vide ou desséché.

Distribution géographique. — L'Héliastræa heliopore vit dans les mers australes.

ASTRÆA PALE — *ASTRÆA PALLIDA* Lin.

Caractères. — L'Astræa pâle, dans son ensemble, représente une masse arrondie à base aplatie. Les calices isolés sont tout à fait séparés les uns des autres; chacun est entouré d'un rempart de murs disposés de telle sorte que ces calices se touchent sans intermédiaire. Les individus, situés en haut et à droite sont représentés (fig. 1023) avec leur couronne tentaculaire rétractée, et les autres avec cette même couronne déployée. Malheureusement, dans cette figure 1021 on ne voit aucun calice saisi en pleine scissiparité. Or, ce genre se distingue parmi d'autres, précisément par la scissiparité, qui s'effectue ici d'une manière complète.

Distribution géographique. — Elle provient des îles Fidji.

Nous figurons un autre type de la même

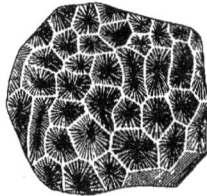

Fig. 1022. — Latomeandra de Davidson.

famille, le Latomeandra de Davidson, du Jurassique (fig. 1022).

LES TURBINOLIDÉS — *TURBINOLIDÆ* M.-Edw.

Caractères. — Cette famille se compose presque uniquement de Coralliaires solitaires; la muraille est complètement imperforée, les cloisons sont constituées par des lames à bords entiers et libres; la surface est garnie de granulations plus ou moins saillantes. Dans beaucoup d'espèces, la columelle manque

CARYOPHYLLIE CYLINDRIQUE — *CARYOPHYLLA CYLINDRICÆA* M.-Edw.

Caractères. — Ce Polypier est allongé, subcylindrique, droit, ou légèrement contourné, à muraille lisse, brillante; à la partie supérieure

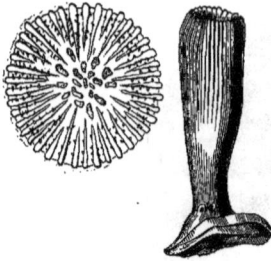

Fig. 1023-1024. — Caryophyllie cylindrique

Fig. 1025. — Trochocyathus épais.

il porte de petites côtes subégales peu saillantes. Le calice est subcirculaire (fig. 1023-1024).

Distribution géographique. — On le rencontre dans la Craie supérieure.

TROCHOCYATHUS ÉPAIS — *TROCHOCYATHUS OBESUS* M.-Edw.

Caractères. — Cette espèce est subhémisphérique, les côtes sont garnies de séries d'épines courtes. La columelle est papilleuse ; les cloisons inégales font saillie au dehors (fig. 1025).

Distribution paléontologique. — Elle provient de l'étage Miocène de Tortone.

TURBINOLIA DE DIXON — *TURBINOLIA DIXONI* M.-Edw.

Caractères. — Le Turbinolia de Dixon présente un Polypier large dans la région du calice et atténué vers sa base ; les côtes sont

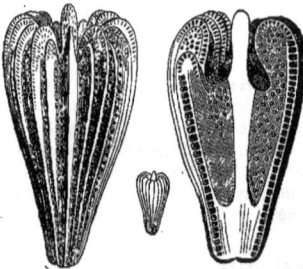

Fig. 1026-1027. — Turbinolia de Dixon.

minces, écartées, saillantes ; la columelle est comprimée. Toutes les cloisons sont excessivement minces (fig. 1026-1027).

Distribution géographique. — On rencontre cette espèce dans la formation Eocène.

FLABELLUM ÉPINEUX — *FLABELLUM SPINOSUM* M.-Edw.

Caractères. — Le Polypier est très comprimé, deltoïde, à côtes latérales formant un angle presque droit et portant vers le milieu de la hauteur un très fort appendice spiniforme

Fig. 1028.

Fig. 1029.

Fig. 1031.

Fig. 1030.

Fig. 1028 à 1031. — Flabellum épineux.

comprimé et dirigé en bas et en dehors. Ses cloisons sont minces (fig. 1028 à 1031).

Mœurs, habitudes, régime. — Tous les Flabellum se caractérisent en ce que l'animal est comprimé et que par suite son orifice buccal, au lieu d'être circulaire, figure une fente assez longue.

Distribution géographique. — L'espèce vit dans les mers de Chine.

La figure 1028 représente l'animal vivant, vu d'en haut. La larve, qui sort de l'œuf, se fixe, et le Polype, qui continue à croître, sécrète le Polypier (fig. 1029), qui a l'aspect d'un éventail pédiculé et muni de deux épines latérales. Cette forme [(fig. 1029) demeure asexuée; mais il émerge de son calice un bourgeon qui constitue avec elle une unité apparente (fig. 1030), et qui est, en effet, en connexion si intime avec elle, avant la désagrégation et la séparation, que ces deux générations reliées entre elles comme le bourgeon et la mère, ont été considérées comme représentant une variété particulière ou une espèce nouvelle. Puis le bourgeon (fig. 1031) se détache et continue à vivre, sans se fixer, dans une fente de rocher ou dans n'importe quel coin obscur où l'ont poussé les vagues ou les courants. Avec ce bourgeon, qui représente l'animal sexué, recommence le cycle de l'évolution.

La couleur qui prédomine sur l'animal tout entier est d'un beau rouge intense, mais translucide; le disque buccal est parcouru presque toujours par deux larges bandes, d'un rouge foncé, qui apparaissent plus nettement sur les spécimens un peu clairs.

Les sondages effectués par le *Travailleur*, et plus récemment par le *Talisman*, ont fourni aux explorateurs des formes nombreuses et variées, dont la majeure partie rentre dans le groupe que nous venons d'étudier. Le monde scientifique attend impatiemment que les savants chargés de l'étude de ces types remarquables, suivant l'exemple de leurs aînés du *Challenger*, les publient dans un délai rapproché.

Plus tard ces types seront déposés dans les galeries du Muséum, où ceux qui s'occupent des Animaux inférieurs pourront les étudier à loisir.

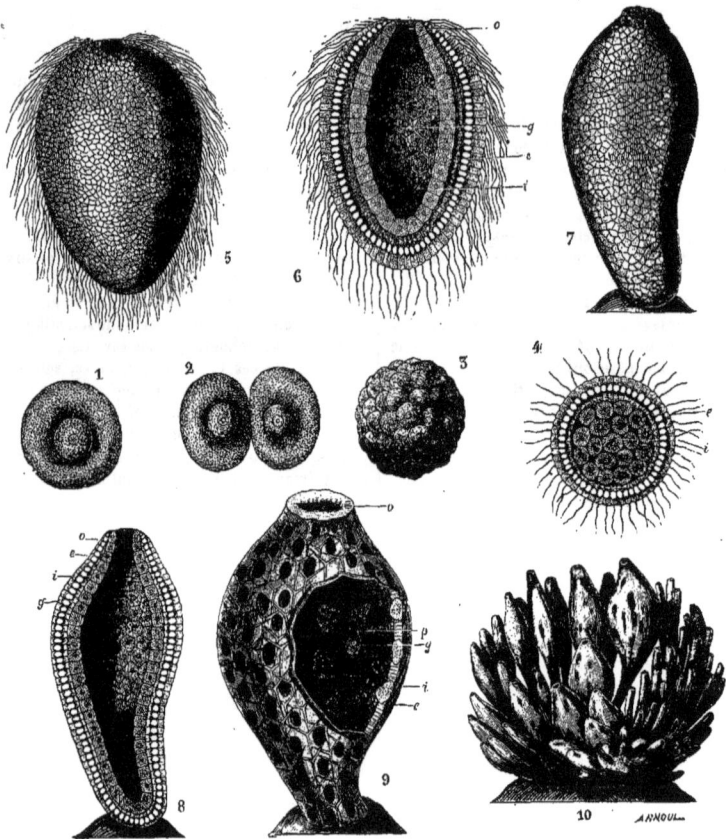

Fig. 1032 à 1041. — Olynthus (Éponge type); son développement (*).

LES SPONGIAIRES

CARACTÈRES GÉNÉRAUX

On se ferait une idée très fausse de ce que peut être une Éponge, ce type des organismes que nous allons étudier, si, comme le dit M. le professeur Perrier, on ne considérait que l'Éponge usuelle,

(*) Fig. 1. OEuf de l'Olynthus. — De cet œuf, par segmentation réitérée (fig. 2), provient une Morula (fig. 3). Les cellules se différencient en cellules externes, brillantes et ciliées (ectoderme), et d'autre part en cellules sombres non ciliées (endoderme); d'où résulte la larve ciliée, appelée Planula (fig. 4). Celle-ci prend une forme ovalaire et se creuse d'une cavité, cavité digestive (fig. 6, g), munie d'un orifice buccal (fig. 6, o). La paroi de cette cavité est formée par deux feuillets cellulaires, l'ectoderme cilié et l'endoderme non cilié. Cette forme larvaire est une Gastrula (fig. 5, vue extérieure de la Gastrula; fig. 6, section longitudinale. Cette Gastrula se fixe, perd ses cils vibratils externes et se transforme en Ascula (fig. 7). Ascula vue extérieurement; fig. 8, coupe longitudinale. Celle-ci, par la formation de spores à travers sa paroi (c. p.), par le développement d'aiguilles calcaires, devien un Olynthus (fig. 9). De cette forme simple dérivent de formes divers dont l'une (Ascometra) est représentée (fig. 10).

l'Éponge de toilette que tout le monde connaît.

Le type Éponge peut se caractériser, suivant Claus, de la façon suivante : corps formé d'agrégats de cellule amiboïdes dépourvues de membrane et ordinairement composé d'une charpente solide constituée par des filaments et des formations cornées, siliceuses ou calcaires, présentant dans son intérieur un système de canaux, et à sa surface de nombreux pores et d'une ou plusieurs ouvertures désignées sous le nom d'*oscules*.

Chez les Éponges, des cellules amiboïdes et des cellules ciliées ou flagellifères s'associent pour former des colonies composées de deux sortes d'individus uni-cellulaires ; de plus, ces individus s'unissent si étroitement qu'il n'est plus possible de voir en eux autre chose que les éléments composants d'un individu d'espèce nouvelle, l'*individu Spongiaire*. (Perrier.)

Or, Schmidt et Hæckel ont démontré comment on pouvait faire dériver les formes variées des Éponges, d'un type simple essentiellement le même pour toutes, type de cet individu Spongiaire. (Perrier.)

Ce type, l'Olynthus, dont nous figurons le développement (fig. 1032 à 1041), va nous montrer l'organisation des Éponges.

SQUELETTE.

La charpente solide, le squelette, est un composé de fibres cornées ou de spicules, tantôt siliceux, tantôt calcaires. Les fibres cornées sont presque sans exception disposées en réseaux d'épaisseur variable. Elles consistent en une matière voisine de la Chitine. (Gegenbaur.)

Les spicules présentent les formes les plus diverses : ou bien ils constituent des fibres réunies en charpentes, ou des corps isolés pourvus d'un canal central simple ou ramifié. Tantôt ils simulent des aiguilles, des fuseaux, des crochets, tantôt des ancres, des croix, des cylindres. Certains spicules peuvent atteindre des dimensions considérables, être isolés ou se réunir les uns aux autres (fig. 1043 à 1049).

TÉGUMENTS.

Les productions dont nous venons de parler ne sont que l'accessoire de l'Éponge. Le principal est la masse charnue dans laquelle elles se développent, masse creusée de canaux, lesquels aboutissent à des orifices extérieurs de deux sortes, comme nous l'avons déjà observé, et constituant les pores, dits pores inhalants, et les oscules.

Dans toute Éponge, les parois sont constituées par deux couches de cellules superposées et distinctes. La couche interne est formée de cellules munies chacune d'un flagellum entouré à sa base d'une collerette membraneuse. Ce sont elles qui composent les corbeilles vibratiles, ce sont ces cellules mêmes qui présentent une si frappante analogis avec les Infusoires flagellifères, dont l'étude

nous occupera plus loin, que James Clark avait cru, par cela même, devoir considérer les Éponges comme des colonies d'Infusoires.

La couche externe est aussi composée de cellules, qu'il est impossible de délimiter d'une façon nette et précise; mais de nombreux noyaux indiquent bien une origine cellulaire, dit M. le professeur Perrier, et quand une portion quelconque de la substance vient à être isolée, cette partie ne tarde pas à exécuter des mouvements amiboïdes.

C'est en présence de ce phénomène que Dujardin, Carter, Carpenter, Gegenbaur, etc., avaient cru devoir placer les Éponges à côté de Rhyzopodes. (Perrier.)

« Mais, fait encore observer M. le professeur Perrier, ces divergences d'opinion nous démontrent qu'aujourd'hui il n'est plus permis de considérer les Éponges comme des colonies d'Infusoires, ou comme des colonies d'Amibes. Chacun des éléments conserve à un haut degré son individualité ; une discipline particulière soumet à sa loi tous ces organismes et les fait concourir au maintien de l'existence d'une individualité nouvelle, d'une unité d'ordre supérieur, l'Éponge simple. »

APPAREIL DE LA NUTRITION.

Quand on plonge une Éponge d'eau douce dans un vase rempli d'eau tenant en suspension une poussière colorée, on constate, grâce au mouvement de cette poussière, qu'un courant d'eau continu pénètre dans la substance de l'animal, et qu'elle ne tarde pas à en ressortir.

Il est facile d'expliquer ce phénomène : l'Éponge théorique présente, comme on l'a vu, une enveloppe percée de pores, une cavité intérieure et une ouverture. Les pores sont les pores inhalants par où l'eau pénètre dans la cavité ; l'ouverture est l'oscule servant d'issue à l'eau inhalée. Cette disposition élémentaire reste constante, ou, en raison de l'accroissement de l'Éponge, se développe en un système de canaux. Ces canaux traversent toute l'épaisseur des parois du corps en rayonnant depuis la cavité générale. Ce système débouche par une ou plusieurs ouvertures larges, les oscules, et communique avec l'extérieur par les pores inhalants; de plus il correspond à la cavité centrale. Les canaux, sur leur trajet, présentent toujours une cavité sphérique tapissée de cellules munies chacune d'un flagellum. C'est là ce qui constitue la corbeille vibratile. Le mouvement des cils dont ces organes sont revêtus empêche l'eau d'y séjourner, la chasse sans cesse dans le même sens; de là les courants dont les poussières colorées de tout à l'heure indiquent la marche. (Perrier.)

La cavité centrale joue le rôle d'une cavité viscérale digestive ; les corpuscules nutritifs contenus dans l'eau et conduits dans cette cavité sont absorbés. En outre, une véritable prise de nourri-

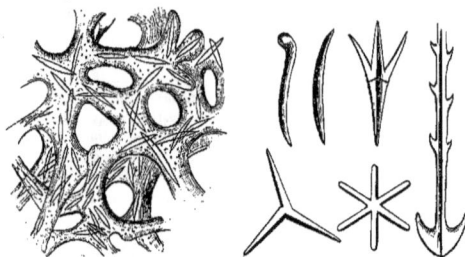

Fig. 1042 à 1048. — Parenchyme et spicules d'Éponge (p. 648).

ture aurait également lieu par l'intermédiaire des parois du système de canaux qui, par son ensemble, servirait à quelque chose de plus qu'un simple appareil de conduite (Vogt).

DÉVELOPPEMENT — MÉTAMORPHOSES

Chez les Éponges, le développement est généralement asexué. A un moment donné, la masse presque tout entière se dissout en petites sphérules protoplasmiques enveloppées d'un kyste soutenu par des spicules de forme particulière, puis le protoplasme s'échappe du kyste par un orifice spécial et, après avoir rampé à la façon d'un amibe, il se transforme en Éponge (Perrier).

Il est un autre mode de reproduction également fréquent : on voit apparaître, dans la couche amiboïde, des cellules tout à fait distinctes des tissus environnants, pourvues d'un noyau et d'un nucléole. Ces cellules n'ont pas de membrane d'enveloppe, on les considère ordinairement comme de véritables œufs. Un élément mâle paraît représenté par d'autres cellules munies d'un flagellum, résultant peut-être d'une modification de cellules flagellifères ordinaires dont elles diffèrent par une taille beaucoup plus petite (Perrier).

Les grandes cellules ovulaires ne tardent pas à se diviser, sans quitter la place où elles sont nées, en un nombre plus ou moins considérable d'autres cellules et à se transformer en une petite masse sphérique creuse, composée de cellules toutes semblables entre elles ; bientôt les cellules d'une moitié de la sphère s'effilent et se convertissent en cellules flagellifères ; dès lors l'embryon est constitué. Après avoir nagé quelque temps, il se laisse choir au fond de l'eau et se fixe à un corps submergé. L'hémisphère composé de cellules amiboïdes entoure l'hémisphère flagellifère. Une sphère composée de deux couches est organisée ; il n'existe pas encore de spicules, on ne voit aucun orifice ; mais peu à peu les spicules se montrent, puis l'oscule et enfin les pores inhalants. L'être résultant de ces métamorphoses est une Éponge simple, une Éponge type qui va s'accroître, proliférer, se creuser de canaux, de vacuoles, de corbeilles vibratiles et former ainsi une colonie variable d'aspect, suivant le groupe auquel elle appartient.

DISTRIBUTION GÉOGRAPHIQUE

A l'exception de quelques espèces d'eau douce, les Éponges sont marines ; propres à toutes les mers, elles acquièrent leur plus grand développement dans les régions chaudes.

Les Éponges les plus recherchées pour l'usage vivent dans les eaux chaudes, comme celles du golfe du Mexique, de la mer Rouge, où certaines espèces atteignent jusqu'à un mètre et plus de hauteur. Dans les régions tempérées de l'Europe, surtout dans la Méditerranée, les éponges sont plus belles en qualité ; à mesure qu'elles approchent du Nord, le tissu en est plus serré ; elles sont aussi plus petites et enfin elles disparaissent presque complètement dans les contrées glaciales.

Elles s'échelonnent depuis la limite des marées jusqu'aux plus grandes profondeurs. Il est à remarquer que là les types appartiennent presque tous en propre à l'ordre des Éponges calcaires et sili-

BREHM.

ceuses. Elles se rapprochent aussi des espèces éteintes, telles qu'on les rencontre dans les formations géologiques.

Toutes vivent solidement attachées aux rochers et aux corps sous-marins : Coquilles, Algues, etc.

Plusieurs sont cosmopolites, c'est-à-dire qu'une ou plusieurs espèces se rencontrent dans des régions très diverses ; l'une entre autres vit dans les mers du Nord, comme aussi dans l'océan Indien.

DISTRIBUTION DANS LE TEMPS

A l'époque actuelle, les Éponges se détruisent facilement et ne laissent aucune trace durable de leur existence ; il n'en a pas été de même dans les temps géologiques, et leurs restes ont contribué pour une large part à l'édification de certaines roches. Souvent détruites postérieurement à la solidification de l'assise qui les renferme, elles ne sont représentées dans ces assises que par des perforations ou des vides donnant l'aspect de leur forme extérieure.

Quoi qu'il en soit, les Éponges commencent à se montrer dès l'époque Silurienne ; rares d'abord, elles deviennent abondantes pour la première fois dans le Trias, et acquièrent dans le Jurassique leur plus haut degré de développement, qui se maintient dans le Crétacé où l'on voit des étages entiers caractérisés par plusieurs formes. A partir de l'époque Tertiaire, elles tendent à diminuer dans des proportions considérables.

EMPLOI, USAGES

La propriété que possèdent les Éponges d'absorber l'eau et de la garder longtemps a rendu leur usage journalier chez tous les peuples de l'Europe, et depuis la plus haute antiquité, certaines d'entre elles ont été le sujet d'un commerce important.

Aujourd'hui elles donnent lieu à de sérieuses transactions, et leur pêche, dont nous nous occuperons bientôt, est réglementée et pratiquée en grand.

Indépendamment de leurs usages domestiques, les Éponges ont été utilisées en médecine, et sont employées encore aujourd'hui dans certains cas.

Une quantité notable d'Iode contenue dans leur propre substance les a fait considérer comme un

remède pour le Goître et les affections Scrofuleuses ; on employait l'Éponge soit en décoction aqueuse, soit plus ou moins torréfiée, soit enfin complètement calcifiée. Guibourt a démontré que la forme sous laquelle l'Éponge est le plus active, est celle de la torréfaction jusqu'au brun noir et jusqu'à réduction de 75 centièmes de son poids. L'Éponge que l'on doit préférer est celle du Levant.

Les Éponges fines servent à préparer les éponges dites à la cire ou à la ficelle, usitées par les chirurgiens pour dilater les ouvertures des plaies que l'on veut empêcher de se fermer.

CLASSIFICATION

Nous avons vu que les Éponges avaient été considérées par certains Naturalistes comme des colonies d'Amibes, par d'autres comme des colonies d'Infusoires flagellés ; de là leur place parmi les Protozoaires, opinion qui n'a pu être maintenue. Une certaine analogie avec les Acalèphes les a fait envisager aussi comme devant faire partie de cet embranchement, et beaucoup de Naturalistes les rangent encore parmi ces derniers.

Les considérations générales sur l'un et l'autre groupe que nous avons précédemment développées permettent de voir que cette analogie n'est que superficielle, et que les uns et les autres sont entièrement différents.

Il y a donc lieu de les séparer et d'établir un embranchement distinct, ce que nous faisons de la façon suivante, d'après l'exemple même de Balfour, de Schmarda et de M. le professeur Perrier.

Embranchement des Spongiaires (SCHWÄMME).

CLASSE I. ÉPONGES CALCAIRES.............................	Calcispongia Hæck. (Kalkschwämme).
CLASSE II. ÉPONGES D'EAU DOUCE.............................	Potamospongia Gray. (Süsswasserschwämme).
CLASSE III. ÉPONGES VITREUSES.............................	Hexatinellida Schmidt. (Glasschwämme).
CLASSE IV. ÉPONGES ANCRÉES.............................	Ancorinellida Schmidt. (Ankerschwämme).
CLASSE V. ÉPONGES GOMMEUSES.............................	Gumminea Schmidt. (Lederschwämme).
CLASSE VI. ÉPONGES FIBREUSES.............................	Ceratospongia Lbk. (Hornschwämme).

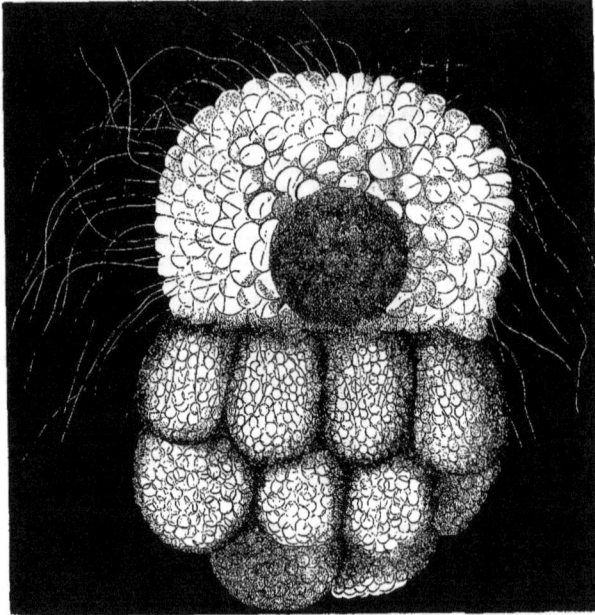

Fig. 1049. — Larve de Sycandra glabre.

LES ÉPONGES CALCAIRES — *CALCISPONGIA* Hæck.

Die Kalkschwämme.

Caractères. — Les Calcispongiaires tirent leur nom de la propriété que possèdent toutes les espèces de sécréter des productions calcaires microscopiques ou même perceptibles à l'œil nu ; ces productions se trouvent disséminées à travers le tissu du corps ou disposées élégamment en houppes ou en rangées. Ces sécrétions calcaires ont la forme de bâtonnets, d'aiguilles, ou d'étoiles à 3 ou à 4 rayons. Tandis que ces Spongiaires sont extrêmement pauvres en parties molles, ils sont remplis ordinairement de ces productions calcaires à tel point que leur corps conserve sa forme et son contour, même pendant le dessèchement et qu'ils offrent, vivants ou morts, un aspect crayeux ou plâtreux.

Entre tous les Spongiaires, les Calcisponges paraissent être les plus variables. Hæckel (1) a

(1) Hæckel, *Die Kalkschwämme, eine Monographie.* Berlin, 1872.

publié, en s'appuyant sur un grand nombre d'observations, la démonstration irréfutable d'un fait, que j'avais déjà entrepris d'établir précédemment pour quelques groupes de Spongiaires siliceux. Il montre que les 111 espèces provenant de toutes les parties de la terre et connues de lui ne méritent pas, à proprement parler, cette dénomination, et que si dans certaines localités ces prétendues espèces s'affirment par certaines particularités, généralement insignifiantes par elles-mêmes, elles passent de l'une à l'autre par les transitions les plus diverses. Les Spongiaires fournissent les exemples les plus remarquables pour la variabilité de l'espèce. Toutefois Hæckel a pu établir quelques principales familles naturelles, qui témoignent d'une progression des types simples aux types plus complexes (O. Schmidt).

Mœurs, habitudes, régime. — Toutes les

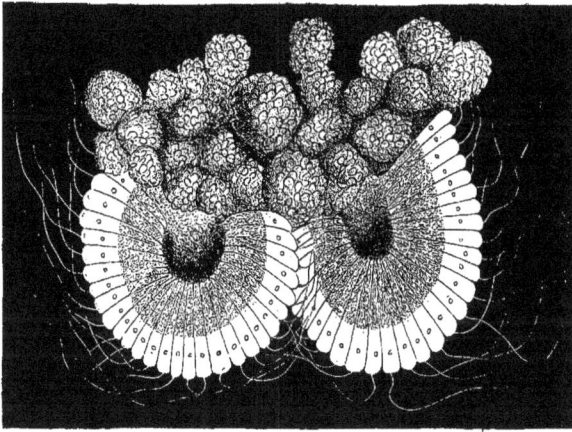

Fig. 1050. — Larve de Sycandra raphanus.

Eponges calcaires, dit Hæckel, vivent dans la mer. Pas un seul type de ce groupe n'a été découvert jusqu'ici dans les eaux douces ou saumâtres. On ne connaît encore aujourd'hui aucun Calcispongiaire provenant de la Baltique, dont la salure est faible. J'ai cherché également en vain de ces Éponges calcaires, dit O. Schmidt, dans les fjords profondément entaillés de la Norwège, aux endroits où l'eau n'est que faiblement salée ou saumâtre, tandis qu'au dehors, le long des côtes, on en trouve très fréquemment dans cette région. Il semble donc que les Calcispongiaires ne peuvent vivre que dans l'eau de mer dont la richesse en sel équivaut à la salure moyenne de l'Océan. Dans l'eau douce ou dans l'eau de mer adoucie, ils meurent très rapidement.

Toutes les Éponges calcaires connues jusqu'à présent ont été recueillies soit immédiatement contre le rivage de la mer, soit à une faible distance seulement. Sur les fonds de la pleine mer on n'a encore trouvé aucun Calcispongiaire. On n'a pas découvert non plus une seule Éponge calcaire, à l'occasion des recherches très étendues qu'on a faites dans ces dernières années au sujet de la constitution des mers profondes et qui ont amené au jour un certain nombre d'Éponges siliceuses particulières aux sols profonds de la pleine mer.

L'Embryogénie des Éponges calcaires présente encore des points douteux ou obscurs (Perrier).

Nous figurons, d'après O. Schmidt, des Larves de ce groupe considérablement grossies, ce sont des Larves de Sycandra glabra et raphanus (fig. 1049-1050).

La plupart des Éponges calcaires recherchent l'obscurité et fuient la lumière. Un petit nombre d'espèces seulement croissent dans des lieux plus ou moins exposés aux rayons lumineux. Aussi ces espèces, qui s'installent de préférence contre les rochers et contre les pierres, se trouvent surtout dans les cavités et les grottes des côtes maritimes, dans les fentes des rochers et à la face inférieure des pierres. Le plus grand nombre des espèces vivent dans les buissons de Varechs, à l'ombre des fourrés de Conferves et des obscures forêts de Fucoïdes; plus ces Algues croissent en futaies épaisses sur les côtes rocailleuses et plus ces broussailles empêchent le jour de pénétrer, plus aussi on peut espérer de découvrir des Calcispongiaires cachés parmi les branches. Cet amour de l'obscurité pousse aussi un grand nombre de ces organismes à s'installer dans l'intérieur de retraites construites par d'autres animaux et devenues vides, telles que : des valves de Coquillages et d'Oursins, des coquilles de Gastropodes, des tubes construits par des Vers, et d'autres encore.

La grande majorité des Calcispongiaires demeure adhérente au fond de la mer. Pourtant, parmi les Éponges calcaires il existe, comme parmi les Éponges siliceuses, quelques espèces qui, même à l'état parfait, au lieu d'adhérer, pénètrent librement dans la vase du fond et peuvent être entraînées, à l'occasion, par les vagues ou par les courants.

Hæckel croit devoir signaler la rareté relative des Calcispongiaires dans toutes les mers. Je ne puis me ranger sans réserve à cette opinion. Ces espèces demeurent, il est vrai, bien au-dessous des Éponges siliceuses au point de vue de leur multiplicité et de la masse des individus qui apparaît occasionnellement.

Mais si aucune espèce n'est arrivée entre les mains de l'auteur précité, malgré les nombreuses relations qu'il possède sur une foule de côtes, cela tient, je crois, à ce que les recherches ont été insuffisantes. Il y a, sur les côtes Italiennes et Françaises de la Méditerranée, une quantité presque prodigieuse d'Éponges calcaires ; aussi a-t-on de la peine à se figurer qu'elles n'apparaissent que rarement ou même pas du tout sur le rivage opposé d'Afrique, bien qu'il n'y en ait aucune de cette provenance dans les collections de Paris. La plupart des Calcispongiaires appartiennent à la zone du rivage qui s'étend jusqu'à deux brasses de profondeur. A partir de là jusqu'à la profondeur de dix pieds, on constate une diminution très considérable ; plus bas, ces créatures deviennent très rares (O. Schmidt).

Aucun animal ne semble se nourrir des parties molles des Calcispongiaires. Aussi ne trouvet-on qu'exceptionnellement quelque intrus logé dans leurs cavités.

LES SYCONIDÉS — *SYCONIDÆ* Lbrk.

Caractères. — Les Syconidés comprennent des Éponges le plus souvent monozoïques à paroi épaisse percée de canaux radiaires droits formant des éminences coniques à la périphérie.

SYCANDRE CILIÉE -- *SYCANDRA CILIATA* Hæck.

Caractères. — L'individu présente la forme d'une coupe allongée ou d'un cylindre généralement pédiculé dont les parois épaisses portent des cercles réguliers correspondant à des dépressions profondes qui se continuent avec la cavité centrale (fig. 1051).

Fig. 1051. — Sycandra ciliée.

Distribution géographique. — Elle provient de l'océan Atlantique.

LES LEUCONIDÉS — *LEUCONIDÆ* Lbrk.

Caractères. — Les Leuconidés comprennent

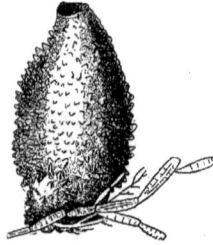

Fig. 1052. — Leucandre pénicillée.

les types chez lesquels les parois des canaux irrégulièrement ramifiés s'épaississent par l'accumulation des aiguilles calcaires très nombreuses ; on voit apparaître, de la sorte, des formes plus ou moins irrégulières : des bulbes, des sphères, des cupules et même des flacons.

LEUCANDRE PÉNICILLÉE — *LEUCANDRA PENICILLATA* Hæck.

Caractères. — Cette espèce est ovoïde, à forme solitaire et présente un seul oscule. Ses parois, très épaisses, sont hérissées extérieurement (fig. 1053).

Distribution géographique. — On l'observe dans les mers du Groenland.

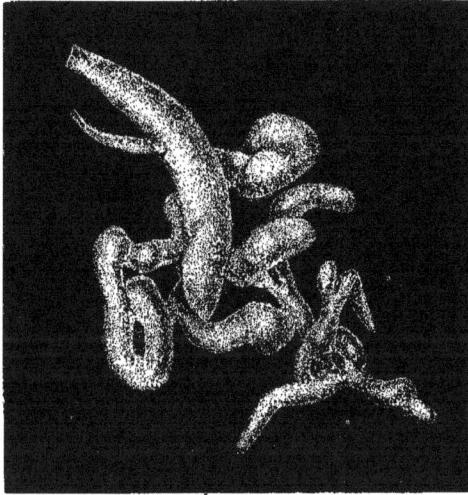

Fig. 1053. — Ascathys Botrylle.

LES LEUCOLOSENIDÉS — *LEUCOLO-SENIDÆ* Rbk.

Caractères. — Ces Éponges sont réunies en colonies et percées de canaux simples.

ASCATHYS BOTRYLLE — *ASCATHYS BOTRYOIDES* Lieb.

Caractères. — Ce sont des cylindres à parois étroites, fermés ou ouverts, simples ou ramifiés. Ils sont souvent tellement frêles que leur présence ne se révèle dans l'eau que par un reflet blanchâtre. Mais fréquemment aussi ils forment des entrelacements serrés, qui atteignent la grosseur d'une noix ou même les dimensions du poing ; alors ils frappent le regard naturellement, sous l'aspect de végétations blanchâtres ou jaunâtres (fig. 1053).

Distribution géographique. — L'Ascathys botrylle est commun dans les grottes de Pausilippe et de l'île de Nisida près Naples.

LES ÉPONGES D'EAU DOUCE — *POTAMOSPONGIA* Gray.

Die Süsswasserschwämme.

Caractères. — Les Éponges d'eau douce ont un réseau lâche, uni par des spicules très courts.

LES RENIERIDÉS — *RENIERIDÆ* Narv.

Caractères. — Les caractères de cette famille sont les mêmes que ceux de la classe ; l'étude de l'une des espèces va résumer ce qui concerne les unes et les autres.

Mœurs, habitudes, régime. — Non seulement les eaux courantes, mais aussi les eaux saumâtres, sont le domaine des diverses espèces.

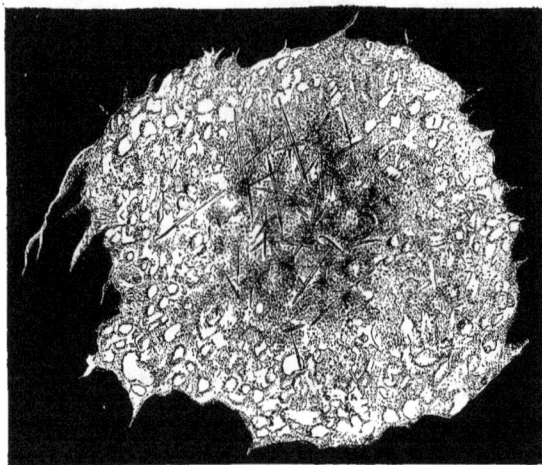

Fig. 1054. — Spongille fluviatile jeune (grossissement 100 diamètres).

SPONGILLE FLUVIATILE — *SPONGILLA FLUVIATILIS* Lamck.

Caractères. — Elle offre un aspect d'un vert bleuâtre ou jaunâtre, boutonneux, croûteux, ramifié ; ou bien elle revêt les pierres, les plantes aquatiques, et surtout les pilotis ou les ouvrages qui font partie d'un pont. Les spicules microscopiques sont des fuseaux très fins dont les pointes, agglutinées par groupes de deux ou de trois au moyen d'une masse de sarcode qui durcit, forment un réseau assez résistant ; les spicules qui émergent un peu à la surface du Spongiaire lui donnent une apparence épineuse, quand les parties molles se sont affaissées après quelques minutes passées hors de l'eau (fig. 1054).

Distribution géographique. — Elle croît dans les ruisseaux de toute l'Europe sur les pierres et les bois plongés dans l'eau.

Mœurs, habitudes, régime. — La reproduction des Spongilles par des larves qui s'essaiment a été étudiée très exactement, déjà en 1856, par Lieberkühn qui trouvait à sa portée de riches matériaux d'observations dans la Sprée, à Berlin. Il désigna ces larves sous le nom de « Spores d'essaimage », et il écrivit : « J'ai découvert les spores d'essaimage pour la première fois, après avoir laissé quelques heures,

dans un vase rempli d'eau de fleuve, des *Spongilla* fraîchement recueillies. Elles se reconnaissent déjà à l'œil nu, en ce que leurs dimensions atteignent à peu près 2/3 de millimètre en longueur et un 1/2 millimètre suivant leur plus

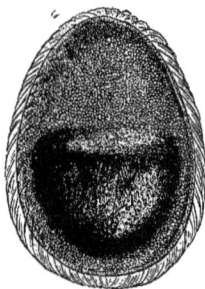

Fig. 1055. — Larve de Spongille fluviatile.

grand diamètre. Elles ont une forme ovale, généralement un peu plus effilée à l'un des bouts, exactement comme un œuf de poule (fig. 1055). Les types les plus petits ont des dimensions à peine moitié moindres. Sur la plupart des spécimens on peut distinguer sans l'aide d'aucun ins-

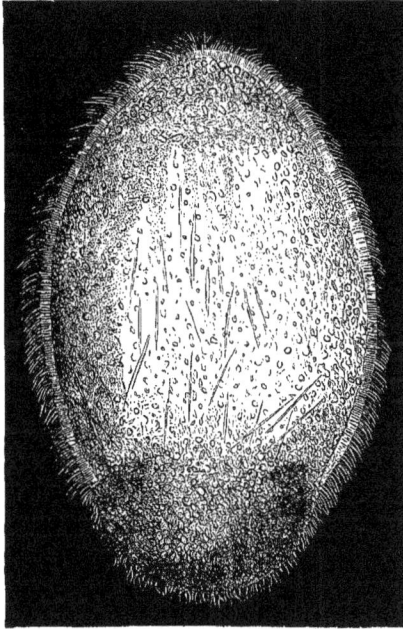

Fig. 1050. — Larve de Renieridé.

trument un espace hémisphérique translucide dans la partie antérieure du corps, et un espace d'un blanc opaque dans la partie postérieure. On est autorisé à parler d'une partie antérieure, simplement parce que, pendant la natation, généralement la partie faiblement réfringente est tournée en avant, et la plus réfringente en arrière. Ces spores nagent dans les directions les plus variées ; de temps à autre elles nagent à la surface de l'eau, puis elles descendent ; elles glissent aussi sur le fond du vase, et se relèvent vers les couches supérieures. Elles nagent en ligne droite, et souvent elles tournent en cercle. Quand deux de ces spores se rencontrent, elles nagent souvent pendant quelques minutes en tournant l'une autour de l'autre, puis s'éloignent ; souvent elles restent quelque temps immobiles, puis reprennent leurs mouvements à nouveau. Si on les pousse, lorsqu'elles sont tranquilles, elles continuent, en nageant, le mouvement qu'on leur a imprimé.

« Le procédé qui m'a permis de suivre le plus aisément le développement de ces spores d'essaimage a été le suivant : On en place un nombre quelconque dans un grand vase en verre rempli d'eau de pluie. Au bout de deux à trois jours, les spores cessent de se mouvoir et reposent librement sur le fond du récipient. Alors on les répartit, par deux ou par trois, dans des récipients plus petits, tels que des cupules en cristal ou des verres de montre, où l'on verse de l'eau de fontaine toute fraîche. Dans l'espace de 24 heures ou d'un petit nombre de jours, elles sont déjà installées si solidement contre le verre qu'on peut les jeter dans un grand récipient rempli d'eau avec le verre de montre où elles reposent, sans qu'elles s'en détachent. J'avais soin de renouveler l'eau chaque fois que je retirais les spores pour les étudier. De la sorte, elles restent en vie généralement pendant six semaines et parfois plus longtemps. Dans les Spongilles de la Sprée, j'ai trouvé les spores

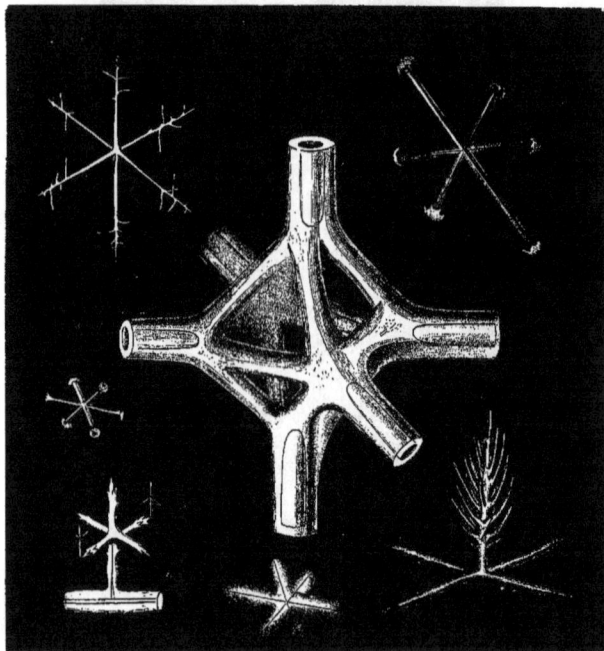

Fig. 1057 à 1063. — Spicules d'Éponges vitreuses (p. 638).

parfois au nombre de 100 et davantage, depuis le commencement de juin jusqu'à la fin d'octobre. »

Ce que Lieberkühn a observé au point de vue de la transition des larves d'essaimage à l'état de Spongilles fixées concorde, dans tous les points essentiels, avec ce qu'il a vu quelque temps après et avec ce que d'autres Naturalistes ont constaté dans ces dernières années sur les Spongiaires des eaux saumâtres. Chez ceux-ci, la reproduction a lieu par essaimage ; les larves, souvent visibles à l'œil nu, se développent sur les parois des canaux aquifères, et parfois reposent dans des chambres d'incubation spéciales ; mais toujours, lorsqu'elles sont mûres, elles pénètrent dans les canaux et s'échappent en liberté à travers les oscules. Leur forme est en général régulièrement elliptique, et au début, quand elles s'essaiment, elles sont munies d'un revêtement cilié uniforme (fig. 1056). Chez un petit nombre

BREHM.

des espèces observées, ce revêtement disparaît à l'extrémité postérieure, où peut également se produire une couronne de cils plus longs. A ce stade déjà, des spicules peuvent être sécrétés dans l'intérieur du corps celluleux, chez les Spongiaires siliceux. Alors la larve se fixe par son extrémité postérieure, et les cils disparaissent ; il se forme dans le corps une cavité, et c'est seulement ensuite que s'ouvre à l'extérieur le grand orifice de sortie. Tant qu'il n'existe que cette seule ouverture, le corps de ce Spongiaire représente, comme nous le savons, un individu. Qu'un second orifice correspondant à un canal vienne à s'ouvrir, donnant ainsi naissance à une division de l'important système fondamental de vaisseaux aquifères, et le Spongiaire sera passé à l'état de colonie comprenant deux individus. Il est facile de concevoir ainsi la formation d'une colonie multiple.

LES ÉPONGES VITREUSES — *HEXACTINELLIDA*
Schmidt.

Die Glasschwämme.

Les Hexactinellidés sont des Spongiaires munis d'étoiles siliceuses à six rayons.

Caractères. — La plupart des *Hexactinellidés* se distinguent par leur *squelette siliceux*, qui, après l'ablation des parties molles d'ailleurs très peu considérables du corps, demeure sous l'aspect d'un tissu de verre très fin. Que ces productions siliceuses sécrétées pendant la vie restent distinctes les unes des autres et demeurent simplement reliées entre elles uniquement par leurs crochets et leurs prolongements ainsi que par le protoplasma visqueux qui les entoure, ou qu'elles forment des enchevêtrements d'aiguilles, réunis et confondus entre eux, dont l'élégance surpasse tous les produits humains, leur configuration est toujours celle d'une étoile formée par les axes d'un cube. Tels sont les types qui se trouvent représentés sur les figures 1057 à 1063 et qu'on retrouve d'ailleurs avec toutes les modifications imaginables. L'hexaèdre régulier ou cube des Géomètres et des Minéralogistes est déterminé par trois axes égaux qui se coupent à angles droits. Cette configuration axile, qui provient de couches organiques fondamentales, suivant un mode encore inexpliqué, caractérise ce groupe remarquable de Spongiaires.

Distribution géographique. — Comme d'autres descendants immédiats des animaux de la période crayeuse, les *Hexactinellidés* actuels habitent presque exclusivement les profondeurs des mers ; c'est pourquoi on a découvert en ces derniers temps seulement ces espèces en grand nombre et presque en même temps, dans toutes les parties profondes de l'Océan.

Les sondages du *Travailleur* et du *Talisman* viennent d'enrichir la science d'un grand nombre de types nouveaux.

Les Hexactinellidés que nous rencontrons dans les mers actuelles représentent la postérité des *Ventriculites* qui se sont conservés jusqu'à nous dans les couches Crayeuses, principalement en Angleterre.

LES PÉTROSPONGIDÉS — *PETROSPONGIDÆ* d'Orb.

Caractères. — Les Pétrospongidés, comprenant des Spongiaires fossiles, ont habituellement la forme de coupes, dont les parois sont réticulées ou criblées régulièrement et qui adhèrent au sol par des prolongements irréguliers. Sur

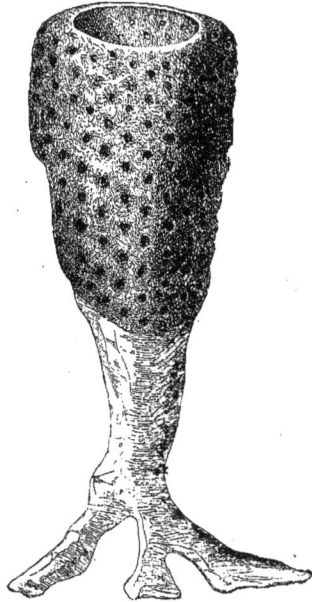

Fig. 1064. — Ventriculite simple.

des fragments bien conservés, on peut, à l'aide du microscope, étudier l'enchevêtrement aussi exactement que sur un Spongiaire vivant. Les filaments vitreux, qui se croisent à l'instar des axes d'un cube, tantôt se coupent réellement

Fig. 1067. — Hallirhoa costata.

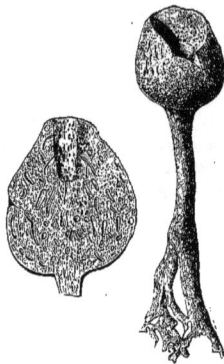

Fig. 1065-1066. — Coscinopora cupuliformis.

Fig. 1068. — Cephalites campanulatus.

Fig. 1069-1070. — Siphonia ficus.

en un point, tantôt se divisent pour former les angles d'un octaèdre.

VÉNTRICULITE SIMPLE — *VENTRICULITES SIMPLEX* D'ORB.

Caractères. — Cette espèce se montre sous la forme d'une coupe largement ouverte et portée sur un pied, émettant des prolongements. Sa surface est percée d'oscules nombreux et symétriquement disposés (fig. 1064).

Nous figurons à côté de cette espèce plusieurs types remarquables, tous de la formation Crétacée. Ce sont les Coscinopora cupuliformis (fig. 1065-1066), Hallirhoa costata (fig. 1067), Cephalites campanulatus (fig. 1068) et Siphonia ficus (fig. 1069-1070).

LES HEXACTINELLES — *HEXACTI-NELLÆ* SCHMIDT.

Caractères. — Cette famille présente une charpente siliceuse continue, formant des réseaux de fibres stratifiées et montrant fréquemment des touffes de spicules très longs.

HYALONEMA DU JAPON — *HYALONEMA SIEBOLDI* GRAY.

Les premières Éponges vitreuses ont été rapportées du Japon en Europe par le célèbre voyageur Von Siebold, il y a plus d'une quarantaine d'années. Pendant plus de trente ans, toute une série de Naturalistes distingués se sont efforcés en vain d'établir la véritable nature de cette production étrange. Max Schultze lui-même a confondu dans sa description de l'Hyalonema, c'est-à-dire du Spongiaire en question, les extrémités antérieure et postérieure.

Caractères. — Ce Spongiaire (fig. 1071) se compose d'une masse arrondie qui représente le corps et d'une longue touffe radiculaire qui plonge dans la vase. Celle-ci est formée principalement par des spicules, de l'épaisseur d'une aiguille à tricoter et pointues aux deux bouts. Ces spicules, enlacées en spirales, font l'effet de productions artificielles, d'autant plus que sur les marchés japonais on les vend, débarrassés du corps même du Spongiaire et entortillés dans des fils. Nous avons déjà parlé précédemment (p. 638) du Polype inséparable de l'Hyalonema ; l'erreur où sont tombés les Naturalistes au sujet de ce Spongiaire est due principalement

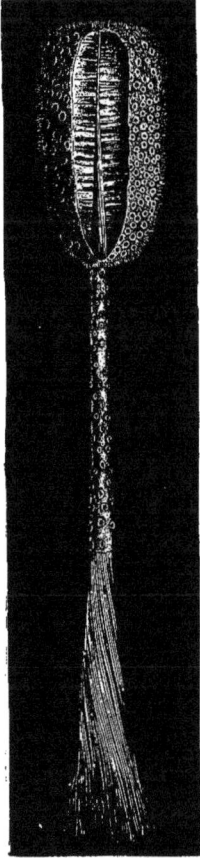

Fig. 1071. — Hyalonema Sieboldi.

aux rapports de bonne intelligence qui existent entre ces animaux. Les derniers doutes furent levés lorsqu'il fut connu que les Polythoa sont les compagnons constants d'autres Spongiaires.

Pêche du Hyalonema. — Peu de temps avant sa mort prématurée, Willamoes-Suhm a publié des observations sur la capture des Hyalonema qui constituent un article de commerce assez considérable au Japon.

« L'histoire de la découverte des Hyalonema est suffisamment élucidée : ces animaux, connus des Japonais probablement depuis l'antiquité, arrivèrent entre les mains des Européens lorsqu'ils furent en communication avec ce pays ; alors s'éleva, au sujet de leur nature, cette discussion qui n'aboutit à une conclusion qu'en 1860 à la suite des études approfondies de Max Schultze. Lorsqu'Edouard de Martens accompagna l'expédition prussienne dirigée par le comte Eulenburg, il chercha à se procurer des spécimens frais de ces Spongiaires et à recueillir des renseignements sur les localités où on les rencontre ; mais il ne put obtenir autre chose que quelques spécimens, baignés dans l'alcool et d'une fraîcheur douteuse, dans l'île de Cnosima, au voisinage de la baie de Yédo, d'où on les avait reçus de tout temps. Il ne fit point de tentative pour se mettre par lui-même en possession de ces Spongiaires. Depuis lors, quelques spécimens frais sont parvenus entre les mains du professeur Hilgendorf, qui renvoya dans ce but des flacons d'alcool aux pêcheurs de Cnosima et qui reçut d'eux encore plusieurs autres animaux qu'ils retiraient à l'aide de grapins. Mais il paraît qu'avant notre arrivée on n'avait jamais pu décider les pêcheurs à emmener dans leurs expéditions des étrangers d'une certaine compétence ; de sorte qu'on n'avait obtenu jusqu'alors aucun renseignement exact sur la profondeur à laquelle on capture les Hyalonema ni sur les animaux qu'on rencontre avec eux.

« Le *Challenger* chauffa, le 12 mai au matin, et contourna, par une journée splendide, le cap derrière lequel se trouve la petite île de Cnosima où les pêcheurs, les prêtres, et les propriétaires de maisons de thé, doivent mener une existence tout à fait idyllique. Nous nous trouvions à quelques milles de distance au moins au sud-ouest de l'île, et nous nous tenions au voisinage du premier bateau de pêcheurs que nous avions rencontré ; on porta sur notre navire le contenu de ce bateau qui se composait d'un Hyalonema qu'on venait de prendre, d'un grand spécimen du Crabe gigantesque appelé *Macrocheirus Kœmpfferi*, de plusieurs requins, d'un *Macrurus Halosaurus* et d'un *Beryx*. Déjà nous avions ainsi les animaux pouvant servir à caractériser cette localité ; c'étaient, comme d'ailleurs sur la côte de Portugal, des Hyalonema, en compagnie de gros requins, du *Beryx* et d'un poisson désigné sous le nom de « grenadier ». Un des pêcheurs, que nous prîmes à bord, nous apprit que tous les bateaux que nous apercevions autour de nous s'occupaient de la pêche des poissons des profondeurs de la mer et des Hyalonema ; on pêche les premiers à l'aide d'un hameçon et d'un appât ; on retire les seconds à l'aide d'une longue corde munie de crochets sur toute sa longueur et alourdie par des poids, qu'on traîne sur le fond de la mer. Dans le cours de la journée, que nous avons passée là tout entière, nous nous sommes procuré plusieurs choses tout à fait remarquables que ces pêcheurs nous ont apportées à bord, pendant que nous étions nous-mêmes occupés à cette pêche. Ce fut pour nous une circonstance extrêmement heureuse que la rencontre de ce bateau ; car, sans cela, nous n'aurions peut-être jamais su que nous nous trouvions au-dessus d'un fond riche en Hyalonema ; la suite nous prouva, en effet, que nos dragues et tous nos appareils de pêche n'étaient pas en mesure de déraciner ces Spongiaires solidement enfoncés dans la vase. Ici, comme aux îles Philippines, les simples crochets des indigènes, agencés dans un but déterminé, fournirent de meilleurs résultats que nos appareils disposés en grand pour la pêche dans son ensemble. Ceux-ci, toutefois, nous permirent un coup d'œil général sur la faune associée aux Hyalonema. *La profondeur que nous avons relevée en ce point était de 345 brasses.* »

Une seconde localité importante pour la recherche des Hyalonema se trouve auprès de Setubal, sur la côte Portugaise ; l'espèce qu'on y rencontre doit être considérée comme différente de celle du Japon. Ces animaux sont retirés là par les pêcheurs de requins à des profondeurs de 300 à 400 brasses.

EUPLECTELLE ARROSOIR — *EUPLECTELLA ASPERGILLUM* Orv.

Caractères. — L'Euplectelle arrosoir est le plus beau de tous les Spongiaires, en raison de son treillage siliceux extrêmement frêle. Les longues aiguilles entre lesquelles sont contenues de nombreuses variétés de petites étoiles souvent microscopiques se confondent ou s'accolent en partie et forment, en files longitudinales et circulaires, les parois criblées d'un cylindre creux, légèrement incurvé, épais de 3 à 4 centimètres et long de 30 à 40 centimètres.

Son extrémité supérieure est aussi recouverte par un semblable treillis à jour faisant office de couvercle ; de là l'expression de *regadera* sous laquelle les Espagnols désignent cet objet. La moitié antérieure est généralement entourée

Fig. 1072. — Euplectelle arrosoir.

de crêtes circulaires ou irrégulières. L'extrémité postérieure, qui plonge dans la vase, est constituée par une touffe serrée de spicules très fins et flexibles. Ce tube, débarrassé des parties molles qui s'en détachent facilement, brille du blanc le plus pur ; d'une valeur de 6 à 7

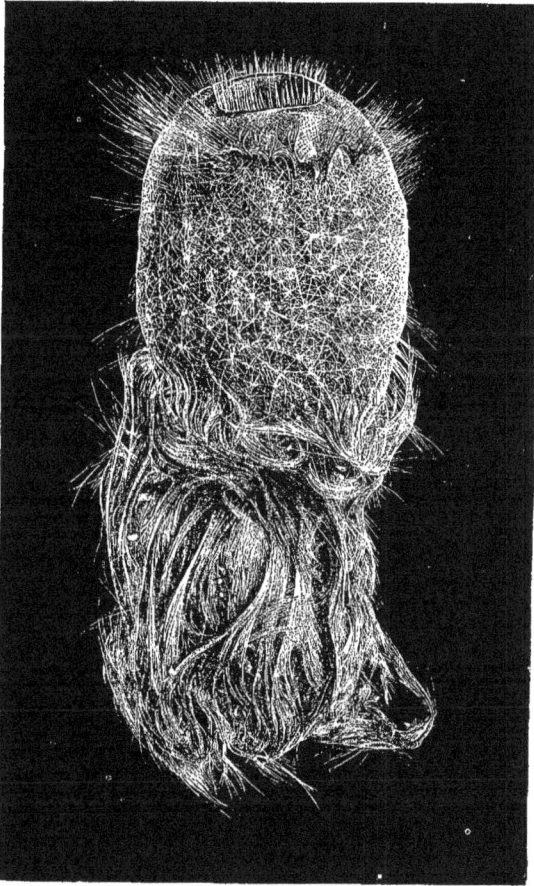

Fig. 1073. — Holtenie de Carpenter.

marcs, aujourd'hui · il orne la plupart des collections (fig. 1072).

Distribution géographique. — L'Euplectelle arrosoir vient des Philippines et notamment de l'île Cebou. Willamoes-Suhm a
décrit aussi leur répartition et leur capture.
« On pêcha d'abord, par hasard, un spécimen
unique de ce Spongiaire, il y a plus de soixante-dix ans ; ce spécimen se trouva, environ

quarante ans plus tard, entre les mains d'Owen,
en 1841. A cette époque on fit des offres très
élevées pour se procurer de nouveau spécimens, et le second fut payé encore très cher.
Il y a huit ou dix ans, ils étaient encore très
coûteux, lorsque tout d'un coup les pêcheurs,
dont le zèle se trouvait ainsi stimulé. découvrirent, tout près de la ville de Cebou, un endroit où ils pêchèrent en abondance ces Eu-

plectelles, à l'aide d'un appareil formé de tiges de bambous et de crochets traîné sur le fond de la mer. Durant notre séjour à Cebou, nous dirigeâmes notre bateau vers ces parages dans le but spécial de consacrer une journée à cette pêche. Il arriva qu'un bateau de pêcheurs fit plonger dans la mer un de ces appareils de bambous au moment même où notre filet entrait dans l'eau. Tandis que les pêcheurs retiraient une masse de ces Éponges, nous n'en ramenions aucune ; c'est seulement grâce à son poids qu'un de nos grands filets détacha enfin un de ces Spongiaires, qui semble former une masse assez nette, mais qui est très solidement établi dans la vase. »

Parasitisme. — Assez souvent l'Euplectelle arrosoir est habitée par un Isopode, désigné sous le nom d'*Aega spongiophila*, par Semper, qui en a fait le premier une étude précise ; elle est également habitée, d'une manière presque régulière, par un couple de *Caridines* mâle et femelle, appartenant au genre *Palæmon*. A l'état jeune, peut-être même à l'état de larves, ces Crustacés se glissent dans ce magnifique abri treillagé, et bientôt ils y deviennent trop grands pour pouvoir quitter la prison qu'ils ont choisie eux-mêmes. Ce phénomène explique comment les indigènes de Cebou et de Manille considèrent l'Éponge en question comme la résidence construite par l'animal qui habite à l'intérieur. Un autre Crustacé habitant les Spongiaires est désigné sous le nom de *Typton spongicola.*

HOLTÉNIE DE CARPENTER — *HOLTENIA CARPENTERI* Thom.

Caractères. — Ce Spongiaire a la forme d'une coupe à large ouverture. Les parois sont formées d'aiguilles grandes et petites, figurant un feutrage serré, et offrant des types très variés. Cette espèce s'enracine aussi dans la vase, ainsi qu'en témoigne la houppe, courte et irrégulièrement contournée, qui ressemble tout à fait à celle des Spongiaires voisins que nous venons d'étudier. Les Holténies qui se rattachent le plus immédiatement à l'Holténie de Carpenter sont les Holténia qu'on rencontre sur les côtes de la Floride.

Distribution géographique. — Les Éponges vitreuses de l'époque actuelle n'habitent pas uniquement les mers tropicales ; elles s'étendent, au nord de l'équateur, jusqu'aux îles Feroë. C'est là que fut découverte, pendant le voyage du *Porcupine*, la magnifique espèce que nous figurons (fig. 1073).

LES ÉPONGES ANCRÉES — *ANCORINELLIDA*
Schmidt.

Die Ankerschwämme.

Caractères. — Sous cette dénomination sont comprises les Éponges dont la couche corticale dépourvue d'étoiles ou de sphérules est traversée par des spicules en forme d'ancres faisant librement saillie au dehors. (fig. 1074 à 1078).

Une question d'un grand intérêt scientifique est celle de la provenance et de la parenté des Ancorinellides. On connaît un grand nombre de corpuscules en forme d'ancres provenant des terrains désignés en Allemagne sous les noms de Sable vert et de Craie, d'où résulte pour ces Spongiaires un âge géologique très avancé.

LES GÉODIIDÉS — *GEODIIDÆ*
O. Schmidt.

Caractères. — Les caractères de cette famille ne diffèrent en rien de ceux de la classe.

GÉODIE GÉANTE — *GEODIA GIGAS* O. Schmidt.

Caractères. — On trouve souvent des spécimens de Géodie géante, sous la forme de corps sphériques d'une teinte jaune soufre et d'un diamètre de 25 à 50 centimètres.

Bien qu'en les détachant et en les brisant on ressente une vive douleur due aux fines pointes des aiguilles qui vous entrent dans la main, on doit recommander aux collection-

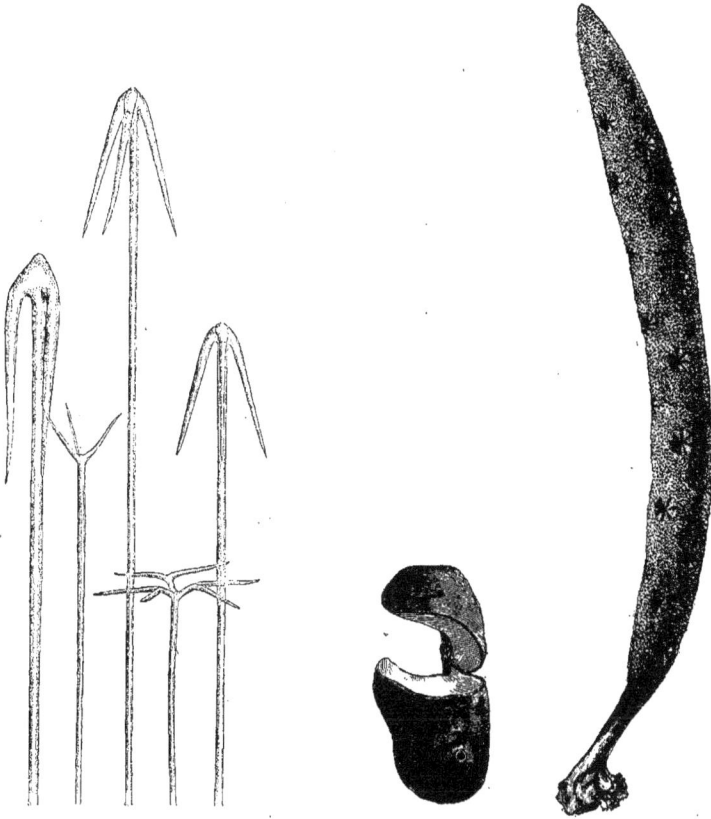

Fig. 1074 à 1018. — Spicules d'Éponges ancrées. Fig. 1080. — Chondronie réniforme.   Fig. 1079. — Axinelle polypoïde.

neurs d'examiner minutieusement ces Géodies, dans lesquelles se rencontrent en abondance des Crustacés divers, des Némertines et des Vers annelés. On n'y cherche jamais en vain non plus, en dehors de la couche des aiguilles, des animaux marins microscopiques, et notamment de nombreux Rhizopodes.

Distribution géographique. — Elle habite la Méditerranée.

Un genre voisin des Géodiides est le genre Axinella dont nous figurons une espèce, l'Axinelle polypoïde (fig. 1079).

LES ÉPONGES GOMMEUSES — *GUMMINEA* Schmidt.

Die Luderschwämme.

Caractères. — Ce sont des masses spongieuses arrondies ou lobées ayant la consistance du caoutchouc et un aspect graisseux ; le tissu cortical est teint en brun, son tissu est formé de filaments très fins entre-croisés ; on y rencontre quelquefois des formations siliceuses.

Fig. 1081. — Dessin réduit en grandeur avec Spongilla d'Espagne.

LES CHONDRILLIDÉS — *CHONDRIL-LIDÆ* O. Schmidt.

Caractères. — Les Chondrillidés se distinguent des autres types de la classe des Éponges gommeuses, par l'absence de formations siliceuses dans leurs tissus.

CHONDROSIE RÉNIFORME — *CHONDROSIA RENIFORMIS* Nardo

Caractères. — Cette espèce se montre sous l'aspect de petits gâteaux ayant généralement un orifice de sortie unique, et constituant ainsi chacun un être individuel. Leur face supérieure est onctueuse et d'une couleur sombre; la face appliquée au plan de support est d'une teinte claire (fig. 1080).

Distribution géographique. — Elle habite la Méditerranée.

Mœurs, habitudes, régime. — Lorsqu'on détache cette espèce et qu'on la retire de l'eau, elle se contracte fortement. En raison de sa forme, les pêcheurs la désignent sous les noms de *Carnous* ou de *Bagnage di mare*, c'est-à-dire « Poisson de mer » ou d'« Éte-

marin ». A l'état frais elle est déjà très résistante ; mais desséchée à l'air en masses réunies, elle est aussi ferme qu'un cuir épais. On peut la conserver à cet état pendant des années, et lorsqu'on humecte à nouveau, elle reprend tout à fait l'aspect des spécimens frais. Même

dans l'eau douce, où beaucoup de Spongiaires sont déjà en décomposition au bout de quelques heures, elle ne s'altère qu'après un grand nombre de jours, bien que son activité se trouve suspendue également dans ce liquide.

LES ÉPONGES FIBREUSES — *CERATOSPONGIA* Lbk.

Die Hornschwämme.

Caractères. — Chez les Eponges fibreuses, le corps est ou bien composé exclusivement de parenchyme contractile, ou bien il contient des fibres cornées et souvent aussi, unis à ces fibres ou seuls, des corpuscules siliceux de formes diverses (fig. 1082 à 1090).

Dans quelques cas, les spicules siliceux sont unis en réseaux par des couches enveloppantes silicifères. (Claus.)

LES DESMACIDOMIDÉS — *DESMACIDOMIDÆ* Hæck.

Caractères. — Cette famille comprend des Éponges massives et ramifiées à corpuscules siliceux variant de position et formant tantôt une charpente lâche, tantôt une charpente solide.

DESMACIDON CADUC — *DESMACIDON CADUCUM* O. Schmid.

Caractères. — Il se présente sous l'aspect d'une croûte plus ou moins mince, disposée en forme de buisson ; il est de couleur jaune sale.

Nous figurons avec cette espèce, sur la tige d'un Varech, un autre type de la famille des Spongidés, le *Spongilla pallescens*, O. Schm. (fig. 1081).

LES SUBÉRITIDÉS — *SUBERITIDÆ* Lck.

Caractères. — Les Subéritidés comprennent des Éponges de forme massive à spicules en tête.

Dans cette famille se rangent les éponges perforantes dont nous décrivons la suivante.

VIOA CACHÉE — *VIOA COELATA* John.

Caractères. — Cette espèce très petite, un peu globuleuse, de couleur jaunâtre, est cachée dans les anfractuosités qu'elle provoque sur les coquilles et les pierres (fig. 1091).

Distribution géographique. — Elle existe dans toutes les mers européennes.

Mœurs, habitudes, régime. — « La Vioa cachée, dit O. Schmidt, contribue dans une proportion colossale à la désorganisation des roches sous-marines et des différents corps durs, Coquilles, Polypiers, etc., des mers.

« Une grande partie des côtes de la Méditerranée et de l'Adriatique est formée de terrains calcaires qui, par leur tendance à s'émietter, donnent au littoral son cachet particulier, souvent si séduisant. Sur le littoral, ainsi déchiqueté, de la Dalmatie, on peut certainement mesurer, en suivant la rive, quelques milliers de milles ; partout où la côte n'est pas trop abrupte, le sol est couvert de pierres, grandes et petites, et de débris de rochers. Parmi ces milliards de pierres, on peut à peine en lever une qui ne soit plus ou moins criblée et rongée ; souvent même la pression de la main suffit pour casser en deux ces restes friables d'une roche d'ailleurs extrêmement dure. L'aspect de leurs excavations est généralement analogue à celui que nous avons représenté (fig. 1091). Elles offrent un caractère particulier, que possèdent aussi les orifices à la surface, et qu'on ne saurait rendre par des mots. Toutes ces excavations sont reliées entre elles. On n'a pas à chercher bien loin pour trouver soit des pierres libres, soit des couches extérieures de rochers, rongées ainsi jusqu'au niveau où l'eau peut atteindre, et dont les excavations renferment encore la Vioa cachée jaunâtre qui les perfore. Chaque trou à la surface de la pierre correspond à un oscule. Ou bien le Spongiaire parvient jusqu'à la surface en forant ces trous, ou bien il commence, lorsqu'il s'installe à l'état de larve,

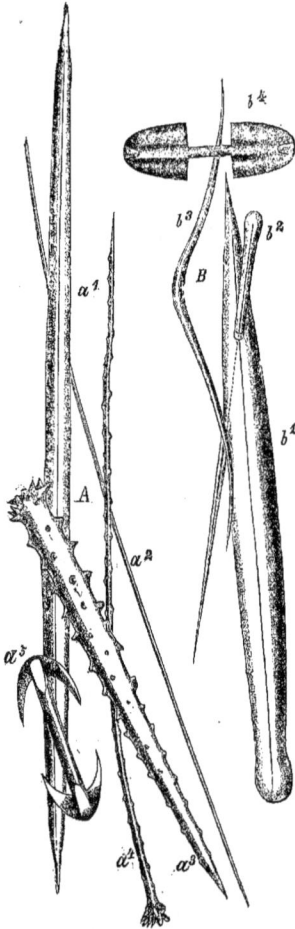

Fig. 1082 à 1090. — Spicules d'éponges fibreuses : A. du *Desmacidon armatum;* B. du *Desmacidon arciferum* (grossissement 200 à 300 fois).

à affouiller une dépression déjà existante, pour pénétrer à partir de là, en tous sens, dans la pierre qu'il détruit en la criblant.

Ces Vioa habitent aussi un grand nombre de Coquillages, fixes pour la plupart ; c'est là un fait qui s'est produit de tout temps, ainsi qu'en témoignent les valves de Coquilles fossiles.

On peut distinguer, d'après leur couleur, d'après la configuration de leurs excavations, d'après la forme de leurs spicules, un grand nombre d'espèces, parmi lesquelles nous signalerons le *Vioa Johnstonii,* assez commune et reconnaissable à sa magnifique coloration cramoisie. Néanmoins, jamais, de leur vivant, les Coquilles ne sont rongées par les Spongiaires foreurs à ce point que la vie du Coquillage soit compromise ; on trouve toujours la couche la plus intérieure de la valve, celle qui s'applique contre le manteau, imperforée. La destruction n'est jamais aussi avancée sur les Coquillages que sur les pierres. Ce fait dépend sans doute de la constitution particulière des valves et de la présence d'une couche fondamentale organique, qui offre plus de résistance à la force perforatrice.

« Ceci nous conduit finalement à nous poser cette question : quelle est la propriété qui permet aux Spongiaires foreurs de pénétrer, en les rongeant, dans ces corps solides. On pense tout d'abord aux spicules siliceux ; toutefois on abandonne bien vite cette explication en songeant que de semblables outils auraient besoin, nécessairement, d'être mis en mouvement. Or, le protoplasma provoque des mouvements très doux qui ont pour effet de disposer souvent les spicules par files dans des sens déterminés ; néanmoins, cette force, en aucun cas, ne peut suffire pour forer une roche à l'aide de la pointe des spicules. Le mode d'extension des excavations et leur formation tout autour du Spongiaire, indiquent qu'il s'agit là bien plutôt d'une dissolution chimique. Mais, sur la constitution du liquide qui attaque la pierre, nous ne savons rien encore. L'importance des Spongiaires foreurs, au point de vue de la circulation illimitée de l'éternelle matière, repose sur ce fait que la pierre, au lieu d'être râclée en particules d'une finesse extrême, se dissout, comme le sucre dans un verre d'eau, et se mélange à la mer, dans cet état de dissolution. Les innombrables animaux munis de Coquilles la puisent de nouveau dans la mer et précipitent de l'eau qu'ils ont introduite dans leur sang les éléments solides de leur Coquille ; ces éléments sont enfin dissous à nouveau ou déposés sur le fond de la mer où ils contribuent à la formation de nouvelles couches terrestres qui subsisteront dans les siècles à venir. » (O. Schmidt.)

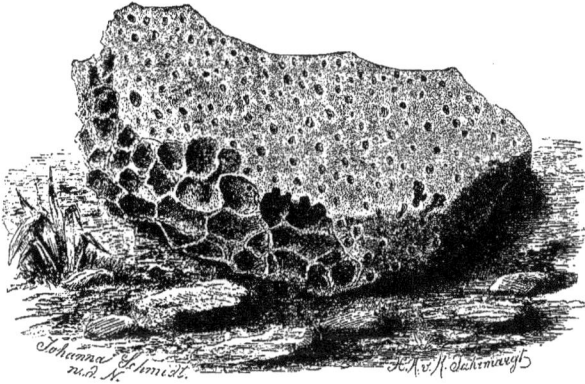

Fig. 1091. — Fragment de rocher perforé par la Vioa cachée.

LES SPONGIDÉS — *SPONGIDÆ* Lamk.

Caractères. — Les Spongidés comprennent des Éponges cornées, dont le squelette est formé de fibres élastiques qui renferment quelquefois des corps étrangers, mais jamais de Corpuscules siliceux.

C'est dans cette famille seule que se rencontrent les Éponges usitées et donnant lieu au commerce important que nous avons précédemment signalé.

Parmi les nombreux types usités nous en citerons seulement quelques-uns.

ÉPONGE ÉQUINE — *EUSPONGIA EQUINA*. O. Schmid.

Historique. — L'éponge équine était l'*Éponge* connue depuis la plus haute antiquité; mais les opinions les plus diverses ont régné tour à tour dans la science sur sa nature. Parmi les anciens, les uns la regardaient comme une plante, les autres comme un animal; certains la prenaient pour une espèce de nid feutré de nature végétale, servant d'habitation à des Polypes. Ces animalcules n'étaient pas attachés à leurs petites loges, ils pouvaient en sortir et y rentrer à volonté. Les Polypes du Corail ne sont pas aussi heureux ! dit Moquin-Tandon (1).

(1) Fredol, *Le Monde de la Mer*, 2e édition, p. 97.

Pline, Dioscoride et leurs commentateurs ont prétendu que l'Éponge était sensible, qu'elle adhérait aux rochers par une force particulière, et qu'elle fuyait la main qui voulait la saisir.

Erasme, critiquant les assertions de Pline, conclut qu'il faut *passer* l'*Éponge* sur tout ce qu'il a écrit à ce sujet.

Nieremberg et plus tard Peyssonnel et Trembley ont soutenu avec raison l'animalité de l'Éponge. Leur manière de voir a été adoptée par Linné, Guettard, Donati, Ellis et Lamouroux.

Caractères. — L'Éponge équine, qu'on rencontre dans le commerce, a pour traits caractéristiques : le peu de fermeté de ses fibrilles, la densité de son tissu, et l'amplitude de ses cavités et de ses espaces aquifères. En même temps, on trouve généralement beaucoup plus de corps étrangers retenus parmi les extrémités des fibrilles que dans les sortes d'Éponges plus fines; aussi elle convient mieux au cuir des chevaux qu'à la peau de l'homme, bien qu'elle s'use plus rapidement.

Nous avons représenté une coupe faite à travers un spécimen à l'état frais (fig. 1092).

Distribution géographique. — L'Éponge équine habite la Méditerranée.

L'Éponge usuelle doit avoir la propriété, même après dessèchement complet, de n'être point friable, d'absorber instantanément l'eau dans laquelle on la plonge, et de présenter une élasticité très grande. La masse réticulée, que

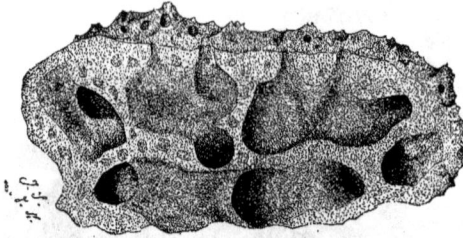

Fig. 1092. — Éponge équine.

nous employons en qualité d'éponge, représente donc la charpente squelettique qui subsiste après qu'on a pétri et comprimé le Spongiaire parfait, fraîchement retiré de la mer, au point de le débarrasser des parties visqueuses et liquides qui remplissent ses mailles et qui revêtent également ses canaux aquifères. Pour être rangée dans la tribu des *Euspongia*, l'Éponge doit être, avant tout, « exprimable ».

De tels Spongiaires ne se trouvent jamais dans les zones froides; on en rencontre seulement des spécimens, isolés et atrophiés, dans la moitié septentrionale de la zone tempérée. En revanche, on voit déjà, dans la Méditerranée et l'Adriatique, un grand nombre de sortes diverses qui passent dans le commerce sous les noms d'Éponge de Syrie (fig. 1093), d'Éponge de Dalmatie fine (fig. 1094), d'Éponge du Zimokka, et d'Éponge équine.

L'Éponge commune, ou Éponge blonde de Syrie, dite *Éponge de Venise*, est la plus estimée à cause de sa légèreté, de la régularité de sa forme et de la solidité de sa texture. Son volume souvent considérable oblige à la couper en plusieurs parts pour en diminuer le prix et en faciliter l'emploi.

L'éponge fine douce de Syrie, *Spongia mollissima* O. Schmidt (fig. 1095), est exclusivement consacrée à la toilette, elle est d'un jaune pâle tirant un peu sur le fauve.

L'Éponge de Zerby, sur la côte d'Afrique près Tripoli, de qualité inférieure, est cependant très employée, à cause de son volume et de son bon marché.

La récapitulation approximative des importations et de la consommation pendant le cours des dix années de 1850 à 1860 s'élève à 2 millions de kilogrammes, chiffre rond.

Les prix se cotent ainsi : les éponges fines en sortes valent de 74 à 75 fr. le kilogr., les éponges prises au choix de 100 à 110 fr. le kilog.; les Venise, par assortiment, de 9 à 12 fr. le kilog. La moyenne pour chaque année est, d'après M. Lamiral, de 10,600,000 francs.

Il existe un grand nombre d'autres Éponges provenant d'Amérique, de la Havane, des Antilles, etc.; mais leurs qualités médiocres font qu'elles sont rarement employées.

Pêche des Éponges. — Au commencement de l'année 1860, un membre de la Société d'acclimatation, Lamiral, visita ces districts de pêcherie sur les côtes de Grèce et de Syrie en vue d'y recueillir de bonnes Éponges syriennes vivantes pour les implanter sur les côtes provençales. Dans un rapport sur ce voyage et sur l'exécution de ce projet, qui finalement ne réussit pas, il est dit :

«Une barque à voile et à rames est montée par quatre pêcheurs et par un aide. Après avoir fait sa prière, le plongeur Maronite, Grec ou Musulman, se place à l'avant du bateau mis à l'ancre. Nu, un filet ou un sac pendu au cou, il s'accroupit sur ses talons et saisit une pierre calcaire, blanche, plate et arrondie à une extrémité. Il demeure toujours en communication avec le bateau par l'intermédiaire d'une corde résistante. Après avoir fait une inspiration longue et puissante, il se précipite, la tête en bas, en tenant dans ses mains la pierre qui l'entraîne au fond. Il travaille en outre avec ses pieds de manière à plonger plus rapidement. Arrivé sur le sol, il y cherche son butin. » Un autre passage de ce rapport nous apprend que les plongeurs se maintenaient, d'une minute et demie à trois minutes, à dix-huit mètres, c'est-à-dire à soixante pieds environ de profondeur, le plongeur qui atteignait cette mesure extrême affirmait acquérir graduellement, dans le cours de la saison d'été, la faculté de demeurer sous l'eau pendant quatre minutes, à 150 pieds de profondeur. « L'aide chargé de diriger à bras tendus la corde à laquelle est fixée la pierre blanche, et que le plongeur garde

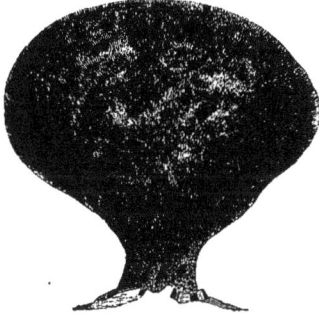

Fig. 1093. — Éponge blonde de Syrie.

aussi à la main, suit tous les mouvements de celui-ci. Lorsque ce dernier est à bout d'efforts, il donne le signal au moyen d'une secousse; alors deux de ses camarades le tirent

Fig. 1094. — Éponge de Dalmatie.

avec tant de zèle vers la surface, que le plongeur émerge souvent jusqu'à mi-corps au-dessus de l'eau. Absolument épuisé, il s'accroche au bord de la barque, et l'un des autres pêcheurs lui tend la main pour l'aider à remonter, pendant que de sa bouche, de son nez et de ses oreilles, s'écoule de l'eau parfois mélangée de sang. Il lui faut quelques instants pour reprendre possession de lui-même. Et, comme les quatre pêcheurs, qui plongent à tour de rôle, passent un certain temps aux préparatifs nécessaires, ils descendent au fond de l'eau une ou deux fois par heure.

« Ces gens rament sur la mer au lever du soleil et ne rentrent qu'une ou deux heures après

avoir quitté le lieu de la pêcherie, habituellement entre deux et trois heures de l'après-midi. Par un beau temps, à une profondeur et en un point propice, chaque plongeur peut rapporter 5 à 8 éponges. Ils s'entendent tous les quatre, au préalable, sur leur part de revient; l'aide reçoit le salaire de sa journée, et le cinquième du produit est prélevé pour la barque. »

« Sur les côtes de Dalmatie et d'Istrie, dit O. Schmidt, où j'ai étudié avec beaucoup de soin les questions relatives à la pêche des Éponges, on s'empare de ces animaux, non pas en plongeant, mais en se servant d'une longue fourche à quatre dents bastelées, comme on en voit sur les anciennes peintures où elles figurent l'attribut de Neptune (voir pl. XX). Seuls, les habitants de la petite île de Krapano se livrent à cette industrie, et leurs 30 à 40 barques fouillent ces rivages, déchiquetés et bordés d'îles nombreuses, pendant la belle saison de l'année. Toujours deux hommes montent une barque assez forte; le devant du pont présente une échancrure quadrangulaire, dans laquelle l'homme chargé de diriger la fourche se place pour balancer en toute assurance la moitié supérieure de son corps en se courbant au-dessus du bord. La tige de la fourche a une longueur de 20 à 40 pieds. Une fourche de rechange et plusieurs perches sont suspendues toujours sur des supports fixés à l'un des bords. Le second pêcheur manie les rames dont les points d'appui se trouvent sur une poutrelle qui proémine au delà des bords, ce qui permet de faire exécuter au bateau les mouvements nécessaires avec plus de sûreté et plus de légèreté en même temps. Pendant que le rameur pousse lentement le canot tout contre le bord des rochers, au-dessus d'un fond de 12 à 15 pieds de profondeur, les yeux perçants de son compagnon guettent les Spongiaires que révèle la teinte noire de leur tégument. Une accalmie complète est naturellement une circonstance des plus favorables. Quand la mer est légèrement agitée, on peut l'apaiser avec de l'huile. A cette fin, se trouve toujours placé à la pointe du canot un amas de cailloux lisses, auprès d'un récipient qui contient de l'huile. Le pêcheur plonge la pointe de quelques-uns de ces cailloux dans le liquide et les lance séparément, en demi-cercle, autour de lui. L'effet en est merveilleux : la couche d'huile, d'une minceur inappréciable, qui s'étend sur plusieurs brasses carrées, suffit pour adoucir les petites lames, et le regard n'est plus gêné par les effets de réfraction et de réflexion qui se

Paris, J.-B. Baillière et Fils, édit.   Corbeil, Crété, imp.

PÊCHE DES ÉPONGES SUR LA CÔTE DE DALMATIE.

croisaient en tous sens. Mais ce n'est pas avec
le regard seulement que le pêcheur doit épier
les Spongiaires ; ceux-ci croissent de préférence
à couvert ; aussi l'homme doit-il tâtonner dans
tous les coins possibles au-dessous des roches, à
l'aide de sa fourche. Certainement une grande
partie du butin recherché n'est pas accessible
à cette méthode de pêcher.

Après avoir fait la part de ce travail de recherches, on piétine les Éponges sur le rivage,
on les pétrit et on les exprime entre les mains ;
on les lave à plusieurs reprises jusqu'à ce que
leur tégument noir, ainsi que toute la substance
contenue entre les fibrilles, ait disparu. Pour
les mettre tout à fait en état de servir, il n'y a
plus qu'à les nettoyer encore une fois dans de
l'eau douce attiédie.

Cette pratique a pour objet de les priver, s'il
est possible, d'une odeur chloreuse qui leur est
particulière et qui est due à la matière animale
renfermée dans le tissu fibreux. Dès qu'elles
blanchissent, on les trempe dans une solution
aqueuse d'acide sulfurique d'un degré environ,
et on les y laissse macérer cinq ou six jours, en
ayant soin de les presser de temps en temps.

Telle est exactement la manipulation que subissent les Éponges fines de Syrie et de Grèce,
de la part des pêcheurs indigènes.

Sur les bancs de Bahama, dans le golfe du
Mexique, les Éponges croissent à de faibles profondeurs ; les pêcheurs Espagnols, Américains,
Anglais, etc., ont donc peu de peine pour les
recueillir. Après avoir enfoncé dans l'eau une
longue perche amarrée près du bateau, ils se
laissent simplement glisser sur les Éponges et
les arrachent.

« On m'objectera, dit O. Schmidt, que ce qui
précède est en contradiction avec l'expérience
journalière et qu'on est obligé de débarrasser
à grand'peine du sable fin renfermé dans leurs
mailles les éponges qu'on vient d'acheter. Le
phénomène est des plus simples : Les Éponges
d'une propreté presque absolue que les pêcheurs
vendent aux grands commerçants sont alourdies
artificiellement dans les magasins où on les
remue à la pelle avec du sable. Le fait est à
peine croyable ! Il n'existe guère d'autre denrée
qu'on manie d'une façon aussi insensée ! On
sait que la vente en détail se fait au poids ;
mais chacun connaît aussi bien que le marchand le rôle que joue le sable dans la surcharge
de la balance ; en sorte que la conformation de
l'éponge et la qualité de son tissu prime de beaucoup dans l'estimation la pesanteur de l'objet.

« Lorsqu'au début de mes recherches scientifiques je dirigeai mes études sur les pêcheries
de l'Adriatique, je fis observer aux pêcheurs
ainsi qu'aux autorités compétentes que le produit pouvait être accru considérablement par
une réglementation rationnelle, et qu'on devrait
s'accorder, par exemple, pour n'exploiter une
même localité que tous les trois ans au maximum et pour ne jamais recueillir les petits
spécimens presque sans valeur dans le commerce. Ces propositions ont échoué jusqu'ici
complètement contre l'inintelligence des pêcheurs. »

Élevage des Éponges. — La pêche des Éponges, sur tous les points de la Méditerranée,
comme le remarque fort bien M. Lamiral, qui
nous fournit ces détails, manque d'une direction
intelligente ; car elle est exploitée sans pré-
voyance préservatrice. La consommation commerciale va toujours en augmentant, et il est
bien certain que la spéculation, qui éclaircit
chaque année les champs sous-marins de ces
Zoophytes, causera une destruction telle que la
reproduction ne sera plus en rapport avec la
demande, ce qui sera très préjudiciable à l'intérêt général.

Il devient donc urgent de prévenir ce cas fâcheux et de s'y soustraire en naturalisant les
diverses espèces d'Éponges en France et en
Algérie, et en favorisant par la culture la reproduction sur les côtes rocailleuses de la Méditerranée, depuis le cap de Cruz jusqu'à Nice, autour des îles de la Corse et d'Hyères, dans les
eaux de l'Algérie et même dans certains lacs
ou étangs salés des départements voisins de la
Méditerranée.

Cette composition de l'eau de la Méditerranée
est la même sur les côtes de France et celles
d'Algérie, de Syrie ; conséquemment le milieu
dans lequel vivent les éponges ne sera pas
changé. »

La difficulté à vaincre consiste dans l'opération de la transplantation des Éponges, ainsi
que l'a prouvé une tentative faite par M. Lamiral. En 1862, l'infatigable aquiculteur s'est rendu
en Syrie et en a rapporté des spicules d'Éponges
qui ont été déposés dans le voisinage de Toulon. Malheureusement, placés sur des points
constamment ravagés par les filets traînants des
pêcheurs, ces petites Éponges ont disparu. C'est
un essai à refaire. Et il est d'autant plus vraisemblable qu'il réussira que le général Garibaldi
a tenté l'aventure dans son île de Caprera et a
vu ses efforts couronnés de succès. L'acclima-

tation de l'Éponge dans nos eaux est donc chose possible, et voici, d'après Lamiral, comment on pourrait procéder pour arriver à cette conquête.

« Un bateau plongeur peut descendre à toutes les profondeurs physiquement permises à l'organisme humain, dit-il, et l'équipage, qui peut rester immergé longtemps, puisqu'il respire un air pur et vital, est mis en contact libre avec les objets environnants. Ces bateaux pourraient donc aller dans les eaux de Tripoli, de Beyrouth ou de Seyda, choisir parmi les Éponges vivantes celles qui paraîtraient préférables pour ces essais ; on ferait éclater et l'on enlèverait les parties de rochers qui les portent, et cette récolte vivante serait placée dans des caisses perméables à l'eau, qu'on pourrait faire flotter à telle profondeur qu'il serait nécessaire. Ces caisses seraient remorquées vers l'Algérie et déposées au fond de la mer, où les Éponges seraient disposées par l'équipage du bateau sous-marin dans des circonstances aussi semblables que possible à celles de leurs contrées natales. Il nous semble qu'en tenant compte de la fécondité et de la vitalité énergique des Zoophytes, on peut légitimement espérer qu'en peu d'années on aurait à récolter sur nos côtes africaines un nouveau produit, que l'emploi des bateaux sous-marins permettrait d'exploiter avec méthode et discernement. »

Rien de plus juste, et il est hors de doute que ces bateaux seront adoptés un jour. Mais il faudra pour cela que les industries sous-marines, encore en enfance, se développent ; résultat auquel travaillent tous les esprits de bonne volonté.

O. Schmidt continue : « J'ai expérimenté un autre moyen d'accroître ce produit ; je veux parler de l'*Élevage artificiel des Éponges*. Les tentatives, entreprises depuis 1863 jusqu'en 1872, ont reçu de la part de l'Administration Autrichienne et de la Députation de la Bourse de Trieste une assistance continue. De la nature même des organismes inférieurs dont il s'agit et des savantes expériences de quelques naturalistes, et de Lieberkühn en particulier, je conclus qu'en replongeant dans la mer des fragments d'Éponges fraîches convenablement découpés et en les plaçant dans un endroit abrité et facile à atteindre, on les verrait s'y fixer et se développer pour constituer de nouvelles Éponges complètes. C'est ce qui est arrivé, en effet ; le principe s'est trouvé vérifié, et, après bien des difficultés pratiques, qui ne manquent jamais dans les tentatives de ce genre, j'ai eu, avec mon ami et collaborateur Buccich de Lésina, la satisfaction de voir aboutir, dans la splendide baie de Sokolizza, un élevage de 2,000 spéci-mens.

Les Spongiaires destinés à être fragmentés étaient récoltés dans les environs les plus proches ou même jusqu'à une distance de quelques milles marins ; après les avoir assujettis, dans une caisse percée à jour, de telle sorte qu'ils ne pussent être ni endommagés ni même comprimés, on les apportait à la station d'élevage, et là, on les sectionnait. Cette opération devait être faite à l'aide d'un couteau très affilé, en raison de la viscosité de ces Spongiaires et de la facilité avec laquelle le sarcode liquide s'écoulait. Les fragments, dont le volume variait entre un et deux pouces cubiques, étaient ensuite fixés à un châssis assez analogue à une caisse, à l'aide de clous en bois munis d'un bouton à leur partie supérieure ; ou bien on les rangeait, par groupes de deux ou trois, sur des baguettes ou même sur des fils de cuivre revêtus de caoutchouc. La principale condition de succès consiste à ne pas exposer ces pièces à une lumière directe, alors même qu'on les plonge à 20 et 30 pieds de profondeur. Grâce à un maniement habile, Buccich parvint à ne pas perdre plus d'une pour cent des boutures ainsi assujetties sur les baguettes ou sur les fils ; tous les Spongiaires de notre installation présentaient la coloration d'un noir luisant qui est leur couleur naturelle. Une partie de ces fragments fut aussi fixée tout simplement sur des pierres ; ils s'y accrurent en très peu de temps.

Ainsi l'entreprise, à laquelle s'était intéressé jadis le monde scientifique et industriel, était passée à l'état d'essai heureux, et semblait en possession d'un avenir certain. Pourtant, elle a échoué. La nature et les hommes ont chacun leur part dans cet insuccès. La nature a suscité contre l'entreprise un ennemi terrible, sous la forme d'un *Teredo* qui se mit à ronger toutes les boiseries que nous avions installées et qui finit par ne pas épargner même les planches et les solives imprégnées de goudron minéral. Mais les adversaires qui ont fait le plus de mal à notre entreprise, en même temps qu'à eux-mêmes, sont encore les habitants de la côte et les pêcheurs d'Éponges.

Au début, ils se moquaient de moi. Lorsqu'une fois je les eus engagés à venir se rendre

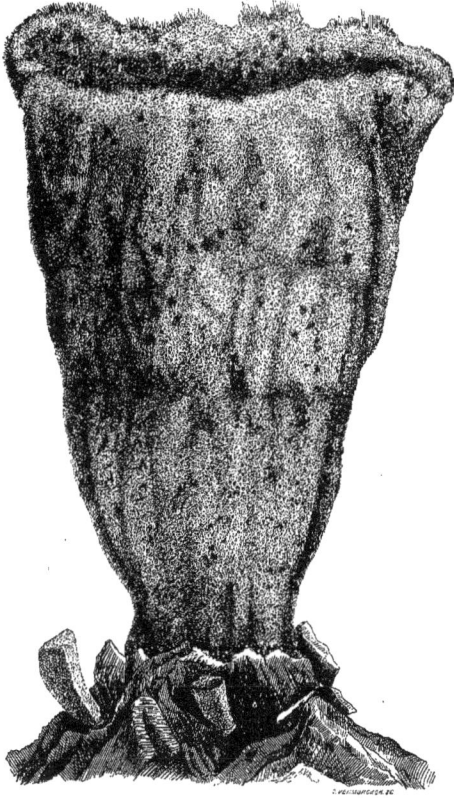

Fig. 1095. — Éponge fine douce de Syrie.

compte de l'élevage, quatre hommes arrivèrent en faisant mine de plaisanter et de railler. On ne saurait décrire la surprise de ces gens lorsqu'en soulevant les châssis l'un après l'autre ils virent les Spongiaires qui s'y trouvaient, en pleine force de vitalité! Ils se signèrent à plusieurs reprises, tant la chose leur parut surnaturelle. Malgré cela, aucun des indigènes, adonnés aux industries du littoral et au métier de la pêche, n'a pu être amené à faire la moindre démarche pour exploiter l'élevage des Éponges. Au contraire, nos installations fu-

rent détruites à plusieurs reprises, et les sujet que nous avions réussi à élever furent volés, malgré la présence d'un gardien. Mon fidèle collaborateur Buccick finit par perdre courage dans cette lutte contre l'inintelligence. L'élevage des Éponges présentait un intérêt à la fois rationnel, populaire et scientifique; l'entreprise ne reposait pas seulement sur l'avantage provisoire, émanant du produit des éponges fragmentées et susceptible d'être sextuplé au bout de trois à quatre ans, mais, avant tout, elle inaugurait l'exploitation méthodique d'une

BiiUEM.

source de profits, tout en diminuant le travail et en ménageant la production naturelle. Le système déprédateur, que suivent les pêcheurs d'éponges de la Dalmatie, doit amener progressivement la ruine de cette industrie par l'épuisement de l'approvisionnement de Spongiaires qui croissent uniquement par le procédé naturel. Jusqu'à présent ces gens, qui sont demeurés dans un état de développement très peu avancé, ne se font aucune idée de ce danger. Mes quatre visiteurs, après avoir exprimé par des signes de croix et par de vives exclamations la surprise que leur causait la réussite de l'élevage, s'en furent s'adonner de nouveau désormais à leur pêcherie, sans plan arrêté et sans logique, absolument suivant le procédé ancien, consacré pour eux par les siècles.

D'après mes observations, recueillies à Naples, la reproduction des Éponges par des œufs d'où éclosent des larves libres a lieu en mars et en avril, et peut-être aussi plus tard.

Aux alentours des conduits aquifères, se forment de nombreux amas d'embryons; on peut s'en faire une idée en examinant la figure où nous avons représenté, plus haut, une coupe de l'*Euspongia equina*. Mais je n'ai pas encore réussi à poursuivre plus loin l'évolution ultérieure, l'arrivée au dehors, l'essaimage et l'installation de ces Éponges usuelles. La progéniture d'une Éponge de moyenne grandeur s'élève à un chiffre extraordinaire. Si, malgré cela, les pêcheurs d'Éponges se plaignent du peu de profit qu'ils tirent de leur pénible industrie et si le prix des exemplaires augmente toujours, la nécessité des périodes de ménagement, dont j'ai signalé à plusieurs reprises l'utilité dans cette pêcherie, se trouve réellement démontrée. Les pêcheurs d'Éponges commencent leur pillage dès les premières semaines du printemps ; *ils anéantissent ainsi chaque année d'innombrables millions de couvées avant leur éclosion.* (O. Schmidt.)

FIN DES SPONGIAIRES.

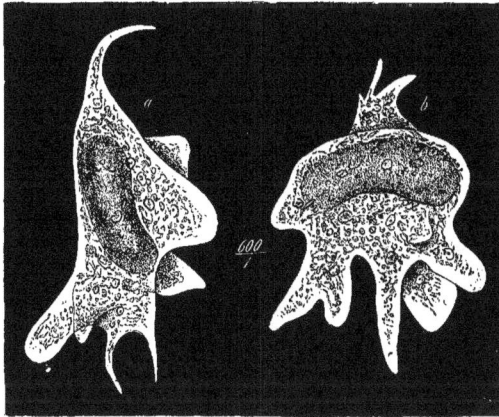

Fig. 1096-1097. — Amibes (Masses protoplasmiques).

LES PROTOZOAIRES

CARACTÈRES GÉNÉRAUX

Le terme de Protozoaires, dit O. Schmidt, a une portée à la fois considérable et nulle : considérable, en ce sens qu'il semble nous promettre un aperçu sur les mouvements du monde vivant, c'est-à-dire sur les séries inférieures qui, depuis l'état amorphe, se perfectionnent jusqu'aux formes les plus élevées ; nulle, en ce sens qu'il laisse notre esprit dans une obscurité complète à l'égard du contenu propre de cette grande division. Les expressions de « Vers », de « Mollusques », de « Vertébrés », se rattachent, pour nous, à la représentation d'animaux que nous avons journellement sous les yeux et à des conceptions qui sont à la portée de tout le monde. Le mot « Protozoaire » ne représente rien à la pensée, sans le secours d'un guide déterminé ; alors même qu'on a vu quelques-uns de ces êtres, on ne peut tirer aucune conclusion sur la conformation et sur la constitution des autres.

La plupart des Protozoaires, sans doute, sont loin d'être amorphes, mais ils se composent de formes dont la disposition est des plus variables ; on en est réduit à désigner sous ce nom tous les animaux dont l'organisation et le développement histologique demeurent dans le stade inférieur

A l'aide d'un grossissement de 7 à 800 diamètres, un fragment de Protoplasma (fig. 1096 et 1097) se montre sous la forme d'une substance visqueuse qui se modifie sans cesse et se fond constamment, et dont le mouvement se manifeste particulièrement par la progression de fines granulations qui s'y trouvent contenues. Cette motilité apparaît comme une des propriétés les plus importantes et les plus saisissantes du protoplasma. La même substance, absolument enfermée dans des cellules ou à l'état libre, se trouve répandue en masse dans le monde animal. Mais tandis que chez les animaux supé-

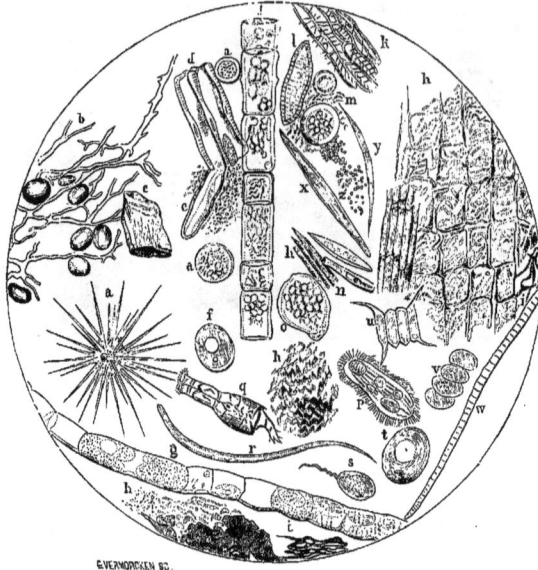

Fig. 1098. — Eau de puits contenant des Infusoires et des Algues microscopiques (Parker) (*).

rieurs ce contenu, d'abord simplement sarcodique, subit des transformations ultérieures, qui aboutissent par exemple au contenu des fibres musculaires ou nerveuses, chez d'autres organismes, qui sont précisément les Protozoaires, il persiste dans sa simplicité primitive en demeurant amorphe, et imprime, pour ainsi dire, à l'organisme tout entier, le sceau d'un stade originel.

Dans ces conditions, on conçoit la difficulté d'une description générale des Protozoaires. D'après l'opinion d'un grand nombre de Naturalistes, on devrait y rattacher des groupes considérables d'organismes dont l'animalité est mise en doute par d'autres auteurs, et nous conduisent à la limite du monde végétal. On a entrepris des recherches, on s'est livré à des discussions sans nombre pour établir s'il existait des limites réelles entre les deux règnes ou si des êtres, d'une constitution équivoque ou simple, ne faisaient pas une transition insensible entre les deux termes du monde organique. On ne saurait mettre en doute aujourd'hui l'existence d'un pareil règne intermédiaire.

TÉGUMENTS.

Chez les organismes les plus inférieurs, le corps n'offre pas de délimitation déterminée; l'enveloppe manque donc chez la plupart, des portions de protoplasma s'étendent de temps en temps sous forme de prolongements allongés, lobés, aplatis; ne s'éloignant que relativement peu du centre du corps, et séparés par des échancrures peu profondes, ces formations sont désignées sous le nom de *Pseudopodes*.

Fig. 1009. — Sédiment de l'eau d'un fleuve, contenant des débris indiquant la présence de l'Homme, des Infusoires et des Végétaux (Hassall) (*).

Ces Pseudopodes peuvent se souder, se souder et former des combinaisons réticulées ; souvent des dépôts calcaires, plus rarement siliceux, se forment dans son intérieur, ils constituent alors des organes de soutien comparables à une sorte de squelette. (Gegenbaur.)

SQUELETTE.

Les organes de soutien enveloppent généralement le corps à l'extérieur, semblables à des Coquilles, des étuis, ou bien ils pénètrent la substance même. Ces Coquilles et ces dépôts sont très fréquents dans les organismes inférieurs, la forme la plus simple est produite par une sécrétion en tous sens d'une membrane devenant dure par la suite. Souvent à une coque de cette nature s'en ajoutent de nouvelles qui demeurent en communica-

tion par des ouvertures et constituent des séries de chambres en rapport à l'extérieur par des pores.

Un autre organe de soutien est connu sous le nom de capsule centrale ; de formes variables, il est situé au milieu du corps et constitué par une membrane de nature chitineuse.

En dehors de cette capsule on peut observer des spicules enfouis isolément dans le parenchyme du corps, ou réunis dans des positions caractéristiques, formant ainsi des rayons, des étoiles, etc., réunis par un treillis à mailles concentriques.

ORGANES DU MOUVEMENT.

En général la locomotion est confiée à la substance contractile du corps, sous l'aspect de Pseudopodes ; ces prolongements déjà signalés se fixent

(*) 1, Coleps hirsutus. — 2, Bodo grandis. — 3, Actinophrys Eichornii. — 4, cellule d'épithélium. — 5, Leucophrys striata. — 6, anguillule fluviatile. — 7, Paramoecium chrysalis. — 8, Vorticella microstoma. — 9, Kerona (jeune ?). — 10, Vorticella microstoma. — 11, Paramoecium aurelia. — 12, Conferva. — 13, Cocconema lanceolatum. — 14, Synedra splendens. — 15, Gyrosigma attenuatum. — 16, Gomphonema acuminatum. — 17, fibre de laine. — 18, fibre de coton. — 19, Conferva floccosa. — 20 débris de cheveu. — 21, Kerona mytilus. — 22, fragment de silice. — 23, Diatoma vulgare. — 24, Torula. — 25, fibre de lin. — 26, Acthrodesmus quadricaudatus. — 27, Stylonichia. — 28, Paramoecium caudatum. — 29, fibre de bois. — 30, pollen. — 31, tissu végétal et mycelium avec spores. — 32, détritus de matière végétale. — 33, Gomphonema curvatum. — 34, spores de fungus. — 35, Antheroxoide. — 36, spore enkysté.

par leur extrémité libre et en se raccourcissant attirent la masse entière.

Chez les types un peu plus élevés, les cils vibratils sont les organes de mouvement les plus répandus; cependant quelques-uns semblent posséder une sorte de système musculaire; mais ce n'est qu'au point de vue fonctionnel, dit Gegenbaur, que l'on peut placer ces muscles à côté des muscles des autres animaux, car jusqu'ici les éléments constitutifs de la fibre musculaire n'ont pu être constatés.

SYSTÈME DIGESTIF.

Les organes destinés à la transmission et à la réception des aliments font ordinairement défaut, c'est par endosmose que la nourriture est absorbée, les matières nutritives sont enveloppées par la substance même du corps ou par les Pseudopodes, et chaque point du protoplasme peut jouer le rôle d'une cavité digestive en enveloppant et en absorbant les matériaux nutritifs (Gegenbaur).

Dans certains groupes, des prolongements rayonnés, émanant de l'enveloppe du corps, agissent comme suçoirs; la substance nutritive se transporte à travers ces Pseudopodes et vient s'accumuler sous forme de gouttelettes dans le parenchyme du corps.

Dans d'autres, on rencontre non seulement des points déterminés pour l'absorption, mais aussi pour l'expulsion des matières inutiles; la substance nutritive, après avoir traversé le parenchyme, se dispose sous forme de bols alimentaires convexes dans des espaces constituant des cavités digestives temporaires, dans lesquelles leur fusion avec le parenchyme constate une véritable digestion.

Un conduit tubulaire ou œsophage s'étend souvent dans les types pourvus de bouche, de cet organe au parenchyme du corps, à partir duquel le bol alimentaire se fraye un chemin dans la substance molle qui l'entoure.

Quand la bouche existe, elle se présente comme une fente logée au fond d'une cavité où se trouve parfois l'anus (Gegenbaur).

Les vacuoles remplies de bols alimentaires avaient dans le principe été considérées par Ehrenberg comme autant d'estomacs reliés entre eux, et lui avaient fait créer, pour les organismes où il avait observé ce phénomène, le nom de Polygastriques. Siebold d'abord, Lachmann ensuite, sont venus donner aux vacuoles leur véritable interprétation.

DÉVELOPPEMENT

En règle générale, le développement asexuel seul existe chez les Protozoaires. Cependant la reproduction sexuelle peut se manifester et se montre réellement chez plusieurs de ces organismes.

Dans les types asexués, la reproduction se manifeste par l'enkystement, la scission, et la formation de nouveaux individus produits de cette dernière. (Vogt.)

A côté de ce mode, il en existe un autre représentant une reproduction sexuelle, où le nucleus et le nucléole jouent le principal rôle : le nucleus est un corps solide parfois entouré d'une enveloppe extérieure, placé dans la portion corticale du corps où il est enfoui, il est ovale, arrondi ou simule un ruban sinueux. Le nucléole diffère du nucleus par des dimensions moindres; à un moment donné, les deux organismes se fusionnent; le nucleus, à la suite de cette conjugaison, devient le siège d'une segmentation qui donne naissance à des sphères distinctes, celles-ci se réunissant de nouveau produisent une conformation qui, par une segmentation nouvelle, développe les sphères dites embryonnaires, dans l'intérieur desquelles se forme un nouvel individu; le nucléole éprouve à son tour des modifications dépendantes de la conjugaison, il grossit, et à son intérieur on voit apparaître des organismes en forme de fils ou de baguettes.

Ces fils seraient les éléments mâles comme le nucleus est l'élément femelle? Mais les auteurs sont encore peu d'accord sur l'interprétation à donner de ces organismes, et des études nouvelles sont nécessaires pour élucider la question si difficile du mode de reproduction des Protozoaires.

DISTRIBUTION GÉOGRAPHIQUE

Quel que soit le point où l'observateur se livre aux recherches, les Protozoaires se montrent avec une abondance extrême.

Les Protozoaires se rencontrent dans toutes les parties du monde; les eaux douces, les fleuves, les eaux croupissantes, la mer, sur ses bords ou dans les profondeurs les plus grandes, la terre humide, les infusions végétales, les fluides des divers animaux, les organismes en décomposition, etc., en renferment des quantités considérables.

Des observations de Ehrenberg et de Dujardin, il résulte que certaines formes sont répandues dans les climats les plus opposés. On en observe jusque sous les pôles.

Plusieurs se rencontrent pendant les mois les plus froids de l'année.

« Là où la rigueur du climat tue les plus robustes végétaux, dit Pouchet (1), là où quelques rares animaux peuvent à peine subsister, la frêle organisation des Microzoaires ne souffre aucune atteinte ; plus de cinquante espèces d'animalcules à carapace siliceuse ont été trouvées par James Ross, sur les glaces qui flottent en blocs arrondis, dans les mers polaires, au 78° degré de latitude. Quelques-uns de ceux que cet illustre navigateur avait recueillis dans les parages de la terre Victoria, malgré la distance et les orages, n'en sont pas moins arrivés pleins de vie à Berlin. »

Les profondeurs de la mer, dans ces régions désolées, nous offrent encore plus d'animation que sa surface. Dans le golfe de l'Érèbe, la sonde enfoncée à plus de 500 mètres a ramené soixante-dix-huit espèces de Microzoaires siliceux. On en a même découvert à 12000 pieds de profondeur, là où ces animalcules avaient à supporter l'énorme pression de 375 atmosphères.

L'eau et la vase recueillies enrte les îles Philippines et les îles Mariannes, à une profondeur de 6,600 mètres, en ont donné 116 espèces.

L'Océan offre partout de ces animalcules. Chacune de ses couches en est peuplée à des profondeurs, dit Alex. de Humboldt, qui dépassent la hauteur des plus puissantes chaînes de montagnes.

Ces corpuscules vivants, qui pullulent dans les plus transparentes régions de l'Océan, abondent également dans les eaux limoneuses de nos fleuves et de nos étangs ; et, sans nous en apercevoir, nous en engloutissons chaque jour des myriades avec nos boissons (fig. 1098, 1099). Si, l'œil armé du microscope, nous scrutions tout ce que contient parfois une seule goutte, il y aurait de quoi effrayer bien des gens.

Le Gange transporte dans l'espace d'une année une masse d'Infusoires égale à 6 ou 8 fois le volume de la plus grande pyramide d'Égypte. Parmi ces animalcules on a compté 71 espèces différentes (Ehrenberg).

Partout, par leur accumulation, ils contribuent à former en grande partie les sables, les vases, les dépôts, soit au fond des mers (fig. 1100), soit sur les rivages, soit dans le lit des lacs et des fleuves.

En 1739, Janus Plancus avait compté, à l'aide de faibles grossissements, 6000 de ces organismes microscopiques dans une once de sable de l'Adriatique, à Rimini ; Alcide d'Orbigny en a trouvé 3,840,000 dans 3 grammes de sable de la mer des Antilles ; ils encombrent le port d'Alexandrie ; Ehren-

(1) Pouchet, l'Univers, Paris, 1865, p. 13.

berg leur attribue l'obstruction de l'Elbe à l'entrée du Frische Hatt, les ensablements du port de Pilau recevaient annuellement 7,200 à 14,000 mètres cubes des mêmes organismes. En 1839 et 1840, les curages du port de Swinemunde, à l'embouchure de l'Oder, ont donné 4,320,000 pieds cubes de vase en majeure partie composée de ces animaux.

Tous ceux qui pendant la nuit ont vogué sur la mer ou en ont parcouru les rivages, connaissent le phénomène de la phosphorescence, lequel a si longtemps exercé la sagacité des savants.

Attribué à des causes fort diverses, on sait aujourd'hui qu'il est dû à une multitude d'animaux. Parfois tout à fait localisé, ce sont des Poissons qui le produisent, en traversant les vagues comme un trait flamboyant. D'autres fois, il tient à des Méduses dont le disque brillant s'aperçoit calme et immobile dans la profondeur de l'eau ; ou qui traînent derrière elles une chevelure éparpillée, toute surchargée d'étoiles, comme celle de Bérénice au milieu du firmament. Certains Mollusques eux-mêmes, quoique enfermés sous leur coquille, n'en sont pas moins phosphorescents. Pline avait déjà fait remarquer que les personnes qui mangeaient des Pholades avaient toute la bouche lumineuse.

Mais, le plus souvent, ce phénomène se manifeste dans tous les endroits où la mer est en mouvement ; chaque vague bondit en écume lumineuse sur la proue des navires, et les flots resplendissent comme le firmament étoilé. Ces myriades de points phosphorescents qui rendent la mer étincelante ne sont que des Microzoaires d'une infinie petitesse, mais dont l'éclat est centuple du volume.

Le Noctiluque miliaire est l'un de ceux qui jouent un plus grand rôle dans cette phosphorescence de la mer.

Et sous l'influence de certaines circonstances météorologiques, on les voit s'élever à la surface de sa nappe liquide, où ils forment un immense sillon lumineux derrière les navires.

L'eau présente une autre particularité non moins curieuse et longtemps inexpliquée, elle prend quelquefois une teinte d'un rouge sanglant ; ce qui, à toutes les époques, à étonné ou effrayé le vulgaire. L'on s'est souvent demandé, avant la découverte du microscope, quelle pouvait être la cause de cette étrange apparence. Aujourd'hui qu'elle a été parfaitement étudiée, on sait que cette rubéfaction dépend de la présence de plantes ou d'animalcules infiniment petits, qui, sous l'influence de certaines conditions atmosphériques, se multiplient prodigieusement.

Un savant belge, M. Morren, après avoir réuni presque tout ce qu'on a écrit sur les eaux rouges, depuis Moïse jusqu'à nos jours, a mentionné vingt-deux espèces d'animaux et presque autant de plantes, comme susceptibles de leur donner l'apparence du sang.

Lorsque Ehrenberg plantait sa tente sur les rivages de la mer Rouge près du Sinaï, aux environs de la ville de Thor, il eut le rare bonheur de voir cette mer teinte de la couleur d'un rouge de sang à laquelle elle a dû son nom, dès la plus haute antiquité. Ses vagues déposaient alors sur le rivage une matière gélatineuse d'une belle couleur pourpre, que le Naturaliste Prussien reconnut pour n'être composée que d'une algue microscopique, la Trichodesmie rouge, qui était l'unique cause du phénomène célèbre.

Un autre phénomène singulier frappe parfois le voyageur qui explore les montagnes élevées; c'est la coloration de la neige rouge. Ce fait dont Aristote, ce prince des Naturalistes, avait déjà parlé, est encore dû à nos organismes microscopiques. Et, chose remarquable, c'est que le même être, le *Disceræa nivalis*, semble le produire partout, sur les cimes glacées des Alpes comme sur les neiges des plus extrêmes régions polaires où l'homme ait encore pénétré, car dans ces horribles latitudes on rencontre aussi de la neige rouge.

L'eau n'est pas le seul domaine des animalcules microscopiques; on en rencontre aussi dans la terre des amas dont la puissance dépasse toutes les supputations du calcul; certaines espèces dont l'infinie petitesse n'égale peut-être pas la 1500e partie d'un millimètre constituent sous le sol de quelques endroits humides de véritables couches vivantes, qui ont parfois plusieurs mètres d'épaisseur.

Dans le nord de l'Amérique, on découvre de ces assises animées qui ont jusqu'à 20 pieds de profondeur. Dans les bruyères de Limebourg il en existe de quarante. La ville de Berlin est bâtie sur un banc d'animalcules qui dépasse même trois fois ces dernières en puissance et jusqu'à une profondeur de 20 mètres.

Tout cela tient du prodige. Les êtres microscopiques dont il est question ici sont d'une telle ténuité qu'on pourrait en aligner 1000 sur l'étendue du pouce; et le poids de chacun d'eux équivaut à peine à la millionième partie d'un milligramme, car on a calculé qu'il en faut 1,111,500,000 pour faire un gramme.

Un sol d'une telle composition est naturellement dépourvu de stabilité, ce qui fut démontré dans la capitale de la Prusse, où l'on se vit forcé, en faisant de nouvelles constructions, d'en creuser très profondément les fondations, l'affaissement de quelques maisons ayant démontré l'utilité de cette précaution.

Le panthéisme disséminait la vie dans tous les interstices de la matière; nos animalcules microscopiques le rappellent et abondent partout, même là où nous nous attendrions le moins à les rencontrer.

Si notre siècle éclairé a fait justice des ridicules hypothèses de la panspermie, qui imprégnait toutes les parcelles de la création de germes ou d'organismes vivants, il faut cependant reconnaître que, si ces introuvables germes métaphysiques ne sont qu'une ridicule fiction, il existe cependant au sein de l'atmosphère, qui nous paraît si transparente et si pure, quelques Microzoaires qui y voltigent çà et là.

Les invisibles populations d'organismes aériens forment même, selon Alex. de Humboldt, une Faune toute spéciale. Mais outre les infusoires météoriques dont, selon l'illustre savant, l'existence ne peut être mise en doute, l'atmosphère charrie une immense quantité d'animalcules ordinaires morts ou vivants, que ses courants enlèvent et transportent partout le globe [1].

Dans certains cas ils abondent tellement dans l'air qu'ils interceptent la lumière et suffoquent les voyageurs.

En analysant une fine pluie de poussière qui enveloppa d'un brouillard épais des navires qui se trouvaient à 380 milles de la côte d'Afrique, Ehrenberg y découvrit dix-huit espèces d'animalcules polygastriques à carapace siliceuse.

Mais la vie microscopique n'envahit pas seulement l'eau, la terre et l'air, on la retrouve encore pleine de puissance et d'animation à l'intérieur des animaux et des plantes, aucun de leurs appareils les plus profondément protégés, les plus actifs, ne peut s'y soustraire. Non seulement les animalcules affluent dans toutes les cavités des animaux qui communiquent avec l'extérieur, mais on en rencontre aussi dans les organes absolument clos. L'arbre vasculaire, qui distribue le sang dans tout le corps, quoique hermétiquement fermé de toutes parts, n'en contient pas moins, parfois, quelques Microzoaires mêlés aux globules sanguins, et semblant vivre à l'aise au milieu du tourbillon incessant de la circulation qui parcourt chaque jour plus de deux mille huit cents fois son circuit.

L'homme lui-même, malgré son orgueil, ne s'imagine pas quelle population invisible le dévore d'une manière incessante et finit parfois par le tuer. On découvre toujours, dans son intestin, des masses de Vibrions, véritables anguillules imperceptibles. La bouche est perpétuellement habitée par des myriades d'animalcules, dont le tartre qui ébranle nos dents ne représente que l'ossuaire microscopique, car souvent il n'est formé que d'incrustations de leur squelette calcaire.

Des Vers intestinaux pas plus gros que la tête d'une épingle, en se rassemblant en colonies dans la tête des moutons, occasionnent fatalement leur mort. Les innombrables légions d'un autre Ver encore plus petit envahissent tous nos organes charnus. Celui-ci se multiplie tant dans notre économie

(1) Voyez P. Miquel, *Études sur les poussières organisées de l'atmosphère* (*Annales d'hygiène*, 1879, t. II, p. 226).

Fig. 1100. — Spécimen de sondage étudié au microscope (1).

qu'on en a compté jusqu'à vingt-cinq, dans l'un des muscles de l'intérieur de l'oreille, qui ne dépasse pas la grosseur d'un grain de millet.

La mort est le fatal résultat de cette invasion. Ainsi le domaine des Microzoaires n'a de bornes que l'immensité !

DISTRIBUTION DANS LE TEMPS

De tous les organismes connus, les Protozoaires sont les premiers dont on rencontre des traces, dans les formations les plus anciennes du globe.

Un de leurs représentants dont la découverte a donné lieu à tant de discussions, et que nous aurons occasion d'étudier à sa place, se montre dans les assises du terrain Laurentien.

A la forme Silurienne répondent d'autres types en petit nombre d'abord, dans cette formation comme dans la formation Devonienne; ils gagnent en importance dans le terrain Carbonifère où ils forment déjà de puissantes assises, notamment en Russie.

Pendant la période Permienne, comme tous les groupes, les Protozoaires semblent éprouver un instant de décadence et subissent une forte réduction, tandis qu'avec le Trias se montre une nouvelle recrudescence, recrudescence qui s'accentue avec l'époque Jurassique, et atteint son maximum aux époques Crétacée et Tertiaire, pour de là se continuer avec une nouvelle vigueur dans nos mers et nos dépôts actuels.

(1) D'après Girard, *Les explorations sous-marines.* Paris, 1874.

L'importance des Protozoaires a été immense aux époques géologiques : une seule espèce suffit à former les couches profondes du calcaire Carbonifère à Fusulines de Russie ; les immenses dépôts des environs de Paris sont presque tous entièrement formés d'organismes similaires. Les calcaires à Nummulites rentrent dans cette catégorie; mais où la puissance de ces êtres microscopiques se montre dans toute son énergie, c'est quand on envisage les dépôts de la Craie blanche qui, en Europe seulement, occupent des surfaces considérables dont l'épaisseur atteint souvent plusieurs centaines de mètres, et sont presque en totalité formées par l'accumulation de ces organismes (2).

L'étude des espèces vivantes nous montre que la puissance des Protozoaires ne s'est pas amoindrie, et qu'à leur accumulation plus qu'à celle des Coralliaires peut-être, on doit attribuer la formation de certains continents.

(2) Voyez Huxley, *Histoire d'un morceau de craie,* in *Les sciences naturelles et les problèmes qu'elles font surgir.* Paris, 1877.

EMPLOI, USAGES

L'emploi et l'usage d'êtres microscopiques semble de prime abord tout à fait impossible, mais quand on réfléchit sur les lignes précédentes, cette impossibilité disparaît, et il est facile de voir que leur accumulation, surtout aux époques géologiques, fournit à l'homme de précieux matériaux.

En effet, partout où des dépôts existent, on est certain de les voir utiliser.

Les carrières de calcaire à Milioles du bassin de Paris sont l'objet d'une exploitation considérable, et nos plus remarquables monuments sont cons-truits avec ces matériaux. Ailleurs les calcaires à Alvéolines, les terrains Nummulitiques sont exploités pour le même usage.

Les vases, les dépôts actuels servent à l'amendement des terres.

Le tripoli lui-même, si utilisé dans l'industrie, n'est autre chose qu'un composé de myriades de petits Protozoaires dont le test siliceux procure le poli et le brillant des corps sur lesquels on a soin de l'appliquer par des procédés divers.

CLASSIFICATION

Nous ne pouvons exposer les diverses classifications proposées par différents auteurs d'un égal mérite, nous nous bornerons à décrire les espèces les plus remarquables en suivant la méthode la plus généralement adoptée, et que nous reproduisons.

Embranchement des Protozoaires (Urthiere).

Classe I INFUSOIRES. Infusoria Duj. (Aufgussthierchen).....
(Hypotriches. *Hypotricha* Stein.
Heterotriches. *Heterotricha* Stein.
Holotriches. *Holotricha* Stein.
Peritriches. *Peritricha* Stein.
Suceurs. *Suctoria* Clap.
Flagellés. *Flagellata* Clap.

Classe II. RHIZOPODES. Rhizopoda Duj. (Wurzelfusser)................
(Radiolaires. *Radiolaria* Hæck.
Foraminifères. *Foraminifera* d'Orb.
Lobulaires. *Lobularia* Ehrb.

Types de transition.

GRÉGARINES... ,,,,,, ...: .... Schizomycètes, Bactéries, Microbes.

LES INFUSOIRES — *INFUSORIA* Duj.

Die Aufgusstierchen.

Historique. — Ce fut en 1685, que Leeuwenhœck découvrit, dans une goutte d'eau de pluie qu'il avait recueillie, les animalcules dont la dénomination se rattache à une seconde expérience accomplie deux années plus tard. Leeuwenhœck, dans l'espoir de reconnaître à l'aide du microscope le mode d'action de la propriété caustique du poivre, versa de l'eau sur ces grains. Lorsque cette eau fut évaporée, il en versa de nouvelle et fut surpris de voir s'agiter dans le récipient, au bout de quelque temps, des créatures animées qui paraissaient ressembler à celles qu'il avait découvertes dans la gouttelette d'eau de pluie. Ce fut là le résultat de la première *infusion* faite dans un but scientifique; les organismes qu'elle renfermait ne furent néanmoins désignés sous le nom « d'animalcules infusoires » que cent ans plus tard, par Ledermüller et Wrisberg.

Quand Leeuwenhœck eut fait connaître sa découverte, ce fut presque une affaire de mode d'instituer des expériences avec des infusions. Cela coûtait si peu de peine! Chacun crut pouvoir compter sur ses yeux et sur un microscope qui, en réalité, ne valait rien. C'est ainsi qu'on publia, sans jugement, au sujet des infusions, les choses parfois les plus étranges. On vit paraître une foule de livres destinés à rendre le sujet accessible au public. Un des plus singuliers de ces écrits eut pour auteur Griendel von Acht, ingénieur de Sa Majesté Royale. Après la description des Fourmis et des Mouches qui sous son microscope s'enflaient en monstres épouvantables armés de pinces, de crochets et de boucliers, il publie un échantillon de ses expériences sur les infusions. Il ne s'agit rien moins que de la génération d'une Grenouille!

« J'ai voulu enfin, dit-il, produire au jour également la formation d'une Grenouille, que j'ai observée au moyen du verre grossissant. Ayant recueilli une fois une goutte de la rosée de mai, je la plaçai sous le verre grossissant.

Je fus frappé de voir comme elle se mettait à fermenter. Le lendemain, j'y regardai de plus près encore, et je trouvai déjà un corps avec une tête informe; je le mis de côté. Lorsque, le troisième jour, je le regardai à nouveau, je pus remarquer déjà qu'il avait pris la forme d'une Grenouille rainette avec une grosse tête et des pattes. »

A l'exemple de Griendel qui, au lieu de produire sa Grenouille dans l'eau de source ordinaire, avait été recueillir une mystérieuse rosée de mai, on alla chercher tous les liquides imaginables, le bouillon, le lait, le sang, la salive, le vinaigre, et les substances les plus diverses, les plus agréables comme les plus répugnantes de tous les règnes de la nature, pour faire des infusions et contempler en bonne compagnie l'apparition du microcosme.

En général on releva les observations suivantes : lorsque le récipient contenant l'infusion n'était pas couvert et se trouvait exposé à l'air libre, il était toujours, au bout d'un temps plus ou moins long, rempli de millions d'êtres vivants qu'on ne parvenait toutefois à fixer que très imparfaitement à l'aide des instruments d'optique de l'époque. La vie de ces microbes se développait d'une manière plus rare, quand le récipient était recouvert légèrement, par un simple voile, par exemple. Mais, seulement dans des cas très rares et souvent douteux, des observateurs infatigables signalèrent une existence développée dans un flacon hermétiquement bouché; le fait paraissait plus douteux encore lorsque l'eau avait été soumise auparavant à la coction ou à la distillation, ou bien lorsqu'elle avait été portée à l'ébullition après la mise en bouteille. En outre, on remarqua que sur l'infusion abandonnée à l'air libre il ne tardait pas à se former, comme d'ailleurs sur les eaux libres et abritées du vent, une pellicule qui donna lieu à des assertions des plus singulières, auxquelles en réalité elle ne prêtait nullement.

D'où provenaient ces formes animées? Voyons ce que disent à ce sujet quelques-uns des Naturalistes de l'époque. Leurs opinions, comme nous l'avons dit, reposaient généralement sur des observations insuffisantes en raison de l'imperfection de leurs instruments qui ne laissaient voir dans ces organismes, de forme et de constitution si diverses, que des corpuscules assez uniformes, non susceptibles d'une détermination plus précise.

Les doctrines exposées par Buffon, d'une manière si brillante et si diserte, ne prennent une signification précise que si on les rapproche de sa théorie générale sur l'existence des corps naturels; il est d'autant plus important d'en connaître quelques extraits, qu'à l'époque actuelle la science se rapproche de ses vues, sur quelques points essentiels. Il était persuadé de l'existence d'une série ininterrompue des êtres, depuis les plus parfaits jusqu'aux plus imparfaits. « Un Insecte, dit-il, est moins animal qu'un Chien, une Huître est encore moins animale qu'un Insecte, une Ortie de mer ou un Polype d'eau douce l'est encore moins qu'une Huître. Et, comme la nature marche par degrés insensibles, nous devons trouver des êtres qui sont encore moins animaux qu'une Ortie de mer ou un Polype. Il existe des êtres qui ne sont ni des animaux, ni des plantes, ni des minéraux, et qu'on tenterait vainement d'associer aux uns ou aux autres. » A ce qui précède ajoutons la phrase suivante : « Je présume que par une observation exacte des êtres intermédiaires de la nature on découvrirait des corps organisés qui, sans avoir la puissance de se reproduire comme les animaux et les plantes, par exemple, pourraient cependant participer un peu à la composition de l'un et de l'autre; et enfin, d'autres êtres encore, qui ne seraient que la première agglomération des plus petites molécules organiques. » Nous arrivons à connaître ses vues sur la vie qu'il a trouvée dans les infusions. En voyant apparaître bientôt des corpuscules vivants dans les infusions faites avec de la viande, de la gelée de veau, des semences de plantes, et d'autres substances analogues, il pensait que c'étaient précisément ces petites particules animées dont la viande et la matière végétale étaient composées. Aussi dit-il encore que « détruire un être organique, comme on le fait par l'infusion, ce n'est pas autre chose que séparer les unes des autres les particules animées dont il est composé. » Pour lui, la mort était une décomposition en un nombre incalculable d'existences qui rentraient dans la circulation d'autres organismes.

Le plus chaud partisan de Buffon fut Needham. Les travaux de ces deux auteurs, dont une partie fut faite en commun, remontent au milieu du siècle dernier. Les vues de plusieurs autres Naturalistes célèbres de l'époque se rapprochent aussi de celles de Buffon. Il faudrait citer également Wrisberg, à Göttingen.

Le zoologiste Danois O.-Fr. Müller, d'ailleurs si réservé, s'est avancé aussi dans les champs des hypothèses où s'arrêtent les observations; il émit l'opinion que les plantes et les animaux se résolvaient en petites vésicules microscopiques vivantes, différant des vrais Infusoires par leur constitution et par leur structure, et que toute existence supérieure se reformait de nouveau aux dépens de ces vésicules vivantes.

Le progrès important accompli par Müller consiste en ce qu'au lieu de méconnaître avec Buffon l'existence d'une classe spéciale d'animaux constituée par les Infusoires, il a bien établi une distinction entre ces animaux véritables et les vésicules primitives spéciales de sa théorie de la vie organique. Le baron de Gleichen, connu par ses travaux histologiques, écrivait à ce sujet : « L'esprit humain pourra difficilement imaginer une hypothèse plus vraisemblable. »

Parmi les observateurs anciens que ne pouvaient satisfaire l'imagination et l'esprit de Buffon, il faut citer en première ligne le célèbre Spallanzani. En 1768, il combattit, en s'appuyant sur des raisons scientifiques, l'opinion d'après laquelle les êtres vivants se développeraient sans l'intervention de parents, aux dépens des matières mêmes employées dans les infusions, qu'elles soient d'ailleurs organiques ou inorganiques. Adversaire déclaré de cette hypothèse qu'on désigne sous le nom de *generation spontanée* ou *æquivoque*, il affirma que les germes des animaux ou des végétaux étaient introduits dans les infusions par l'air qu'on ne pouvait éliminer complètement des récipients; suivant lui, quand bien même le développement des germes, provenant des espèces déjà existantes de ces animalcules, serait parfois favorisé par la présence des matières animales ou végétales contenues dans les infusions, ces matières ne sont absolument pas d'une nécessité indispensable, ainsi qu'en témoigne la vie qui apparaît, avec le temps, en abondance, même dans l'eau pure.

Nous ne suivrons pas un à un les progrès

faits dans la connaissance des Infusoires depuis lors jusqu'au moment où Ehrenberg a porté la lumière dans cette partie encore obscure et énigmatique de l'Histoire naturelle. « J'ai acquis, dit-il, dès l'année 1819, la preuve directe et jusqu'alors latente, de la germination des semences distinctes des Champignons et des Moisissures ; par conséquent, la formation de ces plantes par génération spontanée paraît très limitée et inutile, en raison de la masse de semences existantes ; par conséquent aussi, la découverte de Münchhausen, qualifiée d'immortelle par Linnée et d'après laquelle ces semences seraient des Infusoires ou des Polypes aériens, se trouve infirmée pour la première fois d'une manière rigoureuse. » Il établit une longue suite d'expériences pour acquérir, à l'égard des Infusoires, la même certitude qu'au sujet de la formation des Champignons et des Moisissures. Voici ses conclusions d'ensemble : « Jusqu'ici personne, certainement, parmi les observateurs, n'a fait ou créé un seul Infusoire à l'aide d'infusions ; tous ceux qui ont pensé en avoir produit, n'avaient pas eu au complet sous les yeux l'organisation de ces corpuscules, et jamais leurs observations n'avaient, dès lors, la précision qui paraît indispensable pour autoriser une conclusion de cette importance. En outre, dans les expériences que j'ai faites sur plus de 700 espèces et avec l'emploi des meilleurs instruments actuels, je n'ai pas rencontré un seul cas qui eût pu me convaincre que dans les infusions, artificielles ou naturelles, il se produit des organismes émanant des substances infusées ; j'ai constaté, bien plutôt, dans tous les cas que j'ai observés d'une manière toute spéciale, une multiplication ovipare, scissipare ou gemmipare. » Ehrenberg a montré que les animaux qui apparaissent le plus rapidement et le plus fréquemment dans les infusions appartiennent presque toujours aux espèces tout à fait communes qui, en qualité de cosmopolites, se trouvent répandues sur toute la terre. La plupart des Infusoires les plus beaux et les plus grands ne peuvent pas se produire dans une eau corrompue, et par suite ils n'apparaissent jamais dans les infusions.

Caractères. — Par suite d'un abus de langage, on est habitué à attribuer aux Infusoires une exiguïté telle, que l'œil armé d'instruments puissants pourrait seul se convaincre de leur existence. Beaucoup d'entre eux, il est vrai, n'offrent un contour nettement perceptible que sous un grossissement de 100 à 300 diamètres ;

mais un connaisseur en retrouve aussi beaucoup, à l'œil nu, en plaçant au devant de la lumière le verre qui les contient.

On ne peut trouver chez eux un type de conformation commun, et on pourrait aisément les confondre avec les formes larvées d'autres animaux inférieurs, si l'on ne recherchait avec soin certains organes qui ne manquent jamais chez les Infusoires véritables. Pour le moment, on peut s'en tenir à ce fait que, dans la grande majorité des tribus, il existe des *organes ciliés* extérieurs, qui tantôt se limitent à un côté du corps ou bien à une ligne spiralée, tantôt se disposent en rangées étroites qui revêtent le corps d'une façon plus uniforme. Chez la plupart de ces Infusoires, on peut s'aider encore, pour constater leur vraie nature, de la découverte d'une bouche offrant l'aspect d'un entonnoir ou d'une vaste fente spiralée (O. Schmidt).

Les Infusoires, au point de vue des organes de mouvement, sont bien supérieurs aux autres Protozoaires, ainsi que nous le montrera l'étude de ces animaux. Le progrès réalisé par les Infusoires consiste dans la striation du protoplasma, et dans l'opposition qui se manifeste entre une couche tégumentaire plus ferme (simplement élastique comme chez les *Stylonychia*, ou spontanément contractile) et le protoplasma plus mou qui se trouve à l'intérieur. C'est là un point sur lequel nous aurons à revenir ; car c'est précisément ce protoplasma, remplissant l'intérieur des Infusoires, qui révèle leur parenté étroite avec les Protozoaires, et l'on ne peut achever de comprendre l'organisme entier du corps des Infusoires qu'après avoir étudié le *protoplasma en tant qu'organe de nutrition*.

Mœurs, habitudes, régime. — Les Infusoires sont des animaux qui habitent l'eau de mer et l'eau douce et qui par leur mode d'apparition et d'existence rappellent tout à fait les Turbellaires microscopiques, à tel point que O. Schmidt a été tenté, il y a plusieurs années, de les associer à ces Vers inférieurs. Quiconque admet la théorie Darwinienne ne pourra se défendre de faire dériver les Turbellaires d'animaux du même genre que les Infusoires.

Comme les Rotifères, on peut aisément, sous le microscope, observer les Infusoires au moment où ils prennent leur nourriture, on n'a qu'à les maintenir sous le verre servant de couvercle, de façon à ce qu'ils ne sortent pas du champ visuel, et leur ménageant un espace suffisant pour le jeu de leurs cils ; on voit alors ces organes provoquer des tour-

billons qui amènent vers la bouche des particules alimentaires fragmentées, telles que des
Algues unicellulaires, et notamment des matières
colorantes, comme du carmin ou de l'indigo.
Les oscillations des cils de la fente buccale
donnent naissance, ainsi que l'indiquent les
mouvements vifs des corpuscules entraînés,
à un courant direct ou à un tourbillon, en
rapport avec la conformation de l'entonnoir
buccal qui aboutit à la bouche ; on voit s'agglomérer, le long de ces courants et dans ces tourbillons, un bol alimentaire assez considérable,
qui se trouve poussé ensuite plus loin dans l'intérieur du corps par une sorte d'œsophage.
L'agglomération d'un nouveau bol alimentaire
succède au premier, et la déglutition se reproduit ainsi plusieurs fois. Certaines espèces telles
que celles des genres *Chilodon* et *Bursaria*, par
exemple, avalent même des Algues et des Conferves plus longues que le corps de l'Infusoire,
qui nage alors avec ce butin comme s'il portait
une poutre enfoncée à moitié de son corps. S'il
est sûr que tous les Infusoires qui prennent
une nourriture solide possèdent une bouche
et un œsophage, il n'est pas moins certain qu'ils
ne présentent, au delà, rien qui puisse figurer
un tube intestinal. Leur intérieur est généralement rempli de sarcode qui n'est pas séparé du
sarcode cortical d'une manière tranchée ; les
aliments arrivent dans cette substance chargée
de les digérer à l'exclusion des restes qui sont
rejetés par un orifice déterminé. Il y a quelque
chose de contraire aux idées que développe chez
nous la vie journalière, dans ce fait de l'existence d'animaux qui ne présentent au delà de
l'œsophage ni estomac ni intestins, mais qui
offrent un simple *espace digestif*, rempli lui-
même d'une substance appartenant à l'animal et
animée d'un mouvement propre. En réalité, le
sarcode qui remplit l'intérieur de l'Infusoire est
en mouvement avec les particules alimentaires
avalées. L'explication physique et physiologique
de ce phénomène ne nous occupera pas ici ; nous
devons le rapprocher seulement du fait analogue
que nous avons mentionné en décrivant les Turbellaires (1). Quiconque voudra se donner la
peine d'y regarder, verra d'autant plus nettement des relations de parenté entre les Infusoires et ces Vers inférieurs, qu'il en trouvera des
indices évidents dans la conformation extérieure
d'un grand nombre d'Infusoires ciliés, dans la
production des cils elle-même, et dans l'appari-

(1) Voy. p. 163.

tion enfin de certains organes urticants, en forme
de bâtonnets, qu'on trouve chez ces deux
sortes d'organismes (O. Schmidt).

La masse de protoplasma chargée de la
digestion nous paraîtra moins étrange quand
nous nous serons familiarisés avec des classes
entières d'animaux ou d'êtres qui prennent
et digèrent leurs aliments au moyen de leur
protoplasma, suivant un mode plus simple encore que cela n'a lieu chez les Infusoires.

Il n'y a pas à établir une distinction rigoureuse en carnivores et en herbivores, parmi
les Infusoires ; ils prennent tout ce qui passe au
devant de leur bouche en fait d'organismes
microscopiques, et ce sont principalement des
plantules chlorophyllées. De petits Infusoires
sont avalés, exceptionnellement, par les types
athlétiques de leur classe, mais en général ils
sont en mesure d'échapper à la fuite au tourbillon qui les menace. La principale nourriture
des Infusoires consiste dans ces plantes inférieures qu'on étudie sous les noms d'Algues, de
Naviculacées et d'Oscillatoires, ainsi que dans
leurs semblables. Les flocons sales qui apparaissent surtout sur les eaux stagnantes dans le
cours de l'été sont constitués presque exclusivement par ces organismes inférieurs ; c'est parmi
eux et à leurs dépens que se développe le monde
des Infusoires. Les uns et les autres naissent et se
multiplient par le fait de la reproduction naturelle ; mais les processus de cette évolution, au
lieu de correspondre à des mois, comme chez
les classes d'animaux plus élevées, s'accomplissent ici dans l'espace de quelques jours ou
même seulement de quelques heures.

Nous avons déjà exposé en peu de mots le
mode de reproduction. En résumant les données
recueillies à cet égard, Bronn écrit : « En tenant
compte du peu de temps nécessaire à un animalcule jeune pour devenir apte à se multiplier,
la reproduction par scissiparité, gemmiparité et
peut-être aussi par formation d'un germe à
l'intérieur, fournirait des résultats numériques
tout à fait monstrueux si l'épuisement des individus qui se multiplient ne venait imposer une
limite. Aussi doit-on bien distinguer la multiplication observée en réalité de celle qu'on calcule en se basant sur quelques cas simplement.
La scissiparité s'effectue chez certains types, en
l'espace de trois quarts d'heure à une heure ;
comme chez chaque être complet, qui résulte de
cette scissiparité, le même processus peut commencer à s'effectuer presque aussitôt, on en
conclut qu'au bout de dix heures il a pu se pro-

duire déjà un millier d'individus, et au bout de vingt heures un million ; mais, en réalité, on constate des intervalles toujours plus grands entre ces scissions successives, et finalement un arrêt complet. On a observé simplement la production de huit individus en trois heures de temps, de soixante-quatre en six heures, et de deux cents en vingt-quatre heures. Dans d'autres cas, la scissiparité s'effectue plus lentement, mais se continue plus longtemps aussi. Une espèce de l'ordre des *Holotriches*, dont la scission longitudinale s'accomplit en deux heures au moins et souvent en un temps beaucoup plus long, peut fournir en vingt-quatre heures huit individus, ce qui donnerait en une semaine deux millions. Une *Anthe* produit, par scissiparité transversale, en l'espace de vingt-quatre heures, trois êtres complets qui, après avoir mis douze heures à atteindre leur maturité, fournissent à leur tour, en vingt-quatre heures, douze individus ; ici encore, par conséquent, on peut calculer un produit d'un million dans l'espace de vingt jours.

« A cette puissance de reproduction étonnante se joint chez beaucoup d'Infusoires la propriété de s'entourer, lors du dessèchement des cours d'eau, d'une enveloppe protectrice, de s'enkyster, en un mot, pour attendre dans la vase desséchée une résurrection nouvelle, ou pour être emportés dans la poussière par-dessus monts et vallées. Comme nous le savons, ils partagent cette résistance de vitalité avec beaucoup d'autres organismes inférieurs et avec les germes de ces êtres. La connaissance de ces détails a depuis longtemps enlevé tout cachet de phénomène extraordinaire et inexplicable à un fait qu'on estimait jadis comme un prodige, et qui consiste dans l'éveil d'une foule d'existences en l'espace d'un petit nombre de jours, sur ces petites mares produites par la pluie même, et qu'interrompt une longue période de sécheresse (1). »

Avant de clore ces considérations générales sur les Infusoires, nous devons aborder ici un chapitre difficile et périlleux, qui pourrait avoir pour titre : *De la vie psychique chez les Infusoires*. Nous sommes amenés à cette question par les travaux récents du physiologiste Engelmann qui a rendu de grands services à la science, notamment dans l'étude des Infusoires, et qui, en 1876, a cherché à faire admettre chez

(1) Voir : de Rochebrune, *De la reviviscence des Cypris fusca*, 1862, in-8.

eux des facultés psychiques assez élevées. En étudiant des bourgeons de Vorticelles en train de se détacher, il observa comment ces êtres nouveaux, une fois libres, recherchaient ou retrouvaient les individus, demeurés sur leurs tiges arboriformes, pour se conjuguer avec eux. « Au début, dit-il, ces bourgeons, semblables par leur forme aux Vorticelles ordinaires en train de s'essaimer, nagèrent au travers des gouttes avec une vitesse assez uniforme (d'environ 0,6 à 1 par seconde) en tournant toujours autour de leur axe longitudinal et en suivant généralement une direction à peu près rectiligne. Ceci dura cinq à dix minutes, ou peut-être encore davantage, sans que rien de particulier eût lieu. Puis la scène changea tout à coup. Arrivé par hasard dans le voisinage d'une Vorticelle fixe, le bourgeon changeait de direction, parfois comme avec une secousse ; il s'approchait de la Vorticelle, en dansant comme un Papillon qui joue autour d'une fleur ; il glissait sur elle, en la tâtant, çà et là, sans cesser jamais de tourner sur son axe longitudinal. Lorsque ce jeu avait duré quelques minutes et même qu'il s'était répété plusieurs fois auprès de divers individus fixés successivement, le bourgeon se fixait généralement à l'extrémité inférieure ou « aborale », au voisinage de la tige. Au bout de quelques minutes on pouvait déjà constater que la fusion était en train de s'effectuer. »

« J'ai observé, une autre fois, dit O. Schmidt, un spectacle plus remarquable encore. Un bourgeon libre, en s'essaimant, croisa la direction que suivait, avec une grande vitesse, une grosse Vorticelle qui chassait à travers les gouttes et qui avait abandonné sa tige suivant le mode habituel. Au moment où elle rencontra le bourgeon, sans qu'il se produisît d'ailleurs le moindre contact, celui-ci changea subitement de direction et suivit la Vorticelle avec une vitesse très grande. Il se fit une véritable chasse, qui dura cinq secondes environ. Le bourgeon, pendant ce temps, demeura seulement à un millimètre en arrière de la Vorticelle, mais il ne l'atteignit pas et la perdit au moment où celle-ci effectua une conversion soudaine. Là-dessus, le bourgeon poursuivit sa propre route, avec la vitesse moindre qu'il avait au début. Ces exemples sont remarquables, en ce qu'ils dénotent une perception fine et rapide, une décision volontaire prompte et assurée, une innervation motrice indépendante et graduelle. »

Ainsi, le physiologiste d'Utrecht incline à

trouver chez les Vorticelles des facultés psychiques très développées, puisqu'il leur attribue non seulement la sensibilité, mais encore la perception, la volonté consciente, et la mise à exécution rapide d'une volonté dirigée vers un objet déterminé.

Il serait facile d'observer, chez d'autres Infusoires aussi, des faits et gestes du même genre.

« Pour ce qui concerne les Vorticelles, il nous semble que la chasse décrite par Engelmann peut recevoir une explication bien plus simple : l'animal qui nage en avant provoque un tourbillon dans la voie duquel le second animal qui y a pénétré se trouve entraîné tout à fait involontairement, comme il arrive pour certaines larves d'essaimage. Le second, plus difficile, ne doit pas être considéré en lui-même, car il renferme la question, tout à fait générale, qui a trait à la sensibilité et à la faculté de perception chez les animaux dénués de nerfs (O. Schmidt).»

LES HYPOTRICHES — *HYPOTRICHA* Stein.

Caractères. — Les Hypotriches sont des Infusoires bilatéraux avec une face dorsale convexe et une face ventrale plate portant des cils très fins. La bouche et l'anus sont situés sur la face ventrale loin de l'extrémité antérieure.

LES ASPIDISCIDÉS — *ASPIDISCIDÆ* Ehrh.

Caractères. — Ils ont le corps cuirassé en forme de bouclier épaissi sur le bord droit de la face ventrale. Le long du bord gauche il existe une zone de cirrhes buccaux.

ASPIDISCA PETITE TOUR — *ASPIDISCA TURRITA* Mull.

Caractères. — La carapace est presque carrée ; elle possède un bec crochu, une bouche ciliée

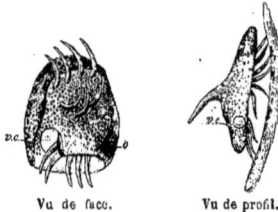

Vu de face.   Vu de profil.
Fig. 1101 et 1102. — Aspidisca petite tour (*).

et le bord postérieur est garni de soies (fig. 1101 et 1102).

Distribution géographique. — Elle habite les eaux douces d'Europe.

vc, vésicule contractile. — o, bouche.

LES EUPLOTIDÉS — *EUPLOTIDÆ* Ehrh.

Caractères. — Chez les Euplotidés, le corps est cuirassé avec un péristome largement ouvert sur la moitié gauche de la face ventrale ; ils portent un petit nombre de cirrhes en forme de stylets rigides.

EUPLOTIS CHARON — *EUPLOTIS CHARON* Mull.

Caractères. — La face ventrale se présente avec un espace central saillant, des cirrhes

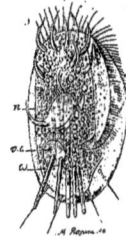

Fig. 1103. — Euplotis Charon (*).

ventraux et quatre cirrhes marginaux isolés (fig. 1103).

Distribution géographique. — L'Euplotis Charon est assez rare dans les eaux douces du Nord.

LES OXYTRICHINIDÉS — *OXYTRICHINIDÆ* Ehrh.

Caractères. — La face ventrale présente de chaque côté une rangée continue de cirrhes

(*) n, nucléus. — vc, vésicule contractile. — u, anus.

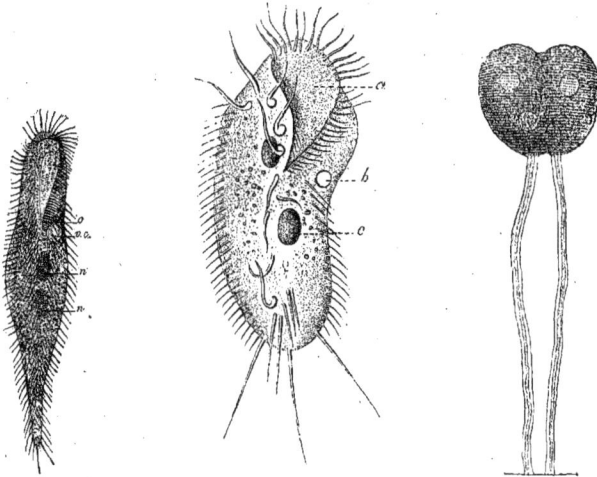

Fig. 1104. — Oxytriche à queue (*).   Fig. 1105. — Stylonichie moule.   Fig. 1106. — Mode de conjugaison,
                                                                                           chez les Stylonichies.

marginaux et de cirrhes en forme de stylets et de crochets.

OXYTRICHE A QUEUE — OXYTRICHA CAUDATA
Ehrb.

Caractères. — Le corps est incolore, linéaire, allongé en arrière en manière de queue, et un peu arrondi en avant (fig. 1104).

Distribution géographique. — Cette espèce a été découverte par Ehrenberg dans les eaux douces de Berlin.

STYLONICHIE MOULE — STYLONICHIA MYTILUS
Ehrb.

Caractères. — Cette espèce a le corps déprimé, ovale, oblong, élargi et arrondi aux deux extrémités; pourvue d'appendices très longs et de cils recourbés en crochet, elle atteint 14 à 28 millimètres. C'est une des espèces les plus grandes connues (fig. 1105).

Mœurs, habitudes, régime. — Elle vit dans l'eau des marais conservée depuis longtemps, surtout celle où se trouvent des Conferves.

(*) o, bouche. — vc, vésicule contractile. — n, nucléus.
BREHM.

La figure 1105 nous montre la face ventrale qui seule est munie de cils de diverses sortes. Une grande ouverture béante (a), qui se rétrécit en bas, est bordée de cils; ceux-ci produisent des tourbillons qui amènent les aliments à l'orifice buccal proprement dit, situé au fond de cette large fente. Grâce aussi à ces cils et aux deux autres rangées de cils qui proéminent au delà des bords gauche et droit du corps, l'animal nage d'un mouvement continu et uniforme. Il peut également marcher, en s'appuyant sur les pointes de cils incurvés qui sont plus forts, et sur les cils résistants et styliformes qu'on voit au voisinage de l'extrémité postérieure. Les trois soies allongées qui se trouvent en arrière sont immobiles. Muni ainsi de nombreux moyens de locomotion, il grimpe avec une grande agilité parmi les Plantes microscopiques, en engloutissant presque incessamment ses aliments, constitués par des espèces très petites de sa propre classe et par des Algues microscopiques, qui se trouvent entraînées dans les tourbillons aboutissant à son œsophage. Un organe qui ne manque jamais, c'est la vésicule (b) qui se contracte, avec des pauses assez régulières de 10 à 12 secondes, et qui se vide, à l'extérieur, par une ouverture très fine, de son contenu transparent.

Bien que cette vésicule contractile occupe chez la plupart des espèces une place déterminée, et qu'après chaque contraction elle revienne à sa première forme, c'est-à-dire plissée, on ne peut néanmoins lui décrire une membrane limitante, dans le sens propre du mot. C'est une cavité creusée dans la couche corticale du corps qui est constitué par un protoplasma peu fluide. Il en résulte que l'ouverture dont nous parlons ne paraît pas être un orifice régulier, se renfermant par suite de la contraction du tissu qui l'entoure. On voit aussi, vers le milieu de l'animal, deux corps arrondis (*c*), qu'on désigne sous le nom de *nucléus*. Depuis longtemps on les avait pris pour les organes de reproduction ; on avait cru observer qu'ils se décomposaient en œufs véritables ou qu'ils se scindaient en germes sphériques que leur développement transformait en rejetons ciliés. De nouvelles observations ont montré qu'un tel mode de multiplication était très douteux. Ces noyaux, dont le nombre est réduit quelquefois à un, paraissent devoir être considérés comme de véritables noyaux de cellules ou comme des produits analogues ; ils semblent jouer un rôle important, au point de vue de la scissiparité, dans ce qu'on appelle la conjugaison, où ils ne se décomposent qu'à ce moment-là et donnent lieu à la formation de nouveaux

noyaux et au rajeunissement du corps tout entier.

La conjugaison a été observée, précisément, d'une manière très complète, chez les *Stylonychia*. Deux animaux se juxtaposent, et se fusionnent en partie (fig. 1106) ; pendant ce temps la formation des noyaux s'opère. On avait cru d'abord que la conjugaison servait de préparation à la formation de rejetons embryonnaires qui devaient traverser le corps maternel et subir, pendant une période d'essaimage, une métamorphose considérable ; mais cette hypothèse a dû faire place à une opinion toute différente : Bütschli a étudié récemment avec beaucoup de soin ces phénomènes qui avaient donné lieu à une foule d'interprétations erronées.

« J'ai vu, dit-il, ces prétendues sphères embryonnaires pénétrer de l'extérieur dans des *Stylonychia* conjuguées, s'y multiplier, et s'essaimer de nouveau ; j'ai démontré, en outre, expérimentalement la nature parasitique de ces embryons en enfermant ensemble un animal infecté de ces parasites avec un animal indemne, sous l'opercule de verre : j'ai vu alors ce dernier animal être saisi par les premiers prétendus embryons sortis du premier animal et être pénétré par ces parasites qui se multiplièrent là sous la forme de ces sphères embryonnaires. »

LES HÉTÉROTRICHES — *HETEROTRICHA* Stein.

Caractères. — Les organismes de cet ordre ont le corps couvert de cils très fins sur toute sa phériphérie ; la bouche ventrale est constamment placée au fond d'un péristome ; l'anus est presque toujours à l'extrémité postérieure.

LES BURSARIDÉS — *BURSARIDÆ* Ehrb.

Caractères. — Les cils buccaux chez les Bursaridés forment une ligne droite ou oblique ; ils ne sont jamais disposés en spirale, n'entourent que le côté gauche du péristome, et se continuent dans l'intérieur de l'œsophage.

PLAGIOTOME EN FORME DE CŒUR — *PLAGIOTOMA CORDIFORMIS* Ehrb.

Caractères. — Sa forme est ovale, échancrée

du côté en forme de rein ; déprimé en avant, sa bouche est presque spirale et munie d'une rangée de cils (fig. 1107).

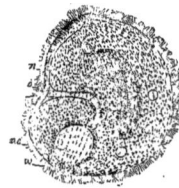

Fig. 1107. — Plagiotome en forme de cœur (*).

Mœurs, habitudes, régime. — Ehrenberg l'a découvert dans les intestins de la Grenouille.

(*) n, nucléus. — o, bouche. — vc, vésicule contractile. — w, anus.

LES STENTORIDÉS — *STENTORIDÆ* Ehrb.

Caractères. — Les Stentoridés ont le corps allongé et élargi en avant en entonnoir ; le bord entier du péristome est recouvert d'une zone de cils disposés en spirale ; l'anus est à gauche auprès du péristome.

Ils peuvent se fixer par l'extrémité postérieure du corps.

STENTOR DE ROESEL — *STENTOR ROESELII* Ehrb.

Caractères. — Le corps est en forme de trompette, blanc, à demi transparent, avec une frange de longs cils depuis la bouche jusqu'au milieu du corps (fig. 1108).

Mœurs, habitudes, régime. — Dujardin l'a observé dans les bassins du Jardin des Plantes ; il a été décrit par Rœsel sous le nom de « *Pseudopolype en forme de chalumeau* ». Rösel écrivait, à ce sujet : « Cette espèce se trouve le plus souvent à la face inférieure des Lentilles d'eau, où l'animal se fixe par son extrémité postérieure qui est pointue.

« En examinant ces animaux, on les voit changer d'aspect presque à chaque instant ; mais, bien qu'ils modifient leur forme constamment, la partie antérieure de leur corps reste toujours la plus épaisse, et la partie par laquelle ils se fixent demeure la plus mince et la plus pointue. Lorsqu'un de ces Pseudopolypes ouvre son extrémité antérieure, où se trouvent en réalité la tête et la partie buccale, cette partie rappelle le large pavillon d'une trompette ou ressemble à un chalumeau ; il y a là une cavité évasée, dont le bord est garni, comme nos paupières, d'une rangée de cils courts, mais égaux, que le Pseudopolype fait osciller alternativement. Avec un orifice ainsi constitué, ces animaux peuvent provoquer dans l'eau un tourbillon constant, au moyen duquel ils attirent à eux beaucoup de petits corps de toutes sortes ; ils rejettent aussi par là tout ce qui n'est pas à leur convenance. Dans leurs mouvements divers, tantôt ils allongent leur corps ou l'étalent complètement, en ouvrant toujours leur extrémité antérieure ; tantôt ils le raccourcissent et le contractent rapidement ; tantôt enfin ils nagent, et la configuration de leur corps se modifie alors de bien des manières. Lorsqu'ils se reposent sur une Lentille d'eau, on peut, en les examinant avec attention, observer les modifications suivantes : ils peuvent contracter leur corps à ce point qu'on n'aperçoive presque plus rien ; bientôt on les voit réapparaître en forme de crosse. Puis leur extrémité antérieure se rouvre. De même que, çà et là, au milieu de tous ces mouvements, un de ces Pseudopolypes se contracte et s'étire de nouveau avec une grande rapidité, il peut arriver aussi, lorsqu'ils ressentent quelque secousse, qu'ils disparaissent tous à la fois. Ils quittent parfois leur résidence, en abandonnant leurs voisins pour nager dans l'eau en tous sens, et pour revenir ensuite retrouver leurs compagnons, ou pour se poser en quelque autre point ; ils modifient, dans ce cas, leur conformation de différentes manières, et paraissent tantôt courts et épais, tantôt allongés, tantôt larges et raccourcis. En nageant, ils suivent une direction tantôt rectiligne, tantôt sinueuse, et parfois circulaire. »

Les Stentors se fixent donc par leur extrémité postérieure dont ils peuvent se servir comme d'une sorte de ventouse ; ils s'aident, en outre, des cils allongés qui paraissent visqueux et qui se rapprochent beaucoup des pattes radicellaires des Rhizopodes. Les nombreux changements de forme que Rœsel a décrits, sont déterminés par des cordons de protoplasma d'apparence myoïde. Même dans l'extension complète, la surface du corps, en dehors de l'extrémité postérieure, n'est pas tout à fait lisse ; elle est parcourue par des sillons longitudinaux. Dans ces sillons précisément, existent, au-dessous de la pellicule superficielle qui revêt le corps entier, des bandes de protoplasma contractile, dont le raccourcissement s'accompagne de la production de rides sur le tégument. Dans le fond de ces sillons se trouvent aussi les rangées de cils réguliers qui prennent racine dans ces bandes. Cette disposition permet d'expliquer les phénomènes qu'on observe facilement sur ces Infusoires et sur d'autres encore qui changent rapidement le sens de leur natation et qui avancent tantôt avec l'extrémité antérieure, tantôt avec l'extrémité postérieure. Suivant que les parties radiculaires des cils, dont la position est sous la dépendance des bandes contractiles, se dirigent en arrière ou en avant, le corps effectue un mouvement en avant ou en arrière.

Sur la figure qui représente le *Stentor Rosellii*, on voit encore, latéralement, une ligne sinueuse de cils aussi forts que ceux qu'on trouve sur la spirale, du bout antérieur. Déjà en 1744, Tremblay avait étudié cette particularité chez les Stentors. Il avait remarqué que certains spé-

Fig. 1108. — Stentor de Rösel.

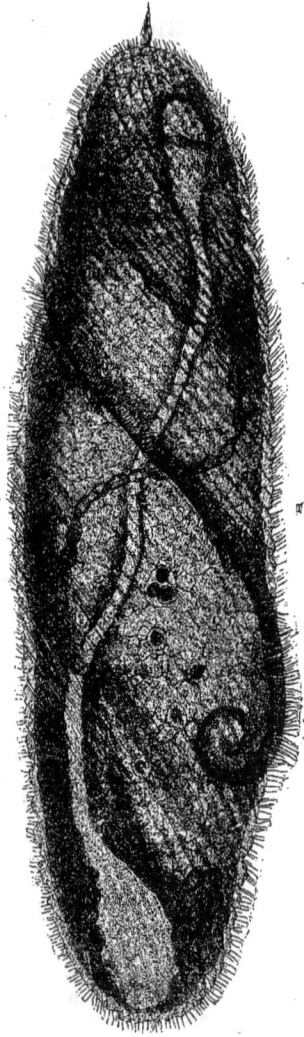

Fig. 1109. — Spirostome ambigu.

cimens présentaient cette ligne ciliée, et que d'autres ne la possédaient pas; il avait vu qu'il se prépare ainsi une scission qui s'accentue suivant une direction oblique sur le corps de l'animal, et il avait reconnu là le point de départ de la spirale de l'animalcule nouveau qui se trouve situé derrière l'autre. Le savant français, Fer-montal a décrit, dans ces derniers temps, ce processus : il commence par le soulèvement d'une bande de tégument dentelée qui se transforme en une ligne ciliée. Celle-ci descend, plus ou moins obliquement, jusque vers le milieu du corps ; puis il se fait un étranglement, suivant une direction transversale et oblique ; pendant ce temps la partie inférieure de la ligne de séparation, garnie de cils, se prolonge dans la spirale buccale de l'individu postérieur qui vient d'être ainsi créé, tandis que la partie antérieure disparaît. L'étranglement devient bientôt assez profond pour que l'animalcule antérieur semble enfoncé dans l'animalcule postérieur comme dans une sorte de cornet. Cet animalcule antérieur a gardé sa spirale ciliée, sa vésicule contractile, sa bouche, son œsophage, et la moitié supérieure de son noyau. A l'exception du demi-noyau, l'animalcule postérieur doit créer tous ces organes à nouveau.

LES SPIROSTOMIDÉS — *SPIROSTO-MIDÆ* EHRH.

Caractères. — Chez ces animaux le corps est en général aplati, avec un péristome ventral situé à gauche ; les cils buccaux deviennent une spirale dirigée vers la droite.

A côté de la rangée de cils spiralés antérieurs du corps, s'étend une sorte de clavier composé de stries d'apparence musculaire, dont chacune

correspond à un cil aux mouvements et aux directions duquel elle se trouve préposée.

SPIROSTOME AMBIGU — *SPIROSTOMUM AMBIGUUM* EHRH.

Caractères. — Le *Spirotome ambigu*, que nous figurons (fig. 1109), possède plusieurs particularités distinctives. Il a le corps blanchâtre, un peu renflé au milieu. Il atteint une ligne à une ligne et demie de long, ce qui en fait un véritable géant parmi les animaux de cette classe et ce qui permet de le confondre aisément avec un Ver turbellarié. Sa vésicule contractile, qui s'allonge en forme de vaisseau, s'étend depuis l'extrémité postérieure presque jusqu'à l'extrémité antérieure. Les stries de la couche tégumentaire, comparables à des fibres musculaires, se succèdent suivant une ligne spiralée très régulière, et lorsque ces bandelettes se contractent à la fois, comme il arrive fréquemment, le corps se raccourcit et se contourne en spirale. Ces propriétés ne s'observent pas chez les Spirostomes seulement, mais c'est sur eux qu'on les constate le mieux.

Distribution géographique. — Il est commun dans les étangs des environs de Paris où il a été étudié par Dujardin.

Mœurs, habitudes, régime. — Ces animalcules sont assez communs. Toutefois ils n'apparaissent pas en troupes aussi surprenantes et aussi intéressantes à observer que les Stentors (O. Schmidt).

LES HOLOTRICHES — *HOLOTRICHA* STEIN.

Caractères. — Le corps des Holotriches est recouvert de cils très fins plus courts que le corps, disposés suivant des lignes longitudinales ; les zones de cils manquent autour de la bouche.

LES ENCHÉLIDÉS — *ENCHELIDÆ* MULL.

Caractères. —Les Enchélidés ont le corps de consistance très variable ; la bouche est terminale, l'œsophage paraît dentelé.

COLEPS HÉRISSÉ — *COLEPS UNCINATUS* DUJ.

Caractères. — Le corps est ovoïde, grisâtre, terminé en avant par une couronne de

10 à 12 dentelures correspondant à autant de

Fig. 1110. — Coleps hérissé (*).

rangées symétriques de nodules anguleux et saillants (fig. 1110).

(*) *n*, nucléus. — *vc*, vésicule ombilicale.

Distribution géographique. — Commun dans l'eau de Seine, où il nage lentement parmi les Myriophyllum.

Nous figurons un autre type appartenant au même ordre, c'est l'Opalina Lineata (fig. 1111) également de nos eaux douces.

LES PÉRITRICHES — *PERITRICHA* Stein.

Caractères. — Organismes à corps cylindrique nu, exceptionnellement revêtu de cils dans

Fig. 1111. — Opalina lineata.

toute son étendue ; la bouche est entourée d'une zone de cirrhes en spirale, très longs et en forme de soies.

LES TINTINNIDÉS — *TINTINNIDÆ* Ehrb.

Caractères. — Ils ont le corps en forme de cloche, entouré d'une enveloppe gélatineuse

Fig. 1112. — Tintinnus inquilinus (*).

avec laquelle ils nagent au moyen de mouvements ciliaires de la moitié antérieure faisant saillie au dehors ; le péristome est creux et porte

(*) *vc*, vésicule contractile.

au fond une saillie, dont le bord antérieur est orné de cils longs et rigides.

TINTINNUS PETITE GOURDE — *TINTINNUS LAGENULA* Mull.

Caractères. — Cette espèce offre tous les caractères de la famille.

Il en est de même du Tintinnus inquilinus (fig. 1112).

Distribution géographique. — L'un et l'autre habitent nos eaux douces.

LES VORTICELLIDÉS — *VORTICELLIDÆ* Ehrb.

Caractères. — Les Vorticellidés ont le corps contractile, la spirale buccale dirigée vers la gauche entourant un disque cilié en forme de couvercle.

C'est dans cette famille que l'on observe les colonies d'Infusoires.

VORTICELLE CITRINÉE — *VORTICELLA CITRINA* Duj.

Caractères. — Le corps est de forme variable, souvent campanuliforme ou conique, à bord élargi, saillant et diversement contourné ; le pédoncule est pourvu d'un muscle contractile. Nous figurons (fig. 1113 a) l'espèce dans l'état où elle se présente quand son pédoncule est contracté ; le corps est alors généralement contracté aussi et sphérique. A côté, nous avons figuré l'animal (fig. 1114 b) avec un grossissement qui permet de voir nettement les parties caractéristiques les plus importantes. Dans le pédoncule creux, on remarque une bande striée (*m*), qu'on peut comparer à une fibre musculaire.

C'est de son raccourcissement que dépend la contraction en forme de spirale du pédicule. Au niveau où elle émerge de la paroi de l'animal, on voit qu'elle prend racine même dans la masse du corps. Les trois organes les plus importants que nous avons étudiés chez les Stylonychia, c'est-à-dire l'entonnoir œsophagien (*oe*) la vésicule (*v*), et le corps reproducteur (*n*), montrent la parenté intime qui relie ces deux animaux, d'aspect d'ailleurs si différent ; le

se contracte à la fois, comme mû par l'électricité, pour s'étaler ensuite à nouveau. La contraction se fait par l'intermédiaire d'une bande

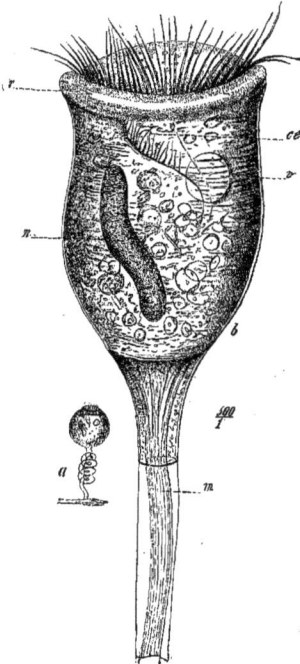

Fig. 1113. — Vorticella citrinée. — Fig. 1114. — La même très grossie.

bord (*r*), renflé en forme de lèvre et muni intérieurement de cils très longs, constitue au contraire un caractère propre aux Vorticelles.

CARCHESIUM ÉPISTYLIS — *CARCHESIUM EPISTYLIS* Ehrb.

Caractères. — Cette espèce, comme toutes ses congénères, constitue des colonies de Vorticelles. « Je ne connais guère de spectacle plus attrayant à étudier sous le microscope, dit O. Schmidt, que le mouvement de cette sorte de pot de fleurs vivant: tantôt les fleurs tressautent isolément ; tantôt toutes celles qui se trouvent sur un même rameau sont secouées simultanément; tantôt enfin l'arbrisseau entier

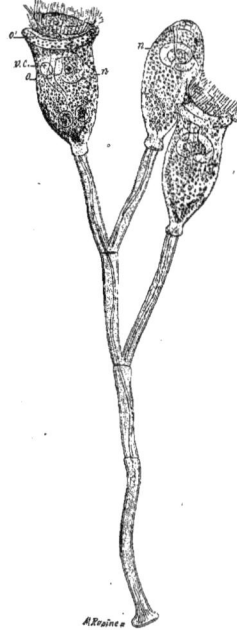

Fig. 1115. — Carchesium epistylis (*).

d'apparence musculaire qui traverse la tige creuse (fig. 1115).

ÉPISTYLIS NUTANS — *EPISTYLIS NUTANS* Ehrb.

Caractères. — Le corps de cette espèce est nu et ordinairement oblique en avant. Tantôt on voit ici un opercule disposé obliquement sous le bord saillant duquel se trouve l'orifice buccal; tantôt il existe, comme chez les *Epistylis*, une lèvre supérieure et une inférieure munies de cils, entre lesquelles commence l'entonnoir buccal qui pénètre profondément. Presque immédiatement au-dessous, on aperçoit la petite vésicule contractile ; et en arrière, on remarque une glande simple, incurvée, rubanée (fig. 1116).

(*) *n*, nucléus. — *vc*, vésicule. — *o'*, entrée. — *o*, bouche contractile, vestibule.

Mœurs, habitudes, régime. — « Les Epistylis, dit Stein, se multiplient par le fait de la scission longitudinale des animaux déjà existants. Avant même que l'étranglement, qui progresse de l'avant et de l'arrière vers le centre, soit arrivé à produire une séparation complète en deux individus distincts, on voit déjà les extrémités basales des individus nouveaux, séparées l'une de l'autre, reposer sur des pédicules partiels très courts, qui par conséquent, bientôt après le début du processus scissipare, doivent être sécrétés aux dépens des bases de ces corps pendant qu'elles deviennent libres. Une fois la scission longitudinale terminée, les tiges par-

Fig. 1116. — Épistylis nutans.

ticulières de chaque individu sont encore très courtes. Leur élongation, qui se poursuit naturellement dans les points seulement où elles se rattachent au corps de l'animal, s'effectue souvent plus vite pour un individu que pour l'autre ; celui qui a le plus long pédicule se dispose alors à une nouvelle scission plus tôt que son compagnon de naissance ; il en résulte que les animaux d'un même arbrisseau se trouvent à des niveaux différents.

« Les rameaux d'un de ces arbrisseaux ne vont pas toujours se terminer tous dans un animal ; mais certains rameaux se trouvent abandonnés

par les êtres auxquels ils ont eux-mêmes donné naissance. Le détachement des animalcules ne paraît jamais être précédé de la formation d'une couronne de cils à l'extrémité postérieure. » C'est là un phénomène qui se produit chez toutes les autres Vorticelles et notamment pour les bourgeons qui se détachent. Les animalcules détachés demeurent étirés et nagent dans l'eau

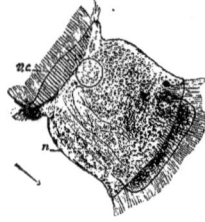

Fig. 1117. — Épistylis invaginata (*)

à l'aide de leur couronne de cils antérieure, pour devenir plus tard en quelque autre endroit la base d'un nouvel arbrisseau. Très souvent j'ai trouvé des individus isolés chez lesquels un rudiment de tige venait à peine d'émerger de la

Fig. 1118. — Scyphidia Physarum.

base du corps. Très fréquemment aussi, j'ai trouvé des souches récentes qui ne portaient encore que deux ou trois animalcules. »

Nous figurons un autre espèce de la même famille, l'Epistylis invaginata (fig. 1117), ainsi qu'un représentant du genre Scyphidia, le Scyphidia Physarum (fig. 1118)

(*) n, nucléus. — vc, vésicule contractile.

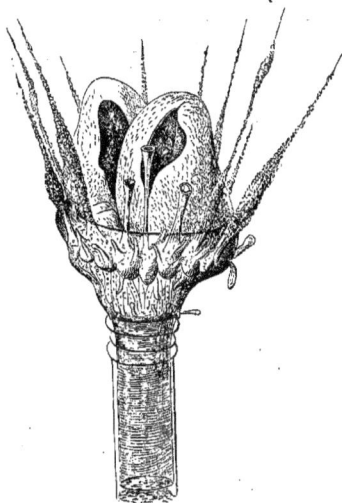

Fig. 1119. — Podophrya gemmipare.

LES SUCEURS — *SUCTORIA* Clap.

Caractères. — Ces Infusoires ont le corps dépourvu de cils à l'état adulte, avec des suçoirs en forme de tentacules presque toujours rétractiles.

Mœurs, habitudes, régime. — Ils sont parasites sur divers animaux ou sur d'autres Infusoires.

LES ACINÉTRIDÉS — *ACINETRIDÆ* Clap.

Caractères. — Les Acinétridés ne possèdent des cils que dans leur première jeunesse et pendant la courte période d'essaimage. Dès que les animaux se sont fixés, ils perdent leurs cils, et l'on voit alors se former des prolongements du protoplasma, très fins et très particuliers ; ce sont eux qui, en l'absence d'une bouche, introduisent les aliments dans le protoplasma. Ces prolongements se trouvent à la partie antérieure du corps, sous la forme de rayons protractiles et rétractiles ; ils se terminent par un Brehm.

bouton, qui s'applique sur la proie à conquérir, la maintient comme ferait une ventouse, et amène dans le corps même de l'Acinète les liquides à absorber (O. Schmidt).

PODOPHRYA GEMMIPARE — *PODOPHRYA GEMMIPARA* Ehrb.

Caractères. — Cette espèce a le corps pédonculé avec des faisceaux de tentacules capités. Indépendamment de ces tentacules elle possède des filaments préhensils, terminés par une extrémité effilée (fig. 1119).

Mœurs, habitudes, régime. — Si un Infusoire passe à portée de ses filaments de préhension, on les voit se tordre en enserrant leur proie. Leur contact paralyse et finit par tuer peu à peu l'Infusoire ; ces bras préhensils, en se raccourcissant, rapprochent ce butin du corps même du Podophrya et l'amènent au contact des suçoirs qui sont plus courts. Ceux-ci se renflent à leur extrémité et se fixent comme autant de ventouses, à la surface du corps cap-

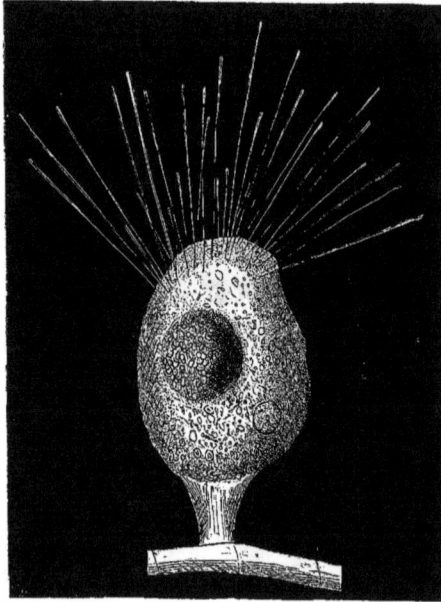

Fig. 1120. — Acineta mystacina, montrant le noyau interne.

turé. Leurs mouvements de protraction et de rétraction rapprochent et éloignent alternativement l'Infusoire tué, jusqu'à ce que soudain il commence à devenir plus petit. Cela tient à ce qu'un courant s'est établi du corps de l'Infusoire vers l'intérieur du Podophrya : pendant l'allongement des suçoirs, les granulations du protoplasma de l'Infusoire pénètrent dans cet organe, dont le raccourcissement les pousse ensuite dans l'intérieur de l'organisme qui le dévore. (O. Schmidt.)

Hertwig a pu déterminer aussi, d'une manière exacte, le mode de multiplication de ce Podophrya gemmipare. Il se produit, à l'extrémité antérieure, entre les filaments tactiles et les suçoirs, des saillies dans lesquelles pénètrent respectivement des prolongements du noyau qui s'accroissent dans leur intérieur. Ainsi se développent des bourgeons, sous la forme de corps aplatis et d'aspect conchyloïde, qui finissent par se détacher lentement, et générale-

ment ne s'éloignent pas beaucoup de l'animalcule-mère, mais se fixent à ses côtés. La figure 1120 montre les détails relevés par Hertwig : on voit émerger du corps, devenu presque cupuliforme, deux bourgeons à peu près mûrs et un bourgeon qui commence à peine à se former. Les longs filaments, tactiles et préhensils, se comportent exactement comme les pattes apparentes des Rhizopodes que nous décrirons bientôt et dont ils diffèrent, toutefois, en ce qu'ils ne se fusionnent pas entre eux. Ils présentent le même mouvement des granulations dans le protoplasma transparent et dense, ce qui constitue un phénomène tout à fait caractéristique. Les raies qu'on voit sur le corps correspondent à des plis du tégument. Les striations qu'on aperçoit dans le pédicule, dont la figure ne représente qu'une portion, sont dues à une substance finement granulée qui remplit la cavité de cette tige.

Ces animaux aussi sont eux-mêmes, à leur

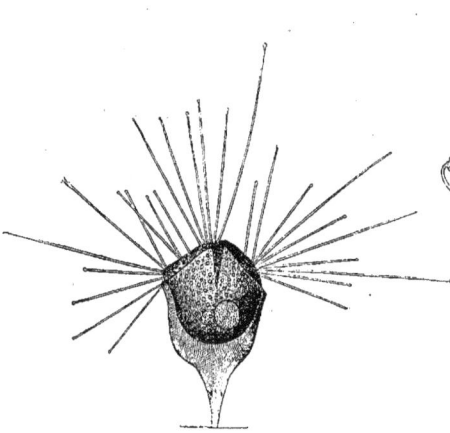

Fig. 1121. — Acineta mystacina.

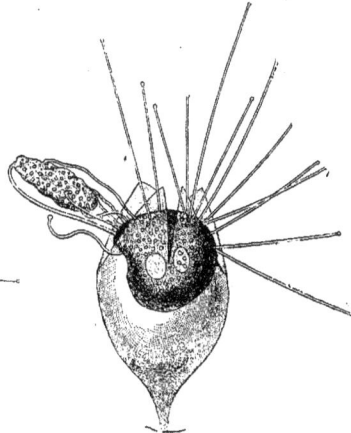

Fig. 1122. — Acineta mystacina, suçant une proie.

tour, exposés aux poursuites de nombreux ennemis. Le Podophrya gemmipare est en butte
aux attaques de petits Crustacés, en particulier
de plusieurs Amphipodes parmi lesquels il faut
citer surtout les *Caprella*.

En outre, un Infusoire, du groupe des *Hypotriches*, qui se multiplie très rapidement, lui

cause de grands ravages, en pénétrant au niveau
de la jonction du pédicule avec le corps, dans
un endroit, par conséquent, où il est à l'abri
des dangereuses tentacules.

Nous figurons un autre type, l'*Acineta mystacina* (fig. 1120, 1121, 1122), type du genre Acinète.

LES FLAGELLÉS — *FLAGELLATA* Clap.

Caractères. — Les organismes compris dans
cet ordre sont les plus simples des Infusoires,
ils manquent souvent de cils vibratiles et portent un ou deux prolongements filiformes désignés sous le nom de *flagellum*.

Beaucoup d'incertitude a régné sur ces êtres
tour à tour considérés comme faisant partie du
règne végétal, ou appartenant réellement au
monde animal ; les travaux récents concluent à
leur animalité, basée sur l'existence de vésicules
contractiles et souvent d'un orifice servant à
l'introduction des matières nutritives, ordinairement désigné sous le nom de bouche.

L'ordre des Flagellés comprend les Cilio-
Flagellés et les Flagellés proprement dits.

LES PÉRIDINIENS — *PERIDINEÆ* Clap.

Aux Cilio-Flagellés correspondent les Péri-
diniens.

Caractères. — Indépendamment de un ou
deux flagellum, ces organismes possèdent une
rangée de cils vibratiles portés sur le bord antérieur d'un sillon tracé sur le corps. Généralement ils sont défendus par une cuirasse armée
parfois de prolongements chitineux. Ils possèdent un nucléus, et se multiplient par
scission ou par enkystement.

CERATIUM CORNU — *CERATIUM CORNUTUM* Clap.

Caractères. — Cette espèce (fig. 1123) pré-

sente une forme quadrangulaire, sa partie inférieure est prolongée en une sorte de queue,
deux cornes se montrent à la partie antérieure,
deux flagellum s'articulent à la base de l'une des
cornes.

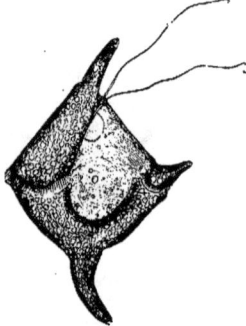

Fig. 1123. — Ceratium cornu.

Les Flagellés proprement dits sont divisés en
plusieurs familles.

LES DINOBRYENS — *DINOBRYINÆ* Fried.

Caractères. — Les Dinobryens forment des
colonies ramifiées rappelant par leur disposition certains Bryozoaires.

DINOBRYUM SERTULAIRE — *DINOBRYUM SERTULARIA* Fried.

Caractères. — Ce Dinobryum se montre
sous forme d'arbuscules; chaque individu,

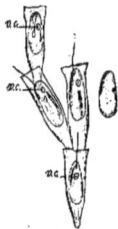

Fig. 1124. — Dinobryum sertulaire.

simulant une coupe allongée et placé au-dessus
de celui qui le précède, porte un nucléus armé
d'un flagellum (fig. 1124).

LES VOLVOCIENS — *VOLVOCINÆ* Duj.

Caractères. — Sans organisation interne
appréciable, dit Dujardin, les Volvociens forment des masses gélatineuses sphéroïdales; ils
sont pourvus d'un double flagellum.

Les Infusoires qui composent le genre Volvox
sont parfois assez grands pour être vus à l'œil
nu. En général, ils mesurent 0^{mm},10 à 0^{mm},50.

Les Volvox, d'après Ch. Robin[1], ont la forme
de sphères creuses, renfermant de l'eau dans
leur cavité centrale et dans leur couche gélatineuse ; on voit les individus sociétaires ayant
seulement 0^{mm},01 à 0^{mm},02 au plus de large.

Ils se reproduisent par scission. On aurait aussi
découvert chez eux une reproduction sexuelle.

Mœurs, habitudes, régime. — On trouve les
Volvociens dans l'eau douce et l'eau de mer corrompue, dans les marais en juin, au printemps
et en automne, à la surface des étangs couverts
d'une pellicule d'un vert sombre en septembre,
et même durant les derniers mois de l'année.
Muller en a trouvé dans l'eau de rivière en
novembre; il en existe dans les mares couvertes
de Lemna, dans l'infusion de Chènevis, etc.
Ils vivent constamment en colonies.

Toute la colonie nage de concert, réunie
sous une enveloppe commune en tournant par
l'action des flagellum saillants au dehors.

VOLVOX TOURNOYANT — *VOLVOX GLOBATOR* Mull.

Caractères. — Ce Volvox (fig. 1125) est constitué par des globules verts ou jaunâtres, formés

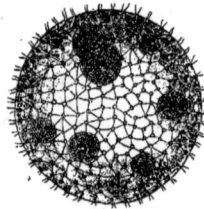

Fig. 1125. — Volvox tournoyant.

d'animalcules réunis dans une masse gélatineuse
et armés chacun de deux flagellum.

[1] Robin, *Traité du microscope*, 2e édition, Paris, 1877.

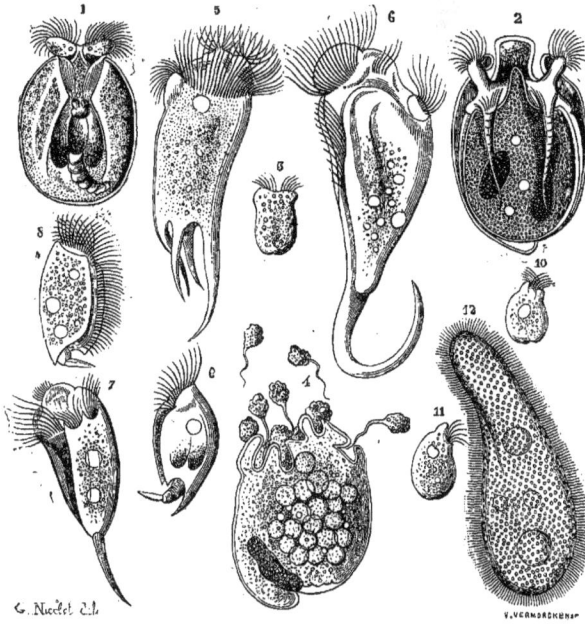

Fig. 1126 à 1137. — Infusoires de la panse du bœuf (d'après Colin) (*).

Distribution géographique. — Le Volvox tournoyant habite les eaux douces et est commun à Meudon.

Mœurs, habitudes, régime. — Quand on a mis dans un flacon de l'eau contenant des Volvox, dit Dujardin, on voit leurs globules monter et descendre en tournoyant lentement. Muller décrit leur mode de reproduction : La membrane enveloppante, dit-il, se fend, les globules qu'elle contenait sortent par la déchirure et la mère ou la membrane elle-même se divise. Ainsi, cette mère, par suite d'un admirable emboîtement de sa race, contient ses fils, ses petits-fils et ses arrière-petits-fils.

Les *Volvox aureus, granulum, pilula, socialis, morum, lunula, vegetans* sont des phases d'évolution du *Volvox globator.*

LES PARAMÆCIDÉS — *PARAMÆCIDÆ* MULL.

Caractères. — D'après Ch. Robin (1), les Paramæcies portent des cils sur tout le corps, mais la bouche latérale n'a ni lèvres membraneuses ni soies faisant saillie à l'extérieur.

Les Paramæcidés sont longs et peu aplatis.

Distribution géographique. — Muller a trouvé les Paramæcies dans les fossés, parmi les Lentilles d'eau, en juin, novembre et décembre, dans les mares couvertes de matières vertes. En automne, ils abondent dans l'eau de mer, dans celle des marais ; ils se développent aussi en trois ou quatre jours dans plusieurs infusions.

(1) Robin, *Traité du microscope et des injections.* 2e édition. Paris, 1877, p. 753.

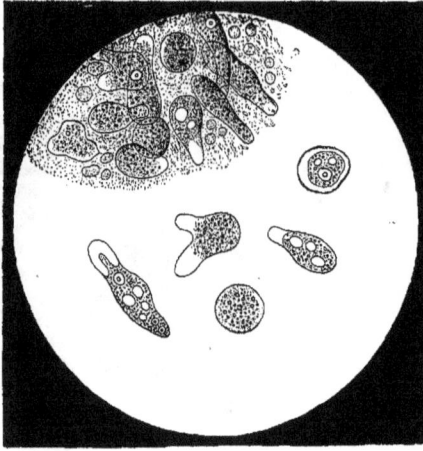

Fig. 1138. — Paramæcium coli.

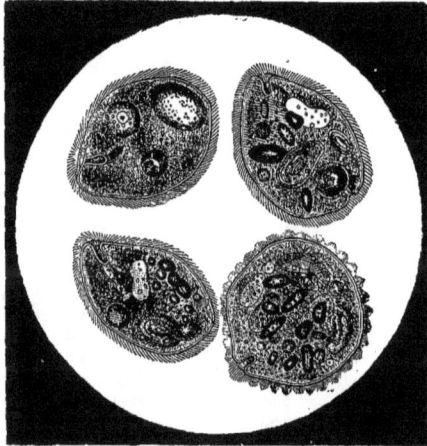

Fig. 1139. — Paramæcium coli.

On en connaît plusieurs espèces telles que le *Paramæcium aurelia, bursaria, putricia, glaucum,* qui se trouvent dans les eaux douces et de mer, altérées ou non.

Mœurs, habitudes, régime. — D'après G. Co-

lin (1), ces infusoires se rencontrent également au milieu de la masse alimentaire des premiers es-

(1) Colin, *Traité de physiologie comparée des animaux.* 2º édition. Paris, 1871, t. I, p. 766.

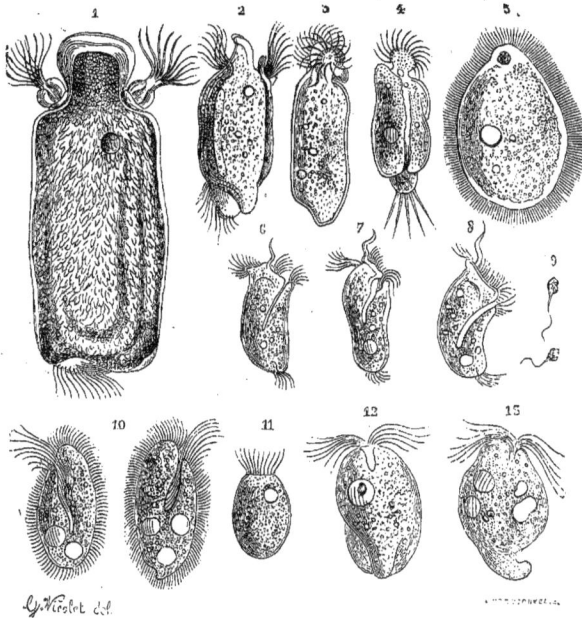

Fig. 1140 à 1153. — Infusoires intestinaux du cheval (*).

tomacs des Ruminants ; et on peut les étudier à volonté en pressant les matières ramenées à la bouche lors de la rumination (fig. 1126 à 1137), ils continuent à vivre plusieurs heures dans les matières de l'estomac, maintenues à la température du corps. Deux (1 et 2) à carapace arrondie, à bouche garnie de deux lobes saillants et ciliés, paraissent pouvoir se rattacher au genre Pteroderia. Une autre (5) à cuirasse bivalve elliptique, déprimée et fendue, avec stylets à la queue, présente les caractères essentiels des Salpina. Ceux (6, 7, 8, 9) dont la cuirasse porte une ouverture antérieure garnie de cils et qui sont pourvus d'une queue articulée ressemblent à la fois aux Brachioniens et aux Ecviliens. Enfin la Paramæcie (12) est peu différente de la Paramæcie Aurélie des Infusoires de matières organiques. Quant aux autres (10 à 11), ils paraissent n'être que des formes embryonnaires et transitoires.

PARAMÆCIE DU CÔLON. — *PARAMÆCIUM COLI* MALMOT.

Caractères. — Le *Paramœcium coli* atteint une longueur de 0ᵐᵐ,40.

Mœurs, habitudes, régime. — Il est doué d'une mobilité et d'une vivacité assez grandes. On en trouve de 20 à 25 dans une seule gouttelette de mucus. Ils meurent très vite hors de l'intestin.

Malmsten a trouvé des Paramæcies dans le pus de l'intestin, et le docteur G. Treille les a observés dans la dysenterie de Cochinchine.

Le *Paramœcium coli* (fig. 1138, 1139) vit dans le gros intestin de l'homme pendant la durée de certaines formes de la diarrhée.

(*) 1 à 5, Infusoires dont on pourrait faire des genres nouveaux. — 6 à 10, Colpodes. — 11 à 13, Infusoires analogues aux Colpodes, mais sans échancrure latérale (G. Colin).

LES COLPODES — *COLPODIDÆ* Mull.

Caractères. — Les Colpodes varient beaucoup dans leurs formes extérieures et dans leurs dimensions, mais leur longueur ne dépasse pas quelques centièmes de millimètre, ils sont reconnaissables à leur forme ovoïde avec une échancrure latérale au fond de laquelle se trouve la bouche.

Mœurs, habitudes, régime. — On les trouve dans l'eau salée, les intestins du Cheval (fig. 1140 à 1153), les Lentilles d'eau, l'infusion de foin (fig. 1154), l'infusion de Chènevis, notamment dans le cœcum et les parties antérieures

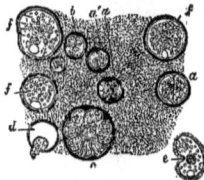

Fig. 1154. — Colpodes.

du côlon transverse : G. Colin (1) les a étudiés avec soin.

LES ASTASIÉES — *ASTASIEÆ* Stein.

Caractères. — Les Astasiées contiennent une matière colorante verte comme les végétaux et sont tantôt colorés, tantôt incolores selon les âges.

Mœurs, habitudes, régime. — On trouve l'*Euglena viridis*, l'un des types de ce groupe,

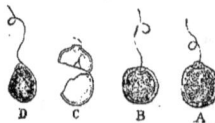

Fig. 1155 à 1158. — Trachelomonas.

dans les eaux stagnantes et à la surface de la vase qu'ils colorent en vert.

Avec les Euglena, on observe souvent beaucoup de *Trachelomona volvocina* (fig. 1155 à

(1) Colin, *Traité de physiologie comparée des animaux.* Paris, 1871, t. I, p. 837.

1158), à corps représenté par une cellule ovoïde pleine de chlorophylle avec un flagellum ciliforme, sortant par le goulot de la coque. L'animal perd son flagellum, tourne dans l'enveloppe qui se fend à une certaine époque et il rampe par expansion amiboïde comme les Euglènes. On voit alors très bien leur point oculiforme rouge. Leur enveloppe ou coque est cassante (C), brune ou incolore, suivant les espèces, soluble dans

Fig. 1159 à 1162. — Bodo viridis.

l'acide sulfurique sans dégagement de gaz. L'ammoniaque dissout leur flagellum et fait cesser aussitôt leurs mouvements sans dissoudre cette coque.

Le *Bodo viridis* (fig. 1160 à 1163) est voisin des Euglènes. Il mange les Vibrions et se trouve avec les *Closterium* dans plusieurs Algues.

LES MONADIENS — *MONADINIDÆ* Duj.

Caractères. — Les Monadiens (fig. 1163 à 1166) sont des êtres unicellulaires, qui consistent en un corps globuleux ou ovoïde, pourvu d'un ou plusieurs flagellum sans téguments; ils sont formés d'une substance gélatineuse susceptible de s'étirer plus ou moins (Dujardin).

Les types de ce groupe sont innombrables.

Fig. 1163 à 1166. — Monadiens.

C'est parmi eux qu'il faut chercher ces organismes fréquents sur l'homme, et vivant en

Fig. 1167. — Monade allongée.

Fig. 1168 à 1173. — Monade lentille.   Fig. 1174. — Cercomonade.   Fig. 1175. — Cercomonade.

parasites dans les différents organes ou les liquides qu'ils contiennent.

MONADE ALLONGÉE — *MONAS ELONGATA* Duj.

Caractères. — Le corps est allongé, noduleux, flexible, long de deux millimètres et porte un long filament à sa base (fig. 1167).

Distribution géographique. — Elle abonde dans l'eau de marais putréfiée.

MONADE LENTILLE. — *MONAS LENS* Duj.

Caractères. — La Monade lentille (fig. 1168 à 1173) a un flagellum extérieur. Sa bouche n'est qu'un orifice dépourvu de cils ou de poils; ces poils sont visibles seulement dans une ou deux espèces.

LES CERCOMONADES — *CERCOMO-NADIDÆ* Duj.

Caractères. — Les Cercomonades sont des Monadiens pourvus d'un grand cil locomoteur et d'une queue (fig. 1174 et 1175) ou d'un seul cil.

Mœurs, habitudes, régime. — Ils se rencon-

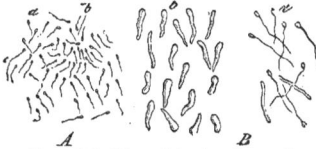

Fig. 1176 à 1178. — Infusoires du pus (*).

trent dans beaucoup d'infusions et dans les séro-

(*) A, vibrions ordinaires (*vibrio rugula et lineola* Ehrenb.): *a a*, leur extrémité antérieure renflés; *b*, extrémité postérieure pointue; *c c*, chaîne de ces vibrions). — B, vibrions de diverses espèces : *a a*, extrémité caudale allongée; *b b*, vibrions du pus de la grenouille (Lebert).

BREHM.

sites ou les mucus en voie d'altération (fig. 1176 à 1178).

LES TRICHOMONADES — *TRICHOMO-NADIDÆ* Duj.

Caractères. — Les Trichomonades sont des infusoires caractérisés par leur corps ovoïde ou

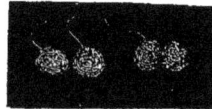

Fig. 1179. — Trichomonade de Donné.

globuleux, susceptible de s'agglutiner au porte-objet, de manière à s'étirer en une sorte de

Fig. 1180. — Trichomonade intestinale (Zunker).

prolongement caudal. Ils sont munis d'un flagellum plus long que le corps, dirigé en avant

VERS ET MOLL. — 89

pendant la marche, accompagné près de sa base d'un groupe de courts cils vibratiles. Leur corps se creuse de vacuoles comme celui de divers autres infusoires.

La Trichomonade de Donné (fig. 1179) a le corps globuleux, mamelonné ou inégal, épais de 0ᵐᵐ,01 avec un flagellum long de 0ᵐᵐ,025 à 0ᵐᵐ,035.

La Trichomonade intestinale a été étudiée par Zunker (fig. 1180).

Mœurs, habitudes, régime. — Les Trichomonades se trouvent dans les mucus, souvent réunies en groupes, au nombre de 5 ou 6 individus ; elles se liquéfient dès que le mucus est refroidi.

LES NOCTILUQUES — *NOCTILUCÆ* Sur.

A l'exemple de plusieurs zoologistes, nous classons parmi les Flagellés des organismes remarquables dont M. de Quatrefages a le premier (1850) fait connaître l'organisation : ce sont les Noctiluques.

Distribution géographique. — Il existe plusieurs formes ou espèces de Noctiluques dans les mers des zones tempérées et chaudes.

Mœurs, habitudes, régime. — Elles apparaissent généralement en quantités énormes, de sorte qu'elles forment parfois sur de vastes étendues une couche superficielle d'aspect rougeâtre pendant la journée. La nuit, elles produisent une lueur phosphorescente ; les phénomènes sont les mêmes que ceux qu'on observe pour d'autres animaux lumineux. L'agitation de l'eau et le frottement de leurs corps augmentent leur pouvoir lumineux.

Gurdray, médecin au Havre, fit le premier connaître le pouvoir lumineux des Noctiluques. Leur reproduction se fait par division ; d'après Cienkowski, des spores se forment également dans leur substance après conjugaison.

NOCTILUQUE MILIAIRE — *NOCTILUCA MILIARIS* Sur.

Caractères. — Le corps de cet organisme, qui est lisse à l'extérieur, présente la forme d'un rein. Le corps offre une dépression où s'insère un organe flagelliforme et mobile qui sert de rame à l'animal. En ce point, existe un orifice à travers lequel les matières nutritives passent.

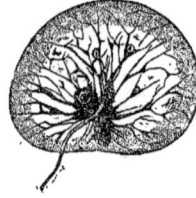

Fig. 1181. — Noctiluque miliaire.

dans un réseau sarcodique intérieur, qui est modifiable et absorbe ces aliments.

Immédiatement en arrière de l'orifice d'entrée, se trouve une accumulation plus considérable de la masse sarcodique d'où émanent des prolongements, offrant des ramifications et des anastomoses multiples, qui s'étendent à travers tout l'espace cellulaire pour adhérer enfin aux parois du corps par leurs ramuscules de plus en plus fins. C'est dans ce réseau (qui ne saurait se distinguer par sa forme et par son contenu du réseau de protoplasma d'une cellule végétale) que la nourriture est absorbée ; elle voyage avec la masse qui s'écoule autour d'elle et qui la dirige (fig. 1181).

LES RHYZOPODES — *RHYZOPODA* Duj.

Die Wurzelfussen.

Caractères. — Les Rhyzopodes sont des protozoaires sans membrane d'enveloppe, dont le parenchyme émet des prolongements. Par fois ils possèdent une vésicule pulsatile et une coquille calcaire ou bien un squelette siliceux.

LES RADIOLAIRES — *RADIOLARIA* Hæck.

Caractères. — Les Radiolaires sont des organismes à squelette siliceux radiaire, le corps consiste en une capsule enveloppée d'une membrane résistante et contenant une masse sarcodique, des vésicules, des gouttelettes graisseuses, et des noyaux ; en outre, la couche du corps non située en dehors de la capsule contient un nombre plus ou moins grand de cellules jaunâtres, entre lesquelles et par dessus lesquelles le sarcode se répand pour étendre ses prolongements sur la superficie de la masse protoplasmique qui constitue le corps proprement dit. Le protoplasma qui se trouve en dehors de la capsule se rattache au protoplasma de l'intérieur à travers des pores extrêmement fins de la membrane capsulaire. La reproduction provient des noyaux à l'intérieur de la capsule. Il se forme des essaims qui deviennent libres par des crevassements de la capsule. Un petit nombre seulement de types de ces Radiolaires, que caractérise leur capsule centrale, sont dénués de parties dures. Toutes les autres espèces sécrètent des parties siliceuses, dont quelques-unes ont la forme d'aiguilles ou d'étoiles isolées, et dont la plupart se groupent suivant une disposition concentrique, rayonnée ou globulaire, en constituant un squelette composé. La variété de ces squelettes siliceux est réellement surprenante ; l'élégance et la délicatesse de ces productions dépasse toute imagination.

Distribution géographique. — A l'exception des Radiolaires du détroit de Messine étudiées par Hæckel, on possède peu de données sur leur distribution dans les mers actuelles.

L'expédition du *Challenger* a jeté encore une nouvelle lumière sur ce sujet. Dans la conclusion de son rapport sur les Foraminifères, Wyville Thomson écrit :

« Les Radiolaires se comportent quelque peu différemment des Foraminifères, au point de vue de leur distribution. Quand le filet est jeté en mer à une profondeur de 1000 brasses, on constate que le nombre des Radiolaires s'accroît et que les individus des espèces qui vivent aussi à la surface sont plus grands. Beaucoup de types, d'autre part, n'habitent qu'à la profondeur que nous venons de citer, et manquent totalement à la surface. On peut admettre que les Radiolaires vivent dans toutes les profondeurs, même dans les plus considérables, qui peuvent atteindre parfois 5 milles anglais. On conçoit alors que les êtres qui vivent ainsi contribuent notablement à la formation des couches sur le fond des mers. Nous avons même trouvé un dépôt, que Murray a désigné sous le nom de « Vase-des-Radiolaires » parce qu'il était constitué presque entièrement par les restes de ces créatures (fig. 1182). Ainsi que nous l'avons indiqué dans la description précédente, les coquilles des Foraminifères, qui vivent seulement au voisinage de la surface, paraissent être complètement dissoutes avant d'atteindre de grandes profondeurs. Le limon rouge, quelle que soit d'ailleurs sa provenance, se dépose comme à l'ordinaire ; or les coquilles des Radiolaires, qui vivent à travers toutes les profondeurs, sont si nombreuses qu'elles recouvrent tous les autres éléments du fond. Toutefois, cette couche de Radiolaires ne se rencontre que dans les profondeurs extrêmes de l'Océan ; elle ne forme donc pas de dépôts contigus. »

En raison de l'importance que présente l'étude de la vie dans les profondeurs des mers et de la formation des dépôts sur les fonds maritimes, quelques données relatives à la température de la mer dans les points où se passent ces existences dissimulées trouveront ici leur place. Thomson a rassemblé les observations suivantes :

« A une profondeur de 2,500 brasses, la température est très basse. Dans toutes les profondeurs du Pacifique et de l'Atlantique, ainsi que dans toutes les parties de la mer du Sud où nous avons établi des expériences, la température est ordinairement un peu supérieure au point de congélation. Dans les bas-fonds, elle descend, en quelques endroits, peut-être tout à fait au voisinage de ce degré ; peut-être en deux endroits de l'Atlantique et du Pacifique, l'eau se refroidit-elle un peu au-dessous de 0°. Au-dessus des reliefs, qui se soulèvent entre les bas-fonds, la température est un peu plus haute ; en règle générale, la température ne s'élève pas au-dessus de 2 à 3 degrés sur le fond de l'Atlantique et du Pacifique ; elle s'y trouve donc un peu supérieure au degré de congélation. En étudiant la marche de la température à mesure qu'on descend de la surface jusqu'au fond, dans une grande mer, comme l'Adriatique par exemple, on constate une diminution de chaleur graduelle. A la surface, la température dépend de la saison, de l'étendue, de l'intensité de la chaleur solaire qui agit sur l'eau directement. A partir de là jusqu'à une certaine profondeur, peu considérable, la température tombe souvent assez vite ; elle s'abaisse ensuite assez modérément et assez uniformément jusqu'à une profondeur de 500 brasses, où l'on constate habituellement 14 degrés environ. Au-dessous de ce point la température décroît très lentement jusqu'au voisinage du point de congélation. Il règne donc au fond de la mer une température très uniforme et très basse en même temps. »

C'est de cette égalité aussi que dépend l'uniformité de la vie dans les profondeurs maritimes. Le naturaliste Anglais pense avoir trouvé une explication de cette basse température des eaux dans l'inégalité de l'évaporation qui a lieu sur la moitié septentrionale et sur la moitié méridionale du globe. Il semble que, dans le Nord, il s'évapore une quantité d'eau plus grande que la quantité qui y est précipitée et qui doit la remplacer; dans l'hémisphère Sud, au contraire, la quantité d'eau qui s'évapore est tellement inférieure à la quantité qui s'y précipite, qu'il doit se produire sans cesse un courant d'eau froide vers l'hémisphère septentrional. Nous ne connaissons pas suffisamment les courants froids sous-marins, spécialement dans la mer du Sud. Nous avons seulement des notions un peu plus exactes sur certains courants froids, dirigés du Nord au Sud, qui proviennent de la mer de glace et de l'Océan atlantique, et qui repoussent assez loin, dans les régions maritimes tempérées et peu profondes, la faune sous-marine septentrionale; mais nous ne sommes pas en mesure de noter les effets des ramifications du Gulf-Stream qui se dirigent vers le Nord.

Mœurs, habitudes, régime. — Les Radiolaires appartiennent à la foule considérable des êtres transparents et frêles qui nagent et oscillent en liberté, se tenant à la surface, par millions, aux heures propices, et dont l'apparition dépend beaucoup des courants et des vents. Quelques-uns seulement de ces Radiolaires frappent le regard sous la forme de corpuscules transparents et pâles; on ne découvre la plupart de ces animalcules qu'en examinant soigneusement dans le laboratoire ce qu'on a recueilli de la surface de la mer à l'aide d'un filet fin. Les parties molles de l'animal (la masse sarcodique en particulier) sont tellement frêles et tellement sensibles que le simple écoulement de l'eau à travers le filet suffit pour amener leur mort (O. Schmidt).

LES ACANTHOMÈTRES — *ACANTHO-METRIDÆ* Hæck.

Caractères. — Leur squelette est composé de piquants rayonnés, qui percent la capsule centrale et se réunissent dans leur intérieur. Leurs ramifications forment une coquille treillissée extérieure.

ACANTHOMÈTRE PALE — *ACANTHOMETRA PALLIDA* Mull.

Caractères. — La capsule centrale ronde est traversée par quatre piquants disposés en croix, autour desquels rayonnent d'autres piquants plus courts.

LES THALASSICOLES — *THALASSI-COLIDÆ* Hæck.

Caractères. — Chez les Thalassicoles, animaux isolés, le squelette manque ou se compose de quelques spicules épars autour de la capsule et de bâtonnets unis irrégulièrement entre eux.

THALASSICOLE PÉLAGIQUE — *THALASSICOLA PELAGICA* Hæck.

Caractères. — La capsule centrale est sphérique avec une vésicule interne et une couche extérieure d'autres vésicules, les spicules rayonnent de toute part (fig. 1182).

LES CLATHRULINIDÉS — *CLATHRU-LINIDÆ* Hæck.

Caractères. — Les Clathrulinidés sont des Radiolaires d'eau douce à coquille treillissée et de consistance siliceuse.

CLATHRULINE ÉLÉGANTE — *CLATHRULINA ELEGANS* Cienk.

Caractères. — Le corps mou, pourvu de son noyau et de ses prolongements, se construit en guise de coquille une sphère creuse fenêtrée qui adhère à l'aide d'un pédicule fixé n'importe où (fig. 1183).

Distribution géographique. — Cette Clathruline a pour résidences favorites de petites masses d'eaux stagnantes et ombragées qui à l'automne sont remplies par les feuilles tombées.

Mœurs, habitudes, régime. — Greef, à qui nous devons une description précise de cette espèce et des types voisins, fait remarquer que fréquemment la Clathruline, installée primitivement sur quelque objet étranger, porte un ou plusieurs animalcules de la même espèce, et il tend à voir, dans cette sorte d'association ou de colonisation, autre chose qu'un pur effet de hasard.

On connaît deux modes de reproduction chez les Clathrulines: dans le premier cas, le corps mou se scinde en deux moitiés à l'intérieur de

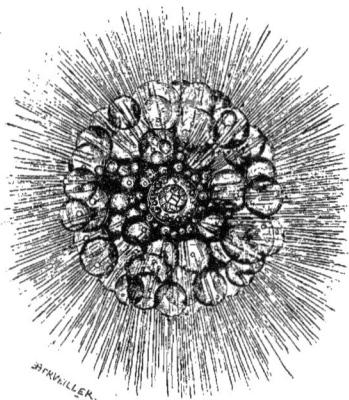

Fig. 1182. — Thalassicole pélagique.

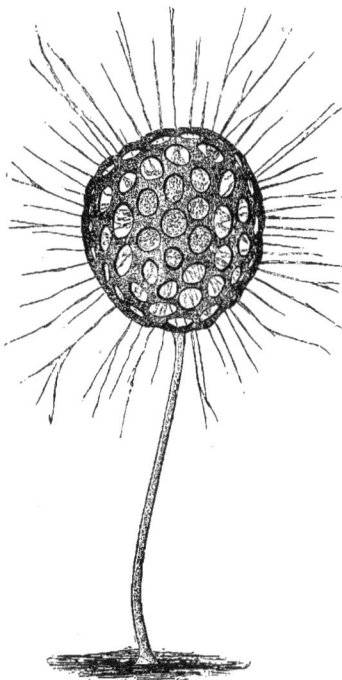

Fig. 1183. — Clathruline élégante.

sphère treillagée ; l'une demeure en possession de la coquille, l'autre pénètre au dehors à
travers l'une des mailles, et, dans le cours de
quelques heures, elle passe de l'état nu à l'état
de Clathruline parfaite, en sécrétant une nouvelle coquille et un pédicule. Lorsque ce mode
de reproduction a lieu, il arrive souvent que la
moitié qui passe au dehors se fixe sur la moitié
dont elle est issue.

Dans le second cas, le corps mou fournit la
matière d'où émanent plusieurs rejetons (au
nombre de 8 à 10 généralement) qui, dans l'intérieur de la sphère treillagée, s'entourent chacun d'une enveloppe dure ; ils éclosent ensuite
de ces enveloppes transitoires et quittent même
la sphère treillagée. Ils sont munis alors d'organes ciliaires, mais le stade d'essaimage ne
persiste pas longtemps.

LES FORAMINIFÈRES — *FORAMINIFERA* D'Orb.

Caractères. — Les Foraminifères sont des
Rhyzopodes nus ou pourvus d'une coquille calcaire, percée de pores pour la sortie des pseudopodes. Ils manquent de capsule centrale.

La ressemblance des petits tests des Foraminifères avec les coquilles Polythalames des
Nautiles fit croire d'abord qu'ils étaient produits par des animaux semblables ou analogues

à ces derniers, mais extrêmement petits. C'est pourquoi les Naturalistes proposèrent de rapprocher les Foraminifères des Mollusques céphalopodes. Ils les regardèrent comme des Nautiles microscopiques et dégradés. Mais la découverte de quelques espèces vivantes et un examen attentif de leurs caractères apprirent bientôt que ces animalcules constituaient une tribu beaucoup plus simple en organisation que celle de ces derniers Mollusques.

Dujardin les considère comme des Infusoires.

Les petites coquilles de Foraminifères varient beaucoup dans leurs figures. Les Micrographes y ont constaté plus de deux mille organisations différentes, symétriques ou non symétriques, souvent remarquables par leur bizarrerie et presque toujours par leur élégance. Il y en a de globulaires, de discoïdes, d'étoilées, de festonnées, de contournées en limaçon, d'allongées en massue, de façonnées en amphore. Les unes ont une ouverture très élargie, les autres un orifice très étroit.

Leur nom de Foraminifères, c'est-à-dire *porte-trous*, a été donné par d'Orbigny aux animalcules auxquels appartiennent ces dépouilles (1).

Tantôt la coquille est à une seule chambre et a une grande ouverture. Ce sont les *Monothalames*; tantôt elle présente plusieurs chambres placées à la suite les unes des autres, communiquant entre elles par des trous percés à travers les cloisons, ce sont les *Polythalames*.

Distribution géographique. — Un grand nombre d'observateurs ont déjà été surpris de la quantité prodigieuse de coquilles de Rhyzopodes que l'on trouve dans le sable de la mer au voisinage de certaines côtes. Les recherches de d'Orbigny relativement aux Foraminifères tendent à prouver que leurs débris microscopiques constituent en grande partie les bancs sous-marins qui, par leur accumulation avec les Polypiers, interrompent les courses des navigateurs, comblent les ports, ferment les baies et les détroits et donnent naissance à ces récifs et à ces îles qui s'élèvent dans les régions chaudes de l'océan Pacifique.

Ces créatures en apparence si frêles et si imparfaites se retrouvent sous toutes les latitudes et à toutes les profondeurs; que sont en comparaison les nécropoles des Éléphants et des Baleines? ne semble-t-il pas que plus l'animal est petit, plus sa dépouille occupe de place dans l'univers (Blerzy)?

(1) Moquin-Tandon, *Le Monde de la mer*, 2ᵉ édition, p. 86.

A ce sujet, Max Schultze fournit les renseignements suivants, relatifs à leur apparition et aux lieux où on les trouve : « Ayant recueilli, au Molo di Gaëta, dit-il, un sable très riche en coquilles minuscules, j'en rejetai, à l'aide d'un crible, tous les grains plus gros qu'un dixième de ligne. Ce qui restait se composait, pour moitié environ, de coquilles de Rhyzopodes bien conservées, ainsi que le montra l'examen microscopique, et pour l'autre moitié, de débris de substances minérales et organiques » ; d'après d'Orbigny on ne peut guère trouver ailleurs une proportion plus riche que celle-là. « Or, j'ai compté, pour un centigramme de sable, 500 coquilles de Rhyzopodes, ce qui donnerait, pour une once ou 30 grammes de sable, un chiffre de 1,500,000. On doit considérer le nombre indiqué par d'Orbigny comme très exagéré. »

Après avoir constaté que le sable du littoral est riche en coquilles de Polythalames, il est tout indiqué d'en chercher des spécimens vivants, sur les fonds de la mer, au voisinage des côtes. « Près d'Ancône (où le sable qui recouvre le fond de la mer, dans le havre, comme le long de la côte septentrionale assez plate, est par endroits très riche en animaux de cette sorte), j'ai recueilli de petites quantités de ce sable en un grand nombre d'endroits, à des profondeurs atteignant parfois 20 pieds ; j'ai gardé ces échantillons longtemps dans des verres; toutefois je n'ai jamais vu un animal vivant grimper le long de leurs parois, et l'examen microscopique montra que parmi les nombreuses coquilles amassées, un très petit nombre seulement renfermaient encore des restes d'un contenu organique. Mais je me rendis sur une petite île rocailleuse recouverte d'Algues, au sud du havre d'Ancône, et je raclai, avec un filet fin, le sol à quelques pieds seulement au-dessous de la surface de l'eau, dans des endroits même qui sont presque à sec pendant la basse mer; je lavai ensuite le mélange de particules animales et végétales ainsi recueillies, je rejetai tout ce qui demeurait facilement en suspension et je laissai reposer tranquillement dans un verre le sable restant. Au bout de quelques heures, je vis de nombreux Rhyzopodes s'élever le long des parois du vase, et en examinant le fond j'y trouvai presque tous les animaux remplis d'un contenu organique et vivants. Le sable du Lido, quand même je l'avais recueilli à quelque distance de la côte, ne m'a jamais fourni un spécimen vivant; tandis que le sable des lagunes, où poussent des Algues à foison, m'a toujours procuré, après avoir été débarrassé des restes organiques facilement décomposables, un grand nombre de *Rotalia*, de *Miliolites* et de *Gromia* vivantes. Les Rhyzopodes marins semblent donc choisir pour leur résidence de préférence les points où une riche végétation leur procure à la fois une protection contre les vagues et un appui assuré pour leurs frêles organes de mouvement. Là, ils trouvent en même temps une nourriture abondante parmi les Infusoires et les Diatomées toujours adhérents aux Plantes marines, grandes et petites. » Les résidences favorites d'un très grand nombre de Polythalames sont les Spongiaires de toutes sortes, qui leur assurent, plus largement encore, des abris et des arrivages de matières nutritives.

Distribution paléontologique. — Les coquilles de Foraminifères se rencontrent très souvent à l'état fossile. Elles forment à elles seules des chaînes entières de collines élevées, et des bancs immenses de pierre à bâtir.

Le calcaire grossier des environs de Paris est, dans certains endroits, tellement rempli de ces dépouilles qu'un centimètre cube des carrières de Gentilly, carrières d'une grande épaisseur, en renferme au moins 20,000; ce qui fait par mètre cube le chiffre énorme de 20 milliards.

Quand nous passons près d'une maison en démolition ou d'un édifice que l'on construit et que nous sommes enveloppés par un nuage de poussière qui pénètre dans notre gosier, nous avalons souvent, sans nous en douter, des centaines de ces infiniment petits.

Comme tous les édifices de Paris, et une grande partie des maisons des départements voisins, sont bâtis avec des pierres extraites des carrières des environs, il est évident que, sans exagération, la capitale de la France et beaucoup de villages et de villes environnantes sont construits avec des squelettes de Foraminifères.

La pierre dite de Laon est formée d'un amas considérable de Nummulites, charmantes espèces de forme lenticulaire, à cellules très nombreuses disposées en spirale, mais ces espèces ne sont pas microscopiques.

Les pyramides d'Egypte sont construites avec des pierres analogues et fondées sur des roches de Calcaire Nummulitique.

Les Foraminifères ont donc sécrété une partie du sol sur lequel nous marchons, des maisons qui nous abritent et des édifices que nous léguons à la postérité. Chaque animalcule a fourni son grain solide, chaque type a déposé sa couche imperceptible. Les espèces qui vivent aujourd'hui préparent en silence, au sein de l'océan, des pierres de taille pour les constructions des générations futures (1).

La Craie blanche, qui occupe en Europe seulement des superficies immenses (2) et dont l'épaisseur atteint quelquefois plusieurs centaines de mètres, est presque entièrement composée d'organismes microscopiques (fig. 1185).

Ehrenberg, qui a examiné bien des centaines d'échantillons de vase recueillis dans toutes les mers, a étudié entre autres les boues ramassées, à des profondeurs de 1000 à 1200 pieds, dans les sondages exécutés à l'occasion de la pose d'un câble télégraphique. Presque généralement les Polythalames s'y trouvent dans une proportion considérable, ce qui n'a guère lieu de surprendre après qu'on les a vus apparaître en masses dans des points peu profonds du littoral. Le Naturaliste Berlinois a trouvé souvent, dans les coquilles retirées avec les sondages, des restes du corps mou de l'animal. Il a cru devoir en conclure que ces animaux vivent en réalité « dans ces profondeurs lointaines », et que leur multiplication, par masses considérables, contribuait à niveler graduellement sur place les vallées sous-marines.

Les recherches minutieuses, récemment effectuées, au sujet des profondeurs et de la constitution du fond des mers, ont confirmé la part considérable que les Polythalames ont prise à la formation de la vase marine depuis les zones arctiques jusqu'aux zones antarctiques.

LES NUMMULIDÉS — *NUMMULIDÆ* D'ORB.

Caractères. — Les plus grands de tous les Foraminifères, les Nummulidés, ont une coquille solide et un squelette interne dans lequel serpente une série de canaux.

Le nom de Nummulidés ou Nummulites provient de leur forme qui est discoïde, aplatie, et rappelle celle d'une pièce de monnaie, *Nummulus*. C'est à cet aspect qu'elles doivent aussi le nom de Pierres Numismales, sous lequel on les

(1) Moquin Tandon, *Le Monde de la mer*, 2ᵉ édition.
(2) Voyez Huxley, *Sur un morceau de craie*, in *les Sciences naturelles et les Problèmes qu'elles font surgir.* Paris, 1877, p. 245.

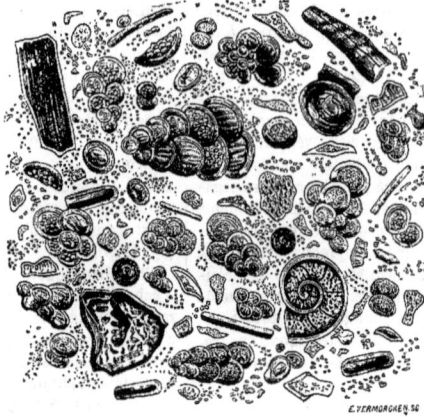

Fig. 1184. — Fragment de craie vu au microscope.

désigne vulgairement. Beaucoup de ces animaux sont exigus ; d'autres fois ils parviennent jusqu'à la taille d'une lentille, semence à laquelle souvent ils ressemblent exactement ; d'autres atteignent le volume d'une pièce de un franc.

Distribution paléontologique. — Tous fossiles, ils constituent souvent des assises puissantes désignées sous le nom de *Calcaire Nummulitique.*

Ces animaux ont aussi joué un grand rôle à diverses époques géologiques, dit Pouchet (1). On les rencontre en quantité prodigieuse dans les terrains secondaires et tertiaires, et ils ont tellement abondé parmi les mers qui recouvrirent quelques-uns de nos continents, que par leur simple aggrégation, leurs carapaces calcaires forment d'imposantes montagnes.

Dans une vaste étendue, ces Coquilles constituent absolument toute la chaîne arabique qui longe le Nil ; là elles sont tellement nombreuses et tellement tassées qu'il n'existe presque aucune gangue pour les lier.

Dans diverses régions de la haute Égypte que j'ai parcourues, le sol du désert ne consistait qu'en un épais matelas de Nummulites, dans lesquelles glissaient et s'enfonçaient profondément les pieds des voyageurs et des Chameaux.

(1) Pouchet, *l'Univers*, Paris, 1865, p. 26.

Paris, a-t-on dit, n'est bâti que de Coquilles ; il en est de même du Sphinx et des célèbres pyramides d'Égypte. Les immenses assises de ces dernières, dont l'art n'explique encore ni le transport ni l'élévation à de si grandes hauteurs, proviennent de la chaîne Arabique et sont uniquement formées de Nummulites. Celles-ci ressemblant absolument à des lentilles par la forme et par la taille, cette coïncidence a donné lieu à d'étranges méprises. Les siècles, en rongeant la surface de ces gigantesques monuments, en ont rassemblé d'énormes masses à leur base, où elles entravent la marche des visiteurs. A l'époque de Strabon, on prétendait que ces débris n'étaient que des restes de la semence alimentaire abandonnés par les anciens ouvriers qui s'en nourrissaient et fossilisés par l'action du temps.

Mais le géographe grec a refusé cette grossière tradition : et, dans sa description de l'Égypte, déjà il classe les Nummulites au nombre des pétrifications, en rappelant qu'il existe dans le Pont, son pays, des collines remplies de pierres d'un tuf semblable à des lentilles.

NUMMULITE COMMUNE — *NUMMULITES LÆVIGATA* D'ORB.

Caractères. — Comme toutes ses congénères, cette espèce (fig. 1185) est discoïdale, lenticulaire. Nous figurons plusieurs autres espèces

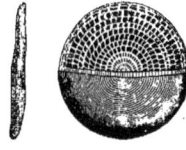

Fig. 1185. — Nummulites lœvigata.   Fig. 1186. — Nummulites Variolaria.   Fig. 1187. — Nummulites planulata.   Fig. 1188. — Nummulites Puchii.

telles que les Nummulites *variolaria* (fig. 1186), *planulata* (fig. 1187) et *Puchii* (fig. 1188).

Distribution paléontologique. — Le calcaire Nummulitique existe dans les environs de Biarritz, les Pyrénées, le Bordelais notamment. Toutes nos espèces figurées sont tertiaires, plusieurs sont communes dans le bassin de Paris.

LES GLOBIGÉRINIDÉS — *GLOBIGERINIDÆ* d'Orb.

Caractères. — Leur coquille est hyaline, percée de gros pores à ouverture simple et en forme de fente.

GLOBIGÉRINE BULLOIDE — *GLOBIGERINA BULLOIDES* d'Orb.

Caractères. — Les Globigérines sont composées de sphères de dimensions variables réunies entre elles et percées de trous nombreux. Au même groupe appartiennent les Orbulines (fig. 1189), les Discobina (fig. 1191), etc., etc.

Distribution géographique. — On trouve les restes de leurs Coquilles sur des milliers de milles carrés, au fond de la mer ; ils s'y trouvent en telles masses qu'ils forment un des principaux éléments caractéristiques de cette vase ; on a même créé les expressions de « fond de Globigérines » et de « vase à Globigérines ».

Les naturalistes de l'expédition du *Challenger* ont fixé particulièrement leur attention sur cette question d'une importance et d'un intérêt si considérable. C'est ainsi que nous devons principalement aux travaux de Murray et de W. Thomson des conclusions qui ont été communiquées à la réunion des naturalistes Anglais, dans l'automne de 1876. Nous laisserons ici Thomson reprendre la question d'un peu plus haut :

« La profondeur moyenne de l'Océan est un peu supérieure à 2,000 brasses ; elle atteint probablement 2,500 brasses environ. Une grande partie de la mer est sans doute un peu moins profonde ; la profondeur de 2,000 brasses paraît se présenter fréquemment. Dans les points où elle atteint 2,500 à 3,000 brasses, on peut songer à des creux de vallées sous-marines ; mais il faut faire une exception pour l'Océan Pacifique où l'on trouve d'immenses étendues d'eau dont la profondeur dépasse souvent 3,000 brasses. Dans une grande partie de la région septentrionale de l'Atlantique on relève une profondeur d'environ 2,000 brasses ; pourtant il s'étend sous ces eaux un soulèvement médian qui part du sud du Groënland et auquel il faut rattacher les diverses îles et les divers groupes d'îles qui se prolongent jusqu'à Tristan d'Acuna et probablement même au delà. Dans l'océan Sud-Atlantique, de part et d'autre de ce banc, qu'on a nommé Dolphin-Rise en l'honneur du navire qui l'a mesuré pour la première fois, on constate une profondeur de plus de 3,000 pieds généralement. Ces bas-fonds s'étendent parallèlement aux axes de l'Amérique méridionale et de l'Afrique. Or, ce fond de mer, caractérisé dans ses contours généraux d'après ces mesures de profondeur, est recouvert de certains dépôts. Le sol entier de la mer, dans toute l'étendue que nous avons pu étudier, reçoit certaines agglomérations qui s'accroissent peu à peu en constituant des formations dans lesquelles on doit voir les couches rocheuses de l'avenir.

Déjà depuis bien des années, avant les sondages faits en vue de la pose du câble transatlantique, on avait établi qu'une grande partie du fond de la région septentrionale de l'Atlantique était constituée par un dépôt qu'on désigne aujourd'hui sous la dénomination de « Vase des Globigérines ». Il est formé des coquilles de petits Foraminifères appartenant principalement au genre *Globigerina*; à l'état sec, cette vase offrait à peu près l'apparence d'un sagou

BREEM.

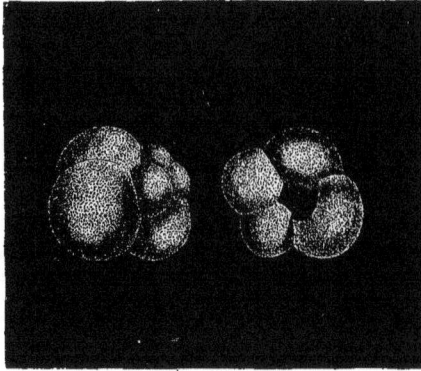

Fig. 1189-1190. — Globigérine et Orbuline Bulloïdes.

fin; les petites coquilles, se détachant les unes des autres, ont permis de reconnaître qu'elles constituaient presque exclusivement ce dépôt. Quand on recueillait, à l'aide d'un procédé spécial, des échantillons de la masse du fond située un peu plus profondément, on trouvait les coquilles de Globigérines brisées et soudées ensemble, de telle sorte qu'elles formaient un limon presque uniforme, dans lequel on pouvait néanmoins distinguer encore un grand nombre de coquilles intactes et de fragments parfaitement reconnaissables. La masse entière était constituée presque uniquement par du Carbonate de chaux, et la seule roche qui aurait pu provenir de là eût été une pierre calcaire. On a conclu de ces observations que, sur une vaste étendue de la région septentrionale de l'Atlantique et sur beaucoup d'autres parties de la surface terrestre, il a dû se déposer des roches calcaires de ce genre. D'autres observations ont montré que c'était presque le même matériel qui composait la craie, et il parut établi, d'une manière indéniable, que le dépôt qui continue à s'effectuer encore aujourd'hui est identique à la craie. Pendant le voyage du *Challenger* nous avons eu occasion souvent de recueillir cette craie actuelle ; le problème qui nous occupe est un de ceux qui avaient été soulevés déjà avant notre départ.

Où vivent les créatures en question? Vivent-elles sur le fond de la mer, ou vivent-elles à la surface d'où leurs Coquilles tomberaient sur le fond après la mort des animaux? Jusqu'à ces derniers temps, on n'en avait trouvé que quelques rares spécimens vivants à la surface et l'on était généralement d'avis que ces êtres vivaient au fond de l'eau, là où l'on trouvait leurs restes. Un de mes compagnons de voyage, Murray, dirigea spécialement son attention sur la constitution du matériel qu'on retirait du fond de la mer ; il étudia particulièrement sa composition et rechercha surtout sa provenance. Il se servit tantôt du filet, tantôt de la sonde, et le résultat de ses travaux le conduisit à une conclusion sur laquelle nous sommes entièrement d'accord avec lui. Lorsqu'on tire le filet à la surface, et, plus encore, lorsqu'on le laisse s'enfoncer jusqu'à la profondeur de quelques brasses et même d'une centaine de brasses, on capture une énorme quantité de ces Foraminifères qui forment la vase à Globigérines. Les *Globigerina* elles-mêmes sont extrêmement communes dans beaucoup de mers, et leur aspect caractéristique est tout à fait différent de celui des Coquilles qui gisent au fond de l'eau ; à mon point de vue, il n'est pas douteux que ces Foraminifères vivent auprès de la surface et que toute la masse de Coquilles, qui compose le fond, provient d'en haut.

Telles qu'on les trouve sur le fond, les Coquilles figurent de petites sphérules soudées entre elles, dont la surface rugueuse est criblée de petits trous microscopiques. Leur cavité contient une masse rougeâtre qu'on était tenté de prendre pour les restes du corps de l'animal. — Capturée à la surface, la *Globigerina* présente bien la même forme de Coquille ; mais, au lieu d'être blanche et opaque, cette Coquille est tout à fait incolore et transparente. Chaque pore est entouré d'une petite saillie hexagonale dont chaque angle porte une longue épine, de telle sorte que la coquille est, dans toutes les directions, hérissée d'épines qui se rencontrent au centre de chaque chambre. Le protoplasma, qui représente la substance vivante de la Globigérine, s'exprime au dehors des orifices et court le long des épines jusqu'à leur extrémité où elle ac-

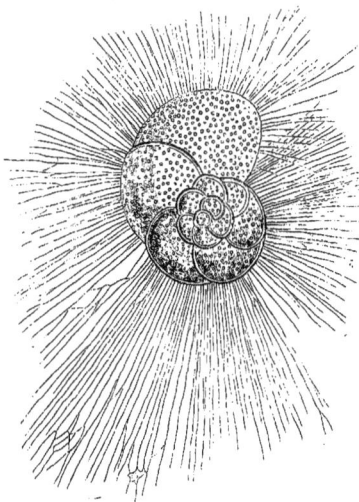

Fig. 1191. — Discobina globularis.

capare en elle les particules nutritives qu'elle rencontre. Les Globigérines paraissent avoir la même densité que l'eau exactement, car leur poids spécifique ne change pas lorsqu'on met de l'huile dans l'intérieur. Elles nagent par myriades à la surface ; les individus qui meurent tombent au fond.

Puisqu'on les trouve vivants et en masses si nombreuses auprès de la surface de l'eau, tandis qu'on n'en trouve jamais dans cet état sur le fond, il n'est guère douteux que la vase à Globigérines ne soit absolument qu'une accumulation de Coquilles privées de vie ayant appartenu aux êtres qui vivent à la surface ou

à des profondeurs modérées. S'il en est réellement ainsi, on doit s'attendre à voir les dépôts provenant de ces créatures se répandre aussi loin qu'elles-mêmes. Il est assez étrange de constater que le fait n'a pas lieu ; c'est là une des données les plus curieuses qu'ait établies l'expédition du *Challenger*. « En descendant à une profondeur de 2,000 brasses environ, on trouve que ces Coquilles paraissent comme rongées et jaunâtres ; elles n'ont plus la blancheur et la transparence de celles qu'on recueille sur un sol moins profond : à une profondeur de 2,500 brasses et davantage encore, on ne rencontre plus de coquilles du tout, mais le fond est alors constitué par une vase ou par un limon rouge et uniforme qui ne contient pas de carbonate de chaux. Comme une grande partie de l'Océan a plus de 2,000 brasses de profondeur, il est probable que la partie de beaucoup la plus considérable du fond de la mer est revêtue de ce limon rouge et non des productions calcaires précitées. On se demande alors comment il a pu se faire que, dans les points où règne une certaine profondeur, le dépôt calcaire ait cédé la place à ce limon rouge. Sans doute, le dépôt calcaire n'a pu avoir lieu par suite de la dissolution du carbonate de chaux des coquilles de Globigérines suivant un mode quelconque encore mal éclairci. C'est là ce qu'on trouve lorsqu'on dépasse une certaine profondeur, et l'on rencontre alors le limon rouge. D'où provient donc celui-ci ? Il est constitué par de la glaise et par du fer. En analysant les coquilles, on n'y trouve absolument pas en quantité appréciable ces deux corps dans cette combinaison spéciale..... » — Mais nous arrivons ici à des considérations chimiques qui nous entraîneraient trop loin de notre sujet, et nous sommes d'autant moins tentés de les suivre que les causes du phénomène en question sont très loin d'y être éclaircies. Nous indiquerons seulement ici que les quantités colossales de pierre-ponce, rencontrées à la surface de tous les Océans visités par les naturalistes du *Challenger*, participent à la formation de ce limon. Nous avons observé nous-mêmes cette pierre-ponce dans la baie de Naples, où nous l'avons vue recherchée par presque tous les Crustacés de la famille des Lépadides.

LES MILIOLIDÉS — *MILIOLIDÆ* d'Orb.

Caractères. — Les Miliolidés ont une appa-

rence porcelainée ; autour d'une chambre sphérique centrale on voit d'habitude des chambres
latérales disposées symétriquement, dont la
dernière, la plus grande, se termine par une
ouverture.

Les Milioles doivent leur nom à ce que leur
volume ne dépasse pas celui d'un grain de millet, et même est souvent moindre.

Une observation de M. Defrance donne une
idée de la petitesse de la Miliole des pierres, espèce dont est principalement composé le Calcaire grossier employé à la construction. Il a
reconnu qu'une case d'une ligne cube de capacité pouvait en contenir jusqu'à quatre-vingt-
seize !

Distribution paléontologique. — Celles-ci
étaient tellement nombreuses dans les mers
parisiennes, qu'en se déposant elles ont formé
des montagnes que l'on exploite aujourd'hui
pour la construction de nos villes. La plupart
des pierres des habitations de Paris ne sont
même composées que de petites carapaces de
Miliolides, entassées et étroitement liées avec
elles ; aussi peut-on dire, sans hyperbole, que
notre splendide capitale est bâtie en coquilles
microscopiques.

Mœurs, habitudes, régime. — Dujardin a
constaté dans les Milioles que lorsqu'un individu
veut grimper sur les parois d'un vase, il compose à l'instant, aux dépens de sa substance, une
sorte de pied *provisoire*, qui s'allonge et qui
fonctionne comme un membre *permanent*. Puis,
le besoin satisfait, ce pied temporaire rentre
dans la masse commune et se confond avec le
corps.

La volonté d'une fonction à remplir a donc
le pouvoir de créer un organe ? Et dire que
l'homme, malgré la perfection de son intelligence, n'a pas le privilège de faire naître un
tout petit cheveu ! Comme c'est humiliant. (Moquin-Tandon.)

ALVÉOLINE CRÉTACÉE — *ALVEOLINA CRETACEA* D'ORB.

Caractères. — Cette espèce se présente sous
une forme ovoïde, striée longitudinalement
et présentant des loges groupées régulièrement.

Distribution paléontologique. — Elle constitue des bancs puissants dans la formation
Crétacée (étage Cénomanien).

Une autre espèce est l'*Alveolina Quoyi*, d'Orb.
(fig. 1192).

A ce groupe répondent les *Guttulina*, les
Dendritina et les *Polystomella*.

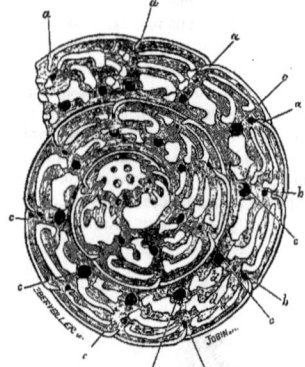

Fig. 1192. — Coupe transversale d'une coquille d'Alveolina Quoyi (*).

Chez la *Guttulina communis*, qui est fossile, un
petit nombre de chambres, qui s'accroissent, forment une coquille contournée dont l'ensemble
rappelle un peu un fruit de Cyprès. On ne peut

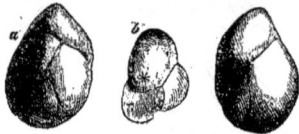

Fig. 1193 à 1195. — Guttulina communis.

voir qu'une seule ouverture, destinée à l'issue des
prolongements, et placée dans la dernière chambre ; à l'intérieur, toutefois, les chambres com-

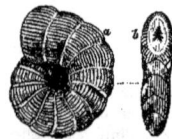

Fig. 1196 et 1197. — Dendritina elegans.

muniquent entre elles par des ouvertures analogues (fig. 1194 à 1195).

La *Dendritina elegans* (fig. 1196 et 1197), éga-

(*) *aaa*, inflexions de la lame superficielle indiquant la division de
la spire en segments principaux ; *b*, *c*, ouvertures qui mettent en
communication les segments des différentes spires ; *d*, *d'*, *d"*, lames
qui divisent les segments en une série de chambres superposées,
e, *e'*, *e"*.

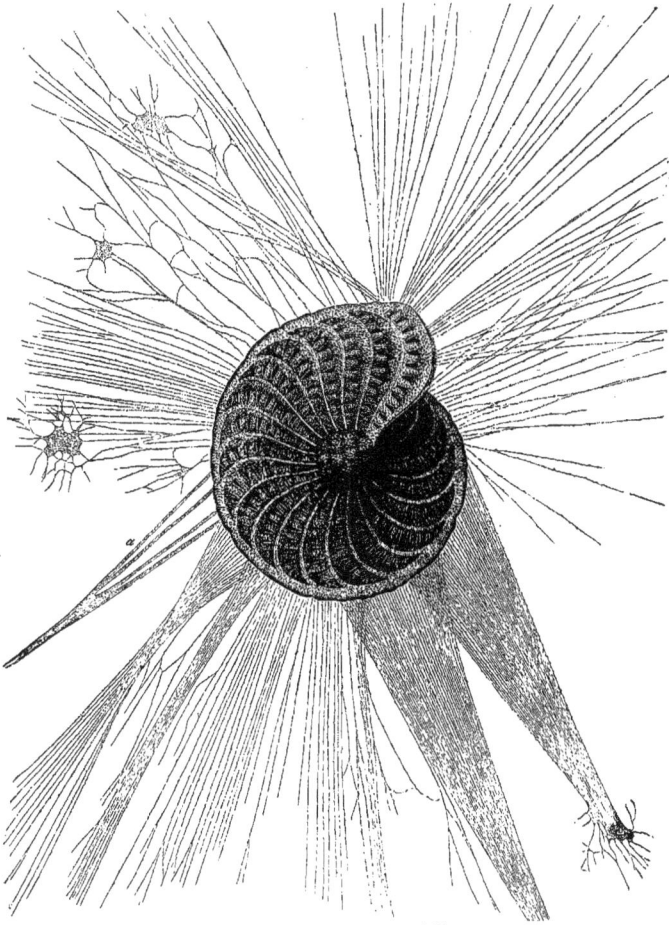

Fig. 1198. — Polystomella strigillata.

lement fossile, nous fournit un exemple parmi les nombreuses formes qui résultent d'une ordonnance spiralée, à la manière des Nautilites et des Ammonites. Cette tribu appartient aussi au groupe de celles qui ne présentent qu'une ouverture, située dans la dernière chambre.

Chez les *Polystomella* (fig. 1198 et 1199), les parois de toutes les chambres sont percées de trous que traversent les prolongements protoplasmiques.

Lorsqu'on dissout avec précaution dans un acide très étendu la Coquille calcaire, on parvient quelquefois à obtenir dans un état de cohésion régulière le corps mou du Foraminifère ; une préparation remarquable que nous reproduisons ici (fig. 1199), d'après le dessin du professeur Jotte, montre comment le protoplasma remplit toutes les chambres ; en outre, des

Fig. 1199. — Polystomella rugosa.

prolongements et des filaments fins s'étendent d'une chambre à l'autre. Dans l'une d'elles se trouve contenu aussi un noyau qu'on aperçoit

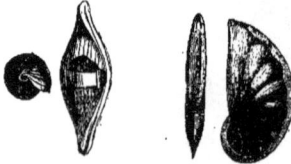

Fig. 1200, 1201. — Fusulina cylindrica.

Fig. 1202, 1203. — Cristellaria reniformis.

nettement. Dans d'autres cas, on a constaté plusieurs noyaux. L'ensemble doit être considéré

Fig. 1204. — Gaudryana siphonella.

Fig. 1205 et 1206. — Amphistegina mamillata.

déré, non pas comme une colonie comparable à un polypier, mais comme un organisme unique, ou comme une seule personne.

Nous figurons encore une série de Foraminifères, voisines de celles précédemment décrites ; telles sont : *Fusulina cylindrica* (fig. 1200 et 1201) abondant dans le calcaire carbonifère de Russie (fig. 1202) ; *Cristellaria reniformis* (fig. 1202

et 1203), *Gaudryana siphonella* (fig. 1204), *Amphistegina mamillata* (fig. 1205 et 1206), toutes de la formation tertiaire.

LES GROMIDÉS — *GROMIDÆ* Clap.

Caractères. — Les espèces composant cette famille ont une coquille membraneuse ou chitineuse avec une large ouverture simple ou en forme de crible.

GROMIE OVIFORME — *GROMIA OVIFORMIS* Schul.

Caractères. — Nous empruntons à Max Schultze la description suivante de cette espèce (fig. 1207).

« Si l'on place dans un vase, de l'eau et de la vase de mer, après un certain temps de repos

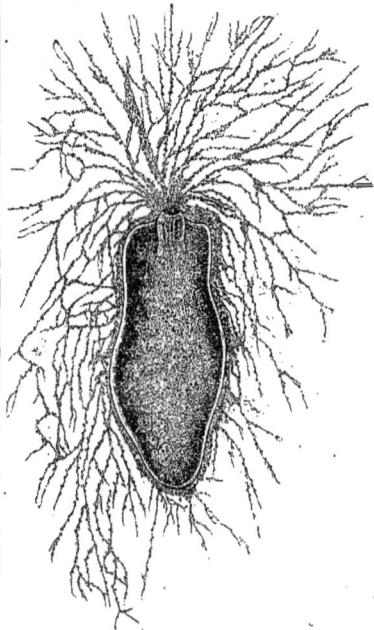

Fig. 1207. — Gromie oviforme.

complet, on voit sortir de la grande couverture unique, qui existe sur la coquille, des filaments fins d'une substance incolore transparente et très finement granulée. Ceux qui apparaissent les premiers cherchent, en tâtonnant autour d'eux, quelque corps solide (tel que la paroi du vase), le long duquel ils s'étendent dès qu'ils l'ont rencontré ; de l'intérieur de la coquille on ne voit sortir que cette masse amorphe. Les premiers filaments sont extrêmement fins ; mais bientôt il s'en produit de plus larges qui, de même que les premiers, s'allongent rapidement dans une direction rectiligne ; en route, ils se ramifient toutefois, assez souvent, à angle aigu ; souvent aussi ils se fusionnent avec leurs voisins pour continuer leur chemin ensemble ; en s'amincissant toujours peu à peu, ils finissent par atteindre une longueur 6 à 8 fois plus grande que celle du corps de l'animal. Quand les filaments se sont étendus ainsi en tous sens (à partir de la masse plus grande de substance contractile, incolore et finement granulée qui s'est accumulée peu à peu au-devant de l'ouverture de la coquille) (fig. 1207), ils cessent graduellement de s'allonger. En revanche, leurs ramifications deviennent, à présent, toujours de plus en plus nombreuses, et l'on voit se former une foule de ponts qui relient les filaments les plus proches ; ces ponts, en changeant de place continuellement, figurent un système réticulé qui se modifie peu à peu d'une façon protéique. » Je crois devoir interrompre cette description pour ajouter que, si l'animal se trouve à son aise et si on lui en laisse le temps, il revêt peu à peu toute la surface externe de la coquille d'une couche, mince et souvent réticulée, de cette masse mobile. « A la périphérie du réseau sarcodique (ainsi que nous nommons ce frêle tissu), souvent il se forme, aux dépens de la substance qui s'écoule sans cesse, des plaques plus larges qui se produisent aux points de rencontre de plusieurs filaments et d'où émanent de nouveaux filaments éparpillés. En les examinant avec soin, on distingue, dans ces filaments et le long d'eux, des courants de granulations qui s'écoulent de l'intérieur de la coquille, s'avancent assez vite le long des filaments vers la périphérie, arrivent à l'extrémité des filaments où ils changent de sens, et s'en reviennent. Comme, en même temps, de nouvelles masses granuleuses s'écoulent toujours, chaque filament présente un courant d'aller et un courant de retour. Dans les filaments larges, qui contiennent de nombreux globules, on reconnaît toujours à la fois ces deux courants ; dans les filaments plus fins, dont le diamètre est souvent inférieur à celui des globules, ceux-ci sont plus rares. Dans ce cas, au lieu d'être

renfermés dans l'intérieur du fin filament hyalin, ils paraissent courir à sa surface. Lorsqu'un de ces globules rencontre sur sa route un point où le filament se divise, il demeure toujours insensible pendant un certain temps, jusqu'à ce qu'il se décide à suivre une ramification ou l'autre. Au niveau des ponts qui relient deux filaments, les globules s'écoulent aussi de l'un dans l'autre ; il arrive là, assez souvent, qu'un courant centrifuge rencontre un courant centripète qui l'entraîne et le force à s'en retourner. Parfois on constate aussi dans l'intérieur d'un filament large un arrêt, une oscillation, et finalement le rebroussement de quelques-uns des corpuscules.

« Les filaments sont constitués par une masse fondamentale très finement granuleuse. Il n'existe pas, à leur sujet, une différenciation d'une membrane et d'un contenu. On ne peut s'expliquer les mouvements réguliers des globules qui montent et qui descendent, qu'en les rapportant aux courants d'aller et de retour de la substance homogène et contractile, semblable à une cire fondante, qui émane de l'intérieur de la coquille ; cette substance suivrait dans une des moitiés du filament une direction centrifuge et dans l'autre une direction centripète, en entraînant avec elle naturellement les globules plus grands qui seuls nous font connaître l'existence d'un pareil mouvement.

Mœurs, habitudes, régime. — « Quand les filaments se heurtent, sur leur chemin, à un corps quelconque paraissant pouvoir servir à la nutrition, tel qu'une Bacillaria (algue siliceuse unicellulaire) ou un court filament d'Oscillatoire, ils s'appliquent le long de ce corps et s'étendent par dessus en se fusionnant avec leurs voisins. Ils lui forment ainsi une enveloppe, plus ou moins complète, dans laquelle le courant des globules s'arrête alors de même que dans les filaments. Ceux-ci se recroquevillent et se raccourcissent, et dans ce mouvement ils se confondent en un réseau de plus en plus serré ou en une large plaque, jusqu'à ce que cette masse nouvelle, qui entraîne son butin, l'ait amené près de l'ouverture de la coquille et finalement se trouve rétractée avec lui dans l'intérieur. On observe des phénomènes tout à fait analogues, quand les filaments se rétractent, pour n'importe quelle autre raison. Les courants de granulations réguliers s'arrêtent ; les filaments se recroquevillent en quittant les parois du vase auxquelles ils adhéraient : ils se fusionnent plus fréquemment qu'auparavant, et arrivent enfin sous l'aspect d'une masse informe, comparable à une substance organique en décomposition, à l'orifice de la coquille dans laquelle ils sont lentement absorbés. »

ARCELLA VULGAIRE — *ARCELLA VULGARIS* M. Sch.

Caractères. — Lorsque cette espèce est entièrement développée, elle est entourée d'une coquille opaque et brune ; la face dorsale est bombée ; la face ventrale, déprimée, offre une

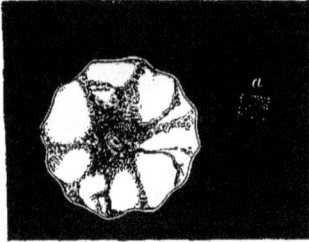

Fig. 1208. — Arcella vulgaire.

ouverture centrale circulaire (fig. 1208). L'ensemble a l'aspect d'une petite tabatière très délicate. De l'orifice émerge une partie du corps, très mou, sous la forme de courts prolongements

Fig. 1209 et 1210. — Arcella vulgaire.

modifiables. Ce corps mou équivaut à une cellule, en ce qu'il contient toujours un noyau avec des nucléoles, et la coquille correspond à la membrane cellulaire. Les spécimens jeunes sont transparents, de sorte qu'on peut très bien y observer le protoplasma mobile qui constitue le corps. On le voit aussi, alors que la coquille passe peu à peu d'un état primitif, où elle représente une couche uniforme, à un état plus développé, où elle paraît composée uniquement

de granulations ou de facettes brunâtres distinctes (fig. 1209 et 1210).

Distribution géographique. — Ce Foraminifère est propre aux eaux douces d'Europe.

Mœurs, habitudes, régime. — Engelmann, dont nous avons cité précédemment les conclusions tendant à accorder aux Infusoires une existence psychique très développée, est enclin également à attribuer aux Arcella une volonté et une conduite réglées. Il remarque que chez les Arcella qui se trouvaient dans une goutte d'eau, sous son microscope, des bulles d'air apparaissaient dans le protoplasma. Ces animaux se trouvaient par là soulevés à la surface de l'eau. D'autres plongeaient, en même temps que les bulles de gaz étaient expulsées de la coquille. Ainsi que nous l'avons dit, le physiologiste en question pense qu'on peut voir dans ces mouvements des phénomènes volontaires accomplis dans un but déterminé, d'où l'on devrait conclure à des propriétés psychiques du protoplasma.

Notre opinion diffère, encore ici, de celle d'Engelmann ; sans doute il n'y a rien à opposer au fait : dans certaines circonstances, il se produit, dans le corps des Arcella et d'autres créatures vivantes analogues, des bulles de gaz, et elles se produisent de telle sorte que l'animal acquiert ainsi des attitudes déterminées. Toutefois, ces phénomènes ont lieu non seulement chez les spécimens emprisonnés sous le microscope, mais aussi chez les animaux en liberté ; cette circonstance, qui n'a pas échappé à Engelmann, aurait dû lui suggérer une explication moins fantaisiste. Nous rapprochons ces phénomènes de ceux que produisent les vésicules contractiles des Infusoires et qu'on a démontrés être sous la dépendance de l'oxygénation. Les bulles de gaz des Arcella sont dues certainement à des processus purement chimiques. Il n'y a point lieu de songer ici à des excitations psychiques, conscientes ou inconscientes. (O. Schmidt.)

EOZOON DU CANADA — *EOZOON CANADENSE* Daws.

Caractères. — Comme appendice aux Foraminifères, nous devons signaler un être ou un corps particulier dont la découverte remonte à une dizaine d'années et sur la nature duquel les observateurs et les critiques ne parviennent pas à s'accorder ; Dawson, qui l'a découvert, lui a donné le nom d'*Eozoon*, convaincu qu'il s'agissait là d'un animal ou tout au moins d'un être or-

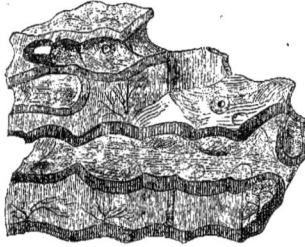

Fig. 1211. — Eozoon canadense.

ganisé (fig. 1211). Cette dénomination signifie que c'est là l'être organique le plus ancien qui soit connu maintenant et qu'avec lui on voit poindre l'aurore de la création organisée, du moins dans l'état actuel de nos connaissances. On considérait comme les couches les plus anciennes accompagnées de fossiles les roches Siluriennes qui constituent une division de la grande formation désignée en Allemagne sous le nom de « Grauwacke ». Dans ces couches se trouvent les restes d'un monde animal ; si cette faune représentait en réalité les débuts originels de la vie, les idées et les hypothèses de Darwin se trouveraient renversées. « Si ma théorie est exacte, dit Darwin, il a dû incontestablement s'écouler, avant le dépôt des couches Siluriennes les plus anciennes, une période de temps aussi longue ou plus longue encore que celle qui s'est écoulée depuis, et pendant toute cette période absolument inconnue, la surface terrestre a dû être habitée par des créatures vivantes. » Or les géologues avaient établi déjà que les roches généralement schisteuses, qui reposent sous les couches Siluriennes, étaient des dépôts neptuniens originellement pareils aux formations accompagnées de fossiles, et que ces roches n'avaient acquis leur constitution actuelle que plus tard sous l'action du feu. On pouvait donc admettre aussi qu'à l'époque de leur première formation, la terre était peuplée déjà de créatures organiques; mais on ne songeait guère alors à la possibilité d'en rencontrer des traces positives. C'est là précisément le fait dont la découverte de l'Éozoon parut fournir une preuve frappante.

Sa découverte est due à la commission géologique du Canada, dont les travaux concernaient la couche désignée sous le nom de « formation Laurentienne », couche située profondément au-dessous des roches Siluriennes les plus anciennes et qui donne une épaisseur de 20,000 pieds au moins. Cette masse colossale offre en divers points des aspects divers, bien qu'elle reconnaisse évidemment une même origine ; mais des influences chimiques et mécaniques y ont amené des modifications de plusieurs sortes. En un point, Dawson crut devoir attribuer l'origine de cette roche à des êtres organiques, et grâce aux recherches minutieuses du professeur Carpenter, cette découverte nous a valu la connaissance d'un type colossal de la division des Rhizopodes. En examinant des fragments cassés d'une manière heureuse et offrant des empreintes nettes, ce savant acquit la conviction que cette formation considérable était d'origine animale, ou, pour mieux dire, protistique, et que le système cavitaire irrégulier qu'on y découvrait et qui s'était trouvé comblé ultérieurement, répondait aux chambres des Foraminifères vivant dans les mers actuelles.

On a trouvé, dans les couches correspondantes de la Bohême et de la Bavière, des types d'*Éozoon* tout à fait analogues à ceux de l'Amérique.

En 1876, le géologue Hahn a exposé une étude très détaillée qui expliquerait, d'après des lois purement chimiques et minéralogiques, tous les phénomènes relatifs à la conformation, grossière ou fine, de l'*Éozoon* ainsi qu'à sa constitution chimique, et qui plaiderait absolument contre l'hypothèse d'un être animé. Mais le débat n'a pas été vidé pour cela ; car Dawson, depuis lors, a soutenu à nouveau la nature organique de son *Éozoon*. (O Schmidt.)

BREHM.

Les travaux de M. Schulter plaident également en faveur d'une origine organique.

Nous pouvons donc nous rallier à l'existence de l'*Éozoon*, car il jette comme une lueur d'aurore sur nos connaissances, au sujet de la constitution des organismes originels.

LES LOBULAIRES — *LOBULARIA* Hæck.

Caractères. — Les Lobulaires sont des Rhizopodes amiboïdes, dont le parenchyme est formé d'une substance fluide, granuleuse, entourée d'une couche périphérique claire et visqueuse, émettant des pseudopodes, digités ou ramifiés (Claus).

LES AMIBES — *AMIBÆ* Hæck.

Caractères. — Les Amibes (fig. 1212 à 1215) sont les formes les plus humbles sous lesquelles la vie se manifeste dans la nature actuelle.

Hæckel a aussi donné à ces formes le nom de *Monères*.

« Un grumeau de gelée, dit M. le professeur Perrier, voilà tout ce que montrent en eux nos plus forts instruments d'optique, nos microscopes les plus perfectionnés. Mais cette gelée est vivante, ajoute-t-il ; on la voit à chaque instant changer de forme, s'emparer d'animaux d'ordre élevé, les dissoudre et les incorporer dans sa propre substance. Ce grumeau de gelée

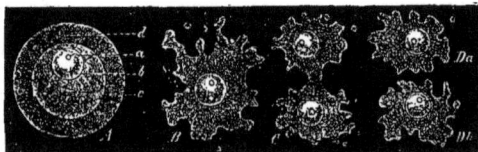

Fig. 1212 à 1215. — Amibes (*).

grandit et se reproduit, parfois il est entièrement transparent, entouré de prolongements grêles et de formes variées ; d'autres fois sa masse est parsemée de très fines granulations presque toujours entraînées par une sorte de mouvement circulaire désigné sous le nom de circulation protoplasmique » (Perrier).

On a coutume de diviser les Amibes en deux sections, les Actinophryens et les Amibiens proprement dits.

(*) A, Amibe constituée par une simple cellule : *a*, nucléole ; *b*, noyau ; *c*, masse protoplasmatique ; *d*, membrane enveloppante.
B, Amibe qui a déchiré et quitté la membrane cellulaire.
C, la même commençant à se diviser ; son noyau s'est partagé en deux et le protoplasma est divisé par un étranglement.
D, la séparation est complète entre les deux moitiés (*Da, Db*). D'après Hæckel, *Création naturelle*.

LES ACTINOPHRYENS — *ACTINOPHRYÆ* Hæck.

Caractères. — Les Actinophryens, réunis par Joh. Muller aux Amibiens sous le nom d'Infusoires rhizopodes, à cause de l'existence d'une vésicule contractile, présentent néanmoins beaucoup d'affinités avec les formes du groupe des Radiolaires dans lequel ils sont placés par certains naturalistes.

A ce groupe des Actinophryens appartiennent les Actinophrys qui se distinguent par leurs expansions simples et sans soudure ou ne se soudant que rarement.

ACTINOPHRYS A PETITS PIEDS — *ACTINOPHRYS TENUIPES* Mull.

Caractères. — Il se présente sous la forme d'une masse protoplasmique ayant au centre

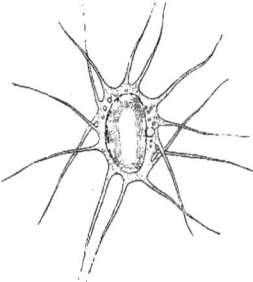

Fig. 1216. — Actinophrys à petits pieds (eau douce), d'après Claparède et Lachmann.

une vésicule contractile et émettant tout autour des pseudopodes très ténus (fig. 1216).

De ce groupe se rapprochent également les

Fig. 1217. — Urnula épistylidis dans l'eau ordinaire.

Urnula, qui habitent une coque membraneuse fixée par sa partie postérieure sur des corps étrangers, sur la tige des Infusoires ciliés qui vivent en colonies sur les coquilles de Paludines ; nous figurons une espèce, l'Urnula epistylidis, qui vit sur les colonies d'*Epistylis plicatilis* (fig. 1217).

LES AMIBIENS PROPREMENT DITS
AMIBÆ Hæck.

Caractères. — Les Amibiens n'ont qu'une seule sorte de Pseudopodes, ne s'élargissant pas à l'extrémité.

Distribution géographique. — Les Amibiens se rencontrent tout aussi bien dans les eaux douces et salées qu'à la surface du sol.

Parmi les Amibiens proprement dits, nous citerons l'Amibe diffluente.

AMIBE DIFFLUENTE — *AMOEBA DIFFLUENS* Clap.

Caractères. — Corps nu, remarquable par l'instabilité de ses formes que l'on voit se

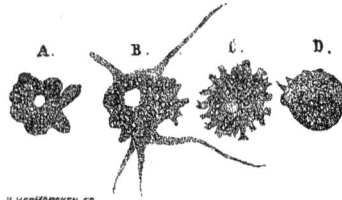

v. VERMORCKEN SC.

Fig. 1218 à 1221. — Amibe diffluente, d'eau douce, remplie de granules, vue sous diverses formes (A,B,C,D) successivement présentées pendant un quart d'heure. Grossie 400 fois. (Ch. Robin.)

modifier à chaque instant (fig. 1218 à 1221).

Dans les eaux stagnantes, les Amibes remplissent des corpuscules avoisinants, se colorent ainsi et se distendent jusqu'à présenter une largeur de $0^{mm},5$ et plus.

Les Podostomes (fig. 1222 à 1224) appar-

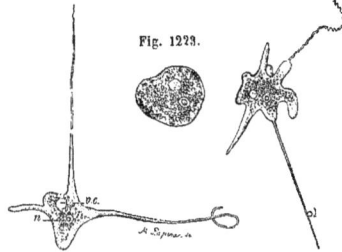

Fig. 1223.

Fig. 1222.   Fig. 1224.

Fig. 1222 à 1224. — Podostoma filigerina, différents degrés d'expansion (eau douce), d'après Claparède et Lachmann (*).

tiennent aussi aux Amibes. Ils ont des expan-

(*) n, nucléus ; o, bouche ; v, vaisseau ; vc, vésicule contractile. Grossissement, 500 diamètres.

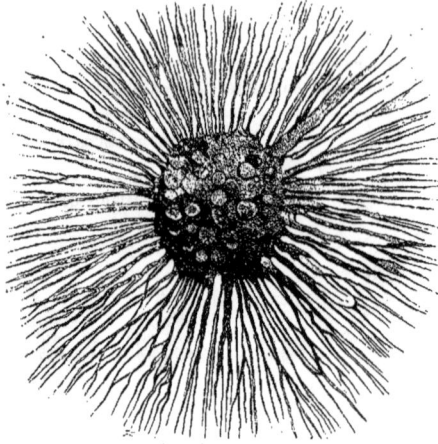

Fig. 1225. — Protomyxa orangée.

sions larges servant à la locomotion et d'autres filiformes pour attirer les aliments.

PROTOMYXA ORANGÉE — *PROTOMYXA AURANTIACA* Hæck.

Voilà une monère d'un grand intérêt à connaître, c'est la Protomyxa orangée, décrite pour la première fois par Hæckel.

Caractères. — Visible à l'œil nu, cette espèce se reconnaît à sa belle couleur orangée (fig. 1225).

Distribution géographique. — On la rencontre à l'île de Lancerotte, l'une des Canaries, sur la coquille des Spirules que le flot rejette sur la plage.

Mœurs, habitudes, régime. — Elle allonge en tous sens ses pseudopodes ramifiés et diversement contournés, toujours à la recherche d'Infusoires et de petits Crustacés dont les carapaces sont longtemps reconnaissables dans la masse gélatineuse qui s'est nourrie à leurs dépens.

Quand la Protomyxa a suffisamment grandi, elle rentre ses pseudopodes et s'enferme dans une membrane épaisse et transparente, qui n'est qu'une modification de sa substance périphérique; la masse ainsi enfermée est d'abord complètement homogène, mais elle ne tarde pas à se diviser et à se transformer en un amas de petites sphères semblables à une mûre. Bientôt les sphères se séparent les unes des autres, s'agitent à l'intérieur du kyste, qui se rompt et laisse échapper une multitude de Zoospores orangés. Ces zoospores, pour se transformer en Protomyxa, n'ont qu'à grandir et émettre des pseudopodes, ce qui se fait presque aussitôt leur mise en liberté (Perrier).

BATHYBIUS D'HÆCKEL — *BATHYBIUS HÆCKELI* Huxl.

Historique. — « C'est en 1868, dit M. le professeur Perrier, durant la croisière du vaisseau

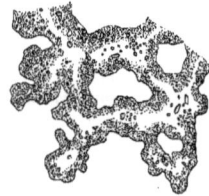

Fig. 1226. — Bathybius de Hæckel.

The Porcupine, que les naturalistes de l'expédition, Carpenter et Wyville Thomson, découvrirent à 25,000 pieds au-dessous du niveau de la mer cette monère remarquable (fig. 1226), type, suivant Hæckel, du protoplasma primitif.

Caractères. — Cet être peut grandir indéfiniment sans être astreint à se diviser et à se décomposer en individus distincts. Si une portion de sa substance vient à être séparée de la masse, elle grandit indépendante. Si deux masses viennent à se rencontrer, elles se soudent et ne forment plus qu'un seul être continu.

L'existence du Bathybius fut contestée, sa nature animale discutée ; les Naturalistes du *Challenger* ne purent le retrouver ; d'aucuns prétendirent que l'organisme était simplement un précipité gélatineux de sulfate de chaux.

Cependant Thomson avait vu les mouvements de l'être énigmatique, et à la suite d'expériences, Hæckel persistait à considérer comme parfaitement démontrée l'existence du Bathybius.

Des observations récentes ont fait connaître l'existence, dans la vase marine, de masses vivantes analogues au Bathybius, et tout semble prouver que s'il n'existe pas une masse vivante enveloppant la terre, comme on l'avait dit tout d'abord, il se rencontre néanmoins par places des masses protoplasmiques sur une large étendue, masses réalisant la forme vivante la plus simple qu'il soit possible de concevoir (Perrier).

TYPES DE TRANSITION

Nous croyons devoir inscrire sous ce titre toute une série d'êtres, tour à tour considérés comme devant être réunis au règne végétal, ou comme appartenant au règne animal.

M. le professeur Perrier les appelle les *êtres intermédiaires*, ceux-là mêmes pour lesquels Hæckel a créé son *règne des Protistes*. Moins affirmatif, nous n'avons pas classé dans cette division les Infusoires proprement dits, suivant en cela l'exemple de Naturalistes d'un égal mérite ; nous choisissons ici, du reste sous toutes réserves, les organismes sur lesquels la science ne nous paraît pas avoir encore prononcé en dernier ressort.

LES GRÉGARINES — *GREGARINIDÆ* L. Duj.

Caractères. — Les Grégarines, découvertes en 1826, par M. Léon Dufour, se composent à l'état adulte de une ou deux cellules. Dans ce dernier cas, l'antérieure est souvent surmontée d'un appendice caduc servant peut-être d'organe de fixation. Nous citerons comme exemple l'*Hylory chus longirostris* (fig. 1227 et 1228).

Distribution géographique. — Ce sont des organismes essentiellement parasites ; on les trouve par petits amas (de là leur nom de Grégarines) dans les intestins d'un grand nombre d'Insectes, de Crustacés, de petits Mammifères,

dans certains Vers, les organes reproducteurs des Lombrics, etc.

Mœurs, habitudes, régime. — A une certaine époque de leur existence, les Grégarines

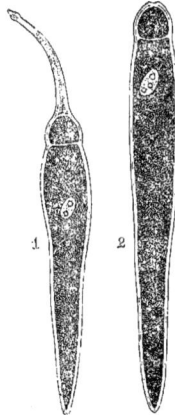

Fig. 1227 et 1228. — Hylorynchus longirostris (*).

s'entourent d'un kyste résistant, quelquefois deux individus se réunissent pour s'enkyster ; le contenu du kyste se divise bientôt et se transforme en une foule de petits corps appelés

(*) 1, Cephalin et 2, Sporadin de l'Hylorynchus longirostris (Schneider.)

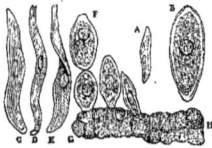

Fig. 1229. — Grégarine du Spio, prise dans l'intestin d'une espèce de Spio (*).

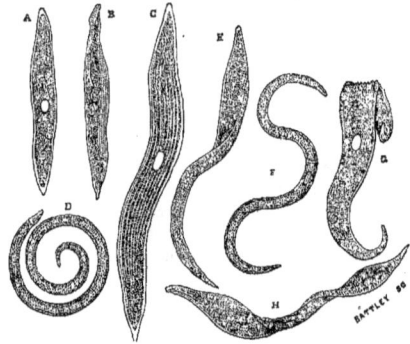

Fig. 1230. — Grégarine d'un Helminthe nématoïde voisin des Ascaridiens du genre Hotorakis et vivant librement sur les côtes de la Manche (**).

pseudo-navicules parce qu'ils ont chacun la forme d'une petite navette ; bientôt de longs tubes se développent à la surface du kyste, les pseudo-navicules s'y engagent et sont ainsi mis en liberté. Sous l'influence de l'humidité, l'enveloppe extérieure de ces petits corps se rompt et il en sort une petite masse protoplasmique douée de mouvements amiboïdes.

La masse protoplasmique, après s'être mue pendant quelque temps, ne conserve plus que deux pseudopodes, l'un rigide, immobile, l'autre flexible et sans cesse agité d'un mouvement vermiculaire.

Ce dernier se détache bientôt et il ressemble alors à un petit ver, à une petite Filaire sortant de l'œuf ; mais l'examen le plus attentif ne saurait y découvrir la moindre trace d'organes.

Bientôt cependant dans la région moyenne apparaît une petite tache claire qui grandit peu à peu. Pour qu'une cellule soit complète il faut qu'une membrane l'entoure ; une simple modification physique de la couche la plus externe du protoplasma suffit à produire ce phénomène, et la jeune Grégarine est constituée (Perrier).

M. Lindermann (de Moscou)(1) a fait le procès des Grégarines. Sa manière de voir est la suivante : Les Grégarines naissent dans le tube digestif des Poux ; de là elles passent dans les cheveux de l'homme, où leur développement parasitaire ultérieur s'effectue. Elles sont à l'extrémité des cheveux et y forment de petites nodosités visibles à l'œil nu ; chacune de ces nodosités représente une colonie d'environ cinquante psorospermies. Chaque psorospermie est sphérique, mais par la pression réciproque de ses voisines, elle s'aplatit et devient discoïde. Sous l'influence de la chaleur et de l'humidité, elle se gonfle ; son contenu granuleux se transforme en petites sphères, puis en pseudonavicelles, petits corpuscules fusiformes, à membrane extérieure résistante et renfermant un ou deux noyaux. Ces pseudo-navicelles deviennent libres, flottent dans l'air, pénètrent dans l'intérieur de l'organisme humain, arrivent jusque dans l'appareil circulatoire et produisent alors diverses maladies, affections cardiaques, surtout valvulaires, affections pulmonaires, etc. Elles sont surtout répandues dans les fausses boucles et les faux chignons

(*) AB, Grégarines vues de face et de côté à l'état de repos ; CDE, Grégarines se contractant, montrant les stries ; GH, cellules de l'épithélium intestinal auxquelles sont fixées des Grégarines par leur bout céphalique ; F, extrémité antérieure ou céphalique d'une Grégarine achevant de s'individualiser par segmentation transversale d'une autre qui reste fixée à l'intestin. Grossissement : 300 diamètres (Ch. Robin).

(1) Lindermann, Archives russes de Médecine légale et d'Hygiène publique, 1869, n. 3 et Annales d'Hygiène, 1872, t. XXXVII, p. 449.

(**) A, Grégarine à l'état de repos ; B, C, D, E, F, G, H, autres à divers états de contraction montrant ou non les stries du corps et leur noyau central hyalin, ou avec sans nucléole. Grossissement de 400 diamètres environ. (Ch. Robin.)

des dames ; M. Lindermann calcule que, dans un bal où se trouvent cinquante dames, il y a 45 millions de navicelles mises en liberté ; et il en conclut qu'il faut abolir les coiffures en faux cheveux qui proviennent souvent de gens malpropres.

Nous citons sans commentaires.

GRÉGARINE DU SPIO — *GREGARINA SPIONIS* KOLLIK.

Caractères. — Ses caractères sont ceux de la classe. La figure 1229 montre les différents aspects sous lesquels on peut l'observer.

Mœurs, habitudes, régime. — Cette espèce vit dans l'intestin du Spio calcarea, qui se creuse un logement en double tube dans les calcaires des côtes de la Manche.

GRÉGARINE HETERAKIS — *GREGARINA HETE-RAKIS* KOLLIK.

Caractères. — La Grégarine Heterakis (fig. 1230) a des caractères analogues à ceux de la Grégarine du Spio.

Mœurs, habitudes, régime. — Elle a été trouvée sur un Helminthe nématoïde voisin des Ascaridiens du genre Heterakis et vivant librement sur les côtes de la Manche.

LES SCHIZOMYCÈTES — *SCHIZOMY-CETA* AUCT.

Sous ce titre sont compris les Bactéries, les Bacilles, les Microbes, organismes dont l'importance s'est accrue dans ces derniers temps surtout, et a donné lieu à des recherches d'un puissant intérêt.

Nous résumerons ce que l'on sait de plus certain, en nous aidant des remarquables travaux de M. Pasteur et de M. Miquel (1), et des essais de vulgarisation de M. Dardenne (2).

Caractères. — Les Schizomycètes sont de tous les êtres vivants les plus petits ; ils sont connus par leurs propriétés physiologiques et par leur faculté de se multiplier pour ainsi dire à l'infini.

La classification des Bactéries ou Microbes est environnée de questions fort obscures et des plus compliquées.

(1) Pierre Miquel, *Étude sur les poussières organisées de l'atmosphère* (*Ann. d'hyg.*, 3e série, t. II, 1879).

(2) Dardenne, *les Microbes, les Miasmes et les Septicémies, Études des doctrines panspermites*, Paris, 1882, in-18.

On distingue :

Les *Micrococcus* (fig. 1231) qui se présentent sous la forme de grains ronds de dimensions très variables : les plus petits sont à la limite des objets visibles aux plus forts grossissements ; rarement leur diamètre atteint un millimètre ;

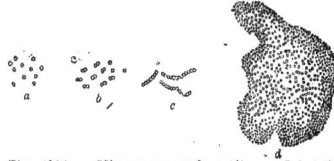

Fig. 1231. — Micrococcus. 650 : 1 (d'après Cohn) (*).

ils sont souvent groupés deux à deux et ressemblent alors à des bâtonnets ; souvent ils forment des chaînettes plus ou moins longues ; souvent enfin ils sont agglomérés en masses plus ou moins volumineuses, dites *zooglées*. Ils sont réunis par une substance de nature inconnue.

Les *Bactéries* (fig. 1232) sont des éléments cylindriques de courtes dimensions et mobiles ;

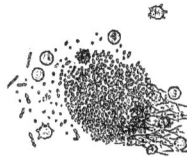

Fig. 1232. — Amas de Micrococcus et de Bactéries provenant d'un coagulum sanguin intra-péritonéal : on voit à droite les fibrilles de la fibrine, à gauche les micrococcus et les bactéries isolés ou groupés ; ils se sont accumulés sur un certain nombre de globules rouges et leur donnent un aspect crénelé comparable à celui qu'ils prennent en se desséchant.

elles représentent des cellules dont l'un des diamètres dépasse l'autre ; quand elles se multiplient, elles restent souvent unies par groupes de deux ou de quatre. Rarement elles forment des chaînes plus longues ; constamment il reste des traits de démarcation entre chaque élément. Très fréquemment les Bactéries unies par une substance intermédiaire forment des masses de zooglées ; elles sont alors immobiles, mais leur multiplication par fissiparité peut continuer. Les parois des cylindres qu'elles représentent sont tantôt régulières, tantôt déprimées

(*) *a*, isolé ; *b*, diplococcus ; *c*, torula ; *d*, zooglée.

vers le milieu de leur longueur ; dans ce dernier cas, on a affaire à un élément qui va bientôt se séparer en deux.

Les *Bacciles*, qui offrent la plus grande analogie avec les Bactéries, ne semblent, au premier abord, en différer que par leur longueur plus grande ; si l'on en fait un groupe distinct, c'est que les Bacciles ont la propriété de se transformer en de longs filaments dans lesquels on ne peut plus distinguer les éléments primitifs ; d'autre part, elles peuvent, à l'encontre des bactéries, donner naissance à des spores durables.

Les *Spirilles* ou *Vibrions* sont des filaments courts, contournés en spirales et mobiles ; ils donnent naissance à des spores.

Enfin, les *Spirochætes* diffèrent des précédents en ce qu'ils sont plus larges et plus flexibles.

Origine et nature des Bactéries. — On a émis sur l'origine et la nature des Bactéries un grand nombre de théories, qui ont toutes le tort de laisser incertains les points qu'elles étaient appelées à élucider.

La plupart des savants qui ont abordé l'étude de ces infiniment petits, MM. de Bary, Hoffmann, Cohn, Ch. Robin (1), Sanderson, Huxley (2), Lister, etc., leur ont assigné une origine homogénique, tandis que MM. Pouchet (3), Bastian et Grimm ont soutenu leur génération par hétérogénèse. MM. Trécul et Béchamp (4) ont également attribué la formation des Bactéries à l'animalisation des substances plastiques que M. Fremy a nommées pour cette raison *hémiorganisées*.

La théorie de la génération spontanée étant écartée par des expériences que nous considérons comme indiscutables, on reste encore en présence d'opinions très diverses, souvent inconciliables, sur l'origine des Vibrioniens. Certains savants les considèrent comme naissant d'un germe spécial comparable de tout point aux œufs et aux graines des espèces animales et végétales plus élevées dans l'échelle de la création ; d'autres veulent que les Bactéries

(1) Ch. Robin, *Traité du microscope et des injections*, 2e édition. Paris, 1877.

(2) Huxley, *Les sciences naturelles et les problèmes qu'elles font surgir*, édition française. Paris, 1877, 1 vol. in-18 jésus.

(3) Pouchet, *Hétérogénie ou Traité de la génération spontanée*. Paris, 1859.

(4) Béchamp, *Les microzymas dans leurs rapports avec l'hétérogénie, l'histogénie, la physiologie et la pathologie*. Paris, 1883.

soient sécrétées par les moisissures vulgaires ; d'un autre côté, quelques micro-botanistes pensent que les moisissures vulgaires naissent des Bactéries : enfin une opinion assez accréditée est celle qui attribue aux Vibrioniens la faculté de se transformer suivant les milieux où ils vivent en espèces multiples et de devenir tour à tour, par polymorphisme, Bactéries, Bactéridies, Vibrions et Ferments.

Devant ces affirmations si diverses, venues de savants respectables, la parole doit rester aux faits et c'est aux faits seuls que nous la laisserons ici.

Rôle des Bactéries dans la nature. — Les Bactéries jouent un rôle immense dans l'économie de la nature et exercent sur l'homme et les animaux une action des plus fatales.

Les Bactéries, et en particulier la Bactérie commune (fig. 1233), se rencontrent partout,

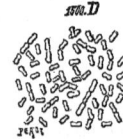

Fig. 1233. — Bactérie commune.

dans l'air aussi bien que dans l'eau : elles s'attachent à la surface de tous les corps solides, mais elles ne se développent en masses que lorsque la matière organisée se décompose et lorsqu'elle devient le siège d'une fermentation.

Il est certain que ceux qui, sans recherches préalables, se sont aventurés à étudier les germes tenus en suspension dans des atmosphères spéciales, ont manqué des éléments indispensables à une saine critique des milieux soumis à leurs investigations ; ils se sont exposés, comme cela est déjà arrivé souvent, à voir dans des cellules inoffensives des ferments morbides, alors que ces mêmes cellules abondaient dans les milieux les plus sains et se retrouvaient dans le mucus nasal et le mucus pharyngien des personnes les mieux portantes. Donc, avant de chercher dans l'air confiné la cause des maladies épidémiques, il faut d'abord connaître parfaitement les microbes que l'air libre renferme à l'état normal et savoir dans quelle proportion ils contribuent à peupler en micro-organismes les foyers réputés infectés. Alors seulement il sera possible d'aborder avec quelques chances de succès ces graves questions

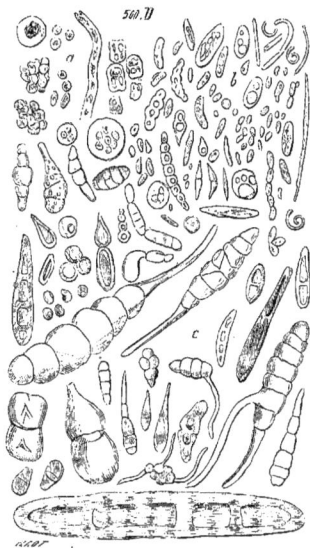

Fig. 1234. — Microbes (Miquel).

Fig. 1235. — Poussières recueillies à l'observatoire de Montsouris (Miquel) (*).

dont la solution était le plus souvent livrée à un hasard heureux.

POUSSIÈRES ORGANISÉES DE L'AIR. — L'étude des poussières organisées de l'atmosphère présente un intérêt digne de nous arrêter un instant; nous devons à M. Hermann Fol et à M. Miquel les principales données des notions relatives à ce sujet.

« Est-il au monde, dit M. Hermann Fol(1), une impression plus joyeuse, pour nous autres mortels, que celle que nous ressentons à la vue d'un rayon de soleil qui s'introduit furtivement dans nos appartements? Le romancier et le poète en font l'emblème de l'espérance, et le naturaliste lui-même ne peut se défendre de ce sentiment de gaieté, bien qu'il ait fort tourmenté ce pauvre rayon de soleil, pour le forcer à lui livrer le secret de son existence ; il en a tiré des conceptions philosophiques de la plus grande portée, mais il ne lui a pas enlevé sa poésie, car la science et la poésie sont trop étrangères l'une à l'autre pour faire mauvais

(1) Hermann Fol, Les Microbes (Journal de Genève, 1883).

BREHM.

ménage. Pénétrons donc sans crainte et sans arrière-pensée dans le cabinet du physicien pour suivre d'un œil curieux ses opérations ingénieuses. Il a commencé par capturer le rayon dans son cabinet obscur, puis il se met à le décomposer, il le montre formé d'un tremblement particulier des molécules, il va jusqu'à mesurer et compter ses ondulations que personne n'a jamais vues. Ce n'est pas tout encore : il démontre par les expériences les plus probantes que si l'air était pur, le rayon ne se verrait pas. Il fait passer un faisceau de lumière à travers un air filtré : le faisceau traverse sans laisser la moindre trace de son passage. Le rayon n'est donc visible, il n'est donc rayon, que parce qu'il traverse un air chargé de poussières et de particules solides.

« Ces poussières font le bonheur des dilettanti en matière de microscopie; ils y trouvent, comme de juste, des parcelles de tous les objets qui nous entourent. Aussi la chose nous laisserait-elle assez froids, sans certains germes vi-

(*) a, cristaux ; b, débris de végétaux fibreux et cellulaires ; c, grains d'amidon ; d, pollen.

VERS ET MOLL. — 92

vants qui se trouvent mêlés à toutes ces poussières et jouent un rôle énorme dans la nature et dans la vie de l'homme. Je ne parle pas de ces animalcules relativement complexes par leur organisation, qui ont la faculté de reprendre vie au contact de l'eau, après avoir été desséchés et transportés par les vents ; ces faits, bien connus des naturalistes du dix-septième siècle, n'ont pour nous qu'un intérêt de curiosité(1). A notre point de vue, le seul élément important et redoutable de ces poussières, c'est la riche collection de spores ou de graines de végétaux inférieurs qui s'y trouvent constamment mélangées. »

« C'est vers 1830, dit M. Miquel, qu'Ehrenberg aborda l'étude des poussières tenues en suspension dans notre atmosphère. Il constata que l'eau de pluie, la neige, les poussières déposées spontanément sur les objets extérieurs et les meubles des appartements renfermaient des spores de Cryptogames et des œufs d'Infusoires. Lors de l'épidémie de choléra qui éclata en Europe en 1848, il chercha vainement dans l'air le germe de cette maladie.

« En France, H. Gaultier de Claubry communiqua en 1832 à la Société philomathique ses recherches microscopiques sur l'air puisé en divers lieux. C'était en amenant une portion de l'atmosphère au contact de l'eau bouillie que ce savant put s'assurer de la présence des œufs d'infusoires et des spores de microphytes dans le milieu où nous vivons.

« En 1849, pendant que le choléra sévissait en Angleterre, les Dʳˢ Swagne (2), Brittan et Budd (3), attribuèrent la cause première de cette maladie épidémique à de nombreuses cellules annulaires que l'on rencontrait à la fois dans les déjections des cholériques et dans les poussières des salles des hôpitaux où ces malades avaient séjourné. Les Dʳˢ Baly et Sull (4), le professeur Ch. Robin (5), firent justice de ces affirmations prématurées. Par des expériences multipliées et très précises, le Dʳ Dundas Thompson (6) confirma plus tard les recherches négatives de ces derniers savants ; s'il ne put

(1) Voyez les Rotifères in les Vers, Mollusques, p. 96.
(2) Swagne, The Lancet. London, 1849, p. 868, 398, 530.
(3) Brittan et Budd, London med. Gaz., sept. 1849.
(4) Baly et Sull, The Lancet. London, 1849, p. 493.
(5) Ch. Robin, Hist. nat. des végétaux parasites, 1855, p. 287 et 678.
(6) Thompson, Report of the committee for scientific inquiries in relation to the cholera epidemic of 1854 (General board of Health, medical council).

découvrir le ferment figuré du choléra dans les locaux infectés, il trouva dans l'air des salles des hôpitaux des Vibrioniens et des fructifications de Cryptogames inférieurs. »

M. Miquel a fait des recherches régulières sur l'air recueilli au sud de Paris, dans l'intérieur du parc de Montsouris.

Il nous apprend que l'air, relativement pur, de la banlieue de Paris, tient en suspension de 150 à 1000 germes vivants par mètre cube. Dans une salle d'hôpital au centre de la capitale, chaque mètre cube d'air en renferme 5,000, jusqu'à 30,000, suivant la saison !

Il a fait aussi, avec M. de Frendenreich de Berne, une série de sérieuses études sur la pureté relative de l'air qui baigne le sommet des montagnes suisses, et sur l'atmosphère des environs du lac de Thun. C'est une recherche qui avait déjà tenté MM. Pasteur, Pouchet, Tyndall, mais à une époque où l'on n'avait pas encore à sa disposition les procédés scientifiques que M. Miquel a si bien perfectionnés. De plus M. Miquel a opéré sur des quantités d'air relativement considérables. M. Frendenreich et lui se sont servis d'un aspirateur, dont le maniement n'est pas très commode sur les montagnes, et ils ont pu trouver dans 10 mètres cubes d'air analysés à des époques très voisines un nombre de Microbes qui varie de zéro à 55,000 !

Voici les chiffres

De 2,000 à 4,000 mètres d'altitude....	0 microbes.
Sur le lac de Thun (à 560 mètres)....	8 —
Près de l'Hôtel-Bellevue (560 mètres).	21 —
Dans une chambre de cet hôtel......	600 —

Cet affaiblissement graduel du nombre des Microbes quand on s'élève dans les montagnes de la Suisse tient sans doute, comme le dit M. Miquel, à la diminution de la pression atmosphérique qui tient plus difficilement en suspension les corpuscules de toute nature, et à la disparition progressive des foyers producteurs des Bactéries. C'est pourquoi, à la zone des neiges éternelles, on ne trouve plus de Microbes.

Si prodigieux que puissent paraître les chiffres cités plus haut, ils sont encore minimes, comparés au nombre des spores qui adhèrent à la surface de tous les objets solides qui nous environnent ; un simple nettoyage est impuissant à les enlever ; il n'y a que le feu ou les solutions antiseptiques fortes qui puissent les annuler.

M. Miquel énumère les poussières, poussières types qu'il prend toujours pour terme de comparaison.

Ces poussières (fig. 1234 et 1235) peuvent être divisées en trois groupes naturels, savoir :
1° Les poussières d'origine minérale;
2° Les poussières d'origine végétale;
3° Les poussières d'origine animale.

M. Miquel conclut de la façon suivante :

Conclusions. — 1° L'atmosphère est en tout temps chargée d'un nombre considérable de cellules organisées. Le chiffre de ces cellules est très variable : élevé en été, il devient faible en hiver.

2° Le nombre des Microbes passe habituellement par un maximum en temps de pluie et par un minimum durant les jours chauds et secs. Pendant les saisons les plus chaudes de l'année ces maxima et ces minima sont souvent fort remarquables.

3° Parmi les productions organisées de toutes sortes charriées par les vents, on trouve des grains d'amidon, des pollens et d'innombrables semences de Cryptogames. S'il n'est pas toujours facile de distinguer parmi les fructifications des Moisissures les organismes spéciaux appelés *ferments*, on parvient par des ensemencements convenablement dirigés à acquérir la certitude de leur présence (1). L'air renferme aussi des œufs d'Infusoires proprement dits, mais en quantité comparativement plus faible que les productions qui viennent d'être désignées.

4° Quand on use de forts grossissements et de réactifs appropriés, on peut toujours distinguer dans les poussières de l'air, du sol et des eaux météoriques, des cadavres, des germes ou des œufs de Vibrioniens. Ces Microbes paraissent être plus répandus autour de nous que les productions cryptogamiques plus élevées dans le règne végétal.

5° Beaucoup de micro-germes de Vibrioniens peuvent croître dans certains milieux nutritifs et y déterminer des altérations profondes ou à peine sensibles, suivant la nature des êtres auxquels ces germes peuvent donner naissance. L'eau bouillante détruit rapidement cette classe de Microbes et la plupart d'entre eux ne paraissent pas résister à la température sèche de 110° maintenue pendant plusieurs heures.

6° Les germes des Vibrioniens étant très

(1) *Bulletin de la Société chimique*, t. XXIX, p. 387. *Comptes rendus de l'Académie des sciences*, t. LXXXVII, p. 750.

répandus autour de nous, il est inutile d'avoir recours à la théorie de la mutabilité des espèces pour expliquer leur présence soit dans l'eau de pluie, soit dans un grand nombre d'infusions; au contraire, les faits paraissent démontrer que les Vibrioniens peuvent être classés en espèces distinctes et qu'on peut les cultiver longtemps à l'état de pureté sans craindre de les voir se transformer en de nouvelles espèces, même quand on les transporte d'un milieu dans un autre.

7° Les Infusoires proprement dits et les Bactéries ne viennent pas des Cryptogames vulgaires. Ces Cryptogames paraissent, au contraire, entraver leur développement là où ils sont puissamment développés. Les Bactéries, loin de fournir des végétations cryptogamiques, les étouffent dans les milieux où elles peuvent se multiplier rapidement et en grand nombre.

8° Sans nier, pour certains êtres microscopiques, un cycle de transformations que l'expérience a déjà établi pour quelques-uns d'entre eux et qu'elle établira peut-être pour beaucoup d'autres, les faits que nous avons pu recueillir sont en opposition constante avec la théorie de la génération par homogénie *indirecte*.

BACTÉRIES DANS L'EAU. — Si l'on met dans l'eau une particule de matière organisée quelconque, l'eau au bout de peu de temps perd sa transparence, elle devient laiteuse par suite du développement d'un nombre immense de Bactéries; en même temps la putréfaction se propage en donnant naissance à diverses sortes de combinaisons chimiques; puis à un moment l'eau reprend sa transparence, les Bactéries ont dévoré la matière organisée, elles cessent alors de se multiplier, elles restent immobiles et s'accumulent au fond du vase, où elles forment un précipité blanchâtre.

PUTRÉFACTION. — D'après M. Pasteur, la présence des Bactéries n'est pas seulement concomitante avec la putréfaction, mais elle en est aussi la cause.

FERMENTATIONS. — Les fermentations proprement dites sont aussi dues à des Bactéries.

« Aucune des substances organiques, qui sont la partie essentielle de notre alimentation et nous servent de mille manières, dit encore Hermann Fol (1), ne se conserve pendant plus de quelques jours; tout fermente, tout se gâte,

(1) Fol, *loc. cit.*

c'est le désespoir de nos ménagères. Or, ces décompositions ne se produisent pas sans que la matière soit remplie d'un nombre incommensurable d'êtres vivants, de la plus extrême petitesse. Comment un liquide dépourvu de tout germe étranger, tel que du lait, du bouillon, peut-il, en quelques heures, se trouver envahi par ces légions innombrables de microbes? La première hypothèse qui se présente à l'esprit est que tous ces organismes seraient la conséquence de la décomposition, et qu'ils naîtraient spontanément aux dépens de la substance altérée. C'est la théorie des générations spontanées, soutenue avec beaucoup de talent par Pouchet (1), et c'est assurément l'un des plus grands mérites de M. Pasteur que d'avoir réfuté un à un tous les arguments des partisans de cette théorie séduisante, de les avoir poursuivis jusque dans leurs derniers retranchements avec sa logique serrée et ses expériences irréprochables.

« Les fermentations sont produites par les Microbes et ceux-ci dérivent tous, par une propagation extraordinairement rapide, de quelques germes apportés par l'air, ou restés adhérents aux vases dans lesquels on a placé les liquides fermentescibles. Un liquide fermentescible peut se conserver indéfiniment, s'il est mis à l'abri du contact de tout Microbe ; mais on devine aisément, d'après ce que nous venons de dire, combien cet isolement absolu doit être difficile à obtenir. En effet, tous ces végétaux inférieurs se trouvent dans la nature sous deux formes : 1° la forme végétante ou active, et 2° la forme dormante, c'est-à-dire les spores qui jouent ici un rôle analogue à celui des graines chez les Plantes.

« A l'état actif, la plupart des Microbes sont peu résistants ; beaucoup d'espèces ne supportent pas une dessiccation de quelque durée et, dans l'humidité, une température de 70 à 80 degrés centigrades, maintenue pendant deux ou trois heures, les fait périr presque sans exception.

« Les spores ont la vie plus dure : l'eau bouillante ne les tue pas et il faut la chauffer jusqu'à 120, 130 et même 150 degrés pour en venir à bout. A sec, les spores ne succombent pas au-dessous de 180 à 200 degrés, et d'après M. Fricz, un froid de 110 degrés leur est parfaitement indifférent. Désinfecter les vêtements sans les brûler serait donc chose impossible, si

(1) Pouchet, *Hétérogénie ou Traité de la génération spontanée*. Paris, 1859.

par bonheur M. Koch n'avait découvert que les germes ne résistent pas à l'action d'un courant continu de vapeur d'eau à la température de 100 degrés.

« Il est singulièrement difficile de maintenir un liquide à l'abri de tout germe, ou de faire périr tous ceux qui ont pu s'y introduire ; on y réussit cependant, et l'on dit alors que le *liquide est stérilisé*. Ce sont des bouillons traités de la sorte que l'on ensemence avec des parcelles homœopathiques de substances contenant les microbes à étudier, et l'on obtient des cultures, qui renferment l'espèce intéressante à l'exclusion de toute autre. Les laboratoires consacrés à ces recherches dépensent annuellement des centaines et des milliers de ces bouillons.

« Les organismes qui nous intéressent ici appartiennent à trois familles, toutes trois voisines des Champignons : les *Moisissures*, les *Levûres*, et les *Microbes proprement dits*. Chaque genre de fermentation est produit par une espèce déterminée de ces organismes minuscules, et n'a lieu que si l'espèce en question se trouve semée dans le liquide dès le début de la fermentation, en nombre suffisant pour n'être pas étouffée par d'autres espèces. C'est ainsi que le Mycoderme du vin se trouve en quantité dans la fleur du raisin mûr et vient naturellement ensemencer le moût qui coule du pressoir. Au Japon la vigne croît à merveille et porte des grappes splendides, mais le Mycoderme manque à l'appel, et la fermentation produite par d'autres Microbes ne donne qu'un liquide imbuvable. Les boulangers et les brasseurs savent fort bien introduire dans leur pâte ou dans leur moût les espèces dont ils ont besoin. Sans les Microbes, le lait ne se caillerait pas, le fromage et le vinaigre seraient inconnus, les débris végétaux ne se décomposeraient pas, et il n'y aurait pas de terre végétale. On a calculé qu'un gramme de terreau contient un million de ces petits êtres! Nous sommes si accoutumés à associer le mot de Microbe à toutes les maladies les plus redoutées, que nous perdons de vue le rôle immense qu'ils jouent dans la nature ; nous pouvons dire hardiment que leur suppression bouleverserait de fond en comble tout l'ordre des choses actuel. »

MALADIES. — Un grand nombre de maladies, le Choléra des Poules, le Typhus, la Pourriture d'hôpital, le Charbon, la Fièvre jaune, les Fièvres paludéennes, doivent leur apparition aux Bactéries. Des travaux tout récents tendent à

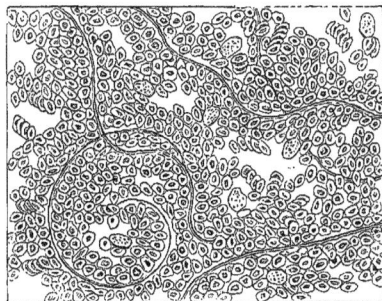

Fig. 1236. — Vibrion septique dans le sang à l'état de
développement complet. Représentation schématique.

Fig. 1237. — 1, Bactéries septiques sous diverses formes;
2, zooglée; 3, chapelets de micrococcus en couples développés dans le pus d'un vaisseau lymphatique.

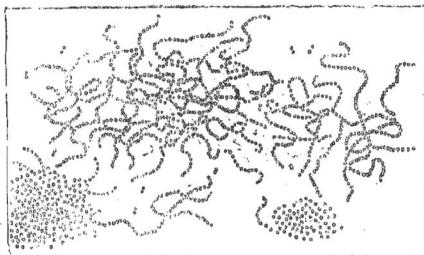

Fig. 1238. — Chapelets obtenus purs, par la culture au sang (1).

démontrer que la Phthisie elle-même est due à
des Bactéries (1).

Lorsque la contagion s'est produite dans un
organisme sain, il se passe des heures, des jours
même, avant que les premiers symptômes apparaissent; mais le temps nécessaire à l'incubation une fois écoulé, la maladie se déclare, apporte le trouble dans tous les organes; il semble
au patient qu'une sorte d'empoisonnement l'ait
envahi, et à son tour il répand le poison autour de lui; ce poison gagne de proche en proche, et les populations tombent décimées sous
l'action dévastatrice d'êtres dont plusieurs millions peuvent tenir sur la pointe d'un scalpel.

Le génie expérimental, l'habileté d'observa-

(1) Nous avons fait pour ce résumé quelques emprunts
à un travail de M. E. Strohl, Les microbes en pathologie.
État actuel de la question d'après les derniers travaux,
Strasbourg, 1881, et à un article de M. le Dr Pelletan (Journal de micrographie, 1882).

tion de M. Pasteur et de ses coopérateurs,
MM. Joubert et Chamberland, sont arrivés à
tracer un sillon fécond dans le champ de la
pathogénie et de la thérapeutique des maladies
septiques et virulentes.

M. Pasteur a été aussi exigeant envers lui-même
que ses plus ardents adversaires, et le programme
qu'il s'est tracé coupe court à toutes les objec-
tions. Pour qu'un Microbe puisse être regardé
comme la cause d'une maladie, il faut l'isoler
de tous les autres organismes qui l'accompagnent, le cultiver dans un liquide indifférent
(fig. 1236 à 1238) un assez grand nombre de
fois pour que l'on ne puisse plus soupçonner
la présence d'un atome du liquide primitif
dans lequel il a pris naissance; inoculé à un
animal impressionnable à ce Microbe, il doit
lui donner toujours la même maladie. Nous ne

(1) Nous devons les figures 1236 à 1238 à l'obligeance
de M. le Dr Doléris.

Fig. 1240 et 1241. — Bactéries du charbon, d'après Bollinger; gross. 55 fois.

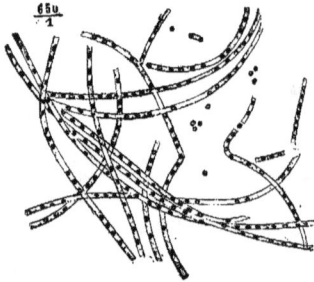

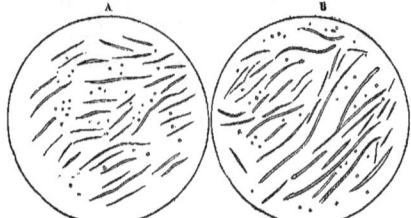

Fig. 1239. — Bacille du charbon.

Fig. 1242. — Bacille du charbon.

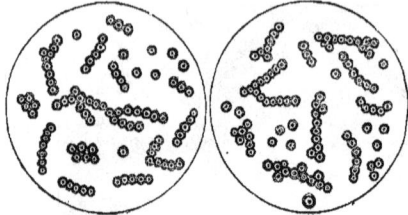

Fig. 1243 et 1244. — Bactéries du charbon, d'après Semmer (*).

croyons pas que l'on puisse demander plus.

Bactéridie du sang de rate. — C'est l'étude de la Bactéridie charbonneuse qui a été le point de départ de ces expériences et il faudrait préciser encore davantage la provenance de ce Microbe en disant que c'est celui du *sang de rate*. En effet, Chauveau, Arloing, Cornevin et Thomas en séparent un *charbon symptomatique* propre à l'espèce Bovine et à quelques autres animaux. Il possède un Microbe particulier, différent par ses caractères morphologiques, très rare et même absent dans le sang, mais pullulant dans les tissus musculaires ; dès lors le sang ne donnerait pas un vaccin contre l'autre charbon.

M. Pasteur prend des Bactéridies charbonneuses (fig. 1239 à 1243), retenues sur un filtre, à travers lequel il a fait passer du sang virulent délayé ; il les met dans un liquide qui leur est tout à fait étranger, de la décoction de levure de bière par exemple, en contact seulement avec de l'air pur ; elles s'y multiplient rapidement ; une goutte ou moins de ce liquide est placée dans une nouvelle portion de milieu nutritif et ainsi de suite 10, 15, 20 fois. Une minime quantité de cette dernière culture insérée à un Mouton lui communique le sang de rate. Or est-il possible que ces Bactéridies aient eu encore en leur possession un atome du liquide

sanguin dans lequel leurs aïeuls ont été puisés ? C'est donc le Microbe pur, sans aucune addition, qui a affirmé son existence individuelle et par sa multiplication et par la conservation de ses propriétés.

Une grave objection a été faite à la théorie de M. Pasteur ; comment expliquer la reproduction et la dissémination de la Bactérie charbonneuse ? On sait que certaines contrées sont décimées par le sang de rate, dont l'origine a été recherchée dans toutes les conditions atmosphériques et telluriques possibles. La connaissance de la provenance bactérienne de cette maladie a fait justice de ces hypothèses et conduit à une solution positive et pratique. L'inoculation par les Mouches et des blessures accidentelles ne suffisait pas ; les Bactéries charbonneuses répandues dans l'air sont trop peu abondantes et généralement innocentes ; Poincarré a trouvé dans l'eau du pâturage d'un troupeau décimé des Bactéridies charbonneuses.

M. Pasteur, après un examen minutieux des contrées infectées, avait trouvé que les Moutons paissant à certaines places étaient pris en grande proportion, et que c'étaient des places où des animaux charbonneux avaient été en-

(*) A, Charbon ; B, Septicæmie.

fouis. L'examen microscopique de l'herbe et du sol y a fait découvrir de nombreuses Bactéridies et des germes mangés par les Moutons. Or on sait que si leur ingestion est le plus souvent innocente, il n'en est plus de même lorsqu'à l'herbe contaminée on ajoute des pointes de chardons qui produisent de petites blessures de la muqueuse buccale à travers lesquelles l'ennemi pénètre dans la place. C'est ce qui arrive aux Moutons qui vont toujours flairant le sol et mâchant avec l'herbe des corps plus durs. La virulence a été constatée encore sur une place où un Mouton charbonneux avait été enfoui 12 années avant; la reproduction des Bactéries paraît donc presque indéfinie.

Une objection de M. Colin, d'Alfort, a fait faire

qui les apportent à la surface, les y déposent dans leurs excréments; la pluie, le vent, la culture les disséminent et les Moutons les mangent. L'examen des Vers de terre et de leurs excréments a fait toujours trouver de nombreux germes cultivables (1).

Une éclatante consécration a été donnée à ces travaux de MM. Pasteur, Chamberland et Roux. La Société générale de médecine vétérinaire de Paris a fait des recherches en tout conformes aux leurs; M. Villemin, dans la séance du 17 mai 1881, a lu à l'Académie de médecine le rapport d'une commission nommée par elle et confirmant de tous points les résultats précédents.

Il découle de cette découverte une conséquence pratique de la plus haute importance:

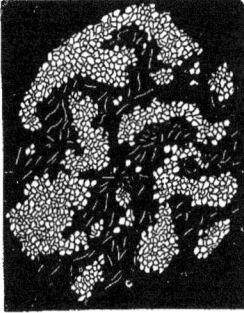

Fig. 1245. — Bactéries du charbon, parcelle d'un caillot.

Fig. 1246. — Microbes du sang, dans le choléra des poules.

à M. Pasteur une de ses découvertes les plus ingénieuses. D'abord, M. Colin n'a trouvé ni Bactéries, ni germes dans le sol. Comment y en aurait-il d'ailleurs, sachant que la putréfaction fait périr la Bactérie; comment encore cette Bactérie peut-elle arriver à la surface du sol, en traversant une couche de 2 mètres d'épaisseur, profondeur à laquelle les cadavres ont été enfouis?

Les germes, répond M. Pasteur, ne sont pas faciles à trouver dans le sol, dans la multiplicité des germes d'espèces microscopiques variées qui existent dans toutes les terres naturelles; il faut joindre la culture à l'examen microscopique. Si la putréfaction tue les Bactéries, elle n'a aucune action sur les germes; après l'enfouissement de l'animal malade, les Bactéries se résolvent en germes indestructibles qui arrivent à la surface du sol de la façon la plus naturelle, par un service de facteurs bien organisé. Ils sont absorbés par les Vers de terre

c'est que l'enfouissage des bêtes charbonneuses est une mesure insuffisante; s'il préserve l'homme de la contagion, il est au contraire une cause de propagation de la maladie aux animaux. La crémation est le seul moyen de destruction de ces Bactéries et de leurs germes.

Organisme microscopique du choléra des poules. — Il est une autre maladie pour laquelle nous pouvons produire les mêmes expériences que pour le charbon: c'est le *choléra des Poules* (fig. 1246). Un médecin d'Alsace, Moritz, a soupçonné dans cette maladie la présence d'un organisme microscopique, étudié plus tard par Peroncito, puis par Toussaint et dans ces derniers temps par M. Pasteur. M. Pasteur le regarde comme un microbe spécial, différent de la Bactéridie charbonneuse et des Vibrions par sa forme et ses réactions. Ainsi le

(1) Voyez Brehm, *Les Vers, Mollusques.* Paris, 1884, p. 55 et seq.

Microbe du choléra des Poules périt dans le bouillon de levure et se multiplie rapidement dans le bouillon de Poulet; il ne se reproduit pas par germes, mais seulement par scissiparité. M. Toussaint ne partage pas ces vues; il trouve une identité entre la septicémie expérimentale et le choléra des Poules; même parasite, mêmes résultats des inoculations réciproques, mêmes lésions cadavériques. Je ne me permettrai pas de trancher la question; je me borne à faire observer que le Vibrion septique se propage aussi par germes (Pasteur) et qu'il est très actif sur le Cobaye, peu sensible à celui du choléra des Poules. Peu importe d'ailleurs, un Microbe est la cause de la maladie.

M. Pasteur a procédé de la même manière que pour le charbon; cultivé un grand nombre de fois dans un milieu indifférent, il donne toujours la même maladie; le liquide filtré et privé de Bactéries est inactif, tandis que le résidu sur le filtre est virulent.

Les nombreuses expériences faites au sujet du charbon et du choléra des Poules ont conduit à une découverte de la plus haute portée non seulement pour ces maladies, mais encore pour la pathologie en général. On sait qu'une des particularités de la plupart des maladies virulentes est de ne frapper l'individu qu'une fois; qu'une première atteinte, même légère, préserve d'une seconde ou la rend au moins bénigne. C'est le cas de la vaccine qui s'oppose à la variole, qu'elle soit identique ou seulement analogue à cette dernière, peu importe; une vaccination pareille a été signalée pour les deux maladies qui nous ont occupés jusqu'à ce moment.

Pour obtenir une maladie atténuée, non dangereuse et préservant néanmoins d'une atteinte grave, deux méthodes ont été suivies : l'une réduit l'inoculation à un minimum de quantité et la fait d'une façon moins active dans ses résultats, l'autre diminue l'activité du Microbe.

La méthode de M. Colin, d'Alfort, consiste à inoculer des doses minimes de sang charbonneux et à répéter l'opération un nombre suffisant de fois avec un peu plus de virus, jusqu'à ce que les doses ordinaires restent sans résultat.

Si les maladies virulentes, contagieuses, sont véritablement parasitaires, ces preuves de la variabilité d'action des Microbes acquièrent une grande importance pour la pathologie. Les différentes épidémies d'une même maladie sont loin d'avoir toujours le même degré de gravité; les uns en accusent l'organisme humain qui ré-

siste plus ou moins; les autres, des conditions atmosphériques et telluriques; d'autres enfin, une modification dans l'intensité du virus. Ces derniers auraient gain de cause, quoique nous ne connaissions pas encore les circonstances qui ont agi sur les Microbes. Les deux autres influences ne seraient pas exclues pour cela, mais elles passeraient au second rang; l'expérimentation a prouvé entre autres que les animaux affaiblis opposaient beaucoup moins de résistance à des Microbes, surtout au Vibrion septique, et succombaient à des quantités qui n'auraient pas tué un animal plus robuste.

Toutes ces causes réunies expliqueraient enfin les différentes fluctuations d'intensité d'une épidémie, la résistance indéfinie des uns qui ont été peut-être vaccinés par l'absorption graduelle du virus, la résistance temporaire d'autres, le danger de l'accumulation de ces malades dans un même local.

Pour ce qui regarde ce dernier point, nous devons à M. Chauveau la connaissance d'un fait très instructif. Il a trouvé d'abord que les Moutons d'Algérie résistaient au charbon, auquel les Moutons français succombent à peu près sans exception. Mais cette résistance n'est pas absolue. L'inoculation rend ces Moutons malades; faite à des intervalles convenablement longs, elle peut être renouvelée; l'animal en est chaque fois moins impressionné et finalement ne s'en ressent plus du tout.

Lorsque, au contraire, les inoculations sont faites coup sur coup, répétées avant la disparition des accidents précédents, ou bien si l'on introduit en une fois une dose massive de virus, ces Moutons y succombent comme les nôtres. Ils résistent à une certaine quantité et succombent à une quantité plus forte.

Agent infectieux de la gangrène. — La gangrène, dit Hallopeau (1), ne peut pas se produire sans l'intervention d'un agent venu du dehors. Elle ne se manifeste que dans les parties en communication directe avec l'air extérieur.

Par quel mécanisme s'exerce l'influence du milieu ambiant? Très vraisemblablement par la pénétration de Microbes dans les parties dont la nutrition s'altère. Sanson a trouvé des Bactéries dans le sang, mais leur inoculation à d'autres animaux n'a rien produit chez eux. Koch a été plus heureux : après avoir produit la gangrène par l'inoculation de substances putrides dans l'oreille d'une Souris, il a trouvé

(1) Hallopeau, *Traité de pathologie générale.* Paris, 1884, p. 195.

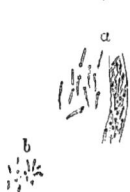

Fig. 1247. — Micrococcus et Bactéries de la gangrène provenant d'un membre congelé (Perls) (*).

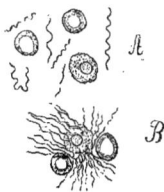

Fig. 1248. — Spirilles de la fièvre récurrente. Grossissement 700 fois (**).

Fig. 1249. — Bacille de la Malaria.

(fig. 1247) dans les parties malades des Micrococcus de 0,5 µ de diamètre, ordinairement disposés en chaînettes élégantes et régulières, quelquefois accumulés en masses épaisses. Ces éléments produisent la gangrène des tissus partout où ils pénètrent ; les cellules du sang et du tissu conjonctif se détruisent ; il en est de même des cellules cartilagineuses ; les microbes se propagent du point inoculé dans les parties voisines ; ils ne pénètrent ni dans le sang ni dans les viscères ; s'ils tuent rapidement, c'est sans doute parce qu'ils sécrètent une substance délétère et soluble.

Spirilles de la fièvre récurrente. — Obermeier a montré en 1873 qu'il existe dans le sang des sujets atteints de fièvre récurrente un Microbe spécial, un spiraciste (fig. 1248), il est représenté par des filaments longs et épars ; il est contourné en spirale, et chacun de ses replis a les mêmes dimensions ; des mouvements très rapides et complexes l'agitent.

Agent infectieux de l'impaludisme. — L'intoxication palustre, dit Hallopeau (1), se développe sous l'influence de miasmes émanés du sol, le plus souvent de terrains marécageux, d'autres fois de terrains riches en éléments organiques, tels, par exemple, que la campagne de Rome, dont l'activité n'est pas utilisée par la végétation (2). L'agent infectieux, introduit dans l'organisme, peut y rester de longues années en donnant lieu de temps en temps, ou d'une manière persistante, à des troubles morbides. Sa nocuité est beaucoup plus grande dans les cli-

(1) Hallopeau, *Traité de pathologie générale*. Paris, 1884, p. 205.
(2) L. Colin, *Traité des fièvres intermittentes*. Paris, 1870.

(*) *a*, Bactéries portant à leur extrémité une spore qui leur forme comme une tête. — *b*, 24 heures plus tard, on ne voit plus que des Micrococcus et des Bactéries. Grossissement 300 fois.

BREHM.

mats chauds que dans les climats froids et tempérés ; il ne se transmet jamais par contagion. Il est peu probable qu'il s'agisse d'un ferment soluble ; il est vraisemblablement constitué par un Microbe végétal ou animal qui se développe dans les terrains où se trouvent réalisées les conditions indiquées plus haut.

Jusqu'à ces derniers temps, les recherches entreprises pour découvrir ce Microbe chez les malades atteints de fièvre intermittente n'avaient donné que des résultats négatifs ; aussi les observateurs se sont-ils efforcés de le trouver dans le milieu infectant ; les Microbes abondent au voisinage des marais, plusieurs d'entre eux ont été successivement incriminés : la *Palmella gimesma* l'a été par Salisbury (1), l'*Alga* dite *miasmatica* par Balestra, la *Lymnophisalix hyalina* par Eklund, l'*Hydrogastrum granulatum* par Safford et Bartlet, etc. Klebs et Tommasi Crudeli ont examiné au même point de vue l'air, l'eau et le sol des parties de la campagne romaine où la malaria sévit avec le plus d'intensité ; ils sont arrivés à cultiver des Schizomycètes qu'ils considèrent comme les agents infectieux. Ce sont des bâtonnets (fig. 1249) de 2 à 7 mill. de longueur, devenant, par la croissance, des fils recourbés qui se sectionnent par la formation d'espaces translucides ou de cloisons ; ces bâtonnets constituent à la surface du liquide de culture des faisceaux d'articles très courts ; souvent il se développe des spores au milieu ou aux extrémités des articles. Ces corpuscules-germes peuvent se multiplier et remplir tout l'intérieur du filament sous forme d'une masse granuleuse.

(1) Salisbury, *Causes des fièvres intermittentes et rémittentes rapportées à une algue du genre Palmella* (*Ann. d'hyg.*, t. XIX, p. 215).

(**) A, éléments isolés entre les globules du sang. — B, éléments formant un feutrage dans lequel ces globules se trouvent contenus.

Les auteurs affirment que l'inoculation à des Lapins de ces produits de culture peut développer chez eux toutes les formes d'intoxication paludéenne observées chez l'homme.

M. Laveran (1) s'est efforcé de trouver l'agent infectieux, non pas dans le milieu ambiant où il est bien difficile de le distinguer des autres micro-organismes, mais dans le sang, et il croit y avoir réussi. Ce parasite se présente sous trois formes que M. Laveran désigne sous les noms de corps n° 1, n° 2 et n° 3.

Corps n° 1. — Ce sont des éléments allongés, plus ou moins effilés à leurs extrémités, souvent incurvés en croissant, quelquefois de forme ovalaire. Leur longueur est de 8 à 9 millièmes de millimètre; leur largeur de 3 millièmes de millimètre en moyenne. Les contours sont indiqués par une ligne très fine ; le corps est transparent, incolore, sauf vers la partie moyenne, où il existe une tache noirâtre constituée par une série de granulations arrondies, qui paraissent être des granulations pigmentaires. Par exception, cette tache peut être située près d'une des extrémités du corps. Les granulations affectent assez souvent une disposition régulière, en couronne, analogue à celle qui sera décrite plus bas pour les corps n° 2. Sur ceux de ces corps qui sont incurvés, on aperçoit fréquemment, du côté de la concavité, une ligne courbe, pâle, qui semble relier les extrémités du croissant. Les corps n° 1 ne paraissent pas doués de mouvements ; quand leur forme se modifie, c'est d'une façon très lente (fig. 1250, 1254 et 1255).

Corps n° 2. — Ces corps se présentent sous plusieurs aspects, suivant qu'ils sont à l'état de repos ou de mouvement (fig. 1251 et 1253).

A l'état de repos, on distingue un corps sphérique, transparent, à contours très fins, dont le diamètre est de 6 millièmes de millimètre en moyenne. Dans l'intérieur de ce corps se trouvent des granulations pigmentaires arrondies, égales entre elles, qui affectent d'ordinaire une disposition assez régulière en couronne : on dirait un collier de perles noires.

A l'état de mouvement, on aperçoit, autour du corps sphérique et pigmenté, des filaments très transparents, animés de mouvements ra-

(1) A. Laveran, *Sur un nouveau parasite trouvé dans le sang des malades atteints de fièvre intermittente ; origine parasitaire des accidents de l'impaludisme (Bulletin de la Société des hôpitaux.* 1881). — *Nature parasitaire des accidents de l'impaludisme. Description d'un nouveau parasite.* Paris, 1881.

pides dans tous les sens; on ne peut mieux comparer ces mouvements qu'à ceux d'Anguillules, dont une des extrémités serait fixée dans l'intérieur de l'élément sphérique. Ces filaments impriment aux globules rouges du sang les plus voisins des mouvements très variés et très faciles à constater. La longueur des filaments ou appendices mobiles peut être évaluée à trois ou quatre fois le diamètre d'un globule rouge ; leur nombre a paru être, pour chaque corps n° 2, de trois ou de quatre ; il est peut-être plus grand, car on n'aperçoit que les filaments qui s'agitent, et même parmi ceux-ci on ne peut voir que ceux qui sont exactement au point. Tantôt les filaments mobiles sont étalés d'une façon assez symétrique de tous les côtés; tantôt ils sont groupés d'un seul côté. L'extrémité libre des filaments mobiles est renflée.

Pendant que ces filaments ou appendices mobiles s'agitent, le corps sphérique sur lequel ils paraissent s'insérer subit un mouvement oscillatoire plus ou moins rapide ; quelquefois même il est animé d'un mouvement de translation. Les granulations pigmentaires s'agitent à l'intérieur, et leur disposition devient alors très variable (fig. 1251).

Les corps n° 2 changent souvent de forme pendant qu'on les observe ; ils s'allongent, s'étalent, puis reprennent leur forme sphérique ; ces derniers mouvements ont une grande analogie avec ceux des Amibes.

Il est arrivé plusieurs fois à M. Laveran, pendant qu'il observait des corps n° 2 en mouvement, de voir un des filaments mobiles se détacher du corps sphérique et continuer à se mouvoir au milieu des globules rouges. La figure 1251, *c* représente un de ces filaments devenu libre.

Il a rencontré également, dans des préparations du sang des malades atteints de fièvre palustre, outre les éléments précédents, des corps arrondis plus grands que les corps n° 2, plus grands même en général que les leucocytes, à l'intérieur desquels on distinguait des granulations pigmentaires animées d'un mouvement très vif analogue au mouvement brownien; ces corps ne présentaient pas de filaments périphériques mobiles.

Corps n° 3. — Ils sont en général sphériques, d'un diamètre notablement supérieur à celui des corps n° 2 (8 à 10 millièmes de millimètre et quelquefois davantage), légèrement granuleux, immobiles, sans filaments périphériques apparents. A l'intérieur de ces corps, on aper-

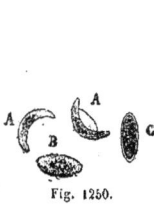

Fig. 1250.

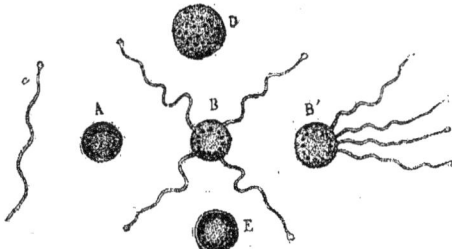

Fig. 1251.

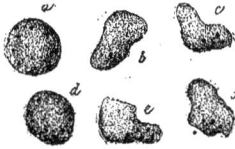

Fig. 1252.

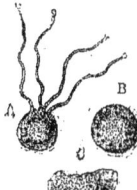

Fig. 1253.

Fig. 1254.

Fig. 1255.

çoit des granulations pigmentaires dont la disposition rappelle quelquefois celle des granulations des corps n° 2, mais qui le plus souvent sont disposées sans régularité et en nombre très variable. Ces corps se déforment du reste de plus en plus et prennent des aspects très différents de celui du type qui vient d'être indiqué (fig. 1252).

Outre ces corps n° 1, n° 2 et n° 3, on trouve presque toujours dans les préparations de petits corps arrondis, brillants, mobiles et des granulations de pigment rouge feu ou bleu clair ; ces granulations pigmentaires sont libres ou incluses dans des corps n° 3 ou dans des leucocytes.

M. Laveran a rencontré ces éléments 26 fois sur 44 cas de fièvre paludéenne ; bien qu'il n'ait pu les cultiver, ni par conséquent les inoculer, la présence, chez les sujets atteints d'une même affection miasmatique, d'éléments aussi particuliers permet de considérer comme vraisemblable qu'ils constituent l'agent infectieux.

Les différentes formes observées par M. Laveran représentent, d'après lui, différentes phases de l'évolution des parasites ; les corps n° 3 résultent des transformations des corps n° 2. Relativement à leur nature, il tend à croire qu'ils appartiennent au règne animal plutôt qu'au règne végétal. Les mouvements très vifs et très variés que présentent les appendices des corps n° 2 sont en faveur de cette interprétation. Peut-être les corps n° 1 et n° 2 ne sont-ils produits que par l'agglomération dans des espèces de kystes des parasites représentés à l'état de développement parfait par des filaments mobiles des corps n° 2. Ces filaments ont une grande ressemblance avec les Oscillariées auxquelles plusieurs observateurs ont déjà fait jouer un grand rôle dans la pathogénie des fièvres palustres.

Organisme microscopique de la tuberculose. —

Fig. 1250. — AA′, corps n° 1. — B, corps ovalaire pigmenté. — C, corps n° 1 dans une préparation de sang traitée par l'acide osmique à 1/300 et la glycérine picro-carminée ; on aperçoit un double contour.

Fig. 1251. — A, corps n° 2 immobile. — B, corps n° 2 avec filaments mobiles. Ces filaments, au nombre de quatre, sont munis d'un petit renflement à leur extrémité libre. — B′, autre aspect d'un corps n° 2 en mouvement, les filaments mobiles sont situés d'un même côté. — C, un filament mobile devenu libre. — D, corps sphérique rempli de granulations pigmentaires qui s'agitent très vivement. — E, corps n° 2 dans une préparation de sang traitée par l'acide osmi-

que à 1/300 et conservée dans la glycérine picro-carminée ; on aperçoit un double contour.

Fig. 1252. — a, b, c, d, e, f, corps n° 3, plus ou moins déformés.

Fig. 1253. — A, corps n° 2 avec filaments mobiles, vu à 0 heures du matin. — B, le même corps vu une demi-heure plus tard ; les mouvements ont disparu, on ne voit plus trace des filaments périphériques. — C, le même corps vu le même jour à deux heures et demie du soir.

Fig. 1254. — a, a′, a″, corps n° 1 observés le 29 novembre 1880, à 2 heures 15 minutes du soir.

Fig. 1255. — b, b′, b″, aspect des corps représentés dans la figure précédente, le 30 novembre au matin (Laveran).

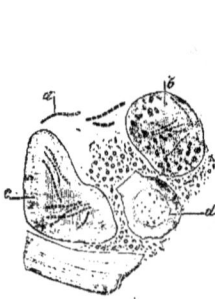

Fig. 1256. — Bacillus de la tuber- culose (*).

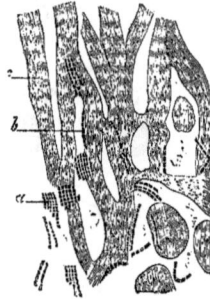

Fig. 1257. — Bacillus de la tuber- culose (**).

Fig. 1258. — Bacillus de la tuber- culose.

Le docteur Koch, de Berlin, a annoncé, au mois d'avril 1882, à la Société de physiologie de Berlin(1), qu'il était parvenu à isoler le *Microbe* de la tuberculose, recherché depuis des années par bien des expérimentateurs (fig. 1256, 1257, 1258). Qu'un « microbiologiste » trouve un Microbe de plus ou de moins, nous ne voyons pas là, nous l'avouons, de quoi nous émouvoir beaucoup, dans ce temps où le Microbe gouverne la création tout entière ; — cependant, les observations de Koch présentent des détails tels que, nous, qui faisons des travaux micrographiques une étude toute spéciale, nous avons dû les examiner avec attention. Aussi, nous demandons la permission de les analyser brièvement (Dr Pelletan).

D'après Koch, tous les Schizomycètes se colorent en brun par la *vésuvine* (2) après avoir été teintés en bleu par le *bleu de méthylène alcalinisé*, — tous, sauf la Bactéridie de la lèpre, découverte par Hansen en 1880 (fig. 1259), et un *Bacillus* qu'il a trouvé constamment dans les tissus tuberculeux, aussi bien que dans les produits de l'expectoration des phthisiques. C'est par ce procédé de *double coloration* négative, qu'il arrive à isoler d'une manière constante ce nouveau Schizomycète, lequel présente des caractères très nets, quand cela ne serait que la manière dont il se comporte avec les réactifs colorants. Nous ne pouvons exposer ici les dé-

tails du procédé de Koch(1), mais nous pouvons dire que ce nouveau Microbe se présente sous la forme d'un bâtonnet de 2 à 7 millièmes de millimètre de largeur, très mince, contenant de deux à quatre spores très réfringentes. Koch l'a trouvé en quantités innombrables dans les tu-

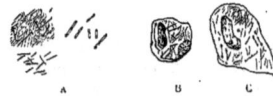

Fig. 1259. — Bacilles de la lèpre, d'après Neisser (*).

bercules crus, moins nombreux dans les masses caséeuses ramollies ; il existe aussi dans les cellules géantes, dont il occupe ordinairement le centre.

C'est donc un organisme nouveau, distinct du *Micrococcus* de Schüller et du *Monas tuberculorum* de Toussaint, qui sont sphériques, et ne se présentent qu'accidentellement ; il est distinct du *Bacillus* de Salisbury et de Cutter, lequel, d'après une photographie et la gravure donnée par le professeur Léon Marchand (2), se présente sous forme d'un long filament embrouillé et souvent roulé en spirale ; il se distingue, enfin, du *Bacillus* de la lèpre (lequel ne se colore pas davantage en brun par la vésuvine, après avoir été teinté en bleu par le bleu de méthylène, et reste bleu) parce qu'il ne se co-

(1) Koch, *Berliner klinische Wochenschrift*, 10 avril 1882.
(2) Ou *brun de phénylène*.

(*) *b*, bacilles en bâtonnets formés de petits grains bout à bout. *a*, bâtonnets présentant la même disposition que les sarcines de l'estomac ; *c*, mucus et cellules des crachats.
(**) *c*, grande cellule contenant des Bacilles ; *b*, cellule pigmentée contenant aussi des bacilles ; *a*, bacilles libre (Cornil et Babès).

(1) Voir *Journal de micrographie*. Juillet 1882.
(2) Marchand, *Botanique cryptogamique*. Paris, 1882, p. 280, f. 87.

(*) A, bacilles. — B, les mêmes avec formation d'espaces translucides. — C, cellules de boutons lépreux avec bacilles.

lore pas par le *brun Bismarck* qui colore le *Bacillus* de la lèpre.

Plus de deux cents inoculations ont été faites à des animaux, avec des liquides contenant le Microbe, par Koch, et, après lui, par Baumgarten (1); et les animaux, même les Chiens et les Rats qui présentent, dit-on, une immunité *absolue* (2) quant à la tuberculose, ont tous présenté bientôt les symptômes de l'infection tuberculeuse.

Mais ce n'est pas tout. Peu de jours après, le docteur Ehrlich, de Berlin, en employant l'aniline, au lieu de la potasse, pour alcali, et la *fuchsine* ou le *violet de méthyle* pour matière colorante, a trouvé une autre méthode, plus expéditive et plus simple, pour mettre en évidence le *Bacillus*, qui se trouve alors coloré, non plus en bleu, mais en rouge ou en violet.

Enfin, le docteur Van Ermengen, de Bruxelles, a réussi par la méthode de Koch, puis par celle d'Ehrlich, à exécuter plusieurs séries de préparations du *Bacillus* de la tuberculose qu'il a pu montrer, avec la plus grande évidence, à tous ses collègues de la Société belge de microscopie, dans la séance du 27 mai dernier (3) et dont il a bien voulu nous offrir un spécimen.

Transmis par l'air, soit en nature, soit à l'état de germe (car lorsqu'il s'agit de parasites, il faut toujours compter avec les germes, surtout avec les *germes indivisibles*), le Microbe pénètre dans les bronches et, d'abord, dans les bronches supérieures. Aussi, est-ce ordinairement par les sommets des poumons que la tuberculisation commence. Pénétrant alors dans les cellules épithéliales de ces bronches ou des alvéoles, ou des vaisseaux lymphatiques voisins, il détermine, par suite de son invasion et de son évolution, d'ailleurs lente, l'altération dans la nutrition des cellules qui donne naissance aux dégénérescences cellulaires et aux néoplasies tuberculeuses. Puis, se propageant de proche en

(1) Baumgarten, *Centralblatt für medic. Wissensch.*
(2) *Berliner klin. Wochensch.*, 6 mai 1882 et *Wiener klin. Wochenschr.*, 13 mai 1882.
(3) *Bulletin de la Société belge de microscopie*, 27 mai 1883, et *Journal de micrographie*. Paris, juillet 1882.

proche par les lymphatiques ou l'épithélium, il détermine des lésions semblables dans les diverses régions du poumon, de sorte que les bases, les dernières atteintes, présentent les lésions les plus récentes. Lors de la fonte de la néoplasie, il passe dans la matière ramollie, dans les crachats; il est même entraîné avec l'air expiré et va semer la tuberculose dans les poumons du voisinage. Et, en effet, si l'infection par l'air expiré, si la contagion par la cohabitation, qui en est la conséquence, ne sont pas encore absolument démontrées, elles sont extrêmement probables et admises par plus d'un médecin.

Absorbés par les voies digestives, Microbes ou germes vont déterminer les tubercules dans le mésentère; transportés par la circulation (lymphatique, probablement), ils vont infecter les organes parenchymateux dont les cellules sont le moins modifiées, le foie, la rate, les gaînes lymphatiques des artères cérébrales, plus rarement les muscles et les os, dont les cellules sont très modifiées, et plus éloignées du type embryonnaire (Dr Pelletan).

Arrivés à cette limite extrême où le règne animal et le règne végétal semblent se fusionner, nous nous attirerions le reproche de vouloir dépasser les limites du possible, si nous nous engagions plus avant, si nous cherchions à soulever un lambeau du voile qui dérobe encore à la vue les phénomènes vitaux dont ces êtres gardent le secret.

Arrêtons-nous donc devant la mystérieuse action de ces travailleurs invisibles, dont le rôle meurtrier a sa raison d'être et dont l'importance est indéniable pour le maintien de l'harmonie générale.

Rappelons seulement que, tout près d'eux, un autre infiniment petit, la Protomyxa, rayonne comme un symbole.

En effet, de même qu'un soleil, peu importe qu'elle soit microscopique, elle éclaire la marche de l'évolution du monde organique tout entier; elle nous indique le point de départ du développement et du perfectionnement universel.

FIN.

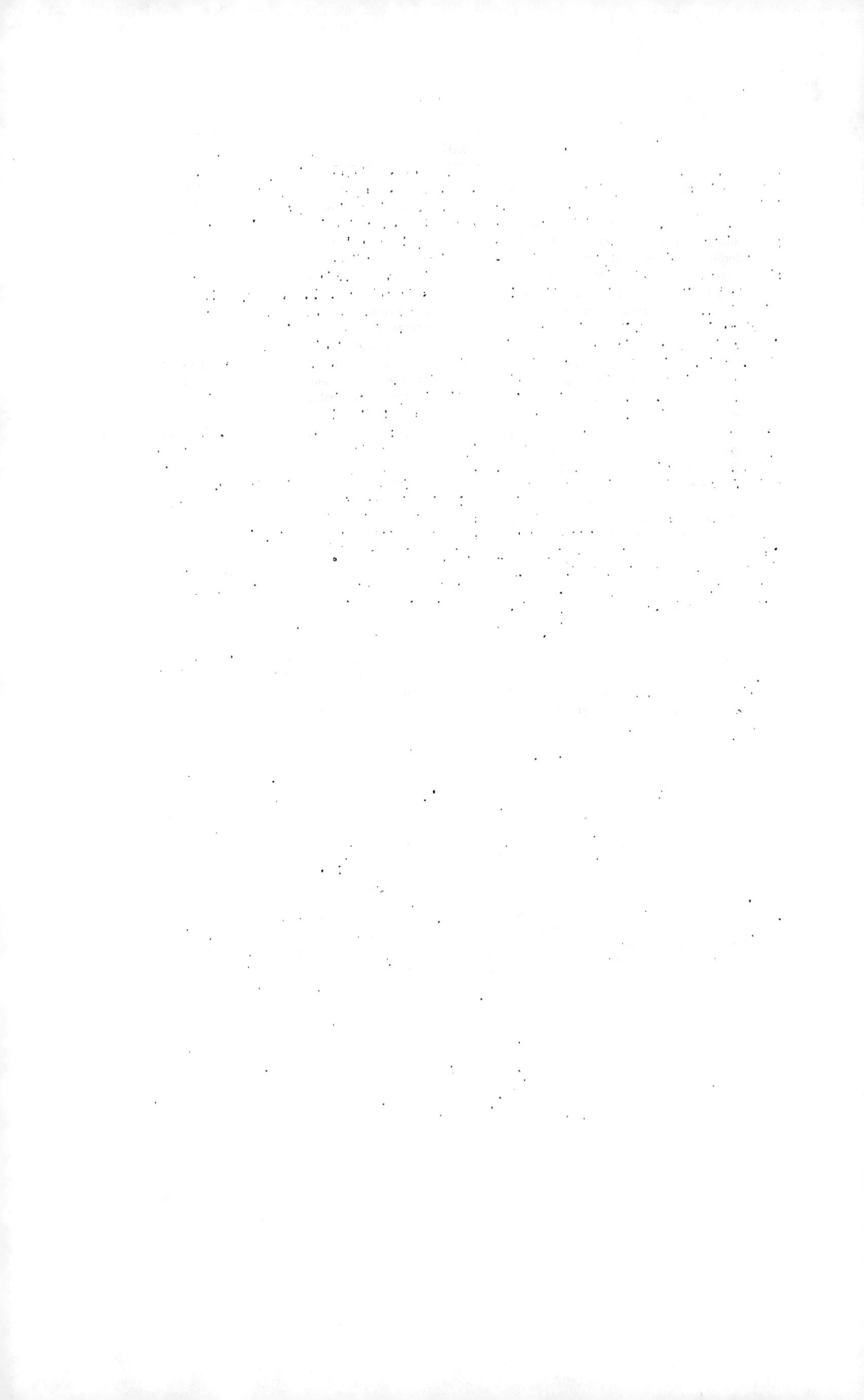

LA VIE DANS LES PROFONDEURS DE L'OCÉAN

Aussi souvent que l'occasion nous en a été fournie, nous avons cherché dans les pages précédentes à tenir le lecteur au courant des découvertes dues aux expéditions effectuées dans le but d'étudier les animaux des grandes profondeurs sous-marines. Grâce aux explorations du *Blake*, du *Lightning*, du *Porcupine* et du *Challenger*, plusieurs types ont pu être déjà décrits. Seuls, le *Travailleur* et le *Talisman* nous avaient jusqu'ici caché leurs richesses. « Le monde scientifique, disions-nous (1), en citant ces deux noms, attend impatiemment que les savants chargés de l'étude de leurs récoltes, suivant l'exemple de leurs aînés du *Porcupine* et du *Challenger*, les publient dans un délai rapproché. »

Aujourd'hui quand tous ont pu les visiter à l'exposition du Muséum, dont notre figure 1260 donne une vue aussi complète que fidèle, quand, grâce à l'initiative du Chef de la mission et des Naturalistes qui l'ont puissamment secondé, les innombrables habitants des *Abysses* sont devenus en quelque sorte du domaine public (2), nous ne pouvons garder le silence, et il nous faut brièvement, il est vrai, mais utilement toutefois, examiner les plus remarquables de ces habitants et compléter ainsi certaines données à peine entrevues et des plus instructives.

Dans cet appendice, complément indispensable de notre ouvrage, nous venons donc résumer le but des campagnes effectuées, dire la façon dont les savants explorateurs ont pu descendre jusqu'aux profondeurs les plus

(1) Page 646.
(2) Voyez Perrier, *l'Expédition du Talisman* (*Science et Nature*, 8 mars 1884, n. 15, p. 232).

grandes, décrire enfin quelques-uns des animaux les plus curieux, qui, sous l'énorme pression des ondes accumulées, au milieu de la nuit, qui de toute part et sans cesse les enveloppe, de même que leurs congénères plus favorisés de nos côtes, savent y accomplir les phases multiples de leur existence.

Premières explorations. — C'est en 1844 que trois savants, dont les travaux ont jeté une si vive lumière sur l'organisation des animaux inférieurs, MM. de Quatrefages, H. Milne Edwards, et E. Blanchard, inaugurèrent les premières recherches sur la faune marine des profondeurs; ils ne possédaient pas alors les moyens puissants dont nous disposons aujourd'hui, mais la volonté et la passion mises au service d'une science aimée, pour nous servir des expressions mêmes de notre collègue M. Kunckel d'Herculais, dans un récent article sur *la vie au sein des mers* (1), devaient triompher de bien des obstacles; dans cette première campagne sur les côtes de Sicile, M. H. Milne Edwards ne craignait pas de se servir du Scaphandre pour explorer les fonds, et « alors que cet appareil n'avait pas encore reçu tous les perfectionnements qui ont rendu son emploi usuel et sans danger, il y avait certes une grande hardiesse à plonger même dans les flots calmes de la Méditerranée. »

Les savants du Muséum de Paris trouvèrent des imitateurs chez les nations voisines.

Mais la France, qui avait marqué la route à suivre, ne pouvait laisser le champ libre aux explorateurs étrangers.

En juillet 1880, M. H. Milne Edwards en-

(1) Kunckel d'Herculais, *La vie au sein des mers* (*Science et nature*, numéro du 22 décembre 1883, p. 50).

Fig. 1390. — Vue de l'exposition du *Trouvillon* et du *Tatenum* au Muséum d'Histoire Naturelle de Paris.

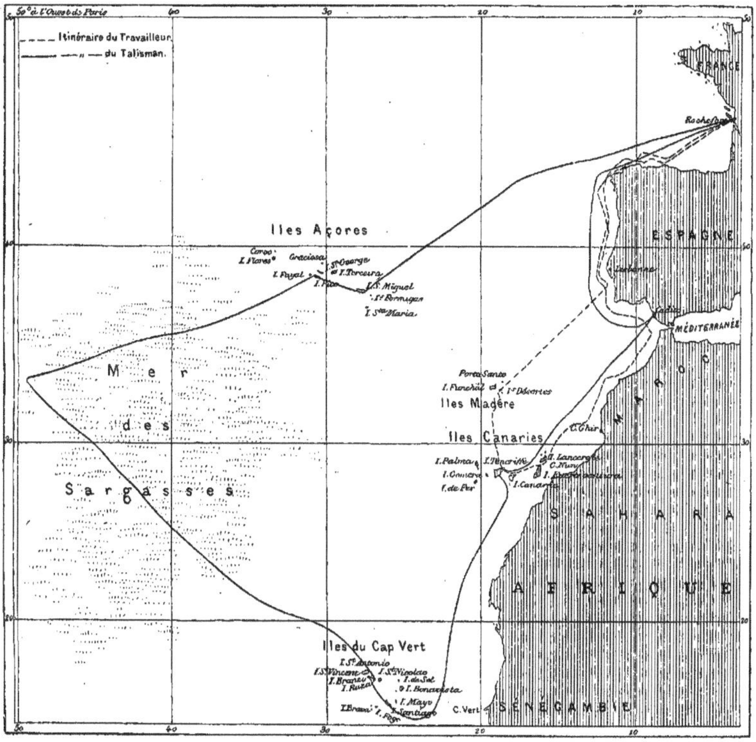

Fig. 1261. — Carte des campagnes du *Travailleur* et du *Talisman*.

treprenait, en collaboration avec Alph. Milne Edwards et plusieurs autres savants, la première grande campagne sur l'aviso *le Travailleur*, en explorant les parties de l'océan Atlantique les plus voisines des côtes de France.

Dans les années suivantes, les campagnes dirigées par M. Alph. Milne Edwards furent plus longues.

En 1881, *le Travailleur* contourna l'Espagne et fit voile vers la Méditerranée.

En 1882, il s'aventurait jusqu'aux îles Canaries, comme le montre le pointillé de la figure 1261.

En 1883, le ministre de la Marine mit à la disposition de la Commission un navire plus

BREHM.

grand, un éclaireur d'escadre, le *Talisman*, dont l'itinéraire est indiqué par le tracé continu, sur la même figure 1261.

Installation à bord des navires. — La recherche des animaux des grandes profondeurs nécessite à bord des navires une installation compliquée et toute particulière. Quelques dragues, des câbles de différentes grosseurs, des machines destinées à faire manœuvrer ces engins, peuvent suffire pour des explorations de peu de durée, faites dans le voisinage immédiat des côtes, mais il en est tout autrement, quand la campagne doit être longue et embrasser une vaste étendue.

Il ne suffit pas, en outre, de recueillir seule-

VERS ET MOLL. — 94

ment des animaux, il faut aussi mesurer la profondeur des fonds où ces animaux vivent, étudier l'ossature de ces fonds, leur température, la composition de l'eau, en un mot accumuler tous les renseignements propres à faire connaître leurs conditions biologiques.

Nous ne décrirons pas la forme des Dragues, des Chaluts, des Salabres, sur lesquels nous avons déjà attiré l'attention (1); de dimensions plus ou moins grandes, de formes plus ou moins variées, chaque navire explorateur portait un approvisionnement complet de ces engins; certains détails néanmoins méritent d'être signalés, et le *Talisman* peut être cité comme un modèle, à cause même des perfectionnements qu'il a dû apporter dans son installation (2).

Nous empruntons plusieurs renseignements, au rapport de M. le Professeur Alph. Milne Edwards, lu à l'Association Scientifique de France les 16 et 23 avril 1884.

Pour le fonctionnement des Dragues, par exemple, une innovation heureuse et dont les résultats ont été concluants consiste dans l'emploi de câbles métalliques, au lieu des câbles habituels en chanvre. Ces câbles de fils d'acier offerts à la marine par M. le Ministre de l'Instruction Publique, et d'une solidité comme d'une flexibilité extrêmes, sont composés de six torons de sept fils chacun, tordus autour d'une âme de chanvre; ils mesurent 0,01 de diamètre, et cependant ils peuvent, sans se rompre, supporter une traction de 4500 kilogr. Le poids d'un mètre était de 344 grammes, le prix, beaucoup moins élevé qu'on pourrait le supposer, monte à 1 fr. 50 le kilogr., c'est-à-dire à 0 fr. 62 le mètre; 8000 mètres enroulés autour d'une grosse bobine de fonte, mue par une petite machine à vapeur de la force de 10 chevaux, est une longueur suffisante; 4000 mètres environ peuvent être mis en réserve pour parer aux accidents et pour s'ajouter, s'il y a lieu, à la ligne de drague.

Au lieu d'être mouillées à l'arrière, les Dragues se manœuvrent par le travers du navire, afin de rendre moins sensibles les secousses provenant des mouvements ou résultant du traînage des engins.

Les appareils de sondage, ceux destinés à donner la température et à fournir des échantillons d'eau nécessaires aux analyses, ont été l'objet de perfectionnements particuliers.

(1) Pages 21 et suiv.
(2) Voyez fig. 1260, dans la partie du fond, tous les chaluts et dragues suspendus.

Les sondages, comme le dit M. le Professeur A. Milne Edwards, se font avec le fil d'acier et le sondeur à déclanchement (fig. 1262 et 1263). Cet appareil perfectionné par M. Thibaudier, Ingénieur de la Marine, peut agir automatiquement; aussitôt que le poids touche le fond, le fil qui le supporte cesse de se dérouler par suite d'un mécanisme particulier dont donnera bien l'idée la figure 1264 (1).

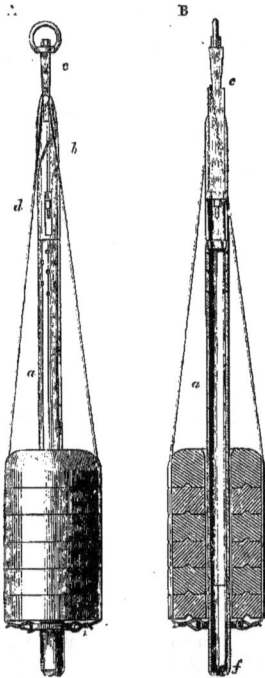

Fig. 1262 et 1263. — Sonde à déclanchement.

La Sonde est formée d'un tube métallique (fig. 1262) *a*, *b*, *c* muni à son extrémité inférieure de deux soupapes *f* qui restent ouvertes pendant la descente de la sonde, et qui se ferment aussitôt après que le tube, en frappant sur le fond, s'est rempli de vase ou de sable, de manière à en rapporter un échantillon. Des poids de fonte en forme d'anneaux *e* rete-

(1) Voyez pour plus de renseignements l'article de M. L. T. *Les appareils de sondage et de dragage*, *Expédition du Talisman* (*Science et Nature*, 1884, n° 11, p. 170).

nus par des fils d servent à alourdir le sondeur et à faciliter sa descente, mais au moment où il touche le fond, les poids se décrochent et sont abandonnés et perdus.

Au-dessus du tube sondeur, sont attachés des Thermomètres, habituellement ceux de Miller-Casella à maximum et à minimum. M. le Professeur Alph. Milne Edwards avait fait construire un nouveau modèle pouvant produire, à point donné, le retournement du Thermomètre à colonne mercurielle brisée. Ce retournement a lieu au moment même où les poids se détachant du tube sondeur abaissent dans leur chute un levier maintenant le Thermomètre et lui permettant ainsi de basculer.

Enfin des tubes de verre à parois épaisses

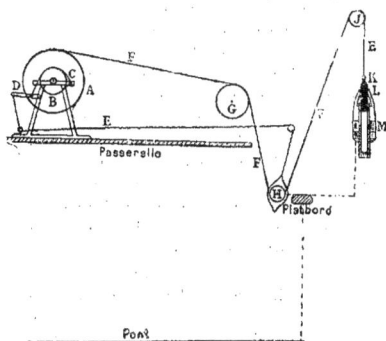

Fig. 1204. — Tracé géométrique de la machine à sondage (*).

et fermés à la lampe d'émailleur, après que le vide y a été fait, sont attachés au tube protecteur du Thermomètre ; le mouvement de bascule de celui-ci, venant à briser leur extrémité effilée en tube capillaire, l'eau s'y précipite pour remplir le vide intérieur, et n'en peut plus sortir, en raison du faible diamètre de l'orifice d'entrée. De cette façon il est facile d'obtenir des échantillons d'eau puisée à des profondeurs variables et déterminées, que l'on peut conserver pure en scellant l'extrémité du tube à la lampe à alcool.

Un laboratoire local, indispensable pour l'étude, est établi sur le pont du navire ; là, des aquariums, des microscopes, des instruments

(*) A, bobine d'enroulement ; B, roue de frein ; C, lame de frein ; D, levier de frein ; E, corde de frein ; F, fil de sonde ; G, roue à gorge de compteur ; H, roue à gorge de chariot tendeur ; I, chariot tendeur ; J, poulie de déroulement ; K, pince à glissière du sondeur ; L, adents de suspension ; M, poids auxiliaires.

de dissection, les livres, les bocaux, l'alcool, etc., sont déposés et rangés de la façon la plus commode, afin de permettre sans trop d'encombrement l'examen des objets recueillis ; chaque Naturaliste y a sa place marquée, et malgré les inconvénients inhérents au balancement et au roulis du navire, un peu d'habitude rend le travail relativement facile ; nous figurons la série d'ensemble du laboratoire établi à bord du *Challenger* (fig. 1265).

Distribution bathymétrique des animaux. — Grâce aux voyages d'exploration sous-marine, la distribution bathymétrique des animaux ne tardera pas à être établie d'après des lois précises.

« La succession des êtres, à mesure que l'on descend à des profondeurs de plus en plus grandes dans les eaux, dit M. le Professeur Perrier dans une remarquable conférence faite à la Société de Géographie (1), est en effet réglée par des lois, dont il est facile à quiconque passe quelque temps au bord de la mer, de vérifier l'exactitude. La vie semble se répartir suivant des zones bien distinctes, dont les premières peuvent être caractérisées par la végétation.

« Sur une plage granitique, telle que celle de Bretagne par exemple, on peut observer en tout temps sur le bord de la mer des Algues développées en larges frondes d'un vert tendre, ce sont des Ulves, le plus ordinairement l'*Ulva lactuca ;* tout à côté une autre Algue d'un vert olive, à frondes dentelées sur les bords, présentant à sa surface de nombreuses bosselures, ses organes de fructification, couvre presque tous les rochers, c'est le *Fucus vesiculosus,* suivi à peu de distance, mais plus bas cependant, par le *Fucus serratus* aux frondes plus étroites et plus dentelées.

« La zone occupée par ces Fucus découvre à toutes les marées. C'est aux grandes marées seulement que l'on voit apparaître successivement un autre Fucus verdâtre ramifié, le *Cystosira,* puis de nombreuses Floridées aux couleurs délicates. Le Filet, autre Fucus gluant, découpé en lanières étroites, longues de plusieurs mètres, du genre *Himanthalia,* précède les grandes Laminaires, dont les longues frondes onduleuses sur leurs bords s'étendent à une distance énorme du point où la tige est fixée. Puis enfin au-dessous de ces grandes Laminaires, dans les régions où jamais la mer

(1) Perrier, *Les fonds des mers et leurs habitants* (*Science et nature,* n. 19, 21 et 23).

ne découvre, vivent d'autres Algues encroûtées de calcaire, longtemps considérées comme Polypiers, et connues à cause même de cette méprise sous le nom de *Corallines*.

« Chose remarquable, la couleur des Algues varie avec la profondeur, et c'est la couleur de ces végétaux, qui permet d'en donner la classification la plus naturelle ; les Algues des régions les plus superficielles sont *vertes ;* viennent ensuite les Algues *bleues*, les Algues *brunes*, et enfin les Algues *rouges* ou Floridées.

« Chacune d'elles constitue une zone où certains animaux vivent et se propagent, chaque série de types dépassant rarement la limite tracée par les Algues ; chaque zone a donc ses habitants particuliers.

« A la profondeur de 400 mètres, la végétation cesse complètement, et, à ce niveau commence la région dite des abîmes ; c'est la *région Abyssale*.

« Au-dessous de cette profondeur de 400 mètres, on a cru longtemps que la vie cessait, que le fond de la mer n'était qu'une morne, froide et ténébreuse solitude ; mais l'on sait aujourd'hui qu'il n'en est rien. L'hypothèse d'un zéro de la vie animale dans les grandes profondeurs est allée rejoindre cette vieille croyance : qu'à partir d'un certain niveau les boulets de canon ne s'enfonçaient plus dans l'eau, alourdie par sa propre pression, de sorte qu'à une profondeur donnée, l'Or lui-même des galions de Vigo flotterait entre deux eaux.

« Il faut reconnaître cependant que les grandes profondeurs n'offrent aux animaux que des conditions d'existence bien peu joyeuses. A partir de 200 mètres environ, la lumière solaire s'éteint tout à fait ; même dans l'eau douce les papiers photographiques les plus sensibles reviennent sans avoir été impressionnés. »

Température. — « La température se comporte différemment suivant les temps et les lieux.

« Dans la Méditerranée on peut la considérer comme constante depuis 250 jusqu'à 300 mètres, qui est la profondeur maximum où elle ait été mesurée ; elle est d'environ 12 degrés 5, dans toute cette énorme épaisseur que l'on peut considérer comme immobile, comme complètement soustraite aux mouvements irréguliers et aux courants de la surface.

« Dans l'Océan Atlantique les choses se passent tout autrement ; à des profondeurs variant de 500 à 1500 mètres, on trouve souvent une température de 10 à 13 degrés, la température de la surface étant de 20 degrés. Mais cette température est loin d'être constante, et celle de la surface, restant à peu près la même, le Thermomètre, à des profondeurs identiques, peut descendre à 4 degrés.

« *Le Talisman* a plus d'une fois, pendant sa campagne, constaté des faits de ce genre ; mais ils ont été surtout mis en relief par les expéditions du *Lightning* et du *Porcupine*, dans le canal qui sépare les îles Feroë de l'Écosse. Il y a bien certainement deux nappes d'eau, l'une à 5 degrés centigrades ; l'autre à — 1 degré environ, qui coulent côte à côte et établissent, dans les localités voisines, des climats fort différents. Cette température de — 1 degré est remarquable ; on en peut trouver de plus basses, car l'eau de mer n'a pas, comme l'eau douce, le maximum de densité à 4 degrés ; elle se contracte jusqu'au moment où elle se congèle, de sorte que ses couches les plus froides sont toujours au fond, et sa congélation n'a lieu qu'à — 3 degrés 67, quand elle est au repos ; à — 2 degrés 55 quand elle est agitée.

« En raison sans doute de la chaleur interne, la terre recouverte d'une masse d'eau suffisante ne présente jamais d'aussi basse température, de sorte que si les mers profondes, même dans les régions polaires, sont congelées à la surface, elles ne le sont pas dans les grands fonds.

« Au-dessous de 1500 mètres, les variations de température sont en général assez régulières ; c'est là qu'on observe la région des calmes complets, celle que n'atteignent plus les courants. Les Thermomètres du *Talisman* ont presque toujours indiqué, sous les tropiques, une température intermédiaire entre 2 et 3 degrés dans les fonds de 2000 à 6000 mètres, et cette température se maintient dans la région Européenne entre les Açores et Rochefort. »

En thèse générale, d'après les différentes observations, la température de la mer s'abaisse graduellement de la surface aux profondeurs les plus grandes ; l'abaissement est rapide de la surface à 450 mètres ; lent mais régulier de 450 à 1600 mètres, enfin presque nul entre 1600 et 4500 mètres.

Il existerait au fond des mers une immense nappe d'eau froide ayant une hauteur de 3000 mètres environ, cette zone froide a été rencontrée sous toutes les latitudes, de sorte que les mers équatoriales dont la température à la surface atteint jusqu'à + 30 degrés centi-

Fig. 1265. — Laboratoire zoologique à bord du *Challenger*.

grades ont une température de fond qui oscille entre + 2 et + 4 degrés centigrades.

Nature des fonds. — « La nature des fonds, dit M. le Professeur Perrier, est variable dans une certaine mesure, au-dessus de 200 mètres, dans la région dite *Coralligène*, en raison de l'abondance des Madrépores, mais surtout des Gorgones qui s'y développent, le fond est nécessairement rocailleux. Dans la région que parcourent les courants profonds, il arrive aussi quelquefois de trouver la roche complètement à nu ; » mais l'élément le plus important et contribuant dans une large part, combiné avec la température, à régler le mode de distribution des animaux, consiste dans la nature et la composition des sédiments dont les fonds sont généralement recouverts.

Deux sortes de sédiments, très différents comme composition, s'étendent d'habitude sur ces fonds.

L'un de ces sédiments est désigné sous le nom de *Vase à Globigérines*, c'est le *Globigerina Ooze* des Naturalistes Anglais. Il consiste en un fin dépôt calcaire ayant une certaine ressemblance avec les dépôts de la période Crétacée, par ses caractères microscopiques, et composé d'une grande quantité de débris de Coquilles plus ou moins décomposées, et de Foraminifères pélagiques, parmi lesquelles dominent des *Globigerina*, des *Orbulina* (1), des *Pulvinula*, des *Sphæroidina*, etc.

Cette vase contient en outre des quantités plus ou moins grandes de Pierre ponce, des parcelles de Feldspath et d'autres particules de minéraux dus à la décomposition des roches volcaniques, et telles que du Quartz, de la Leucite, de l'Augite, et des concrétions de Peroxyde et de Protoxyde de Manganèse.

La vase à Globigérines constitue un dépôt essentiellement calcaire, soit qu'il se compose de débris de Coquilles, soit de squelettes d'animaux précipités dans les profondeurs. Les Foraminifères, dont cette vase renferme d'énormes quantités, proviennent généralement

(1) Voy. p. 713.

de la surface, un petit nombre vivent dans les profondeurs.

Quoi qu'il en soit, cette vase à Globigérines présente des conditions tout exceptionnelles et des plus favorables pour le maintien de la vie des animaux qui s'agitent à sa surface; et l'on observe que la richesse de la faune abyssale est en raison directe de sa puissance et de l'étendue de ses dépôts.

A une profondeur de 8640 mètres environ, le Carbonate de Chaux des débris de Coquilles ou des Globigérines subit une décomposition due à un excès d'Acide Carbonique, ou à toute autre cause, et finit par se convertir peu à peu en un dépôt rougeâtre. C'est la Vase rouge, *Red calk.*

La distribution de ces deux dépôts dominants paraît être établie de la manière suivante : La vase à Globigérines recouvre les plateaux les plus élevés de l'Océan et occupe généralement les anses, elle ne dépasse que rarement la profondeur de 3000 mètres; la vase rouge, au contraire, occupe les dépressions et paraît plus spéciale aux grands fonds.

Un dépôt intermédiaire désigné sous le nom de Vase grise, *Grey calk,* se rencontre à des profondeurs variant entre 3820 et 4186 mètres.

L'aire recouverte par la vase rouge est beaucoup plus vaste dans le Pacifique, que dans l'Atlantique et l'Océan Indien, en outre ce dépôt semble moins favorable au développement et à l'entretien de la vie animale, que la vase à Globigérines.

Suivant Wyville Thomson, l'eau des grandes profondeurs ne présente aucune différence soit dans son degré de salaison, soit dans la quantité des gaz qu'elle tient en suspension.

Si la faune abyssale, d'après le même auteur, est remarquablement uniforme, sur tous les points où les recherches ont été effectuées, malgré son immense étendue, de même que la faune côtière, elle peut se subdiviser en zones nettement définies et possédant des animaux caractéristiques.

Cette manière de voir a été discutée; certains acceptent les zones côtières, ils les multiplient même outre mesure, en leur donnant pour caractéristique. des animaux dont, souvent, la présence est manifeste à plusieurs niveaux à la fois, mais ils proclament l'impossibilité d'établir des étages dans la faune abyssale.

L'opinion de M. le professeur Perrier, conforme à celle de Wyville Thomson, montre le peu de fondement d'une théorie que démen-

tent les faits et, dans son Cours du Muséum, il a établi les zones abyssales aussi solidement caractérisées que celles des régions côtières, généralement acceptées par tous.

Il est unanimement reconnu que les Échinodermes dominent dans les grandes profondeurs, c'est donc sur les types de cette classe que la caractéristique repose, et les stations qu'ils occupent sont nettement délimitées.

Classification de la faune abyssale. — La faune abyssale peut être divisée en cinq zones que nous caractériserons de la manière suivante, avec M. le professeur Perrier.

PREMIÈRE ZONE. — De 100 à 500 mètres, les *Antedon phalangium* dominent, des Éponges calcaires, des *Askonema,* des *Gorgones,* sont les animaux qui le plus généralement leur sont associés.

DEUXIÈME ZONE. — De 500 à 1000 mètres, les types du genre *Letmogone* sont en majorité, les *Holtenia,* les *Aphrocallistes,* les *Euplectelles,* commencent a apparaître; il en est de même des *Brisinga* et des *Calveria.*

TROISIÈME ZONE. — De 1000 à 1500 mètres, les *Brisinga* abondent; les *Calveria,* des *Pentacrinus,* des *Pentagonaster* et, parmi les Mollusques, des *Fusus,* des *Troques,* des *Bulles,* des *Dentales,* les accompagnent.

QUATRIÈME ZONE. — De 1500 à 2000 mètres, on voit apparaître la zone des *Caulaster* et des *Democrinus.* Des Dentales de dimensions relativement colossales y vivent conjointement avec eux.

CINQUIÈME ZONE. — Cette dernière zone est caractérisée surtout par les *Bathycrinus,* les *Hemiaster* et les *Pourtalesia;* là encore on y rencontre des *Brisinga* et notamment le *Brisinga Ervardsi.* Cette zone, qui commence vers 2500 mètres, paraît se continuer sans modification jusqu'à 5000 mètres et plus, là où l'on voit dominer les *Oneirophanta* et les *Peniagone,* qui pourraient être considérés comme caractérisant une sixième zone, celle de la dernière limite des Abysses.

Conditions de la vie dans les grandes profondeurs. — Les résultats les plus saillants et les plus remarquables, mis en lumière par la connaissance de toutes ces données, ont conduit à formuler des conclusions que nous empruntons pour la plupart à Wyville Thomson, et qui, tout en pouvant un jour être modifiées dans quelques-uns de leurs détails, par suite de nouvelles recherches, devront cependant être maintenues, dans tout ce qui concerne leurs traits généraux.

Un fait fondamental et prouvé jusqu'à l'évidence est la présence de la vie animale sur toute l'étendue de l'Océan et à toutes ses profondeurs.

La vie animale, cependant, est moins active, moins abondante à une profondeur extrême, qu'à une profondeur moyenne ; néanmoins, comme on rencontre à tous les niveaux des représentants de toutes les classes d'Invertébrés, il faut en inférer que la composition des dépôts comme celle de l'eau des plus grands fonds, contenant une quantité suffisante d'Oxygène, de Carbonate et de Phosphate de Chaux ou d'autres matériaux nécessaires au développement, influent plus efficacement que toutes les autres conditions en rapport immédiat avec la profondeur.

Bien que les principaux groupes d'Invertébrés marins soient représentés dans la faune abyssale, la proportion relative dans laquelle ils se montrent est toute particulière, et si par exemple les Annélides, les Mollusques, sont d'une rareté extrême, les Échinodermes au contraire dominent d'une manière constante.

La faune abyssale, remarquablement uniforme sur toute l'étendue de l'aire immense qu'elle embrasse, possède en propre certaines formes animales inconnues aux profondeurs de peu d'étendue, et celles de ces régions ou des côtes qu'elle renferme ne contribuent à sa composition que dans une proportion des plus faibles. En général les types des mers profondes sont cosmopolites, leur répartition s'étend sur tous les points, et si dans des localités éloignées elles diffèrent sous certains aspects, il paraît démontré que dans ce cas elles doivent être qualifiées de représentatives.

Il existe une relation plus grande entre la faune abyssale et celle des faunes des périodes Tertiaire et Secondaire qu'avec celle des côtes actuelles, seulement cette relation n'est pas assez intime pour que l'on puisse prononcer en dernier ressort, surtout quand la comparaison repose sur un petit nombre de types considérés comme éteints et pouvant cependant être tôt ou tard retrouvés à l'état vivant.

Les formes abyssales les plus caractéristiques, et le plus étroitement réunies aux formes anciennes, semblent se rencontrer en plus grand nombre et acquérir une taille plus élevée, dans les mers du Sud, et le caractère général de la faune de l'Atlantique et du Pacifique tend à démontrer que les migrations se sont effectuées dans la direction du Nord.

Le dernier caractère enfin de la faune abyssale repose sur une étroite ressemblance avec la faune côtière des latitudes du Nord et du Sud, preuve que les conditions de température, d'où paraît dépendre la distribution des animaux, ont été à peu près semblables.

Étude particulière des animaux des grandes profondeurs. — Les conditions biologiques des grandes profondeurs ainsi établies, il reste à jeter un coup d'œil sur les animaux inférieurs qui les habitent, en suivant l'ordre zoologique précédemment adopté.

Annélides. — La classe des Annélides ne compte, avons-nous dit, qu'un nombre très restreint de représentants dans les grandes profondeurs ; mais leur présence présente un intérêt tout spécial, car, comme l'a dit Wyville Thomson, dans divers sondages et notamment entre Ténériffe et Sombrero, elles paraissent être les seuls habitants de la vase rouge, dépôt que l'on sait être du Carbonate de Chaux complètement modifié.

Les rares Annélides jusqu'ici recueillies appartiennent à la division des Tubicoles ou Sédentaires ; vers 6000 mètres de profondeur, le *Challenger* a dragué des tubes formés de matière sablonneuse dont Willemœs-Suhm fait le type de la famille des *Ammocyaridæ* voisine des *Climénides*. Le plus grand spécimen obtenu mesure 120 millim. de long, la tête de l'animal est arrondie, la bouche est située latéralement; les branchies céphaliques font défaut, et le corps est composé de 17 à 20 segments dont le dernier atteint 17 millim. ; les segments ne sont pas nettement tranchés comme dans la plupart des types connus, ils sont seulement indiqués par des poils cornés et des tubercules analogues aux parapodes.

Ce type des abysses est très voisin du genre *Owenia*, mais il en diffère par l'absence de branchies céphaliques ; Malmgren a proposé le genre *Myriochele* pour désigner ces singuliers Chétopodes.

Un autre genre remarquable est celui des *Hyalinœcia*, qui habitent des tubes qu'ils confectionnent eux-mêmes, et « tellement semblables à des tuyaux de plumes d'Oie, dit M. le Professeur Milne Edwards, qu'à bord du *Talisman* on s'y trompait. »

Il faut ajouter les *Eunices* aveugles qui se logent dans les canaux creusés au milieu des Polypiers, et un tube pêché à 5000 mètres « enroulé en une spirale régulière disposée sur

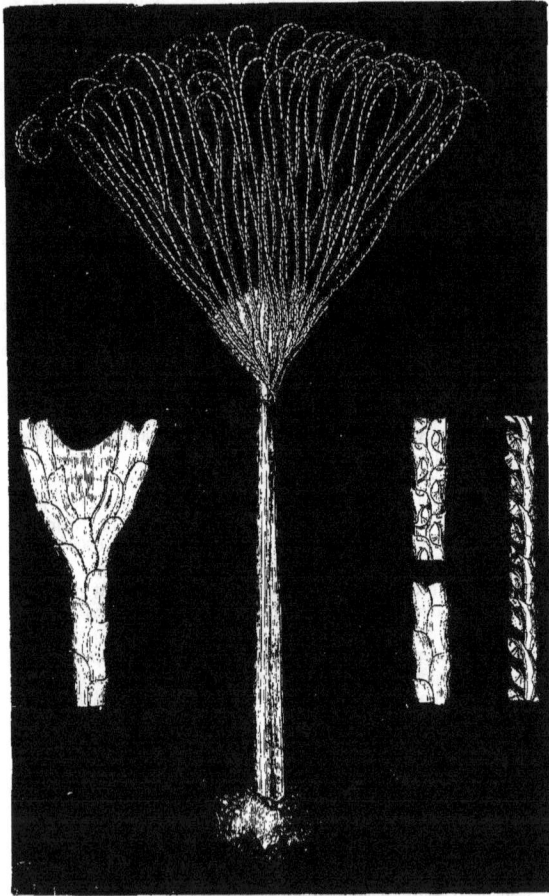

Fig. 1266. — *Naresia cyathus* Wyville Thomson, très grossi.

un même plan et dont les différents tours de spire se soudent de distance en distance les uns aux autres, formant ainsi un réseau élégant. Il est probable que ce tube a été fabriqué par une Annélide (A. M. Edwards). »

Bryozoaires. — Les grandes profondeurs ont procuré de remarquables spécimens de cette classe ; mais le plus admirable, dit Wyville Thomson, complètement différent de toutes les espèces jusqu'ici connues, a été dragué par 2775 mètres de profondeur au sud-ouest du Cap Saint-Vincent (fig. 1266).

Il consiste en une tige droite transparente semblable à du verre, de 60 millim. de long sur 5 millim. de diamètre à sa base, reposant sur une touffe de radicelles fibreuses et surmonté par un gracieux panache formé de branches rappelant par leur ensemble et leur disposition

Fig. 1268 à 1270 — *Arca* (sp.).

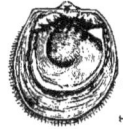

Fig. 1271 à 1273. — *Limopsis* (sp.).

Fig. 1267. — *Chœtoderma nitidu-lum*, Loven.

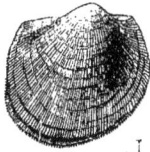

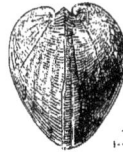

Fig. 1274 à 1276. — *Solarium* (sp.), très gross.

le cœnanchime du *Bugula neritina*. Le dos des zoœcies est tourné en dehors et, l'ouverture, vers l'intérieur de la coupe formée par les branches du panache. Un large aviculaire est attaché au bord de chaque cellule; les bases des branches sont reliées entre elles par une membrane transparente.

La tige également transparente paraît être l'homologue de la tige des *Loxosoma*, mais les branches des zoœcies, présentent certainement le caractère des Bryozoaires Cheilostomes.

Ce type découvert par le Capitaine Nares a reçu le nom de *Naresia cyathus* (fig. 1266).

Le *Naresia*, par sa forme et sa structure, se rapproche du *Dictyonema* de la formation Cambrienne.

Chœtodermes. — Willemœs-Suhm rapporte au groupe aberrant des Chœtodermes un animal recueilli durant la campagne du *Challenger*, à 1137 mètres (fig. 1267). La longueur du spécimen est de 32 millim. et son diamètre de 2 millim., la partie pharyngienne où est située

BREHM.

la trompe est lisse, le reste du corps est couvert avec de délicates spicules calcaires, dirigées en arrière. La bouche est située à l'extrémité antérieure dans une petite papille molle; l'extrémité postérieure est brusquement tronquée et les deux appendices branchus qui existent à cette place chez les Chœtodermes sont complètement rétractés. Wyville Thomson pense que cette forme est très voisine, sinon identique, du *Chœtoderma nitidulum* décrit par Loven et provenant des côtes de Suède.

Brachiopodes. — Les espèces du groupe des Brachiopodes sont nombreuses et se rencontrent à presque tous les niveaux, souvent elles atteignent des dimensions relativement considérables. Parmi les plus intéressantes nous citerons une espèce du genre *Terebratula*, c'est le *Terebratula Wyvilli* dragué entre 2,000 à 4,000 mètres; sa forme est subpentagonale; transparente, lisse, elle est d'un blanc jaunâtre, à surface marquée par des stries d'accroissement.

Très voisine des espèces de la formation Jurassique, elle se rapproche du *Terebratula Boneti* de l'étage Kimmeridgien.

Les genres *Terebratulina*, *Waldemia*, *Megerlia*, *Magasella*, *Kraussia*, etc., fournissent de remarquables représentants à la faune des mers profondes.

Polyplaxiphores ou Chitons. — Le *Talisman* a recueilli quelques espèces de ce groupe très rare dans les grandes profondeurs; quelques échantillons d'un type remarquable méritent d'attirer l'attention ; par leur aspect général on les prendrait à première vue pour des spécimens de *Lepidopleurus* de taille ordinaire, mais ce qui les distingue tout particulièrement, c'est la présence autour de la région céphalique d'appendices quadrangulaires régulièrement espacés et donnant à la partie qu'ils occupent la forme d'une roue dentelée ; ce caractère spécial et que l'on ne retrouve chez aucune autre espèce de cette classe suffit pour autoriser la création d'un genre, qui dès lors devrait être inscrit sous le nom de *Trochodochiton* (1) (de Rochebrune).

Mollusques. — Entre 500 et 2000 mètres, on constate la présence de nombreux Mollusques, mais la quantité des espèces diminue lorsqu'on dépasse cette limite et ils deviennent de plus en plus rares quand on atteint les grands fonds. Vers 4635 mètres le *Porcupine* a seulement dragué cinq espèces, et le *Challenger* en a obtenu seulement trois par 5008 mètres de profondeur.

Le *Talisman* a été plus heureux et ses récoltes ont été fructueuses même à 5000 mètres.

Les Mollusques recueillis appartiennent à tous les ordres; en général leurs Coquilles acquièrent dans les abysses une petite taille, leur coloration est pâle, le test est mince, transparent, et l'on compte quelques animaux aveugles.

Nous figurons deux espèces de Lamellibranches recueillies par le *Challenger* à une profondeur de 6000 mètres, elles appartiennent aux genres *Arca* (fig. 1268 à 1270) et *Limopsis* (fig. 1271 à 1273) ainsi qu'un Gastropode remarquable voisin des *Solarium* (fig. 1274 à 1276).

L'expédition du *Challenger* a démontré la présence d'espèces identiques dans les grands fonds des deux hémisphères, de plus de grandes affinités auraient été trouvées entre les faunes abyssales des mers d'Europe et des Antilles.

(1) De τροχὸς, roue et ὀδοὺς, dent.

Quant à l'identité de certaines espèces avec des formes que l'on croyait complètement éteintes, nous ne pensons pas qu'elle soit péremptoirement démontrée ; des analogies considérables existent incontestablement entre les unes et les autres, et ces analogies dominent

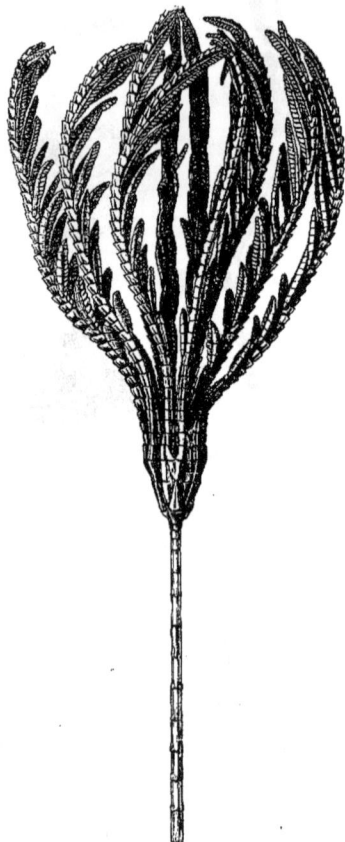

Fig. 1277. — *Bathycrinus Aldrichianus* Wyville Thomson

chez les types des formations Tertiaires; de analogies non moins grandes se montrent pour des formes Paléozoïques et des dépôts secondaires sans qu'on ait cependant cherché à les identifier; que les unes soient, si l'on veut, représentatives des autres, bien plus, qu'un type Tertiaire quelconque, par exemple, se soit

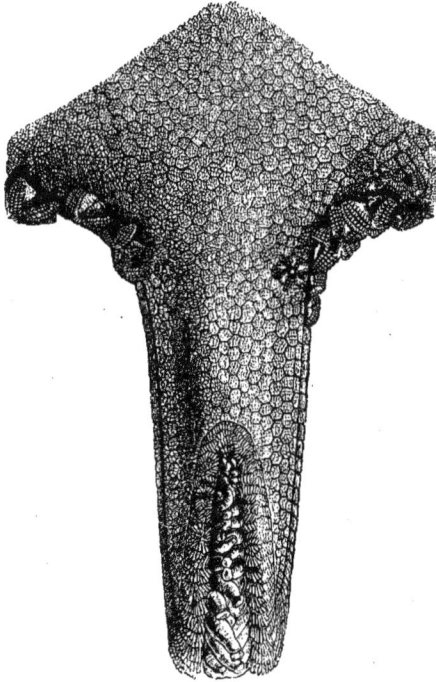

Fig. 1278. — *Leptychaster Kerguelenensis*, E. Smith du Cap Maclear, Ile Kerguelen.

maintenu et réapparaisse aujourd'hui dans les grands fonds, nous le croyons, mais durant l'espace écoulé pendant ce laps de temps, *il a forcément subi des modifications*, et quelques faibles qu'elles puissent être, elles lui ont malgré tout imposé un cachet indélébile *propre à le différencier* (de Rochebrune).

Échinodermes. — Si les types que l'on vient de passer en revue, sont d'une rareté relative assez grande dans les abysses, en revanche les Échinodermes y sont nombreux, et à cette abondance des plus remarquables se joignent des particularités dont les formes des régions peu profondes et des côtes n'avaient pas encore fourni d'exemples.

Crinoïdes. — Un des groupes les plus importants des Échinodermes est celui des Crinoïdes.

Avant les campagnes de dragage, peu d'espèces vivantes étaient connues, et elles étaient l'apanage des mers chaudes; aujourd'hui leur présence est constatée dans toutes les mers; le *Pentacrinus Wyville Thomsoni*, l'une des espèces découverte par le *Porcupine*, forme de vastes prairies dans les abysses mêmes du Golfe de Gascogne d'où le *Talisman* a pu en retirer de splendides exemplaires a 1480 mètres de profondeur.

Les relations existant entre les Crinoïdes actuels et ceux si fréquents dans les formations géologiques sont trop connues, pour que nous insistions à nouveau sur l'intérêt qu'ils présentent, nous nous bornerons à compléter la liste de ceux déjà décrits [1].

(1) Pages 513 et 519.

Parmi les plus intéressants, nous citerons le *Bathycrinus Aldrichianus* (fig. 1277) dragué par le *Challenger* à une profondeur de 2730 mètres, par 4°,47′ de latitude nord et 24°,26′ de longitude ouest : ce *Bathycrinus* était accompagné de l'*Hyocrinus Bethellianus ;* Wyville Thomson les considère comme intermédiaires entre le stade fixé des *Antedon* et le genre *Rhizocrinus ;* quant à l'*Hyocrinus Betellianus*, il constituerait, toujours d'après le même auteur, une forme aberrante, tout en fournissant des caractères qui le rapprochent des genres *Platycrinus* et *Dichocrinus* de la formation Paléozoïque.

Astérides. — Des formes du groupe des Astérides, complètement différenciées de celles connues avant les dragages, abondent dans les grands fonds ; nous en choisissons deux des plus intéressantes.

L'une a reçu le nom de *Leptychaster Kerguelenensis*, décrite par E. Smith et voisine des *Luidia* ou des *Archaster*, elle provient des côtes de l'île Kerguelen par un fond de 4550 mètres. Ce *Leptychaster* dont nous figurons une portion très grossie (fig. 1270) possède des sortes de poches incubatrices dans lesquelles se développent les œufs ; notre figure, d'après Wyville Thomson, montre les jeunes adhérant à la mère. Les Échinodermes qui nous restent à examiner possèdent à un haut degré cette propriété remarquable d'être vivipares, phénomène que l'on considérait comme une exception, mais qui semble devenir une règle chez les types des grandes profondeurs.

Sans quitter les Astérides, les genres *Archaster*, *Pteraster* et *Hymenaster*, rentrent dans ce cas.

L'*Hymenaster nobilis*, notamment, porte au pôle apical une véritable poche marsupiale, formée d'une membrane faisant l'office de tente supportée par des piliers et ayant une ouverture fermée par cinq valves (fig. 1279) ; c'est dans cette cavité que les œufs parcourent toutes leurs phases évolutives.

Au groupe des Astérides appartiennent encore les *Brisinga*, aux longs bras de couleur orange, lumineuses dans l'obscurité, et dont nous avons précédemment figuré (1) le type découvert pour la première fois dans les mers du Nord. Deux espèces de ces régions étaient seulement connues, aujourd'hui elles sont nombreuses et vivent jusque dans les profondeurs des mers tropicales.

(1) Voyez Planche XII, p. 525.

Nous appellerons de nouveau l'attention sur le type *Caulaster* si remarquable, découvert par le *Talisman*, que nous avons déjà décrit (1), dont la tige rudimentaire montre, suivant M. le Professeur Perrier, la dernière trace de la tige des Crinoïdes, preuve évidente des liens qui unissent les Astérides aux représentants de cet ordre.

Ophiurides. — Les genres *Ophiomusium*, *Ophioglypha*, *Ophyacantha*, etc., abondent dans les grands fonds.

Une forme voisine de l'*Ophiacantha vivipara* commune dans les fjords de l'île de Kerguelen, et à laquelle Wyville Thomson a donné le nom

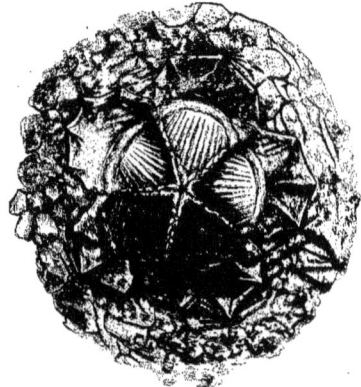

Fig. 1270. — *Hymenaster nobilis*, montrant la poche marsupiale avec les valves fermées.

de *Ophiocoma didelphis*, porte ses petits sur son dos (fig. 1280).

D'habitude, les *Ophiocoma* possèdent un nombre fixe de bras qui rarement est supérieur à six, dans l'espèce qui nous occupe ces bras varient considérablement ; c'est dans les espaces interbrachiaux, que s'ouvre une cavité destinée à l'incubation des œufs.

L'examen des ovaires, et des jeunes de différents âges, fait supposer à Wyville Thomson, que cette espèce élève en quelque sorte ses petits presque sans interruption, ou tout au moins durant l'espace de quelques mois.

Echinides. — Dans le groupe des Echinides, nous avons pu faire connaître (2) quelques types ignorés avant les sondages, ce sont

(1) Voyez p. 525.
(2) Page 535.

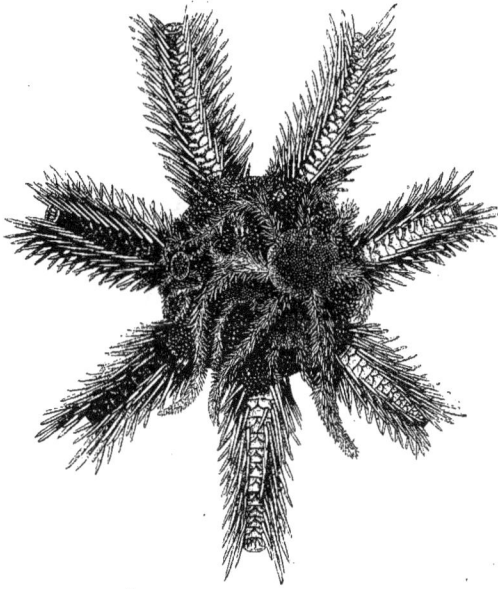

Fig. 1280. — *Ophiocoma didelphis*, Ljungman.

les *Calveria*, les *Phormosoma*, les *Pourtalesia*, au test mou, donnant aux animaux l'aspect d'une sphère aplatie et à parois flexibles; beaucoup d'autres espèces leur sont associées, nous indiquerons de préférence celles chez lesquelles la viviparité a été constatée, voulant par là montrer la chaîne non interrompue de ces êtres aux mœurs singulières et dont, comme on l'a vu, de rares exemples étaient jusqu'ici connus.

Le *Goniocidaris canaliculata*, entre autres, offre une certaine analogie avec le *Cidaris papillata* de la Méditerranée, il est cependant moins déprimé, ses radioles sont plus minces et plus courtes, leur sculpture est entièrement différente; et la partie supérieure du test tout à fait aplatie; les tubercules des plaques entourant cet espace portent deux cercles de radioles, celles du cercle intérieur minces et courtes, les autres plus robustes et plus longues (fig. 1281). Ces épines sont cylindriques, très lisses, inclinées en dessus de l'ouverture anale

et forment comme un abri ouvert, destiné à protéger les petits.

Un autre type, le *Cidaris nutrix*, se comporte de la même façon.

L'*Hemiaster Philippi*, représentant d'un autre groupe d'Echinides, porte une large poche incubatrice où les œufs subissent leur évolution tout entière.

On pourrait multiplier les exemples, mais nous allons du reste en rencontrer de semblables chez un certain nombre d'Holothuries.

Holothuries. — Parmi celles-ci le *Cladodactyla crocea* mérite d'attirer l'attention. Cette espèce commune sur les immenses frondes des *Macrocystis pyrifera* acquiert une taille oscillant entre 80 et 100 millimètres de long, sur 30 millimètres de large; elle présente une couleur d'un jaune safran brillant; la bouche et l'orifice anal sont terminaux, dix longs tentacules délicats et élégants surmontent la région buccale.

Les femelles de cette espèce portent leurs

Fig. 1281. — *Goniocidaris canaliculata*, A. Agassiz.

petits solidement fixés dans les ambulacres dorsaux, ils sont la miniature exacte de leurs parents, dit Wyville Thomson (fig. 1282), probablement, ajoute-t-il, une fois les œufs fécondés dans l'ovaire où, aussitôt après leur expulsion, ils subissent un développement des plus rapides, et alors les jeunes portés sur le dos de la mère le long des ambulacres dorsaux sont distribués à la place qu'ils occupent par l'action automatique des tentacules ambulacraires eux-mêmes.

Un second exemple d'un mode de Viviparité différent de celui-ci est fourni par une espèce du genre *Psolus*, le *Psolus ephippifer*.

Sur le milieu du dos de la femelle que nous figurons (fig. 1283) existe une élévation en forme de selle, composée de larges plaques de forme irrégulière, tranchant avec les granulations du reste de la région; ces plaques ne sont pas appliquées sur la peau comme dans les autres parties, mais soutenues par une sorte de colonne centrale élargie à son point de contact avec la partie inférieure de la plaque et rétrécie à son extrémité opposée, enfoncée dans les tissus. Par cette disposition il existe des espaces vides entre les colonnes des plaques, et dans ces espaces sont contenus les œufs et les jeunes, que l'on aperçoit en dérangeant la symétrie des plaques qui les recouvrent.

De même que la femelle, le mâle de cette espèce possède des plaques dorsales, mais elles ne sont pas soutenues par des piliers et par conséquent le marsupium fait défaut.

Les Holothuries, dit M. le Professeur A. Milne Edwards, dans son rapport cité, abondent dans les abysses, et plusieurs espèces ont été trouvées à plus de 5000 mètres de profondeur.

Les unes s'écartent peu par leur forme des types les plus caractéristiques des côtes, forme qui leur a valu le nom de Concombres de mer; mais bien d'autres se montrent sous un aspect insolite. Telles sont les *Psychropotes*, dont le corps est prolongé en arrière en un énorme appendice plat, relevé presque à angle droit et assimilable à une robuste queue. Ces animaux d'un beau violet, atteignant parfois 65 centimètres de long, abondent dans les fonds vaseux de 4000 mètres.

Côte à côte, vivent les *Benthodytes*, au corps allongé et couleur d'améthyste, les *Oneirophanta*, d'un blanc laiteux et couverts de longs appendices analogues à des doigts de gant; et les *Peniagone* de taille plus petite, d'un rose pâle, à dos surmonté d'une lame érectile en forme d'éventail.

De tous les animaux connus, les Holothuries des grandes profondeurs sont peut-être ceux qui démontrent de la façon la plus évidente ce que peut l'influence des milieux sur la constitution, les modifications, disons mieux, les transformations des types.

Les Holothuries sont des êtres d'une structure à symétrie franchement rayonnée; « les nombreuses espèces du littoral de toutes les mers

Fig. 1282. — *Cladodactyla crocea*, Lesson.

peuvent être comparées, dit M. le Professeur Perrier, à une sorte de melon allongé présentant cinq côtes séparées les unes des autres par des rangées de pieds tubulaires. Les deux orifices du tube digestif sont aux deux extrémités du melon, et la bouche est entourée d'une couronne régulière de tentacules. Dans les grands fonds, la symétrie rayonnée s'efface d'ordinaire, elle est masquée en quelque sorte par une symétrie nouvelle, manifestement bilatérale.

« L'animal forcé de ramper à la surface de la vase demeure couché suivant sa longueur et emploie exclusivement pour se mouvoir trois de ses bandes de pieds; la surface de son corps comprise entre ces trois bandes s'aplatit de manière à constituer une sorte de sole ventrale comparable à celle sur laquelle rampent les Limaces; la bande de pieds qu'occupe l'axe de cette sole s'atrophie plus ou moins, les pieds des bandes latérales se développent au contraire de manière à simuler les fausses pattes d'une chenille, tandis que les deux bandes de pieds dorsaux, devenues inutiles pour la locomotion, se transforment en appendices variés qui peuvent être des organes de tact, ou n'avoir qu'un rôle purement ornemental. D'autre part, la nourriture se trouvant sur le sol, il faut,

pour la prendre, que la bouche, cessant d'être terminale, vienne se placer sur la face ven-

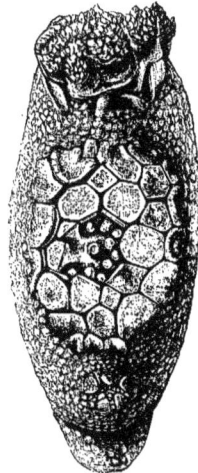

Fig. 1283. — *Psolus ephippifer*.

trale. Chez les *Pentagones*, le corps se courbe en avant et le coude qui se produit ainsi est

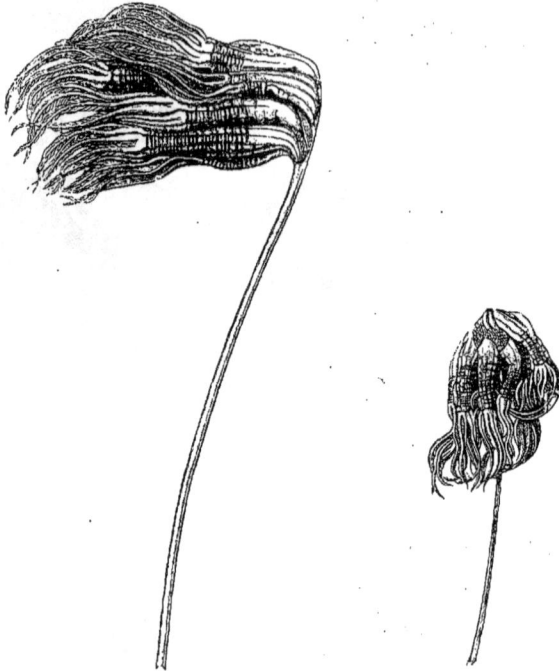

Fig. 1284, 1285. — *Umbellularia groenlandica*, L.

surmonté d'une sorte d'étendard, les deux moitiés du coude se soudent entre elles chez diverses espèces. Chez les *Elpidia*, ce coude disparaît; la bouche est franchement ventrale.

« Il en est de même chez les *Psychropotes;* mais ici un phénomène nouveau apparaît. Chez les Vertébrés et chez quelques Articulés, les organes se concentrent vers la partie antérieure du corps, la plus active, et abandonnent la partie postérieure, qui constitue ainsi ce que nous appelons une *queue*. Cette concentration se reproduit chez les Holothuries, qui ont acquis, avec la symétrie bilatérale, la façon de vivre des animaux qui présentent ce mode de symétrie; elle aboutit au même terme; les *Psychropotes* possèdent une queue.

« Si la symétrie bilatérale peut ainsi venir, à la suite d'un changement dans les conditions d'existence, se superposer, en quelque sorte, à la symétrie rayonnée et l'effacer plus ou moins, n'est-il pas vraisemblable qu'elle est la conséquence de ces conditions.

« Si ce mode de symétrie caractéristique des formes les plus élevées du règne animal peut être ainsi produit par les circonstances; s'il peut être le résultat de l'action de la pesanteur sur les êtres relativement mous qui sont aplatis par cette force, contre le sol sur lequel ils rampent, ne sommes-nous pas autorisés à attribuer, à son tour, la symétrie rayonnée à quelque cause de même nature, et n'est-il pas remarquable, en effet, de la voir se manifester surtout dans les groupes organiques dont les formes inférieures demeurent flottantes ou vivent fixées au sol au lieu de ramper et de nager?

Fig. 1286. — *Cryptotelia pudica*, H. Milne-Edwards.

« Mais, si la symétrie qui domine l'arrangement de toutes les parties du corps d'un animal, qui fournit ces caractères de premier
ordre, sur lesquels Cuvier avait, en définitive,
établi les divisions primordiales, les embranchements du règne animal, si cette symétrie
est la conséquence d'un genre de vie déterminé, à plus forte raison devons-nous pouvoir rattacher tous les caractères secondaires
à quelques conditions d'existence particulières,
et c'est en cela que peuvent se résumer les
études dont nous venons de voir le développement.

« On peut dire que le monde extérieur, que
ce que nous appelons le milieu, se reflète en
quelque sorte de la façon la plus fidèle sur les
organismes vivants, qui en traduisent à leur
façon tous les détails. »

Acalèphes. — Les Acalèphes sont représentés dans les grandes profondeurs, par un
nombre de types relativement peu considérable.

Hydraires. — Très peu d'Hydraires ont été
observés, nous citerons en particulier une espèce du genre *Stephanoscyphus*, draguée à une
profondeur de 3000 mètres; ainsi qu'une es-

BREHM.

pèce du genre *Monocaulus* provenant de 6000
mètres. Ce dernier, dit Wyville Thomson, est le
géant de la classe; sur une tige d'environ deux
mètres de haut, s'étale une large tête mesurant 5 décimètres de diamètre.

Coralliaires. — A ce groupe appartiennent
les *Ombellulaires* aux couleurs d'un violet
foncé, semblables à des fleurs frangées, portées
sur un long pédoncule, suivant l'expression
même de M. le professeur A. Milne Edwards.
Jusqu'ici ces animaux avaient été uniquement
trouvés dans les mers du Nord.

Le *Talisman* en a recueilli plusieurs spécimens, le *Challenger* en avait découvert également par le travers de Portsmouth à Ténériffe
et à une profondeur de 3000 mètres.

Nous figurons le type le plus remarquable,
c'est l'*Umbellularia groenlandica* (fig. 1284, 1285).

Le groupe des *Gorgonides* est largement
représenté dans les grands fonds, viennent ensuite les *Lophohelia*, les *Amphihelia*, les *Cryptotelia*, etc.

Le *Cryptotelia pudica* est l'une des plus
intéressantes de ce genre, établi par Haime et
M. H. Milne Edwards, pour un groupe de Sty-
lastéracées provenant de la Nouvelle-Guinée ;

Fig. 1287. — *Flabellum alabastrum*, Moseley.

l'espèce dont nous nous occupons habite à 2775 mètres, ses branches sont disposées en éventail et les calices sont dirigés sur une seule de leurs faces planes, leur tissu est dense et de couleur blanche, chaque calice paraît comme operculé, nous figurons le type de M. H. Milne Edwards (fig. 1286).

On doit aux découvertes faites dans les grands fonds, d'avoir pu établir d'une façon précise la véritable place zoologique que doivent occuper les *Calcéolides*. Longtemps considérés comme faisant partie des *Brachiopodes*, nous les avons nous-même inscrits dans cette classe (1); ils doivent aujourd'hui être rangés parmi les Coralliaires, ce sont des Polypiers operculés.

Un fait des plus remarquables est l'abondance des types de la famille des Turbinolides dans les grandes profondeurs; « ces Coraux isolés, dit M. le professeur A. Milne Edwards, frappent l'attention par leur élégance et ressemblent à des fleurs de marbre.

Nous figurons l'une des espèces de ce groupe important, le *Flabellum alabastrum* (fig. 1287) voisin d'une petite espèce déjà figurée et décrite (2).

Les *Caryophillia, Stephanotrochus, Ceratotrochus, Deltocyatus*, etc., tous de la même famille des Turbinolides, émaillent le fond des mers à des profondeurs variables.

Spongiaires. — Entre 900 et 1200 mètres,

se montrent de véritables champs de ces Éponges siliceuses aux formes si élégantes et d'une infinie variété. Nous en avons fait connaître quelques-unes (1), et montré tout l'intérêt que présente l'étude de formes rappelant les types anciens, voisins des *Ventriculites* de la formation Crétacée.

A ces formes sont associés des *Cladorhiza* soutenus par un axe de fils de quartz tordus en spirale, des *Aphrocallistes*, au tissu fin et délicat comme des dentelles, les *Askonema* constitués par un feutrage de spicules siliceux ayant la forme d'immenses chapeaux, et les *Lefroyella*, plus élancées, plus étroites, dressées comme de longs entonnoirs de cristal.

Protozoaires. — On a vu le rôle immense joué dans la nature par une foule de ces infiniment petits, dont l'accumulation s'étend sur d'énormes espaces et contribue à la formation des continents; distribués dans toutes les mers chaudes et tempérées, diminuant en nombre et décroissant en grandeur dans les zones froides, ils vivent à la surface, et leurs cadavres siliceux et calcaires descendent et s'amoncèlent dans les abîmes. Les dépouilles de Rhizopodes, de Foraminifères, de Miliolites, de Globigérines, constituent ces dépôts décrits plus haut sous le nom de *vases à Globigérines*, leurs formes sont élégantes et multiples, les figures nombreuses déjà données nous dispensent d'insister ici; il faut observer néanmoins que si leur abondance est extrême à la surface, les

(1) Page 229.
(2) Page 645.

(1) Pages 659-661.

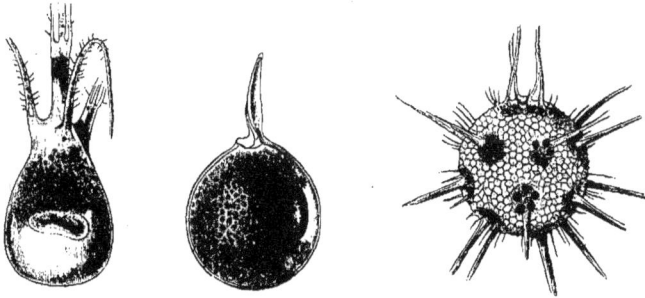

Fig. 1288 à 1290. — Formes du *Challengeria.*

grands fonds, sans en posséder une variété aussi considérable, en nourrissent qui leur sont propres, et dont les caractères sont éminemment tranchés.

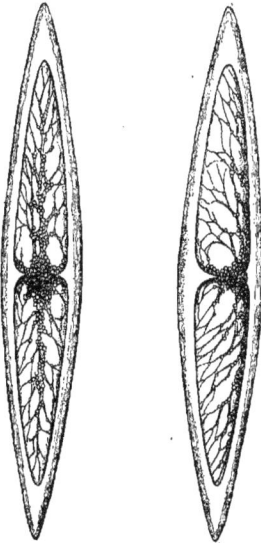

Fig. 1291 et 1292. — *Pyrocystis fusiformis,* Murray.

La forme la plus intéressante à citer et spéciale aux grandes profondeurs est celle connue sous le nom de *Challengeria* (fig. 1288 à 1290) ; habituellement elle est constituée par une seule chambre siliceuse, variable dans son aspect,

tantôt triangulaire, tantôt lenticulaire, gracieusement ornementée à sa surface. Sous cette enveloppe existe une masse granulaire sarcodique de couleur rougeâtre. Wyville-Thomson considère le *Challengeria* comme très voisin des *Gromia.*

Certains organismes voisins des Noctiluques, mais spécialement propres à la surface, ont été recueillis dans les campagnes de dragages ; l'un, nommé *Pyrocystis noctiluca* par Murray, diffère sous bien peu de rapports du *Noctiluca miliaris*, déjà figuré (1) ; l'autre, qui lui est constamment associé (fig. 1291 et 1292), n'est pas comme lui réniforme, il figure une élégante navette, au centre de laquelle existent deux longs cônes opposés par leur base la plus large et ornés d'un réseau de fibrilles moniliformes. Cet organisme a reçu le nom de *Pyrocystis fusiformis;* avec son congénère, avec les Noctiluques, il brille d'une vive lueur phosphorescente et contribue au phénomène que nous avons décrit en parlant de la phosphorescence de la mer.

Conclusion. — La distribution de la vie animale dans les Abysses a donné lieu à de longues discussions, et deux théories sont en présence : pour les uns, les espèces septentrionales sont descendues dans les grands fonds ; pour les autres, les espèces de grands fonds au contraire sont remontées vers les rivages arctiques. Nous n'avons pas à discuter le pour ou le contre de ces deux opinions opposées, et nous nous bornerons à reproduire les conclusions de M. le professeur Perrier, partisan de la dernière manière de voir.

(1) Page 709 de ce volume.

« Si la faune abyssale, dit-il, avait pris naissance dans les grands fonds et avait fourni,
par voie d'émigration, les espèces littorales,
la série entière des formes inférieures du règne animal devrait se trouver dans les grands
fonds dont la faune serait bien plus complète
que les faunes littorales. Or c'est le contraire
qui a lieu : les faunes littorales sont incompa-
rablement plus riches en types variés que la
faune abyssale. Les premières suffisent à elles
seules à établir des séries presque complètes
des formes les plus humbles aux plus élevées de
chaque groupe. La faune profonde est au contraire pleine de trous et de lacunes ; dans
chaque groupe, les formes très différenciées
sont beaucoup plus fréquentes que les formes
primitives. De plus, nous ne rencontrons aucun type essentiellement nouveau; tout ce que
nous découvrons vient prendre naturellement
sa place dans les séries établies pour les formes littorales et semble souvent nous restituer
les chaînons manquants de ces séries. La
faune littorale présente donc tous les caractères d'une faune mère; la faune abyssale, tous
ceux d'une faune dérivée. Nous sommes donc
ramenés à cette proposition : « Les animaux
des grands fonds sont descendus des rivages. »

Pouvons-nous maintenant assigner un point
de départ précis à cette émigration et dire,
avec J. Gwyn Jeffreys, par exemple : « La faune
des grandes profondeurs n'est autre chose que
la faune littorale des mers arctiques. » S'il en
était ainsi, nous devrions retrouver dans les
mers arctiques toutes les espèces, ou, pour le
moins, tous les genres auxquels appartiennent
les habitants des abîmes ; on en retrouve quelques-uns, tels que les *Elpidies*, les Ombellules
et autres; mais malgré ce qu'ont fait connaître de la faune des mers arctiques les belles
expéditions de Nordenskiold, on est bien loin
de les retrouver toutes. Les espèces, en émi-
grant, se modifient, on le sait; aussi ne trouve-
t-on que rarement, parmi les espèces fossiles
ou parmi les espèces littorales vivant dans les
diverses parties du monde, des formes identiques à celles des abîmes, mais des espèces du
même genre ou des genres voisins.

Nous avons déjà établi que les espèces de
même genre pouvaient être considérées comme
ayant une origine commune. Nous sommes
donc autorisés à regarder comme la patrie des
espèces abyssales la région du globe où vivent
sur le littoral les genres correspondants. »

FIN.

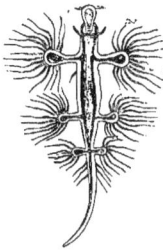

Fig. 1293.

Fig. 1294.

Fig. 1295.

Fig. 1296.

Fig. 1293 à 1296 (1).

Fig. 1293. — *Pholadomya acuticostata* (p. 338).
Fig. 1294. — *Glaucus radiatus* (p. 360).

Fig. 1295. — *Sigaretus Leachii* (p. 380).
Fig. 1296. — *Toxoceras Emericianum* (p. 478).

TABLE DES MATIÈRES

(1) La pagination indiquée à la suite de la légende renvoie à la page du texte dans laquelle les objets figurés ici sont décrits ou mentionnés.

BREHM.

LES TUNICIERS

LES THALIACÉS

LES ASCIDIACÉS

LES ÉCHINODERMES

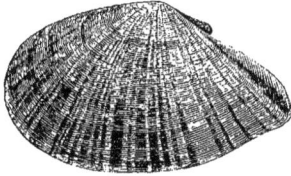

Fig. 1299.

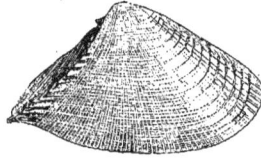

Fig. 1300.

Fig 1297.

Fig. 1301.

Fig. 1298.

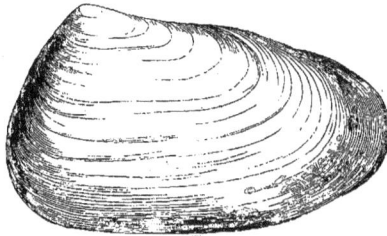

Fig. 1302.

Fig. 1297 à 1302. — Fig. 1297 et 1298, *Chama distans* (p. 329). — Fig. 1299, *Tellina virgata* (p. 335). — Fig. 1300, *Tellina sulcata* (p. 335). — Fig. 1301, *Galatea radiata* (p. 335). — Fig. 1302, *Mesodesmia donacia* (p. 337).

BREHM.

LA VIE DANS LES PROFONDEURS DE L'OCÉAN

FIN DE LA TABLE DES MATIÈRES.

Librairie J.-B. BAILLIÈRE et Fils, 19, rue Hautefeuille.

SPECIES GÉNÉRAL

ET ICONOGRAPHIE DES COQUILLES VIVANTES

COMPRENANT :

LA COLLECTION DU MUSÉUM D'HISTOIRE NATURELLE DE PARIS

LA COLLECTION LAMARCK, CELLE DE M. A. B. DELESSERT

ET LES DÉCOUVERTES RÉCENTES DES VOYAGEURS

Par L.-C. KIENER

Conservateur des collections au Muséum d'histoire naturelle

CONTINUÉ

Par le D' P. FISCHER

Aide-naturaliste au Muséum d'histoire naturelle.

Ouvrage complet en 165 livraisons et formant 12 volumes, avec 902 planches coloriées

Édition in-8.............................. 900 fr.

Édition in-4. .... 1,800 fr.

Prix de chaque livraison grand in-8 raisin, figures coloriées...... 6 fr.

Prix de chaque livraison in-4 vélin, figures coloriées.............. 12 fr.

On peut acquérir séparément chaque famille ou chaque genre.

<table>
<tr><th>2 vol.</th><th>Pages</th><th>Pl.</th><th>Prix</th></tr>
<tr><td colspan="4">FAMILLE DES ENROULÉES</td></tr>
<tr><td>G. Porcelaine (Cypræa, Lin.)........</td><td>106</td><td>57</td><td>57 fr.</td></tr>
<tr><td>— Ovule (Ovula, Brug.)............</td><td>26</td><td>6</td><td>6</td></tr>
<tr><td>— Tarière (Terebellum, Lam.).....</td><td>3</td><td>1</td><td>1</td></tr>
<tr><td>— Ancillaire (Ancillaria, Lam.)......</td><td>29</td><td>6</td><td>6</td></tr>
<tr><td>— Cône (Conus, Lin.)..............</td><td>379</td><td>111</td><td>111</td></tr>
<tr><td></td><td></td><td></td><td>181</td></tr>
<tr><td colspan="4">1 vol.</td></tr>
<tr><td colspan="4">FAMILLE DES COLUMELLAIRES</td></tr>
<tr><td>G. Mitre (Mitra, Lam.).............</td><td>120</td><td>34</td><td>34</td></tr>
<tr><td>— Volute (Voluta, Lam.)...........</td><td>69</td><td>52</td><td>52</td></tr>
<tr><td>— Marginelle (Marginella, Lam.)....</td><td>44</td><td>13</td><td>13</td></tr>
<tr><td></td><td></td><td></td><td>99</td></tr>
<tr><td colspan="4">1 vol.</td></tr>
<tr><td colspan="4">FAMILLE DES AILÉES</td></tr>
<tr><td>G. Rostellaire (Rostellaria, Lam.)......</td><td>14</td><td>4</td><td>4</td></tr>
<tr><td>— Ptérocère (Pterocera, Lam.)........</td><td>15</td><td>10</td><td>10</td></tr>
<tr><td>— Strombe (Strombus, Lin.)........</td><td>68</td><td>34</td><td>34</td></tr>
<tr><td></td><td></td><td></td><td>48</td></tr>
<tr><td colspan="4">3 vol.</td></tr>
<tr><td colspan="4">FAMILLE DES CANALIFÈRES</td></tr>
<tr><td>G. Cérite (Cerithium, Brug.)........</td><td>104</td><td>52</td><td>52</td></tr>
<tr><td>— Pleurotome (Pleurotoma)........</td><td>84</td><td>27</td><td>27</td></tr>
<tr><td>— Fuseau (Fusus, Lam.)............</td><td>82</td><td>31</td><td>31</td></tr>
<tr><td>— Pyrule (Pyrula, Lam.)........ ..</td><td>34</td><td>15</td><td>15</td></tr>
<tr><td>— Fasciolaire (Fasciolaria, Lam.)...</td><td>48</td><td>13</td><td>13</td></tr>
<tr><td>— Turbinelle (Turbinella, Lam.).....</td><td>50</td><td>21</td><td>21</td></tr>
<tr><td>— Cancellaire (Cancellaria, Lam.)...</td><td>44</td><td>9</td><td>9</td></tr>
<tr><td>— Rocher (Murex, Lam.) ....</td><td>130</td><td>47</td><td>47</td></tr>
<tr><td>— Triton (Triton, Lam.)...........</td><td>48</td><td>18</td><td>18</td></tr>
<tr><td>— Ranelle (Ranella, Lam.)..........</td><td>40</td><td>15</td><td>15</td></tr>
<tr><td></td><td></td><td></td><td>228</td></tr>
</table>

<table>
<tr><th>2 vol.</th><th>Pages</th><th>Pl.</th><th>Prix</th></tr>
<tr><td colspan="4">FAMILLE DES PURPURIFÈRES</td></tr>
<tr><td>G. Cassidaire (Cassidaria, Lam.).....</td><td>10</td><td>2</td><td>2 fr.</td></tr>
<tr><td>— Casque (Cassis, Lam.)............</td><td>40</td><td>16</td><td>16</td></tr>
<tr><td>— Tonne (Dolium, Lam.)............</td><td>16</td><td>5</td><td>5</td></tr>
<tr><td>— Harpe (Harpa, Lam.)............</td><td>12</td><td>6</td><td>6</td></tr>
<tr><td>— Pourpre (Purpura, Adams).......</td><td>151</td><td>46</td><td>46</td></tr>
<tr><td>— Colombelle)Columbella, Lam.)....</td><td>65</td><td>16</td><td>16</td></tr>
<tr><td>— Buccin (Buccinum, Adams).......</td><td>108</td><td>31</td><td>31</td></tr>
<tr><td>— Éburne (Eburna, Lam.) ....</td><td>8</td><td>3</td><td>3</td></tr>
<tr><td>— Struthiolaire (Struthiolaria)......</td><td>6</td><td>2</td><td>2</td></tr>
<tr><td>— Vis (Terebra, Lam.).... ....</td><td>42</td><td>14</td><td>14</td></tr>
<tr><td></td><td></td><td></td><td>141</td></tr>
<tr><td colspan="4">3 vol.</td></tr>
<tr><td colspan="4">FAMILLE DES TURBINACÉSS</td></tr>
<tr><td>G. Turritelle (Turritella, Lam.)......</td><td>46</td><td>14</td><td>14</td></tr>
<tr><td>— Scalaire (Scalaria, Lam.)........</td><td>22</td><td>7</td><td>7</td></tr>
<tr><td>— Cadran (Solarium, Lam.).........</td><td>12</td><td>4</td><td>4</td></tr>
<tr><td>— Roulette (Rotella, Lam.)... .....</td><td>10</td><td>3</td><td>3</td></tr>
<tr><td>— Dauphinule (Delphinula, Lam.)...</td><td>12</td><td>4</td><td>4</td></tr>
<tr><td>— Phasianelle (Phasianella).........</td><td>11</td><td>5</td><td>5</td></tr>
<tr><td>— Turbo (Turbo, Lin.)............</td><td>IV-128</td><td>43</td><td>50</td></tr>
<tr><td>— Troque (Calcar, Trochus, Xeno-
phora, Tectarius et Risella).....</td><td>480</td><td>120</td><td>140</td></tr>
<tr><td></td><td></td><td></td><td>227</td></tr>
<tr><td colspan="4">FAMILLE DES PLICACÉES</td></tr>
<tr><td>G. Tornatelle (Tornatella, Lam.).....</td><td>6</td><td>1</td><td>1</td></tr>
<tr><td>— Pyramidelle (Pyramidella).......</td><td>8</td><td>2</td><td>2</td></tr>
<tr><td></td><td></td><td></td><td>3</td></tr>
<tr><td colspan="4">FAMILLE DES MYAIRES</td></tr>
<tr><td>G. Thracie (Thracia, Leach)........</td><td>7</td><td>2</td><td>2</td></tr>
</table>

Cet ouvrage, l'un des plus considérables qui aient été consacrés à l'histoire naturelle des Mollusques, est d'une exactitude comme descriptions et comme figures qui le rend indispensable à tout possesseur d'une collection. C'est de plus une magnifique réunion de planches finement gravées et coloriées, qui ne sera déplacée dans aucune bibliothèque d'amateur.

Envoi franco contre un mandat par la poste.

Librairie J.-B. BAILLIÈRE et Fils, 19, rue Hautefeuille.

MOLLUSQUES

BAUDON. **Monographie des succinées françaises.** 1877-1881, 4 parties in-8.................. 10 fr.
— **Catalogue des Mollusques de l'Oise.** 1853, in-8, 20 pages........................... 1 fr. 50
BEAU. **De l'utilité de certains Mollusques** marins vivant sur les côtes de la Guadeloupe et de la Martinique. 1858, in-8, 16 pages... 1 fr.
BENEDEN (P.-J. Van). **Anatomie du Pneumodermon violaceum.** 1837, in-4, 15 pages, avec 3 pl... 2 fr.
— **Mémoire sur le Limneus glutinosus.** 1838, in-4, 16 pages, avec 1 planche.............. 1 fr. 25
— **Mémoire sur l'Argonaute.** 1838, in-4, 24 pages, avec 6 planches.................·...... 5 fr.
— **Mémoire sur la Limacina arctica.** 1848, in-4, 14 pages avec 1 planche................ 1 fr.
BERNARDI. **Monographie des genres Galatea et Fischeria.** 1860, 1 vol. in-4, avec 9 planches coloriées (25 fr.).. 15 fr.
— **Monographie du genre Conus.** 1862, 1 vol. in-4, 2 planches coloriées (6 fr.).......... 4 fr.
BLAINVILLE. **Mémoire sur les Bélemnites** considérées zoologiquement et géologiquement. in-4, 136 pages, avec 5 planches.. 6 fr.
— **Prodrome d'une monographie des Ammonites.** In-8, 31 pages........................... 1 fr. 50
BOURGUIGNAT. **Les Spicilèges malacologiques.** 1862, 1 vol. in-8, 287 pages avec 15 pl. coloriées. 25 fr.
BUCQUOY, DAUTZENBERG et DOLLFUS. **Les mollusques marins du Roussillon.** 1882-1884. En vente les fascicules 1, 2, 3, 4 et 5. Prix de chaque fascicule, in-8 accompagné de 5 planches.................. 5 fr.
L'ouvrage complet sera publié en 10 fascicules.
Cet ouvrage n'a pas un intérêt exclusivement local. La faune de cette partie du littoral méditerranéen est d'une richesse remarquable : ses côtes tantôt rocheuses, tantôt sablonneuses, servent de refuge aux mollusques les plus variés : on y rencontre la plupart des espèces méditerranéennes. En plus de la synonymie raisonnée qui est établie avec le plus grand soin, les auteurs donnent la diagnose de toutes les espèces ainsi que toutes les indications qu'ils ont pu réunir sur leur habitat, leur aire de dispersion et de leur origine géologique.
CAILLIAUD (Fr.). **Mémoire sur les Mollusques perforants.** 1856, in-4, 58 pages, 8 planches.·... 8 fr.
COUTANCE. **De l'énergie et de la structure musculaire chez les Mollusques acéphales.** 1878, in-8, 61 pages, avec 2 planches.. 8 fr.
CROSSE et DEBEAUX. **Description d'espèces nouvelles de coquilles** de Shang-Hai et du Nord de la Chine. 1864, in-8, 7 pages avec 1 planche.. 75 c.
CUVIER. **Les Mollusques.** 1868, 1 vol. in-8 avec 36 pl., contenant 250 figures noires................ 15 fr.
— Le même, figures coloriées .... 25 fr.
DEBEAUX. **Malacologie de quelques points du littoral chinois.** 1863, in-8, 30 pages avec 2 pl. 2 fr. 50
— **Faune malacologique** de la vallée de Barèges. 1867, in-8, 27 pages...................... 1 fr. 50
— **Sur quelques Mollusques nouveaux** de la Grande Kabylie. 1863, in-8, 12 pages avec 1 pl... 1 fr. 50
DESHAYES (G.-P.). **Description des animaux sans vertèbres** découverts dans le bassin de Paris, comprenant une revue générale de toutes les espèces actuellement connues. 1857-1865, 8 vol. in-4 de texte et 2 atlas in-4 avec 196 planches, cartonnés.. 250 fr.
— **Conchyliologie de l'Ile de la Réunion.** 1863, 1 vol. gr. in-8, 144 pages, avec 12 pl. col........ 10 fr.
DESMARS. **Catalogue des Mollusques** observés dans l'ouest de la France. 1873, in-8, 94 pages...... 2 fr.
DROUET. **Unionidæ de la Russie d'Europe.** 1881, in-8, 35 pages.............................. 2 fr.
— **Unionidæ de la Serbie.** 1882, in-8, 40 pages... 2 fr. 50
— **Énumération des Mollusques** terrestres et fluviatiles vivants de la France continentale. 1855, grand in-8, 53 pages... 2 fr. 50
— **Sur l'Helix aculeata.** 1859, in-8, 26 pages, avec 1 planche............................ 1 fr. 50
DUVAL (Mathias). **Spermatogénèse chez quelques gastéropodes pulmonés.** 1879, in-8, 28 pages, 2 planches.. 1 fr. 50
— **Spermatogénèse chez la Paludine vivipare.** 1879, in-8, 23 pages, 1 planche.............. 1 fr. 50
FÉRUSSAC et DESHAYES. **Histoire naturelle générale et particulière des Mollusques,** tant des espèces qu'on trouve aujourd'hui vivantes que des dépouilles fossiles de celles qui n'existent plus. 4 vol. infolio dont 2 vol. de texte de chacun 400 pages et 2 vol. contenant 547 planches coloriées.(1250 fr.)... 500 fr.
— Le même, 4 vol. gr. in-4 avec 247 planches noires. Au lieu de 600 fr......................... 200 fr.
FISCHER (Paul). **Note sur l'érosion du test** chez les coquilles fluviatiles univalves. In-8, 8 p., 1 pl.... 75 fr.
— **Monographie du genre Halia.** Risso. 1859, gr. in-8, 22 p., avec une pl. .... 2 c.
FISCHER (Paul) et BERNARDI. **Description d'un Pleurotomaire vivant.** In-8, avec 1 pl. col. 1 fr. 50
FRESNAYE (F. de la). **Mobilité des taches** que l'on remarque sur la peau des Calmars subulé et sépiol 125 in-8, 11 p.. 75 é.
GERBE (Z.). **Aptitude qu'ont les Huîtres à se reproduire** dès la première année. 1876, in-8... 50 c.
GRATELOUP (de). **Essai sur la nourriture et les stations botaniques et géologiques des Mollusques** terrestres et fluviatiles. 1857, in-8, 12 p. .... 75 s.
GRATIOLET (P.). **Recherches pour servir à l'histoire des Brachiopodes.** Études anatomiques sur c. Lingule anatine. 1860, in-8, 102 p., avec 4 pl. .... 3 fla
LIESVILLE. **Catalogue des Mollusques vivants** aux environs d'Alençon. 1856, in-8, 16 pages...... 75 cr.
LOCARD (A.). **Catalogue général des Mollusques vivants de France.** Mollusques terrestres de. eaux douces et des eaux saumâtres. 1882, 1 vol. gr. in-8, 462 pages................................... 20 frs
— **Malacologie lyonnaise,** ou Description des Mollusques terrestres et aquatiques des environs de Lyon. d'après la collection ANGE-PAULIN-TERVER. 1877, 1 vol gr. in-8, ix-151 pages...................
— **Catalogue des Mollusques vivants terrestres et aquatiques du département de l'Ain.** 1881, 1 vol. gr. in-8..
— **Étude sur les variations malacologiques** d'après la faune vivante et fossile de la partie centrale du bassin du Rhône. 1881, 2 vol. grand in-8, 1033 pages, avec planches................. 35 fr.
— **Contributions à la faune malacologique française.** I. Monographie des genres Bulimus et Chondrus. — II. Mollusques terrestres et aquatiques des environs de Lagny. — III. Monographie du genre Lortetia. — IV. Espèces méridionales dans la faune malacologique des environs de Lyon. — V. Hélices françaises de l'Helix Nemoralis.. 15 fr.
Chaque monographie, gr. in-8, se vend séparément.................................... 3 fr.
MARAVIGNA. **Mémoire pour servir à l'Histoire naturelle de la Sicile,** comprenant la monographie de la Célestine de la Sicile, le catalogue des Mollusques et coquilles de la Sicile, etc. in-8, avec 6 pl... 3 fr.
MICHAUD. **Description de plusieurs nouvelles espèces de coquilles** du genre Rissoa. In-8, 24 pages, avec une pl. .... 1 fr. 25
MOQUIN-TANDON. **Histoire naturelle des Mollusques terrestres et fluviatiles de France,** contenant des études générales sur leur anatomie et leur physiologie et la description particulière des genres, des espèces, des variétés. 1855, 2 vol. grand in-8, ensemble 1052 pages avec un atlas de 54 planches dessinées d'après nature et gravées. Avec figures noires... 42 fr.
— Le même, avec figures coloriées.. 66 fr.

Envoi franco contre un mandat par la poste.

MORELET. **Description des Mollusques terrestres et fluviatiles du Portugal.** 1845, 1 vol
in-8, 116 pages, 14 pl. color... 15 fr.
— **Notice sur l'histoire naturelle des Açores, suivie d'une description des Mollusques terrestres de cet**
archipel. 1860, gr. in-8, 520 p. et 5 pl. col.. 12 fr.
—. **Mollusques terrestres et fluviatiles du voyage de Fr. Welwitch dans les royaumes d'Angola et de**
Benguela. 1868, in-4, 102 p., avec 9 pl. col... 18 fr.
— **Testacea novissima Insulæ cubanæ et Americæ centralis.** 1846-1851, 2 parties in-8............ 4 fr. 50
MORTILLET (G. de). **Annexion à la faune malacologique de France.** 1862, in-8................ 60 c.
NORMAND. **Notice sur plusieurs espèces nouvelles de Cyclades.** 1844, in-8, 8 p., avec 1 pl... 1 fr.
— **Description de six Limaces nouvelles.** 1852, in-8, 8 p.................................... 50 c.
POTIEZ et MICHAUD. **Galerie des Mollusques, ou Catalogue descriptif et raisonné des mollusques et coquil-**
les du muséum de Douai, 1838-1844, 2 vol. gr. in-8, avec atlas de 70 planches (20 fr.)........... 12 fr.
PRIME. **Note on some american species of Cyclas.** 1857, in-8................................. 50 c.
PUTON (E.). **Essai sur les Mollusques terrestres et fluviatiles des Vosges.** 1847, gr. in-8, 104 pages. 3 fr. 50
RANG (SANDER). **Histoire naturelle des Aplysiens.** 1 vol in-4, avec 25 pl. color........... 18 fr.
— Le même, in-folio, avec 25 pl. color.. 40 fr.
RANG (SANDER) et SOULEYET. **Histoire naturelle des Mollusques Ptéropodes.** 1852, 1 vol. gr.
in-4, avec 15 pl. col... 25 fr.
— Le même, in-folio, cartonné.. 40 fr.
RAYNEVAL. **Coquilles fossiles de Monte-Mario.** In-fol. avec 2 pl........................... 3 fr. 50
RÉQUIEN. **Catalogue des Coquilles de l'île de Corse.** 1848, in-8, 111 p.................... 5 fr.
ROUX. **Iconographie conchyliologique.** 1828, in-4, 8 p., avec 8 pl. col.................... 4 fr.
SAY. **The complete writings on the Conchology of the United States.** 1858, in-8, 302 pages, avec 74 pl.,
fig. noires, 30 fr. ; fig. color... 80 fr.
SELYS-LONGCHAMPS (E. de) **Synopsis des Cordulines.** 1871-1874. 2 parties in-8, 152 pages..... 3 fr 50
STATUTI (A.). **Catalogo sistematico e sinonimico dei molluschi** terrestri e fluviatili viventi nella pro-
vincia romana. 1882, in-8, 128 pages... 5 fr.
TASLÉ. **Catalogue des Mollusques** marins, terrestres et fluviatiles observés dans le département du Mor-
bihan. 1867, gr. in-8, 238 pages... 3 fr.
VALENCIENNES. **Description de l'animal de la Panopée australe.** 1 vol. in-4, avec 6 pl...... 5 fr.
— **Recherches sur le Nautile flambé.** In-4, avec 4 pl....................................... 4 fr.
— **Recherches sur la structure du tissu élémentaire des cartilages des Poissons et des**
Mollusques. In-4, avec 5 pl. col.. 6 fr.
WEBB (P.) et BERTHELOT (S.). **Synopsis Molluscorum** terrestrium et fluviatilium quos in itineribus per
insulas Canarienses observarunt. In-8, 22 pages.. 1 fr.

VERS, ZOOPHYTES ET PROTOZOAIRES

BALBIANI. **Sur le développement et le mode de propagation du Strongle géant.** 1870, in-8, 15 p.
avec pl.. 1 fr. 50
BENEDEN (P.-J. Van). **Les vers cestoïdes,** considérés sous le rapport physiologique, embryologique et
zooclassique. 1850, in-4, 204 p. avec 24 pl.. 18 fr.
— **Les Campanulaires de la côte d'Ostende.** In-4, avec 6 pl................................. 6 fr.
— **Développement et organisation des Nicothoés.** 1848, in-4, 28 pages avec 1 pl............. 2 fr.
BENEDEN (P.-J. van) et HESSE (E.). **Recherches sur les Bdellodes** ou Hirudinées et les Trématodes ma-
rins, avec quatre appendices. 1863, in-4, 166 pages, 11 planches coloriées...................... 20 fr.
BERTHELIN. **Liste des Foraminifères** recueillis dans la baie de Bou rgneuf. Manière de récolter les micro-
zoaires marins. 1878, in-8, 55 pages.. 2 fr.
BROUARDEL et GRANCHER. **L'épidémie de Trichinose d'Emersleben.** Paris, 1884, in-8, avec 2 pl.
col.. 2 fr. 50
CHARPENTIER. **Monographie des Sangsues.** In-8... 1 fr. 50
CHATIN. **La Trichine et la Trichinose.** 1883, 1 vol. in-8 de 282 pages avec 11 planches....... 5 fr.
CUVIER. **Les Vers et les Zoophytes.** 1 vol. in-8, avec 37 planches contenant 550 figures noires..... 15 fr.
— Le même, figures coloriées.. 30 fr.
DAVAINE (C.). **Traité des Entozoaires et des maladies vermineuses** chez l'homme et les animaux
domestiques. 2ᵉ édition. 1877, 1 vol. in-8, 1000 pages, avec 100 figures........................ 14 fr.
DELPECH. **Les Trichines et la trichinose,** in-8, 104 pages.................................. 2 fr. 50
DUCHASSAING (P.) **Animaux radiaires des Antilles.** 1868, in-4, 3 6 pages, avec 2 planches..... 2 fr. 50
DUCHASSAING de FONBRESSIN (P.) et MICHELOTTI (G.). **Mémoires sur les Coralliaires des Antilles.**
1860, in-4, 89 p. et 10 pl. — Supplément. 1864, in-4, 166 pages, avec 11 planches............... 30 fr.
ÉBRARD. **Nouvelle Monographie des Sangsues médicinales.** 1857, 1 vol. in-8, avec 12 pl. renfer-
mant 104 fig., dont 76 col (9 fr.)... 6 fr.
EBRAY. **Sur la composition de l'appareil apicial de certains Échinodermes** et sur le genre Pro-
tophytes. 1860, in-8, 12 p., avec 2 pl... 1 fr. 25
FROMENTEL (E. de). **Recherches sur la révivification des Rotifères,** des anguillules et des tardigra-
des. 1877, in-8, 16 pages... 1 fr.
JOURDAIN. **Notice zoologique et anatomique sur une espèce de Chetoptère** des côtes de la Manche.
1868, in-8, 24 pages, avec une planche.. 1 fr. 25
LAURENT (J.-L.). **Recherches sur l'Hydre et l'Éponge** d'eau douce, pour servir à l'histoire des Polypiaires
et des Spongiaires. 1844, 1 vol. in-8, 320 p.. 6 fr.
LAURENT (P.). **Études physiologiques sur les animalcules des infusions végétales,** com-
parés aux organes élémentaires des végétaux. 1844-1858, 2 vol. in-4, avec 46 planches........... 15 fr.
MICHELIN. **Iconographie zoophytologique.** Description par localités et terrains, des Polypiers fossiles de
France. 2 vol. in-4, avec 70 pl... 50 fr.
MOQUIN-TANDON. **Monographie de la famille des Hirudinées.** 1845, in-8 de 450 pages, avec atlas de
14 planches gravées et coloriées.. 30 fr.
PENNETIER (G.). **Les microscopiques.** 1865, in-8... 1 fr. 50
ROBIN (Ch.). **Mémoire sur le développement embryogénique des Hirudinées,** 1875, in-4,
472 pages, avec 19 planches... 20 fr.
SAUVÉ. **Sur les fonctions de l'hygiène des Sangsues.** 1855, in-8, 55 pages, avec 1 pl........ 1 fr. 50
SIMON. **Une expédition helminthologique.** 1865, in-8....................................... 75 c.
SCOUTETTEN. **Études sur les Trichines,** et sur les maladies qu'elles déterminent chez l'homme. 1866,
in-8, 100 p. avec 1 pl.. 2 fr. 50

Envoi franco contre un mandat par la poste.

CORBEIL. — Typ. et stér. CRÉTÉ.

LIBRAIRIE J.-B. BAILLIÈRE et FILS

19, Rue Hautefeuille, près du boulevard Saint-Germain, Paris.

SCIENCE ET NATURE

REVUE INTERNATIONALE ILLUSTRÉE

DES

PROGRÈS DE LA SCIENCE ET DE L'INDUSTRIE

COMITÉ DE RÉDACTION :

MM. ANGOT, chef de service au Bureau central météorologique.

DENIKER, membre de la Société d'anthropologie.

HAMY, directeur du Musée d'ethnographie au Palais du Trocadéro.

HENNINGER, professeur agrégé à la Faculté de médecine.

KUNCKEL D'HERCULAÏS, aide-naturaliste au Muséum d'histoire naturelle.

MANGIN (Louis), agrégé ès sciences naturelles.

NAPOLI, directeur du laboratoire des Essais de la Cⁱᵉ des chemins de fer de l'Est.

NIVOIT, professeur à l'École des Ponts et Chaussées, ingénieur des Mines.

Secrétaire de la Rédaction : M. CHESNEL, Secrétaire de l'Institut agronomique.

Science et Nature, imprimée par Motteroz, sur papier teinté des papeteries d'Essonnes, paraît tous les Samedis par Numéros de 16 pages grand in-8 à deux colonnes, avec de nombreuses illustrations, et forme chaque année deux beaux volumes.

Le premier numéro a paru le 1ᵉʳ Décembre 1883.

PRIX DE L'ABONNEMENT ANNUEL :

Les abonnements partent du 1ᵉʳ de chaque mois

PARIS.	20 fr.
DÉPARTEMENTS.	24 fr.
UNION POSTALE.	25 fr.
AUTRES PAYS.	32 fr.

Trois mois		Six mois	
PARIS.	5 fr. »	PARIS.	10 fr. »
DÉPARTEMENTS.	6 fr. »	DÉPARTEMENTS.	12 fr. »
UNION POSTALE.	6 fr. 25	UNION POSTALE.	12 fr. 50
AUTRES PAYS.	8 fr. »	AUTRES PAYS.	16 fr. »

Prix du numéro avec couverture imprimée. . . . . 50 c.